本书为教育部人文社会科学重点研究基地中国人民大学伦理学与道德建设研究中心重大课题《中国传统道德生活研究》（06JJD720015）成果

本书出版得到陕西省宝鸡文理学院省级重点学科（哲学）经费资助

教育部人文社会科学重点研究基地重大项目成果

中国古代道德生活史

ZHONG GUO GU DAI
DAO DE SHENG HUO SHI

主　编：陈　瑛
副主编：王　磊　谢　军

撰稿人（以姓名的拼音为序）：
陈　瑛（中国社会科学院哲学研究所）
王　磊（陕西宝鸡文理学院）
王世荣（陕西宝鸡文理学院）
王渭清（陕西宝鸡文理学院）
谢　军（中国政法大学）
熊坤新（中央民族大学）
于树贵（苏州大学）

中国社会科学出版社

图书在版编目(CIP)数据

中国古代道德生活史/陈瑛主编.—北京:中国社会科学出版社,
2012.12

ISBN 978 – 7 – 5161 – 1767 – 5

Ⅰ.①中… Ⅱ.①陈… Ⅲ.①道德社会学—研究—中国—古代
Ⅳ.①B82 – 052

中国版本图书馆 CIP 数据核字(2012)第 279027 号

出 版 人	赵剑英
责任编辑	徐 申
责任校对	古 月
责任印制	王 超

出 版	中国社会科学出版社
社 址	北京鼓楼西大街甲 158 号 (邮编 100720)
网 址	http://www.csspw.cn
	中文域名:中国社科网 010 – 64070619
发 行 部	010 – 84083685
门 市 部	010 – 84029450
经 销	新华书店及其他书店

印 装	三河市君旺印装厂
版 次	2012 年 12 月第 1 版
印 次	2012 年 12 月第 1 次印刷

开 本	710 × 1000 1/16
印 张	49
插 页	2
字 数	808 千字
定 价	128.00 元

目　录

下　卷

第四编　宋元明中叶时期的道德生活

第五编　明中叶至清朝时期的道德生活

第六编　少数民族的道德生活

前　言

一

在中国几千年来的历史发展进程中，人们最重视伦理道德，它占据着特别重要的地位，甚至可以说伦理道德已经成为中国古代精神文化的中心。之所以如此，一般原因是由于伦理道德本身的地位重要，任何社会都离不开它；但是这里还有特殊的原因，那就是中国古代的"亚细亚"生产方式。正如著名的马克思主义历史学家侯外庐先生所指出，中国古代从原始社会后期进入奴隶社会的路径，不是采取古代西方的希腊道路，即经由梭伦变法和克里斯提尼革命，彻底打碎氏族社会从而走向私有制的"革命"道路，而是走了一条"维新"的道路，即在保留氏族制度的前提下，通过逐步改良，以维新的方式实现向私有制的转变。如果说前者是"国家代替了家族"，那么，后者则是"由家族而国家，国家混合于家族而保留着家族"。这个在一定程度上保留了氏族社会血缘关系纽带的古代社会，在其发展的道路上，难免"新陈纠葛，旧的拖着新的"。① 在这种"亚细亚"生产方式下，人们调整和处理人与人之间的社会关系，最好、最有效的手段和办法，不是那种远距离的、虚幻、神秘的宗教，也不是外在的、刚性的法律条文，而是道德。因为它能够在温情脉脉的外衣下，保持社会的血缘关系和家族制度，能够以严肃而又亲切的方式，拉紧人和人之间的联系，调解其矛盾纠纷，维持人们之间的正常交往和社会秩序。当然这也不是绝对的，在道德运行时，人与人之间关系的调整与处理仍然缺少不了宗教的说教和法律权威的支持，但是，道德毕竟是最主要的、最根

---

① 侯外庐：《侯外庐史学论文选集》，人民出版社 1987 年版，第 10 页。

本的方式和手段。这便是中国古代伦理道德之所以最为人们重视，发展得也最为充分，终于成为中国文化的主要，甚至核心部分的原因之所在。

自从进入文明社会以来，人们的伦理道德开始呈现两种形态，即现实生活的形态和思想观念、学术理论的形态。与此相适应，人们对于伦理道德的研究，也开始分为两个领域，一是对于人们现实道德生活的研究，二是关于伦理思想、道德理论的研究。道德生活是人们社会生活的一个极其重要的部分，它体现在人们的几乎所有言语行为中，从朝廷到民间、从通都大邑到穷乡僻壤，从高官显贵到普通百姓，无所不在；大到国家民族，经济政治，小到个人的婚丧节庆、衣食住行，无所不有；而伦理思想、道德理论是人们对于前者的观念性的认识和理论把握。一般来说，道德生活与伦理思想、道德理论的关系是社会存在与社会意识的关系，即道德生活属于社会存在，伦理思想、道德理论属于社会意识，二者之间是第一性与第二性的关系。然而，辩证唯物论者不赞成"二元分裂"、"二元对立"的思维方式。认为道德生活与伦理思想、道德理论之间的对立和斗争不是绝对的，而是相互依存的，而且不断地进行着相互渗透、相互转化：道德生活是伦理思想、道德理论的源泉，却又受着伦理思想、道德理论的影响，甚至支配；伦理思想、道德理论是道德生活的反映，但是它又直接、间接地影响着道德生活，甚至成为它的灵魂和指导。道德生活与伦理思想、道德理论双方，正是在相互斗争，而又相互统一中持续地发展变化，上升超越。怎么能够设想，没有封建道德生活的实际需要，董仲舒等人会提出"三纲五常"的思想理论，汉代会有那么发达的经学研究；而没有"三纲五常"的思想理论和发达的经学之研究、普及，如何会有汉代那样的封建主义的道德生活。同样，没有魏晋士人疏放旷达的道德生活，就不会有从何晏、王弼、嵇康、阮籍直到向秀、郭象等人那样的玄学理论；而没有从何晏、王弼、嵇康、阮籍直到向秀、郭象那样的玄学理论，也很难设想会出现魏晋士人的道德风习和风度。同样，宋元明时期的封建专制制度下人们的道德生活与程朱理学、陆王心学也是这样既相对立而又统一的辩证关系。

道德生活与伦理思想、道德理论的这种辩证关系，决定了我们的伦理思想、道德理论的研究，必须与道德生活的研究紧密联系，相互递进：在研究伦理思想、道德理论的同时，必须研究与其相关的道德生活，否则就失去了理论的依据和厚重；研究某一时间、某一空间里的道德生活，也必须研究其相应的伦理思想、道德理论，否则就把握不住道德生活的本质和规律。然而遗憾的是，多年来在伦理道德的研究工作中，往往缺乏这种自觉意识，再加上道德生活内容的繁杂和零散、琐碎，伦理道德研究工作经常采取单线独进的方式，多偏重于伦理思想、道德理论，而忽视道德生活史方面的研究。例如，改革开放三十多年来，我们研究中国伦理学史的著作已经有了好几部，然而系统研究中国道德生活史的著作迄今还没有一部。我们注意到，近两年来张锡勤兄主编的《中国伦理道德变迁史稿》（人民出版社，2008 年）和唐凯麟兄主编的《中华民族道德生活史研究》（金城出版社，2008 年），是对中国道德生活史研究的重大突破，取得了巨大的成绩，值得我们学习和参考。但是前者仍然偏重伦理思想、道德理论的论述，而后者则是一部论文集，只是描绘了古代道德生活的片断，都还不是我们思想里想象的道德生活史。这些都激励我们不揣冒昧，决心克服自身学识的浅陋、能力低下之局限，继续学习和研究，写出一本自己的中国道德生活史来。

二

　　研究道德生活史，首先是弄清楚什么是道德生活？

　　我们知道，伴随着思想、理论问题的研究，学术界近些年开始重视关于"生活"的探索，其中最突出的是关于"社会生活"和"日常生活"。有人认为"社会生活"是研究"带有宽泛内约意义的社会生活运作事象"，主要是对应"社会形态理论的"的研究；[1] 也有人认为，它属于社会史范畴，"研究人们生活方式、生活习尚及生活状态演变过程"的。[2] 20 世纪中期以来，又有关于"日常生活"的研究，从胡塞尔、海德格尔，一直到哈贝马斯、列斐伏尔，特别是原来东欧"布达佩斯学派"的阿格尼丝·赫勒等等，他们与传统的马克思主义研究方法不同，不是通过"社会的人"的"生产和再生产"，而是通过人的"自在的"类本质和

---

① 宋镇豪：《夏商社会生活史》，中国社会科学出版社 1994 年版，第 1 页。
② 严昌洪：《20 世纪中国社会生活变迁史》，人民出版社 2007 年版，第 2 页。

"自为的"类本质的关系，揭示了"自在的对象化领域"，把日常生活界定为"那些同时使社会再生产成为可能的个体再生产要素的集合"①。我国的一些哲学学者，也开始热心地研究"日常生活"，他们认为，"日常生活是以个人的家庭、天然共同体等直接环境为基本寓所，旨在维持个体生存和再生产的日常消费活动、日常交往活动和日常观念活动的总称，它是一个以重复性思维和重复性实践为基本存在方式，凭借传统、习惯、经验以及血缘和天然情感等文化因素而加以维系的自在的类本质对象化领域"②。它"是一个自在的可经验的、处于相对独立与凝固状态下的类本质对象化领域"。这些"社会生活"或"日常生活"，当然与道德生活相关，但是它们之间又有许多不同，最大的差别是道德生活只就"道德"方面而言的，它是另一门学科。许久以来，我国也有人研究"道德生活"，特别是在 20 世纪末，他们或认为"社会整体的道德状况"③，或认为道德生活是"有关人们的利益关系的实践理性生活，是追求人格完善、社会和谐与公正的创造性生活"④ 等等，更有人试图区分道德生活的"静态特征"与"动态特征"⑤，如此等等，不一而足。

　　上述所有关于"生活"、"社会生活"和"道德生活"的解说，都是从一定的角度着眼，应当说各有道理，这里无暇一一细评。但是，这些讨论中都涉及一些共同的问题，它们直接关系着我们对于道德生活的理解，即人们的社会生活和道德生活究竟是个体的，还是社会整体的？是由个人自由意志决定的，还是依据社会发展规律性的？是自在的，还是自为的？

　　其实这些问题的本身，已经显示出我们当中某些思维方法上的二元分裂倾向；过分地夸大了矛盾的一方面，而没有认识到另一方面。试想，哪个现实的人，不是既是个体，又是社会的？难道有离开社会的个体，或者离开个体的社会吗？无论哪个时代，哪个人的道德生活，就连敬老慈幼或者最私密的爱情，也没有一件不是通过一个个个体来实现，而同时又是具

---

① 阿格尼丝·赫勒：《日常生活》，重庆出版社 1990 年版，第 3 页；并参见第六—九章。

② 衣俊卿：《现代化和日常生活批判》，黑龙江教育出版社 1994 年版，第 32—33 页。

③ 陈泽环：《经济体制与道德生活》，《江西社会科学》1995 年第 2 期。

④ 高兆明：《道德生活论》，河海大学出版社 1993 年版，第 13 页。

⑤ 于树贵：《道德生活界说》，载唐凯麟主编《中华民族道德生活史研究》，金城出版社2008 年版，第 1 页。

有社会背景、社会意义的活动。同样，社会发展的规律性也要通过个人的自由意志、自由选择来体现，而个人的自由选择、自由意志，也总是受着社会发展规律的影响和支配，内含着社会发展规律的内容。封建社会里的忠君爱国，固然体现着封建社会的道德规律性，可是它的支配作用，无一不是通过一个个具体的臣民的道德活动来实现的。再有，人们的道德生活到底是自觉的还是自发的，恐怕也不能做简单的判定。从根本上说，人类具有自觉的能动性，完全自发的只能是生理上的本能。人的每项道德活动都是经过自己的大脑选择决定的，但是，人们的自觉程度又确实存在着差异。例如自觉的遵纪守法与被迫的遵纪守法，尤其是与那些被个人的私欲支配而违法乱纪的不道德行为，其实都应该算是道德生活的内容。

　　由此我们认识到，道德生活既不是像某些学者们所说的那样，"个体的自由意志"所展现的"精神力量和价值追求"，也不是像某些学者们所描绘的那样是缺少"理性的"、"创造性"、"高尚性"的内涵，"缺少创造性思维和创造性实践的空间，人的行为以重复性的实践为特征，它直接被那些世代自发地继承下来的传统、习惯、风俗、常识、经验、规则以及血缘和天然情感等所左右"。① 在道德生活里，既有缺少理性的模仿，甚至反理性的冲动，但是更有理性权衡后的言行；既有大量的因循和沿袭，也从不缺乏革新和创造；既有无数的平庸，甚至卑鄙，更有着无数的伟大和崇高。就以最普通的清明祭祖这种道德活动来说，虽然都是表达孝亲的道德内容，但是古代和今天不一样，南方和北方不相同。不同的社会阶级、阶层、社会集团，由于经济、文化状况的差异，其祭祖的方式、方法存在着很大差异。至于因为道德水平的差异而出现的祭祖活动，其表现更是千差万别。黄庭坚当年写诗《清明》诵道："人乞祭余骄妾妇，上甘焚死不公侯。贤愚千载知谁是，满眼蓬蒿共一丘。"既有孟子所批判的那种人，偷食他人的贡品以骄妻妾，也有像介子推那样，不惜与老母一同被焚死，以维护自己的道德人格的人。这种"贤愚千载"的道德生活，岂能以"自觉地自己支配自己的生活"来概括，又岂能以缺乏"理性"、"创造性"和"高尚性"来统统抹杀！人类的道德生活是丰富多彩的，总是共性中存在个性，个性中拥有共性；变化中存在不变，不变中拥有变化；

---

① 衣俊卿：《现代化和日常生活批判·总序》，人民出版社 2005 年版，第 4 页。

于纷繁复杂，千变万化的发展中，却又体现出一定的规律来。这正是我们的道德生活可以成其为史，值得我们研究的现实根据。假如人们的道德生活只是像某些人所说的那样平庸和杂乱无章，那么，我们的道德生活史又何必进行研究！或者只是如某些人所理解的那样，"追求人格完善、社会和谐和公正"，那样纯洁、单调也就无须进行研究了。

那么，究竟什么是道德生活呢？在我们看来，所谓道德生活就是在人类社会生活实践中，那些与社会道德思想、伦理理论相对应的，具有一定道德意义和价值，能够作出道德舆论和道德评价的事象，这些事象主要体现在人们的道德关系、道德言行、道德风气、道德习惯等等方面，存在于人们的婚姻家庭、国家社会、政治关系、职业生活、公共生活和交往关系、个人品德修养等各个领域中。

这里要特别强调一下某些人所说的道德生活的"依存性"和"寄生性"问题。在他们看来，道德生活不像人类的其他各种生活那么具体、实在，例如饮食起居、婚丧嫁娶、生产劳动等等，它往往存在于这些活动之中，因而有人进而质疑道德生活有无客观实在性。应该说，道德作为人的人生观和价值观，它和真、美一样，的确要依赖，或者说存在于某些更具体的事物里，多年前我曾经写过一篇叫做《道德像盐》的小文章，刊登在《光明日报》上，比喻道德像盐存在于各种菜肴食品中一样，它本身并不能单独存在。从这种意义上我们赞成下述意见，"道德生活自身并不能孤立存在，它存在于社会其他生活之中，并通过社会其他生活显现自身"。然而"独立存在"与"客观存在"又是两码事。道德和道德生活的确存在于人类社会之中，这是不依人的主观意志为转移的客观现实。也许我们可以更准确地称其为"第二级"的，或者"较高层次"的客观实在。总之，绝不能因为道德生活在现实生活中不能单独存在而怀疑它的客观存在，更不能因此而贬低它的意义和价值。无论从哪个角度讲，探讨道德生活决不是个伪问题。

肯定道德生活存在于各种社会生活之中，对于我们研究道德生活史具有重要的启示。首先，它告诉我们，必须在人们的各种各样的丰富的社会生活中，来寻求道德活动的踪迹；不能企图脱离各种社会生活实践，去谈论什么抽象的道德生活。其次，也是更重要的，它提醒我们，由于道德生活所在的社会生活的无限丰富性，处在不同时期的人们的道德生活包括各个层面，内容非常繁杂，多姿多彩，其中还包含着不少矛盾；但是它们又总有一定的结构，能够成为一个整体。其中有善有恶，有主有次；有核心，也有边缘；有基础，也有前沿；不停地斗争和统一着，推动着社会道德不间断地升降沉浮，运动发展。人们在研究道德生活时，不但要区分主次、区分核心与边缘，更要区分本质和现象、主流与支流，一定要把最重要的，能够反映和代表社会的本质和时代主流的东西紧紧抓住，仔细分析研究，不能眉毛胡子一把抓。例如，岳飞和文天祥也许有过一些道德缺点，最近有人"揭发"说文天祥年轻时生活不够勤俭严肃，岳飞作战时有过逃跑行为，如此等等，且不说这些是不是事实，即便是真的，他们在主要和关键时刻，能够在民族斗争中那样英勇奋战，视死如归，也足以使他们光照万世，彪炳千秋。慈禧太后和袁世凯，也许相貌不错，聪明能干，年轻的时候也不是没有办过一点好事，甚至对于自己的亲信爪牙也能讲究信义，施行小恩小惠，但是他们的道德生活，集中地体现在戊戌变法和以后的义和团等重大活动中，在这个关系到中华民族的前途命运的关键时刻、关键问题上，他们卖身投靠外国侵略者，凶残地屠杀维新人士和人民群众，这足以使他们永远被钉死在历史的耻辱柱上。

从上述指导思想出发，这里的道德生活史研究，主要集中到研究各个时期人们现实的道德生活上，特别是家庭婚姻道德、政治生活道德、行业行为道德等领域的道德关系、道德实践和道德言行。我们认为，这些是研究和论述的"主要纬线"。当然，除此之外，道德生活也还体现在人们日常的饮食服饰、生活起居、婚丧礼仪、行旅交通、宗教信仰、医疗保健、节日风习等等方面，对于它们的研究也有一定的价值和意义。然而由于各种原因，在这本书里，我们实在无暇顾及得那么完整和全面，只能抓住一些主要的方面进行描述和研究，恳求读者原谅。

这里还要特别说明，我们认为人们的道德生活，主要是围绕着行为准则和道德规范——他们遵守或者反对一定的行为准则和道德规范——来展开的。现在有些人区分什么"美德伦理"、"规范伦理"，强调什么"义务伦理"、"权利伦理"，如此等等，这些探索，从理论研究的角度，当然有其意义和价值；但是从现实的道德生活说来，什么伦理道德也离不开人们的行为准则和道德规范；说到底，道德生活的基本内容，主要就是人的行为准则和道德规范，它贯彻在人们的道德观念、道德行为、道德修养、道德评价之中。我们这里研究讨论的道德生活，都是以它为核心而展开的。

三

唯物史观告诉我们，人类的任何道德生活，都是在一定的历史条件、历史环境下进行的，只有把握其产生的历史条件、历史环境，才能从现象深入本质，更深刻地认识其意义和价值。例如，唐代张公艺一家，以"忍"字作为秘诀，"九代同居"，曾经受到过南北朝、隋文帝，直到李世民父子历代王朝的赞扬。然而到了清代初期，一位文人张潮却对此产生非议，他说："殊不知忍而至于百，则其家庭乖戾暌隔之处，正未易更仆数也。"他甚至说这种九代同居现象，"止当于割股、庐墓者作一例看。可以为难矣，不可以为法也，以其非中庸之道也"。(《幽梦影》，第169—170则) 唐代以前为什么人们在家庭生活中能够以"忍"来维持"九代同居"，为什么当时的人们会赞扬、羡慕这样的道德生活？而为什么到了后来，人们却不认可这种现象？这些，当我们了解了封建社会前期的血缘关系浓重，门阀士族力量强大，而到了封建社会后期它已经日趋衰败这个社会背景，一切就都明白了。因此，任何道德生活和道德生活史的研究，都应该从人类社会开始，从研究人类社会发展史讲起。

关于人类社会发展史，尤其是中国古代的社会发展史，多年来一直众说纷纭，争持不一，虽然自新中国建立以来，马克思主义的唯物史观开始占据上风，有些人却始终持保留意见。就是在拥护和赞成唯物史观，用它作为指导来研究中国历史的，对于许多问题的看法也往往并不一致。在此，我们无法展开详述，只能对于几个必须解决的问题谈一点意见，并以此作为这本《中国古代道德生活史》的理论根据和前提。

首先，人类社会历史的发展，是杂乱无章的偶然事件堆积，是某些人为的意志的产物，抑或是不以人的主观意志为转移的客观规律？如果有客观规律的话，那么这个规律又是什么？对于这一问题，马克思主义的唯物史观早就指出，人类社会历史的发展过程，是个"自然历史过程"，归根到底是由于社会生产力与生产关系之间的矛盾运动，以及建立在此基础之上的社会基础与上层建筑的矛盾运动所决定的。而以社会生产资料为主要内容的生产关系的性质，最终决定着人类历史上每个社会发展阶段的性质。据此，马克思本人曾经尝试着分析社会发展的几种社会形态，列宁也有论述，但是没有得出最后结论；至斯大林才正式提出"五阶段论"的学说，即人类历史要经历原始社会、奴隶社会、封建社会、资本主义社会和共产主义社会。也有人则概括为"三种社会形态"，即以"人的依赖性"为核心的自然经济形态；以"物的依赖性"为主导的经济的社会形态和以人的全面自由发展为前提的解放了的人类社会。不论"五种"还是"三种"，都是不以人的主观意志为转移的、依次递进的发展进程。马克思主义的唯物史观不但汲取了人类以往的优秀研究成果，论证科学，逻辑严密，而且是总结概括了无数历史发展的实际，不断地被人们的社会实践证明了的真理。即使拼命反对它的许多西方学者和政客，也已默认了其中的部分结论，例如有人千方百计地论证从"前现代"到资本主义的合理性，资本主义的"普适性"，其实他们只是"前半截子"的历史发展观，认为资本主义乃是人类历史发展的终结。也有些人（如鲍德里亚等）提出"后现代观念"，批评并且否定西方资本主义的一些"现代性"文明，认为人类社会必将向更高的发展阶段前进，这又是"后半截子"的历史发展观。在这些极不相同的观点中，我们看到，它们都在不同程度上承认了人类历史是个客观发展过程这一真理。

其次，中国的历史是不是也按照唯物史观所论述的人类的"自然历史进程"发展，经过原始社会、奴隶社会和封建社会？对于这个问题，以往的许多马克思主义思想家特别是历史学家，作了大量的研究，尽管他们得出的具体结论并不相同，例如西周封建说、秦汉封建说、魏晋封建说等等，但是其基本结论是一致的，即肯定中国古代也经历了资本主义社会以前的诸种社会形态，特别是封建社会。然而近年来，也有一些学者反对这些看法，他们怀疑甚至否定中国古代有过马克思主义所肯定的"封建社会形态"，并且已经不再用"封建社会"称谓秦至清的中国社会，改称其为"郡县—官僚社会"，有时又称为"帝制农商社会"。① 这些人之所以持此观点，主要原因是他们困惑于各种各样的"封建主义"的概念，诸如西周"分邦建国"式的"封建"，西欧式的"封建"，日本的"封建"等等，不知道真正的"封建"到底是指什么，不懂得社会发展中的

---

① 赵轶峰：《明代的变迁》，上海三联书店 2008 年版，第 302 页。

"一"和"多"的关系，不承认封建社会形态包含着多样性。我们知道，世上任何的"一"都是由"多"组成的，没有脱离"多"的"一"；同样，任何"多"之中，总是包含着"一"，没有离开"一"的"多"。封建社会不但具有不同的发展路径，不同的表现形式，还有一个更为普遍的封建社会，即建立在分散的小农经济的私有制基础之上的，严格等级式的、由地主或领主阶级，剥削压迫农民的专制的封建社会；而这种封建社会存在于各种各样的具体路径和具体形式之中，包括中国式的、西欧式的，也包括日本式的。补充说一句，这种"封建社会"的概念，与西周时期的"分邦建国"式的"封建"完全不同。社会发展的历史无疑是丰富多彩的，不能用单线条做简单的概括。但是，它也决不是各种各样的线条胡乱地交织在一起，毫无头绪。相反，它们像一部雄伟的交响乐，又像一幅斑斓的巨大画图，在纷繁多彩的乐器音调和颜色光影中，演奏和表现着一个共同的主题。

这里还涉及一个社会历史以及道德发展的趋势问题，过去人们对此是毫不怀疑的，甚至认为它们只是一条简单的上升直线。我们曾经批评过章太炎先生的"俱分进化论"，认为他提出的"善也进化，恶也进化"、"如影之随形"之说不科学。现在看来，我们过去的批评过于简单化了，太炎先生的观点未尝没有道理。任何先进道德的出现，都会激起旧道德的敌视，受到它们的抵制、围剿和攻击，这不是"恶的进化"吗？即使新道德的本身，往往也不会是始终完善，它的发展要经历一个长期发展完善的过程，甚至它本身也会有负面因素，而这些因素可能随着正面因素的发展而日益显现。例如，资产阶级的民主、平等，在资本主义制度下，其弊病和虚伪会愈来愈暴露出来。任何国家、任何社会的道德都是善恶交错，由极其复杂的因素组成，在其历史发展过程中总会有升降起伏，在进步中夹带着若干暂时的停滞和倒退。好事中往往包含着坏的因素，可能引出坏的结果；坏事中也往往包含着好的因素，甚至还能变成好事。在这一点上，应当说太炎先生的观察和理解是深刻的，他的学说中包含着真理颗粒。当然，太炎先生由此得出悲观结论，最终否定人类和世界，则是错误的。历史总是在前进和仿佛倒退的曲折中前进，道德也总是在善恶交织、善不断战胜恶的斗争中发展。那么，究竟应当怎样看待社会和道德的发展呢？我们认为，这里最重要的，是要在错综复杂的事物和过程中，紧紧抓住它们的本质和主流，辨别其性质，紧紧把握住前进的方向。当然，对于非本质的、支流的东西也不能忽视，需要认真谨慎地对待，但是，绝不能眉毛胡子一把抓，手足无措，更不能把那些成分错误地当成本质和主流。例如，中国历史上几次少数民族入侵中原，当然暂时妨害了生产力的发展，给当时当地的汉族人民群众带来一些灾难，但是，它又促进了民族的大融合，推动了少数民族地区从奴隶制向封建社会的发展进步，从中华民族发展的大方向上看，无疑是起到积极作用的。中国封建社会的道德状况，无疑有过暂时的下降和倒退，例如宋明以后封建道德对于人们的压制作用加重；但是就在同时，由于封建道德的腐朽性愈加暴露，人民反抗其压力的趋势日益增强，而资本主义因素萌芽的成长，更促使整个社会道德的生机与活力。总之，无论是整个社会，或者是社会发展中的道德生活，其上升和进步，始终是本质和主流。

四

中国社会的历史发展经历了几千年，道德生活极其丰富，千变万化，包罗万象，我们的道德生活史该从哪里说起？在这部书里，如上所述，我们将努力以马克思主义的唯物史观和辩证法为指导，学习并吸取以往许多马克思主义历史学家，像郭沫若、范文澜、侯外庐、白寿彝等先生的研究成果，从科学的社会发展史出发，坚持中国的古代社会从远古到清朝末，经历过原始社会、奴隶社会和封建社会三个社会形态的论断，并以此作为"主要经线"，以家庭婚姻道德、政治行政道德、社会行业及不同阶层的道德为"主要纬线"，围绕着一定时期人们的行为准则及道德规范这个核心，来构筑我们的理论框架，努力展现我国古代道德生活的原貌和它的历史演变，揭示出其中的本质和发展变化的规律性。

为了研究的方便，我们将视角主要集中在中国的封建社会，并分其为两大历史阶段：先秦时期，从原始社会，历经奴隶社会而步入封建社会；秦汉至清代，属于封建社会时期。封建社会又分成前、后两期：秦汉时期、魏晋南北朝时期、隋唐五代，属封建社会的前期；而宋元至明中期，以及明中期至清代两个时期属于封建社会后期。明清之际中国出现了资本主义萌芽，特别是鸦片战争以后，开始沦为半封建、半殖民地社会，但是就其道德生活整体上看，大体上还是封建主义的延续。

根据上述的主要经线和主要纬线，本书拟分为如下六编：

第一编，先秦时期，原始社会向封建社会的过渡，封建主义道德生活的出现。从原始氏族社会向奴隶社会和封建社会的过渡，可以分成三个阶段：氏族社会阶段，资料主要存在于传说中，如所谓“三王国天下，五帝家天下”。然后是夏、商、西周，属于奴隶制阶段，开启了私有制度下道德生活的序幕，出现了“有孝有德”的道德纲领。思想上主要是“学在官府”，由祝宗卜史支配，特别是以周公作为代表的制礼作乐，使之制度化。最后是春秋战国阶段，奴隶社会的固有结构发生解体。由于井田制度遭到破坏，允许土地自由买卖，和实行实物地租；废除“世卿世禄”制度，农奴获得一定的人身自由；思想道德观念开始从严格的奴隶制度下解脱出来，诸子蜂起，百家争鸣，封建道德观念萌发，并且向民间传播。

第二编，秦汉魏晋南北朝时期，是中国传统伦理道德发展的第二个重要时期。其间，随着封建社会确立，确立了以“三纲”为核心的封建礼教的统治地位，封建主义道德生活得以巩固和弥漫。秦统一以后，“公田私田化，公社农民小农化，礼制法制化，分封制度郡县化，世卿制度官吏化”①，中国历史进入封建社会。以等级制为特点的封建土地所有制及其相应的地主阶级内部结构形成，儒家纲常伦理作为行为规范和德法并用的政治思维相缩合，对后世道德生活产生了重要影响，后虽中经魏晋玄学思潮、社会动乱和南北朝时期民族矛盾冲击，社会道德生活和制度伦理之间仍保持了一种时松时紧的动态制约关系，以“三纲五常”为中心的传统道德规范不但在人们的实际道德生活中得以持续地贯彻，同时这些道德规范的合理性也不断被进行形而上的诠释论证，渗透到传统的道德集体无意识之中。三国两晋南北朝时期，按身份门第划分等级，社会上存在着严重的人身依附关系，民族关系和阶级关系激烈变动，门阀世族、血缘关系对于道德生活的影响很大，“用门第族望为选举低昂”（洪迈：《容斋随笔》卷16《并韶》），朝廷杀人动辄族诛（《容斋随笔》卷2《汉轻族人》）。“二十四孝”多出于汉代也可以证明这一点。魏晋时期基本上也是敬宗恤族，提倡孝悌，曹操能够以“不孝”的罪名杀孔融，完全是时代使然。

① 白寿彝总主编：《中国通史》第3卷，上海人民出版社2004年版，第169—171页。

而祢衡之所以鄙贱曹操，也是因为曹有"僭篡之志"的缘故。其间，虽然出现了某些反礼教的倾向和个人，表面上放达，例如阮籍、嵇康之类，其实他们"实在是相信礼教到固执之极的"（鲁迅：《魏晋风度及文章与药及酒之关系》）。

第三编，隋唐五代时期，这是封建社会上升，封建主义道德生活进一步发展与成熟时期。杜甫诗说："忆昔开元全盛日，小邑犹藏万家室。稻米流脂粟米白，公私仓廪俱丰实。"隋唐时期封建经济发展，工商业兴旺，文化昌盛。身份等级特权的门阀世族开始衰落，唐太宗规定"专以今朝品秩为高下"（《资治通鉴》卷195太宗贞观十二年），致使"旧时王谢堂前燕，飞入寻常百姓家"。普通地主和农民要求摆脱依附等级关系，"自五季（五代）以来，取士不问家世，婚姻不问阀阅"（《通志·氏族略》）。此期出现了唐太宗李世民的《帝范》和吴竞的《贞观政要》那样高度圆熟的道德经验。

第四编，宋元明中叶是封建社会的顶峰，封建主义道德生活的普及、深化与僵化的时期，其间虽然经历了又一次的激烈民族冲突和民族融合，但是就总的趋势来说，当时的中国处在相对稳定的发展时期，经济中心南移，社会生产的迅猛发展，封建经济高度成熟，以官僚地主阶级为支柱的专制主义中央集权制建立与加强，农民摆脱了汉魏以来的人身依附地位，"贫富无定势，田宅无定主"（袁采：《袁氏世范·治家》卷3），广大农民要求"等贵贱，均贫富"（南宋钟相、杨么）、"摧富益贫"（元末红巾军）。儒家吸取佛、道而形成的理学逐渐发达起来，封建道德教化日益深入人心。大量愚忠、愚孝、节妇、义夫得到表彰，宣扬封建道德和忠孝节义的学校书院、教材读本、乡规民约、戏曲小说等大量出现，封建道德随之深入穷乡僻壤，老弱妇孺皆知。连少数民族统治的元代，也用中原传统道德观念约束民众，提倡理学，注重君德、臣贤、忠孝、贞节。明代更是大张旗鼓地鼓吹封建道德，朱元璋颁布《教民六谕》，要求老百姓"孝顺父母，尊敬长上，和睦乡里，教训子弟，各安生理，勿作非为"。制定《大明集礼》，使"贵贱有别"的儒家之礼贯穿甚至渗透到社会生活的方方面面，规范着人们的行为。

第五编，明中叶至清代，这是封建社会衰老，封建主义道德生活的衰败与没落时期。此时，民族矛盾加深，政治腐败，土地兼并，两极分化，虽有一段回光返照，如康乾盛世，显示出封建势力还有一定的生命力，但终究是气数已尽，无力回天。在商品化浪潮的冲击下，"末富居多，本富益少；富者愈富，贫者愈贫"。"金令司天，钱神卓地。贪婪罔极，骨肉相残"（顾亭林：《天下郡国利病书》卷 9，引谢陛《歙县风土论》），"人情日薄一日"，士人"使贪使诈"，广大农民流亡破产，农业生产力严重萎缩，嘉庆后逐渐变成半封建、半殖民地国家，封建道德的腐朽、顽固，愈益受到时代的挑战，更趋衰落；许多先进人士开始怀疑，甚至反对它。

第六编，专列少数民族的道德生活。中国是个多民族国家，古代经济发展水平不齐，其道德状况也差别极大，内容丰富多彩，但是有一个总的倾向，即程度不同地都向封建主义的道德方向迈进。

本书的写作过程中，除参考许多史乘、史论、笔记之外，还特别学习了中国史和中国哲学史的一些著作，其中最主要的有：24 卷本的白寿彝先生主编的《中国通史》（人民出版社），侯外庐先生主编的 4 卷本的《中国思想通史》，其他还有任继愈先生主编的《中国哲学发展史》，肖萐父先生主编的《中国哲学史》等等。此外，还参考了陈瑛先生、朱贻庭先生、沈善洪先生、张锡勤先生等人撰写的关于中国伦理学史的著作。还有大批关于中国古代社会生活史的研究著作，其中有：宋镇豪著《夏商社会生活史》，中国社会科学出版社，1994 年；朱大渭等著《魏晋南北朝社会生活史》，中国社会科学出版社，1998 年；李斌城等著《隋唐五代社会生活史》，中国社会科学出版社，1998 年；朱瑞熙等著《宋辽夏金社会生活史》，中国社会科学出版社，2005 年；史卫民著《元代社会生活史》，中国社会科学出版社，2005 年；陈宝良著《明代社会生活史》，中国社会科学出版社，2004 年；钟敬文主编《中国民俗史》（宋辽金元卷、明清卷），人民出版社，2008 年；秦永洲著《中国社会风俗史》，山东人民出版社，2011 年；张继军、陈江著《明代中后期的江南社会与社会生活》，上海社会科学院出版社，2006 年；《先秦道德生活研究》，人民出版社，2011 年，等等著作。许多专门的社会生活史书，例如家庭生活史、妇女史、士人生活史，甚至流氓史也给我们以很大的启发，特此表示感谢。

还有一点要提及的，就是本书写作时，在某些地方引用了不少古代的稗官野史，甚至笔记、小说之类的史料。之所以如此，一来是由于正史的资料短缺，例如关于农民道德、游民道德的记载，古代的记载甚少，往往无籍可考；这些"小人物"及其事迹，一向难以进入历代史学家的"法眼"。二来更重要的是，这些稗官野史和笔记、小说中，包藏着丰富的，极可宝贵的材料。正如刘鹗在其传世名著《老残游记》中说，这些资料，"名可托诸子虚，事虚证诸实在"，它们的确是现实生活的直接或间接的反映。再有，稗官野史和笔记小说中，虽然有讹传、有偏见，但是它极少经过御用文人的涂饰，保持了原始的质朴性。因此有人甚至说，"这种资料的价值，也就如研究殷商时期之有甲骨文字，研究两周历史之有铜器铭文，研究两汉之有西北出土的简牍和汉代画像石，有同等的重要性"①。

　　最后，我们尤其要感谢中国人民大学哲学院伦理学和道德建设研究中心，是他们作为教育部人文社会科学重点研究基地，将这一重大研究项目课题交给我们，没有他们的眼光和魄力，没有他们的信任和支持，这里的一切研究和撰写都是做不到的。

　　中国道德生活史的研究，是一个极其浩大而又严肃的文化工程，它不仅是研究中国伦理学的基础和出发点，而且更是了解中国古代历史，认识中国古代社会，传递中华民族优秀的民族精神和道德传统的重要途径，对我们今天建设中国特色社会主义精神文明也具有直接的意义。中国道德生活发展的历史道路，不但会坚定我们建设中国特色社会主义道德的目标和方向，而且其中的许多具体做法和经验，都会给我们今天的思想道德建设提供宝贵的经验和启发。例如，古人的许多嘉言懿行，至今还会使我们热血沸腾，激励我们奋勇前进；古代出现的一些背信弃义、骗术恶行，会给我们提供必要的警戒。在此必须指出，由于理论界以往缺乏这方面的工作，也由于我们的水平和时间的关系，这个题目做得很不够，很不理想，尚有粗糙肤浅、挂一漏万之嫌。在开始做此课题之时，我们已经意识到自己的不自量力；但万事开头总得有人做，所以我们才敢不自量力地承担了这一任务。记得杜老（国庠）当年曾经为他自己的著作题名曰"草桥集"，但愿我们这份现在看来极不成熟的答卷，也能作为一座研究中国古代道德生活史的"草桥"供人暂时踩踏，为今后的进一步研究提供方便。

---

　　①　谢国桢：《明清笔记谈丛》，上海书店出版社 2004 年版，第 266 页。

上　　卷

第 一 编

先秦时期的道德生活

中国人的道德生活史本应从原始社会说起。从考古发现看，中国大地上人类活动的历史可以追溯到 200 万年前，而有文字记载的文明社会历史不超过 5000 年。漫长的原始社会里人们的道德生活状况如何，我们实在是知之甚少。到目前为止，关于原始社会的道德生活，人们引用最多的文献资料就是《礼记·礼运》篇的一段话：

> 大道之行也，天下为公，选贤与能，讲信修睦。故人不独亲其亲，不独子其子。使老有所终，壮有所用，幼有所长，矜寡孤独废疾者皆有所养。男有分，女有归。货恶其弃于地也，不必藏于己；力恶其不出于身也，不必为己。是故谋闭而不兴，盗窃乱贼而不作，故外户而不闭。是谓大同。

结合对一些保留原始社会生活习俗的少数民族的人类学调查资料，我们推测原始社会的人没有私有观念，在氏族公社或部落内部，人人平等，团结互助，互相友爱，善待老幼，扶助孤寡。那时的社会风气和道德状况常常受到后世的羡慕和赞颂。实际情况可能没有想象的那么美好，但确实没有私有制和等级差别带来的矛盾和冲突。由于所知太少，我们只能放过原始社会的道德生活，从先秦开始说起。这实在是一种无奈的选择。

我们所说的"先秦"，在时间段上指夏商周到秦始皇统一六国之前，但由于史料多少的原因，叙述的重点有意无意地放在了春秋战国这一段，即狭义的"先秦"。

夏商周是中国文明社会的初期，也是从原始社会进入阶级社会的转型期。由于铜器和铁器的使用，生产力水平大为提高。经济发展带来社会生活的一系列变化，私有制取代了公有制，专偶婚个体家庭取代了对偶婚和氏族大家庭，国家取代了氏族部落联盟。氏族社会中平等的人分化为不同的阶级和阶层，人与人的关系复杂化，社会矛盾突出，仅仅靠习俗和禁忌已无法维系正常的社会秩序。于是，法律和道德的社会调控作用日益受到重视。从周公制礼开始，许多执政者都把道德教化作为移风易俗和保持社会稳定的重要手段。道德意识逐渐形成并影响着人们的日常行为，人的生活被赋予了道德的性质。道德舆论无所不在地监督着人们，道德信念和道德情感构成的良心成为个人内在的约束机制。

道德是为了促进人的发展，协调人与人、人与社会的关系而产生的。正如老子《道德经》所说："六亲不和，有孝慈。国家昏乱，有忠臣。"为了协调个体家庭内部夫妇、父子、兄弟的关系，产生了父慈子孝等家庭婚姻道德。为了协调君臣及上下级关系，产生了君仁臣忠等政治道德。各种不同的职业活动中产生了相应的职业道德。我们试图通过对这几方面道德行为的描述，来呈现先秦时期道德生活的基本状况和特点。

第一章

家庭与婚姻中的道德生活

夏商周时期是由原始社会进入文明社会的转型期，即由"大同"社会转为"小康"社会。在家庭婚姻方面的变化有两点，一是以一夫一妻为主要形式的个体家庭逐渐形成和巩固；二是父权中心已经形成。这些变化决定了先秦时期家庭婚姻道德的基本特点。

第一节　养老和孝亲

养老始终是人类社会面临的一个大问题。原始社会是由氏族部落承担养老的责任，这就是《礼记·礼运》篇描述的"大同"社会：

> 大道之行也，天下为公。……人不独亲其亲，不独子其子，使老有所终，壮有所用，幼有所长，矜寡孤独废疾者皆有所养。

显然，在"大同"社会里赡养老人和抚养孩子都是集体的事情，是氏族部落成员的共同义务。而到了"小康"社会，即我们所说的文明社会，情况就不同了。"大道既隐，天下为家。各亲其亲，各子其子，货力为己。"氏族部落解体，一夫一妻为主要形态的个体家庭出现，养老的方式也就随之发生根本改变。养老的主体不再是氏族部落，而变成个体家庭的子女。部落成员集体担负的养老责任转移到个体家庭身上，实现了养老的"个体承包责任制"。任何新生事物都会遭到习惯势力的抵制。可以想象，失去劳动能力的老人会被许多子女视为家庭生活的一种负担，子女本能地逃避这种养老责任，对老人冷漠、遗弃的现象普遍存在，严重的甚至害死亲生父母。孟子就感叹说："世衰道微，邪说暴行有作，臣弑其君者有之，子弑其父者有之。"

子弑其父有个著名的事例，就是商臣弑楚成王。商臣是楚成王的太子。当初楚成王要立商臣为太子时，征求令尹子上的意见，子上表示反对。他说商臣"蜂目而豺声"，是个残忍无情的人，不可立为太子。楚成王没听子上的忠告。后来成王又想废掉商臣，另立太子。商臣闻讯并证实了这个消息后，发动政变，带兵包围王宫，逼楚成王自杀。成王请求让他临死前吃一顿熊掌，商臣以熊掌难熟为理由拒绝了，楚成王无奈上吊自杀，商臣继位。这是发生在楚成王四十六年（前 626 年）的事，《左传》上有记载（《左传·文公元年》）。

史书上有记载的这类事不少，实际生活中发生而未被记载的事恐怕更多。为了解决这些问题，仁慈而聪明的政治家想了许多办法，通过制度、法律、道德、艺术等多种途径，倡导关心爱护老人、尊重老人。"孝"作为一种道德规范，就是在这种背景下逐渐形成的。传说舜曾"布五教于四方，父义、母慈、兄友、弟恭、子孝"（《左传·文公十八年》）。周文王把养老作为施行仁政的一个重要方面，因此获得好名声。吕尚、散宜生、辛甲、伯夷、叔齐等一大批志士贤者都因听说"西伯善养老"而千里迢迢投奔周文王。西周时已有一整套关于养老的礼制。《礼记》上说：

> 凡养老，有虞氏以燕礼，夏后氏以飨礼，殷人以食礼，周人修而兼用之。五十养于乡，六十养于国，七十养于学，达于诸侯，八十拜君命，一坐再至，瞽亦如之。九十使人受。五十异粻，六十宿肉，七十贰膳，八十常珍，九十饮食不离寝，膳饮从于游可也。（《礼记·王制》）

这种礼制后来逐渐法律化，对父母尽孝的受奖励，对父母不孝的要受惩罚。齐桓公曾对乡长们说："于子之乡，有居处好学，慈孝于父母，聪慧质仁，有则以告。有而不以告，谓之蔽明，其罪五。""于子之乡，有不慈孝于父母，不长悌于乡里，骄躁淫暴，不用于上令者，有则以告。有而不以告，谓之下比，其罪五。"当时齐国形成有效的奖罚机制，"匹夫有善，可得而举也；匹夫有不善，可得而诛也"。奖罚的结果是"民皆勉为善"。（《国语·齐语第六》）

孝经历了一个从祭祀逝者到奉养活人为主的发展过程。夏商和西周初期，受原始社会习俗的影响，认为人死后有神灵存在，祖宗的神灵既可保护后世子孙，也可惩罚子孙，带来祸害，所以人们想以庄重虔诚的祭祀活动，来换取祖宗神灵对自己的保佑。孝敬父母在早期只是孝的第二层含义。《诗经》中有许多诗都是祭祀时唱的追思祖先功业的歌。《大雅·下武》是歌颂周成王的，其中写道：

> 成王之孚，
> 下土之式。
> 永言孝思，
> 孝思维则。
> 媚兹一人，
> 应侯顺德。
> 永言孝思，
> 昭哉嗣服。
> 昭兹来许，
> 绳其祖武。
> 于万斯年，
> 受天之祜。（《诗经·大雅·下武》）

这里的"孝"，就是要求后代遵祖训，守旧章，继承祖业，以得到上天保佑。

《大雅·既醉》里写道：

> 威仪孔时，
> 君子有孝子。
> 孝子不匮，
> 永锡尔类。（《诗经·大雅·既醉》）

只有祭祀诚恳，孝心不断，才能得到祖宗神灵的赐福。

《小雅·楚茨》是周王室祭祀祖先的乐歌，诗中描述了祭祀的整个过程，以祭品的丰盛、仪式的隆重、态度的虔诚恭敬来表示对祖先的尊崇。这就是孝的具体表现，孝子可由此得到祖宗神灵的庇护保佑。诗中写到太祝传达神的意思，因为对祭祀很满意，将"卜尔百福"：

> 工祝致告：
> "徂赉孝孙。
> 苾芬孝祀，
> 神嗜饮食。
> 卜尔百福，
> 如几如式。
> 既齐既稷，
> 既匡既敕。
> 永锡尔极，
> 时万时亿。"（《诗经·小雅·楚茨》）

对祖宗神灵的崇敬祭祀是中华文明形成以来源远流长的民风民俗，影响极为深远，成了"孝"这个道德规范的一个重要载体和表现方式。时至今日，政府和民间的各种祭祖活动仍非常受人重视。

孝的另一层含义是报答父母养育之恩，在普通百姓中，这一点深入人心。《诗经》的《小雅·蓼莪》篇真实生动地表达了对父母的感恩之情：

> 蓼蓼者莪，
> 匪莪伊蒿。
> 哀哀父母，
> 生我劬劳！
> 蓼蓼者莪，
> 匪莪伊蔚。
> 哀哀父母，
> 生我劳瘁。
> 瓶之罄矣，
> 维罍之耻。

鲜民之生，

不如死之久矣。

无父何怙？

无母何恃？

出则衔恤，

入则靡至。

父兮生我，

母兮鞠我。

拊我畜我，

长我育我，

顾我复我，

出入腹我。

欲报之德。

昊天罔极！（《诗经·小雅·蓼莪》）

　　对父母的怀念和感恩已走出神灵世界，是现实生活中自然亲情的体现。如果说祭祀祖宗是求报之心，那么孝敬父母则是回报之情，是感恩和报恩。知恩图报是一种普适的道德观念，而每个人一生中最大的恩人首先是父母。父母给了我们生命，又把我们辛辛苦苦抚养成人，如果在父母晚年不能尽赡养的责任，不回报养育之恩，那就是忘恩负义。如果怀有报恩之心，却因为父母早逝而无法尽孝，那是最大的痛苦和遗憾，《说苑》记载了这样一段感人的事：

　　孔子行游中路，闻哭者声，其音甚悲，孔子曰："驱之！驱之！前有异人音。"少进，见之，丘吾子也，拥镰带索而哭，孔子辟车而下，问曰："夫子非有丧也，何哭之悲也？"丘吾子对曰："吾有三失。"孔子曰："愿闻三失。"丘吾子曰："吾少好学问，周遍天下，还后吾亲亡，一失也。事君奢骄，谏不遂，是二失也。厚交友而后绝，三失也。树欲静而风不定，子欲养乎亲不待。往而不来者，年也；不可得再见者，亲也。请从此辞。"则自刭而死。孔子曰："弟子记之，此足以为戒也。"于是弟子归养亲者十三人。（《说苑·敬慎》）

　　这当然是极端的例子，因为未能尽孝而自杀的事极为罕见。但说明回报父母养育之恩成为那时许多人的道德意识，能否尽孝也是当时道德评价的一个重要标准。历史上能尽心孝敬父母的人，被人们视为道德楷模而口口相传或载入史册。武丁是商代的中兴之君，他很有孝心，他的父亲殷王小乙去世，他守丧三年，远离王位，留下了"高宗谅暗，三年不言"的佳话（《绎史·武丁中兴》）。武丁的儿子孝已也很孝敬父母，以至于天下的父母都想有他这样的儿子。周文王也是孝子，《礼记》上说：

　　　　文王之为世子，朝于王季，日三。鸡初鸣而衣服，至于寝门外，问内竖之御者曰："今日安否何如？"内竖曰："安。"文王乃喜。及日中又至，亦如之。及莫又至，亦如之。其有不安节，则内竖以告文王，文王色忧，行不能正履。王季复膳，然后亦复初。食上，必在视寒暖之节。食下，问所膳，命膳宰曰："末有原！"应曰："诺。"然后退。（《绎史·文王受命》）

　　周文王对父王季历的饮食起居关心备至，这是他作为圣贤明君的仁爱之心和作为儿子的孝亲之德的具体表现。而在特殊的情况下，尽孝是要以付出生命为代价的。春秋时，晋献公宠爱骊姬，想废掉原来的太子申生，立骊姬生的奚齐为太子。骊姬在太子申生送给晋献公的食品中放了毒，诬陷申生谋害献公。面对横祸，有人劝他上书献公为自己洗清罪名，有人劝他逃离晋国。申生认为一旦辩白自己无罪，骊姬必然有罪。父亲老了，骊姬是他唯一的安慰。如果没有了骊姬，他会吃不下饭，睡不着觉，而自己无法带给父亲快乐。如果自己背着毒害父亲的恶名，离开晋国，谁又肯接纳他。于是，为了父亲的快乐，申生选择了自杀。类似的选择还有楚国的伍尚。他是伍奢的儿子，伍员的哥哥。楚平王听信奸臣费无忌的谗言，以谋反的罪名抓了伍奢。楚平王怕伍奢的儿子成为后患，就下令召伍尚兄弟，说："来，吾免尔父。"明知此去必死无疑，伍尚还是觉得"奔死免父，孝也"。为了保全父亲的生命，自己送死是值得的。于是，伍员选择了逃亡和报仇，伍尚选择了为父亲而死。结果伍尚和伍奢都被楚平王杀了。

　　从先秦时期关于孝行的种种记载中，我们可以看出"孝"的内涵有多层次：

第一，"孝"是血缘和抚养关系产生的子女对父母的自然亲情和报恩之心。

第二，"孝"是个体家庭中的子女对失去劳动能力的父母应尽的赡养义务。

第三，"孝"是子女作为父权家庭的臣民对家长必须服从的行为要求。

在不同的社会阶层中孝的表现方式也会不同。《孝经》中就明确指出：

天子之孝，是"德教加于百姓，刑于四海"。

诸侯之孝，是"长守贵"，"长守富"，"富贵不离其身"，"保其社稷而和其民人"。

卿大夫之孝，是"非先王之法服不敢服，非先王之法言不敢道，非先王之德行不敢行"，"言满天下无口过，行满天下无怨恶"，"能守其宗庙"。

士之孝，是"忠顺不失，以事其上"，"能保其禄位而守其祭祀"。

庶人之孝，是"用天之道，分地之利，谨身节用以养父母"。

孝是当时公认的基本道德规范，但尽孝的方式却因人的政治经济地位差异而不同。孝的境界也有高低之别。最起码的是满足父母的物质需要，让老人能吃饱穿暖，这叫"能养"。再好一点就对父母关心体贴，态度恭敬，让老人身心愉快，活得有尊严，这叫"敬"。孔子认为仅能养活父母是不够的，必须尊敬父母，不然和养犬马有何区别。儒家心目中最高的孝是"立身行道，扬名于后世，以显父母"。也就是说，让父母活着时因儿子而自豪，死后因儿子而声名不朽。

孝是父权社会产生的道德规范，所以它在本质上是肯定和维护父子之间的不平等关系。有个故事形象地表现了这一点：

伯禽与康叔见周公，三见而三笞之。康叔有骇色，谓伯禽曰："有商子者，贤人也，与子见之。"乃见商子而问焉。商子曰："南山之阳有木焉，名乔，二三子往观之。"见乔实高高然而上，反以告商子，商子曰："乔者，父道也。南山之阴有木焉，名梓，二三子复往

观焉。"见梓实晋晋然而俯。反以告商子。商子曰："梓者，子道
也。"二三子明日见周公，入门而趋，登堂而跪，周公迎，拂其首，
劳而食之，曰："尔安见君子乎？"（《说苑·建本》）

据说周公辅佐周成王时，常常通过教训儿子伯禽来间接教训成王。成
王是天子，虽然年幼犯了错误，周公也不能去打骂他，只能打骂伯禽。康
叔是周公的小弟弟，大概年龄和伯禽差不多，所以有时连这个小弟弟也一
起教训。文王和武王去世后，周公就是长兄了，在弟弟们面前要担起父兄
的责任，就是后世所说的"长兄为父"。这个故事说明，先秦时人们认为
正常的父子关系就是父亲高高在上（如乔木），儿子俯首在下（如梓木），
儿子服从父亲。周公是儒家心目中的圣贤，他打骂伯禽，就是要让伯禽知
道儿子在父亲面前怎么做才符合道德礼仪。儿子与父亲不是平等关系，而
是下对上的关系。在父亲面前昂首阔步、分庭抗礼就是错的，该打。只有
"入门而趋，登堂而跪"才是孝顺孩子。商子明白这个道理，并且用启发
式教育让伯禽康叔知道自己该怎么做，所以他是"贤人"、"君子"。

孔门弟子中，有两个著名的孝子，即闵子骞和曾子。他们的故事后世
有多种版本，在民间流传甚广。据《说苑》记载，闵子骞的事迹是这
样的：

闵子骞兄弟二人，母死，其父更娶，复有二子。子骞为其父御车
失辔，父持其手，衣甚单。父则归呼其后母儿，持其手，衣甚厚温，
即谓其妇曰："吾所以娶汝，乃为吾子。今汝欺我，去，即无留。"
子骞前曰："母在一子单，母去四子寒。"其父默然。故曰："孝哉闵
子骞，一言其母还，再言三子温。"（《说苑·佚文》）

闵子骞的孝行在于仁爱、善良、明事理。他甘受后母虐待，忍辱负
重，是不想引发家庭矛盾，给父亲造成烦恼。当父亲知道真相打算休妻
时，他不计前嫌，为异母弟考虑，劝父亲打消休妻念头。继母在，大不了
我一个吃点苦。继母走了，兄弟四个都成了没娘的孩子，全都得过饥寒的
生活。他原谅继母、关心弟弟的善心打动了偏心的继母，使继母悔改，变
成了慈母。这个故事表现的是常人常事常情，解决的是百姓生活中常见的

矛盾，所以很有感召力，得以在民间世代流传。同时也告诉我们，"孝"这一道德规范受到重视、提倡，是有现实原因的。因为它确实可以起到协调家庭关系、化解家庭矛盾的作用。

父母与子女之间的自然亲情是一种天性，人人都有，因此可以说孝心人皆有之。但人对利益的追求和相互竞争，会伤害这天性。尤其在天子、诸侯的家庭中，为了争夺权力的宝座，父子、兄弟之间经常互相残杀，像晋献公杀太子申生，太子商臣杀楚成王这样的事层出不穷。在位的君王往往把皇后太子视为潜在的敌人，离权力中心越近的人对君王的威胁也越大。激烈的权力之争使帝王的家族成员变为冷酷无情的人。但权力之争缓和的情况下，人性也会慢慢地复苏。郑庄公与母亲武姜的关系就是生动的一例。据《左传》记载，郑武公娶武姜，生了两个儿子，即后来的郑庄公和共叔段。郑庄公出生时难产，让武姜受惊吓，所以不喜欢这个儿子，起名寤生。武姜喜欢小儿子共叔段，想把他立为太子，郑武公没有答应。郑庄公即位后，武姜要求把最大的封邑给小儿子，于是封于京，号称"京城大叔"。这个小儿子野心很大，积蓄兵力，想发动叛乱，取代郑庄公。武姜则一心向着小儿子，准备在都城做内应。郑庄公察觉弟弟和母亲的阴谋，发兵平息叛乱，京城大叔逃往共。庄公把武姜迁出国都，安置到城颍，而且发了毒誓，"不及黄泉，无相见也"。活着永不见母亲，死后阴间再相会。过后不久，又后悔不该这么对母亲绝情。郑国有个叫颍考叔的大夫听说此事，便以进献礼物为名去见郑庄公，庄公赐宴款待。颍考叔吃饭时把肉挑出来放一边。庄公问他为什么这样，他回答说："我有老母亲，我们的家常便饭她都吃过，却从未尝过君王吃过的肉汤，请允许我带回去让母亲尝尝。"庄公的思母之情被触动，感叹说："你有母亲，我却没有啊！"颍考叔问庄公为何这么说。庄公就讲了母子情断的过程，并说自己感到后悔。颍考叔说："这有何难，如果你掘地见水，再挖个隧道与母亲相见，谁能说你违背誓言，说话不算数呢？"庄公听从他的建议，在隧道与母亲相见，高兴地赋诗说："大隧之中，其乐也融融！"武姜走出隧道，赋诗说："大隧之外，其乐也泄泄！"母子和好如初。当时的贤者赞叹说："颍考叔，纯孝也。爱其母，施及庄公。"郑庄公并非毫无人性、冷漠绝情。在自己的王位面临弟弟和母亲的挑战威胁时，他恨弟弟，也恨偏心的母亲。但在威胁消除后，埋藏在内心深处的思念母亲之情还是压抑不住，自然流露出来。颍考叔以自己的孝心感染了郑庄公，成为善的传播者。

曾子是孔子最得意的学生之一。孔子认为曾子能通孝道，就把自己关于孝的知识和见解传授给他。据说《孝经》就是曾子根据孔子言论整理编写的。曾子不仅是孝的理论传播者，也是孝的忠实践行者。关于曾子孝行的记载很多：

> 曾子孝于父母，昏定晨省，调寒温，适轻重，勉之于糜粥之间，行之于衽席之上，而德美重于后世。（《新语·慎微》）
>
> 曾子每读《丧礼》，泣下沾襟，常以一夕五起，视衣之厚薄，枕之高卑。（《尸子》）
>
> 曾子出薪于野，有客至而欲去。曾母曰："愿留。"参方到，即以右手搤其左臂，曾子左臂立痛，即驰至。问母："臂何故痛？"母曰："今者客来，欲去，吾搤臂以呼汝耳。"（《论衡》）
>
> 曾子从仲尼在楚而心动，辞归，问母。母曰："思尔，啮指。"孔子曰："曾参之孝，精感万里。"（《搜神记》）（以上四条均见《绎史·孔门诸子言行》）

前两条表现了曾子对父母生活上无微不至的关怀，这是不少孝敬父母的子女都能做得到的。后两条则是精诚所至，和母亲达到心灵上的相通，类似我们今天所说的心灵感应或脑电波。虽然现代科学还无法给出合理的解释，但古今中外关于这类现象的记载不少。这大概是孝的最高境界，普通人难以达到。但曾子的孝行并非十全十美，有一次甚至受到孔子的严厉批评。《说苑》记述了这样一件事：

> 曾子芸瓜而误斩其根，曾皙怒，援大杖击之，曾子仆地。有顷乃苏，蹶然而起，进曰："曩者参得罪于大人，大人用力教参，得无疾乎！"退屏鼓琴而歌，欲令曾皙听其歌声，知其平也。孔子闻之，告门人曰："参来，勿内也！"曾子自以无罪，使人谢孔子。孔子曰："汝不闻瞽叟有子，名曰舜。舜之事父也，索而使之，未尝不在侧；求而杀之，未尝可得。小棰则待，大棰则走，以逃暴怒也。今子委身

以待暴怒，立体而不去，杀身以陷父不义，不孝孰是大乎？汝非天子之民邪？杀天子之民，罪奚如？"（《说苑·建本》）

在孔子看来，曾参有点愚孝，不懂灵活变通。可贵的是，孔子认为曾子有两重身份，于私是他父亲曾皙的儿子，于公则是天子的臣民。天子的臣民是受法律保护的。如果曾子被其父失手打死，其父就成了杀人罪犯，因为杀死天子的臣民是很大的罪过。曾子在父亲暴怒时不逃走，若万一被打死，就是陷父亲于不义。让父亲成为杀人犯，因此受到法律惩罚，那么儿子就不是尽孝，而是严重的不孝。孔子特别举出舜的例子来教育曾子。舜的父亲偏爱小儿子象，见不得舜，多次与小儿子设法陷害舜，想置舜于死地，但舜都幸运逃脱。孔子认为舜的高明在于随机应变，父亲叫他干活时，他随叫随到，常在身边。父亲想害他时，他就逃开，不吃眼前亏。孔子的这番言行中，蕴涵着关爱生命，以人为本的思想。孝敬父母是关爱生命，爱惜自己也是关爱生命。为了得孝子之名而无谓地牺牲自己，就违背了孝的本来目的。这是先秦儒家孝道思想的开明之处。

先秦孝道的另一表现形式就注重厚葬和丧礼。死者要有与其身份相符的棺椁及陪葬器物，子女要守丧三年。这一习俗曾受到墨子的尖锐批评。这种讲排场，为活人争孝子名分的表面文章，一般人都能做到。但连这点都做不到的不孝之举，依然存在。春秋著名的五霸之一齐桓公死后，五个儿子忙于争夺王位，无人安葬父亲。桓公的尸体在床上停放了六十七天，腐烂生虫，尸虫都爬出了户外（《绎史》1060页）。很难相信齐桓公称霸诸侯四十年，最后竟落得如此下场。他的儿子们大概也是从小读圣贤书，满口仁义忠孝，实际上却毫无人性，连父亲死后入土为安都做不到。

先秦时期留下来的文物资料毕竟极为有限，我们无法准确全面地描述当时的道德生活状况。从现有的历史文献我们可以大致推测出这样几点：

第一，个体家庭养老已成事实，也为绝大多数人所接受。遗弃甚至杀害老人的现象虽然存在，但为数不多。

第二，孝敬父母成为人们的共识，少数人的不孝行为会受到舆论的谴责。

第三，有些执政者已意识到妥善解决养老问题的重要性，开始有意识地提倡孝道，奖励孝行，惩罚不孝者。

第四，儒家为代表的孝道理论逐渐被士阶层和大众所接受，成为意识形态领域的主流话语。

"父慈子孝，兄友弟恭"是家庭道德生活的理想状态。

但理想状态和现实生活有很大差距。现实生活中真正做到父慈子孝不容易，兄友弟恭就更难。传说中的舜是圣人，但和弟弟象的关系也很紧张。尽管舜对父亲瞽叟很孝顺，对象也很关爱，但父亲和继母、弟弟还是联手整他。舜当了天子，封弟弟象为诸侯，可以说忍让、宽容、爱护有加。象却不知足，仍屡次企图害死舜，夺取天子之位，占有两位美丽的嫂嫂。从这个传说中可以看出，自从有了私有制，有了可以继承的财产、地位和权力，兄弟间争夺遗产的矛盾冲突就出现了。虽然关于民间普通兄弟关系的文献记载极少，但我们可以推测，因为家产少，可继承的东西不多，老百姓中的兄弟关系会相对好一点。通常的规律是，父母留下的遗产越多，兄弟间的争斗也就越激烈、残酷。而为了争夺诸侯天子之位，兄弟间常常是你死我活，势不两立。如著名的五霸之一齐桓公，当初与其兄公子纠争王位，差点被公子纠派来的管仲射死。他继位后的第一件事就是命令鲁国替他杀了公子纠。楚文王的儿子庄敖继位后，想杀掉弟弟熊恽，结果反被熊恽杀了，熊恽代立，即楚成王。此类兄弟相残的事不胜枚举。

当然，兄弟友爱，谦让王位的事也是有的。周太王古公亶父有三个儿子，长子太伯，次子仲雍，三子季历。季历的儿子姬昌，即周文王。太伯、仲雍知道古公亶父想通过季历把王位传给姬昌，二人便逃到荆蛮，文身断发，以示不可用，让季历继承了王位。太伯成了吴国的祖先。伯夷、叔齐是孤竹君的儿子，父亲想让叔齐继承王位。孤竹君死后，叔齐要把王位让给伯夷，伯夷说："父命不可违。"便逃走了，叔齐不肯继承王位，也逃走了，国人只得立另外的儿子为王。伯夷、叔齐听说周文王善养老，就来到周地，后因反对周武王以臣伐君，不食周粟，饿死于首阳山。

春秋时期，兄弟情谊最动人的一幕发生在卫国。卫宣公荒淫无道，先是娶庶母夷姜，生太子伋（又称急子）。后抢占太子伋的新婚妻子宣姜，生了公子寿和公子朔。夷姜死后，宣公听信夫人和公子朔的谗言，想杀掉太子伋。他表面上派太子伋出使齐国，暗中派人伪装成强盗，在半路上截杀太子伋。公子寿听说此事，跑去告诉太子伋，劝太子伋逃走避祸。太子伋不听，认为做儿子的不能违抗父命以求生。公子寿便将太子伋灌醉，自己拿着使者的旌旗乘车先行，想代兄去死，果然被假强盗所杀。太子伋后来赶到，对那伙假强盗说："你们想要杀的人是我，他有何罪？请杀了我吧！"他也被杀。（《左传·桓公十六年》）一个为救兄而从容赴死，一个见弟枉死，自己也不愿苟且偷生。这样看重兄弟手足之情，视死如归的精神诚为可贵，也极为难得。两千年后的李贽曾感叹荒淫无道的父母何以生出这两个"至孝至友"的"圣兄圣弟"。（《初谭集·兄弟下》）

第二节　父母之命与婚姻自主

以一夫一妻为主要形式的个体家庭取代对偶婚是个此长彼消的漫长过程，夏商周就处在这个过渡时期。一方面，个体家庭的主导地位逐步确立，并受到法制、礼制和道德的维护。另一方面，对偶婚、普那路亚婚的遗风仍然存在，许多青年男女强烈追求恋爱、婚姻自由，并不惜以私奔等形式与父母抗争。

一夫一妻制婚姻家庭的出现是历史的一个进步，是人类进入文明社会的标志之一，但这个进步是以妇女丧失独立自由为代价的。个体家庭的本质特点是：

第一，男子对女子的统治。

第二，婚姻的稳定性和不可离异性。

第三，成为生产和生活的独立单位。这里的"生产"，包括物质资料的生产和人自身的生产。

婚姻不再是男女当事人的私事，不再是爱情的结果，而是双方家长利益权衡的结果，是家族的公事，也是大事。在《礼记》中明确指出："昏礼者，将合二姓之好，上以事宗庙，而下以继后世也，故君子重之。"男方要求所娶的妻子应当"明妇顺"。"妇顺者，顺于舅姑，和于室人，而后当于夫，以成丝麻布帛之事，以审守委积盖藏。是故妇顺备，而后内和理；内和理，而后家可长久也。"（《绎史·周礼之制》）

可见，缔结婚姻不是为了当事人浪漫的爱情，而是为了完成继承祖先，繁衍后代的重任，为了有个贤妻侍奉公婆，照顾家人和丈夫，干好各种家务活，处理好家族里的各种关系，使家庭和谐、稳定、繁荣。所以家长对婚姻的考虑是非常务实、功利的，希望过门的媳妇善良温顺、吃苦能干，又能多生儿子。最好是门当户对，有钱有势，这样可以通过联姻提高家族的地位，增加家族的势力。古语说："蹶马破车，恶妇破家。"（《古诗源》卷1）贤妇可使家庭稳定长久，恶妇则可破家。正因事关家族盛衰，所以家长要把缔结婚姻的权力牢牢掌握在自己手中。"父母之命，媒妁之言"的道德规范就是家长用来束缚子女的，它必然与当事人婚姻自主的要求发生对抗。

天子、诸侯、卿大夫的婚姻则具有政治联盟性质，往往关系到统治地位的巩固与削弱，权力的得与失。周襄王十七年（前635年），因借狄人之兵力讨伐郑国，事后为了表示感谢，要立狄女为王后。大夫富辰谏曰："不可。夫婚姻，祸福之阶也。利内则福由之，利外则取祸。今王外利矣，其无乃祸阶乎？"他举了许多例子，说明婚姻的好坏关系到国家的盛衰兴亡。周襄王不听他的话，立狄女为后，不久发现狄女与人私通，又废后。招致狄人讨伐，逃亡到郑国，后被晋文公接纳。

婚姻当事人必须听从"父母之命，媒妁之言"，这已成为当时的基本行为准则。《诗经》中多次出现这样的诗句：

> 蓺麻如之何？
> 衡从其亩。
> 取妻如之何？
> 必告父母。
> ……
> 析薪如之何？
> 匪斧不克。
> 取妻如之何？
> 匪媒不得。（《诗经·齐风·南山》）
>
> 伐柯如何？
> 匪斧不克。
> 取妻如何？
> 匪媒不得。（《诗经·豳风·伐柯》）

　　家长的要求是这样，但青年男女自由恋爱的情况仍大量存在，而且当时的礼制也给自由恋爱留了一点小小的空间。《周礼·地官·媒氏》中说："仲春之月，令会男女，于是时也，奔者不禁。"在春暖花开的季节，青年男女可以在规定的时段聚会在一起，公开地唱歌跳舞，谈情说爱，相爱的情侣可以私奔同居。这说明原始社会的遗风尚存。经过孔子删定的《诗经》中仍保留了大量的爱情诗，如《周南·关雎》就是千古传诵的情歌经典：

　　　　关关雎鸠，在河之洲。

　　　　窈窕淑女，君子好逑。

　　　　参差荇菜，左右流之。

　　　　窈窕淑女，寤寐求之。

　　　　求之不得，寤寐思服。

　　　　悠哉悠哉，辗转反侧。（《诗经·周南·关雎》）

　　类似的还有《召南·野有死麕》：

　　　　野有死麕，白茅包之。

　　　　有女怀春，吉士诱之。（《诗经·召南·野有死麕》）

　　《邶风·静女》：

　　　　静女其姝，俟我于城隅。

　　　　爱而不见，搔首踟蹰。（《诗经·邶风·静女》）

　　《鄘风·桑中》：

　　　　爰采唐矣？沬之乡矣。

　　　　云谁之思？美孟姜矣。

　　　　期我乎桑中，要我乎上宫，

　　　　送我乎淇之上矣。（《诗经·鄘风·桑中》）

这些是表现男性追求、思恋女性的。而另一些诗则描写女性思恋男性，如《郑风·狡童》：

> 彼狡童兮，不与我言兮。
> 维子之故，使我不能餐兮。
> 彼狡童兮，不与我食兮。
> 维子之故，使我不能息兮。（《诗经·郑风·狡童》）

《郑风·褰裳》：

> 子惠思我，褰裳涉溱，
> 子不我思，岂无他人，
> 狂童之狂也且！
> 子惠思我，褰裳涉洧，
> 子不我思，岂无他士，
> 狂童之狂也且！（《诗经·郑风·褰裳》）

"父母之命，媒妁之言"的道德规范与青年男女追求婚姻自主之间的冲突也在《诗经》中有所表现。如《郑风·将仲子》就写了一个年轻女子的内心矛盾。

> 将仲子兮，无逾我里，
> 无折我树杞。
> 岂敢爱之？畏我父母。
> 仲可怀也，父母之言，
> 亦可畏也。
> 将仲子兮，无逾我墙，
> 无折我树桑。
> 岂敢爱之？畏我诸兄。
> 仲可怀也，诸兄之言，

亦可畏也。

将仲子兮，无逾我园，

无折我树檀。

岂敢爱之？畏人之多言。

仲可怀也，人之多言，

亦可畏也。（《诗经·郑风·将仲子》）

这个女孩心里其实很爱男孩仲子，他们也有过交往、约会，但遭到父母、诸兄和其他人的反对，两人的恋情过不了父母之命这一关，只好违心地劝仲子别再来纠缠自己。

《鄘风·柏舟》则是一个女孩对母亲干涉自己婚姻恋爱的抗议。

泛彼柏舟，在彼中河，

髧彼两髦，实维我仪；

之死矢靡它。

母也天只！不谅人只！

泛彼柏舟，在彼河侧，

髧彼两髦，实维我特；

之死矢靡慝。

母也天只！不谅人只！（《诗经·鄘风·柏舟》）

女孩直率表达了非心中情郎不嫁的决心，抱怨做母亲的为什么不理解女儿，不为女儿的幸福着想，也抱怨苍天无情，不让有情人终成眷属。

一般人面对"父母之命，媒妁之言"的道德约束和舆论压力，大都屈服妥协，放弃对爱情和婚姻自主的追求，如《将仲子》诗中的女孩那样忍痛割爱。但总有些性格刚强的青年男女选择了反抗礼教，与情人私奔。当然这种行为会受到舆论的指责，成为道德批判的对象。

《鄘风·蝃蝀》就写了这样的事：

蝃蝀在东，莫之敢指。

女子有行，远父母兄弟。

　　……

　　乃如之人也，怀婚姻也。

　　大无信也，不知命也！（《诗经·鄘风·蝃蝀》）

　　"蝃蝀"是虹，古人解释说："阴不和，昏姻错乱，淫风流行，男美于女，女美于男，互相奔随之时，则此气盛。"因为虹的出现是不祥之兆，所以忌讳它，不敢用手去指。诗中的女子与恋人私奔去了远方，被周围的人指责，说她破坏了婚姻的规矩，太不贞洁（"大无信也"），不懂得婚姻必须遵从父母之命（"不知命也"）。青年人瞒着父母私下交往，在林中或河边幽会，甚至翻墙去见恋人，这些自由恋爱的行为都违背礼教道德，所以孟子说："不待父母之命，媒妁之言，钻穴隙相窥，逾墙相从，则父母国人皆贱之。"（《孟子》）

　　在"父母之命，媒妁之言"与婚姻自主的冲突下，除了为维护婚姻道德而放弃婚姻自主与坚持婚姻自主而身背恶名者两条道路之外，许多人选择了折中的办法，既保留一点当事人的婚姻自主权，又避免了与婚姻道德直接对抗。青年男女先自己交往，恋爱关系基本确定之后，再征得父母同意，由媒人向女方提亲，按习俗规定的那一套程序举办婚礼，完成婚姻的合法化过程。从《诗经》的《卫风·氓》中可以看出这一点。诗的开头是：

　　氓之蚩蚩，抱布贸丝。

　　匪来贸丝，来即我谋。

　　送子涉淇，至于顿丘。

　　匪我愆期，子无良媒。

　　将子无怒，秋以为期。（《诗经·卫风·氓》）

　　小伙子以布匹换丝为借口，来与姑娘商谈婚事，而并非奉父母之命。况且他们二人从小相识，"总角之宴，言笑晏晏。信誓旦旦，不思其反"，可谓青梅竹马，海誓山盟。自由恋爱已经成功，不过还没经过"父母之命，媒妁之言"这一关。姑娘告诉小伙子，回去快禀告父母，派个好媒人来，秋天就可以结婚了。后来果然顺利完婚，只可惜几年后男子变心，女子成为弃妇。

另一种情况，是家长给子女一定的自由选择权。春秋时郑国大夫徐吾犯的妹妹长得很漂亮，上大夫公孙黑和下大夫公孙楚都来求婚。徐吾犯就和二人说好，由妹妹自己挑选未来的丈夫。二人先后来徐家，公孙黑衣着华丽，文质彬彬。公孙楚穿军装，在堂上左右开弓射箭。徐吾犯的妹妹看了二人的表现，认为公孙黑确实漂亮，但公孙楚是个真正的男子汉，就嫁给了公孙楚。（《左传·昭公元年》）

父母之命的另一种表现形式是天子、诸侯及华夏与夷狄间的政治婚姻。大大小小的统治者为了达到拉拢弱国，扩展势力范围，或寻求庇护、投靠强国，或两国结盟以对付他国等政治目的，把自己的宗室子女或选拔出的美女嫁给对方国君，以联姻的方式建立和巩固双方的同盟关系。这在先秦时期相当普遍，为后世和亲开了先例。婚姻当事人中的女性，毫无自主性可言，她只充当了外交上的一个礼品和工具。对于君王要她嫁人的命令，她无权也无能力做出任何反抗。她嫁的是个好人还是恶人，明君还是昏君、暴君，则完全由命运摆布。晋献公的女儿穆姬嫁给秦穆公，秦穆公的女儿文嬴嫁给晋文公，这就算比较好的。有些嫁给暴君的，如妲己（嫁商纣王）、褒姒（嫁周幽王）等就成了亡国之君的替罪羊和陪葬品。这些政治婚姻中的女性，是服从父母之命、君王之命出嫁的，完全合乎婚姻道德，但她们丧失了追求爱情和婚姻自主的权利，显得可悲而无奈。

第三节　男尊女卑与三从四德

从原始的母系社会进入文明的父系社会，女性的地位发生了根本变化，可以说由女神变成了女奴。传说中的女娲是补天造人的神。简狄是契的母亲，是殷人的祖宗。姜原是后稷的母亲，是周人的祖宗。她们都是女神。到了殷商时期，妇女还可以拥有很多财富，担任官职。武丁的帝后妇好，地位显赫，不但有土地财产，还带兵打仗，是战功卓著的女将军。而到了周代，随着宗法制的形成和完善，妇女就告别了政治舞台，失去了政治、经济和军事权利，只能在家庭里充当贤妻良母的角色，而且处于受男性支配的地位。男尊女卑和三从四德成了家庭婚姻道德的重要原则。人一生下来，性别就决定了男女的不平等。

《诗经》中的《小雅·斯干》篇这样写：

乃生男子,

载寝之床,

载衣之裳,

载弄之璋。

其泣喤喤,

朱芾斯皇,

室家君王。

乃生女子,

载寝之地,

载衣之裼,

载弄之瓦。

无非无仪,

唯酒食是议,

无父母诒罹。(《诗经·小雅·斯干》)

男孩生下来就睡在床上,穿漂亮的衣服,玩值钱的玉器,希望长大做统治人的君王。女孩生下来则睡在地上,用小被包住就行了,玩的是瓦器。长大了做个听话的、能操持家务的贤妻良母,别给父母惹麻烦。

在《周南·樛木》中说到男女结婚时,用了这样的比喻:"南有樛木,葛藟累之……南有樛木,葛藟萦之。"男人是大树,女人是缠在大树上的野葡萄,女性只有靠攀附男性才能得以生存。女人一辈子生活得好坏,取决于嫁的男人如何。也就是说,男人决定着女人的命运。《周南·桃夭》篇写道:

桃之夭夭,

灼灼其华。

之子于归,

宜其室家。(《诗经·周南·桃夭》)

女孩出嫁，被称为"之子于归"。意思是女子结婚依靠丈夫才是其归宿，出嫁就是回家，娘家只不过是暂居之处。结婚以后任务就是"宜其室家"，当好家庭妇女，温和地对待丈夫全家人。

《礼记》中对男尊女卑、三从四德作了明确的规定：

> ……古者妇人先嫁三月，祖庙未毁，教于公官。祖庙既毁，教于宗室。教以妇德、妇言、妇容、妇功。……信，妇德也。壹与之齐，终身不改。故夫死不嫁。男子亲迎，男先于女，刚柔之义也。天先乎地，君先乎臣，其义一也。……出乎大门而先，男帅女，女从男，夫妇之义由此始也。妇人，从人者也。幼从父兄，嫁从夫，夫死从子。（《绎史·国礼之制》）

男女尊卑之别，被认为是国家的重要原则，不可忽视。鲁庄公娶齐襄公之女哀姜为夫人，为了讨哀姜的欢心，庄公让同姓大夫的夫人晋见哀姜时用币做礼物，这和大夫的礼物一样了。主管礼仪的夏父展认为这样做不合礼制的规定，庄公不听，夏父展就讲了这样一番话：

> 夫妇贽不过枣、栗，以告虔也。男则玉、帛、禽、鸟，以章物也。今妇执币，是男女无别也。男女之别，国之大节也，不可无也。（《国语·鲁语上》）

为此进谏鲁庄公的还有另一位大夫御孙，他也说："男女之别，国之大节也，而由夫人乱之，无乃不可乎？"（《左传·庄公二十四年》）

见面拿什么礼物，是表明一种身份、地位。身份地位不同，礼物自然有区别。男人送礼用美玉、丝帛或雁、雉，显示尊贵。女人用枣、栗为礼物，不仅显示地位远低于男人，而且礼物有特定含义。枣，取其早起之意；栗，取敬栗之意。这是提示妇人应早起床，勤于家务；对公婆、丈夫应恭敬小心。同时有两位大臣对此事表示反对，直言劝谏鲁庄公，说明当时人们对男女尊卑之别确实非常重视。

由于礼制的规定和统治者的长期教化，"三从四德"的思想逐渐深入人心，甚至成为妇女自觉奉行的准则。《列女传》记载了孟子母亲教育儿子的故事。一次孟子在齐国面有忧色，唉声叹气。孟母问何故，孟子说，君子不应贪荣禄，如果诸侯不听其意见，或听而不用，就应该毅然离开。我的主张不被齐王采纳，想离开又担心母亲年老，不能受奔波之苦，因此忧愁。孟母就给儿子讲了一番妇人之礼：

> 夫妇人之礼，精五饭，幂酒浆，养舅姑，缝衣裳而已矣。故有闺内之修，而无境外之志。《易》曰："在中馈无攸遂。"《诗》曰："无非无仪，唯酒食是议。"以言妇人无擅制之义，而有三从之道也。故年少则从乎父母，出嫁则从乎夫，夫死则从乎子，礼也。今子成人也，而我老矣。子行乎子义，吾行乎吾礼。（《列女传·母仪传》）

孟母是自觉的"三从"主义者。她认为自己小时候服从父亲，出嫁后服从丈夫，现在丈夫早死，儿子已大，是到了服从儿子的时候。她不能因为年老而成为儿子的负担，使孟子在选择道义时有所犹豫。所以她明确告诉孟子："你只管按道义的原则行事，我完全支持你的正义行为，你不要顾虑我的身体。"孟母是圣人的母亲，她的行为被人们视为典范。君子评价说："孟母知妇道。"

"三从"在严格意义上说，已包含了从一而终，夫死不嫁的要求。但在先秦时期，从一而终还只是一种理想化的原则，或者说是统治者和道德家提倡的口号，并未完全变成行动。现实生活中，夫死改嫁的恐怕要占多数。少数夫死不嫁的，也不是出自家庭或社会舆论的压力，而是女性自愿作出的道义或情感的选择。比如《列女传》中记载的陶婴就是生动一例：

> 陶婴者，鲁陶门之女也。少寡，养幼孤，无强昆弟，纺绩为产。鲁人或闻其义，将求焉。婴闻之，恐不得免，作歌明己之不更二也。其歌曰："悲黄鹄之早寡兮，七年不双。宛颈独宿兮，不与众同。夜半悲鸣兮，想其故雄。天命早寡兮，独宿何伤。寡妇念此兮，泣下数行。呜呼哀哉兮，死者不可忘。飞鸟尚然兮，况于贞良。虽有贤雄兮，终不同行。"鲁人闻之曰："斯女不可得已。"遂不敢复求。（《列女传·贞顺传》）

陶婴守寡七年，辛勤抚养幼小的孩子，又没有得力的兄弟帮助，日子过得很艰难。她的善良和重义感动了周围的人，有些男子主动向她求婚。她作歌明志，婉拒了求婚者。从歌中看，她的不愿改嫁，并非顾及"夫死不嫁"的礼教规定，而是对死去的丈夫始终难以忘怀，割不断那份夫妻深情。而另一位蔡人之妻，则是抛不下患病的丈夫。

> 蔡人之妻者，宋人之女也。既嫁于蔡，而夫有恶疾。其母将改嫁之，女曰："夫不幸，乃妾之不幸也，奈何去之？适人之道，壹与之醮，终身不改。不幸遇恶疾，不改其意。且夫采采芣苢之草，虽其臭恶，犹始于捋采之，终于怀撷之，浸以益亲，况于夫妇之道乎！彼无大故，又不遣妾，何以得去？"终不听其母，乃作《芣苢》之诗。君子曰："宋女之意，甚贞而壹也。"（《列女传·贞顺传》）

当然蔡人之妻知道女人应该从一而终的道德信条，但她如果不愿侍奉患重病的丈夫，完全可以拿父母之命作理由，改嫁他人。她觉得丈夫害了重病是很大的不幸，做妻子的理应在这时关心照顾他，分担他的痛苦，怎能在这时扔下他不管呢？这在很大程度上是出于人道主义的考虑，是同情弱者的行为。即使在今天，我们也不能说她做得不对。她母亲在女婿患病未死的情况下，就想让女儿改嫁，说明当时并不太在意女人改嫁的事。夫死后改嫁是常态，夫未死改嫁也不算什么大逆不道的恶行。

因为深信和坚守从一而终的道德原则，做恪守妇道的节义女人而至死不改嫁的也有，但不会多。物以稀为贵，这样的贞节女性就成了典范，被载入史册。《列女传》中的黎庄夫人就是其中之一。

> 黎庄夫人者，卫侯之女，黎庄公之夫人也。既往而不同欲，所务者异，未尝得见，甚不得意。其傅母闵夫人贤，公反不纳，怜其失意，又恐其已见遣而不以时去，谓夫人曰："夫妇之道，有义则合，无义则去。今不得意，胡不去乎？"乃作诗曰："式微式微，胡不归？"夫人曰："妇人之道，壹而已矣。彼虽不吾以，吾何可以离于妇道乎！"乃作诗曰："微君之故，胡为乎中路？"终执贞壹，不违妇道，以俟君命。（《列女传·贞顺传》）

　　黎庄夫人遇到的问题不是夫死，而是丈夫活着却不喜欢她、不理她。黎庄公作为诸侯国的君王，也是妻妾成群。可能另有所爱的女人，或性格、爱好相差甚远，故将这位卫侯之女打入冷宫。如果待下去，只有两种可能，即守活寡或被遣送回娘家。她的傅母可怜她的遭遇，觉得黎庄夫人如此贤惠却受到丈夫的冷遇，实在不公，劝夫人离开此地，回卫国去。她用《诗经》中《邶风·式微》的句子开导她："天色已晚，何不回家？"傅母还提出一种理论：夫妇关系应该是有情有义就在一起，无情无义则分手。这几乎和现代人的观念一样，相爱才结婚，感情破裂就离婚。黎庄夫人则认为不管丈夫态度如何，自己必须坚守从一而终的妇道。她也用《邶风·式微》中的两句表达自己的感慨："要不是因为嫁给他，怎会在此遭冷落！"

　　傅母和黎庄夫人都是贵族家庭出身，受过良好教育的人，但在婚姻问题上的看法却截然不同。这说明当时人们认为在婚姻生活中，奉行"有义则合，无义则去"的原则是常情、常态，无可非议。从一而终、夫死不嫁则是当时的高标准道德要求，只有少数道德信念坚定，意志顽强的人才能做到。大家承认从一而终、夫死不嫁是高尚的品德，知道女性为此要吃许多苦，付出很大的代价。所以人们愿意称赞别人的这种精神，但不愿这种事落到自己人头上，眼看着亲人受苦受罪。蔡人之妻的母亲和黎庄夫人的傅母表现的就是这种常人之情，按照当时的标准，说不到高尚，但很自然、很真实。

　　与"三从"相联系，对女性还有个特殊的道德要求，即不嫉之德。这个要求是由一夫多妻制产生的。其实，古今中外从未有过真正的、完全的一夫一妻制社会。一夫一妻只是针对女性而言，而男性则可以一夫多妻。先秦时期绝大部分百姓都过着一夫一妻生活，有钱有势的人、王公贵族则可在一个主妻之外，有多个媵或妾。在多妻制的家庭里，虽然有嫡庶之分，但几个女人争宠的事难以避免。所以从男性的需要出发，要求女性对多妻制要宽容理解，妻妾间不争风吃醋，相安无事，这就叫不嫉之德。古人解释《关雎》一诗时，说它表现的是后妃不嫉之德。

　　女性对多妻制的态度是无奈的。明知不公平，但这是男权社会以礼制的方式明文规定的，拿它没办法，只能容忍。《诗经》的《召南·江有汜》篇说：

> 江有汜，
>
> 之子归，
>
> 不我以。
>
> 不我以，
>
> 其后也悔。
>
> ……
>
> 江有沱，
>
> 之子归，
>
> 不我过。
>
> 不我过，
>
> 其啸也歌。（《诗经·召南·江有汜》）

诗中被丈夫冷落一旁的妻子发出哀叹，用"江有汜"、"江有沱"比喻丈夫另娶新人。既然长江有许多支流（汜、沱），男人有妻有妾也是必然的、合理的。说明弃妇默认男子多妻的合理性，只是抱怨自己被冷落的命运。

樊姬自觉遵循不嫉之德，并把它上升到与大臣不嫉贤妒能同样的高度。《列女传》中记载说：

> 樊姬，楚庄王之夫人也。庄王即位，好狩猎。樊姬谏，不止，乃不食禽兽之肉。王改过，勤于政事。王尝听朝罢晏，姬下殿迎曰："何罢晏也，得无饥倦乎？"王曰："与贤者语，不知饥倦也。"姬曰："王之所谓贤者，何也？"曰："虞丘子也。"姬掩口而笑，王曰："姬之所笑何也？"曰："虞丘子贤则贤矣，未忠也。妾执巾栉十一年，遣人至郑、卫求美人进于王，今贤于妾者二人，同列者七人。妾岂不欲擅王之爱宠乎？妾闻堂上兼女所以观人能也。妾不能以私蔽公。妾闻虞丘子相楚十余年，所荐非子弟则族昆弟，未闻进贤退不肖，是蔽君而塞贤路。知贤不进是不忠，不知其贤是不智也。妾之所笑，不亦可乎？"王悦。明日，王以姬言告虞丘子，丘子避席，不知所对。于

是避舍，使人迎孙叔敖而进之，王以为令尹。治楚三年而庄王以霸。楚史书曰："庄王之霸，樊姬之力也。"（《列女传·贤明传》）

樊姬很有政治头脑，看出楚庄王信任的虞丘子是嫉贤妒能之辈，执政十多年用人唯亲，不向庄王推荐贤才。她巧妙地用自己不以私蔽公，不求专宠，点出虞丘子堵塞贤者进身之路，实为不忠。楚庄王醒悟过来，重用孙叔敖为令尹，使楚国走向强盛。在婚姻问题上，樊姬是不嫉之德的典范，是一夫多妻制的自觉维护者。作为楚庄王的夫人，她竭力克制独享庄王恩宠的欲望，主动到处选拔美女推荐给庄王。十一年中，经她推荐的美女，有两个地位已超过她，有七个与她地位相同，而她仍能保持对庄王的吸引力和影响力。这说明她的智慧和才华确实非同一般。

先秦时期已允许离婚，但离婚是男子的特权，丈夫可以休妻，妻子不能休夫。这在周代礼制中做出了规定，即"七去"和"三不去"。《大戴礼记·本命》中说：

> 妇有七去：不顺父母去，无子去，淫去，妒去，有恶疾去，多言去，窃盗去。不顺父母去，为其逆德也；无子，为其绝世也；淫，为其乱族也；妒，为其乱家也；有恶疾，为其不可与共粢盛也；口多言，为其离亲也；窃盗，为其反义也。

妻子只要犯了其中任何一条，丈夫就可名正言顺、合理合法地结束夫妻关系，把妻子送回娘家。只有三种情形是例外：

> 有所取，无所归，不去；与更三年丧，不去；前贫贱，后富贵，不去。（《大戴礼记·本命》）

娘家没人了，丈夫休了，妻子就无家可归的不能休；与丈夫一起为公婆守过三年丧，尽过孝道的不能休；结婚时家庭贫贱，后来发了家，不能抛弃共过患难的妻子，这叫"富不易妻，仁也"。

男女的不平等，在离婚权利上得到充分体现。在家庭中，丈夫是天，妻子是地。"夫有恶行，妻不得去者，地无去天之义也。"妻子有问题，丈夫有权休妻。丈夫有再大的缺点错误,妻子也得忍着,无可奈何。好在妻子被休之后还有再嫁的权利,社会不加干预,舆论也不进行道德上的指责。

夫死改嫁在先秦是普遍现象。王侯贵族中甚至流行"烝"和"报"这类改嫁方式。"烝"是指诸侯或卿大夫死后,儿子可以像继承王位一样继承父王的所有女人,只有生母除外。"报"是指娶自己伯父、叔父的遗孀为妻。《左传》中记载了许多这类的事。如:

> 卫宣公烝于夷姜,生急子,属诸右公子。(《左传·桓公十六年》)

夷姜是卫庄公的妾,卫宣公的庶母。卫宣公继位后娶了庶母夷姜,与她生了一个孩子,叫急子,交给右公子照管。

> 惠公之即位也少,齐人使昭伯烝于宣姜。不可,强之。生齐子、戴公、文公、宋桓夫人、许穆夫人。(《左传·闵公二年》)

昭伯是卫惠公的庶兄,宣姜是惠公之母。宣姜是齐国女子,齐国人大概出于加强齐国对卫国影响的考虑,强迫昭伯娶了庶母宣姜,生了五个孩子。

> 晋献公娶于贾,无子。烝于齐姜,生秦穆夫人及太子申生。(《左传·庄公二十八年》)

齐姜是晋献公之父晋武公的妾。晋献公娶贾国女子为夫人,没有生儿子,就又娶了自己的庶母齐姜,生下秦穆公夫人和太子申生。

> 晋侯之入也,秦穆姬属贾君焉,且曰,尽纳群公子,晋侯烝于贾君,又不纳群公子,是以穆姬怨之。(《左传·僖公十五年》)

晋侯即晋惠公,名夷吾,是晋献公的第三个儿子。太子申生因遭骊姬陷害而自杀后,夷吾和他的哥哥即后来成为晋文公的重耳逃亡在外。献公死后，夷吾由于秦穆公的支持，得以返回晋国继承王位。回国前秦穆公夫人（也是夷吾的同父异母姐姐）嘱托他照顾好太子申生的夫人贾君，并把流亡在外的公子都接纳回国。结果晋惠公回国继位后，娶了嫂子贾君，又不让他的兄弟们回来，这事让穆姬非常生气。

> 郑文公报郑子之妃曰陈妫，生子华、子臧。（《左传·宣公三年》）

郑文公娶了他叔父的妻子陈妫，生了两个儿子。

上述这些例子都是以下淫上，如按后世的法律和道德观念，这都属于乱伦行为。唐朝武则天曾是唐太宗的才人，太宗死后，她成为高宗李治的皇后。骆宾王在《讨武曌檄》中骂她"虺蜴为心，豺狼成性"，"陷吾君于聚麀"，就是指责她使高宗陷于乱伦之丑行。但在春秋时期这些"烝"、"报"的行为没有受到任何谴责。齐国人居然强迫昭伯娶庶母宣姜，说明他们认为这是光明正当的事。晋献公娶庶母齐姜，生的儿女丝毫未受歧视，儿子申生成了太子，女儿嫁给秦穆公做夫人。

先秦时期还存在抢婚的习俗。《易经》中有这样的句子：

> 屯如邅如，乘马班如。匪寇，婚媾。（《易经·屯》）
> 贲如皤如，白马翰如，匪寇，婚媾。（《易经·贲》）

描写那些骑马奔驰而来的人，好像强盗的样子，其实不是，他们是抢亲来的。对这种抢亲行为，也未见道德上的指责。

子路和孔子有一段对话，也很有意思：

> 子路问于孔子曰："请释古之学，而行由之意，可乎？"孔子曰："不可，昔者东夷慕诸夏之义，有女，其夫死，为之内私婿，终身不嫁。不嫁则不嫁矣，然非贞节之义也。苍梧之弟，娶妻而美好，请与兄易。忠则忠矣，然非礼也。今子欲释古之学而行子之意，庸知子不用非为是，用是为非乎？不顺其初，虽欲悔之，难哉！"（《说苑·建本》）

孔子的意思是教育子路别"六经注我"，按自己的思想随意解读经典。他举的两个例子，一个是夫死不嫁，却和女儿共一夫；另一个是弟弟为表示对兄长的尊敬爱戴，把新娶的漂亮妻子让给兄长。这恰恰和"烝"、"报"、抢婚一样，是原始社会族内婚风俗的遗存。这些旧习俗还未被新的礼制所完全取代，在道德上也就没有被完全否定，这在婚姻家庭的转型过渡时期是正常的现象。

第四节　"女人祸水"与娼妓之始

中国进入男权社会以后，男人在社会和家里都掌握着政治、经济等权力。如果国家强盛、社会繁荣、家庭兴旺和谐，那都是男人的功劳，执政者被称为圣贤、明君。如果出现国家衰亡、社会动乱，男人就会找个女人做替罪羊，分担其罪责。春秋战国时政治家总结天下兴亡的经验教训，都要拿女人说事，认为夏亡于妹喜，商亡于妲己，西周亡于褒姒，于是就产生了被后世反复提起的"女人祸水"论。

《诗经》中的《大雅·瞻卬》篇，据说就是讽刺周幽王宠幸褒姒，斥逐贤良，以致乱政误国的诗，其中这样写道：

哲夫成城，
哲妇倾城。
懿厥哲妇，
为枭为鸱。
妇有长舌，
维厉之阶。
乱匪降自天，
生自妇人。
匪教匪诲，
时维妇寺。
……
妇无公事，
休其蚕织。

男人打天下，女人丧天下，这些女人就是带来厄运的猫头鹰。女人多嘴长舌，成为祸害的根源。天下大乱的灾难不是天降，而是由女人造成的，是女人和宦官教坏了君王。女人就不应该过问国家大事，好好采桑养蚕、织布缝衣就行了。

"哲妇倾城"、"乱匪降自天，生自妇人"。这样的看法在当时甚为流行，不仅男人相信它，女人也相信它。《左传》和《列女传》中记载了晋羊叔姬的事迹，认为她是有预知后事能力的智慧女人。叔姬是晋国羊舌子之妻，也就是晋国名臣叔向的母亲。叔向想娶申公巫臣的女儿，叔姬不同意。因为这个女儿和她母亲夏姬一样，长得很漂亮。叔姬认为美女是祸害之源，她讲了一番大道理：

"申公巫臣的妻子夏姬在陈国时，因为她，先后三个丈夫、一个儿子、一位国君被杀，致使一个国家灭亡，两位卿逃亡，这能不引以为戒吗？我听说，过分的美丽必然带来非常的灾难。这个女人是郑穆公少妃姚子的女儿，子貉的妹妹。子貉早死，没有后代，而老天爷就把美丽集中到她身上，必定要通过她来大大地祸害别人。过去有仍氏生下个女儿，头发又黑又密，十分美丽，光彩照人，命名为'玄妻'。乐正后夔娶她为妻，生伯封。伯封内心和猪一样，贪得无厌，暴戾无比，被人称为'封豕'。有穷后羿灭了他，夔因此没了后代，断了香火。再说夏商周三代的灭亡，晋献公太子申生的被废自杀，都是漂亮女人造成的。你为什么还要娶这种女人？凡是特别有姿色的女人，都足以使人改变本来的性情。如果不是道德修养非常高的人，娶了她必定遭受祸害。"

叔向一听这话害怕了，不敢娶这个女子。晋平公迫使他娶了申公巫臣之女，生下杨食我，字伯石。伯石刚生下来，叔向的嫂子告诉婆婆说："大弟媳妇生了个儿子。"叔向的母亲去探视，走到堂上，听到孩子的哭声后就转身回去，说："这是豺狼的声音。这样豺狼似的孩子大了必有野心，要不是他，没人能使羊舌家族灭亡。"终于没去看这个孩子。后来发生的事证明，就是杨食我参与谋乱，晋侯灭了羊舌氏。（《左传·昭公二十八年》；《列女传·仁智传》）

羊叔姬算是贵族妇女中有见识、有预见和判断能力的智者，像她这样的女性都相信女人祸水或美女祸水论，可知当时这类观点有很大影响力。

虽然历史上的确存在君王宠爱美女的事实，但亡国的原因主要是君王昏庸无道，与美女没有很大关系。夏桀、商纣、周幽王、晋献公都是通过武力征服小国得到美女，妹喜、妲己、褒姒、骊姬不过是他们的战利品而已。而这些美丽女子和西施一样，都是带着亡国之恨进入胜利者的后宫，如果她们中有人产生报仇心理，想加快昏君的灭亡，那也毫不奇怪。

进入父权社会以后，对历史的解释权与话语权掌握在男性手中。男性通过对历史的片面解释，制造出"女人祸水"论，视美女为招来国破家亡灾难的"尤物"，这就进一步强化了男尊女卑的性别不平等观念。"哲夫成城，哲妇倾城"也成了后来一再被重复的警世名言。《列女传》中有一卷叫"孽嬖传"，专门写亡国乱政的宠妃，有夏桀末喜（即妹喜）、殷纣妲己、周幽褒姒、卫宣公姜、鲁桓文姜、鲁庄哀姜、晋献骊姬、鲁宣缪姜、陈女夏姬、齐灵声姬、齐东郭姜、卫二乱女、赵灵吴女、楚考李后、赵悼倡后等十六人。她们的共同特点是因美貌而得宠，因得宠而干政，最后导致国破身亡，成了史书和女性教科书中的反面教员。尽管先秦时期也出了不少号称贤明、仁智、贞顺、节义的正面女性人物，但无助于女性地位的改善。而为数不多的被视为"孽嬖"的得宠后妃，却成为女性受歧视的口实，成为反对女人干政的充分理由，"妇无公事"似乎是至理名言。

与一夫一妻制相伴随的娼妓也在先秦时期出现了。娼妓既是对一夫一妻制的补充，又是一种威胁。不管正人君子对娼妓如何评价，这个事实的存在是我们无法否认和回避的。有人认为中国的娼妓可以追溯到殷代的巫娼及西周的奴隶娼妓，此可备一说。娼妓的真正产生应在春秋战国时期。《战国策》中记载：

> 齐桓公宫中七市，女间七百，国人非之。管仲故为三归之家，以掩桓公，非自伤于民也？（《战国策·东周策》）

《韩非子》也有类似说法：

> 昔者桓公宫中二市，妇间二百，被发而御妇人，得管仲，为五伯长。（《韩非子·难二》）

齐桓公是好色之徒，他在宫中设女闾，既为满足自己淫欲，又通过征税增加军费。后人说："女闾七百，齐桓征其夜合之资，以佐军需，皆寡妇也。"此事大约在公元前685年，比古希腊梭伦设立国家妓院还要早五十年。齐桓公设女闾为中国官妓之始。其后不久，越王勾践集中寡妇于山上，供军士游乐，可视为军妓之始，此事约在公元前470年左右。据《越绝书》记载：

> 独妇山者，勾践将伐吴，徙寡妇置独山上，以为死士，未得专一也。去县（会稽）四十里。后之说者，盖勾践所以游军士也。（《越绝书》）

到了战国时期，除了官妓之外，私娼也开始大量出现。《史记》中有这样的记载：

> 中山地薄人众，犹有沙丘纣淫地余民，民俗懁急，仰机利而食。丈夫相聚游戏，悲歌慷慨，起则相随椎剽，休则掘冢作巧奸冶，多美物，为倡优。女子则鼓鸣琴、跕屣，游媚富贵，入后宫，遍诸侯。……
> 今夫赵女郑姬，设形容，揳鸣琴，揄长袂，蹑利屣，目挑心招，出不远千里，不择老少者，奔富厚也。（《史记·货殖列传》）

所谓"目挑心招"、"游媚富贵"的女子，即民间娼妓。她们四处游走，以倚门卖笑为业，谋求生存，或以此致富。司马迁说，穷人发财致富的途径，"农不如工，工不如商，刺绣文不如倚市门"。那些辛辛苦苦在乡下纺织刺绣的女子，收入和生活远不如城里出卖肉体的娼妓。

娼妓这个职业群体一出现就受到社会道德舆论的指责。齐桓公设官妓，"国人非之"。管仲不得不娶三姓女子，来为齐桓公分谤，转移国人注意力，等于牺牲自己的声誉来为桓公打掩护。娼妓所从事的钱色交易是一种商业活动，它既满足了男人的性欲，又为政府增加了税收，而且可以起安定军心的作用，为什么会受到社会指责呢？笔者认为可能有以下几方面的原因：

第一，娼妓的出身大多低贱。据史料分析，娼妓的来源无非是寡妇、战争中掠夺来的女奴隶、犯了罪的女人。她们在人们的心目中自然地位低下，而低贱者所从事的职业当然被人歧视。

第二，娼妓破坏了妇人从一而终的道德准则。娼妓的性交易活动不会有人数的限制，为了获利当然是多多益善。这明显与儒家礼教规定的从一而终不符。

第三，合法的妻子（即良家妇女）把妓女视为争夺自己的丈夫，引诱丈夫变坏的敌人。而一切从事正当职业的妇女（如种桑养蚕、纺线织布、刺绣等）则因娼妓轻松地赚钱并过着较为优裕的生活而嫉恨她们，骂她们为"人皆可夫"的贱货。

第四，从事道德教化的官员和学者认为，万恶淫为首，娼妓的存在助长了男人的淫乱行为，破坏了社会风气，所以应从道德上加以指责。

是否还有其他原因，尚待进一步研究。

第二章

政治生活中的道德

进入文明社会以后，私有制和国家逐渐形成，导致社会分层出现。首先是统一人群分化为"治人者"和"治于人者"，即统治者和被统治者；其次是"治人者"又分为天子、诸侯、卿大夫等不同阶层。人与人的关系复杂化，表现为君与民、君与臣、臣与臣、臣与民之间的种种矛盾冲突。社会成了各阶级、阶层之间争夺利益的大战场。为了维护等级制和宗法制，保持社会的相对稳定，统治者不得不动脑筋想办法，认真研究总结历史的经验教训。

有一段关于大禹的故事：

> 禹出见罪人，下车问而泣之。左右曰："夫罪人不顺道，故使然焉，君王何为痛之至于此也？"禹曰："尧、舜之民，皆以尧、舜之心为心。今寡人为君也，百姓各自以其心为心，是以痛之也。"《书》曰："百姓有罪，在予一人。"（《说苑·君道》）

这说明大禹意识到，尧舜时代是利益相同上下一心的时代。夏王朝开始，天下为公变成天下为家，老百姓和天子诸侯就不再一心了，他们关心的是如何保护自己的利益。另一方面，这个故事也说明，有头脑的统治者在反思一个问题：百姓犯罪是不是因为自己治理国家的失误造成的，如何才能避免官逼民反的危险局面出现？历史上教训不少，"桀奔南巢，纣踣于京，厉流于彘，幽灭于戏"，往事历历在目，所以有人告诫统治者要学历史：

> 公扈子曰：有国者不可以不学《春秋》。生而尊者，骄；生而富

者，傲。生而富贵，又无鉴而自得者，鲜矣！《春秋》，国之鉴也。《春秋》之中，弑君三十六，亡国五十二，诸侯奔走，不得保其社稷者甚众，未有不先见而后从之者也。（《说苑·建本》）

"禹以夏王，桀以夏亡。汤以殷王，纣以殷亡。"夏商周和许多诸侯国兴亡盛衰的历史启示了后来的统治者，他们从中总结出一套为君之道和为臣之道。爱民利民、礼贤下士成为君王应遵循的道德原则，忠心事主、公正清廉则是臣子的基本道德规范。另外，如何看待和处理君、民、社稷（国家）三者之间的关系，也是当时政治道德的重要内容。孟子的观点是"民为贵，社稷次之，君为轻"。而在实际上，大多数君王都忽视了民众的存在和利益，为所欲为，往往落得个国破身亡的下场。

第一节　为君之道与爱民利民

大禹因辛勤治理水患而得到民众拥护，成为夏王朝的开国天子。桀因贪图享乐、残害百姓而成断送夏王朝的亡国之君。汤和纣王重复了这种兴亡史。聪明的君王意识到，民众是社稷的基石。如果爱护民众，保障民众的基本利益，就会得到民众拥护，国家将会强盛，自己也才能安坐王位，享受权力地位带来的快乐生活。反之，为了一时享乐而为非作歹，压榨百姓，就引起天怒人怨，带来亡国杀身之祸。先秦时期，确实有少数杰出的君王能正确处理君、民、社稷之间的关系，表现出以民为本、爱民利民的道德情怀。周文王的祖父古公亶父（即太王、大王）即为一例：

诸侯之义死社稷，大王委国而去，何也？夫圣人不欲强暴侵陵百姓，故使诸侯死国，守其民。大王有至仁之恩，不忍战百姓，故事勋育戎氏以犬马珍币，而伐不止，问其所欲者土地也，于是属其群臣耆老而告之曰："土地者所以养人也，不以所以养而害其养也，吾将去之。"遂居岐山之下，邠人负幼扶老从之，如归父母。三迁而民五倍其初者，皆兴仁义趣上之事，君子守国安民，非特斗兵，罢杀示众而已。不私其身，惟民足用，保民盖所以去国之义也，是谓至公耳。（《说苑·至公》）

《史记》中也讲到这件事：

> 古公亶父复修后稷、公刘之业，积德行义，国人皆戴之。薰育戎
> 狄攻之，欲得财物，予之。已复攻，欲得地与民。民皆怒，欲战。古
> 公曰："有民立君，将以利之。今戎狄所为攻战，以吾地与民，民之
> 在我，与其在彼，何异？民欲以我故战，杀人父子而君之，予不忍
> 为。"乃与私属遂去豳，度漆、沮，逾梁山，止于岐下。豳人举国扶
> 老携幼，尽复归古公于岐下。及他旁国闻古公仁，亦多归之。（《史
> 记·周本纪》）

在古公亶父看来，民是根本，是目的。土地是用以养人的，只是手
段。君是为了利民而设立的，也是手段。为了保护民众的生存权利，可以
放弃原有的土地，另寻生路；也可以不要原来的君王，另立君王。只要有
利于民众的生存，谁做君王并不重要。为了保住自己的君王地位和土地而
驱使民众上战场，流血牺牲，这是仁者不忍心做的事。古公亶父以爱民为
至高无上的行为准则，处处从民众的利益考虑，结果深得民心，迁到岐下
后土地日益扩大，人口不断增多，国势逐渐强盛，为后来武王伐纣、取代
商朝打下了很好的基础。

另一个爱民的例子是邾文公。邾是春秋时的一个曹姓小国，微不足
道，但邾文公的表现却让那些大国的国君相形失色。《左传》上说：

> 邾文公卜迁于绎。史曰："利于民而不利于君。"邾子曰："苟利
> 于民，孤之利也。天生民而树之君，以利之也。民既利矣，孤必与
> 焉。"左右曰："命可长也，君何弗为？"邾子曰："命在养民。死之
> 短长，时也。民苟利矣，迁也，吉莫如之！"遂迁于绎。五月，邾文
> 公卒。君子曰："知命。"（《左传·文公十三年》）

邾文公想迁都到绎。在那个占卜盛行的时代，迁都大事当然先要问个
吉凶。太史告诉占卜的结果是，这次迁都有利于民，但对君不利，可能会
减寿。邾文公坦然面对这个预言。他觉得君王的使命、责任就是利民，因

此利民也就是利君。只要达到养民、利民的目的，自己就很高兴了。迁都如果能利民，那就是最大的吉祥。对寿命长短，邾文公想得很开，认为那是命中注定的事，不必刻意去争取益寿延年，顺其自然即可。迁都后不久，即鲁文公十三年五月，邾文公去世。这似乎多少有点悲剧的味道。一个在利民与利君发生冲突时毅然选择利民的开明君主，却未能长寿。但他因这一明智之举而留名青史，求仁得仁，应是死而无憾吧。

爱民的另外一种表现，就是轻徭薄赋，与民休息，不扰民，不误农时。据说西周时，召公在春季桑蚕之时出行，为了不影响农事，在甘棠树下休息并办理公务。百姓非常怀念，作了《甘棠》诗来颂扬召公。晋平公和赵简子也有停止春季筑台的善举。

> 晋平公春筑台，叔向曰："不可。古者圣王贵德而务施，缓刑辟而趋民时。今春筑台，是夺民时也。夫德不施则民不归，刑不缓则百姓愁。使不归之民，役愁怨之百姓，而又夺其时，是重竭也。夫牧百姓养育之而重竭之，岂所以定命安存，而称为人君于后世哉！"平公曰："善。"乃罢台役。（《说苑·贵德》）

> 赵简子春筑台于邯郸，天雨而不息，谓左右曰："可无趋种乎？"尹铎对曰："公事急，措种而悬之台，夫虽欲趋种，不能得也。"简子惕然，乃释台罢役，曰："我以台为急，不如民之急也，民以不为台，故知吾之爱也。"（《说苑·贵德》）

一个采纳谏言，一个主动提出停止筑台之役，都表现出爱民的倾向，在统治者中，亦属难得。而他们这样做，都有一个共同的目的，就是得民心，以求长治久安。管仲曾给齐桓公讲明百姓的重要性，对君而言，百姓就是天。

> 齐桓公问管仲曰："王者何贵？"曰："贵天。"桓公仰而视天。管仲曰："所谓天者，非谓苍苍莽莽之天也。君人者，以百姓为天。百姓与之则安，辅之则强，非之则危，背之则亡。"诗云："民而无良，相怨一方。"民怨其上不遂亡者，未之有也。（《说苑·建本》）

　　管仲是个哲人式的政治家，他把君民关系看得很透，很清楚。爱护百姓，关心百姓，这不仅是百姓的需要，其实也是君王自身的需要。聪明的君王都能意识到，爱民就是爱王位、爱自己。问题是多数君王并不聪明，他们因狂妄自负而变得愚蠢。夏桀就自命不凡，当伊尹告诫他说："君王不听臣之言，亡无日矣。"他居然笑曰："子何妖言？吾有天下，如天之有日也。日有亡乎？日亡，吾亦亡矣。"他以太阳自况，太阳不会亡，他也不会亡。（《绎史·商汤灭夏》）结果是身死国灭，为天下笑。

　　先秦时期真正爱民的君王不多，虐民的倒不少。以活人殉葬就是君王残害百姓的方式之一。据《史记·秦本纪》记载，秦国从秦武公开始以活人殉葬。秦武公死时殉葬者达 66 人；秦穆公死，殉葬 177 人；秦景公死，殉葬 182 人。《左传》上说：

　　　　秦伯任好卒，以子车氏之三子奄息、仲行、针虎为殉，皆秦之良也。国人哀之，为之赋《黄鸟》。君子曰："秦穆之不为盟主也宜哉！死而弃民。先王违世，犹诒之法，而况夺之善人乎！《诗》曰：'人之云亡，邦国珍瘁。'无善人之谓。若之何夺之？"（《左传·文公六年》）

　　秦穆公"广地益国，东服强晋，西霸戎夷"，算是有作为的君王，却在死时做出这样残忍的事，让一百多人当陪葬品，其中包括子车氏三子这样受秦国人敬重的优秀人才。这种弃民、虐民的行为当时就受到人们的指责，认为秦穆公"死而弃民"，没当上诸侯盟主是应该的。秦国百姓为失去"三良"而深感痛心，作《黄鸟》诗哀悼亡人，全诗如下：

　　　　交交黄鸟，
　　　　止于棘。
　　　　谁从穆公？
　　　　子车奄息。
　　　　维此奄息，
　　　　百夫之特。
　　　　临其穴，

惴惴其栗。
彼苍者天，
歼我良人！
如可赎兮，
人百其身！
交交黄鸟，
止于桑。
谁从穆公？
子车仲行。
维此仲行，
百人之防。
临其穴，
惴惴其栗。
彼苍者天，
歼我良人！
如可赎兮，
人百其身！
交交黄鸟，
止于楚。
谁从穆公？
子车针虎。
维此针虎，
百夫之御。
临其穴，
惴惴其栗。
彼苍者天，
歼我良人！
如可赎兮，
人百其身！（《诗经·秦风·黄鸟》）

圣人明君本应待民如子，"圣人之于天下百姓也，其犹赤子乎？饥者则食之，寒者则衣之，将之养之，育之长之，惟恐其不至于大"。（《说苑·贵德》）秦穆公却剥夺国人的生存权，让他们给自己陪葬，何其冷酷残忍！诗中描写子车氏三兄弟在马上要被推入墓穴时所表现出的那种悲伤、绝望、无助的心情，让后世读者永远难忘。

如果君王暴虐无道，不顾百姓死活，那百姓或大臣就可以起而反抗，赶走或杀死暴君，另立新君或改朝换代。这种反抗被视为正义之举，受到道德上的肯定。爱民既是君王应遵循的道德原则，也是其统治合法性的依据。孟子和齐宣王之间有一段对话：

> 齐宣王问曰："汤放桀，武王伐纣，有诸？"孟子对曰："于传有之。"曰："臣弑其君，可乎？"曰："贼仁者谓之'贼'，贼义者谓之'残'。残贼之人谓之'一夫'。闻诛一夫纣矣，未闻弑君也。"（《孟子·梁惠王下》）

孟子认为，君王如果破坏了仁爱道义的原则，他就成了独夫民贼，是民众的敌人。面对独夫民贼，人人都有杀死他的权力，这和弑君是性质截然不同的两码事。所以先秦历史上许多暴君被推翻、杀死，并未得到人们的同情，反而认为罪有应得。周厉王就是其中一例：

> 王行暴虐侈傲，国人谤王。召公谏曰："民不堪命矣。"王怒，得卫巫，使监谤者，以告则杀之。其谤鲜矣，诸侯不朝。三十四年，王益严，国人莫敢言，道路以目。厉王喜，告召公曰："吾能弭谤矣，乃不敢言。"召公曰："是鄣之也。防民之口，甚于防川。川壅而溃，伤人必多，民亦如之。……"王不听。于是国莫敢出言，三年，乃相与畔，袭厉王。厉王出奔于彘。（《史记·周本纪》）

周厉王暴虐无道，民怒沸腾，到了不堪忍受的地步。他不思反省，以为用暴力镇压可以堵住百姓的口，消除一切不满的言论，结果"使天下之人不敢言而敢怒"。最后火山爆发，国人群起而攻之，周厉王狼狈逃窜到晋国的彘地。周的朝政由周公、召公二相共同掌管，史称"共和"，直到周宣王执政为止。西周的末代天子、以烽火戏诸侯出名的周幽王，也因荒淫暴虐，"国人皆怨"，终被杀于骊山之下。我们从当时人对这些被逐被杀暴君的批评中，可以看出对爱民利民这一君德的肯定和重视。

> 晋人杀厉公，边人以告，（鲁）成公在朝。公曰："臣杀其君，谁之过也？"大夫莫对，里革曰："君之过也。夫君人者，其威大矣。失威而至于杀，其过多矣。且夫君也者，将牧民而正其邪者也，若君纵回而弃民事，民旁有慝，无由省之，益邪多矣。若以邪临民，陷而不振。用善不肯专，则不能使，至于殄灭而莫之恤也，将安用之？桀奔南巢，纣踣于京，厉流于彘，幽灭于戏，皆是术也。夫君也者，民之川泽也。行而从之，美恶皆君之由，民何能为焉。"（《国语·鲁语上》）

晋厉公多嬖姬，想用诸姬兄弟取代原来的大夫，杀害了多位大臣，最后被大臣杀掉。鲁国大臣里革认为，君王位高权重，既有威势，也有威信，从丧失威信到被杀，一定有很多错误甚至罪过。如果君王放纵私欲，不关心民事，不顾百姓死活，那要这些君王有何用？

> 师旷侍于晋侯。晋侯曰："卫人出其君，不亦甚乎？"对曰："或者其君实甚。良君将赏善而刑淫，养民如子，盖之如天，容之如地。民奉其君，爱之如父母，仰之如日月，敬之如神明，畏之如雷霆，其可出乎？夫君，神之主而民之望也。若困民之主，匮神乏祀，百姓绝望，社稷无主，将安用之？弗去何为？天生民而立之君，使司牧之，勿使失性。……天之爱民甚矣，岂其使一人肆于民上，以从其淫，而弃天地之性？必不然矣。"（《左传·襄公十四年》）

师旷是晋国的乐师，也是个清醒的政治家。他认为好的君王"养民如子"，民也爱君"如父母"。因为天是爱民的，君王是受天的委派来治理百姓，关心爱护百姓的。如果君王骑在百姓头上作威作福，老百姓却贫困不堪，饥寒交迫，那老天爷也不会答应。所以，不得人心的君王被赶走是必然的。

齐人弑其君，鲁襄公援戈而起曰："孰臣而敢杀其君乎？"师惧曰："夫齐君治之不能，任之不肖，纵一人之欲，以虐万夫之性，非所以立君也。其身死，自取之也。今君不爱万夫之命，而伤一人之死，奚其过也？其臣已无道矣，其君亦不足惜也。"（《说苑·君道》）

齐庄公与崔杼之妻私通，并侮辱崔杼，结果被崔杼愤而杀掉。在鲁襄公看来，以臣弑君是不能容忍的大逆不道行为，师惧却认为齐庄公是治国无能，用人不当，放纵私欲，压榨百姓，他的死是自找的。鲁襄公不考虑齐国百姓的命运，为一个昏君的死而惋惜，这是大错特错。

里革、师旷、师惧敢于面对君王讲出这样的话，说明爱民是当时大家公认的君德，不管鲁成公、晋平公、鲁襄公心里怎样想，口头上也不好反驳他们的意见。从《诗经》中也可以看到，爱民之君都被人称颂，虐民之君则受到谴责。《大雅·泂酌》中反复称叹明君：

……
岂弟君子，
民之父母。
……
岂弟君子，
民之攸归。
……
岂弟君子，
民之攸墍。（《诗经·大雅·泂酌》）

品德高尚，爱民如子的君王，百姓视其如同父母，归附向往，衷心拥戴。

《大雅·卷阿》中也赞颂周成王为"岂弟君子"：

有冯有翼，
有孝有德，
以引以翼，

岂弟君子，
四方为则。
……
凤凰鸣矣，
于彼高冈。
梧桐生矣，
于彼朝阳。
奉奉萋萋，
雝雝喈喈。（《诗经·大雅·卷阿》）

周围有贤才辅佐，本身又品德高尚，这样和气圣明的君王，成为天下百姓的榜样。这样的好君王是百姓心中盼望的，暴虐的君王则是百姓怨恨的。《大雅·民劳》据说是劝谏周厉王的诗，诉说其为政暴虐，徭役繁重，人民不堪其苦。诗中反复出现的句子是：

民亦劳止，
汔可小康。
……
民亦劳止，
汔可小休。
……
民亦劳止，
汔可小息。
……
民亦劳止，
汔可小愒
……
民亦劳止，
汔可小安。

老百姓又苦又累，实在受不了，能不能让他们稍微喘口气，休息一下。诗中也反复告诫周厉王，"式遏寇虐，无俾民忧"，赶快停止暴虐与劫掠，不要再使百姓忧愁度日。但暴君听不进一点劝告，一意孤行，百姓忍无可忍，才群起反抗，赶走了暴君。

《大雅·荡》也是叹周厉王无道的诗，借托文王斥责纣王的语气以刺厉王：

> 荡荡上帝，
> 下民之辟。
> 疾威上帝，
> 其命多辟。
> 天生烝民，
> 其命匪谌。
> 靡不有初，
> 鲜克有终。
> ……
> 殷鉴不远，
> 在夏后之世。

统治下民的君王，是个为非作歹、贪心暴虐的无道昏君。老天生养了百姓，其命运却难以预料。万事都有好开头，很少能有好的收场。殷商的教训并不遥远，就在夏桀灭亡之后。

从《诗经》反映的情况看，不论朝廷还是民间，都把爱民作为评价君王的重要标准。处理好君王与民的关系，以民为本，是统治者维护自己长远利益的需要。从西周初开始，"殷鉴不远"就成为统治者经常提起的话题，他们不想让商纣王暴虐亡国的历史在自己身上重演。利益的需求催生了道德的需求，"敬天保民"、爱民利民的道德原则受到统治者重视并进入意识形态的话语中心。

第二节 礼贤下士与和而不同

为君之道，爱民利民之外最重要的就是尊贤与纳谏。作为君王，能不能礼贤下士，倾听各种不同意见，从善如流，这关系到治国平天下的成败。所以，先秦时期就把礼贤下士、和而不同视为君王的美德。《吕氏春秋》和《说苑》中，把这个道理讲得直白而清楚。

> 人君之欲平治天下而垂荣名者，必尊贤而下士。《易》曰："自上下下，其道大光。"又曰："以贵下贱，大得民也。"夫明王之施德而下下也，将怀远而致近也。夫朝无贤人，犹鸿鹄之无羽翼也，虽有千里之望，犹不能致其意之所欲至矣。是故绝江海者托于船，致远道者托于乘，欲霸王者托于贤。伊尹、吕尚、管夷吾、百里奚，此霸王之船、乘也。释父兄与子孙，非疏之也；任庖人、钓屠与仇雠、仆虏，非阿之也。持社稷、立功名之道，不得不然也。（《说苑·尊贤》，又见《吕氏春秋·知度》）

礼贤下士、任人唯贤，是统治者在总结了商周以来一千多年历史经验和教训后提出的治国策略，也是君王应当遵循的道德准则。有人甚至认为君王的个人品德好坏无所谓，只要他能任用贤才，照样可以称王称霸。如果用错了人，则会身败名裂。举的例子是齐桓公：

> 或曰：将谓桓公仁义乎？杀兄而立，非仁义也。将谓桓公恭俭乎？与妇人同舆，驰于邑中，非恭俭也。将谓桓公清洁乎？闱门之内，无可嫁者，非清洁也。此三者亡国失君之行也，然而桓公兼有之，以得管仲、隰朋，九合诸侯，一匡天下，毕朝周室，为五霸长，以其得贤佐也。失管仲、隰朋，任竖刁、易牙，身死不葬，虫流出户，一人之身荣辱俱施者，何者？其所任异也。由此观之，则士佐急矣。（《说苑·尊贤》）

齐桓公私德确实不怎么好，但也未见得比其他君王坏。他在尊贤用人上却可以称作典范。在任用管仲这件事上，齐桓公表现出超人的气度和眼光，可以说是不拘小节、不计私怨、委以重任、始终不疑。管仲是个杰出的思想家、政治家，胸怀大志，不在乎小节，给人留下贪财、无能、胆怯、无耻的印象，齐桓公重才能，看大节，敢于排除干扰任用管仲。在公子纠与齐桓公争王位时，管仲辅佐公子纠，是齐桓公的敌人。为阻止齐桓公返国，管仲一箭差点要了齐桓公的命。但他最后听了鲍叔牙的建议，抛弃私怨，重用管仲，给予上卿的地位和"仲父"的称号，而且对管仲的信任四十多年不变。这在历史上是不多见的。齐桓公四十一年，管仲、隰朋皆死。桓公不听管仲临终前的劝告，重用竖刁、易牙，使政局迅速恶化，五子争位，动荡不安，称霸四十年的齐桓公死后竟无人安葬，尸虫出户。管仲在时，齐桓公九合诸侯，一匡天下，何等威风；管仲死后，齐桓公的下场如此凄惨。这种巨大的反差更加彰显了尊贤对于君王的重要性，管仲也由此被赋予了"贤人"的象征符号意义。

一般来说，开国之君，大多重视选拔人才、礼贤下士。商汤用伊尹即为一例：

> 伊尹名阿衡。阿衡欲干汤而无由，乃为有莘氏媵臣，负鼎俎，以滋味说汤，致于王道。或曰，伊尹处士，汤使人聘迎之，五反然后肯往从汤，言素王及九主之事。汤举任以国政。（《史记·殷本纪》）

伊尹帮助商汤灭了夏，是殷商的开国功臣。周文王和商汤一样求贤若渴，因为他同样也想改朝换代。周文王发现和重用吕尚被赋予了更多的神话传奇色彩。

> 太公望吕尚者，东海上人。……本姓姜氏，从其封姓，故曰吕尚。吕尚盖尝穷困，年老矣，以渔钓干周西伯。西伯将出猎，卜之，曰："所获非龙非彲，非虎非罴，所获霸王之辅。"于是周西伯猎，果遇太公于渭之阳，与语大说，曰："自吾先君太公曰：'当有圣人适周，周以兴。'子真是邪？吾太公望子久矣。"故号之曰太公望，载与俱归，立为师。（《史记·齐太公世家》）

吕尚被说成是周人渴望已久、命中注定来帮助周人灭商得天下的圣人。周文王用吕尚的事被神化的过程，其实是周王朝强化尊贤意识的表现。西周早期的统治者都比较重视招纳贤才，周公辅佐成王时，很注意以身作则、礼贤下士。他曾告诫儿子伯禽：

> 我文王之子，武王之弟，成王之叔父，我于天下亦不贱矣。然我一沐三捉发，一饭三吐哺，起以待士，犹恐失天下之贤人。子之鲁，慎无以国骄人。（《史记·鲁周公世家》）

周公吐哺成为后世流传的求贤佳话，也是君王们效法的榜样。但对绝大多数君王来说，礼贤下士并非平常情况下道德修养的结果，不是一以贯之的道德信念，而是危难时求存，国弱时图强，或意在夺取天下时的权宜之计与应急之策。汤用伊尹，周用吕尚，是为取代夏与殷。齐桓公用管仲是想称霸，秦穆公用百里奚是想改变秦国的弱小局面。君王在打天下、奋发图强时，一个个求贤若渴；一旦江山坐稳，国势强盛，或报仇雪耻的目的已经达到，就会上演一幕幕兔死狗烹、鸟尽弓藏的悲剧。越王勾践为报亡国之仇，也曾礼遇重用范蠡、文种等贤才，一旦灭了吴国，就对功臣动了杀机。范蠡识时务，知道勾践是个可共患难而不能共安乐的人，飘然远去。文种则未能功成身退而被杀。

燕昭王是战国时期被人称道的礼贤下士典范。其父燕王哙重用其相子之，后竟误信人言，效法尧、舜禅让，使子之为王。燕人不服，国内大乱。齐宣王乘其内乱伐燕，燕国士兵不愿打仗，城门不闭。齐兵长驱直入，杀了哙和子之，大获全胜。燕差点灭亡。燕昭王即位时面对残破局面，又急于报仇，不得不从求贤开始。据《战国策》记载，燕昭王求士从礼遇郭隗开始：

> 燕昭王收破燕后，即位，卑身厚币，以招贤者，欲将以报仇。故往见郭隗先生曰："齐因孤国之乱而袭破燕，孤极知燕小力少，不足以报，然得贤士与共国，以雪先王之耻，孤之愿也。敢问以国报仇者奈何？"郭隗先生对曰："帝者与师处，王者与友处，霸者与臣处，亡国与役处。诎指而事之，北面而受学，则百己者至；先趋而后息，先问而后嘿，则什己者至；人趋己趋，则若己者至；冯几据杖，眄视指使，则厮役之人至；若恣睢奋击，呴籍叱咄，则徒隶之人至矣；此古服道致士之法也。王诚博选国中之贤者，而朝其门下，天下闻王朝其贤臣，天下之士，必趋于燕矣。"昭王曰："寡人将谁朝而可？"郭

隗先生曰:"臣闻古之君人,有以千金求千里马者,三年不能得。涓人言于君曰:'请求之。'君遣之,三月得千里马;马已死,买其骨五百金,反以报君。君大怒曰:'所求者生马,安事死马?而捐五百金!'涓人对曰:'死马且买之五百金,况生马乎?天下必以王为能市马,马今至矣!'于是不能期年,千里之马至者三。今王诚欲致士,先从隗始。隗且见事,况贤于隗者乎?岂远千里哉!"

于是昭王为隗筑官而师之。乐毅自魏往,邹衍自齐往,剧辛自赵往;士争凑燕。燕王吊死问生,与百姓同其甘苦二十八年,燕国殷富,士卒乐佚轻战。于是遂以乐毅为上将军,与秦、楚、三晋合谋以伐齐。齐兵败,闵王出走于外。燕兵独追北,入至临淄,尽取齐宝,烧其官室宗庙;齐城之不下者,唯独莒、即墨。(《战国策·燕策》)

郭隗告诉燕昭王,求贤必须放下架子,因为有才能的人自尊心较强,需要君王以诚心和谦恭的态度去打动他,真正信任他、尊重他,委以重任,给予优厚的待遇。燕昭王做到了"卑身厚币",并以郭隗为样板,为他建豪宅,任他为自己的老师。这种筑巢引凤的举措果然很有成效,人才纷至,国家日渐强盛,终于打败齐国,报了仇,雪了恨。

战国时期,另一个有好士美名的国君是齐宣王。《史记》中有两段记载:

宣王喜文学游说之士,自如驺衍、淳于髡、田骈、接予、慎到、环渊之徒七十六人,皆赐列第,为上大夫,不治而议论。是以齐稷下学士复盛,且数百千人。(《史记·田敬仲完世家》)

慎到,赵人。田骈、接予,齐人。环渊,楚人。皆学黄老道德之术,因发明序其指意。故慎到著十二论,环渊著上下篇,而田骈、接予皆有所论焉。驺奭者,齐诸驺子,亦颇采驺衍之术以纪文。于是齐王嘉之,自如淳于髡以下,皆命曰列大夫,为开第康庄之衢,高门大屋,尊宠之。览天下诸侯宾客,言齐能致天下贤士也。(《史记·孟子荀卿列传》)

齐宣王与先秦时期其他尊贤好士之君有所不同。其他国君求贤,主要

是寻找能富国强兵的政治、军事、外交人才，如商鞅、吴起、管仲、百里
奚、孙膑、蔺相如、苏秦、张仪等。他们希望所用之人能带来实际利益，
是抱着实用主义的态度礼贤下士的。正如梁惠王见孟子说的第一句话：
"叟！不远千里而来，亦将有以利吾国乎？"这可以说是表达了当时诸侯
的共同心声。齐宣王当然也重视治国之才，但他除了讲实用，还懂务虚，
网罗招纳了许多理论人才。集中在稷下学宫的这批知识分子，来自不同国
家，各有自己的学术流派和见解。他们都享有很高的生活待遇，却不需要
从事任何行政事务，专门从事学术研究，著书立说，互相讨论辩驳，即
"不治而议论"。这不仅带来齐国的学术繁荣，而且对战国时期的百家争
鸣起了推动作用。齐宣王给稷下学者提供良好的工作生活条件，却丝毫不
干涉他们的学术自由，任他们自由讲学，自由辩论，自由著述。这一点很
难得，秦以后的君王几乎没人能达到这种宽容的程度。

　　齐宣王的好士还表现在对冒犯自己的行为能够容忍，对尖锐刻薄的批
评意见也能听得进去。当时有两个敢于挑战君王威严的有识之士，即颜
斶、王斗。《战国策》里写了这二人见齐宣王的情形：

　　　　齐宣王见颜斶，曰："斶前！"斶亦曰："王前！"宣王不悦。左
　　右曰："王，人君也。斶，人臣也。王曰'斶前'，亦曰'王前'，可
　　乎？"斶对曰："夫斶前为慕势，王前为趋士。与使斶为趋势，不如
　　使王为趋士。"王忿然作色曰："王者贵乎？士贵乎？"对曰："士贵
　　耳，王者不贵。"王曰："有说乎？"斶曰："有。昔者秦攻齐，令曰：
　　'有敢去柳下季垄五十步而樵采者，死，不赦。'令曰：'有能得齐王
　　头者，封万户侯，赐金千镒。'由是观之，生王之头，曾不若死士之
　　垄也。"宣王默然不悦。（《战国策·齐策》）

　　一个布衣之士，敢与诸侯分庭抗礼，胆子不小，话也很刺耳。齐宣王
心里非常生气，但还是耐着性子听完他关于贵士的理论。颜斶认为大禹时
"诸侯万国"，商汤时"诸侯三千"，当今南面称王的诸侯只剩下二十四
个。为什么那么多诸侯灭亡了？就是因为不懂贵士的道理。侯王应虚心学
习，居于人下而尊崇士人，才能建功扬名。听了这番话，齐宣王深感惭
愧，"愿请受为弟子"。

王斗一见面也让齐宣王难堪：

> 先生王斗造门而欲见齐宣王，宣王使谒者迎入。王斗曰："斗趋见王为好势，王趋见斗为好士，于王何如？"使者复，还报。王曰："先生徐之，寡人请从。"宣王因趋而迎之于门，与入，曰："寡人奉先君之宗庙，守社稷，闻先生直言正谏不讳。"王斗对曰："王闻之过。斗生于乱世，事乱君，焉敢直言正谏。"宣王忿然作色，不说。有间，王斗曰："昔先君桓公所好者五，九合诸侯，一匡天下，天子受籍，立为大伯。今王有四焉。"宣王说，曰："寡人愚陋，守齐国，惟恐失拓之，焉能有四焉？"王斗曰："先君好马，王亦好马；先君好狗，王亦好狗；先君好酒，王亦好酒；先君好色，王亦好色。先君好士，而王不好士。"（《战国策·齐策》）

王斗批评齐宣王是"乱君"，"不好士"，一点不顾及国君的面子。话虽然难听，但王斗说的句句在理，齐宣王不得不承认"寡人有罪国家"，于是"举士五人任官，齐国大治"。

齐宣王的礼贤下士不仅是对有才能的男性，对见解超群的女性也同样重视。齐国有个叫钟离春的女子，奇丑无比，三十岁了还嫁不出去。有一天她去求见齐宣王，说愿意进后宫做王妃。宣王和大臣正在渐台饮酒，听说这事，左右都大笑说："这真是天下脸皮最厚的女人了。"宣王出于好奇召见了她，说："我的后宫位子已满，连普通百姓都没人要你，却想嫁给万乘之主，难道有什么奇才吗？"钟离春表演了一下隐身术，引起宣王兴趣。接下来她就直言进谏，讲了齐国面临的四重危险。一是外有强国秦楚的威胁，内有奸臣当道，太子未立，民心不附，一旦君王驾崩，国家就危险了。二是大兴土木，广积金玉宝物，使百姓贫困疲劳到极点。三是贤者隐于山林，谄媚之徒立于朝堂，尽忠直谏者无法见到君王。四是君王沉溺酒色之中，对外不尽诸侯之礼，对内不励精图治。齐国的局势已相当危险啊！钟离春的一番话如冷水浇头，让齐宣王从梦中惊醒，立即停建楼台，斥退佞臣，选兵马，实府库，招进直言之士，择吉日立太子，并拜钟离春为王后，齐国转危为安。（《列女传·辩通传》）

在这件事上，齐宣王表现确实出色。他打破了重男轻女、以貌取人的俗见，对这个有智慧、有才华的丑女人真诚接纳，虚心听取她的意见，并雷厉风行地改正自己的错误，革除弊政，实属不易。虽然未能像对男人那样封官拜相，但给了她一个女人最高的地位，置于众多漂亮女人之上，使她当了堂堂正正的王后。这在当时，是对一个女贤人的最大肯定。

君王另一必备的美德是和而不同。周成王封伯禽为鲁公时讲了一段话：

> 尔知为人上之道乎？凡处尊位者，必以敬下，顺德规谏，必开不讳之门，蹲节安静以籍之，谏者勿振以威，毋格其言，博采其辞，乃择可观。夫有文无武，无以威下，有武无文，民畏不亲，文武俱行，威德乃成，既成威德，民亲以服。清白上通，巧佞下塞，谏者得进，忠信乃畜。（《说苑·君道》）

周成王主要强调的是礼贤下士，广开言路，择善而从。其实这也就是和而不同。公元前8世纪，周幽王在位时，周太史史伯对郑桓公分析天下大势，明确提出"和实生物，同则不继"。史伯认为这是事物生成发展的根本规律，是形而上的道。这里的"和"，指事物必须在多样性、丰富性、差异性的基础上求得平衡、协调和统一，这样才有利于万物的生成、发展、繁荣，治国也是如此。史伯指出周幽王"弃高明昭显，而好谗慝暗昧"，"去和而取同"，必然走向灭亡。后来，晏婴和孔子把"和而不同"改造成为政之道和君子之德。

公元前522年，晏婴和齐景公有一次对话，齐景公认为宠臣梁丘据与自己的关系很和谐，晏婴指出这是"同"，不是"和"。"同"与"和"是两个截然不同的概念。晏婴接着深入论述了"和"的含义。他说：

> 和，如羹焉。水、火、醢、醯、盐、梅，以烹鱼肉，燀之以薪，宰夫和之，齐之以味，济其不及以泄其过，君子食之，以平其心。君臣亦然。君所谓可而有否焉，臣献其否以成其可。君所为否而有可焉，臣献其可以去其否。是以政平而不干，民无争心……先王之济五味、和五声也，以平其心、成其政也。声亦如味，一气、二体、三类、四物、五声、六律、七音、八风、九歌，以相成也。清浊、小

大、短长、疾徐、哀乐、刚柔、迟速、高下、出入、周疏，以相济
也。君子听之，以平其心，心平德和。今据不然。君所谓可，据亦曰
可；君所谓否，据亦曰否。若以水济水，谁能食之？若琴瑟之专一，
谁能听之？同者不可也如是。（《左传·昭公二十年》）

晏婴以烹饪和音乐为例，说明美味佳肴和动听的乐曲都是多种成分、
多种因素和谐共济的结果。同样，治理国家也要君臣之间不同意见的相反
相成。只有君王善于听取各种意见，纠正错误，弥补缺陷，才能做出正确
决策。如果大臣只会讨好君王，老是跟君王一个腔调，那朝中只有
"同"，没有"和"，国家肯定会出问题。孔子也说过："君子和而不同，
小人同而不和。"（《论语·子路》）"和而不同"不是一般意义上的纳谏，
他是指君王要营造一种良好的政治生态，要允许不同观点存在，对不同的
个性要宽容、尊重，在多样化中求得统一。君王、大臣、百姓在国家强
盛、民生幸福的共同目标下，处理好相互间的关系，使社会保持平衡、和
谐、稳定。

先秦时期那些励精图治的开国君王或中兴之主，大都能礼贤下士，遵
循和而不同的原则，广泛听取不同意见，如商汤、周文王、周武王、周
公、齐桓公、晋文公、宋襄公、秦穆公、楚庄王等都有此类开明之举。楚
庄王听了孙叔敖的建议，明确表示自己不会独断专行，"愿相国与诸侯士
大夫共定国是。寡人岂敢以褊国骄士民哉？"（刘向：《新序·杂事第二》）
齐威王为了图强，"乃下令：'群臣吏民能面刺寡人之过者，受上赏。上
书谏寡人者，受中赏。能谤讥于市朝，闻寡人之耳者，受下赏。'令初
下，群臣进谏，门庭若市。数月之后，时时而间进。期年之后，虽欲言，
无可进者"。（《战国策·齐策》）管仲、晏婴、子产等大臣都能在君王面
前大胆发表不同意见，颜斶、王斗敢冒犯齐宣王，他们都受到宽容和尊
重。平庸的君王做不到这一点，昏庸的暴君非但听不见去任何逆耳的忠
言，还残酷迫害敢于直言进谏的人。商纣王杀了劝诫他的王子比干，逼得
微子逃亡，箕子被发佯狂，群臣人人自危。周厉王派人监视臣民，杀掉背
后诽谤他的人。历史反复证明，那些去"和"而取"同"，堵塞言路，独
断专行的君王，都没有好下场。

第三节　为臣之道与忠心事主

　　君与臣的关系，是古代政治生活中最重要、最直接的一种人际关系，也是最敏感的关系。从本质上看，君臣关系是利益关系。正如韩非子所说："臣尽死力以与君市，君垂爵禄以与臣市。"（《韩非子·难一》）"主卖官爵，臣卖智力。"（《韩非子·外储说右下》）在利益关系之上，还有一层道义关系，也是君与臣都要遵循基本的道德原则。君要爱民利民、礼贤下士、和而不同，臣要忠心事主、公正无私。"忠"和"孝"是中国古代社会两个最基本的道德规范，"忠"主要对臣而言，"孝"主要对子而言。"忠"作为道德概念，要比"孝"出现得晚。《诗经》中说到"孝"的地方很多，"忠"却没有出现。但在具体描写人物时，已把尽心为天子效力作为一种美德来称赞。如《大雅·烝民》中表现仲山甫辅佐周宣王的功绩时，写他"天子是若"，即唯天子之命是从。诗中还写道：

　　　　肃肃王命，
　　　　仲山甫将之。
　　　　邦国若否，
　　　　仲山甫明之。
　　　　既明且哲，
　　　　以保其身。
　　　　夙夜匪解，
　　　　以事一人。（《诗经·大雅·烝民》）

　　最后两句话说仲山甫夜以继日、勤勤恳恳地侍奉周天子，这不就是忠吗？"忠"最初是用以评价卿大夫同公室、社稷及国家政权之间关系的道德准则，后来变成评价卿大夫与国君之间关系的准则，即要求大臣要忠君。"忠"的主要含义是"事君不贰"，（《国语·晋语四》）"竭力致死，无有二心"。（《左传·成公三年》）由臣忠于君扩而大之，全国的百姓都要忠于君。《诗经·小雅·北山》中说道："溥天之下，莫非王土，率土之滨，莫非王臣。"既然人人都是生活在"王土"上的"王臣"，当然应该忠于王了。

《左传》中讲到当时人们对"忠"的种种解释：

> 公家之利，知无不为，忠也。（僖公九年）
>
> 以私害公，非忠也。（文公六年）
>
> 无私，忠也。（成公九年）
>
> 临患不忘国，忠也。（昭公元年）
>
> 失忠与敬，何以事君？（僖公五年）

从先秦时期卿大夫实际行为所表现的观念来看，"忠"既包含忠于社稷，也包含忠于国君。如子产在郑国任卿相近六十年，先后事过四位君王。《史记》称其"为人仁爱，事君忠厚。孔子尝过郑，与子产如兄弟云。及闻子产死，孔子为泣曰：'古之遗爱也！'"（《史记·郑世家》）子产的忠，就是以社稷为重。

> 郑子产作丘赋。国人谤之，曰："其父死于路，己为虿尾；以令于国，国将若之何？"子宽以告。子产曰："何害？苟利社稷，死生以之。且吾闻为善者不改其度，故能有济也。民不可逞，度不可改。《诗》：'礼义不愆，何恤于人言'，吾不迁也。"（《左传·昭公四年》）

子产从国家利益出发制定的赋税制度，不被民众理解，遭到咒骂。子产不为所动，坚持不改变此项制度。只要有利社稷，个人生死都置之度外，何况一时的非议。这句话常被后世的忠臣引用。林则徐有一副明志的对联就由此而来："苟利社稷生死以，岂因祸福趋避之。"

齐国布衣之士王歜，把忠于国家和不事二君结合在一起，宁死不为燕将。

> 燕昭王使乐毅伐齐，闵王亡。燕之初入齐也，闻盖邑人王歜贤，令于三军曰"环盖三十里，毋入"，以歜之故。已而使人谓歜曰："齐人多高子之义，吾以子为将，封子万家。"歜固谢燕人。燕人曰：

"子不听，吾引三军而屠盖邑。"王歜曰："忠臣不事二君，贞女不更二夫。齐王不听吾谏，故退而耕于野。国既破亡，吾不能存，今又劫之以兵为君将，是助桀为暴也。与其生而无义，固不如烹。"遂县其躯于树枝，自奋绝脰而死。齐亡大夫闻之曰："王歜布衣，义犹不背齐向燕，况在位食禄者乎？"乃相聚如莒，求诸公子，立为襄王。（《说苑·立节》）

王歜讲了"忠臣不事二君，贞女不更二夫"，说明当时已经出现了不事二君的道德观念，但王歜主要想的是亡国之痛，不肯背叛祖国去帮助敌人。所以他讲的"忠"，更主要的还是忠于国家。

晋国的荀息也被认为是忠贞之臣。他重视履行对晋献公的承诺，辅佐其幼子奚齐、卓子。二子被大臣里克所杀，荀息就自杀身亡。《左传》记载：

初，献公使荀息傅奚齐，公疾，召之，曰："以是藐诸孤辱在大夫，其若之何？"稽首而对曰："臣竭其股肱之力，加之以忠贞。其济，君之灵也；不济，则以死继之。"公曰："何谓忠贞？"对曰："公家之利，知无不为，忠也；送往事居，耦俱无猜，贞也。"及里克将杀奚齐，先告荀息曰："三怨将作，秦、晋辅之，子将何如？"荀息曰："将死之。"里克曰："无益也。"荀息曰："吾与先君言矣，不可以贰。能欲复言而爱身乎？虽无益也，将焉辟之？且人之欲善，谁不如我？我欲无贰而能谓人己乎？"冬十月，里克杀奚齐于次。书曰："杀其君之子。"未葬也。荀息将死之，人曰："不如立卓子而辅之。"荀息立公子卓以葬。十一月，里克杀公子卓于朝，荀息死之。君子曰："《诗》所谓'白圭之玷，尚可磨也；斯言之玷，不可为也'，荀息有焉。"（《左传·僖公四年》）

《国语》中对荀息的评价是："不食其言矣。"（《国语·晋语二》）

荀息表面上是忠于晋献公，内心是忠于自己的诺言。献公听信骊姬谗言，杀了太子申生，是个昏君，这点荀息不是不知道。但毕竟献公是君，他是臣，献公临终前托孤给他，表示对他的信任，他也立下了尽心竭力，决不愧对死者与生者的誓言。在里克接连杀了奚齐与卓子后，荀息不愿失信于天下，以死明志。世人对荀息的崇敬，不仅是因为他对晋献公忠贞不二，更重要的是不因爱身而食言。

先秦时期，忠臣不事二主的观念不是主流，占主导地位的观念是"一心可以事百君，百心不可以事一君"。（《说苑·谈丛》）臣对君的忠不是绝对的、无条件的，而是相对的、有条件的。当时的士人在各诸侯国自由流动，寻找实现自己价值的机会，如果遇到欣赏自己治国主张的君王，委以重任，得高官厚禄，就忠心耿耿为其服务。一旦被怀疑猜忌或受冷落，马上离开，另投明主。商鞅在魏不被重视，去了秦国，受秦孝公信任，完成变法大业。吴起在鲁国杀妻求将，备受指责，去了魏国，深得魏文侯信任。魏武侯继位，吴起受到怀疑，又跑到楚国，做了楚悼王的相。一个人先后在几个国家任职，做几个国君的臣子，是很普遍的现象。士人心目中的"忠"，是有条件的。首先，君王对臣子有知遇之恩，从普通人里发现了你，从低贱的地位上提拔起来，给了你展示才华的机会。对君王这种格外的信任和礼遇，臣子就要用加倍的忠诚来回报。伊尹对商汤、吕尚对文王武王、管仲对齐桓公、百里奚对秦穆公就属此类。其次，士人自愿投奔某国君门下，被任以官职，等于双方自愿结成君臣关系，类似签订聘任合同。在君臣关系存在期间，做臣子的应一心一意为君王效力。一旦君臣关系不复存在，也就不再有尽忠君王的义务。臣对君的效忠程度取决于君对臣的态度。孟子说过：

> 君之视臣如手足，则臣视君如腹心；君之视臣如犬马，则臣视君如国人；君之视臣如土芥，则臣视君如寇仇。（《孟子·离娄下》）

君对臣越是关心爱护器重，臣也对君越是忠心耿耿。君若不把臣当人，只当成犬马一样的工具，甚至视为泥土草芥，那臣就会把君看作一般人或仇人，不会去为君卖力卖命。

《战国策》中管燕与门客的对话也是说这个道理：

> 管燕得罪齐王，谓其左右曰："子孰而与我赴诸侯乎？"左右嘿然莫对。管燕连然流涕曰："悲夫！士何其易得而难用也！"田需对

曰："士三食不得餍，而君鹅骛有余食；下官糅罗纨、曳绮縠，而士不得以为缘。且财者君之所轻，死者士之所重，君不肯以所轻与士，而责士以所重事君，非士易得而难用也。"（《战国策·齐策》）

这如同李白《古风》诗中说的："珠玉买歌笑，糟糠养贤才。"管燕平时对家中所养的门客待遇很差，遇到危难却想要门客和他一起逃亡。不想共安乐，只想别人与他共患难，这当然会被拒绝。晋国的侠士豫让为了给主人智伯报仇，几次刺杀赵襄子，未能成功。被捉住后赵襄子责问他："你也曾是范氏、中行氏的臣子，智伯灭了这两家，你不但不为他们报仇，还投身智伯门下，做了他的臣子。智伯已死，你为何这么执着于为他报仇？"豫让的回答是：

臣事范、中行氏，范、中行氏皆众人遇我，我故众人报之。至于智伯，国士遇我，我故国士报之。（《史记·刺客列传》）

这是一种量入为出的对等回报原则。君待臣厚，臣回报君也厚；君待臣薄，臣回报君也薄。这说明，忠君是有前提的、有条件的。可是君臣关系一旦确立，臣对君就不能怀二心。豫让的朋友看到豫让为了报仇，不惜变姓名，漆身为厉，吞炭为哑，灭须去眉，自刑以变其容，这样做太痛苦，也太难。建议他假装投靠赵襄子，表现自己的才能取得襄子信任，得到接近他的机会，这样就容易行刺成功。豫让认为："这样做等于是为了报原先的知遇之恩而辜负了后来的知遇之恩，为原来的君王而杀害新的君王，就破坏了君臣之间应有的道义原则。我做了赵襄子的大臣再去杀他，是怀二心以事君。我选择了这条艰难的复仇之路，就是让后世那些为人臣却怀有二心的人感到惭愧。"（见《史记·刺客列传》）

另一位晋献公的臣子寺人披，也主张"事君不贰"。寺人披曾受晋献公和晋惠公之命，两次追杀晋公子重耳。后来重耳回到晋国继承王位，即晋文公。寺人披求见晋文公，被晋文公斥责了一番，说你当初奉命追杀我时那么卖力，差点要了我的命。现在又想投靠我，你回去想想改日再来。寺人披对晋文公的指责不以为然，理直气壮地为自己辩解说："事君不贰是谓臣。"寺人披觉得自己当时侍奉晋献公、晋惠公，奉命追杀，当然要忠实执行命令，不能有任何迟疑，这是做臣子的职责。重耳今天是晋国君王，自己如果做了晋文公的臣子，如奉命除掉敌人，也会全力以赴，毫不犹豫。寺人披还以管仲为例，说明开明君王应不计前嫌。（见《国语·晋语四》）

忠君，人们通常理解为"食其食者死其事，受其禄者毕其能"。如果尽孝和尽忠发生冲突，则尽忠为先。楚国的申鸣用行动说明了这一点。

> 楚有士申鸣者，在家而养其父，孝闻于楚国。王欲授之相，申鸣辞不受。其父曰："王欲相汝，汝何不受乎？"申鸣对曰："舍父之孝子而为王之忠臣，何也？"其父曰："使有禄于国，立义于庭，汝乐吾无忧矣，吾欲汝之相也。"申鸣曰："诺。"遂入朝，楚王因授之相。居三年，白公为乱，杀司马子期，申鸣将往死之。父止之曰："弃父而死，其可乎？"申鸣曰："闻夫仕者，身归于君而禄归于亲。今既去父事君，得无死其难乎？"遂辞而往，因以兵围之。白公谓石乞曰："申鸣者，天下之勇士也，今以兵围我，吾为之奈何？"石乞曰："申鸣者，天下之孝子也，往劫其父以兵。申鸣闻之必来，因与之语。"白公曰："善。"则往取其父，持之以兵，告申鸣曰："子与吾，吾与子分楚国；子不与吾，子父则死矣。"申鸣流涕而应之曰："始吾父之孝子也，今吾君之忠臣也。吾闻之也，食其食者死其事，受其禄者毕其能，今吾已不得为父之孝子矣，乃君之忠臣也，吾何得以全身。"援枹鼓之，遂杀白公，其父亦死。王赏之金百斤。申鸣曰："食君之食，避君之难，非忠臣也；定君之国，杀臣之父，非孝子也。名不可两立，行不可两全也，如是而生，何面目立于天下。"遂自杀也。（《说苑·立节》）

申鸣认为食君之食，受君之禄，就应该赴君之难，为君而死。这是忠的极端行为，多少有点愚忠的味道。有些政治家则不主张盲目去为君赴死。管仲与召忽辅佐公子纠，齐桓公抢先一步继位后，公子纠被杀，召忽自杀，管仲却选择活下来辅佐齐桓公。当时人们并未因此指责管仲不忠。晏婴事齐庄公，庄公因与崔杼的妻子通奸，被崔杼杀害。有人问晏婴自杀还是逃亡，晏婴回答说既不自杀也不逃亡。因为做君王的大臣不是为俸禄，而是为了帮君王治理国家。所以，"君为社稷死，则死之；为社稷亡，则亡之。若为己死而为己亡，非其私昵，谁敢任之?"(《左传·襄公二十五年》)晏婴认为大臣为君王死是有前提的，即君王为国家而死。齐庄公因为个人私欲而被杀，晏婴认为大臣不值得去给他陪死。最后晏婴在齐庄公尸体前哭吊一番，尽为臣之礼而去。

晏婴反对愚忠的态度非常明确，这从他与齐侯的谈话中可以看出：

> 齐侯问于晏子曰："忠臣之事其君，何若?"对曰："有难不死，出亡不送。"君曰："裂地而封之，疏爵而贵之，君有难不死，出亡不送，可谓忠乎?"对曰："言而见用，终身无难，臣何死焉；谋而见从，终身不亡，臣何送焉。若言不见从，有难而死之，是妄死也；谏而不见从，出亡而送之，是诈为也。故忠臣者能纳善于君，而不能与君陷难者也。"(《说苑·臣术》)

晏子认为忠臣的责任是给君王多出治国的好主意。如果遇上善纳忠言的明君，就不会出现危难局面，国家安定，君王无难，也不必流亡国外，大臣还用得着陪死或陪同逃亡吗？如果是独断专行、拒听谏言的昏君，遇到危难是活该，陪他去死的大臣就是糊涂虫，死得不值。

每个兴盛的王朝和诸侯国都是明君和忠臣贤士良好配合的结果，而每个衰亡的王朝和诸侯国则少不了昏君与奸臣。忠臣与奸臣历来都是如影随形，关键在于君王重用什么人，听谁的话。奸佞之臣的特点是嫉贤、贪财，善于察言观色，讨好君王。商纣王对比干、微子的忠言听不进去，却喜欢重用费仲、恶来这样的人。"费仲善谀，好利"，"恶来善毁谗"。周幽王宠幸虢石父，"石父为人佞巧善谀好利"。楚平王重用费无忌。这个费无忌为了讨好平王，竟然劝平王占有太子建的新娘，他看到新娘长得非常漂亮，就先跑回来告诉平王："秦女好，可自娶，为太子更求。"为此费无忌得罪了太子，就不断在平王面前说太子的坏话，连同诽谤太子太傅伍奢。最后，太子被迫逃亡，伍奢及其长子伍尚被杀。伍员逃亡吴国，埋下了后来复仇的种子。吴王夫差信任太宰伯嚭。太宰伯嚭收了越王勾践派文种送来的美女宝器，就建议夫差赦免越国君臣。他还进谗言，诬告伍子胥谋反。夫差让伍子胥自杀。赦勾践，杀子胥，这就为越国灭吴铺平了道路。

　　春秋战国是乱世。乱世英雄起四方，给各类志士仁人提供了展示才华的机会和舞台。乱世也是奸臣佞人大行其道的时候，各种丑剧不断上演。道德生活中善恶美丑对比强烈，色彩反差极大，给人留下的印象也非常深刻。

第四节　公正与清廉

　　人类进入文明社会以后，利益和权力的分配就成为一个大问题。在一个政治、经济严重不平等的社会现实中，如何给人以相对平等的感觉，从而降低等级之间以及人与人之间利益冲突矛盾激化的风险，是治人者考虑的难题。公正无私作为执政者的道德规范，正是在这样的背景下形成的。孔子曰："善为吏者树德，不能为吏者树怨。概者平量者也，吏者，平法者也，治国者，不可失平也。"（《韩非子·外储说左下》）法家慎到也认为，某种制度公平的举措，实际目的是让得到好处的人不知道感谢谁，得到坏结果的不知道怨恨谁，公平就是为堵塞人们怨恨的情绪和心理。儒家心目中，大公无私的榜样是帝尧：

　　《书》曰："不偏不党，王道荡荡。"言至公也。古有行大公者，帝尧是也。贵为天子，富有天下，得舜而传之，不私于其子孙也。去天下若遗躧，于天下犹然，况其细于天下乎？非帝尧孰能行之。孔子曰："巍巍乎，惟天为大，惟尧则之。"《易》曰："无首，吉。"此盖人君之公也。……彼人臣之公，治官事则不营私家，在公门则不言货利，当公法则不阿亲戚，奉公举贤则不避仇雠。（《说苑·至公》）

　　先秦时期，帝尧那样不私于子孙的时代已经过去，家天下已成事实。对公正的追求主要体现在两方面，一是选拔任用官吏上唯才是举，不偏不私；二是审理案件中依法行事，不徇私情。晋国祁黄羊是个外举不避仇、内举不避亲的典型，史书上说：

　　晋平公问于祁黄羊曰："南阳无令，其谁可而为之？"祁黄羊对曰："解狐可。"平公曰："解狐非子之仇邪？"对曰："君问可，非问臣之仇也。"平公曰:"善。"遂用之,国人称善焉。居有间,平公又问祁黄羊曰:"国无尉,其谁可而为之?"对曰:"午可。"平公曰:"午非子之子邪?"对曰:"君问可,非问臣之子也。"平公曰:"善。"又遂用之,国人称善焉。孔子闻之曰:"善哉!祁黄羊之论也,外举不避仇,内举不避子,祁黄羊可谓公矣。"(《吕氏春秋·去私》)

祁黄羊在推荐人时,能做到以德才为唯一标准,在这个标准面前人人平等。不论是仇人还是儿子,谁符合标准,谁更适合担任这个职位,就推荐谁。对于一般人来说,人非草木,孰能无情。这种个人情感往往会影响公务,在用人上难免用人唯亲。能坚持国家利益、公共利益至上,排除个人恩怨,公平地选拔人才,殊为不易。被祁黄羊推荐的解狐也是个公私分明的人。

解狐荐其仇于简子以为相,其仇以为且幸释己也,乃因往拜谢。狐乃引弓迎而射之,曰:"夫荐汝,公也,以汝能当之也;夫仇汝,吾私怨也,不以私怨汝之故拥汝于吾君。"故私怨不入公门。(《韩非子·外储说左下》)

解狐的原则是公私分开,私仇私怨不影响客观评价仇家的品德与才能,也不影响公正地推荐仇家担任卿相这样的高官。但推荐了你,并不意味着私怨也消解了,恨还照样恨。不过,在处理公事时理性战胜了感情,没让感情代替理性。这样做,既体现了道德理性的力量,又没有抹杀人之常情。同样的故事也发生在咎犯身上。咎犯向晋文公推荐自己的仇人虞子羔担任西河守,虞子羔登门道谢,咎犯的回答和解狐一样:"荐子者,公也;怨子者,私也。吾不以私事害公义。"(《说苑·至公》)

干扰妨害执法公正的主要因素是权势与私情。从古到今,凡是出现执法不公的,不是畏惧权贵、巴结权贵,就是碍于私情。尽管为数不多,但还是有正直的官员能执法如山,不徇私情,体现了正义的力量。卫国的石碏是个忠诚正直的大臣,其子石厚参与了卫公子州吁弑君篡政的活动。石碏出主意平息叛乱,处决了州吁,并派人杀死了石厚。石碏成了中国古代大义灭亲的一个典范。《史记》上还记载了楚国一个为维护法律尊严而死的大臣石奢：

> 石奢者，楚昭王相也。坚直廉正，无所阿避。行县，道有杀人者，相追之，乃其父也。纵其父而还自系焉。使人言之王曰："杀人者，臣之父也。夫以父立政，不孝也；废法纵罪，非忠也；臣罪当死。"王曰："追而不及，不当伏罪，子其治事矣。"石奢曰："不私其父，非孝子也；不奉王法，非忠臣也。王赦其罪，上惠也；伏诛而死，臣职也。"遂不受令，自刎而死。（《史记·循吏列传》）

石碏大义杀子，石奢替父伏法，都是在情与法面前维护了法律的公正和尊严。另有一些人面对权势，敢于秉公执法，毫不留情。孙叔敖是由虞丘子推荐给楚庄王，担任令尹。上任不久，虞丘子家人犯法，孙叔敖抓了犯法的人，依法处死。虞丘子在楚国担任令尹多年，深得楚庄王信任，尊为"国老"。他又是孙叔敖的大恩人，孙叔敖自己清楚，他秉公执法，很可能会得罪虞丘子这个权贵和恩人，但为维护法律公正，他无所畏惧。好在虞丘子是个明理之人，非但不生气，还高高兴兴地去对楚庄王说："臣言孙叔敖果可使持国政，奉国法而不党，施行戮而不骫，可谓公平。"（《说苑·至公》）晋国的赵宣子把韩献子推荐给晋灵公，韩献子担任了司马一职。河曲之役，赵宣子的车子在行军时破坏了队列秩序，韩献子就把赶车的仆人抓来杀掉。这事引起轰动，许多人都认为韩献子要完蛋了，不料赵宣子却觉得此事可喜可贺，说明自己举荐的人秉公执法，不徇私情，是称职的官员。（《说苑·至公》）

孙叔敖、韩献子是当时官员中的少数，但他们的作为代表了民意，也是政治道德的正面典型。同样，在贪污腐败成风的官场上，少数清廉的官员也成了被人称赞的对象。

宋国有人得到一块宝玉，要献给子罕。子罕不要，说了一段极为经典的话："我以不贪为宝，尔以玉为宝，若以与我，皆丧宝也。不若人有其宝。"（《左传·襄公十五年》）子罕把为官清廉视为自己的宝贝，若一旦收人宝玉，为其请托谋利，就丧失了自己做人的基本原则，沦为贪吏。所以他拒收礼物，希望双方各拥有自己的宝贝。

鲁国的季文子三朝为相，位高权重，生活却十分简朴。史书记载：

　　季文子相宣、成，无衣帛之妾，无食粟之马。仲孙它谏曰：“子为鲁上卿，相二君矣，妾不衣帛，马不食粟，人其以子为爱。且不华国乎！”文子曰：“吾亦愿之。然吾观国人，其父兄之食粗衣恶者犹多矣，吾是以不敢。人之父兄食粗而衣恶，而我美妾与马，无乃非相人者乎！且吾闻以德荣为国华，不闻以妾与马。”（《国语·鲁语上》）

　　季文子卒。大夫入敛，公在位。宰庀家器为葬备。无衣帛之妾，无食粟之马，无藏金玉，无重器备。君子是以知季文子之忠于公室也。相三君矣，而无私积，可不谓忠乎？（《左传·襄公五年》）

　　季文子身为高官，良知仍在。他不忍心看着百姓食粗衣恶，自己却过奢华的生活，认为这不符合治国者的身份与责任，而且维护国家的美好形象要靠高尚的道德，并非靠美妾和骏马。季文子死后，国君亲临葬礼，看到他家没有一点金银玉器，三朝为相，没留下个人积蓄，真可谓一心为国，不谋私利。

　　齐国的名臣晏婴，历事灵公、庄公、景公三朝，为官约六十年，是个出色的政治家。他品德节操之高使孔子愿兄事之，司马迁则感慨地说：“假令晏子而在，余虽为之执鞭，所忻慕焉。”（《史记·管晏列传》）晏婴主张节俭、薄敛、省刑，他自己身体力行，“食不重肉，妾不衣帛”，多次拒绝了齐君的赏赐。

　　晏子方食，君之使者至，分食而食之，晏子不饱。使者返，言之景公。景公曰：“嘻，夫子之家，若是其贫也！寡人不知也，是寡人之过也。”令吏致千家之县一于晏子。晏子再拜而辞，曰：“婴之家不贫。以君之赐，泽覆三族，延及交游，以振百姓，君之赐也厚矣！婴之家不贫也。婴闻之，厚取之君，而厚施之民，是代君为君，忠臣不为也；厚取之君而藏之，是筐箧存也，仁人不为也；厚取之君而无所施之，身死而财迁，智者不为也。婴也闻为人臣，进不事上以为忠，退不克下以为廉，八升之布，一豆之食，足矣！”使者三返，遂辞不受也。（《说苑·臣术》）

晏子安于简朴的生活，不认为自己贫穷，所以不接受齐景公额外的赏赐。晏子知道，过分追求物质欲望的满足，必然导致灭亡。齐景公三年，平定庆氏之乱，封赏群臣，赐给晏子邶殿边境的六十个城邑，晏子不接受。有人问："富，人之所欲也，何独弗欲？"晏子的回答是：

> 庆氏之邑足欲，故亡。吾邑不足欲也。益之以邶殿，乃足欲。足欲，亡无日矣。在外，不得宰吾一邑。不受邶殿，非恶富也，恐失富也。且夫富如布帛之有幅焉，为之制度，使无迁也。夫民生厚而用利，于是乎正德以幅之，使无黜嫚，谓之幅利，利过则为败。吾不敢贪多，所谓幅也。（《左传·襄公二十八年》）

晏子认为凡事都有个度，财富的占有也如此。适度的财富可以养生，也可持久；过度地占有财富，会导致衰败灭亡。适度为利，利过为败。晏子拒绝过多的财富，恰恰是为了不失去财富。这种哲理性的认识，只有智者才能达到。晏子为官六十年，所事的齐灵公、齐庄公、齐景公皆非明君。他能善始善终，除了超人的治国才能和智慧之外，清廉自守、知足常乐的人生态度也起了重要作用。

在古代，官员的常态是受贿敛财，生活富裕，位高权重者尤其奢侈。史载管仲"富拟于公室"，孟尝君田文"私家富累万金"、"食客数千人"。平原君、信陵君、春申君也都门客三千余人。这几位都是为人称道的贤相、君子，那些贪官污吏就更不用说了。当大官就应过奢华的生活，大家认为这是理所当然，所以管仲富比王室，"齐人不以为侈"。极少数官员不贪财、不受贿，过着节俭朴素的生活，会被人视为另类。季文子为鲁相，无衣帛之妾，无食粟之马，仲孙它就觉得不正常，怀疑他生性吝啬，不考虑国家的面子，不为国增光添彩。晏子不愿增加封地，大臣子尾就觉得难以理解，问他："财富是人人都想要的东西，为什么你偏偏不要呢？"言下之意是晏子可能别有用心，很不正常。

晏子有一段经历很值得玩味：

> 晏子治东阿，三年，景公召而数之曰："吾以子为可，而使子治

东阿，今子治而乱，子退而自察也，寡人将大诛于子。"晏子对曰：
"臣请改道易行而治东阿，三年不治，臣请死之。"景公许之。于是
明年上计，景公迎而贺之曰："甚善矣！子之治东阿也。"晏子对曰：
"前臣之治东阿也，属托不行，货赂不至，陂池之鱼，以利贫民。当
此之时，民无饥者，而君反以罪臣。今臣后之东阿也，属托行，货赂
至，并重赋敛，仓库少内，便事左右，陂池之鱼，入于权家。当此之
时，饥者过半矣，君乃反迎而贺，臣愚不能复治东阿，愿乞骸骨，避
贤者之路。"再拜，便僻。景公乃下席而谢之曰："子强复治东阿，
东阿者，子之东阿也，寡人无复与焉。"（《说苑·政理》）

晏子治东阿的一贬一褒，说明当贪官容易，当清官很难。清廉正直的
官员自己不受贿，不接受请托违法行事，也不许手下的官吏受贿，当然也
不向上级行贿，秉公执法，不袒护豪强。这样虽然保护了贫苦百姓的利
益，却得罪了上下左右的官员及豪强。贫苦百姓是弱势群体，没有话语
权，而大大小小的官吏和豪强则能量很大，他们通过各种方式制造舆论，
把自己的看法伪装成民意，报告给君王，结果清官被说成坏官，贪官被说
成好官。晏子的幸运在于他凭借多年来积累的政治经验，说服了齐景公，
获得他的信任，才能幸免于难，继续从政。其他的清官则未必都有他这样
的好运气。

为官清廉，对官员本人来说，得到的是好名声和良心的安宁。对国
家、社会、普通百姓的好处则很明显。官员清廉有利于国家整体的长远的
利益，有利于减轻群众负担，有利于缓和官与民的关系，有利于社会的稳
定。所以清廉作为一种政治道德始终受到民间百姓与圣君贤臣的重视。有
一首《忼慷歌》，出自孙叔敖碑，从中可以看出普通人对廉吏与贪吏的复
杂心情。

贪吏而不可为而可为，廉吏而可为而不可为。贪吏而不可为者，
当时有污名；而可为者，子孙以家成。廉吏而可为者，当时有清名；
而不可为者，子孙困穷，被褐而负薪。贪吏常苦富，廉吏常苦贫。独
不见楚相孙叔敖，廉洁不受钱。（《绎史·楚庄王争霸》）

据说楚相孙叔敖死后数年，其子穷困负薪，优孟见到此事，便以滑稽的方式向楚庄王进谏，希望善待廉吏后人。优孟在楚庄王面前唱了一首内容与此类似的歌。（见《史记·滑稽列传》）

百姓历来都是崇敬清官、盼望清官，也同情清官，这其实也反映了面对众多贪官的无奈心情。

第三章

各阶层与行业的道德生活

　　大概从夏代开始，我国以农业为主的社会分工和分层就逐渐形成。首先是一分为二，人们分为生产者和管理者，即孟子说的"劳力者"和"劳心者"。这既是分工，也是分层。孟子认为这是社会发展的需要，非常合理。"有大人之事，有小人之事……或劳心，或劳力；劳心者治人，劳力者治于人；治于人者食人，治人者食于人，天下之通义也。"（《孟子·滕文公上》）后来分工更具体一些，有了"四民"的说法，即士、农、工、商。"士农工商，四民有业，学以居位曰士，辟土殖谷曰农，作巧成器曰工，通财鬻货曰商。"（《汉书·食货志》）"士"大致相当于孟子说的"劳心者"、"治人者"，是社会的管理层，或者称为统治阶级。农民、手工业者、商人虽然从事的职业不同，但都属于普通百姓，是被统治阶级。

　　随着生产力水平的提高和社会不断进步，社会分工也越来越细。仅工人就有许多种，号称"百工"。同时，一些专业从士、农中分离出来，形成了新的职业群体，如教师、医生、军人等。统治者为了维护社会的稳定和专业技术的传承、积累与提高，往往鼓励各种职业群体集中居住，父子相传，世代为业。管仲就主张"士之子恒为士"、"工之子恒为工"、"商之子恒为商"、"农之子恒为农"。这种相对稳定的职业群体一旦产生，为了维护其自身利益，协调与其他群体的关系，就会日积月累地形成了一些职业的行为规范，即现在所说的职业道德。先秦时期，这些职业道德还处于萌芽阶段，仅具雏形。由于资料非常有限，我们只能大体推测和描述士人、农民、商人、军人、教师等职业道德的一些特点。

第一节　士人的道德生活

士人（或称士民）是春秋战国时期非常活跃的一个社会职业群体。他们是四民之首，基本上属于劳心者，类似后来的知识分子。古人给他们的界定是"学习道艺者"，或"学以居位"者。他们有些是下层贵族或没落贵族，有些是平民，通过学习，具备了政治、军事或外交才能，想以智慧、忠心和能力打动诸侯，施展才华，获得功名利禄。"学而优则仕"是他们的主要人生选择。当然，也有少数悟道之士，淡泊名利，选择了归隐山林或市井，如老子、庄子等。士人的主要活动都是与人打交道。他们奔走于诸侯之间，既要与各种各样的君王、卿相、大夫打交道，宣传自己的治国主张和外交谋略，又要和同行竞争，力图战胜对手。一旦获得君王信任，执掌权柄，还得以治人者的身份与老百姓打交道，赢得他们的支持。在与上下左右各类人的交往中，要想获得理解、信任与支持，除了具备能力之外，还需要不断提升自己道德素养，成为一个讲道义的君子，而不是唯利是图的小人。在长期的社会实践活动中，士人这个职业群体逐渐形成了正直、诚信、知恩图报、珍视友情等基本的职业道德规范。士人在当时的士农工商四民中地位较高，自视也较高，所以在行为上也较自律。道德声誉往往关乎事业的成败，这是他们不得不重视的问题。

一　崇尚正直

正直是一个由来已久的话题。《尚书》中就讲道"无反无侧，王道正直"。《易经》中也说过：

> 直其正也，方其义也。君子敬以直内，义以方外，敬义立而德不孤。（《易经·坤》）

其他先秦典籍中也有相关论述，如：

> 君子直言直行，不宛言而取富，不屈行而取位。（《大戴礼记·曾子制言中》）

是谓是，非谓非，曰直。（《荀子·修身》）

夫达也者，质直而好义。（《论语·颜渊》）

子曰："直哉，史鱼！邦有道，如矢；邦无道，如矢。"（《论语·卫灵公》）

《诗经》中，直或正直，被作为一种美德而赞扬：

申伯之德，柔惠且直。（《诗经·大雅·嵩高》）

嗟尔君子！无恒安处。靖共尔位，正直是与。……嗟尔君子！无恒安息。靖共尔位，好是正直。神之听之，介尔景福。（《诗经·小雅·小明》）

那么，正直的内涵是什么？为什么要把它作为一种美德来赞颂呢？

《诗经·大雅·烝民》是尹吉甫称赞周宣王的大臣仲山甫的诗，他赞扬仲山甫品德高尚，其中写道：

人亦有言：
"柔则茹之，
刚则吐之。"
维仲山甫，
柔亦不茹，
刚亦不吐。
不侮矜寡，
不畏强御。

当时流行的俗话是"软的就吃掉，硬的吐出来"。这个仲山甫恰恰相反，软的他不吃，硬的他不吐，不欺负弱者，不畏惧强暴。这种不欺软怕硬的做人行事原则，恰是"正直"的主要内涵。

《诗经·曹风·鸤鸠》中写了一个理想的君子：

鸤鸠在桑，

其子七兮。
淑人君子，
其仪一兮。
其仪一兮，
心如结兮。

理想中的君子，应该是做人表里如一、言行如一、始终如一。正直的君子，是坚持正义，信守自己做人的基本道德原则，不做势利之人。这和孟子讲的"富贵不能淫，贫贱不能移，威武不能屈"的大丈夫一样。

正直之所以显得可贵，是因为难得。进入文明社会以后，由于私有制和社会分层出现，人与人之间原有的那种比较单纯、平等的关系破坏了。每个人的政治经济地位和利益得失不再由自己的品德和能力来决定，而是主要由支配自己的统治者的好恶来决定。强势者支配弱势者，君王支配大臣，上级支配下级，官吏支配百姓。"君叫臣死，臣不得不死；父叫子亡，子不得不亡。"这样一来，人们出于维护自己利益的需要，不可能平等地对待社会上的人，不能遵循公平正义的道德原则，而是千方百计讨好有权势的人，不敢得罪他们。对弱势者则冷落、蔑视，无所顾忌，为所欲为。"柔则茹之，刚则吐之"成了普遍的社会风气。很多人表里不一、言行不一、前后不一。人都长了两副面孔，对有权势者是一副面孔，对无权势的百姓则又是一副面孔。一些仕途风波中升沉起伏的人，尝尽世态炎凉，看够两种脸色，深叹正直品性的难得。纵横家苏秦对此有极深的体会。据《战国策·秦策》记载，苏秦游说秦国失败而归，"黑貂之裘弊，黄金百斤尽，资用乏绝"，"形容枯槁，面目黧黑，状有愧色。归至家，妻不下纴，嫂不为炊，父母不与言"。后来苏秦发奋读书，以合纵之策游说赵王成功，封武安君，受相印。后出使楚国路过家乡洛阳，"父母闻之，清宫除道，张乐设饮，郊迎三十里。妻侧目而视，倾耳而听。嫂蛇行匍伏，四拜自跪而谢。苏秦曰：'嫂何前倨而后卑也？'嫂曰：'以季子之位尊而多金。'苏秦曰：'嗟乎，贫穷则父母不子，富贵则亲戚畏惧。人生世上，势位富贵盖可忽乎哉！'"亲人尚且如此势利，他人就可想而知。

我们从《诗经》中可以看出当时小人猖狂，直道难行以及人们对小人的憎恶：

> 营营青蝇，
> 止于棘。
> 谗人罔极，
> 交乱四国。(《诗经·小雅·青蝇》)

无事生非，制造流言诽谤正直君子的小人，如同嗡嗡叫的苍蝇一样到处乱飞，搅得各国不得安宁。

> 彼谮人者，
> 谁适与谋！
> 取彼谮人，
> 投畀豺虎！
> 豺虎不食，
> 投畀有北；
> 有北不受，
> 投畀有昊。(《诗经·小雅·巷伯》)

诗歌作者对那些谗害直臣贤士的小人极为憎恶，恨不得把他们扔去喂虎狼，扔到无人区，或送去见阎王。

《论语》讲到柳下惠做典狱官，因为太正直而多次被罢免。有人问他为什么不离开鲁国到别的地方做事。柳下惠的回答意味深长：

> 直道而事人，焉往而不三黜？枉道而事人，何必去父母之邦？
> (《论语·微子》)

柳下惠是著名的贤士，把社会看得很透。他知道正直的人到哪里都得碰壁。既然走到哪里都不得志，又何必离开自己的家乡呢？

屈原也是一个正直而不为时俗所容的人，他在《离骚》中感慨悲歌：

> 固时俗之工巧兮，

> 俪规矩而改错。
> 背绳墨以追曲兮,
> 竞周容以为度。
> 忳郁邑余侘傺兮,
> 吾独穷困乎此时也!
> 宁溘死以流亡兮,
> 余不忍为此态也!
> ……
> 伏清白以死直兮,
> 固前圣之所厚。

当背离直道苟合取荣成为一种社会流行病时,正直人士的处境肯定不妙。商纣王无道,朝中有三个正直的人,即微子、箕子、比干。三个人的下场都不好,微子逃亡,箕子佯狂为奴,比干被剖心。但无论社会大环境如何,总有一些特立独行、道德信念坚定的贤者,固守着正直的做人原则,不为流俗所动,不惜舍生取义。

晋灵公暴虐无道,大臣赵盾屡次进谏,引起灵公怨恨,就派晋国一个著名勇士钮麑去刺杀他。钮麑清晨前往,见赵盾寝室开着,赵盾穿好朝服准备上朝,因为时间还早,就坐在那里闭目养神。钮麑不忍下手,退出来感叹说:

> "不忘恭敬,民之主也。贼民之主,不忠。弃君之命,不信。有一于此,不如死也。"触槐而死。(《左传·宣公二年》)

钮麑虽为武士,受君王派遣去杀人,但他有自己的做人原则,不愿违背良知道义去杀一个为民做主的忠臣。同时,也不能失信于君王。他处于两难的困境中,最终决定杀身成仁,舍生取义。

管仲的朋友鲍叔不仅讲义气,重友情,有知人之明,而且非常正直,敢于在齐桓公面前讲真话。《说苑》中记载了这样一件事:

> 齐桓公谓鲍叔曰:"寡人欲铸大钟,昭寡人之名焉。寡人之行,

岂避尧、舜哉?"鲍叔曰:"敢问君之行?"桓公曰:"昔者吾围谭三年,得而不自与者,仁也。吾北伐孤竹,铲令支而反者,武也。吾为葵丘之会以偃天下之兵者,文也。诸侯抱美玉而朝者九国,寡人不受者,义也。然则文武仁义寡人尽有之矣,寡人之行,岂避尧、舜哉!"鲍叔曰:"君直言,臣直对。昔者公子纠在上位而不让,非仁也。背太公之言而侵鲁境,非义也。坛场之上诎于一剑,非武也。侄娣不离怀衽,非文也。凡为不善遍于物不自知者,无天祸必有人害。天处甚高,其听甚下,除君过言,天且闻之。"桓公曰:"寡人有过,子幸记之,是社稷之福也。子不幸教,几有大罪以辱社稷。"(《说苑·正谏》)

齐桓公是春秋五霸之首,九合诸侯,一匡天下,自以为非常了不起,可与尧舜相比,想铸造大钟来记载自己的功劳,扩大自己的名声。在这样的君王面前,多数臣子会随声附和,歌功颂德。鲍叔却以直言相对,坦诚而尖锐地指出齐桓公的不仁不义之处。鲍叔所言之事,件件都击中桓公软肋:为了争夺王位,杀了兄长公子纠;违背姜太公遗言进犯周公的封地鲁国;在与鲁庄公会盟时,被曹沫以匕首挟持,恐惧之下被迫答应归还侵占鲁国的土地;经常怀抱美女接见诸侯和大臣。这些问题都是明摆着的,谁都知道,但多数人不敢说,采取了明哲保身的策略。鲍叔则实事求是,不为尊者讳。好在齐桓公还算开明,没有怪罪他。古代有君明则臣直的说法,君王比较开明,大臣就敢讲真话,正直之士能立于朝堂。君王昏庸残暴,朝廷上下就没有正直之士的生存空间,非死即走。

二　诚实守信

诚实守信,言而有信,是人际交往和各种政治经济交易活动的基本前提,也是社会稳定繁荣的基础。诚信成为一种道德规范,也是对唯利是图行为的约束。有些人和利益集团,为谋求私利,求得眼前的局部的利益,不惜背信弃义,损害他人和社会利益。先秦时期,人们的社会交往增多,诸侯之间往来频繁,外交上结盟不断,背盟也不断。守信成了大家共同关注的道德问题,引起了执政者和思想家的格外关注。

> 庸言之信，庸行之谨；闲邪存其诚，善世而不伐，德博而化。
>
> 忠信，所以进德也，修辞立其诚，所以居业也。（《易经·乾》）

意思是说，人平常讲话要重信用，日常行为要谨慎，防止邪恶，保持真诚，为社会做善事而不自夸，以博大的道德情怀感化人。以忠信来提高品德，注意言辞来建立诚信，这是成就事业的基础。

孔子非常重视信，在他看来，信不仅是朋友间必须遵循的交往原则，而且是做人的根本。

> 人而无信，不知其可也。大车无輗，小车无軏，其何以行之哉？（《论语·为政》）

"言必信，行必果"是对"士"的最基本的要求。

治理国家，让民众相信政府是最重要的，比粮食、军备充足还重要。如果执政者不能取得民众最起码的信任，国家就难以立足。"民无信不立"，这是孔子对执政者的忠告。

同样，荀子也认为："诚者，君子之所守，政事之本也。"（《荀子·不苟》）

然而现实生活中，不论个人还是国家，失信、背信、言而无信的事大量存在。在诗歌中有对负心男子的谴责：

> 女也不爽，
> 士贰其行。
> 士也罔极，
> 二三其德。
> ……
> 信誓旦旦，
> 不思其反。
> 反是不思，
> 亦已焉哉！（《诗经·卫风·氓》）

　　痴心女子遇上负心汉，当年海誓山盟，说要"及尔偕老"的丈夫，中途变心，抛弃妻子，酿成了家庭悲剧。欺骗与谎言到处都有，人言不可轻信成了对亲人朋友的善意劝告：

> 人之为言，
> 苟亦无信。
> 舍旃舍旃，
> 苟亦无然。
> 人之为言，
> 胡得焉？（《诗经·唐风·采苓》）
> 无信人之言，
> 人实诳女。
> ……
> 无信人之言，
> 人实不信。（《诗经·郑风·扬之水》）

　　当时诸侯之间和个人之间一样，也同样遇到诚信危机，不停地签订盟约，又不停地背弃盟约。《左传》记载，鲁桓公十二年，鲁国想使宋、郑两国和好。秋天，鲁桓公与宋庄公在句渎之丘结盟，后来又两次相会。但宋庄公不愿与郑和好，鲁桓公就与郑厉公结盟，率领军队攻打宋国，说宋国没有信用。这引起君子的一番议论：

> 君子曰："苟信不继，盟无益也。《诗》云：'君子屡盟，乱是用长。'无信也。"（《左传·桓公十二年》）

　　如果不讲信用，结盟又有何用。各诸侯国都不把盟约当回事，那只会是结盟越多，战乱越多，毫无诚信可言。
　　鲁成公十五年，楚国要出兵攻打晋国，此事引起了一场要不要守信的争论：

楚将北师。子囊曰："新与晋盟而背之，无乃不可乎？"子反曰："敌利则进，何盟之有？"申叔时老矣，在申，闻之，曰："子反必不免。信以守礼，礼以庇身，信礼之亡，欲免得乎？"（《左传·成公十五年》）

子囊认为刚与晋国缔结盟约，马上就背弃，太不守信用。子反则认为只要敌方的情况有机可乘，那就进攻，管他什么盟约。年老的申叔时饱经沧桑，看问题深刻一些，他觉得子反这样背信弃义，将来不会有好下场。信用是用来维持礼仪的，礼仪是用来保护自身的。信用和礼仪全都没有了，想免于祸患还可能吗？类似这样的争论经常发生在各国的诸侯卿大夫之间，有人从眼前利益出发，主张背信；有人从长远的根本利益出发，主张守信。背信与守信的斗争从来没有停止过。

鲁成公八年春季，晋景公派韩穿到鲁国来谈汶水北面土地的事，要鲁国把这块土地还给齐国。季文子设宴为韩穿饯行时，私下说了一番话。季文子说：

大国制义以为盟主，是以诸侯怀德畏讨，无有二心。谓汶阳之田，敝邑之旧也，而用师于齐，使归诸敝邑。今有二命曰："归诸齐。"信以行义，义以成命，小国所望而怀也。信不可知，义无所立，四方诸侯，其谁不解体？《诗》曰："女也不爽，士贰其行。士也无极，二三其德。"七年之中，一与一夺，二三孰甚焉！士之二三，犹丧妃耦，而况霸主？霸主将德是以，而二三之，其何以长有诸侯乎？（《左传·成公八年》）

晋国以大国自居，对鲁国这样的小国不放在眼里，交往中也就根本不遵循诚信原则。七年前说汶水北面土地本属鲁国，齐国占领是不对的，派兵攻打齐国，逼齐国将汶水北面土地还给鲁国，似乎在主持正义。七年后又派人来命令鲁国将汶水北面土地还给齐国。这样反复无常，不讲信用，诸侯谁还信任你，拥护你。季文子这番话表达了对背信弃义行为的强烈不满。

有时，守约会成为很难的事。郑国是个小国，夹在晋楚两个大国的中间。晋和楚都想争当老大，要郑国站在自己一边。鲁襄公九年冬季，晋国会同一些小诸侯国讨伐郑国，郑国被迫与晋国签订城下之盟，表示唯晋国之命是从。年底，楚国又来攻打郑国，郑国准备派子驷去楚求和。子孔、子蟜说："与晋这个大国刚刚结盟，口血未干就背弃它，这可以吗？"子驷、子展讲了背弃与晋国盟约的理由：

> 吾盟固云："唯强是从。"今楚师至，晋不我救，则楚强矣。盟誓之言，岂敢背之？且要盟无质，神弗临也，所临唯信。信者，言之瑞也，善之主也，是故临之。明神不蠲要盟，背之可也。（《左传·襄公九年》）

子驷和子展认为，背弃与晋国的盟约无可指责。他们觉得郑与晋盟约的本质是"唯强是从"，谁强大就跟谁。楚国来打郑国，晋国不按盟约要求派兵援救，说明晋没有楚国强，郑国与楚国求和结盟完全符合"唯强是从"的宗旨。况晋不出兵，违约在先，郑国已没有守信的责任。况且只有真诚的结盟才会受到神明的见证和保佑。诚信是言语的符节，善行的根本。凡不在诚信基础上订立的盟约，就可以背弃。这件事说明守信也需要一定的条件，即大家都说话算数，对做出的承诺负责。双方或多方签订的条约，大家要共同信守。如果签约的双方有一方失信，则另一方的守信就失去意义。面对失信者，守信的人往往会成为受害者。诸侯间的长期互不信任，造成守信和不守信的人都有自己的道理。但追求和向往诚信仍是一种基本的道德价值观，有识之士始终在努力维护诚信的做人原则。晏婴就曾劝谏齐庄公要守信，庄公不听，他事后说：

> 君人执信，臣人执共，忠信笃敬，上下同之，天之道也。君自弃也，弗能久矣！（《左传·襄公二十二年》）

君王要讲信用，大臣要恭敬，忠诚守信，上下同心，这是天道。君王不守信，就是抛弃自己，在位不能久长。晏婴显然是从执政者的长远利益出发，来强调守信的重要性。

鲁襄公二十七年，有人居中调停斡旋，想让晋楚这两个对立的大国和若干小国在一起开个和平会议，签署合约，化解矛盾。签约仪式在宋国都城的西门外举行。楚国赴会的人在外衣里穿着披甲，以防不测。楚国太宰伯州犁反对这样做，令尹子木坚持要穿甲衣。两人围绕守信问题展开争论：

> 伯州犁曰："合诸侯之师，以为不信，无奈不可乎？夫诸侯望信于楚，是以来服。若不信，是弃其所以服诸侯也。"固请释甲。子木曰："晋、楚无信久矣，事利而已。苟得志焉，焉用有信。"太宰退，告人曰："令尹将死矣，不及三年。求逞志而弃信，志将逞乎？志以发言，言以出信，信以立志，参以定之。信亡，何以及三？"（《左传·襄公二十七年》）

伯州犁认为，楚国是这次和会的发起国之一，各诸侯国是出于对楚国的信任才来与会。楚国如果怀着戒备和不信任的态度出席和会，等于丢弃了让诸侯信服的东西。他甚至预言，令尹子木丢失信用，活不到三年。伯州犁指出，人的内心志向说出来就成了语言，说出口的语言就要讲信用，有了信用才能实现自己的志向，志、言、信三者是相互联系，缺一不可的。而子木则认为楚晋两国早已互不信任，怎样有利就怎样做。只要达到目的，还管什么守信不守信。这是当时许多政治家的做事原则，只管功利，不顾道义。

士人注重诚信教育的一个例子是曾子杀猪：

> 曾子之妻之市，其子随之而泣，其母曰："女还，顾反为女杀彘。"妻适市来，曾子欲捕彘杀之，妻止之曰："特与婴儿戏耳。"曾子曰："婴儿非与戏也。婴儿非有知也，待父母而学者也，听父母之教。今子欺之，是教子欺也。母欺子，子而不信其母，非以成教也。"遂烹彘也。（《韩非子·外储说左上》）

曾子认为，教育孩子讲诚信，父母应以身作则。如果父母欺骗孩子，孩子不信任父母，这就是家庭教育的失败。

讲诚信应从执政者开始。孔子说："上好信，则民莫敢不用情。"

（《论语·子路》）鲁国的大臣臧武仲对执掌朝政的季孙也说过：

> 在上位者，洒濯其心，壹以待人，轨度其信，可明征也，而后可
> 以治人。夫上之所为，民之归也。（《左传·襄公二十一年》）

执政者应消除私心杂念，一片诚心待人，信守法度规范，用行为证明
自己的诚信，这样才能治理百姓。执政者的所作所为，是百姓行为的导
向。所以商鞅、吴起这些改革家都从建立信誉做起，让民众相信他们说到
做到，言而有信。商鞅变法前的一个举措是：

> 令既具，未布，恐民之不信己，乃立三丈之木于国都市南门，募
> 民有能徙置北门者予十金。民怪之，莫敢徙。复曰："能徙者予五十
> 金。"有一人徙之，辄予五十金，以明不欺。卒下令。（《史记·商君
> 列传》）

吴起的做法与此相似：

> 吴起为魏武侯西河之守，秦有小亭临境，吴起欲攻之，不去则甚
> 害田者，去之则不足以征甲兵。于是乃倚一车辕于北门之外而令之
> 曰："有能徙此南门之外者，赐之上田上宅。"人莫之徙也。及有徙
> 之者，遂赐之如令。俄又置一石赤菽于东门之外而令之曰："有能徙
> 此于西门之外者，赐之如初。"人争徙之。乃下令曰："明日且攻亭，
> 有能先登者，仕之国大夫，赐之上田上宅。"人争趋之，于是攻亭一
> 朝而拔之。（《韩非子·内储说上》）

商鞅、吴起的重视守信，取得了良好的效果。可以说，良好的信誉奠
定了商鞅变法成功的基础。先秦时期一些有作为的政治家，都比较重视言
而有信的原则。在他们心目中，诚信是公认的美德，绝不可图小利而失信
于人。

先秦时期民间流传一个动人的故事：有个叫尾生的小伙子，与相爱的
女孩约定在桥下见面，到了约定时间，女孩还没来，洪水突至，尾生信守

诺言,不愿离开,抱着桥柱被淹死。此事在《史记》、《战国策》、《庄子》中都讲到,可见在当时流传很广。这个故事及其广为流传的现象告诉我们,在先秦时期,民间也很推崇诚信的美德。同时,故事中似乎蕴涵着一个深沉的暗示:守信是美德,但要付出沉重的代价。

三 知恩图报

报恩思想大概和礼尚往来的习俗有关。对别人赠与的物应有回报,对别人的援助、救助之恩,当然也应报答。《诗经·卫风·木瓜》中写道:"投我以木瓜,报之以琼琚。匪报也,永以为好也。"这是青年男女互赠礼物,用以表达爱情,但也会有礼尚往来之意。另一首诗则很明确提出报恩的思想:

> 无言不雠,
> 无德不报。
> ……
> 投我以桃,
> 报之以李。(《诗经·大雅·抑》)

说出去的话必有回应,施德于人定会有报答。你送我桃,我用李回报。知恩图报在先秦时期已成为重要的道德原则。《战国策》中记载唐且告诫信陵君的一段话:

> 信陵君杀晋鄙,救邯郸,破秦人,存赵国,赵王自郊迎。唐且谓信陵君曰:"臣闻之曰:事有不可知者,有不可不知者;有不可忘者,有不可不忘者。"信陵君曰:"何谓也?"对曰:"人之憎我也,不可不知也;吾憎人也,不可得而知也。人之有德于我也,不可忘也;吾有德于人也,不可不忘也。今君杀晋鄙,救邯郸,破秦人,存赵国,此大德也。今赵王自郊迎,卒然见赵王,臣愿君之忘之也。"信陵君曰:"无忌谨受教"。(《战国策·魏四》)

唐且提醒信陵君不要以施德者自居,免得在赵王面前有傲慢心理。这里讲到一种高尚的道德境界，即"施德者，贵不德；受恩者，尚必报"。（《说苑·复恩》）作为施恩惠于人者，不可居功自傲，整天把自己做的那点好事挂在嘴上，到处张扬。而应该从心里忘掉，好像没做过什么一样。而作为受过别人恩惠的人，则应知恩必报。受人滴水之恩，当以涌泉相报。

　　如何对待关心帮助过自己的人，现实生活中有三种态度。一是报恩，二是忘恩，三是背恩。多数人事过境迁，把恩人忘记了。极少数人不但不报恩，反而恩将仇报，伤害帮助过自己的人，如东郭先生救过的中山狼一样。真正能做到知恩必报的人，为数不多，所以受到道德舆论的肯定和赞扬。实际上，忘恩负义往往和见利忘义联系在一起。春秋时，发生在秦国和晋国之间的救灾粮事件，就引起了晋国君臣间报恩与背恩的争论。晋惠公夷吾逃亡在外，是秦穆公派兵护送他回国，才得以继承王位。晋惠公四年，晋国发生大饥荒，向秦国求购粮食。秦穆公召集群臣商讨，大臣百里奚的意见是："天灾流行，国家代有，救灾恤邻，道也。行道有福。"有个从晋国逃出来，与晋惠公有杀父之仇的人请求秦穆公乘晋国饥荒之机，讨伐晋国，秦穆公回答说："其君是恶，其民何罪？"于是秦国运送粮食给晋国。很巧的是，第二年秦国也发生饥荒，派人到晋国求购粮食救灾，却遭到拒绝。《左传》中这样记载：

　　　　冬，秦饥，使仓籴于晋，晋人弗与。庆郑曰："背施无亲，幸灾不仁。贪爱不祥，怒邻不义。四德皆失，何以守国？"虢射曰："皮之不存，毛将安傅？"庆郑曰："弃信背邻，患孰恤之？无信患作，失援必毙，是则然矣。"虢射曰："无损于怨而厚于寇，不如勿与。"庆郑曰："背施幸灾，民所弃也。近犹仇之，况怨敌乎？"弗听。退曰："君其悔是哉！"（《左传·僖公十三年》）

　　庆郑的主张是按道义行事，以德报德。他认为背弃秦国的恩德是没有亲戚之情（秦穆公是晋惠公的姐夫），幸灾乐祸是不仁，贪爱自己的东西是不祥，激怒邻国是不义。这四种道德都失去了，还怎么来保卫国家？另一些大臣如虢射等，根本不考虑道德问题，只觉得秦国遇到天灾，正是进攻的好机会。晋惠公采纳了虢射等人的意见，不但不给粮食，还发兵进攻秦国。这可以说是个以怨报德、忘恩负义的典型事例。

生活中常常是善恶并存，五味杂陈。就在晋惠公忘恩负义发动的对秦战争中，出现了一批知恩图报的勇士，帮助秦穆公摆脱困境，扭转战局，俘获了晋惠公。事情是这样的：

> 秦穆公尝出而亡其骏马，自往求之，见人已杀其马，方共食其肉。穆公谓曰："是吾骏马也。"诸人皆惧而起，穆公曰："吾闻食骏马肉，不饮酒者杀人。"即以次饮之酒，杀马者皆惭而去。居三年，晋攻秦穆公围之。往时食马肉者相谓曰："可以出死，报食马得酒之恩矣。"遂溃围，穆公卒得以解难，胜晋，获惠公以归。此德出而福反也。（《说苑·复恩》）

此事在《吕氏春秋·爱士》、《史记·秦本纪》、《淮南子·氾论训》、《韩诗外传》中均有记载，比较可信。秦穆公在这件事的处理上表现得宽宏大量，以人为本，不但不追究杀食自己骏马的罪责，还怕吃马肉不喝酒伤人身体，给吃马肉者遍饮美酒。这些人心存感激，听说秦穆公被晋军包围，处境危险，便奋勇冲杀，打败晋军，救出秦穆公。吃马肉者应是下层百姓或士兵，他们的行为说明，知恩图报在民间已成为公认的道德原则。有血性的男子汉尤其讲究恩怨分明，有仇必报，有恩也必报。

晋国的赵盾也遇到这样的报恩者。晋灵公想除掉赵盾，在宫中设宴请赵盾喝酒，暗中埋伏甲士。赵盾在随从的掩护下逃出，遭灵公甲士追杀，危机时刻，灵公甲士中一人倒戈，阻挡追杀者，使赵盾逃脱。这位反戈一击的甲士也是个知恩必报的人。《左传》上说：

> 初，宣子田于首山，舍于翳桑，见灵辄饿，问其病。曰："不食三日矣。"食之，舍其半。问之。曰："宦三年矣，未知母之存否。今近焉，请以遗之。"使尽之，而为之箪食与肉，置诸橐以与之。既而与为公介，倒戟以御公徒，而免之。问何故，对曰："翳桑之饿人也。"问其名居，不告而退，遂自亡也。（《左传·宣公二年》）

灵辄是个义士，也是孝子。他受赵盾的只是一饭之恩。为了报答这一饭之恩，他甘冒生命危险与灵公的甲士搏斗，帮助赵盾逃出宫中。与灵辄相似还有齐国的北郭骚，他为晏子辩白而死。《晏子春秋》、《吕氏春秋》、《说苑》均记载其事：

> 北郭骚踵门见晏子曰："窃悦先生之义，愿乞所以养母者。"晏子使人分仓粟府金而遗之，辞金而受粟。有间，晏子见疑于景公，出奔。北郭子召其友而告之曰："吾悦晏子之义，而尝乞所以养母者。吾闻之曰：'养及亲者，身更其难。'今晏子见疑，吾将以身白之。"遂告公庭，求复者曰："晏子，天下之贤者也。今去齐国，齐国必侵矣。方必见国之侵也，不若先死，请绝颈以白晏子。"逡巡而退，因自杀也。公闻之，大骇，乘驲自追晏子，及之国郊，请而反之，晏子不得已而反，闻北郭子之以死白己也，太息而叹曰："婴不肖，罪过固其所也，而士以身明之，哀哉！"（《说苑·复恩》）

灵辄和北郭骚的报恩行为有个共同点，他们的恩人都是贤臣，所以他们的行为不仅是报恩，同时还有尊贤和维护道义的性质。有的报恩行为就不一样，比如豫让刺杀赵襄子也是为报智伯的知遇之恩，而智伯是个骄横贪婪的人。豫让之死，只是突出表现了他"士为知己者死"的信念，别无意义。

古人信鬼神之说，报恩行为也从生前延伸到死后。据说晋景公时，秦晋在辅氏交战，晋国将领魏颗率师打败秦军，活捉了秦国大力士杜回。作战时，魏颗似乎看见一个老人把草结成环来阻拦杜回，杜回被绊倒在地，成了俘虏。当天夜里，魏颗梦中见老人说："我是你所嫁女子的父亲。你没让我女儿殉葬，我以此来报答你的恩情。"魏颗这才想到，当初父亲魏武子有个宠妾，没生儿子。魏武子刚生病时命魏颗说："我死后你一定要把她嫁出去。"到病危时，又说："一定要让她殉葬。"魏武子死后，魏颗把她嫁了，说："病重时神志昏乱，我听从他清醒时的话。"这等于救了宠妾一命。没想到，几十年后，宠妾的老父在冥冥之中居然来报答救女儿性命之恩。（《左传·宣公十五年》）魏晋时李密写的《陈情表》中有一句"臣生当陨首，死当结草"，就是引用这个典故。

在众多的报恩行为中，有一种比较特殊，即报阴德。所谓"阴德"，指暗中施德于人。这种情况下，受恩者知道施恩者，施恩者却不知道受恩者，外人就更不知情。受恩者即使忘恩、背恩，也不会有任何人知道，一点不受舆论监督。如果受阴德者报恩，那完全是出于道德自觉，达到了"慎独"的境界。楚庄王就遇到这样的报恩者，事情经过如下：

> 楚庄王赐群臣酒，日暮酒酣，灯烛灭，乃有人引美人之衣者。美人援绝其冠缨，告王曰："今者烛灭，有引妾衣者，妾援得其冠缨持之矣，趣火来上，视绝缨者。"王曰："赐人酒，使醉失礼，奈何欲显妇人之节而辱士乎？"乃命左右曰："今日与寡人饮，不绝冠缨者不欢。"群臣百有余人，皆绝去其冠缨而上火，卒尽欢而罢。居二年，晋与楚战，有一臣常在前，五合五获甲首，却敌，卒得胜之。庄王怪而问曰："寡人德薄，又未尝异子，子何故出死不疑如是？"对曰："臣当死，往者醉失礼，王隐忍不暴而诛也。臣终不敢以荫蔽之德，而不显报王也。常愿肝脑涂地，用颈血溅敌久矣。臣乃夜绝缨者也。"遂斥晋军，楚得以强，此有阴德者，必有阳报也。（《说苑·复恩》）

有人酒后失礼，调戏楚王的美人，当然是大罪，碰到严酷的君王，不杀头也得严惩。楚庄王比较宽容，不但不追究，反帮他遮掩，保护了不知名者的面子和尊严。这个失礼的臣子是个有羞耻心、有良知、有血性的人，他把楚庄王所施的阴德牢记在心，默默等待时机。在晋楚之战中他奋力拼杀，终于以战功报答了楚庄王之恩。

春秋时期发生在晋国的赵氏孤儿事件，其实也是慷慨悲壮的报恩故事。帮助赵氏孤儿赵武复位的三个关键人物是韩厥、公孙杵臼、程婴。韩厥是由于赵盾的举荐才入朝为官，成为晋国重臣，是六卿之一，号为韩献子。公孙杵臼是赵朔的门客，程婴是赵朔的好友。屠岸贾联络诸将要攻灭赵朔家族，韩厥劝阻无效，告诉赵朔赶快逃亡。赵朔不愿出逃，而以不绝赵氏相托，韩厥郑重许诺。后隐秘藏孤之事，十五年后乘晋景公患病问卜之机，劝复赵氏孤儿的卿位，并具体筹划了赵武复出的过程。公孙杵臼为掩护孤儿，慷慨赴死。程婴则背负恶名，忍辱负重，带着赵氏孤儿隐藏山中十五年。待赵武成人并复位后，自杀以下报赵盾与公孙杵臼。后人评价说："非程婴则赵孤不全，非韩厥则赵后不复，韩厥可谓不忘恩矣。"（事见《史记·赵世家》）韩厥不忘赵盾举荐之恩，程婴、公孙杵臼不忘朋友和主人的厚遇之恩。他们三人的存孤报恩行为改变了历史，震撼了人心。没有他们的救孤之举，就没有战国七雄的赵国，也没有动天地、泣鬼神的悲剧《赵氏孤儿》（元·纪君祥）、《中国孤儿》（法·伏尔泰）、《埃尔佩诺》（德·歌德）。

四　珍视友情

朋友关系始于何时，难于考证。按孟子的说法，至少在商的始祖契的时代，就有了朋友这种非血缘的人际关系。契受圣人之托，教给人们处理五种人际关系的行为准则，即"父子有亲，君臣有义，夫妇有别，长幼有序，朋友有信"。（《孟子·滕文公上》）朋友成为五伦之一。

到了先秦时期，朋友关系已很受重视。各种典籍中都有关于交友的论述和记事。如：

　　同声相应，同气相求。（《周易·乾》）

　　二人同心，其利断金。（《周易·系辞上》）

　　君子上交不谄，下交不渎。（周易·系辞下）

　　有朋自远方来，不亦乐乎？（《论语·学而》）

　　四海之内，皆兄弟也。（《论语·颜渊》）

　　益者三友，损者三友。友直，友谅，友多闻，益矣。友便辟，友善柔，友便佞，损矣。（《论语·季氏》）

　　曾子曰：吾日三省吾身——为人谋而不忠乎？与朋友交而不信乎？传不习乎？（《论语·学而》）

　　君子之交淡若水，小人之交甘若醴。（《庄子·山木》）

　　君子交绝，不出恶声。（《战国策·燕策二》）

　　嘤其鸣矣，求其友声。相彼鸟矣，犹求友声；矧伊人矣，不求友生？（《诗经·小雅·伐木》）

从交友的必要性，交友的原则，到交友的快乐，以至绝交时应注意的问题，都谈到了。这说明当时人们把交友作为社会生活中的一件大事。自从士阶层出现并日益活跃以后，人才的流动在春秋战国时达到高潮。这些士人为求名利和实现自身价值，常常远离本土，远离父母兄弟，在没有血缘关系的人群中寻找知音、知心或互利互帮的人。于是朋友成了一种重要的人伦关系，也逐渐形成了处理朋友关系的道德原则。俗话说，"在家靠父母，出门靠朋友"。远离故乡，四海奔波的人，不仅需要物质上的帮助，行动上的支持，还需要精神上的理解、关心和同情。

先秦时期的朋友交往丰富而多彩，留下了许多佳话。伯牙与子期即为生动一例：

> 伯牙鼓琴，钟子期听之。方鼓琴，志在泰山；钟子期曰："善哉鼓琴，巍巍乎如太山！"志在流水，钟子期曰："善哉鼓琴，洋洋乎若江河！"钟子期死，伯牙擗琴绝弦，终身不复鼓琴，以为世无足与鼓琴者也。(《韩诗外传》)(《绎史·列国遗事》)

这是千古称颂的知音之交。这种朋友关系超越了功利，也超越了道德，进入到高雅的审美层面。它与一切利害无关，是纯粹的精神和心灵的交流。这种朋友非常难得，是可遇而不可求的。

齐国管仲与鲍叔牙，可以说是知心之交的经典范例。管仲是杰出的政治家、思想家，担任齐相四十年，帮助齐桓公成就霸业。鲍叔牙才能虽不及管仲，但有知人之明。他们从小是朋友，相知一生。在管仲最困难最危险的时候，鲍叔牙毫不犹豫地给以帮助。他们二人商定，各追随辅佐一位齐国公子。管仲辅佐公子纠，鲍叔牙辅佐公子小白。在继承王位的争夺战中，管仲奉公子纠之命，追杀堵截小白。一箭射中小白的衣带钩，差点要了他的命。小白继位为齐桓公，对管仲恨之入骨，必欲杀之而后快。鲍叔牙说服齐桓公，不仅不杀管仲，还任命为相。《史记·管晏列传》记载了管仲的一段感人的话：

> 管仲曰："吾始困时，尝与鲍叔贾，分财利多自与，鲍叔不以我为贪，知我贫也。吾尝为鲍叔谋事而更穷困，鲍叔不以我为愚，知时有利不利也。吾尝三仕三见逐于君，鲍叔不以我为不肖，知我不遭时也。吾尝三战三走，鲍叔不以我为怯，知我有老母也。公子纠败，召

忽死之，吾幽囚受辱，鲍叔不以我为无耻，知我不羞小节而耻功名不显于天下也。生我者父母，知我者鲍子也。"

交友的基本原则是"信"。这里的"信"，不仅指诚实守信，还包括相互的理解和信任。人之相知，贵相知心。鲍叔牙对管仲的理解和信任远远超过常人和常情的水平，那是一种心灵深处的默契。鲍叔牙相信管仲有非凡的才能，生来就是要干一番大事业的人，而且相信他一定会成功。这种信任极其坚定，不论管仲遭遇过多少失败和挫折，鲍叔牙都不失望、不动摇、不放弃。对管仲的许多常人看来很不道德的行为，他都能理解、宽容。在管仲贪财、当逃兵、不尽忠死难的现象后面，鲍叔牙看到的是落难英雄的一时无奈。而管仲也坚信老朋友鲍叔牙能理解自己，所以在鲍叔牙面前他无拘无束，无所顾忌，去掉了一切装模作样的道德虚饰，呈现出一个真实的自己。

管仲与鲍叔牙各辅佐一位公子，在争位时处于政治上对立的双方。但这种政治上敌对的立场并没有影响二人的友情。公子纠失败，召忽自杀殉主，管仲成了囚犯。作为胜利者的鲍叔牙，想的却是千方百计从鲁国把管仲救回来，并说服齐桓公不计前嫌，重用管仲。鲍叔牙一片赤诚待朋友，既成全了管仲，也成就了齐桓公的霸业，并使齐国百姓过了四十年和平繁荣的日子。这份友情带来的结果是皆大欢喜，鲍叔牙本人也安享荣华，名垂青史。管仲对鲍叔牙由衷感激，鲍叔牙去世时，管仲以子对父、臣对君的礼节祭吊，泣下如雨。

还有一种朋友，是各行其道却相互理解宽容。伍子胥与申包胥就是朋友兼对手，在他们两人之间演出了一场亡楚存楚的大戏。史书记载：

子胥将之吴，辞其友申包胥曰："后三年，楚不亡，吾不见子矣。"申包胥曰："子其勉之，吾未可以助子，助子是伐宗庙也，止子是无以为友，虽然，子亡之，我存之。"于是乎观楚一存一亡也。后三年，吴师伐楚，昭王出走。申包胥不受命，西见秦伯曰："吴无道，兵强人众，将征天下，始于楚，寡君出走，居云梦，使下臣告急。"哀公曰："诺，固将图之。"申包胥不罢朝，立于秦廷，昼夜哭，七日七夜不绝声。哀公曰："有臣如此，可不救乎？"兴师救楚，

　　吴人闻之，引兵而还。昭王反复，欲封申包胥，申包胥辞曰："救亡，非为名也，功成受赐，是卖勇也。"辞不受，遂退隐，终身不见。(《说苑·至公》)

　　可以说，这一对朋友的立场截然相反，伍子胥发誓要灭掉楚国，申包胥则要保卫楚国。申包胥的态度是公私分明，理解朋友。作为朋友，他对伍子胥逃离楚国，立志灭楚的选择表示理解。因为伍子胥不是坏人，他们父子皆是忠臣良将。伍子胥的父亲伍奢身为太傅，忠心辅佐楚平王的儿子太子建。楚平王听信奸佞费无忌的谗言，欲杀太子，先囚伍奢，并让伍奢召其子伍尚、伍员回来，欲斩草除根，以绝后患。伍子胥之兄伍尚明知回去是死路一条，却毅然选择归死，让伍子胥逃亡，以求将来报杀父之仇。申包胥明白，楚平王是昏君，伍奢、伍尚是被冤杀的忠义之士，伍子胥选择为家族复仇也属正义行为。但伍子胥的复仇对象不是普通人，是楚国的国君，所以他复仇的途径是灭掉楚国。作为伍子胥的朋友，申包胥理解他的心情，并勉励他好自为之。但申包胥作为一个楚国人，又有着强烈的爱国情怀，绝不能对自己国家的危难袖手旁观。所以他明确告诉伍子胥，作为朋友，自己不能劝阻伍子胥灭楚，但作为一个楚国的臣民，自己会全力保存楚国的江山社稷。

　　申包胥理解伍子胥的复仇之举，但对他过分的行为仍直言批评，毫不留情。楚昭王十年，伍子胥率吴国军队大败楚军，攻入郢都。这时楚平王死去已十年，伍子胥为了发泄怨恨，把平王墓挖开，搬出尸体，鞭尸三百。逃亡山中的申包胥听到这个消息，派人去对伍子胥说：

　　"子之报仇，其以甚乎！吾闻之，人众者胜天，天定亦能破人。今子故平王之臣，亲北面而事之。今至于僇死人，此岂其无天道之极乎？"伍子胥曰："为我谢申包胥曰，吾日暮途远，吾故倒行而逆施之。"(《史记·伍子胥列传》)

　　申包胥指责伍子胥鞭尸的行为太过分，伍子胥也对朋友表示道歉，承认自己的行为确实违背了常理，是倒行逆施。接下来，申包胥为求秦国出兵援救楚国，在秦廷哭了七日七夜，可谓惊天地而泣鬼神，终于感动了秦哀公，出兵救楚。事后申包胥辞封归隐，远离俗世。

伍子胥和申包胥的人生志向不同，一个要建功立业，一个则淡泊名利；一个要报仇灭楚，一个要竭力存楚。但他们在朋友关系上都遵循互相理解、坦诚相待的原则。在政治上产生分歧对立时，有一种包容精神超越了价值观的差异。当然，包容并不意味着混淆是非，不辨善恶，对不道德行为听之任之。朋友间的包容，建立在相互信任道德人格的基础上。申包胥和伍子胥能成为朋友，说明他们都相信对方是君子，不是小人。君子之间的关系是和而不同，有基本价值观的相同，也有具体问题上的差异分歧。虽然伍子胥与申包胥的人生道路不同，但都是名垂青史的大丈夫。申包胥哭秦廷的悲壮之举和功成不居的潇洒态度，说明他是一个道德境界很高的人。伍子胥忍辱负重，报仇雪耻，也名垂后世。司马迁写完伍子胥传，发感慨说：

> 向令伍子胥从奢俱死，何异蝼蚁。弃小义，雪大耻，名垂于后世。悲夫！方子胥窘于江上，道乞食，志岂尝须臾忘郢邪？故隐忍就功名，非烈丈夫孰能致此哉？（《史记·伍子胥列传》）

他对伍子胥深表钦佩，称之为"烈丈夫"。

战国时期的苏秦和张仪也是朋友，在他们身上主要表现了朋友间相互帮助的道义原则。苏秦与张仪都出自鬼谷先生门下，既是同学，也是朋友。他们都是游说诸侯的纵横家，也都经历过失败与挫折。苏秦以合纵的主张游说赵国成功，地位显赫。而张仪在楚国却因怀疑偷了楚相的玉璧，被痛打一顿，处境极为狼狈。无奈之下，张仪去赵国投靠苏秦。苏秦对张仪采取了激将法，故意冷落他，不让门人通报。最后见面时，让张仪坐堂下，用仆人的饭菜招待他，还当众训斥了一番，说以你张仪的才能混到这等地步实在丢人，我完全有能力让你得到富贵，但你不值得我收留。张仪受到朋友如此羞辱，非常气愤，决心投奔秦国，与赵国为敌。苏秦暗中派舍人以车马金钱资助张仪，使他得见秦惠王，惠王任之为客卿。

苏秦深知张仪之才，他对手下人说：

> 张仪，天下贤士，吾殆弗如也。今吾幸先用，而能用秦柄者，独

张仪可耳。然贫，无因以进。吾恐其乐小利而不遂，故召辱之，以激其意。子为我阴奉之。(《史记·张仪列传》)

当张仪后来得知苏秦的一片苦心和内幕之后，非常感激，并自愧不如："嗟乎，此吾在术中而不悟，吾不及苏君明矣!"

苏秦对待朋友是道义感和功利心相结合，已不是纯粹的知音、知心之交。他在张仪最困难的时候出手相助，而且巧妙地激发了张仪内在的力量，并提供了必要的物质条件，使张仪在成功的道路上迈出了关键的一步。这表现了热心助友的道义感。另一方面，他在六国推行合纵策略，需要在秦国有个配合的人。这个人既要有能力说服秦王，掌握大权，还要能理解自己的意图。无疑，张仪是最合适的人选。苏秦帮助张仪，也是帮助自己。下棋总要有个对手。苏秦搞合纵，需要个搞连横的人来过招，而且他帮了张仪，作为互换的条件，要求张仪不能动他的根据地，即秦国不能攻打赵国。在苏秦心目中，当时的中国是个大棋盘，战国七雄是棋子，他和张仪是棋手，两人要在对弈中充分展示各自的才能。

友情发展到一定深度，可以使人将生死置之度外。西周的左儒即为典型。

左儒友于杜伯，皆臣周宣王。宣王将杀杜伯，而非其罪也。左儒争之于王，九复之，而王弗许也。王曰："别君而党友，斯汝也。"左儒对曰："臣闻之，君道友逆，则顺君以诛友；友道君逆，则率友以违君。"王怒曰："易而言则生，不易而言则死。"左儒对曰："臣闻古之士，不枉义以从邪，不易言以求生。故臣能明君之过，以死杜伯之无罪。"王杀杜伯，左儒死之。(《说苑·立节》)

左儒在好友杜伯将要被周宣王枉杀时，挺身而出，为杜伯辩解。周宣王以死威胁左儒，他毫不畏惧，据理力争。最终为了维护道义和友情而慷慨赴死。左儒不是无原则地袒护朋友。他首先确认杜伯无罪无错，周宣王杀杜伯才是错。正义在朋友一边，所以他死而无憾。可惜左儒这样的豪侠之士实在太少，生活中太多的朋友都是利益之交。廉颇和孟尝君失势时，故客尽去，得势后，客又复至，二人皆大为感慨。有人为他们点破其中道理，廉颇的门客说：

> 吁！君何见之晚也？夫天下以市道交，君有势，我则从君；君无势，则去。此固其理也，有何怒乎？（《史记·廉颇蔺相如列传》）

冯欢对孟尝君说：

> 夫物有必至，事有固然……生者必有死，物之必至也；富贵多士，贫贱寡友，事之固然也。君独不见夫趋市朝者乎？明旦，侧肩争门而入；日暮之后，过市朝者掉臂而不顾。非好朝而恶暮，所期物忘其中。今君失位，宾客皆去，不足以怨士而徒绝宾客之路。愿君遇客如故。（《史记·孟尝君列传》）

"夫天下以市道交"，"富贵多士，贫贱寡友"。这些话虽然有点刺耳，但确实说出了交友的常态和世情。曾子尚且时时反省自己"与朋友交而不信乎？"那么常人恐怕更难以完全做到与朋友交而有信了。

第二节　农民与商人的道德生活

农民与商人是这一时期的重要阶层，他们的道德也有自己的特色。

一　农民的道德生活

自从进入农耕时代以后，农业就是社会的主业。周人以农耕起家，西周开始就奉行以农为本，敬天保民的治国方略。所以，农业是国之本，农民是最大的职业群体，始终占人口的大多数。这一情况延续了几千年，至今尚未完全改变。但农民历来都是地位最低、处境最苦、负担最重的阶层。司马迁在《史记·货殖列传》中说："农不如工，工不如商，刺绣文不如倚市门。"这是古代社会的真实写照。在古代留下的大量典籍中，极少有关于农民职业道德的记载和论述。不过我们仍然可以从神话传说中和诗歌等文学作品中寻找到一些线索。

在中国古代神话中，炎帝是农业文明的创造者，号称"神农氏"，被后人尊之为农业神。

> 古之人民，皆食禽兽肉。至于神农，人民众多，禽兽不足，于是神农因天之时，分地之利，制耒耜，教民农作，神而化之，使民宜之，故谓之神农也。（《白虎通》）
>
> 民人食肉饮血，衣皮毛。至于神农，以为行虫走兽难以养民，乃求可食之物，尝百草之食，察酸苦之味，教民食五谷。（《新语》）
>
> 神农乃始教民播种五谷，相土地宜燥湿肥硗高下，尝百草之滋味，水泉之甘苦，令民知所避就。当此之时，一日而遇七十毒。（《淮南子》）

另一位以治水闻名的英雄是大禹，他消除水患，为农业奠定了基础，也是夏王朝的开国天子。他在"洪水横流，氾滥于天下"，"五谷不登，禽兽逼人"的严重形势下，继承父业，担当起治水的重任。

> 禹为人敏给克勤。其德不违，其仁可亲，其言可信。……禹伤先人父鲧功之不成受诛，乃劳身焦思，居外十三年，过家门不敢入。（《史记·夏本纪》）
>
> 禹于是疏河决江，十年不窥其家，手不爪，胫不生毛，生偏枯之病，步不相过，人曰禹步。（《尸子》）
>
> 禹东至榑木之地……南至交阯，西至三危之国……北至人正之国……积石之山。不有懈堕，忧其黔首，颜色黎黑，窍藏不通，步不相过，以求贤人，欲尽地利，至劳也。（《吕氏春秋》）

不论炎帝还是大禹，他们都体现了一个共同的行为特点，即勤劳。农业劳动不同于狩猎活动，没有多少冒险性和偶然性。它是一种相对稳定，需要付出长期努力的生产活动。一般来说，付出的精力与收获成正比。通过长期实践，人们认识到勤劳可以收获更多的粮食，让人吃饱，而懒惰则导致收获减少，使人忍饥挨饿以至于死亡。所以大家逐渐形成共识：勤劳被肯定、提倡，成为美德；懒惰是应加以否定的缺点，是一种恶。炎帝和大禹受到世人的尊崇，既因为教民农作、制耒耜、尝百草、治理洪水的丰功伟绩，也因为他们是勤劳的典范、农民的楷模。

《诗经》中的《生民》、《公刘》、《绵》等篇是周人的史诗，记述了后稷、公刘、古公亶父等先祖开荒拓土，从事农业生产的故事。诗中着力表现了他们忠厚、勤劳、智慧的美德。对勤劳的肯定在一些典籍中也有反映。如：

> 克勤无怠。(《书·蔡仲之命》)
>
> 厥父母勤劳稼穑。(《书·无逸》)
>
> 民生在勤，勤则不匮。(《左传·宣公十二年》)

《诗经·豳风·七月》篇描述了西周农民一年到头的劳动过程，从春种、秋收到给官方服劳役，既表现了农民的辛苦忙碌，也表现了他们勤劳乐观的精神。

由此可知，勤劳作为农民的职业道德，产生于长期的农耕实践中，得到劳动者的赞同，也得到统治者的肯定。因为只有勤劳才能创造出更多的社会财富，以满足各阶层的需要。

农业生产的又一特点是有很强的季节性。从种到收的每个生产环节要符合气候变化和农作物生长的特点，不可错失时机。一旦误了农时，就会造成减产甚至绝收。适时播种、耕耘、收获是农民非常重要的职业特点，也是获得丰收的保证。农业生产中长期积累的经验在《吕氏春秋》里有所记述：

> "夫稼，为之者人也，生之者地也，养之者天也。""是以得时之禾，长秱长穗，大本而茎杀，疏机而穗大；其粟圆而薄糠；其米多沃而食之强；如此者不风。先时者，茎叶带芒以短衡，穗钜而芳夺，秮米而不香。后时者，茎叶带芒而末衡，穗阅而青零，多秕而不满。""是故得时之稼兴，失时之稼约。茎相若称之，得时者重，粟之多。量粟相若而舂之，得时者多米。量米相若而食之，得时者忍饥。是故得时之稼，其臭香，其味甘，其气章，百日食之，耳聪目明，心意睿智，四卫变疆，凶气不入，身无苛殃。"(《吕氏春秋·审时》)

这些内容很可能是先秦农家收集、总结老农耕作经验而加工整理出来的。与此相似，强调不误农时的记述还有：

不违农时。（《孟子·梁惠王上》）

无夺农时。（《荀子·富国》）

春耕，夏耘，秋收，冬藏，四者不失时，故五谷不绝，而百姓有余食也。（《荀子·王制》）

农不敢行贾，不敢为异事，为害于时也。（《荀子·上农》）

这说明，适时耕作、不误农时已成为农民必须遵循的行为规范，是得到上上下下认可的职业道德。对农民而言，不误农时是职业道德。对统治者而言，"无夺农时"、"不违农时"是治国原则，也是仁德。在农忙时节，不要以劳役和战争去干扰农民，让他们适时耕种，及时收获。这不仅利于民，也利于国。孟子认为这是"王道之始"。

不违农时，谷不可胜食也，数罟不入洿池，鱼鳖不可胜食也；斧斤以时入山林，材木不可胜用也。谷与鳖不可胜食，材木不可胜用，是使民养生丧死无憾也。养生丧死无憾，王道之始也。（《孟子·梁惠王上》）

在农业社会，粮食的收成、农民的温饱，直接关系到社会稳定和国力如何。所以，不误农时不仅被农民自己重视，也受到治国者的重视。那些热衷于治国平天下，社会使命感很强的儒、法、农各家学者纷纷强调无夺农时，也就很自然了。

中国最古老的诗歌据说是《击壤歌》，诗中表现的生活是："日出而作，日入而息，凿井而饮，耕田而食。"这正是小农生活的真实写照。它既呈现了延续几千年的农民生产生活方式，也体现出农民勤劳的美德。从神农、后稷算起，到春秋战国时，农业已有四五千年的历史。那么勤劳、不误农时等职业道德的出现，也应在情理之中。

二　商人的道德生活

商业是个非常古老的行业，传说炎帝神农氏在开创农业的同时也开启了商业。"疱牺氏没，神农氏作，列廛于国，日中为市，致天下之民，聚天下之货，交易而退，各得其所"。（《易·系辞》）西周时对商业已非常重视，与工和农同样列为治国的基本任务。周文王认为："商不厚，工不巧，农不力，不可以成治。"周灭商以后，大力发展生产，鼓励流通，商业得到很大发展。尤其是齐、鲁、郑、卫等诸侯国的商人更为活跃。

商业的特点是贱买贵卖，从货物流通中获取利润。为了谋取更大的利益，有些不良商人往往不择手段，以劣充好，以假充真，欺诈顾客。针对这种情况，社会管理层面主要采取两种措施。一是加强法律和行政监管，西周初，周公就设置了司市一职，负责商业市场的管理和从业人员的教育以及对违法违章行为的处罚，其目的是"结信而止讼"，"禁伪而除诈"，即建立诚信，解决矛盾冲突，惩治欺诈行为。二是通过教育提倡，逐步养成商人见利思义、诚信待客的职业行为规范，以道德约束其求利行为。

另外，聪明有良知的商人在长期商业活动中总结出一些经验教训，发现诚信待客所形成的良好声誉，会带来更多客户和更大的利益。于是越来越多的商人愿意遵守从事商业活动的基本行为规范，商人的职业道德就慢慢形成了。同时，商人职业道德有利于保护消费者的利益，也是所有顾客对商人的期待。《孟子》中讲到农家许行的弟子陈相说的一番话："从许子之道，则市贾不贰，国中无伪；虽使五尺之童适市，莫之或欺。"（《孟子·滕文公上》）如果按照农家许行的学说治国，那就会做到市场上物无二价，商家没有假货和欺诈顾客的行为。即使打发小孩去买东西，也没人欺骗他。这里面已指出商人的基本职业道德应该是货真价实、童叟无欺。

春秋战国时期，商业发达，涌现出一批有智慧、有道德的商界奇人。

齐国的管仲，先经商，后从政，帮齐桓公成就霸业，是春秋时期著名的思想家、政治家。他对齐国的经济发展、商业繁荣起了巨大的推动作用，同时也强调了道德的重要性。他认为道德的形成要有一定的物质基础，"仓廪实则知礼义，衣食足则知荣辱"。（《管子·牧民》）"凡治国之道，必先富民。民富则易治也，民贫则难治也。"（《管子·治国》）他把礼、义、廉、耻视为"国之四维"，四维绝则国家灭亡。应该说，管仲是一个有道德感的商人，也是一个有经济头脑的务实政治家。

楚国人范蠡则是先从政，后经商。他帮越王勾践卧薪尝胆、发愤图强二十多年，终于灭了吴国，雪了耻，报了仇。成功之后，他知道勾践为人，可同患难，不可同安乐，毅然乘扁舟浮于江湖，变姓名去齐国经商。

后入陶，称陶朱公。据《史记》讲，"朱公以为陶天下之中，诸侯四通，货物所交易也。乃治产积居，与时逐而不择于人。故善治生者，能择人而任时。十九年之中三致千金，再分散于贫交疏昆弟。此所谓富好行其德者也"。（《史记·货殖列传》）他不以聚财为目的，而是仗义疏财，用经商赚来的钱去救助亲友穷人。

卫国人子贡，是孔子的得意弟子，七十二贤之一。他不像颜回、原宪那样，安于贫贱、自甘寂寞，他既有外交才能，又具商业头脑。孔子说他是"赐不受命，而货殖焉，亿则屡中"（《论语·先进》）。他不安心或不甘心于读书做学问，喜欢做生意，猜测行情，常常屡猜屡中。我们可以称子贡为中国儒商第一人。在孔门弟子中，子贡最有钱，而且曾入仕鲁国、卫国为相。为解鲁国之危，他出使齐、吴、越、晋等国，成功破解危局，人称"子贡一出，存鲁、乱齐、破吴、强晋而霸越"。虽然家累千金，但他遵照孔子"富而好礼"的教诲，到处弘扬孔子学说，对儒家思想的传播贡献很大。司马迁说："子贡结驷连骑，束帛以聘享诸侯，所至，国君无不分庭与之抗礼。夫使孔子名布扬于天下者，子贡先后之也。此所谓得势而益彰者乎？"（《史记·货殖列传》）

郑国的弦高是爱国商人的典范。郑国在立国之初，带了一批商人从西周京城迁至中原济洛、河颖之地，商人参与共同开发。郑桓公与商人盟誓，结为利益共同体。商人保证不叛离郑国，郑桓公则答应保护商人的正当利益，不强买强卖，不与民争利。这就使郑国商人形成了关心国家大事，与国家共安危的良好风尚。公元前 627 年，秦国派军队远程偷袭郑国，途经滑国时，正遇上去周都城做买卖的郑国商人弦高。弦高发现了秦军偷袭郑国的意图，一方面派人赶回郑国报信，另一方面假装成郑国君王的使者，向秦军送上 12 头牛表示慰问。秦军一看，以为郑国早有准备，无法获胜，便灭了滑国后回兵，归途遭晋军阻击，秦军大败。郑穆公以保存郑国的大功重赏弦高，弦高却坚辞不受。弦高等人的行为告诉我们，先秦时期的商人并不都是唯利是图、见利忘义者，他们除了遵循货真价实、童叟无欺这样的基本职业道德之外，不少杰出的商人爱国爱乡，关心民生，救助百姓，达到很高的道德境界。

第三节　军人、教师及其他阶层的道德生活

这一时期除了士、农、商阶层外，军人也是一个重要的阶层，另外教师的道德也有自己的特色。

一　军人的道德生活

早期的军官和士兵是打仗时从士、农中临时征集的，没有职业化。到春秋战国时期，诸侯间战争频繁，为了战胜对方，各诸侯国都千万百计提升部队的战斗力。除了改进兵器，就是提高军官和士兵的素质，由常备兵制取代民兵制。从农民中选拔健壮勇敢者，经过专门军事训练，成为职业军人。从士中分化出一些熟读兵书，有指挥才能的人成为将帅。长期的战争造就了一批军事家，也催生出了军事理论和军人职业道德。

军人必须具备的基本职业道德中，首先一条是服从命令。这可以从司马穰苴和孙武的故事中得到证明。齐景公采纳晏婴的建议，任命司马穰苴为将军，率军队抵抗燕、晋两军的进攻。司马穰苴觉得自己"人微权轻"，不能服众，要求派一个势位显赫的大臣充任监军。齐景公就派庄贾担任监军一职。司马穰苴与庄贾约定第二天中午集合出发，结果庄贾赴亲友的送行酒宴，迟至傍晚才赶来。"穰苴曰：'将受命之日则忘其家，临军约束则忘其亲，援枹鼓之急则忘其身。今敌国深侵，邦内骚动，士卒暴露于境，君寝不安席，食不甘味，百姓之命皆悬于君，何谓相送乎？'召军正问曰：'军法期而后至者云何？'对曰：'当斩。'庄贾惧，使人驰报景公，请救。既往，未及反，于是斩庄贾以徇三军。三军之士皆振栗。"（《史记·司马穰苴列传》）司马穰苴用监军庄贾的头教育部下，服从命令是军人的天职。

孙武练兵是又一个生动事例。吴王阖庐读了孙武著的《孙子兵法》十三篇，甚为佩服，问孙武可否试一下操练军队之法，孙武说可以。于是从后宫选了180名美女，孙武将她们分为两队，让吴王的两个宠姬担任队长。孙武三令五申，击鼓指挥她们向左向右，这些娇宠惯了的女人就是哈哈大笑，不听指挥，这惹火了孙武。"孙子曰：'约束不明，申令不熟，将之罪也；既已明而不如法者，吏士之罪也。'乃欲斩左右队长。吴王从

台上观，见且斩爱姬，大骇。趣使使下令曰：'寡人已知将军能用兵矣。寡人非此二姬，食不甘味，愿勿斩也。'孙子曰：'臣既已受命为将，将在军，君命有所不受。'遂斩队长二人以徇。用其次为队长，于是复鼓之。妇人左右前后跪起皆中规矩绳墨，无敢出声。"（《史记·孙子吴起列传》）孙武用吴王宠姬的头强调，只有坚决服从命令的军队，才能赴汤蹈火，无往不胜。

荀子也讲到军人服从命令的重要。"闻鼓声而进，闻金声而退，顺命为上，有功次之；令不进而进，犹令不退而退也，其罪惟均。"（《荀子·议兵》）

军人职业道德的另一重要规范是将帅及各级指挥官要爱护士兵，关心士兵的疾苦。孙武讲过："视卒如婴儿，故可与之赴深溪。视卒如爱子，故可与之俱死。爱而不能令，厚而不能使，乱而不能治，譬如骄子，不可用也。"（《孙子兵法·地形》）优秀的将军都深明此理。司马穰苴率军出征，"士卒次舍井灶饮食问疾医药，身自拊循之。悉取将军之资粮享士卒，身与士卒平分粮食，最比其羸弱者。……病者皆求行，争奋出为之赴战"。（《史记·司马穰苴列传》）

吴起带兵也非常关爱士卒。"起之为将，与士卒最下者同衣食。卧不设席，行不骑乘，亲裹赢粮，与士卒分劳苦。卒有病疽者，起为吮之。卒母闻而哭之。人曰：'子卒也，而将军自吮其疽，何哭为？'母曰：'非然也。往年吴公吮其父，其父战不旋踵，遂死于敌。吴公今又吮其子，妾不知其死所矣。是以哭之。'"（《史记·孙子吴起列传》）将军对士卒关爱的回报，是士卒奋不顾身、英勇杀敌，对将军忠心耿耿，毫不动摇。

此外，孙膑还提出德行是军队战斗力的储备，指挥官应具备忠、信、敢三德。"一曰信，二曰忠，三曰敢。安忠？忠王。安信？信赏。安敢？敢去不善。不忠于王，不敢用其兵。不信于赏，百姓弗德。不敢去不善，百姓弗畏。"（《孙膑兵法·篡卒》）将帅都是国君的臣下，当然应当忠于君王。对下属的奖赏要说话算数，立即兑现。对违反军令的害群之马要毫不留情，及时除掉。这样才能令行禁止，军纪严明，战无不胜。

二 教师的道德生活

教师作为一种职业的历史至少可以追溯到周代。那时的官学教育已比较成熟，学校有了"小学"和"大学"之分。贵族子弟 10 岁左右开始外出就学，跟着老师学习六艺，即礼、乐、射、御、书、数。官学中的教师称"师氏"，既是官职，也是职业。其职责是："以三德教国子：一曰至德，以为道本；二曰敏德，以为行本；三曰孝德，以知逆恶。教三行：一曰孝行，以亲父母；二曰友行，以尊贤良；三曰顺行，以事师长。"（《周礼·师氏》）春秋后期，官学衰落，私学兴起。各地的学者和退休的官吏纷纷开设私塾，授徒讲学，教师成为一种民间的职业。有了这种行业，也就慢慢形成了从事这一行业的基本行为规范。孔子是办私学的早期代表人物，也是教师职业道德的奠基者。他以自己的言论和行动，展示了教师道德的基本要求，主要有这样几方面：

首先是"有教无类"。即平等地对待所有学生，不论出身、地位、贫贱、贤愚，同样地关心爱护、培养教育他们。这是仁爱之心的一种表现。孔子讲"有教无类"（《论语·卫灵公》），"自行束脩以上，吾未尝无诲焉"（《论语·述而》）。不管什么出身，从何处来，只要带点薄礼，诚心上门求学的人，都会被接纳为弟子，受到同样的教育。近人钱穆认为，"孔子弟子，多起微贱。颜子居陋巷，死有棺无椁。曾子耘瓜，其母亲织。闵子骞着芦衣，为父推车。仲弓父贱人。子贡货殖。子路食藜藿，负米，冠雄鸡，佩豭豚。原思居穷闾，敝衣冠。樊迟请学稼圃。公冶长在缧绁。子张鲁之鄙家。虽不尽信，要之可见。其以贵族来学者，鲁惟南宫敬叔，宋惟司马牛，他无闻焉"（《先秦诸子系年·孔子弟子通考》）。孔子办学走的是平民化路线，对那些家境贫寒而品德高尚的学生尤为欣赏。颜回家贫却好学，是孔子最得意的弟子。孔子称赞他："贤哉回也！一箪食，一瓢饮，在陋巷，人不堪其忧，回也不改其乐。"孔门弟子中，有人从政，有人经商，有人种地，他都一视同仁。

"学而不厌，诲人不倦"也是教师应当具备的职业道德。在教学过程中，老师常常会感到知识储备不足，需要通过不断学习来增加知识积累，提高学术水平，以满足学生旺盛的求知欲。教和学是一个互相促进的过程。当时的老师已经意识到这一点。"是故学然后知不足，教然后知困。知不足然后能自反也，知困然后能自强也，故曰教学相长也"。（《礼记·学记》）孔子认为自己的特点就是不断学习，耐心教育学生。"吾何足以称哉？勿已者，则好学而不厌，好教而不倦，其惟此邪！"（《吕氏春秋·

尊师》)"入太庙,每事问","三人行,必有我师焉",都体现了孔子的好学精神。《论语》中大量记载的师生对话,也充分表现了孔子针对不同学生的个性、才能、特点,循循善诱,耐心教导的大师风度,使学生获益良多。

严于律己,以身作则,是老师必须遵循的又一行为规范。身教甚于言教,是长期教育实践活动中总结出的规律。孔子认为作为执政者和教育别人的老师,必须以身作则。"其身正,不令而行;其身不正,虽令不从。""不能正其身,如正人何?"(《论语·子路》)教师的一言一行都可能影响到学生,学生无形中把教师当作自己为人处世的榜样,所以教师必须严格要求自己,要求学生做到的自己先要做到。可以推测,私学初起之时,当老师的大都是知识渊博,成一家之言的学者,他们有信念,有操守,往往是学生崇拜的对象。如孔子、孟子、荀子、墨子、杨朱等,都能著书立说,产生一定影响。后来私学大量出现,教师队伍也难免鱼龙混杂,出现一些滥竽充数的南郭先生,人品学问均不足以为人师。孟子就曾感叹说:"贤者以其昭昭使人昭昭,今以其昏昏使人昭昭。"(《孟子·尽心下》)好的老师是自己真正把问题弄明白了,才去教学生,让学生明白其中的道理。现在有些老师自己尚且糊里糊涂,就去教学生,想让学生明白,那岂不是痴人说梦。正是这样一些以教书为混饭吃的手段,为利而授徒,不具备品德学识方面基本素养的人进入教师队伍,引发了教师道德的危机。危机又激起了人们对教师从业资格和道德要求的关注。荀子提出当老师的四个条件:"尊严而惮,可以为师;耆艾而信,可以为师;诵说而不陵不犯,可以为师;知微而论,可以为师;故师术有四,而博习不与焉。"(《荀子·致士》)他要求的教师资格是:行为庄重,受人尊敬;年纪五六十岁,诚实守信;传授知识严守师承家法,不离经叛道;学向精深而符合伦理。到春秋战国后期,人们对教师的职业道德更加重视,强调教师维护道义的责任。"故为师之务,在于胜理,在于行义。理胜义立则位尊矣,王公大人弗敢骄也。""故师之教也,不争轻重、尊卑、贫富,而争于道。"(《吕氏春秋·劝学》)道义、人格、学问是教书育人者应坚持的职业操守。

三　其他

先秦时期有些特殊的职业,也形成了相应的职业道德,如史官和侠客。

　　史官是负责记录国家大事和撰写史书的官员，称"太史"。史官的职业道德是刚正不阿、秉笔直书、忠于史实。公元前607年，晋国的国君晋灵公被赵穿杀害。太史董狐记录说："赵盾弑其君。"赵盾说事实并非如此，董狐回答说："子为正卿，亡不越境，反不讨贼，非子而谁？"赵盾是晋国主政大臣，对晋灵公的暴虐非常不满，早想除掉昏君。虽然直接攻杀灵公的是赵穿，但实际主谋是赵盾。在事发之时他为避嫌离开京城，事后立即返回，主持了另立新君之事，所以董狐才这样写。孔子称赞说："董狐，古之良史也，书法不隐。"（《左传·宣公二年》）据史书讲，晋灵公确实是昏君，赵盾则是贤臣。孔子在称赞董狐的同时，也赞扬赵盾是"古之良大夫也。"董狐正直的可贵在于，他既忠于事实，也不为贤者讳，后者一般人更难做到。公元前548年，齐国的大臣崔杼杀了齐庄公。"大史书曰：'崔杼弑其君。'崔子杀之。其弟嗣书而死者，二人。其弟又书，乃舍之。南史氏闻大史尽死，执简以往。闻既书矣，乃还。"（《左传·襄公二十五年》）这种前仆后继，冒死直书的精神对后世影响很大，成为史学家崇尚的典范。

　　史官是在朝的，侠客则是在野的。韩非指责"儒以文乱法，而侠以武犯禁"，说明先秦时期侠客已成为非常出名的一个特殊职业群体。司马迁对侠客评价甚高："其行虽不轨于正义，然其言必信，其行必果，已诺必诚，不爱其躯，赴士之厄困，既已存亡死生矣，而不矜其能，羞伐其德，盖亦有足多者焉。"（《史记·游侠列传》）侠客的身份是"布衣"，属于平民阶层，往往以武功见长，好打抱不平，扶弱济困，救人于危难之中。他们也受人之托，报仇杀人。其实被写入"刺客列传"的专诸、聂政、荆轲等人也是侠客，不过为上层贵族所用，声名显赫。把荆轲推荐给太子丹的田光先生，就以"节侠"自居，用自杀来证明自己不会泄露太子丹刺杀秦始皇的密谋。普通百姓遇到危难时，如果体制内的合法手段不能帮助他们，那就会寄希望于路见不平，拔刀相助的英雄好汉。侠客正是迎合了人们的这种需要，才获得了生存空间，并受到民间的赞誉。如司马迁所说，侠客的职业道德就是言必信，行必果，不怕死，不贪财。他们信奉"士为知己者死"的人生理念，愿为朋友两肋插刀。晋国的豫让为了报答智伯的知遇之恩，在智伯被韩赵魏三家联合灭掉之后，发誓为智伯报仇。为刺杀赵襄子，不惜"漆身为厉，吞炭为哑"，毁貌行乞，在刺杀未遂后，以死明志。荆轲临行，慷慨悲歌："风萧萧兮易水寒，壮士一去兮不复还！"那种临危受命，从容赴死的精神，流传千古。

第 二 编

秦汉魏晋南北朝时期的
道德生活

秦汉魏晋南北朝时期是中国传统伦理道德发展的第二个重要时期，从秦汉开始，随着统一的中央集权国家的建立，以儒家纲常伦理作为代表的封建主义的伦理道德终于占据了统治地位，对后世道德生活产生了重要影响，虽然后来经历了魏晋玄学思潮、社会动乱和民族矛盾等等冲击，社会道德生活和制度伦理之间仍保持了一种时松时紧的动态制约关系，以"三纲五常"为中心的传统道德规范不但在人们的实际道德生活中得以持续地贯彻，同时这些道德规范的合理性也不断被进行形而上的诠释论证，渗透到传统的道德集体无意识之中。一方面是道德的行为和观念在不断建立；另一方面不道德的行为在不断滋生；在道德和不道德的斗争中，使得各种道德观念更加明晰化。

第一章

家庭与婚姻中的道德生活

秦汉魏晋南北朝时期，是中国封建制度确立并初步发展的重要时期，与君主专制统治相应的父为子纲、夫为妻纲成为基本的道德准则。而在家庭婚姻道德生活领域，伴随着生产力的进步、个体家庭的发展和世家大族的出现，以及汉末魏晋以后社会思潮的转型，代表父子之伦的孝道和代表夫妻之伦的婚姻道德逐渐确立，并在复杂而呈波浪形起伏的历史长河中呈现出多样化形态，从而使得这一时期的家庭婚姻道德具有过渡性的特点。

第一节　孝养敬顺与兄友弟悌

秦汉魏晋南北朝时期是中国传统家庭结构变迁的一个重要转折时期，在家庭道德生活领域，孝悌和孝友成为代表父子兄弟之伦的基本道德规范，故本节将代表父子之伦的孝道和代表兄弟之伦的友悌一并论述，以彰显这一时期家庭道德生活的特质及其深远影响。

一　秦人的孝道观念和道德实践

秦人原处西陲，久与戎狄杂居接触，在一般人眼里，似乎礼义道德观念相对滞后，其实不然。秦自商鞅变法以后，整顿风俗，道德观念也随法家的律令的贯彻而得到强调，例如从睡虎地秦简《秦律·为吏之道》里，发现有这样的字句："君鬼（读为怀，意为怀柔）臣忠，父兹（慈）子孝，政之本殴（也）。"① 可见秦律里具有绝对维护孝道的明确规定，强调子对父的绝对顺从。这种严格的父子差别以及权力的不平等，主要表现在

---

① 睡虎地秦墓竹简整理小组编：《睡虎地秦墓竹简》，文物出版社 1978 年版，第 285 页。

两个方面：

一方面，法律禁止子告父，而父对子所犯的过错则不予惩罚或减轻惩罚。如睡虎地秦简《法律答问》中规定：" '子告父母，臣妾告主，非公室告，勿听。'可（何）为'非公室告'？主擅杀、刑、髡其子、臣妾，是谓'非公室告'，勿听。而行告，告者罪。告〔者〕罪已行，它人有（又）袭告之，亦不当听。"① 这里明确规定儿子不能私自告发父母，若告，反而获罪。《法律答问》还规定：" '父盗子，不为盗。'今假父盗假子，可（何）论？当为盗。"② 这就是说，即使是父亲偷拿了儿子财物，也是合法的。只有养父盗非亲生的儿子的财物才能构成盗罪。甚至父亲杀死自己的亲生儿子，在法律上都可以从轻处罚，甚至免罪：" '擅杀子，黥为城旦舂。其子新生而有怪物其身及不全者杀之，勿罪。'今生子，子身全也，毋（无）怪物，直以多子故，不欲其生，即弗举而杀之，可（何）论？为杀子。"③

另一方面，若父告子不孝，则要处以重罪。《法律答问》中说，" '免老告人以为不孝，谒杀，当三环之不？'不当环，亟执勿失"④。这里的"环"，据睡虎地秦简整理小组注释："环，读为原，宽宥从轻。古时判处死刑有'三宥'的程序，见《周礼·司刺》。"即是说，老人若告子不孝，官府不必履行一般判死刑时必须经过的"三宥"程序，而可以立即拘捕惩处。

即便父亲杀死所谓"不孝之子"，只要向官府禀告一下，就可以不予治罪。如《封诊式·告子爰书》中说："某里士五（伍）甲告曰：'甲亲子同里士五（伍）丙不孝，谒杀，敢告。'即令令史己往执。令史己爰书：与牢隶臣某执丙，得某室。丞某讯丙，辞曰：'甲亲子，诚不孝甲所，毋（无）它坐罪。'"⑤

秦律中规定，对于儿子殴打父母长辈的不敬行为，要处以重刑。《法

---

① 睡虎地秦墓竹简整理小组编：《睡虎地秦墓竹简》，文物出版社 1978 年版，第 196 页。
② 同上书，第 158 页。
③ 同上书，第 181 页。
④ 同上书，第 195 页。
⑤ 同上书，第 263 页。

律答问》里说：“殴大父母，黥为城旦舂。”①

以上秦律对父子间发生法律事件的规定和解释，明显带有维护孝道，强调父对子的绝对支配权的意味。

秦的统治者在日常生活中也很注意贯彻孝道，力求在这一方面为天下做出表率。据《说苑·正谏》中记载，嫪毐作乱，嬴政车裂嫪毐，并将嫪毐与其母私通所生的两个弟弟装在口袋里摔死，将其母迁出都城。下令“敢以太后事谏者，戮而杀之，从蒺藜其脊肉、干四支而积之阙下”。茅焦冒死进谏说：“陛下车裂假父，有嫉妒之心；囊扑两弟，有不慈之名；迁母萯阳宫，有不孝之行；从蒺藜于谏士，有桀、纣之治。今天下闻之，尽瓦解无向秦者，臣窃恐秦亡，为陛下危之。”秦王嬴政听后幡然悔悟，“乃立焦为仲父，爵之上卿。皇帝立驾千乘万骑，空左方，自行迎太后萯阳宫，归于咸阳”②。太后去世，嬴政将其与父庄襄王合葬，以尽人子养生送终之礼。在始皇二十八年的《封禅文》中，还诏告天下：“事天以礼，立身以义，事父以孝，成人以仁。”③

此后，孝道观念在秦朝后来的统治者那里更成为行事的一大准则。《史记·李斯列传》记载始皇死后，赵高欲立胡亥，胡亥尽管正中下怀，满心欢喜，但还是不得不表面上假惺惺地表示：“废兄而立弟，是不义也；不奉父诏而畏死，是不孝也。”可见，即使像胡亥这样贪婪昏庸的人，也不能不顾及孝的观念。赵高伪造的诏书中，就是以“为人子不孝”为借口而赐死公子扶苏的。扶苏接到诏书后，对蒙恬说“父而赐子死，尚安复请！”可见后世所谓的“父叫子亡，子不得不亡”的观念，此时已经产生。李斯在和赵高的辩论中说过“孝子不勤劳而见危”的话，也可证明孝在当时的社会生活中的地位是多么重要。再有，《汉书·陈胜传》记载秦末战乱中，赵国人韩广因顾忌其母在赵地而不敢在燕地自立为王，《汉书·项籍传》中记陈婴不敢违背其母意愿而自立为王，这些例子均表现了在一般士人阶层已有恪守孝道的人，并把它当作比个人功业更重要的道德观念。

---

① 睡虎地秦墓竹简整理小组编：《睡虎地秦墓竹简》，文物出版社 1978 年版，第 184 页。
② 赵善诒：《说苑疏证》，华东师范大学出版社 1985 年版，第 245—246 页。
③ 《通典》卷 45《礼》引《晋太康郡国志》。

当然也应当注意到，在秦朝社会基层的社会实践中，孝还远远没有成为人们自觉遵守的行为规范。由于秦人治国一向奉行功利主义，特别是在商鞅变法以后，为增加赋税强制推行分户政策，规定"民有二男以上不分异者倍其赋"（《史记·商君列传》），从而导致家族被拆散为以夫妻为核心的小型家庭，前文所引秦律中关于父盗子财产无罪，本身就说明了父子别居的现实。贾谊在《陈政事疏》中论秦俗之败，"故秦人家富子壮则出分，家贫子壮则出赘。借父耰鉏，虑有德色；母取箕帚，立而谇语。抱哺其子，与公并倨；妇姑不相说，则反唇相稽。其慈子嗜利，不同禽兽者亡几耳"（《汉书》卷48《贾谊传》），充分表明当时父母子媳之间关系非常淡薄，父子人伦关系具有非常强的功利特点。秦律及其案例中出现的父告子不孝、父杀子、子告父等，虽然说表明秦人已有孝道观念，然而也从另一方面更证明秦人的家庭关系淡漠，最后不得不借助法律手段来强制维护父子关系。

二　汉代的"以孝治天下"

在中国历史上，汉代的统治者一向提倡"以孝治天下"，他们这样做，不只是仅仅出于统治者"以孝劝忠"的社会意识形态，而且是社会现实生活的迫切需要。

西汉前期在家庭形态方面仍然承袭秦制，《汉书·贾谊传》在历数秦俗之败后指出："曩之为秦者，今转而为汉矣。然其遗风余俗，犹尚未改。"班固《汉书·地理志》记河内风俗"薄恩礼，好生分"。颜师古注："生分，谓父母在而昆弟不同财产。"成年父子与兄弟的不断分家，导致了以夫妻和未婚儿女为主的核心家庭大量出现，"由于这种小家庭是自己独立的经营，与父亲没有直接的经济关系，而政治上他们又各自作为一个家长直接接受地方政府的管理，因而父子关系相对疏薄，儿子具有相对独立性"[1]。加之受当时生产力水平所限，普通百姓家庭经济生活较为窘迫，依照晁错在《论贵粟疏》中对当时一般农民家庭描述，一个五口之家，两个劳力，耕种百亩土地，一年到头的收入除了缴纳政府赋税之外，养家糊口已非常艰难，如果遇到水旱灾荒，急政暴赋，就只能"卖田宅、鬻

---

① 马新：《两汉乡村社会史》，齐鲁书社1997年版，第310页。

子孙"。这样的经济现状下，弟兄们分家后，小家庭尚且自顾不暇，赡养老人必然成为一个现实的社会问题。针对这一社会问题，汉代的统治者特别重视家庭，强调家庭道德。他们不但在孝道上身体力行，努力为天下做出表率，[①] 而且还制定和贯彻了一套"以孝治天下"的基本国策，先后采取了一系列具体措施来弘扬孝道。

第一，建立政府养老尊老的相关制度以倡导重孝风气。据《汉书·高帝纪》载：高祖二年，曾下令设置"三老"，即乡里村中负责掌管教化的基层领导者，这可谓敬老制度之开端。汉惠帝四年曾下诏"举民孝弟、力田者复其身"（《汉书·惠帝纪》），就是恢复那些能够做到孝悌以及努力种田人的庶民资格，解除他们的人身依附及奴役关系。汉文帝在位进一步认识到从物质上提供养老救济的重要性，其诏书说："老者非帛不暖，非肉不饱，今岁首，不时使人存问长老，又无布帛酒肉之赐，将何以佐天下子孙孝养其亲？今闻吏禀当受鬻者，或以陈粟，岂称养老之意哉！"于是规定："年八十已上，赐米人月一石，肉二十斤，酒五斗。其九十已上，又赐帛人二匹，絮三斤。赐物及当禀鬻米者，长吏阅视，丞若尉致。不满九十，啬夫、令史致。二千石遣都吏循行，不称者督之。"这里不但规定了向老人馈送食物和衣帛的数量，并且明确了负责人（长吏、丞尉、啬夫、令史）的职责。并下诏对于孝悌力田者及有关官吏给予奖励："孝悌，天下之大顺也；力田，为生之本也；三老，众民之师也；廉吏，民之表也。朕甚嘉此二三大夫之行。今万家之县，云无应令，岂实人情？是吏举贤之道未备也。其遣谒者劳赐三老、孝者帛，人五匹；悌者、力田二匹；廉吏二百石以上率百石者三匹。及问民所不便安，而以户口率置三老、孝、悌、力田常员，令各率其意以道民焉。"（《汉书·文帝纪》）汉武帝建元元年下诏："民年九十以上，已有受鬻法，为复子若孙，令得身帅妻妾遂其供养之事。"也就是免除奉养九十岁以上老人子孙们的赋税；元狩元年又遣使者巡行天下，"赐县三老、孝者帛，人五匹；乡三老、弟

---

① 按：汉代皇帝多以孝行著称，如中国古代著名的《二十四孝图》中就有"汉文帝侍亲尝药"，袁盎称文帝"过曾参孝远矣"（《史记·袁盎晁错列传》）；公孙弘颂汉武帝"躬行大孝"（《史记·主父平津侯列传》）；汉成帝"秉至孝，哀伤思慕不绝于心"（《汉书·匡衡传》）；明帝"性孝爱"（《后汉书·皇后纪上·明德马皇后纪》）。另外汉代以孝治天下最显著的标志就是皇帝除汉高祖、光武帝以外的历代帝王谥号中都有一个"孝"字。

者力田帛，人三匹，年九十以上及鳏寡孤独帛，人二匹，絮三斤；八十以上米，人二石"（《汉书·武帝纪》）。诸如此类例子很多，有学者据《汉书》、《后汉书》不完全统计，两汉四百余年间，皇帝下诏在全国范围内统一赏赐孝悌、力田、三老衣物酒食，予以褒奖的有 34 次以上。① 甘肃武威磨嘴子新出的《王杖诏令册简》，载汉宣帝时诏令规定，年满七十的老人，由政府赐予木杖一根，杖首以鸠鸟为饰，称为王杖；凡持王杖的老人可以免除徭役赋税，减轻刑罚，进县廷不需像常人那样小跑，无论官民不得谩骂殴打等等，违反规定者，以不道罪处以弃市之刑。② 《后汉书·章帝纪》载章和元年"秋，令是月养衰老，授几杖，行糜粥饮食。其赐高年二人共布帛各一匹，以为醴酪"。《后汉书·安帝纪》载元初四年"秋七月辛丑，诏曰：'仲秋养衰老，授几杖，行糜粥'"。1956 年和 1975 年分别出土于四川彭县和成都市郊的东汉画像砖和画像石各一幅，其内容正形象展示了当时向王杖杖主"行糜粥饮食"的状况③。说明当时养老制度在社会上已经得到较好的执行。

　　第二，普及孝道教育。在官方教育方面，作为儒家孝道教育的系统理论著作《孝经》，被置于特别重要的地位，以致《白虎通·论〈孝经〉〈论语〉》言，"自天子下至庶人，上下通《孝经》"。早在汉文帝时《孝经》就同《论语》、《孟子》、《尔雅》一起被同置博士，④ 到汉武帝时虽然只立《诗》、《书》、《易》、《礼》、《春秋》五经博士，《孝经》和《论语》未设博士，但它们仍然和其他五经一样是太学生们学习的基本内容。《后汉书·平帝纪》："乡曰庠，聚曰序。庠、序置《孝经》师一人。"说明地方官学中已设有专门传授《孝经》的经师。《汉书·艺文志·六艺略》中关于《孝经》的小序中说："汉兴，长孙氏、博士江翁、少府后仓、谏大夫翼奉、安昌侯张禹传之，各自名家。"许多从事私学教育的大儒如郑玄、马融、何休、郑康成等也都以治《孝经》著称。《后汉书·儒林传》记汉明帝时"自期门羽林之士，悉令通孝经章句"，《后汉书·荀

---

① 臧知非：《人伦本原——〈孝经〉与中国文化》，河南大学出版社 2005 年版，第 58 页。
② 同上书，第 59—60 页。
③ 臧知非：《"王杖诏书"与汉代养老制度》，《史林》2002 年第 2 期。
④ 参见赵岐《孟子注疏题辞解》，转引自阮元《十三经注疏》下册，中华书局 1980 年版，第 2662 页。

淑传附爽传》说"故汉制使天下诵《孝经》"。如此等等。

在两汉时期的家庭教育中，《孝经》和孝道也是重要内容。在皇族教育中，《孝经》很受重视，《汉书·宣帝纪》载霍光奏议，说宣帝"年十八，师受《诗》、《论语》、《孝经》"；《汉书·疏广传》记疏广为宣帝太子太傅，"皇太子年十二，通《论语》、《孝经》"；汉顺帝"宽仁温惠，始入小学，诵《孝经》章句"。现存的许多汉代家训中也有不少关于孝敬老人的内容，如刘邦《手敕太子》，告诫其子刘盈："汝见萧、曹、张、陈诸公侯，吾同时人，倍年于汝者，皆拜，并语于汝诸弟。"东汉班昭曾在宫中做女性家庭教师，她的《女诫》对女性行孝做出了许多具体要求。

第三，褒奖孝行，以孝取士。汉代政府除了表彰一般平民的孝悌、力田之外，对于士人的孝行，也采取慰问、表彰措施，经常注意树立榜样。如《后汉书·江革传》载：江革担心母老，出行时经不起路途颠簸，"不欲摇动，自在辕中挽车，不用牛马，由是乡里称之曰'江巨孝'"。太守曾经准备以礼相召，邀请他出来当官，江革以母老不应。其母去世后，经过多次邀请才勉强当官，然而又一再告辞。"元和中，天子思革至行，制诏齐相曰：'谏议大夫江革，前以病归，今起居何如？夫孝，百行之冠，觽善之始也。国家每惟志士，未尝不及革。县以见谷千斛赐巨孝，常以八月长吏存问，致羊酒，以终厥身。如有不幸，祠以中牢。'由是'巨孝'之称，行于天下。及卒，诏复赐谷千斛。"

在用人制度方面，两汉实行察举，其中"举孝廉"是一个重要的方面。这一制度正式形成于汉武帝元光元年，"初令郡国举孝、廉各一人"。元朔元年，为进一步督促各地依此标准推举人才，下诏"令二千石举孝廉，所以化元，移风易俗也。不举孝，不奉诏，当以不敬论"。汉宣帝时仍下诏"令郡国举孝弟、有行义闻于乡里者各一人"。到东汉章帝、和帝时，举孝廉的规模越来越大，对社会产生了强大的刺激作用。反之，对于不孝之士，则明确规定不得推举为吏，如《后汉书·刘般传》载："元初中，邓太后诏长吏以下不为亲行服者，不得典城选举。"

第四，为了贯彻"以孝治天下"的精神，汉代的统治者除了上述德治措施之外，还采取法治的手段以确保孝道的践行。具体表现为认同"亲亲相隐"和血亲复仇，以法律严惩各种不孝的行为。

在惩治不孝方面，1983年湖北张家山出土的汉墓竹简显示，汉代法律对不孝行为的规定不但详细而且惩罚严苛：

《二年律令·奏谳书》："有生父而弗食三日，吏且何以论子？廷尉等曰：当弃市。"① 此案例中有人对亲生父亲不供养饮食三天便被判死刑。

《二年律令·奏谳书》："有子不听生父教，谁与不听死父教罪重？"② 说明在西汉不听活着的父亲教诲也属于不孝之罪。

《二年律令·贼律》："子贼杀伤父母，奴婢贼杀伤主、主父母妻子，皆枭其首市。""子牧杀父母，殴詈泰父母、父母、假大母、主母、后母，及父母告子不孝，皆弃市。"③ "妇贼伤、殴詈夫之泰父母、父母、主母、后母，皆弃市。"④《二年律令·告律》："杀伤大父母、父母，及奴婢杀伤主、主父母，自告者皆不得减。"⑤ "子告父母，妇告威公，奴婢告主、主父母妻子，勿听而弃告者市。"⑥ 这两处法律条文中明确规定大骂、杀伤父母也均要判死刑，并禁止儿子私自告父母。

以上条文同秦律一脉相承都是对父权绝对性的维护，在汉代正史记载中也有案例可稽。如《史记·淮南衡山列传》记载衡山王刘赐欲废长子刘爽，改立次子刘孝为太子，并且企图和淮南王刘安联合谋反。刘爽知道后，派白嬴告发了弟弟刘孝及其父刘赐。刘赐知晓后，"上书反告太子爽所为不道弃市罪"，后经"廷尉治验，公卿请逮捕衡山王治之"，衡山王刘赐自刭，但太子爽却"坐王告不孝，皆弃市"。可见，尽管刘爽在告发父亲谋反这件事上有功，但由于被父亲以不孝罪告发，最终被弃市。

"亲亲相隐"的观念早在先秦就已出现。《论语·子路》中孔子有"父为子隐，子为父隐，直在其中矣"的说法，《春秋公羊传·文公十五年》也说："父母之于子，虽有罪，犹若其不欲服罪然。"汉代董仲舒开创了"春秋决狱"，此后"亲亲相隐"在司法实践中得到广泛肯定和应用。汉宣帝地节四年曾明确下诏："父子之亲，夫妇之道，天性也。虽有

---

① 张家山二四七号汉墓竹简整理小组：《张家山汉墓竹简》（释文修订本），文物出版社2006年版，第108页。

② 同上书，第108页。

③ 同上书，第13页。

④ 同上书，第14页。

⑤ 同上书，第26页。

⑥ 同上书，第27页。

患祸，犹蒙死而存之。诚爱结于心，仁厚之至也，岂能违之哉！自今，子首匿父母、妻匿夫、孙匿大父母，皆勿坐。其父母匿子、夫匿妻、大父母匿孙，罪殊死，皆上请廷尉以闻。"（《汉书·宣帝纪》）这一切就是为了维护和弘扬孝道。

血亲复仇在先秦儒家那里也是被肯定的。据《礼记·檀弓》记载："子夏问于孔子曰：'居父母之仇，如之何？'夫子曰：'寝苫、枕干、不仕，弗与共天下也。遇诸朝市，不反兵而斗。'"意思是说，为父母报仇是人生中首要之事，为了报仇可以不顾一切，身睡草垫，头枕兵器，不当官都行，一旦在闹市或朝堂上与仇人相遇，都要立即复仇。秦和西汉前期的法律都严禁私斗，然而在董仲舒撰写《春秋决狱》案例以后，血亲复仇开始得到社会的认可。东汉以后，复仇风气盛行，桓谭曾上书光武帝要求予以限制，即凡是当事人已被官府判刑的，被害人子孙不得再报仇，如果报仇者自己逃亡，就将其家小迁居边地，但光武帝刘秀未能采纳（《后汉书·桓谭传》）。汉章帝时，曾针对复仇制定了《轻侮法》，规定对因父亲被侮辱便报复杀人者减轻量刑，对血亲复仇进行了一定程度的限制。《后汉书·列女传》中记载：孝女赵娥已出嫁，其父赵君安被同县李寿杀害，三个幼弟染瘟疫去世，赵娥毅然承担起为父复仇的责任，几经波折最终手刃仇人李寿，而后投案自首。地方官吏被她的孝心感动，舍法徇情，要放走赵娥，赵娥却坚持依法抵罪。事情传开后，朝廷公卿大臣上书称颂赵娥，汉灵帝最后下诏赦免了她。

正是由于汉代统治者不遗余力地表彰孝道，还通过教育、行政和法律手段推行"以孝治天下"的措施，所以，整个汉代社会孝行故事层出不穷。中国古代宣扬的"二十四孝"，汉代就占有九例。从这些孝行故事可见汉人孝道观念的核心就是从物养、色养和丧祭尽礼三方面，强调子女对父母应尽孝养的义务。

物养，指的是物质上奉养父母，这是行孝的根本。这方面，汉代的例子极多。如西汉公孙弘"养后母孝谨"（《后汉书·公孙弘传》）；翟方进身为丞相，对后母"供养甚笃"（《汉书·翟方进传》）；东汉陈长"昼则躬耕，夜则赁书以养母"（《后汉书·陈长传》）；杨震"少贫孤，独与母居，假地种殖，以给供养"（《后汉书·杨震传》）；孙期"家贫，事母至孝，牧豕于大泽中，以奉养焉"（《后汉书·孙期传》）；罗威"母年七十，天寒，常以身温席，而后授其处"（《后汉书·罗威传》）；孔奋"事母孝谨，虽为俭约，奉养极求珍膳，躬率妻子，同甘菜茹"（《后汉书·孔奋传》）；朱穆"五岁，便有孝称，父母有病，辄不饮食，差乃复常"（《后汉书·朱穆传》）。汉文帝刘恒初为代王时，其母薄太后生病，文帝"不交睫解衣"，并亲尝汤药，成为"二十四孝"之一。蔡邕"性笃孝，母尝病三年，邕自非寒暑节变，未尝解襟带，不寝寐者七旬"。更有甚者，姜诗"事母至孝，妻奉顺尤笃。母好饮江水，水去舍六七里，妻常溯流而汲。后值风，不时得还，母渴，诗责而遣之。妻乃寄止邻舍，昼夜纺织，市珍羞，使邻母以意自遣其姑。……姑感惭呼还，恩养愈谨。……姑嗜鱼鲙，又不能独食，夫妇常力作供鲙，呼邻母共之"。相反，那些孝养父母不力的官员就往往会被罢免，如宣帝时曾下诏罢免了"孝声不闻，恶名流行"的大司空何武（《汉书·何武传》）；成帝时丞相薛宣，因后母在世时常跟着弟弟居住，薛宣没有孝名，后被罢免；平帝时大司农孙宝也因供养母亲"恩衰"而坐免。①

色养，指的是尊敬父母，承顺父母颜色，使父母得到精神上的满足。孔子曾说过："今之孝者，是谓能养。至于犬马，皆能有养；不敬，何以别乎？"（《论语·为政》）这说明孔子更强调内心深处对父母恭敬和爱戴。《孝经·纪孝行章》也有言："孝子之事亲也，居则致其敬。"这一观念在汉代人那里业已成为道德共识，甚至成为习惯。如西汉万石君石奋的儿子石建，"为郎中令，每五日洗沐归谒亲"，亲自到小屋子里寻找和洗涤老父的贴身肮脏衣物，然后"复与传侍者，不敢令万石君知，以为常"（《史记·万石君列传》）；胡广年已八十，"继母在堂，朝夕瞻省，旁无几杖，言不称老"。（《后汉书·胡广传》）正是这种孝道观念的支配，汉代法律把轻慢父母作为不孝的内容之一加以惩罚。如《汉书·文三王传》记载：梁孝王有罍尊，价值千金，"戒后世善宝之，毋得以与人"。其孙梁平王刘襄，为了满足宠妃任后的贪欲，违背祖父遗言，不顾祖母李太后阻拦，私自取走这个宝尊赐给任氏，且"事李太后多不顺"。李太后"病时，任后未尝请疾；薨，又不侍丧"。后被人告发，汉武帝于是"削梁王五县，夺王太后汤沐成阳邑，枭任后首于市"。东汉安帝时济北惠王子苌

---

①　袁宏：《两汉纪》下册，中华书局 2002 年版，第 152 页。

被立为乐成王后，"慢易大姬，不震厥教"，被贬为临湖侯。"'坐轻慢不孝'，故贬。"

丧祭尽礼反映了汉代人对父母视死如生的孝道观念，按照当时习俗，在父母死后、安葬及服丧期间一般不得饮食酒肉、过性生活，不得举行娱乐活动，要穿孝服在墓地旁建"庐舍"守墓，社会上也往往以当事人丧祭时所表现的痛苦程度作为评判孝行的依据。如东汉清河王刘庆，"及帝崩，庆号泣前殿，呕血数升，因以发病"（《后汉书·章帝八王传》），同传中还记载"济北王次以幼年守藩，躬履孝道，父没哀恸，焦毁过礼，草庐土席，衰杖在身，头不枇沐，体生疮肿"，被"皇帝封五千户，广其土宇，以慰孝子恻隐之劳"。这说明，对父母的丧祭"哀毁过礼"已然成为当时社会"至孝"的标准。另外，在服丧期间，皇族成员都应不理政事，专心服丧，连皇帝也不例外。士大夫阶层丧亲之时，更要去官奔丧，史书上这样的例子很多，如霍谞"遭母忧，自上归行丧"（《后汉书·霍谞传》）；方储"母忧，弃官行礼"（《后汉书·方储传》）；陈蕃"遭母忧，弃官行丧"（《后汉书·陈蕃传》），"居丧过礼"成为士大夫阶层崇尚的孝行境界。徐稚"少遭父丧，致哀毁瘁，呕血发病。服阕，隐居林薮，躬耕稼穑，倦则诵经，贫窭困乏，执志弥固，不受惠于人"（《后汉书·周黄徐姜申屠列传》注引《后汉书》）。与此不同，平民阶层由于条件所限，服丧孝行没有这么烦琐的形式化，而是更多地显示出朴实的感情流露。如东汉的范训，"母亡，以布囊盛土，负以成圹"（《后汉书·范训传》）。还有许多孝子因无钱下葬而卖身为奴，像西汉著名的孝子董永，"少失母，独养父，父亡无以葬，乃从人贷钱一万。永谓钱主曰'后若无钱还君，当以身作奴'"。这则故事典型地反映了一般老百姓的孝道观念，被后世广为流传。东汉长沙孝子古初，遭父丧未葬，邻人失火，古初以自己的身体来扑火灭火（《后汉书·郅恽列传》）。李充的母亲去世后，他"行服墓次，人有盗其墓树者，充手自刃之"（《后汉书·独行列传》）。廉范十五岁时，因父客死于蜀汉，他辞母西迎父丧，"与客步负丧归葭萌。载船触石破没，范抱持棺柩，遂俱沉溺。众伤其义，钩求得之，疗救仅免于死"（《后汉书·廉范列传》）。

服丧尽孝的习俗在两汉社会家庭道德生活中的落实有一个渐进的过程，大抵说来，西汉前期由于文帝提倡薄葬，对社会上的服丧制度产生了一定影响，为亲服丧三年的例子在西汉文献记载中并不太多，故《汉书·薛宣传》中说"三年服少能行之者"。成帝时丞相翟方进在安葬其母三十六日之后，便"除服，起视事。以为身被汉相，不敢逾国家之制"，说明服丧三年当时并未形成制度。从西汉后期哀帝开始，皇帝才下诏允许"博士弟子父母死，予宁三年"（《汉书·哀帝纪》），汉平帝死后，王莽"征明礼者宗伯凤与定天下吏六百石以上，皆服丧三年"。东汉时，明帝、和帝分别为其父光武帝、章帝服丧三年为天下表率，汉安帝下诏令"大臣得行三年丧，服阕就职"，而把三年治丧最终制度化。据杨树达先生统计，东汉时期行三年丧的官员非常广泛，上至太傅、大将军、车骑将军、光禄大夫、司隶校尉、郎中等中央官员，下至太守、县令等地方官员。[1]在这一风气下，有的官员还将服期延长到六年，如东汉安帝时人薛包为父母"行六年服，丧过乎哀"（《后汉书·刘赵淳于江刘周赵列传》）。还有追行丧制者，如耿恭之母在其任职西域期间亡故，耿恭归来补行丧期（《后汉书·耿恭传》）。

通过以上对两汉人家庭道德生活中的孝道践行考察，可以看出，汉代孝道生活呈现出如下两个特点：

其一是孝道观念绝对化。汉代孝道的普及落实与儒家思想作为统治思想具有很大关系。西汉时董仲舒提出"罢黜百家、独尊儒术"，并用阴阳神学理论改造传统儒学，提出"三纲"思想，把孝道提到首要地位。他从五行相生关系强调孝道的绝对地位："春主生，夏主长，秋主收，冬主藏。藏，冬之所成也。是故父之所生，其子长之；父之所长，其子养之；父之所养，其子成之。诸父所为，其子皆奉承而续行之，不敢不致如父之意，尽为人之道也。故五行者，五行也。由此观之，父授之，子受之，乃天之道也。故曰夫孝者，天之经也。"（《春秋繁露·五行对》）东汉的官方儒学文献《白虎通》更进一步强调子女对父母的绝对的顺从，其《三纲六纪篇》云："父子者，何谓也？父者，矩也，以法度教子也。"在这一思想观念指导下，汉代的孝道片面地把先秦孝道的自然亲情和报恩意识转化为子女对父母的单向义务。具体表现为：（1）父子法律地位不平等，家长可以根据家法自行惩罚子女，还可以向官府告发子女不孝，但反过来

---

[1] 参见杨树达《汉代婚丧礼俗考》，上海古籍出版社 2000 年版，第二章第十五节。

子女却不能告发父母。（2）支配子女的人身和行为，家长可以任意殴打、虐待子女，子女只能逆来顺受。如东汉崔钧被父母打得狼狈而逃，其父崔烈还追骂道："死乎，父挞而走，孝乎？"（《后汉书·崔骃列传》）子女在日常行事上必须以父母的意志为准，不得违逆，《汉书·韦贤传》说"孝莫大于严父，故父之尊，子不敢不承；父之所异，子不敢同"。（3）家长支配子女的财产甚至婚姻。随着经济生产的发展，汉代社会家庭结构形态到东汉以后逐渐由小家庭向大家族发展，于是在聚族而居的大家庭中，父系家长成为家庭的绝对主宰，不要说财产，就是家族子女的婚姻，也要纳入"合二姓之好"的视野中，由家长包办。

其二是孝道制度化下孝德的异化。在汉代孝道的重压下，人们开始背离本身的伦理精神，而片面追求道德践履形式，或者干脆把孝道当成追求某些利益的工具。这些都使孝道走到了它的反面，成为反道德的力量。前者可以简洁概括为愚孝，后者可以概括为伪孝。

愚孝一方面与父权强化所致的父子关系畸形发展有关，另一方面也是统治者利益驱动的结果。这一现象在东汉表现最为突出，大致又可分为三种形态：第一种是牺牲身体健康以行孝，如《后汉书·韦彪传》记韦彪"孝行纯至，父母卒，哀毁三年，不出庐寝。服竟，羸瘠骨立异形，医疗数年乃起"。第二种是牺牲儿女以行孝，最典型的就是"二十四孝"中被广为传颂的东汉郭巨埋儿，为灾荒之年节省口粮给母亲，郭巨竟活埋亲生儿子。第三种是牺牲自己生命以行孝，如《后汉书·列女传》中所记之孝女叔先雄、曹娥，因父亲溺死江中而对水哭号，最终痛苦地投水而死。

伪孝也是汉代统治者推行"以孝治天下"意识形态的结果。由于"上有所好，下必甚之"，孝道在践行过程中充满了功利化的色彩，在一定程度上背离了先秦儒家所赞扬与维护的质朴自然感情，更多地成为士人入仕求禄的手段。许多人为了被察举为孝廉，通过虚伪欺骗的手段来博取孝名。如赵宣居住在亲人墓中行服二十余年，乡邑称为孝子，州郡数次礼请，却在墓中生下了五个儿子。乐安太守陈蕃以其"寝宿冢藏，而孕育其中，诳时惑众，诬污鬼神"，而治了他的罪（《汉书·陈蕃列传》）。晋代葛洪《抱朴子外篇·审举》所记的汉末时民谣"举秀才，不知书；察孝廉，父别居"，正是对道德虚伪化的写照。《盐铁论·散不足》中对这一世风也有尖锐的批判："古者，事生尽爱，送死尽哀。故圣人为制节，非虚加之。今生不能致其爱敬，死以奢侈相高。虽无哀戚之心，而厚葬重币者则称以为孝，显名立于世，光荣著于俗。故黎民相慕效，至于发屋卖业。"

也正是看到这种孝道异化的现实，东汉后期一些激进的士人开始以"激诡之行"批判虚伪的孝道。如隐士戴良的母亲喜欢听驴叫声，戴良为讨母亲高兴常学驴叫，其母卒后居丧期间，戴良之兄住墓庐吃粥，严格按礼制服丧；而戴良却食肉饮酒，只是在心情悲痛时才放哭声。有人责问戴良居丧不合礼制，戴良答曰："礼所以制情佚也。情苟不佚，何礼之论！夫食旨不甘，故致毁容之实。若味不存口，食之可也。"说得问者无言以对。汉末名士孔融在任北海相时，"有遭父丧，哭泣墓侧，色无憔悴"者，孔融便以伪孝罪名杀之（《艺文类聚》卷85）。这些现象显示了东汉末期士人在孝道践行上追求任真自然的文化性格，也说是对于伪孝的尖锐批判。

三　魏晋南北朝孝道观念的发展与践行

魏晋南北朝是中国历史上朝代更迭频繁、民族矛盾尖锐的时期，加之玄学和佛学的流行，对儒家传统礼教有所冲击，使得这一时期道德生活也呈现出复杂的态势，但就孝道而言，总体上还是沿着两汉时的方向向前有所发展，在践行上呈现出以下三个特点。

首先，道德生活中明显出现了孝重于忠的现象。在汉代，统治者在道德教化上以孝劝忠，将忠孝一体化，所以在道德实践上既有为孝去官者，更有舍孝尽忠者。然而这一现象到了魏晋南北朝时期，则更多地变成了孝字当先。东汉末年，由于宦官、外戚干政，皇权衰落，而地方上世家大族把持察举特权，使得宗族在政治和社会生活中的地位愈来愈重要，高门世族为加强宗族凝聚，大力倡导孝道。曹操唯才是举，不论孝义，虽对世家大族的孝道观念有所冲击，但自魏曹丕以后，九品中正制的推行使得世家大族再次崛起，从此愈演愈烈，加之战争频仍、政权不稳，皇权式微，宗族观念空前突出，使得"魏晋士大夫止知有家，不知有国。故奉亲思孝，或有其人；杀身成仁，徒闻其语"①，社会道德观念中孝德跃居首位。

---

① 余嘉锡：《世说新语笺疏》，中华书局1983年版，第46页。以下引此书不再注出版本，只随文夹注篇名。

除了门阀士族的原因之外，统治者重孝也有政治的原因。由于曹魏、晋、宋、齐、梁、陈、北齐、北周政权皆由权臣篡逆而来，所以人们羞于言忠。诚如鲁迅所言："魏晋，是以孝治天下的，不孝，故不能不杀。为什么要以孝治天下呢？因为天位从禅让，即巧取豪夺而来，若主张以忠治天下，他们的立脚点便不稳，办事便棘手，立论也难了，所以一定要以孝治天下。"① 统治者正是意识到"求忠臣必于孝子之门"的规律，所以不遗余力地采取了宣讲《孝经》，以孝选士、处罚不孝等一系列措施，鼓励孝道，营造敬老养老的社会道德氛围。即便是到了北方少数民族统治时期，北魏孝文帝这一类有识之士也奉行汉代道德，率先践行孝道、敬老养老、奖用孝悌，从而使孝道在北朝一直盛行不衰。

《孝经》在魏晋南北朝时期的传播较汉代更为广泛，东晋殷仲文、谢万，南齐王朝的永明诸王、刘瓛等人均为《孝经》作注，东晋南朝的许多皇帝如晋元帝、晋穆帝、晋孝武帝、宋文帝等曾经大讲《孝经》，梁武帝更亲自撰写《孝经义疏》。此外学者们还编撰《孝经图》、《大农孝经》、《正顺孝经》、《女孝经》等普及孝道的著作。从纷纷出现在官方史书中的孝行记载里，诸如《晋书》的《孝友传》，《宋书》、《南齐书》、《南史》的《孝义传》，《梁书》、《陈书》的《孝行传》，《魏书》的《孝感传》等等，更能看出当时社会孝道践行的扩张与普及。

在这样的氛围中，孝已经成为士人立身的根本。一个人无论才能多大、职位多高，只要孝行有亏，便会被全盘否定，其仕途也会因孝行有亏而受到影响。如三国时的陈寿，父丧时恰好自己患病，由此而礼数有所不周，"坐是沉滞者累年"（《晋书·陈寿传》）。西晋阎缵"父卒，继母不慈，缵恭事弥谨。而母疾之愈甚，乃诬缵盗父时金宝，讼于有司。遂被清议十余年"（《晋书·阎缵传》）。南朝刘宋时范晔，"母亡，报之以疾，晔不时奔赴；及行，又携妓妾自随，为御史中丞刘损所奏"（《宋书·范晔传》）。齐梁时刘孝绰"为廷尉，携妓入廷尉，其母犹停私宅。……孝绰坐免其官"（《南史·刘孝绰传》）。更严重的是魏晋易代之际，司马师标榜名教篡夺政权，竟以"无复母子恩"为由，逼太后下诏废掉齐王曹

① 鲁迅：《而已集·魏晋风度及文章与药及酒之关系》，载《鲁迅全集》第3卷，人民文学出版社1981年版，第390—391页。

芳，把反对司马氏的嵇康诬为"不孝"而杀。

反之，对于以孝亲为由，而拒绝朝廷征辟的士人，统治者却采取宽容乃至嘉奖的态度。如西蜀旧臣李密被征为太子洗马，密以祖母年高无人奉养，上书皇帝辞谢，晋武帝司马炎览表后大加赞叹，不以为罪，恩准其奉养祖母。晋宋以后史书《孝友传》、《孝义传》上经常能够看到士人以养亲为由不应征辟的事例。

这一时期的社会舆论也明显具有重孝轻忠的倾向，故因父仇而与朝廷对抗的士人往往受到社会的赞许，与朝廷合作者却受到唾弃。这方面王裒和嵇绍就是一对典型。王裒父王仪为司马昭从军司马，因故被司马昭处死，王裒"痛父非命，未尝西向而坐。示不臣朝廷也。于是隐居教授，三征七辟皆不就。庐于墓侧，旦夕常至墓所拜跪，攀柏悲号，涕泪著树，树为之枯。母性畏雷，母没，每雷，辄到墓曰：'裒在此。'及读《诗》至'哀哀父母，生我劬劳'，未尝不三复流涕，门人受业者并废《蓼莪》之篇"（《晋书·孝友传》）。相反，嵇绍父嵇康被司马氏所杀，十岁而孤，事母孝谨，后朝廷诏征，嵇绍却背父仇而仕晋，最终在"八王之乱"中以身捍卫惠帝，"被害于帝侧，血溅御服"（《晋书·忠义传》）。当时人们对于二人的品格评价是"王胜于嵇"。刘殷、王延在西晋末永嘉之乱中背晋投敌，俱为匈奴人刘聪手下高官，但史书对二人孝道大加表彰，名列《晋书·孝友传》，而于其背主投敌之事并无批评。

其次，受天人感应和佛教因果报应观念影响，魏晋时孝感故事频频出现，反映了当时社会孝道的普及化和对孝道观念的神秘化。《晋书·孝友传》开篇便说："大矣哉，孝之为德也！分浑元而立体，道贯三灵；资品汇以顺名，功苞万象。用之于国，动天地而降休征；行之于家，感鬼神而昭景福。"可见在当时人的道德观念中孝德已具有天人感应的色彩。随着佛教思想的传播，因果报应思想的流行，在魏晋南北朝人的孝道宣传中，许多孝子的事迹都带有神秘化的色彩：

> 刘殷"曾祖母王氏，盛冬思堇而不言，食不饱者一旬矣。殷怪而问之，王言其故。殷时年九岁，乃于泽中恸哭，曰：'殷罪衅深重，幼丁艰罚，王母在堂，无旬月之养。殷为人子，而所思无获，皇天后土，愿垂哀愍。'声不绝者半日，于是忽若有人云：'止，止

声.'殷收泪视地,便有董生焉,因得斛余而归,食而不减,至时,董生乃尽。又尝夜梦人谓之曰:'西篱下有粟。'寤而掘之,得粟十五钟,铭曰'七年粟百石,以赐孝子刘殷。'自是食之,七载方尽"。(《晋书·孝友传》)

王祥"性至孝。早丧亲,继母朱氏不慈,数谮之,由是失爱于父。每使扫除牛下,祥愈恭谨。父母有疾,衣不解带,汤药必亲尝。母常欲生鱼,时天寒冰冻,祥解衣将剖冰求之,冰忽自解,双鲤跃出,持之而归。母又思黄雀炙,复有黄雀数十飞入其幕,复以供母。乡里惊叹,以为孝感所致焉。有丹柰结实,母命守之,每风雨,祥辄抱树而泣。其笃孝纯至如此"。(《晋书·王祥传》)

北魏的王崇"兄弟并以孝称,身勤稼穑,以养二亲。仕梁州镇南府主簿。母亡,杖而后起,鬓发堕落。未及葬,权殡宅西。崇庐于殡所,昼夜哭泣,鸠鸽群至。有一小鸟,素质黑眸,形大于雀,栖于崇庐,朝夕不去。母丧阕,复丁父忧,哀毁过礼。是年夏,风雹,所经处,禽兽暴死,草木摧折。至崇田畔,风雹便止,禾麦十顷,竟无损落。及过崇地,风雹如初。咸称至行所感。崇虽除服,仍居墓侧。于其室前,生草一根,茎叶甚茂,人莫能识。至冬中,复有鸟巢崇屋,乳养三子,毛羽成长,驯而不惊。守令闻之,亲自临视。州以闻奏,标其门闾"。(《北史·孝行传》)

王彭,盱眙直渎人也。少丧母。元嘉初,父又丧亡,家贫力弱,无以营葬,兄弟二人,昼则佣力,夜则号感。乡里并哀之,乃各出夫力助作砖。砖须水而天旱,穿井数十丈,泉不出;墓处去淮五里,荷檐远汲,困而不周。彭号天自诉,如此积日。一旦大雾,雾歇,砖灶前忽生泉水,乡邻助之者,并嗟叹神异,县邑近远,悉往观之。葬事既竟,水便自竭。(《宋书·孝义传》)

以上因孝感天地的神异故事在史书中非常丰富,充分展示了魏晋南北朝时期孝行的精神感召力,但同时从这些事例中可以看出,孝行的典范往往都出自社会下层,诚如《宋书·孝义传》篇末论赞所言:"汉世士务治身,故忠孝成俗,至乎乘轩服冕,非此莫由。晋、宋以来,风衰义缺,刻身厉行,事薄膏腴。若夫孝立闺庭,忠被史策,多发沟畎之中,非出衣簪之下。以此而言声教，不亦卿大夫之耻乎！"当上层社会行孝动机与政治权力、社会声誉紧紧挂钩，把孝行变成矫情伪饰时，下层民众的孝行更多的是在困苦的生活境遇中敬老养老，充满了乌鸦反哺般自然的报恩意识。

再次，魏晋南北朝社会孝道践行上的"哀毁过礼"，也开始与轻礼重情并存。魏晋时期统治者崇尚礼教，孝子哀毁过礼被认为是至孝的表现。这一时期正史中的《孝友传》、《孝义传》、《孝感传》对"哀毁过礼"、"居丧毁顿"、"终日不食"、"泣血数盛"之类孝行颇有记载。与此同时，受魏晋玄学崇尚自然的风潮影响，魏晋名士往往又大都崇尚通脱任诞，所以在父子之伦上也出现了许多不拘礼法、任真重情的倾向。如魏晋之际的阮籍"旷达不羁，不拘礼俗。性至孝，居丧虽不率常检，而毁几至灭性"。（《晋书·阮籍传》注引《魏氏春秋》）其友裴楷前往吊唁时，"阮方醉，散发坐床，箕踞不哭。裴至，下席于地，哭吊嗲毕，便去。或问裴：凡吊，主人哭，客乃为礼；阮既不哭，君何为哭？裴曰：阮方外之人，故不崇礼制；我辈俗中人，故以仪轨自居。时人叹为两得其中。"（《世说新语·任诞》）

在自然与名教的争论中，魏晋士人奉守名教者居丧守礼，崇尚自然者往往更重视自然真情的抒发。如《世说新语·德行》中记载："王戎、和峤同遭大丧，俱以孝称。王鸡骨支床，和哭哀备礼。武帝谓刘仲雄曰：卿数省王、和不？闻和哀苦过礼，使人忧之。仲雄曰：和峤虽备礼，神气不损；王戎虽不备礼，而哀毁骨立。臣以和峤生孝，王戎死孝。陛下不应忧峤，而应忧戎。"刘孝标注引《晋阳秋》说和峤"憔悴哀毁，不逮戎也"，充分说明当事人认为居丧哀痛的真情更重于礼法形式。

在这种任真自然的魏晋风度下，儒家传统父子之伦的尊卑观念渐渐向亲情方向倾斜。如《晋书·胡毋辅之传》记载其子谦之"才学不及父，而傲纵过之。至酣醉，常呼其父字，辅之亦不以介意，谈者以为狂。辅之正酣饮，谦之规而厉声曰：'彦国年老，不得为尔！将令我屁背东壁。'辅之欢笑，呼入与共饮"。《世说新语·伤逝》也记载王戎子夭折，"山简往省之，王悲不自胜。简问：孩抱中物，何至于此？王曰：圣人忘情，最下者不及情；情之所钟，正在我辈！"可见父子之伦已逐渐自然亲情化。

总览秦汉魏晋南北朝时期的道德生活可知，在这个时期里，儒家的孝伦理逐渐深入人心，在社会生活中不断走向制度化、风俗化、神圣化和普及化。随着魏晋以后人性的自觉，孝道的自然亲情特征也逐渐彰明显著。被后世广为传颂的"二十四孝"中，属于秦汉魏晋南北朝时期的就有十五个①，这充分说明了这一时期是中国历史上孝道观念形成发展的重要时期，对后世产生了深远的影响。

四　兄友弟悌

兄弟关系作为封建宗法体系下一种重要的伦理关系，历来受到人们的重视。如《左传·隐公三年》中记载春秋时卫国大夫石碏便将"兄爱、弟敬"与"君义、臣行、父慈、子孝"并称"六顺"；战国时，孟子曾将兄弟关系列为"五伦"之一（《孟子·滕文公上》）；《中庸》则列为"五达道"之一；《礼记·礼运》将"兄良、弟弟（悌）"列为十大"人义"之二；《白虎通·三纲六纪》将兄弟关系列为"六纪"之一；《颜氏家训》中专列"兄弟"章，强调兄弟之伦的重要性："夫有人民而后有夫妇，有夫妇而后有父子，有父子而后有兄弟，一家之亲，此三而已矣。自兹以往，至于九族，皆本于三亲焉，故于人伦为重者也，不可不笃。"

在汉以后，处理兄弟关系的基本伦理范畴是"友悌"。贾谊《新书·道术》对此的解释是："兄敬爱弟谓之友"，"弟敬爱兄谓之悌"。《尔雅·释训》说："善兄弟为友"，所以人们常把父子兄弟之伦合称作孝友。但友和悌相比较，友所指更广泛一些，由最初的兄对弟泛化到兄弟之间的友爱关系，悌则单指弟对兄的敬爱恭顺。但在封建礼法制度中，因为孝和悌都是下位对上位的道德义务，所以孝悌又更多地被用作父子兄弟之伦的常用范畴，从而使得兄弟之伦带上了不平等的因素。如《白虎通·详论纲纪别名之义》中规定："兄者，况也，况父法也。弟者，悌也，心顺行笃也。"即要求为弟者事兄如同子事父一样的敬顺。

从秦汉魏晋南北朝时期的家庭家族道德生活的实际来看，兄弟友悌有如下表现：

一是社会对兄弟关系高度重视。《仪礼·丧服》曰："父子一体也，

---

① 分别是汉文帝亲尝汤药、蔡顺拾葚异器、郭巨埋儿奉母、董永卖身葬父、丁兰刻木事亲、姜诗涌泉跃鲤、陆绩怀橘遗亲、黄香扇枕温衾、江革行佣供母、王裒闻雷泣墓、孟宗哭竹生笋、王祥卧冰求鲤、杨香扼虎救父、吴猛饲蚊饱血、庚黔娄尝粪忧心。

夫妻一体也，兄弟一体也。"随着儒学意识形态的深入人心，基于天然的血缘关系的昆弟一体观念促成了现实生活中兄弟之间相互依赖、相互扶持、相互教诫的动因。而政府在法律规范中，也多处体现了对兄弟一体关系的认同。具体表现为兄弟犯罪实行连坐、兄弟间代刑、"移爵"等情形。第一种犯罪连坐的情形在两汉时期事例很多。如西汉黄霸"武帝末以待诏入钱赏官，补侍郎谒者，坐同产①有罪劾免"（《汉书·黄霸传》）；西汉昭宣时萧望之"坐弟犯法，不得宿卫，免归为郡吏"（《汉书·萧望之传》）；东汉明帝时，马武子马檀"坐兄伯济与楚王英党颜忠谋反，国除"（《后汉书·马武传》）。代刑的合法化在秦代已发其端②，到汉明帝永平八年，"诏三公募郡国中都官死罪系囚，减罪一等，勿笞，诣度辽将军营，屯朔方、五原三边县；妻子自随，便占著边县；父母同产欲相代者，恣听之"（《后汉书·显宗孝明帝纪》）。安帝永初年间，陈忠制刑律主张"母子兄弟相代死，听，赦所代者"（《后汉书·陈忠传》）。东汉明帝、安帝、顺帝三朝，都曾下诏规定，兄弟还可以把超过法定最高爵位的赏赐转让，称为"移爵"。这些法制措施"一方面是对儒家理念的肯定，另一方面也有利于密切兄弟之间的关系，使得昆弟一体不仅作为观念而存在，而且渗入利益因素，从而使之得到进一步的强化"③。

二是兄对弟拥有一定的义务。兄弟之间，由于年长者一般拥有比较多的生活经验和能力，所以自然在家中担负着辅佐父母、表率弟妹的作用，一旦父母去世，兄长便责无旁贷地成为家庭的支柱，从而也就拥有代替父母抚养、教育弟妹，决定弟妹婚姻嫁娶，保护其子嗣的义务。如《后汉书·刘般传》载刘纡早年丧母，"同产弟原乡侯平尚幼，纡亲自鞠养，常与共卧起饮食及成人，未尝离左右"。又《后汉书·韩棱传》载："棱四岁而孤，养母弟以孝友称。及壮，推先父余财数百万与从昆弟，乡里益高之。"兄长若在教育幼弟方面有失，则会被加重处罚，如《后汉书·郭躬传》记载明帝永平年间，"有兄弟共杀人者，而罪未有所归。帝以兄不训

---

① "同产"：是两汉时期对兄弟姊妹关系的称呼。

② 李卿：《秦汉、魏晋南北朝家族、宗族关系研究》，上海人民出版社2005年版，第134页。

③ 赵浴沛：《两汉家庭内部关系及其相关问题研究》，湖北人民出版社2006年版，第231页。

弟，故报兄重而弟减死"。又据《三国志·魏书·司马朗传》载东汉末年，"时岁大饥，人相食，朗收恤宗族，教训诸弟，不为衰世解业"。《汉书·楚元王刘交传》记载宣帝即位后，楚王刘延寿"以为广陵王胥武帝子，天下有变必得立，阴欲附倚辅助之，故为其后母弟赵何齐取广陵王女为妻"。《后汉书·祭遵传》记祭遵"同产兄午以遵无子，娶妾送之，遵乃使人逆而不受，自以身任于国，不敢图生虑继嗣之计"。此外，兄长还有保护和养育弟弟子嗣的义务。如《后汉书·许荆传》载："荆少为郡吏，兄子世尝报仇杀人，怨者操兵攻之。荆闻，乃出门逆怨者，跪而言曰：'世前无状相犯，咎皆在荆不能训导。兄既早没，一子为嗣，如令死者伤其灭绝，愿杀身代之。'"《三国志·孙贲传》载："贲早失二亲，弟辅婴孩，贲自赡育，友爱甚笃。"更有甚者，还有为保护兄弟子女而牺牲自己亲生子的现象，如汉末夏侯渊在动乱饥馑时，"弃其幼子，而活亡弟孤女"（《三国志·魏志·夏侯渊传》裴松之注引《魏略》）。

当然，兄长在对幼弟尽义务的同时，也往往受到弟弟的敬畏。如《汉书·张敞传》中说张敞弟张武对兄"敬惮"，《后汉书·何武传》记载何武弟何显做生意偷税漏税，被何武训斥。

三是兄弟间友爱谦让。秦代实行分户制度，分家析产成为家庭生活中的常事。西汉中期以后，随着儒家伦理观念的传播，子女婚后与父母同居共财的家庭增多，父母在世而"生分"的行为被视为不孝，兄弟同财共居的家庭逐渐增多，兄弟和睦相处往往受到人们称誉。如东汉初魏霸"少丧亲，兄弟同居，州里慕其雍和"（《后汉书·魏霸传》）；汉末姜肱"与二弟仲海、季江，俱以孝行著闻，其友爱天至，常共卧起。及各娶妻，兄弟相恋，不能别寝，以系嗣当立，乃递往就室……肱尝与季江谒郡，夜于道遇盗，欲杀之，肱兄弟更相争死，贼遂两释焉，但掠夺衣资而已"。尽管有兄弟共财同居现象存在，但在父母死后，兄弟单立为户、析产而居则是两汉时期普遍存在的社会现象。① 在分家过程中，兄弟之间相互让财的现象更多。如《汉书·卜式传》记卜式"以田畜为事。有少弟，弟壮。式脱身出，独取畜羊百余，田宅财物尽与弟。式入山牧，十余年，羊致千余头，买田宅。而弟尽破其产，式辄复分与弟者数矣"。《汉书·王商传》记载王商在

---

① 赵浴沛：《两汉家庭内部关系及其相关问题研究》，湖北人民出版社 2006 年版，第 241 页。

父亲去世之后"推财以分异母诸弟，身无所受，居丧哀戚"。《后汉书·张堪传》记载"堪早孤，让先父余财数百万与兄子"。

　　但总体上看，让财现象大都发生在家境较好的家庭，而且东汉时这一现象明显多于西汉，说明儒家兄弟友悌的伦理观念在社会生活实践中已逐渐深入人心。当然，也不排除个别人为了沽名钓誉故作姿态的情况，这一点应劭在《风俗通义·过誉》中就有记载："汝南戴幼起，三年服竟，让财与兄，将妻子出客舍中，住官池田以耕种。为上计吏，独车载衣资，表'汝南太守上计吏戴绍车'。后举孝廉，为陕令。"在应劭看来，戴幼起让财之后耕种官田，在装载衣资的车上写上自己的名，唯恐别人不知，其行为纯属矫揉造作，沽名钓誉。更有甚者，还有在兄弟分家析产时故意多占，以使社会道德天平向兄弟倾斜以为兄弟沽名者，《后汉书·循吏列传》：许武"以二弟晏、普未显，欲令成名，乃请之曰：'礼有分异之义，家有别居之道。'于是共割财产以为三分，武自取肥田广宅奴婢强者，二弟所得并悉劣少。乡人皆称弟克让而鄙武贪婪，晏等以此并得选举，武乃会宗亲，泣曰：'吾为兄不肖，盗声窃位，二弟长年，未豫荣禄，所以求得分财，自取大讥。今理产所增，三倍于前，悉以推二弟，一无所留。'于是郡中翕然，远近称之。位至长乐少府。"这一事例中兄长为了弟弟的前程不惜牺牲自己名誉的行为从反面证明了兄长对弟弟的爱护。

　　要说明的是，善在进化的同时，恶也并非马上消失，道德的进化往往也同时伴随着不道德的现象。兄友弟悌的道德观念确立和发展中，也不免还客观存在着一些兄弟不睦、争财夺利的现象，这往往在社会地位较高的家庭中表现比较突出，我们也不应当忽视。

第二节　婚姻道德的多元化

　　随着社会经济的发展和儒家意识形态的强化，秦汉魏晋南北朝时期的道德生活在婚姻领域也呈现出许多不同于先秦时期的风貌，一方面继续和完善了先秦以来的婚姻道德传统，同时由于魏晋以后思想的解放与多民族的融合，又使得这一时期的婚姻道德领域具有多元化的特点。

一　婚姻缔结观念的多元化

婚姻的目的首先是生育，还有一个就是"将以合二姓之好，上以事宗庙，而下以继后世也"（《礼记·昏义》），亦即要考虑家族间的社会联系。从先秦时期起，人们就一直坚持这种认识。随着社会生产和思想观念的变化，秦汉魏晋南北朝时期人们的择偶观念呈现出更加多元化的趋势。

第一，择偶的政治性因素逐渐加强，门当户对观念渐渐形成并不断强化。

早在上古时代，不同部落之间为了实现联盟，上层贵族之间互通婚姻成为必不可少的政治手段，西周分封制实行以后，贵族之间更将政治联姻作为拉长血缘纽带的手段，这种政治性联姻成为门第婚姻的滥觞。秦和西汉前期，在婚姻关系上已经注意考虑政治地位因素，但是还没有发展到必须要求门当户对的地步。云梦秦简《日书》中记载有秦人择偶对政治社会地位的诉求，如要求"必有爵"（简798）、"为大夫"（简805）"比为吏"（简811）、"为大吏"（简809）、"必为上卿"（简1133）。[①] 而西汉前期的皇后大都来自民间，吕后自不必说，汉文帝的窦皇后是贫寒女子，景帝的王皇后也出自民间，并曾嫁过一次。汉武帝的卫子夫、李夫人也都是出身下层，[②] 这些都说明西汉前期的婚姻还不大讲究门第等级。

这种不甚重视门第的情况到西汉后期逐渐有所改变。霍光废昭帝，拥立宣帝，又将其女给宣帝做皇后，从此以后皇后大多出自权贵之家，这种现象最终导致了东汉中期以后的外戚专权。除了皇后选自权贵之家外，公主也多嫁贵族，综观两汉的"尚主者"，无一不是封侯做官的人，汉代规定娶公主者必须具备列侯身份，即使原来不是列侯，娶了公主后即可被封为列侯，这一措施刺激了上层贵族对政治性联姻的热衷，以至"夫外戚家苦不知谦退，嫁女欲配侯王，取（娶）妇昄睨公主"（《后汉书·樊宏阴识列传》）。到东汉中后期，随着世家大族的出现，以及他们之间通过互相联姻来巩固社会政治地位，门第婚姻逐渐成为婚姻对象选择的主导因素，使得婚姻的政治功能更加突出。

---

① 参见吴小强《日书与秦社会风俗》，《文博》1990年第2期。
② 清代赵翼《廿二史札记》中有专门的记述。

　　然而，经过汉末动乱，人口锐减，许多世族子女沦为奴婢，门第婚姻受到冲击。三国时期许多帝王后妃都出身微贱。如曹操的妻卞氏本为倡家，魏文帝曹丕的郭皇后是个奴婢出身，魏明帝曹叡的毛皇后之父本为"典虞车工"，魏齐王曹芳的张皇后出身寒门，这些曹魏历代统治者不但所娶正妻出身寒素，其他侍妾也多为寡妇、弃妇；蜀主刘备所纳糜竺妹本为商人家庭出身，后主刘禅的两任皇后均非名门；吴主孙权的潘夫人乃是被罚为奴婢的犯罪官吏之女。除了帝王婚姻不讲究门第之外，皇族之子女也多与出身微贱的将门结亲，如曹操女儿嫁夏侯惇之子，袁术为子索吕布女为妻，孙权为子求关羽女。这些婚姻虽不论门第，但也有一定的政治性因素。

　　两晋南北朝时期出现了士族与庶族阶层的分野，作为特权阶层的士族在婚姻上实行严格的等级内婚制，禁止士族与庶族的通婚，以维护其门阀的"纯正"。西晋皇室司马氏本为河内的名门望族，司马懿为司马师娶了曹魏集团重臣夏侯尚之女、为司马昭娶了世家大族王朗之孙女。司马炎的皇后杨艳也出身于弘农华阴杨氏世族，杨艳死后，司马炎又续娶杨艳的从妹杨芷为后。西晋太子纳妃、公主下嫁也是非士族不可。有人统计：西晋公主见诸记载的有 27 人，其中明显记载与士族婚配者 10 人，还有早亡及婚配对象身份不明者 14 人，与身份低下者结婚者仅 3 人，而这其中又有2 人身份难定，其实只有 1 人确实出身低贱。[①] 一般士族出身的官员为保持高贵的社会地位都很注意婚配的门第，甚至有的士族自矜门第，不愿与皇室公主结亲，如卫瓘面对晋武帝下令其子卫宣娶繁昌公主而"抗表固辞"。卫瓘之孙卫玠娶了海内著名的士族乐广之女，后卫玠妻亡，山简又因卫氏门户权贵声望好而以女妻之。其他如乐广嫁女与成都王司马颖，裴頠娶王戎女，裴楷娶王浑女，其长子先娶汝南王司马亮之女，其女嫁卫瓘子、其次子娶弘农杨骏之女，都属于士族之间结亲的典型。

　　晋室南渡之后，东晋皇室为了巩固其政权，在婚姻上继续了与门阀士族联姻的传统，所立的皇后几乎都是出身于位高权重的高级士族和名门望族。在士族内的通婚也有差等之分，如琅琊王氏、陈郡谢氏除了和皇室通

---

　　① 薛瑞泽：《嬗变中的婚姻——魏晋南北朝婚姻形态研究》，三秦出版社 2000 年版，第 40页。

婚外，仅与高平郗氏等世家大族之间累世联姻，有时甚至不愿与位高权重但出身稍低的下等士族结亲。《晋书》卷75《王湛传附述传》中记载，王坦之为桓温长史，桓温为求娶于王坦之，坦之回家告知其父王述，王述大怒，斥责坦之因为畏惧桓温之势而将女儿嫁给一个军人，后来坦之只好找别的借口向桓温推辞，而桓温也知道是王坦之的父亲不同意，只得作罢。东晋门阀内婚姻等级之严格于此可见一斑。

南朝以后，由于政权多由出身寒门庶族的大将篡权而得，许多高门大族虽然已逐渐失去政治实权，即使穷困潦倒，也仍然不愿与新贵的寒门通婚。如《南史》卷80《侯景传》记载：军阀侯景投梁后，向梁武帝请娶于王、谢，梁武帝说："王、谢门第太高不合适，可以在朱、张等当地士族中访求。"《陈书》卷33《儒林传》记载：太原王氏后裔王元规八岁丧父，兄弟三人随母投靠临海郡的舅父，当时那里的土豪刘瑱愿以资财百万做嫁妆嫁女于王元规，其母考虑到元规兄弟幼弱，准备答应婚事，王元规泣告说："婚不失亲，古人所重，岂得苟安异壤，辄婚非类。"回绝了这门亲事。王元规这里所谓的"辄婚非类"正是当时士族婚姻观念的反映。而南朝皇族为了拉拢高级士族也经常把联姻作为手段，后妃绝大多数都娶自士族之家，公主择婚也大都选择士族后裔。这样，寒门军功出身的刘宋、萧齐、萧梁等皇室后来也都上升为新的世家贵族。萧齐时东海士族王苑嫁女与寒族出身的满璋之子，接受了五万聘财，就遭到了沈约的弹劾，说璋"托姻结好，唯利是求，玷辱流辈，莫斯为甚……。王满联姻，寔骇物听……蔑祖辱亲，于事为甚"。[①] 北朝对于婚姻也很重视门第，北魏孝文帝下诏规定："皇族贵戚及士民之家，不惟氏族，下于非类婚偶。先帝亲发明诏，为之科禁，而百姓习常，仍不肃改。朕今宪章旧典，只案先制，著之律令，永为定准。犯者以违制论。"（《魏书·高帝纪》）这是北朝将婚姻门第法制化的纲领性文件。孝文帝迁都洛阳之后，汉化改制，门第婚姻更加严格控制，非常重视与北方汉族高门联姻。从此上行下效，蔚为风气。范阳卢氏、清河崔氏、荥阳郑氏、太原王氏、陇西李氏等北方大姓，只在自己的小圈子内互为婚姻。

门第婚姻是出于维系上层统治者权势地位的需要而产生的，对后世产

---

① 见《文选》卷40，沈约《奏弹王源》。

生了深远影响，郑樵《通志》卷25《氏族略序》中描述道："自隋唐而上，官有簿状，家有谱系。官之选举，必由于簿状；家之婚姻，必由于谱系。……使贵有常尊，贱有等威者也。"这种制度促进了贵族内部共同利益集团的稳定，同时它却加速了士族的腐朽，因世代近亲结婚而导致了人口素质的退化，更为重要的是，门第婚姻的本质是家族利益至上，违背了婚姻生活中应有的个体幸福道德原则。

第二，在婚姻对象选择标准上，除门第外，男女的才能、品德、相貌也逐渐被看重，成为择偶因素。自秦代开始以来，社会上的择偶即重视男子的才能品德。据云梦秦简《日书》中秦人的占卜记录，女子择偶往往看重男子"武有力"（简869）、"悫（勇）"（简877）、"巧"（简799）、"好言语"（简872）、"孝"（简792）等等，并且重视男子体貌的肥美。①史书中以才貌决定婚姻的事例层出不穷。如《史记·张耳陈余列传》记载张耳陈余之所以娶富家女，都是因非凡庸之才而被看重的："张耳尝亡命游外黄。外黄富人女甚美……父客素知张耳，乃谓女曰：'必欲求贤夫，从张耳。'""陈余者，亦大梁人也，好儒术，数游赵苦陉。富人公乘氏以其女妻之，亦知陈余非庸人也。"同样，陈平娶妻也是缘于被对方看重其有发展前途："陈平少时家贫，好读书，不事产业，及平长，可娶妻，富人莫肯与者，贫者平亦耻之。久之，户牖富人有张负……谓其子仲曰：'吾欲以女孙予陈平。'张仲曰：'平贫不事事，一县中尽笑其所为，独奈何予女乎？'负曰：'人固有好美如陈平而长贫贱者乎？'平既娶张氏女，赍用益饶，游道日广。"（《史记·陈丞相世家》）到了东汉后期门第婚姻流行时，才能仍是一个重要的择偶标准。如郑玄看重张逸的才华将子女许配给他，公孙瓒受辽西侯太守赏识结为婚姻。②尤其是魏晋南北朝时期，社会长期战乱使得治国用兵之才成为择偶的重要标准。如《三国志》卷57《吴书·骆统传》记载骆统以治理州郡才能突出而得到孙权赏识，得娶其侄女。史书中诸如此类政治军事人物被赏识因而被择为佳婿的事例为数颇多。

另外，魏晋时期，受玄学才性观念的影响，博学勤奋、高名令德也成

---

① 吴小强：《日书与秦社会风俗》，《文博》1990年第2期。
② 前者事见《太平御览》卷541《郑玄别传》，后者事见《三国志·公孙瓒传》。

为择偶的重要标准。《晋书·忠义传》记载，王育"少孤贫，为人佣牧羊，每过小学，必歔欷流涕。时有暇，即折蒲学书，忘而失羊，为羊主所责，育将鬻己以偿之。同郡许子章，敏达之士也，闻而嘉之，代育偿羊，给其衣食，使与子同学，遂博通经史。身长八尺余，须长三尺，容貌绝异，音声动人。子章以兄之子妻之"。《张华传》记载，张华"少孤贫，自牧羊，同郡卢钦见而器之。乡人刘放亦奇其才，以女妻焉。华学业优博，辞藻温丽，朗赡多通，图纬方伎之书莫不详览。少自修谨，造次必以礼度。勇于赴义，笃于周急。器识弘旷，时人罕能测之"。《陈书》卷24《周弘正传》记载，周弘正"年十岁，通《老子》、《周易》……河东裴子野深相赏纳，请以女妻之"。周弘正后来又看重徐陵子徐俭"幼而修立，勤学有志操"，以女相许。《晋书·孝友传》记载，刘殷因"至孝冥感，兼才识超世"而得到同郡张宣子赏识择为快婿。同书还记载东晋隐士虞喜"有高士之风"而被孙晷看重以侄女许之。

不但女方择偶看重才能，秦汉男子择妻也比较看重性格、品德、才能。如云梦秦简《日书》中反映了秦人择偶时考虑生育、容貌、健康等因素外，不喜欢某些个性特强的女子为妻。"妻悍"（801 简）、"妻拓"（简797）、"妻多舌"（简997）、"妻不宁"（简809）等缺点都为秦男子所不欢迎，他们希望选择柔顺温情、通达宽容、恬静安宁的女子为终身伴侣。[①] 汉代甚至还出现了重视女子才德甚于容貌的现象。如《后汉书·逸民传》记载的著名的"举案齐眉"故事，其中主人公孟光就是一位"状肥丑而黑"的女性，《三国志·诸葛亮传》裴松之注引《襄阳传》中记载诸葛亮妻乃黄承彦的丑女，乡里嗤笑，而诸葛亮独以其才能为荣。

然而在汉末魏晋时期，受品藻人物重视风神气度的影响，也有一些人择偶非常看重相貌因素。如《三国志》载，甘公见陶谦"有奇表"，"因许妻以女"；北魏末娄昭君看重高欢"少有人杰表"而一见相许。北周于颙"身长八尺，美须眉。周大冢宰宇文护见而器之，以女妻之"（《北史》卷23《于栗䃅传》）。男性择偶更是看重美色，《三国志·荀彧传》裴注引《晋阳秋》记载，荀粲常以"妇人者，才智不足论，自宜以色为主"，便是重美色的公开表露，也是后世"女子无才便是德"的最早表述。三

---

① 吴小强：《日书与秦社会风俗》，《文博》1990 年第 2 期。

国时曹氏父子三世娶妻重容貌而不重门第，曹操纳秦宜禄妻杜氏、曹丕纳袁尚妻甄氏均属此例。《三国志》裴松之注引《魏氏春秋》所记许允之事，表现了男性择妻标准上，美色与品德相矛盾时的心理斗争："允妻阮氏贤明而丑，允始见愕然，交礼毕，无复入意。……允入，须臾便起，妻捉裾留之。允顾谓妇曰：'妇有四德，卿有其几？'妇曰：'新妇所乏唯容。士有百行，君有其几？'许曰：'皆备。'妇曰：'士有百行，以德为首，君好色不好德，何谓皆备？'允有惭色，知其非凡，遂雅相亲重。"可见，许允原本重色，后在阮氏"好色不好德"的责备下，最后才悔悟过来。比许允更严重的，还有人因贪婪美色而抛妻再娶，如《南齐书》卷25记载，张敬儿"初娶前妻毛氏，生子道文。后娶尚氏，尚氏有美色，敬儿弃前妻而纳之"。乐府诗歌《孔雀东南飞》中所述焦仲卿母，以"东家女"之"可怜体无比"诱惑焦休弃刘兰芝，也是当时男权社会对女子美色过分看重的心态反映，反映了社会婚姻道德上存在的负面因素。

第三，经济成为制约婚姻关系的重要因素之一。自秦代开始，在法家功利主义导向影响下，拥有财产的多寡就成为婚姻关系的一大因素。秦人女子择偶不但要考虑男子的富裕，就连男子娶妻都考虑女方的家庭经济状况。秦人很害怕娶贫妻，云梦秦简《日书》中多次出现占婚"娶妻，妻贫"的内容。《史记》中所记载的张耳和陈平故事，他们之所以选择娶富人已婚之女，就是考虑对方可以为自己的事业发展提供经济上的资助。陈平择偶的图财动机最为露骨，宁愿娶一个"五嫁而夫辄死"，别人都不敢娶的女人。西汉司马相如"琴挑"临邛富人之寡女卓文君，其中也不无经济因素的考虑。

秦汉时期由于小家庭农业生产方式的影响，民间社会择婚的经济因素空前突出。秦汉的农民家庭以小家庭为主，妇女要和男子一同下田劳动。因此对于婚姻中的男子一方而言，娶妻就是为家庭增添劳动力；对于女方而言，嫁女则会造成家庭劳动力与经济的重大损失，[①] 由此也就促使婚姻缔结费用大大增长。《汉书·地理志》记载秦地"婚嫁尤崇侈靡"。《三辅黄图》卷4记载，长安"闾里嫁娶，尤尚财货"。从今人研究汉代婚姻所列的"汉人婚嫁所列钱财表"和"婚嫁支出数量比例表"上可以看出，

---

① 参见马新《两汉乡村社会史》，齐鲁书社1997年版，第258—259页。

两汉人婚礼聘金的数额很大，一般小农的婚礼聘金都要万余钱至数万钱，而这只是全部婚礼费用的 79.3% 不到。[①] 如此高额的婚礼费用，使得许多普通百姓无法及时婚娶，甚至下级官吏也会因婚礼聘金问题而无法正常完婚。[②] 正因为高额婚礼聘金的利益驱动，使得汉代出现了以嫁女牟利的现象。王符《潜夫论·断讼》中就提到民间一女许嫁数家及其惩治办法："诸一女许数家，虽生十子，更百赦，勿令得蒙一还私家，则此奸绝矣。"还有逼迫寡妇再嫁以图钱财的现象，这些女性"遭值不仁世叔、无义兄弟，或利其聘币，或贪其财贿，或私其儿子，或强中欺嫁，处迫胁遣送……与强掠人为妻无异"。

魏晋南北朝时期，财婚现象更为盛行，甚至士族阶层也会因经济因素窒碍难以婚娶。如《晋书·阮籍传》附载阮修家贫无财，年四十余无力聘娶妻室，需要名士王敦等为其发起募捐活动筹钱。《宋书·颜延之传》记载颜延之因家贫年三十犹未婚。后来赵翼在《廿二史札记》中记载北方"魏齐之地，婚嫁多以财币相尚，盖其始高门与卑族为婚，利其所有，财贿纷遗，其后遂成风俗，凡婚嫁无不以财币为事，争多竞少，恬不为怪也"[③]。对于因婚嫁资财而导致家庭不和的风气，颜之推曾给予严厉批判："近世嫁娶，遂有卖女纳财，买妇输绢，比量父祖，计较锱铢，责多还少，市井无异。或猥婿在门，或傲妇擅室，贪荣求利，反招羞耻，可不慎欤！"（《颜氏家训·治家篇》）"为子娶妇，恨其生资不足，倚作舅姑之尊，蛇虺其性，毒口加诬，不识忌讳，骂辱妇之父母，却成教妇不孝己身，不顾他恨。但怜己之子女，不爱己之儿妇。"（《颜氏家训·归心篇》）由此可见，当时社会上的有识之士，对于婚姻缔结中过分强调经济因素给社会道德造成的负面影响，已经有所认识。

第四，婚姻缔结方式上具有相对的自由，并非全由父母做主。早在春秋时代，《诗经·齐风·南山》就有了"娶妻如之何？必告父母……娶妻如之何？非媒不得"的说法。到了汉代《白虎通·嫁娶》中更有"男不

---

① 彭卫：《汉代婚姻形态》，三秦出版社 1988 年版，第 144—145 页。
② 《太平御览》卷 541 "李固助展允婚"条：议曹史展允五十岁时仍"匹配未定"，李固与诸僚友相助凑齐二三万钱，才能勉强办一个简约的婚礼。《三国志·蜀志·马超传》注引《典略》记载马援之后马子硕罢官后因家贫而娶羌女。
③ 赵翼：《廿二史札记》卷 15 "财婚"条，中国书店 1987 年版，第 197 页。

自专娶，女不自专嫁，必由父母，须媒妁何？远耻防淫佚也"的婚姻原则。但在秦汉时期，男女婚姻缔约双方，还具有一定的自由，并不全由父母做主。

秦始皇巡游天下时的会稽刻石，明确规定了女性有子者不得逃嫁。说明秦代女性有逃嫁现象，证明了女性在婚姻缔结上道德观念约束的淡薄。云梦秦简《日书》中所言之"娶妻，妻不到"，也从一个侧面反映了妇女对不满意的婚姻的反抗。汉代虽然是儒家思想逐渐定于一尊的时期，但"汉世婚姻尚颇重本人之义，非如后世专由父母主持者"①。卓文君与司马相如私奔、朱买臣前妻因朱买臣贫穷而求去，汉平阳公主因夫曹寿"有恶疾"而离婚改嫁大将军卫青，汉乐府民歌《上邪》中所描述的"上邪！我欲与君相知，长命无绝衰，山无陵，江水为竭，冬雷阵阵夏雨雪，天地合，乃敢与君绝"等等，均在一定程度上反映了女性对于婚姻自主的渴求。《孔雀东南飞》中的刘兰芝被休，固然是封建家长制对婚姻的干涉，但从另一个角度看刘兰芝的拒嫁，也能说明她在封建家长制面前，尚有一定的婚姻自主力量。

魏晋南北朝时期，社会风气相对秦汉更为开放，男女之间交往更为自由。如《世说新语·容止》："潘岳妙有姿容，好神情。……少时挟弹出洛阳道，妇人遇者，莫不连手共萦之。"葛洪《抱朴子内篇·疾谬》中，批判了当时不重"男女之大防"的社会风气："落拓之子，无骨鲠而好随俗者，以通此者为亲密，距此者为不恭，诚为当世不可以不尔。于是要呼愦杂，入室视妻，促膝之狭坐，交杯觞于咫尺，弦歌淫冶之音曲，以挑文君之动心，载号载呶，谑戏丑亵，穷鄙极黩，尔乃笑乱男女之大节，蹈《相鼠》之无仪。"正是在这种环境下，婚姻的自主性有所加强。《世说新语·惑溺》记载："韩寿美姿容，贾充辟以为掾。充每聚会，贾女于青璅中看，见寿，说之。恒怀存想，发于吟咏。……寿蹻捷绝人，逾墙而入，家中莫知。"故事中的女主人公贾午大胆追求所爱的男人，最后迫使其父同意婚事。这是一个典型的自由恋爱、婚前同居的例子。

第五，近亲属通婚，婚姻不拘行辈。汉代皇室为加强血缘纽带，竟有许多不计行辈的近亲结婚，如汉惠帝、章帝以自己外甥女为皇后，成帝、

---

① 吕思勉：《秦汉史》，上海古籍出版社 2006 年版，第 477 页。

哀帝皇后为其祖母之侄女。① 魏晋南北朝时期更因门第婚姻的盛行，使得择偶范围缩小，亲属之间通婚较为普遍。如与母亲宗族舅、舅母、姨、甥女之间通婚，同母异父的兄弟姊妹之间通婚、表兄弟姊妹通婚，甚至与同宗族的伯、叔、兄弟等之离异妻妾通婚。这些在帝王贵族中表现尤多，如孙权娶表侄女，江湛之子娶宋文帝女，女又嫁宋文帝之孙，梁武帝嫁女于自己的表弟等等。

婚姻领域出现的这些不拘行辈，近亲通婚现象，除了受周边民族习俗影响之外，也与宗法制社会下维护家族集团利益的考虑有极大关系。对此，魏晋南北朝时期的政府虽时有诏令禁止，但作用有限。

二 男尊女卑的强化及其在家庭生活中的多样表现

虽然先秦儒家的经典已有男尊女卑观念，甚至在一些婚姻生活实际中出现了类似"三从四德"的意识，但在秦汉时期，这一传统还只处在动态理论形成过程之初，大体上说，秦和西汉时期男女在婚姻家庭生活里还具有一定程度的平等性，到东汉中后期，由于女性社会经济地位的衰落及儒家伦理道德的深入贯彻，下层民众也逐渐接受了男尊女卑的观念。而在魏晋南北朝时期，尽管由于个性解放的社会思潮影响，妇女在家庭生活中的实际地位有所提高，但总体上看，男权意识在婚姻道德观念中还是居于主流地位，即便是这一时期出现了夫妻关系"相敬如宾"、"夫唱妇随"的思想，其背后的道德诉求还是男性主导。

夫妻在家庭内部关系的变化，是与男女的社会经济地位（尤其是女性地位）的变化息息相关的。秦汉时期之所以还没有达到后世所见到的那种男尊女卑，关键在于当时的社会经济的发展状况。秦自商鞅以来，为了增加官府税收，在家庭结构上将累世同居的大家族化解为一个个独立分散的以夫妻为中心的小家庭，加之农业发展水平的限制，必须男女共同承担农业劳动，双方在家庭经济生活中都负担着重要的责任。秦代妇女拥有管理家庭事务的权利，如云梦秦简《日书》甲种有"字左长，女子为正"

---

① 此类不分行辈的近亲结婚现象，据阎爱民统计，在西汉帝室婚姻中占40%，东汉为60%，见《汉晋家族研究》，上海人民出版社2005年版，第41页。

“宇多于东南，富，女子为正”,[①]“女子为正”的择日方式，本身就是女子家庭地位的说明；此外秦代妇女拥有一定的私有财产，如睡虎地秦简《法律答问》：“夫有罪，妻先告，不收。妻媵臣妾、衣器当收不当？不当收。”说明了官府以法律的形式保护妻子的独立财产；除此之外，秦代妇女和男子一样要服徭役、兵役，担当守城或运输任务。在汉初，皇室贵妇可参与政治活动，还可以被封侯，如刘邦曾封兄妻为阴安侯，吕后封萧何夫人为酂侯，封樊哙妻吕媭为临光侯。这些女性不仅有封号，还有食邑。据统计，两汉史籍记载的女性封侯封君德事例多达 30 余条[②]。另外，在张家山汉简《二年律令》中还有女子立户现象，表明汉代还存在着一种女人当家、寡妇掌门、男子入赘的另类家庭婚姻形态。[③] 在西汉时一些妇女还独立从事一些诸如医生、卜者、手工业者和商业活动。

正是基于以上政治、经济乃至法律因素，使得秦和西汉时的妻子在家庭中拥有较多的自主权。秦律中规定了丈夫不得随意殴打妻子，不得随意休妻。如睡虎地秦简《法律答问》：“妻悍，夫殴治之，夬（决）其耳，若折支（肢）指、胅体，问夫可（何）论？当耐。”“弃妻不书，赀甲。”甚至秦始皇巡游会稽刻石中有“夫为寄豭，杀之无罪”的记载。当时的男性不得随意停妻而与别的女性生活，而女性也不得随意逃婚。法律的规定表明男女在当时的相对平等。

在婚姻关系的解除上，秦和西汉妇女在离婚、改嫁上也具有一定的自主权。云梦秦简《日书》有大量的“娶妻不终”、“弃若亡”、“去夫亡”等字眼。另外，张家山汉简《贼律》中有“夫殴妻”、“妻殴夫”的法律制裁规定，本身就说明了妻子在家庭中并不只是一味的柔顺，有些是敢于反抗的。

随着汉武帝以后“独尊儒术”统治思想的确立，董仲舒的“夫为妻纲”思想得以广泛传播，到了东汉章帝时期的白虎观会议，更将女性在夫妻关系中的地位彻底降了下来。《白虎通·嫁娶》规定：“夫者，扶也，扶以人道也。妇者，顺也，服也，事人者也。”强调了丈夫对妻子的统治

---

① 吴小强：《秦简日书集释》，岳麓书社 2000 年版，第 122 页。

② 王子今：《古史性别研究丛稿》，中国社会科学文献出版社 2004 年版，第 132 页。

③ 李解民：《汉代婚姻家庭形态的另类依据》，载卜宪群等主编《简帛研究》，广西师范大学出版社 2006 年版。

地位。在儒家伦理思想的浸染下，女性自身的观念也发生了变化，开始自觉迎合儒家伦理的枷锁，如班昭作《女诫》，对女性行为作了更为严格的规范。在《卑弱篇》中，她指出了妻子应当"正色端操，以事夫主"。在《夫妇篇》还提出了处理夫妻关系的注意事项："夫不贤，则无以御妇。妇不贤，则无以事夫。夫不御妇，则威仪废缺。妇不事夫，则义理堕阙。"在《敬慎篇》中，她对夫妻相处时所出现的一些现象作了剖析，认为"敬顺之道，妇人之大礼也"。并对妇女生活的圈子做了限制，规定妇女"晚寝早作，勿惮夙夜，执务私事，不辞居易"（《卑弱》）。《曲从篇》要求女性对家中其他一切成员绝对顺从，即使婆婆说得不对也不能分辩，要"姑云不尔而是，固宜从令；姑云尔而非，犹宜顺命。勿得违戾是非，争分曲直"。在婚姻的自主权上，《女诫》倡导"夫又再娶之义，女无二适之文"，即在事实上承认，女性可以再嫁，但伦理上不提倡。①

　　从西汉中期到东汉，虽然在夫妻关系的伦理观念中不断倡导男尊女卑，但是实际上经过了一个漫长的过程。西汉中期以后开始在官学传授的《大戴礼记》规定，男子可以根据"不顺父母"、"无子"、"淫"、"妒"、"有恶疾"、"多言"、"盗窃"等"七出"的原则，任意抛弃女子；但是这些在汉代法律上并无明文记载。随着东汉后期大地主庄园经济的兴起，生产力水平提高，妇女在家庭生产中地位的进一步衰落，《白虎通·嫁娶》中记载了对女性解除婚姻的自主权利的某些限制，规定只有丈夫"悖逆人伦，杀妻父母，废绝纲纪，乱之大也，义绝，乃得去"。所以只是到了东汉，随着经学教育的普及化，才出现了一些无视妇女人格而休妻的极端例子，如《后汉书·鲍勇传》中记载的，鲍勇因为妻子在其母面前叱狗而休妻，《后汉书·列女传》中记姜诗妻为婆母汲江水不力而被弃。所以，男尊女卑的原则作为儒家礼教的规定，它的贯彻执行还要以经济生产水平和文化教育程度为条件。综观秦汉时期，虽然在理念上已有男

---

　　① 按：有学者认为，"班昭的思想实际上是针对两汉以来社会上夫妻关系所出现的问题而提出来的应对之策，所以《女诫》这一'有助内训'的文章一问世，跟随班昭学习《汉书》的马融就非常赞同，史称'马融善之，令妻女习焉'。"（薛瑞泽：《论汉代的夫妻关系》，《中华女子学院学报》2002年第5期）这一观点很有见地，过去我们往往从消极一面说班昭是为女性自己创造了精神枷锁，殊不知也有积极的动机，那就是为了解决一夫一妻制形成初期小家庭关系的不稳定性。由于秦汉时代离婚再婚的相对自由，男子出妻和女子离婚再嫁相当频繁，造成了个体婚姻的不稳定性。班昭的《女诫》乃是这一过程的自然产物。

尊女卑，但在实践层面上夫妻关系的演变仍有一个从相对平等到绝对不平等的过程。当然这里说的秦汉家庭男女地位相对平等，只是相比后世的男尊女卑而言。

魏晋南北朝时期的女性虽不能参与国家、宗族的各项事务，但在家庭和社会生活中也得到一定程度的肯定，越来越多的妇女享有学习的机会，接受了家庭内的文化教育。当她们学有所成后，就发挥起教育子女、传承家庭文化的作用，妇女的地位有所提高。从该时期正史的《列女传》中可以看出，当时社会对优秀女性的评定标准除了传统的"贞烈"、"贞淑"、"恭顺贞和"、"贞婉有志节"，"有德行"、"有志操"之外，更有"聪慧"、"有才质"、"聪敏涉学"、"文词机辩"、"明辩有才识"等等因素。

史书的《列女传》和魏晋笔记中记载了不少以聪慧、贤明著称的女性。如："刘臻妻陈氏者，亦聪辩能属文。尝正旦献《椒花颂》，其词曰：'旋穹周回，三朝肇建。青阳散辉，澄景载焕。标美灵葩，爰采爰献。圣容映之，永寿于万。'又撰元日及冬至进见之仪，行于世。"（《晋书·列女传》）"窦滔妻苏氏，始平人也，名蕙，字若兰，善属文。滔苻坚时为秦州刺史，被徙流沙，苏氏思之，织锦为回文旋图诗以赠滔。宛转循环以读之，词甚凄惋，凡八百四十字，文多不录。"（《晋书·列女传》）《世说新语·贤媛》中更是记载了不少聪慧而有才辩的才女。如王凝之妻谢道韫，是东晋名相谢安侄女，有一年寒食节，谢安在家中将子侄召集到一起，谈论文义。时值大雪纷飞，谢安欣然问曰："白雪纷纷何所似？"谢安侄谢朗答曰："撒盐空中差可拟。"谢道韫认为："未若柳絮因风起。"深得谢安赏识。这些褒扬女子才学的记述本身就反映了魏晋南北朝社会对女子的评价标准，已经在一定程度上打破了"女子无才便是德"的传统观念。

另外，魏晋南北朝时期妇女在家庭中的地位和作用也超越了单一的家务劳动，其言行在家庭事务中也起到了一定决断作用。颜之推《颜氏家训·治家》记载："邺下风俗，专以妇持门户，争讼曲直，造请逢迎，车乘填街衢，绮罗盈府寺，代子求官，为夫诉屈。"看来邺下妇女持家的干练与精明，在打官司、社会交往上，俨然已是一家之主，令男子自愧不如，她们在家庭生活中并不完全处于从属地位。《汉书·东方朔传》中记载，在汉武帝三伏日赐肉的仪式上，东方朔见"大官丞日晏不来"，他拔剑割肉而去，当汉武帝问他原因时，东方朔说是要把肉给妻子细君带回去，汉武帝"复赐酒一石，肉百斤，归遗细君"。这反映了东方朔夫妻感情之深。《汉书·张敞传》记载京兆尹张敞为妻画眉，被人弹劾为官不节。汉宣帝问其缘由，张敞回答道："臣闻闺房之内，夫妇之私，有过于画眉者。"可见在张敞看来夫妻之间亲密相处实在是正常不过的事情。

到了东汉，夫妻之间交往严格遵守礼节，和睦相处的例子不少。宋弘对于自己的妻子忠心耿耿，不慕富贵，不惜违背圣意，得到后人称赞。《后汉书》卷26《宋弘传》记载："时帝姊湖阳公主新寡，帝与共论朝臣，微观其意。主曰：'宋公威容德器，群臣莫及。'帝曰：'方且图之。'后弘被引见，帝令主坐屏风后，因谓弘曰：'谚言贵易交，富易妻，人情乎？'弘曰：'臣闻贫贱之知不可忘，糟糠之妻不下堂。'帝顾谓主曰：'事不谐矣。'"后来宋弘"糟糠之妻不下堂"一句成为千古名言。再如梁鸿、孟光，夫妻相互尊重，以礼相待，举案齐眉，虽然也不免有某些儒家礼教的教化因素在内，但是也表达了人民群众在夫妻伦理上的合理要求，成为中华民族家庭婚姻关系的楷模。

东汉后期的政治黑暗，士人上进无门，儒家的经世观念产生了一定程度的动摇，文人们开始把关注的重点转向自我内心的感受和家庭生活，流传下来的《古诗十九首》中就有许多游子思妇情感的缠绵表现。名士秦嘉的《与妻书》表达了对妻子的相思之深，甚至超过了公事之重，其《赠妇诗三首》更是抒情诗的名篇；其妻徐淑的《答夫秦嘉书》也有同样的回应。这些文学作品反映了对夫妇之间情感的理解已进入情感和生命的深处，攀升至婚姻道德的高峰。著名的汉乐府诗《上邪》、《有所思》，乃至《孔雀东南飞》，也说明爱情在一些人的心目中，已经成为夫妻婚姻的基础。出土的东汉画像石中还出现过女子织布，丈夫归来，夫妻上前互相拥抱的场景，充分说明平民夫妻之间日常生活中情爱表现的大胆直接性。①

魏晋南北朝时期社会思潮的任性自然，也反映在家庭婚姻关系里。当时的史书中记载了不少夫妻相敬如宾、夫唱妇随的故事。如《晋书》卷

---

① 王启良：《试论汉代画像石的艺术成就》，《中原文物》1986年第4期。

33《何曾传》："曾性至孝，闺门整肃，自少及长，无声乐嬖幸之好。年老之后，与妻相见，皆正衣冠，相待如宾。己南向，妻北面，再拜上酒，酬酢既毕便出。"又如《宋书·隐逸传》记隐士刘凝之"妻梁州刺史郭铨女也，遣送丰丽，凝之悉散之亲属。妻亦能不慕荣华，与凝之共安俭苦。夫妻共乘薄笨车，出市买易，周用之外，辄以施人"。《续世说·德行》里记大诗人陶渊明躬耕隐居，"妻翟氏，志趣亦同，能安苦节。为夫耕于前，妻耘于后"。魏晋南北朝文学作品中也有一些讴歌男女恋情的诗篇，如潘岳叙述夫妻之间伦理亲情的诗篇《悼亡赋》与《哀永逝文》。如《世说新语·惑溺》所记载的某些夫妻恩爱情深的故事，荀奉倩、王安丰夫妻的事迹，尤其是感人至深。"荀奉倩与妇至笃，冬月妇病热，乃出中庭自取冷，还以身熨之。妇亡，奉倩后少时亦卒。""王安丰妇，常卿安丰。安丰曰：'妇人卿婿，于礼为不敬，后勿复尔。'妇曰：'亲卿爱卿，是以卿卿；我不卿卿，谁当卿卿？'遂恒听之。"然而这些充满夫妻之爱的正常情感，却被《世说新语》的作者列入"惑溺门"，认为他们的行为不符合传统的礼法观念，因而"获讥于世"，表明当时的婚姻家庭伦理关系中，总体上还是男性主导，并没有夫妻地位的真正平等。那些同情寡妇或被弃妇女的诗赋，也只是从一个侧面反映了妇女在婚姻生活上的悲惨命运。

总之，尽管魏晋南北朝社会生活中女性地位相对要高，但男尊女卑的观念依然占主导地位。这从该时期志怪小说中的爱情故事可以看出来。志怪小说虽然塑造了许多自主追求爱情的女性，但这种故事的模式大都是女性主动自荐枕席、男性欣然接受。这种故事模式说明在叙事者的意识中男权意识居统治地位。同样，虽然据史书记载，整个两汉魏晋南北朝时期出现了许多琴瑟相和、相敬如宾的夫妻关系的事例，而且这种琴瑟相和、相敬如宾的夫妻关系常常被传为佳话，里面的爱情因素有所增加，但是，从婚姻道德的角度看，这种夫妻关系在本质上仍然是男尊女卑的男女关系。

三　一夫多妻婚姻形态下的不和谐声音

尽管两汉魏晋南北朝时期封建主义的婚姻道德观占据上风，"夫义妇顺，夫为妻纲"的习俗大肆流行，但是由于一夫多妻制和纳妾的合法化，更由于人类爱情自身的排他性因素，使得许多家庭内部夫妻和妻妾关系往往出现了众多的不和谐的声音，如妒妇和悍妻现象。

嫉妒指因别人胜过自己而产生的一种憎恶、忌恨的情感，这种情感现象既是一个心理学问题，更是一个道德问题。《周易·革卦》象辞曰："水火相息，二女同居，其志不相得，曰革。"孔颖达疏云："二女虽复同居，其志终不相得。志不相得，则变必生矣。"① 由于一夫多妻制度的存在，嫉妒也就成为婚姻家庭道德中的一个重要范畴。在严格的妻妾嫡庶的礼法制度下，家庭内部妻妾之间的冲突不可避免。

秦汉魏晋南北朝的妒妇表现在以下几种类型：

一是宫廷妻妾为维护自身权势地位与争夺子嗣继承权的斗争。典型的就是《汉书·外戚传》所载吕后和戚夫人之间的残酷斗争：汉初戚夫人深得高祖刘邦宠爱，曾日夜啼哭，谋求改立自己亲生的赵王如意为太子。刘邦死后，吕后害死如意，"断戚夫人手足，去眼熏耳，饮瘖药"，使居窟室中，名曰"人彘"。汉末袁氏兄弟事："冯方女美，袁术纳焉，甚宠幸，诸妾害其宠，因共杀而悬之，言其自缢。""又曰：袁绍妇刘氏，甚妒，绍死未殡，宠妾五人，刘尽杀之。又毁其形，其少子尚。又尽灭死妾家焉。"② 魏晋南北朝时期，史书所载皇室妒妇更多，如《晋书·后妃传》所载，晋武帝司马炎的皇后杨氏和惠帝皇后贾氏都是最大的妒妇，她们为了家族利益，干涉皇帝的好色行为，以至骄纵专横地用外戚专权，最终危害到政权的稳定。南朝后妃如宋文帝皇后潘氏、梁武帝皇后郗氏，北魏宣武帝皇后高氏均是妒妇的典型代表。

二是因妻子害怕丈夫娶妾夺己之爱，采取了多种方式阻止丈夫的纳妾行为。如《后汉书·董卓传》李贤注引《袁宏纪》：董卓死后，李傕与郭汜来往密切，"汜妻惧与傕婢妾私而夺己爱，思有以离间之。会傕送馈，汜妻乃以豉为药。汜将食，妻曰：'食从外来，傥或有故？'遂摘药示之，曰：'一栖不两雄，我固疑将军之信李公也。'他日傕请汜，大醉，汜疑傕药之，绞粪汁饮之乃解，于是遂相猜疑。"《艺文类聚》卷35《人部十九·妒》引《妒记》："谢太傅刘夫人，不令公有别房，公既深好声乐，

---

① 孔颖达：《周易正义》，北京大学出版社2000年版，第202页。
② 《艺文类聚》卷35《人部十九·妒》引《魏志》。

复遂颇欲立妓妾，兄子外生等，微达此旨，共问讯刘夫人，因方便，称关雎麟斯，有不忌之德，夫人知以讽己，乃问谁撰此诗，答云周公，夫人曰：周公是男子，相为尔，若使周姥撰诗，当无此也。"

与妒妇相联系的还有悍妻。早在秦代，睡虎地秦简《法律答问》中就涉及"妻悍"问题："妻悍，夫殴治之，夬（决）其耳，若折支（肢）指、胅体，问夫可（何）论？当耐。"① 在这里，秦律并没有明确规定对于悍妻要进行处罚，而只是禁止丈夫对悍妻进行人身伤残行为。

而到了汉代，张家山汉简《贼律》里，对悍妻的问题则有不同的规定："妻悍而夫殴笞之，非以兵刃也，虽伤之，毋罪。""妻殴夫，耐为隶妾。"② 显然，汉代人对男性伤害悍妻表示宽容，却对悍妻殴打、辱骂丈夫的长辈等行为到要予以惩治，这证明了汉代法律和社会道德规范上对夫权的进一步维护，表明了男权的强化。

《后汉书·冯衍传》记载了一个典型的悍妻：冯衍"娶北地任氏女为妻，悍忌，不得畜媵妾，儿女常自操井臼，老竟逐之"。冯衍在《与妇弟任武达书》中亦表达了长期以来对妻子忍无可忍的怨愤："乱匪降天，生自妇人。青蝇之心，不重破国，嫉妒之情，不惮丧身……既无妇道，又无母仪，忿见侵犯，恨见狼藉，依倚郑令，如居天上……不去此妇，则家不宁；不去此妇，则家不清；不去此妇，则福不生；不去此妇，则事不成。"信中写了妻子对婢妾的迫害，写了自己在悍忌妻子的压抑下人生的无望感。《艺文类聚》卷35《人部十九·妒》引《妒记》记载的诸葛元直妻刘氏更是一位悍妇。她经常拷打丈夫，丈夫不胜其痛，每打一杖，丈夫以手抚摸痛处，被妻误打指节肿……一次诸葛元直见妻子捉住衣角，以为要打自己，恐惧失色，其妻说："我只是来给你量身做衣服的。"

悍妻虽然可恨、可恶，但她们只是封建礼教下的一种极端变态，而且是极个别的现象，而在家庭生活中，更经常、更大量的则是夫权下对于妇女的压迫。

除了妒妇和悍妻以外，混乱的两性关系也是构成家庭道德生活的不和谐因素。秦汉时代宫廷皇室里的两性关系较为混乱，如秦代嫪毐与秦始皇

---

① 睡虎地秦简整理小组：《睡虎地秦墓竹简》，文物出版社1978年版，第185页。
② 《张家山汉墓竹简》（释文修订本），文物出版社2006年版，第13页。

之母公开通奸，西汉长盖公主私养情夫丁外人，武帝姊馆陶公主宠幸董偃，这在当时人所共知，而天子不以为怪。

魏晋南北朝时期，社会风气更为颓废放荡，私通淫乱史不绝于书。如《三国志·吴书·孙峻传》记孙权之孙孙峻与其姑母鲁班公主私通乱伦，《宋书》中记载海盐公主与同父异母兄刘濬私通，嫁给赵倩后遭到赵倩的打骂；宋废帝时，山阴公主嫁与何戢为妻，"淫恣过度，谓帝曰：'妾与陛下，虽男女有殊，俱托体先帝。陛下六宫万数，而妾唯驸马一人。事不均平，一何至此？'帝乃为主置面首左右三十人"。《魏书·萧道成传》附载萧昭业"生而为其叔子良所养。而矫情饰诈，阴怀鄙慝，与左右无赖群小二十许人共衣食，同卧起。妻何氏择其中美貌者与交通"。翻开南朝四朝史书，上流社会淫乱腐朽，道德败坏的情形在整个中国历史上最为突出。而北朝受本民族及周边民族遗风影响，私通淫乱之事更甚，民间男女为长期私通合谋杀死女方丈夫的事时有发生。

除了男女两性关系混乱之外，魏晋南北朝时期男性之间同性恋行为也严重败坏了婚姻道德。这种现象不仅流行于上流宫廷，民间也争相仿效，如《晋书·五行志》所说："惠帝之世，京洛有人兼男女体，亦能两用人道，而性尤淫，此乱气所生。自咸宁、太康之后，男宠大兴，甚于女色，士大夫莫不尚之，天下相仿效，或至夫妇离绝，多生怨旷，故男女之气乱而妖形作也。"梁陈时代男风更盛，《玉台新咏》中就有不少诗歌描写娈童的美貌，反映了狎昵同性的不良心态。

四　离婚、再嫁与守节观念的并行不悖

在一夫一妻制之下，出于非死亡原因，夫妻之间常常发生离弃现象。秦汉时期夫妻离弃并非单方面的男子休妻，女性也有主动提出与男子离婚的权利。但不同在于，对女方而言叫"求去"、"被遣归"。如《史记·朱买臣传》中朱买臣妻因买臣贫穷不事产业而"求去……买臣不能留，即听去"。汉乐府《孔雀东南飞》中刘兰芝不堪婆母驱使，主动求"相遣归"。而对于男方而言就叫做"出妻"或"休妻"，用词上的差别表现了夫妻离异的男权中心特征。

虽然法律中找不到明文规定，但是从汉代流行的文献中可以看出，男子休妻大都遵照儒家礼法"七出"、"三不去"的伦理原则。此外，社会

生活中也还存在着"七出"以外的出妻原因，这里，我们就所见史料，将秦汉社会生活中的"出妻"现象归纳如下：

1. 不顺父母。如《后汉书·鲍勇传》记其妻母前叱狗被休，《后汉书·列女传·广汉姜诗妻传》记姜诗妻汲水迟误遭出。

2. 无子。《东观汉纪·应顺传》："顺少与同郡许敬善，敬家贫亲老，无子，为敬去妻更娶。"

3. 嫉妒。《汉书·元后传》："元后母，适妻，魏郡李氏女也，后以妒去。"

4. 多言。《史记·陈丞相世家》记陈平少时与兄伯居，伯常耕田，纵平使游学。平为人长大美色。人或谓陈平曰："贫何食而肥若是？"其嫂嫉平之不视家生产，曰："亦食嗳核耳。有叔如此，不如无有。"伯闻之，逐其妇而弃之。

5. 盗窃。《后汉书·王吉传》："东家有大枣树垂吉庭中，吉妇取枣以啖吉。吉后知之，乃去妇。东家闻而欲伐其树，邻里共止之，因固请吉令还妇。"

6. 政治需要。因政治需要而休妻的情况很多，一种是通过休妻与妻子家族断绝联系以求免祸，如《汉书·金日磾传》记金日磾之子金赏，曾娶霍光之女为妻，后因霍光家族谋反事发，金赏"上书去妻"。另一种是为向君主表忠心，如《后汉书·班超传》，记班超出使西域过程中，同僚李邑上书诽谤班超"拥爱妻，抱爱子，安乐外国，无内顾心"，"超闻之，叹曰：'身非曾参而有三至之谗，恐见疑于当时矣。'遂去其妻。"从这则事例可见，东汉士人心目中政治事功重于婚姻道德。第三种是为了攀附高门而休妻另娶，如《太平御览》卷389引《三辅决录》载，汉桓帝诏令窦叔高娶公主为妻，窦叔高遂休妻。袁宏《后汉书·灵帝纪》也载，黄允为娶司徒袁隗之女，休其妻夏侯氏。

7. 妻子干扰家族和睦，挑拨分家。《后汉书·独行传》之《李充传》记载，李"充家贫，兄弟六人同食递衣。妻窃谓充曰：'今贫居如此，难以久安，妾有私财，愿思分异。'充伪酬之曰：'如欲别居，当酝酒具会，请呼乡里内外，共议其事。'妇从充置酒燕客。充于坐中前跪白母曰：'此妇无状，而教充离间母兄，罪合遣斥。'便呵叱其妇，逐令出门。"《华阳国志·广汉士女赞》记广汉女因争财而挑拨家族兄弟关系，遭其夫遣逐。①

贞节观念是中国封建社会女性道德生活的核心概念，在婚姻伦理中占据着重要的地位。早在秦代，秦始皇巡游越地，鉴于越人的淫乱，在会稽刻石规定："有子而嫁，倍死不贞。防隔内外，禁止淫佚，男女絜诚。夫为寄豭，杀之无罪，男秉义程。妻为逃嫁，子不得母，咸化廉清。"（《史记·秦始皇本纪》）这里的贞操原是对男女双方的约束，是秦人奉行法家功利主义，出于维护个体家庭生产稳定的考虑，并无直接的道德动机。到了汉代，统治者标榜以孝治天下，维护家庭的稳定，所以对夫妇伦理关系尤为重视，汉文帝曾大力褒奖个别贞妇，汉宣帝开始大力诏赐贞妇群体，汉平帝每乡复贞妇一人，汉安帝下令旌表贞妇门闾。汉安帝曾三次颁诏奖赐贞妇布帛，汉顺帝、汉桓帝也先后遵例下诏奖赐贞妇。皇帝如此，地方官员更是不遗余力地树立贞妇典型，如河东太守杜畿命下属各县"举孝子、贞妇、顺孙，复其徭役，随时慰勉之"（《三国志·魏书·杜畿传》）。梁相袁涣也"表异孝子贞妇"（《三国志魏书·袁涣传》）。东汉政府褒扬贞妇，节妇和孝妇的题材在当时的画像石、画像砖和壁画上亦有生动的反映。如山东武梁祠画像石上，就有"梁节姑姊"、"齐继母"、"京师节女"、"钟离春"、"梁高行"、"鲁秋胡"、"齐姑姊"、"楚昭贞妻"等贞贤之妇的形象。

除了政府鼓励贞节之外，从西汉中叶开始，由于经学的传播，精英思想家通过著述也使贞节观念得以流行。西汉后期学者刘向编辑《列女传》，通过女性人物故事来宣传女性的贞节观；东汉班固《白虎通·嫁娶论》规定："夫有恶行，妻不得去者，地无去天之义也。夫虽有恶，不得去也。"故《礼·郊特牲》曰："一与之齐，终身不改。"班固之妹班昭作《女诫》，其《专心》篇提出了"夫有再娶之义，妇无二适之文"，从理论上给女性套上"贞节"的枷锁。尽管秦汉统治者一再标榜贞节，但两汉社会再嫁、改嫁之风较盛，上至妃嫔公主，下至平民女子，再嫁、改嫁十分普遍。②而男子也并不以娶再嫁女为耻。如陈平之妻嫁陈平之前曾嫁过五个男人，汉景帝的王皇后起初也已嫁人并生有一女，后被其母强制离

---

① 参见岳庆平《汉代的家庭与家族》，大象出版社 1997 年版，第 77—79 页。

② 阎爱民：《汉晋家族研究》，上海人民出版社 2005 年版，第 54—55 页。

婚后，再嫁身为太子的景帝，景帝"幸爱之，生三女一男"。皇室公主如平阳公主在丈夫死后嫁给了卫青。元帝妹敬武长公主再嫁给薛宣。西汉卓文君再嫁司马相如、东汉蔡文姬初嫁卫仲道，在卫仲道死后被掳入匈奴，为左贤王夫人，生二子；后曹操以重金赎回，再嫁董祀。汉乐府民歌《孔雀东南飞》中被夫家休弃的刘兰芝，回娘家后为母兄逼迫改嫁。以上均说明两汉社会里的贞节观念相对淡薄，从总体上"两相比较起来，西汉的贞操观比较松弛，而东汉的贞操观日趋严密"①。

魏晋南北朝时期，儒家道德传统虽然在社会生活实践中一度失范，女性因夫死、离婚等原因可以再嫁，但是与此同时，由于此前倡导贞节的历史惯性作用，许多寡妇也拒绝改嫁。《晋书·列女传》中记载了许多守节不移的寡妇，其中最为典型的梁纬妻辛氏，在其夫被刘曜杀害后，面对威逼强娶，凛然说道："妾闻男以义烈，女不再醮。妾夫已死，理无独全。"最后自缢殉节。同样的事例，在《宋书》、《南史》、《南齐书》的《孝义传》，《北史》的《列女传》中都有大量记载。

总体上看，秦汉魏晋南北朝时期，虽然主流思想是提倡贞节，但是由于寡妇难以独立生存等经济原因，女性的再婚并未受到社会舆论的强力干涉。而与此同时，一些下层社会女性却或为保持贞节而拒嫁，或为侍养公婆而不婚。这些均反映出，贞节观念在这一历史时期，正经历着由宽松走向严格的过渡和转变。

---

① 岳庆平：《汉代的家庭与家族》，大象出版社 1997 年版，第 74 页。

第二章

政治生活中的道德

秦王朝奉行法家的理论，统一六国之后，严刑法，重督责，急暴敛，进一步加强封建专制主义统治，最终导致农民起义爆发，秦朝也迅速土崩瓦解。西汉开国君主刘邦吸取秦的教训，以为"王者莫高于周文，霸者莫高于齐桓，皆待贤人而成名"（《汉书·高帝纪下》），自觉将王道德治和霸道功利结合起来。汉武帝内怀多欲，外施仁义；一方面开疆拓土，强化法治，任用酷吏，另一方面采纳董仲舒建议，独尊儒术，以经术润饰吏事。汉昭帝时召开盐铁会议，贤良与文学的争论促进了儒家德治主义和法家功利主义的融合。汉宣帝虽"修武帝故事，讲论六艺群书"（《汉书·王褒传》），实际上也是重视刑法并不纯用儒术。其太子（即后来的汉元帝），曾进言建议多用道德教化。宣帝说："汉家自有制度，本以霸王道杂之，奈何纯任德教，用周政乎？"（《汉书·元帝纪》）自宣帝之后，直至东汉魏晋南北朝，历代君主一面以儒学为社会统治思想，同时又将王霸刑名兼而用之，使得政治道德生活领域呈现出非常复杂的态势：一方面自觉标榜奖掖忠孝、以德治世；另一方面任用法术、刑罚杀戮。在道德价值取向上把道义论和功利论进行了有机地融合，从而奠定了中国传统封建政治道德的基础。魏晋南北朝时期政权更迭频繁，权臣篡位往往披着一层禅位和"劝进"的外衣。统治阶级在政治生活中更是把先秦儒家倡导的伦理仁政和法治家的责任伦理有机地融合，在政治道德的推行过程中明显融入了制度化的努力。这里主要从君主、臣子、官吏等三个方面，对这一时期的政治道德进行论述。

第一节 为君宽厚节俭、尚贤纳谏

秦统一六国后，秦始皇修阿房宫、建骊山墓，滥用民力；秦二世即位后更是变本加厉，"增始皇寝庙牺牲及山川百祀之礼"（《史记·秦始皇本纪》），加重了人民的负担。汉初帝王面对着经济的凋敝，自高祖起纷纷主张宽疏政策，尚俭恤民。如《汉书·高帝纪》载："萧何治未央宫，立东阙、北阙、前殿、武库、大仓。上见壮丽，甚怒，谓何曰：'天下匈匈，苦战数岁，成败未可知，是何治宫室过度也？'"汉文帝时更是采取宽舒政策。文帝原为庶出，早年出为代王，较多地理解下层百姓的疾苦。他即位后大赦天下，废除了把犯人家属罚为奴隶的做法，释放官婢为庶人，废除肉刑。据《汉书·文帝纪》载：文帝"即位二十三年，宫室苑囿，狗马服御，无所增益，有不便，辄弛以利民，尝欲作露台，召匠计之，直百金，帝曰：'百金中民十家之产，吾奉先帝宫室，常恐羞之，何以台为？'所幸慎夫人，衣不曳地，帏帐不得文绣，以示敦朴，为天下先。治霸陵，皆瓦器，不得以金、银、铜、锡为饰"。此前皇帝从死亡到下葬一般需要一百多天，其间天下吏民都要服丧，下葬后还要重服。对此，汉文帝临终前下遗诏予以改革，规定吏民只须服丧三日，在国丧期间不禁止民间嫁娶活动，并取消了重服制度，把大量宫中妃嫔遣散回家。对此，《史记索隐述赞》称道："孝文……天下归诚。务农先籍，布德偃兵。除帑削谤，政简刑清。绨衣率俗，露台罢营。法宽张武，狱恤缇萦。霸陵如故，千年颂声。"[1] 汉文帝已成为古代帝王中为政宽舒、爱民节俭的道德典范。汉景帝也推行宽舒政策，节俭务本，他曾于后元二年（公元前142年）下诏书说："雕文刻镂，伤农事者也；锦绣纂组，害女红者也。……朕亲耕，后亲桑，以奉宗庙粢盛、祭服，为天下先；不受献，减太官，省徭赋，欲天下务农蚕，素有畜积，以备灾害。"（《汉书·景帝纪》）汉武帝具有雄才大略，但是也"不改文、景之恭俭以济斯民"，在位期间也能关心百姓疾苦，多次下诏赈济"孝弟、力田，哀夫老眊孤寡鳏独或匮于衣食者"（《汉书·武帝纪》）。汉元帝即位后，也继承以往的

---

① 转引自三家注本《史记》第 2 册，中华书局 1982 年版，第 438 页。

做法，"存问耆老、鳏、寡、孤、独、困乏、失职之民"，"以民疾疫，令大官损膳，减乐府员，省苑马，以振困乏"，适逢关东郡国大水，他下诏"令诸宫、馆希御幸者勿缮治，太仆减谷食马，水衡省肉食兽"。（《汉书·元帝纪》）

东汉以来，君主们也秉承着西汉帝王的政治道德，开国之君光武帝刘秀也是个崇尚节俭的典范。《后汉书·循吏传序》记载他"见稼穑艰难，百姓病害，至天下已定，务用安静，解王莽之繁密，还汉世之轻法"。以身作则，提倡节俭，压缩皇室日常生活费用，经常"身衣大练，色无重彩，耳不听郑卫之音，手不持珠玉之玩，宫房无私爱，左右无偏恩。建武十三年，异国有献名马者，日行千里，又进宝剑，贾兼百金，诏以马驾鼓车，剑赐骑士。损上林池御之官，废骋望弋猎之事。以手迹赐方国者，皆一札十行，细书成文。勤约之风，行于上下。数引公卿郎将，列于禁坐。广求民瘼，观纳风谣。故能内外匪懈，百姓宽息"。据《后汉书·皇后纪》载，刘秀还减少后宫妃嫔数量来压缩后宫开支，曾两次下诏力倡薄葬，临死前要求丧葬"皆如孝文制度，务从约省"。继光武帝之后的汉明帝也继承其父，曾"赐天下男子爵，人二级，三老、孝悌、力田人三级，流民无名数欲占者人一级；鳏、寡、孤、独、笃癃、贫无家属不能自存者粟，人三斛"。并继续提倡薄葬，其诏曰："仲尼葬子，有棺无椁。丧贵致哀，礼存宁俭。今百姓送终之制，竞为奢靡。生者无担石之储，而财力尽于坟土。"（《后汉书·明帝纪》）明帝"临终遗诏，遵俭无起寝庙"，之后的汉章帝也曾下"遗诏无起寝庙，庙如先帝故事"。（《后汉书·祭祀志》）

曹魏时期的曹操也是位尚俭节约的典型，《三国志·魏书武帝纪》注引《魏书》记载他"雅性节俭，不好华丽，后宫衣不锦绣，侍御履不二采，帷帐屏风，坏则补衲"，死前也遗令不得隆丧厚葬，墓中"无藏金玉珍宝"。在曹操的影响下，魏文帝曹丕也能继承其父遗风，率先节俭。

西晋武帝司马炎也曾"下诏大弘俭约，出御府珠玉玩好之物，颁赐王公以下各在差……省郡国御调，禁乐府靡丽百戏之伎及雕文游畋之具"，"绝缣绫之贡，去雕琢之饰，制奢俗以变俭约，止浇风而反淳朴"。（《晋书·武帝纪》）西晋中期以后直至南北朝的历朝君主在节俭方面虽乏具体事迹可陈，但多数君主凡遇水旱之灾也能开仓赈恤百姓。《宋书·武帝纪下》记南朝宋武帝刘裕"清简寡欲，严整有法度，未尝视珠玉舆马之饰，后廷纨绮无丝竹之音"，有人曾献虎魄（即琥珀）枕，光色甚丽。当时北伐需要用虎魄治伤，他就命人将虎魄捣碎分给众将士。平定关中时，获后秦姚兴从女，一度沉湎女色。大臣谢晦劝谏，刘裕马上将此女遣出宫。这些良好品性使得他能够一度促成元嘉时期的短期中兴。北魏太武帝拓跋焘也能以身作则，"性清俭率素，服御饮膳，取给而已，不好珍丽，食不二味；所幸昭仪、贵人，衣无兼彩"（《魏书·世祖本纪下》）。显祖拓跋弘也是宽缓仁慈的仁君典型，其在位时，关心民生、减轻徭役赋税，对有自然灾害的地方，"诏州府开仓赈恤"，而且对患病的百姓关怀有加，曾下诏宣告天下："民有病者，所在官司遣医就家诊视，所需药物，任医量给之。"可谓开启后来官费医疗之先河，深得百姓爱戴，以至显祖驾崩时，百姓王玄威"立草庐于州城门外，衰裳疏粥，哭踊无时……及至百日，乃自竭家财，设四百人齐会，忌日，又设百僧供"（《魏书·节义传》）。

总体上看，两汉到魏晋之际，历朝帝王大都以宽缓仁慈、节俭为德，君主本身都注意身体力行，这些主张和措施，不但使得社会经济得以发展，也大大减轻了百姓的负担。

治国宽舒仁慈、节俭恤民乃是帝王道德的普遍要求。但在另一方面，秦汉魏晋南北朝时期也有不少君主滥用民力、奢侈淫逸。如秦始皇之修长城、建陵墓、穷兵黩武终致亡国；汉武帝后期也好大喜功、广建宫室，狩游池苑，使得汉王朝开始由盛转衰。东汉后期君主大多昏庸，乏善可陈。东晋南朝时期，由于生产力水平的提高，物质资料的相对丰富，以及社会风气的奢靡，相对两汉来说，君主大多更为奢侈淫逸。此外，有的崇尚杀伐，有的迷恋文术，或者刚愎自用，或者懦弱无能，总体上君德状况不如两汉。

自先秦起，尚贤纳谏乃是公认的君主美德，到了秦汉魏晋南北朝时期，这一道德取向逐渐成为对帝王君德的基本要求。东汉思想家王符在《潜夫论》中多次就君主任用贤能问题发表精辟的意见。其《实贡篇》中说："国以贤兴，以谄衰，君以忠安，以忌危。此古今之常论，而世所共知也。然衰国危君继踵不绝者，岂世无忠信正直之士哉？诚苦忠信正直之道不得行尔。"在《思贤篇》还说："尊贤任能，信忠纳谏，所以为安也，而暗君恶之，以为不若奸佞阘茸谗谀之言者，此其将亡之征也。老子曰：
'夫唯病病，是以不病。'易称'其亡其亡，系于苞桑'。是故养寿之士，
先病服药；养世之君，先乱任贤，是以身常安而国永永也。上医医国，其
次下医医疾。夫人治国，固治身之象。疾者身之病，乱者国之病也。身之
病待医而愈，国之乱待贤而治。"王符以上任贤治国的思想既有先秦政治
道德文化的影响，更是这一时期道德生活实践的产物。

从道德生活实践层面看，秦汉魏晋南北朝时期，尚贤使能，勇于纳谏
业已成为一些君主成就大业的必备条件。

例如秦始皇，虽然是中国有名的暴君，但也曾听从李斯谏议留住客
卿，任用贤能，最终才统一六国。他贯彻了法家任人唯贤的治国方略，不
拘一格地使用人才，重用法家之士，彻底荡清了贵族势力。大梁人尉缭曾
经给嬴政提出巨资贿赂六国的大臣，从内部瓦解敌人的建议，嬴政立即实
施，并且对尉缭礼遇有加，赏赐尉缭使用的物品和自己使用的一样。

汉高祖刘邦起初对人才不甚重视，据《史记·郦生陆贾列传》载，
郦食其来投刘邦，他正在洗脚，开始置之不理，郦食其对此大加斥责，刘
邦于是赶紧起身穿衣，谢罪，奉为上宾。他放手重用韩信，也是中国历史
上君主善用人才的典范。在统一天下以后，刘邦更加认识到了人才对于国
家长治久安的重要性，曾颁布《求贤诏》："盖闻王者莫高于周文，伯者
莫高于齐桓，皆待贤人而成名。今天下贤者智能，岂特古之人乎？患在人
主不交故也，士奚由进！今吾以天之灵、贤士大夫定有天下，以为一家，
欲其长久，世世奉宗庙亡绝也。贤人已与我共平之矣，而不与吾共安利
之，可乎？贤士大夫有肯从我游者，吾能尊显之。布告天下，使明知朕
意。"（《汉书·高帝纪下》）在这封诏书里，刘邦言辞恳切，既有对前代
贤明君主重用人才成就大业的回顾，也表明了自己的招贤纳士的态度。其
《大风歌》中高唱的"安得猛士兮守四方"，更是渴求贤才的情感流露。

汉文帝是一位善于纳谏的君主，他曾下诏鼓励臣下批评自己的过失：
"古之治天下，朝有进善之旌，诽谤之木，所以通治道而来谏者也。今法
有诽谤、妖言之罪，是使众臣不敢尽情，而上无由闻过失也。将何以来远
方之贤良？其除之。"（《汉书·文帝纪》）解除了大臣对因言获罪的顾虑，
大臣们也就敢于谏诤，有时候甚至涉及他的私人生活。有一次文帝从灞陵
下山纵马狂奔，被袁盎上前拉住马缰绳谏止。《史记》、《汉书》对汉文帝

的评价都用了"有群臣袁盎等谏说虽切,常假借纳用焉"的评语。

汉武帝任用人才更是不拘一格、犹恐不及。《史记·平津侯主父列传》记载,主父偃、徐乐、严安三人上书武帝,武帝召见,大有相见恨晚之叹。班固在《汉书·公孙弘卜式儿宽传赞》中说,汉武帝时朝中聚集了各类人才,他慨叹"汉之得人,于兹为盛,儒雅则公孙弘、董仲舒、儿宽,笃行则石建、石庆,质直则汲黯、卜式,推贤则韩安国、郑当时,定令则赵禹、张汤,文章则司马迁、相如,滑稽则东方朔、枚皋,应对则严助、朱买臣,历数则唐都、洛下闳,协律则李延年,运筹则桑弘羊,奉使则张骞、苏武,将率则卫青、霍去病,受遗则霍光、金日磾,其余不可胜纪"。汉武帝在位期间曾多次颁布招贤纳士的诏书,其中以元封五年(前106年)《求茂才异等诏》最为典型:"盖有非常之功,必待非常之人,故马或奔踶而致千里,士或有负俗之累而立功名。夫泛驾之马,跅弛之士,亦在御之而已。其令州、郡察吏、民有茂材、异等可为将、相及使绝国者。"(《汉书·武帝纪》)诏书明确表示,他任用人才只看其是否有特殊才能而不计其出身、人品名声。这里也流露出汉武帝之任用人才与先秦君主有很大不同,那就是他更重视对人才的驾驭,发挥其特长。先秦时代君主与贤才之间是师友关系,贤才常被奉为座上宾;而汉武帝时代的人才只是武帝手中驾驭的马。在汉武帝眼中,一些有"负俗之累"的人才就如同踢人的烈马,只要驾驭得好,跑得比驯顺的马更快。对此赵翼在《廿二史札记》中"汉武用将条",对汉武帝善于驾驭有缺陷的人才给予高度评价:如李广利伐大宛取得了一定的战绩,但"私罪恶甚多",汉武帝却不责罚其过失;他击匈奴时贻误了战机,汉武帝却因其才尚可用,让其戴罪立功。李广数次与匈奴作战兵败,依律当斩,汉武帝却允许其赎为庶人,后来又重诏起用,让其立功;而对于一些"恃功骄蹇者",汉武帝却能诏责之以挫其傲气。[①] 与此同时,汉武帝对一些正直敢谏的人才也报以宽容的态度。如《汉书·张冯汲郑传》记载循吏汲黯当庭说汉武帝"内多欲而外施仁义",武帝大怒,"变色而罢朝",但事后并未处罚他。

汉代帝王中,光武帝刘秀是一位善于用人纳谏的君主典范。他在用人方面有两大特点,其一是不拘身份及家世,不计前嫌。在他的麾下的大将

---

① 赵翼:《廿二史札记》卷2,中国书店1987年版,第31页。

中，吴汉、马武、王常就是出身贩夫走卒的下层布衣之士。他对新莽朝的故吏以及降将也不一概排斥，对真心归顺的贤士同样予以重视，如侯霸曾经任职新朝，仕东汉时，官至大司徒，煊赫一时。刘秀还在俘虏和降将中识拔了征南大将军岑彭和征西大将军冯异，他们后来均成为东汉名将。通过这种方法，刘秀收纳了一大批堪称栋梁的文臣武将，壮大了自己的力量。其二是对人才予以高度的信任、宽容。他并不像汉武帝那样玩弄人才于股掌之间，而是以诚信的私人交往方式使人才得以充分发挥作用。如大将冯异初事王莽，后来想投靠刘秀，但又顾及老母，于是和刘秀约定回乡侍奉母亲之后再跟随刘秀。刘秀当即放他回去。刘秀手下很多人觉得冯异不会回来，但刘秀却给予冯异以充分的信任，冯异也果然没有食言，带回自己的人马归顺了刘秀。后来冯异军功日高，连续数年镇抚西方，人称"咸阳王"，朝中又有人非议。冯异对此十分不安，刘秀下诏安慰他说："将军之于国家，义为君臣，恩犹父子。何嫌何疑，而有惧意？"（《后汉书·冯岑贾列传》）使得冯异非常感动，更加效忠于刘秀。史书记载刘秀身上此类宽容厚遇臣下的事迹很多，称他"虽制御功臣，而每能回容，宥其小失。远方贡珍甘，必先遍赐列侯，而太官无余。有功，辄增邑赏，不任以吏职，故皆保其福禄，终无诛谴者"（《后汉书·朱景王杜马刘傅坚马列传》）。除了善于用人之外，刘秀还勇于纳谏改过。一次宴请群臣，刘秀忍不住频频回头窥视新屏风上所画的美女图像，被大臣宋弘看到后当面批评为"未见好德如好色者也"。刘秀不但不恼怒，反而笑谓弘曰："闻义则服，可乎？"对曰："陛下进德，臣不胜其喜。"（《后汉书·伏侯宋蔡冯赵牟韦列传》）任延拜武威太守，刘秀告诫他："事上官，无失名誉。"任延立即反驳说："臣闻忠臣不私，私臣不忠。履正奉公，臣子之节。上下雷同，非陛下之福。善事上官，臣不敢奉诏。"面对大臣的当面顶撞，大度的刘秀叹息曰："卿言是也。"（《后汉书·循吏列传》）

三国时的刘备也是一位知人善任的明君。《三国志》作者陈寿评赞刘备"弘毅宽厚，知人待士，盖有高祖之风"。《三国志·先主传》裴松之注引《傅子》曰："征士傅干曰：刘备宽仁有度，能得人死力。"刘备对诸葛亮的三顾茅庐，堪称尊重人才、礼贤下士的千古典范。后来在政治军事活动中也对诸葛亮充分信任，在夺取益州后，政事的管理也由诸葛亮全权负责，临终托孤被陈寿盛赞："及其举国托孤于诸葛亮，而心神无贰，诚君臣之至公，古今之盛轨也。"庞统为人倨傲，在攻占涪城后的庆功宴会上，刘备与他发生了争执，并曾一度发怒将其逐出，然后又让其重新入席而坐，"统复故位，初不顾谢，饮食自若"，并宣称刚才的争执是"君臣俱失"，刘备并未怪罪，"先主大笑，宴乐如初"。即使对反对过自己的人，刘备也能不计前嫌，恰当任用，以德报怨。如《三国志·刘巴传》载："曹公征荆州。先主奔江南，荆、楚群士从之如云"，唯独刘巴却"北诣曹公"，并奉曹操之命"招纳长沙、零陵、桂阳"。不久刘备占领了长沙、零陵、桂阳等三郡，"巴不得反使，遂远适交阯，先主深以为恨"。后来刘巴从交州到了蜀中，"俄而先主定益州，巴辞谢罪负，先主不责"，并委以重任。

　　三国时期的曹操也以善于用人而著称。在汉末动乱中，他先后颁布了一系列求取贤才的法令。如建安八年（203年）颁布《论吏士行能令》："议者或以军吏虽有功能，德行不足堪任郡国之选。所谓'可与适道，未可与权'。管仲曰：'使贤者食于能则上尊，斗士食于功则卒轻于死，二者设于国则天下治。'未闻无能之人，不斗之士，并受禄赏，而可立功兴国者也。故明君不官无功之臣，不赏不战之士；治平尚德行，有事尚功能。论者之言，一似管窥虎欤！"（《三国志·魏书·武帝纪》）这道被史家称道的"唯才是举"的法令，充分反映了曹操在招揽人才方面，不追求德行和外在声誉的实用主义人才观。这一法令的确在其起兵之后，使贤才奇士争相归附，对统一北方起到了积极作用。但是在统治地位确定之后，曹操就开始嫉才害贤，甚至采取了血腥手段杀戮贤士。清人赵翼在其《廿二史札记》中指出："三国之主各能用人，故得众力相扶，以成鼎足之势，而其用人亦各有不同者，大概曹操是权术相驭，刘备以性情相契，孙氏兄弟以意气相投，后世尚可推见其心迹也。"[①] 从君主道德角度看，曹操在用人上的实用主义态度，反映了传统儒家君德中吸纳入某些法家功利主义因素，更加暴露了君主"选贤用能"道德的本质。

　　西晋开国之君司马炎也是一位勇于纳谏、宽宏大度的皇帝。魏、蜀、吴三家归晋之后，朝廷举行祭祀大典，晋帝得意地问大臣刘毅自己的功业可与汉朝哪个皇帝相比，不料刘毅却回答说："可方桓灵。"于是君臣二

---

① 赵翼：《廿二史札记》卷7，中国书店1987年版，第85页。

人就此问题反复辩驳，最后晋武帝非但没有怪罪刘毅的逆批龙鳞，反而为能有这样耿直进言的臣子而感到自豪，他说："桓灵之世，不闻此言。今有直臣，故不同也。"太常丞许奇是许允的儿子。皇帝将要在太庙举行祭祀，许允曾经承受刑罚而死，有人认为不应该让许奇接近皇帝左右，请求派遣他做地方官。皇帝却陈述许允往日的名望，称赞许奇的才能，提升他做祠部郎。所以《晋书·武帝纪》对司马炎的君德评价甚高，称其"雅好直言，留心采擢。刘毅、裴楷以质直见容，嵇绍、许奇虽仇雠不弃。仁以御物，宽而得众，宏略大度，有帝王之量焉"。

北魏太武帝时，大臣古弼为人耿直刚毅，为进谏敢于冒犯皇帝威严，但太武帝拓跋焘不仅不加罪于他，还言称"自今以后，苟利社稷，益国便民者，虽复颠沛造次，卿则为之，无所顾也"（《北史·古弼传》）。北魏孝文帝拓跋宏曾多次号令群臣进谏，据《资治通鉴》卷140载：魏主谓群臣曰："国家从来有一事可叹：臣下莫肯公言得失是也。夫人君患不能纳谏，人臣患不能尽忠。自今朕举一人，如有不可，卿等直言其失；若有才能而朕所不识，卿等亦当举之。如是，得人者有赏，不言者有罪，卿等当知之。"

纵观汉魏六朝历史，凡是开国君主大都政治开明，所以在君主个人德行上往往注意推贤进士，表现出宽宏容人、勇于纳谏的特点，而末世之君则往往刚愎自用、昏庸残暴。宽仁厚慈、尚俭恤民和选贤任能、勇于纳谏是这一时期的人们对君主道德的普遍要求。

在君主世袭专制下的东汉至魏晋南北朝时期，也有不少君主个人才能和品德较为低下，特别是那些王朝后期的君主，成为君主恶德的典范。东汉后期思想家仲长统对这种君主群像做了较深刻的刻画：

> 彼后嗣之愚主，见天下莫敢与之违，自谓若天地之不可亡也，乃奔其私嗜，骋其邪欲，君臣宣淫，上下同恶。目极角抵之观，耳穷郑、卫之声。入则耽于妇人，出则驰于田猎。荒废庶政，弃亡人物，澶漫弥流，无所底极。信任亲爱者，尽佞谄容说之人也；宠贵隆丰者，尽后妃姬妾之家也。使饿狼守庖厨，饥虎牧牢豚，遂至熬天下之脂膏，斫生人之骨髓。（《后汉书·仲长统列传》）

在这里，仲长统没有具体批判某一皇帝的具体行为，但在对昏君形象的刻画中反映了东汉中后期君主的普遍情形。东汉自章帝、和帝以后，皇帝多是幼年即位，致使宦官外戚把持朝政，相比前代，皇帝的个人素质也大大下降，所以仲长统的描述也是当时现实道德生活的反映。此后的三国时的吴主孙皓、南朝宋废帝刘子业、齐东昏侯萧宝卷、陈后主陈叔宝、北齐文宣帝高洋等，均是荒淫残暴的昏君典型。

第二节　为臣忠心谏诤、敬职爱民

《礼记·礼运》说："故仕于公曰臣"；《说文解字》释"臣"说："事君者也。象屈服之形。"可见臣就是尽职效忠君主的士人。因此，臣德的发展自然要受制于君臣关系的发展。在春秋战国时代，臣子尚能在一定程度上受到君主的尊重和礼遇，君臣的关系往往处于师友之间；而自秦汉以后，随着大一统帝国的建立和封建专制体制的强化，君臣关系就逐渐沦为主仆关系；"忠"成了君臣伦理关系的核心范畴，忠的政治化、等级化、专一化大为加强，被看作臣民天经地义的、无条件的、绝对永恒的行为准则，并被灌注了太多的盲目性和强制性。①

秦始皇运用法家功利主义思想建立起封建中央集权统治的同时，就已开始构建一套臣子对君主尽忠的政治道德体系。如琅琊台刻石中有"奸邪不容，皆务贞良。细大尽力，莫敢怠荒。远迩辟隐，专务肃庄。端直敦忠，事业有常"的句子，"端直敦忠"是对服务于这一政治体制中的官员的道德要求；泰山刻石中有"贵贱分明"、"慎遵职事"，会稽刻石中有"皆遵度轨，和安敦勉，莫不顺令"等说法，"都可以读作对臣民必然严格遵守遵顺的'忠'的政治原则的某种解说"。② 以上材料说明，秦王朝的"忠"就是臣下尽心事君和绝对服从的道德律令。我们再从秦帝国的相关史料来看，他们也是这样贯彻的。在那时，任何玩忽职守和违背皇帝、有损皇权的行为都会被视为不忠的表现。如始皇三十四年（前211年），仆射周青臣颂称始皇威德，博士淳于越指责说："今青臣等又面谀以重陛下过，非忠臣。"（《史记·秦始皇本纪》）赵高与李斯欲除蒙恬、

---

① 参见肖群忠《中国道德智慧十五讲》，北京大学出版社2008年版，第218页。
② 王子今：《"忠"观念研究》，吉林教育出版社1999年版，第125—126页。

蒙毅，加给他们的罪名也是"不忠"。湖北云梦睡虎地秦墓竹简《语书》中说："今法律令已布，闻吏民犯法为间私者不止，私好、乡俗之心不变，自从令、丞以下智（知）而弗举论，是即明避主之明法（也），而养匿邪避（僻）之民。如此，则为人臣亦不忠矣。"① 同一批出土的《为吏之道》中要求官吏"宽容忠信"，提出"吏有五善"，其中首要的一条就是"中（忠）信敬上"②，这种观念在当时臣子心中也已形成了一种心理认同："不忠"的行为非但应受到严厉的制裁，还在精神上失去了立身于世的资格。如《史记·李斯列传》中记载，当胡亥篡位后，公子高为保全宗族，上书自请从死以证明忠心，他说："不忠者无名以立于世，臣当从死，愿葬郦山之足。"

"忠"除了作为臣子对于君王的职责义务之外，在封建专制主义时代还被赋予了一种能够超越于朝代更迭、王权兴替之上的价值内涵。《史记·李斯列传》记李斯晚年被赵高诬告身陷囹圄之后，反思道："昔者桀杀关龙逢，纣杀王子比干，吴王夫差杀伍子胥，此三臣者，岂不忠哉，然而不免于死，身死而所忠者非也。今吾智不及三子，而二世之无道过于桀纣夫差，吾以忠死，宜矣。且二世之治岂不乱哉！日者夷其兄弟而自立也，杀忠臣而贵贱人，作为阿房之宫，赋敛天下。吾非不谏也，而不吾听也。"显然在李斯看来，因乱世之君而死，死的价值就在于成就了自己的"忠"，说明"在政治运行脱出常轨的时代，'忠'又代表着政治规范的正统，在人们的意识中具有居高临下的威势"③，具有一种独立的道德力量，也就是这种力量支撑着后世历代臣子们的冒死谏诤。

两汉时期，许多思想家通过对忠君之道的解释使得"忠"的伦理内涵进一步丰富。如贾谊认为："为人臣者主而忘身，国而忘家，公而忘私，利不苟就，害不苟去，唯义所在。上之化也，故父兄之臣诚死宗庙，法度之臣诚死社稷，辅翼之臣诚死君上，守圉扞敌之臣诚死城郭封疆……顾行而忘利，守节而仗义，故可以托不御之权，可以寄六尺之孤。"（《汉书·贾谊传》引《治安策》）在这里，贾谊把忠君阐释为为国家、为君主

---

① 睡虎地秦简整理小组：《睡虎地秦墓竹简》，文物出版社1978年版，第15页。
② 同上书，第283页。
③ 王子今：《"忠"观念研究》，吉林教育出版社1999年版，第130页。

而献身，为公而忘私。陆贾在其《新语·至德》中把"在朝者忠于君，在家者孝于亲"作为君子治理天下的理想境界之一。董仲舒在《春秋繁露·阳尊阴卑》中把"忠"上升为政治道德的根本，强调"孝子之行，忠臣之义，皆法于天地"；在《天道无二》中，董仲舒又说："心止于一中者，谓之'忠'；持二中者，谓之'患'。患，人之中不一者也。不一者，故'患'之所由生也。是故君子贱二而贵一。"明确强调了"忠"的从一而终的绝对性。刘向《说苑·立节》也提出"忠臣不事二君"。《白虎通》沿着董仲舒的"三纲说"，进一步把君尊臣卑做了理论论证。东汉荀悦于《申鉴·杂言上》里，为了鼓励忠臣，对不尽忠的几种表现进行了判分："在职而不尽忠直之道，罪也。尽忠直之道，则必矫上拂下，罪也。有罪之罪，谓不尽忠直之道邪臣由之；无罪之罪，谓尽道而矫上拂下忠臣置之。人臣之义，不曰吾君能矣，不我须也，言无补也，而不尽忠。不曰吾君不能矣，不我识也，言无益也，而不尽忠。必竭其诚，明其道，尽其义，斯已而已矣。不已，则奉身以退，臣道也。故君臣有异无乖，有怨无憾，有屈无辱。人臣有三罪：一曰导非，二曰阿失，三曰尸宠。"王符《潜夫论·明忠》进一步说"人臣之誉，莫美于忠"。马融《忠经·保孝行章》，将忠置于孝之先，主张"君子行其孝必先以忠"[1]，突出了君为臣纲。

　　与思想界的讨论同步，两汉的统治者也将忠作为一种政治伦理不断制度化，一方面，大力褒奖忠臣，另一方面又以不忠入罪，使得忠作为一种伦理道德规范被广泛地渗透到臣民的政治道德的教育训练之中。据统计，《史记》中载汉人取名用"忠"字者有12例，《汉书》中有17例，《后汉书》中有26例。在《居延汉简》和《敦煌汉简》等出土资料中可以看到，"上至较高级的军政官员，下至最底层的士兵平民，许多人都以'忠'字命名"[2]。在汉代碑文中"忠"字有66例，从其具体语境来看，"'忠'作为政治道德的一种准则，已经基本为社会接受……'忠'作为官员颂辞的主要用语，说明当时这种政治道德准则的基本内涵以及所针对

---

① 按：关于《忠经》是否为马融作，学术界有争议，在此笔者暂系于马融名下。
② 王子今：《"忠"观念研究》，吉林教育出版社1999年版，第125—126页。

的社会层面已经相对比较明确"①。

　　为了鼓励和培养忠臣，从汉代开始，统治阶级从理论上一直提倡忠孝一体，其实根本目的还在于以孝劝忠。一方面对在职官员因服丧而弃官的行为表示容许，似乎表现为孝大于忠；但是国事与家事一旦发生矛盾，还需要臣子舍家而为国。如光武时李忠母亲妻子儿女被人劫持，光武帝赐钱命其回家营救，李忠说道："蒙明公大恩，思得效命，诚不敢内顾宗亲。"（《后汉书·李忠传》）王郎劫持邳彤的父弟妻子欲借以招降邳彤，邳彤说："事君者不得顾家，彤亲属所以至今得安于信都者，刘公（光武帝）之恩也。公方争国事，彤不得复念私也。"（《后汉书·邳彤传》）东汉灵帝时赵苞任辽西太守，时值鲜卑族万余人入塞侵扰，挟持赵苞的母亲妻子为人质，赵苞率二万人与敌对阵。"贼出母以示苞，苞悲号谓母曰：'为子无状，欲以微禄奉养朝夕，不图为母作祸。昔为母子，今为王臣，义不得顾私恩，毁忠节。唯当万死，无以塞罪'。"而赵苞母却说："人各有命，何得相顾，以亏忠义！"（《后汉书·独行传》）

　　魏晋南北朝时期，由于政权大多由权臣篡弑而来，导致皇权式微，家族兴盛，加之社会动乱，士人朝不保夕，作为政治伦理范畴的"忠"逐渐让位于家庭伦理范畴的"孝"，以至后来赵翼感叹地说"六朝忠臣无殉节者"②。然而由于历史惯性的作用，儒家政治伦理的"忠"还在社会政治生活中普遍被实践着。魏晋之际司马氏篡权受到曹魏集团的抵制，魏臣王经因反对司马昭与其母一同殉节。当司马氏借孝道而大杀名士之时，阮籍、嵇康等人表面上蔑视礼教，实际上仍然深受儒家忠孝伦理的影响。《晋书·忠义传》里记载了诸多为国为君尽忠的人士，如嵇康之子嵇绍，在其父被司马氏杀害的情况下，舍父仇而仕晋，在"八王之乱"中为保护晋惠帝而捐躯。《宋书》以下的南北朝史书虽然没有给"忠义"之士专门立传，把关注的重点转向"孝义"或"节义"类人物，但在一些人物的别传里，仍然不时表彰忠臣楷模。如《南史·谢弘微传》记载刘宋末萧道成凭武力逼宋顺帝禅位，想动员世家大族的名士谢胐为自己"劝进"，而谢胐却不为所动，反而劝萧道成学曹操、司马昭不要称帝。后来

① 王子今：《"忠"观念研究》，吉林教育出版社 1999 年版，第 201—201 页。
② 赵翼：《陔余丛考》，河北人民出版社 1990 年版，第 266 页。

萧道成强行禅代，谢朏作为侍中公然拒绝参加典礼授玺。《南史·褚彦回传》记载与谢朏同时代的，作为顾命大臣的袁粲，为避免萧道成篡宋，欲先除掉萧道成，结果褚渊向萧道成告密，萧道成有所防范，最终袁粲在石头城被杀，当时童谣唱道："可怜石头城，宁为袁粲死，不作彦回生。""彦回"是褚渊的字，童谣反映了当时社会上的人对于袁粲忠君的肯定和对褚渊背主的批判。《梁书·萧绩传》记载梁武帝萧衍之孙萧乂理"性慷慨，慕立功名，每读书见忠臣烈士，未尝不废卷叹曰：'一生之内，当无愧古人。'"后来侯景作乱，萧乂理起兵抵抗终被侯景所害。当侯景围京城，梁臣张嵊曰："贼臣凭陵，社稷危耻，正是人臣效命之秋。"从而鼓舞士气，张嵊收集士卒，缮筑城垒抵抗侯景。后来虽然兵败被杀，却也死得其所。(《梁书·张嵊传》)以上事实表明，在政治舞台上"你方唱罢我登场"的纷乱时代，尽管违背儒家君臣伦理的篡弑事件频发，但儒家忠君观念在社会上还能得到认同，并在一定程度上对士人的价值观和立身行事起到一定的导向作用。

相对而言，魏晋南北朝时期文人学者对"忠"的论述较少，然而关于"忠"的观念，仍然继续流传。据《梁书·元帝本纪》记载，梁元帝萧绎曾著《忠臣传》30卷，《艺文类聚·人部四·忠》保存了他的《上〈忠臣传〉表》和《忠臣传序》，可以看作这一时期对忠伦理研究的理论成果，在《忠臣传序》中，萧绎认为："夫天地之大德曰生，圣人之大宝曰位。因生所以尽孝，因位所以立忠。事君事父，资敬之理宁异；为臣为子，率由之道斯一，忠为令德，窃所景行。"这些观点直接接续了《白虎通》的忠孝一体的道德观念。

总之，"忠"在两汉魏晋南北朝时期在政治伦理体系中已居于主体地位，以致谥号和墓志中也频频出现"忠"字。对于这一时期道德生活中"忠"德的内涵及表现，可以根据史料归纳如下：

一　尽心事主，直言谏诤

从"忠"字本义而言，包含了做人的诚信和做事的专一认真，但在政治道德的意义上，汉代以来对"忠"的狭义理解就是尽心尽力为君主和国家做事，包括对君主的失误进行谏诤，乃至不惜牺牲生命。

汉代的苏武的事迹可谓是对"忠"德的生动阐释。苏武出使匈奴，遇到匈奴内部叛乱牵连，面对匈奴的拉拢，他断然拒绝，并且说："屈节辱命，虽生，何面目归汉！"于是"引佩刀自刺"，经营救而得生，当叛将卫律劝降时，苏武骂他："女（汝）为人臣子，不顾恩义，畔主背亲。"当李陵劝降时，苏武也表示："武……常愿肝脑涂地。今得杀身自效，虽蒙斧钺汤镬，诚甘乐之。臣事君，犹子事父也，子为父死，无所恨。"（《汉书·李广苏建传》）苏武的言行说明了两个问题：一是受君之命必须尽心竭力完成任务，不做背叛君主，有负国家的事情；二是臣子为君主做事，又如儿子为父亲做事一样，是天经地义的，即使搭上生命也是正常的。苏武归国以后，以不辱使命的忠勇精神得到嘉奖，最终在宣帝时得以画图像于凌烟阁，厕身于功臣之列。为此，班固评论道："孔子称'志士仁人，有杀身以成仁，无求生以害仁'，'使于四方，不辱君命'，苏武有之矣。"（《汉书·李广苏建传》）虽然班固对苏武的评价中没有使用"忠"字，但苏武以自我牺牲来维护国家尊严，不负君命的行为，实际上正是对"忠"这一政治道德原则的践履。尤其应注意的是，当李陵企图用苏武滞留匈奴后汉武帝对苏武家庭的不公正待遇打动苏武时，苏武都没有变节，说明在这时的"忠"已从先秦的"君待臣以礼，臣事君以忠"的双向义务，变成了单方面的臣对君的绝对责任。

三国时期的诸葛亮也是忠心事主的模范，不但在刘备在世时忠心耿耿地辅佐其建立蜀汉政权，尤其是在刘备死后，他身负托孤重任辅佐刘禅，继续完成北伐曹魏的大业，最终鞠躬尽瘁死而后已，成为后世忠心报主的忠臣典范。在诸葛亮身上，"忠"更多地体现在尽心竭力治国安民，报答君主的知遇之恩上。

从先秦开始，对君父不当行为的谏诤就被认为是臣子的分内之事，如《荀子·子道》提出"从道不从君，从义不从父"，《荀子·臣道》进一步明确地说："从命而利君谓之顺，从命而不利君谓之谄；逆命而利君谓之忠，逆命而不利君谓之篡；不恤君之荣辱，不恤国之臧否，偷合苟容，以持禄养交而已耳，谓之国贼。"成书于战国晚期，在汉代得到广泛流传的《孝经》中专门立有"谏诤章"，指出"义"是谏诤的标准："故当不义，则子不可不争于父，臣不可不争于君；故当不义则争之。"汉代刘向在《说苑·君道》中假借他人之口说："逆命利君谓之忠，逆命病君谓之乱，君有过不谏诤，将危国殒社稷也，有能尽言于君，用则留之，不用则去之，谓之谏；用则可生，不用则死，谓之诤。"在《臣术篇》，刘向进一步把谏诤作为判断人臣品质的标准之一，他说："国家昏乱，所为不道，然而敢犯主之颜面，言君之过失，不辞其诛，身死国安，不悔所行，如此者直臣也。"反之，"主所言皆曰善，主所为皆曰可，隐而求主之所好即进之，以快主耳目，偷合苟容与主为乐，不顾其后害，如此者谀臣也。"荀悦《申鉴·杂言》亦云："违上顺道，谓之忠臣；违道顺上，谓之谀臣。"正是在对谏诤的这种认识的基础上，从汉代开始谏诤风气也更为普遍，史书中涌现了许多正直敢谏的忠臣形象。如西汉初的周昌为人坚忍刚强，敢于直言不讳，连萧何、曹参等大臣对周昌都非常敬畏。周昌曾经有一次在刘邦休息时进宫奏事，刘邦正和戚姬拥抱玩乐，周昌见此情景回头便跑，刘邦连忙上前追赶，追上之后，骑在周昌的脖子上问道："你看我是什么样的皇帝？"周昌挺直脖子，昂起头说："陛下就是夏桀、商纣一样的皇帝。"刘邦想废掉太子刘盈，另立如意为太子，周昌对此坚决反对，最终迫使刘邦收回成命。此外，汉武帝时的汲黯，光武帝时的任延、鲍勇，汉章帝时的第五伦，汉桓帝时的爰延、陈蕃、袁安、杨震、李固、杜乔、李膺等等，均以为人刚直、敢于犯颜直谏而名著于史册。他们的谏诤已经摆脱了先秦儒家以讽诵民间疾苦的歌谣来委婉讽谏的模式，他们对君主的过失毫不留情，将自身安危置于度外，虽然其行为不免失之迂阔，但确实反映了其拳拳忠臣之心，对后世政治道德产生了极大的影响。

二　勤政敬职，爱民利民

臣子对君主的忠心，还体现在臣子能够勤于政事、爱护百姓，为百姓谋福利上。所以贾谊《新书·大政上》云："君以知贤为明，吏以爱民为忠。"司马迁《史记》首创人物类传，就为勤政敬职、爱民利民的臣子设立了"循吏列传"，给予表彰。这一做法被汉魏六朝时期史书因袭下来，其中《汉书》、《后汉书》、《南史》、《北史》仍然命名为"循吏传"，到《晋书》、《宋书》、《梁书》、《魏书》则称为"良吏传"，《南齐书》改称"良政传"。名称虽有小异，实质上都是表彰忠良正直之臣。

这些忠臣担任地方官员时，一般都能够做到为帝王分忧，注意发展生产，改善民生，减轻百姓负担。如东汉光武帝时卫飒迁桂阳太守，桂阳郡所辖含洭、浈阳、曲江三县，山地甚多，"民居深山，滨溪谷，习其风土，不出田租。去郡远者，或且千里。吏事往来，辄发民乘船，名曰'传役'。每一吏出，徭及数家，百姓苦之"。卫飒领导百姓"凿山通道五百余里，列亭传，置邮驿，于是役省劳息，奸吏杜绝，流民稍缓，渐成聚邑，使输租赋，同之平民……飒理恤民事，居官如家，其所施政，莫不合于物宜。视事十年，郡内清理"。(《后汉书·循吏传》)又如任延，任九真太守时，"九真俗以射猎为业，不知牛耕。民常告籴交阯，每致困乏。延乃令铸作田器，教之垦辟。田畴岁岁开广，百姓充给"。他任河西太守时，"河西旧少雨泽，乃为置水官吏，修理沟渠，皆蒙其利"。(《后汉书·循吏传》)任延推广牛耕、兴修水利，充分体现了作为朝廷官员为官一任、留爱一方的道德品质。

作为地方官，代表朝廷治理百姓，一旦发生饥荒灾难，一些忠臣官吏往往不待君命，自觉维护百姓的利益，大胆开仓救民。这方面东汉的第五访就是一个典型。史载第五访"迁张掖太守，岁饥，粟石数千，访乃开仓赈济以救其敝"，其他官吏害怕私自开仓受到上级问责，想先请示上报。访曰："若上须报，是弃民也。太守乐以一身救百姓！"自觉承担责任，马上开仓放粮，"顺帝玺书嘉之，由是一郡得全"。(《后汉书·循吏传》)同样的还有北齐时的苏琼，任清河太守时，郡里发生大水灾，"绝食者千余家。琼普集郡中有粟家，自从贷粟，悉以给付饥者"。然后把民户所缴官租返还富户。手下官吏提醒他如此会连累获罪，苏琼曰："一身获罪且活千室，何所怨乎！"(《南史·循吏传》)事后向朝廷上表说明情况，朝廷也没有怪罪他。有的官员在百姓遭遇饥馑时还把自己家中粮食拿出来赈济百姓，如北魏阎庆胤"为东秦州数城太守。在政五年，清勤厉俗。频年饥馑，庆胤岁常以家粟千石赈恤贫穷，民赖以济"。(《魏书·良吏传》)

除了保障民生，与民谋利之外，循吏一般也都崇尚德治教化，力求以德服人，不尚刑治，所以深受吏民的拥护和爱戴，老百姓往往视之如父母，为其立祠祭祀。如西汉景帝末年蜀郡太守文翁，推行文化教育不遗余力，"吏民为立祠堂，岁时祭祀不绝"。宣帝时的南阳太守召信臣好为民兴利，治理有方被称为"召父"。北海太守朱邑，以政绩第一入为大司农，百姓"共为邑起冢立祠，岁时祠祭"。光武帝时的南阳太守杜诗号为"杜母"。洛阳令王涣死后灵柩西归，百姓沿路祭祀，"为立祠安阳亭西，每食辄弦歌而荐之"。桂阳太守许荆卒于任所，桂阳人为立庙树碑。这些都说明了社会对循吏道德精神的肯定。

在整个秦汉魏晋南北朝广阔的历史空间中，臣子官吏的政治道德生活非常复杂，风气时有改变。当君主比较"开明"时，就能够较好地调动臣子忠君为民的积极性。而当君主残暴或者昏庸无能时，臣子官僚们的臣德便会大打折扣。于是往往会出现两种情况：一种是权臣把持朝政，架空帝王，君臣关系名存实亡，如西汉的霍光，东汉的梁冀，魏晋时的曹操、司马昭等等，有的甚至夺权篡政，强逼原来的帝王禅位，如王莽、曹丕、司马炎，东晋末的刘裕，南朝的萧道成、萧衍、陈霸先，北朝的宇文泰、高欢等。另一种是在社会动乱和政权更迭频繁时期，一些臣子往往背离忠君的专一性，择主而事，这在魏晋南北朝时期也非常普遍。

第三节　为官廉洁自律、清正无私

廉洁清正和不谋私利，既是官吏作为臣子为君为国尽忠的表现，同时也是由忠德延伸出来的一种官员的个人政治道德生活规范。

秦朝奉行法治，虽然重用刑罚，却并不排斥对官员的道德教育。《睡虎地秦墓竹简》中的《为吏之道》"不仅是我国最早的一部行政法文献，同时也是最早的一部具有为政清廉思想雏形的重要文献"①。在这部文献中，秦朝对官吏的首要要求是："凡为吏之道，必精絜（洁）正直，慎谨坚固，审悉毋（无）私，微密纤（纤）察，安静毋苛，审当赏罚。严刚毋暴，廉而毋刖，毋复期胜，毋以忿怒夬。"即应当保持自身纯洁，不同流合污，公正坦率，谨慎小心，不轻信他人，不徇私情，做官淡泊，不可以追求利禄，赏罚分明。简文中提出"吏有五善"中的"清廉无谤"和"吏有五失"中的"居官善取"，都是对为政清廉的官德的倡导。秦朝统治者"以吏为师"的做法，使官吏的德行廉洁更被重视，目前的材料里尚未发现秦王朝吏治腐败的有关记录。

汉高祖即位之初便下诏："其令诸吏善遇高爵，称吾意。且廉问，以重论之。"（《汉书·高帝纪下》）反映汉初法制情况的张家山汉简《二年

---

① 蒋建民：《我国最早的行政法文献——〈为吏之道〉》，《中国行政管理》1997 年第 8 期。

律令》中的《盗律》，对严厉惩治受贿和行贿行为有着明确的规定："受赇以枉法，及行赇者，皆坐其臧（赃）为盗，罪重于盗者，以重者论之。"① 其《置吏律》则规定了对推荐保举不廉洁官员者的问责制，"有任人以为吏，有所任不廉、不胜任以免，亦免任者"②。汉文帝也曾规定"吏坐受赇枉法，守县官财物而即盗之，已论命复有笞罪者，皆弃市"（《汉书·刑法志》）。汉景帝三次下诏痛斥吏治腐败，要求对官吏的"货贿"行为予以惩治。汉武帝时贪污受贿情况比较严重，故于元光元年（前134年）采纳董仲舒建议，下令郡国每年各举孝、廉各一人。表彰任用以廉著称的郅都、赵禹、张汤等酷吏，并进一步加强刺史巡行监察制度，于元封五年（前106年）具体规定了刺史监察范围的"六条问事"，其中大多涉及管理贪赃枉法、徇私舞弊、剥戮黎民。汉宣帝时更是运用物质赏赐和精神嘉奖来表彰廉吏，著名的廉吏尹翁归去世后，赐其子"黄金百斤，以奉其祭祠"（《汉书·尹翁归传》），对廉吏黄霸除下诏表扬外，进封"秩中二千石，赐爵关内侯，黄金百斤"（《汉书·宣帝纪》），同时加大反贪力度。御史萧望之私用官府车马回家探视，接受部属贿赂，被免去职务。东汉光武帝明确把选廉作为任用官员的标准，规定"自今以后，审四科辟召，及刺史、二千石察茂才尤异孝廉之吏，务尽实核，选择英俊、贤行、廉洁、平端于县邑，务授试以职"。（《东汉会要》卷27《选举下》）

由于汉代统治者对官吏队伍廉洁的重视，加之帝王的亲身倡导，在制度上的严厉管理，使得两汉的廉吏纷纷涌现。如西汉前期"循吏如河南守吴公、蜀守文翁之属，皆谨身帅先，居以廉平，不至于严，而民从化"（《汉书·循吏传》）。武帝时李广"为二千石四十余年，得赏赐辄分其麾下，终不言家产事"。（《史记·李将军列传》）宣帝时期廉洁清正的官吏更多，整个《汉书·循吏传》所记载的16位之中，宣帝时期就占11位。东汉光武帝时期廉吏亦不少。如孔奋镇守姑臧，"时天下扰乱，唯河西独安，而姑臧称为富邑，通货羌胡，市日四合，每居县者，不盈数月辄致丰积。奋在职四年，财产无所增"。当时光武初年，天下尚未太平，士人多

---

① 《张家山汉墓竹简》（释文修订本），文物出版社2006年版，第16页。
② 同上书，第36页。

不顾节操，而孔奋"力行清洁"常被人耻笑，有人认为他干着一个肥差，却"不能以自润，徒益苦辛耳"。但是孔奋的廉洁无私却得到姑臧吏民及临近羌胡各族百姓的肯定。在他将要离职时，舆论评价"孔君清廉仁贤，举县蒙恩，如何今去，不共报德！"人们聚集"牛马器物千万以上，追送数百里。奋谢之而已，一无所受"。(《后汉书·孔奋传》)宣秉在光武初任司隶校尉，"性节约，常服布被，蔬食瓦器"。后任大司徒司直，"所得禄奉，辄以收养亲族。其孤弱者，分与田地，自无担石之储"。(《后汉书·宣秉传》)董宣耿直而不畏强暴，任洛阳令时，光武帝姐姐湖阳公主的奴仆白日杀人，被湖阳公主包庇。董宣趁公主出行时拦住车驾，强令杀人犯下车并杀之。公主诉于刘秀，"帝大怒，召宣，欲棰杀之"，董宣叩头请求自杀，以头击楹，流血被面。刘秀无奈，"令小黄门持之，使宣叩头谢主，宣不从，强使顿之，宣两手据地，终不肯俯"。光武深受感动，"因敕强项令出。赐钱三十万，宣悉以班诸吏。由是搏击豪强，莫不震栗，京师号为'卧虎'"。董宣的事迹虽被《后汉书》作者写入《酷吏传》，但董宣的行为却在历史上被当作廉吏的典范来称颂。光武一朝，像董宣这样的人物还有将出猎晚归的光武帝拒之门外的郅恽，不贪财富、乘折辕车离职的张堪等等。

东汉中期以后，由于皇室衰微，宦官与外戚争权夺利，豪族骄奢淫逸，官吏腐败之风有所抬头，但还是涌现了一些廉洁自律、清俭自守的廉吏，为后世留下了许多脍炙人口的故事。如后世被称为"一钱太守"的会稽太守刘宠，他居官清廉，家无余财，察举非法，百姓得安。离任时，有五六位老者受百姓之托，各赠百钱为他送行，称赞他："自君来此，犬不夜吠，民不见吏，今闻当见弃去，故自扶奉送。"刘宠辞谢说："吾政何能及公言耶？勤苦父老！"老人们执意要赠，刘宠盛情难却，只好从每人手中拿了一文钱，象征性地收下。(《后汉书·循吏传》)又如杨震，出任东莱太守途经昌邑时，曾因受过杨震提拔的昌邑令王密，深夜怀金十斤以赠杨震，杨震拒不接受，王密以"暮夜无知者"为由劝其收下，杨震曰："天知，神知，我知，子知。何谓无知！"杨震后转涿郡太守。"性公廉，不受私谒。子孙常蔬食步行，故旧长者或欲令为开产业，震不肯，曰：'使后世称为清白吏子孙，以此遗之，不亦厚乎！'"(《后汉书·杨震传》)其子杨秉"自为刺史、二千石，计日受奉，余禄不入私门。故吏赍钱百万遗之，闭门不受。以廉洁称"。杨秉"性不饮酒，又早丧夫人，遂不复娶"，尝标榜"我有三不惑：酒，色，财也。"（《后汉书·杨震传》）又《后汉书·王良列传》载："王良为大司徒司直。在位恭俭，妻子不入官舍，布被瓦器……时司徒史鲍恢以事到东海，过候其家，而良妻布裙曳柴，从田中归……恢乃下拜，叹息而还，闻者莫不嘉之。"

三国时，曹操身先垂范，提倡节俭，时毛玠"与崔琰并典选举。其所举用，皆清正之士。虽于时有盛名而行不由本者，终莫得进。务以俭率人，由是天下之士莫不以廉节自励，虽贵宠之臣，舆服不敢过度"，得到曹操的高度肯定。（《三国志·魏书·毛玠传》）魏文帝曹丕采纳贾逵建议，"以六条诏书察长吏二千石以下"，监察官吏的贪污失职行为。这六条是："察民疾苦冤失职者；察墨绥长吏以上居官政状；察盗贼为民之害及大奸猾者；察犯田律四时禁者；察民有孝悌廉洁行修正茂才异等者；察吏不簿入钱谷放散者。"① 这些措施对当时官场推动廉洁清正风气的形成起到了很好的作用。

蜀汉政权的诸葛亮一向严于律己，以身作则，清俭自持，在《自表后主》中遗言："若臣死之日，不使内有余帛，外有赢财。"（《三国志·蜀书·诸葛亮传》）他还在《诫子书》中教育子孙"静以修身，俭以养德，非淡泊无以明志，非宁静无以致远"，对蜀国官员的政治道德生活乃至后世都产生了很大影响。

两晋时期，一方面由于门阀政治的影响，世家大族享有政治经济特权，致使政治风气腐败奢靡，另一方面思想界盛行玄学清谈，士人对国家的责任意识淡漠，从而使整个社会的政治道德有所滑坡。但是，在这样的背景下，还出现了一些坚守儒家政治伦理的廉吏。如羊祜"立身清俭，被服率素，禄俸所资，皆以赡给九族，赏赐军士，家无余财。遗令不得以南城侯印入柩"。（《晋书·羊祜传》）东晋吴隐之，出身名门，"有清操"，曾任御史中丞、左卫将军等要职，虽然居官显要，但他还是把俸禄赏赐都分给亲族。冬月无被，曾经要洗棉衣，只能披着棉絮御寒，勤苦如同贫民百姓。广州靠近大海，出产奇珍异宝，但气候多瘴疬，只有家贫不能自立的人，才会要求到此做官；历任广州刺史，多借机会贪污腐败。朝

---

① 《文选》卷 59《齐故安陆昭王碑文》李善注引《汉书音义》。

廷欲革除此敝，派吴隐之为龙骧将军、广州刺史，持符节，兼领平越中郎将。吴隐之赴任路过贪泉，人们传说饮过此水就会变贪，而他却对其亲人说："'不见可欲，使心不乱。越岭丧清，吾知之矣。'乃至泉所，酌而饮之，因赋诗曰："古人云此水，一酞怀千金。试使夷齐饮，终当不易心。'"在广州期间，他仅以蔬菜、干鱼下饭。后升任中领军，生活仍然清俭，每月初得禄，只留够口粮，其余全分给亲族，由家人绩纺以供日常用度。困难时，并日而食，身上穿的布衣都不完整，妻子并没有因他做官而享受半点俸禄。（《晋书·吴隐之传》）这种保持节俭朴素的生活作风，两袖清风，家属不搞特殊化的官吏，不但在东晋那个普遍奢靡的时代少见，就是在整个中国古代史上也为数不多。吴隐之酌贪泉的故事成为千古佳话，被世代传颂。

南朝上承东晋，继续偏安江左，统治阶层耽于安乐，世风浮靡，却也有少数寒门之士，能够坚守居官清俭的道德传统，如《南史·江秉之传》记载，刘宋时期江秉之从县令升到郡太守，"并以简约见称。所得禄秩，悉散之亲故，妻子常饥寒。人有劝其营田者，秉之正曰：'食禄之家，岂可与农人竞利！'在郡作书案一枚，及去官，留以付库。"庾荜在齐梁时为官"清身率下，杜绝请托，布被蔬食，妻子不免饥寒"。后出任会稽郡丞，"时承凋敝之后，百姓凶荒，所在谷贵，米至数千，民多流散，荜抚循甚有治理。唯守公禄，清节逾厉，至有经日不举火。太守、襄阳王闻而馈之，荜谢不受"。其死时一贫如洗，无法成殓，灵柩无法运回家乡，皇帝得知后方诏赐绢、米予以救济。（《梁书·良吏传》）

北魏前期，由于官吏没有俸禄，部分官员非常清贫，许多官员贪污受贿，导致吏治腐败严重，魏明元帝拓跋嗣、太武帝拓跋焘、献文帝拓跋弘都先后出台严惩贪官污吏的措施。到孝文帝拓跋宏时，则在惩贪的同时，通过奖励廉吏、颁布俸禄的方式来反贪。所以《魏书·良吏传》中也记载了不少此类廉洁清正的官员：如张恂出任广平太守，召集社会动乱离散中的百姓，"劝课农桑，民归之者千户。迁常山太守。恂开建学校，优显儒士。吏民歌咏之。于时丧乱之后，罕能克厉，惟恂当官清白，仁恕临下，百姓亲爱之，其治为当时第一"。张应身为鲁郡太守，履行贞素，其妻子却"樵采以自供"，"迁京兆太守，所在清白"，深得吏民拥护。杜纂"所历任，好行小惠，蔬食敝衣。多涉诬矫，而轻财洁己，终无受纳，为百姓所思，号为良守"。羊敦"性尚闲素"，"公平正直"，任广平太守，"雅性清俭，属岁饥馑，家馈未至，使人外寻陂泽，采藕根食之。遇有疾苦，家人解衣质米以供之。然政尚威严"。死在任所，"吏民奔哭，莫不悲恸"。

　　总体看来，魏晋以后的官员道德与两汉有所不同。对此，梁代萧子显在《南齐书》的《良政传》中评论道："魏晋为吏，稍与汉乖，苛猛之风虽衰，而仁爱之情亦减。"这就是说，魏晋的官吏在行政风格上没有汉代官员那么严苛刚猛，但同时在仁爱百姓上也比汉代官员有所逊色。之所以出现这样的现象，一方面是因为汉代社会政治道德总体较好，官员群体的道德责任感强，比较重视个人名节，所以在执政过程中，敢于负责，打击豪强、体恤百姓，雷厉风行。另一方面，魏晋以后，南朝在门阀制度下世家大族世袭为官，上层统治比较腐朽，社会道德总体上滑坡；北朝经济落后，加上制度因素，使得官员普遍清贫，为政清廉无私很不容易做到。诚如萧子显所言：当时的官吏们"目见可欲，嗜好方流，贪以败官，取与违义，吏之不臧，罔非由此"（《南齐书·良政传》）。

第三章

各阶层与行业的道德生活

从秦汉魏晋南北朝时期，中国社会的职业习惯上称为"士、农、工、商"四类，也称"四民"。其中"士"在春秋以前，作为一个等级具有相对的稳定性，到了战国，这个阶层成为上（统治者、官吏和剥削者）与下（被统治者、民、被剥削者）交流、转换的中间地带，士大夫和士庶民这两个概念可以作为士上下的幅度和范围。① 总而言之，士是介于官僚和平民之间，一般拥有一定的文化知识、道德和勇力，具有社会担当精神的一个特殊群体。但从汉武帝采纳董仲舒建议，设立太学，进用儒生以后，士阶层的主体便逐渐与"吏"合一了，被变成了"官僚士大夫"。鉴于本书在前边已涉及了士大夫的道德，这里仅对作为社会特殊阶层的士（含士大夫和儒生）的职业操守及人格价值取向作些论述；同时因为隐士和侠士是秦汉魏晋南北朝时期游离于社会之外的特殊的人物，他们与士大夫一样，其前身俱出于先秦的"士"，但在文化渊源上士大夫实际是儒家的身份，而隐士则可以说是儒道兼有，道家影响更多，侠士则是墨家人物在后世的变种，其道德精神状况有所不同。农民这个阶层在中国历史发展中变化不大，但在秦汉魏晋六朝阶段，由于社会的动乱的频繁和土地兼并的剧烈，农民和流民的身份常常相互渗透交叉，这里拟将二者合并叙述。手工业者在这一时期作为社会底层被歧视的人群，其道德生活乏材料可陈，而商人、医师、军人等职业人群在这一时期有了很大发展，这里也将对这三类人的道德生活状况也作一描述。

---

① 参见刘泽华《先秦士人与社会》，天津人民出版社 2004 年版，第 94—95 页。

第一节　士人的道德生活

秦汉魏晋南北朝时期，士人群体的发展经历了一个变化过程。大抵说来，秦时的士主要是儒生方士，西汉的士包括游士、儒生、士大夫，东汉则为士大夫和太学生，到魏晋南北朝时士的主体则演变为士族（也包括从庶族中崛起的寒士）。以下将分别论述其不同的道德倾向。

一　以道自任，婞直忠义

早在春秋时期，孔子对士的道德已经提出要求，"士不可不弘毅，任重而道远"（《泰伯》）；"士志于道，而耻恶衣恶食者，未足与议也"（《里仁》）；"君子忧道不忧贫"，"谋道不谋食"（《卫灵公》）等等。这些"都是在强调士的价值取向必须以'道'为最后的依据。所以中国知识阶层刚刚出现在历史舞台上的时候，孔子便已努力给它灌注一种理想主义的精神，要求它的每一个分子——士——都能超越他自己个体的和群体的利害得失，而发展对整个社会的深厚关怀"[1]。所以说，士从产生之初起，其文化身份就注定了要与"道"紧密相连，这个"道"就是代表和维护以地主阶级统治为核心的整个封建主义社会总体利益的道德精神要求。

到了秦汉时期，"大一统"的政治局面开始出现，士人不可能像战国时期那样，或游走于诸侯之间各展其才，或聚徒讲学、处士横议。随着封建中央集权专制统治的确立与完善，士人被逐渐吸纳进入封建政权机体组织之中，用自身的德行和经术，贡献社会民众，传播思想文化，批判和匡正君主朝廷的统治罅隙，以求实现自我的精神价值，而把一己之私利置之身外；即使没有被吸纳进统治集团的那部分士人，也被要求能够坦然接受卑贱贫穷，坚守道义，为社会做一些力所能及的文化教育工作，以道德的自足完善相砥砺。许多当时人认为：

> 为人臣者，主而忘身，国而忘家，公而忘私，利不苟就，害不苟去，惟义所在。（《新书》）

---

[1]　余英时：《士与中国文化》，上海人民出版社 1987 年版，第 35 页。

所谓士者，虽不能尽乎道术，必有由也。虽不能尽乎美善，必有处也。（《韩诗外传》卷1）

古之君子守道以立名，修身以俟时，不为穷变节，不为贱易老，惟仁之处，惟义之行。临财苟得，不义而富，无名而贵，仁者不为也。（《盐铁论·地广》）

君子执德秉义而行，故造次必于是，颠沛必于是……宁穷饥居于陋巷，安能变己而从俗化？……亏义得尊，枉道取容，效死不为也。闻正道不行，释事而退，未闻枉道以求容也。（《盐铁论·论儒》）

士君子有勇而果于行者，不以立节行义，而妄死非名，岂不痛哉；士有杀身以成仁，触害以立义，倚于节理而不议死地，故能身死名留于来世，非有勇断，孰能行之？（《说苑·立节》）

在这些儒士们看来，道义乃是士的立身之本，"道义原则超越世俗，具有绝对价值，即使皇帝也得服从。而为了推动、保障社会合乎道德的进步，必须首先向治国者指出其政治得失的现状，'相扶以义，相喻以道'，以道义辅佐天子、卿相，也就是以为先圣前贤所缔造、许可的士文化价值，对政治加以约束和引领。"[1] 所以，也就出现了在盐铁会议上像九江祝生那样，为了国家的前途，"奋由、路之意，推史鱼之节，发愤懑，刺讥公卿，介然直而不挠"（《盐铁论·杂论》）的情景，有了敢于指责在位者"虎饱鸱咽"（《盐铁论·褒贤》）、"未称盛德"（《盐铁论·相刺》）的文学之士。宣帝时的夏侯胜，元帝时的贡禹都曾上书，对汉武帝以来的政策提出过尖锐的批评。更有甚者，鲁诗教授出身的薛广德上书谏阻汉元帝郊祀后的射猎行为，为劝止元帝违礼入宗庙，他竟然免冠顿首阻挡皇帝乘舆，以死谏净："陛下不听臣，臣自刎，以血污车轮，陛下不得入庙矣。"（《汉书·薛广德传》）谷永上书批评汉成帝"违道纵欲，轻身妄行"，"前后所上四十余事，略相反复，专攻上身及后宫"（《汉书·谷永传》）。哀帝初，鲍宣上书指出当时的百姓面临着"七亡"、"七死"的威胁，然后他把矛头直接指向最高统治者，认为君主"治天下当用天下之心，不得自专快意而已也"，君主"为黎庶父母，为天牧养元元，视之当

---

[1] 于迎春：《秦汉士史》，北京大学出版社 2000 年版，第 163—164 页。

如一"（《汉书·王贡两龚鲍传》）。以上这些批判都是以儒家的王道仁政、民本观念为思想武器，充满了儒者对天下苍生的强烈的责任感，也彰显了士人在政治统治者面前的人格尊严。而作为政治统治者代表的皇帝，对这些以维护王道自居的儒生也不得不给予一定的宽容，如元帝挽留请求致仕还乡的贡禹，赞其"有伯夷之廉，史鱼之直，收经据古，不阿当世"，鲍宣尽管谏辞激切，哀帝也能"优容之"。

儒士的以道自居的精神经历了两汉之际政治风雨的冲击，到东汉中后期，随着宦官集团的专权，太学生数量激增，以及儒生上进之路受阻，士大夫与宦官的矛盾更加激化，士阶层的斗志再次高涨。对此，《后汉书·党锢传序》记载："逮桓、灵之间，主荒政缪，国委命于阉寺，士子羞与为伍，故匹夫抗奋，处士横议，遂乃激扬名声，互相题拂，品核公卿，裁量执政，婞直之风，于斯行矣。"太学生作为士大夫的预备队对国家的前途充满忧患和责任意识，他们通过"清议"的舆论力量和大规模上书的形式，声援和支持敢于冲犯权贵的正直士大夫，对朝廷施加压力。在桓、灵之世引发了两次党锢之祸，虽然这些反抗以宦官为代表的强权势力的斗争以失败告终，极大地挫伤了士人对朝廷的信心和从政的积极性，但却从另一方面充分显示了士人群体激浊扬清的道德力量。在这一过程中，涌现了李膺、范滂、李固、杜乔、陈蕃、张俭等为正义而献身的名士。李膺在家中闻难自动投案，坚持"事不辞难，罪不逃刑，臣之节也"；巴肃拒绝县令的逃脱帮助，声称："为人臣者，有谋不敢隐，有罪不敢刑，既不隐其谋矣，又敢逃其刑乎？"范滂在第一次遭党祸狱中受审时曾慷慨表白："古之循善，自求多福；今之循善，身陷大戮。身死之日，愿埋首阳山侧，上不负皇天，下不愧夷、齐。"（《后汉书·党锢传》）第二次党祸时在家中受捕，慷慨赴难。这些刚正婞直之士为了个人名节，为了社会正义，敢于斗争，不顾牺牲的精神，对当时的士林产生了巨大的影响。陈蕃死后，友人朱震，弃官收尸；侍御史景毅之子曾是李膺门徒，被抓捕名单遗漏，但景毅自己上表免官归乡，以示对党人的支持；党人张俭在逃亡中，士人"莫不重其名行，破家相容"（《后汉书·党锢传》），不惜舍弃财产乃至生命予以救助，孔融救助张俭事发，"一门争死"，"融由是显名"（《后汉书·孔融传》）。这些士人始终能坚守道义，不畏权势，刚烈忠义，践行着士人的社会批判职责，显示了士人高度的职业道德自觉。

这种婞直风气一直持续到三国时期，祢衡击鼓骂曹、边让恃才傲物、孔融对曹操多侮谩之词，都是汉末士风的余绪。魏晋以后，由于政治杀戮的威胁，玄学的流行，士人或清谈玄远，或与世俯仰，儒家之士以道自任的责任感渐渐被消解，唯有西晋刘琨身当匈奴犯境，能挺身抗敌勇赴国难；南朝颜延之能讲究士大夫独立的气节人格，毅然与自己的"不义而进身"，"权倾一朝"的儿子划清界限。北魏儒学有一定程度的复兴，少数士人如郭祚、李冲、张普惠等尚能把儒家经学和人生实践结合，在从政中保持着儒家的积极入世、正道直行、无私无畏的精神。但总体上看，由于魏晋南北朝时期政权更迭频繁，权臣武将篡弑之事屡出，士大夫朝不保夕，士林中已很少存在汉儒那样以道自任、婞直忠义等高尚道德品格。

二 尚节矜名，修身明经

随着秦汉大一统时代的到来，特别是雄才大略的汉武帝"罢黜百家，独尊儒术"以后，士人自由游仕的时代结束，士人在专制的体制下感到不适，如东方朔作《答客难》描述生存境遇："用之则为将，卑之则为虏；扛之则在青云之上，抑之则在深泉之下；用之则为虎，不用则为鼠。"司马迁《报任安书》中深感自己"为主上俳优蓄之"；到西汉晚期，随着政权的腐败，扬雄认识到"当涂者入青云，失路者委沟渠；且握权则为卿相，夕失势则为匹夫"（《解嘲》），只好以著书立说的隐居方式，玄默自守，安贫乐道。一时间，士人的志趣普遍开始从对外部公共事务的关注转向个体内心的调适。在道德生活实践上，他们虽然仍旧希望儒家忧国忧民，建功立业，但更多的是人格的内敛。在明哲保身的处己智慧指导下，他们或与时俯仰，或者托病辞官。前者如崔篆被迫委身事王莽，到任后称病不理政事，消极反抗；后者如王崇、孔休、龚胜、邴汉、蒋诩、苏章、卓茂等等，或告老还乡，或托病去官。其中孔休在王莽代汉时呕血托病，杜门自绝；龚胜面对王莽的拉拢，称病不受印绶，对门人说："谊岂以一身事二主，下见故主哉？"最终绝食而死。（《汉书·龚胜传》）他们虽未能独善其身，但也为士林树立了不慕名利、洁身自好的政治节操。他们不是传统意义上的隐士，但面对利禄富贵的引诱，仍能"明经饬行"，主动疏离世俗的污浊，因此引起班固感叹："春秋列国卿大夫及至汉兴将

相名臣，怀禄耽宠以失其世者多矣！是故清节之士于是为贵。"（《汉书·王贡两龚鲍传》）

东汉以后，随着统治阶级对敦厚周慎、谦约廉俭的文人作风的推重和践履，构成了东汉，尤其是东汉前半期士大夫道德生活的基调，敦厚重毅、恭肃小心、谦退不伐、饬行谨饬、谦逊絜清、谦敬博爱、清约仁厚、好义笃实、好礼修整等词语，充斥于对当时士林人物的表彰、称道之中。① 修身洁行已成为当时衡量士大夫人格价值的重要标准。在修身实践中，他们杜绝物质享受的奢华，追求清俭，自我约束，坚信"夫修身慎行，敦方正直，清廉洁白，恬淡无为，化之本也"（《潜夫论·实贡》）。而汉末士林热衷人物批评的"清议"，则为士人修身洁行的道德实践提供了动力和空间，更激发了对名声的过分重视，士大夫以名行相高，以至于出现为邀名求誉而矫揉造作的道德。②

在汉末至六朝时期，除了道德修为之外，对知识的博学多通也成为士大夫人格评价的重要因素。在人物评价中常提到"经明行修"，其中"经明"就是对儒家经书的通晓，这最初也是东汉中期知识群体的一种人格理想，如王充说："学士之才，农夫之力，一也。能多种谷，谓之上农；能博问学，谓之上儒。"（《论衡·别通》）"博达疏通，儒生之力也。"（《论衡·效力》）后来便逐渐发展成为士林的一种思潮。从汉末郑玄、王肃到魏晋时儒玄兼治的何晏、王弼、向秀、郭向、袁宏、范宁，南朝世家王、谢等士族，莫不如此。虽然在此期间，有些人的知识和道德未必能统一于一身，虽博学但却媚世（如马融），然而从总体上看，通晓圣贤的经典的确也是士人道德境界提升的一个重要前提。

三　通脱放达，任诞浮华

汉末至六朝的通脱放达、任诞浮华等道德风气，原是对于汉代以来传统儒家士人清流守节等道德的反动。鲁迅在《魏晋风度及文章与药及酒之关系》一文中提出，魏晋是"文的自觉，人的解放"的时代，并探讨了曹操开始发起这种思想界变革的原因说："他为什么要尚通脱呢？自然

---

① 于迎春：《秦汉士史》，北京大学出版社 2000 年版，第 319 页。
② 这一点在孝道领域表现最为突出，参见本编第一章家庭婚姻道德部分。

是与当时的风气有莫大的关系。因为代党锢之祸以前，凡党中人都自命清流，不过讲'清'讲的太过，便成固执，所以在汉末，清流的举动有时便非常可笑了……所以深知此弊的曹操要起来反对这种习气，力倡通脱。通脱即随便之意。"①　其实此种风气从东汉中后期已开始出现。著名大儒马融便是一例，他"才高博洽，为世通儒"，但在个人生活上却"善鼓琴，好吹笙，达生任性，不拘儒者之节。居宇器服，多存侈饰。常坐高堂，施绛帐，前授生徒，后列女乐"。又《后汉书·逸民传》载戴良："少诞节，母喜驴鸣，良尝学之，以娱乐也。及母卒，兄伯鸾居庐啜粥，非礼不行。良独食肉饮酒，哀至乃哭。"《抱朴子·疾谬》批评汉末之人"蓬发乱鬓，横挟不带。或裸衣以接，或裸袒而箕踞。终日无及意之言，彻夜无箴规之益。诬引老庄，贵于率任，大行不顾细礼，至人不拘检括，啸傲纵逸，谓之体道。"这些都足以说明在道德生活领域里道家的贵生、率真等观念逐渐流行，他们开启了魏晋风度的先声。及至曹操，为人通脱简易，"佻易无威重"，"每与人谈论，戏弄言诵，尽无所隐，及欢悦大笑，至以头没杯案中，肴膳皆沾污巾帻"。（《三国志》卷1裴松之注引《魏书》）曹丕为王粲送葬，以王粲生前好驴鸣而让随行者都学驴叫。曹植更是"性简易，不治威仪"，"任性而行，不自雕励"。上行下效，在曹氏父子的影响下，许多不满烦琐经学教条的独行之士纷纷以自己的行为诠释着新时代的道德风尚。而魏晋易代之际，随着司马氏高压政治借礼教之名杀戮名士，汉末之清议更流为玄虚的清谈。士大夫以《老子》、《庄子》、《周易》为"三玄"，校练名理，不涉实务，社会担当意识极大弱化。正始时，以阮籍、嵇康为代表的竹林七贤"越名教而任自然"、"废汤武而薄周孔"，公开向儒家名教宣战。《世说新语·任诞》诸篇中，记载了许多魏晋名士的不修边幅、不自检束、饮酒荒放、不避男女大防、居丧废礼等放达任诞行为：

> 　　刘伶恒纵酒放达，或脱衣裸形在屋中，人见讥之。伶曰："我以天地为栋宇，屋室为裈衣，诸君何为入我裈中？"
> 　　阮公邻家妇有美色，当垆酤酒。阮与王安丰常从妇饮酒，阮醉，

---

①　鲁迅：《而已集》，人民文学出版社1973年版，第82—83页。

便眠其妇侧。夫始殊疑之，伺察，终无他意。

阮步兵籍也，丧母；裴令公楷也，往吊之。阮方醉，散发坐床，箕踞不哭。裴至，下席于地，哭吊喭毕，便去。或问裴："凡吊，主人哭，客乃为礼。阮既不哭，君何为哭？"裴曰："阮方外之人，故不崇礼制；我辈俗中人，故以仪轨自居。"时人叹为两得其中。

诸阮皆能饮酒，仲容至宗人间共集，不复用常杯斟酌，以大瓮盛酒，围坐，相向大酌。时有群猪来饮，直接去上，便共饮之。

裴成公妇，王戎女。王戎晨往裴许，不通径前。裴从床南下，女从北下，相对作宾主，了无异色。

……

当然，正始名士蔑弃儒家礼法的放诞行为并非真正的超然，他们不过是出于对司马氏把礼教虚伪化的反感，故意做出毁坏礼教的行为，其实从内心而言，确有不得已的苦衷，所以后来阮籍的儿子阮浑欲学父亲的放诞作风时，阮籍坚决予以反对①，此种行为却对西晋士人的道德生活产生了深远的影响。如《世说新语·德行》篇刘孝标注引王隐《晋书》所说："魏末阮籍嗜酒荒放，露头散发，裸袒箕踞。其后贵游子弟阮瞻、王澄、谢鲲、胡母辅之徒，皆祖述于籍，谓得大道之本。故去巾帻，脱衣服，露丑恶，同禽兽。甚者名之曰通，次者名之为达也。"西晋元康时期某些士族子弟把一味的放浪形骸当作名士的通达，实际上已和正始名士的放达相去甚远。任诞放达之风在东晋时期继续扩展，门阀士族偏安江左，谈玄论道，更有甚者，他们把魏晋名士的率性放达发展到伤风败俗的地步。《世说新语》刘孝标注引邓粲《晋纪》记载："王导与周颐及朝士诣尚书纪瞻观伎。瞻有爱妾，能为新声。颐于众中欲通其妾，露其丑秽，颜无怍色。有司奏免颐官，诏特原之。"周竟然于大庭广众之中，见色起意，露出自己的生殖器，而且居然不以为耻，还辩解说："吾若万里长江，何能不千里一曲。"足见这已不是个别现象。葛洪《抱朴子·疾谬》从日常生活道德着眼对当时这类不良现象进行了揭露：

---

① 《世说新语·任诞》曰："阮浑长成，风气韵度似父，亦欲作达。步兵曰：'仲容已预之，卿不得复尔。'"

　　轻薄之人，迹厕高深。交成财赡，名位粗会，便背礼叛教，托云率任。才不逸伦，强为放达。以傲兀无检者为大度，以惜护节操为涩少。于是腊鼓垂，无赖之子，白醉耳热之后，结党合群，游不择类，携手连袂，以遨以集。入他堂室，观人妇女，指玷修短，评论美丑。或有不通主人，便共突前，严饰未办，不复窥听。犯门折关，逾垝穿隙，有似抄劫之至也。其或妾媵藏避不及，至搜索隐僻，就而引曳，亦怪事也。然落拓之子，无骨鲠而好随俗者，以通此者为亲密，距此者为不恭。于是要呼愦杂，入室视妻，促膝之狭坐，交杯觞于咫尺。弦歌淫冶之音曲，以诮文君之动心。载号载呶，谑戏丑亵。穷鄙极黩，尔乃笑（此句疑脱一字）。乱男女之大节，蹈相鼠之无仪。然而俗习行惯，皆曰此乃京城上国公子王孙贵人所共为也。

干宝《晋纪总论》则进一步从整个社会道德风气着眼对士人通脱放达、任诞浮华的危害性进行了全面的批判：

　　风俗淫僻，耻尚失所，学者以老、庄为宗，而黜六经；谈者以虚薄为辩，而贱名检；行身者以放浊为通，而狭节信。进仕者以苟得为贵，而鄙居正；当官者以望空为高，而笑勤恪。其倚仗虚旷，依恶无心者，皆名重海内。由是毁誉乱于善恶之实，情慝奔于祸欲之途，选者为人择官，官者为身择利，而世族贵戚之子弟，陵迈超越，不拘资次，悠悠风尘，皆奔竞之士。①

　　士林风气发展到这一步，原本自诩为社会精英的士人道德已经彻底变味了。故颜之推评论道："何晏、王弼祖述玄宗，递相夸尚，景附草靡，皆以黄农之化，在乎己身，周孔之业，弃之度外。直取清谈雅论，剖玄析微，宾主往复，娱心悦耳，非济世成俗之要也。"（《颜氏家训·训勉学》）"晋朝南渡，优借士族，故江南冠带有才干者，擢为令仆以下，尚书郎、中书舍人以上，典掌机要。其余文义之士，多迂诞浮华，不涉世务。"

　　①　引自徐震堮《世说新语校笺》上册，中华书局 1999 年版，第 5 页。

（《颜氏家训·涉务》）颜之推这里所言的"非济世成俗之要"和"不涉世务"正是对魏晋以来士人清谈误国、缺乏担当精神的揭露和批判。

四　尊师重道，崇友贵交

尊师重道本是先秦以来的文化传统，到西汉中期以后，由于太学和私学教育的发达，师生关系成为士人社会交往中非常重要的人际关系。《白虎通》将师长与诸父、兄弟、族人、诸舅、朋友等同列为"六纪"，并认为："师弟子之道有三：《论语》'有朋自远方来'，朋友之道也。又曰：'回也视予犹父也'，父子之道也。以君臣之义教之，君臣之道也。"（《白虎通·论师道有三》）也就是说，师生之道兼有朋友、父子、君臣三种性质，所以主张学生对老师应该"生则尊敬而亲之，死则哀痛之，恩深义隆，故为之隆服"（《白虎通·论弟子为师》）。所以汉代有着浓厚的尊师风尚，许多经学大师门下弟子众多，弟子多为老师服丧下葬，甚至有延笃、孔昱因师丧而弃官的事。《后汉书·儒林传》中记载欧阳歙获罪陷狱，"诸生守阙为歙求哀者千余人，至有自髡剔者。平原礼震，年十七，闻狱当断，驰之京师，行到河内获嘉县，自系，上书求代歙死"。可见士人对师道的尊重。

汉代士人尊师还表现为在学问传承中严守师法、家法，是否维护老师的学术思想，也成为朝廷选拔博士的一条标准，如《汉书·儒林传》载汉宣帝因孟喜改师法而不用其为博士；《后汉书·徐防传》载东汉和帝采纳徐防建议取博士，"若不依先师，义有相伐，皆正以为非"。

除此之外，从东汉后期出现的门生弟子为老师私赠谥号的行为，也成为尊师重道的一大景观。《后汉书·陈寔传》记载名士陈寔"年八十四，卒于家，何进遣使吊祭，海内赴者三万余人，制衰麻者以百数，共刊石立碑谥为文范先生"。

《后汉书·朱穆传》载朱穆去世，"蔡邕复与门人共述其体行，谥为文忠先生"。这种私谥现象源于汉代士人普遍把通经作为致仕之路，"故师道本隆，然师弟子之关系愈后而愈密切，则社会、经济、政治各方面之发展实亦有以致之"①。汉末建安以后天下分崩，士子通过求学以选举入

---

① 余英时：《士与中国文化》，上海人民出版社 1987 年版，第 299 页。

仕的道路受阻，于是"章句渐疏，多以浮华相尚"（《后汉书·儒林传》）。魏文帝曹丕恢复太学，但学子多把学校当作躲避徭役之所，教书的"博士"也学问荒疏，无以教弟子。正始时，"朝堂公卿一下四百余人，岂能操笔者未有十人"（《三国志·魏书·王肃传》注引《魏略》）。此后随着世家大族地位上升，士、庶之别日益剧烈，士风日益浅薄浮华，汉人尊师重道之风自然随之减弱。

在汉代，随着官学、私学的传播以及察举制度的推行，士人游学游宦风气日盛，汉末魏晋时期随着社会动荡和人才流动的频繁，士人社会人际交往持续扩大，从而使得交友之道也成为士人社会交往伦理的重要组成部分。在先秦人的交友之道中，我们看到，人们更多强调的是诚信原则和知心互利原则。而在秦汉魏晋南北朝时期，随着政治状况和思想文化的发展，人们的交友之道有了新的变化：

首先是交友具有社会公共道德和政治道德的双重意蕴。这一时期出现了很多带有政治色彩的士人集团，他们之间的交往，不只是孔子所说的"以友辅仁"，帮助自己提高思想和道德境界，而是出于共同的人生和政治追求。如东汉后期党锢之祸中以李膺、陈蕃为代表的士人集团，士人们相互标榜，在共同的政治主张，以"社会良心"作为连接的纽带，以推动政治风气和社会风气的变革与进步。这一时期史料记述中屡次出现的"同志"一词，和当时社会舆论称扬的"三君"、"八俊"、"八顾"、"八及"、"八厨"等诸多名目，本身说明了交友行为内在地蕴涵着士人群体道德的自觉意识。

对此我们还可从当时人关于交友问题的文字论述中窥知一二。如汉末朱穆撰有《绝交论》一文，批判当时世俗交友的私利性："世之务交游也久矣，不敦于业，不忌于君，犯礼以追之，背公以从之。其愈者则孺子之爱也；其甚者则求蔽过窃誉，以赡其私。利进义退，公轻私重，居劳于听也。或于道而求其私，赡矣。是故遂往不反，而莫敢止焉，是川渎并决而莫敢之塞，游家而莫之禁也。"（《全后汉文》卷28）徐干《中论》一书多处论及交友之道，其《贵验篇》指出："朋友之交，务在切直以升于善道也。"其《遣交篇》从反面批判世俗之士的交往"非欲忧国恤民，谋道讲德也，徒营己治私，求逐势利而已！"曹丕在《典论》中更把交友的功能提到一个新的高度，他说："夫阴阳交，万物成；君臣交，邦国治；士庶交，德行光。同忧乐，共富贵，而友道备矣。《易》曰：'上下交而其志同。'由是观之，交乃人伦之本务，王道之大义，非特士友之志也。"（严可均：《全三国文》卷 8 辑《典论》轶文）总之，这一时期士人对交友之道的理解已经超出了为个体间的互相帮助来提高学问和修养水平的目的，更包含着为公义而献身的崇高精神追求。

其次是交友更注重心灵的沟通和精神气质上的内在契合。《世说新语·德行篇》中对于汉代的这种交友有着精彩记述："周子居常云：'吾时月不见黄叔度，则鄙吝之心已复生矣。'""郭林宗至汝南造袁奉高，车不停轨，鸾不辍轭。诣黄叔度，乃弥日信宿。人问其故？林宗曰：'叔度汪汪如万顷之陂。澄之不清，扰之不浊，其器深广，难测量也。'"书上记载的晋代亦复如是，《晋书·阮籍传》中记阮籍与孙登交往逸事颇耐人寻味，"籍尝于苏门山遇孙登，与商略终古及栖神导气之术，登皆不应，籍因长啸而退。至半岭，闻有声若鸾凤之音，响乎岩谷，乃登之啸也。遂归著《大人先生传》"。在这则故事里，阮籍和孙登谈不上什么交往，但他们通过独特的"啸"来沟通信息，找到了精神上的契合点，实现了名副其实的"神交"。相反，朋友之间若志趣发生歧异，则必须坚决断交。《世说新语·德行》载："管宁、华歆共园中锄菜，见地有片金，管挥锄与瓦石不异，华捉而掷去之。又尝同席读书，有乘轩冕过门者，宁读如故，歆废书出看。宁割席分坐曰：'子非吾友也。'"

以上事例表明，朋友交往贵在精神的相知。可以说，魏晋间士人的交往在某种意义上乃是一种精神碰撞和文化创造的方式。"魏晋玄学的许多命题与创造性言论都通过朋友间的清谈、论难催生；魏晋文学艺术的创造也往往离不开朋友间的交流切磋探讨；邺下风流与正始之音异趣同芳，金谷与兰亭文会前后辉映，王弼与何晏以哲学论文交，嵇康与阮籍借朋友激发起文学创作才情，顾恺之为朋友传神写照"。① 正因为这些缘故，在交友原则上，士人们对交友非常慎重。《颜氏家训·慕贤》郑重地告诫子孙："是以与善人居，入芝兰之室，久而自芳也；与恶人居，如入鲍鱼之肆，久而自臭也。墨翟悲于染丝，是之谓矣。君子必慎交游焉。"择友时首先要重视对象的道德水准，看重朋友对自己的道德上的感召力，在精神

---

① 刘志伟：《魏晋文化与文学考论》，甘肃人民出版社 2002 年版，第 136 页。

气质上的相互欣赏，而不计年龄、门第和身份地域限制，如刘陶"所与交友，必是同志。好尚或殊，富贵不求合；情趣苟同，贫贱不易意"（《后汉书·刘陶传》）。一旦认定为朋友，便以生死相期。如《世说新语》载："荀巨伯远看友人疾，值胡贼攻郡，巨伯不忍去，贼既至，谓巨伯曰：'大军至，一郡并空，汝何男子，敢独止此？'巨伯曰：'有友人疾，不忍委之，宁以我身代友人之命！'贼知其贤，疾旋军而还。"反之，发现"朋友"道德上有严重缺陷，则采取坚决态度鄙弃之。如马融投靠外戚梁冀，赵岐从此不再与他相见，指出："马季长虽有名当时，而不持士节，三辅高士皆未曾以衣裾襜其门。"（《后汉书·赵岐传》）对于在政治阵线和人生志趣上发生分歧的"朋友"，他们绝不默认和迁就，而是旗帜鲜明地表明态度。据《竹林七贤传》记载：山涛与阮籍、稽康，起初均只有一面之交便"契若金兰"，以至山涛后来对妻子说："吾当年可为交者，唯此二人耳。"但是当他"好意"地要推荐稽康接替自己的职位之时，遭到稽康的断然拒绝，并认为山涛侮辱了自己，马上撰写了《与山巨源绝交书》，与其划清界限。然而对于不得已而保真全生的好友阮籍，稽康认为他不过是出于某种人生苦衷，却报以宽容理解的态度。这反映出一种君子"和而不同"的交友作风。

总之，汉魏六朝人士这种与道为谋、坚持信义、贵在知心，寻求深层精神契合的交友之道，已经超越了传统"重然诺"的交往伦理，超越了先秦士人交友的"友直、友谅、友多闻"（《论语·季氏》），表现为两种价值取向：一是贵义，二是贵情。贵义使朋友之交具有公共道德与社会道德的双重价值意蕴，贵情更注重的是一种非功利的、情感性的友谊，这种朋友之交则具有审美与道德的双重价值意蕴。汉魏六朝士人的交友道德为后世展现了一种新的伦理精神境界。

五　避世高隐，独善其身

隐士起源于先秦，许由、巢父是上古传说中高洁隐士的代表，商周之际的伯夷、叔齐也是人们传颂的高尚隐士，《论语》中的荷蓧丈人、楚狂接舆等等也是隐者，孔子在与弟子的谈话中也说过"邦有道则仕，邦无道则隐"的话。可见隐士在春秋战国时代已成为一个独特的人群。

翻开秦汉魏晋南北朝各个朝代的史部文献可以发现，从《后汉书》

开始，除了《陈书》和《北齐书》，其余各部史书的人物传记都有"逸民传"、"隐逸传"、"高逸传"、"处士传"、"逸士传"之类的篇目，另外，还有皇甫谧私人撰写的《高士传》。史传中之所以出现这样的体例，显然与这一时期隐士人物的大量存在有关。这一时期隐士辈出的原因，可以追溯到秦末战乱、王莽之乱、东汉后期"党锢之祸"以及魏晋南北朝时期人所共知的社会动乱等等因素，除此之外，更多的还是由于不同时代思想文化背景下士人道德人格取向的差异所致。

秦汉魏晋南北朝时期隐士的人格可谓林林总总，但从道德的正面看，无非有两大特征：一是关怀封建社会整体利益，坚持正统思想意识，激烈批判现实的抗争精神。这一类隐士往往在思想深处具有强烈的儒家人文关怀。面对统治集团的黑暗或世俗社会的风气败坏，他们毅然选择隐退，以此表示对现实的抗争与批判。东汉时期的梁鸿，"仰慕前世高士，而为四皓以来二十四人作颂"。（《后汉书·梁鸿传》）他是中国史上第一个为高士作颂的人，开启了后世士人创作《高士传》之类作品的先河。梁鸿所仰慕的大概是高士们的德行，他过京师时作《五噫歌》批判统治者劳民伤财，以致被汉章帝下令逮捕，夫妻远避齐鲁；后来官府征召，他始终不就。又如东汉后期的荀爽，汉桓帝时曾被举为郎中，面对宦官集团把持朝政的黑暗，他毅然上书，指出"失礼之源，自上而始"，批判皇室的骄奢淫逸和权臣的横暴，弃官而去，"后遭党锢，隐于海上，又南遁汉滨，积十余年，以著述为事"。（《后汉书·荀爽传》）像荀爽这类隐士史书记载甚多。《后汉书·逸民列传序》说："自肃宗后帝德稍衰，邪孽当朝，处子耿介，羞与卿相等列，至乃抗愤而不顾。"《后汉书·陈寔传论赞》也说："汉自中世以下，阉竖擅态，故俗遂以遁身矫絜放言为高。士有不谈此者，则芸夫牧竖已叫呼之矣。故时政弥昏，而其风愈往。"这些记述真实地反映了东汉中后期宦官、外戚交替掌权形势下隐逸之士的产生原因。有的隐士归隐，是出于对现实世俗社会污浊的失望。如《晋书·隐逸传》所记的隐士鲁褒。他好学多闻，以贫素自立，针对"元康之后，纲纪大坏"的现实，感伤世俗的贪鄙，隐身不仕，并作《钱神论》对世俗予以尖锐抨击，批判了某些人在金钱主宰下的厚颜无耻和德行败坏。

秦汉魏晋南北朝时期隐士道德人格的另一特征是自觉疏离社会，洁身自好，追求个体的自由与独立。这类士人往往是那些道家思想的信奉者。

东汉之初礼召隐士，诸如薛方、逢萌、严光、周党之类隐遁之士，超越了"有道则仕，无道则隐"的传统模式，坚决拒绝抗命，严光说："昔唐尧著德，巢父洗耳。士故有志，何至相迫乎？"（《后汉书·逸民传》）魏晋之际，"天下多故，名士少有全者"（《晋书·阮籍传》），加之玄学思想的盛行，使隐逸之风更盛。一些士人追求清静淡泊的生活，如《晋书·隐逸传》所载任旭"立操清修，不染流俗"；孟陋"少而贞立，清操绝伦，布衣蔬食，以文籍自娱"；尤其是稽康隐居山阳，锻铁为业，不与司马氏政权合作，追求一种超越"人间之委曲"（《稽康集·卜疑》）的精神自由。陶渊明更是魏晋隐士的典型，被推为"古今隐逸诗人之宗"（钟嵘：《诗品》）。他的隐逸最初虽然也是在动乱杀戮中自我保全，然而更表现出一种对真淳道德人格的向往，在他看来，在污浊的世俗官场只能使人道德异化，所以在历经了五宦三休，他最终还是与官场决绝。陶渊明有一首著名的《饮酒》组诗，其中说道："结庐在人境，而无车马喧"，表明了一种"即世间而出世间"的境界，具有道德和审美的双重价值意蕴。

除此之外，还有一类待价而沽的隐士，以隐居为邀名取誉的手段，他们身在山林，仍与朝市不断往来；一旦获得征召，又积极投身于世俗官场。南朝孔稚圭《北山移文》所批判的周颙之流，其言行思想被当时正直之士所不齿。

六　任侠好气，慷慨重义

先秦时期的侠士与儒士本来都是作为新的社会阶层出现的，《韩非子》一书中都将"侠"作为与"儒"并列的重要社会力量看待。但在秦汉以后，儒士为上层统治阶级所利用，逐渐演变为主流意识形态的代表，而侠士却作为社会的离轨因素留存在民间。战国时代，"侠"的名称的出现，标志着侠阶层已从"士"阶层中脱离，成为一个独立的社会群体。当时的侠都是以"游侠"的形态出现的，具有自由的身份，在列国间周游，既与民间社会的豪杰之士交往，也与诸侯权贵结交，荆轲就是这样一种游侠的代表。司马迁偏爱游侠，首先在《史记》中为其列传，班固出于对正统思想的维护，从其《后汉书》中排除了游侠，然而三国曹魏时的鱼豢仍撰有《勇侠传》，记载了四位游侠的事迹，表彰其道义精神。这种道德精神的第一要素是伸张正义，济困扶危。司马迁在《游侠列传》

中指出，游侠产生的原因在社会生活中每个人都可能陷于某种困境，需要救解："且缓急，人之所时有也。太史公曰：昔者虞舜窘于井廪，伊尹负于鼎俎，傅说匿于傅险，吕尚困于棘津，夷吾桎梏，百里饭牛，仲尼畏匡，菜色陈、蔡。此皆学士所谓有道仁人也，犹然遭此菑，况以中材而涉乱世之末流乎？其遇害何可胜道哉！"侠士就是来扶困救危的。例如鲁国人朱家，"所藏活豪士以百数，其余庸人不可胜言。然终不伐其能，歆其德，诸所尝施，唯恐见之。振人不赡，先从贫贱始。家无余财，衣不完采，食不重味，乘不过軥牛。专趋人之急，甚己之私。既阴脱季布将军之厄，及布尊贵，终身不见也。自关以东，莫不延颈愿交焉"。再如郭解"以德报怨，厚施而薄望"。这些布衣出身的侠士，除暴安良，打抱不平，虽然采取的手段是以暴制暴，却使饱受欺凌的百姓享受一丝复仇的安慰和快感，捍卫了社会的公平正义。

侠士道德精神第二要素是："言必信，其行必果，已诺必诚，不爱其躯，赴士困厄，既已存亡死生矣，而不矜其能，羞伐其德，盖亦有足多者焉。"这就是诚信、敢于自我牺牲，但是又谦逊。游侠的行为虽然不尽合朝廷的礼法，但他们信守承诺，施恩不图回报。《晋书·祖逖传》里记载祖逖"轻财好侠，慷慨有节尚。每至田舍，辄称兄意，散谷帛以周贫乏。乡党宗族，以是重之"，祖逖就是这种侠士的代表。

当然，并非所有侠者都完全具有以上道德素质，司马迁时代就有人"虽为侠而逡逡有退让君子之风"，还有的人名为侠而实如"盗跖居民间者耳"。后世所谓"侠客"，有的只是继承了侠的"以武犯禁"，以胆略和勇力挑战社会秩序，如《北齐书·毕义云传》所记毕义云，"少粗侠，家在兖州北境，常劫掠行旅，州里患之"，同书《阳州公永乐传》记载："弟长弼，小名阿伽。性粗武。出入城市，好殴击行路。时人皆呼为阿伽郎君。"这类人士与侠所应当具有的济困扶危精神已相去甚远了。

士人群体从来是矛盾的，面对社会黑暗、腐败政治，有人愤然抗世，有人苟合取安；有人避世高蹈，有人贪鄙虚滥。秦汉魏晋南北朝时期的士人，在时势变动的大潮中，他们的群体道德状况更是极为复杂，随着封建中央专制王权的总体加强，士人在道统和政统之间徘徊、挣扎的困境日益剧烈，思想和行为的矛盾斗争也日益尖锐，善与恶总是处于不断斗争之中。在具有上述美德的士人之外，更出现了为求显达极尽谄媚阿谀之能事的士，例如为秦始皇歌功颂德的秦博士，西汉后期制造图谶阿谀王莽的儒士，东汉末年一些以虚伪的孝和廉邀名取誉之士，以及魏晋南北朝政权更迭中委身事篡逆之士等等。

第二节　农民与商人的道德生活

一　农民的道德生活

《说文解字》曰："农，耕也。"《春秋谷梁传》在说到士农工商四民时，把农民定义为"播植耕稼者"，《汉书·食货志》称之为"农夫"或"农人"。我们在此把直接从事农业生产的劳动者，并主要以此为生计的人称之为农民。中华民族历来以农耕为生存之本。农民的绝对数量在士、农、工、商等"四民"之中自然要占优势，但在秦汉魏晋南北朝时期，文化知识普遍掌握在上层人手中，农民中除了自耕农和半自耕农之外，还有大量的依附于豪强地主的租佃农民，但是他们一直处在社会的最下层，既无政治地位，又没有多少文化，所以关于农民道德生活状况的史料极少。现就各类文献中所见之农民道德爬梳如下：

（一）勤劳俭朴，精耕细作

在传统农业社会，农业生产条件十分有限，而负担却极其繁重，"五口之间，其服役者不过二人，其能耕者不过百亩。百亩之收，不过百石，春耕夏耘，秋获冬藏；伐薪樵，给徭役；春不得避风尘，夏不得避暑热，秋不得避阴雨，冬不得避寒冻，四时之间，亡日休息"（晁错：《论贵粟疏》）。农民为了生存，不得不"晨兴理荒秽，带月荷锄归"（陶渊明：《归园田居》其三），终日在土地上辛勤劳作。但是他们的劳动收入除了维持自己最基本的生存需要，以及简单的再生产之外，很大一部分要作为田租，上交给土地占有者——地主，另外，还要向各级政府缴纳各式各样的赋税，服各种徭役。要知道，整个封建社会和封建国家的物质基础都是由农民从事的农业生产劳动提供优质服务的。为此，一般农民都勒紧裤带，生活得非常勤俭。多数农民衣着短褐、葛衣，衣不完采，山西平陆出土的扶犁夫佣的形象是短衣、犊鼻裤和赤足①；民宅常见的是草木构架的

---

① 彭卫、杨振红：《中国风俗通史》（秦汉卷），上海文艺出版社2002年版，第179页。

草庐；家里生活用具追求"器质朴而致用"，"器足以便事"（《盐铁论·
国疾》）；农民的主食以麦饭、粟饭、豆饭等粗粮为主，如西汉史游《急
就篇》所说，"麦饭、豆羹，皆野人农夫之食耳"，菜则以盐菜为主。①

农民重视对自然规律的掌握，注意不误农时。他们根据天时、地利的
变化和农业生物生长发育的规律，采取相应的措施。为了恢复土壤肥力并
提高生产效率，从西汉开始，人们就采用代田、区种、间作、混作等方法
精耕细作。同时，不断改进生产工具，推广牛耕法。汉代出现的钩镰比战
国时的矩镰更适于收割稻、麦等作物，在四川牧马山崖墓中发现的铁制钩
镰，全长 35 厘米，是专用于收割的大型农具，操作起来很方便。东汉时
较重要的小型农具有铁制的曲柄锄和铍镰等，在四川乐山崖墓石刻画像中
见到的曲柄锄，是用于铲除杂草的中耕工具，使用方便。铍镰则是收获的
利器，成都的扬子山东汉墓出土的一块画像砖，就生动地刻画了农民手持
铍镰收割的场面。灌溉工具在秦汉时也有所创新。在四川彭山和成都等地
发现的东汉墓葬里，经常看到水田和池塘组合的模型，有从池塘通向水田
的灌溉水渠，有的还在出口处安置圆形的闸门。② 从北魏贾思勰所著《齐
民要术》中可以看到，当时农民对因地制宜、耕作方法、播种时令、选
种育种、施肥灌溉、防病虫害、田间管理等都有了较为科学的认识，勤劳
地进行生产实践，尊重科学，农民的这些道德对后世产生了深远影响。

（二）多种经营，务实进取

秦自商鞅变法以后，奖励耕战，秦代农民普遍养成了踏实务农、安于
本分的习惯，但自西汉中期以后，随着大商人和官僚地主对土地的兼并，
自耕农的数量减少，东汉至六朝时期更是大地主庄园经济发展，自然灾害
和战乱频发，导致了农业生产环境的日益恶化。许多农民负担繁重，无法
再从事农业生产，于是少数农民利用地域资源，因地制宜种植经济作物，
发展当地的特色产品，并投入市场。例如《史记·货殖列传》提到的山
西的竹木，山东的鱼盐漆，江南的梓姜桂等等特产，都与农民直接生产、
销售有关。此外，更有许多失地农民外出从事雇庸劳动，他们除了在农业

---

① 张承宗、魏向东：《中国风俗通史》（魏晋南北朝卷），上海文艺出版社 2002 年版，第
71 页。

② 参见史仲文、胡晓林主编《中国全史·秦汉科技史》，人民出版社 1994 年版，第 140—
141 页。

领域为雇庸外，还纷纷走向工矿、运输及其他工商等部门充当庸、傭人、庸保等，靠出卖劳动力为生。而且，随着商业的发展，商业活动的高额利润对农民也有一定的鼓励作用，《史记·货殖列传》记载，关中之地，"其民犹有先王之遗风，好稼穑，殖五谷，地重"，然而此处却也是商贾辈出之地。邹鲁之地"犹有周公遗风"，是"地小人众，俭啬"的保守农业区，后来却也变得"好贾趋利，甚于周人"。《史记·平准书》中说："民不齐出于南亩，商贾滋重。"王符《潜夫论》说："今举世舍农桑，趋商贾。"造成这种现象的原因，在于"用贫求富，农不如工，工不如商……此言末业，贫者之资也"（《史记·货殖列传》），"农桑勤而利薄，工商逸而利厚。故农夫辍末而雕镂，工女投杼而刺绣，躬耕者少，末作者众"。（崔寔：《政论》）

传统的儒家人士往往痛惜上述的所谓"本末倒置"活动，批判农民经商逐利。其实这并不是农民道德的缺陷，而是社会发展的必然。农民在生存压力下，不安于农业生产，进行多种生产经营，通过市场交换走出自然经济，对于推动商品经济发展具有重要意义。

二 商人的道德生活

自秦汉以后，历朝统治者普遍执行重农抑商政策，在"士、农、工、商"四民之中，商人地位最为低下。据《汉书·晁错传》载：秦始皇时为戍守北方边境，曾将"贾人"和"治狱吏不直者，诸尝逋亡人、赘婿"等一同发配前往，可见其时已将商人与罪犯一样看待。《汉书·食货志下》记载，汉高祖刘邦明令"禁商人不得衣丝乘车，重租税以困辱之"，汉惠帝和吕后也禁止"市井之子孙不得仕宦为吏"。晋时更强制"侩卖皆当着巾，白帖额，题所侩卖者及姓名，一足着白履，一足着黑履"。（《太平御览》卷 828 引《晋令》）

政府在制度上对商人的歧视使得商人的地位更为低下，绝大多数知识阶层对商人也都持否定态度。所以，从秦汉魏晋南北朝文献中我们要找到正面记述商人道德的材料非常之少。即便涉及也往往都是负面的批评。归纳一下这些负面批评，大致可以分为两个方面：

一是囤积居奇，哄抬物价。西汉晁错在《论贵粟疏》中对商人的投机本质有过描述："商贾大者积贮倍息，小者坐列贩卖，操其奇赢，日游都市，乘上之急，所卖必倍。"《史记·平准书》记载："不轨逐利之民，蓄积余业以稽市物，物踊腾粜，米至石万钱，马一匹则百金。"《汉书·酷吏传》载，茂陵富人焦氏、贾氏，预先知道昭帝病危，便"以数千万阴积贮炭苇诸下里物"，"冀其疾用，欲以求利"，被田延年惩处。这些商人与春秋时范蠡那种在物资富余时期囤积"待乏"已经有着很大的不同，范蠡的行为是为了调节物资的分配使用，而这时的商人经营本质则是唯利是图。他们用这种做法垄断市场，损坏了消费者利益，甚至让一些贫穷者趋于破产。鉴于此，从汉武帝开始实行"平准"政策，由国家掌握并利用各种物品的差价，调节物品的买卖，防止商贾利用价差牟利，扰乱市场价格；同时也借以增加政府收入。汉宣帝时设常平仓，由国家统一管理，以发挥调剂粮价的作用，救济灾荒。这种现象并不是政府"与民争利"，而是对商人不道德经营的一种抑制。

二是以利求势，结交王侯，为富不仁，对社会风气造成不良影响。当时的商人们意识到，自己虽然经济富足但政治地位低下，所以他们"因其富厚，交通王侯，力过吏势，以利相倾；千里游遨，冠盖相望，乘坚策肥，履丝曳缟"。（晁错：《论贵粟疏》）据《汉书·货殖传》记载，在西汉后期，有成都商人罗裒以巨万家资贿赂曲阳、定陵侯，"其权力，赊贷郡国，人莫敢负"。还有的商人凭借雄厚的经济实力，在国家财政困难和黎民遭遇灾荒时不愿意帮助，如《汉书·食货志下》记载：汉武帝时，"山东水灾，民多饥乏，于是天子遣使虚郡国仓廪以振贫。犹不足，又募豪富人相假贷。尚不能相救，乃徙贫民于关以西，及充朔方以南新秦中，七十余万口，衣食皆仰给于县官。数岁贷与产业，使者分部护，冠盖相望，费以亿计，县官大空。而富商贾或滞财役贫，转毂百数，废居邑，封君皆氐首仰给焉。冶铸煮盐，财或累万金，而不佐公家之急，黎民重困"。商人还往往借机放高利贷，兼并土地，造成广大下层农民流亡，从而在一定程度上转移了社会风气，《史记·货殖列传》载，"鲁人俗俭啬，而曹邴氏尤甚，以铁冶起，富至巨万。然家自父兄子孙约，俯有拾，仰有取，贳贷行贾遍郡国。邹、鲁以其故多去文学而趋利者，以曹邴氏也"。《晋书·江统传》甚至说"秦汉以后，风俗转薄，公侯之尊，莫不殖园圃之田，而收市井之利，渐冉相放，莫以为耻"。北魏时的统治者对商业政策放宽，商人的地位也大大提高了，当时商人分布的范围扩大到上至贵族、官僚，下至平民百姓各个阶层，一些贵族官僚也加入了经商队伍，如贵族拓跋焘的太子拓跋晃就曾"贩酤市廛，与民争利"（《魏书·高允传》），北海王祥"贪冒无厌，多所取纳，公私营贩，侵剥远近"（《魏书·北海王祥传》），官僚李崇"性好财货，贩肆聚敛，家资巨万，营求不息"（《魏书·李崇传》），拓跋浚时"牧守之官，颇为货利"（《魏书·食货志》）。一些商人竟然以其财力买官，"官以财进，狱以贿成"，"于是州县职司多出富商大贾，竞为贪纵，人不聊生"（《北齐书·后主纪》）。

尽管这一时期文献中记述的多是豪商巨贾不道德的言行，但在秦汉魏晋南北朝漫长的历史发展中，商人不但为经济生活的繁荣做出了贡献，也在道德生活中增添了一些积极的因素。首先是少数商人在资产富足的情况下，能够朴素节俭，调剂余缺，发展生产。如《史记·货殖列传》载："宣曲任氏之先，为督道仓吏。秦之败也，豪杰皆争取金玉，而任氏独窖仓粟。楚汉相距荥阳也，民不得耕种，米石至万，而豪杰金玉尽归任氏，任氏以此起富。富人争奢侈，而任氏折节为俭，力田畜。田畜人争取贱贾，任氏独取贵善。富者数世。然任公家约，非田畜所出弗衣食，公事不毕则身不得饮酒食肉。以此为闾里率，故富而主上重之。"

其次，许多商人，尤其是中小商人，能够诚实、勤劳、逐利不贪，凭着正当的经营活动使得社会的产品交换活动得以正常进行。中小商人大部分是破产或行将破产的个体小农，他们多缺少从事商业活动所需的资本，只能从事一些"坐列贩卖"之类的小本生意，这便决定了他们一般不可能贩运价值昂贵的奢侈品，更无能力囤积居奇，自然也就无法获取高额的商业利润。他们当中即使有人致富，也是靠诚信的道德品质换来的。如《史记·货殖列传》说："行贾，丈夫贱行也，而雍乐成以饶。贩脂，辱处也，而雍伯千金。卖浆，小业也，而张氏千万。洒削，薄技也，而郅氏鼎食。胃脯，简微耳，浊氏连骑。马医，浅方，张里击钟。此皆诚壹之所致。"还有一些商贩也能凭借勤劳和逐利而不贪的经营以致富，司马迁在《史记·货殖列传》中还说："贪贾三之，廉贾五之。"廉贾是指货卖得便宜，因而卖得快，资金周转快的商人；相反，贪贾是指货卖得昂贵，因而卖得慢，资金周转慢的商人。所以廉贾做五趟生意，贪贾只能做三趟。勤和廉等道德品质也是商人致富的重要手段。吃苦耐劳更是对从事长途贩运的商人的基本道德要求。比如在开通西域商路过程中，交通十分不便，除一望无垠的大沙漠外，"又有三池、盘石阪，道狭告尺六七寸，长抒径三十里。临峥嵘不测之深，行者骑步相持，绳索相引，二千余罩乃至县度。畜队，末半院尽靡碎；人坠，势不得相收视，险阻危害，不可胜言"（《汉书·西域传》），从事长途贩运的商人在沿路还经常会遇到强盗，"起皮山南，更不属汉之国四五，斥候士百余人，五分夜击刁斗自守，尚时为所侵盗。驴畜负粮，须诸国禀食，得以自赡。国或贫小不能食，或桀黠不肯给，拥强汉之节，馁山谷之间，乞匄无所得，离一二旬则人畜弃捐旷野而不反"。（《汉书·西域传》）以上材料也许并不代表长途贩运的商人的常态，但是商人必须经过艰难困苦，才能坚持下去。汉乐府《孤儿行》中对一个常年在外行贾的商贩的描写更显得真实："父母已去，兄嫂令我行贾。南到九江，东到齐与鲁。腊月来归，不敢自言苦。头多虮虱，面目多尘。"

　　商人们努力做到服务热情周到。顾客是商人的衣食父母，要经营好商业，商人除应在商品质量上多下工夫以外，还要用热情周到的服务来赢得顾客，这对于人数众多的中小商人尤为重要。以铁器出售为例，在农忙季节，商人们经常把农器"鞔运衍之阡陌之间"（《盐铁论·水旱》），亦即送到田间地头，以便于个体小农"得以财货五谷新币易货"。这样不但可使农民"不弃作业"，而且即使在农民一时没有现钱购买的情况下，也能以货易货，极为方便。热情周到的服务，使中小商人在商业市场中拥有了自己的一席之地。[①]

第三节　医师与军人的道德生活

一　医师的道德生活

　　医德是医生在诊疗疾病过程所应具有的道德意识和道德品质。早期的医往往兼有巫的身份，用药物医术治疗与祭祀、卜筮等方式相结合的方法来治病。刘向《说苑·辩物》记载："吾闻上古之为医者曰苗父，苗父之为医也，以菅为席，以刍为狗，北面而祝，发十言耳，诸扶而来者，举而来者，皆平复如故。子之方能如此乎？"又曰："吾闻中古之为医者曰俞

---

①　张弘：《战国秦汉时期商人的经营之道》，《烟台大学学报》1998 年第 1 期。

桝，俞桝之为医也，搦脑髓，束肓莫，炊灼九窍而定经络，死人复为生人，故曰俞桝。"随着医学的进步，周代开始设立了以专门治疗疾病为职责的医师，《周礼·天官》规定了为周代贵族阶层服务的医官的数量、规模和分工："医师，上士二人、下士四人、府二人、史二人、徒二十人。食医，中士二人。疾医，中士八人。疡医，下士八人。兽医，下士四人。"同时还对医师职责的考核有明确的规定："医师掌医之政令，聚毒药以共医事。凡邦之有疾病者，疕疡者，造焉，则使医分而治之。岁终，则稽其医事，以制其食。十全为上，十失一次之，十失二次之，十失三次之，十失四为下。"随着平王东迁，王官之学散在民间，原来在周天子手下为贵族阶层治病的医师流落民间，巫和医逐渐分开，春秋时期的名医扁鹊就是王官之学流落为民间医师的代表。《淮南子》中关于神农尝百草的传说、《黄帝内经》的写成，以及关于扁鹊人物形象的塑造，标志着中国古代医德的产生。[①] 秦汉魏晋南北朝时期，伴随着医学自身的发展，出现了淳于意、华佗、张仲景、王叔和、葛洪等著名的医学家，他们自身行医的言行和各自著作中对行医规范的认识，使得医师的职业道德规范得以初步的发展，其中晋代杨泉《物理论·论医》是专论医德的一篇文献，他出了良医的标准应是"仁爱之士"、"廉洁淳良"，医术上能"贯微达幽"。下面结合这一时期从医者的事迹和材料，挖掘并且描述当时医师道德的几点表现：

首先是刻苦钻研医术，勇于创新，积极传播医学知识。精湛的业务技能是从医的基本要求，刻苦钻研医术并向后学传播医学知识，也就成为医师的首要的职业道德规范。据《史记·扁鹊仓公列传》记载：西汉名医淳于意早年曾受教于公孙光和公乘阳庆，而后又"出行游国中，问善为方数者事之久矣，见事数师，悉受其要事，尽其方书意，及解论之"。在多年的医疗实践中，淳于意积累了丰富的医学经验，他又积极把这些知识和技能传授给学生。临菑人宋邑向他学习五诊，济北王遣太医高期、王禹向他学习经络知识和砭灸之术，菑川王遣太仓马长、冯信向他学习药方，高永侯家丞杜信喜欢脉学，他教给杜五诊上下经脉。总之，他把自己辛苦学来的医学知识，认真地教给了学生。这些事例不但表现了淳于意本人医

---

① 陈瑛主编：《中国伦理思想史》，湖南教育出版社 2004 年版，第 418 页。

学知识的渊博，还显示了他的广阔胸襟和高尚品德。

三国时华佗精通外科针灸术，他在医疗实践中不拘泥于成方，一切从病人实际出发，辩证施治，并善于总结提高。为了顺利实施外科手术，他以神农尝百草的精神，研究和发现了"麻沸散"。为了提高民众的健康水平，他还积极探索发明了最早的健身操——"五禽戏"。尤其可贵的是，华佗遭曹操杀戮临刑前仍不忘把自己的医术传播给后人，"出一卷书与狱吏，曰：'此可以活人。'"（《三国志·魏书·方技传》）华佗以高明的医德医术赢得了世人的尊重，"华佗再世"成为后世人们形容医术医德的代名词。

张仲景看到汉末社会动乱和战争导致的连年瘟疫爆发，僵尸遍野，患伤寒病人极多，于是"感往昔之沦丧，伤横夭之莫救，乃勤求古训，博采众方，撰用《素问》、《九卷》、《八十一难》、《阴阳大论》、《胎胪药录》，并平脉辨证，为《伤寒杂病论》合六十卷"（《伤寒杂病论序》）。在此书中的《序言》里，他除了说明学医的目的在于济世救人外，还格外指出"勤于钻研、博采众方、注重临床实践"是高明医术形成的根本。在实践中，张仲景反对当时医生们"各承家技，始终顺旧"的保守作风，大胆创新，创造出较完整的六经辨证体系。

晋代葛洪自幼丧父，生活贫困，"衣不避寒，室不免漏，食不充虚"，但是他"躬自伐薪以贸纸笔，夜辄写书诵习"（《抱朴子外篇·自序》），甚至不远千里拜师学艺。他所撰写的《肘后救急方》是中医第一部临床急救著作。在这本书的序中，他自述编写的目的就是方便老百姓自己给自己看病，"凡人览之，可了其所用，或不出乎垣篱之内，顾昒可具"①。

其次是谨慎诊病，为病人负责。医师所从事的是与人命打交道的职业，从汉代淳于意开始，他就开始创立"诊籍"（即医案、病历），列举了自己所诊治的 25 位病人的姓名、性别、职业、里居、病因病机、诊断、治疗及预后等情况，② 当他遇到一些无法治愈的疾病时，他也会将病情如实告知，体现了非常谨慎的从医态度，以及对病人极端负责的敬业精神。

---

① 陈希宝等：《中国古代医学伦理思想史》，三秦出版社 2002 年版，第 151 页。
② 同上书，第 106 页。

　　张仲景在《伤寒论》自序中，提出了医生为病人诊病务必仔细认真、全面细致的职业道德规范："省疾问病，务在口给，相对斯须，便处汤药。按寸不及尺，握手不及足，人迎、趺阳，三部不参；动数发息，不满五十。短期未知决诊，九候曾无仿佛；明堂阙庭，尽不可察，所谓窥管而已。夫欲视死别生，实为难矣。"另外，他还提出"上工医未病"的说法，认为高明的医生要提醒患者及时诊治，不能"隐忍冀差，以成痼疾"，向患者宣传疾病预防知识。在治疗过程中，张仲景认为对病人情况要做辩证分析，对症治疗，一方面对病情发展过程的不同症候，做到"同病异治"，另一方面对不同病情发展中的相同症候采取"异病同治"的方法。总之要因人、因时用药，随症灵活变化。这些论述既是张仲景关于医德的观点，同时也是他自身医德的写照。

　　晋代名医王叔和也在其《脉经·序》中指出："脉理精微，其体难辨"，"在心易了，指下难明"；若对脉相不明，治疗就会出现差错，如把缓脉当成迟脉就会出现危险。而医药的运用与病人的性命所系，一定要"考校以求验"。

　　再有就是济世救人，不慕荣利。治病救人是从医者的根本目的、最高道德目标。张仲景对医学治病救人的认识更为深刻，在《伤寒论》自序中就说学习医学"上以疗君亲之疾，下以救贫贱之厄，忠以保身长全，以养其生"，而不应该"竞逐荣势，企踵权豪，孳孳汲汲，唯名利是务，崇饰其末，忽弃其本"。《三国志·魏书·方技传》记载华佗行医不慕荣利，"沛相陈珪举孝廉，太尉黄琬辟，皆不就"。《晋书·皇甫谧传》记载了皇甫谧以隐居著书为乐，拒绝朝廷征召的言行，体现了不慕名利的崇高思想品格。《晋书·葛洪传》里也记载葛洪"不好名利，闭门却扫"。不少名医宁愿长期在民间默默无闻地为下层百姓疗救疾患，而不愿意到宫廷中为王公贵族治病以求扬名获利。他们隐姓埋名，背井离乡，躲避贵族王公的征召。东汉名医郭玉治病不分贫贱富贵，尤其是为贫贱百姓治病，尽心尽力而不图报酬，当汉和帝问他，为何给上层显贵治病有时倒不能做到药到病除，他的回答是，为老百姓治病不用紧张害怕，诊病能够做到专注，治疗效果便好；反之那些富贵者"居高以临臣，臣怀怖慑以承之"（《后汉书·方术列传下》），由于双方的不平等导致医师不能专注，病人又不能很好配合，效果自然也就不理想了。淳于意的隐姓埋名宁愿为下层百姓治病，恐怕也是出于这样的原因。它反映了在那个贫富贵贱差异极大的社会里，医德所面临的一种尴尬。

这一时期还发生过不少医师，为人诊治病痛不图钱财回报的高尚事迹。如《后汉书·方术列传下》记载："有老父不知何出，常渔钓于涪水，因号涪翁。乞食人间，见有疾者，时下针石，辄应时而效，乃著针经、诊桩法传于世。"这位不知名的老者以乞食和钓鱼为生，却医术高超，治病人却并不靠医术生活，行医不图报酬。《列仙传》中记载的西汉苏耽，更是这样一种救治百姓不图回报的民间医师。文帝时湖南郴州人苏耽，预知来年将有瘟疫流行，告诉母亲："明年天下疾疫，庭中井水，檐边橘树，可以代养。井水一升，橘叶一枚，可疗一人。"后果然疫疾流行，其母用此法救治百姓，造福无数。葛洪所著的《神仙传》中还记载了三国人董奉医术高超，居于庐山，"日为人治病，并不取钱"；病人被治愈后，坚持要答谢，董奉便让其在山中栽杏树，大病者栽五棵，小病者栽一棵。多年之后，山中形成一大片杏林。董奉便"每年货杏得谷，旋以赈济贫乏，供给行旅游不逮者，岁二万余人"。这个故事为后世树立了一种治病不求物质利益的高尚医德，以至于后世把"杏林"作为从医者的代名词。北魏时李亮医术高超，患者不远千里前来就医，李亮为方便患者居住停车，特扩建厅堂，若有人病死，李亮还置办棺木为其殡葬，慈善义举播于海内（《北史·魏书·李亮传》）。

反对迷信，实事求是，也是医德的重要内容之一。中国医师职业的成长过程，本身就是和巫术迷信的分离和诀别过程。从淳于意开始，他就坚决反对服食炼丹，力劝齐王不要炼服五石。张仲景对社会上流行的迷信鬼神祝祭现象曾予以批判："卒然遭邪风之气，婴非常之疾，患及祸至，而方震栗，降志屈节，钦望巫祝，告穷归天，束手受败。"（《伤寒论序》）在他看来，疾病是遭受风邪所致，如果把希望寄托在迷信巫术祭祀上，就是束手待毙的行为，反之，"若人能养慎，不令邪风干忤经络，适中经络，未流传脏腑，即医治之，四肢才觉重滞，即导引吐纳，针灸膏摩，勿令九窍闭塞"[1]。

---

① 《金匮要略·脏腑经络先后病脉症》，转引自陈希宝《中国古代医学伦理思想史》，三秦出版社 2002 年版，第 134 页。

二　军人的道德生活

秦汉魏晋南北朝时期，由于统治集团内部争权夺利的斗争突出，地主阶级与贫民阶级矛盾的不断尖锐，以及汉民族与周边民族矛盾的激化，导致战争爆发频繁，相对于先秦时期，战争规模普遍扩大，战术水平逐步提高，各个时期的统治集团都比较重视军队建设。在秦汉时期，在传统的征兵制下，军人与农民在身份上有交叉，魏晋以后，除了传统的征兵制之外，还先后出现了募兵制和世兵制，尤其是世兵制更使军人世代职业化。

将帅是军队中的主导，在旧社会里，将帅乃一军之主，他们的职业道德规范首先是治军严明，军法至上。刘向《说苑·指武》记载：汉昭帝时，北军监御史投机牟利，打穿军营北墙通向商业区做生意。北军尉胡建怒而斩之，事后上奏皇帝说："臣闻军法，立武以威众，诛恶以禁邪。今北军监御史公穿军垣以求贾利，买卖以与士市，不立刚武之心，勇猛之意，以率先士大夫，尤失理不公。臣闻黄帝理法曰：'垒壁已具，行不由路，谓之奸人，奸人者杀。'臣谨以斩之，昧死以闻。"皇帝的批文说："司马法曰：'国容不入军，军容不入国也。'建有何疑焉？"① 可见军队的司法具有至高的权威性和相对的独立性。在军法面前普通士兵和所有官吏都是一样的，必须绝对服从；军官若违反军法一样要受到制裁，不必先报皇帝。这方面汉初名将周亚夫的事迹更为典型。当时匈奴入侵，汉文帝任命周亚夫等三人为将，率军分别驻扎在长安周围的霸上、棘门、细柳。在文帝往各营视察劳军过程中，霸上、棘门将军以下骑马迎送，唯独周亚夫统率的细柳营营门紧闭，将士们刀出鞘、弓满弦，戒备森严。文帝的先驱者被阻在营门之外。皇帝的侍从告诉守门将士"天子将到"，守门将士说："军中闻将军令，不闻天子之诏。"文帝到营门，也不得入，文帝令侍从持节诏告："吾欲入劳军。"周亚夫方传令开门，请文帝车驾入营。守门将又要求文帝的随从"在军中不得驱驰"，文帝忙令侍从车骑勒住马缰缓行。周亚夫全副武装手执兵器，不下拜而只行军礼，文帝起身答礼。事后周亚夫深得文帝赞赏："嗟乎！此真将军矣！曩者霸上、棘门军，若

---

① 赵善诒：《说苑疏证》，华东师范大学出版社1985年版，第411—412页。

儿戏耳，其将固可袭而虏也。至于亚夫，可得而犯邪！"（《史记·绛侯周勃世家》）《三国志·吴书·鲁肃传》也记载"鲁肃为人节俭，不务俗好，治军整顿，禁令必行"，在周瑜之后成为一代名将。

军队中的官兵关系是军队伦理的重要调整对象。将帅的又一职业道德规范就是要爱护士卒、清廉不贪、以身作则。这是获得士卒拥护及提高军队战斗力的关键所在。西汉时出现的兵书《黄石公三略》是一部讲战略的著作，书中非常强调将帅与士卒同甘共苦的品德，指出："夫将帅者，必与士卒同滋味而共安危，敌乃可加。""军井未达，将不言渴；军幕未办，将不言倦；军灶未炊，将不言饥。"① 西汉李广就是将军的道德典范，据记载，"广廉，得赏赐辄分其麾下，饮食与士共之。终广之身，为二千石四十余年，家无余财，终不言家产事……广之将兵，乏绝之处，见水，士卒不尽饮，广不近水，士卒不尽食，广不尝食。宽缓不苛，士以此爱乐为用"。李广死后，"广军士大夫一军皆哭。百姓闻之，知与不知，无老壮皆为垂涕"。（《史记·李将军列传》）司马迁在《史记》里，以"桃李不言，下自成蹊"的名言，高度赞扬了李广作为将帅的道德楷模作用。《艺文类聚·武部》引《蜀志》记载邓艾的事迹也与此相类，邓艾"身为大将三十余年，赏罚明，善恤卒伍，身之衣食，资仰于官，不为苟素俭，然终不治私，妻子不免饥寒"。

士兵是军队的主体，士兵的职业道德素质关乎着战争的成败，服从命令和协作精神是士兵的基本职业道德。唐杜佑《通典·兵二》中记载了曹操在军中颁布的作战纪律，是至今能够见到的关于士兵职业道德的重要文献。其主要内容包括：

第一，严格遵守军队纪律，一切行动听号令。闻鼓进军，第一通鼓响时，船战的官兵要严阵以待，步兵和骑兵要整顿装备；第二通鼓响时，船上战士各持兵器上船就位，骑兵上马，步兵持械；三通鼓后，依次进发。临阵不能喧哗，以便"明听鼓音，旗幡麾前则前，麾后则后，麾左则左，麾右则右"。听到三次锣声，则后退。临战时，兵器弓箭不可离阵，无将军命令，士兵不得在阵中走动。

---

① 转引自史仲文、胡晓林主编《新编中国军事史》上册（秦汉卷），人民出版社1995年版，第151页。

第二，作战中要有协作意识。布阵临战时，"阵骑皆当在军两头，前陷阵骑次之，游骑在后"，以便互相呼应。作战中，要紧紧跟在本队旗帜后，进战时，"士各随其号，不随号者，虽有功不赏"。相互之间要救助，"一部受敌，余部不进救者，斩"。

第三，士兵不得临战脱逃。不得"违令畏懦"，"逃归，斩之"。若逃回家，家中人有义务在一日内将其逮捕或告官，否则同罪。

这些规定是纪律，也是古人在多年军事斗争中总结出来的军队职业伦理道德规范。

第 三 编

隋唐五代时期的道德生活

隋唐时期是中国封建社会经历千年漫长发展之后达到的一个鼎盛时期。天下大势，分久必合。经历了魏晋南北朝数百年的分裂战乱，隋文帝统一天下建立了隋王朝。隋王朝在"开皇之治"的短暂繁荣之后，与秦朝一样二世而亡。继起的唐王朝承隋制，推行均田制，采取轻徭薄赋、与民休养生息的政策，开创了"贞观之治"、"开元天宝之治"的盛世，把中国古代文明推向顶峰。像南北朝时期的"五胡乱华"是一次民族大融合一样，唐王朝也是民族融合的一个重要历史时期。在民族问题上唐朝与前代重"华夷之辨"的立场不同，唐太宗说："自古皆贵中华，贱夷狄，朕独爱之如一，故其种落皆依朕如父母。"（《资治通鉴》卷198贞观二十一年）唐朝以海纳百川的气度，容纳了各个民族的文化。在文化方面，隋唐时期倡导儒家文化，采取儒、道、释三教合一的政策；创立和推行科举制度，打破门阀士族垄断政治权力的局面，解放人才。

　　随着国家的统一，民族的融合，政治的开明，经济的发展，商业的繁荣，以及对外经济文化交流日益广泛，隋唐时期出现了文化的大繁荣，人的精神面貌和道德生活呈现出"开放、自主、务实、宽容"的鲜明特征。比如，"水可载舟，亦可覆舟"的民本思想在此期得到继承与弘扬；中国历史上唯一的女皇武则天在唐朝出现；唐太宗从善如流，大臣的独立人格相对得到尊重；由于受胡风浸染，隋唐时期贞节观比较淡薄，婚姻自主和寡妇再嫁现象比较普遍等等。随着社会分工和阶层的分化，行业道德也有了一定的发展和完善，正直善良、仁爱宽容成为士人倡导的道德精神；农民道德中勤俭美德得以发扬；商人道德中"义利兼顾"、"见利思义"成为基本价值取向；军人道德、教师道德和医德也都有所建树。总之，虽然以"三纲五常"为核心的封建礼教仍然是社会主流道德观念与道德规范，但这些封建礼教还没有像后来的宋、明、清时期那样，成为束缚和禁锢人们的紧箍咒。

　　社会道德发展的脉搏总是跟随着社会发展变化的脉搏。安史之乱，藩镇割据，唐末大规模的农民起义，隋唐大一统局面的破坏，动荡的五代十国都使民不聊生，因此，社会道德生活出现了混乱，背信弃义者大有人在。隋炀帝和唐朝中期以后政治腐败，追求奢侈之风、趋炎附势、人情冷漠，使淳朴的官风和民风受到冲击。

第一章

家庭与婚姻中的道德生活

隋唐五代是中国封建社会发展的繁荣时期。婚姻制度以一夫一妻制为主，由于社会安定，人们重视家庭的价值和婚姻关系的维护，倡导父慈子孝、兄友弟恭，以巩固家庭关系；随着妇女社会地位的提升，追求爱情和婚姻的自主性增强；"三从四德"观念遇到一定程度的挑战，出现了妒妇现象；由于民族融合中胡风的濡染，上层妇女贞节观比较淡薄，但是社会的主流仍然以贞节为尚，民间夫妻关系有一定的平等性。

第一节　父慈子孝与兄友弟恭

汉代倡导以孝治天下，"三纲五常"逐步被确立为封建道德的基本纲领，然而魏晋南北朝时期这些伦理秩序受到了很大冲击。进入隋唐时期，封建社会又进入稳定发展和繁荣时期，这就要求家庭生活的和谐有序，"父慈子孝"与"兄友弟恭"的道德观念重新受到人们的重视。孟郊的《游子吟》将母子之爱写得情真意切：

> 慈母手中线，游子身上衣。
> 临行密密缝，意恐迟迟归。
> 谁言寸草心，报得三春晖。

王维的《九月九日忆山东兄弟》也对亲人的思念之情表达得朴实深沉：

> 独在异乡为异客，每逢佳节倍思亲。

　　　　遥知兄弟登高处，遍插茱萸少一人。

　　仁寿三年夏五月，隋文帝下诏曰：

　　　　哀哀父母，生我劬劳，欲报之德，昊天罔极。但风树不静，严敬
　　　莫追，霜露既降，感思空切。六月十三日，是朕生日，宜令海内为武
　　　元皇帝，元明皇后断屠。夫礼不从天降，不从地出，乃人心而已者，
　　　谓情缘于恩也。故恩厚者其礼隆，情轻者礼杀。（《隋书》卷3《高
　　　祖下》）

　　隋文帝下诏，令全国上下在自己的生日禁止宰杀牲畜。恢复皇帝生日
"断屠"这种古礼的目的是在全社会倡导孝道，使老百姓能够知恩图报，
即所谓"慎终追远，民德归厚"。也就是把孝道作为整合社会秩序，凝聚
人心，维系宗法制度的强劲纽带。
　　为了提倡孝道，隋唐的统治者大力推崇《孝经》一书。隋文帝时，
曾令国子祭酒元善讲解《孝经》：

　　　　上尝临释奠，命善讲《孝经》。于是敷陈义理，兼之以讽谏。上
　　　大悦曰："闻江阳之说，更起朕心。"赉绢百匹，衣一袭。（《隋书》
　　　卷75《元善传》）

　　有一次，大臣苏威对他说："臣先人每诫臣云，惟读《孝经》一卷，
足可以立身治国，何用多为！"（《隋书》卷75《何妥传》）文帝深以为
然。隋时社会推崇《孝经》蔚然成风。
　　从唐代之初，统治者就注重对《孝经》的阐释和修订，唐太宗曾亲
自到国学听祭酒孔颖达讲《孝经》，并与之辩论孝之本旨（《旧唐书》卷
24《礼仪志》四），以儒家思想统一全国的道德观念。至唐玄宗朝，因学
者多疑郑康成注《孝经》之惑甚多，斥孔安国注《孝经》之鄙俚不经。
在这种情况下，唐玄宗"遂于先儒注中，采摭菁英，芟去烦乱，撮其义
理允当者，用为注解"（《邢昺《孝经注疏序》），并于开元十年六月将训
注《孝经》颁于天下，确立了《孝经》在《十三经》中的地位。

唐代减免为父母养老的孝子的劳役赋税，使父子"同籍共居，以敦风教"：

> 凡丁户皆有复蠲免之制。若孝子顺孙义夫节妇志行闻于乡间者，州县申省奏闻，而表其门间，同籍悉免课役。有精诚致应者，则加优赏焉。（《旧唐书》卷43《职官志》2）

通过选士、拜官的途径对孝子进行表彰擢升。唐代虽已有科举选士的途径，但实行的是"孝廉与旧举兼行"（《旧唐书》卷119《杨绾传》），孝悌力田仍被作为选士的科目之一：

> 策试茂才异性、安贫乐道、孝悌力田、高蹈不仕等四科举人。
> （《旧唐书》卷11《代宗本纪》）
> 绾又奏岁供孝悌力田及童子科等，其孝悌力田，宜有实状。
> （《旧唐书》卷119《杨绾传》）

孝悌力田也是各级政府考核和擢升官吏的重要内容和标准：

> 若孝子顺孙，义夫节妇，精诚感通，志行闻于乡间者，亦具以申奏，表其门间。其孝悌力田，颇有词学者，率与计偕。（《旧唐书》卷43《职官志》）

唐时人赵弘智，早年丧母，"事父以孝闻"，并对自己的兄长，"同于事父，所得俸禄，皆送于兄处。及兄亡，哀毁过礼，事寡嫂甚谨，抚孤侄以慈爱称"。"高宗令弘智于百福殿讲《孝经》，召中书门下三品及弘文馆学士、太学儒者，并预讲筵。弘智演畅微言，备陈五孝。学士等难问相继，弘智酬应如响"。高宗对赵弘智对《孝经》的阐扬和力行大加赞赏，"帝甚悦，赐彩绢二百匹，名马一匹。寻迁国子祭酒，仍为崇贤馆学士"（《旧唐书》卷189《孝友列传》），不但在物质上进行奖励，而且被擢升官职。

通过旗表门间，载入史书等具体措施，对孝子们进行精神嘉奖。据史书记载，在唐代 288 年中，很多"闾巷刺草之民"，因孝悌之名而受到朝廷的旌表，"赐粟帛，州县存问，复赋税，有授予官者"，受到表彰的人的里籍，姓名赫然在列，"皆得书于史官"。其中，由于"事亲居丧著至行者"而受表彰的有 155 人，由于"数世同居者"而受到表彰的有 36 人，由于"父母疾，多刲股肉而进"而受表彰的 30 人。(《新唐书》卷195《孝友列传》)

隋唐时期，还用法律的形式强化对孝的提倡。隋律、唐律将"不孝"作为"十恶"罪名之一，将"不孝"看作是与"谋反"、"谋大逆"、"谋叛"等侵犯国家根本利益、危害封建秩序的重大罪行一样，加以惩处，用法律手段去调节家庭关系，突出维护父权，以确定父系尊长在家庭中的绝对权威。例如《唐律疏义》规定，祖父母父母健在，子孙别居异财者徒三年。①

推崇孝道，君主要起表率作用。《大唐新语》载，太宗将幸九成宫，大臣马周上疏谏曰："优见明敕，以二月二日幸九成宫。臣窃惟太上皇春秋已高，陛下宜朝夕侍膳，晨昏起居。今所幸宫，去京二百余里，銮舆动轫，俄经旬日，非可朝行暮至也。脱上皇情或思感，欲见陛下者，将何以赴之？且车驾今行，本意只为避暑，则上皇尚留热处，而陛下自逐凉处，温情之道，臣切不安。"太宗称善。(《唐人轶事汇编》卷 6) 大臣劝谏君主在行孝道方面身体力行，给臣民起表彰作用，而唐太宗也立即接受劝谏，说明以孝道来影响和维系封建伦理秩序，是唐初统治者的既定国策。

朝廷倡导孝道，大臣中行孝道者往往得到皇帝的关怀和安慰。《贞观政要》载："司空房玄龄事继母，能以色养，恭谨过人。其母病，请医人至门，必迎拜垂泣。及居丧，尤甚柴毁。太宗命散骑常侍刘洎就加宽譬，遗寝床、粥食、盐菜。"又《朝野金载》："苏颋为中书舍人，父右仆射环卒，颋哀毁过礼。有敕起复，颋表固辞不起。上使黄门侍郎李日知就宅喻旨，终坐无言，乃奏曰：'臣见瘠病羸疫，殆不胜哀。臣不忍言，恐其殒绝。'上恻然，不之逼也。"(《唐人轶事汇编》卷 11) 从房玄龄和苏颋的孝行看，他们是真情实感的怀念亲人，而不是矫情欺世，更不是要故意为

---

① 张锡勤、柴文华：《中国伦理道德变迁史》上卷，人民出版社 2008 年版，第 277—280 页。

社会作出表率,这说明孝道文化在唐代进一步深入人心。

隋唐时也有将孝神秘化的心态。裴敬彝父知周,为陈国王典仪,暴卒。敬彝时在长安,忽泣涕谓家人曰:"大人必有痛处,吾即不安。今日心痛,手足皆废,事在不测,能不泣乎!"遂急告归,父果已殁,毁瘠过礼。事以孝闻,累迁吏部员外。(《唐人轶事汇编》卷7)《唐书·孝友传》载,张志宽为布衣,居河东。隋末丧父,哀毁骨立。后为里尹在县,忽称母疾。县令问其故,志宽对曰:"尝所害苦,志宽亦有所害。向患心痛,是以知母有疾。"县令怒曰:"妖妄之词也!"系之以法。驰遣验之,果如所言,异之。唐高祖闻,旌表门闾,就拜散骑常侍(《唐人轶事汇编》卷5)。张志宽与母亲感情真挚,故有心灵感应,这是先秦曾参之后的又一例证。其孝行不仅得到朝廷的表彰和提拔,而且"寇贼闻其名,不犯其闾",说明隋唐时期孝道文化得到了各个社会阶层的认可,就连盗贼也不得不敬而避之。

提倡孝道也是隋唐时期移风易俗的重要内容。《隋书》载,辛公义任岷州刺史期间,当地有一种畏病陋习,若一人身患疾病,则全家躲避,父子夫妻不相互看护供养,因此病者多数死亡。辛公义为之忧虑,想改变这种陋习。于是他分遣官员巡查部内,凡有疾病,用官车运来,安置在官府。暑期疫情发作,病人多达数百,厅廊悉满。辛公义亲自设床一张,独坐其间,不分昼夜,在病人中间办理公务。个人所得俸禄,全部用来购买药物、治疗费用,亲自劝慰病人饮食。然后派人召集病人亲戚劝喻说:"死生由命,不关相着。前汝弃之,所以死耳。今我聚病者,坐卧期间,若言相染,那得不死,病儿复差!汝等勿复信之。"各位病人的家属惭愧感谢而去。后来人们遇有疾病,争就使君,其家无亲属者,公义留养之。从此,人们相互慈爱,陋习逐改,合境之内呼为慈母。(《隋书》卷73)

报杀父之仇被认为是一种孝行,虽然违背刑法,但仍然得到宽恕。《大唐新语》载,王君操的父亲在隋朝大业年间被同乡李君则殴打致死。贞观初,李君则以为改朝换代,不惧宪纲;又以为王君操孤微,必无复仇之志,因而不再躲藏,暴露于州府,为君操密藏白刃刺杀之,剖其心肝,咀之立尽。刺史到达,州司以其擅自杀人,审问之,君操曰:"亡父被杀二十余年,闻诸典礼,父仇不同天,早愿从之,久而未遂。常惧死亡,不展冤情。今耻既雪,甘从刑宪。"其杀人罪得到了太宗皇帝的宽赦。

　　张审素为隽州都督，有告其赃者，朝廷派监察杨汪调查处理。杨汪前往途中为张审素手下人劫持，当着杨汪的面杀死告事者。杨汪到达益州，诬陷张审素谋反，构成其罪，遂斩之，籍没其家。张审素儿子张琇与兄张瑝年幼，被流放到岭南，后各逃归。杨汪后来改名杨万顷，升任殿侍御史。开元二十三年（735年），张瑝、张琇兄弟二人于东都等候杨万顷，将杨杀死，写了一张表系于斧刃之上，言复仇之状，遂奔逃。后被官吏捕获。玄宗对此评论说："复仇礼所许，杀人亦格律具存。孝子之心，义不顾命。国家设法，焉得容此。杀人成复仇之志，赦之亏格律之道。"张瑝兄弟被处死后，士人和庶民痛惜，作哀悼文张贴于关隘路口。市人敛钱于死处造义井，并将其安葬于北邙山上，又怕被杨万顷家人发现，作疑冢数所于其所。其为时人痛悼者如此。（《大唐新语》卷5）在中国封建社会一直存在着法与礼的冲突，为父报仇合乎礼，却违背了国家之法；而维护法制最终目的也在于维系社会正常秩序和统治阶级的长远利益。张氏兄弟虽然没有王君操那样幸运得到宽恕，但是从朝野就这件事情前后的表现态度而言，士人和百姓多数认为报杀父之仇的行为是正义的，是孝道的体现，因而在民间得到称颂。

　　忠与孝是封建社会两个最重要的道德规范，儒家有移孝作忠的伦理思想，但是在道德实践中，两者也有冲突的时候，隋唐时期人们认为忠与孝不可两全时，尽忠就是大孝。《大唐新语》卷2载，李义府因为得到皇帝宠信而行为放纵，妇人淳于氏有姿色，因事被囚于大理寺，李义府乃托大理承毕正义曲断释放。有人告发，朝廷派刘仁轨审理此事，义府怕事情败露，将毕正义杀死在狱中。侍御史王义方准备弹劾之，告诉其母亲曰："奸臣当路，怀禄而旷官，不忠；老母在堂，犯难以危身，不孝。进退惶惑，不知所从。"其母曰："汝若事君尽忠，立名千载，吾死不恨焉。"义方乃备法冠，横玉阶弹劾之。先叱义府令下，三叱乃出，然后跪宣弹文，要求："请除君侧，少答鸿私，碎首玉阶，庶明臣节。"高宗包庇李义府，认为王义方毁辱大臣，言辞不逊，把他贬为莱州司户。秋满，于昌乐聚徒教授。母亡，遂不复仕进。王义方在忠与孝的道德困境中，其母亲晓以大义，坚定了忠君除奸的决心。他践行忠节，仗义执言，正好符合儒家心目中最高的"孝"："立身行道，扬名于后世，以显父母。"彰显了志士仁人忠诚为国的精神价值。

儒家历来既重"孝"，也重"悌"。《孝经》曰："教民亲爱，莫善于孝；教民礼顺，莫善于悌。"隋唐时期随着社会的稳定和繁荣，统治阶级在提倡"父慈子孝"的同时，也着力倡导"兄友弟恭"，以促进家庭和睦与社会和谐。

《类说》载，西蜀有兄弟因财产纠纷诉讼于公堂，狱吏久不能决。毕构为益州长史兼按察使，让兄弟二人饮人乳，于是兄弟感悟，又重新合家生活。

陆南金博涉经史，言行修谨。开元初，太常少卿卢崇道犯赃，自岭南逃归，匿藏于陆南金家。不久被仇人揭发，由侍御史王旭审理，王旭判处他以极刑。由于卢崇道在供词中涉及了陆南金，陆有罪也应该被处分。他的弟弟却承认是自己的罪，请求代兄而死。兄弟二人争死，最后得到了唐玄宗的嘉奖和宽恕（《大唐新语》六）。

季逊为贝州（今河北清河等）刺史，甘露遍于庭中树。其邑人曰："美政所致，请以闻。"逊谦退，寝其事。历官十七载，俸禄先兄弟嫂侄，谓其子曰："吾厚尔曹以衣食，不如厚之以仁义，勿辞散也。"天下莫不嗟尚。（《大唐新语》六）

李勣虽为仆射，其姊病，必亲为粥，火燃，辄焚其胡须。姊曰："仆妾多矣，何须自苦如此？"勣曰："岂为无人耶？顾今姊年老，勣亦年老，虽欲久为姊粥，复可得乎？"（《隋唐嘉话》上）李勣身为宰相，权倾朝野，但是他仍然珍惜姊弟亲情，感人至深！

孝悌观念首先是建立在血缘亲情基础上的，当然也有维护上下尊卑关系的社会内容。当父子、兄弟关系与财产关系、政治关系交织在一起时就更为复杂，往往会成为赤裸裸的利害关系，父子反目、兄弟为仇就见怪不怪了。在这种情况下强调孝悌观念的道德价值就显得尤为重要。隋唐五代时期一方面倡导孝悌观念，但另一方面统治阶级内部在争夺政治权力的斗争中，却残酷无情，与孝悌观念背道而驰的现象颇多。比如隋炀帝杀父篡位；李世民兄弟为争夺皇位的玄武门兵变，建成、元吉被害；武则天为了保持自己的皇位，亲手害死了几个儿子；安禄山被儿子安庆绪所杀；史思明亦被长子史朝义策动的兵变杀死，史朝义派人还杀死了与自己争夺帝位的异母弟史朝清；后梁皇帝朱温被亲生儿子朱友珪所害。在这些刀光剑影的宫廷之争血淋淋的事实面前，"父慈子孝"、"兄友弟恭"的道德信条显得是那么脆弱，说明在封建社会里道德必须服从政治斗争的需要，也表明统治阶级在道德实践中的双重人格。当然，对这些违背"孝悌"观念的行为必须进行具体分析，比如隋炀帝弑父篡位就是卑鄙的行为。诗人陈子昂就对武则天朝所谓"大义灭亲"的伪善行为进行了尖锐的批评，其《感遇三十八首》之四中言道：

> 乐羊为魏将，食子殉军功。
> 骨肉且相薄，他人安得忠。
> 吾闻中山相，乃属放麑翁。
> 孤兽犹不忍，况以奉君终。

诗中提到了两个先秦人物：乐羊和秦西巴。乐羊是战国时魏国的将军，魏文侯命他率兵攻打中山国。乐羊的儿子在中山国，中山国君就把他杀死，煮成肉羹，派人送给乐羊。乐羊为了表示自己忠于魏国，就吃了一杯儿子的肉羹。魏文侯重赏了他的军功，但是怀疑他心地残忍，因而并不重用他。秦西巴是中山国君的侍卫。中山君孟孙到野外去打猎，得到一只小鹿，就交给秦西巴带回去。老母鹿一路跟着，悲鸣不止。秦西巴心中不忍，就把小鹿放走了。中山君以为秦西巴是个忠厚慈善的人，以后就任用他做太傅，教育王子。一个为了贪立军功，居然忍心吃儿子的肉羹。骨肉之情薄到如此，这样的人，对别人岂能有忠心呢？一个怜悯孤兽，擅自将国君的猎物放生，却意外地提拔做王子的太傅。这样的人，对一只孤兽尚且有恻隐之心，何况对他的国君呢？他肯定是能忠君到底的。

陈子昂提到这两个历史故事，其实是为了批判武则天。武则天为了夺取政权，杀了许多唐朝的宗室，甚至杀了太子李宏、李贤、皇孙李重润。上行下效，满朝文武大臣为了效忠于武则天，干了许多自以为"大义灭亲"的残忍事。例如大臣崔宣礼犯了罪，武后想赦免他，而崔宣礼的外甥霍献可却坚决要求判处崔宣礼以死刑，头触殿阶流血，以表示他不私其亲。陈子昂对这种残忍奸伪的政治风气十分愤怒，因而写了这首诗。

第二节　爱情与婚姻自主

　　爱情是人类千百年来向往的幸福生活的永恒主题。隋唐五代时期随着社会的持续繁荣稳定，民族融合，胡风浸染，封建婚姻道德关系相对宽松，因而追求爱情和婚姻自主成为这一时期家庭婚姻道德的鲜明特色之一。白居易的"在天愿作比翼鸟，在地愿为连理枝"；元稹的"曾经沧海难为水，除却巫山不是云"；李商隐的"身无彩凤双飞翼，心有灵犀一点通"；"春蚕到死丝方尽，蜡炬成灰泪始干"。这些千古流传的著名诗句折射出那个时代人们追求纯洁爱情的忠贞信念和斑斓多姿的精神生活。

　　崔护的《题都成南庄》就讲了一个凄美动人的爱情故事：崔护举进士不第，清明节偶然游至一村庄，叩门求饮，有女子开门并以杯水送至，该女子"妖姿媚态，绰有余妍"。崔辞去时，她依恋地送至门外。及来年清明崔又寻访之，门墙如故，但门锁着，于是他题诗于左扉上：

　　　　去年今日此门中，人面桃花相映红。

　　　　人面不知何处去，桃花依旧笑春风。

并题上自己的名字。后数日，偶然又至其地访问，闻门中有哭声，叩门问之，有老父出迎，询知是崔护后，哭着说："君杀吾女。"据老人说："我家女儿笄年知书，未许配人家，自去年以来，常恍惚若有所失，外出归来见左扉有字，读后病倒，遂绝食数日而死。……难道不是你害了她？"崔请求入内哭别。进屋后，"崔举其首，枕其股，哭而祝曰：'某在斯，某在斯'。须臾（女子——引者）开目，半日后复活矣。"老父大喜，便将女儿嫁给了崔护。（《本事诗·情感》）

　　这首诗将年轻男女偶然相遇所产生的美妙爱情故事，表达得惟妙惟肖。纯情少女起死回生的结局，也使人们对爱情的力量和幸福生活寄以无限的希望。

　　王维的《相思》对爱情的描写含蓄而意味深长：

　　　　红豆生南国，春来发几枝。

愿君多采撷，此物最相思。

唐代绝句名篇经乐工谱曲而广为流传者为数甚多。据说天宝之乱后，著名歌者李龟年流落江南，经常为人演唱《相思》，听者无不动容。红豆生于南方，结实鲜红浑圆，晶莹如珊瑚，南方人常用以镶嵌饰物。传说古代有一位女子，因丈夫死在边地，哭于树下而死，化为红豆，于是人们又称呼它为"相思子"。唐诗中常用它来表达相思之情。而"相思"不限于男女爱情范围，亦可以延伸到真挚的友情。可以说王维的《相思》是唐代爱情诗的绝唱，是追求真挚感情的时代精神的体现。

刘禹锡的竹枝词（其一）对爱情的描写细腻生动：

杨柳青青江水平，闻郎岸上踏歌声。
东边日出西边雨，道是无情却有情。

永贞革新失败后，刘禹锡被贬出京，流放在巴山楚水之间。这使他能够接触下层民众，熟悉下层民众的疾苦和思想感情。竹枝词是巴渝民歌中的一种。唱时，以笛、鼓伴奏，同时起舞。其声调婉转动人。此首描写的是一位沉浸在初恋中的少女的心情。她在心里爱着一个人，却不知道对方的态度如何，因此，希望与疑虑并存，喜欢与担忧兼有。诗人以主人翁的口吻，成功地表达了这种微妙复杂的心理状态。唐代民间爱情婚姻关系较少受封建礼教束缚，所以才会有如此美妙的民歌出现。

"红叶题诗"的故事，反映失去自由的宫女对民间幸福和爱情的向往：

流水何太急，深宫尽日闲。
殷勤谢红叶，好去到人间。

关于这首诗还流传着一个动人的故事。据《云溪友记》记述，宣宗时，诗人卢渥到长安应举，偶然来到御沟旁，看见一片红叶，上面题有这首诗，就从水中取出，收藏在金箱内，后来，他娶了一位被遣出宫的姓韩的宫女。一天，韩氏见到箱中的这篇红叶，叹息道："当时偶然题在诗叶上，随水流去，想不到收藏在这里。"这就是有名的红叶题诗的故事。一个妙龄少女，长期幽闭宫中，饱受岁月难熬、度日如年之苦。作者运用委婉含蓄的笔法，以对一片能够流出宫外的红叶致谢的感情，来寄托自己对自由和爱情生活的憧憬，以及急于冲破樊笼的强烈愿望，感人至深。

据《本事诗》、《云溪友议》等书记载，天宝年间，还有一位洛阳宫女，也在梧叶上写了一首诗，随御沟流出，更直接地表达了对爱情的向往。诗云：

> 一入深宫里，年年不见春。
> 聊题一片叶，寄与有情人。

此诗在民间广为传播。诗人顾况见到后曾和诗一首：

> 愁见莺啼柳絮飞，上阳宫女断肠时。
> 君恩不闭东流水，叶上题诗寄与谁？

在顾况题诗后，过了一段时间，又在御沟流出的梧叶上见诗一首。这首诗无题无名，而后人以《又题洛苑梧叶上》为名收入《全唐诗》：

> 一叶题诗出禁城，谁人酬和独含情。
> 自嗟不及波中叶，荡漾乘春取次行。

可以想见，这位终年极度寂寞，与外面世界隔绝的少女，浮想联翩，独自含情，无人怜悯。①

隋唐社会繁荣开放，受胡风浸染，爱情婚姻观念相对开放，出现一些了情趣横生的姻缘缔结方式。唐代有名的奸相李林甫"口蜜腹剑"，但在对待女儿的婚事上却很尊重女儿的意愿。李林甫有六个女儿，各有姿色，平时一些交情很深的富贵人家来求婚，他都不应允。为了让女儿自行选择

---

① 洪焰等：《唐诗配画故事》，人民中国出版社 1993 年版，第 39、113、96—99 页。

如意郎君，他在厅堂墙壁上开一横窗，"饰以杂宝，缦以绛纱，每有贵族子弟入谒，林甫即使女于窗中自选可意者事之"。(《开元天宝遗事十种》)这种找对象方式虽然不如文明社会的自由恋爱，在当时却是颇为开放的。

还有宰相张嘉贞，见郭元振有才，风流倜傥，便想选其为女婿。郭元振说："知公门下有女五人，未知孰陋，事不可仓卒，更待忖之。"张嘉贞回答："五女各有姿色，即不知谁是匹偶，以子风骨奇秀，非常人也，吾欲令五女各持一丝，幔前使子取便牵之，得者为婚。"(《开元天宝遗事十种》)郭元振从命，结果牵之得第三女，且大有姿色，后来果然夫荣妻贵。这种浪漫的"牵红丝"择婚方式成为当时一段佳话，而且成为后世的美谈。

隋唐时人们还追求纯真的爱情。诗人李商隐，早年与大官僚令狐陶父子在一起生活了多年，并在令狐陶的帮助下，考中了进士。不久被任命为泾原节使王茂元的幕僚。王茂元有个女儿，聪明美丽，又通诗文，李商隐从心里爱上了她。但是，令狐陶与王茂元属于两个对立的政治派别。李商隐竟然不顾自己的政治生命，毅然娶了王茂元的女儿为妻，两人婚后生活非常美满，感情颇深。后来，令狐陶做了宰相，认为李辜负了他的家恩，所以有意压制李商隐。李商隐为追求纯洁的爱情，却在仕途上付出了沉重的代价。正因为他爱的忠诚，才给我们留下来那么多脍炙人口的凄美诗句！

虽然如此，隋唐五代的婚姻仍然受着先秦以来"父母之命"与"媒妁之言"传统的深刻影响，婚姻自主权只是相对的。"父母之命"的"父母"是广义的，不一定是亲生父母，无父母其他尊亲长辈都可以主婚，如祖父祖母、同宗叔伯、长兄及家族族长都可以行使主婚权。此外高级官员可为下级官员主婚，主人可以为奴仆主婚等。有了"主婚人"，婚姻才合乎礼法，一般情况下婚姻当事人不可自专，自言婚嫁。

婚姻既然由父母尊亲长辈主婚，主婚的尊亲长辈必须对婚姻负法律责任，所以唐律规定："诸嫁娶违律，祖父母、父母主婚者，独坐主婚。若期亲尊长主婚者，主婚为首，男女为从；余亲（旁系亲属）主婚者，事由主婚，主婚为首，男女为从；事由男女，男女为首，主婚为从；其男女被逼，若男年十八以下及在室之女，亦主婚独坐。"(《唐律疏议》卷14《户婚律》)同时也承袭《礼记·曲礼》"男女非有行媒，不相知名"的古礼，规定"命媒氏之职，以会男女"。(《唐会要》卷83《婚娶》) 法律规定"为婚之法，必有行媒"。(《唐律疏议》卷13《户婚律》) 媒人也要对婚姻是否合乎礼法承担一定的法律责任："诸嫁娶违律"，媒人要按照首犯（主婚）减二等治罪。[1]

从传统礼俗和法律规定来看，"父母之命"与"媒妁之言"仍然是当时社会倡导的婚姻观念。《太平广记》记载长洲县丞陆某的女儿死后为鬼，欲与临顿李十八结冥婚，托话给其舅父："吾是室女，难以自嫁。"请其家人通过媒妁说合给她主婚，陆某"竟将女与李子为冥婚"。(《太平广记》卷333《长洲陆氏女》) 这件事反映了民间对"媒妁之言"的重视，也反映了青年男女们追求爱情的心态，变成鬼都要嫁给自己的心上人。

在中国古代，追求爱情和婚姻自主，想突破门第观念是十分困难的，隋唐五代也不例外。虽然重修《氏族志》使旧的门阀观念受到了一定的冲击。但是，一些新贵官臣和富裕人家，受历代民间婚姻重视门第的旧风俗影响，依然推崇早已破落的旧士族，攀附所谓的高姓名门，与之"竞结婚姻"。如唐初名臣魏征、房玄龄、李勣等人家，皆盛行与山东士族结亲。唐代人重视门阀士族的婚姻观念，在墓志中也有所反映。在韩愈撰写的墓志中，凡属娶士族名门之妻，都要加上一笔特别点出。如《荥阳郑公神道碑》中就有"始娶范阳卢氏女……后娶赵郡李氏"；《凤翔陇州节度使李公墓志铭》专门写到"夫人博陵崔氏，河阳尉镐之孙，大理评事可观之女，贤有法度"。

在唐代官僚集团中，也有人在婚姻问题上不那么看重士族门第。如武将出身的太师李光颜的女儿未聘，部下给张罗说媒，"盛誉一郑秀才词学门阀"予以撮合，可是李光颜答谢说："李光颜一健儿也，遭遇多，偶立微功，岂可妄求名门，已选得一婿也，诸贤未见。"并召来他部下的一员裨将，指着说："此即某女之婿也，超三五阶军职，厚于金帛，足矣。"(《唐语林校证》卷4《豪爽》) 这一方面说明由于李光颜武将出身，门第观念不强；另一方面也反映唐朝经过安史之乱后，士族门阀更加衰落，再经黄巢起义的沉重打击，崇尚门阀士族婚俗观念已比较淡薄，五代以后更

---

① 钟敬文主编：《中国民俗史》（隋唐卷），人民出版社2008年版，第276页。

不太讲究了。

　　隋唐择偶还十分看重本人条件，择婿特别重才华地位。《唐诗纪事》载，卢储未中进士之前，作为一介布衣投书谒见尚书李翱。李翱之女读了卢的投卷诗文为其折服，称赞"此人必为状头！"李翱便将女儿许配给卢储。后来卢储果然一举金榜题名。这就是慧眼识才，以才选婿。诗人李郢听说邻女才貌俱佳，便去求婚，可是遇到竞争对手，女方家先说："备钱百万，先至者许之。"结果两家把百万财礼同时送来了，女方两难选择，又说："请各赋诗一首，以为优劣。"（《唐语林校证》卷2《文学》）李郢本是才华横溢的诗人，自然获胜娶得美人。像这样才子佳人的故事在唐代很多，其中大多包含着一定的追求爱情和婚姻自主的成分。更有趣的是，唐代当时把选才子为婿竟然刻写进墓志铭，如杜牧撰写的《岐阳公主墓志铭》就记载，唐宪宗见"宰相权德舆有女婿孤独郁（当时有名才子），为翰林学士。帝爱其才，因命宰相曰：'我有嫡女，既笄可嫁，德舆得婿孤独郁，我岂不得耶？可求其比。'"连皇帝都羡慕宰相给女儿找了个才子女婿，他也要给自己的公主女儿找一个不相上下的驸马。

　　男子择妻，不仅看门第、重容貌，更看重德行贤惠。柳宗元在《伯祖妣郡李夫人墓志铭》中评说："夫人生于良族，嶷然殊异，及笄，德充于容，行践于言。高朗而不伤其柔，严恪而不害其和，特善女红剪制之事，又能为雅琴操缦之具，妇道既备，宜君子之配偶焉。"《崔少尹夫人卢氏墓志》中盛赞卢氏："资顾复之报以孝舅姑，推友之爱以睦娣姒；和琴瑟之乐以谐所从，阅诗易之义以修所职，妇仪母训垂五十年不一日违仁，不须臾忘礼。温颜和气，物莫之侵；朗识清机，道与之接。"对墓主的赞美之词可以看出当时社会择妻妇德重于妇容，并对娴于女红、主持家政、贤惠和婉、温柔与知书达理等方面有较高的要求。①

　　隋唐时期有相信月老的习俗，认为男女婚配之事是命里注定的，一生下来便由月下老人以红绳系足。相传贞观二年，韦固赴清河游玩，路过宋城，晚上住在宋城南店。在黎明之际，他去龙兴寺会友，见一位老人坐在石阶上借着月光看书。韦固自恃博学多闻，可是上前一看，书中竟无一字能识。于是他便问老人所阅何书？老人回答："天下人之婚书。"他又问

---

　　①　参见钟敬文主编《中国民俗史》（隋唐卷），人民出版社2008年版，第265—278页。

老人囊中之物，老人回答：“囊中皆赤绳子耳，以系夫妻之足。及其生，则潜用相系，虽仇敌之家，贵贱悬隔，天涯从宦，吴楚异乡，此绳一系，终不可逭（避）。”韦固好奇地询问自己的婚事，月下老人翻检书后，告诉他说本城北有一个卖菜的瞎老婆子的女儿，已经三岁了。韦固听了心中怀疑，问能不能一见此女？月下老人说：“君若随我往，当可见之。”韦固随老人到了城北菜市时天已大亮，果然看见一盲妪怀抱一幼女正在卖菜，老人手指幼女说：“此女即君之妻也！”言毕即隐去。韦固见幼女丑陋，愤怒地骂道：“老鬼妖妄如此！吾乃士大夫之家，娶妇必名门佳丽，何能娶盲妪之陋女！”愤恨中返回店里，派仆人用一把小刀去刺杀幼女。因菜市人群熙攘，仅伤其眉间而未能刺死，韦固连夜逃走。十四年后，韦固出任司户参军，以审狱断案之才干深得刺史王泰赏识，王泰见韦固已过“而立之年”还是孤身，遂将自己的养女许配韦固为妻。刺史之养女年轻容颜姝丽，只是眉间常贴一花子，梳洗、沐浴都不肯摘取。韦固怪而问之，方知妻子就是当年他刺杀的卖菜瞎婆子的女儿，被王泰收养又嫁给自己。由此相信了姻缘天定，夫妻更加恩爱，所生子女皆显贵。宋城宰闻知此事后，题韦固所过中店为“定婚店”。（《太平广记》卷159《定婚店》）后人对韦固的传奇故事编为戏剧广为传唱，到了明代还有《月下老定世间婚配》的杂剧。这个故事所反映的婚姻观不免有宿命论的成分，但也蕴涵有冲破门第、贵贱等世俗婚姻观念的合理因素，为人们追求爱情提供了根据。

　　除了“姻缘前定”的神话观念，隋唐时期还有以生辰八字、阴阳五行来合婚的“婚姻天定”观念。《隋书》记载，当时社会上流传的有关书籍，如《嫁娶经》、《阴阳婚嫁书》、《杂阴阳婚嫁书》、《婚嫁书》、《嫁娶黄籍科》、《六合婚嫁历》、《婚嫁迎书》、《嫁娶阴阳图》、《九天婚娶图》等等，有十余种40余卷。至唐朝，李虚作《命书》，以人的出生年、月、日来推算人一生的吉凶祸福。在此基础上，五代时期的徐子平又加上时辰，以生辰八字、阴阳五行来推命。至此推测温情脉脉的婚姻之事的推命术完全形成，婚姻天定的观念通过宿命论与命理学说逐渐得到传播。总之，古代哲学思想、神秘文化与社会思潮一齐汇入婚姻风俗之中，给人们追求婚姻自主编织了无形的罗网。

第三节　胡风浸染与妇女贞节观

隋唐五代是中国封建社会历史进程中妇女地位凸显的时代，长期以来的民族杂居与融合，使得北方游牧民族的豪迈风气给帝国注入了新的活力，上层社会妇女的婚姻生活糜乱，在一定程度上和一定范围内形成了礼教松弛、"闺门不肃"的社会风气，主要标志是离婚再嫁较易、贞节观念淡薄。而下层社会妇女虽然也有寡妇再嫁现象，但仍然以守节为礼法和时尚。

唐代公主再嫁成风在历史上绝无仅有。据《新唐书》记载，唐代公主共有 211 人，其中未婚而夭折者 28 人，为尼者 7 人，另有 41 人婚姻状况不明，曾经婚嫁者共 135 人。在已婚公主中，再嫁者 27 人，其中三嫁者 3 人。① 除去早亡与为尼的入道公主，再嫁公主占 23%，远远高于当时的下层社会。

唐代公主不但离婚再嫁屡有发生，并多伴有私通偷情等各种形式的婚外恋。上层妇女尤其是公主、后妃常享有与男子对等的婚外性恋，不少人置有面首。高宗女太平公主，中宗女安乐公主，既有自己的情人，又分别与自己的母亲（武后、韦后）的情人打得火热。太宗女和浦公主嫁房玄龄之子房遗爱之后，与和尚辨机私通，后又公开与和尚智勖、惠弘、道士李晃等私通。中宗女安乐公主下嫁武崇训，"崇训死，主素与武廷秀乱，即嫁之"。肃宗女郜国公主，先嫁裴徽，后嫁裴升。升死后，"公主与彭州司马李晃，而蜀州别驾萧鼎，澧阳令韦恽，太子詹事李升，皆私待主家"。（《新唐书·诸公主传》）从这些记载可以看出，婚外偷情之事在唐代上层社会已经司空见惯，以至后人讥之为"唐乌龟"。唐代上层社会两性关系之放纵，贞节观念之淡薄，被后来的理学家所鄙夷："唐源流于夷狄，故闺门失礼之事，不以为异。"（《朱子类语》卷 116 历代类三）正是因为唐代上层对女性贞操不甚苛严，所以，唐太宗杀弟元吉后，娶其姬杨氏，还想立为皇后；安乐公主下嫁武崇训，后又嫁其弟武廷秀；高宗立庶母为后；玄宗以儿媳为妃。这些在汉族婚俗中被认为有悖伦常的秽事，在他们的眼里，甚至唐代两个最著名的君主唐太宗、唐玄宗的眼中却不以

---

① 盛义：《中国婚俗文化》，上海文艺出版社 1994 年版，第 350 页。

为非。

《唐律》中也有尊卑不婚的原则。《唐律疏议·婚律》载："若其父母之姑舅，两姨姊妹及姨、若堂姨，母之姑，堂姑，己之堂姨及再从姨，堂外甥女，女婿姊妹，并不得为婚姻。违者各杖一百，并离之。"修律者指出，如不遵守这些条例就会导致"尊卑混乱，人伦失序"。但是，在唐宗室、公主婚姻中，这种"尊卑混乱"的现象却屡见不鲜。柳昱与柳杲是柳潭与肃宗女和政公主之子。柳杲娶代宗女义清公主（《柳昱墓志》），而柳昱却娶德宗女宜都公主（《宜都公主墓志》）。柳杲娶了自己的表妹为妻，而柳昱则娶了自己的表侄女。柳杲与柳昱的辈分完全紊乱。在唐代，婚姻中辈分这样紊乱的例子还很多。

隋唐社会上层妇女贞操观念之比较淡薄，其一是由于北方少数民族收继婚风气的濡染。魏晋以来，北方民族不断南下，各民族不断融合。在融合的过程中，北方民族古老的收继婚制也在内地流传，冲击着中原人的婚姻伦理观念。据后人研究，隋唐时期的汉族是以原来的汉族为父系、鲜卑族为母系的新汉族。隋唐皇室就具有胡汉混杂的血统。隋炀帝杨广、唐高祖李渊的母亲，都是出自拓跋鲜卑的独孤氏；唐太宗的母亲出自鲜卑乞豆陵氏；长孙皇后父系、母系皆鲜卑人。故唐高宗李治，承袭鲜卑血统近四分之三，承袭汉族血统仅四分之一左右。奄有天下，他们就是鲜卑族化的汉人，既有鲜卑血统，又长期受鲜卑文化的熏陶，所以婚俗多鲜卑遗风，不足为怪。① 其二是由于唐王朝开辟了广袤的疆土，造成四海归一、经济繁荣、文化昌盛的局面，雄厚的实力造就了人们自信、开放、宽容的心态。这一时期，中国与亚洲，以及各国人民交往非常频繁，各国商人、僧侣及学者不断来到中国，他们带来了他们的宗教，带来了异域文化，带来了各具特色的婚姻道德生活与价值、规范。这些多元的婚姻道德观念相互碰撞、交融，形成了相对自由开放的新气象，触动了中国传统婚姻道德的准则。其三是武则天以女人身称帝，尊"女权"削"男权"更是推波助澜。②

---

① 参见王桐龄《中国民族史》，文化学社 1934 年版，第 322 页。

② 刘永刚、胡群、常宝：《是开放还是保守——唐代婚姻形态的比较分析》，《黑龙江史志》2009 年第 13 期。

　　在胡风浸染下，隋唐五代的婚姻观出现了两面性。一方面，为数不少的男女恪守封建道德，尤其是女人坚守着三从四德，她们不惜用生命为代价，捍卫着封建礼制。另一方面，与守寡苦守贞节的情况共存的是大量冲破传统的婚姻观念束缚，大胆寻求婚姻自由的现象。

　　《隋书·列女传》记载女性15人，多为贞节烈女。隋文帝的女儿兰陵公主下嫁柳述，后柳述被处分发配岭南，"炀帝令公主与述离绝，将改嫁之，公主以死自誓，不复朝谒，上表请免主号，与述同徙。"隋炀帝大怒，说："天下岂无男子，欲与述同徙耶？"公主曰："先帝以妾适于柳家，今其有罪，妾当从坐，不愿陛下屈法申恩。"隋炀帝不从，公主竟忧愤而卒。临终上表说，"生不得从夫，死乞葬于柳氏"。又如崔氏女子年十三时嫁给郑诚，生一子；后郑诚战死，崔氏二十而寡居，其父欲使其改嫁，她说："妇人无再见男人之义。且郑君虽死，幸有此儿。弃儿为不慈，背死为无礼。宁当割耳截发以明素心。"（《隋书》卷80《烈女传》）。据《新唐书·列女传》记载，被李世民称赞有"筹谋帷幄，定社稷之功"的名相房玄龄，在贵显之前曾得过一场大病，性命垂危之时劝妻子卢氏改嫁："吾病革，君年少，不可寡居，善事后人。"卢氏听后哭着走进帐中，用刀子把自己的眼珠子剜了出来，交给玄龄，表明对他忠贞不二。这种用自残方式宣示贞操的例子不止一端。楚王灵龟的妃子上官在丈夫死后，几个兄弟商量说："妃少，又无子，可不有行。"她听到后哭泣着说："丈夫以义，妇人以节，我未能殉沟壑，尚可御妆泽、祭他昨乎？"说着就要把自己的鼻子割下来，家人不再强嫁。《旧唐书·列女传》记裴矩女裴淑英，因政治原因与丈夫被迫离婚后，丈夫劝她改嫁，她说："妇人事夫，无再嫁之礼。夫者，天也，何可背乎？守之以死，必无他志。"操刀欲割耳自誓，因保护及时才被制止。

　　隋唐时期对婚姻忠贞不渝的男人也大有人在。尉迟敬德在唐朝功劳很大，唐太宗对尉迟公说："朕将嫁女与卿，称意否？"敬德谢曰："臣妇虽鄙陋，亦不失夫妻情。臣每闻古人语：'富贵不易妻，仁也。'臣窃慕之，愿停圣恩。"叩头固让，帝嘉之而止。（《隋唐嘉话》中）

　　《唐律户婚》规定"若夫妻不安谐而和离者，不坐"，这种规定表明唐王朝的婚姻观在一定程度上是开明的。然而，其关于出妻的七项规定又表明，和其他朝代一样，唐王朝仍然坚持男子中心主义，女子的命运牢牢掌握在男人的手中，依然是男性的附属品。其关于"誓心守志、夺而强嫁"要判刑的规定，更加证明唐王朝倡导的仍然是"从一而终"的道德信条。《新唐书·列女传》中随处可见"夫，天也"、"丈夫以义，妇人以节"的文字，从表面上看这与唐代开放的社会风气和宽松的道德氛围相矛盾。实际上，越是在纲纪废弛、道德宽松的社会，主流道德越是重视作为教化之端的夫妇伦理。①

隋唐时代处于中国封建社会的上升阶段，对人民的束缚的确不如后来严苛。封建统治者虽然在法律上力图维护父权与夫权，但出于维护社会安定和发展经济的需要，会根据具体的社会情况对婚嫁作出具体的规定。

开皇十六年（596 年）六月"辛丑，诏九品已上妻，五品已上妾，夫亡不得改嫁"。（《隋书·帝记第二高祖下》）这是针对隋代官员妻妾改嫁之风所作的规定。唐朝关于妻子再嫁的规定有："（贞观元年）二月丁巳，诏民男二十，女十五以上无夫家者，州县以礼聘娶；贫不能自行者，乡里富人及亲戚资送之；鳏夫六十，寡妇五十，妇人有子若守节者勿强。"（《新唐书·太宗纪》）"若守志贞节，并任其情，无劳抑以嫁娶。"（《通典》卷 59《礼典·嘉礼》）《唐律疏议·户婚律》是我国历史上第一部有关婚姻的成文法。其规定："诸夫丧服除而欲守志，非女之祖父母，父母而强嫁之者，徒一年；期亲嫁者，减二等，各离之，女追归前家，娶者不坐。"

以上诏令与法律规定表明，隋唐王朝对于再嫁与守节与否，似乎采取不干涉的态度，再嫁者再嫁，守节者守节。事实并非完全如此，虽然隋唐在此问题上由当事人做主，但政府还是有自己的价值导向，倾向于妇女守节。唐初，对一些品行突出的高龄妇女，政府颁授其一些称号，予以褒扬。其中不乏节妇。近年来大量出土的隋唐五代墓志在这方面提供了有力的证据。

贞观 120《齐夫人墓志》："张氏早丧，誓心自守，属圣朝崇年尚德，颁授崇政乡君。"②

---

① 张锡勤、柴文华：《中国伦理道德变迁史》上册，人民出版社 2008 年版，第 320 页。

② 周绍良、赵超主编：《唐代墓志汇编》，上海古籍出版社 1992 年版。以下所引墓志，不注明的皆出自《唐代墓志汇编》。

永徽 031《和姬墓志》："既丧配偶，累纪孀居，□育孤遗，义方无爽。圣上孝理天下，垂煦耆德，授河南县金谷乡君。"

按照唐律规定，孀妇在服丧期满后，除了其祖父母、父母能强迫其再嫁，此外别人无权干涉。但实际情况中，叔父、母兄等人有可能强迫其再嫁，从理论上讲，此时其祖父母、父母应该已死亡。

会昌 035《刘夫人墓志》："生禀淑德，笄年适南阳张公讳闱……未几，府君先世。孤且提孩，家复食贫……无何，父兄悯其稚，遂夺其志，再行乐安孙公讳伯达。"

"（敬氏）年十五，适樊氏，生会仁而夫丧……服终，母兄以其盛年，将夺其志。"《旧唐书·列女传》

总之，唐中前期的法律采取了理性实用主义原则，一方面考虑到寡妇失去经济来源后，衣食无依，不限制其再嫁；另一方面，对励志守节的妇女，也不干涉，给她们自主决定的自由空间。

关于唐中期法律对守节、再嫁的态度，似无明文，只不过到了宣宗大中年间又有了这样的敕令：

五年四月，敕，夫妇之际，教化之端，人伦所先，王猷为大。况枝连帝戚，事系国风，苟失常仪，即紊彝典。其有节义乖常，须资立制，如或情有可悯，即务从权，俾协通规，必惟中道。自今以后，先降嫁公主县主如有儿女者，并不得再请从人；如无儿者，即任陈奏，宜委宗正等准此处分。如有儿女妄称无有，辄请再从人者，仍委所司察获奏闻，别议处分，并宣付命妇院永为常式。（《唐会要·公主》）

上述诏敕虽然是针对公主的，但已强调公主有子者不能再嫁，这与唐初的原则是相背的。学者们对于这条敕令是否适用于民间有不同看法，但不难看出，唐中期对妇女再嫁的限制已经有了从严的倾向。

有人认为，唐代妇女再嫁原因主要有：一是其夫早死或永诀；二是年龄不老而且无可依靠；三是无有一妇事一夫的观念者；四是其他。① 我们认为，妇女再嫁的主要原因是经济问题。正如王符《潜夫论·斗讼》指出的："又贞洁寡妇或男女备具，财资富饶，欲守一醮之礼，成同穴之义，执节坚固，齐怀人死，终无更许之虑，遭值不仁世叔，无义兄弟，或利其聘币，或贪其财贿，或私其儿女，强中欺嫁，处迫胁遣送。"

据对《隋唐五代墓志汇编》等资料统计，其中夫死守节妇女达到264例，再嫁妇女占被调查妇女的3.6%。这表明，唐代妇女贞节观淡薄并不是事实，即使在唐代这样的盛世，妇女们"从一而终"、"夫死靡他"的贞节观念仍然很强。大部分妇女在丈夫死亡之后，牺牲自己的青春，负担起侍奉舅姑、鞠育子女的家庭重任，过着与孤灯烛影相伴的孀居守节苦日子。她们中除了极少一部分得到朝廷旌表外，大部分都在承担家庭重任中默默而终。封建家长有时会出于各种原因，要求孀妇改嫁，一些妇女也会为保持节操而晓以礼义。所以说，唐代尽管有离婚、再嫁的现象，但社会仍以守节为尚。

唐代是中国传统妇女伦理发展的一个重要阶段，继西汉刘向《列女传》和东汉班昭《女诫》之后，唐代又出现了唐太宗长孙皇后的《女则》10卷，陈邈妻郑氏的《女孝经》，宋若华的《女论语》。其中《女论语·守节章》提出：

> 夫妇结发，义重千金。若有不幸，中路先倾，三年重服，守志坚心。保持家业，整顿坟茔，殷勤训后，存殁光荣。

这些言论表明在唐代，社会对女子操行的要求比以前高了。唐代妇女也不可能不受这样书籍的影响，请看墓志中广大妇女的行为与这些要求又何其相似。

> 贞观057《刘夫人墓志》："文禅班姬，德迈梁妇，终温且惠，淑慎其身，名全体正，受之父母，遵事□（应为舅）姑，以佐君子，靡□□失，贞顺之始也。非姑之制不服，非姑之礼不说，非姑之行不

---

① 李树桐：《唐人的婚姻》，《国家文献馆馆讯》1985 年第 11 期。

履，非姑之矩不则，非典不言，非法不动，口无失言，身无误行。然后赞扬阴德以承宗祀，为母□□具焉，为妇之道毕矣。"

此中溢美之词体现了世俗对一个贤良妇人的种种要求。

近人关于唐代妇女守节、再婚等事，讨论颇多。有人说，即使现今发现的墓志，也不尽可靠，既然墓志为纪念亡者而写的，难免会有虚美、隐恶的现象。的确，"唐代士族妇女之所以不见再婚记录，有可能是某些撰者为志主讳，隐匿讯息。不过，婚姻是妇女关键的生平资料，这种情况应颇稀少"①。退一步讲，即使有隐瞒的情况，也正可说明社会风气仍是保守的，妇女们不得不隐讳。此外，从唐人墓志中大量的"孀居"、"贞节"、"守志"、"靡他"言论，可以看出唐代妇女所受封建礼教的毒害仍然是大量的、严重的。再者，当时虽然存在着胡汉融合的情况，但胡人对汉礼影响更多的只是在服饰、饮食、起居等方面，在贞节观念、婚姻制度以及习俗方面，汉民族仍然保持了自己的特色，是汉族的封建伦理文化同化了其他游牧民族的伦理文化，而不是相反。一些墓志中给我们提供了这方面的例证。

> 少资□诚，长蹈妇图……誉满闺门，声华铅素。曹氏先亡，自誓之信逾明，守操之心弥洁。（显庆064《慕容夫人墓志》）
>
> 天宝052《元氏墓志》载元氏虽为鲜卑，但夫死之后，"孀居抚字孤幼，无亏于训章"。

从墓志看这两位少数民族的墓主，在婚姻道德观念方面与汉族家庭妇女并无二致。

学者们在阐述唐代婚风时，多举唐传奇中之逸文。的确，唐代传奇是研究唐代风情的重要资料，但是，传奇中的材料应该甄别使用。因为传奇之文往往是士子们用来行卷投谒的，为引起别人注意与抬高身价，其文更注意文彩、辞藻，搜奇记逸，所以其可信程度有限。而且，唐代士子本身就是社会中最奔放不羁的特殊群体，他们很多出身

---

① 陈弱水：《以唐昛看唐代士族生活与心态的几个方面》，《新史学》1999 年第 2 期。

下层社会，较少礼法的羁绊。其笔下的女子也多以青楼女子为原型，并不是下层社会妇女的艺术形象，所以，她们不能代表为生活操劳一生的下层妇女。①

总之，隋唐五代妇女的贞节观存在两种不同的类型。一种是以下层妇女为代表的传统儒家贞节观。它以传统儒家的道德标准为准绳，提倡从一而终，夫死靡他。虽然也存在再嫁的情况，但社会的主流仍然是儒家保守的贞节观。另外一种是上层以公主为代表的开放型贞节观。它以不拘礼法为特色，有悖于传统的标准，带有游牧民族的婚姻色彩。这种贞节观是胡风传统在胡汉大混合社会中的遗存，但并不是这个时期社会婚姻风气的主流。

第四节　一夫多妻与妒妇现象

一夫一妻是隋唐五代时期最基本的婚姻制度，但在实际的婚姻生活中，这只是对妇女的限制，而对拥有封建特权的男子来说，除妻子以外，还可以占有多个女子，具体表现形式为一夫一妻与多妾多滕制并存。

皇帝自己就是三宫六院、妻妾成群。《隋书·后妃传》载：

> 炀帝时……贵妃、淑妃、德妃，是为三夫人，品正第一。顺仪、顺容、顺华、修仪、修容、修华、充仪、充容、充华，是为九嫔，品正第二。婕妤一十二员，品正第三，美人、才人一十五员，品正第四，是为世妇。宝林二十四员，品正第五；御女二十四员，品正第六；采女三十七员，品正第七，是为女御。总一百二十，以徐于宴寝。又有承衣刀人，皆趋侍左右。

《新唐书·后妃传》载：

> 唐制：皇后而下，有贵妃、淑妃、德妃、贤妃，是为夫人。昭仪、昭容、昭媛、修仪、修容、修媛、充仪、充容、充媛，是为九

---

① 毛阳光：《从墓志看唐代妇女的贞节观》，《宝鸡文理学院学报》2000 年第 2 期。

嫔。婕妤、美人、才人各九，合二十七，是代世妇。宝林、御女、采女各二十七，合八十一，是代御妻。

至于达官显贵也是姬妾成群，数以百十计。隋朝权贵杨素"后庭妓妾曳绮罗者以千数"（《隋书》卷48《杨素传》），大臣贺若弼"婢妾曳绮罗者数百"（《隋书》卷52《贺若弼传》）。唐朝则明令五品以上官员可以有滕，庶人以上男性可以有妾，而且划分了等级，制定了人数。据《唐六典·尚书吏部》载：

> 皇太子良娣二员，正三品；良媛六员，正四品；承徽十员，正五品；昭训十员，正七品；奉仪二十四员，正九品。……亲王孺人二人，视正五品；滕十人，视正六品。嗣王、郡王及一品（官员）滕十人，视从六品；二品（官员）滕八人，视正七品；三品（官员）及国公滕六人，视从七品；四品（官员）滕四人，视正八品；五品（官员）滕三人，视从八品。降此已往皆为妾。

隋唐王朝从制度上为男子的多妾滕生活提供了依据，于是在上层社会形成了广纳多蓄姬妾的风气。就连著名的现实主义诗人白居易都有两位能歌善舞的妾，即樊素和小蛮陪伴侍候。达官权贵的占有几十甚至几百女子，更是普遍现象了。有些宰相和大将之间甚至为独占官妓为妾而动用武力抢夺，闹得纷纷扬扬，乌烟瘴气。

隋唐时期，人们之间的尊卑贵贱关系很严，不可逾越，故良贱婚为礼法所禁。唐代法律规定，无论属于官府还是私家的没有人身自由的男女奴隶，都不得与有人身自由的良人结婚，否则即判徒刑，并要强令离婚。隶属于官方的奴婢若要成婚，只能在他们这一等级之间进行匹配。唐代男子在多求子女的借口下虽可多娶，但妻妾之间嫡庶的名分却很严。为稳固封建家庭，防止娶二妻，政府用法令来禁止重婚，否则即判徒刑。

唐皇朝从防止奸宄、巩固边防考虑，对中原汉人与境外异族人通婚，也制定了两条严格的禁令。其中一条是不许中原汉人越过边地与外族人为婚。如白居易在《缚戎人》中言：

一落蕃中四十载，身著皮裘系毛带。

唯话正朝服汉仪，敛衣整巾潜泪垂。

誓心密定归乡计，不使蕃中妻子知。

暗思幸有残筋骨，更恐年衰归不得。

　　诗中描写一个陷落在吐蕃四十年的西北边民，因思乡心切，他在"不使蕃中妻子知"的情况下悄悄返回，却被"汉军"当作"蕃虏"，抓住后流放到吴越地区。因法令的限制，他不得不将"胡地妻儿虚充捐"。另外一条是不许朝臣及百姓与入朝蕃客为婚，因事关重大，故犯者要处以重罚。如李令问是唐玄宗的宠臣，"其子与回纥部酋承宗连婚"（《新唐书》卷93《李靖传附李令问传》），他也不能免罪，结果被贬死在抚州。又如嗣徐王李延年要把女儿嫁给入京朝见的拔汗那王，"为右相李林甫所奏，贬文安郡别驾"（《旧唐书》卷64《李远礼传》）。

　　为了防止在任的地方长官"为奸作弊"，政府不许官吏在其管辖范围内娶妻纳妾，也不许同一地方的在任的上下级官员之间通婚；违者，即使碰上赦令也要判离婚。此外，唐朝的有关法律还规定：同一宗族的同姓之间不可通婚，有血缘关系的近亲之间不可通婚（《唐律疏议》卷14《户婚》）；亲属之间因辈分有高低差异不许嫁娶成婚（《唐会要·嫁娶》）。这些规定显然是从维护人类繁衍和后代的健康方面考虑的。

　　据《隋书·礼义志》与《新唐书·礼乐志》载，隋唐五代时期上层社会中贵族人家的男女要嫁娶成婚，还要遵照"六礼"（纳采、问名、纳吉、纳征、请期、亲迎）婚仪，"六礼"齐备，婚姻关系才告成立。先是"纳采"，即男方派人向女方送去礼品，表示求婚结亲之意。然后是"问名"，即经女方同意后，男方又遣人询问姑娘之名及生辰。接着是"纳吉"，即男方拿姑娘之名及生辰到宗庙占卜，由祖先判决此婚姻适当与否。接着是"纳征"，即卜得吉兆后，男方派人带着礼物去与女方订立婚约。再是"请期"，男方择定结婚吉日，派人通知女方，征得同意。最后是"亲迎"，在吉日里，新郎在傧相陪伴下亲自前往女方家中迎娶新娘。但是根据《旧唐书·杨玚传》、《全唐文》卷559韩愈《读仪礼》等文所述，这种古雅的婚礼，"虽士大夫不能行之"，"于今无所用之"。随着隋唐社会婚姻观念的开放，古代婚礼习俗受到了很大冲击，比如自主婚姻就是对"纳吉占卜"的突破。

隋唐时期士庶百姓在娶亲成婚时，一般沿袭汉人婚仪，但又吸收了少数民族风俗。比如，新郎一行到女方家后，"妇女亲宾毕集"，用口头调笑或竹杖扑打的方式来戏弄新郎，这叫做"下婿"。新娘出门之前，要梳妆打扮，梳妆打扮好后却故意迟迟不出，男方就咏唱诗歌来催请新娘，这叫做"催妆"。新娘的彩车启程后，途中还有"障车"的仪式，就是一伙人聚集在路上，不让新娘动身，拦住彩车索要财礼，并且"邀其酒食，以为戏乐"（《旧唐书》卷45《与服志》）。后来逐渐演变成趁机勒索财物的恶习，以至普通人家娶亲时想方设法躲避"障车"。新娘迎至新郎家中后，婚礼进入高潮。先有"新人入门跨马鞍"的仪式，表示平安到达，这一仪式是由北方游牧民族婚俗发展而来的。婚礼中"于堂中设帐，以紫绫幔为之"，新郎新娘在此交拜行"拜堂之礼"（封演：《封氏闻见记》卷5《花烛》）。王建在《失钗怨》诗中说"双杯行酒六亲喜，我家新妇宜拜堂"即是此。"拜堂之礼"起初是在屋旁所卜之地上搭设的青布幔帐或毛毡帐中进行。据说这也是北魏鲜卑族的遗风。后来才行于堂中。新郎新娘入洞房后，"则酌合卺杯。杯以小瓢作，两片安置托子里。如无，即以小金银盏子充。以五色锦系足连之，令童子对坐，云：一盏奉上女婿，一盏奉上新妇"。这种仪式就是后世所说的"交杯酒"。之后就要进行"撒帐"仪式，即新郎新娘同坐一床，有人一边把金钱、果子抛撒在床帐内，一边念着"祝愿"之词，图取吉利。最后，"女以花扇遮面，傧相帐前咏除花、去扇诗三、五首。去扇讫，女婿即以笏约女花钗。于傧相夹侍俱出，去烛成礼"（刘复：《敦煌掇琐》七四《婚事程式各种》）。去扇就是却扇，李商隐《代董秀才却扇》诗云："莫将画扇出帷来，遮掩春山滞上才。若道团圆似明月，此中须放桂花开"。在民间，这种比较文雅的仪式常与不太文雅的"闹房"风俗交织在一起。宾客不分长幼，专门给新郎新娘出难题，嬉笑打闹，无所顾忌。今天，闹新房的风俗还在我国民间流传，隋唐婚姻文化对我国历史的影响由此可见一斑。咏歌"催妆"、"交杯酒"、"去扇"诗以及"闹房"，这些方式在一定程度上体现了隋唐婚姻的开放性，而诗歌在其中发挥了传递情感的特殊作用。

关于夫妻关系，《唐律疏议》载："依礼，日见于甲，月见于庚，象夫妇之义。"甲即东，庚即西。此观念来自《礼记·礼器》的"大明生于东，月生于西，此阴阳之分，夫妇之位也"。夫妻的关系就如日月的关系包含三层含义，一是夫妻和谐，二是夫尊妇卑，三是夫妇之伦是人伦之始，即教化之先。卢履冰在上奏中写道："乾尊坤卑，天一地二，阴阳之位分矣，夫妇之道配焉"，"夫妇之道，人伦之始。尊卑法于天地，动静合于阴阳，阴阳和而天地生成，夫妇正而人伦式序"。韦彤、裴堪也认为："夫妇之义，人伦大端，所以关雎冠于诗首者，王化所先也。"（《旧唐书》）卢履冰之奏是在开元五年，韦彤、裴堪之奏则在贞元三年，可见整个唐代官方观念中的夫妻关系一直如此。

对男尊女卑的夫妻关系的要求在唐朝开始细化。宋若莘居于乡村时写了女教作品《女论语》。这本书坚持"将夫比天，其义匪轻"的思想，详细地规定了夫妻之间的关系，对妻的要求几乎到了琐碎的地步，而且只规定了有妻对夫的义务，却无夫对妻的责任。（陶宗仪：《说郛》四库全书本）《开元礼》也规定，在夫妻一方去世的时候，妻为夫要服斩缞三年（杜佑：《通典》），这是因为"夫尊而亲"。而反过来，夫为妻则是齐衰杖周。两者之间相差甚大。又如当父母去世的时候，夫对妻之父母为缌麻三月，而妻对舅姑则为齐衰不杖周（杜佑：《通典》）。中间差别又甚大，且全是妻对夫家要加重服制，夫对妻家则多取最低等级的服制。有人认为唐代母族、妻族地位得到提高[1]，其实所谓的提高只是提高了母子关系中"母亲"的地位，夫妻关系中"妻子"的地位并没有任何提高。而且，尊母也是从属于尊父的。

在法律地位上，妻与夫的地位也截然不同，"妻子"没有完全独立的人身权，而且还要承担更大的民事和刑事责任。唐律规定："诸殴伤妻者减凡人二等，死者以凡人论。"其疏议曰："妻之言齐，与夫齐体，义同与幼，故得减凡人二等。"反过来，"诸妻殴夫徒一年，若殴伤至重者加凡斗伤三等"。这正如后人指出的："夫殴妻则采减刑主义"[2]，"妻妾在刑法上所负之责任能力……超过于夫，斯皆夫妇不平等地位之所致也"[3]。夫妻法律地位的不平等还表现在其他方面，如"诸闻父母若夫之丧匿不

---

[1]　任爽：《唐代礼制研究》，东北师范大学出版社 1999 年版，第 187 页。
[2]　瞿同祖：《瞿同祖法学论著集·中国法律与中国社会》，中国政法大学出版社 1998 年版，第 118 页。
[3]　陈顾远：《中国婚姻史》，岳麓书社 1998 年版，第 120 页。

举哀者，流二千里"。《唐律疏议》曰："妇人以夫为天，哀类父母。闻丧即须哭泣，岂得择时待日！"但是，对夫匿妻丧如何惩处并无明确规定。一般来说不会有处罚的。因为"其妻既非尊长，又殊卑幼，在礼及诗，比为兄弟，即是妻同于幼"（《唐律疏议》卷10）。再如，"诸妻妾詈夫之祖父母、父母者，徒三年"（《唐律疏议》卷22）。同样，唐律中对夫殴詈妻之父母无任何相关规定。所有这些表明，无论官方还是民间，在法律地位和前面所说的服制上，夫妻关系的定位是一致的，妻的地位卑下，在人身关系上依附于夫。

在离婚中，由于男尊女卑的封建观念，离婚的主动权基本上掌握在丈夫手里，法律首先保护的是男子的权利。《唐律疏议》卷14《户婚》中规定妻子若犯"七出"中的任何一条，丈夫就可离弃妻子。这"七出"是："一无子，二淫泆，三不事舅姑，四口舌，五盗窃，六妒忌，七恶疾。"如有个低级官吏叫严灌夫，与慎氏婚后十余年无子，便离弃了妻子。大臣李回秀的生母出身微贱，其妻崔氏曾呵斥奴婢，其母听见不高兴，李回秀便离弃了妻子。在现实中更多的是丈夫喜新厌旧、妻子色衰而另娶、父母不悦等原因。这种现象多发生在上层社会。如《隋书·张定和传》所记："少贫贱"，后在平定南朝战役中，"以功拜仪同，赐帛千匹，遂弃其妻"。又如《旧唐书·酷吏传》载，为了攀附门第，"来俊臣弃故妻，逼娶太原王庆诜女"，而侯思子也要停妻，"奏请娶赵郡李自挹女"，以致惹怒了宰相李昭德。

另一方面，因隋唐时期封建礼教的束缚相对较松，唐代夫妻关系相对平等，广大妇女地位也比较高。妇女在一定程度上也有了离婚主动权，且受到了法律保护。由于夫妻情志不合而协议离婚，以及因丈夫的行为不良而发生离异的现象比较普遍，如《唐律疏议·户婚》规定，丈夫如果殴打妻家家属，丈夫杀害妻家家属，丈夫奸淫妻家女眷，丈夫卖妻为婢等等，在这些情况下，妇女可以要求离婚。还规定"夫妻不相安谐而和离者，不坐"。如进士张不疑先娶崔氏，因感情不协，离婚后又娶颜氏。殿中侍御史李逢年的妻子虽是顶头上司御史中丞郑昉的女儿，但因两人感情不和，还是离了婚。当时还有不少离婚是妻子主动提出来的。如唐初刘寂的妻子夏侯氏，因为自己的父亲失明，她便要求与丈夫离婚，以便回娘家奉养老父。中唐人杨志好学而家贫，妻子王氏要求与他离婚，地方官颜真卿虽认为此举"伤败风教"，但还是给判了离婚。唐代笔记小说中也记载了不少关于妻子主动要求离婚的事例，如《太平广记》的呼延冀妻、卢佩妻等。后人的研究，也肯定隋唐婚姻生活中，丈夫能够尊重妻的意见、夫妻间的"不相禁忌"、夫妻平等相待等现象①。民间对离婚的看法似乎还要开明些，这从敦煌发现的几份"放弃妻书"中可见一斑。离婚不但是双方情愿的，而且丈夫对离婚后的妻子再嫁表示良好祝愿："愿妻娘子相离之后，重梳婵鬓，美裙娥媚，巧逞窈窕之姿，选聘高官之主，解怨释结，更莫相恨，一别两宽，各生欢喜。""相隔之后，更选重官双职之夫，弄影庭前，美逞琴瑟合韵之态，解怨舍结，更莫相谈，千万永辞，布施欢喜。三年衣粮，便献柔仪。伏望娘子千秋万岁。"②

隋唐五代，随着妇女地位一定程度的提升，在上层社会的婚姻生活中，出现了一股嫉妒之风。当时王侯将相、贵族官臣人家的成年男子，在婚姻生活中，除正式妻子以外，还可拥有姬妾侍婢等女子。这样，丈夫一旦宠幸其他女子，就会使妻子或在感情上受到冷落，或在家庭生活中受到排挤，她们自然要产生出强烈的嫉妒情绪，这是作为家庭主妇的妻子维护自己正当权利的一种自卫心理反应。但是，把满腔愤恨发泄到被丈夫宠幸的女子身上，对她们进行种种残酷迫害，则是畸形变态的心理驱使下的报复行为。如隋文帝的皇后独孤氏，"性尤妒忌，后宫莫敢进御"。文帝曾与一美色宫女偷偷欢会，她知道后，趁文帝上朝的时候，暗中杀了那个宫女，把文帝气得独自骑马，不择路径狂奔二十里而不止。她不但严防文帝本人接近其他女人，而且，要是"见诸王及朝士有妾孕者，必劝上斥之"。还有将嫉妒之气撒在丈夫身上而下毒的，如隋文帝的儿子秦王杨俊喜好女色，"妃崔氏性妒，甚不平之，遂于瓜中进毒"，使得丈夫落下病痛。

到了唐代，类似之事也很多，妒妇中不仅有狠毒地残害侍妾的，也有不要命地对抗丈夫纳妾的，还有疯狂地持刀威吓歌伎的。据张鷟《朝野佥载》卷2记载，正妻因嫉妒而虐待婢妾的，其手段多样，残酷之极，有被割掉鼻子的，有被钉瞎双眼的，有被击破头脑的，有被杀死投入茅厕

---

① 段塔丽：《唐代妇女地位研究》，人民出版社2000年版，第49页。
② 钟敬文主编：《中国民俗史》（隋唐卷），人民出版社2008年版，第308页。

的，真是触目惊心。著名宰相房玄龄，"夫人至妒，太宗将赐美人，屡辞不受"，即使皇后亲自劝说，"夫人执心不回"，对太宗表示说"妾宁妒而死"。太宗便拿一杯毒酒试她，其实盛的是醋，她接过酒杯，"一举便尽，无所留难"，使太宗大为吃惊。桂阳县令阮嵩的妻子"极妒"，阮嵩一次在大厅上宴会宾客，召女奴唱歌助兴，阎氏披头散发，光脚赤臂，"拔刀至席"，宾客、女奴都吓得狼狈而逃，阮嵩也吓得伏在床下。因此，当时就有人指出："大历以前，士大夫妻多妒悍者，婢妾小不如意，辄印面。"（段成式：《酉阳杂俎》卷8）其实，代宗大历以后，妒妇也并不少见。如德宗时杭州刺史房孺复，"娶台州刺史崔昭女，崔妒悍甚，一夕杖杀孺复侍儿二人，埋之雪中"（《旧唐书》卷115）。当时，竟有"优人"将"悍妒"故事编成娱乐节目来演唱。存在于婚姻生活当中的妒妇现象，既是隋唐时期一夫一妻多媵妾制的产物，也是这一时期妇女用错误的方式反抗不平等婚姻制度的表现。

与妒妇密切关联的是男子的惧内现象。《隋唐嘉话》载，杨弘武为司戎少常伯，私自任命某人官位，被发觉后，高宗谓之："某人何因辄受此职？"对曰："臣妻韦氏性刚悍，昨以此人见嘱，臣若不从，恐有后患。"帝嘉其不隐，笑而遣之。杨弘武因惧怕妻子韦氏，在朝官任命中作了手脚，因为其坦率得到高宗的默许。武后利用高宗庸懦无能，极力树立自己的权威，不久权威就凌驾于高宗之上。高宗"欲有所为，动为后所制，上不胜其忿"（《资治通鉴》卷201），一度产生了废黜武后之心，想要伺机夺回失去的权力。麟德元年，高宗命上官仪草拟废黜武后诏书。高宗身旁内监急忙告知武后，武后立即赶来申诉。高宗见武后突然来到，十分狼狈、羞愧，惊慌失措，怕武后生气，反而安慰她说："皆是上官仪教我！"把责任推到上官仪身上。不久，武后诬告上官仪等谋反，处以死刑。从此，朝廷政事，武后俱参与裁决。

武则天是中国历史上唯一的女皇帝，大概不能用高宗"惧内"、"无能"来简单地进行解释，它反映出隋唐以来由于受少数民族母系氏族的遗风影响，封建礼教对女性的束缚远没有后世那样大，妇女在家庭以及社会上的地位有了明显提高，在政治、经济、文化等各个领域都有不凡的表现。

据《隋书》记载，冼夫人家"世为南越首领，跨据山洞，部落十余万家。夫人幼贤慧，多筹略，在父母家，抚循部众，能行军用师，压服诸越。每劝亲族为善，由是信义结于本乡。越人之俗，好相攻击。夫人兄南梁刺史挺，恃其富强，侵掠傍郡，岭表苦之，夫人多所规谏，由是怨隙止息，海南儋耳归附者千余洞"。洗夫人有很高的军事才能和谋略，又富于政治眼光，历经梁、陈以及隋朝，能够审时度势，自觉维护民族和国家的统一。她曾把三朝所赠礼品展示给后代，并嘱咐："汝等宜尽赤心向天子，我事三代主，唯用一好心。今赐物俱存，此忠孝之报也。愿汝皆思念之！"（《隋书》卷80《谯国夫人传》）

历史上著名的文成公主，她熟读经史诗文，通达礼仪，而且虔诚信仰佛教，诵读了不少佛教经典，是一个有才识而端庄的女子，为加强汉藏两族人民的友好关系做出了很大贡献。

与班昭的《女诫》齐名的《女论语》是唐代宋若莘著，宋若昭注的妇女书，流行极广，长期成为女童的教材。若莘、若昭是姐妹，贝州清阳（今河北清河东）人。其父宋庭芬，世习儒学。宋庭芬有才华，生五女，皆聪明伶俐。宋庭芬教授她们学习经史和诗赋。不及成年，五个女儿均能书写文章。若莘、若昭的文章尤其清丽淡雅，不追时尚。她们对父母表示，愿以学问使父母扬名，一辈子不嫁人。宋氏五姐妹被荐入皇宫后，德宗对她们的才学深为赞叹，"高其风操，不以妾待"，称呼她们为学士、先生。

民间流传的《五女兴唐》，说的也是唐代贞观年间的爱情故事，其中的五位女子人人有情有义、智勇双全，为大唐的兴起做出了不可磨灭的贡献。足见唐代妇女受"女子无才便是德"的观念的毒害要比其他时期小得多。大唐强盛而且在中国历史以至世界历史上具有持久魅力，这也是其中的原因之一。

第二章

政治生活中的道德

隋唐是封建社会由分裂走向统一和繁荣的重要时期。经过魏晋南北朝的战乱和王朝更替，隋唐时期的统治阶级更加清醒地认识到广大民众在政权更替中的重要作用，"水能载舟，亦能覆舟"的古训不断被提起，强调君主对民众的道德责任，民本思想得到一定程度的弘扬；"君为臣纲"虽然仍然作为主导的政治伦理原则，然而又遵循"君使臣以礼，臣事君以忠"的规范，讲究君臣关系的相对性；倡导忠谏之风，尊重大臣的人格，唐太宗李世民从善如流，魏征极言直谏，成为千古美谈；科举制度的创立和完善，发挥了某种解放人才的作用，为选贤任能提供了制度保证；廉洁作为政治伦理规范，在隋文帝和唐朝前期整肃吏治中受到重视，政治道德的健康发展成为政治开明的重要标志，为隋唐社会的繁荣和稳定创造了条件。但是，封建社会的痼疾没有铲除；中唐以后政治腐败、藩镇割据；五代时期战乱不断，民不聊生，使民本思想和忠君等封建政治伦理又受到了严重挑战。

第一节　水能载舟，亦能覆舟

"君舟民水"之说是古代民本思想的形象表达，诠释了君权的相对性以及君主应当具备的对待民众的政治道德责任。从巩固统治阶级长远利益的角度出发，必须畏民、利民、足民，使百姓得到实惠和生活安定，这样君主才能坐稳江山。

隋唐时期，尤其初期的君臣，努力将民本思想具体化为治国之道和政策，从而创造了"开皇之治"和彪炳史册的"贞观之治"。《隋书》评价隋文帝："躬节俭，平徭赋，仓廪实，法令行，君子咸乐其生，小人各安其业，强无凌弱，众不暴寡，人物殷阜，二十年间天下无事，区宇之内晏如此。"这里虽然不免有溢美之处，但也在一定程度上反映了所谓"开皇之治"的实际情况。

隋文帝吸取北周灭亡教训，推行民本政策，他留意民间疾苦。即位以后，关中一带发生饥荒，他得知百姓所食皆豆粉拌糠，于是命宫廷撤销常膳，不吃酒肉，并让洛阳附近的灾民到城里就食，令卫士不得驱迫。他也要求下级官吏要"至诚待民"，他曾下诏书说：只要官有慈爱之心，民并非难教之人。

> 开皇三年十一月，发使巡省风俗，因下诏曰："朕君临区宇，深思治术，欲使生人从化，以德代刑，求草莱之善，旌闾里之行。民间情伪，咸欲备闻。已诏使人，所在赈恤，扬镳分路，将遍四海。"（《隋书》卷1《高祖上》）

实行德政，关注民生是文帝立国的根本。隋文帝治国方略中最重要有两条：一是节俭；二要廉洁。文帝在位二十四年，这两条始终贯注在他的全部行政事业之中，因而使宫廷内外节俭成为风习，对民众的强取豪夺大为减轻。豪强官吏不敢胡作非为。他曾训诫太子杨勇：自古帝王没有一个好奢侈而能久坐天下，你为太子，首当崇尚节俭。隋文帝身体力行，勤于政事，俭以自奉。他首先在宫中提倡"以俭素为美"，严禁妃嫔锦衣玉食。当时一般士人，便服多用布帛，饰带只用钢铁骨角，不用金玉。并在法律上规定，对挥霍无度者，严惩不贷。

隋文帝除了提倡廉政外，对待民众也比较宽平。他执政开始，即制定隋律，废除了周宣帝时期颁布的《刑经圣制》的种种酷刑。规定民众有冤屈，当地县官不理，允许向州郡上告，甚至投诉到朝廷。并下诏，诸州被判处的死囚，不得在当地处决，须送当时的最高司法机关——大理寺复按。按毕，还要送尚书省奏请皇帝裁决。同时规定，死罪囚要经三次奏请方能行刑。这些严格规定，在当时确实起到了保护民众的作用，减少冤假错案的发生。[1]

为了防止平民造反，隋文帝在开皇三年（583年）春大赦天下，并禁

---

[1] 贺海：《廉洁恤民的君主隋文帝》，《炎黄春秋》1996年第12期。

止民间用大刀长矛，"十五年二月丙辰，收天下兵器，敢有私造者，坐之。关中缘边，不在其例"。(《隋书》卷2《高祖下》)隋炀帝更进一步：大业"五年正月乙丑，制民间铣叉、搭钩、矛刃之类、皆禁绝之，太守每岁密上属官景迹"。(《隋书》卷3《炀帝上》)畏民、利民与防民、治民是统治的两手，都是出于对"水能载舟，亦能覆舟"古训的敬畏。

隋炀帝执政初期还想继续推行其父隋文帝以民为本的基本国策。他派八使巡省风俗，下诏曰：

> 昔者哲王之治天下也，其在爱民乎？既富而教，家给人足，故能风淳俗厚，远至迩安。治定功成，率由斯道。……今既布政惟始，宜存宽大。可分遣使人，巡省方俗，宣扬风化，荐拔淹滞，申达幽枉。孝悌力田，给以优复。鳏寡孤独不能自存者，量加赈济。义夫节妇，旌表门闾。高年之老，加其版授，并依别条，赐以粟帛。笃疾之徒，给侍丁者，虽有侍养之名，曾无赒赡之实，明加检校，使得存养。若有名行显著，操履修洁，及学业才能，一艺可取，咸宜访采，将身入朝。所在州县，以礼发遣。其有蠹政害人，不便于时者，使还之日，具录奏闻。(《隋书》卷3《炀帝上》)

但是，实际上隋炀帝却言行不一，他席丰履厚，奢侈无度。即位之初，就大兴土木，营建东都洛阳。虽然声言"俭德之共；侈恶之大"、"民为邦本，本固邦宁，百姓足，孰与不足！今所营构，务从节俭"(《隋书》卷3《炀帝上》)，可是，为了修这座都城，每月都要征发丁夫两百万人，昼夜赶修，十个月就建成了。在营建东都的同时，他又在洛阳城西修建显仁宫和西苑。显仁宫南接皂涧，北跨洛滨，周围十余里。崇峦曲涧，异草奇花，极园林之胜。西苑周围两百里。苑内有称海的人工湖，海上造蓬莱、方丈、瀛洲三神山（岛），高出水面百余丈，台观殿阁，分布其间，掩映生姿。海的北面有龙鳞渠，迂回曲折，流注海内。沿小渠立十六院，每院设一个四品夫人的妃子以主管院高，苑中楼堂花木，穷极华丽。隋炀帝最爱乘夜景，携宫女数千，跨马来游，往往玄歌达旦。[①] 东都

---

① 白寿彝总主编：《中国通史》第6卷下，上海人民出版社2007年版，第1162—1163页。

的修建虽然是为了巩固隋政权对全国的统治，但其奢侈和华丽，完全违背了节俭原则和民本思想。

隋炀帝又用了短短的六年修通大运河，为此，他征用几百万劳动人民，栉风沐雨，忍饥耐劳，日夜不停的工作，甚至"丁男不供，始役妇人"。（《资治通鉴》卷181）以洛阳为中心，北起涵郡，南至余杭，长达四千八百多里。这是一个举世罕见的伟大工程，它一方面加强了漕运，能够交流南北物资，另一方面在军事上也有利于加强对东南和东北地区的控制，对后来中国经济、文化的发展起了重大作用。但修河的目的却是为了炀帝个人的巡游享乐，而且为了开通大运河，动员了如此规模的人力、物力，加重了徭役和负担。与这些兴建相伴而来的，是隋炀帝的到处巡游。在位十四年，他通计居京不到一年。每次出游"从行宫掖，常十万人，所有供须，皆仰州县"。（《隋书·食货志》）还按照州县官吏贡献的多少，加以奖罚，"丰厚者进擢，疏俭者获罪"。（《隋书》卷4《炀帝下》）致使百姓遭受"逆折十年之租的惨祸"。（《旧唐书·李密传》）

隋炀帝自恃国富兵强，"慨然慕秦皇汉武之事"（《隋书》卷4《炀帝下》），即位之后就对周边各族不断发动军事、外交活动，进一步扩大隋朝国势。尤其是连年发动对高丽的战争，进一步加重了人民的痛苦。无名氏在《挽舟者歌》中写道：

> 我儿征辽东，饿死青山下。
> 今我挽龙舟，又困隋堤道。
> 方今天下饥，路粮无些小。
> 前去三十程，此身安可饱。
> 寒骨枕荒沙，幽魂泣烟草。
> 悲损门内妻，望断吾家老。
> 安得义勇儿，烂此无主尸。
> 引其孤魂回，负其白骨归。

这首诗揭露了隋朝征辽战争和朝廷腐败给人民带来的灾难和痛苦。"寒骨枕荒沙，幽魂泣烟草"是对冤死者死不瞑目的控诉。大业七年（611年），邹平县民王薄首先起义于长白山，反对用兵高丽。于是义军蜂起。隋炀帝一开始就采用严厉残酷手段镇压人民的反抗，王世充镇压刘元进领导的起义军时，一次竟坑杀三万人。但屠杀只能激起人民群众更大的愤怒，起义队伍越来越多，越来越强大。隋朝终于在农民起义的打击和内部政治斗争中覆灭了。事实证明了"水能载舟，亦能履舟"是颠扑不破的真理。

初唐对民本思想的重视和发挥，在整个封建社会都是非常突出的。

首先，唐太宗反复向侍臣们强调，"凡事皆须务本。国以人为本"。（《贞观政要·务农》）国以民为本、"治天下者以人为本"。（《贞观政要·择官》）贞观初，唐太宗对大臣们说：

> 为君之道，必须先存百姓。若损百姓以奉其身，犹割股以啖腹，腹饱而身毙。（《贞观政要·君道》）

唐太宗认为，老百姓是君主赖以生存的基础，用损害老百姓的方法来满足君主一己之私欲无异于"割股啖腹"。唐太宗对君民一体关系的清醒认识，对于历史上封建帝王而言，应该是前无古人的。[①] 在此基础上，初唐推行安民政策，体恤民苦，节己顺民，与民休息，轻徭薄赋，把中国传统重民思想发展到一个新的高度，为维护唐王朝的长治久安打下了基础。

其次，"畏民"思想。民本思想在我国很古老，孟子强调民贵君轻，君要"与民同乐"。唐朝的君臣则提出要"畏民"。唐太宗说："怨不在大，可畏惟人。"（《贞观政要·君道》）他们甚至把君臣关系比喻为"水"与"舟"的关系，说"水可载舟，亦可覆舟"。《贞观政要》中关于君民的舟水关系的论述，可谓语重心长，共有五处：

> 《君道》："怨不在大，可畏惟人，载舟覆舟，所宜深慎。"
> 《政体》："君舟也；人，水也。水能载舟，亦能覆舟。"
> 《君臣鉴戒》："君，舟也，民，水也。水所以载舟，亦所以覆舟。"

这三处均见于魏征给唐太宗的奏疏中。此外，记载唐太宗教戒太子李治：

---

① 陈飞：《贞观政要民本思想概述》，《中共青岛市委党校学报》2009 年第 5 期。

《教戒太子诸王》篇有"舟所以比人君，水所以比黎庶。水能载舟，亦能覆舟。尔方为人主，可不畏惧！"

《灾祥》篇中亦有"君犹舟也，人犹水也。水所以载舟，亦所以覆舟"。

魏征还曾引古训"临深履薄"、"奔车朽索"警告最高统治者，意思是说，置身于人民群众之上，犹如站在深渊之岸，走在薄冰之上，乘坐在朽索奔车之中，应当小心谨慎，时刻提防坠陷倾覆的危险。魏征还说：帝王之起，是由于"百姓乐推，四海归命"，即一代皇帝地位的确立，是民心归顺的结果。那么，皇帝为人民群众拥戴或倾覆的原因在哪里呢？在于皇帝的"有道"与"无道"。天子者，"有道则人推而为主，无道则人弃而不用，诚可畏也"。（《贞观政要·政体》）亲身经受过隋末农民大起义的唐太宗君臣，深深领教过人民群众的巨大威力，在暴风雨过后仍然心有余悸。他们在夺取全国政权以后，也不敢恣意妄为、倒行逆施。

首先，在这样的民本思想指导下，唐太宗采取发展生产、与民休息的政策。他说："国以人为本，人以食为本，凡营衣食，以不失时为本。夫不失时者，在人君简静乃致耳。若兵戈屡东！土木不息，而欲不夺农时，其可得乎？"（《贞观政要·务农》）多次下诏要求臣下"以农为本"。并就恢复和发展农业生产提出具体措施，如招抚流亡，广辟荒田；奖励男女婚嫁生育人口；用重金赎回流落于北方各族中的汉民，让其返乡劳动以增加社会生产力；还大力推行北魏以来的均田制，以调动农民生产积极性。为了不误农时，还把太子举行冠礼的日子由二月改到十月。当有人提出"二月为胜"的时候，他又明确表示"农时甚要，不可暂失"。（《贞观政要·务农》）这说明唐太宗重视农业生产。

皇帝这样提倡，官僚们也努力这样做。当时的薛大鼎任沧州刺史，他的管界内先有一条棣河，隋末时被填塞，薛大鼎上奏朝廷开通河道，引鱼盐于海。百姓写歌谣颂之：

新河得通舟楫利，
直至沧海鱼盐至，
昔日徒行今骋驷，

美哉薛公德滂被。

薛大鼎又决长卢及漳、衡等三河，分别排泄夏季洪水，境内再也没发生水害。（《大唐新语》四）与此同时，当时的瀛洲刺史郑德本、冀州刺史贾敦颐，也俱有美政，河北称为"铛脚刺史"。（《独异志》上）

其次，除了发展生产，造福于民外，初唐还接受了隋炀帝大量征发徭役，迫使农民走投无路，从而暴动的历史教训，尽量减轻农民负担，反对竭泽而渔。唐太宗说：

人君之患，不自外来，常由身出。夫欲盛则费广，费广则赋重，赋重则民愁，民愁则国危，国危则君丧矣。（《资治通鉴》卷129高祖武德九年）

他还举例说：

末代亡国之主，为恶多相类也。齐主深好奢侈，所有府库，用之略尽，乃至关市无不税敛。朕常谓此犹如馋人自食其肉，肉尽必死。人君赋敛不已，百姓既敝，其君已亡，齐主即是也。（《贞观政要·辩兴亡》）

有鉴于此，唐太宗多次下诏减免赋税。贞观元年（627年），山东出现大旱，他下令免除山东当年的租赋。贞观二年（628年），关中发生旱灾，出现了卖子为生的现象，他命御府出金帛代为赎回。贞观三年（629年），免关中二年租税，关东给复一年。

再次，唐太宗还竭力防止统治集团内部骄奢淫逸。在他看来，"崇饰宫宇，游赏池台，帝王之所欲，百姓之所不欲。帝王之所欲者放逸，百姓所不欲者劳敝"。也就是说，统治者的奢侈可以激化阶级矛盾。因此，他下诏要厉行节俭，使"奢侈者可以为戒，节俭者可以为师矣"。（《贞观政要·俭约》）他还曾下诏，停修劳民伤财的洛阳乾元殿。

最后，为了避免战争，给人们的生产生活创造一个和平安全的环境，在民族问题上唐代坚持"视中华夷狄如一"的原则，采取文成公主与松赞干布联姻"和亲"等柔和政策。这种原则取得了良好的效果，既给人们创造了和平安定的环境，又促进了唐人的国际交往。当时甚至出现了"四夷大小君长争遣使入献见，道路不绝，每元正朝贺，常数百千人"的盛况。唐太宗举汉武帝的例子说："汉武帝穷兵三十余年，疲敝中国，所获无几；岂如今绥之以德，事穷兵之地尽为编户乎！"（《资治通鉴》卷198 太宗贞观二十二年）

唐太宗的这些措施有利于发展农业生产，收到了"积富于民"的效果，最终出现了中国历史上少有的政通人和、经济繁荣、国家强大的贞观之治。

唐代虽然主张以民为本，然而官与民的界限依然是分明的，官员仍然高踞于百姓头上，作威作福。例如百姓逢官吏要避，不避则予杖。《剑侠录》载：

> 黎干为京兆尹，时曲江涂龙祈雨，观者数千。黎至，老人植杖不避，干怒杖之。

又，《灵鬼志》：

> 冲撞官吏出门舆前之仪仗，要受代剃去头发的刑罚。

《诺皋记》也记载：

> 京宣平坊，有官人夜归入曲，有卖油者，张帽驱驴，驮桶不避，导者搏之。是官人虽夜行坊曲中，商民亦须回避。①

中唐时期著名思想家、文学家柳宗元，生活在唐代由盛转衰的过渡时期，当他被贬出朝廷之后，深切地了解到下层人民的苦难，写出《捕蛇者说》这则关心民众疾苦，批判苛政的千古名篇。文章以永州郊外一家三代为了免除赋役，宁愿去捕毒蛇而相继惨死的经历，揭露了当时直至偏僻"南荒"的暴政酷役之害，最后发出了"苛政猛于虎"的激愤呼号。

---

① 尚秉和：《历代社会风俗事物考》，中国书店2001年版，第346页。

"殚其地之出，竭其庐之入，号呼而转徙，饥渴而顿踣，触风雨，犯寒暑，呼嘘毒疠，往往而死者相藉也。"仅用二十几字，农民之疾苦、悍吏之横暴便跃然纸上。

　　同样处在安史之乱时期的诗圣杜甫怀着"穷年忧黎元，叹息肠内热"的感情，写下了"朱门酒肉臭，路有冻死骨"的千古名句，对中唐社会的残酷现实进行了无情的揭露。安史之乱中两京收复后，乱军仍然盘踞河北，战争还在进行，杜甫由东都赶赴华州，根据途中所经历之事，创作了"三吏三别"的名篇。且看《无家别》：

> 寂寞天宝后，园庐但蒿藜。我里百余家，世乱各东西。
> 存者无消息，死者为尘泥。贱子因败阵，归来寻旧蹊。
> 久行见空巷，日瘦气惨凄。但对狐与狸，竖毛怒我啼。
> 四邻何所有，一二老寡妻。宿鸟恋本枝，安辞且穷栖。
> 方春独荷锄，日暮还灌畦。县吏知我至，召令习鼓鞞。
> 虽从本州役，内顾无所携。近行止一身，远去终转迷。
> 家乡既荡尽，远近理亦齐。永痛长病母，五年委沟溪。
> 生我不得力，终身两酸嘶。人生无家别，何以为蒸黎？

　　这位士兵在刚刚成年时，就遭遇了安史之乱，迫使他必须抛下孤苦无依、体弱多病的母亲，离家去服兵役。多年之后经死里逃生，终于得以返家。正当士兵怀着激动的心情期待着与母亲团聚时，却发现家乡早已在战乱中变成了一片废墟，只剩下空空的巷子、杂乱的藜草，能寻到的乡亲也只有"一二老寡妻"，而他那可怜的母亲也早在五年前就因为贫病交加而丧身沟壑化为了尘泥。一个个打击向士兵袭来，他虽然悲痛但并不绝望，因为他终于回到了自己的家园，于是他又开始了辛勤的耕耘，期望从此能过安稳的生活，然而这点可怜的愿望最终又被统治者无情地剥夺了，县吏的命令又让他再一次踏上了戍守的征程。他本想用本州服役来安慰自己，然而当他回顾四壁空空，无人辞别的家，想起自己悲惨死去的母亲，他终于抑制不住悲愤的感情，发出了"何以为蒸黎"的血泪控诉！①

---

　　① 马建国：《论杜甫民本思想》，《清华大学学报》2009 年第 2 期。

大诗人白居易在《卖炭翁》中无情揭露了当时"宫市"制度的罪恶：

> 卖炭翁，伐薪烧炭南山中。
> 满目尘灰烟火色，两鬓苍苍十指黑。
> 卖炭得钱何所营？身上衣裳口中食。
> 可怜身上衣正单，心忧炭贱愿天寒。
> 夜来城外一尺雪，晓驾炭车辗冰辙。
> 牛困人饥日已高，市南门外泥中歇。
> 翩翩两骑来是谁，黄衣使者白衫儿。
> 手把文书口称敕，回车叱牛牵向北。
> 一车炭，千余斤，宫使驱将惜不得。
> 半匹红纱一丈绫，系向牛头充炭直。

白居易自注："苦宫市也。"炭之类的皇宫所需物品，本来该由官吏以钱采买。然而中唐时期宦官专权，横行无忌，他们连这种采购权也抓了过去，经常有数十百人分布在长安东西两市及热闹街坊，以低价强购货物，甚至不给分文，还勒索"进奉"的"门户钱"及"脚价钱"，名为"宫市"。这位卖炭翁的一车炭，只给了半匹红纱一丈绫，就被抢走，实际上是一种公开的掠夺。

中晚唐时期广大农民破产，农民遭受的剥削更加惨重，以至于颠沛流离，无以生存。新乐府运动的倡导者之一李绅的《悯农二首》，则表达了对农民艰苦劳动和悲惨命运的同情；可与李绅《悯农二首》前后辉映的，还有聂夷中的《伤田家》：

> 二月卖新丝，五月粜新谷。
> 医得眼前疮，剜却心头肉。
> 我愿君王心，化作光明烛。
> 不照绮罗筵，只照逃亡屋。

二月蚕种始生，五月秧苗始插，这时候竟然出现"卖"和"粜"，这种交易其实是"卖青"——将未产出的农产品预先赋价抵押。迫于赋敛，不得不"剜肉补疮",这是何等惨痛的景象!"我愿君王心,化作光明烛",委婉指出当时君王之心还不是"光明烛",盼望统治者"不照绮罗筵,只照逃亡屋",客观反映出君王一向只代表豪富的利益而不恤民病,这首诗用反笔揭露皇帝昏聩,世道不公。

杜牧的名作《阿房宫赋》,表面上写的是秦始皇,实际上是讽刺唐敬宗的大修宫室。在《上知己文章启》中他承认说,"宝历大起宫室,广声色,故作《阿房宫赋》"。在文章最后,他发出感言:

> 呜呼!灭六国者,六国也,非秦也;族秦者,秦也,非天下也。嗟夫!使六国各爱其人,则足以拒秦。秦复爱六国之人,则递三世可至万世而为君,谁得而族灭也。秦人不暇自哀,而后人哀之。后人哀之而不鉴之,亦使后人而复哀后人也。

这是历史经验的科学总结,也是"水能载舟,亦能覆舟"民本思想的深刻表达。

"民为国本"的思想把人民群众看作封建国家的基础和施政方针的根本,比起视百姓为草芥的虐民暴政来说,无疑是符合历史前进趋势的,也是贞观治国取得成功的根本原因。但是,由于封建地主阶级与农民阶级根本利益是冲突的,封建社会里不可能真正做到以民为本,唐与隋一样最后还是由清明走向衰败。

第二节　忠臣与纳谏

君臣关系是政治道德规范调整的重要对象。隋唐时期的君臣关系道德的突出特色就是忠臣谏诤与明主纳谏。

一　对忠的重视

(一)忠之观念

敦煌出土的唐代流行的《励忠节钞》里,对于忠作了详细的说明:

> 夫忠臣者,卑身贱体,唯贤是进,称古帝明王圣主立德行道之事

以励主心，使百姓安宁，而海内无事，思（斯）可谓忠臣也！

夫君大臣者，智虑足以图国，忠贞足以伏人，公平足以怀众，温柔足以洽物；不诡诈以求进，不危人以自安；不蔽贤能，不耽荣禄，孜孜匪懈，如救溺人；行不忘君之恩，坐即思存国计，如此者，为忠臣之正体也。

孔子曰："为人臣者，其犹土乎！种之即五谷生焉，掘之即甘泉出焉，草木植焉，禽兽育焉，其多功而不言，此乃忠臣之道也。"

《礼记》曰："夫为臣，若杀其身有益于其君者，则为之"。

这就是说，作为忠臣的根本任务是唯贤是进，帮助君主立德行道，使百姓安宁、国家稳定。忠臣的道德标准和行为规范应该是：具备智慧、忠诚、公平、温柔、正直等品质；不蔽贤能，不贪求荣禄，不懈怠，不忘君恩；为国家尽心尽力。忠臣就应该像大地孕育万物那样"多功而不言"，甚至"杀其身而益于其君者，则为之"。

武则天御撰的《臣轨》的《同体章》阐述了君臣之间的关系是同体合用：臣以君为心，君以臣为体，臣主同体，上下协心，是为君臣之道。虽然父子至亲，也不如君臣同体重要，将君臣关系凌驾于传统儒家父子亲情关系之上。《至忠章》阐述了君臣之间的道德标准是至忠至正，即臣事君以忠正，要先国而后家，先君而后亲，强调事君竭忠尽节，宠任加敬，见忘无怨，勤劳不倦，是臣的本分。不仅如此，还要以安危险易改变心志，见君有善则宣之四海，见君有过则潜谏，推善于君，引过于己，如此才是至忠之臣。

夫事君者，以忠正为基；忠正者，以慈惠为本，故为臣不能慈惠于百姓，而曰忠正与其君者，斯非至忠也。[1]

这里把"慈惠于百姓"作为忠的重要内涵，也就是把民本思想纳入忠德范畴，这是先秦"上思利民，忠也"（《左传·桓公六年》）思想的进一步发挥。

---

[1] 屈直敏：《敦煌写本类书〈励忠节钞〉研究》，民族出版社 2007 年版，第 117—119 页。

隋唐时期的忠德虽然把把民本思想纳入自己的范畴，但在根本上仍然是维护封建王朝的利益。这一点可从唐时的忠于君主还是忠于李唐王朝的两难道德困境看出。据史书记载，唐代武后晚年，苏安恒曾两次上书，请求武后将皇位归还太子，指出武后是"贪有大宝，忘母子之恩，蔽其元良，以拒神器"，他说：

> 臣闻见过不谏非忠，畏死不言非勇。陛下以臣为忠，则择时而用；以为不忠，则臣头以令天下。（《新唐书·苏安恒传》卷 113）

苏安恒对武后的批评可谓言辞激烈，从表面上看这绝非"爱主"的表现，但实质上苏安恒心底所爱仍是其主——李氏的正统嫡传，所忠于的仍然是李唐王朝的江山社稷，维护的是封建社会正统的政治规则。他因不畏武后的君威，敢于犯颜直谏，死后被睿宗追赠"谏议大夫"的称号。

（二）对忠的重视

隋唐五代时期在政权更替中篡夺成风，君不君，臣不臣的现象屡有发生，忠君观念受到明显冲击。但是为了维护君主专制制度，"君为臣纲"必然是这一时期君臣伦理关系的主调，越是在动荡纷乱的年代，忠越是被人们关注。

隋文帝杨坚原是北周的重臣，其长女丽华被周宣帝立为皇后之后，杨坚升为上柱国、大司马，不久又迁升为大前疑。然而北周宣帝是一个荒淫无耻的暴君，他恣情声乐，用法苛刻，以致"内外恐惧，人不自安，皆求苟免，莫有固志"。（《周书》卷 7《宣帝纪》）杨坚曾经对密友郭荣说过："吾仰观天象，俯察人事，周历已尽，我其代之。"（《隋书》卷 50《郭荣传》）经过一番武装较量和政治斗争，他由"随国公"晋封"随王"，又经过一番假意的"禅让"之后，便正式做了皇帝。按照封建社会的正统观点，隋文帝的做法也是篡位，因此，他尤其关注对大臣和地方官僚的防范，竭力宣扬"君为臣纲"等忠君思想。隋代有所谓忠勇、忠烈、忠猛、忠锐、忠壮、忠毅、忠捍、忠信、忠义、忠胜诸将军，号称"十忠将军"（参见《隋书》卷 11《礼仪志》6）。

取得政权的唐太宗也是经历过篡权，自然更是注意对"忠"的强调：

贞观十一年，太宗行至汉太尉杨震墓，伤其以忠非命，亲为文以祭之。房玄龄进曰："杨震虽当年夭枉，数百年后方遇圣君，停舆驻跸，亲降神作此文，可谓虽死犹生，没而不朽。不觉助伯起幸赖欣跃于九泉之下矣。伏读天文，且戚且慰。凡为君子，焉不可勖励名节，知为善之有效。"（吴竞：《贞观政要·论忠义》卷5）

为了提倡为人臣的忠节，唐太宗把几百年前的汉臣杨震拿出来大做文章，其目的正如房玄龄所说，是要"勖励名节"，倡导对君主、对国家的忠诚。不仅如此，唐太宗还对那些"固守忠义，克终臣节"的隋朝旧大臣大张旗鼓地进行表彰，《贞观政要》卷5《论忠义》中有很多这样的记载：

表彰隋旧臣姚思廉有"忠义之风"。姚思廉原为隋代王杨侑的侍读学士。李渊举兵反隋时，"唯思廉侍王，不离其侧"。因此，他虽然最初不赞成李渊当皇帝，却受到李渊的特别礼遇，被当时人誉为"忠烈之士"。贞观六年，当唐太宗言及此事时，慨然叹曰："姚思廉不惧兵刃，以明大节，求诸古人，亦何以加也！"因此给了姚思廉很多赏赐，并在给姚思廉的信中写道："想卿忠义之风，故有斯赐。"

表彰隋旧臣屈突通为"忠节之人"。屈突通原为隋将，与唐军在潼关作战。唐太宗派屈突通的家奴前去招降，他当场杀死那个家奴。唐太宗又派他的儿子前去，他说："我蒙隋家驱使，已事两帝，今者吾死节之秋。汝旧于我家为父子，今则于我家为仇雠。"并用箭射他的儿子。他儿子避开并逃走了。屈突通向东南方向痛哭失声，曰："臣荷国恩，任当将帅，智力俱尽。致此败亡，非臣不竭诚于国。"后来李渊授予他官职，他总是托疾拒绝。唐太宗对他的评价是："此之忠节，足可嘉尚。"

表彰隋亡将尧君素"克终臣节"。尧君素在隋炀帝时任鹰击郎将，隋亡，尧效忠隋室，至死不降唐。唐太宗表彰其"固守忠义，克终臣节"，追赠他为蒲州刺史。

通过这些事例的宣传，"赴君之难，忠也"（《新唐书》卷116《陆象先传》）成为人臣者忠节观的重要内容之一。①

---

① 张锡勤、柴文华主编：《中国伦理道德变迁史稿》上卷，人民出版社2008年版，第301—302页。

经过大力宣传和表彰，隋唐时期忠德观念产生了广泛的社会影响，就连当时农民起义的领袖也打着讨伐不忠的旗号。大业十四年（618年）宇文化及发动兵变，杀死隋炀帝，由江都北上，称帝于魏县（今河北大名西南）。起义领袖窦建德说："吾为隋之百姓数十年矣，隋为吾君二代矣，今化及杀之，大逆不道，此吾仇也。请与诸公讨之，何如？"孔德绍也说："篡隋自代，乃天下之贼也，此而不诛，安用盟主！"武德二年（619年）春，窦建德举兵擒杀了宇文化及。①

这种忠德之风甚至流于五代。五代时期，政治风云变幻，犯上作乱，背信弃义，以臣代君者大有人在，但是也有忠臣之士。后梁勇将王彦章，冲锋陷阵，屡立战功。由于奸臣诬陷，其军权被"智勇俱无"的段凝取代，致使兵败被俘。后唐主李存勖爱其骁勇，命人为他疗伤，希望他能降唐。王彦章说：我与你"血战十余年，今兵败力穷，不死何待？且臣受梁恩，非死不能报，岂有朝事梁而暮事晋，生何面目见天下之人乎？"李存勖又令李嗣源去劝降，王彦章躺在病床上轻蔑地呼喊其小名说："汝非邀佶烈乎？我岂苟活者！"（《新五代史》卷32《王彦章传》）终于被杀。欧阳修感慨地说："呜呼，天下恶梁久矣！然士之不幸而生其时者，不为之臣可也。其食人之禄者，必死人之事，如彦章者，可谓得其死哉！"（同上）他对王彦章多有褒扬，称其为乱世难得的忠烈之士，在他所选的五代时期仅有的三位"全节之士"中，王占其一。

（三）忠谏与纳谏

传统儒家认为，忠臣不但不应该为君掩盖过恶，而且如果恶已经危及王朝的整体利益，忠贞之臣则必须进行忠谏，这就是《孝经》所说的"故当不义，则子不可以不争于父，臣不可以不争于君"。此时期"忠"的内涵仍然承继了传统儒家关于谏诤的观点，很多大臣都以犯颜直谏、匡救君恶为忠，以为君护短、掩饰过恶为不忠。唐初，魏征与唐太宗有过一段关于"良臣"与"忠臣"的对话：

征顿首曰："愿陛下俾为良臣，毋俾臣为忠臣。"

帝曰："忠，良异乎？"

---

① 白寿彝总主编：《中国通史》第6卷下，上海人民出版社2007年版，第1211页。

曰:"良臣,稷、契、咎陶也;忠臣,龙逢、比干也。良臣,身荷美名,君都显号,子孙傅承,流祚无疆;忠臣,已婴祸诛,君陷昏恶,丧国夷家,只取空名。此其异也"。帝曰:"善。"(《新唐书》卷 97《魏征传》)

魏征这里对于"忠臣"与良臣作了区分。与以往人们理解的有所不同:忠臣是对昏君而言;良臣是对仁君而言。龙逢、比干一直以来是人们心目中的忠臣楷模,但是在魏征看来,这样的"忠臣"都是"已婴祸诛,君陷昏恶,丧国夷家,只取空名",害己害君,亡家灭国;而"良臣"可使君己两宜,家国两宜,"身荷美名,君都显号,子孙傅承,流祚万疆"。魏征愿意以"良臣"自居而拒绝所谓"忠臣美名"。他的言下之意是说,要维护统治阶级的根本利益,达到"君仁臣忠"的道德双赢,大臣该做谏净之士,君主也应该做虚心纳谏的明君。

唐太宗御制的《帝范》指出,"纳谏"和"去谗"是为君的"昏明之本"。明主善于纳谏,去谗佞之徒,则"忠者沥其心,智者尽其策",从而形成"遍照于下","病就苦而消"的政治局面;而昏主拒谏从谀,则"大臣惜禄而莫谏,小臣畏诛而不言",最终至于"身亡国灭"。有鉴于纳谏去谗与拒谏从谀所造成的两种不同的政治前途,为君者不可不慎。唐代政治家陆贽非常推崇唐太宗从谏如流的政治风格,认为"太宗有经纬天地之文,有抵定祸乱之武,有致理太平之功",而"从谏改过为其首焉"。他说:"谏而能从,过儿能改"是"帝王之大烈"。(《陆宣公翰苑集》卷 13)

贞观初,唐太宗对公卿们说:"人欲自照,必须明镜;王欲知过,必借忠臣。主若自贤,臣不匡正,欲不危败,岂可得乎?"他深以"隋炀帝好自矜夸,护短拒谏"为鉴,鼓励臣僚"事有不利于人,必须极言规谏"。(吴竞《贞观政要》卷 2)在这样的环境下,贞观时期出现了不少有名的谏臣,如王珪、魏征、刘洎、褚遂良等,而魏征尤为突出。贞观二年,太宗问魏征:"人主何为而明,何为而暗?"魏征说:"兼听则明,偏听则暗。"(《资治通鉴》卷 129 太宗贞观二年)并说尧、舜之所以明,在于通达下情;秦二世、隋炀帝之所以暗,在于偏听谗佞。太宗听了很满意。贞观十年,太宗问侍臣:"帝王之业,草创与守成孰难?"左仆射房玄龄认为，群雄竞起，战胜乃克，草创为难。魏征却说："帝王之起，必承衰乱。覆彼昏狡，百姓乐推，四海归命，天与人授，乃不为难。然既得之后，志趣骄逸，百姓欲静而徭役不休，百姓凋残而侈务不息，国之衰敝，恒由此起。以斯而言，守成则难。"魏征从现实出发，强调守成之难，识见更为深远。所以唐太宗说："今草创之难，既已往矣，守成之难者，当思与公等慎之。"（吴兢：《贞观政要》卷1）贞观十三年（639年），魏征看到唐太宗"近岁颇好奢纵"，上疏进谏，从十个方面指出太宗初年所为与近年不同：

> 如始则体恤人民，近则轻用民力；始则亲君子疏小人，近则昵小人而疏君子；始则不事畋游，近则畋游无度；始则谦虚若不足，近则恃功骄矜；始则虽遭荒灾而民不逃怨，近则百姓疲于徭役而生怨心等。（吴兢：《贞观政要》卷10）

字字句句，无不切中时弊，深得太宗的嘉奖。

根据《贞观政要》的记载，魏征向太宗面陈谏议有五十次，呈送太宗的奏疏十一件，一生的谏诤多达"数十余万言"。（《新唐书·魏征传》卷97）魏征的谏诤涉及面很广，为了医治隋末战乱的创伤，他规谏太宗要与民休养生息，改正隋炀帝的奢靡之风，反对营造宫室台榭和对外穷兵黩武；为了社会的安定，他规谏太宗要废除隋的严刑峻法，代之以宽平的刑律；为了政治清明，他规谏太宗用人要"才行俱兼"，对官吏中的贪赃枉法之徒要严惩不贷。在行赏问题上，他认为刑赏之本在于劝善惩恶，在王法面前，"贵贱亲疏"一律对待。魏征之所以屡次极言直谏，是因为遇到了唐太宗这样的旷世明君能够从善如流。魏征说："陛下导之使言，臣所以敢谏，若陛下不受臣谏，岂敢数犯龙鳞？"太宗曾把魏征比作工匠，自己比作金子，金子原在矿石里，是由"良冶锻而为器，便为人所宝"。贞观十七年魏征病逝，太宗哭道："以铜为镜，可以正衣冠；以古为镜，可以知兴替；以人为镜，可以知得失。朕常保此三镜，以防己过。今魏征殂逝，遂亡一镜矣。"（《旧唐书·魏征传》卷71）

武则天执政时期唐朝国势仍在继续上升，上承贞观之治，下启"开元之治"，她是把唐朝国势推向极盛这一历史过程中的重要历史人物。武则天勇于纳谏，善于纳谏，比起唐太宗并不逊色。虽然有人在谏诤中直言不讳，触犯她的隐私或是劝她退位，甚至背后议论她的缺点，但她能大度包容，并不降罪，有的还受到奖励，比如有人在谏诤中涉及她个人私生活的，反而受到赏赐，后来被提拔到宰相地位。同时她对自己曾经放纵酷吏滥杀无辜等缺点并不完全回护，平反了不少冤假错案。在她执政时期很少有人因直谏获罪，因而直言敢谏在朝中蔚然成风，使下情得以上达，这对于改革弊政，促进政治清明起了很大的作用。① 但是武则天在镇压反对势力的过程中，也信用过一些贪赃枉法的酷吏和奸臣，大肆罗织、株连，滥杀无辜臣民，这些行为应该受到道德的谴责。

孔子说"君使臣以礼，臣事君以忠"（《论语·八佾》）。皇帝纳谏，是对臣下的极大尊重；臣僚竭力进谏是对皇帝的忠。孔子是不是认为"君使臣以礼"是"臣事君以忠"的前提条件，我们不得而知，但在现实中皇帝能纳谏则是大臣直谏的前提。裴矩佐隋炀帝时虽居高位，却"无所谏诤，但悦媚取容而已"。投唐以后，则一反常态，对唐太宗的所作所为，凡他不同意的，敢于直言不讳地批评，极力劝阻，从而颇受唐太宗的赞赏。由此可见，纳谏是皇帝发挥臣僚作用、巩固自己地位的有效手段。难怪司马光说："君明臣直。裴矩佞于隋而忠于唐，非其性之有变也；君恶闻其过，则忠化为佞；君乐闻直言，则佞化为忠。是智君者表也，臣者景也。表动则景随矣。"看来君臣关系的改变在于君。②

隋朝大臣高颎忠于君主，不计个人得失，也敢于进谏。当隋文帝有意要废太子杨勇，另立晋王杨广为太子的时候，对高颎说："晋王妃有神凭之，言王必有天下，若之何？"高颎长跪而言道："长幼有序，其可废乎？"文帝听了默不作声，孤独皇后则对高颎怀恨在心。开皇十八年（598 年），高丽一度入寇辽西，隋文帝要出兵讨伐，高颎坚决反对用兵。但是文帝不听，以汉王杨谅和王世积并为行军元帅，率水陆大军三十万伐高丽，并派高颎做汉王长史，实际主持军事工作。高颎还是服从文帝的决定，应命出征。不料陆军出临渝（今山海关），发生疾疫；水兵自东莱（今山东掖县）泛海，遇大风，船多漂没，士卒死亡十之八九，结果无功

---

① 白寿彝总主编：《中国通史》第 6 卷下，上海人民出版社 2007 年版，第 1497 页。
② 白寿彝总主编：《中国通史》第 6 卷上，上海人民出版社 2007 年版，第 371 页。

而还。① 开皇九年（589 年），隋军大举伐陈。晋王杨广等为行军之帅，高颍为元帅长史。陈叔宝被俘，高颍先入建康，杨广派人驰告，令留陈叔宝宠妃张丽华。高颍说："昔太公蒙面以斩妲己，今岂可留丽华！"便把她杀了。杨广得知后脸色立刻大变，说："昔人云：'无德不报'，我必有以报高公矣！"（《资治通鉴》卷 177 文帝开皇九年）从此对高颍怀恨在心。文帝对高颍说："独孤公（即高颍）犹镜也，每被磨莹，皎然益明。"高颍的儿子高表仁娶太子勇的女儿为妻。然而"天性沉猜，素无学术"的隋文帝，对高颍的信任没有保持始终。开皇十九年，凉州总管王世积因事被杀，宫中秘传高颍与王世积有来往，高颍被问罪罢官。隋炀帝朝高颍又被起用，他曾对观王杨雄说："近来朝廷，殊无纲纪。"那时突厥启民可汗入朝，炀帝要以富乐相夸，高颍对太常丞李懿说："周天元好乐而亡，殷鉴不远，安可复尔。"这确是谏诤之言。有人把这话传给炀帝，炀帝认为高颍诽谤朝政，便下令把他杀了。高颍在隋朝也算功臣、能臣和谏臣，但却落得如此下场，远没有魏征那样幸运。在封建专制时代要遇上唐太宗这样的明君确实千载难逢。

初唐之所以能够形成忠谏之风，不仅与明君善于纳谏有关，而且与唐代群相议事制度与谏官制度有很大关系。宰相集体议事，既可以听取更多人的意见，使决策避免失误，以加强封建管理机构的统治效能；又可以防止宰相擅权，使他们相互牵制。唐太宗时期谏官属门下省；门下省既是决策机构，又拥有对中书诏敕的封驳权。门下省设给事中一职，专门负责审议中书省草拟的下行诏书，行封驳权。武后时期，规谏由书中、门下二省共掌，使中央决策、立法机构同时具有规谏职能，扩大了谏官组织。唐代是中国封建社会的鼎盛期，其政治制度日益成熟，有较大的包容性和开明性，形成了君臣协力共治的政治局面，从而为忠德文化的培育创造了良好的制度环境。

二 建功立业为忠

臣节是忠，谏诤是忠，为朝廷、国家建功立业，也是忠。唐初大将李勣在戎马生涯中，能谋善断，有杰出的军事才干。他每次行军作战，"用

---

① 白寿彝总主编：《中国通史》第 6 卷下，上海人民出版社 2007 年版，第 1177 页。

师筹算，临敌应变，动合事机"。因而在攻灭东突厥，平定薛延陀，征服高丽等重大战役中，都取得了重大胜利，唐太宗曾称赞他"古之韩（信）白（起）、卫（青）、霍（去病）岂能及也"。（吴兢：《贞观政要》卷3）李勣去世后，唐高宗流着眼泪悲痛地称赞他："奉上忠，事亲孝，历三朝未尝有过，性廉慎，不立产业。"（《新唐书》卷93《李勣传》）谥贞武，陪葬昭陵。

上大将军李靖才兼文武，出将入相，为唐朝的统一和巩固立下了赫赫战功。唐太宗曾给予高度评价："尚书仆射代国公靖，器识恢宏，风度冲邈，早申期遇，夙投忠款，宣力运始，效绩边隅，南定荆扬，北清沙塞，皇威远畅，功业有成。"（《全唐文》卷4《加李靖特进制》）上元元年（760年），唐肃宗把李勣、李靖一起，誉为历史上十大名将之员，配享武成王（姜太公）庙。（《新唐书》卷5）

大将军郭子仪忠心报国，在平定安史之乱中立下不世之功，表现出杰出的军事才能。他历经玄、肃、代、德四朝，身居要职，"天下以其身为安危者殆二十年"。他为人宽厚大度，对国家赤胆忠心，不计较个人恩怨，虽屡遭幸臣诋毁，失去兵柄而毫不介意。唐代史臣裴垍称赞他"权倾天下而朝不忌，功盖一代而高不疑，侈穷人欲君子之不罪"。郭子仪将封建社会的忠臣形象演绎到了极致。

三 奸臣

尽管隋唐王朝不断宣扬忠，也出现了大量的忠臣，但并不是所有的大臣都是忠臣，由于各种原因，隋唐王朝还是出现了不少奸臣。

据《大唐新语》载，李义府定策立武则天为皇后，自中书舍人拜相，与许敬宗居中用事，连起大狱，诛锄将相，道路以目。入则谄谀，出则奸宄，卖官鬻狱，海内嚣然。百寮畏惮，如畏天后。高宗知其罪状，谓之曰："卿儿子女婿，皆不谨慎，多作罪过。今且为卿掩覆，勿复如此。"李义府凭借则天撑腰，不但不担心高宗加怒，反而勃然变色，腮颈俱起，从容对曰："谁向陛下道此？"高宗曰："但知我言，何须问我所从得耶？"义府悻然，竟不引过，缓步而出。适逢右金吾仓曹杨仁颖奏其赃污，高宗于是下诏让刘祥道并三司审办。李义府被判入狱，长期流放到隽州（今四川越西），朝野莫不称庆。有人作《河间道元帅刘祥道破铜山贼李义府露布》，公布于州府要道。李义府曾取人奴婢，及败，一夕奔散，各归其家。露布云：“混奴婢而乱放，各识家而竞入。”乾封初，大赦，唯长流人不许还。义府愤恚而死。海内快之。（《大唐新语》卷11）由此可见追随武则天，破坏朝纲，以售其奸的李义府、许敬宗等人被朝野视为对唐朝的不忠，是大奸臣。而酷吏索元礼、来俊臣、周兴用密告、罗织方式等人迫害、诛灭唐室宗亲、大臣和官吏“不可胜数”，也一直受到历史的谴责。

“口蜜腹剑”的李林甫是唐朝的又一位奸臣。唐玄宗开元后期，先后罢免了韩休、张九龄两位忠谏之相，擢升善于迎合的李林甫为宰相。李林甫不但自己不忠，而且还威吓谏官说：“今明主在上，群臣将顺之不暇，乌用多言！诸君不见立仗马乎？食三品料，一鸣辄斥去，悔之何及！”（《资治通鉴》卷214玄宗开元二十四年）更严重的是，李林甫在位十九年，专权用事，致使天下大乱。为了巩固自己的权力，李林甫力请以蕃人为边将，他向唐玄宗说：“以陛下之雄才，国家富强，而诸蕃未灭者，由文吏为将怯懦不胜武事也。陛下必欲灭四夷，威海内，莫若武臣；武臣莫若蕃将。夫蕃将生而气雄，少养马上，长于阵敌，此天性然也。若陛下感而将之，使其必死，则狄不足图也。”糊涂的玄宗采纳了李林甫的奸计，开始重用安禄山，掌握兵权，终致安史之乱。（《大唐新语》卷11）

李林甫还排斥贤能大臣，制造冤案，使朝政乌烟瘴气。与李林甫同朝为官的李适之性格坦率，雅号宾客，饮酒一斗不乱，不延误接待宾朋、决断公务。担任左相时，每事不让李林甫。李林甫忌恨之，密奏其好酒，妨碍政事。玄宗被其所惑，免去李适之太子少保职务。李适之召亲朋欢聚，赋诗曰：“避贤初罢相，乐圣且衔杯。为问门前客，今朝几个来？”举朝敬佩其胆量。李适之在门下省为官，又遭到李林甫的进一步算计。李林甫告诉他：“华山之下，有金矿焉，采之可以富国，上未之知耳。”适之果信其言，后表奏皇帝。玄宗大悦，顾问林甫，李林甫却回答说：“臣知之久矣。华山，陛下本命，王气所在，不可发掘，故臣不敢言。”由此李适之被朝廷进一步疏远。李林甫又捏造罪名加以陷害，先贬李适之到袁州，后又派人加害，李适之被迫服药而亡，子女亦被害。（《大唐新语》卷7）唐代有魏征这样的贤臣，又有李林甫这样的奸相，一个造就了贞观之治，一个导致了安史之乱，这与皇帝的开明与昏庸有直接关系，也与大臣本身的道德品质有重大关系。

再如唐中宗时的奸臣司农卿赵履温，心佞而险，行僻而骄，折支势族，舔痔权门，诌于事上，傲于接下，猛若饥虎，贪若饿狼。他诌事安乐公主，一时间飞扬跋扈，"气势回山海，呼吸变霜雪"。他替长乐公主霸占、掠夺百姓的田园而挖造定昆池，耗用库钱百万亿。他"斜褰紫衫，为公主背挽金犊车"，全做一些这样的阴险诌谀之事。后来李隆基诛杀忤逆的韦皇后，赵履温诈装欢喜，手舞足蹈地称李隆基"万岁"。李隆基下令杀掉他，"刀剑乱下，与男同戮，人割一脔，骨肉俱尽"。（《朝野佥载》卷5）天道恢恢，疏而不漏，这就是奸臣的下场——性爱食人，终为人所食！

第三节　科举制度与选贤任能

"选贤与能"是儒家推崇的大同社会的重要标志。《礼记·礼运》篇就有"大道之行也，天下为公。选贤与能，讲信修睦"字样。"周公吐哺，天下归心"更是千古美谈。荀子说："至道大形，隆礼至法则国有常，尚贤使能则民知方。"（《荀子·君道》）他认为最高的治国之道充分表现在：推崇礼义，完善法制，使国家有秩序；尊重贤德，任用人才，那么让民众有方向。唐太宗也认识到，"为政之要，惟在得人"。（《贞观政要》卷7）选贤任能，唯才是举是中国古代重要的政治道德规范。唐代流传的《励忠节钞》荐贤部引：

> 列子曰："理（治）国之道在于知贤，而不在于自贤。"子贡问孔子曰："今之大夫孰贤？"孔子曰："齐有鲍叔牙，郑有子皮。"子贡曰："然则齐无管仲，郑无子产耶？"子曰："吾以进贤者为贤尔。鲍叔牙进管仲，郑子皮进子产，然今以管仲，子产未闻进一人，所以非贤者也。"
>
> 楚庄王退朝而晏，樊姬问曰："王退朝何晏也？"庄王曰："适与贤相共语。"姬曰："谁也？"庄王曰："虞丘子也。"姬曰："虞丘子为相多年，未见进一士，知贤而不进，是不贤也；不知贤，是不智也，何得云与贤相共语耶？"虞丘子问（闻）之，叹曰："诚如夫人

之言。"于是进孙叔教（敖）为令尹。

晋文侯问于咎犯曰："谁可使为西河守者？"对曰："子羔（羔）可。"文侯曰："子羔（羔）非卿之仇欤？"犯曰："君问可为守者，非问臣之仇。"子羔（羔）见犯，匍匐谢之曰："君幸赦（舍）吾之过，荐之于君，得以西河守。"犯曰："荐君，公也。吾不以私事害为公，子其去矣，顾吾之谢（射）子矣。"①

《励忠节钞》选取孔子与子贡的对话，以及楚王爱妃樊姬责虞丘子为相多年，没有举荐一贤士不算贤相，晋文侯大臣咎犯举贤不避仇的典型事例，很能代表隋唐时期选贤任能，唯才是举的政治伦理文化。

一 科举制与"天下英雄入吾彀中"

隋唐五代时期对政治人才的选拔，首先体现在科举制度的形成和完善。魏晋南北朝时期实行的九品中正制，只靠门第选拔人才，使政府权力为世家大族垄断，所谓"上品无寒门，下品无士族"。九品中正制还削弱了皇权，而且所选多是纨绔子弟，这些纨绔子弟大多没有治国能力，疏于政事，国政由此日益废弛。隋统一之初，继续实行这一制度，只将"中正"改为"州都"。但新王朝百废待兴，急需各种治国人才，而世家大族及其子弟又承担不了繁重的治国任务。九品中正制度已不适应新形势的要求，于是"不限资荫，唯在得人"的科举考试制度，便应运而生。同时由于战乱削弱了豪门世族的经济实力，政权的频繁更迭，不断冲击豪门世族的政治根基。庶族地主随着社会经济的恢复和发展，地位逐渐上升，开始与世族并驾齐驱，有的甚至占据了优势。尤其是隋朝统一后，经济复兴，中小地主的数量日益增加，力量扩大，他们要求参与政权。隋朝作为统一国家政权，也需要扩大统治的阶级基础，因而废除巩固世族特权的九品中正制，创立不限门第，通过考试选拔人才的科举制度就势在必行。隋朝统一，结束了中国近三百年的战乱割据，社会稳定，生产恢复，经济发展；社会文化教育不断提高，各种人才得到培养；政治制度形成了完整的体系，分工细密，对官吏的需要越来越多，这些都为科举制度的产生提供

---

① 屈直敏：《敦煌写本类书〈励忠节钞〉研究》，民族出版社 2007 年版，第 275—277 页。

了可能。①

　　所谓科举制度，就是由封建国家设立各科，定期进行统一招考，成绩优秀者授以官职，即"开科取士"或"分科举人"。隋文帝于开皇二年（582 年）下诏举贤良；开皇七年（587 年）又下令罢州郡辟举，令诸州每岁贡举 3 人。贡生的标准是文章华美，通过考试，得高第者为秀才。从此创"秀才科"。考中秀才者由中央考察录用，授以官职。开皇十八年（598 年），文帝"诏京官五品以上，总管、刺史，以志行修谨，清干干济二科举人"（《册府元龟》卷 645《贡举部》）即根据德行，才华标准两科取士。隋炀帝大业年间又始置"进士科"。大业三年（607 年）曾诏令"十科举人"：凡孝悌有闻，德行敦厚，节义可称，操履清洁，强毅正直，执宪不挠，学业优敏，文才秀美，才堪将略，膂力骁壮者皆应推荐，即可举官。大业五年（609 年）又诏令"四科举人"："诸郡学业该通，才艺优洽，膂力骁壮，超绝等伦，在官勤奋，堪理政事，立性正直，不避强御四科举人"。（《隋书》卷 3《炀帝上》）

　　隋朝的科举，初设明经、进士、秀才三科。其中秀才最难，"秀才者，文才杰出，对策高第之人"（《新唐书》卷 123）；明经科重在经学；进士科重在考试策论。隋朝废九品中正制，开科举制度之先河，虽然还缺乏一定的程序，制度也不完善，但首创之功不可没。

　　门阀世族的势力虽然经过隋朝的打击，到了唐代仍然有较大的影响。唐太宗有个女儿嫁给了世族子弟，太宗去看望女儿，却遭到亲家的慢待。太宗和大臣提起此事来还愤愤不平，说自己贵为天子，却被世族看不起，说明门第观念有多强！在世族看来，李世民家族是政治上的暴发户，是新贵族，历史上并不怎么荣耀，太宗把女儿嫁给他们只是高攀。为了打击门阀世族，促使世、庶合流，选拔优秀人才进入官吏队伍，巩固国家政权的社会基础，唐太宗一方面下令修撰《氏族志》，表明对待世族和庶族的态度和政策；另一方面坚持和完善了隋代开创的科举制度。

　　科举制度使官吏任用之权由地方转归中央，成为支持中央集权的重要杠杆。唐代科举考试分为常科和制科。常科每年举行一次，考生是国子监和州、县学的生徒和乡贡。"生徒"就是国家最高学府及地方官办学校保

---

① 史远芹：《中国政治制度》，中共中央党校出版社 1995 年版，第 97—98 页。

举选送的考试合格的学生，"乡贡"指经州县考试合格并由州县举送到中央的当地自学有成就的士人。考试科目有秀才、明经、进士、明法、明字、明策、道举、童子八科，其中明经、进士两科最受重视。明经主要考经义，进士则"诗赋各一篇，时务策五道"。（《唐会要》卷76）进士科名额少，最难考，经常百中取一二，明经十人取一二，但是进士科仕途优于明经，唐代宰相368人，出身进士者142人，高级官吏及地方长官多数也出身进士。因此考生多考进士科，当时就有"三十老明经，五十少进士"（王定保：《唐摭言》卷1《散序进士》）的说法，并把考进士比喻为"登龙门"。考试由吏部主持，开元二十四年（736年）后由礼部侍郎主持。考中者不直接授官，还要再经过吏部考试，称为"省试"或者"释褐试"，考试合格，才能授以官职。制科，是由皇帝需要，临时定立名目下诏考选。制科名目多达八十余种，其中贤良方正、直言极谏、博学通艺、武足安边、军谋宏远、堪任将率等科较著名。考生有的是现任官吏，有的是常科登第者，有的是平民百姓。考试由皇帝亲自主持，考中后立即迁升或者给予官职。但制科出身不被视为"正途"，而称为"杂色"。武则天当政时，开始"殿试"。她曾亲自"策问贡人于洛城殿，数日方了"（《通典》十五《选举三》）。她还于长安二年（702年）开设武举，使习武者，也有参加科举的机会，"高等者授以官"（《通典》15《选举三》）。

就选拔人才制度的形式而言，隋唐时期的科举制与两汉时期的察举制和魏晋南北朝的九品中正制有着一定的渊源关系，如科举制的选官都要经过推荐和考试。但是，两者间有着实质的不同：在两汉和魏晋南北朝时期选官制度下，士子们首先要获得地方官员及垄断乡里的世族豪门的推荐，才有资格参加考试，而考试只是用来决定授予官职的高低，所以选举实际上掌握在地方官员及世族豪门的手里。至于隋唐实行科举制后，举子们可以不经地方官员及世族豪门的推荐，自己带着一种叫做"牒"的身份证明材料直接去报名，只要身份证明合格，即可参加考试。这就从根本上打破了地方官员和世族豪门垄断选举权的局面。唐人杨绾也明确地说："今之取人，令投牒自举。"（《旧唐书》卷119《杨绾传》）甚至简单到只要递上个人名片即算是自荐了。（李肇：《唐国史补》卷下"叙进士科举"条）科举制度确实发挥了解放人才的作用，除了它轻视"工、商之家"规定其"不得预于士"，"不得入仕"外（《唐六典》卷3《尚书户部》；

《通典》卷14《选举》），允许部分官员甚至一般读书人和有文化的农民，根据个人的文化程度和志趣，自愿报名并选择某项科目来参加考试，朝廷则根据他们的考试成绩进行选取并授予官职。这样，通过科举制处于社会底层而了解社会实际的优秀人才取得了参与政治和管理国家的权力。当时的工商之家及其他身份低贱的人在社会上毕竟是极少数，因而科举制度具有一定程度的广泛性和公平性。总之，科举制既能调动人们的积极进取精神，扩大选举人才的范围，又能提高行政官员的素质，完善封建社会的管理，大大促进了当时社会的进步和强盛。

但是，隋朝首创的科举并不完善，还带有从察举制向科举制的过渡性质。唐代科举制度进一步完善起来，成为选举官吏的主要途径，当然也不是唯一途径。唐王朝并没有放弃荐举入仕这一传统方式。武则天就十分重视荐举，在《求贤制》中，她希望各级官员把那些"文可以经邦国，武可以定边疆，蕴梁栋之宏才，堪将相之重任"（《全唐文》卷95）的人才荐举给朝廷。还有王公贵族和各级官员的子孙，因为门第出身而获得官职的门荫制度，也还继续发生作用；由吏入官也是唐代补充低级官员的一条重要途径；士大夫因高才重名，由地方官推荐或直接征召而授予幕僚官职的辟署制度，在中唐之后渐盛。①

五代虽然战乱不已，但仍沿用唐代科举制，史称："泊梁氏以降，皆奉而行之，纵或小有厘革，亦不出其轨辙。"后梁建立的当年，开平元年（907年）七月，即对唐制"小有厘革"，废除了唐制外州举人不经过州长官刺史亲试，即可解送京城参加吏部科举考试的"报解"制度。（《旧五代史》卷148《选举志》）此后，外州举人必须经州刺史亲试后方可解送。五代自后梁开平二年（908年）开科取士，至后周显德六年（959年），除后梁、后晋时曾停举数次外，"至于朝代更易，干戈攘抢之岁贡举尝未废也"。每科进士少至4人，多亦只25人，自天福九年（944年）起，诸科取士多于进士，遂成惯例。五代时偏方小国，兵乱之际，（贡举）往往废坠（《文献考通》卷30《选举考·举士》），"十国"大多不举行科举考试，举行科举考试诸国如南唐、南汉、后蜀、闽诸国，举行不

---

① 白寿彝总主编：《中国通史》第6卷上，上海人民出版社2007年版，第867—869页。

常且不严格。①

开科取士，尽得天下英才，这是大比之年朝廷的头等大事。时值春天，一元复始，万象更新，皇帝很高兴，如贞观年间，大比之后，李世民悄悄立于端门之上，看见新科进士一个接一个走出来，不无得意地说："天下英雄入吾彀中矣！""彀"是一种强弓，"彀中"是指这种强弓的射程可及的范围。入彀，有笼络就范之意。登第的举子更是高兴，从此可以进入官员和准官员的行列，光耀门庭。唐代考中进士，要在慈恩寺张榜公布，金榜题名。中唐诗人孟郊屡试不第，到 50 岁才中进士，写了名诗《登科后》：

> 昔日龌龊不足夸，
> 今日放荡思无涯，
> 春风得意马蹄疾，
> 一日看尽长安花。

得意之情，溢于言表。

二　为政之要，惟在得人

重用人才，是王朝兴盛的重要条件。开国皇帝们都能认识到这点，也努力求举贤才。隋文帝得政之始，"内有六王之谋，外致三方之乱。握强兵，居重镇者，皆周之旧臣，上推以赤心，各展其用，不逾期月，克定三边，未及十年，平一四海"（《隋书》卷 2《高祖下》）。如果没有人才的"各展其用"，隋朝恐怕不能这么快就"四海一"。

建立唐朝的君臣在创业过程中也认识到了人才的重要性。魏征给太宗上疏说：

> 万国咸宁，一人有庆，必借忠良作弼。俊乂在官，则庶绩其凝，无为而化矣。（《资治通鉴》卷 194 太宗贞观六年）

---

① 白寿彝总主编：《中国通史》第 7 卷上，上海人民出版社 2007 年版，第 973—975 页。

魏征指出任用忠良贤能之士"无为而化"，天下致治的先决条件。唐太宗也认为"为政之要，惟在得人"（《贞观政要》卷7）。即位以前，他已收罗了不少文武贤。即位之初，就要右仆射封德彝给他推举贤才（《资治通鉴》卷192 太宗贞观元年）。太宗不只自己重视人才的作用，他还要求他的大臣"广求贤才，随才授任"。贞观三年（629年），他对房玄龄和杜如晦说："公为仆射，当广求贤人，随才授任，此宰相之职也。"（《旧唐书》卷3《太宗下》）。

唐太宗不仅重视人才，更重要的是用人时知人善用。魏征说："知臣莫若君，知子莫若父。父不能知其子，则无以睦一家；君不能知其臣，则无以齐万国。"（《资治通鉴》卷194 太宗贞观六年）就是说，用人时知人善用才能"齐万国"。杜如晦少聪悟，精彩绝人。太宗引为秦府兵曹，并很快将其改任为陕州长史。可能房玄龄认为这种任命没有做到人尽其才，于是便对太宗说："杜如晦聪明识达，王佐之才。若大王守藩，无用之；必欲经营四方，非此人不可。"太宗听了认为有道理，就将杜如晦"请为秦府掾，封建平县男，补文学馆学士"。贞观初，为左仆射，玄龄为右仆射。（《大唐新语》卷1）

唐太宗知人善用还可通过王珪对大臣的评价看出。贞观四年（630年），在一次有宰相参加的宴会上，太宗让"识鉴精通"的王珪对现任大臣进行评价。王珪说：

> 孜孜奉国，知无不为，臣不如玄龄。才兼文武，出将入相，臣不如李靖。敷奏详明，出纳惟允，臣不如温彦博。处繁治剧，众务毕举，臣不如戴胄。耻君不及尧舜，以谏争为己任，臣不如魏征。至于激浊扬清，嫉恶好善，臣于数子，亦有微长。（《资治通鉴》卷193 太宗贞观四年）

从王珪的评论中，可以看到唐太宗能因材而用，使每位人才发挥自己的特长。

在人才问题上，唐太宗没有坐等人才的出现，而是善于发现人才。唐太宗即位之初要求右仆射封德彝举贤，德彝久无所举，理由是"于今未有奇才"。太宗就说："君子用人如器，各取所长。古之致治者，岂借才于异代乎？正患己不能知，安可诬一世之人。"（《资治通鉴》卷192太宗贞观元年；卷193太宗贞观三年）这说明人才无时不有，关键是善于发现人才。唐太宗在这方面是这样说的也是这样做的。贞观三年（629年）夏天，因天旱下诏求言，中郎将常何条陈二十余事，深切时宜。太宗看了很奇怪，常何是武将，怎能写出这样的好奏章呢？问知是出自他的门客马周之手，太宗立即召见马周，留置门下省供事，后来马周官至中书令。

　　唐太宗用人时"惟贤是与"，而不问亲疏，不论贵贱，不分畛域。贞观元年（627年），唐太宗刚刚登上皇帝的宝座，就有人要求他提拔亲信："秦府旧兵，宜尽除武职，追入宿卫"。唐太宗说：

　　　　朕以天下为家，惟贤是与，岂旧兵之外皆无可信者乎！汝之此意，非所以广朕德于天下也。（《资治通鉴》卷192太宗贞观元年）

他反对以新旧为别，主张"惟贤是与"，正是对各种政治力量一视同仁，广其德于天下。他还明确提出：

　　　　吾为官择人，惟才是与。苟或不才，虽亲不用……如其有才，虽仇不弃。（《资治通鉴》卷194太宗贞观七年）

比如，魏征原为太子洗马，效忠太子李建成，玄武门事变，秦王李世民诛杀了太子及齐王元吉，召来魏征，责问他为何"离间我兄弟"，魏征毫无惧色，直言不讳地说："皇太子若从征言，必无今日之祸。"秦王李世民听了虽一时很气愤，但由于一向器重他的才干与耿直，仍然以礼相待，引荐他为詹事主簿，不久，升任谏议大夫。

　　正因为唐太宗采用不分亲疏、恩怨，惟才是举的用人原则，才为贞观之治准备了良好的人才资源。在他的大臣中，有出身寒素的马周、戴胄、杜正伦、张玄素、刘洎、岑文本、崔仁师等；有来自敌方的屈突通、尉迟敬德、李世勣、秦叔宝、程知节等；有出身贵族的萧瑀、陈叔达等；有拔于怨仇的魏征、王珪、韦挺等。所以说《旧唐书》评价太宗"拔人物不私于党，负志业则咸尽其才"还是中肯的。

　　隋唐在各自的初期，不仅出现了重视人才、善用人才的君主，还出现了善于选拔人才的大臣。

隋朝第一名臣高颎，辅佐隋文帝，为隋的建立和巩固做出了重大贡献，被称为是隋朝的"真宰相"。高颎不仅才能出众，而且善于识拔人才。隋朝有名的文武大臣，几乎都出于他的引荐。《隋书》称："颎有文武大略，明达世务。及蒙任寄之后，竭诚尽节，进引贞良，以天下为己任。苏威、杨素、贺若弼、韩擒（虎）等，皆颎所推荐，各尽其用，为一代名臣。自余立功立事者，不可胜数。"高颎还敢于保护人才。隋文帝尝因事欲杀大将史万岁，颎为其向隋文帝请求道："史万岁雄略过人，每行兵用师之处，未尝不身先士卒。尤善抚御将士，乐为助力，虽古之名将未能过也。"（《隋书》卷53《史万岁传》）史万岁因此免于一死，后来在出击突厥时建立了殊功。

唐朝也有像高颎这样的大臣。除了前面所说的魏征等人外，还有李勣、王师旦等人。李勣年轻时与同乡翟让聚众起义，推李密为首领。李勣对李密说："天下大乱，本为饥苦，若得黎阳一仓，大事济也。"李密于是袭取了黎阳仓。时逢饥饿，所以来就仓者达数十万人，魏征、高季辅、杜正论、郭孝恪也在其中。李勣一见魏、高、杜、郭等人便以礼相待，并把他们引入房内，谈谑无倦。后来平定武牢后，又获得了戴胄。李勣急切地屡屡推荐这些人。这些人后来果然都做了大官。当时人称李勣有"知人之鉴"。（《大唐新语》卷7）

贞观二十年（646年），王师旦任员外郎，负责选拔官吏。冀州进士张昌龄、王公瑾两人文词俊楚，声震京城。可是，王师旦考核其文策为下等，对此，朝廷上下都不理解。及向皇帝奏明等第名次，太宗责怪王师旦怎么没有张昌龄等人的姓名。师旦说："此辈诚有词华，然而其体轻薄，文章浮艳，必不成令器。臣若选拔之，恐怕后生仿效，有变陛下风俗。"太宗从内心感到师旦之言有道理。后来张昌龄任长安尉，以坐赃罪解除官职，而王公瑾也没有什么作为。（《封氏闻见记》卷3）选拔政府官员要有实际才干和德行，而不能只依据其文章华丽与否、名声大小来定取舍，王师旦选人可谓独具慧眼。

三　真无马耶？行路难！

隋唐时期虽然一些明君贤臣能够重视人才，但是，由于各种原因，尤其中后期也出现了压制人才的现象，使一些人怀才不遇、报国无门的现象。

隋文帝虽然在开国之期能"推以赤心"使用人才，但是，由于其"天性沉猜，素无学术，好为小数，不达大体"，最终"忠臣义士莫得尽心竭辞。其草创原勋及有功诸将，诛夷罪退，罕有存者"。（《隋书》卷1《帝纪》）隋文帝之后的隋炀帝则是一个妒贤嫉能，屠害直士正人的昏君、暴君，最后落得个国破人亡。隋末的起义军就曾以他屠害直士正人为讨伐隋炀帝的借口之一。祖君彦在《为李密檄洛州文》中声讨隋炀帝说："而愎谏违卜，妒贤嫉能，直士正人，皆由屠害。左仆射齐国公高颎，上柱国宋国公贺若弼，或文昌上相，或细柳功臣，暂吐良药之言，翻加属镂之赐。龙逢无罪，便遭夏癸之诛；王子何辜，滥被商辛之戮，遂令君子结舌，贤人缄口。指白日而比盛，射苍天而敢欺。"在他看来，妒贤嫉能，残害忠良，是隋朝众叛亲离、迅速灭亡的重要原因。

唐代虽然倡导选贤任能，但是私情授官与压制人才的现象也没有完全避免。据《隋唐嘉话》载：杨弘武为司戎少常伯，唐高宗问他："某人何因授于此职？"对曰："臣妻韦氏性刚悍，昨以此人见嘱。臣若不从，恐有后患。"帝嘉其不隐，笑而遣之。怕老婆而开后门，实在可笑！

诗仙李白就是一位遭遇压制的诗人。李白怀有伟大政治抱负，受诏入京，有幸接近玄宗皇帝，但却不被皇帝任用，反而被"赐金还山"，变相地被撵出了长安。朋友出于对李白的深厚友情和对这样一位天才遭受弃置的惋惜，不惜金钱，设下盛宴为他饯行。"嗜酒见天真"的李白写下了《行路难三首》表达他的怀才不遇与希望。其一曰：

> 金樽清酒斗十千，玉盘珍羞直万钱。
> 停杯投箸不能食，拔剑四顾心茫然。
> 欲渡黄河冰塞川，将登太行雪满山。
> 闲来垂钓碧溪上，忽复乘舟梦日边。
> 行路难，行路难，多歧路，今安在？
> 长风破浪会有时，直挂云帆济沧海。

面对珍馐美酒，诗人四顾茫然，端起酒杯却又把酒杯推开；拿起筷子，却又把筷子放下，原因就是人生道路上"冰塞川"、"雪满山"，自己的雄心壮志难以实现。是的，历史上确实有吕尚、伊尹这样在政治上并不顺利，而最终有大作为的先例。吕尚，九十岁在蟠溪钓鱼，得遇文王；伊尹，在受汤聘前曾梦见自己乘舟绕日月而过。但现实中自己的路又在何方？行路难，行路难，多歧路，自己又将往哪里去，又将置身何处？好在诗人在质疑现实时并没有放弃自己心中的理想，仍然坚信"天生我材必有用"，仍然坚信唐王朝会重用人才，也希望唐王朝会重用人才，希望唐王朝会给自己乘风破浪之时，到那时自己一定会"直挂云帆济沧海"。

唐朝越到中后期，其压制人才越严重。思想家、文学家韩愈曾专门为此写了一篇《马说》，通过千里马的不被认识，慨叹奇才异能之士的被埋没。文中写道：

世有伯乐，然后有千里马。千里马常有，而伯乐不常有。故虽有名马，只辱于奴隶人之手，骈死于槽枥之间，不以千里称也。

马之千里者，一食或尽粟一石。食马者，不知其能千里而食也。是马也，虽有千里之能，食不饱，力不足，才美不外见，且欲与常马等不可得，安求其能千里也。

策之不以其道，食之不能尽其材，鸣之而不能通其意，执策而临之，曰："天下无马。"呜呼！其真无马耶？其真不识马也！

韩愈发出"千里马常有，而伯乐不常有"的感叹，是因为中唐社会统治阶级内部矛盾日益尖锐，南衙北司之争（以宰相为首的朝廷机关与宦官集团的斗争）与朋党之争在这一时期已渐露端倪。唐王朝已不像初期那样如饥似渴地重视人才，压制人才的现象时有发生，韩愈在政治斗争的旋涡中屡遭抑退。

朋党之争是官僚集团内部为争权夺利而进行的派系斗争。晚唐时期的这种斗争，集中表现在牛僧孺、李宗闵和李德裕两派之间的斗争。李德裕是因为其父李吉甫为宰相的关系而飞黄腾达的。他认为，科举取士未必能得到有真才实学的人才，公卿子弟熟悉朝廷的礼仪制度，有利于从政，而通过科举入仕者，主司与门生之间有"谢恩"、"答拜"等烦琐的礼节，还有曲江会、雁塔题名等各种活动，都没有必要，应该罢去。他明确表示："朝廷显官，须公卿子弟为之。"（《新唐书》卷44《选举志》上）他把矛头指向李宗闵、牛僧孺等通过科举入仕者的官员。朋党之争中关于科举制度的争论，反映了晚唐社会用人上的政治斗争，势必造成对优秀人才的压制现象，是吏治走向衰败的表现。

朋党之争造成人才压制，宦官当道也造成人才压制。刘蕡是晚唐敬宗宝历二年（826年）进士，博学能文、性耿直，疾恶如仇，有"澄清天下之志"。唐文宗时，刘蕡曾应召试贤良方正直言极谏科，在对策中切论宦官专横误国，应予诛灭，一时名动京师。但是遭宦官忌恨，未予录取。初试锋芒，就遭挫折。旋被令狐楚、牛僧孺召为从事，后授秘书郎，不久又遭宦官诬陷，贬为柳州司户参军。李商隐对刘蕡非常推崇。宣宗大中元年（847年），李商隐出使南郡之后，与被贬在柳州的刘蕡在长沙一带相遇，写下《赠刘司户蕡》一首：

> 江风扬浪动云根，重碇危樯白日昏。
> 已断燕鸿初起势，更惊骚客后归魂。
> 汉廷急诏谁先入，楚路高歌自欲翻。
> 万里相逢欢复泣，凤巢西隔九重门。

李刘二人相会于湘江入洞庭的咽喉之黄陵山上，山峰兀立，水势奔腾。时间正是初春，漫天阴沉，船上高高的桅杆，在江风中摇摇晃晃，分外显得日暗天昏。湘江的此刻景色就是晚唐王朝政局动荡和险恶的写照。在这急需人才的时刻，刘蕡就像是展翅万里的北国鸿雁（刘是燕人），但是，刚刚要施展雄图伟略却很快夭折了，就像受谗而被放逐的屈原一样，远贬南荒，难归故土。诗人高度称赞刘蕡具有贾谊的抱负和才华，相信他一定会受到重用。"楚路高歌"用楚国狂人接舆的故事，来抒发自己的满腔激愤。"万里相逢欢复泣，凤巢西隔九重门"，不仅是其真挚深切的友谊之歌，更是对当时腐朽政治压制和迫害人才的无情揭露。

压制人才不只存在于隋唐，五代也存在。江文蔚在南唐居谏职，秉心贞亮，不容阿顺。当时宋齐丘、陈觉、冯延巳、魏岑皆以讨好皇帝得以重用，人们认为极不公平。及宋齐丘拜为谏议大夫，而冯延巳任宰相，魏岑已成近臣。江文蔚上表曰："二公移去，未称民情；四罪尽除，方明国典。"就是说免去宋、冯二位官职，未必能让民众满意，罢黜以上四位奸臣，才符合国家法典。表既上，而元宗恶其大言，将江文蔚贬为江州司土。冯延巳亦被罢相，没过多久，冯延巳自临川再入相位，百僚皆言曰："白麻甚嘉，犹不称文蔚表尔。"（马令：《南唐书》卷13）其直言见重于时者如此。可见，奸佞之臣当道，加之君主不明，也是造成压制人才的原因。

第四节　吏治与廉洁

《晏子春秋》曰："廉者，政之本也。"廉洁是中国古代政治道德的基本范畴之一，基本精神就是廉洁自律，循礼行法。能否保持政府廉洁关系着王朝兴衰存亡。

关于廉洁，隋唐时的《励忠节钞》清贞部是这样说的：

> 夫水见底者清，人见微者明；行独洁者贞，法向理者平。夫居官者不可以不清明，苟能清，清则平，平则怨不生；苟能明，明则静，静则人自整。
>
> 武侯曰："富贵以博施为德，贫贱以贞信为贤，故君子贫则守贞廉，富则务博施。"
>
> 胡威父子之当官也，与玉均清，将冰共洁，其平似秤，其直如弦，伴之以赏罚，离之以宽猛，世谓人范也。

据《三国志》载胡威父子俱以清廉闻名，这里倡导的是和他们一样的那种廉洁、贞信的政治伦理。无论皇帝还是其他官员，怎样对待财富，都是个重要考验。贞观初，唐太宗对身边的大臣说：

> 人有明珠，莫不贵重，若以弹雀，岂非可惜？况人之性命甚于明珠，见金银钱帛不惧刑纲，径即受纳，乃是不惜生命。明珠是身外之物，尚不可弹雀，何况性命之重，乃以博财物耶？群臣若能备尽忠直，益国利人，则官爵立至。皆不能以此道求荣，遂妄受钱物，赃贿

既露，其身亦殒，实为可笑。帝王亦然，恣情放逸，劳役无度，信任群小，疏远忠正，有一于此，岂不灭亡？隋炀帝奢侈自贤，身死匹夫之手，亦为可笑。（《贞观政要·论贪鄙》卷6）

朕终日孜孜，非但忧怜百姓，亦欲使卿等长守富贵。天非不高，地非不厚，朕常兢兢业业，以畏天地。卿等若能小心奉法，常如朕畏天地，非但百姓安宁，自身常得欢乐。古人云："贤者多财损其志，愚者多财生其过。"此言可以为深诫。若徇私贪浊，非止坏公法，损百姓，纵事未发闻，中心岂不常惧？恐惧既多，亦有因而致死。大丈夫岂得苟贪财，以害身命，使子孙每怀愧耻耶？卿等宜深思此言。（《贞观政要·论贪鄙》卷6）

唐太宗从利害关系和隋朝灭亡教训的角度，论证了保持朝廷和官员廉洁的重要性。

隋文帝整肃吏治，改革政治制度，故有开皇之治；炀帝大兴土木，奢侈腐败，导致隋朝二世而亡。唐太宗严明法纪，加强对官吏治绩和廉洁的考察，是贞观之治的重要原因。武则天也注意整顿吏治，赏罚严明，因而使唐朝国势持续上升。唐玄宗即位后励精国治，精减冗官，进用贤能，加强朝廷集权等措施，进一步改革了吏治，创造了"开元盛世"。然而从开元后期，玄宗骄侈心代替了求治心，纵情声色，吏治腐败，终于导致安史之乱，使唐朝国势由盛转衰。晚唐社会由于藩镇割据、宦官专权以及牛李党争，因而官场日益腐败，最终导致大唐灭亡。及至五代十国，军阀统治，朝代更替频繁，内争外乱不断，不具备整肃吏治的社会环境，南唐小朝廷更是奢靡成风，著名的《韩熙载夜宴图》就是历史见证。

隋初沿袭前代的州、郡、县三级地方建制。但当时南北各地均置州、郡、县，"或地无百里，数县并置；或户不满千，二郡分领"，因而造成"民少官多，十羊九牧"（《隋书》卷46《杨尚希传》）的局面。开皇三年（583年）隋文帝根据杨尚希等的建议，废除郡级机构，并省州县，裁减冗官。不仅节约了国家开支，而且提高了行政效率。对于地方各级官吏，统由尚书省的吏部负责选任，加强了朝廷对地方的控制和对官吏的监督管理。在整顿吏治方面，隋文帝"妙简良能，出为牧宰"。擢"仁明著称"的广汉太守柳俭为蓬州刺史（《隋书》卷73《柳俭传》），以"奉国尽心"

的驾部侍郎辛公义为岷州刺史，擢"治术尤异"的临颍令刘旷为莒州刺史（《隋书》卷2《高祖传下》），"清明善政，为天下第一"。任命"达于从政"的房恭懿为新丰令，"政为三辅之最"。文帝还经常遣使考察地方官吏，褒奖良能，惩处贪污。治书侍御史柳彧巡省河北五十二州，奏免贪污不称职的长吏二百余人。库狄士文为贝州刺史，对官吏尺布升粟之赃，无所宽贷，检举了一千多人，隋文帝都把他们发配到岭南去了。不但要查官，还要查吏，文帝又以"典吏久居其职，肆情为奸"，下令"诸州县佐吏，三年一代，继任者不得重居之"。（《隋书》卷25《刑法志》）从而在制度上为防止官吏腐败提供了保障。①

为了培植廉洁之风，隋文帝对下级官吏用给田养廉（即公卿以下各官按品级分给职田）等措施，使其向善称职，不去扰民。他的儿子秦王杨俊，因生活奢靡，建造宫室，被他发现，勒令禁闭。由于执法严明，一般官吏有所畏惧，出现了一批廉洁的官员，贪污枉法的行为有所减少，民众也因此少受其害。比如：

河南洛阳人赵轨，"少好学，有行检。"周蔡王引为记室，以清苦闻。以贤能著称。其家东邻有桑树，桑葚成熟落入其家，赵轨遣人全部拾来归还其主，告诫几个儿子曰："吾非以此求名，意者非机杼之物，不愿侵入。汝等宜以为诫。"在州四年，考绩连续最佳。持节使者邰阳公梁子恭报告朝廷，得到高祖嘉奖，征赵轨入朝。送别的父老乡亲挥泪说："别驾在官，水火不与百姓交，所以不敢以壶酒相送。公清若水，请酌一杯水奉饯。"赵轨受而饮之。到达京师，下诏与奇章公牛弘撰定律令格式。赵轨担任原州总管司马时，在赴任途中，因为夜行不巧左右马匹闯入农田，践踏了青苗。赵轨停驻马匹待到天明，查访青苗主人赔偿损失后，方才离去。原州官吏闻知此事，无不改进节操（《隋书》卷73《赵轨传》）。

郑善果，性至孝笃慎，隋大业中为鲁郡太守。母崔氏甚贤明，晓以正道。尝于阁中听善果决断，闻剖析合理，就喜悦；若处事不允，则不与之言。善果伏床前，终日不敢食。母曰："吾非怒汝，乃愧汝家耶。汝先君清恪，以身殉国，吾亦望汝及此。汝自童子承袭茅土，今致方伯，岂汝自能致之耶？安可不思此事。吾寡妇也，有慈无威，使汝不知教训，以负清

---

① 白寿彝总主编：《中国通史》第6卷下，上海人民出版社2007年版，第1146—1147页。

忠之业。吾死之日，亦何面见汝先君乎？"善果由是励己清廉，颇有政绩。朝廷以其俭素，考为天下第一……数进忠言，多所匡谏。迁工部尚书，正身奉法，甚著劳绩。（《大唐新语》卷3）

隋炀帝好大喜功，生活奢侈，文帝时期倡导的节俭、廉洁之风荡然无存。炀帝时"有善于从事音乐及倡优百戏者，皆直太常。其后异技淫声咸萃乐府，皆置博士弟子，递相教传，增加乐人至三万余"（《隋书》卷67《列传第32·裴蕴传》）。又迁都到营造极其宏大壮丽的洛阳。又发动征讨高丽的战争，使全国老百姓承受沉重的兵役和徭役。结果，"重以官吏贪残，因缘侵渔，百姓困穷，财力俱竭，安居则不胜冻馁，死期交急，剽掠则犹得延生，于是始相聚为群盗"。（《资治通鉴》卷181隋纪炀帝大业七年）

唐朝是中国封建制度的巩固、发展和富强的阶段。唐高祖李渊表示，要学习汉高祖刘邦对待秦政的榜样，"拨乱反正"（《旧唐书》卷75《孙伏伽传》）纠正隋的错误，使唐朝富强。武德二年（619年），唐高祖初定租、庸、调法，规定在限额之外，"不得横有调敛"（《资治通鉴》卷187高祖武德二年），限制统治集团不得为所欲为，把对劳动者的剥削与奴役限制在一定的范围内，从而为唐初廉政建设创造了条件。

唐太宗继承乃父的事业，在廉政建设上下工夫。地方官和吏治的好坏，直接关系到人民的休戚和社会的稳定。唐太宗在廉政建设中非常重视以道德标准选择地方官吏。他说："朕居深宫之中，视听不能及远，所委者惟都督、刺史，此辈实治乱所系，尤须得人。"（《贞观政要》卷3）他经常把都督、刺史的姓名写在屏风上，对他们治绩的好坏，分别列于名下，以便考察。由于马周建议朝廷不可独重内臣，而轻视刺史、县令，太宗宣布："刺史朕当简择，县令诏京官五品以上各举一人。"（《贞观政要》卷3）这样就大大提高了地方官的道德素质，从而使贞观年间出现了循吏辈出的局面。

首先是一批勤俭清廉，坚守清贫生活的廉洁之臣。虞世南素来勤俭清廉，安于清贫生活。在隋炀帝时始任秘书郎，后转起居舍人。隋炀帝虽然爱其才学，但由于其为人正直，不善逢迎，所以不肯重用，十年之久仍是七品官；其兄却因善于阿谀奉承，得到宠信，官至内史侍郎，颇有权势。入唐后，太宗器重虞世南的才学，任命其担任太子中舍人、著作郎、弘文馆学士、秘书监等职。岑文本、刘晏等也是这样的俭约廉洁之臣。岑文本任中书令期间，住宅窄小简陋，无帷帐之饰，有人劝他经营产业。文本回答说："我本汉南一布衣，竟无汗马之劳，仅以文墨，致位中书令，这已是为官之极致。给我的俸禄之重，我惟恐拿的已经太多，怎么还敢言及经营产业呢？"言者叹息而退。（《贞观政要》卷6）刘晏是中唐时期著名的理财家，代宗朝任京兆尹、户部侍郎，领度支、盐铁、转运、铸钱、租庸使。虽然掌管天下财赋，位高势盛，经手的钱物数不胜数，却为官廉洁，不谋私利。他家以俭约著称，所居修行里，"粗朴庳陋、饮食俭狭，室无媵婢"。他常说："屋居安便，不务华屋；食取饱适，不务多品；马取稳便，不务毛色。"（《唐语林》卷2）人们无不钦佩他的廉洁简朴。

除了俭约廉洁大臣外，还有不畏上坚持公正的廉洁之臣。大臣明崇俨夜遇刺客，三司受命破案，好几个人承认是自己作的案，牵连人数众多。唐高宗很生气，督促法司对这些人行刑。刑部郎中赵仁恭不肯，他说："此辈必死之囚，愿假数日之命。"高宗曰："卿以为枉也？"仁恭曰："臣识虑浅短，非是以为妄，恐万一非实，则怨气生焉。"过了十余天，果然捕获刺客。高宗很高兴，提拔赵仁恭担任刑部侍郎。公正与廉洁紧紧联在一起：只有处事公道，执法公正，才能给社会带来长治久安；也只有官员廉洁，才能做到公正。古人说"公生明，廉生威"，公正廉洁是中国古代优秀的政治道德传统。

子帅以下，孰敢不正？在廉政建设上，唐太宗还能接纳大臣的廉洁之谏，并对进谏的大臣给予赏赐。有一次太宗写了一首"艳诗"，命虞世南唱和。虞世南进谏说："圣作虽工，体制非雅，上之所好，下必随之。此文一行，恐致风靡，而今而后，请不奉诏。"太宗曰："卿恳诚如此，朕用嘉之，群臣皆若世南，天下何忧不理。"（《大唐新语》卷3）先前南朝的一些皇帝官僚作艳诗，虞世南则谏太宗不要作艳诗，怕的是上行下效，致使官场生活奢靡，可谓防微杜渐之举，是有远见卓识的。太宗嘉奖他的直谏，赐绢五十匹。

唐太宗因纳廉洁之谏而赏赐大臣之事不只这一件。再如，贞观初年唐太宗准备修洛阳宫以备巡幸。时任给事中的张玄素上书极谏："臣闻阿房成，秦人散；章华就，楚众离；及乾阳毕功，隋人解体。且陛下今时功力，何异昔日，役疮痍之人，袭亡隋之弊，以此言之，恐甚于炀帝，深愿陛下思之，无为由余所笑，则天下幸甚。"太宗听了后，就问张玄素："卿谓我不如炀帝，何如桀纣？"玄素回答说："若此殿卒兴，所谓同归于乱。且陛下初平东都，太上皇敕：'高门大殿，亦宜焚毁。'陛下以瓦木可用，不宜焚灼，请赐与贫人。事虽不行，天下称为至德。今若不遵旧制，即是隋役复兴。五六年间，取舍顿异，何以昭示百姓，光敷四海？"太宗曰："善。"赐锦缎三百匹。（《大唐新语》卷2）

但是，并不是所有的帝王都能像唐太宗那样廉洁律己，结果一些贪鄙奸猾之臣不是投其所好，就是上行下效，既害民又害身。王铗原任户部郎中，他见唐玄宗用度奢侈，遂投其所好，敲剥百姓，每年于租调之外征敛巨亿万，供天子私用。玄宗却以为王铗有富国之术，宠遇日厚，遂擢为京兆尹，又兼任二十余使职，宠任仅次于李林甫。再如，后唐主李煜生活靡烂，不勤政事，其臣韩熙载上行下效。韩熙载时任兵部尚书，充铸钱使。他"蓄妓妾四十余人，多善音乐，不加防闲，恣其出入外斋，与宾客生徒杂处"。（《宋史》卷478《韩熙载传》）《韩熙载夜宴图》生动地描写了韩熙载"好声伎，专为夜饮"，"虽宾客揉杂，欢呼狂逸，不复拘制"（《宣和画谱·人物三·顾闳中》）的放荡生活。从《韩熙载夜宴图》所反映的后唐达官贵人的靡烂生活，可知当时朝廷腐败到了何等地步。"春花秋月何时了？往事知多少！小楼昨夜又东风，故国不堪回首明月中！雕栏玉砌应犹在，只是朱颜改。问君能有几多愁？恰似一江春水向东流。"后主的《虞美人》撼人心魄催人泪下，却也只能是末代王朝的挽歌。君主的好恶对臣下行为取向的影响不能不引起后人的警惕。

唐代的廉政建设中甚至出现了大臣"辞职"的做法。唐代名相姚崇就曾因其亲近贪污腐败而辞去宰相职务。一是由于他的两个儿子广交宾客，一再接受别人馈赠的财物，招致了人们的非议；二是中书省主书赵诲为姚崇所亲信，他接受了蕃人的贿赂，事情揭发后，唐玄宗亲自审讯，被捕入狱，定为死罪，姚崇又设法营救，玄宗很不满意。正赶上曲赦京城罪犯，敕令中标名赵诲，"杖之一百，流岭南"。于是，姚崇忧惧不安，为"避嫌"计，认定自己不宜再做宰相。最后，唐玄宗答应了他的请求，并根据他的举荐，由宋璟取代了他的宰相职务。

吏治腐败在任何时候都不得人心，任何时候人们都会关心廉洁政治的建设。唐朝在廉政文化方面有自己的社会心理特色。唐人喜欢用医学术语论述各种官职的特点，比如贾言忠曾撰《监察本草》，唐户部郎侯味虚曾著《百官本草》。监察御史是唐朝的监察官，负责对朝廷和地方官吏的监督之责，责任重大。《百官本草》说御史的性质是"大热，有毒，主除邪佞，杜奸回，抱冤滞，止淫滥，尤攻贪浊，无大小皆搏之。畿尉薄为之相，畏还使，恶爆直，忌按权豪。出于雍洛州诸县，其外州出者尤可用。曰炙干硬者为良。服之长精神，减姿媚，久服令人冷峭"①。用"本草"来喻官职，表明当时人认为这些官职是用来医"病"的，用之得当于"身"有益，用之不当则遗害于"身"。

　　但不管如何，百姓对腐败都是痛恨的。《太平广记》载：唐时虔州参军崔进思，依仗郎中孙尚容之力，充纲入都。送五千贯。每贯取三百文裹头。百姓怨叹，号天哭地。船到了江苏瓜步山附近江面，遭遇风浪而沉没，所运东西荡然无存。后崔进思家资田园，货卖并尽，解官落职，求活无处。(《太平广记》卷126) 虽然《太平广记》受宋代"灾异"、报应观念的影响，但崔进思最终的"求活无处"却能够反映唐人老百姓痛恨贪污腐败的社会心理。

---

① （唐）张𬸦:《朝野金载》，中华书局1979年版，第180页。

第三章

各阶层与行业的道德生活

隋唐时期是中国封建社会的鼎盛时期，百业兴旺，经济繁荣，行业道德也有很大发展。它为我们了解那个时代的道德生活提供了独特的视角。

第一节　士人的道德生活

随着科举制度的推行和教育的发展，士这个阶层在隋唐五代空前活跃，正直、诚信、珍视友情、仁爱、报效国家这些中华民族的传统美德得到士人的倡导和发扬，而且成为职业道德生活的主流。随着民族融合、对外交流和人际交往的日益频繁，宽容也成为一种重要的道德规范，塑造了隋唐文化海纳百川的精神气象。

一　正直

正直作为社会美德一直是隋唐士人中推崇的道德品格。唐代著名史学家刘知几从总结历史经验的角度指出"正直者，人之所贵，而君子之德也"。（刘知几：《直书》）

隋文帝提倡"开直言之路，见善必进"。开皇九年（589 年）夏四月，他下诏曰：

> 朕君临区宇，于兹九载，开直言之路，披不讳之心，形于颜色，劳于兴寝。自顷遄艺论功，昌言乃众，推诚切谏，其事甚疏。公卿士庶，非所望也，个启至诚，匡兹不逮。见善必进，有才必举，无或嘿默，退有后言。颁告天下，咸悉此意。（《隋书》卷 2《帝纪第二高祖下》）

隋文帝是个明君，倡导直言，推诚切谏，见善必进，有才必举，创造了"开皇之治"。

唐太宗认为"公平正直"是治理国家的根本，这是历史的经验教训。贞观二年（628年），太宗对房玄龄等人说：

> "朕比见隋代遗老咸称高颎善为相者，遂观其本传，可谓公平正直，尤识治体。隋室安危，系其存没。……又汉、魏以来，诸葛亮为丞相，亦甚平直。尝表废廖立、李严于南中。立闻亮卒，泣曰：'吾其左衽矣！'严闻亮卒，发病而死。故陈寿称'亮之为政，开诚心，布公道，尽忠益时者，虽仇必赏；犯法怠慢者，虽亲必罚。'卿等岂可不企慕及之。"……玄龄对曰："臣闻理国要道，实在于公平正直，故《尚书》云：'无偏无党，王道荡荡。无党无偏，王道平平'；又孔子称'举直错诸枉，则民服。'今圣虑所尚，诚足以极政教之源，尽至公之要，囊括区宇，化成天下。"（《贞观政要·论公平》卷5）

太宗认为君臣都应该是正直之人，相辅相成，国家才能治理好。贞观元年（627年），他又对侍臣说：

> "正主任邪臣，不能致理；正臣事邪主，亦不能致理。惟君臣相遇，有同鱼水，则海内可安。朕虽不明，幸诸公数相匡救，冀凭直言鲠议，致天下于太平。"谏议大夫王珪对曰："臣闻木从绳则正，后从谏则圣。故古者圣主必有争臣七人，言而不用，则相继以死。陛下开圣虑，纳刍荛，愚臣处不讳之朝，实愿罄其狂瞽。"太宗称善，诏令自是宰相入内平章国计，必使谏官随入，预闻政事。有所开说，必虚己纳之。（《贞观政要·求谏》卷2）

> 贞观三年，太宗谓侍臣曰："君臣本同治乱，共安危，若主纳忠谏，臣进直言，使故君臣合契，古来所重。若君自贤，臣不匡正，欲不危亡，不可得也。君失其国，臣亦不能独全其家。至如隋炀帝暴虐，臣下钳口，卒令不闻其过，遂至灭亡。虞世基等人，寻亦诛死。

前事不远，朕与卿等不得不慎，无为后所嗤！"（《贞观政要·君臣鉴戒》卷 3）

唐太宗从君臣命运息息相关的角度论证了君贤臣直的重要性，强调正直是大臣必须具备的品质。

武则天承袭贞观年间整顿吏治、严惩贪污的政策。对为官清正、正直不阿的臣僚非常器重，对有才能有学识的人士非常赏识，加以重用。天官侍郎安平崔玄晔，性情耿直，令执政不喜欢，改调文昌左丞。后来听说他被调之后有人高兴得直请客庆贺，才知道这其中有奸情，于是给崔玄晔官复原职。武则天晚年提升崔为宰相。对于贪赃枉法的官吏，不论职务高低，一律严惩不贷，如宰相李迥秀"颇受贿赂，监察御史马怀素弹奏之，迥秀贬庐州刺史"；宰相苏味道"谒归葬其父，制州县供葬事。味道因之侵毁乡人墓田，役使过度，监察御史萧至忠劾奏之，左迁坊州刺史"。（《资治通鉴》卷 207）武则天所亲信的酷吏来俊臣"纳贾人金，为御史纪履忠所劾，下狱当死。后忠其上变，得不诛，免为民"。（《新唐书》卷 209《来俊臣传》）酷吏索元礼"以苛猛，复受赇，后厌众望，收下吏……死狱中"。（《新唐书》卷 209《索元礼传》）

唐时的正直之士有自己的特点。

正直之士不以个人的进退为得失而勇于直谏。张九龄开元中为中书令，范阳节度使张守珪奏当时只是个裨将的安禄山老打败仗，送他到京师杀掉。张九龄接过这个案子后，和安禄山谈话很久，了解了他的心态，向皇帝报告说："禄山狼子野心，而有逆相，臣请因罪戮之，冀绝后患。"玄宗不听忠良之言，养虎为患，终成安史之乱。（《大唐新语》卷 1）

当唐玄宗想用牛仙客为尚书或裂地以封时，张九龄直谏不可，因此而被罢免相职。遭贬谪后，作《遇感》诗十二首，其一为：

> 兰叶春葳蕤，桂华秋皎洁。
> 欣欣此生意，自尔为佳节。
> 谁知林栖者，闻风坐相悦。
> 草木有本心，何求美人折。

春兰、秋菊一向是古代诗人对于正直清高品德的比喻。张九龄的"兰叶春葳蕤，桂华秋皎洁"，也比喻正直清高的人格风范；"草木有本心，何求美人折"之句，更表达了诗人洁身自好的道德追求。人的一生尽其本分，进德修业足矣，何必求富贵通达！

韩愈一生以反对迷信佛教为己任，晚年上《论佛骨表》，竭力劝阻唐宪宗"迎佛骨"，他的耿直触犯"人主之怒"，几乎被定为死罪，经裴度等人说情，才由刑部侍郎贬为潮州刺史。韩愈此时悲歌当哭，慷慨激昂地写下《左迁至蓝关示侄孙湘》：

> 一封朝奏九重天，夕贬潮州路八千。
>
> 欲为圣明除弊事，肯将衰朽惜残年！
>
> 云横秦岭家何在？雪拥蓝关马不前。
>
> 知汝远来应有意，好收吾骨瘴江边。

这首诗告诉他的侄孙，尽管自己仗义执言，招来一场弥天大祸，但绝不后悔。老而弥坚，宁死不屈。这是何等的豪迈！

正直之士坚守品格，不阿权贵。武则天朝，一次三月天降大雪，凤阁侍郎苏味道等以为祥瑞，草表将贺。左拾遗王求礼止之。……曰："宰相不能燮理阴阳，令三月降雪。此灾也，乃诬为瑞。若三月雪是瑞雪，腊月雷当为瑞雷耶？"举朝善之，遂不贺。（《唐人轶事汇编》卷9）三月正是农作物旺盛生长期，下雪当然是灾，而苏味道等人为了讨好皇帝，却要以瑞雪相贺。王求礼的正直人格与拍马溜须的逢迎之臣形成了鲜明的对比！

唐明皇时，满朝文武僚属都趋附杨国忠，争求富贵，只有张九龄刚正不阿，不进杨的家门，杨国忠心中嫉恨。九龄常对相识的人议论说："今时朝廷的官员，皆是趋炎之徒，一旦火尽灰冷，暖气何在？当冻尸裂体，弃骨于沟壑中，祸不远矣。"果然因安禄山之乱，附炎者皆罪累族灭，不可胜数。（《开元天宝遗事》下）

杨国忠权倾天下，四方之士，趋之若鹜。陕西人进士张彖，奋力学习，志气高大，非常著名，但是从来不低三下四地去求人。有人劝他去拜访杨国忠以图显荣，张彖说："尔辈都以为杨公之势，倚靠如太山；以我所见，乃冰山也。一旦皎日大明之际，则此山当误人耳。"果如其言，时人都赞美张生有远见。后来张生及第,授华阴尉。当时他的上级县令、太守,都不是正经人,多行不法。张象守吏道,勤于政事,每申举一事,都被太守、令伊压抑阻拦,无法执行。张生说:"大丈夫有凌霄盖世之志,而拘于下位,若立身于矮屋中,使人抬头不得。"遂拂衣远去,归隐嵩山。(《开元天宝遗事》上)

诗人李白在这方面更使人痛快淋漓。李白一生性格正直高傲,在王公大人面前是那样的桀骜不驯,常常是"一醉累月轻王侯",安能"摧眉折腰事权贵"?

正直之士秉公办事,不以私害公。唐王朝的景云元年(710年),卢从愿任吏部侍郎,精心条理,大称平允。涉及虚增功状之类,皆能揭发其事。主持科举六年,颇有声誉,当时人们称赞说:"前有裴行俭、马载,后有卢从愿、李朝隐!"(《唐会要》七四)这几个人都曾经在吏部任职,为官正直公道,受到社会赞誉。唐代高僧一行,幼年时家贫,邻居王姥前后接济过他数十万。他经常想要报答她。一行后来受到皇帝的敬遇,皇帝对其言听计从。后来王姥的儿子犯了杀人罪,王姥请求一行帮助援救。"一行曰:'姥姥要金帛,当十倍酬谢。明君执法,难以请求,如何?'王姥手指着大骂:'何必认识这个和尚!'一行从而谢之,终不顾。"(《明皇杂录》补遗)一行师傅虽然有知恩图报之心,但是他为人正直,不让个人的私情破坏了社会的公平正义。

正直之士"直笔"书史。隋唐史官继承和发展了先秦以来的秉笔直书、褒贬分明的优良传统,这一点著名唐代史学家刘知几作出了系统总结。在回答礼部尚书郑惟忠问"自古以来,文士多而史才少,何也"时,刘知几回答说:"史才须有三长,世无其人,故史才少也。三长:谓才也,学也,识也。夫有学而无才,亦犹有良田百顷,黄金满籝,而使愚者营生,终不能致于货殖者矣。如有才而无学,亦犹思兼匠石,巧若公输,而家无梗柟斧斤,终不能果成其宫室者矣。犹须如是正直,善恶必书,使骄主贼臣,所以知惧,此则为虎傅翼,善无可加,所向无敌者矣。"(《旧唐书·刘子玄传》)刘知几本人对撰史中故意歪曲史实的"曲笔"现象给予了愤怒的批判,鲜明地提出了"直笔"论。认为直笔,象征一个史家的气节,是史家最可贵的道德品质。他称赞历史上奋笔直书的史家如同武装斗争中的"壮士"、"烈士":"盖烈士徇名,壮士重气,宁为兰摧玉折,不做瓦砾长存。若南、董之仗气直书，不避强御；韦、崔之肆情奋笔，无所畏阿容。虽周身之防有所不知，而遗芳余烈，人到于今称之。"（《直笔》）直笔之所以可贵，还在于它不避必须要付出的沉重代价。"古来闻以直笔见诛，不闻以曲笔获罪。"（《曲笔》）刘知几以独立思考的精神，又提出了"疑古"、"惑经"论，认为《尚书》、《春秋》虽然是孔子编定，为史书之楷模，但也不可以轻信。他集历代史学批评之大成，撰成九万字的《史通》，奠定了中国古代的历史编纂学、史学史研究、史学批评学的基础。宋人黄庭坚把《史通》与《文心雕龙》视为史学、文学领域之双璧。

贞观时史官位尊权重，甄选严格，通籍禁门，优礼有加。魏征主持修《隋书》，秉笔直书。姚思廉潜心撰写的《梁书》、《陈书》，也有很高的史学价值。但是后来每况愈下，史馆或因政争而动荡，或因庸才充斥、监修弄权而混乱，致使有正义感的史官无所作为。吴兢在辞职无望的情况下，个人私自撰修本朝国史。经过二十几年的努力，写出国史 128 卷，《唐书》为传记体，《唐春秋》为编年体。今日所能见到的只有一部《贞观政要》，记述贞观年间的政治、经济、军事、文化、制度、礼仪、教育……有经验总结、施政方针和实践效果，《贞观政要》是一部名流千古的史学著作。吴兢以"善恶必书"的直笔对当政者进行褒贬，评定每个人物的是非曲直。不久，被贬为荆州司马。但他不顾安危、秉笔直书，不避权贵的精神和著作却流芳千古！

据载武则天朝，张易之、张昌宗欲陷害御史大夫、知政事魏元忠，乃以高官为诱饵，唆使张说诬证魏元忠有谋反之举。张说一度有所动摇，后经他人开导，才不曾作诬证。玄宗时重修《则天实录》，吴兢直书其事，以揭露张易之、张昌宗的劣迹。但记事涉及张说，而张说此时已任宰相，并监修国史，屡请吴兢删改数字。吴兢始终不改，并断然说："若取人情，何名为直笔！"（《唐会要》卷 64），于是世人称他为"当今董狐"。

二　诚信

"诚者，圣人之性也。"诚实守信是中国士人最重视的传统美德。隋唐五代时期随着经济尤其是商品经济的发展，社会交往的日益增多，不仅朝廷讲究"诚信立国"，而且老百姓尤其是士人也更看重诚信道德的弘扬。

唐代思想家李翱对于诚做了系统的研究，他认为"诚"是"寂然不动"，天人合一的境界，即个人道德修养达到的境界。"是故诚者，圣人之性也。寂然不动，广大清明，照乎天地，感而遂通天下之故，行止语默无不处于极也。"（《复性书》上）这是说，具有"诚"这种境界，便能够尽其性，从而使自己行为处处合乎准则。因此，达到了"诚"也就是人性的复明。循着诚的路线，由己及人，由人及物，由物而至天地之化育，个人的修身养性的功夫就到了家，便能"与天地合其德，日月合其明，四时合其序，鬼神合其吉凶。先天而天不违，后天而奉天时"（《礼记·中庸》）。李翱对《中庸》的发挥，对后来的宋明理学产生了重要影响。

在现实道德生活中，唐人认为，诚信乃是指人们诚实无妄、信守诺言、言行一致的美德。

> 信之为功大矣。天行不信，则不能成岁；地行不信，则草木不大。春之德风，风不信则其花不成；夏之德暑，暑不信则其物不长；秋之德雨，雨不信则其谷不坚；冬之德寒，寒不信则其地不刚。夫以天地之大，四时之化，犹不能以不信成物，况于人乎？故君臣不信，则国政不安；父子不信，则家道不睦；兄弟不信，则其情不亲；朋友不信，则其交易绝。夫可与为始，可与为终者，其唯信乎？信而又信，重袭于身，则可以畅于神明，通于天地矣。（《吕氏春秋》卷第19）

这里引述《吕氏春秋》的话，说明天地四时都是讲诚信的，所以才能成就万物；君臣、父子、兄弟、朋友这些人伦关系的处理，也必须以诚信为原则，才能和谐有序。显然这是把诚信不仅看作一种道德品质，而且当作社会公德。隋朝一开始，统治者就强调诚信。文帝说："君子立身，虽云百行，惟诚与孝，最为其首。故投主殉节，自古称难，殒身王事，礼加二等。"（《隋书》卷2《帝纪第二高祖下》）他认为诚信与忠孝是做人的根本，为国家牺牲是难能可贵的品质。

唐代是中国封建社会的鼎盛时期，在"以信治国"方面，堪称我国道德生活史上的典范。

第一，诚信，国之大纲。明主讲诚信，臣僚亦尽忠。忠心耿耿的魏征向唐太宗上疏说：

> 臣闻为国之基，必资于德礼，君子所保，惟在于诚信。诚信立则下无二心，德礼行则远人斯格。然则德礼、诚信，国之大纲，在于父子君臣，不可斯须而废也。故孔子曰："君使臣以礼，臣事君以忠。"又曰："自古皆有死，民无信不立。"文子曰："同言而信，信在言前；同令而行，诚在令外。"然则言而不行，言不信也；令而不从，令无诚也。不信之言，无诚之令，为上则败德，为下则危身，虽在颠沛之中，君子所不为也。（《贞观政要·诚信》卷5）

魏征以政治家的眼光向唐太宗论述诚信是事关国家生存安全的关键，要求高度重视诚信在治理国家中的作用，这些观点为唐太宗所接受，对唐太宗的治国起了重要作用。

> 贞观十七年，太宗谓侍臣曰："传称'去食存信'，孔子曰：'民无信不立'。昔项羽既入咸阳，已制天下，向能力行仁信，谁夺耶？"房玄龄对曰："仁、义、礼、智、信，谓之五常，废一不可。能勤行之，甚有裨益。殷纣狎侮五常，武王伐之，项氏以无仁、信，为汉高祖所夺，诚如圣旨。"（《贞观政要·诚信》卷5）

第二，君主要对大臣讲诚信，不能使用诈术。《资治通鉴》卷192中记载了一个唐太宗"以大信行于天下"的著名故事：

> 有上书请去佞臣者，上问："佞臣为谁？"对曰："臣居深泽，不能知其人，愿陛下与群臣言，或佯怒以试之，彼执理不屈者直臣也，畏威顺旨者，佞臣也。"上曰："君，源也；臣，流也；浊其源而求其流之清，不可得矣。君自为诈，何以责臣下之直乎！朕方以至诚治天下，见前世帝王好以权谲小数接其臣下者，常窃耻之，卿策虽善，朕不取也。"

　　第三，君主要相信大臣。魏征主张君主对大臣要诚信不疑。"如上之不信于下，必以为下无可信矣。若必下为可信，则上亦有可疑矣"。这样"上下相疑，则不可以言至治矣"。（《贞观政要》卷3）魏征从君臣关系相对性的角度，强调君主对臣下信任是至关重要的。魏征在奏疏中还引用孟子的话来说明君主对臣下要讲诚信：

　　　　君之视臣如手足，则臣视君如腹心；君之视臣如犬马，则臣视君如国人；君之视臣如土芥，则臣视君如寇仇。

　　唐太宗在这方面做得相当不错。有人造谣说鄂国公尉迟敬德想反叛，听到此谣言后，唐太宗对尉迟敬德高度信任，他开诚布公地对尉迟敬德说："有人说你要反叛，是什么原因呢？"尉迟敬德回答说："我随你讨伐叛逆，虽然依靠神灵保佑，侥幸没有死去，但留在身上的都是刀痕啊！现在国家大业已经巩固了，您却开始怀疑我！"于是，把衣服全部脱掉，丢在地上，露出伤疤。太宗看了，流下了眼泪，说："你穿上衣服吧，我正因为不怀疑你，才把这话告诉你，你怎么反而生气呢？"唐太宗正是凭着诚信待人，不用权谋欺诈，从而获得了天下臣民的拥戴，以此达到政令畅通，创造了光照千秋的贞观之治。①

　　第四，以不畏权势，公正执法为诚信。武则天朝，恒州鹿泉有个僧人叫净满，由于有高行遭众僧嫉妒，乃密画女人居高楼，净满引弓射之状，藏于经笥，令其弟子报告朝廷。则天大怒，命御史裴怀古审理，便行诛决。怀古查清了案件，是报告人的陷害，把结果汇报上去。则天惊怒，色动声战，责怀古宽纵，怀古坚持而不屈服。李昭德进言："怀古推断疏忽，请令重新审理。"怀古严厉地说："陛下法无亲疏，当为天下执一，奈何使臣诛无辜之人，以屈从圣旨？如果净满有不臣之状，臣怎么能纵容他？臣执法公正，庶无冤滥，虽死不恨也！"则天意解，乃释怀古。

---

　　①　荆惠民：《中国人的美德：仁义礼智信》，中国人民大学出版社2006年版，第199—120页。

魏元忠、张说被张易之、张昌宗陷害，流放岭南时，夏官侍郎崔贞慎、将军独孤祎之、郎中黄甫伯琼等八人一起追送于郊外。于是张易之乃指使告事人告状，说崔贞慎等人与魏元忠等一起谋反。武则天命马怀素审理此案，并且说："此事并实，可略问，速以闻。"在审讯的短短时间内，皇帝派的中使还催迫多次，说："反状皎然，何费功夫，遂至许时？"但是马怀素不为所屈，坚持认为崔贞慎等并无谋反情状，则天怒曰："你宽纵谋反者耶！"怀素曰："魏元忠以国相流放，贞慎等以亲故相送，诚则可责，若以为谋反，臣岂诬罔神明？比如彭越以谋反伏诛，栾布安葬，汉朝也没有治罪。何况元忠罪非彭越，陛下难道要给追送的人治罪吗？陛下掌握生杀大权，欲加之罪，取决于圣上的意志就足够了，今让臣审理，臣只能依法行事。"则天曰："你不想治他们的罪啦？"怀素曰："臣识见庸浅，没有发现贞慎等有什么罪。"则天终于被说服，说："卿为我王朝维护法律。"于是赦免了这一帮人。当时朱敬则知政事，在朝廷拉着怀素的手说："马子，马子，可爱，可爱！"受到时人深深的赞赏。（《大唐新语》四）此事反映出，即使在高压之下，当时的多数官员依然正直善良，马怀素更是秉公执法、不畏权势，他们以诚实与执着，坚守着公平与正义。

第五，不欺诈，不得不义之财，守信用为诚信。《唐人轶事汇编》记载，陆少保曾于东都卖一小宅。临交钱时，陆少保告诉买家："此宅子甚好，但无出水处。"买者闻之，遂辞不买。子侄们责怪他说话太实诚，陆少保说："你们太精明，岂能为了钱而欺骗别人！"（《唐人轶事汇编》卷8）再如，唐天宝年间，有位书生旅途在宋州住店。汧公李勉少年贫苦，与书生同店，不到十天，书生突发疾病，生命不可挽救。临终向李勉说："我家在洪州，准备去北都求官，在这里得了疾病就要死了，这是我的命。"于是从他的行囊中取出黄金百两给李勉，说："我的仆人不知道我有这么多财物，足下为我办完后事，剩余的金子就送给你。"李公子承诺给办理后事。事情办完，秘密将黄金于墓中同葬。数年以后，李勉在开封做官。书生兄弟自洪州拿着牒文来，寻找书生的行止，至宋州，探知李勉为他家主人办理丧事，专程到达开封，询问书生黄金所在。李勉请假至墓所，从中取出黄金归还物主。（《大唐传》）李勉受人之托，诚信处事，不得不义之财，其高尚品德受到时人的赞誉。

三　珍视友情

珍视友情是中国人的传统美德，隋唐五代虽然商品经济有了一定的发展，名利意识增强，但是友情依然是连接人际关系的纽带，受到人们尤其是士人的普遍重视，从流传下来的诗歌和文献中就可以得到证明。请看王勃的《送杜少府之任蜀州》：

> 城阙辅三秦，风烟望五津。
> 与君离别意，同是宦游人。
> 海内存知己，天涯若比邻。
> 无为在歧路，儿女共沾巾。

全诗充满着浓浓的朋友情谊，意境旷达，一洗古送别诗中的悲凉凄怆之气，音调爽朗，清新高远。再看李白的《赠汪伦》：

> 李白乘舟将欲行，
> 忽闻岸上踏歌声。
> 桃花潭水深千尺，
> 不及汪伦送我情。

李白斗酒诗百篇，一生好入名山游。据后人袁枚《随园诗话补遗》记载：有一位素不相识的汪伦，写信给李白，邀他去泾县（今安徽皖南地区）旅游，信上热情洋溢地写道："先生好游乎？此地有十里桃花，先生好饮乎？此地有万家酒店。"李白欣然而往。见汪伦乃泾川豪士，为人热情好客，倜傥不羁。遂问桃园酒家何处？汪伦道："桃花者，潭水名也，并无桃花；万家者，店主人姓万也，并无万家酒店。"引得李白大笑。留数日离去，临行时，写下上面这首诗赠别。这样的送别，从侧面表现出李白和汪伦这两位原来素不相识的朋友，同样相互亲爱，相互尊重，但又不拘俗礼、不作儿女沾巾之态，踏歌欢送。多么真诚朴素的友谊啊！

杜甫的《客至》是一首洋溢着浓郁生活气息的纪事诗，诗人珍视友情、热情好客的性格表现得栩栩如生：

> 舍南舍北皆春水，但见群鸥日日来。
> 花径不曾缘客扫，蓬门今始为君开。
> 盘飧市远无兼味，樽酒家贫只旧醅。
> 肯与邻翁相对饮，隔篱呼取尽馀杯。

临江近水的草堂，成群飞舞的白鸥。一向紧闭的家门，今天忽然对好朋友第一次打开。简朴的菜肴，家酿的陈酒，多么自然亲切；主人待客的情意，多么深厚诚挚。"肯与邻翁相对饮，隔篱呼取尽馀杯"细腻逼真，可以想见，两位挚友在越喝酒意越浓，兴致越高之际，诗人犹未尽，他高声呼叫着，请邻翁一同作陪共饮。

高适的《别董大》之一，对于友情也写得荡气回肠：

> 千里黄云白日曛，
> 北风吹雁雪纷纷。
> 莫愁前路无知己，
> 天下谁人不识君？

这是一首送别诗，送别的对象是唐玄宗时著名的琴师董庭兰，在兄弟中排行第一，故称"董大"。这时高适正不得志，到处浪游，常处于贫贱的境遇之中，朋友相逢却无酒钱相酬，只能以言语互相鼓励。高适以开朗的胸襟，豪迈的语调，充满着信心和力量，激励朋友抖擞精神去奋斗、去拼搏。

隋唐时期士人们重视朋友之间的真情，朋友义气已初露端倪。

一言九鼎，彼此信任，生死相托，义气凛然。李勣在瓦岗时曾与单雄信结为兄弟，誓同生死。后李密兵败，单雄信投靠了王世充。单雄信作战勇猛过人，在唐军围攻洛阳时，驰骋沙场，挥枪几中李元吉。平定洛阳后，单雄信被俘，将要处死。李勣请以自己的官爵赎单雄信之罪，李世民不准。李勣哭着对单雄信说："平生誓共为灰土，岂敢念生，但以身许国，义不两遂。虽死之，顾兄嫂子何如？"并用刀割下一块股肉，请单雄信吃下，说："示无忘前誓。"单雄信食之不疑。（《隋唐嘉话》上）

以情为重，不畏生死，朋友之义浩然长存。凉州长史赵持满，与韩瑗、无忌有姻亲关系。许敬宗诬陷赵持满与韩瑗、无忌一同谋反。把赵持满追捕到京城，严刑拷讯，赵持满叹道："身可杀，词不可更！""吏更代占而结奏之，遂死狱中。"死后尸体被扔在城西，亲戚都不敢去看。然而赵的朋友王方翼却说："栾布之哭彭越，大义也。周文之掩埋枯骸，至仁也。绝友之义，蔽主之仁，何以事君？"并备下礼品礼器，以礼安葬了赵持满。"唐高宗义之，不问。"（《大唐新语》卷12）

无功无利唯道义，患难相扶见真情。张仁愿本名仁亶，幼时家境贫寒，长期在东都北市寓所居住。有个叫阎庚的年轻人，是商人荀子之子，好善乐施，羡慕仁亶的道德才学，经常私拿父亲的钱，给他买衣服和食品，已经有好多年了。荀子每次发脾气指责阎庚说："你是商贩之流，他是才学之士，对你有什么好处，要破家产来供养他？"仁亶听到这些话以后，对阎庚说："为了我让你受了连累，现今我准备去白鹿山，这些年你对我的资助，我会永远铭记的。"阎庚长期与仁亶交友，心不忍别，告诉仁亶："我愿意自学，想与你同行。"仁亶欣赏他的志向，就答应了。阎庚便私下备了骡马粮食与仁亶一同离去。（《太平广记》卷328）

非亲非故是同类，帮困济贫成大义。书生廖有方科举落第后游蜀，在宝鸡西界驿馆，卖掉行李马匹，安葬了死在这里的一位不相识的旅客。据记载：余元和十年乙未岁，落第西征。适此公署，闻呻吟之声，潜听气息微弱，乃于暗室之内，残见一贫病儿郎。问其疾苦行止，勉强回答："辛勤数举，未偶知音顾盼。"叩头，久而复语，惟以骸相托，余不能言。拟求救疗，是人俄忽而逝。余遂贱卖所乘鞍马于村豪，备棺木安葬之礼，遗憾的是不知其姓名。他与我同期参加科举，不期而遇，可怜夭折，因此铭曰："嗟君没世委空囊，几度劳心翰墨场，半面为君申一恸，不知何处是家乡！"对于廖的慷慨义行，当时"天下誉为君子之道也"。后来死者的家属多次想酬报廖有方，都被他坚决谢绝。"乡老以义事申报州府，州府表奏朝廷。文武官员，愿识有方，共同引荐。明年，李侍郎逢吉放廖有方及第，改名游卿，声动华夷，皇唐之义士也。"（《云溪友议》下）虽然是偶然相遇的落第同人，廖有方却能倾力相助，表现了不受财物的高风亮节！死者亲属知恩图报，也反映了唐人的淳朴民风。

然而，隋唐时期的士德，也有另外的一面。尤其中唐以后，商品经济有了一定程度的发展，金钱在社会生活中所占的地位越来越重。世风日下使人们之间的"友谊宝塔"完全建筑在黄金的基地上。黄金成为衡量世人结交的砝码。诗人张谓的《题长安壁主人》揭露了金钱对人情世态的污染：

> 世人结交须黄金，黄金不多交不深。
> 纵令然诺暂相许，终是悠悠行路心。

诗题中的长安壁主人，是个典型的市侩人物。他的虚情假意的承诺和笑脸，根本谈不上什么友谊，背后是一颗冷漠无情的心。岂只是商人如此，不少士人也多少沾染了这类毛病。伴随着朝政的腐败，钻营逐利、趋炎附势、卖友求荣等现象时有发生。

四　仁爱宽容

仁爱宽容是中国人的传统美德，也是隋唐士人追求向往的道德境界。孔子曰："仁者爱人"，"己所不欲，勿施于人"，"己欲立而立人，己欲达而达人"，这些道德格言千多年来一直熏育着中国的知识分子。唐朝统治者对儒家民本思想和仁爱理想的倡导，隋唐道教、佛学的兴盛，多民族文化的融合，以及当时与民休养生息政策的实施，对外经济文化的交流，这一切都培育了唐人的仁爱情怀、海纳百川的宽容意识。

唐太宗与魏征的一段谈话很有意思。贞观八年（634年），唐太宗对身边的大臣说：隋朝时百姓纵然有财物，难道能够自保？朕有天下以来，存心爱护，没有格外的劳役，人人得以营生，守其资财，这就是我的恩赐。如果我不断地扰民，虽是多次赏赐，还不如不得。魏征对曰：尧、舜在上，百姓亦云："耕田而食，凿井而饮"，得到哺育而饱腹，却说："帝何力？"这是多么隔膜。今陛下如此含养，百姓可谓日用而不知。魏征又奏称：晋文公狩猎……迷路不知所出。遇见渔夫……送他走出了这片湖泽。文公说：今天你有什么让我领教的话，我愿意接受。渔夫说：……君尊天事地，敬社稷，保四国，慈爱万人，薄赋敛，轻租税者，这也就有了。君不尊天，不事地，不敬社稷，不顾四海，外失礼于诸侯，内逆人心，一国流亡，渔者虽有厚赐，也保持不了。遂辞不受。太宗曰：你说的很有道理。(《贞观政要》卷1《政体》)渔夫讲的正是百姓对封建王朝的期待，也是儒家倡导的仁政王道理想，由于唐代初期统治阶级吸取了隋朝灭亡的教训，深深懂得"水可载舟，亦可覆舟"的历史规律，采取了国以民为本、与民休养生息的政策，才会有贞观之治和大唐帝国的繁荣与强盛。仁爱宽容也成为唐代社会的主流价值观。

唐代采取"视中华夷狄如一"的民族政策，才取得了"四夷大小君长争遣使入献见，道路不绝，每元正朝贺，常数百千人"的盛况，才出现了文成公主与松赞干布联姻的良好范例。唐太宗举汉武帝的例子说："汉武帝穷兵三十余年，疲敝中国，所获无几；岂如今绥之以德，事穷兵之地尽为编户乎！"(《资治通鉴》卷198太宗贞观二十二年)

隋唐时期的士人们，关心社会、关心人民，特别是同情劳动人民的疾苦。因此，仁爱也成为他们在诗歌中反映的主题，《卖炭翁》脍炙人口；李绅的《悯农》悲愤亲切，杜甫的"三吏"、"三别"催人泪下，"穷年忧黎元，叹息肠内热"，"朱门酒肉臭，路有冻死骨"千古鸣唱。请看他的《茅屋为秋风所破歌》：

> 八月秋高风怒号，卷我屋上三重茅。
> 茅飞渡江洒江郊，高者挂罥长林梢，下者飘转沉塘坳。
> 南村群童欺我老无力，忍能对面为盗贼。
> 公然抱茅入竹去，唇焦口燥呼不得，归来倚杖自叹息。
> 俄顷风定云墨色，秋天漠漠向昏黑。
> 布衾多年冷似铁，娇儿恶卧踏里裂。
> 床头屋漏无干处，雨脚如麻未断绝。
> 自经丧乱少睡眠，长夜沾湿何由彻！
> 安得广厦千万间，大庇天下寒士俱欢颜，风雨不动安如山。
> 呜呼！何时眼前突兀见此屋，吾庐独破受冻死亦足！

杜甫在这首诗里描写了他本身的痛苦，但他不是孤立地、单纯地描写他本身的痛苦，而是通过描写他本身的痛苦来表现"天下寒士"的痛苦，来表现社会的苦难、时代的苦难。他也不是仅仅因为自身的不幸遭遇而哀叹、而失眠，在狂风猛雨无情袭击的秋夜，诗人脑海里翻腾的不仅是

"吾庐独破"，而且是"天下寒士"的茅屋俱破，他大声疾呼要修建的千万间广厦，不是供他个人居住，而是给天下无房可住的寒士的。杜甫这种炽热的忧国忧民的仁爱情怀和迫切要求变革黑暗现实的崇高理想，千百年来一直激荡着读者的心灵。

狄仁杰为内史，武则天对他说："你在汝南，甚有善政，想不想知道向上反映你问题的人？"仁杰谢曰："陛下以为臣有过错，臣应当改正；陛下明确指出，是臣的幸运。若臣不知道反映问题的人，并且为了友好相处，还是不要告诉我这个人是谁为好。"武则天深加敬佩。（《大唐新语》卷7）

狄仁杰与娄师德同为宰相，狄仁杰平素鄙视娄师德的才能。武则天问狄仁杰曰："我重用你，你知是因为谁的举荐吗？"狄公回答说："臣以文章直道进身，非碌碌无为因人成事。"武则天思考良久对他说："我原来并不知道你，实际上是娄师德鼎力举荐。"并命令左右取出一个竹箱，从中取出十多封上表，赐给狄公。狄仁杰读后，恐惧而引咎辞职，武则天没有责备。（《唐语林》卷3）娄之宽容大度，狄之直道，都堪称模范。

检校刑部郎中程皓，为人严谨，不谈论别人的短处。每次遇见同僚们议论人的是非，他都不参与意见。等待大家说完，从容地分辩道："这些都是众人妄传，其实不是这样。"并且讲这个人的优点和长处。曾经在大庭广众之下被人臭骂一顿，在场的人都感到震惊，程皓从容地站起回避，并且说："这人喝醉了酒，何必与他计较。"其雅量如此。（《唐语林》卷1）

刘禹锡的《酬乐天扬州初逢席上见赠》：

> 巴山楚水凄凉地，二十三年弃置身。
> 怀旧空吟闻笛赋，到乡翻似烂柯人。
> 沉舟侧畔千帆过，病树前头万木春。
> 今日听君歌一曲，暂凭杯酒长精神。

唐敬宗宝历二年（826年），刘禹锡罢和州刺史重返洛阳同白居易在扬州相逢，白居易写了《醉赠刘二十八使君》一诗赠给刘禹锡，同情刘多年来一直被压抑、被贬谪的命运，刘禹锡写了这首诗回赠给白居易。指出沉舟侧畔，有千帆竞发；病树前头，正万木皆春。二十三年的贬谪生活，并没有使他消沉颓唐。诗人不为自己的寂寞、蹉跎而忧伤，不为世事的变迁和宦海升沉失望，表现出宽广豁达的襟怀，以及对于志同道合的朋友们的安慰鼓励。刘禹锡依旧满怀理想和信心，去迎接未来。

如果说刘禹锡的这首诗表达了他对人生际遇的豁达，那么李白的《拟古十二首》（其九）则反映了唐人对生死的达观：

> 生者为过客，死者为归人。
> 天地一逆旅，同悲万古尘。
> 月兔空捣药，扶桑已成薪。
> 白骨寂无言，青松岂知春。
> 前后更叹息，浮荣何足珍？

李白曾一度热衷于追求功名，希望"身没期不朽，荣名在麟阁"（《拟古十二首》其七）。然而经过"赐金放还"、流放夜郎等一系列的挫折，深感荣华富贵的虚幻，有时不免流露出一种人生易逝的感伤情绪。然而诗人纵观天地上下，浮想古今，感到宇宙间的一切都在倏忽变化，荣华富贵也不是永恒的，不值得挂念。人生的意义和价值，不在这里。

初，右台大夫苏珦治太子重俊之党，先是宗楚客、纪处讷、冉祖雍等奏言："相王及太平公主与太子同谋，请收付狱。"中宗命御史中丞萧至忠审理。萧至忠哭着奏曰："陛下富有四海，不能容一弟一妹，而使人罗织害之乎！相王昔为皇嗣，固请于则天，以天下让陛下，累日不食，此海内所知。奈何以祖雍一言而疑之！"上素友爱，遂寝其事。（《资治通鉴》卷208）萧至忠用手足之情和仁爱之心感动了唐中宗，才使皇家的骨肉亲情不致在腥风血雨的政治斗争中化为乌有，这也是一种宽容精神，然而来的是何其艰难！

五 报效国家

天下兴亡，匹夫有责。这是中国士人的永久情怀。刘禹锡是我国唐代一位很有政治抱负的诗人，虽因参与王叔文变法而长期被贬，却仍然没有一般封建文人消沉颓废之气，仍然恢弘大度，壮志满怀。他写下了"沉舟侧畔千帆过，病树前头万木春"、"莫道桑榆晚，为霞忧满天"的著名诗句，晚年仍然具有效忠国家建功立业的爱国情怀，试看他写的《始闻秋风》一诗：

> 昔看黄菊与君别，今听玄蝉我却回。
> 五夜飕飗枕前觉，一年颜状镜中来。
> 马思边草拳毛动，雕盼青云睡眼开。
> 天地肃清堪回望，为君扶病上高台。

秋日又重逢，感慨万千！一年不见，你还是那么劲疾肃爽，而我那衰老的颜状都在镜中显现出来。骏马思念边塞秋草，昂起头，抖动卷曲的毛；鸷雕睁开睡眼，顾盼着万里青云。它们表面上沉静，其实内心里涌动着思虑与期盼，只要时机一到，它就可以一展飞翼和骥足，奔驰疆场或蓝天。李贺《南国十三首》（其五）也表达了同样的报效国家的强烈感情：

> 男儿何不带吴钩，收取关山五十州？
> 请君暂上凌烟阁，若个书生万户侯？

山河破碎，民不聊生，诗人怎能蛰居乡间，无所作为呢？因而他向往身佩军刀，奔赴疆场、建功立业、报效国家。李贺是个书生，早就诗名远扬，本可以才学入仕，但这条路被"避父讳"这一封建礼教无情地堵死了，使他没有机会驰展自己的才能。幻想弃笔从戎，保家卫国。然而，封侯拜相，绘像凌烟阁的，哪有一个是书生出身？该诗豪情中见愤然之意，是诗人对国家的忠诚与热爱之情更为深沉的表达。

第二节　商人与教师的道德生活

一　商人的道德生活

商人是一个以牟利为职业的社会群体，他们的道德生活从一个侧面反映了隋唐道德生活的特点。隋唐五代时期，随着商业的发展和繁荣，以及在社会经济生活中地位的提高，传统的贱商观念开始发生了一些变化，但经商受歧视和受压的观念和政策仍在广泛传播。当时，多数商人对义利观能有正确的认识，坚持义利兼顾：谋生求利、义中取利、因义用利。同时，商人普遍认同的经营之道为辛勤坚忍、得财有道、诚实守信。①

（一）隋唐商业发展及贱商观念的变化

隋唐时期，随着社会的稳定，中国出现了前所未有的经济繁荣局面，随着战争的结束而出现的和平发展时期，使得生产迅速地复苏并有了极大的发展。长安不仅是隋唐两代政治军事和文化中心，也是全国著名的经济中心和商品集散地，扬州、苏州、杭州、广州等许多城市亦是商贾云集，一派"举世争为货商"的繁华局面。商品种类极大丰富，据估计在450种以上，其中不少是唐代才进入市场的新商品。市场规模也相应地扩大，有规模宏大的东、西两市，各大都督府和主要州县都设有相当规模的集市，并出现了夜市。同时，国际贸易也很繁荣。唐朝推行的开明民族政策，吸引了不少周边少数民族及外国商人来通商贸易。

商人作为一个庞大的社会阶层，虽然其身份、资本、经营内容、方式等各异，但他们从事着同一个职业，有着共同的职业道德。从商贾们的经营活动、经营理念中，我们能感受到他们对于自己职业道德的那种信仰和坚守。

隋唐时期与历代没有什么差别，各种歧视和抑制商贾的观念和政策仍然存在，如关于"商贾不得入仕"的传统还在继续。隋文帝开皇十六年（596年）诏令"初制工商不得仕进"（《资治通鉴》卷266）。《大唐六典》中亦规定："工商之家，不得预于士。"不仅如此，也不准有官阶的人入市，以表示对商贾的贬抑。如贞观元年（627年）十月敕"五品以上，不得入市"（《唐会要》卷86《市》）。不仅如此，在生活中也有诸多针对商贾的禁忌。比如在出行方面，"禁工商乘马"（《唐会要》卷31《舆服上·杂录》），因为骑马是一种身份和地位的象征。再如在服饰及丧葬方面，也有一些明确规定。唐高祖武德初年（618年），沿袭隋朝的制度，规定服饰要"贵贱异等，杂用五色。五品以上，通着紫袍；六品以下，兼用绯绿。胥吏以青，庶人以白，屠商以皂，士卒以黄"（《旧唐书·舆服志》）。然而，也是在这一时期，随着经济的发展和社会的繁荣，相沿已久的贱商观念也开始有了一点变化。

---

① 张怀承、王超：《隋唐商贾职业道德生活》，《广西民族大学学报》2010年第2期。

首先，隋唐时期，朝廷对商业逐渐重视起来，对商业的限制也有一定程度的放松。隋文帝时期，曾罢官营酒坊，任民间酿造；甚至开历代之先例，免食盐杂税，减轻对商贾的重剥苛征，以利于商业的发展。唐时，对商业更加重视。贞元九年（793年），朝廷下诏"通商惠人，国之令典"（《州府元龟》卷502）。宪宗元和十三年（818年），宰相裴度至蔡州时，发现禁止夜市引起人民不满，就顺应民心，下令恢复，"不复以昼夜为限，于是蔡之遗黎，始知有生人之乐"（《旧唐书·裴度传》）。而且唐时也曾一度出现"官家不税商"（姚合：《庄居野行》），"关梁自无征"（刘禹锡：《刘宾客文集》）的情况。

其次，随着商品经济的发展，商人队伍逐步扩大。一些地主和农民加入到经商的队伍中，弃农从商者甚众。以至于晚唐姚合写诗云："客行野田间，比邻皆闭户。借问屋中人，尽去作商贾。"一些文士和官员亦经不住巨大财富的诱惑而投身商海。虽然朝廷屡发敕令禁止官吏经商，如天宝九年（750年）诏曰："南北卫百官等，如闻昭应县两市及近场处，广选店铺，出赁于人，干利商贾，莫甚于此。自今已后，其所赁店铺，每闲月估不得过五百文。其清资官准法不可置者，容其出卖。"（《州府元龟》卷159）不过，朝廷也深知官吏经商难以阻挡，遂不得不承认现实，默许之。

随着商业的发展和全面繁荣，陆续出现许多重商言行。唐时，一批思想家根据社会发展的客观实际，赞同商品经济的发展，唐中叶以后特别明显。如韩愈主张农工商并重，赞同发展贸易。杜甫认为，要富国强兵利民，不仅要发展农业，还必须有国内商业的流通、产品的交换、南北货物的调配，这样才能互通有无，促进生产的迅速发展。刘晏则强调利用商品经济原则来改革财政，发展社会经济，并进行了尝试。（《新唐书·刘晏传》）

（二）商人义利观

"义利之辨"是中国思想史上的一个重要命题。儒家提出道义论，"重义轻利"、"见利思义"；法家主张功利论，奖励耕战，这些思想在先秦都发挥了重要的历史作用。汉武帝"罢黜百家，独尊儒术"后，儒家道义论地位上升，但是功利论并没有绝迹，在实际的社会生活里，功利论与道义论已经融合，成为中国伦理文化的基本精神。虽然隋唐时期仍然大

力倡导儒家思想，然而商人在经营和社会实践中依然固守着义利兼顾的价
值观。

一是谋生求利。隋唐时人经商，表面上仍为世人所不齿。尽管一些人
也知道经商能够获得丰厚利润，让家族兴旺、生活舒适，甚至能够救助朋
友于危难中，但很多人本心并不希望从事商业活动，只是苦于没有其他的
办法生存，才不得不去经商。也就是说，很多人是因生存的需要而去求
利，并非单纯出于对金钱的向往。《朝野金载》卷3中记载："长安富民
罗会以剔粪为业，里中谓之'鸡肆'，言若鸡之因剔粪而有所得也。会世
副其业，家财巨万。有士人陆景，会邀过，所止馆舍甚丽。入内梳洗，衫
衣极鲜，屏风、毡褥、烹宰无所不有。景问曰：'主人即如此快活，何为
不罢恶事？'会曰：'吾中间停废一二年，奴婢死亡，牛马散失；复业已
来，家途稍遂。非情愿也，分合如此。'"主人公罗会"以剔粪为业"而
发家致富，家里装饰得很华丽，生活得很舒适，尽管他视此职业为"恶
事"，也曾一度放弃它，但是家庭状况马上就会陷入衰退，无奈只好再操
旧业。一句"非情愿也，分合如此"，道出了多半商贾的心声。而且，隋
唐时，众多的农民弃农从商，究其原因主要是在于"农夫税多长辛苦"
（张籍：《贾客乐》），不得已而为之。可见，经商很多时候无非是为了养
家糊口，为了生存，这当然是合乎道义的行为。

二是义中取利。虽然古语说"无商不奸"，但这只是偏激之词，事实
上未必如此。实现义和追求利并不必然矛盾，在许多情况下，商贾未必要
奸诈才能获利，相反，在许多情况下，商贾可以做到以义取利，让义利两
者很好地调和起来，做到"职虽为利，非义不可取也"，实现义中取利，
达到义利两顾的和谐统一。这也正是深受儒家思想浸润的隋唐时期商贾们
所追求的理想状态。柳宗元提及的宋清一例，很有启发。

宋清是一位经营药品生意的商人，他"卖药于长安西市。朝官出入
移贬，清辄卖药迎送之。贫士请药，常多折券，人有急难，倾财救之。岁
计所入，利亦百倍。长安言：'人有义声，卖药宋清。'"人们"皆乐就清
求药"，来他的店里买药的人特别多，从宋清身上可见，仁义经商会为群
众带来方便，给商人创造利润，正所谓"财自道生，利缘义取"。（《唐国
史补》卷中，参看柳宗元《宋清传》）宋清可谓是隋唐时期义商的典型
代表。

庞大的经商队伍中，自然也有部分商人唯利是图、见利忘义。一些商贾常常利用物价波动来获取丰厚的利润。例如，经营农产品的，在农作物丰收之际，往往"乘急贱收，旋致罄竭"（杜佑：《通典》卷12《食货典》），而在收成不好的时候，便囤积居奇，把价格抬高再出售，从中获取厚利。从事金融投机活动的亦有人在。《新唐书·食货志》记载了这样的现象："自建中初定两税，而物轻钱重，民以为患……豪商大贾，积钱以逐轻重。"这是说唐德宗以后，货币流通领域出现了"钱重物轻"的现象，老百姓以此为灾难，但富商大贾们却是趁机"积钱以逐轻重"，从中牟取暴利。此外，也有一些商人不惜以重金行贿的手段，和官府勾结，谋取利益，所谓"先向十常侍，次求百公卿，侯家与主第，点级无不精"（元稹：《估客乐》），就是指此而言。据载，隋代刘昉"性粗疏，溺于财利，富商大贾，朝朝盈门"。也正因为存在这样一批唯利是图的商贾，使得社会上很多人对商贾的印象不好，认为商贾只求利润，而不顾人情脸面。元稹在《估客乐》中表达了这个观点："父兄相教示，求利莫求名。求名有所避，求利无不营。伙伴相勒缚，卖假莫卖诚。交关但交假，本生得失轻。自兹相将去，誓死意不更。亦解市头语，便无邻里情。"一副奸商嘴脸，昭然若揭。

对于一心图利，丧失道义的商人，民间百姓和朝廷官员都深恶痛绝。白居易主张应"沙汰奸商，使下无侥幸之人"。唐代商令中也有明确的规定，一旦发现商人有不义的行为，将给予严厉的惩罚措施。李肇《唐国史补·卷中》中就有关于唐代商人囤积居奇而受罚的记载："江淮贾人，积米以待踊贵，图画为人持钱一千买米一斗，以悬于市。扬子留后徐粲杖杀之。"①

三是因义用利。商人获利之后的价值取向，亦能反映商人的义利观。隋唐商人乐善好施，常常积德行善，以己所营之利而行义举，甚至做出一般清高、闲适的儒士所做不到的仁义之举。从隋唐时期的历史资料中，可以看到厚德的商人非常多。他们仗义疏财、乐于助人的义举俯拾即是。例如唐时长安的富家子刘逸、李闲、卫旷，都是"好接待四方之士，疏财

---

① 李肇：《唐国史补》，载《唐五代笔记小说大观》，上海古籍出版社2000年版，第177页。

重义，有难必救，真慷慨之士，人皆归仰焉"①。商贾刘颇亦是如此。据载，有一次，"渑池道中，有车载瓦瓮，塞于隘路。属天寒，冰雪峻滑，进退不得。向日暮，官私客旅群队，铃铎数千，罗拥在后，无可奈何"。刘颇恰好经过，马上着手解决问题，他"问曰：'车中瓮直几钱？'答曰：'七八千。'颇遂开囊取缣，立偿之，命童仆登车，断其结络，悉推瓮于崖下。须臾，车轻得进，群噪而前"②。唐德宗时，巨商窦乂见一位胡人叫米亮的，生活潦倒、落魄异乡，就长期资助他钱财，"凡七年，不之问"（《太平广记》）。洞庭贾客吕乡筲亦是"常以货殖贩江西杂货，逐什一之利。利外有羡，即施贫亲戚，次及贫人，更无余贮"（《太平广记》）。吕乡筲甘愿将自己所获之利，都用于救济亲戚，扶持贫困人家上，自己却没有什么积蓄。许多商贾还很热心于社会公益。隋文帝时，他们主张建立社仓制度，"令诸州百姓及军人，劝课当社，共立义仓。……若时或不熟，当社有饥馑者，即以此谷赈给"。当时，很多商贾人士"皆竞出私财，递相赒赡"（《隋书·食货志》）。唐玄宗时，洛阳富商李秀升捐款巨万，"于南市北架洛水造石桥，南北二百步"（《唐会要》卷86《桥梁》）。唐僖宗时，巨商王酒胡，"居于上都，巨富，纳钱三十万贯，助修朱雀门"，后"僖宗诏令重修安国寺毕，亲降车辇，以设大斋。王酒胡便于西市运钱十万入寺"（《太平广记》），先是出资三十万贯助修朱雀门，后在安国寺的修葺中又捐献了十万贯。王酒胡可谓慷慨之极。

（三）商人的经营之道

众所周知，商贾经商，当然是要谋取利润，这没有什么不好，关键是要看利润是通过什么方式获得的，符不符合道义，而这就取决于商贾的经营之道。隋唐时期，商贾普遍认同的经营道德理念是辛勤坚忍、得财有道、诚实守信。③

一是辛勤坚忍。"辛勤劳作"是中华民族的传统美德，亦是商贾积累财富的基本方式，隋唐的商贾也是如此。当时，很多商贾经商的手段都是靠长途贩运，利用不同地区价格上的差异来牟取利润，这就不得不背井离

---

① 王仁裕：《开元天宝遗事》卷3，载《唐五代笔记小说大观》，上海古籍出版社2000年版，第1733页。

② 李肇：《唐国史补》，载《唐五代笔记小说大观》，上海古籍出版社2000年版，第24页。

③ 参见张怀承、王超《隋唐商贾职业道德生活》，《广西民族大学学报》2010年第2期。

乡，奔走四方，足迹遍及大江南北。正如诗中所描写的："求珠驾沧海，采玉上荆衡。北买党项马，西擒吐蕃鹦。炎洲布火浣，蜀地锦织成。越婢脂肉滑，奚僮眉眼明。通算衣食费，不计远近程。经游天下遍，却到长安城。"（《全唐诗》卷 21 相和歌辞）商贾走南闯北做买卖，通常只会计算衣食住行的花费，尽量节省，但从来不计较路程多远，只要有商机，他们就会不远万里、不畏艰难困苦前往经商，甚至远赴国外。古时的交通不便，缺少通畅的道路和桥梁，没有得力的车辆和舟船，商贾一路上往往是跋山涉水、风餐露宿，辛苦程度可想而知。而且，在这途中随时可能会遇到各种风险与灾难。

唐人刘驾在《贾客词》中有对商贾不计甘苦，临难履险状况的生动描写："贾客灯下起，犹言发已迟。高山有疾路，暗行终不疑。寇盗伏其路，猛兽来相追。金玉四散去，空囊委路歧。扬州有大宅，白骨无地归。少妇当此日，对镜弄花枝。"他们经常要天不亮就出发，一路上翻山越岭，长途跋涉。一方面要提防寇盗洗劫，遇上甚至会搭上小命，另一方面还要避免被猛兽追赶，成为它们的口中食物。据载，商贾王行言"常贩盐鬻于巴渠之境。……露宿于道左，虎忽自人众中，攫行言而去"（见《太平广记》卷 43 "王行言"条）。走陆路如此，走水路风险可能更多，舟行江海，风雨无常，时常会遇上大风大浪，当时很可能船没人亡，甚至葬身鱼腹，连尸首都找不到。所谓"无言贾客乐，贾客多无墓。行舟触风浪，尽入鱼腹去"[1]。此外，商贾还要不时地遭受来自官府和地痞流氓等人的盘剥和敲诈。

隋唐时期，尤其是政治日趋腐败的中唐以后，朝廷每当财政拮据之时，就常以"借商"、"贷商"、"括商"等名义逼勒商人，搜刮钱财。《旧唐书》卷 12《德宗纪》中的记载很典型：建中初，由于军费不足，"计无所施"，韦都宾等认为，"货利所聚，皆在富商"，提议"请括富商钱，出万缗者，贷其余以供军"。德宗遂下令"京兆尹、长安、万年令大索京畿富商，刑法严峻，长安令薛苹荷校乘车，于坊市搜索，人不胜鞭笞，乃至自缢。京师嚣然，如被盗贼"。不仅如此，官府或宫中某些下人，也往往借势乘机以敲诈勒索商贾钱财，肆意欺凌他们本人甚至家小。

---

① 彭定求等：《全唐诗》，中华书局 1960 年版，第 6785 页。

据载，德宗时，为皇帝饲养鹰犬的宦官，横行于坊市之间，肆意欺凌和盘剥中小商人。他们"或相聚饮食于酒食之肆，醉饱而去，卖者或不知，就索其直，多被殴詈；或时留蛇一囊为质，曰：'此蛇所以致鸟雀而捕之者，今留付汝，幸善饲之，勿令饥渴。'卖者愧谢求哀，乃携挈而去"（《资治通鉴》卷236）。在法律制度还不健全的封建隋唐时期，商贾们有着太多的委屈和无奈。他们一方面要辛勤劳动去获利，另一方面还必须面对更多的艰险与不公，这也铸就了商人们辛勤坚忍的品性。

二是得财有道。隋唐时期，商贾的经营活动和经营内容十分广泛。聪明能干的商贾们致富途径也堪称多种多样，他们善于运用自己的才智，经常创新经营方式，巧妙地达到富裕的目的。唐太宗时，长安富商裴明礼即善于理财，眼光独到。据载，裴明礼"收人间所弃物，积而鬻之，以此家产巨万"。裴明礼起初是以回收废旧物品为业，这样的无本生意让他变得富有。接着，他又开辟了新的致富道路，"于金光门外，市不毛地。多瓦砾，非善价者。乃于地际竖标，悬以筐，中者辄酬以钱，十百仅一二中。未洽浃，地中瓦砾尽矣。乃舍诸牧羊者，粪即积。预聚杂果核，具犁牛以耕之。岁余滋茂，连车而鬻，所收复致巨万"。裴明礼以很低的价钱买了一块尽是瓦砾的不毛之地，然后开始想办法整理这块地，让之生财。首先，他在这块地的边际上竖立一根木杆，上面悬挂了一个筐，让人捡地里的瓦砾往筐里投掷，若投中的话有钱奖励。于是吸引了许多人都来投掷，当然投中率非常低，这样他仅花费一点点钱，不用自己动手就把地里的瓦砾收拾得干干净净。接着，裴明礼又将地让给牧羊的人，轻松地得到了很多羊粪，肥沃了土地。然后，他开始把事先收集起来的各种果核，用犁牛进行耕播。结果果树长得十分茂盛，结了许多果实。就这样，他以很小的投入，却得到非常丰厚的回报。最后，他"乃缮甲第，周院置蜂房，以营蜜。广栽蜀葵杂花果，蜂采花逸而蜜丰矣"，获得丰厚收益。裴明礼非常聪明，"营生之妙，触类多奇，不胜数"（《太平广记》卷243《治生》），不能不令人叹服。

德宗时，巨商窦乂的致富历程及经营之道也同样值得称道。窦乂可说是白手起家，其经商是从一双小小的"丝履"（用丝织做的鞋子）开始的。有人送给他一双安州特产的丝履，窦乂自己没有舍得用，先是把它卖掉，"得钱半千"。然后以此为资本，开始投资牟利。他用这笔钱在铁匠铺打造了两个小锸，用小锸开垦隙地，种植了许多棵榆树。到秋天时，榆树"森然已及尺余，千万余株矣"。榆树在成长的过程中需要修剪枝条，他将榆树的枝条砍下来之后，不是白白扔掉，而是做成柴火出售，"得百余束，遇秋阴霖，每束鬻直十余钱"。次年，"又得二百余束，此时鬻利数倍矣"。"后五年，遂取大者作屋椽，仅千余茎，鬻之，得三四万余钱。在庙院者，不啻千余，皆堪作车乘之用"。等榆树长大后，或作屋椽，或作车乘，获"利数万钱"。他还广招雇工，用遗弃的破麻鞋、槐树子、油靛制造万余条"法烛"。且把握好时机，在"京城大雨，尺烬重桂，巷无车轮"时出售法烛，"又获无穷之利"。后来他用三万钱购得"地势低洼、众秽所聚"的"小海池"，将其平整后，改造成为繁华的商业区，"造店二十间，当其要害，日收利数千，甚获其要。店今存焉，号为窦家店"。正是窦乂巧妙经营，他从一双丝履起家，最终成为名闻京师的一代巨商。（《太平广记》卷243《治生》）

裴明礼、窦乂的经营致富之道，都是从小本钱做起，精心设计，巧妙安排，"所费百钱本，已得十倍赢"（《全唐诗》卷21《乐府杂曲》），不仅牟了利，且得之有道，可谓是隋唐商贾精明从商的典范，像他们这样善于经营的商贾在当时还有不少。

三是诚实无欺。诚实无欺是古今商贾应该具备的基本品质，也是隋唐商贾坚守的重要德目。他们信守"人无信不立"，"不欺瞒、重信义"等道德格言，大多能够自觉地履行诚实无欺的信条。商贾们在自己的经商实践中都认识到，巧诈不如拙诚。利用掺杂使假、欺诈隐瞒而获得的利润终究是一时的、微小的，最终会丧失商业信用，造成永远的经济损失；因小失大，实在不值。反而是诚信经商、诚守道义能给自己带来更大的、更持久的收益。

流传至今的一些隋唐史书留下了一些有关的记载。《唐阙史》卷上《丁约剑解·秦中子得行人书》记载："秦川富室少年有能规利者，盖先兢慎诚信，四方宾贾慕之如归，岁获美利，藏镪巨万。"看来这位秦川的富裕年青人，聪明能干，他懂得道德和信誉的价值，凭着诚信经商，使自己声名远扬，顾客纷至沓来，很快就富裕起来。当时的商人自觉到诚信的重要，朝廷更大力倡导诚信经商，并对商业诚信从律令上进行了较详细的规范。如唐时朝廷要求在商品质量上讲求诚信，对各种货物按质量高低由市令或其属员估定价格，明码标价出售。而且器物出售前，要题写工人姓名（《唐律疏议·杂律》）。朝廷还严禁假冒伪劣商品上市，严禁交易过程中的各种不正之风。《唐律疏议·杂律》规定："诸造器用之物及绢布之属，有行滥、短狭而卖者，各杖六十。……'行滥'，谓器用之物不牢、不真；'短狭'，谓绢匹不充四十尺，布端不满五十尺，幅阔不充一尺八寸之属而卖。"也就是说，凡制造伪滥器物，以及绢布长度、幅宽不足者，质量不合格，要处以杖六十的刑罚；甚至"其行滥之物没官"，器物由官府没收。商品生产制造要讲诚信，坚持质量标准；货物的贩卖也必须讲诚信，不得贩卖假冒伪劣。"'贩卖者，也如之'，谓不自造作，转买而卖求利，得罪并同自造之者"。如果贩卖不合格产品，亦是和制造不合格产品者同罪共罚。

唐朝廷还对用来称重量的度量衡器做了规定。唐律令中规定，对度量衡器必须严格校对，"诸校斛斗秤度不平，杖七十。监校者不觉，减一等；知情，与同罪"；且禁止使用私制的度量衡器，"诸私作斛斗秤度不平，而在市执用者，笞五十；因有增减者，计所增减，准盗论。……其在市用斛斗秤度虽平，而不经官司印者，笞四十"（《唐律疏议·杂律》）。如若违背诚信经商原则，面临的处罚是非常严重的。有了律令的外在约束，商贾一般都会更加自觉地遵守这些规则，坚持一分钱一分货，力图实现"平衡铨，正斗斛，市无阿枉，百姓悦服"（《后汉书》卷41《第五伦传》）。当然，即使如此，也难以避免"竞湿谷以要利，作薄绢以为市"（房玄龄：《晋书》卷16《食货志》）这样的欺诈行为出现。他们在商业活动中的这些不诚信行为，受到社会和人们的鄙视和抵制。

二 教师的道德生活

隋唐时期中央专门学校主要包括国子学、太学、四子学等。以专门研究讲述儒家经术为主，配备教师有博士、助教。唐代国子学学生来源是文武三品以上及国公子孙，从二品以上曾孙等。太学生生源为文武官员五品以上和郡县公子孙、从三品曾孙等。四子学生生源为勋官三品以上无封、四品有封及文武七品以上官员子弟。还有律学、书学、算学、广文馆和崇玄学。中央兼职机构有弘文馆、崇文馆以及太乐署、鼓吹署、教坊、梨园、太医署、太卜署、太仆寺、司天台。与强大的中央的教育机构相比较，地方教育机构和设施，也有府学、州学、县学、崇玄学和医学等等，几乎遍及全国各地。隋唐五代时期从事各种教学活动的人士颇多，教师职业道德也有一些发展。

（一）尊师重教，有教无类

尊师重教，有教无类是教师职业道德的首要特征。儒学在魏晋后趋于衰微，隋统一后，即加强儒学复兴，"思定典礼"，采大臣牛弘上奏，据前经而"详定"礼仪，"革兹俗弊"，征集学者撰《仪礼》百卷。"修毕上之，诏遂颁天下，咸使遵用。"（《隋书·礼仪志》）唐朝统治者"敦尚风轨，训民调俗"，更以儒学为要务。李渊建立唐王朝后，于武德七年（624 年）颁《兴学敕》，申明"自古为政，莫不以学为先，学则仁、义、礼、智、信五者俱备，故能为利深博。朕今敦本息末，崇尚儒宗，开后生之耳目，行先王之典训"。（《唐大诏令集》卷 150）他还下令地方，儒士有明一经以上而未被升擢的，有司当举送叙用。李渊又亲临国子学参加"释奠"礼，以示尊儒重教。

唐太宗登基前就已"锐意经术"，善结名儒，在秦王府设立文学馆，召集房玄龄、杜如晦等十八位学士，研究和讨论文化教育问题。即帝位后又设弘文馆，选拔儒士共商国政；设崇贤馆，征集儒生研究儒经；立孔庙以尊先师，择经师以配孔庙，举儒生以为学官。唐太宗自称，他的所好仅在"尧、舜之道，周孔之教"，认为这种教育的重要性，"如鸟有翼，如鱼依水，失之必死，不可暂无"。（《贞观政要》卷 6）。他曾明确并强调指出："重学尊儒，兴贤造士，能美风俗，成教化。"（《全唐文》卷 27）唐玄宗曾发布《求儒学诏》，要求地方举荐通经之才，又追封孔子为"文宣王"，以树立其在精神上的权威。

隋唐时期教育事业极其发达，虽然教育制度中存在着封建等级制的色彩，但是由于科举制度的推行，打破了门阀士族垄断权力和教育的状况，中小地主以及农民子弟也可以通过科举进入官僚阶层，使孔子倡导的"有教无类"的教育思想，在政治制度上得以保证。隋唐时期这种人才的解放，对于中国古代文明的发展产生了积极作用。

隋唐倡导尊师重教的社会风气。唐朝礼仪规定：入学之始，学生须拜谒师长，行束修之礼，以示对老师的尊重。根据学校类别的层次，还规定有关人员向教师们要缴纳一定的礼品。皇子入学，同样要行束脩之礼。对入学仪式由政府做出明文规定也是从唐代开始的。《唐会要·学校》卷35载："神龙二年九月。敕学生在学。各以长幼为序。初入学，皆行束修之礼，礼于师。国子太学，各绢三匹。四门学，绢二匹。俊士及律书算学，州县各绢一匹。皆有酒醑。其束修三分入博士，二分助教。"

张后胤在并州，唐太宗曾听他讲授《春秋左氏传》。后来召入宫内赐宴，交谈中回忆往昔，从容地说："今日弟子怎么样？"后胤回答说："昔日孔子三千弟子，却没有人拥有子男的爵位。臣只教了一名学生，即成万乘之主。从我的功绩来看，已经超过了先圣。"太宗非常高兴，赐马五匹。后来重用他做了礼部尚书，陪葬献陵。(《唐人轶事汇编》卷5)

五代福建寿州人李相读《春秋》时，把叔孙婼（chuò 绰）读成了叔孙chuì。他每天读一卷，旁边有小吏伺候，听他读到这里，常有不高兴的表情。李相觉得奇怪，问他："你常读这部书吗？"小吏说："是的。"李相又问："那你为什么听我读到这里就不高兴呢？"小吏向李相行了一个礼，恭敬地说："因为我老师教我念错了字；现在听到您把婼（chuò）念做chuì，才知道是错了。"李相说："不，我读这书没有老师教我，是自己查着《释文》而读的，错的必定是我，不是你。"于是把《释文》拿来给他看，小吏委婉地指出了他的错误。李相非常惭愧，让小吏面朝南坐下，向他行了个敬师之礼，称他为"一字师"（王定保：《唐摭言》卷5《切磋》)。

（二）传道、授业、解惑

传道、授业、解惑是教师职业道德的基本内容。唐代后期师道衰微，韩愈作《师说》，重振师道。他在《师说》中开宗明义："古之学者必有师。师者，所以传道、受业、解惑也。人非生而知之者，孰能无惑？惑而不从师，其为惑也，终不解矣。生乎吾前，其闻道也固先乎吾，吾从而师之；生乎吾后，其闻道也亦先乎吾，吾从而师之。吾师道也，夫庸知其年之先后生于吾乎？是故无贵无贱，无长无少，道之所存，师之所存也。"韩愈在这里阐明了教师的职业道德和崇高使命就是"传道、授业、解惑"。所谓道，就是儒家的仁义之道——格物、致知、诚意、正心、修身、齐家、治国、平天下。传道就是教育学生们要走正道，即弘扬当时社会的主流意识形态和价值观。"师道之不传久矣！欲人之无惑也难矣！"韩愈对当时社会师道不传，思想混乱的局面极为不满，他认为，在教育上，无贵无贱，不论先后，有道者即是为师，学习中要教学相长，共同提高思想道德境界。强调在师生关系上的平等性，这是韩愈教育思想的一大进步。此外，韩愈还写了《进学解》，提出"业精于勤荒于嬉，行成于思毁于随"的教育思想，强调勤奋精神和独立思考在教育和学习中的重要性，对于后来的中国文化教育事业产生了积极的推动作用。

（三）兼收并蓄，追求真知

兼收并蓄，追求真知是教师道德的显著特点。秦汉和隋唐都是统一的封建大帝国，但两者的文教政策有明显的差异，前者主张"一尊"，秦定尊于法，汉定尊于儒，后者提倡多元。儒道佛三教合流，经学有很大的发展，佛学也产生了禅宗，唐诗的繁荣，中外文化交流的活跃，给这个时期教师道德以深刻的影响。

柳宗元就主张以儒教为主，进行三教合流。在《送僧浩初序》中，他说佛教具有不可驳斥的地方，它所讲的道理，往往与《周易》、《论语》所讲的相合，它的关于性情的学说，与孔子之道没有什么差别。柳还对于韩愈的尊儒辟佛思想进行了批评。他说，韩对于儒家的喜好未必超过扬雄。而扬雄的书，却认为庄子、墨子、申不害、韩非，都有可取之处。这四家都很孤僻，难道说佛教反不及这四家吗？韩愈说，因为佛教是夷狄的教，所以要反对。在中国古代，恶来、盗跖，这两个恶人倒是中国人。还有季札、由余两个贤人，这两个人是夷狄。如果我们评论人，不是以道为标准，而是以是否中国人为标准，难道说就以恶来、盗跖为朋友，而贱视季札、由余？韩愈所重是名不是实。柳宗元与韩愈是很要好的朋友，但是在对待佛教的态度上存在有分歧，这也反映了意识形态领域的斗争和学术争鸣，柳宗元的观点反映了隋唐时代海纳百川、兼收并蓄的文化态势。

唐太宗看到儒学典籍"去圣久远，文字多讹谬"，为了正本清源，实现思想文化统一的基本国策，诏令中书侍郎颜师古在秘书省定"五经"（《春秋》、《诗经》、《周易》、《礼》、《尚书》），对"五经"中讹缺的文字详作订正，书成后奏上。为使该书得到时人的承认，太宗召集当时名学硕儒重新论对；这些人长期传习儒经各有心得，而颜氏所作五经《定本》，多尊从其祖颜之推《颜氏家训》中的说法，也就是说，颜师古依据"南学"经疏训校五经，故受到"北学"儒士的责难，虽则如此，颜师古多引晋、宋以来江南传本，"随言晓答，援据详明，皆出其意表，诸儒莫不叹服"(《旧唐书》卷73《颜师古传》)。贞观七年（633年）十一月，唐朝廷颁布五经《定本》于天下，令学人此后以《定本》作为传习儒经的依据。

隋唐佛学也有很大成就，尤其是禅宗具有独创性，提升了中国哲学的思辨性和社会的道德水平，在我国学术史上占有重要地位。佛教内部也相互论辩，欲求真知。慧能出身于广东的一个没落官僚家庭，幼年以卖柴为生。后来听说禅宗的五祖弘忍在河北黄梅宣扬佛教，他赶到寺院去拜会，弘忍问他说："汝何方人？欲求何物？"慧能说："弟子是岭南新洲百姓。远来礼佛，不求余物。"弘忍说："汝是岭南人，又是獦獠（少数民族），若为堪（怎么能）作佛？"慧能说："人虽有南北，佛性本无南北。獦獠身与和尚不同，佛性有何差别？"弘忍叫慧能在寺里砍柴、舂米。有一天，弘忍叫庙里和尚每人做一个偈，如果做得好，就把法、衣传给他，当第六代祖师。当时有一个最有学问的"教授师"，名叫神秀，作了一个偈，写在墙上。偈说："身如菩提树，心如明镜台，时时勤拂拭，莫使惹尘埃。"慧能在舂米的地方，听见有人念这个偈，就说：我也有个偈，但是不会写。他托了一个会写的人把他的偈也写在墙上，偈说："菩提本无树，明镜亦非台，本来无一物，何处惹尘埃。"弘忍后来把法、衣传给了慧能，让他做了禅宗第六代祖师。

唐玄奘取经一十七载，跋涉千山万水，克服了常人难以克服的艰难险阻，终于到达佛教发源地印度，取得了真经，并且与印度僧人切磋佛理，在各地讲经说法，展示了大唐僧人高超的佛学造诣和雄辩的智慧才华，被西土僧众奉为神明，朝野为之敬仰膜拜！回国后受到朝廷的隆重欢迎和礼遇，在大慈恩寺潜心翻译佛经十九年，译出梵文经典七十四部，共1335卷。他还将老子的《道德经》、《大乘起信论》译成梵文。《大唐西域记》一书记载了西域几十个国家的风土人情、宗教信仰、历史地理和沿途见闻，堪称中外文化交流史上的壮举！唐太宗亲撰《大唐三藏圣教序》，文中称赞玄奘"松风水月，未足以比其清华；仙露明珠，讵能方其朗润"。玄奘所表现出的对信仰的虔诚、对理想的忠贞、对真知的渴求，以及不畏艰险、矢志不移的进取精神和"朝闻道，夕死可矣"的崇高的使命感，是中国传统知识分子最可贵的品质，也是大唐海纳百川、兼收并蓄精神气象的生动体现！唐僧取经的故事被作家吴承恩在《西游记》中记载后，流传至今。

第三节　医师、农民与军人的道德生活

一　医师的道德生活

隋唐时期中医药学有很大发展，朝廷组织编写了大型医学著作《四海类聚方》达 1600 卷之巨，病理学名著《诸病源候论》；在《黄帝内经·素问》研究方面取得新的进展；完成我国历史上第一部药典《新修本草》共 54 卷；王焘的《外台秘要》，尤其是孙思邈的《千金方》，成为祖国医学宝库的经典。孙思邈在一生光辉的医学实践中，还系统提出了重要的医德思想，总结了医德的基本规范：

第一，精勤不倦，珍视生命。孙思邈是京兆华原（今陕西耀县）人，他幼年多病，耗尽家资，但攻读经史百家和研习医药之志不改。自谓"青衿之岁，高尚药典；白首之年，未尝释卷"。他有远大志向，"誓愿普救含灵之苦"（《备急千金要方》），钻研医学坚毅刻苦认真，"至于切脉、诊候、采药……一事长于己者，不远千里，伏膺取决"，"志学之岁，驰百金百徇经方"。孙思邈博极医原，精勤不倦；广采众方，终生不懈。先后撰成《千金要方》与《千金翼方》，各 30 卷。《千金要方》分 223 门，列医方 5300 余首，按妇产、小儿、五官、口腔、传染病、杂病、外科、急救、食治、养生、诊断、方剂、针灸等分科叙述，有理论，有经验，内容十分丰富。《千金翼方》完成在《千金要方》后三十年，是对前者的补充。两部《千金方》被认为是我国早期临床医学的百科全书。在孙思邈看来，"医者，依也，病人生命安危之寄托也"。孙思邈指出："二仪之内，阴阳之中，唯人最贵"，而"人之所贵，莫贵于生"。因此医学应当承担起保卫人类神圣的生命和维护人类健康的崇高职责。他引用扁鹊的话说："人之所依者，形也；乱于和气者，病也；理于烦毒者，药也；济命扶危者，医也。"（《备急千金要方》）这里他很清楚地说明医学的社会职能和存在价值就在于"济命扶危"。孙思邈强调"全生之德为大"（《千金翼方》），并明确提出"人命至重，有贵千金，一方济之，德逾于此"（《备急千金要方》）。他认为治病救人是医生的天职，医生应"志存救济"，把"但作救苦之心"（《备急千金要方》）放在首位，全心全意解除患者疾苦，挽救患者神圣的生命。这种高度重视人的生命价值，把患者生命和健康利益放在至高无上地位，对病人同情、爱护、救助的人道主义，正是医德最核心的价值理念，成为一切从医规范的出发点。

第二，淡泊名利，无欲无求。孙思邈医德高尚，淡泊名利，志坚业诚，不屑入仕，曾三次拒绝隋唐两朝三个帝王的赐官。孙氏十分痛恨轻视医道、追逐权位的俗情。他指出："朝野士庶，咸耻医术之名，多教子弟诵短文、构小策，以求出身之道。医治之术阙而弗论。吁可怪也。嗟呼！深乖圣贤之本意。"（《备急千金要方》）他认为轻视医术、追逐权位是不正常的"可怪"现象，"完全违背了圣贤之本意"。当时有一些俗人，偶学医术，"又非真好"，身处医林，却志在朝廷；手捧方书，而心谋权位。"如此之辈，亦何足言！"（《千金翼方》）孙思邈鄙视这些"末俗小人"。特别令他痛心的是，有的学医的后生不认真学习。他说："后生志学者少，但知爱富，不知爱学。临事之日，方知学之可贵。自恨孤陋寡闻。"为了帮助他们，孙思邈殚精竭虑，为他们奋力写作。"所以悯其如此，忘寝与食，讨幽探微，辑缀成部，以贻未悟。有能善斯一卷，足为大医。"（《千金翼方》）据此可知，两部《千金方》的撰著，乃为帮助当时及后世学者。

孙思邈指出："医人不得恃己所长，专心经略财物"，应该"但作救苦之心"，"无欲无求……誓愿普救含灵之苦"（《备急千金要方》），在他看来，医生行医的目的是济危救苦而不是谋个人之私利。值得指出的是，孙思邈所提出的"无欲无求"是总原则，意在强调行医不是为了专心追求钱财，不能抱有从病人身上捞取好处的目的，而应以救人疾苦为目的。但他并不反对在诊治中适当收取诊金，曾提出"买药勿争价"（《千金翼方》），可见他把医药的正常收费看作是合理的，他反对的是不以治病救人为目的，只想着凭借自己的技术特长专心谋取、勒索患者钱财的不良行为。他还教导弟子们，处方用药要尽量选择价廉有效、"造次易得"之物（《备急千金要方》），不要增加病人负担。即使对于富人，也"不得以彼富贵，处以珍贵之药，令彼难求，自炫功能，谅非忠恕之道"（《备急千金要方》）。

第三，一视同仁，一心赴救。孙思邈从医学人道主义出发，在等级森严的封建社会里，坚持对患者平等对待。对待病人"先发大慈恻隐之心"，"皆如至亲之想"，"心行平等"，"不怜富憎贫"，"不重贵轻贱"
（《千金翼方》），强调"若有疾厄来求救者，不得问其贵贱贫富，长幼妍
蚩，怨亲善友，华夷愚智，普同一等，皆如至亲之想"（《备急千金要
方》）。医生对患者的感情是从医患关系出发的，必须排除地位、财产、
年龄、相貌、恩怨、民族等世俗和情感因素对医患关系的干扰。

　　孙思邈认为，面对遭受疾病之苦的病人的求救，医生应本着对生命的
高度珍惜和对患者的深切同情之心，克服一切困难，"勿避险巇、昼夜、
寒暑、饥渴、疲劳，一心赴救，无做功夫形迹之心"（《备急千金要方》）。
要做到"一心赴救"，孙思邈强调必须做到以下两点：一是在患者处于生
死关头的时刻，医生要克服怕担风险、怕影响自身利益的思想。他指出：
"不得瞻前顾后，自虑吉凶，护惜身命。"（《备急千金要方》）为了挽救
患者的生命，医生应该敢于承担必要的风险。二是要排除由于医疗工作的
艰苦、劳累给医生带来意志力上的干扰。医生为患者诊病，不能怕脏怕
臭，更不得在病人痛苦时，自己安然愉快。难能可贵的是，孙思邈不但这
样说，而且身体力行，坚持这样做，用自己的毕生医疗实践为人们做出了
榜样。麻风病至今仍为一些人谈之色变，这种传染病对于医生易于感染，
至今仍无满意疗效，当时的孙思邈却"尝手疗六百余人，差者十分有一，
莫不一一亲自抚养"。他不但不怕传染，还亲自看护麻风病人，其高尚医
德万古流芳。

　　第四，医术精湛，审慎严谨。孙思邈在《要方·大医精诚》中指出，
医学是"至精至微之事"，只有"用心精微"刻苦钻研，才能掌握这门学
问。同时医术又关乎人之性命，如果"求之于至粗至浅之思，岂不殆
哉！"他说："世无良医，枉死者半，此言非虚。""有医者不善诊候，治
蛊以水药，治水以蛊药，或但见胀满，皆以水药。如此者，仲景所云，愚
医杀人。"（《备急千金要方》）在这里，孙思邈把医术精湛看成是对患者
生命高度负责、医德高尚的表现。接着他又论述了在理论高深、实践精
微的医学面前，永远不能骄傲自满、浅尝辄止，要认识到医方难精、学
无止境。他说："世有愚者，读方三年，便谓天下无病可治；及治病三
年，乃知天下无方可用。故学者必须博极医源，精勤不倦，不得道听途
说，而言医道已了，深自误哉！"他自己就是从"青衿之岁，高尚药
典"，直到"白首之年，未尝释卷"（《备急千金要方》）；并且"志学

之岁，驰百金而徇经方，耄及之年，竟三余而勤药饵"（《千金翼方》），一辈子凝心于医药学事业，才取得巨大成就，成为医术精湛、医德高尚的苍生大医。

孙思邈提出，在临床实践中要求审慎严谨，纤毫勿失："省病诊疾，至意深心，详察形候，纤毫勿失，处判针药，无得参差。虽曰病宜速救，要须临事而不惑，惟当审谛覃思。不得于性命之上，率尔自称俊快，邀射名誉，甚为不仁。"这是对诊断医德的具体描述，就是要求医生在看病时，要本着极端负责的态度，认真仔细、一丝不苟，不能出丝毫差错。因为医疗工作直接关系到人的生命和健康，任何马虎草率、粗心大意都有可能给患者带来巨大危害。孙思邈认为，在行医用药时，要做到胆大心小，把行动的及时性与思考的周密性结合起来，用正确的诊断统率及时的治疗。在《要方·治病略例》中他还借用张仲景的话严厉批评了某些医生"省病问疾，务在口给，相对斯须，便处汤药"的草率作风，并说"此皆医之深戒"（《备急千金要方》）医生应特别注意这一条。审慎严谨是医疗工作的内在要求，是医务人员应该遵循的一条十分重要的医德规范。

第五，谦虚谨慎，互尊互学。孙思邈要求医生在自律的基础上处理好与同行的关系，在《要方·大医精诚》中，他说："夫为医之法，不得……道说是非，议论人物，炫耀声名，訾毁诸医，自矜己得。偶然治瘥一病，则昂首戴面，而有自许之貌，谓天下无双，此医人之膏肓也。"（《备急千金要方》）这就是说医生在处理与同行关系时，不得在背后乱说是非、议论他人、自高自大、炫己毁人，而应该谦虚谨慎。同仁之间应该相互尊重、相互学习。

孙思邈不仅提出了医际关系道德规范，而且还身体力行，在这方面也为后世树立了榜样。他虚心向同行学习，在《千金方》中详细介绍了许多名医的医疗经验；他十分佩服同时代医家甄权的医术造诣，在编写针灸一章时，对"所述针灸孔穴，一依甄公明堂图为定"（《千金翼方》），在这一章中，他还记载："时有深州刺史成君绰，忽患颈肿如数升，喉中闭塞，水粒不下已三日矣，以状告余，余屈权救之。针其右手次指之端，如食顷气息即通，明日饮啖如故。"（《千金翼方》）他还毫无保留地向同行介绍自己的医疗经验及他历尽艰苦搜集来的验方、秘方。可见，他所提出的同行间互尊互学的医德规范是以医患关系为轴心、以患者健康利益为前提的。

第六，以慈济物、造福大众。在古代，医生往往只关注个体病人，对医生与整个社会的关系问题，传统医德很少论述。孙思邈思维开阔，在论述医患关系道德、医际关系道德的同时，还把观察视角扩展到医社关系方面。孙思邈认为，医药的社会职能是用来造福大众的，他屡次提到"圣人之道，以慈济物，博求众药，以戒不虞"（《备急千金要方》），认为医药"可以济众，可以依凭"。所以他主张医生有责任向大众普及医药知识，让老百姓人人都掌握救命健身的方法。为此他"乃博采群经，删裁繁重，务在简易"（《备急千金要方》）。他写成千金二方，把自己多年的临床经验、千辛万苦搜集整理的秘方验方全部公之于众，就是希望人们去学去用，使"家家自学，人人自晓"（《备急千金要方》）。针对当时医界存在着各家严守秘方，不许弟子泄露一方一法的现象，他严肃指出，对医药知识保密和封锁不利于社会，也是不道德的。"圣人立法，欲使家家悉解，人人自知，岂使愚于天下，令至道不行，拥蔽圣人之意，甚可怪也。"（《千金翼方》）对于当时"江南诸师秘仲景要方不传"（《备急千金要方》）的不道德现象，孙思邈非常反感。他在写《千金要方》时尚未能看到《伤寒论》，到晚年他见到仲景伤寒方后，立即对之加以整理，并在《千金翼方》中向世人公布、传播。《千金翼方》是唐代仅有的研究《伤寒论》的著作。他还改变原书中那些"旧法方证，意义幽隐，乃令近智所迷，览之者造次难悟"的情况，"以方证同条，比类相附，须有检讨，仓卒易知"，以达到"博济之利"（《千金翼方》）。这些都表明，孙思邈始终把医药知识看作是为公众谋福利的手段，而不是为私人谋利的工具。

在《要方序》中，孙思邈还明显表示出对社会上许多人不留神医药、不爱惜生命的深切忧虑。他认为医生有责任唤醒大众，使他们留心医药、居安思危。他强调应该"贮药藏用，以备不虞"，"起心虽微，所救惟广"。他重视疾病的预防，提出"消未起之患，治未病之疾，医之于无事之前，不追于既逝之后"（《备急千金要方》）。在千金二方中，孙思邈专辟养性、食治、退居、补益、针灸等篇章，以简易而又通俗易懂的语言提醒人们重视养生防病、饮食防病、药物防病、艾灸防病，注意环境卫生、生活起居、气功锻炼等。他反复告诫人们要养成良好的生活习惯，合乎规

律地安排自己的生活，以防病延年，这些都体现了他对社会的高度责任
心。他的这些观点也对我国预防医学的发展产生了深远的影响。①

二　农民的道德生活

隋唐五代时期，以农立国，重农抑商，继承北周、北齐的均田制。唐
太宗曾"亲耕籍田"，采取轻徭薄赋，发展农业生产的措施，如在征发力
役时注意不夺农时，减免灾区的赋税。为了解决耕牛的不足，唐王朝曾与
突厥民族"互市"，换回大量马牛，用以耕田。放出宫女三千回到民间。
武则天执政后，屡次下令劝课农桑，奖励发展农业有政绩的官员。唐玄宗
也重农，大兴屯田、垦田之风，兴修水利。由于农民辛勤耕耘，国家政策
也比较得力，从而使农业生产得到迅速发展，出现了空前繁荣的景象。正
如杜甫《忆昔》所说：

> 忆昔开元全盛日，小邑犹藏万家室。
> 稻米流脂粟米白，公私仓廪俱丰实。
> 九州道路无豺虎，远行不劳吉日出。
> 齐纨鲁缟车班班，男耕女桑不相失。

隋唐时期虽然实行均田制，但也鼓励农民开垦受田之外的荒地，因而
江淮，围水造田、开山造田成为一时的社会风尚。安史之乱后，藩镇割
据，烽火连绵，良好的社会风尚和生产秩序被破坏，许多均田户无立身之
地，四处漂泊。可是江南地区的社会相对安定，农业生产发展还是较
快。② 勤劳成为农民身上的传统美德，在唐诗中屡屡有生动的表现。如王
维的《新晴野望》：

> 新晴原野旷，极目无氛垢。
> 郭门临渡头，村树连溪口。
> 白水明田外，碧峰出山后。

---

① 陈明华：《孙思邈医学伦理思想体系探析》，《合肥工业大学学报》2009 年第 4 期。
② 钟敬文：《中国民俗史》（隋唐卷），人民出版社 2008 年版，第 15—16 页。

> 农月无闲人，倾家事南亩。

这是一首田园诗，描写初夏的乡村，雨后新晴，诗人眺望原野所见到的景色。"农月无闲人，倾家事南亩"，虽然是虚写，却给原野平添了无限生机，让人想见初夏田间活跃的农民身影，让人感受到农忙劳动的气氛。崔国辅的《采莲曲》：

> 玉溆花争发，金塘水乱流。
> 相逢畏相失，并著木兰舟。

"金塘水乱流"，一个"乱"字，写尽青年男女轻舟竞采，繁忙不息的劳动情境。"相逢畏相失，并著木兰舟"歌颂了水乡青年在劳动中结成的动人爱情。再看顾况的《过山农家》：

> 板桥人渡泉声，茅檐日午鸡鸣。
> 莫嗔焙茶烟暗，却喜晒谷天晴。

这是一首访问山农的诗。作者绘声绘色，传神地表现了江南水乡焙茶晒谷的劳动场面，以及山农爽直的性格和纯朴的感情。刘禹锡的《插秧歌》，更直接地描写了插秧季节农民的繁忙劳动情景：

> 冈头花草齐，燕子东西飞。
> 田塍望如线，白水先参差。
> 农女白纻裙，农父绿蓑衣。
> 齐唱郢中歌，嘤咛如竹枝。

农妇穿着麻布做的衣裙，农夫披着绿草编的蓑衣，一边劳动，一边唱歌，表现了农民热爱劳动的乐观主义情怀。再看白居易的《观刈麦》：

> 田家少闲月，五月人倍忙。
> 夜来南风起，小麦覆陇黄。

妇姑荷箪食，童稚携壶浆。

相随饷田去，丁壮在南冈。

足蒸暑土气，背灼炎天光。

力尽不知热，但惜夏日长。

复有贫妇人，抱子在其旁。

右手秉遗穗，左臂悬敝筐。

听其相顾言，闻者为悲伤。

家田输税尽，拾此充饥肠。

小麦已黄，夏忙将至，妇女拿着食物，孩子们拿着壶碗，给割麦的青年农民送饭送水，而青年只顾低着头割麦，脚下暑气熏蒸，背上烈日烘烤，已经累得筋疲力尽还不觉得炎热，只是珍惜夏天昼长多干点活。田野里还有一个更令人心酸的景象：一个贫妇怀里抱着孩子，手里提着破篮子，在割麦者旁边拾麦。由于要交租税，家里的粮食钱物已经一无所有，只能在这里捡拾点麦穗以充饥。李绅的《悯农二首》写得更直白：

春种一粒粟，秋收万颗子。

四海无闲田，农夫犹饿死。

锄禾日当午，汗滴禾下土。

谁知盘中餐，粒粒皆辛苦。

从"一粒粟"到"万颗子"到"四海无闲田"，都是千千万万个农民用血汗浇灌起来的。它概括表现了农民不避严寒酷暑、雨雪风霜，终年辛勤劳动的生活。而"谁知盘中餐，粒粒皆辛苦"，不但反映了农民珍惜粮食，生活简朴、节约的美德，也是对农民生活命运以及贫富差别，不合理的社会现实的批判。千古传诵的李商隐的经典名句，"历览前贤国与家，成由勤俭败由奢"（《咏史》），更是隋唐时期人民歌颂勤俭道德的杰作。

不误农时，表示在农业生产劳动中能够尊重科学规律，遵守行业规范，这也是农民道德的重要组成部分。贞观二年（628 年），太宗谓侍臣曰："凡事皆须务本。国以人为本，人以衣食为本。凡营衣食，以不失时为本。夫不失时者，惟在人君简静乃可致耳。若兵戈屡动，土木不息，而欲不夺农时，其可得乎？"（《贞观政要》卷8）只有统治阶级采取与民休养生息的政策，保持社会稳定，才能使"不误农时"真正得以实现。

隋唐时代农民从备耕、播种、防灾、收获、储藏到植树造林，无不"顺天时，量地制"。正如唐人所说："冬夏有时，失时不种，禾豆不滋。"（《韩朋赋》）千百年在黄河流域流传的谚语"节气不饶人"，"处人看脾气，种地看节气"，"人误地一时，地误人一年"，"春打六九头，遍地看耕牛"，"春分前后，大麦豌豆"等，都体现着农民的这一职业道德。

唐代农民生产尽管不同地区各有差异，但普遍重视节气，注重耕作的时序、节令，在不误农时上都是一致的。文人咏节气的诗歌也占有一定的地位，但多是咏某一节的诗，值得庆幸的是在敦煌出现了保存完善的《咏二十四节气诗》，现节选如下：

> 咏惊蛰二月节
> 阳气初惊蛰，韶光大地周。
> 桃花开蜀锦，鹰老化春鸠。
> 时候争催迫，萌芽护短修。
> 人间务生事，耕种满田畴。
> 咏谷雨三月中
> 谷雨春光晓，山川黛色青。
> 桑间鸣戴胜，泽水长浮萍。
> 暖屋生蚕蚁，喧风引麦葶。
> 鸣鸠徒拂羽，信矣不堪听。
> 咏芒种五月节
> 芒种看今日，螳螂应节生。
> 彤云高下影，贝鸟往来声。
> 渌沼莲花放，炎风暑雨清。
> 相逢问蚕麦，幸得称人情。
> 咏处暑七月中
> 向来鹰祭鸟，渐觉百藏深。

叶下空惊吹，天高不见心。

气收禾黍熟，风静草虫吟。

缓酌罇中酒，容调膝上琴。

　　咏立冬十月节

霜降向人寒，轻冰渌水漫。

蟾将纤影出，雁去几行残。

田种收藏了，衣裘制造看。

野鸡投水日，化蜃不将难。

　　这些节气诗帮助人们认识节气与农业生产的关系，遵守节气，不误农时。惊蛰二月节，农家开始忙碌，耕作田畴。谷雨三月中，桑树叶绿，"暖屋生蚕蚁"，尽快把蚁蚕孵出来。到了芒种五月，"相逢问蚕麦"；处暑七月中，"气收禾黍熟"；立冬十月节，"田种收藏了，衣裘制造看"。①诗人们对于节气的吟诵，反映了农民尊重科学，热爱劳动的心声。

　　还要提及的，是唐末农民起义领袖黄巢的两首《菊花》诗：

飒飒西风满院栽，蕊寒香冷蝶难来。

他年我若为青帝，报与桃花一处开。

待到秋来九月八，我花开后百花杀。

冲天香阵透长安，满城尽带黄金甲。

　　诗中的菊花，是千千万万处于社会底层人民的化身。作者既赞赏他们迎风霜而开放的顽强生命力，又深深为他们的处境、所遭遇的命运而愤愤不平，"他年我若为青帝，报与桃花一处开"！所谓"为青帝"，不妨看作建立农民革命政权的形象表达。"冲天香阵透长安，满城尽带黄金甲"显示出一种豪迈粗犷、充满战斗气息的气质，"我花开后百花杀"则是战斗必胜的信念。②

　　隋朝大业年间，隋炀帝倒行逆施，横征暴敛，迫使大批农民离开土

---

① 钟敬文主编：《中国民俗史》（隋唐卷），人民出版社 2008 年版，第 21—26 页。

② 参见《唐诗鉴赏辞典》，上海辞书出版社 1983 年版，第 1302—1303 页。

地，从事各种繁重的劳役，致使土地荒芜，生产停滞，民不聊生，从而爆发了李密、窦建德、杜伏威等领导的大规模的农民起义。唐末政治腐败、藩镇割据、宦官当权，农民手中的土地不断向地主集中，许多失地农民成为客户和流民，阶级矛盾激化，继而又爆发了王仙芝、黄巢起义，终于使唐王朝走向灭亡。农民阶级不仅以勤劳、节俭、不误农时、忍辱负重为美德，而且勇敢、顽强，富于反抗压迫的革命精神，成为推动中国封建社会发展进步的真正动力。

三　军人道德

严守军纪，赏罚分明是军人道德的基本规范。唐代著名将领李靖严于治军，赏罚分明，不避亲疏与仇雠，以惩恶劝善，激励将士。他在所著的《卫公兵法》说：

> 尽忠益时、轻生重节者，虽仇必赏；犯法怠惰，败事贪财者，虽亲必罚；服罪输情、质直敦素者，虽重必舍；游辞巧饰、虚伪狡诈者，虽亲必戮；善无微而不赞，恶无纤而不贬，斯乃励众劝功之要术。

他欣赏诸葛亮斩马谡的军法严明，又称赞曹操因违军纪而割发代首。为了严肃军纪，提高军队的战斗素质，李靖申明了二十四条法令：

> 如泄露军事斩之，背军逃走斩之，或说道释、祈祷鬼神、阴阳卜筮、灾祥，讹言以动众心，并与其往还言议者斩之，吏士所经历侵略者斩之，奸人妻女及将妇人入营者斩之，吏士破敌滥行戮杀、发冢焚庐、践稼穑、伐树木者斩之……

这样，就能造出一支战斗力强、军纪严明、深得民心的军队。①
郭子仪知人善任、赏罚分明。其麾下宿将数十人，"皆王侯贵重"，子仪"颐指进退，如部曲然"。郭子仪禁止无故在军营中走马。妻南阳夫

---

① 白寿彝总主编：《中国通史》第6卷上，上海人民出版社2004年版，第1323页。

人乳母之子犯了禁令，被都尉虞侯杖罚致死，诸子向子仪哭诉，并说都虞侯专横，被子仪斥退。第二天，他将此事告诉了幕僚，并叹息说："子仪之子，皆奴材也。不赏父之都虞侯，而惜母之乳母子，非奴材而何！"（《资治通鉴》卷224代宗大历三年）郭子仪其幕府六十余人，后皆为将相显贵，都得益于他的道德教育和严格纪律。

陆贽也强调治理军队，必须奖惩分明，"赏以存劝，罚以示惩"（《陆宣公翰苑集》卷19），勉励有功的将士，严惩邪恶不法之徒。同时又主张根据士卒劳役的轻重、贡献的大小、所处安危的情况，制定衣粮供给的等级，合理分配给养，以避免"怨生于不均"，保证士卒之间的团结，提高军队的士气。唐德宗时期，由于没有严明的奖惩制度，有功不能赏，有罪不能罚，出现违反法纪现象，互相推诿。遇敌失守，"将帅则以粮资不足为词，有司则以供给无阙为解"，朝廷不追究是非曲直，漫不经心，置若罔闻。同时在军资供给方面，也极不合理。长期戍守边防的士兵，处在危难之地，服役劳苦，勇于杀敌，衣粮供给不足，常有冻馁之色；而不在边塞的关东士兵服役时间短暂，不耐劳苦，怯于作战，却衣粮供给丰厚，高于前者数倍，两者相比，差别悬殊。陆贽认为"事业未异，而供给有殊，人情之所以不能甘也"。结果"怨生于不均"，这些都大大削弱了军队的士气。

报效朝廷，报效国家这是军人道德的重要内容。在保卫边防、维护国家统一的正义战争中，英勇作战，不怕牺牲，体现了中华民族的爱国主义精神。报效朝廷的道德观念虽然有其历史局限性，比如在镇压农民起义时有不合理性，但是在唐代镇压藩镇叛乱，或维护民族统一的战争中，就具有积极意义。因此，不能从一般意义上否定"报效朝廷"观念的道德价值。李贺的《雁门太守行》写道：

> 黑云压城城欲摧，甲光向日金鳞开。
> 角声满天秋色里，塞上燕脂凝夜紫。
> 半卷红旗临易水，霜重鼓寒声不起。
> 报君黄金台上意，提携玉龙为君死。

李贺的诗歌出现在藩镇叛乱此起彼伏和民族矛盾频发的时代，当时唐王朝为了维护国家统一，镇压藩镇兵变，发生过多次重大的战争。如元和四年（809 年），王承宗的叛军攻打易州和定州，爱国将领李光颜率兵驰救。元和九年（814 年），他身先士卒，突破吴元济叛军的包围，杀得敌人人仰马翻，狼狈逃窜。从李贺的"雁门太守行"这首诗的取材来看，可能是写维护民族或国家统一的战斗中。在敌军兵临城下，敌我力量悬殊、守军将士处境艰难的情势下，"黑云压城城欲摧"，但是将士们具有"风萧萧兮易水寒，壮士一去兮不复还"的豪情，顽强战斗，毫不气馁。"报君黄金台上意，提携玉龙为君死。"黄金台是战国时燕昭王在易水东南修筑的，传说他把大量黄金放在台上，表示不惜重金招揽天下士。诗人引用这个故事，写出将士们决心以死报效朝廷的厚恩。王翰的《凉州词》中也写道：

> 葡萄美酒夜光杯，欲饮琵琶马上催。
> 醉卧沙场君莫笑，古来征战几人回？

这是一首脍炙人口的边塞诗。边地那里荒寒艰苦的环境，紧张动荡的征戍生活，使得边塞将士难得一欢聚的酒宴。然而这次，在那空旷无垠的荒漠上，战马兵戈旁的月夜，激昂动人的乐曲响起，杯杯葡萄美酒传递，满怀豪情壮志，却又缠绵多情，令人永志不忘。这首诗正是那种生活和情感的写照。诗中的酒，是西域盛产的葡萄美酒；杯，相传是周穆王时代，西胡以白玉精制成的酒杯，有如"光明夜照"，故称"夜光杯"；乐器是胡人用的琵琶。这里表现的不是贪生怕死，暂时享乐，而是边防将士报效国家的英雄主义，是早已将生死置之度外的壮美赞歌！王昌龄的《出塞》诗，也有同样的情怀：

> 秦时明月汉时关，
> 万里长征人未还。
> 但使龙城飞将在，
> 不教胡马度阴山。

同样是边塞诗，同样是在报效国家的基调下，杜甫的《前出塞九首》（其六）中，还表达了另外一种反对穷兵黩武、滥杀无辜的人道主义情怀。

> 挽弓当挽强，用箭当用长。
> 射人先射马，擒贼先擒王。
> 杀人亦有限，列国自有疆。
> 苟能制侵陵，岂在多杀伤。

他认为，拥强兵只是为了守边，赴边不为杀伐。不论是制敌而"射马"，还是拥强兵而"擒王"，都应以"制侵陵"为限度，不能乱动干戈，更不应以黩武为能事，侵犯异邦。这种以战去战，以强兵制止侵略的思想，是大诗人杜甫对军人道德内涵新的阐发，它更准确、更全面地反映了国家的利益和人民的愿望。

下　卷

第 四 编

宋元明中叶时期的
道德生活

宋元明时期（此处主要指五代后期至明朝中叶，即明朝万历年前后）是中国封建社会发展的一个重要时期。这一时期社会的许多领域都发生了深刻的变化：鼎盛于魏晋时期的门阀士族制度彻底瓦解，影响后世的新的家族家庭制度确立；皇权更加集中，而且继续向社会生活的各领域进一步渗透，对社会的控制进一步加强；封建经济进一步发展，物质财富相对丰富，出现了诸如《东京梦华录》描写的社会繁荣，为资本主义经济的出现奠定了物质基础。这些变化自然引起了家庭、政治、社会等领域的道德生活的变化。这些道德生活的变化对后世中国的道德生活产生了久远的影响。

第一章

家庭与婚姻中的道德生活

经过战乱频仍的五代时期，原来的家庭伦理观念与家庭道德秩序都受到了冲击。有宋一代建立了稳定的统一政权后，加大了以"孝"为核心的家庭伦理的建设，加之家族社会结构的变化，宋元明时期的家庭婚姻道德逐渐由以往的生动活泼走向僵化。

第一节　家庭生活中的父慈子孝

自汉朝把"孝"确立为治理国家的基本国策起，父慈子孝便成为父子之伦的行为规范与要求，宋元明时期亦不例外。当然，现实生活中重视"孝"的程度在不同历史时期是有所反复的。相对汉、宋、明、清等其他朝代而言，唐朝、五代时期就整个社会而言人们并不太重视"孝"。到了宋朝，由于受家族社会结构的变化，加之集权政治的提倡等各方面因素的影响，"孝"的观念逐渐深入到普通人的心里，并逐渐成为一种绝对的标准，由此社会上各种僵化的孝行也越来越多。

一　以"孝"治天下的反复

相对汉、宋、明、清等朝而言，唐人相对不重视"孝"，五代也是如此。残唐五代，封建伦常遭受到严重破坏，不"孝"的现象进一步突出。

为了争夺权位，统治集团内部出现了臣弑君、子弑父、父子相残的恶行与丑剧。《新五代史·梁家人传》说，梁家丧天下为"祸生父子之间"，即是说后梁太祖乾化二年六月戊寅，即公元912年7月18日，梁太祖朱晃被其儿子朱友珪杀死之事。（《新五代史·梁本纪·太祖本纪》；《新五代史·梁家人传·庶人友珪传》）梁太祖"自张皇后崩，无继室，诸子在镇，皆邀其妇入侍。友文妻王氏有色，尤宠之。太祖病久，王氏与友珪妻张氏，常专房侍疾"。梁太祖自度其不久将离人世，有意将皇位传于其子朱友文。张氏知悉此事后迅速告诉了其夫朱友珪。左右劝友珪曰："事急计生，何不早自为图？"经过计谋，是夜三鼓，朱友珪斩关入万春门，至寝中，侍疾者皆走。太祖惶骇起呼曰："我疑此贼久矣，恨不早杀之，逆贼忍杀父乎！"友珪亲吏冯廷谔以剑犯太祖，太祖旋柱而走，剑击柱者三，太祖惫，仆于床，廷谔以剑中之，洞其腹，肠胃皆流。友珪以裀褥裹之寝中，秘丧四日。后于枢前即皇帝位。（《新五代史·梁家人传·庶人友珪传》）

　　父子相残不只发生在梁朝，后唐亦有此丑剧。依照当时的惯例，后唐的皇位应由李从荣继承。李从荣在其兄李从璟被唐庄宗李存勖杀死后，成为诸皇子中年龄最长的人，且握有兵权，但他做皇帝之心太切，他父皇病重但未死去时，便急不可待地要入居皇宫做皇帝，结果失败被杀。（《新五代史·唐明宗家人传》）①

　　鉴于残唐五代的人伦混乱及其对统治秩序的威胁，从维护封建统治秩序出发，宋朝从一开始便大肆宣扬倡导"冠冕百行莫大于孝"（《宋史》卷456《孝义传》）。"太祖、太宗以来，子有复父仇而杀人者，壮而释之；刲股割肝，咸见褒赏；至于数世同居，辄复其家。"（《宋史》卷456《孝义传》）在南宋，一些皇帝也以身作则行孝。

　　　　孝宗居高宗丧，百日后尚进素膳，毁瘠特甚。吴夫人者，潜邸旧人也。屡以过损为言，上坚不从。夫人一日密谕尚食内侍，潜以鸡汁等杂素馔中以进。上食之觉爽口，询所以然。内侍恐甚，以实告。上大怒。皇太后闻之，过宫力解。乃出吴夫人于外，内侍等罢职有差。庙号曰孝，宜矣。（清·潘永因：《宋稗类钞·君范》）

　　除了表彰孝行，以身作则外，宋朝还加大了对"孝"的社会宣传力度。例如，在这一时期，"晋人王祥卧冰求鲤，三国时人孟宗泣笋等荒诞

---

　　① 左云霖：《中国弑君录》，中国工人出版社1992年版，第332页。

不经的愚孝故事，都被用作教材向人们灌输。并为王祥、孟宗等修建卧冰池、泣笋台、孝子亭等（参见《宋史·萧服传》）"①。汉朝以后的朝代，孝并没有受到统治者的特别青睐，因此可以说宋代的孝是对汉朝孝的恢复与汉朝片面之孝的继承和发展。

宋朝之后，辽、金、元等朝为少数民族所主之朝，受其本民族文化与生产、生活方式的限制，从总体上来看，不像宋朝那样强调"孝"。如元朝的脱脱在《金史》的《孝友》传中写道：

> 孝友者，人之至行也，而恒性存焉。有子者欲其孝，有弟者欲其友，岂非人之恒情乎？为子而孝，为弟而友，又岂非人之恒性乎？以人之恒情责人之恒性，而不副所欲者恒有焉。有竭力于是，岂非难乎。天生五谷以养人，五谷之有恒性也。服田力穑以望有秋，农夫之有恒情也。五谷熟，人民育，岂异事乎。然以唐、虞之世，"黎民阻饥"不免以命稷，"百姓不亲、五品不逊"不免以命契，以是知顺成之不可必，犹孝友之不易得也。是故"有年"、"大有年"以异书于圣人之经，孝友以至行传于历代之史，劝农兴孝之教不废于历代之政，孝弟力田自汉以来有其科。章宗尝曰："孝义之人，素行已备，虽有希觊，犹不失为行善。"庶几帝王之善训矣。夫金世孝友见于旌表、载于史册者仅六人焉。作《孝友传》。（《金史》卷127《孝友》）

这段话表明，金人、元人也认可孝的价值，但并不像宋人那样重视，"孝友见于旌表、载于史册者仅六人焉"。金人不太重孝，但却以封官爵的方式奖励孝。比如，温迪罕斡鲁补因孝而被"诏以为护卫"，王震因孝行而获得"特赐同进士出身，诏尚书省拟注职任"的封赏。（《金史》卷127《孝友》）

至元代，元臣说："我朝崇儒重道，度越前古。"（《元史》卷77《祭祀六》）这显然是溢美之词。事实是，元人虽重儒，但不像宋朝那样重视孝道。比如，宋代的职官有省亲假，在这方面也有健全的制度规定。而元朝基本上无职官省亲制度。文宗时，大臣僧家奴上疏说："自古求忠臣，

---

① 肖群忠：《孝与中国文化》，人民出版社2001年版，第93页。

必于孝子之门。今官于朝者，十年不省觐者有之，非无思亲之心，实由朝廷无给假省亲之制，而有擅离官次之禁。"（《元史》卷35《文宗四》）文宗至元朝灭亡时仅五六十年，此时尚无职官省亲的规定，元朝对孝的态度由此可见一斑。

元朝不像宋代那样重视孝、宣传孝，并不是说其一点不强调孝。毕竟孝有利于统治者，只要一些行为不利于统治秩序，它还是会以孝的名义反对它。比如元朝规定："诸愿弃俗出家为僧道，若本户丁多，差役不阙，及有兄弟足以侍养父母者，于本籍有司陈请，保勘申路，给据簪剃，违者断罪归俗。"（《元史》卷103《刑法志二》）而且，为了保障自己对汉族的统治，使自己的统治在汉族人眼里具有合法性，元朝也在逐渐接受中原传统伦理道德观念。到元中期，中原传统伦理道德观念基本上得到了元统治者的认可。自此，"孝事父母，友于兄弟、勤谨、廉洁、谦让、循良、笃实、慎默、不犯赃滥"（徐元瑞：《吏学指南·才能》）等行为标准成为全国统一的道德标准。

值得一提的是，由于元等少数民族政权不重视孝，导致社会不孝现象多有发生，这样民间自发宣传孝的力量就发展起来。有力的证据是，对后世影响最大的《二十四孝》最终成书于元朝。《二十四孝》中一些常人难做到的"孝"恰恰是当时人不讲"孝"道的间接反映。

经过元朝的相对不重视孝后，明朝顺应当时社会上人们的心声，特别重孝。明建国不久，太祖朱元璋即"诏举孝弟力田之士，又令府州县正官以礼遣孝廉士至京师"。后来，又时时像宋朝那样旌表孝子与"义门"。史书载旌表的孝子"岁不乏人，多者十数"。对义门的旌表，也是为了推行孝。而且明朝还规定："百官闻父母丧，不待报，得去官。"（《明史》卷296《孝义传一》）

可以说，宋、明高度重视孝，这一点为后来的清朝继承。经过后来明、清的进一步强化，孝已成为中国传统伦理文化的一个核心部分，直到今天还影响着我们的道德生活。

二　祭祖范围扩大，加强宗族，推广孝

中国古代的"孝"甚至人的生命意义都是与祖宗血脉联系在一起的。孟子说"不孝有三，无后为大"，这是对下说的。对上说，则是"上以事

宗庙"。"事宗庙"就是供奉与祭祀列祖列宗的神灵。如果不祭祀祖宗，祖宗则成为孤魂野鬼，因此不祭祖亦是不孝。这说明，中国古代的"孝"不只存在于父母子女之间，亦存在于隔辈人之间，甚至存在于已逝祖宗与阳世子孙之间。但是，封建社会的祭祖之孝并不完全是个人的事情，它要受皇权与封建礼制的限制。一个人祭祀祖先的世数并不是完全由个人决定，只有具有一定官职的家族才可祭祀一定世数的祖先。可见，祭祖在封建社会是一项特权，有一定的社会等级性，祭祖活动的规模反映着祭祀人的社会地位与官位的品秩。

到了宋元明时期，祭祖之孝与以前相比有了一些变化。先秦以来，以家庙形式祭祖一直是士大夫的特权，如《礼记·祭法》中规定天子七庙，诸侯五庙，大夫三庙，上士二庙，中士一庙，庶人无庙只能"祭于寝"。除了庙数的些微变化外（如自王莽始，天子九庙），这种等级特权至唐朝一直无多大变化。至宋徽宗时，官方始允许节度使以上官僚祭五世祖先，文武升朝官员祭三世祖先，其余小官和士庶人等可以祭二世祖先。庙址可以设在家宅内的左面，也可以建于住宅外侧。（《宋史·志第六十二》）比如一度为相的秦桧在临安设立的祖庙就在私宅中门的左边，一个大堂分为五室，中间放五世祖牌位，左边放两昭牌位，右边放两穆牌位。① 不过，当时礼官给宋徽宗的建议是"执政以上祭四庙，余通祭三世"。宋徽宗未采纳此意见，原因之一是通祭三世，无等差多寡之分，不符合礼意。在此有一个现象需要注意，史书在记载宋徽宗做出这样的规定时的用语是"徇流俗之情"，这表明，世俗人家祭祀三代在当时社会已普遍存在。祭祖方面的另一个变化是，宋元还出现了民间老百姓祭始祖的现象。按照当时的礼法，除了天子之外，任何人不得祭始祖。但朱熹知说，虽然不是家家皆可祭始祖，但现在法制不立，家自为俗，此等事若未能遽变，则且从俗可也。（《朱子全书·礼三·祭》）②

这一变化与当时的家庭结构变迁有关。唐末五代的战乱使以前的礼法遭到破坏，许多人并不依以前的礼法祭祀祖先。五代的战乱还导致人伦关系的不明或混乱。"氏族之乱莫甚于五代之时。当日承唐余风，犹重门

---

① 冯尔康：《中国古代的宗族与祠堂》，商务印书馆国际有限公司1996年版，第36页。
② 同上书，第37页。

荫。故史言唐、梁之际，仕宦遭乱奔亡，而吏部铨文书不完，因缘以为奸利，至有私鬻告敕，乱易昭穆，而季父、母舅反拜侄、甥者。"（清·顾炎武：《日知录》卷23）战乱除了导致"礼崩乐坏"外，更重要的是还造成了社会结构的巨大变化，一方面使门阀士族遭受毁灭性的打击，另一方面导致许多人流离失所，使原来以血缘与地缘为基础的社会结构遭到破坏。当然，除了战乱的原因外，科举制在宋朝的进一步实施也逐渐摧毁了原来的社会结构。在这种情形下，为了确保个人的生存与长久富贵，许多人把目光投向了加强宗族的血缘凝聚力、防止族人的贫富分化、确保家庭的繁荣昌盛。加强宗族的团结与联系的一个便利纽带就是共同的祖先。这样就出现了祭祀共同祖先，欧阳修、苏洵等人的私人修撰族谱，范仲淹设立义庄等现象。

加强宗族的联系当然得到了思想家的支持。比如北宋中叶的张载就认为，谱牒制度废除后，"人家不知来处，无百年之家，骨肉无统，虽亲恩亦薄"，而要"管摄天下人心，收宗族厚风俗，使人不忘本，须是明谱学世族与立宗子法"。而且，张载还认为如果不实行宗子法，那么朝廷不会世臣，"且如公卿，一日崛起于贫贱之中，以至公相，宗法不立，既死，遂族散，其家不传……如此则家且不能保，又安能保国家"。（《张子全书》卷1《宗法》）苏洵则希望通过族谱来维护族人之间的感情并培养族人的孝弟之心。他说："情见乎亲，亲见于服"，"无服则亲尽，亲尽则情尽，情尽则喜不庆、忧不吊，喜不庆、忧不吊则途人也。吾之所以相视如途人者，其初兄弟也，兄弟其初一人之身也，悲夫一人之身分而至于途人，此吾谱之所以作也。其意曰分而至于途人者，势也。势吾无如之何也，己幸未至于途人也，使之无至于忽忘焉可也。呜呼！观吾之谱者，孝弟之心可以油然而生矣。"（《嘉祐集》卷14《苏氏族谱》）

思想家程颐等人认为，不准官民祭祀五代祖先不合宗法与情理，也不利于孝道伦理的实现。程颐认为，历代王朝实行宗亲法，以五服关系为范围，服制到高祖。这种在法律上强调五服关系，实际祭祀时大多数官员和平民只能祭祀父辈而不能祭高祖、曾祖的祭祀法，不合情理，与服制也不合，不利于宗亲法的贯彻与孝道伦理的实现。程颐的高祖为大官僚，其曾祖、祖父两代未出仕，其父官至知州，依当时的礼法，他的家庭不够祭五世祖的条件，但却私自祭了五世祖。南宋的朱熹在谈及此事时，赞同程氏

的做法，认为这符合于祭祀法之意。(《朱子全书·礼三·祭》)

祭祀共同祖先现象的出现实际反映了人们试图在伦理观念上改变血缘关系被迫淡化的趋势。事实上，人们的这种努力也收到了一定的效果。

三 "通情"、有恩的和谐父子关系

(一)"通情"而宽容、和谐的父子关系

在人们的印象中，由于受理学思想的影响，宋明时代父子关系往往是"天下无不是的父亲"，父亲威严不可侵犯，甚至独裁专断，父亲面前只有唯唯诺诺的儿子。其实在现实生活并非完全如此。一则是宋明是一个很长的时期，在一定时期父子关系并不一定如此。二则宋明理学强调的孝道从产生到深入人心、转化成现实也要有一个过程。在宋明之间的一度时期，父子之间的关系还相对宽和。这一点从北宋名相文彦博幼时与父亲的一次冲突可看出。

> 潞公尚少。一日以事忤其父，欲挞之，潞公逃去。张靖父为辇运军曹司，知其所在，迎归使与靖同处。其父求潞公月余不得，极悲思之，乃徐出见，因使与靖同学。[1]

儿子竟敢忤逆父亲，而且为了躲避父亲的笞挞，还逃离家庭，并在外居留一月左右不回家，致使父亲因思念而悲伤不已。最后在父亲极度悲痛的情形下，文彦博才慢腾腾地出来见他的父亲。这一件事可以反映出当时父子关系与日常生活中人们在"孝"道上的伦理观念。第一，我们从中可以看到儿子对父亲的不服从与反抗，父亲出于父子之情而对儿子的妥协。而没有像南宋朱熹所要求的那样："凡为人子，须是常低声下气，语言详缓，不可高言喧哄，浮言戏笑。父兄长上，有所教督，但当低首听受，不可妄大议论。"(朱熹:《童蒙须知》)退一步讲，文彦博的所作所为不论从哪个角度来看，完全算不上"孝"。这表明在父子关系中，当时，父亲的威严还不是那么绝对与僵化，儿子尚不像清代的贾宝玉见到贾政那样像老鼠见到猫一样。第二，在儿子不"孝"的情况下，张靖的父

---

[1] 丁传靖:《宋人轶事汇编》上册，中华书局 2003 年第 2 版，第 393 页。

亲作为此次事件的局外人，虽然同为人父，但他没有劝说文彦博及时回家
向其父亲低头认错，也没有告诉文彦博父亲文彦博的所在，而是把文彦博
收留在家一个月左右。这说明父亲的社会权威并未得到当时一些人的认
可，因此在处理这类事时也就不会从维护父亲的权威的角度来处理，维护
父亲的权威并不是当时社会的主要观点。

　　父亲的权威没有绝对化也反映在当时法律的有关规定上。《名公书判
清明集·户婚门》载："诸同居卑幼私辄典卖田地，在五年内者，听尊长
理诉。"但同时规定尊长盗卖卑幼产业，允许卑幼"不以年限陈乞"。这
种规定"不见于唐，也不见于明清的"。① 从这条规定可看出，子女有自
己的"私财"，而且父母对子女的私财没有处置权。

　　为了保证父子关系的和谐，南宋的袁采劝勉人们在处理父子关系时应
相互"通情"。他说："为父兄者，通情于子弟而不责于子弟之同于己；
为子弟者，仰承于父兄而不望父兄惟己之听，则处事之际，必相和协，无
乖争之患。"这种"通情"之道有点像《大学》中的"絜矩"之道。
他说：

　　　　人之父子，或不思各尽其道而互相责备者，尤启不和之渐也。若
　　各能反思则无事矣。为父者曰："吾今日为人之父，盖前日尝为人之
　　子矣。凡吾前日事亲之道，每事尽善，则为子者得于见闻，不待教诏
　　而知效。倘吾前日事亲之道有所未善，将以责其子，得不有愧于
　　心？"为子者曰："吾今日为人之子，则他日亦当为人之父。今父之
　　抚育我者如此，畀付我者如此，亦云厚矣。他日吾之待其子，不异于
　　吾之父，则可以俯仰无愧。若或不及，非惟有负于其子，亦何颜以见
　　其父？"然世之善为人子者，常善为人父。不能孝其亲者常欲虐其
　　子，此无他，贤者能自反而无往不善，不贤者不能自反，为人子则多
　　怨，为人父则多暴。（袁采：《袁氏世范·睦亲》）

　　这种"通情"或"絜矩"之道是对父子双方的要求，而不像其他思
想家所要求的那样只对儿子规定义务，一味地要求儿子单方服从。比如，

---

　　① 张晋藩等主编：《中国法制通史》第 5 卷（宋），法律出版社 1999 年版，第 5 页。

北宋的司马光在《居家杂仪》中对子女的要求就是单方的，他规定："凡诸卑幼，事无大小无得专行，必咨禀于家长。""凡子受父母之命，必籍记而佩之，时省而速行之，事毕则反命焉。或所命有不可行者，则和色柔声具是非利害而白之，待父母许之，然后改之。若不许，苟于事无大害者，亦当曲从。若以父母之命为非，而直行己志，虽所执皆是，犹为不顺之子，况未必是乎？"（宋·司马光：《居家杂仪》）

（二）父子有恩与"儿子"角色优先

尽管在父慈子孝中父亲的权威还没有绝对化，但人们历来重视子孝，而不太过多地关注父是否"慈"。宋元明时期亦然，而且有一些新发展，儿子为父亲的附属的特点更加明显。

> 欧阳观义行颇睽，先出其妇，有子随母所育。及登科，其子诣之，待以庶人。然卒赖其收葬焉。[1]

欧阳修的父亲欧阳观对待欧阳修同父异母之兄晒颇无恩。首先没有尽到养子的义务。等到孩子长大拜访他时，他全然无父子之情，待之以庶人。相反，欧阳观去世（时欧阳修方四岁）后，晒尽孝葬父，并没有因为父亲曾经的冷淡而拒绝葬父。当然，记录者对欧阳观的无亲情的做法是持批评态度的，说其"义行颇睽"。这种批评态度反映出，当时一般人认为父子应有恩。

父子有恩也是明朝中期以前的要求，而且随着理学的兴盛与孝道的普及，可以说成为人们一种自然要求。比如，明嘉靖的杨继盛在去世前也告诫他的两个儿子，若他们的姐姐将来生活艰难，应加以照顾，这也充分体现了父女之间的感情：

> 你姊是你同胞的人，他日后若富贵便罢，若是穷，你两个要老实供给照顾他。你娘要与他东西，你两个休要违阻，若是有些违阻，不但失兄弟之情，且使你娘生气，不友又不孝，记之记之。（《杨椒山遗训》，载陈宏谋编《五种遗规·训俗遗规》卷2）

---

[1]　丁传靖：《宋人轶事汇编》上册，中华书局2003年第2版，第371页。

当然，我们平素极易看到"最喜小儿无赖，溪头卧剥莲蓬"的画面，但是，当父慈与子孝发生冲突时，这种有恩的关系极不易实现。人们往往首先选择子孝，即人们首先履行的是"儿子"的角色，而不是"父亲"的角色。这种观念在元代已得到人们进一步的提倡。成书于元代的《二十四孝》中的"埋儿奉母"之孝反映的就是这一现象。郭巨对其妻子说："贫乏不能供母，子又分母之食，盍埋此子？儿可再有，母不可复得。"这一价值取向也得到了明代人的推崇。傅檝怀疑继母与家奴害死其父，家奴逃匿不见，傅檝葬父后号啕曰："父仇尚在，何以为人！"后他的儿子燕卒，不哭。或诘之，则垂涕曰："我不能为子，敢为父乎！"（《明史·列传第一百八十五·孝义二》）傅檝的"我不能为子，敢为父乎"充分体现了这一观念。

这种"儿子"角色优先于"父亲"角色的排序模式潜在意识是"父亲"的价值大于"子女"的价值。在这种价值观念的支配下，危急关头孝子往往选择父母而不是子女也就不奇怪了。从史书的记载来看，宋元明时期，在价值冲突的情形下，人们做出这样的选择应是多数。人们要么置自己子女不顾而救父母，要么祷告牺牲子女或自己而成全孝，要么杀子祭天以孝父。比如，元代王闰的父亲素多资，既老，尽废之，不甘淡薄，每食必需鱼肉，闰朝夕勤苦入市，营奉无阙。父性复乖戾，闰左右承顺，甚得其欢心，乡里称焉。父尝卧疾，夜燃长明灯室中，火延篱壁间。闰闻火声，惊起驰救，火已炽，烟焰蔽寝户。闰突入火中，解衣蒙父，抱而出，肌体灼烂，而父无少伤。一女不能救，遂焚死。（《元史》卷197《孝友传一》）

"儿子"角色优先的模式实际上与"不孝有三，无后为大"的孝行要求相背离。如果说在紧要关头人们做出"儿子"角色优先的选择尚可原谅，那么在正常情况下做出这样的选择则不合情理，也失缺了"孝"的本义。关于"儿子"角色优先的模式与"不孝有三，无后为大"的价值的冲突，明人已有所认识："人子事亲，居则致其敬，养则致其乐，有疾则医药吁祷，迫切之情，人子所得为也。至卧冰割股，上古未闻。倘父母止有一子，或割肝而丧生，或卧冰而致死，使父母无依，宗祀永绝，反为不孝之大。"（《明史》卷296《孝义传一》）所以明代官方后来不表彰那种"灭伦害理"的愚昧之孝。

"儿子"角色优先是一个人对自己在父子关系中的角色价值认识与排序。这种意识的另一个表现就是当自己扮演了"父亲"角色时，自己对"儿子"享有极大的支配权。这一意识在现实中的极端表现就是当时"弃婴成风"与"养女取财"。[①] 元时，出现了"南人立券鬻妻子"的现象，廉希宪有感"人伦之怀一至此"，下令严禁，"当相买卖者并坐，没入所直。且即罪有司，立禁绝"。（《元朝名臣事略》卷7）"弃婴成风"与"养女取财"现象的出现与当时的经济生产、人口生产、伦理价值观念的变化都有关系。如果人们的伦理观念不变，即使政府下令禁止，也只能是禁得住一时，而不能彻底改变。

四　特异孝行与不孝恶行

除了事亲尽孝外，《明史·孝义传》将特异的孝行概括为"或万里寻亲，或三年庐墓，或闻丧殒命，或负骨还乡者"。（《明史》卷296《孝义传一》）这几种卓异孝行不只在明史上存在，在宋元也存在。此外，代父死也是此期的一种孝。

事亲尽孝。宋明生活中，孝的内容与以前相比有继承也有发展。养亲历来是孝的重要内容。宋元明时期，人们都自觉以养亲为孝。范仲淹两岁时丧父，他的母携其改嫁朱氏。既长，知其身世，遂辞母而去，力学举进士，迎母归养。为官之后，范仲淹对儿子们回忆说："吾贫时，与汝母养吾亲，汝母躬执炊而吾亲甘旨，未尝充也。今而得厚禄，欲以养亲，亲不在矣。汝母已早世，吾所最恨者，忍令若曹享富贵之乐也！"其孝亲之情溢于言表。富贵时要养亲，贫苦时亦养亲。宋代的朱泰家贫，但每天"鬻薪养母，常适数十里外，易甘旨以奉母"，自己则"服食粗粝"。（《宋史·朱泰传》）养亲之孝要以亲为先，即作为子女要吃苦在前享受在后。明代的姜昂"为人方洁，在官，日市少肉供母，自食菜菇"。（《明史·姜昂传》）养亲不只养己亲，还需奉养族亲。元代的何从义在祖父母偕亡后，庐于墓侧，旦夕哀慕，不脱经带，不食菜果，惟啖疏食而已。平

---

① 万建中等：《汉族风俗史》第3卷（隋唐·五代宋元汉族风俗），学林出版社2004年版，第527、528页。

时事父母，孝养尤至。他的伯祖父母，两个叔祖父母，叔父母，都没有儿子，这些亲人去世后，他都为其治葬，筑高坟，祭奠以礼。时人义之。（《元史》卷198《孝友传二》）此外，当时人的养亲还包括"善事继母为孝"的内容，因此社会上也出现了这样的一些事例。

为保证父母生活无忧，养亲的一个重要要求是父子同居共财。许多家训都训诫子孙应父子同居共财。司马光的《居家杂仪》："凡为人子、为人妇者，毋得蓄私财，俸禄及田宅所入尽归之父母舅姑。当用，则请而用之。不敢私假，不敢私与。"赵鼎在《家训笔录》中要求："田产概不许分割，即世世为一户。同处居住，所贵不远坟垄。"（南宋·赵鼎：《家训笔录》）同居共财是保证家庭成员生存的需要，因此，不仅是一项道德要求，也是历朝法律的要求，违背此要求要受法律制裁。宋真宗大中祥符二年（1009年）戊辰，诏："诱人子弟析家产，或潜举息钱，辄坏坟域者，令所在擒捕流配。"（《宋史·本纪第七》）元代也有相似的规定："诸父母在，分财异居，父母困乏，不共子职，及同宗有服之亲，鳏寡孤独老弱残疾，不能自存，寄食养济院，不行收养者，重议其罪。亲族亦贫不能给者，许养济院收录。"（《元史》卷103《刑法志二》）

但是，在宋代社会分家析产的现象却比较普遍，这与宋朝实行的税负制度有关。宋朝实行户等税役制度，那些资产多、人丁多的家庭户等高，户等高的家庭的职役差役就重，结果一些家庭因此而破产。为了逃避繁重的税收，各家都设法降低户等，方法之一就是尽早地分家析产，分散家产和人丁、缩小家庭的规模。① 这样就出现了"亲族分居"、"诡名子户"等"不孝"现象。结果是官方也不得不做出让步，承认这种现象，"诏士庶之家，应祖父母、父母未葬者不得析居。"（《续资治通鉴长编》卷120）

万里寻亲。元史记载了刘琦万里寻母的孝行，而且政府旌表刘琦为"孝义"。这说明当事人推崇这种价值。刘琦，生二岁而母刘氏遭乱陷于兵，琦独事其父。稍长，思其母不置，常叹曰："人皆有母，而我独无！"辄歔欷泣下。及冠，请于父，往求其母。遍历河之南北、淮之东西，数岁不得。后求得于池州之贵池，迎以归养。……有司上其事，旌表其门曰

① 邢铁：《宋代家庭研究》，上海人民出版社2005年版，第36页。

"孝义"。(《元史》卷198《孝友传二》)明史也记载有万里寻父的事例。王原，正德中，父珦以家贫役重逃去。原稍长，问父所在。母告以故，原大悲恸。乃设肆于邑治之衢，治酒食舍诸行旅。遇远方客至，则告以父姓名、年貌，冀得父踪迹。久之无所得。既娶妇月余，跪告母曰："儿将寻父。"母泣曰："汝父去二十余载，存亡不可知。且若父氓耳，流落何所，谁知名者？无为父子相继作羁鬼，使我无依。"原痛哭曰："幸有妇陪母，母无以儿为念，儿不得父不归也。"号泣辞母去，遍历山东南北，去来者数年。(《明史·列传第185·孝义二》)王原万里寻父的事迹得到了明人的推崇，并在社会传播开来。《石点头》中的《王本立天涯求父》就是以王原的事迹为原型。

代父母死。在宋元明时期还出现了代父母死的孝行。元末，(曾)鼎奉母避贼。母被执，鼎跪而泣请代。贼怒，将杀母，鼎号呼以身翼蔽，伤顶肩及足，控母不舍。贼魁继至，悯之，携其母子入营疗治，获愈。(《明史·列传第184·孝义一》)石永寿者，负老父避贼，贼执其父将杀之，号泣请代，贼杀永寿而去。(《明史·列传第184·孝义一》)郑韺，天顺中，母为瑶贼所掠。韺年十六，挺身入贼垒，绐之曰："吾欲丐吾母，岂惜金，第金皆母所瘗，愿代母归取之。"贼遂拘韺而释母，然其家实无金也，韺遂被杀。(《明史·列传第185·孝义二》)

不孝之恶行。宋元明时期出现许多可歌可泣的孝行，但不是没有不孝的恶行。

之一是父母死后不葬。洪迈的《夷坚志》就有这样的故事。比如，《甲志》卷7中所讲的"不葬父落弟"与"罗巩阴谴"。前者讲陈杲梦见神告诉他："子父死不葬，科名未可期也。"后果未第。后者讲罗巩梦见神告诉他说，你已得罪阴间，赶快回家去吧。罗巩平生操守很少有过失，便问他哪里得罪了阴间。神说："子无他过，惟父母久不葬之故耳。"罗巩又问道，家里有兄弟，他们也不葬父母，为什么把罪独独归于我呢。神的回答是："以子习礼义为儒者，故任其咎。诸子碌碌，不足责也。"这两个故事说明当时有人有父母死后不葬的不孝之行。后一故事还说明，当时还有兄弟几人都不葬父母的现象。

这样的事例也存在于元朝。元朝的赵春奴"生不奉养"其母，将母亲弃绝于外20余年。就在客居于外的母亲奄奄一息撒手人寰之前，也不前去侍疾。其母死后，赵春奴迟迟不奔丧，至尸所后不举哀、不穿丧服，且口出怨言，甚至禁止其妻哀哭而自己言笑自若。更甚的是，最后竟不顾匠官与舆论的压力，将其母草草火葬。① 赵春奴这种不孝说明元时不孝之风颇盛。

之二是谋杀亲生父母。比如，宋代有人为了通过丁忧不去外地做官而谋杀亲生母亲。

> 恭公子世儒，母即张氏也。恭公卒，张为尼。世儒既长迎归，与妻李事之不谨。世儒元丰间为太湖县，不乐为外官，与李讽诸婢谋杀张，欲以忧去。诸婢以药毒之不死，夜持钉陷其脑骨，以丧归。为婢所告，送大理寺推治，而李辞屡变，凡三易狱始得实，世儒与妻等十人并处死。②

事情发生后，宋神宗说："执中止一子，留以存祭祀何如？"持正云："五刑之赎三千，其罪莫大于不孝。其可赦也？"竟置极典。③

之三是葬父而无哀凄之容。生养死葬、慎终追远是孝的基本要求。死葬时，哀容孝思乃人之常情。但是，明洪武元年（1368 年），"京师人民循习旧俗。凡有丧葬，设宴会亲友，作乐娱尸，无哀戚之情"，丧葬之孝已成为一种给人看的形式。所以，御史高元侃请求禁止这种不孝的现象以厚风俗。（《明会要》卷51《民政二》）

五　宋明后期极端的或愚昧之孝

宋明时的孝有合理的地方，也有不人道的地方。一是亲杀父仇的孝行。这种孝行在宋明都存在，而且得到了官方的表彰。《宋史·孝义传》载："晋开运末，契丹犯边，有陈友者乘乱杀璘父及家属三人。乾德初，璘隶殿前散只候，友为军小校，相遇于京师宝积坊北，璘手刃杀友而不遁去，自言复父仇，案鞫得实，太祖壮而释之。"这种孝行不只发生在儿子

---

① 转引自韩玉林主编《中国法制通史》第 6 卷（元），法律出版社 1999 年版，第 705 页。
② 丁传靖：《宋人轶事汇编》上册，中华书局 2003 年第 2 版，第 276 页。
③ 同上。

身上，女儿也有此孝行，真是巾帼不让须眉！同样是《宋史·孝义传》载：雍熙中，京兆鄠县民甄婆儿，母刘与同里人董知政忿竞，知政击杀刘氏。婆儿始十岁，妹方襁褓，托邻人张氏乳养。后数年稍长大，念母为知政所杀，又念其妹寄张氏，与兄课儿同诣张氏求见妹，张氏拒之，不得见。婆儿愤怒悲泣，谓兄曰："我母为人所杀，妹流寄他姓，大仇不报，何用生为！"归取条桑斧置袖中，往见知政。知政方与小儿戏，婆儿出其后，以斧斫其脑杀之。有司以其事上请，太宗嘉其能复母仇，特贷焉。（《宋史》卷456《孝义传》）为父报仇的孝行在《明史·孝义传》中亦有记载。何竟为报父仇而杀伤杀父官员，面对审讯官的讯问："尔等何殴县官？"竟曰："竟知父仇，不知县官，但恨未杀之耳。"（《明史》卷297《孝义传二》）

替父报仇，寻求正义乃是人之常情，也是维护社会公平的需要，但以私人复仇的方式寻求正义极易摧毁政府与法律的权威，以私人正义观代替公共正义观，所以这种方式不可取。

二是违道伤生、灭伦害理的愚昧之孝。宋、辽、金、元、明之孝史充满了血腥，割肝、刲股、埋儿、杀子、凿脑、卧冰、舐目等愚昧、野蛮、残忍的行径触目惊心。难怪鲁迅有"吃人"之叹。这种违道伤生、灭伦害理的野蛮孝行在后汉已出现，但当时还只是个例，也没有得到官方的宣扬。到了宋，这种令人发指的愚昧之孝骤然增多，主要原因是其得到了皇权的肯定与表彰。"太祖、太宗以来……刲股割肝，咸见褒赏。"（《宋史》卷456《孝义传》）所以说，宋政府在这方面起了一个极坏的头。金朝"孝友见于旌表、载于史册者仅六人"，但观其所表彰的六人中就有三人有令人发指的孝行。温迪罕斡鲁补，"母疾，刲股肉疗之。"王震，"母患风疾，刲股肉杂饮食中。"刘政，"母老丧明，政每以舌舐母目"，"母疾，昼夜侍侧，衣不解带，刲股肉啖之者再三"。（《金史》卷127《孝友》）可见自宋朝始的愚昧之孝流毒之深。元代不像宋代那样重视孝、宣传孝，剔除了宋代孝中的愚孝成分，对宋代的一些不合理的规定也做出了调整。比如，忽必烈即位之后不久就将这种愚昧孝行宣布为"非理行孝"（《通制条格》卷27《杂令·非理行孝》）。元朝的相关法律规定："诸为子行孝，辄以割肝、刲股、埋儿之属为孝者，并禁止之。"（《元史》卷105《刑法志四》）《元典章》辑录有关行孝的法律公牍仅有三条却是禁止这种不人道的孝行：一是"行孝割股不赏"，二是"禁卧冰行孝"，三是"禁割肝剜眼"。但是，这些愚孝毕竟经过了几百年的教化，在普通民众心中已根深蒂固，所以，尽管元代禁止，但很难在一时彻底改变。在《元史》的《孝友传》中，这样的愚昧之举还可屡屡看到，其数之多可与《宋史》中匹配。此恶毒直流至明初山东日照江伯儿杀子行孝的事件。

江伯儿的母亲生病后，江伯儿先是"割肋肉"给母亲治病，母亲的病并未因此而治愈。江伯儿又"祷岱岳神"给母亲治病，许愿说母亲病愈后，愿杀子祀神。后来江伯尔母亲的病果然好起来，于是江伯尔践诺杀死三岁的儿子。这件事引起了朱元璋的震怒，说这种杀子行孝"灭伦害理"，下令将江伯儿治罪，杖打一百，遣戍海南，并下令讨论"旌表例"。议论的结果是"卧冰割股，听其所为，不在旌表例"。（《明史》卷296《孝义传一》）这种"听其所为"的政策虽然不及元朝的明令禁止明智，但从此《明史·孝义传》中再很少见到这样的旌表。"永乐间，江阴卫卒徐佛保等复以割股被旌。而掖县张信、金吾右卫总旗张法保援李德成故事，俱擢尚宝丞。迨英、景以还，即割股者亦格于例，不以闻，而所旌，大率皆庐墓者矣。"（《明史》卷296《孝义传一》）所以说明朝"割股卧冰，伤生有禁，其后遇国家覃恩海内，辄以诏书从事"（《明史》卷296《孝义传一》）还是准确的。

宋明出现违道伤生、灭伦害理之孝原因是多方面的。比如明人就指出"皆由愚昧之徒，尚诡异，骇愚俗，希旌表，规避里徭。割股不已，至于割肝，割肝不已，至于杀子"。（《明史》卷296《孝义传一》）今天只从政策层面看，则与政府的不恰当彰表和奖励有关。

三是"孝可动天"观念深入社会。孝可感天地、动神明的观念在南北朝时已出现，到了宋朝以后这一观念进一步深入人心。而且这种迷信观念得到了官方的认可与宣传，并以一些附会的怪异现象来证明自己教化有成。《宋史·孝义传》中说："一百余年，孝义所感，醴泉、甘露、芝草、异木之瑞，史不绝书，宋之教化有足观者矣。"（《宋史》卷456《孝义传》）《明史孝义列传》开篇一段也对此观念大加宣扬。"观其至性所激，感天地，动神明，水不能濡，火不能蒸，猛兽不能害，山川不能阻，名留天壤，行卓古今，足以扶树道教，敦厉末俗，纲常由之不泯，气化赖以维持。是以君子尚之，王政先焉。至或刑政失平，复仇泄忿，或遭时不造，荒盗流离，誓九死以不回，冒白刃而弗顾。时则有司之辜，民牧之咎，为民上者，当为之恻然动念。故史氏志忠孝义烈之行，如恐弗及，非徒以发侧陋之幽光，亦以觇世变，昭法戒焉。"

这种迷信观念不只得到政府的推广，一些士大夫也用一些迷信来劝诱人们行孝。比如，元朝政府不太重视孝的政策，必然会对社会产生强烈影响。其中一个不良后果就是，由于不孝子孙得不到处罚，悖逆父母的不孝之行多有发生。这是受儒家文化影响的士大夫不能接受的。于是汉族士大夫便借助鬼神来劝诱人们行孝。"人道莫大于孝……寿夭、祸福、吉凶，随类而应，鬼神旁鉴，令人毛发悚惕，可不畏哉。"（参见陶宗仪《南村辍耕录》卷28《不孝陷地死》卷6《孝行》）在元代孝的普及读物《二十四孝》中，第一孝宣传的就是"孝感动天"。

当然，"孝能动天"深入社会除了上面的因素外，还与道教在宋明以来的发展有关，尤其到了明代，道教对社会的影响更大。民间道教包含着天人感应、谶纬迷信思想。这些思想与"孝"结合起来，并经过道教的传播而深入社会。不过，我们也不能排除宋明理学中的"天人合一"思想世俗化后对"孝能动天"思想的影响，毕竟这些思维方式之间都有相通的地方。

"孝能动天"观念深入社会的结果是，一方面保证了人们努力尽心行孝，另一方面使孝神化，导致违道伤生、灭伦害理愚昧之孝的增多。

第二节　婚姻中的道德生活

宋代是理学产生的时代。一些理学家提出了"饿死事极小，失节事极大"的伦理规范，但它并没有成为当时甚至元明时期婚姻生活的主导伦理规范。相反，当时的婚姻伦理道德生活的现实是，人们在议亲时重资财、重科举官僚，也有人重"人品"；夫妇之伦中有"悍妇"式的平等关系；离婚、再嫁的道德环境相对宽松等。可以说，理学家所主张的"饿死事极小，失节事极大"等伦理规范是对当时婚姻伦理道德生活的调整或"匡正"。这表明宋人的婚姻伦理道德生活不同于后世明清时期的婚姻伦理道德生活，呈现出了从宋前的婚姻道德生活向明清时婚姻道德生活过渡的特点。

一　议亲的伦理道德：新的"门当户对"

隋唐时期（包括整个古代社会）婚姻极重"门当户对"，又重"聘礼（财）"。与这种风俗不同，宋人在婚姻上重科举官僚与资财，间或重人品。

门阀士族观念在唐朝社会上还有一定影响，因此，唐人在议亲时讲究门第，直至唐末仍有人念念不忘"李郑崔卢，姓之名器。千古推高，九流仰视"①。《西厢记》中崔夫人反对张生与崔莺莺婚姻的一个重要的潜在原因就是崔氏为望族，而张姓乃小姓。依此逻辑，即使张生中了状元，崔夫人亦会反对此桩婚姻。但张生与崔莺莺若生于宋代，崔夫人绝不会因此而反对他们的婚姻。相反，张生若高中状元，则会成为炙手可热的婚配抢手货。宋人择婿的一个显著特点是"榜下择婿"，即及第进士是最佳女婿人选。这一现象甚至成为诗人的题材。王安石诗云："却忆金明池上路，红裙争看绿衣郎。"苏东坡亦云："囊空不办行春马，眼眩行看择婿车。"人们往往采用三种方式选择进士做女婿：一是榜下择婿。二是榜前择婿。三是榜前约定，榜后成婚。② 其中榜下择婿最为壮观。每逢科举考试发榜，达官富室之家清晨便出动"择婿车"，去到"金明池上路"，争相选择新科进士即"绿衣郎"做女婿，一日之间"中东床者十八九"。

人们选择配偶不再重视门阀世族而改重"金榜题名"，一个原因是经过唐末和五代十国的社会战乱，旧的门阀士族涤荡殆尽，在社会上不再享有特殊地位。宋代的政治、经济制度规定，一般官吏、地主不再享受世袭固定的官职和田产的特权。相反，在科举制度下，进士即使出身寒微，也有着很好的前程。宋真宗赵恒曾写了一首劝学诗，赤裸裸地宣传"读书做官"的好处："富家不用买良田，书中自有千钟粟。安居不用架高堂，书中自有黄金屋。出门莫恨无人随，书中车马多如簇。娶妻莫恨无良媒，书中有女颜如玉。男儿欲遂平生志，六经勤向窗前读。"③ 这表明，进士、科举官员的社会地位得到提升，逐渐享有了社会特权。

宋人在婚娶观上另一个观念是重钱财。婚姻重视资财在中国古代历来

---

① 周绍良主编：《唐代墓志汇编》，上海古籍出版社 1992 年版，第 2401 页。

② 朱瑞熙等：《辽宋西夏金社会生活史》，中国社会科学出版社 1998 年版，第 135—137 页。

③ 转引自徐少锦、陈延斌《中国家训史》，陕西人民出版社 2003 年版，第 382 页。

有之。古书就有婚姻以俪皮为礼的记载。从汉魏始，婚姻彩礼渐盛。北齐颜之推对此做出批评："近世嫁娶，遂有卖女纳财，买妇输绢，比量父祖，计较锱铢，责多还少，市井无异。"（颜之推：《颜氏家训·治家篇》）唐人婚姻虽然重视门望，但亦不忘资财，以致当时一些男女因家贫而终身未能嫁娶。到了宋代，这一习俗非但未消退，反而因商品经济的进一步发展，有了进一步的发展。为了资财，娶寡妇者有之，入赘者有之，甚至进士卖婚、妇女嫁僧道者亦有之。一般而言，在中国古代社会往往是无子招赘，而且入赘者不管在本方家族还是在女方家族中都很难抬起头。但在宋代一些男士屈身入赘至有子富家，与富家子弟齿。屈身入赘不是为了爱情，而是为了资财，等"富人死，即分其财"。（《续资治通鉴长编》卷31淳化元年九月）此外，宋时的僧人比较富裕，《鸡肋编》载："广南风俗，市井坐估，多僧人为之，率皆致富"，所以，"妇女多嫁于僧人，欲落发则行定，既剃度乃成礼"。宋时的法律虽然规定了惩罚娶妻僧道及嫁于僧道者的措施，但仍遏制不住人们追求资财的欲望。现实中僧道娶妻者依然较多，尤其两广地区，僧人"例有室家"。为了资财，甚至新科进士也不顾礼义而卖婚求财，以至惊动了一些官员向皇帝上书要求禁绝与"以典法从事"。（丁骘：《请禁绝登科进士论财娶妻》，载吕祖谦编《宋文鉴》卷61）

元代人的婚姻更是充满了"买卖"的味道。在元代，"田宅、婚姻、债负、良贱"都属于"文约契券"之"要约"事务。"民间婚姻、田宅等事项及两相贸易，合立文约者，皆须分明开写年月、价值、期限、证佐，以备他日检勘。"其中，对婚姻的"价值"法律上明确规定了聘财数量和品类。这样的结果是，生活中"计较聘财多寡，责望资装厚薄"而"兴讼连年"的事情常有发生。①

对这种社会风气司马光厌恨地说："今世俗之贪鄙者，将娶妇，先问资装之厚薄；将嫁女，先问聘财之多少。"（司马光：《司马氏书仪》卷3《婚仪上》）蔡襄也指出："今之俗，娶其妻，不顾门户，直求资财。"（蔡襄：《福州五戒》，载吕祖谦编《宋文鉴》卷108）这些现象与记载表明，随着商品经济的发展，金钱成为婚姻议亲中的主导因素的苗头已显现。北齐、唐朝婚姻虽重财礼，但尚"比量父祖"，而到宋代已"不顾门

---

① 参见韩玉林主编《中国法制通史》第6卷（元），法律出版社1999年版，第642页。

户，直求资财"。这种以财论婚，在物质生产能力相对低下、物质财富相对匮乏的条件下，是为婚姻当事人的将来生活考虑，尤其是女性的将来生活。民谚"嫁汉、嫁汉，穿衣吃饭"说的就是此理。但是，以财论婚在本质上又是买卖婚姻，不考虑婚姻当事人之间的感情与个人意志。这表明当时妇女地位有所提升但依旧低下，依然只是男人、家族等特权的工具，自己无法掌握自己的命运，甚至婚姻大事。

进士、资财毕竟不是幸福婚姻生活的充分条件。因此，与重财、重科举官僚的社会风气不同，有识之士提出男女议亲应看重人品。袁采在《世范·议亲贵人品》中主张："男女议亲，不可贪其阀阅之高，资产之厚。苟人物不相当，则子女终身抱恨，况又不和而生他事者乎！"他的人品说主张婚配需条件相当。"有男虽欲择妇，有女虽欲择婿，又须自量我家子女如何。如我子愚痴庸下，若娶美妇，岂特不和，或有他事；如我女丑拙狠妒，若嫁美婿，万一不和，卒为其弃出者有之。凡嫁娶因非偶而不和者，父母不审之罪也。"（《袁氏世范·睦亲·婚配需条件相当》）可见，他的人品说是一种新的"门当户对"的般配观念。

二　悍妇、柔顺、夫义与夫权的上升

"夫义妇顺，夫为妻纲"是中国传统夫妇之伦的基调。但这一基调也随着时代的不同有所不同表现。到了宋代，夫妇之伦的道德生活因妇女在家庭中的地位的上升而出现了"悍妇"现象。

传统家庭实行内部分工，男主外，女主内，琴瑟和谐，男女互相协作，共同维护家庭的和谐运转。但在宋代，一些"女主内"却演变成了家庭中的强势妇女，在夫妇之伦中出现了悍妇"不易制"，甚至丈夫反受妻子控制的局面。宋宰相王旦就是有名的妻管严。赵概《闻见录》记载，王旦在其宅后建立一堂，起名为"三畏"。其同僚杨亿风趣地说：可以改为"四畏"。王旦不明其意而"问其说"，杨亿回答说："兼畏妻。"一朝宰相竟也畏妻，可见当时妇女在夫妇之伦的地位。妻子在家庭中的强势地位免不了妻子对丈夫实施家庭暴力。沈括就是这方面家庭暴力的受害者。他晚年所娶后妻张氏颇为厉害，不仅沈括的长子被其逐出家门，就是沈括本人也时常"被捶骂，捽须堕地。儿女号泣而拾之，须上有血肉者，又相与号恸"。后张氏因病而亡，人们都为沈括庆幸。但不幸的沈括自张氏去世后，却恍惚不安，不久也离开了人世。① 不只妻子在夫妇之伦中处于强势地位，就是一些妾也可能如此。《宋史》载："昭亮妻早亡，内嬖三妾迭预家政，莫能制也。"（《宋史》卷464《李昭亮传》）鉴于大臣普遍畏妻，真宗刘皇后在众大臣的夫人面前，"苛责"了"闺范严酷"的夏竦之妻杨氏，以便责一儆百。此后，杨氏"少戢"。但整个社会风气并未因此有多大改观。（江少虞：《宋朝事实类苑》卷16《顾问奏对·杨蝉》）

悍妇并不是说夫妻之间没有感情。像唐朝人一样，宋元明时期人们同样强调夫妇之间的"情"。南宋洪迈在《夷坚甲志》卷2中记载了一个"张夫人"的故事。张子能夫人郑氏临死时对张说："君必别娶，不复念我矣。"张流着泪说："何忍为此！"郑氏又说："人言那可凭？盍指天为誓！"张于是发誓。后来张子能在外界逼迫下违誓再娶，妻子的阴魂便来报复了张。这个故事固然有迷信色彩，但从中至少可以发现两点。一是夫妻都非常重视他们之间的感情，妻子临死时还担心丈夫会移情别恋而抛弃掉对自己的感情，而丈夫对自己的妻子也充满感情，这种感情在妻子就要撒手人间时化为悲痛之情，流着眼泪对妻子说，怎么忍心那样做！而且还自觉地发了毒誓。事实上张后来也力辞再娶，这说明他还记着与郑氏的感情，或至少还记着自己对郑氏的誓言。从这个故事中可看出的另一点是，妻子在夫妻关系中并不弱，郑氏主动要求丈夫张子能发誓，而且在张被迫再娶的情况下，郑氏也不放过张，以阴魂的形式报复了张。

不过公允地说，此历史时期的悍妇"莫能制"只不过是封建卫道士想维护男性统治地位而用的"措辞"，实际上它从一个角度反映了当时夫妻之间的平等关系。这种平等关系直到元代在一些地方还存在。如浙西"妇女各理生计，直欲与夫相抗"，夫妻"各设掌事之人，不相同属"；"或其大与亲戚乡邻往复馈之，而妻亦如之，谓之梯己问信"。浙东也受到了这种风气的影响，"间或若是者盖有之也"。（孔齐：《至正直记》卷2《浙西风俗·屠刽报应》）

夫妇之伦中之所以出现强势妻子，原因有多方面。一是妻子掌握家庭内部事务的管理权，家庭地位有所提升。这里的家务管理权限较广，包括家庭的财产权、子女的教育、监护、惩罚等权利。而且当丈夫在这方面的能力缺

---

① 朱瑞熙等：《辽宋西夏金社会生活史》，中国社会科学出版社1998年版，第115页。

席时，妻子更应承担起"家不破"的重任。袁采就鼓励妇女在此情形下自担重任，而不是将家业委托给宗族或亲戚，为此他将能保家不破的妇人称为"贤妇人"（《袁氏世范·睦亲·寡妇应自养幼子》）。二是妇女的社会地位不像后世那样低下，有着相对宽松的、轻松的生存环境。理学伦理在宋时也未完全取得主导地位，人们的伦理观念并未被理学禁锢。妇女也不会自我束缚、自安从属地位。经济的发展又为妇女提供了自主谋生的机会，妇女在生存上减少了对男性的依赖。《容斋随笔》中就记载了一位弃妇自主经商，后积钱盈十万缗。同时，宋时妇女还有着宽松的离婚、再婚社会伦理环境。三是当时社会男性有纳妾、狎妓的风气。经济的发展一方面使纳妾有了一定经济基础，另一方面也为享乐生活提供了可能。但是，夫妻间的情感往往具有"排他性"或独占性。面对纳妾狎妓，妻子总会做出抗争性反应。河东狮吼就是这方面的典型。陈慥"好宾客，喜蓄声妓，然其妻柳氏绝凶妒，故东坡有诗云：'龙丘居士亦可怜，谈空说有夜不眠，忽闻河东狮子吼，拄杖落手心茫然。'"（宋·洪迈：《容斋随笔·陈季常》）

面对妻"莫能制"的社会风气，一些思想家提出夫妻之间应夫义妻顺。司马光列举史例说明丈夫对妻子应有情义。对历史上那些不讲情义的丈夫，如庄周妻死，鼓盆而歌；汉山阳太守薛勤，丧妻不哭，临殡曰："幸不为夭，夫何恨！"他批评其为"弃义"。同时他又驳斥了时人对讲义之夫的讥笑，认为其"循礼"，"何讥笑焉！"他说："昔太尉王龚妻亡，与诸子并杖行服，时人两讥之。晋太尉刘实丧妻，为庐杖之制，终丧不御肉，轻薄笑之，实不以为意。彼庄、薛弃义，而王、刘循礼，其得失岂不殊哉？何讥笑焉！"（宋·司马光：《家范》卷7）至于妻子对丈夫，司马光认为应"柔顺"。他所说的"柔顺"包括实现丈夫的遗愿如奉姑养子、"不妒"、辅佐丈夫"成其令名"、为夫守节维持这个家的存在等内容。（宋·司马光：《家范》卷8、9）司马光强调妻子的"柔顺"显然有两个目的：一是鼓励妻子对"破家"尽义务。这点与袁采有点接近。不同的是，司马光所列举的史例大多是丈夫去世后的例子。这可能与当时大量寡妇不顾原夫家所存老幼的生存而再嫁有关。二是以传统的礼教调整夫妇之伦，强调丈夫对妻子的主导。这与当时悍妇不易制有关。"古之节妇，有以死徇其夫者，况敢庸奴其夫乎？"（宋·司马光：《家范》卷9）一句话明显地表露了他的这一心迹。

需要注意的是，司马光宣扬的"柔顺"，掺杂着愚腐的、不人道的"从"与"顺"。其推崇的那些历史事例渗透的观念与后来理学的忠贞观几无二致，不由得让人想起鲁迅所说的"吃人"。事实上，忠贞在现实中虽然未成为宋人的主导观念，但其也强调妻子对丈夫的忠贞。这种忠贞不只是精神上的忠贞，而且是肉体上的忠贞。宋律就规定，丈夫杀死犯奸妻子，减刑论处。

司马光提倡的道德规范至明朝继续被提倡。如明朝的方孝儒在《四箴》宣扬道：

> 夫以义为良，妇以顺为令。
> 和乐祯祥来，乖戾灾祸应。
> 举案必齐眉，如宾互相敬。
> 牝鸡一晨鸣，三纲何由正。①

与司马光只提"夫义妻顺"不同，方孝孺还搬出"三纲"、"牝鸡晨鸣"。这表明封建礼教的加强，反映了夫权上升的态势。这种变化原因是多方面的，但不排除与元代的夫妻伦理道德生活有关。比如，在元代，典雇妻室在南方地区很普遍。元至元二十七年（1290 年）五月，户部呈文指出："吴越之风，典雇妻子成俗已久。"至元二十九年（1292 年）六月，浙东道廉访司副使王朝清说："江淮薄俗，公然受价将妻典与他人，如同夫妇。"在元朝，比典雇妻子更甚的是，妻子往往被丈夫嫁卖。② 或许这种卖妻、典雇妻的确是由于丈夫经济困乏、生活艰难，但妇女地位低下，成为丈夫或夫家的财产是无可辩驳的。

当然随着夫妻关系中丈夫权威的加强，社会对丈夫也做出了一些限制。比如，明朝人说："前代文武官皆得用官妓，今挟妓宿娼有禁，甚至罢职不叙。"（陆容：《菽园杂记》卷 2）不管这种规定出于何种理由，它总是对夫妻关系的保护。

---

① （明）方孝孺：《四箴》。转引自徐少锦、陈延斌等编《中国历代家训大全》（下），中国广播电视出版社 1993 年版，第 731 页。

② 参见韩玉林主编《中国法制通史》第 6 卷（元），法律出版社 1999 年版，第 687 页。

三　离婚、再嫁

（一）相对宽松的离婚道德环境

自古至今中国人将夫妻和睦、白头偕老视为幸福美满的婚姻，相反将婚姻破裂视为人生的不幸。即使在男尊女卑、三从四德的伦理环境中，在主流舆论上，丈夫亦不可随心所欲地与妻子离婚，妻子更不可离婚改嫁。但是在宋代，实际情况与此主流倡导有些不符。宋时，妇女离婚改嫁者颇多。这表明，宋时还有着相对宽松的离婚社会道德环境。在离婚问题上，司马光提出"夫妇以义合，义绝则离之"的离婚观。当时有一些士大夫离婚，遭到众人的反对，认为"无行"。司马光则认为："按礼有七出，顾所以出之，用何事耳！若妻实犯礼而出之，乃义也。昔孔氏三世出其妻，其余贤士以义出妻者众矣，奚亏于行哉？"（司马光：《家范》）这表明他支持这些士大夫离婚。其实，这里的"众"人并不是社会上多数人的舆论取向，而是部分士大夫中的"众"。宋时相对宽松的离婚道德环境还表现在，夫妻双方甚至可以协商离婚且有法律保障。宋时的法律规定："若夫妻不相安谐而和离者，不坐"；"彼此情不相得，两愿离者，不坐"（《宋刑统》卷14《户婚律·和娶人妻》）。这里的"和离"就是夫妻双方协商离婚。由于在封建社会，不管是丈夫还是妻子都没有个体独立的社会地位，所以，所谓的"和离"往往是以男女双方的家庭或家族面目出现的。比如，由于女婿"多外宠，往往涉夜不归……其女抱病甚笃"，宰相向敏中就曾打算让其女儿与女婿离婚（魏泰：《东轩笔录》卷3）。这表明，宽松的离婚道德环境是相对的，并没有给予妇女多少离婚自由。

相反，这时丈夫出妻却增加了一个新理由——以"悍"而去妻。古代去妻的理由主要是"七去"。到了宋代，由于现实中悍妇较多，严重者已影响到了家庭的和睦，也冲击着男尊女卑的封建社会纲常名教，所以，司马光在《家范》中提出："其或骄纵悍戾，训厉禁约而终不从，不可以不弃也。……苟室有悍妻而不出，则家道何日而宁乎？"（司马光：《家范》）这里，受时代的局限，司马光并没有提出女性也可主动与悍夫离婚。虽然思想家主张"七出"、"义绝"，但这些思想并不能马上杜绝现实社会中的较高的离婚率。现实中，男性往往因内宠、逐妓、喜新厌旧、羡财而出妻。也有迫于父母之命而出妻的，如众人熟知的陆游与唐氏离婚之例。不管出于何种理由，离婚是不为世人所耻的。

宋代相对宽松的离婚道德环境主要得益于社会发展的历史惯性。宋以前，人们对离婚就比较宽容。这种风气只是在新的时代，增加了新的内容。这种宽松的离婚环境孕育着新的婚姻观与离婚观。甚至当时一些婚妇都"视夫家为过传，偶然而合，偶然而离"（陈耆卿：《嘉定赤城志》卷37《风土门·天台令郑至道论风俗·重婚姻》）。

（二）承唐遗俗，再嫁不难

从一而终是中国古代社会向来倡导的伦理规范，但宋人却不以再嫁为耻。民国时的尚秉和就说："贞女不再嫁，操守清洁，自古义之，然在周时殊无特别旌表之举。盖王道本乎人情，礼缘义起，女而守固为义，即再嫁亦不违礼。其见于载记者，自周迄宋，皆如是也。自明以来，士族缙绅之家，皆耻于再醮，以守节为高，以改嫁为不义。"① 他的论述是符合实情的。比如，范仲淹的母亲后嫁于朱氏，儿媳后嫁给范仲淹的门生王陶。范仲淹居相位时本人创建的义庄还专门设有婿夫改嫁之费。虽然理学家宣传"饿死事极小，失节事极大"的节烈观，但在当时并没有多少市场。据统计，"宋朝以前所记节烈妇女，不过 187 人。宋金时期，增为 302 人，元代为 742 人，明代骤然升至 3582 人，清初即达 12323 人"② 就是程颐本人在寡妇再嫁问题上也不是刻板一块。对其父热心操办外甥女再嫁事宜，程颐不仅不隐瞒，反而用它赞美他父亲对宗族之亲的关心。（《河南程氏文集》卷12《先公太中家传》）程颐甚至还默许自己的侄媳再嫁。（《河南程氏外书》卷 11《时氏本拾遗》）同样，元代的寡妇再嫁也不难。成宗大德七年（1303 年），元朝政府有过一次寡妇再嫁时原随嫁妆归属权问题的处理意见。这一情况表明寡妇再嫁而不愿守志是普遍现象，而且在南方地区尤为盛行。③

宋人不耻再嫁是承袭唐俗的。"唐宋贵人皆不以再嫁为耻。"④ 其实前俗亦不以再嫁为耻，只是以私奔为耻。在春秋时甚至宁害义，也不让妇女守寡。至唐时，不耻再嫁之俗并未改变。唐时公主再嫁者二十三人，三嫁者四。（《新唐书·公主传》）唐不耻再嫁的一个重要原因是，经过隋末战

---

① 尚秉和：《历代社会风俗事物考》，中国书店 2001 年版，第 236 页。
② 任寅虎：《中国古代的婚姻》，商务印书馆国际有限公司 1996 年版，第 108 页。
③ 参见韩玉林主编《中国法制通史》第 6 卷（元），法律出版社 1999 年版，第 678 页。
④ 尚秉和：《历代社会风俗事物考》，中国书店 2001 年版，第 239 页。

乱，社会人口锐减，"比于隋时，才十分之一"。（《唐会要》卷83《租税上》）为鼓励人口生产，唐太宗贞观元年下诏："民男二十、女十五以上无夫家者，州县以礼聘娶；贫不能自行者，乡里富人及亲戚资送之；鳏夫六十、寡妇五十、妇人有子若守节者勿强。"（欧阳修：《新唐书·本纪二》）既然鼓励人口生产而鼓励婚娶，再婚亦应在鼓励之列。"妻丧达制之后、孀居服纪已除，并须申以媒媾，命其合好。"（《令有司劝庶人婚聘及时诏》，载《唐大诏令集》卷110）宋初，虽未见有像唐代那样鼓励人口生产的诏书。但是唐以来的观念、风俗并未有所改变。再婚不难的另一个原因是婚姻上的"直求资财"。如前所说，一些人为了求钱财，甚至不惜娶寡妇。宋真宗时，向敏中、张齐贤两宰相为争夺寡妇柴氏甚至惊动皇帝。程颐将其争夺的缘由说破："争娶一妻，为其有十万囊橐故也。"（《河南程氏外书》卷10《大全集拾遗》）只要有财，寡妇同进士一样炙手可热。宋人不耻再嫁可能还有一个更重要的原因。宋实行户等制与征税捆绑的做法。为了逃避繁重的税役，各家会设法降低户等。方法就是析产、减少人口，缩减家庭规模。这样，宋仁宗时，有的人家为了降低户等"至有孀母改嫁，亲族分居……"（《续资治通鉴长编》卷179），甚至有"诱母或祖母改嫁而欲规分异，减免等第者"（《续资治通鉴长编》卷481）。江南地区也有"嫁其祖母，及与母析居以避役者"（《续资治通鉴长编拾补》卷1）。这种现象在当时或许不多，但毕竟存在着这么一股风气。难怪同期的程颐要说出"饿死事极小，失节事极大"的话。

这种离婚、再嫁现象自然引起了理学家的注意，从这个现实出发，政府、理学家提出了"匡正"的伦理规范。不过，其"匡正"的效果却要到理学依靠政治权力成为社会的正统思想后的明清才显现。明朝的陆容就说："本朝政体，度越前代者甚多。其大者数事，如：前代公主寡，再为择婿，今无之……"（《菽园杂记》卷2）

四 贞节观逐渐强化

中国古代社会，夫妻之伦中，一个重要的伦理规范就是"贞节"。北宋程颐提出"饿死事极小，失节事极大"的贞节观。不过，我们不能因此说，宋元明时期人们的封建贞节观念非常强。相反，规范与现实总是有差距的。受诸多因素的影响，一个规范从提出到变成普遍的现实有一个过程。总体来说，此期贞节观念的变化是一个不断加强的过程。宋、元时期寡妇再嫁不难，说明当时人的贞洁观念整体上还不强。南宋末年，有人曾以"贞节"为名兴讼，结果招来一顿杖打。乡民李孝德状告其寡嫂阿区"三易夫"，断案的胡颖说，阿区"失节固已甚矣"，但阿区初次改嫁时符合礼的规定，"非钻穴隙相窥，逾墙相从者比"。现在阿区已不是李孝德之嫂，再次改嫁，"惟阿区之择"。李孝德无理由兴讼，"专好论诉，以称雄于乡里"，杖一百结案。（《名公书判清明集·户婚门·婚嫁》）这个案件说明贞节观念在当时已有所发展，但还不是非常严重。

元初不重视儒教，封建礼教相对松弛，贞节观念也就不会太强。八娼、九儒、十丐。社会地位不如娼妓的儒士此时也无力动用国家的力量来振兴纲常名教，所以，不得不走下层路线，通过创作元曲、元杂剧、元南戏等既解决温饱问题，又宣传纲常名教。不过，儒生们创作剧本首先要解决的问题是适应老百姓，站稳脚跟，因此，前期出现了很多以爱情为主题的优秀戏剧。这些戏剧反映了老百姓的心愿，说教相对少一些，没有突出强调封建贞节观。随着元朝逐渐重视儒家学说，并把朱熹的《四书集注》作为科举考试的标准教材，主流意识中的贞节观念才逐渐加强。

元廷开始重视儒家学说，强调贞节观念，与整个社会风俗日坏不无关系。在容易再嫁的社会环境下，一些寡妇甚至在"居夫丧"期间便急急成婚。比如，至元十五年（1278年）正月，潭州路杜阿吴丈夫病死后，阿吴将丈夫尸体焚化，令人将骸骨撒扬江内。不到半月，就由人做媒，改嫁他人为妻。更甚者是"停尸成亲"。至元二十三年（1286年）正月，王猪僧身死，停尸在家。其父王仲禄，即将王仲福之子王唐儿过继为子，与王猪僧妻贺真真拜灵收继成亲。鉴于忘哀作乐、释服从吉最终导致风俗乱败，元代政府不得不规定"居父母及夫丧而嫁娶者，徒三年，各离之"，以期厚风俗。元廷对此规定的解释是"父母之丧，终身忧戚；夫为妇天，尚无再醮"。对杜阿吴的判词则是"人伦之始，夫为妇天，尚无再醮"，并断令"将阿吴杖断七十七下，听离，与女贞娘同居守服，以全妇道"[①]。这一规定意味"节妇"、"烈女"即将"破茧而出"。鉴于"妇人夫亡守节者甚少，改嫁者历历有之，至齐缞之泪未干，花烛之筵复盛"的现象，元朝还采取

---

① 参见韩玉林主编《中国法制通史》第6卷（元），法律出版社1999年版，第645—647页。

了预防性措施，规定朝廷命妇不得改嫁："妇人因得夫、子得封郡县之号，即与庶民妻室不同。既受朝命之后，夫、子不幸亡殁，不许本妇再醮，立为定式。如不遵式，即将所受宣敕追夺。断罪离异。"（《元典章》卷18《户部四·官民婚》）贞节观念的加强，除了国家的力量外，也得归功于元戏剧。后期的元戏剧，封建纲常名教的内容明显多起来。以前存在于高堂的纲常名教义理学说通过戏剧大众化，使许多不读书的人也接受了贞节观的熏陶。这就是，我们在《元史·列女传》中看到许多贞女节妇烈女的又一个原因。

在贞节观逐渐深化的条件下，贞节成为杀人的工具也越来越明显。元朝末年，张士诚的女婿潘元绍与徐达战于姑苏。张对他的妻妾说："我受国家的重托要固守这座城池，顾不上家里的事。倘若遇到什么不测，你们要自己裁决，千万别受人侮辱，以免遭嗤笑。"其中一位妾答道："君待我们恩重如山，我们不会三心二意的，请死在你的前面，以免受君嫌疑。"于是趋室自刭，其他六位也相继自缢而死。相似的例子，我们在《元史·列女传》中还可看到很多，有自残的，有自杀的。贞节观真是一把杀人不留血的无形刀。

元朝贞节观虽然在不断加强，但是，即使到元末，它的触角也没有伸到社会的每个角落。如元末至正年间浙西就是如此，"浙间妇女，虽有夫在，亦如无夫，有子亦如无子，非理处事，习以成风"；"浙西风俗之薄者，莫甚于以女质于人，年满归，又质而之他，或至再三，然后嫁。其俗之弊，以为不若是，则众诮之曰：'无人要者。'盖多质则得物多也，苏杭尤盛。"（孔齐：《至正直记》卷2《浙西风俗·屠刽报应》）

明朝建国后以理学为宗，大力宣传理学。贞节观随着理学的传播越来越深入。加之，朱元璋又是旌表，又是编启蒙教材；又是举行《大诰》背诵比赛，又是严刑峻法，这些措施迅速扭转了人们的观念，使贞洁观骤然深入人心。明初，贞洁观强化的另一个表现是，将妻子严守贞操延伸到婚前的贞洁。明代吕坤的《闺范》称："贞女子守身，如持玉卮，如捧盈水，心不欲为耳目所变，迹不欲为中外所疑，然后可以完坚白之节，获清白之身。何者？丈夫事业在六合，苟非嫚伦，小节犹足自赎；女子名节在一身，稍有微瑕，万善不能相掩。"这一点与宋时的贞节观不同。南宋洪迈《夷坚志》记载，绍兴年间，金军入侵，张生南逃，其妻卓氏为金兵所掠。卓氏佯与金兵亲昵，行同夫妇，获得其信任。金兵北还时，卓氏将金兵灌醉杀死，然后囊括其所掠金银财宝逃离，与张生破镜重圆。闻知此事者交口称赞卓氏的智勇和节义。卓氏"失身"于贼仍被当时人与洪迈称为"节"，这种情形若发生在明清，卓氏只有以死保全身体之"洁"才能算是"节妇"。

总之，随着商品经济萌芽的出现、家族结构与社会地位的变化、妇女在家庭中地位的上升，原有的伦理秩序与道德生活受到了挑战。在这种情形下，社会出现了自发调控。理学的问世就是这种调控之一。理学强调天理、强调贞就是在新的社会形势下对传统的男尊女卑伦理秩序的自发维护，就是对社会变化的理论回应与自发"匡正"。这可以说是理学产生的社会根源。但是，一种新的伦理秩序与道德生活从产生到在社会中占主导地位并非一朝一夕之事。宋代是理学产生的时代，也是理学完全确立的过渡时代。因此，宋人的婚姻伦理道德生活也呈现出了过渡的特点。婚姻上的重财重科举官重人品、夫妇之伦中"悍妇"与思想家的"夫义妻顺"、相对宽松的离婚与再嫁的道德环境、贞节观的逐渐强化，无不是承接着前代的道德生活与开启着后世明清的伦理道德生活。

第三节　家庭生活中的兄友弟悌

家庭中除了父子、夫妇之伦外，另外重要的一伦是兄弟之伦。颜之推说："夫有人民而后有夫妇，有夫妇而后有父子，有父子而后有兄弟：一家之亲，此三而已矣。自兹以往，至于九族，皆本于三亲焉，故于人伦为重者也，不可不笃。"（颜之推：《颜氏家训·兄弟》）明时方孝孺《四箴》诗中关于兄弟一伦的内容，颇能反映宋元明时期兄弟之伦的道德生活。

> 兄须爱其弟，弟必恭其兄，
> 勿以纤毫利，伤此骨肉情。
> 周公赋棠棣，田氏感紫荆，
> 连枝复同气，妇言慎无听。（明·方孝孺：《四箴》）

一　父子之伦与朋友之伦的交汇处

兄弟之伦的一个特色是，兄弟之伦是父子之伦与朋友之伦的交汇处。在古代的家训中，子弟往往是并举，这说明，弟之于兄犹如子之于父，即事兄如父。这是兄弟之伦之间不平等的一面。另一面，兄弟之伦又有平等的特色。颜之推在《颜氏家训》中说："人之爱子，罕亦能均。"（颜之推：《颜氏家训·教子》）颜之推看到了兄弟之间的平等性，即对父母来说，"手心手背都是肉"。正是这种平等性，近代的谭嗣同对其的批评才不太激烈。"五伦中于人生最无弊而有益，无纤毫之苦，有淡水之乐，其惟朋友乎？……所以者何，一曰平等，二曰自由，三曰节宣惟意，总括其义曰不失自主之权而已，兄弟于朋友之道差近……余皆为三纲所蒙蔽，如地狱矣。"（谭嗣同：《仁学》）

宋元明时期的兄弟关系也具有兄弟之伦的这一共性，但由于自己时代的特殊性，这种平等性与不平等性又具有自己的一些特色。

（一）天然的平等性与人为的不平等性

首先兄弟之间有天然的平等性。同为父母生、同为父母养，兄弟之间这种同胞共乳性决定了兄弟之间具有天然的平等性。宋元明中叶时期的兄弟之伦当然也具有这种平等性，而且，宋元明中叶时期的兄弟平等还有自己的经济基础与法律基础。首先，各子女有自己的财产。宋元明时期，别财异居的现象普遍存在。别财异居的财产不是每个个体的财产，而是以兄、弟的家庭为单位所有。在这种意义上，兄弟之间还是相互独立的。其次，在财产继承方面，宋朝像唐朝一样，实行不分嫡庶的众子均分法，即父母去世后，其财产由诸子平等继承。其中未娶妻者可另分得一部分聘财；非婚生子女曾与生父同注于户籍并有证据，也享有继承权；养子一般与亲子权利相同。已亡故的兄弟，其子代位继承。① 元时，尽管实行嫡庶不均分的财产继承原则，但是身份不影响继承权，只影响继承份额的多寡。只要身份相同，继承份额多寡则一样。到明朝，又开始实行不分嫡庶的诸子均分制。《大明令·户令》规定："其分析家财田产，不问妻、妾、婢生，止依子数均分；奸生之子，依子数量与半分；如别无子，立应继之

①　王存河主编：《中国法制史》，兰州大学出版社 2006 年版，第 140 页。

人为嗣,与奸生子均分;无应继之人,方许承绍全分。"明朝奸生子的继承权有所上升,奸生子在唐宋无继承权,至金元,奸生子的继承份额为嫡子的四分之一,庶子的三分之一。

正是有这种法律规定,兄长们不得不善待弟弟。《宋稗类钞》中记载的一件事反映了当时人们的这种观念。

> 吴兴富翁莫氏者,暮年忽有婢怀娠。翁惧其妪妒……亟遣嫁之,已而得男。……子稍长且十许岁,莫翁告殂。里巷群不逞遂指为奇货,悉造婢家诇之。……曰:"汝之子莫氏也。其家田园屋业汝子皆有分,盍归取之,不听则讼之可也。"其夫妇皆曰:"吾固知之。奈贫无资何?"……其子谨受教。既入其家,哭且拜。一家骇然辟易,妪骂,欲殴逐之。莫氏长子亟前曰:"不可。是将破吾家。"遂抱持之……曰:"此汝母也。吾乃汝长兄也。汝当拜。"又遍指其家人曰:"此为汝长嫂,此为汝次兄若嫂,汝皆当拜。"又指曰:"此为汝长侄,此为次侄,汝当受其拜。"既毕告去,曰:"汝吾弟,当在此伴丧,安得去?"即命栉濯,尽去故衣易新衣,使与诸兄弟同寝处。已,又呼其所生。谕之以月廪岁衣,如翁在日,且戒以非时。母辄至,亦欣然而退。群小……计略不得施。……太守唐少尉象叹服曰:"其子可谓孝义矣。"(潘永因:《宋稗类钞·才干》)

里巷群小、莫氏之长子、曾经的莫氏之婢都知道兄弟有平等的继承权。正是在这种观念下,兄长善待其庶弟,并成就其"孝义"美名。

其次,兄弟之间又具有不平等性。宋元明时期兄弟的不平等性是人为的产物,是封建宗法家族制的产物。比如,涉及世间爵位继承时嫡庶、尊长卑幼之别立见。在宋朝,爵位可世袭。《宋刑统·诈伪律》准引《封爵令》规定:"王、公、侯、伯、子、男,皆子孙承嫡者传袭","诸王公以下,无子孙,以兄弟子为后;生经侍养者,听承袭。赠爵者,亦准此。若死王事,虽不生经侍养者,亦听承袭。"[1] 《宋刑统·户婚律》疏议也规定:"依令:无嫡子及有罪疾,立嫡孙;无嫡孙,以次立嫡子同母弟;无

---

[1] 薛梅卿等主编:《两宋法制通论》,法律出版社 2002 年版,第 318—319 页。

母弟，立庶子；无庶子，立嫡孙同母弟；无母弟，立庶孙。"① 从这里，我们看到了嫡庶的不平等，以及社会对非婚生的歧视。

宋元明时期的主婚权也反映了兄弟的不平等性。在宋代，婚姻都需尊长者主婚，否则无效。《宋刑统》卷 14《户婚律·和娶人妻》条承袭唐律规定："诸卑幼在外，尊长后为定婚，而卑幼自娶妻，已成者，婚如法，未成者，从尊长，违者杖一百。"而且明确规定，所谓尊长为"祖父母、父母及伯叔父母、姑、兄、姊"。兄可为弟主婚，弟却不可为兄主婚。

更大的不平等在于，历朝历代的法律对兄弟打架致死后处罚极其不平等。比如，元代规定，兄弟打架，弟弟打死哥哥要偿命，哥哥打死弟弟就像父亲打死儿子，不按杀人罪论处，如果兄弟二人已经分居，只把哥哥杖七十七下，出一份丧葬费了事。②

在同一价值体系内，法律与道德相辅相成。法律上的不平等自然导致兄弟伦理上的不平等。司马光说："兄弟而及于争，虽俱有罪，弟为甚矣！"兄弟相争，把更多的责任推于弟弟，伦理上的原因就是弟承担更多的道德义务，即弟对兄应该"悌"。

（二）兄弟之伦道德生活中的规范

宋元明时期兄弟之伦的道德生活规范充分反映了兄弟之伦之间的平等与不平等的特色。

其一，兄弟之间的友爱、恭敬与相互帮助。兄况父法。兄对弟弟最基本就是要"友"。这种"友"不只是礼貌上的"友"，还有许多养弟、教弟、婚娶成家等实际责任。比如，理学家二程之父可谓这方面的榜样。

> 开府终于黄陂，公（二程之父——引者）年始冠，诸父继亡，无田园可依，遂寓居黄陂。劳身苦志，奉养诸母，教抚弟妹。时长弟璠七岁，从弟瑜六岁，余皆孩幼。后数岁，朝廷录旧臣之后，授公郊社斋郎，以口众不能偕行，遂不赴调。文简公义之，为请于朝，就注

---

① 薛梅卿等主编：《两宋法制通论》，法律出版社 2002 年版，第 318—319 页。
② 邢铁：《中国家庭史》第 3 卷（宋辽金元时期），广东人民出版社 2007 年版，第 297—8 页。

黄陂县尉。任满又不能调，闲居安贫，以待诸弟之长。至长弟与从弟皆得官娶妇，二妹既嫁，乃复赴调。（宋·程颢、程颐：《二程集》之《河南程氏文集卷第十二》）

这种责任不只是对兄弟本人，有时还要扩展到兄弟子女的抚养与婚嫁。比如，周敦颐与异父同母兄弟随母到舅家生活，而其舅对其母子特别眷顾。其舅就是出于兄弟姊妹之情而帮助他们三人的。《宋史·李仲容传》记载，李仲容"三弟早卒，字其诸孤十余人如己子，当世称其长者"。今人将此概括为"宋元时期，养育兄弟遗孤之风兴盛"①。可见，当时的兄弟互助很盛行。

"弟之事兄，主于敬爱。"（司马光：《家范》卷7《弟》）同样，弟对兄的敬爱同兄对弟的友爱一样，不只是礼节上的，也是实际责任上的。司马光不只是这样倡导的，也是这样做的。据朱熹《小学·善行》载："司马温公与其兄伯康友爱尤笃。伯康年将八十，公奉之如严父，保之如婴儿。每食少顷则问：'得无饥乎？'天少冷，则抚其背曰：'衣得无薄乎？'"

兄弟之间的相互扶助不只是道德要求，也是法律的义务。比如，元朝至元二十一年（1284年），中书省、御史台在呈文中指出：汉人官吏士庶之家，"有同祖同父叔伯兄弟姊妹子侄等亲，鳏寡孤独老弱残疾不能自存者，亦不能收养，以致托身养济院苟度朝夕，有伤风化"，因而要求："今后若有……同宗有服之亲寄食养济院，不行收养者，许诸人首告，重行断罪"，都省批准了这一拟议。（《通制条格》卷3《户令·收养同宗孤贫》）这一点与唐朝不同。唐朝的"法律并没有规定兄弟之间有互相接济的义务"②。但是，在宋元明时期，因个人利益观念的增长，现实中也存在着兄不友弟不敬的现象。司马光说："彼愚者则不然，弃其九族，远其兄弟，欲以专利其身，殊不知身既孤人斯戕之矣，于利何有哉？"（司马光：《家范》卷1《治家》）

其二，兄弟之间的宽爱与忍让。兄弟之间极易因小事而伤和气，所以

---

① 万建中等：《汉族风俗史》第3卷（隋唐·五代宋元汉族风俗），学林出版社2004年版，第503页。

② 张国刚：《中国家庭史》第2卷（隋唐五代时期），广东人民出版社2007年版，第197页。

宋元明时期，人们特别强调兄弟之间的宽与让。司马光在《家范》中举舜与象的例子，就是为了说明兄弟之间应该"宽"，而不应责"恭"于弟。《宋稗类钞》中也记载了一个弟顽如象而兄长敦在原之义，宽怀大度不责"恭"于弟的事例。（潘永因：《宋稗类钞·家范》）这都反映了当时人的一种追求。

兄弟还应相互礼让，这种"让"在现实中的一个重要要求就是让财产、让家产。宋代的杜五郎家只"有四五十亩，与兄同耕。后兄之子娶妇，度所耕不足以赡，乃以田与兄"，自己出外佣工过活去了。（江少虞：《宋朝事实类苑》卷 2《旷达隐逸》）元代的杂剧也宣扬兄弟应该和睦，兄弟应礼让的伦理观念，不过元杂剧更多的宣扬少让长、少敬长的理念。比如《杀狗劝夫》中的孙华，虽然对哥哥多占家产不满意，但还是无条件地对兄尊敬，即使哥哥多占家产之后又对其百般凌辱，他也不与哥哥翻脸，而是尽量帮助哥哥。① 这种礼让实际反映了兄弟之间的不平等性，但现实中也有兄长让弟幼的事例。

其三，兄弟之间另一个重要的道德规范是"公"。"公"似乎是社会生活与家庭生活中的一个重要伦理规范。其实，兄弟之间也需要"公"。这种"公"是兄弟平等关系的体现与要求。友、敬，宽、让的基础都是兄弟之间的情谊。"公"则对"情"的超越。随着兄弟血缘之情束缚的淡化，"公"越来越成为兄弟之伦道德生活中的一个重要规范。

为了兄弟之间的和睦，袁采比前人更强调兄弟之间的"公"，首先他劝诫天下父母对诸子的爱要"公"，不应"喜者，其爱厚，恶者，其爱薄"。其次，他还主张兄弟共处时应各怀"公心"，他说："兄弟子侄同居至于不和，本非大有所争，由其中一人设心不公，为己稍重，虽是毫末，必独取于众，或众有所分，在己必欲多得，其他心不能平，遂启争端，破荡家产，驯小得而致大患。若知此理，各怀公心，取于私则皆取于私，取于公则皆取于公，众有所分，虽果实之属，直不数十金，亦必均平，则亦何争之有？"（袁采：《袁氏世范·睦亲》）这种均平之爱、"公心"朦胧地透露出不只兄弟之间的应该平等，甚至所有家庭成员之间都应该平等的伦理主张。

---

① 转引自邢铁《中国家庭史》第 3 卷（宋辽金元时期），广东人民出版社 2007 年版，第 297—298 页。

（三）同居共财与孝悌之义

父子兄弟同居共财起初是孝亲的表现，比如，宋元的法律对同居共财的要求都是以祖父母在、父母在为前提。《宋史》太祖开宝元年（968年）六月癸亥，诏："荆蜀民祖父母、父母在者，子孙不得别财异居。"二年八月丁亥，诏："川峡诸州，察民有父母在而别籍异财者，论死。"《辽史》圣宗统和元年（983年）十一月诏："民有父母在，别籍异居者，坐罪。"官方的这些规定当然有其他因素的考量，但不能因此否定同居共财对孝亲的作用。南朝宋孝建中期的中军府录事参军周殷启，目睹了当时江左的异财别居对亲情的冲击，说："今士大夫，父母在而兄弟异居，计十家而七。庶人父子殊产，八家而五。其甚者，乃危亡不相知，饥寒不相恤，忌疾谗害其间，不可称数。"（转引自顾炎武《分居》）这种历史事实告诉人们，同居共财有助于孝亲的实现。

在孝亲的基础上，同居共财也是兄弟义的表现。在父母去世后，弟弟尚幼或兄长失去劳动与生活能力的情形下，如果兄弟析财别居，那么，兄长、幼弟就会陷入艰难的生活状态中。相反，"兄弟者，分形连气之人也"（颜之推：《颜氏家训·兄弟》），在社会保障不发达的情况下，自然有义务勇挑扶养兄长、抚育幼弟的责任，与兄弟同居共财，饥寒相恤，共渡难关。

宋元明时期，与强化宗族观念相适应，人们推崇这种"共财同居"的兄弟之义。宋、元、明的政府对这种"孝义"也经常予以表扬，尤以宋代的表扬为多。比如，宋朝的徐承珪，幼失父母，与兄弟三人及其族三十口同甘藜藿，衣服相让，历四十年不改其操。所居崇善乡缉俗里，木连理，瓜瓠异蔓同实，州以闻。乾德元年（963年），诏改乡名义感，里名和顺。（《宋史》卷456《列传215孝义》）兄弟同财共居发展到一定程度就是累世大家族，即"义门"。如江州（今江西德安）义门陈氏家族，至宋仁宗天圣四年（1026年），其人口达三千七百多，十九代同居共饮。家风醇厚，"室无私财，厨无异馔，大小知教，内外如一。"① 浦江郑氏家族历经宋元明三代，三百年同灶共食；汉阳张昌宗的宗族，"同居八世三千口"（《嘉靖汉阳府志》卷8《人物志·烈士》）；江州德化许氏"八世同

---

① 何光岳、聂鑫森：《中华姓氏通书——陈姓》，三环出版社1991年版，第58—66页。

居，长幼七百八十一口"（《宋史》卷456《孝义·许祚传》）；宋仁宗时的婺源武溪王德聪"一家食者凡五千指，同居七十余年"（《弘治徽州府志》卷9《人物·孝友》）。与各朝代相比，宋代的"义门"最多。按"二十四史"的列传所记，南北朝共有25家，唐朝38家，五代2家，宋代50家，元代5家，明代26家。① 虽然《元史》中所载的"义门"家数少，但所载的兄弟共财同居的例子却远远多于《宋史》。

宋元明时期兄弟同居共财或义门的存在，首先是成员家庭互助自保的结果。从宋朝开始，尤其经历唐与五代后，社会上有一股通过家族进行家庭互助自保的本能冲动，形成了组建家族的潮流。司马光从伦理的角度对此做了阐述："圣人知一族不足以独立也，故又为之甥舅婚媾姻娅以辅之。犹惧其未也，故又爱养百姓以卫之。故爱亲者所以爱其身也，爱民者所以爱其亲也。如是，则其身安若泰山，寿如箕翼，他人安得而侮之哉！故自古圣贤未有不先亲其九族，然后能施及他人者也。"（司马光：《家范》卷1《治家》）正是在对互助自保的认识下，义门不断出现。比如，《宋史》所载的河中府姚氏家族历三百余年，经唐末、五代，兵戈乱离，而子孙保守坟墓，骨肉不相离散，求之天下，未或有焉。（《宋史》卷456《列传215孝义》）在北宋中期河中府发水灾，姚氏大家庭全体逃难，"同往唐、邓间就食，比返，不失一人"②。可以设想一下，在逃难中，单个家庭成员离开大家庭意味着什么。在这种情况下，每个家庭成员都会相互团结，共渡难关。再比如，前面提到的浦江郑氏家族，在元末明初的战乱中，乱军过郑氏家门时都不忍心骚扰。③ 正是家庭成员意识到脱离开家庭的危险，所以成员都会形成一种强大的家族观念。

兄弟同居共财也与官方的表彰有关。兄弟同居共财与官方提倡的孝道一致，而且能解决政府一些难题，比如，维护社会的维定，救贫济困等，因此，官方不时表彰这些兄弟义居的行为。这种表彰在北宋前期比较多。比如，宋代至道三年（997年），宋太宗就曾赐江州义门陈氏御书33卷，题词"真良家"，后来又命造御书楼，赐"玉音匾"进行表彰。冀州阜城

---

① 柯昌基：《中国古代农村公社史》，中州古籍出版社1989年版，第104页。

② 同上书，第166—167页。

③ 漆侠：《宋元时期浦阳郑氏家庭之研究》，载漆侠《知因集》，河北教育出版社1992年版，第197页。

李罕澄，七世同居，也两次受到表彰。后汉乾祐三年（950 年），诏改乡里名及旌其门闾。太平兴国六年（981 年），长吏以汉所赐诏书来上，复旌表之。官府的表彰往往带有物质资助。比如，江州德化许祚，八世同居，长幼 781 人。太平兴国七年（982 年），旌其门闾。淳化二年（991年），因其家春夏时节常乏食，诏岁贷米千斛。再比如，昉家十三世同居，淳化元年，知州康戬其家常苦食不足，诏本州每岁贷粟二千石。（《宋史》卷 456《列传 215 孝义》）宋后期及元朝对这种义门表彰越来越少。随着官方旌表的减少，义门随之也减少。

兄弟累世义居除了互助自保、官方表彰之外，也与新的伦理观念支持分不开。新的伦理观念是孝悌基础之上的"义"，或说是"孝义"。孝悌是调节父子兄弟关系的伦理规范。父母在，父子兄弟共财同居为"孝"，父母亡，兄弟同居共财为"悌"。宋以后，随着魏晋门阀士族的彻底瓦解，家族观念逐渐上升。这种界于家庭与社会之间的领域就需要一种新的伦理规范来调节，"孝义"观念随之逐渐上升为当时主导伦理观念之一。"孝义"观念成为主导伦理观念之一与宋的社会结构变化也有关。严格来说，"义"并不是一个调整家庭关系的伦理规范，在宋代以前并未受到人们过多的重视。宋以后，"市民社会"开始出现并日渐发展，这一变化在伦理观念上的反映就是"义"逐渐成为当时社会的主导伦理规范之一。这样，作为家庭与社会的重叠处的家族，自然而然把"孝义"作为自己的伦理规范。正是这种"孝义"伦理鼓励着兄弟们同居共财、"有无相通，患难相恤"（宋·朱熹：《朱文公集》卷 99《知南康榜文》）。兄弟同居共财的孝义之行也能感染其他人的行为。比如，宋天禧中，诏赐粟帛以表彰李批的孝行，里中有母在而析产者闻李批被旌表，兄弟惭惧，复相率同居。（《宋史》卷 456《列传215 孝义》）这是因"孝"而感化的兄弟共财同居。也有因他人"几世不分家"而受到感化的。金朝的张潜很有孝行，几代不分家。"里中有兄弟分财者，其弟曰：'我家如此，独不畏张先生知耶？'遂如初"（《金史》卷 127《隐逸》），不再说分家析财的事了。

虽然兄弟同居共财为美事，也得到社会的鼓励，但毕竟宋元明时期"人欲"的流动要甚于前代。人们往往会为了维护自己的财产，甚至侵夺兄弟的财产而导致兄弟不和。比如，明朝永乐十七年（1419 年），"漳州民周允文无子，以侄为后。晚而妾生子，因析产与侄，属以妾子。允文死，侄言儿非叔子，逐去，尽夺其资。妾讼之。"（清·龙文斌：《明会要》卷65《刑二》）袁采清楚地看到了这一点——兄弟不和起于"争财"。兄弟不和的另外一个原因是兄弟之间的不平等性。事实上正是兄弟之间的不平等性极易导致兄弟争财。这一点袁采也看到了。他说："兄弟子侄同居，长者或恃其长凌轹卑幼，专用其财，自取温饱，因而成私。簿书出入，不令幼者预知，幼者不免饥寒，必启争端。或长者处事至公，幼者不能承顺，盗取其财，以为不肖之资，尤不能和。若长者总领大纲，幼者分干细务，长必幼谋，幼必长听，各尽公心，自然无争。"（袁氏世范·睦亲》）但袁采的"各尽公心"并没有改变封建礼法下的兄弟不平等。这不符合"市民社会"下兄弟之伦的平等与公平、民主原则。

同居共财容易导致兄弟不和，又不想否定兄弟之间的不平等性。那么，只能是牺牲"孝义"——兄弟早分家了。所以袁采说："兄弟义居，固世之美事。然其间有一人早亡，诸父与子侄其爱稍疏，其心未必均齐。为长而欺瞒其幼者有之，为幼而悖慢其长者有之。顾见义居而交争者，其相疾有甚于路人。前日之美事，乃甚不美矣。故兄弟当分，宜早有所定。兄弟相爱，虽异居异财，亦不害为孝义。一有交争，则孝义何在?"（袁采：《袁氏世范·睦亲》）事实上，宋元明时期的分家之风确实存在。刚开始，宋的规定是，在居祖父母、父母丧期间不可分家，后不得不让步，规定为祖父母、父母未葬者不得析居。至元二十五年（1288 年）正月，王良辅说，江南地区循习亡宋污俗，"儿男娶妻之后，与父母另居"。[①] 这说明当时已是父母在世时就已分居。

二 手足之情遇到的挑战

现实生活总是复杂多样的，此期的兄弟道德关系呈现出了好的一面，也有一些让人引以为戒的事例。

（一）同室操"戈"的增多

兄弟毕竟是"一体而分"、"分形连气"之人，有着不同于其他人之间的血缘感情。加之，"方其幼也，父母左提右挈，前襟后裙，食则同案，衣则传服，学则连业，游则共方，虽有悖乱之人，不能不相爱也。"

---

① 转引自韩玉林主编《中国法制通史》第 6 卷（元），法律出版社 1999 年版，第 703 页。

（颜之推：《颜氏家训·兄弟》）所以，人们总是用"手足"等来表达兄弟这种天然情分，也希望兄弟能和睦相处。

但是，现实中，兄弟们由于各种原因，不是形如路人，就是反目成仇，甚至手足相残，戕害兄弟情义。提起手足相残，人们会想起"煮豆燃豆萁，豆在釜中泣。本是同根生，相煎何太急"，也会想起李世民玄武门屠杀手足。其实这样的事，在五代亦有。后梁的朱友珪杀死父亲后秘不发丧，首先遣人至东都杀死其兄弟朱友文，并以他父亲朱晃的名义下诏说："朕艰难创业，逾三十年。托于人上，忽焉六载，中外协力，期于小康。岂意友文阴蓄异图，将行大逆。昨二日夜，甲士突入大内，赖友珪忠孝，领兵剿戮，保全朕躬。然而疾恙震惊，弥所危殆。友珪克平凶逆，厥功靡伦，宜委权主军国。"（《新五代史·梁家人传·庶人友珪传》）把友文说成是大逆不道者，而把自己装扮成忠孝者。朱友珪之事并没有到此为止。公元913年3月27日，朱友珪的亲弟弟朱友贞又发动政变，朱友珪及其妻被迫自杀。（《新五代史·梁本纪·末帝本纪》）

不只皇家上演着同根相残的故事。相似的故事也发生在一些官宦之家。明代很有魄力、很有建树的著名宰相杨廷和、徐阶、张居正等人与他们兄弟的关系都不融洽，在社会上留下笑柄。明朝武宗朝与嘉靖初年的宰相杨廷和之弟杨廷仪，官至兵部侍郎。后来因为"议大礼"，杨廷和与嘉靖皇帝的关系越来越僵，杨廷仪也就渐渐转向，遂致兄弟失和。在紧张的"议礼"风潮中，据说，他还参与起草过许多弹劾杨廷和的奏章。如果说为了忠于皇帝而大义灭亲，那么其行为也算可矜可嘉。但是，杨廷仪却采取卑鄙的手段，在官场中到处散布流言，甚至说他哥哥是巴结宦官刘瑾而爬上去的。南京工部侍郎徐陟，是嘉、隆年间大学士徐阶的兄弟，因为不得"大用"，便非常痛恨其兄，一有机会就揭他的隐私。徐阶罢相回籍的时候，徐陟故意选一个先人忌日，披麻戴孝，哭哭啼啼地到大路上去"迎接"他哥哥。张居正为了使自己的儿子参加会试，便强令同父异母兄弟、举人张居谦以生病为理由不入考场。张居谦敢怒而不敢言，悲愤出京，气死在回家的路上。①

---

① 参见陈抱成《明代人物轶事》，青海人民出版社1991年版，第341页。关于张居正之事，有人认为是他人对张居正的造谣。笔者认为，即使张居正之事为杜撰，所杜撰之事也能说明当时人们的兄弟观念。

普通老百姓则为争"财"而不顾手足之情。曹端的《夜行烛·兄弟》载有两例。沈仲仁、沈仲义兄弟二人，为争财产相讼到官。另一对兄弟"争田积年不断，各相援据，乃至百人"。真是易亲者兄弟，易怨者亦兄弟也。兄弟之情经受"财"的冲击在以前应该是很弱的。比如《颜氏家训》只是说"及其壮也，各妻其妻，各子其子，虽有笃厚之人，不能不少衰也"，而没有提到"财"对兄弟关系的影响。到了宋明，兄弟受到"财"的影响应该说是加大了。因为兄弟争财的案例在宋元明时期不应是少数，我们"从海瑞的文集中可以看到兄弟叔侄间争夺产业以至斗殴致死的事情所在多有"①。

对当时的兄弟之伦的道德状况，曹端说："今人多昵妻子之爱，忘兄弟之亲，小则阋墙斗狠，大则分门隔户，侧目相视，如雠如敌，切齿相恨，如狼如虎，伤一气之和，为众人之耻。"（曹端：《夜行烛·兄弟》）这种说法或许有点极端，但兄弟情分，在宋元明时期，尤其元明时期越来越浅薄应该是事实。一些人提出一些伦理规范，以期敦厚风俗。司马光在《家范》中告诫子孙，不要为了争夺"利"而断了手足之情。否则，就是断其左足，以益右手，像虺一样一身两口，争食相龁，最后相杀而亡。（司马光：《家范·弟》）审理范仲义兄弟案件的父母官也苦口婆心地劝和兄弟：

> 雕鹗呼雏，慈乌反哺，谓之仁。蚁得膻而聚众，鹿得草而呼群，谓之义。蜂有君臣，雁有次序，谓之礼。鹊居巢而知风，蚁居穴而知雨，谓之智。鸡非晓而不鸣，雁非时而不至，谓之信。昆虫草芥尚能如此，何况于人乎？沈仲仁而不仁，沈仲义而不义，兄习五典，全无教弟之方；弟讲六科，岂有论兄之理？为锥刀之小利，伤骨肉之大恩，若不休和，有司来日理问。诗曰："共乳同胞一气生，祖先财产不须争。一回相见一回老，能有几年为弟兄？"（曹端：《夜行烛·兄弟》）

这些劝说表明，当时人们在兄弟之伦上的价值取向是重情义而轻私

---

①　黄仁宇：《万历十五年》，生活·读书·新知三联书店 1997 年版，第 215 页。

利，也表明当时人们希望通过情义而改变现实"滚滚"欲望的致思路径。在这一理念的支配下，现实中也确实出现了一些感人的兄弟之情，明朝的黄玺经行万里，寻找十年不归的兄长（《明史·列传第185·孝义二》），宋朝的义门张家兄弟争相入狱顶罪替死（《明史·列传第184·孝义一》），等等。

（二）"手足"与"琴瑟"的较量

兄弟亲情与夫妻爱情总会冲突。从人们对待这种冲突的态度，也可看出宋元明时期兄弟之伦的道德生活状况。

宋元明时期，人们往往把兄弟不和归于妇女之言或妯娌。这种观念到明朝时更普遍。司马光《家范》载："凡为人兄不友其弟者，必曰'弟不恭于我'。"这可能是当时人的一种看法。但司马光本人不同意这种看法。他更强调兄弟本人的原因，他认为兄长对弟弟们应该友爱与宽容。"为兄如此，岂妻妾它人所能间哉！"（司马光：《家范》卷7《兄》）与司马光的看法不一样，袁采像颜之推一样认为兄弟不和多因"妇女以言激其夫及同辈"。他说："人家不和，多因妇女以言激其夫及同辈。盖妇女所见不广不远，不公不平，又其所谓舅姑伯叔妯娌，皆假合，强为之称呼，非自然天属，故轻于割恩，易于修怨。非丈夫有远识，则为其役而不自觉。一家之中，乖变生矣。于是有亲兄弟子侄隔屋连墙，至死不相往来者；有无子而不肯以犹子为后，有多子而不以与其兄弟者；有不恤兄弟之贫，养亲必欲如一，宁弃亲而不顾者；有不恤兄弟之贫，葬亲必欲均费，宁留丧而不葬者。其事多端，不可概述。"（袁采：《袁采世范·睦亲》）妇女成了兄弟不和的罪魁祸首。曹端也这样认为："世上多因疏间亲，妯娌分破兄弟门。"我们认为，兄弟不和固然与妇女搬弄是非、争长竞短有关，但根子上却是妇女力图维护自己与丈夫小家庭的利益，根子上却是丈夫在维护自己的利益，即曹端所说的"今人各自私妻子，不认同胞共乳人"。（曹端：《夜行烛·兄弟》）所以，妇女只是兄弟不和的"替罪羊"，关键还在于"财"对兄弟之情的冲击。

将兄弟不和的原因归于妇女，与兄弟、妻子在价值序列中的位置不无关系，传统伦理历来将兄弟置于妻子之前。到了宋元明时期，这种对立更尖锐。

司马光《家范》卷7《兄》中将汉时陈平之兄逐妻等故事搬出来，

继续宣扬兄弟重于妻子的价值理念。这种观念为宋时的普通人接受。比如，宋仁宗时的张存，性孝友，尝为蜀郡，得奇缯文锦以归，悉布之堂上，恣兄弟择取。他常说："兄弟，手足也；妻妾，外舍人耳。奈何先外人而后手足乎？"（《宋史》卷320《张存传》）元朝时这种观念继续向普通人渗透。元杂剧《疏者下船》中的楚昭公一家逃难，兄弟妻小同乘一只木船，船小浪高，不得不舍弃几个人，楚昭公便让妻子投水，只留下了兄弟。故事是过去的，反映的则是元朝时候的观念。明初这种观念更强，人们开始用"天合"、"人合"的观念来说明兄弟与妻子的关系，给其披上了理学理论外衣。曹端对兄弟分居感到不满，批评道："兄弟，天合者也；夫妻，人合者也。今人有兄弟分居，未闻有夫妻分居者焉，是则疏天合而亲人合者也，岂非惑之甚哉？"所以，在兄弟与妻子之间进行选择，他的主张自然是"参透亲疏理，宁可休妻永不分"，将兄弟之情摆到夫妻之情之前。（曹端：《夜行烛·兄弟》）

宋元明时期，人们更倾向于"宁可休妻永不分"，除了兄弟重于妻子的传统观念得到强化外，与另外两个因素也有关。一是宋元明时期，人们更看重妇女的贞洁。曹端说："其妻果有贞静专一之德，生则同室，死则同穴，犹与兄弟有轻重亲疏之不同，况无礼无义不贞不节之妇？夫死而又适他人，不惟失己之身，又且辱夫之行，有识君子，何若与兄与弟相亲相爱，以笃吾天合之好？"而兄弟与妇女的二三其德不同，"生则同乐于一门之内，死则同乐于一坟之中"。（曹端：《夜行烛·兄弟》）另一是与妇女社会地位进一步降低有关。这一点世人多有论述，不过，从夫妻、兄弟在各家训中的位置也可看出。《颜氏家训》是对后世影响极大的一部家训。整个家训中并没有专门谈夫妇之伦，只是在谈了"兄弟"之后谈了"后娶"。这表明他并不认为夫妻之伦对家庭有很大的影响。到北宋，司马光的《家范》专门谈了夫、妻的规范，但是兄、弟位于夫、妻之前。到了南宋，《袁氏世范》首先谈了父子之伦，接着便谈兄弟之伦，整篇"睦亲"里几乎没有谈论夫妇之伦，但认为兄弟不和原因之一是"妇女好传言"。到了明方孝孺的《四箴》诗中，夫妇之伦位于兄弟之伦之前。从这些变化中，我们可看到夫妇之伦越来越引起了人们的重视，即人们对妻子的控制越来越严，妻子几乎成为丈夫的财产，需绝对顺从丈夫，在这种情形下，兄弟的价值自然就上来了。然而，事实是，相反相成的规律在此再一次显现。理论上重视的，恰恰是现实中缺少的。当人们把兄弟不和归因于妇女之言时，现实中的夫妻关系在人们的意识中越来越重。当人们在强调兄弟价值时，现实中的兄弟关系越来越淡。

第二章

政治生活中的道德

有的历史学家甚至认为，"宋代是我国封建社会发展的最高阶段。两宋期内的物质文明和精神文明所达到的高度，在中国整个封建社会历史时期之内，可以说是空前绝后的。"① 这个看法虽然有点过分，但是也并非全无道理。宋元明时期是我国封建社会发展的最高阶段，其物质文明和精神文明，在整个中国的封建社会历史中达到了最高峰。因此，这一时期的帝王、臣下的道德，其表现、地位和作用，也发挥到了淋漓尽致。

第一节　帝王的道德生活

此期的封建集中制进一步发展，而且呈现为一种加速发展的态势，结果是皇权越来越集中。这一社会现实给此期的帝王道德也打上深深的烙印。

一　中央集权制度下的皇帝道德

在中国古代，封建道德与皇权虽然时有冲突——封建道德有时要限制皇权，而皇权总是想突破道德的限制，但在总的意义上二者又经常是一致的。皇权要依靠封建道德来维护，封建道德的推行也需要皇权的支持。特别是在高度的中央集权的制度下，二者的一致表现得更加明显。

从赵匡胤发动陈桥驿兵变，披龙袍称帝，建立北宋王朝，至明末李自成义军攻克北京，崇祯帝吊死煤山，包括辽、金、西夏，宋元明时期，大

---

① 邓广铭：《谈谈有关宋史研究的几个问题》，《社会科学战线》1986 年第 2 期。

致上有 75 位皇帝，经历了 684 年。① 除了极少数的短命小皇帝和王朝末期的傀儡皇帝之外，如除了金末帝完颜承麟只当了半天皇帝以外，一般来说皇帝们都重视道德，至少表面上是这样。之所以如此，是因为在他们看来，道德是他们政权的根基。他们自称是"天子"，即受上天的信任与委托来掌管天下，而上天之所以眷顾他，是因为他们有"德"，能够"以德配天"。大多数皇帝在幼年，甚至童年时期，他们就在师傅、儒臣的严格教导下，攻经读史，学习道德教条、礼仪规范；即位之后更是处处关注和维护自己的道德形象，从穿着打扮、饮食起居，到待人接物、朝会廷议，都严格遵守礼仪规范；头脑里装着尧舜等道德形象，行为上仿效禹汤的道德作为；直到死去，他们还要受到道德评价，包括那些大臣们大拍马屁的"谥号"。这些"谥号"一般十几个到二十多个字。甚至那位怕老婆，轻天伦，父在拒不见面，父死不参加葬礼，被讥为"孝宗之子不孝，光宗之子无光"的南宋光宗皇帝，还要用道德作为遮羞布包裹一番，也被称颂为"循道宪仁明功茂德温文顺武圣哲慈孝皇帝"。然而实际情形又怎样呢？在这些皇帝的实际思想和行为中，比道德和上天更重要的，是他们的"皇位"和权力。不是道德决定着"皇位"，而是"皇位"决定着他们的道德。为了争夺"皇位"，有些皇帝，特别是那些开国的君主，不得不做些顺应民心的"仁政"，轻徭薄赋，奖励农桑，为了维持"皇位"，他们可以礼贤下士，虚心纳谏；但是，一旦"皇位"在手，他们又可以暴虐无道，滥杀无辜，肆意搜刮，为非作歹。

北宋的建立者赵匡胤虽然出身军人，但却不是寻常的粗鲁丘八。他不仅武艺高强，善于骑马射箭，亲自参加战斗，亲自到造船的工地，观察制造战舰，观水砝、阅炮车、视察练习水战，被称为"艺祖"，而且心机极深。自从登上皇帝宝座，他就日夜考虑，如何避开"唐季以来，数十年，帝王凡移十姓，苍生涂地"这种走马灯似的局面，算计着怎么能"息天下之兵，为国家久远之计"。而这些考虑其实是如何巩固他的皇位。

首先，他接受了赵普（922—992）等人"节镇太重，君弱臣强"的意见，巧妙地"杯酒释兵权"，用赎买的方式，把军事大权从那些曾经支持他上台，现在却又拥兵自重的节度使手里夺了过来。在一次宴会中，于

① 辽太祖耶律阿保机至辽世祖耶律阮称帝在此之先，不在计算之内。

酒酣耳热之际，他对石守信、王审琦等人谈心，坦率地说出自己的不安："为天子亦大艰难，殊不若为郡节度使之乐。吾今终夕未尝敢安息而卧也。"然后他亮出条件，提出建议，说"人生如白驹过隙，所以好富贵者，不过多积金银，厚自娱乐，使子孙无贫乏耳。汝曹何不释去兵权，择便好田宅市之，为子孙立永久之业，多置歌儿舞女，日饮酒相欢以终其天年，君臣之间两无猜嫌，上下相安，不亦善乎！"（司马光：《涑水记闻》卷1）在这种劝诱之下，将军们接受了他的建议。赵匡胤就是以这种和平的、软的方法，"尽收天下之兵"。此后，他进一步改变制度，使"兵无常帅，帅无常师，内外相维，上下相制，等级相轧，虽有暴戾恣睢，无所措于其间"。（《通考》卷152《兵考四》）

其次，对于广大的文臣，他也采用了削弱权力的措施，例如运用"礼仪"的力量维护封建专制政权，这也是在总结以往历史经验的基础上提出的。正如后来的朱熹所说，由于五代时期干戈纷纷，"天下荡然，莫知礼义为何物矣"（《续资治通鉴长编》卷196仁宗嘉祐十年五月），于是出现了像冯道那样的无耻官吏，竟然"历仕四朝，三入中枢"，为相二十余年。和"杯酒释兵权"一样，赵匡胤同样运用巧妙的方法，设置一些礼仪，排斥权臣擅权，加强皇帝的权威和中央集权制度。例如，他取消了"坐而论道"，即朝廷议事时大臣的座位，让大臣们只能站着讲话。"自唐以来，大臣见君，则列坐殿上，然后议所进呈事，盖坐而论道之义。艺祖即位之一日，宰执范质等犹坐，艺祖曰：'吾目昏，可自持文书来看。'质等起进呈罢，欲复位，已密令中使去其坐矣，遂为故事。"（宋·邵博：《邵氏闻见后录》卷1）进一步加强了以"君为臣纲"为核心的封建道德，以神化皇帝权力维护君主的绝对权力地位。这种做法，连最坚持封建道德的朱熹也看不过去，他发牢骚说："古者三公坐而论道，方可仔细说得。如今莫说教宰执坐，奏对之时，顷刻即退。文字怀于袖间，只说得几句，便将文字对上宣读过。那得仔细指点！且说无座位，也须有个案子，令开展在上，指划利害，上亦得知仔细。今顷刻便退，君臣如何得同心理会事！"（《朱子语类》卷128）再如，对于那些违背了"君为臣纲"的人物，努力进行丑化。曹操这个原来口碑并不坏的人物，由于他曾经"挟天子以令诸侯"，干犯了中国古代儒家政治伦理的大忌，于是，在宋元士人精英和民众中他被赋予"奸贼"的形象。

　　北宋以来的皇帝，不但在礼仪上设置种种方法，抬高皇权，而且在制度上也下了许多工夫，剥夺朝臣官吏们的权力，采取了加强中央集权的种种措施。例如，宋代以前，皇帝的诏命，大臣可以议、驳；经过赵匡胤的改变，宋以后这些就只是徒具虚名，已然对于皇帝没有多大的制约作用。大臣封、驳制度的丧失，表明皇权已从相对独裁，走向绝对独裁。① 在地方官吏的设置上，赵匡胤也采取"官职分离，互相牵制"的方法，地方官任期三年，"知州下设立通判，从事监督"。

　　到了明代，封建道德同中央集权制度一起，发展得更加完备和极端，朱元璋统一南方之后，1367 年发布了北伐宣言，除了表示要"驱逐胡虏，恢复中华，立纲陈纪，救济斯民"之外，还特意谴责元王朝"于父子、君臣、夫妇、长幼之伦，渎乱甚矣"（祝允明：《野记》），表明他的封建主义卫道士的立场。朱元璋不但牢牢地控制住了军权，使"兵部有出兵之令，而无统兵之权；五军有统兵之权，而无出兵之令……合之则呼吸相通，分之则犬牙相制"（孙承泽：《春明梦余毒录》卷 30），而且对于文武大臣如同奴仆，不但朝廷上不给大臣们座位，而且必须下跪磕头，动辄廷杖，随意杀戮。明代"大朝仪"时，规定"众官皆跪"。"常朝仪"是"一拜三叩头，五拜三叩头"。清代更烦琐，"大朝仪"要"三跪九叩"。由于大臣们议事时跪的时间过长，身体受不了，不得不预备下专门的护膝。

　　一般来说，宋代皇帝不杀大臣，朱元璋却反其道而行之。为了维护封建法纪和皇帝的权威，不惜以猛、严来治国、治军。即使在激烈的对敌战斗中，他宁肯前敌领兵将领叛变也要杀人。《大明律》云："在朝官员，交结朋友，紊乱朝政者，皆斩。交结近侍官员，符同奏启，或上书大臣德政者，皆斩。"皇帝"视诛杀人如灭蝼蚁"（方孝孺：《逊志斋集》卷21）。

　　朱元璋不许大权旁落。于洪武十三年（1380 年）以"擅权枉法"之罪杀胡惟庸后，取消中书省，由皇帝自己直接管理国家政事。并立法度，以后不再设丞相这一官职。二十八年下令："自古三公论道，六卿分职，自秦始置丞相，不旋踵而亡。汉、唐、宋因之，虽有贤相，然其间所用者

---

① 参见白钢《中国皇帝》，天津人民出版社 1993 年版，第 149 页。

多有小人，专权乱政。我朝罢相，设五府、六部、都察院、通政司、大理事等衙门，分理天下庶务，彼此颉颃，不敢相压，事皆朝廷总之，所以稳当。以后嗣君并不许立丞相，臣下敢有奏请设立者，文武群臣即时劾奏，处以重刑。"（《明太祖实录》卷239）这里的"重刑"就是"将犯人凌迟，全家处死"。（朱国桢：《皇明大训记》卷9）从此开始，朝廷中权势最大、对于皇权威胁最重的丞相一职取消了。皇帝自此"自操威柄"，"每事独断"。

　　为了维护自己的封建专制，朱元璋还从思想上钳制、愚弄人民，甚至不惜冒犯古代儒家的权威孟子。洪武三年（1370年），读到孟子书中对于君王不客气的地方，他竟然"大发脾气，对人说：'这老儿要是活到今天，非严办不可。'下令撤去孔庙中孟子配享的牌位，把孟子逐出孔庙"。洪武二十七年（1394年），他还特命老儒刘三吾编《孟子节文》，删掉《孟子》书中具有民本气息的所有文句，如《尽心篇》的"民为贵，社稷次之，君为轻"，《梁惠王篇》中"国人皆曰贤，国人皆曰可杀"、"时日曷丧，予与汝偕亡"的《汤誓》引文，《离娄篇》中的"桀纣之失天下也，失其民也。失其民者，失其心也"一章，《万章篇》中"天与贤，则与贤"、"天视自我民视，天听自我民听"、"君有大过则谏，反复之而不听，则易位"。以及类似的"闻诛一夫桀矣，未闻弑君也"，"君之视臣如草芥，则臣视君如寇仇"等，共删除八十五条，使《孟子》只剩下一百七十九条。并将《孟子节文》刻板颁行于全国学校。

　　在这种绝对君主专制的政体下，皇帝道德只能是绝对的"君为臣纲"的封建道德。它的最直接的后果，第一就是朝廷的专断独裁，极端僵化。一方面是"世主事无细大当否，类出手敕，用压外庭公议"（《邵氏闻见后录》卷1），另一方面是大臣的唯唯诺诺。大臣们大多成了君主的应声虫和简单工具，唯唯诺诺，诚惶诚恐，迎风希旨，阿谀奉承。面对皇帝，只知道呼万岁，以致出了不少"万岁阁老"、"万岁相公"的笑话。明代万历皇帝召大臣会面谈话，尚书方德清、吴崇仁"方惟叩首唯唯，不能措他语，吴则口噤不复出声……及上怒，御史刘光复越次进言，厉声命拿下，群阉哄聚殴之。事出仓促，崇仁惊怖，宛转僵卧，乃至便液俱下。上回宫，数隶扶之出，如一木偶，数日而视听始复。"（《万历野获编·召对》卷1）

绝对的君主专制、以"君为臣纲"的皇帝道德，所产生的第二个后果是，君主道德的堕落。每个王朝初期的皇帝，尽管在起家时也兢兢业业，甚至谦虚谨慎，但是一旦大权到手，长期执政，封建帝王们便会忘乎所以，他们的后代继承人更是如此，以为自己是天意的代表，神权的化身，恣意妄为，道德堕落到甚至连家庭道德也不顾，完全背弃了他们所神圣化了的"三纲"。从明代嘉靖皇帝始，君主道德极度沦丧。虽然嘉靖自己号称"一念惓惓，本惟敬天勤民是务"，但实际上性情褊狭，刚愎自用，昏庸无道，对言官和朝臣，动辄行廷杖、大狱、滥杀。①对有功于国家社稷的杨廷和，甚至对扶他上台的张太后，他不但毫不感恩，反而竟然因为自己一点私怨而挟报私仇，开了滥杀的先河。据史料记载，他"自负非常，而明杀辅臣，始于夏言；明杀谏官，始于继盛"（《明史纪事本末》卷54）。难怪海瑞批评他说："二龙不相见，人以为薄于父子；以猜疑诽谤戮辱臣下，人以为薄于君臣；乐西苑而不返，人以为薄于夫妇。"这里，海瑞用非常委婉的口气，批判嘉靖皇帝违背了"君臣、父子、夫妇"的"三纲"。不必说政治道德和职业道德，就是家庭道德，宋元明时期的皇帝们也很少顾及，他们没有一般百姓人家的亲密友善，相反，父子猜忌，兄弟相残，史不绝书。甚至对于自己的母亲，往往也因权力之争而矛盾重重，例如宋仁宗反感刘太后，宋哲宗反感高太后，明代的嘉靖反对张太后，万历反感李太后。为了维护个人的小道德，这些皇帝置国家民族利益于不顾。

二　"仁""暴"、"明""昏"、"勤俭""奢侈"之间

封建时代帝王君主的道德规范应当是什么？唐太宗说，皇帝应"抚九族以仁，接大臣以礼，奉先思孝，处位思恭，倾己勤劳"，即"仁礼、孝恭、勤劳"等等。朱元璋认为，皇帝应当"惟仁不失于疏暴，惟明不惑于邪佞，惟勤不溺于安逸，惟断不牵于文法。凡此皆心为权度"（《明史》卷115），即以"仁、明、勤、断"四项道德作为标准。各种看法虽有不同，但是，人们一般评价皇帝道德主要看三个方面：仁爱还是暴虐、明智还是昏庸、勤俭还是奢靡；特别是前两项最为重要。依此，人们经常

①　胡凡：《嘉靖传》，人民出版社2004年版，第160—165页。

把皇帝分为仁君和暴君、明君与昏君①。宋明期间的皇帝道德，由于皇帝们个人经历不同，受教育的差异，尤其是他们所处的时代、环境等等不同，其道德状况往往千差万别，两极分化，瑕瑜互见，经常徘徊于仁暴、明昏二者之间。

（一）仁暴之间

中国古代帝王的仁爱，第一就是"不杀人"，进而能够团结人，会用人，关心和爱护百姓。生于五代十国，历经战乱屠杀的宋太祖赵匡胤，对此深有体会。因此，他特别注意收拢人心。还在后周时期，他就拉拢大将作为心腹，扩充自己的私人势力，并依靠他们的支持登上了皇帝宝座。当了皇帝之后，即使要夺这些将军们的大权，也注意使用赎买的方式，用高官厚禄、子女玉帛交换，将自己的女儿下嫁给这些将军，以免他们产生"鸟尽"之感。他还着意笼络、留用了包括宰相在内的所有旧臣。对于战斗在前线的将士，赵匡胤也很关心。将军王全斌率兵伐蜀，正是严冬季节。赵匡胤上朝时怀念这些在前线顶风冒雪的战士，立即派遣宫中使者疾驰前线，将自己穿戴的紫貂皮裘帽，送给寒冷前线的将军，并向诸将道歉不能普遍赐给。这一举动使诸将感激涕零，拼命厮杀。

赵匡胤崇仁重生，不轻易杀人。乾德元年（963年），他一次路过武成王（姜子牙）庙，逐一观看两厢的配祀者，当发现有战国时秦国名将白起的像时，命令马上撤去他的塑像，说："白起坑杀降卒（四十万）太不威武了，怎配在这里受祭祀！"谈到《尚书》中的尧舜二典，他说："尧舜之罪四凶，止从投窜，何近代法网之密乎！"要求宽缓刑罚。他总结五代的历史教训，要求对于涉及人命的案子，慎重处理。他对宰相说："五代诸侯跋扈，有枉法杀人者，朝廷置而不问。人命至重，姑息藩镇，当若是耶？自今诸州决大辟，录案闻奏，付刑部覆视之。"遂著为令。（《宋史》卷3《太祖三》）伐江南之前，他强调严格执行军纪，召曹彬、潘美戒之曰："城陷之日，慎无杀戮。设若困斗，则李煜一门，不可加害。"授权他们对于违反军纪的，副将以下的官吏可以就地斩首。

赵匡胤的仁，最突出的表现是他的优待俘虏的政策和做法。被他征服

---

①　关于皇帝的分类，白钢的《中国皇帝》（天津人民出版社1993年版）一书中，分为8类，袁钢的《隋炀帝传》（人民出版社2001年版），分为4类，都是根据功业与道德两个方面而言的。

的各国小皇帝及其子弟，他不但养起来，而且推诚以礼相待，封侯班爵。"吴越钱俶来朝，自宰相以下咸请留俶而取其地，帝不听，遣俶归国。及辞，取群臣留俶章疏数十轴，封识遗俶，戒以途中密观。俶届途启视，皆留己不遣之章也。俶自是感惧。江南平，遂乞纳土。"南汉刘鋹在其国好置鸩以毒臣下。既归朝，从幸讲武池，帝酌卮酒赐鋹，鋹疑有毒，捧杯泣曰："臣罪在不赦，陛下既待臣以不死，愿为大梁布衣，观太平之盛，未敢饮此酒。"帝笑而谓之曰："朕推赤心于人腹中，宁肯尔也？"即取鋹酒自饮，别酌以赐鋹。（《宋史·太祖本纪》）这种宽宏大度，怎能不让这些亡国之君感激涕零！赵匡胤还经常向部下讲这些亡国之君的奢侈腐化导致亡国的历史教训，巧妙地发挥这些亡国之君的反面教员作用。

宋太祖赵匡胤施行的仁政，还包括鼓励生产，节约开支，减轻人民负担等等。在此不赘述。

元代一些国君也表现出了"仁"的优秀品格。开国君主成吉思汗，虽然出身于游牧民族，但也关心士兵。他明示将帅不得无辜牺牲一个士卒，不得遗弃一个伤员和烈士。困难时关心将士的生活疾苦，胜利时不忘录人之功。对于他们的家属子女也关怀备至，甚至对于敌营中的人也以礼相待。例如曾是敌人的泰赤乌氏部，亦得到他的关心和照顾，以致这些部族的人感激地说："衣人以己衣，乘人以己马，安民定国，教养军队必此人也。""有人君之度者，其惟铁木真太子乎？"

另一位元代皇帝世祖忽必烈也接受儒家的民本思想，吸取历代王朝的经验教训，从即位之初（1260年）便诏告天下："国以民为本，民以衣食为本，衣食以农桑为本。"他要求"崇本抑末"，发展农业生产，"命各路宣抚司择晓农事者，充随处劝农官"，以"户口增、田野辟、词讼简、盗贼息、赋役平"五项作为考核各级官吏的标准。（《元典章》卷2《圣政一·饬官吏》）

如果说宋太祖赵匡胤的"仁爱"主要是对上层，那么出身于普通农民的明太祖朱元璋，则更重视对于下层普通民众讲仁义。朱元璋关心农民的吃饭穿衣，常说："四民之中。农民最劳最苦。春天鸡一叫就起床，赶牛下田耕种。插下秧子，得除草，得施肥。大太阳里晒得汗水直流，劳碌得不成人样。好容易巴到收割了，完粮纳税之外，剩不了多少。万一碰上水旱虫蝗灾荒，全家着急，毫无办法。可是国家的赋税全是农民出的，当差作工也是农民分内的事。要使国家富强，必得让农民安家乐业，才有可能。"他牢记孔子"节用爱人，使民以时"的教导，也赞赏《孟子》的"行王道，施仁政，省刑薄赋"主张。徐达等北伐时，他下令说："中原之民，久为群雄所苦，流离相望，故命将北征，拯民水火。……前代革命之际，肆行屠戮，违天虐民，朕实不忍。诸将克城，毋肆焚掠，妄杀人。"（《明史》卷 2《太祖二》）他一直以"拯生民于涂炭"而自命。

朱元璋推行其仁义，也表现在他大力鼓励农业生产，兴修水利，推广棉花和桑枣果木种植；在北方地多人少地区允许农民尽力开垦，即为己业；解放奴隶，增加农业生产劳动力；大力清丈田亩，改变了赋税负担不均状况；保护商业，繁荣市场；严惩贪官污吏，改变了元朝后期的恶劣政治风气，为明朝前期的繁荣安定打下了基础。他在遗嘱中自称，自己在位三十一年，"忧危积心，日勤不怠，务有益于民"。（《明史》卷 3《太祖三》）

然而，明太祖朱元璋是个两面人，他在"仁义"一面的背后，还有另外"暴"的一面，就是野蛮的刑罚和残酷的屠杀。他一向以猛、严治国，运用特务组织，制造了许多血案，弄到"贤否不分，善恶不辨"的地步。洪武十三年（1380 年）杀丞相胡惟庸案"坐诛者三万余人"，户部侍郎郭桓贪污案，"天下诸司尽皆赃罪，系狱者数万，尽皆拟罪"。（《大诰》《朝臣优劣第二十六》）而洪武十五年（1382 年）的"空印案"和十八年（1385 年）的"郭桓案"，地方官吏被杀七八万人，最后，原审法官也被杀了。洪武二十六年（1392 年）杀功臣蓝玉，"族诛者万五千人"。不但开国功臣被大量屠杀，把军中勇武刚强之士差不多杀个干净，甚至连自己的儿女亲家，年已七十七岁的李善长也以莫须有的罪名逼死。曾经最亲密的伙伴，立过大功的大将徐达，已经患背疽卧床不起，朱元璋也不肯放过，他以赐蒸鹅的方式强迫徐达自杀而亡。如果说这些刑罚主要针对的是贵族官僚和功臣，他们中许多人"倚功犯法，凌暴乡里"，也有些是"恃势骄恣，逾越礼法"①，朱元璋的屠杀多少还可以原谅的话，那么，滥杀普通人民就是不可饶恕的了。朱元璋看到街市上元宵节纸灯笼上有"大脚"的图画，以为是讥笑他的妻子马皇后，杀了这家三百余口。他

---

① 吴晗：《朱元璋传》，人民出版社 2008 年版，第 247 页。

经常"以寻常过犯，与叛逆盗贼同科"，动辄"族诛、凌迟、枭令"；恢复古代"久废之刑"，如刖足、斩趾、膝、阉割；甚至采取古肉刑之所未有的酷刑，如断手、剁指、挑筋，对付人民。他死之后，命令恢复殉葬制度，"侍寝宫人，尽数殉葬"。这些血淋淋的嗜杀成性的现实，令人毛骨悚然，而与他那些仁义的表白，更是南辕北辙。朱元璋究竟是"仁君"，还是"暴君"？恐怕都不是，或者也可以说两者都是。无论如何，从这位还算是杰出的皇帝身上，我们可以看到封建专制主义下君主的仁德到底是什么。

朱元璋的儿子朱棣，就是后来的明成祖，在他从其亲侄子手里夺权的过程中，继承了其父的凶狠毒辣，对于反对他的著名文人方孝孺，除了通常的"诛九族"之外，还诛杀了方的朋友和门生，破天荒地被"诛十族"，仅被杀于市的"即达 873 人，谪戍荒徼者不可胜计"。对于为方报仇的景清，不但"剥皮实草，械系于长安门，用铁刷子将景清身上的肉一块一块地刷掉。肉被刷光，骨被打碎"，竟然实行"瓜蔓抄"①。此案不但牵连面广，而且一直延续了十年之久，杀人无数，有些地方田野一空。

宋元明时期皇帝的残忍凶暴，从文字狱上也可见一端。北宋虽有太祖规定不杀大臣和言事官的"家法"，但是对于不同意自己意见的，也杖脊、刺配、贬谪流放。神宗时"乌台诗案"，苏轼以"无君臣之义，亏大臣之节"的罪名，被审押，最后降职流放；受此案影响的苏辙、司马光等 22 人被贬被罚。南宋时，宋高宗通过秦桧，迫害主战派，大搞文字狱，将胡铨、张伯麟、王庶、张九成谪贬，使"士大夫畏罪钳舌"。（《桯史》卷 12）金代宇文虚中、高士谈，仅因为藏书而被杀头。张钧因为代皇帝起草《罪己诏》，被毒打数百棍，嘴卜的肉被剑割，最后被剁成肉酱。朱元璋搞文字狱更甚，他制造了大量冤假错案，杀害了大批知识分子。由于他早年当过和尚，剃过光头，参加过起义军，因此凡是用过形似或音似之字，如"作则"（有贼）、"有道"（有盗）、"取法"（去发），这些人均被捕杀。有一次他游到一个寺庙，见壁上一首题布袋和尚的诗，"大千世界活茫茫，收拾都将一袋藏；毕竟有收还有散，放宽些子也何妨！"大怒，尽诛寺僧。（郎英：《七类修稿》卷 37）

宋元明时期皇帝的残忍凶暴，甚至发展到在朝堂之上刑罚大臣——

---

① 晁中辰：《明成祖传》，人民出版社 1993 年版，第 202、206 页。

"廷杖"。"廷杖"由朱元璋创造，兼有笞、杖两种刑罚的特点，"笞以臀受，杖则兼有以腿受者"①，"一人持麻布兜，自肩脊以下束之，左右不得动，一人缚其两足，四面牵曳，惟露股受杖，头面触地，地尘满口中"。（魏禧：《魏叔子文集·姜贞毅先生传》）"在这样的酷刑之下，受杖者无不被打得皮开肉绽，死去活来。轻者卧床数月才能痊愈，重者落得终身残疾，最重者当时毙命或迁延数日而死。专制帝王视大臣性命直如草芥。"②成化以前，廷杖时，受杖者并不脱衣服，受杖者还要用厚棉底衣或者毯子之类包裹起来，然后进行杖责。这只是为了"示辱而已"。到了正德年间，刘瑾专权，每遇廷杖，竟将受杖者的衣服全部脱去，所以经常有杖死者。明代历史上最厉害的两次廷杖是武宗时"谏南巡"与嘉靖"左顺门"事件，一次比一次残酷。武宗朱厚照，将兵部郎中黄巩等 30 余人投入锦衣卫大牢，先后对 146 名大臣施以廷杖，忠君爱国、一片赤诚的大臣们一个个被打得血肉横飞，十六位官员毙于杖下。嘉靖性格褊狭，变态滥用廷杖，凡是不顺其意的官员，哪怕出于好心建议的，动辄廷杖。他杖杀的朝士，超过前代五倍多。"公卿之辱，前所未有"，致使柔媚诡谀之风日炽，正直敢言之士日稀。

（二）明昏之间

封建帝王明智与否，实在是他们品德中的一个大问题。所谓明智，就是明于知己知彼，明于识时识势，而做到这一点，并不只是依靠聪明，它需要有面对现实的勇气和魅力，博大的胸襟和气度，坚毅、冷静、谦虚、克制，能够大度包容与自己不同甚至反对过自己的人。明智是古代帝王特别需要的道德，治理国家最需要头脑清醒，吸取众人智慧，群策群力，可这也是帝王们往往最稀缺的道德规范和品质，尊严的地位使他们往往迷信自己的"天纵聪明"，刚愎任性，忘乎所以。

明智，对于宋元明时期皇帝来说，第一个表现就是不迷信神仙佛道，不相信什么祥瑞噩兆。

明太祖朱元璋可谓明君，虽然当过和尚，但是他头脑清醒，并不完全迷信神仙佛道，一向以实用主义的态度对待宗教：一方面他搞神道设教，

---

① 胡凡：《嘉靖传》，人民出版社 2004 年版，第 147 页。
② 同上书，第 150 页。

利用宗教造舆论、造声势，利用僧道来夺取和巩固政权；另一方面，又对佛道保持高度警觉。例如，他曾亲自著《集注金刚经》1卷。宣传周颠、铁冠子的神迹，收复人心，震慑群雄，以便夺取天下。解缙说他"兴师以取宝为名"，"谕众以神仙为征应"。他也曾"对和尚寄以腹心，用作耳目，使之检校官民动静，随时告密"。表面上，朱元璋对神佛非常重视，"诏征东南戒德名僧大开法会，顶礼膜拜，颁赐袈裟，请到宫中，赐座讲论"。但是骨子里他并不信任宗教。譬如对于老子的《道德经》，则是以经书对待，反对金丹之论。朱元璋清醒地说："前代帝王被所惑而几丧天下者：周之穆王、汉之武帝、唐之玄宗、萧梁武帝、元魏主焘、李后主、宋徽宗，此数帝废国怠政，惟萧梁武帝、宋徽宗以及杀身，皆由妄想飞升及入佛天之地。"（《明太祖实录》卷16《心经序》）他不许别人给他谈神异，献天书，献长生的法子，也不信祥瑞。洪武二年（1369年），有献瑞麦一茎三穗、五穗者，群臣祝贺，他说："我做皇帝，只要修德行，致太平，寒暑适时，就算国家之瑞，倒不在乎以物为瑞。记得汉武帝获一角兽，产九茎芝，好功生事，使海内空虚。后来宣帝时又有神爵甘露之瑞，却闹得山崩地裂，汉德于是乎衰。由此看来，祥瑞是靠不住的，灾异却是不可不当心的。"（《明太祖实录》卷16）

明成祖继承乃父的思想做法，他不信祥瑞之说。永乐十三年（1415年）三月，贵州右布政使奏言："去年北征，班师诏至思南府婺州县，闻大岩山有声，连呼万岁者三。皇上恩威远加，山川效灵之征。"礼部尚书吕震上表恭贺，明成祖却训斥道："人臣事君当以道，阿谀取容非贤人君子所为。"（《太宗实录》卷98）他多次斥退各地关于"白鹿"、"白象"之类的祥瑞。永乐七年（1409年）山西代州繁峙县献嘉禾279本，大臣认为这是"实圣德所应"。明成祖说："今苏松水患未息，近保定、安肃、处州、丽水皆雨雹，浑河决于固安，伤禾稼。且四方之广，尚有未尽闻者。不闻群臣一言及弭灾之道，而喋喋于贺佳禾，谓祯祥朕德所致，夫灾异非朕德所致乎？"（《太宗实录》卷65）正是如此思想，永乐十四年（1416年），他拒绝大臣泰山封禅。

不过，为了维护自己的统治，中国的帝王历来都喜欢造神，利用各种舆论，把自己装扮成上天的代表，用以吓唬文武百官和人民群众。但是，他们逐渐也会落入自己的圈套里，畏惧天命鬼神，成为神仙佛道的工具。《铁围山丛谈》开篇，蔡绦就讲到宋太宗、仁宗、哲宗、钦宗、高宗等等的神话，证明其"天命攸归"。如宋太宗赵光义的上台，据说太祖继位八年之时已经呈现出了征兆："当乾德之五祀，而五星聚于奎，明大异常。奎下当曲阜之墟也。时太宗适为兖海节度使，则是太宗再受命。此所以国家传祚圣系，皆自太宗。"宋哲宗登极也有预兆："神宗当宁，已负疾。一日，后苑池水忽沸，且久不已，神宗为睥睨而不乐。有抱延安郡王从旁过者，池沸则止，莫不骇异。未几，延安郡王即位，是为哲宗。"（《铁围山丛谈》卷1）

命运多舛的宋徽宗是个典型的昏君，而且最具代表性。他聪明绝顶，文采风流，体育艺术，无所不通，书画琴棋，样样精通，特别是在绘画与书法上达到了很高的水平。但是他却笃信道教，在治国和政治上昏庸糊涂。政和元年（1111年），他在一次患病痊愈后，梦中得到玉帝的谕旨，从此大兴道教，到处修建道教宫观，"下诏天下访求道教仙经"；听信道士林灵素，热心于宗教活动；因为自己的皇子不多，听信道士刘混康的话，垫高据说是"八卦艮位之上"的京城东北角，以求"多男"；广修假山园林，以求国家繁荣昌盛；政和七年（1117年），册封自己为"教主道君皇帝"，颁御制经书、广设道官，全国仅拿俸禄的道官就有七八万人，京城内林灵素的弟子，居然有两万余人，使道教当成了国教。"朝野上下，舞神弄鬼；君臣诞谩，怠弃国政"，"乞求玉皇大帝保佑，结果却弄得国库耗尽，民力困竭。金军袭来，束手就擒，成了金朝的俘虏"①。

明朝也有一些皇帝迷佛信道，特别是明世宗嘉靖，一心迷信道教，追求长生不死，羽化登仙，喜好祥瑞。据不完全统计，自从移居西苑，至嘉靖四十五年（1566年）去世，二十四年间，各级官员进献祥瑞竟达38次之多。②崇信陶仲文、王金等人，受"奸人诳惑，祷祀日举，土木岁兴，郊庙之祀不亲，朝讲之仪久废"，服金石丹药、百花仙酒、小天水生元丹、三元丹等（皆用麝香附子诸热毒之剂，其实皆房中术耳）而死。③

对于宋元明时期皇帝来说，明智更主要的表现在辨势、用人上。唐太宗李世民说："为政之要，务在得人，用非其人，必难致理。"而"得

---

① 白钢：《中国皇帝》，天津人民出版社1993年版，第90、91页。
② 胡凡：《嘉靖传》，人民出版社2004年版，第472页。
③ 同上书，第482页。

人"、"用人"，第一就要把握住看待人的标准。唐太宗说："今所任用，必须以德行、学识为本"，也就是要德才兼备，特别是道德标准，这是最重要的。"为国之要，在于进贤退不肖、赏善罚恶，至公无私。"除了道德标准之外，帝王的识人、用人还必须考虑"才"的方面，因为所要选拔的毕竟是治理国家、掌握一定权力的官吏。而在"才"的方面，内容要复杂得多，不同的人表现得千差万别，如何做到区分短长，量才授职就更困难。唐太宗深有体会地说："明主之任人，如巧匠之治木：直者以为辕，曲者以为轮，长者以为栋梁，短者以为拱角。无（论）曲直长短，各有所施。明主之任人，亦由是也。智者取其谋，愚者取其力，勇者取其威，怯者取其慎。无智愚勇怯，兼而用之。故良将无弃才，明主无弃士。不以一恶忘其善，勿以小瑕掩其功。割政分机，尽其所有。"

宋代赵匡胤、赵光义兄弟的明智，突出地表现在任用赵普上。赵普是个具有政治头脑，也有一定政治经验的政治家，虽然读书不多，但是在太祖、太宗信任下，他竟然能以"半部论语治天下"。在五代十国动乱的年代里，赵普原来偏处于一隅，并不显赫，赵氏兄弟听到他的一些信息后，微服"雪夜访赵普"，并且屈尊地呼赵妻为嫂，像当初刘备请诸葛亮那样，把他从蛰居处请出来。他们采纳赵普之言，发动了陈桥驿兵变，黄袍加身，夺取政权；又用赵普之策，"先南后北"，统一了中国；还听赵普之言，杯酒释兵权，剪除割据，削弱藩镇。赵普曾经三度拜相，即使他犯了错误，赵氏兄弟也着意曲加包容。开宝元年，宋太祖访问其家，见廊下放置的十个瓶子，系越王钱俶送的钱物，其实是瓜子金。这是明显的贪污，而且是交通藩王，对于赵宋王朝可能造成威胁。赵普吓得要命，立即顿首谢罪，不料赵匡胤却轻松地说了一句："收下无妨，那些人还以为国家大事都是由你们书生做主呢。"[①] 其胸怀大度可见一斑。

元代创始者，蒙古族出身的成吉思汗也懂得，最高统治者要会知人用人，他说得透彻："智勇兼备者，使之典兵。活泼跷捷者，使之看守辎重。愚钝之人，则付之以鞭，使之看守牲畜。我由此意，并由次序纪律之维持，所以威权日增，如同新月，得天之保佑，地之敬从。我之后人继承我之威权者，能守同一规例，将来五千万年之中，亦获天佑。"

---

① 曲弘梅：《宋太祖》，中国社会科学出版社 2008 年版，第 187 页。

在明智方面，明太祖朱元璋也有李世民类似的表现，特别是在他称帝之前。为了夺取政权，他到处征求文人谋士。他高度信任善用计谋、料事奇中的李善长，不惜纡尊降贵，将其作为儿女亲家。他尊敬刘基，把刘基比作汉初辅佐刘邦取天下的张良，不呼其名，而称其为"老先生"。他还重视并礼遇宋濂、陶安等人。朱升为他提出"高筑墙，广积粮，缓称王"的建议，他特别重视，坚持实施。

对于武将，朱元璋更是知人善任。早年他率"二十四骑略定远"，带出了一批优秀将领，如徐达、常遇春、汤和、耿在成、耿炳文、花云龙、郭英等等。后来，他又依常遇春意见，杀了萌生叛意的邵荣；又用稳重的徐达，控制急躁滥杀的常遇春。称赞徐达："受命而出，成功而旋；不矜不伐，妇女无所爱，财富无所取；中正无疵，昭明乎日月，大将军一人而已。"不仅如此，朱元璋还培养了一批青年将领，以义子相待，让他们建功立业，如后来世代镇守云南的沐英等等。

明成祖知人善任，考察内外臣僚有一套完整的制度，赏罚分明，有功则赏，有过则罚。对于帮助他上台的所谓"靖难功臣"，即使死去也不忘赏赐，而对于归降过来的建文旧臣，如杨荣、杨士奇、蹇义、夏元吉等等，也公平任用，论功行赏。他说过："用人之道，各随所长。才优者使治事，德厚者令牧民。盖有才者未必皆君子，有德者必不同小人，不可不察。"（余继登：《典故纪闻》卷1）明成祖不因小过而废大才，不因旧嫌而弃贤能。他说："帝王图治，必审于用人。或取诸亡国，或举于仇怨，惟其贤而已。"（《太宗实录》卷18）明成祖鼓励臣下直言敢谏，但又注意明辨是非，择善而从，他教育皇太子说："宜悉心以求益，虚己以纳言。……然听言之际，宜加审择。言果当理，虽刍荛之贱必从之；言苟不当，虽王公之贵不可听。惟明与断乃可有成。"[1]

然而帝王的明智正如他们的仁义，都笼罩在权力之下，是为了他们夺取、保有权力服务的工具。当朱元璋杀气腾腾，诛戮功臣殆尽，连李善长、徐达等人都不放过之时，哪里还有一点点明智的影子！同样，明成祖朱棣为巩固自己的强权统治，也任用酷吏纪纲、陈瑛、郑赐、马麟、丁珏等人，遍设特务网，大兴告密风，严密监视全国上下，残害大量官员，甚

---

[1]　转引自晁中辰《明成祖传》，人民出版社1993年版，第448—449页。

至著名的才子解缙也因为自恃才高，喜好议论他人短长，在立储问题与他们意见不合，被迫害致死，冻死在大雪之中。但是，明成祖对于这些忠于他的鹰犬，也用之有度，时刻警惕，管制甚严，在适当的时机杀掉他们。

明君虽然能够虚心纳谏，兼听而治，但是，封建时代的帝王们，由于长期处于专制独裁的政治制度之下，很容易喜欢那些拍马奉承之人，听一些歌功颂德的话，而难以接近忠直廉能之臣，不爱听逆耳之言。宋元明时期的帝王们也难以逃脱这个怪圈，特别是那些王朝中后期，处于承平时期的帝王们。北宋徽宗时，重用蔡京、童贯等，败坏了政治。蔡京是个善于投机的小人，他见风使舵，原来王安石当政时，他和变法派联系；司马光上台，他又成为废除新法的急先锋；哲宗亲政后，变法派又上台当政，他又摇身一变，投靠章惇，成为变法派的大将，提倡"丰亨豫大"，引诱皇帝大兴土木，搜罗天下花木奇石。宋代的"花石纲"就出于此期，持续了20多年，给人民带来了深重灾难。昏庸透顶的宋徽宗，完全信任他，结果朝政糜烂，民怨沸腾，招致金兵入都，身陷图圄。南宋时，高宗又重用秦桧，为了苟安求和，撤回前线已经获胜的大军，使"十年之功，废于一旦"，还以"莫须有"的罪名，杀害了坚决抗金的名将岳飞。南宋后期的宁宗、理宗、度宗，他们或懦弱无能，或腐化享乐，亲近并且重用奸臣史弥远、贾似道、陈宜中等，把大权全交给他们，最后终以亡国告终。尤其可笑、可鄙的是元军围攻襄阳之时，贾似道虚报战绩，欺骗国人，度宗竟然一无所知，三年之后才从一位宫女处听到。

明代中后期皇帝的昏庸，比起宋代来毫不逊色。几乎每个皇帝都有亲近奸佞小人，疏远正直大臣的记录。有些更是非常之极端，例如，个性极强、特别专断的嘉靖皇帝亲近大奸臣严嵩，错杀了杨继盛等忠直大臣。这是由于严嵩非常狡诈，善于揣摩皇帝的心思，巧妙地用柔媚的手段讨好皇帝。宪宗、孝宗、武宗等，长期不问国事，太监乘机夺取了权势，"英（宗）之王振，宪（宗）之汪直，武（宗）之刘瑾，熹（宗）之魏忠贤，太阿倒握，威福下移。神宗矿税之使，无一不罹其害。其他怙势熏灼，不可胜记。"（《明史》卷74《职官志三·宦官》）英宗对于王振，不敢称其名，而以"先生"呼之。宦官刘瑾权倾朝野，被认为是"坐皇帝"之外的另一个"立皇帝"。熹宗时魏忠贤成为实际上的皇帝，人们只知道有忠贤，而不知有皇帝。糊涂而又刚愎自用的万历，竟然否定千古楷模，反对唐太宗的纳谏，而讨厌起唐代名臣魏征来，他说："魏征忘君事仇，大节已亏。纵有善言，亦是虚饰，何足采择？"居然在经筵中取消了唐太宗的《贞观政要》一书，抛弃了封建时代的皇帝道德与君臣道德的经典，其专制主义的嘴脸昭然若揭。

（三）勤俭与奢靡

勤俭对于帝王来说，是难以做到，却又是必须具备的品质。贞观二年（628 年），唐太宗李世民指出："凡事皆须务本：国以人为本，人以衣食为本，凡营衣食，以不失时为本。夫不失时者，在人君简静乃可致耳。""夫安人宁国，惟在于君，君无为则人乐，君多欲而人苦。朕所以抑情损欲，克己自励耳！"这就是说，帝王"简静"、"无为"，也就是生活朴素，克己自励，乃是治国之"本"。在以后的多次谈话中，他都总结历史经验教训，把勤俭与"民"联系起来，与帝王的成败联系起来。历代帝王们都懂得这一套："宋艺祖夜半思食羊肝。左右曰'何不言？'帝曰：'若言之，则大官必日杀一羊矣。'宋仁宗游幸上苑，偶思渴，屡顾桃子不得。遂入宫，渴甚索饮。左右问：'何不言？'帝曰：'言之，则必有得罪者矣。'明武宗在宫中偶见黄葱。实气促之，作声为戏，宦者随以车载进御。葱价陡贵数月。明穆宗偶思食果馅饼，来日御膳房起面者、剥果者、制糖者，开支至五千金。帝笑曰：'只须银五钱，便可在东华门买一大盒矣。'盖帝在潜邸早稔其价也。朝廷之一言一动其不可忽如此。"（《两般秋雨庵随笔·帝王言动》）

宋太祖赵匡胤经历过艰难困苦，懂得勤俭的重要，生活比较简朴。据史书载，他"宫中苇帘，缘用青布；常服之衣，浣濯至再。魏国长公主襦饰翠羽，戒勿复用，又教之曰：'汝生长宝贵，当念惜福。'见孟昶宝装溺器，撴而碎之，曰'汝以七宝饰此，当以何器贮食？所为如是，不亡待何？'"（《宋史·太祖本纪》）

出身贫苦的明太祖朱元璋，更是一位勤俭的皇帝。他勤政，习惯于大小政务亲自处理，唯恐他人徇私舞弊、大权旁落。"每天天不亮就起床办公，批阅公文，一直到深夜，没有休息，没有假期，也从不讲究调剂精神的文化娱乐。照习惯，一切政务处理，臣僚建议、报告，都用书面的文件——奏疏等等，他成天成月成年看文件，有时也难免感到厌倦。""以洪武十七年九月间的收文为例，从十四日到二十一日，八天内，内外诸司奏札凡一千六百六十件，计三千三百九十一事。平均他每天要看或听两百多件报告，要处理四百多件事。"① 朱元璋平日生活朴素，讲究节俭，不喜欢饮酒。车舆服用的金饰，都用铜代替。从不轻易接受礼物，曾经拒绝回回商人赠送的蔷薇露，营建宫室时去掉了雕琢考究的地方，相互无装饰。② 虽然他读书不多，但是经过多年自学，知识丰富，能够讲述经史，写通俗文字、作诗、骈体文，经常与幕府的儒生朝夕讨论，品评一些文学作品的好坏。住室屏风上写着唐人李山甫的《上元怀诗》："南朝天子爱风流，尽守江山不到头，总为战争收拾得，却因歌舞破除休。尧行道德终无敌，秦把金汤可自由？试问繁华何处在，雨苔烟草石城秋。"用历史上的经验作为殷鉴，提醒自己和后代的子孙们保持勤俭作风。朱元璋曾对宋濂说："人君能够清心寡欲，做到百姓安于田里，有饭吃，有衣穿，快快活活过日子，也就神仙了。"这也从一个侧面说明了朱元璋的勤俭。

明成祖朱棣有乃父之风，生活也能保持勤俭。永乐二年（1404 年），对解缙等人说："为人君，但于宫室车马、服饰玩好，无所增加，则天下自然无事。"所服里衣袖敝垢，纳而复出，说："朕虽日十易新衣，未尝无。但自念当惜福，故每浣濯更进。"（《太宗实录》卷 30、97）明代中后期的穆宗"清静合轨汉帝，宽仁比迹宋宗"（《名山藏·典谟记》卷29），也比较注意生活简朴，一改其父嘉靖的任性和铺张。自幼好吃烩驴肠，长大后，知道是宰驴所得，就不肯再吃，说道："若尔，则光禄寺必日杀一驴，以备宣索，吾不忍也。"（《明穆宗实录》卷 70）每逢岁时游娱行幸，总是选择最简单朴素的菜，以示节俭。

宋太祖、明太祖虽然勤俭，但他们毕竟是皇帝，比起一般劳动人民的勤俭来，不但程度上有着天壤之别，而且更主要的是，他们勤俭的目的是为了维持王朝的统治，永远保住他们的江山。朱元璋告诉太子说："商高宗旧劳于外，周成王早闻无逸之训，皆知小民疾苦，故在位勤俭，为守成令主。尔生长富贵，习于晏安。今出旁近郡县，浏览山川，经历田野，其因道途险易，以知鞍马勤劳。观闾阎生业，以知衣食艰难。察民情好恶，以知风俗美恶。""自古创业之君，历涉勤劳，达人情，周物理，故处事

---

① 吴晗：《朱元璋传》，人民出版社 2008 年版，第 296 页。
② 同上书，第 293—294 页。

咸当。守成之君，生长富贵，若非平昔练达，少有不谬者。……惟仁不失于疏暴，惟明不惑于邪佞，惟勤不溺于安逸，惟断不牵于文法。凡此皆心为权度。吾自有天下以来，未尝暇逸于诸事务，惟恐毫发失当，以负上天付讬之意，戴星而朝，夜分而寝，尔所亲见。尔能体而行之，天下之福也。"他们知道，"刻民以奉君，犹割肉以充腹。腹饱而身毙，君富而国亡。……民愁则国危，国危则丧矣"。"权位"这个阴影逼压着他们不得不勤俭，但是，他们的本能又驱使他们拒绝勤俭，不断走向奢靡腐化的深渊。

宋徽宗除了好奇花异草、怪石书画，派童贯下江南，收罗"花石纲"之外，他还喜欢花天酒地、放荡不羁的游戏。在几乎每天举行的宴会上，与一些大臣追逐嬉戏，恣肆无忌。尤其喜欢玩弄女色，不满足于皇宫内的美色，还要出入市井之间，游逛于花街柳巷，寻花问柳。宠爱名伎李师师，闹出许多风流韵事。

南宋的光宗皇帝赵惇，听从后宫李氏之言，连表面的孝道也不遵守。他假称患病，坚决不见父亲，甚至父亲死后拒不参加葬礼，被人讥为"孝宗之子不孝，光宗之行无光"。理宗声色犬马，度宗更是日夜沉溺于酒色。宋制规定，皇帝临幸过的嫔妃，次日早晨要去谢恩，并由主管官员登记在案。度宗登基不久，一次谢恩者竟达三十余人。他连公文也懒得批复，交由宠爱的妃子处理。

在骄奢淫逸方面，少数民族出身的皇帝也不例外。金熙宗可以称作政治上的改革家，但是在生活上，却骄奢淫逸，不但役使民夫，大兴土木，修筑京城，而且每年从全国范围内选美，凡 13 岁以上，20 岁以下的美貌女子，无论门第高下，一律纳入宫中，供其淫乐。尤其是他屡兴大狱，滥刑嗜杀，后期整日泡在酒中不理朝政。他的继任者金海陵王完颜亮，起初具有远见卓识，一度也曾严于律己，提倡为官清廉，自己也生活朴素，吃饭除鱼类外，不食荤昏，颁禁酒令，除正式外事活动外不饮酒。穿补过的衣服，在皇室禁苑中不养禽兽。但是，他又是个极端好色的皇帝，据说有十二个妃子、九位昭仪、三位婕妤，宫女数以千计。他把杀戮的亲族七十多人的妻子收归自有。对于年轻貌美的百官群臣妻子，千方百计也要弄到手，连他的叔母、从嫂、从侄女、从姊妹都不放过。后来赵翼称他的淫乱是"此千古所未有者也"。（《二十二史札记》卷 28《海陵荒淫》）

明代的皇帝在腐化堕落上亦复如此，明第十代正德皇帝朱厚照，沉湎游戏，纵情声色，整日狗马鹰犬，歌舞角抵，擅离职守，常常离开北京，一走就是几个月，甚至长达一年。在北京期间，有时竟在深夜举行晚朝，朝罢又大开筵席，弄到通宵达旦。经常撇开负主要责任的内阁和正式官员，宠信自己周围的军官和宦官。在西华门旁，另建"豹房"赏玩珍禽异兽，纵情声色，特别是选择回族女子，供其淫乐。他的继承者嘉靖皇帝，更是贪婪奢侈腐化，竟然三十年不上朝，滥兴土木，肆意玩乐。秦楼楚馆的天启皇帝朱由校，喜欢木匠活，爱搞漆器，对于国家大事不愿闻问，动辄以"我都知道了，你们用心行去"推诿，造成坏人当道，国势日危。

（三）走不出的怪圈

敬重却又厌恶，履行又想拒绝，希望他人尊奉，自己却要逃避，这就是权位下的帝王对于道德的真实心态。因此，帝王道德究竟能够起多大的作用，也就成为一个问题了。

首先应当肯定的是，在高度的中央集权和君主专制的制度下，帝王道德具有非常重要的作用，有时甚至能够影响社会的政治经济文化发展，关系到王朝的兴衰。这一点，从明代万历年间，皇帝意气用事，清算张居正，背弃"万历新政"，明朝由此走向衰亡一事，可以看出来。

明代自从正德和嘉靖皇帝以来，国家形势急剧滑坡。皇帝任性昏庸，朝廷里奸臣当道，是非不明，财政收支拮据，社会矛盾尖锐，人民群众怨声载道。在这种特殊困难的形势下，年仅十岁，什么事也不懂的万历皇帝登极。所幸的是，他和他的母亲，选择了著名政治家张居正作为内阁首辅，并且信任倚靠他，推行了一系列的"新政"，经过近十年的努力，扭转了王朝的形势。

张居正是个有抱负、有能力的政治家。他忠心耿耿、呕心沥血地辅佐小皇帝，在他主政的十年里，大刀阔斧、雷厉风行地革除积弊，创建新政。在政治上，他实行"考成法"，严禁贪污腐败，打击朋党外戚，黜庸进贤，大力刷新吏治。在经济上，他整顿财政制度，全国清丈田粮，实行一条鞭法，减轻了农民负担，增加了国库收入；兴修水利，发展生产。在军事上，他任用李成梁、谭纶、戚继光等名将，南扫倭寇，北拒鞑靼，巩固了边防，对于振兴明帝国立下了巨大功勋。《明史》称："神宗冲龄践祚，江陵秉政，综核名实，国势几于富强。"

在张居正在世在日子里，万历皇帝对于他依赖有加，言听计从，尊崇备至，赏赐不绝。万历九年（1581 年）十一月二十一日，曾亲笔致信称："卿亲受先帝遗嘱，辅朕十年，四海升平，外夷宾服。实赖卿匡弼之功，精忠大勋，朕言不能述，官不能酬。"张死前，他还派人探视，并带去亲笔手谕："朕自冲龄登极，赖先生启沃佐理，心无不尽。迄今十载，海内升平。朕垂拱受成，先生真足以光先帝顾命。"张居正病逝后，皇帝给予最高的待遇：赏赐治丧银两，谥文忠，赠上柱国衔，荫一子为尚宝司丞，并遣官造葬。特命四品京卿、锦衣卫堂上官、司礼监太监等护丧归葬江陵。[①]

然而，不久就风云突变，万历十年（1582 年），张居正的尸骨还未寒，皇帝就开始对他进行凶狠的清算。他利用一些皇亲、大臣对于张的攻击污蔑，借题发挥，制造了惊天的冤案，先是对于其亲信严惩不贷，令锦衣卫捉拿送镇抚司严刑审讯，追夺了颁赐给张的"上柱国、太师兼太子太师"的称号，并称之为"大奸"。将其子张简修等削职为民。接着就是派人抄家，封闭门户，饿死十多人；查抄家产，锱铢必究；穷追硬索，达不到预期的数目，就拷打其儿子，逼死其长子张敬修，家属永远发派烟瘴地区充军，恨不得断棺戮尸，祸及其八十老母。

这种毫无感情、恩将仇报的残忍，翻手为云、覆手为雨的手段，是非常不道德的恶行，为历史上所少有。其原因，并不是由于张居正主政期间大权独揽、专擅朝政，而其实是出于一个封建帝王的专制心理，以及极狭隘的逆反和报复情绪。万历这个人尚气任性，特别独裁，甚至发展到有点心理变态，他的口头禅是"如今用人那一个不是朕主张"，"朕亲览章奏，何事不由独断？"在他登极时才十岁，张居正不但是内阁首辅，而且是他的老师，对于他的管束非常严格，干涉过多，不但偷懒和淘气要受处罚，连念错了字都要受训斥。因此他非常惧怕张，对张恨之入骨。如今一旦大权在握，就要宣泄怨恨，着意报复。这种个人恩怨的发泄，虽然开始其动机只是背离了道德，但是由于在封建专制体制下，尤其是君王的思想行为，引发了全国的大变动：原来"万历新政"的许多有力措施被否定，大量黑

---

① 樊树志：《万历传》，人民出版社 1993 年版，第 163、166、167 页。

暗腐败现象又重新抬头；大批忠于"新政"的文臣武将被撤职查办，不少投机取巧的官僚上台执政。原来"新政"下出现的大好形势，不久就被摧毁殆尽。乃至后来的历史学家感叹说，万历皇帝倒张之后，"继乃因循牵制，晏处深宫，纲纪废弛，君臣否隔……人主蓄疑，贤奸杂用，溃败决裂，不可振救。故论者谓：'明之亡实亡于神宗。'岂不谅欤！"（《明史》卷21《神宗本纪》）看来，似乎是皇帝的道德，决定了明朝的命运。

但是，皇帝的道德朝政对社会的政治经济文化的发展的作用又不能被夸大。如果我们看一下另一位皇帝的命运，就会明白这一点。

崇祯（明思宗，1610—1644）是一位道德品质相当好的皇帝，比起太祖、成祖并不逊色。他非常早熟，励精图治。十七岁登极后，不动声色地消除了朝廷多年的积患——阉党魏忠贤及其党羽，刷新了朝政；不许太监干政，撤回了在各地的太监，甚至规定，太监没有奉旨不许出内城；建立了比较完备的监察制度。在经济上，他采取"与民休息"政策，亲自探问物价；免除了许多受灾地区的赋税徭役；罢除了为皇家服务的织造、烧造、采办等一切不急之役；削减了自己和后宫的日用开支，停止了皇宫的一切土木营造，遣散大批宫女。他克勤克俭，严于律己，生活特别俭朴，不近女色，吃穿住用都不讲究，穿着浆洗过的旧衣，衬衣袖口已经磨烂。他没有特殊嗜好，声色犬马统不沾边，宫里从来没有宴乐之事，连写字也不浪费半页纸张。工作上很勤奋，黎明即起，深夜不睡。晚上看奏章到深夜，军情紧急时，连续几个昼夜不休息，以至焦劳成疾。"每逢经筵，恭听阐释经典，毫无倦意。经常召对廷臣，探求治国方策。"临死之前，在愤恨"文臣个个可杀"的同时，还嘱咐"任贼分裂朕尸，勿伤百姓一人"。

这么一位皇帝的"道德模范"，不但丧权灭国，甚至连自己的生命都保不住。可见，所谓道德决定论是多么靠不住了。事实上，不只是皇帝的道德不能决定王朝的命运和历史的发展，就是皇帝道德的本身，归根到底，也是由社会存在，由社会经济状况决定的。

从纵向角度观察宋元明时期的皇帝道德，我们会发现，几乎每个朝代的君王，其道德状况总是由高向低，直到最后腐败堕落，灭国亡家，然后再一次改朝换代。周而复始，循环不已。这个基本趋势基本不变。

北宋、南宋、明，这几个王朝，几乎都是从开始的所谓仁政到后来的暴君、由开始的明君到昏君、由开始的兴旺最后走向灭亡，一无例外能走出这一个怪圈。北宋，太祖、太宗开创，真宗、仁宗尚可，英宗、神宗以后，就开始衰退，南宋，从开始就不好，光宗、宁宗以后，更加糜烂。明代太祖、成祖是开创基业的，缺点虽有，但是优点更突出，仁宗、宣宗（宣德）年间，可以说是最好的时期。英宗以后，皇帝道德就江河日下，嘉靖、万历以后腐败日甚。虽然在崇祯时期小有起色，但是整个朝廷命运已经岌岌可危，大厦坍塌在即，无力回天。

即使是少数民族建立的王朝，也逃脱不了这个怪圈。例如辽代就经历了几次反复：太祖、太宗之后，开始败坏，景宗、圣宗较有起色并达到高峰，兴宗以后开始糜烂。金代也是迭次反复：在太祖、太宗兴旺之后，熙宗时开始败坏；世宗、章宗小有改进，金卫绍王又堕落；宣宗回光返照，以后就不行了，金末帝只在位半日就垮了。西夏一开始从景宗就不行，双重人格；虽然崇宗、仁宗有所好转，桓宗尚可，以后襄、神、献宗就糜烂了，末帝在位二年。元朝也是这样，比较曲折地走下坡路：元太祖是英雄，太宗、定宗、宪宗一般；世祖是人杰，成宗以后就开始走下坡路。仁宗、英宗尚可，以后就不行了。

封建社会制度的发展，地主阶级与农民阶级的斗争，决定了宋元明之期，甚至整个封建社会下的皇帝道德，总是由良好逐步走向堕落，总是围绕着这个怪圈来旋转。由此看来，不是帝王个人的道德过失造成社会制度的不良，从根本上说，是社会制度的不良，造成帝王个人的道德过失。封建主义专制制度，决定了皇帝个人道德的败落。

首先，从皇帝的资格和选择上说，除了开宗立业的皇帝之外，都是世袭的，或者是由少数统治者私自决定的，偶然因素非常大。更何况许多皇帝本人经常是权位分离，不由自主，他们或者昏庸，而受蒙蔽欺骗，或者非常暗弱，而受操纵支配，如外戚、太监、权臣的操纵支配；即使一切正常，皇帝们后天的畸形生长环境，残缺的学习教育，决定了他们本身往往缺乏道德素质。以明代为例，皇太子早立，"宣宗于宣德三年立英宗为皇太子，时年二岁。宪宗于成化十一年立孝宗为皇太子，时年六岁。孝宗于弘治五年立武宗为皇太子时尚未满岁"①。万历登极时，也才十岁。他们

①　樊树志：《万历传》，人民出版社1993年版，第3、4页。

的父母多忙于政务或享乐，尽管口头上重视孩子的教育，实际上并不真正关心，或者无力亲身从事孩子的教育培养，只是把他们交给宫女和太监进行提携掖抱、哺育教养，而这些人本身往往道德品格不全、水平不高。读书时，虽然设立了"日讲"和"经筵"，有了师傅，有的甚至是很有学问的名师辅导，但是，他们所学习的，一般全是枯燥乏味、脱离实际的儒家经典，从《四书》到经史，并不了解社会实情。什么"理欲消长之端，政治得失之故，人才忠邪之辨，统业兴替之由"，这些先生们自己也未必说得清楚。而且这些"日讲"和"经筵"大多敷衍了事，或者流于形式，一旦皇帝借口身体不适，就得暂停。特殊的地位，使他们更多的是受宠爱和优待，奉承、诱惑、纵容，很少受到严格的培养教育。最重要的是，亲政以后，除少数受权臣、太监等等挟制外，没有了监督和教育，大多数帝王都不大懂世事民生，大权在握，唯我独尊，在大量的诱惑之下，耽于声色，恣意享乐，任性使气。这种环境和地位，决定了他们的道德难以高尚。

其次，皇帝的道德所包括的内容是多方面的，某些方面的优点长处，如果表现过头，就会成为重大的缺点和错误，产生极其严重的后果。例如明太祖、成祖，都是聪明勤奋的人，痛恨贪污腐败，但是却都刻薄寡恩，动辄杀人灭族，甚至剥皮揎草，非常残忍凶狠。崇祯皇帝也聪察过人，但是也刚愎自用，多疑而且刻薄，和其祖相似。他朝令夕改，任人不能尽其才，错用温体仁、周延儒等等，并自毁长城，冤杀了许多忠臣良将如袁崇焕等。在他主政的十七年里，任命的内阁成员近五十人，吏部和兵部尚书各更换十三人，刑部尚书十七人，总督、巡抚更难以统计，被杀的巡抚十一人，以致刘宗周说："陛下求治太急，用法太严，布令太烦，进退天下士太轻。诸臣畏罪饰非，不肯尽职业，故有人而无人之用，有饷而无饷之用，有将不能治兵，有兵不能杀贼。"崇祯个人生活俭朴，但是，他又太吝啬了，以致当义军逼近北京，他想派吴襄去山海关召回吴三桂，吴向他索要军饷100万两时，他没有犹豫就放弃了。可是城破之时，从他的宫内搜出白银竟多达3700多万两。

再次，皇帝的个人道德难以影响当时社会的道德。还以崇祯皇帝为例。当李自成的义军围城之时，国库告罄，皇帝下令勋爵、百官捐助，这些人都敷衍应付。令国丈周奎捐白银12万两做榜样，他只拿出1万两，太监含泪而去。又让他拿 2 万两，他暗中向女儿求救，周皇后给他 5000 两，他私扣 2000 两，只上交了 3000 两。后来大顺军从他的家中抄出白银 50 万两。文武百官交纳也不过几十两、几百两。后来崇祯决定摊派，规定按衙门收，按籍贯收，太监也要捐助，这些官僚都哭穷。折腾了一个多月，勉强搜罗了 20 多万两。大顺军从这些官僚手中，搜出 2000 多万两。户科给事中韩一良说："而今何处非用钱之地，何官非爱钱之人？前者以钱进，今者安得不以钱还。行贿者，以县官为首；纳贿者，以给事为尤。今天言者俱言守令者不廉，然守令亦安得廉？其薪俸几何，平日上司督取、考察、朝觐之费，无虑数千金，此金非从天降，非从地出。欲守令之廉，得乎？臣两月来，辞退书帕五百金；臣为人寡交，尚且如此，其他人可想而知。"整个社会已经腐烂透顶了，无药可治，皇帝一个人道德又能起什么作用？

最后，道德的作用毕竟是有限的，皇帝的个人道德归根到底要受制于当时的社会状况。还以崇祯皇帝为例。他个人虽然不近声色，克勤克俭，但是，为了保持和稳固其统治，他不得不增兵打仗，也不得不一再增加捐税，加重农民负担。兵部尚书梁廷栋说："今日间左虽穷，然不穷于辽饷。一岁之中，阴为加派者，不知其数。如朝觐考满，行取推升，少者费五六千金，合海内计之，国家选一番守令，天下加派百万。巡按查盘缉访、馈遗谢荐，多者至两三万金，合天下计之，国家遣一番巡方，天下加派百余万。"（清·夏燮：《明通鉴》卷85）"辽饷"是明政府为了用兵辽宁而增派的对农民的田赋。嘉靖四十五年（1566 年），第一个加征时不过三厘五毫，第二年加为七厘，后来又加到九厘。崇祯时，除再加派三厘外，又增加用于镇压农民起义的"剿饷"、"练饷"。这样年年加码，使农民无法负担，穷苦不堪。所以当听到"闯王来了不纳粮"的信息后，自然就"家家开门迎闯王"，于是，崇祯失败的命运成为无可避免的了。

第二节 官吏的道德生活

以血缘和门阀制度为基础的社会结构在唐代影响还很严重。例如虽然当时的科举取士，很多官吏还是通过门荫得到的，至多 15% 做官的人才是经过科举制度擢升的。即使五代十国时期的官员，也多是武官的后代，而后才变成文官、文人。到了宋代，血缘和门阀制度为基础的社会结构终于被摧毁，科举制度的真正实现，开始了通过科举制度取士。大量出自民间的士人涌入了科举考试，并且担任了各级官吏。与此同时，人们的社会价值取向从重视家族传统和声誉转向更多地关注个人的功利和品德。

一　国难出忠臣

封建社会的官吏道德，几乎在每个时代都与恶相联系，宋元明时期也是这样，可以说史不绝书。例如，宋徽宗时，卖官鬻爵标有定价："三千索，直秘阁；五百贯，擢通判。"南宋后期史弥远专权时，官场上"馈赂公行，熏染成风，恬不知怪。"元代，不知廉耻为何物，"其问人讨钱，各有名目：所谓始参曰拜见钱；无事白要曰撒花钱；逢节日追究节钱；生辰曰生日钱；管事而索曰常例钱；送迎曰人情钱；句追曰赍钱；论诉曰公事钱。觅得钱多曰得手；除得州美曰好地分；补得职近曰好窠窟。漫不知忠君爱民之为何事也"。（明·叶子奇：《草木子》卷4下《杂俎篇》）

但是，每个时期的官吏道德中也都总有善存在，某些由劳动人民出身或者与穷苦人民保持密切关系的官吏，某些具有远见卓识、能够从社会整体利益考虑的官吏，会真心实意地为国家民族服务，忠实地履行当时社会的道德规范，具有和保持好的或比较好的道德品质。一般来说，每个王朝的建立之初，都是由于一代贤君，在多个品德较好的贤臣辅佐之下建立的。此时的君臣往往是在前朝变乱的形势下，本着救国救民的雄心，或者个人的野心，乘时而起，在共同的斗争中，相互信任和相互支持，经过一番艰苦的摩擦和斗争，取得政权；尔后又顺应形势，在一定程度上改良政治，施行一套比较合适的经济措施，推动生产发展和社会进步。此时的官吏道德一般来说，是好的或比较好的。赵宋王朝的建立就是这样。

这里，最突出的代表，首先是北宋的"开国元勋"赵普。赵普很早就与赵匡胤建立了密切的关系，甚至代替他殷勤侍候患病的父亲，被视为同宗亲信。他参与策划了陈桥驿兵变，拥立赵匡胤上台当皇帝；他在镇压反抗的藩镇的战斗中，屡出奇计，多立战功，以后又力主强干弱枝，削藩镇，收兵权财权，打击了地方割据势力，稳定了政局；他参与制定了北宋"先南后北"的统一国家的战略，攻荆南、湖南，征后蜀、南汉，平南唐、吴越，实现了北宋政权的基本统一。他曾三次为相，始终忠实于赵宋政权，勤于职守，忠贞不贰：建议皇帝关心百姓疾苦，利弊得失；劝赵匡胤举贤才，用考绩选拔任用贤才，"治国莫如用贤，用贤莫如历试，历试莫如责功，责功莫如较考"；他重视法律，主持制定《宋刑统》等；他敢于坚持原则，刚毅果断，多次为朝廷的大计、大事，犯颜直谏，据理力争，保护了曹彬等人。在赵普任宰相的中后期，他也有过专断自裁、收受贿赂等毛病，但是他的忠诚、勤劳、睿智、刚毅等等品德，使他成为北宋王朝的重要奠基者。

在北宋建立和发展的过程中，许多官吏与赵普一样，凭着他们的德才智慧，建立了大功。例如：

王溥（？—982），自幼刻苦学习，认真读书，才华出众，足智多谋，有知人之明，喜欢提拔后进，荐人得当，很多人后来都位置显赫。他性情宽厚淳朴，曾经劝说后周太祖郭威，一把火烧掉其部下与叛军秘密往来的书信，保护了许多人。在后周郭威、柴荣时期，以及宋代太祖、太宗那里，都立下了卓越功勋。

范质（911—964），不仅天资聪敏，博闻强记，而且豁达大度，举贤任能，也敢于坚持真理，当面指出他人的过错。为官廉洁谨慎，敬守法度，保守清廉节操，"睡的是硬板床，铺的是旧棉被"。生不营私产，家里没有多余财物；死不要墓碑，不求谥号，不让后代申请加官。

沈伦（909—987），性情耿直，淳厚谨慎；为官清廉，循规蹈矩，生活节俭。他敢于为民请命。一次他赴吴越，经扬、泗二州时，见到百姓遭受饥荒，大量死亡，回朝后就建议，以贮备军粮一百多万斛借给百姓为食。

魏仁浦（911—969），幼时家境贫寒。他孝敬母亲，刻苦读书，擅长书写和笔算。性情淳朴宽厚大度，即使对于与自己有过矛盾，甚至陷害过自己的郑元昭、贾延徽等人，也从不计较个人恩怨。然而在方针大政上，敢于坚持自己的正确意见。在他的建议下，对俘虏采取保护政策，不滥杀无辜，保护了大批民众。

薛居正（912—981），忠诚正直，公正廉明。他按章办事，不畏强权，敢于同掌握兵权、残忍专横的统领侍卫亲军史弘肇叫板，杀了他的亲信，同时又能坚持以仁义之道宽厚待人，慎重处理盗匪事件，保护了郎州千余名僧侣，安置河南府的灾民，调粮帮助渡过灾荒。个人生活节俭朴素，为政宽松简易。

明王朝也是这样，在建立之初，朱元璋也善于吸纳和任用人才，把一大批人才网罗在自己的周围，尤其是那些品德优秀的人才。

首先是那些南征北战，拼命厮杀的武将们。例如徐达和常遇春，特别是徐达，他原是朱元璋的同乡朋友、忠实伙伴，当初孙德崖部下扣押了朱元璋，他愿意以己身为人质，代替朱。以后的几十年里，他平日严格治理部队，能够与部下同甘共苦，又能多谋善断，每逢战斗则身先士卒，被称为"谋勇绝伦"，在统一全国的战斗中立下了赫赫战功。"称名将必推达、遇春，两人才勇相类，皆太祖所倚重。遇春剽疾敢深入，而达尤长于谋略。遇春下城邑不能无诛戮，达所至不扰，即获壮士与谍，结以恩义，俾为己用，由此多乐附大将军（即徐达——引者注）者。"史称其"受命而出，成功而旋，不矜不伐，妇女无所爱，财宝无所取，中正无疵，昭明乎日月，大将军一人而已"。即使立下过巨功殊勋，他依旧谦虚谨慎，做人低调。每次战毕归来，都要归还上将印。不管朱元璋怎样厚待他、笼络他，称其为"布衣兄弟"，把自己的房子让给他住，他始终对朱保持恭谨。

再如李文忠，他是朱元璋姐姐的儿子，十二岁丧母，被朱元璋抚养长大，从小读书颖敏，"恂恂若儒者"，十九岁为将，骁勇善战，屡立战功，"文忠器量沉宏，人莫测其际。临阵踔厉风发，遇大敌益壮"。颇好学问。劝朱少杀戮，远离宦者，谏征日本。

邓愈，"为人简重慎密，不惮危苦"，披荆棘，立军府营屯，拊循招徕，威惠甚著，"每战必先登陷阵，军中咸服其勇"。

汤和，长朱元璋三岁，"独奉约束甚谨"，太祖甚悦之。"流矢中左股，拔矢复斗"，沉敏多智，"晚年益为恭慎"。

傅有德，"喑哑跳荡，身冒百死。自偏裨至大将，每战必先士卒。虽被创，战益力"。

蓝玉，"饶勇略，有大将才。中山、开平既没，数总大军，多立功"。

李善长，有文韬武略，他特别忠于朱元璋，甚至在朱元璋最困难时，他都铁心跟定朱元璋，做他的左右臂膀和心腹，而拒绝了更有权力的郭子兴的赏识和任命。虽然他没有直接的战功，却为朱元璋出谋划策，运筹帷幄，整顿队伍，调动人力物力，做了大量的后勤工作，保障了战争的胜利。

刘基，绝顶聪明，"佐定天下，料事如神，性刚嫉恶，与物多忤"。和诸葛亮一样，为朱元璋定计，先取陈友谅，再攻张士诚，然后北伐。在与陈友谅的战斗中，特别是在鄱阳湖大战中，屡出奇计，建大功。刘基还有知人之明，对于李善长、杨宪、汪广洋、胡惟庸等均有透辟了解。朱元璋每次与他交谈，都恭己以听，呼他为"老先生"而不叫他的名字，称其为"吾子房也"。

陶安，"国朝谋略无双士，翰苑文章第一家"。朱元璋攻下太平，他率人出迎，说："海内鼎沸，豪杰并争，然其意在子女玉帛，非有拨乱救民安天下心。明公渡江，神武不杀，人心悦服，应天顺人，以行吊伐，天下不足平也。"及聘刘基、宋濂、章溢、叶琛，答曰："臣谋略不如基，学问不如濂，治民之才不如溢、琛。"太祖多其能让。朱元璋与安及章、溢等人论前代兴亡本末，刘安说"丧乱之源，由于骄侈"，朱元璋对此评论是"卿言甚当"。（参见《明史》卷136《列传第24·陶安传》）

此外，还有"尝以曲谨当上意，宠遇日盛"的胡惟庸，精明强干，能力出众，极有魄力，"自幼力学，至老不倦"，提出"高筑墙，广积粮，缓称王"策略的朱升等人。

不但在每个王朝兴起的苦难中，品德高尚的官吏会大批涌现，就是在王朝衰落败亡的时刻，也会出现大量道德品质优秀的人才。他们在危难中支撑危局，挽救王朝的命运，救民于水火之中。比如，在北宋和南宋期间，出现了坚决抗金的李纲、宗泽，出现了岳飞父子，韩世忠、梁红玉伉俪，尤其值得一提的是文天祥。

文天祥，字履善，号文山，20岁时中状元。受贾似道等排挤，37岁时被迫还乡闲居。元军突破长江防线后，宋室告危，他不顾朋友明哲保身的劝阻，应诏勤王，贡献全部家财充做军资，聚集家乡和周边少数民族豪杰勇士，组成万人部队赴临安，并且先守赣州，后被任命为右丞相兼枢密史。宋代小朝廷派他充使乞降，他对元军毫不退让，据理而争，被扣后冒死逃离，继续组织部队，孤军作战，直到失败被俘。老母与长子在随军转战中死去，妻妾和孩子被元军俘虏。文天祥被捕后，坚决拒绝敌人的劝降，写下"人生自古谁无死，留取丹心照汗青"名诗。被押到元大都后的三年里，不顾妻子女儿的生死痛苦，拒绝一切人，包括原来宋代小皇帝的劝降利诱，写下著名的《正气歌》，英勇就义。死后数日，其妻从其衣带里发现一段文字："孔曰成仁，孟曰取义。惟其义尽，所以仁至。读圣贤书，所学何事？而今而后，庶几无愧！"言行一致，义尽仁至。

再比如，宋代，李庭芝、张世杰战死，陆秀夫在重兵包围下，先把自己的妻儿赶下大海，然后与逃亡的小皇帝赵昺跳海。这些人都体现了当时人的优秀道德。

明代也像宋代一样出现了一批可歌可泣的道德人物。史可法，其母有身梦文天祥入其舍，生可法。崇祯元年进士，以孝闻。在陕、皖、鄂、豫等地，与农民起义军战斗。以后任南京兵部尚书。明亡后，在南方抗清。"短小精悍，面黑目烁烁有光。廉信，与下均劳苦。军行，士不饱不先食，未授衣不先御，以故得士死力。"然而在兵骄饷绌，文恬武戏，与马士英等人窝里斗，多次上书，建议，"刻刻在复仇雪耻"，"可法每缮疏，循环讽诵，声泪俱下，闻者无不感泣"。孤守扬州，作书寄母妻，且曰，死葬我高皇帝陵侧。城破自刎未死，一参将拥出小东门，遂被俘。大呼曰"吾史督师也"，被杀。"可法为督师，行不张盖，食不重味，夏不箑（扇子），冬不裘，寝不解衣。年四十余无子，其妻欲置妾，太息曰：'王事方殷，敢为儿女计乎！'"（参见《明史》卷 274《列传第 162·史可法传》）

与史可法同时牺牲的有：扬州知府任民育（城破，绯衣端坐堂上，遂见杀，阖家男妇尽赴井死），同知曲从直、王缵爵，江都知县周至畏、罗伏龙，两淮盐运使杨振熙，监饷知县吴道正，江都县丞王志端，赏功副将汪思诚，幕客卢渭等等。殉义死节者不可胜数，每人都有一段可歌可泣的动人故事。（参见《明史》卷 274《列传第 162·史可法传》）

事实证明，由于几千年来中华民族传统优秀文化的影响，宋元明时期的广大官吏和知识分子（后备官吏），拥有相当多的优秀道德潜质，或者说道德根芽，一旦遇到实践，它们就会长叶开花，就会像泉水一样喷涌出来。"国难"，即阶级矛盾或民族矛盾的加深，自然灾荒、军阀混战、兵荒马乱、民不聊生，这些给人民群众带来极大痛苦的灾难，尽管也会给社会实践造成文化倒退、道德败坏，但也是考验、锻炼、培养、提升某些官吏们道德的绝好时机。

二　官吏道德的标准和规范

唐代的魏征根据历史经验，曾经将大臣官吏分为"六正"和"六邪"，共十二种，以便使唐太宗能够分辨臣吏之善恶、忠奸。

所谓"六正"，即"圣臣、良臣、忠臣、智臣、贞臣、直臣"，具体地说，"圣臣"就是"萌芽未动，形兆未见，昭然独见存亡之机，得失之要"，即具有远见卓识之臣。"良臣"乃是能够劝善匡恶之臣，"虚心尽意，日进善道，勉主以礼义，谕主以长策，将顺其美，匡救其恶"。"忠臣"就是忠于王事之臣，"夙兴夜寐，进贤不懈，数称往古以行事，以（励）主意"。"智臣"是聪明智慧的臣，能够"明察成败，早防而救之，塞其间，绝其源，转祸为福"。"贞臣"是指奉公守法之臣，"守文奉法，任官职事，不受赠遗，辞禄让赐，饮食节俭"。"直臣"是指"家国昏乱，所为不谀，敢犯主之严颜，面言主之过失者"，即敢于坚持真理，能够批评君主错误之臣。

所谓"六邪"是指"具臣、谀臣、奸臣、谗臣、贼臣、亡国之臣"。"具臣"就是庸臣，"安官贪禄，不务公事，与世浮沉，左右观望"。"谀臣"乃是善于逢迎，"主所言者皆曰'善'，主所为者皆曰'可'，隐而求主之所好而进之，以快主之耳目；偷合苟容，与主为乐，不顾其后害"。所谓"奸臣"是指"内实险诐，外貌小谨，巧言令色，妒善忌贤"之臣。而"谗臣"是指专门以谗言害人的臣，"智足以饰非，辩足以行说，内离骨肉之亲，外构朝廷之乱"。"贼臣"则是指结党营私之臣，"专权擅势，以轻为重，私门成党，以富其家，擅矫主命，以自贵显"。"亡国之臣"是指"谄主以佞邪，陷主于不义，朋党比周，以蔽主明，使黑白无别，是非无间，使主恶布于境内，闻于四邻"。

这种对于官吏道德的分法未免过于琐细，后人认为在现实中存在着三类官吏："大多数人觉得在似合法而又非法之间取得一部分额外收入，补助官俸的不足，以保持他们士大夫阶级的生活水准，于清操无损。另有相当数量的官员，则声名狼藉，其搜刮自肥的劣迹令人愤慨。再有一部分极端人物，则属清高自负，一介不苟取于人，这绝对的道德观念，可以由古怪的南京都御使海瑞作为代表。"这三类官吏的区别在于他们对"私利"的态度不同。

宋元明时期官吏道德的核心标准无疑是忠君爱民。在他们眼里，君与民都统一在"国"之内，是一对利益共同体，忠君就要体现在爱民上，爱民也就是忠君。包拯说过，"民者，国之本也，财用所出，安危所系，当务安之为急"①。既然忠君爱民是官吏道德规范体系的核心，那么，其他的道德规范都是围绕着这个中心的，如智慧、远见、勇敢、坚强、勤俭、廉洁等等，都是这一核心道德原则在某个方面的具体体现。这一点，不论是一般的老百姓，还是官员，尤其是那些品德优秀的官吏，都给予肯定，并且是按照这一原则办事的。

在宋代，公认的忠君爱民的官吏之典型，就是那位吟出"先天下之忧而忧，后天下之乐而乐"的范仲淹（989—1052）。他家境不好，历经坎坷。幼年丧父，母亲再嫁，成长于山东邹平，在醴泉寺读书时"断齑划粥"，就是天天吃冷剩饭咸菜，然而他却志存高远，一心读书，后来又到河南商丘应天府书院刻苦攻读，五年不解衣带。25 岁中进士后开始任地方上的小官，在任上努力为君为民办些实事。1021 年，在泰州盐仓任上，他经过调查研究，总结经验，创造出一种修海堰的新方法并获得成功，保护了盐场农田，因而崭露头角，受到当朝大臣，也是著名文学家晏殊的赏识和推荐，调到京城升任秘阁校理。在这里，范仲淹仍然关心时局，积极论政，上疏主张垂帘干政多年的刘太后"归政"，由仁宗实行亲政，触犯了当政者的利益，被贬。三年后，他调任开封府知府，因为反对宰相吕夷简腐败，斗争失败后再次被赶出东京。在西夏侵略的危急关头，到前线延州任副帅。即使在边防前线，搞自己并不熟悉的军事工作，范仲淹也不气馁，他积极改革军队体制，采取恰当的战略战术，力挽危局，开创了与西夏共处的安定局面。宋仁宗亲政后，庆历三年他被调回朝廷，任枢密副使，后来又升任参知政事，就是副宰相。针对北宋长期以来的"冗兵、冗官、冗费"积弊，开始谋划并实行"新政"。他和他的朋友、助手富弼共同上书《答手诏条陈十事》，主张实行"明黜陟、抑侥幸、精贡举、择官长、均公田、厚农桑、修武备、减徭役、覃恩信、重命令"等一系列改革。"明黜陟"和"抑侥幸"就是改变官吏的考绩制度，限制权贵子弟随意当官，严格根据政绩和考试成绩决定官职及其升降。"精贡

---

① 《包拯集》，中华书局 1963 年版，第 85 页。

举"是改变以往只以诗赋、墨义取士的制度,重视德行和策论,根据德才选取人才。"减徭役"是合并县份和机构,减少役户,让更多的人投入生产。这些以改革吏治为核心的庆历新政措施,实行了不到两年,虽然收到了一些成效,但因触犯了某些官僚阶层的利益,遭到吕夷简、章得象、贾昌朝、宋祁、王拱辰等人的激烈反对,最后归于失败,范仲淹被贬职,赶离中央而到地方任官。主张新政的欧阳修、尹洙、余靖、蔡襄、韩琦、苏舜钦等等也纷纷被贬职。不少朝臣,"以希文为贤者,得为朋党幸矣"。尹洙甚至自称与范"义兼师友","乞从降黜"。1046 年,范仲淹写下了《岳阳楼记》,其中"居庙堂之高,则忧其民;处江湖之远,则忧其君"表明在他的心目中,"君"和"民"是密切联系在一起的,永远是他怀念和服务的对象。而他自己的心情则是"进亦忧,退亦忧",与"天下"共忧乐,这种品德和胸怀,感动了千余年来的中国人民。

在明代,忠君爱民的官吏典型是海瑞。海瑞(1515—1587),字汝贤,号刚峰,海南琼山人。出身贫寒,极富正义感,看见别人挨饥受寒就会同情,看到别人被损害欺压就会愤愤不平。个人生活极其节俭,任淳安县知县时,经常穿布衣、脱谷壳而食,蔬菜则由老仆自种。母亲过生日,买了两斤肉,成了大新闻,总督胡宗宪听后甚为惊讶。死时,官居二品,只留下白银十余两,不够殡葬之资。

在海瑞看来,他之出仕做官,乃是出于恻隐和义愤,只是取得为国尽忠,为百姓办事的机会。"为民,为朝廷也。"[①] 他在地方官的任上一意重农,努力发展农业生产。为此,他维护农民的土地所有权,不许贪官污吏和地主任意侵占农民的田地。在南直隶巡抚任内,甚至命令把高利贷典当而当死的田产物归原主。原首辅徐阶退休在家,听任家人横行不法,强占农民土地。有人说徐阶家拥有田产二十四万亩,有人说是四十万亩。尽管徐阶在朝期间曾经对海瑞有过救命之恩,海瑞还是致书给他促其退田,并逮捕其弟徐陟,强迫他将一半田产归还失地农民。(《明史》卷 213、226)

海瑞坚持原则,决不媚上。在代理南平教谕一职时,对于来视察的御使,别人都叩拜,他只一长揖,说道:"台谒当以属礼。此堂,师长教士地,不当屈。"按以往的惯例,往来官员的旅费招待费由地方自给,不够

---

① 《海瑞集》,中华书局 1962 年版,第 633 页。

者，由距离最近的有盈余的地区直接补贴。他的顶头上司、总督胡宗宪的儿子路过淳安，百般挑剔，怒责招待不周而吊打驿吏。海瑞毫不客气，下令逮捕胡公子交胡宗宪，并将胡公子所带数千金全部没收归国库。他还上书胡宗宪说："曩胡公按部，令所过毋供张。今其行装盛，必非胡公子。"（《明史》卷226《海瑞传》）弄得胡哭笑不得。1560年，严嵩死党、左副都御使鄢懋卿为巡盐都御使，钦差大臣，每过一地都大讲排场，却自称"素性俭朴，不喜承迎，凡饮食供账俱宜俭朴为尚，毋得过为华奢，靡费里甲"。他要路经淳安，海瑞预先致书说，台下奉命南下，浙之前路探听者教说，各处皆有酒席，每席费银三四百两，并有金花金缎在席间连续奉献，其他供张也极为华丽，即使溺器亦以银为之等等，而我们这里"供具甚薄"，"邑小不足容车马"（《明史》卷226《海瑞传》），逼使鄢懋卿不得不灰溜溜地绕道离开。事后，鄢懋卿不甘心，唆使其他御使报复，将海瑞降官为兴国州判官。①

"致君尧舜上"是海瑞的最高理想。他忠君爱民最著名的事例是他敢于上书直接批评皇帝。嘉靖四十五年（1566年）他上书皇帝，在称颂了初期的一些成绩后，然后笔锋一转说："陛下则锐精未久，妄念牵之而去矣。反刚明而错用之，谓长生可得，而一意玄修。富有四海，不曰民之脂膏在是也，而侈兴土木。二十余年不视朝，纲纪弛矣！数行推广事例，名爵滥矣！二王不相见，人以为薄于父子；以猜疑诽谤戮辱臣下，人以为薄于君臣；乐西苑而不返宫，人以为薄于夫妇。天下吏贪将弱，民不聊生，水旱靡时，盗贼滋炽，自陛下登极初而亦有之，而未甚也。今赋役增常，万方则效，陛下破产礼佛日甚，室如悬罄，十余年来极矣！天下因即陛下改元之号而忆之曰：'嘉靖者，言家家皆净，而无财用也。'"（海瑞：《治安疏》又名《直言天下第一事疏》）他批评皇帝一意"崇道修玄、以刑尝督责臣下，只许顺从自己的意志"，搞专制主义，使得民众不满。

在批评皇帝时，他还指斥由于"君道不正"，而造成的"臣职不明"。大小臣僚本来应当辅佐皇帝，"格非而归之正"，然而现在由于君主专制，造成阿谀奉承等歪风盛行："乃醮修相率进香，天桃天药相率表贺；兴宫室，工部极力经营；取香觅宝，户部差求四出；陛下误举，诸臣误顺，无

---

① 《海瑞集》，中华书局1962年版，第585页。

一人为陛下一正言焉。都俞吁咈之风，陈善闭邪之义，邈无闻矣！谀之甚也！然愧心馁气，退有后言，以从陛下，昧没本心，以歌颂陛下，欺君之罪何如？"这些尖锐的意见，像刀子一样，刺痛了嘉靖皇帝的心，他生怕海瑞逃跑，要立即抓住海瑞。司礼监太监黄锦却告诉他说："此人素有痴名。闻其上疏时，自知触忤当死，市一棺，决妻子，待罪于朝，僮仆亦奔散无留者，是不遁也。"当然，即使骂皇帝，海瑞也是出自对于皇帝的"好意"，不过是盼其"幡然悔悟"，"一振作间而已"，希望使他成为尧舜。于是当听说嘉靖死亡的消息后，他放声号哭，直到呕吐，甚至昏厥。

毕竟个人的道德无力回天，不管海瑞个人品德如何高尚，意志如何坚强，他仍然无法改变现状，历史仍然按照自己的规律前行。曾经被海瑞所批准赎还的高利贷田，赎还不足二十分之一，他即被攻击免职，被迫赋闲在家十五年。即使赞赏他的张居正当了首辅，也只能说："三尺之法不行于吴久矣。公骤而矫以绳墨，宜其不堪也。讹言沸腾，听者惶惑。仆谬忝钧轴，得参与庙堂之末议，而不能为朝廷奖奉法之臣，摧浮淫之议，有深愧焉。"（《张居正书牍》卷1）

其实张居正也是这样的人，他虽然曾经有幸被皇帝信任，成功地主持了"万历新政"，但是在其前进的道路上，几乎每一步都充满着艰险和荆棘。对此他有充分的思想准备，改革决心非常坚定。他说：

> 二十年前，不谷曾有一宏愿，愿以身为蓐荐，使人寝处其上，溲溺污秽之，吾无间焉。有欲割取吾耳口鼻者，吾亦欢喜施与。（万历元年《答阅边总督吴尧山》）

> 天下事，非一手一足之力。仆不顾破家沉族以徇公家之务，而一时士大夫不肯为之分谤任怨，以图共济，将奈何哉！计独有力竭行之而死已矣！（万历五年《答总宪李渐庵论驿递》）

> 不谷弃家忘躯以殉国家之事，而议者犹或非之。然不谷持之愈力，略不少回。故得失毁誉关头打不破，天下事断无可为。（万历八年《答学院李公》）

由于历史的特殊性机缘，张居正得以"成君德，抑近幸，严考成，综名实，清邮传，核地亩"，取得巨大的成果，"十年，海内肃清，四夷奢服，太仓粟可支数年，囷寺积金钱至四百余万"。然而他个人却落了个悲惨的下场，"身死未几，而戮辱随之"。连海瑞都为他叹息："居正工于谋国，拙于谋身。"（《国榷》卷71）

在无情的历史和冰冷的事实面前，这一对品德高尚的难兄难弟，只能相互钦佩而又相互怜惜。

像海瑞、张居正这样的官吏，道德高尚而其下场凄惨的还有不少，例如与他们差不多同时代的杨继盛也是如此。杨继盛，北直隶容城人，别号椒山，嘉靖二十六年进士，曾任南京吏部主事。他性情刚直，慷慨任事，因为反对仇鸾开马市，被逮下诏狱。三十一年，仇鸾败，他一年四次升官，因此更"荷国厚恩，思欲舍身图报"。他拒绝了当时权倾朝野的严嵩父子的笼络利诱，忠肝义胆，上《早诛奸险巧佞贼臣疏》，指斥朝廷的黑暗腐败，揭露了严氏父子的"十大罪"："坏祖宗之成法"、"窃皇上之大权"、"掩皇上之治功"、"纵奸子之僭窃"、"冒朝廷之军功"、"引背逆之奸臣"、"误国家之军机"、"专黜陟之大柄"、"失天下之人心"、"坏天下之风俗"。不仅如此，杨继盛还进一步揭露出附庸在严氏父子羽翼下的"五奸"面目："皇上之左右，皆贼嵩之奸谍"、"皇上之纳言，乃贼嵩之拦路犬"、"皇上之爪牙，乃贼嵩之瓜葛"、"皇上之耳目，皆贼嵩之奴仆"、"皇上之臣工，多贼之心腹"。此疏一上，震动全国。昏庸透顶的嘉靖皇帝把杨继盛逮捕入狱，进行拷讯，备受五刑折磨，直至血肉横飞。朋友赠他蚺蛇胆止痛，被杨谢绝，他说"椒山自有胆，何蚺蛇为！""及入狱，创甚，夜半而苏，碎磁碗，手割腐肉。肉尽，筋挂膜，复手截去。狱卒执灯颤欲坠，继盛意气自如。"终于被害，慷慨就死时，赋诗曰："浩气还太虚，丹心照千古；生平未报恩，留作忠魂补。"（《明史·杨继盛传》卷209）其忠肝义胆如此，照耀千古。

在范仲淹、海瑞、张居正、杨继盛等人身上体现的忠君爱民、清正廉洁、刚直不屈等精神品质，在当时的不少武将身上也有体现。虽然宋元明时期重文轻武，武将不受重视，地位不高，但是每当国家民族危难之际，他们都能挺身而出，英勇杀敌，以自己的生命卫国保民。例如人们熟悉的宋代抗金英雄李纲、宗泽、韩世忠夫妇、岳飞父子，例如明代的戚继光以及和他同时的许许多多将士们。

以戚继光为代表的一批武将，出现在明代中后期不是偶然的。当时，随着明王朝各种弊政日烈，阶级矛盾和民族矛盾的加深，国防边防的废弛，除了北方游牧民族的入侵以外，东南沿海的安全也受到倭寇的严重威胁，人民群众的生命和财产安全时刻受到危害，在这种形势下，戚继光等人挺身而出，发扬了爱国主义精神，南抗倭寇，北拒蒙古女真，立下了丰功伟绩。

　　戚继光作为一名杰出的将军，他非常英勇，战斗中总是身先士卒。一次战斗中，面对顽固敌人，在自己部队遭受严重伤亡，有人甚至企图逃跑的情势下，他手刃了怯懦的哨长，与士兵坚持战斗，最后终于击败敌人，大获全胜。而且他非常聪明，善于思索，具有卓越的指挥能力，平日精心研究战术，在浙江创造"鸳鸯阵"，在蓟州创造了"步兵军官的各兵种协同"，每次战斗都研究并采用正确的战略战术，克敌制胜。最重要的是戚继光带出了一支坚强的无往不胜的战斗队伍——人称"戚家军"。他这支队伍每日刻苦训练，纪律非常严明，能够在大雨中听长官训话几小时而屹立不动。戚继光经常教育自己的士兵，不能忘记自己的职责，不能忘记老百姓。他指出，士兵们挣的钱，"这银分毫都是官府征派你地方百姓办纳来的。你在家哪个不是耕种的百姓？你思量在家种田时办纳的苦楚艰难，即当思量今日食银容易。又不用你耕种担作，养了一年，不过望你一二阵杀胜。你不肯杀贼保障他，养你何用！就是军法漏网，天也假手于人杀你"。（《纪效新书》卷4；《练兵实纪》卷2）在他的部队中，实行"连坐法"，杀一儆百，保持着铁一般的纪律。他的第二个儿子，违犯军法，被他毫不犹豫地处死。他本人生活节俭，不事私蓄。某年年终岁末，他的总兵府竟然因为缺乏炊米之薪而无法"辞岁"，然而他与士兵共饮血酒对天明誓："或怀二心，不爱军力，不抚念军贫，或屡禁而肆科索，或虚冒而充蠹缘……立死，以膺显报。如果恣意科敛以供馈送"就遭"天灾人祸，瘟疫水火，使全家立死"，甚至"男盗女娼，十代不止"。晚年他被免职后，一贫如洗，医药不备，在贫病交加中死去，令人痛惜。

　　为了保卫人民群众的生命财产安全和国家的安全，这些将军们以身许国，纵横疆场，英勇杀敌，不辞劳苦。他们之间互相信任，精诚团结。戚继光谈到自己所立的功劳，是受胡宗宪、俞大猷、谭纶等人的支持所致："臣连年历收微效者，乃总督信任之专，假以便宜而弗遥制其机，以故有司信从、协心共济、兵民合一之所致也。"（戚继光：《议处兵马钱粮疏》，载《明经世文编》卷346）

在处理相互之间的关系时，这些将军们时刻以大局为重，不计较个人的恩怨得失。如俞大猷在胡宗宪的支持下杀了汪直，事后胡宗宪被迫嫁祸于俞，俞毫无怨尤，在提出申辩时，只谈自己世受国恩，"惟有报国救民之至愿，非但刻志剿平东南之残寇，期效尺寸，破灭北虏，以慰圣心"，"不一语于胡公，胡公深悔"。其他如刘显、汤克宽、卢镗等等纵横疆场，浴血奋战，却每每因为战败而受惩罚；但是每当被重新任用之时，他们都没有牢骚，毫无怨言，只是尽心尽责，不计较个人得失，表现出以国事为重的气度和胸怀。

在他们的爱国主义精神的感召之下，一些文士也投笔从戎，披甲上阵。著名的有任环，他在苏州任同知时，"倭患起，长吏不娴兵革，环性慷慨，独以身任之"。带领新召募的三百名士兵出战，"以必死无旋踵，不入与家人诀，为书付之而行。亲介胄临阵，士以公激之，无敢不从"。在战场上，"敝衣芒屦，与士杂行，濡雨际昏，黑无休舍，依草间啮糒饮水同劳苦，且喻勉以古义烈事，故士遂归心，与公死生之矣。"（刘凤：《记任公事迹》，载《明经世文编》卷336）还有名士唐顺之"顺之以御贼上策，当截之海，纵使登陆，则内地咸受祸。乃躬泛海，自江阴抵蛟门大洋，一昼夜行六七百里。从者咸惊呕，顺之意气自如"。在江北御寇战斗中，他亲自跃马布阵，"持刀直前，去贼营百余步"。（《明史》卷205《列传第93·唐顺之传》）

当然，金无足赤，人无完人，这些恪守忠君爱民的官吏们，本身也难免存在若干缺点，甚至犯过一些错误。如张居正有时专权跋扈，他回乡葬父时排场浩大，气势煊赫，坐轿是三十二个轿夫扛抬，内分卧室及客室，还有小童两名在内侍候。随从的侍卫中，还有一队时髦火器乌铳手。地方官员一律郊迎，连各地藩王也要出府迎送。再如抗倭名将胡宗宪，"内结严嵩外比赵文华以自固"，戚继光巴结张居正，给他送美人等等，他们的目的不过是取得政治和财务上的支持，并没有把这些人事上的才能当成投机取巧和升官发财的本钱，而只是作为建立新军和保卫国家的手段①。这些大醇小疵，历代人民是能够体谅和原谅的。

与上述道德高尚的官吏相对立的，宋元明时期也出现了一批道德品

---

① 黄仁宇：《万历十五年》，生活·读书·新知三联书店1997年版，第201页。

质特别恶劣的官吏，他们操弄权柄、结党营私、残害忠良、作威作福，贪污盗窃，甚至卖国求荣，为当时人民所痛恨，被永远钉死在耻辱柱上。如北宋的蔡京、南宋的秦桧、史弥远、贾似道，明代的严嵩等。

先看秦桧，他曾经两居相位，掌权十九年。在任期间，包藏祸心，欺上压下，结党营私，卖国求荣，在宋高宗赵构的支持下，陷害民族英雄岳飞父子等人，"一时忠臣良将，诛锄略尽，其顽钝无耻者，率为桧用，争以诬陷善类为功。其矫诬也，无罪可状，不过曰谤讪，曰指斥，曰怨望，曰立党沽名，甚则曰有无君心。凡论人章疏，皆桧自操以授言者，识之者曰：'此老秦笔也。'察事之卒，布满京城，小涉讥议，即捕治，中以深文。又阴结内侍及医师王继先，伺上动静。郡国事惟申省，无一至上前者"。（《宋史》卷473《秦桧传》）

再如明代的严嵩，寡廉鲜耻，媚上压下，招权纳贿。迎合嘉靖皇帝喜好修玄的癖好，"精心研究青词"；在祭告嘉靖生父的陵墓时，编造祥瑞，欺骗和讨好皇帝；在皇帝为其生父谋取"正宗"地位的斗争中，见风使舵。每逢太监到他的家里，"嵩必延坐，亲纳金钱袖中"。当夏言扬言要揭发他时，严嵩"父子大惧，长跪榻下泣谢"，然后背后下黑手，残害那些反对他的人。严嵩纵容其子严世蕃，以权谋私，贪赃枉法。每当要选拔人才，或者宗室王府请托时，他们都大肆勒索，卖官鬻爵，"责贿多少，毫发不能匿"。严世蕃收贿名目有"问安"、"买命"、"讲缺"、"谢礼"等等。在京师大建宅第，连接三四条街，"堰水为塘数十亩，罗珍禽奇兽其中"，"日拥宾客纵倡乐"，① 过着穷奢极侈、醉生梦死的生活。家产抄没时，抄得"黄金三万余两，白金二百万余两，其他珍宝服玩所直又数百万"。（《明史》卷318《列传第196·奸臣》）

宋元明时期的各个王朝，都曾重视官吏道德，奖励忠良，抑制邪恶，朱元璋甚至用酷刑治贪污，"凡守令贪酷者……赃至六十两以上者，枭首示众，仍剥皮实草。府、州、县、卫之左特立一庙，以祀土地，为剥皮之场，名曰皮场庙。官府公座旁，各悬以剥皮实草之袋，使之触目惊心"。（清·赵翼：《廿二史札记》卷33《重惩贪吏》）然而由于根本制度的局限，成效不大，往往情况稍有好转，不久又邪风重炽而世风日下，特别是

_____

① 胡凡：《嘉靖传》，人民出版社2004年版，第297页；《明世宗实录》卷544。

在每个王朝的末期，有时甚至黑白颠倒，是非混淆：品质好的官吏遭受打击和祸患，而道德污秽者受到鼓励和支持。下一个王朝再整顿一番，然后再败坏，如此循环往复，难以走出这个怪圈。

三　朋党与官德

中国自古讲究"君子群而不党"，但是自汉至唐，朋党问题却不绝如缕。就在同一个王朝，同一个时代里，大臣官吏们由于政见不同，分成为不同的派别，各派都喜同恶异，党同伐异，朋党有时甚至具有了区域性、裙带化的倾向。不同派别之间明争暗斗，直到你死我活。唐文宗每每叹息说："去河北贼易，去此间朋党难。"但是直到唐代，朋党都还是邪恶的代名词，例如当时的李德裕说："今之朋党者，皆倚幸臣诬君子，鼓天下之动以养交游，窃儒家之术以资大盗。"（《全唐文》卷709）然而到了宋代，由于实施文官政治，"以士大夫治天下"，朋党问题也随之更加普遍化，它已经成为正常的中性概念。范仲淹首倡"君子有党"说，王禹偁也认为，正如尧舜时代有"八元"、"八恺"与"四凶族"一样，不但小人有党，君子也有党。后来欧阳修、司马光、苏轼、秦观都著《朋党论》，论证君子党与小人党的斗争自古有之，并以之重新解释汉唐和本朝历史。

虽然朋党之争归根到底是由不同的政治派别根据不同阶层的利益为核心而展开的政治斗争，但是它们却经常打着道德的旗号进行，并且以道德为标准去评论派别斗争的是非。这种利益道德化，道德利益化，不但能使参与者的道德品质发挥得淋漓尽致，而且形成某种扭曲的道德。欧阳修曾经深刻地揭露宋代官场相互倾轧："或循私意以相倾，或因小事而肆忿，纷然毁誉，传布道途。饰己短以遂非，各期必胜；进偏词而互说，上惑圣聪。""至于朝廷得失，邦国安危，熟视恬然，各思缄默。"（《欧阳文忠公集》卷104《论臣僚不和札子》）虽然这些不正之风都是朋党之争的表现，朋党之争是其根源，但是，在他看来，问题很简单，处理的方法也并不困难。"大凡君子与君子同道为朋，小人与小人同利为朋。……故人君者，但当退小人之伪朋，用君子之真朋，而天下治矣！"（《欧阳文忠公集》卷17《朋党论》）司马光看得更简单："夫君子小人之不相容，犹冰炭之不可同器而处也。故君子得位，则斥小人；小人得势，则排君子。此自然之理也。"阵线分明，坚持斗争就是了。倒是范纯仁对于朋党的复杂性分析更正确中肯，他说：朋党之起，"盖因趋向异同。同我者谓之正人，异我者疑为邪党。既恶其异我，则逆耳之言难至；既喜其同我，则迎合之佞日亲。以至真伪莫知，贤愚倒置。国家之患，何莫由斯！"（《国朝诸臣奏议》卷76）朋党的斗争往往喜同伐异，是非善恶交织，以致"真伪莫知，贤愚倒置"。

宋元明时期的朋党之争，持续时间颇久，其激烈程度、危害之重，在历史上都是罕见的。其中最重要的有宋初（太宗端拱年间，到淳化二年），以赵昌言为首的新进同年党和以赵普为首的元老派，吕蒙正及其同年和以寇准为代表的同榜进士之间的斗争，这时还只是暗地结党，互相倾轧，明争暗斗。后来则有范仲淹与吕夷简之间围绕"庆历新政"的斗争，王安石与司马光之间围绕"熙宁变法"的朋党之争。这两次朋党之争不但规模大、程度激烈，而且几次反复，持续时间长久。南宋时期有汪伯彦、黄潜善与张浚、李纲、宗泽；赵鼎与张浚；赵鼎与秦桧；后来秦桧、贾似道、史弥远为了各自的政治利益，构建自己的朋党。明代则有明初的浙西派刘基与淮北派李善长、蓝玉、胡惟庸的斗争，崇祯时代的温体仁与周延儒两党争斗。从与道德的关系而言，朋党大致可以分为三类：

一是对其的评价在历史上争议不大，大体上符合道德的朋党。例如庆历新政时范仲淹集团，明代的东林党和复社。这些朋党往往与执政者相对立，"心存济世，讲求性命，砥砺气节，关心朝政，喜裁量人物"。顾宪成支持赵南星、李三才等人。黄宗羲说："会中亦多裁量人物，訾议国政，亦冀执政者闻而药之也。天下君子以清议归于东林，庙堂亦有畏忌。"（《明儒学案》卷58）赵南星说："君子在救民，不能救民，算不得账。"高攀龙认为"诚然"（《高子遗书》卷8下）。这是东林的真精神。复社的宗旨是"兴复古学，务为有用"。"用"就是致君泽民，排击魏忠贤及其余党，攻温体仁、阮大铖。明亡，"或守土死事，或孤忠殉义，或起兵不成而死的，很不乏人"，当然也有出而应试的。

二是对其善恶评价争议比较大。例如熙宁变法前后的王安石变法的集团，以及以司马光为代表的反对变法的集团。从个人品德上说，王安石和司马光都是非常高尚的人。《宋史·司马光传》谓"孝友忠信，恭俭正直，居处有法，动作有礼"，"于物淡然无所好，于学无所不通，惟不喜释老"，"恶衣菲食以终其身"。而王安石也是一个高尚的人，当地方官时就"起堤堰，决陂塘，为水陆之利，贷谷与民，立息以偿，俾新陈相易，邑人便之"。后来当宰相，改良弊政，实行青苗、市易等新法，使北宋的政治经济局面出现了一些新气象。就连反对变法的朱熹也不得不承认，王安石"以文章节行高一世，而尤以道德经济为己任"，只是当政时，"汲汲以财利兵革为先务，引用奸邪，排摈忠直，躁迫强戾"，"卒之群奸肆虐，流毒四海。至于崇宁宣和之际，而祸乱极矣"（《宋史·王安石传》）。意思是说，只是他所采取的变法措施不对，利用的人不好，后来才出现一系列问题。

王安石和司马光为核心的两个朋党，都忠于北宋王朝，都愿意爱民为民，但是，他们所代表的阶层不同，所要采取的措施不同，以致形成你死我活的激烈斗争。这场斗争虽然不是道德问题，但是应当承认，这场斗争动不动会打出道德的旗号。例如，富弼攻击参与王安石变法的人是"不耻不仁，不畏不义，不见利不动，不威不惩"的"小人"。有人想调和两派对立，曾肇反对说："消弭朋党，须先分别君子小人，赏善罚恶。"可见，这场斗争并非与道德无关。斗争里也夹杂着一些道德问题：一些道德品质不好的人员参与，并且采用了一些不道德的方式方法。例如王安石集团中的吕惠卿和章惇。吕惠卿，原是王安石最器重的人，在前期变法中表现坚定而又积极，升迁最快。王第一次罢相，吕积极挽留，"使其党变姓名，日投匦上书留之；安石力荐惠卿为参知政事"。但是当他担任了参知政事后，"得君怙欢，虑荆公复进"，忘恩负义，为了个人固宠保位，竭力排挤王安石。王安石复相后，吕惠卿与王安石离心离德，反目成仇，制造摩擦，丑化王安石的形象。蔡京也是小人，元祐元年（1086 年），迎合司马光，在五日内废除免役法；后又当政，搞"同文馆案"，打击元祐党人，谋取权势。

谈到采用不道德的斗争方式方法，主要就是攻其一点，尽量夸大，双方都把对手往死里整。这一点，北宋年间的三次文字狱非常典型。

第一次是王安石集团当政时，当时的宰相蔡确以及何正臣等，制造"乌台诗案"，攻苏轼污蔑新政，借机把苏轼罢官，贬到黄州任团练副史，同时被贬谪和处罚者共有二十五人。作为报复，第二次文字狱是，王安石变法失败后，司马光当政，司马光集团的刘安世、梁焘等，支持吴处厚，制造"车盖亭诗案",置蔡确于死地,"贬死岭南新州"。吴处厚与蔡确有旧冤。蔡为相时,吴求蔡汲引,蔡无汲引意,反而把吴发往外地。吴怀恨这"二十年深仇",伺机报复,后来曲解附会蔡在安州所作《夏日登车盖亭》一诗,制造车盖亭案,连其儿子柔嘉亦当面泣诉说:"此非人所为。"(王明清:《挥尘录·三录》卷1)第三次大的文字狱,是绍圣年间,哲宗亲政时,重新任命起用章惇、曾布、蔡卞等新党人物,"绍述"熙丰新法。于是绍圣元年,开始新一轮文字狱。借修《神宗实录》的错误为名,将黄庭坚、范祖禹、赵彦若、秦观流放到边远郡州,直到死在那里。绍圣四年(1097年),在蔡京的主持下,又制造"同文馆狱",追究反对新法的刘挚、梁焘,禁锢其子孙于岭南,并勒停王岩叟、朱光庭诸子官职。

在这场政治斗争中,一些官吏作了淋漓尽致的道德表演。

一些人反反复复,没有一点立场。熙宁初,张商英得到章惇推荐。元祐初,他坚持认为新法不可改。但是,后来又逢迎司马光,作《嘉禾篇》,为司马光作祭文,盼升官。绍圣初,他又积极参与反对元祐党人。大文学家苏轼在这场斗争中,也是前后支绌,翻云覆雨。苏轼与王安石既是学问文章上的朋友,又是政治场面上的敌人。元丰末年,两人在金陵聚会,对彼此道德文章互致倾慕,苏轼深叹"从公已觉十年迟",并邀王在文学创作上指导自己的门生秦观。但是到了元祐年间,从政治斗争出发,他又咒骂死去的王安石"矫诈百端,妄窃大名",批评他变法害民。苏轼还落井下石攻击吕惠卿:"滔天之罪,永为垂世之规。"连范纯仁也认为他"过诋惠卿"。

一些人肚量褊狭、相互攻讦、利用职权刻意报复。吕惠卿责建州,苏轼行词有云:"尚宽两观之诛,薄示三危之窜。"其时士论甚骇闻。绍圣初,苏轼再责昌化军,林希行词云:"赦尔万死,窜之遐陬,虽轼辩足以惑众,文足以饰非,自绝君亲,又将谁憝。"或谓其已甚,林曰:"聊报东门之役。"(《萍州可谈》卷1)这不只是争权夺利,而是在斗气。章惇在这方面做得更过,他利用职权,刻意报复。钱勰两次"希风承旨",替皇帝起草诏书时,夸大其词,指斥他"鞅鞅非少主之臣,悻悻无大臣之操",称其"不容群枉,规欲动摇"。章惇恨之入骨。绍圣初,章再任宰相后,不但钱遭斥逐,而且雷厉风行地打击司马光等元祐党人,大量元祐党人,甚至他们的子女,也被告贬职流放到边远地区。苏轼、理学名家程氏兄弟在这方面同样不光彩。在蜀党与洛党的斗争中，苏轼与程颐相互攻击，肆意谩骂。苏东坡"素疾程颐之奸，形于言色"（《苏轼文集》卷33《再乞郡札子》），引诱他人攻击程颐"人品纤污，天资险巧，贪黩请求，元无乡曲之行"（《资治通鉴长编》卷404元祐二年八月辛巳条）。程氏兄弟则攻苏"习为轻浮，贪好权利"，"轻浮躁竞"。

你死我活，荒谬不堪，逐渐激化了的朋党之争，使"政体屡变"，出现了周期性的反复动荡，"天子无一定之衡，大臣无久安之计，或信或疑，或起或仆，旋加诸膝，旋坠诸渊，以成波流无宁之宇"。（王夫之：《宋论》卷4）

第三类朋党是公认的邪恶势力，例如北宋后期的蔡京集团，南宋的秦桧、史弥远等集团，明代后期的严嵩、温体仁集团。

秦桧主政十五年（绍兴十一年至二十五年），制造了自北宋崇宁年间蔡京"治元祐党人"以来的最残酷的党祸"绍兴党禁"。在这场党禁中，秦桧排除异己，打击报复，制造冤假错案，轻则贬官流放，重则迫害至死。为了实现和议，秦桧任命韩世忠、岳飞、张浚为枢密官，采取明升暗降的手法夺其兵权，并以"莫须有"的罪名，杀害岳飞父子。和议实现之后，为了维持和议局面，巩固地位，秦桧将主战派将领张浚排挤出朝后，后又指使御史弹劾，最终免去其节度使职名，发往连州居住。对刘锜则，先是夺去其兵权，等刘出知荆州之后又免去其官职。岳飞的部将牛皋也被秦桧的亲信在宴会上毒死。对反对他的黄龟年、曾开等人则免去其官职。对反对和议的赵鼎、王庶、胡铨，则再次贬往边地，并明令永不检举、永不叙用。对那些既不附和也未反对自己的官吏，则将其流放至死，如解潜、辛永宗等。秦桧对赵鼎、李光、胡铨深怀刻骨仇恨。据说他将此三人的名字写在自己的阁内，"欲必杀之而后已"。李光被高宗贬到藤州，因作诗讽刺秦桧，秦桧背信弃义将其流放至海南。赵鼎则一贬再贬，最后流放海南岛，秦桧尚不罢休，还派人监视他，赵鼎料难逃秦桧之手，虑及子孙安危，"乃不食而卒"。但赵鼎的死并不能使秦桧罢休，秦桧罗织罪名加害赵鼎之子赵汾，逼赵汾承认与张浚、李光等谋反，前后牵涉53人。[1]迫害异己，秦桧简直到了丧心病狂、穷凶极恶的地步。

---

① 白寿彝总主编：《中国通史》第7卷下，上海人民出版社2004年版，第47章第2节。

　　在排除异己的同时，秦桧还任人为亲，大力培植相党。相党突出特点之一是裙带化。秦桧的大多数子孙与亲朋在其为相期间入朝为官，如养子秦熺，兄秦梓，弟秦棣，兄子秦昌、秦垣，三孙秦埙、秦堪、秦坦等。除了秦家族成员外，相党成员的另一重要部分是与秦家有关的妻党。陆游指出："秦太师娶王禹玉孙女，故诸王皆用事。"秦桧妻党王氏一门甚众，加上其子秦焙妻党曾泳、其孙秦埙岳父高百之、其侄秦垣岳父丁娄明等，有数十人之多。所以朱熹说"举朝无非秦之人"。在这样一张巨大而又严密的网络下，专横独断的相党政治也就成为自然的了。

　　史弥远（1207—1233 年），阴狠狡诈，与韩侂胄钩心斗角，发动政变。他借助金人要杀韩的威胁，拉拢杨皇后，联络了韩的政敌钱象祖，又征得了禁军统帅夏震的支持，伪造密旨，杀了韩侂胄，集军、政权于一身。他操纵台谏，随意贬斥不同意见者，杖杀敢于揭露自己的官吏，致朝野噤若寒蝉，只知史丞相，而不知宁宗。宁宗病危，他再次发动政变，连夜假造二十五道诏书，废除原来的皇子赵竑，并逼其自杀，立自己选定的赵昀为皇帝（即后来的理宗）。史弥远独断专行，权势熏天，把持了从中央到地方的一切重要权位。

　　贾似道，阴险狡诈，欺君误国，原是浪荡公子，不良少年。靠裙带关系当了官，然后官运亨通，他以迎合理宗而青云直上，又以册立度宗之功，攀上权力的顶峰。大权独揽，专横跋扈，专事欺瞒，玩小皇帝于股掌间。他可以制造假情报，如"沱下之围"，要挟皇帝，也可以封锁襄阳被围困三年的事实，不让皇帝知道，然后随意处死泄露消息的宫女。结党营私，排斥异己，纵情声色，累月不朝，却五日一入西湖宴游，被讥为"朝中无宰相，湖上有平章"。喜爱斗蟋蟀，被称为"蟋蟀宰相"。德祐元年（1275 年）元军南下，贾率军与之交战于鲁港，大败而逃，被监押官郑虎臣杀于漳州木绵庵。

　　陈宜中狂妄自大，欺世盗名，本为贾似道所荐，后为提高自己的声望，首先要求处死贾似道。他表面上反对任何妥协退让，口号震天，实际上胆小如鼠。宋元激烈交战时，他不敢上前线，逃回了老家。不得已出来，摇摆不定，徘徊于和战之间。在文天祥、张世杰要求背水一战时，他却一意否定，坚持求和，最后留下皇帝和广大军民，一逃了之。在流亡政府中，排斥陆秀夫。端宗三年，逃亡到广东雷州附近，借口联络占城，一去不返，第三次逃跑。

以上是宋时的事例，以下是明代的事例。

熹宗（天启）与正德皇帝一样，"好猎乐内，嫉谏悦幸，无一不同。"魏忠贤的"五虎"、"五彪"、"十狗"、"十孩儿"、"四十孙"，拉帮结派。崇祯二年（1629年）所定逆党名单中，内外廷官员中就有315人。私下里有人称其为"九千岁"。在浙江巡抚潘汝祯的首倡下，朝廷各衙门和各地方官员，竞相为他立"生祠"，称颂他为"尧天帝德"，"功不在禹下"、"与先圣并尊"。崇祯对此感叹说："诸臣但知党同逐异，便己肥家"，"知两党各以私意相攻，不欲偏任，故政府大僚俱用攻东林者，而言路则东林居多。时又有复社之名，与东林继起，而其徒弥盛，文采足以动一时，虽朝论苛及之，不能止也。"（夏允彝：《幸存录》）黄宗羲认为，崇祯"亦非不知东林之为君子，而以其倚附者之不纯为君子也，故疑之；亦非不知攻东林者之为小人也，而以其可以制乎东林，故参用之。卒以君子尽去，而小人独存，是毅宗之所以亡国"。（黄宗羲：《汰存录纪辨》）

温体仁，对上"务为柔佞"，"外曲谨而中猛鸷，机深刺骨"，表面上"无党""孤立"。执政8年，与周延儒相互倾轧，阉党失败后，一直不甘心，乘机翻案。温、周原来在钱谦益和钱龙锡案中，相互勾结利用，狼狈为奸，后又相互倾轧。先是周推荐温入阁，接着温利用闵洪学等，甚至利用太监王坤，排周攻周，"体仁荷帝殊宠，益怙横，而中阻深。所欲推荐，阴令人发端，己承其后；欲排陷，故为宽假，中上所忌，激使自怒，帝往往为之移"（《明史》卷318《列传第196·温体仁传》）。温精明干练，廉谨自律，所引皆庸才，以显示他之鹤立鸡群。虚伪狡诈，排除异己，迎合帝意。引导皇帝"繁刑厚敛"，引发农民起义。

周延儒，蝇营狗苟，贪赃枉法，妒贤嫉能，任用私人，结党营私。崇祯十四年复出为首辅后，起用东林、复社诸君子，使人耳目一新，有"蠲租、起废、解网、肆赦"之功。但是他自请督师，弄虚作假，用人不当，贿赂"软美"，"凡门生故人有求，鲜不应"，"熟于事故，情面多而执持少，贿来不逆，贿歉不责，当时有参其利而归群小，玷集其功者。"（李清：《三垣笔记》；吴伟业：《绥寇纪略》）十六年底被杀。

对这种党团之争，顾宪成说："窃见长安议论喧嚣，门户角立，甲以乙为邪，乙亦以甲为邪。甲以乙为党，乙亦以甲为党；异矣。始以君子攻小人，继以君子附小人；始以小人攻君子，终以君子攻君子；又异矣。是故端纷不可诘，其究牢不可破。第此不已，其酿祸流毒有不可胜言者矣。"（《泾皋藏稿》卷5）此话最后一句颇能引人警醒。

第三章

各阶层与行业的道德生活

中国传统的道德生活主要表现为"五伦"。其中，朋友之伦到了宋元明时期，带有"公共生活"的味道，即此期中国的"市民社会"的萌芽开始出现，人们开始从"私"的领域向"公"的领域过渡，所以此历史时期的朋友交往既有"情"的成分，又有"信"与"义"的因素。

本章除了从朋友之伦整体介绍此历史时期的"公共生活领域"的道德生活外，还从士、农、工阶层的角度介绍此时期的"公共生活领域"道德生活。

第一节　交游中朋友的道德生活

朋友之伦是封建社会五伦中的重要一伦。与以往历史时期相比，自宋元明始，人们的交往开始活跃起来，朋友之伦的道德生活在整个道德生活中占有越来越重的分量。

一　举世重交游与交游重志趣

宋元明初是"举世重交游"的时代。当时人们形成了亲友、世交、同学、同年、师生、僚友、同乡、方外等各具特色的社交圈子。宋初范质说："举世重交游，拟结金兰契。"（宋·邵伯温：《邵氏闻见录》卷7）曾巩说："欲求天下友，试为沧海行。"米芾《方回帖》中所说的"终日对客，无可暇适"，是对当时社会风尚的真实反映。元人的交往亦如此。元臣张柔"性喜宴客，每闲暇，便与士大夫谈论，终日不倦。岁时赠给，或随其器能任使之"（元·苏天爵撰：《元朝名臣事略》卷6）。元人不只喜交往，而且动辄还几人共同结义结拜。这些都表明，人际交往成为当时一种社会时尚。

这种"重交游"有一定的社会基础。宋代以前,由于社会生产力的水平相对低下,人们交往活动主要发生于家族、村落组织之内,因此带有浓厚的血缘、地缘特点。自宋代始,随着社会的进步和商业活动的发展,人员流动相比以前更加频繁,人际社交关系也随之发展。一些人突破了家族和村落的藩篱,依据自己的信仰、专长、志趣和某种需要,相互交往,甚至结成一定的民间社团。据文献记载,民间社团在宋代已有一定的发展,至南宋时仅杭州一地便有各种会、社数十个。[①]

相同志趣或情趣是当时人进行交往的主要基础之一。

宋哲宗时洛、蜀党人的形成就与这些人的志趣有关。《宋元学案·伊川学案》记载:"神宗丧未除,冬至百官表贺,先生(程颐)言:'节序变迁,时思方切,乞改贺为慰。'既除丧,有司请开乐置宴,先生又言:'除丧而用吉礼,当因事用乐。今特设宴,是喜之也。'吕申公、范尧夫入侍经筵,闻先生讲说,退而叹曰:'真侍讲也!'士人归其门者甚盛。而先生亦以天下自任,议论褒贬,无所顾避。方是时,苏子瞻轼在翰林,有重名,一时文士多归之。"《宋史纪事本末》卷45《洛蜀党议》也说:"吕公著独当国,群贤咸在朝,不能不以类相从,遂有洛党、蜀党、朔党"。"以类相从"就是具有相同志趣或情趣的团体。

文人的一大共同乐趣是写诗、和诗,所以他们在交往中往往以诗相和。南宋的杨万里、周必大的交往常常相互和诗。周必大晚年回到庐陵,一次去杨万里家,杨万里家的花园给他留下了深刻的印象,便赋《上巳访杨廷秀赏牡丹于御书匾榜之斋》诗一首:

> 杨监全胜贺监家,赐湖岂比赐书华。
> 回环自辟三三径,顷刻能开七七花。
> 门外有田常伏腊,望中无处不烟霞。
> 却惭下客非摩诘,无画无诗只漫夸。

---

① 陈江:《明代中后期的江南社会与社会生活》,上海社会科学院出版社2006年版,第89—90页。

杨万里则回《和谢》诗一首：

> 相国来临处士家，山间草木也光华。
> 高轩行李能过李，小队寻花到浣花。
> 留赠新诗光夺月，端令老子气成霞。
> 未论藏去传贻厥，拈向田夫野老夸。

当时许多文人名士都有这样的和诗，这从一个角度表明他们的交往以相同的志趣、情趣为特色。

追捧"名士"，是宋代社会交往中的一种时尚。据《宋史》记载，杨亿"重交游，性耿介，尚名节"（《宋史·杨亿传》）；朱熹"遍交当世有识之士"（《宋史·朱熹传》）；戚同文"所游皆一时名士"（《宋史·戚同文传》）；邢恕"从程颢学，因出入司马兴、吕公著门，一时贤士争与之交"（《宋史·邢恕传》）等。追捧"名士"的交往也可以说是交游重志趣、情趣与爱好的一个结果与表现。

在相同志趣、情趣的基础上，朋友之间往往相互走访、相互赠送礼物、进行一些共同的事业或娱乐活动，如赏花等等。周必大、杨万里晚年回到庐陵后经常互访，并常常互赠礼物。杨万里捕获牛尾狸"忍馋"送给周必大。周必大在年节给杨万里送去羊面。而且，虽然两人年岁渐高，但仍亲自送去。朋友之间的相互走访还以特殊的形式进行——书信来往。周必大、杨万里虽然同为庐陵人，在为官时见面的次数并不多，但他们时有书信往来，即使退休后也常常书信往来，尤其在一些重要节日，他们往往会互通书信以示问候。遇到朋友有重大的事情，朋友往往会去信或亲自去拜访。周必大盖了一座新楼，便邀请杨万里来参观，杨万里则亲往并作诗为贺。

基于志趣、情趣的朋友交往一般不会受社会地位、官职等因素的影响。文彦博贵极一时，仍与洛中"以道自重"的邵雍、程颢兄弟"宾接之如布衣交"（《宋史·文彦博传》）；尚未入仕的范镇至京，宋庠兄弟见其文，"自谓弗及，与为布衣交"（《宋史·范镇传》）。从此，人们将这种不拘礼节的交往称为布衣交。张浚与苏云卿是同乡，少年时二人结为布衣交。后来张浚官至丞相而不忘苏云卿，曾寻求苏氏。（《宋史·苏云

卿传》)

重视亲情、乡情是中国朋友交往的一个重要特点。宋元明初，朋友之间的交往亦不例外，往往重视乡里、乡党关系。吕大忠说："人之所赖于邻里、乡党者，犹身有手足，家有兄弟，善恶利害皆与之同，不可一日而无之。"当时，许多有相同志趣、情趣的朋友往往也有着血缘或地缘关系。

二 交游以德与交往重信义

交游不只重志趣，交友也重德。范仲淹主张交友"唯德是依，因心而友"（《范文正公集·别集》卷3《淡交若水赋》）。他在《杨文公写真赞》中赞扬杨亿与王旦、寇准、马知节等"深相交许，情如金石"，而王、寇、马三人为天下"大雅"、"大忠"、"至直"之"一代之伟人"。范仲淹甚至主张："幕府、辟客须可为师者，乃辟之。"（《古今事文类集·前集》卷30）大儒朱熹也深刻地说："朋友之交，责善所以尽吾诚，取善所以益吾德，非以为赐也。"（《性理会通·人伦》）这说明，两宋时人们的交游虽然开始重视个人的志趣与情趣，但并没有脱离过去的"德业相劝"，"以德"取友的原则。德业相劝的交游观不只在士人之间得到传承，而且还向民间深入传播。出现于北宋、对后世有极大影响的《吕氏乡约》的一个重要内容就是"德业相劝"，其"德业相劝"的重要内容就是"睦亲帮，择交游"、"事长上，接朋友"。

重视德的朋友之道在政治生活中的表现就是"公"、"直"，即"以天下为己任"，反对因私废公。以范仲淹为首的庆历党人在交往中坚持不党同伐异的原则。欧阳修曾《上范司谏书》，责其不尽言责；另一方面，欧阳修为胥偃女婿，与王拱辰既是同年，又是连襟，但没有因亲情而放弃原则，相反讦责王拱辰"党吕攻范"（《邵氏闻见录》卷18）。无独有偶，与范谊兼师友，与欧阳修情同手足的尹洙则批评欧阳修切责高若讷不无"责人太深以取直"（《欧阳文忠公文集》卷67《与尹师鲁第一书》）之嫌。庆历党人这些行为均体现了义薄云天、"行己有耻"的交游原则。苏轼将北宋有操守的士大夫交游之道总结为"守道而忘势，行义而忘利，修德而忘名"（《苏轼文集》卷10《文与可字说》）是贴切的。南宋的杨万里刚直不阿，关心国家和民族的命运，坚决不与为人低下的韩侂胄为伍。韩侂胄新建了一座南园，想请杨万里作一篇《记》，并许以高官相酬，但杨万里厌恶韩的为人，固辞不作，并说"官可弃，记不可作"。

北宋之人交友重德的同时还重"心"，即重视真正朋友的坚贞性。比如范仲淹的"因心而友"、"情如金石"的论述等。刘炎《迩言》卷6亦云："博戏之交不日，饮食之交不月，势利之交不年，惟道义之交，可以终身"。洪迈也认为北宋百年间的君子之交"始终相与，不以死生贵贱易其心"（《容斋随笔》卷9《朋友之义》）。朋友之间的这种精神气质是后世朋友之间"义气"的先声。

崇尚忠义、注重气节，是两宋元明社会交往的又一特色。据《宋史》记载，胡则"喜交结，尚风义"（《宋史·胡则传》）；元臣张柔少时也"尚气节，喜游侠"（《元名臣事略》卷6）。"忠孝节义"并举始出自此期洪迈的《容斋随笔》。这说明忠义、气节已为当时人交往中的一种追求或当时交往的一个特色。这种崇尚忠义、注重气节的交往风尚与朝廷的推行不无关系。《宋史·忠义传》序说："士大夫忠义之气，至于五季，变化殆尽。宋之初兴，范质、王溥犹有余憾，艺祖首褒韩通，次表卫融，以示意向。真、仁之世，田锡、王禹偁、范仲淹、欧阳修、唐介诸贤，以直言说论倡于朝，于是中外缙绅知以名节为高，廉耻相尚，尽去五季诸陋矣。"

宋元明初，朋友之间的伦理规范逐渐从以往的"信"转变为"信义"、"义"。比如，宋代墓志铭中"信"有时是与"义"连用的，"信义施于僚友"的墓志铭即是。苻守规的墓志铭中说到他"尝谓所知曰：余奉先公遗诲，居家以孝，事君以忠，教子以经术，与人以信义清白如是，足矣"。除了所谓的"与人"、"信义"之外，还被提及的是"诚"。魏宜为自己预先写下的墓志铭说他自己"性朴野，与人交，知所谓诚而已"。朱熹则写黄中美"其为人坦易，不事边幅，而与人交必以诚"。"诚"，表示真心、真诚、发自内心。信，表示然诺，即说话算话。"诚"的出现表示朋友交往已不是单纯的说话算数，它开始指向人的内心状态，这就是范仲淹所说的"心交"。这种"诚"是朋友之间"义"的内在精神条件。义，表示道义，即相互帮助，即真心朋友在现实中应相互帮助。朋友之伦由单纯的"朋友有信"向"信义"转变说明，朋友之间的关系更亲密了，彼此的联系更强了，彼此之间要承担更多的道德责任与帮助义务，即民间流行的"有福同享，有难同当"。

这种信义发展到元代呈现出了新的特点。为了巩固或强化朋友之间这种"信义"，人们在交往过程中，便采取结义、结拜的形式。结义、结拜就是给没有血缘关系的人披上一层血缘关系，加强彼此的联系，从而使朋友之间承担更多的责任与义务。血缘关系是小农社会的重要人际关系，结义、结拜表明这种血缘关系开始向商品经济过渡。元朝人的这种结义相当普遍，连高丽的汉语的教科书都涉及此事。成书于 14 世纪中叶的教科书《朴通事》主要记述当时大都的风土人情。此书写道：

> 咱几个好朋友们，这八月十五日仲秋节，敛些钱做玩月会。咱就那一日各自说个重誓，结做好弟兄时如何？好意思，将一张纸来，众朋友们的名字都写着请去。那个刘三舍如何？那厮不成，面前背后，到处里破别人夸自己，说口诌佞，不得仁义的人，结做弟兄时不中，将笔来抹了着。咱众弟兄们里头，那一个有喜事便去庆贺，有官司灾难便尽气力去救一救。这般照觑，却有弟兄之意。咱休别了兄长之言，定体以后，不得改别。这的时，有什么话说，君子一言，快马一鞭。

> 咱们结相识，知心腹多年了。好哥哥弟兄们里头，一遍也不曾说知心腹的话。咱对换什么东西？我的串香褐通袖膝襕五彩绣帖里，你的大红织金胸背帖里对换着。我的帖里怎么赶上你的乡帖里？打什么紧那，咱男儿汉做弟兄，那里计较。咱从以后，争什么一母所生亲弟兄，有苦时同受，有乐时同乐，为之妙也。①

元朝人不仅普通民众之间为了相互帮助而结义，结义之风还波及一些官员与豪民。比如，元成宗大德十年（1306 年）杭州路的一件文书说，杭州官员与本路豪民"交结已深，不问其贤不肖，序齿为兄弟，同席饮宴者有之，下棋打双陆者有之，并无忌惮"（《元典章》卷 57《刑部十九·禁豪霸·札忽儿歹陈言三件》）。可见，这种结义是全面的，并非局限某一社会阶层，而且这种结义已不完全是德业相劝的朋友交往，而且包

---

① 转自史卫民《中国风俗通史》（元代卷），上海文艺出版社 2001 年版，第 488 页。

含一般交往。

明朝朋友之间也讲义气。陕西都指挥司整，幼时曾结识一些人为义兄弟。这些义兄弟"一人受挫，则共力复仇"。整尝系杀一人于都市歌楼，主家执之不力，被脱去，乃执其与刘某于官，究整所在，刘曰："我实杀之，非整也。"众证为整，刘自认益坚。法司不能夺，乃论死，后得末减，发充辽东三万卫军。整德之，每岁供其军赀。时整有老母，故刘诬代之。在此事中，刘某真地做到了为了朋友义气两肋插刀在所不惜，而整也非负义之人。当时朋友之间的义气由此可见一斑。陆容对此事的评价是"古之侠士，不能过也"。[①]

这种朋友之间要讲义气的实践模式对后世产生了深远的影响，直至今日，义气还是朋友之间主要的伦理规范。此外，崇尚忠义、信义的人际交往实践，对当时的社会也产生了良好的影响。一些崇尚信义的人将朋友之间的"义"推向一般人，尤其推向那些急难者与弱势者，使社会更富有人情味。比如，一些人出于道义赈恤戚属乡里有难者、帮嫁孤女、助葬无力入葬者。《宋史·贾黄中传》说：黄父"初通判镇州，葬乡党群众之未葬者十五葬。孤贫不自给者，咸教育而婚嫁之"。《宋史·韩亿传》说："见亲旧之孤贫者，常给其婚葬。"《宋史·赵抃传》曰："嫁兄弟之女十数，他孤女二十余人。"《宋史·石介传》说："葬五世之未葬者七十丧。"《元史·孝义传》载：訾汝道颇有义行，"乡人刘显等贫无以为生，汝道割己田各畀之，使食其租终身。里中尝大疫，有食瓜得汗而愈者，汝道即多市瓜及携米，历户馈之。或曰：'疠气能染人，勿入也。'不听，益周行问所苦，然卒无恙。有死者，复赠以椟椴，人咸感之。尝出麦粟贷人，至秋，蝗食稼，人无以偿，汝道聚其券焚之"。

三　失义、不妄交、疏之以渐

朋友之伦强调道义、信义，但在实际生活中并非所有人都能做到这一点。宋代大文学家苏轼，因"乌台诗案"下狱后，"亲朋皆绝交道"。唯有老友鲜于侁不改初衷，一人独自前往看望苏轼。有人提醒鲜于侁："公与轼相知久，其所往来书文宜焚之，勿留，不然且获罪。"侁曰："欺君

---

① （明）陆容：《菽园杂记》，中华书局1985年版，第5页。

负友，吾不忍为。以忠义分遣，则所愿也。"（《宋史》卷344《鲜于侁传》）苏轼本人深深体验到了此种世故人情，他贬到黄州后自述："自得罪以来，深自闲塞……平生亲友无一字见及，有书与之亦不答，自幸庶几免矣！"（《苏轼文集》卷45《答李端叔书》）

如果说朋友如此对苏轼是受到了政治因素的影响，那么，邵伯温所记的一件事则完全是忘恩负义、以怨报德的典型。王陶（字乐道）未达时，与姜愚（字子发）"交游甚善"。王陶苦贫，姜愚雪中送炭，以自己"锦衣质钱"，买酒肉薪炭供王陶饮食。姜愚精通《论语》，"为一讲会，得钱数百千，为乐道娶妻"。后王陶的妻子亡故，姜愚又为王陶求范仲淹李夫人侄女为继娶。姜愚晚年益贫且双目失明，乐道适贵为西京留守。姜愚就从新乡驾小车诣洛，欲向王陶求助，王陶竟仅给了姜愚三十壶酒打发了之。姜愚怅然归新乡，未几卒。（《邵氏闻见录》卷18）

现实中除了以德报怨的所谓朋友之外，还有些人打着朋友的幌子来谋财、害命、夺妻。《萍洲可谈》卷3记述了一个因交友不慎而遭麻醉抢劫的故事。张昇游洛中，结交了一个道士。二人一起游览少室山。途中道士预置迷药，放入茶中，毒倒从者十余人，尽取其金银器扬长而去。

这样的事情当然不只发生在两宋，元时亦有发生。比如，元代杂剧《相国寺公孙合汗衫》、《朱砂担滴水浮沤记》、《杨氏女杀狗劝夫》等剧中都有结义事情的出现，但三处故事都是以结义的一方陷害另一方为重要情节展开的。这说明，当时人们也认识到结义是靠不住的。

因此，此期的人们在交友时也像以往那样坚持"不妄交"与交游宜慎的原则。此原则甚至成为家训的内容。宋时江端友《家训》要求子弟："交游宜择端雅之士，若杂交终必有悔，且久而与之俱化，终身欲为善士，不可得矣！"（《戒子通录》卷5引）

现实中慎交、不妄交朋友的原因除了上述之外，还有其他的原因。朱熹记载，包拯与李仲和之祖同讲习书于一僧舍，邻居富人屡欲结交请饭，李心有所动，包正色云："彼富人也，吾徒异日守乡郡，今妄与之交，岂不为他日累乎！""竟不往，后十年，二公果相继典乡郡。"（《朱子语类》卷129）这种不妄交的原因显然是为了自己的德业与做人。

与朋友交往还有一问题。交了朋友之后发现所交朋友与自己并非志同道合，此时该如何处理？朱熹主张"疏之以渐"。《朱子语录》载：

与朋友交，后知其不善，欲绝，则伤恩；不与之绝，则又似"匿怨而友其人"。

曰：此非匿怨之谓也。心有怨于人，而外与之交，则为匿怨。若朋友之不善，情意自是当疏，但疏之以渐。若无大故，则不必峻绝之，所谓"亲者毋失其为亲，故者毋失其为故"者也。（宋·黎靖德编：《朱子语类》卷13）

这种断交方式体现了"和为贵"的思想，既保全了对方的尊严，又不失恩而达到了自己的目的。

第二节　士人的道德生活

从隋炀帝大业二年（606年）设立进士科，直至清光绪三十一年（1905年），"科举"成为这1300年里最为核心的特征。因此，我们不妨把这1300年的中国历史称为"科举时代"。科举时代的士人道德生活有自己明显的特征。

士，是一个古老的概念，同时又是一个比较含混的概念，但到了唐代则有了自己明确的法律规定。唐代是通过政令的形式进行明确的规定："诸习学文武者为士，肆力耕桑者为农，巧作贸易者为工，屠沽兴贩者为商（工商皆谓家专其业，以求利者。其织纴组𬘓之类，非也。），工商之家不得预于士，食禄之人不得夺下人之利。"（《唐令拾遗·户令九》）

宋人对于士这个特殊社会阶层也有较明确的认识："古者有四民，曰士、曰农、曰工、曰商。士勤于学业，则可能取爵禄；农勤于田亩，则可以聚稼穑；工勤于技艺，则可以易衣食；商勤于贸易，则可以积财货。"（陈耆卿：《嘉定赤城志》卷37《风俗门·土俗·重本业》）

元代是外民族入主中原，实行民族歧视政策，等级制是元代社会管理最突出的特点，对于士阶层也尽可能地以严格的等级制度进行管理。如"元太宗窝阔台九年（1237年）派人考试诸路儒士，得四千余人，著籍为儒户。凡中选者……使士子们得以世修其业。宪宗蒙哥时期，又曾规定，凡以儒为业者，试通一经，即不同于编户齐民。"① 可见，元代的士，乃是极为特殊的一个社会等级，即以读书为业且经过考试合格者。

明清两代的士，主要是指举人、监生和诸生这三种既未进入官僚阶层，却又享有一定特权的读书人。

借助于前贤时俊的研究成果，结合不同历史阶段的时代特点，本文把科举时代的士人定位在：致力于修身、齐家、治国、平天下的读书人。从这个角度出发可以发现，科举时代的士人，他们的道德生活已经呈现出迥异于"选举"时代的两周、战国时期，"察举"时代两汉、魏晋时期的新面貌。

一　"学而优则仕"，科举时代士人的核心价值追求

明朝吴敬梓在《儒林外史》中通过马二先生之口，揭示了科举的本质："'举业'二字，是从古及今，人人必要做的。就如孔子生在春秋时候，那时用言扬行举做官，故孔子只讲得个'言寡尤，行寡悔，禄在其中'，这便是孔子的举业。讲到战国时，以游说做官，所以孟子历说齐、梁，这便是孟子的举业。到汉朝，用贤良方正开科，所以公孙弘、董仲舒举贤良方正，这便是汉人的举业。到唐朝，用诗赋取士，他们若讲孔孟的话，就没有官做了，所以唐人都会做几句诗，这便是唐人的举业。到宋朝又好了，都用的是些理学的人做官，所以程、朱就讲理学，这便是宋人的举业。到本朝，用文章取士，这是极好的法则。就是夫子在而今，也要念文章，做举业，断不讲那'言寡尤，行寡悔'的话。何也？就日日讲究'言寡尤，行寡悔'哪个给你官做？孔子的道也就不行了。"②

这一现象在科举时代表现得更加鲜明。因为不论是在"选举"时代，还是在"察举"时代，入仕的途径都不必然通过"学"，而在科举时代，由于社会结构中的贵族阶层已不复存在，门阀氏族也开始衰落，因此，"学而优则仕"便成为入仕的主要途径。也正因为如此，"学而优则仕"也就成为士子们的核心价值追求。

---

① 任崇岳主编：《中国社会通史》（宋元卷），山西教育出版社 1996 年版，第 206 页。
② （明）吴敬梓：《儒林外史·蘧抎夫求贤问业马纯上仗义疏财》，岳麓书社 1988 年版，第 84 页。

这种价值评价也是当时社会的主流。如唐代元和十一年（816 年），由于 33 位寒门庶士同时登第，引起社会轰动，时人赞曰："元和天子丙申年，三十三人同得仙。袍似烂银文似锦，相将白日上青天。"（《唐摭言》卷 7）与成功相对照的是那些落第士人的茫然无助。那位"读书破万卷，下笔如有神"的大诗人杜甫，同样经受了屡试不第的磨难，在《奉赠韦左丞丈二十二韵》中有："朝扣富儿门，暮随肥马尘。残杯与冷炙，到处潜悲辛。"其实，这些落第的士人在饱受冷漠与白眼的同时，也未尝不是怀揣着回乡的恐惧。唐代士人罗邺的《落第东归》就真切地表达这种心态："年年春色独怀羞，强向东归懒举头。莫道还家便容易，人间多少事堪愁。"这并非仅仅是士人的自责。唐高宗时，"以孝行闻名于世的杜羔，娶了个女才子做老婆。刘氏喜欢舞文弄墨，写得一手好诗。杜羔考进士多年都功败垂成，无奈之下想回家寻求些温暖，半路上却收到刘氏的家书，只有二十八个字：'良人的的有奇才，何事年年被放回？如今妾面羞君面，君若来时近夜来'"①。尽管只有短短二十八个字，但是羞辱与讽刺的意味跃然纸上。类似的例子，简直举不胜举。

五代时人王定保在《唐摭言》中总结道："三百年来，科第之设，草泽望之起家，簪绂望之继士。孤寒失之，其族馁矣；世禄失之，其族绝矣。"（《唐摭言》卷 9）道出了士人老死科场的一个重要原因。

士人通过科举而光耀门楣的心理，最鲜明地反映在唐代士人的婚姻观念上。

高宗时的宰相薛元超说得非常直白："吾不才，富贵过分。然平生有三恨：始不得进士擢第，不得娶五姓女，不得修国史。"（刘𫗧：《隋唐嘉话》）薛元超所说的"五姓女"，指的是当时最负盛名的山东的门阀氏族太原王氏、清河崔氏与博陵崔氏、范阳卢氏、赵郡李氏和荥阳郑氏。由于这些世家大族强大的社会影响力，自然成为新进士人追逐的对象。

门阀氏族的社会影响以及盘根错节的地方势力，严重地危及了皇权政治，因此氏族问题也就是后人所说的门第问题，长期困扰着唐初几代的统治者。唐武德三年（620 年），高祖李渊洋洋得意地对尚书右仆射裴寂说："我李氏昔在陇西，富有龟玉，降及祖祢，姻娅帝王。及举义兵，四海云

① 转引自杨波《长安的春天——唐代科举与进士生活》，中华书局 2007 年版，第 182 页。

集，才涉数月，升为天子。至如前代皇王，多起微贱，勌劳行阵，下不聊生。公复世家，历职清要，岂若萧何、曹参，起自刀笔吏也。唯我与公，千载之后，无愧前修矣。"（《唐会要·氏族》）尽管李渊对于自己的家族不无得意，然而，那些开国功臣们如魏征、李勣、房玄龄等仍然热衷于和世族联姻。为了打击门阀氏族在婚姻上以门第相高，唐太宗命令吏部尚书高士廉等编写《氏族志》，可是官品仅为四品的山东崔氏却被列为第一等，山东氏族的影响力可见一斑。由于唐太宗的发怒，《氏族志》被重新修订，李氏皇祖列为第一等，山东崔氏降为三等，但并未削弱山东世族的声望，一些当朝新贵，尤其是新科进士等宁肯放弃与皇室联姻的机会，也千方百计，并且不计妆奁地与山东氏族结亲。虽然后来高宗朝修"显庆《姓氏录》"，玄宗朝修的"开元《姓族系录》"，都试图摧折门阀氏族的声望，但士人与之联姻的热情不减。如唐文宗为公主选婿，大臣们都不愿与之结亲。文宗酸溜溜地说："我家二百年天子，顾不及崔、卢耶？"很显然，社会的道德生活，并非政治权力所能改变的，士人们渴望与名门望族联姻的根本原因就还在于几百年所形成的门第观念。当然，对于并不富裕的寒门庶族来说能够与门阀氏族联姻的唯一机会便只有通过科举这条路了。唐代诗人王梵志说得好："有儿欲娶妇，须择大家儿。纵使无姿首，终成有礼仪。有女欲嫁婆，不用绝高门。但得身超后，银财物莫论。"（《全唐诗外编》上）

钱穆先生在描述唐代士人状况时说："进士轻薄，成为晚唐社会及政治上一大恶态。他们有西汉人的自卑心理，而没有西汉人的淳朴；有东汉人结党聚朋的交游声势，而不像东汉人那样尊尚名节；有像南北朝以下门第子弟的富贵机会，却又没有门第子弟的一番礼教素养与政治常识；有像战国游士平地登青云的梦境，又没有战国游士藐大人贱王侯的气魄。他们黄卷青灯，尝过和尚般的清苦生活，但又没有和尚们的宗教精神和哲学思想。这一风气，直传下来，实在是引起了中国知识界一大堕落。"① 很显然，强烈的门第观念遮住了大多数唐代士人的双眼，使他们视野更显狭隘，气度更显狭小。因此，终唐一代儒学长期屈居于佛学之下，与唐代士人的价值目标不无关系。

---

① 钱穆：《国史新论·中国知识分子》，广西师范大学出版社 2005 年版，第 139 页。

通过科举而光耀门楣，还有另一种思考，那就是隋唐以后各朝代普遍实行的对于士人的优免权。

唐朝法令规定，科举及第尤其是进士登科，本人和全家即可免除徭役。并且一旦做到五品以上的官，那么不仅可以请受"永业田"，而且依照"显庆《姓氏录》的规定，当朝五品以上的官员皆可升入士流。永业田，顾名思义就是可以传给子孙的田地，随着官品的晋升田亩的数量也逐渐提高，并且不收赋税。很显然，仅此一项，就为寒门庶族升为世家大族提供了值得期许的机会。

唐穆宗在《南郊改元德音》中说："将欲化人，必先兴学，苟升名于俊造，宜甄异于乡闾。各委刺史、县令招延儒学，明加训诱，名登科第，即免征役。"（《全唐文》卷66）中唐以后，进士家庭被称为"衣冠户"，极为荣耀。难怪李频在《长安感怀》中吟诵："一第知何日，全家待此身。空将灞陵酒，酌送向东人。"诗人王建也以"一士登甲科，九族光彩新"。这样的期许来寄语薛蔓。在唐代除了我们熟知的进士科外，登明经、明法、明算乃至童子诸科者也例免本人徭役。诗人姚合才有"主人庭叶黑，诗稿更谁书。阙下科名出，乡中赋籍除"。（姚合：《送喻凫校书归毗陵》）

宋朝是中国历史上最优待士人的朝代之一，这已经是中国史学界的常识性观点。明代士人的优待同样也是可圈可点的。据记载："洪武初，令师生廪食月米六斗，有司给以鱼、肉。洪武十二年，令日米一升，鱼、肉、盐、醢之类，皆由官府供给。十五年，增师生廪馔，月米一石。正统元年，令师生日逐会馔，佥与膳夫，府学四名，州学三名，县学二名。天顺六年，谕提督学校官，师生每日坐斋读书，日逐会馔，县学膳夫二名，斋夫二名，不许违误缺役。弘治三年奏准，膳夫每名岁出柴薪银四两，以备会馔之用。八年，令膳夫每名出柴薪银十两。若师生不会馔，有司失于供应，听提调究治。嘉靖、隆庆间，编定县学膳夫二名，每名银二十两；斋夫六名，每名银十二两。"（《明会典·学校·廪馔》）

即便是尚未仕进、毫无官职的生员就有如此待遇，而且一旦成为生员，进入士人队伍，那么全家也将享受不同于平民百姓的优免。"正统元年规定：'生员之家，并以洪武年间例，除本身外，户内优免二丁差役，有司务要遵行，不许故违。'"（王谷祥：《苏州府学志》卷4）嘉靖二十四年又规定："教官、举人、生员，各免粮二石，人丁二丁。"（《明会典·赋役》）尽管各地各时段执行情况略有不同，但是类似的优免一直延续到清朝的康熙年间。康熙二十九年（1690 年）改定章程，"只免绅衿本身丁徭，其他税粮丁役不在优免。"①

由此可见，正是历代朝廷的优免政策，才使士人汲汲于科举，在实现"学而优则仕"的同时，也实现了立身扬名、以显祖宗的价值目标。

二　"门生与座主"，科举时代士人的道德关系

科举时代士人的道德关系，与普通人相区别的、与以往士人相区别的，恐怕非"门生与座主"关系莫属。

《唐语林》卷 2 云："相推敬谓之'先辈'；俱捷谓之'同年'；有司谓之'座主'。""其亲授业者为弟子，转相传授者为门生。"（欧阳修：《〈集古录〉跋尾·后汉孔庙碑阴题名》）《梁溪漫志》卷 2 "门生座主"条记载："唐世极重座主门生之礼，虽当五代衰乱，典章隳坏之余，然故事相仍，此礼犹不敢废。"《唐摭言》卷 3 "谢恩"条记载了状元到座主家里谢恩的情形："状元已下，到主司宅门下马，缀行而立，敛名纸通呈。入门，并叙立于阶下，北上东向。主司列席褥，东面西向。主司揖状元已下，与主司对拜。拜迄，状元出行致辞，又退着行各拜，主司答拜。拜迄，主事云：'请诸郎君叙中外'。状元已下各各齿叙，便谢恩。余人如状元礼。礼迄，主事云：'请状元曲谢门第。第几人，谢衣钵。'（衣钵，谓得主司名第，其或与主司先人同名第，即谢衣钵，如践世科，即感泣而谢。）谢迄，即登阶，状元与主司对坐。于时，公卿来看，皆南行叙坐；饮酒数巡，便起赴期集院。（或云，此礼亦不常，即有，于都省致谢。公卿来看，或不坐而去。）三日后，又曲谢。其日，主司方一一言及荐导之处，俾其各谢挈维之力。苟特达而取，亦要言之。"而关于座主见门生礼，据清赵翼《陔余丛考》记载："门生之礼，汉与六朝各别，说见'门生'条内。至举子中式者对座主称门生，则自唐始。《唐书》：权德舆门生七十人，推沈传师为颜子。又《权璩传》云：宰相李宗闵，乃父门生也。《萧遘传》：遘为王铎所取士，及与铎同为相，常奏帝曰：'臣乃铎

① 冯尔康、常建华：《清人社会生活》，天津人民出版社 1990 年版，第 11 页。

门生。'此座主门生之见于史册者也。门生谒座师、房师，将出，师送至二门外，不出大门。及门生为主考、同考官，例须亲率所取士谒己座师、房师，此亦有故事。《五代史》：裴以文学在朝久，宰相马嗣孙、桑维翰皆礼部所放进士也。后马知贡举，引新进士诣。喜作诗曰：'门生门下见门生。'世传以为荣。维翰为相，尝过，不迎不送。或问之，曰：'我见桑公于中书，庶僚也；公见我于私第，门生也，何迎送之有？'此门生见座主故事也。《唐书》：杨嗣复知贡举，其父于陵自洛入朝，嗣复率门生出迎，置酒第中。于陵坐堂上，嗣复与诸门生坐两序。而于陵前为考功时所取李师稷，时为浙东观察使，适亦在焉。人谓杨氏'上下门生'，世以为美。此又门生见座主父之故事也。（座主亦称主文，《通鉴》王铎乃韦保衡及第时主文是也。按古时唯成进士时座师称座主。张籍《寄苏州白使君》诗'登第早年同座主'是也。查初白诗，以乡举主考亦称座主，恐无所本。）"

但是，如果把这种关系仅仅看成是一种简单的师生关系，那就错了。在中国传统那种特别强调"天地君亲师"的道德生活中，这种师生关系已然成为士人道德选择的重要尺度。

（一）滴水之恩，涌泉相报

科举选士的一个重要特征就是使大批寒门学子走进仕途，跻身于上流社会，不仅实现了自身荣华富贵的梦想，而且获得了相应的社会声望。然而在这一过程中，除了自己悬梁刺股的苦读之外，起关键作用的就是负责铨选的官员，即座主。"虽知珠树悬天上，终赖银河接世间。"（黄滔：《寄同年崔学士仁宝》）因此对于门生来说，座主的简拔如同再造。孟郊在《擢第后东归书怀献坐主吕侍郎》诗中说："昔岁辞亲泪，今为恋恩泣。"就直接把座主比喻为亲生父母。而丁棱的《和主司王起》则对座主大肆吹捧："公心独立副天心，三辖春闱冠古今。兰署门生皆入室，莲峰太守别知音。同升翰苑时名重，遍历朝端主意深。新有受恩江海客，坐听朝夕继为霖。"

当然，更多的进士则采取实际行动来报答座主的恩德。唐建中元年（780年），"衢州刺史田敦，峘知举时进士门生也。初峘当贡部，放榜日贬逐，与敦不相面。敦闻峘来，喜曰：'始见座主。'迎谒之礼甚厚"（《旧唐书·令狐峘传》），由此可见门生对座主的感念之情。在唐代，如果门生不思报答座主，是会遭到社会舆论谴责的。所以柳宗元在《与顾十郎书》中说："凡好门生而不知恩之所自者，非人也。"正是由于门生对座主的这种丰厚的报答，竟然使得许多座主视门生为"庄田"。《太平广记》记载，"崔群元和自中书舍人知贡举。夫人李氏因暇，尝劝树庄田，以为子孙之业。笑曰：'余有三十所美庄良田，遍在天下，夫人何忧？'夫人曰：'不闻君有此业。'群曰：'吾前岁放春榜三十人，岂非良田邪？'夫人曰：'若然者，君非陆贽相门生乎？'曰：'然。'夫人曰：'往年君掌文柄，使人约其子简礼，不令就试。如君以为良田，即陆氏一庄荒矣。'群惭而退，累日不食。"（《太平广记》卷181"崔群"条）与崔群"累日不食"相比，白居易则说得上是遗憾终生。"宦途自此心长别，世事从今口不言。岂止形骸同土木，兼将寿夭任乾坤。胸中壮气犹须遣，身外浮荣何足论？还有一条遗恨事，高家门观未酬恩。"（白居易：《重题》四）[①]

（二）朋比为奸，党同伐异

门生与座主之间的这种师生关系、利益关系为基础，自然也就形成了一种责任关系。由相互提携，进而发展到荣辱与共，由此形成了一个以座主为核心的官僚网络，"受命公朝，拜恩私室"（许镇：《上门下许侍郎书》），最终发展为隋唐以后中国官场独有的"朋党"政治。

据《封氏见闻录》记载："（唐）玄宗时，士子殷盛，每岁进士到省者常不减千余人，在观诸生更相造诣，互结朋党以相渔夺，号之为'棚'，退声望者为棚头，权门贵盛，无不走也，以此荧惑主司视听。其不第者，率多喧讼，考功不能御。开元二十四年冬，遂移贡举属于礼部。"

"棚的组织非常严密，入棚的条件也很苛刻，不是什么人都能忝列其中。棚需要的是有人脉，交游广，公关能力强，黑白两道通吃的'英才'，文名和声望当然也是考虑的因素。身份背景相异的进士集团分为东西棚或更多的派别，各以名德清重者为棚头。……同党之人往来交际，宴聚酬答，相互推敬发扬；党派间则互争强弱、以回护同侪、打击异己为荣，如果非其伦辈或意见相左，那么这个人必然会受到轻侮和排挤。……

[①] 白居易于贞元十六年在中书舍人高郢下第四人及第，他的座主是高郢。

稍有不满，就聚众滋事，搅乱场屋，声势可谓浩大。"① 唐代最著名的"牛李党争"，就是在这一背景下发生的。

诚如唐文宗所感慨："去河北贼易，去此朋党实难。"自科举时代开启以来，"朋党"政治也就正式走上历史舞台，在后来的朝代中不断逐步发展，而且愈演愈烈。宋代的"庆历党争"、"熙宁时期的新旧党争"、明代的东林党与阉党之争，直至南明的党争，终至明代覆亡。

如果说唐代的朋党政治还更多表现为是一种争权夺利，那么宋代的党争就是一种"政治路线的选择"之争，而明代的党争则是朝野之间"话语权"之争。尽管历代的党争性质、形式都各具特色，但共同点却是士人之间的党同伐异。这其中，门生与座主之间的关系是"朋党"政治的症结所在。顾炎武曾一针见血地批评道："科场取士，只凭所试之文，未识其名，何有师生之分；至于市权挠法，取贿酬恩，枝蔓纠连，根柢盘互，官方为之浊乱，士习为之颓靡。"（顾炎武：《日知录集释》卷 17 "座主门生"条）

从唐代开始，有识之士便意识到了这一点："进士题名，自神龙之后，过关宴后，率皆期集于慈恩塔下题名。故贞元中，刘太真侍郎试慈恩寺望杏园花发诗，会昌三年，赞皇公为上相，其年十一月十九日，敕谏议大夫陈商守本官，权贡举。后因奏对不称旨，十二月十七日，宰臣遂奏：依前命左仆射兼太常卿王起主文。二十二日，中书禾奏：奏宣旨，不欲令及第进士呼有司为座主，趋附其门。兼题名、局席等条，疏进来者。'伏以国家设文学之科，求贞正之士，所宜行敦风俗，义本君亲，然后申于朝廷，必为国器。岂可怀赏拔之私惠，忘教化之根源！自谓门生，遂成胶固。所以时风浸薄，臣节何施树党背公，靡不由此。臣等商量，今日已后，进士及第任一度参见有司，向后不得聚集参谒，及于有司宅置宴。其曲江大会朝官及题名、局席，并望勒停。缘初获美名，实皆少隽；既遇春节，难阻良游。三五人自为宴乐，并无所禁，惟不得聚集同年进士，广为宴会。仍委御史台察访闻奏。谨具如前。'奉敕：'宜依'。"（《唐摭言·慈恩寺题名游赏赋咏杂纪》卷 2）

然而，结果却不尽如人意。主要是由于科举时代，中国的家族社会正

---

① 参见杨波《长安的春天——唐代科举与进士生活》，中华书局 2007 年版，第 60 页。

在解体，社会秩序正在重构，而社会流动的加快，陌生人的闯入，以及对儒家价值观的质疑等等因素，使得进入仕途或即将进入仕途的寒门士子对"外面"的世界充满恐惧感，他们自然地沿着乡土社会的思维，力求在"地缘"或者"学缘"等关系中寻求一种归属感。正是这一不可回避的社会文化背景，才导致"朋党"政治的兴起。

三　为万世开太平：科举时代士人的道德活动

北宋张载说的"为天地立心，为生民立命，为往圣继绝学，为万世开太平"① 道出了传统士人的又一个价值目标。科举作为士人的价值追求，其最终目标并非仅仅是光宗耀祖，还承载着士人更深沉的责任意识，更远大的价值理想。

唐朝诗人杜甫，尽管经历了"亲朋无一字，老病有孤舟"的艰难岁月，然而当他"剑外忽闻收蓟北，漫卷诗书喜欲狂"的时候，心中潜藏着的恐怕还是"致君尧舜上，再使风俗淳"的价值理想。

而这种将自身的科举与传统的"修、齐、治、平"紧密结合在一起，通过科举仕进而承担社会责任的思想，在宋明士人身上表现得异常明显。宋朝的范仲淹，尽管改革失败，身遭贬谪，然而孜孜以求的仍然是"先天下之忧而忧，后天下之乐而乐"。因为在他看来，士人既读孔孟之书，就当以国家、百姓为念。"居庙堂之高则忧其民，处江湖之远则忧其君"更是他这种责任意识的直白表露。史载范仲淹出身贫寒，读书时曾"划粥僧舍中"。仕进以后，经济状况开始好转，他用自己的俸禄购买田产，设立"义庄"，造福乡里。被列宁称之为"中国十一世纪最伟大的改革家"的王安石，同样也以"材疏命贱不自揣，欲与稷契遐相希"（王安石：《忆昨诗示诸外弟》）的豪迈精神勇于承担起改革的重任。他在与司马光等人的政治斗争中，理直气壮地表露出来的那种以天下为己任的大无畏精神就是这种责任意识的自然流露。"某则以为受命于人主，议法度而修之于朝廷，以授之于有司，不为侵官；举先王之政，以兴利除弊，不为

---

① "先生少喜谈兵，本跅弛豪纵士也。初受裁于范文正，遂翻然知性命之求，又出入于佛老者累年。继切磋于二程子，得归吾道之正。其精思力践，毅然以圣人之诣为必可至，三代之治为必可复。尝语云：'为天地立心，为生民立命，为往圣继绝学，为万世开太平。'自任自重如此。"（《宋元学案》第1册）

生事；为天下理财，不为征利；辟邪说，难壬人，不为拒谏。至于怨诽之多，则固前知其如此也。人习于苟且非一日，士大夫多以不恤国事、同俗自媚于众为善，上乃欲变此，而某不量敌之众寡，欲出力助上以抗之，则众何为而不汹汹然？盘庚之迁，胥怨者民也，非特朝廷士大夫而已。盘庚不为怨者故改其度，度义而后动，视而不见可悔故也。如君实责我以在位久，未能助上大有为，以膏泽斯民，则某知罪矣；如曰今日当一切不事事，守前所为而已，则非某之所敢知。"（王安石：《答司马谏议书》）其实，与王安石政见不合的司马光、苏轼、程灏等人，他们也同样是在这种责任意识的支撑下提出自己的政治主张的。宋朝建立在唐末五代的社会混乱的基础上，士人对于社会秩序的崩坏、对于儒家思想的衰落耿耿于怀，尤其是太祖赵匡胤所实行的优遇士大夫政策，为士人实现"修、齐、治、平"的价值目标提供了不可多得的机遇，因此宋朝士人远远不把汉、唐放在眼里，他们致力于实现的是尧、舜、禹三代。听听苏轼的口气："有笔头千字，胸中万卷；致君尧舜，此事何难？"（苏轼：《沁园春·孤馆灯青》）

　　正是在这样一种价值理念的支撑下，宋朝的文人士大夫们才上演了一幕幕惊天地、泣鬼神的壮丽史诗。岳飞的一曲《满江红》，将他的"精忠报国"精神展现得淋漓尽致。

　　　　怒发冲冠，凭阑处，潇潇雨歇。抬望眼，仰天长啸，壮怀激烈。三十功名尘与土，八千里路云和月。莫等闲，白了少年头，空悲切！

　　　　靖康耻，犹未雪；臣子恨，何时灭？驾长车，踏破贺兰山缺。壮志饥餐胡虏肉，笑谈渴饮匈奴血。待从头，收拾旧山河，朝天阙！

文天祥的《正气歌》更是千古绝唱：

　　　　天地有正气，杂然赋流形。下则为河岳，上则为日星。
　　　　于人曰浩然，沛乎塞苍冥。皇路当清夷，含和吐明庭。
　　　　时穷节乃见，一一垂丹青。在齐太史简，在晋董狐笔。
　　　　在秦张良椎，在汉苏武节。为严将军头，为嵇侍中血。
　　　　为张睢阳齿，为颜常山舌。或为辽东帽，清操厉冰雪。

或为出师表，鬼神泣壮烈。或为渡江楫，慷慨吞胡羯。

或为击贼笏，逆竖头破裂。是气所磅礴，凛烈万古存。

当其贯日月，生死安足论。地维赖以立，天柱赖以尊。

三纲实系命，道义为之根。嗟予遘阳九，隶也实不力。

楚囚缨其冠，传车送穷北。鼎镬甘如饴，求之不可得。

阴房阗鬼火，春院闭天黑。牛骥同一皂，鸡栖凤凰食。

一朝蒙雾露，分作沟中瘠。如此再寒暑，百沴自辟易。

嗟哉沮洳场，为我安乐国。岂有他缪巧，阴阳不能贼。

顾此耿耿在，仰视浮云白。悠悠我心悲，苍天曷有极。

哲人日已远，典刑在夙昔。风檐展书读，古道照颜色。

文天祥对《正气歌》的写作背景专门作了说明："余囚北庭，坐一土室，室广八尺，深可四寻，单扉低小，白间短窄，污下而幽暗。当此夏日，诸气萃然：雨潦四集，浮动床几，时则为水气；涂泥半朝，蒸沤历澜，时则为土气；乍晴暴热，风道四塞，时则为日气；檐阴薪爨，助长炎虐，时则为火气；仓腐寄顿，陈陈逼人，时则为米气；骈肩杂遝，腥臊汗垢，时则为人气；或圊溷、或毁尸、或腐鼠，恶气杂出，时则为秽气。叠是数气，当之者鲜不为厉。而予以屠弱，俯仰其间，于兹二年矣，幸而无恙，是殆有养致然尔。然亦安知所养何哉？孟子曰：'吾善养吾浩然之气。'彼气有七，吾气有一，以一敌七，吾何患焉！况浩然者，乃天地之正气也，作正气歌一首。"

明朝是在驱除鞑虏的战争中建立起来的。从南宋的灭亡到明朝的建立，中原大地已在蒙元的铁蹄下屈辱地生存了近百年时间，汉族知识分子心灵的伤痛随着明朝的建立逐渐被抚平，同时也强烈地激发出了不可遏止的社会责任感。他们虔诚地幻想着恢复儒家的文明礼仪，他们热心地帮助朱元璋设计社会治理的制度框架，[①] 他们向往着太平盛世即刻到来。最典型的要属方孝孺了。"孝孺顾末视文艺，恒以明王道，致太平为己任。"

---

① 据赵翼《二十二史札记·明初重儒》记载："明祖初不知书，而好亲近儒生，商略今古。……其后定国家礼制，大祀用陶安，纮地祫禘用詹同，时享用朱升，释奠耕籍用钱用壬，五祀用崔亮，超会用刘基，祝祭用魏观，军礼用陶凯，一代典礼，皆所裁成。"

（《明史·方孝孺传》）由于不肯为成祖草诏而被"磔诸市"，他慨然就死，作绝命词曰："天降乱离兮孰知其由，奸臣得计兮谋国用犹。忠臣发奋兮血泪交流，以此殉君兮抑又何求？鸣呼哀哉兮庶不我尤！"（《明史·方孝孺传》）洪武初年，刑部侍郎茹太素，"陈时务累万言，中言：'才能之士，数年来幸存者百无一二，今所任率愚儒俗吏。'言多忤触。……太素抗直不屈，屡濒于罪，帝时宥之。一日，宴便殿，赐之酒曰：'金杯同汝饮，白刃不相饶。'太素叩首对曰：'丹诚图报国，不避圣心焦。'帝为恻然。后竟坐法死。"（《明史·茹太素传》）大理寺卿李仕鲁，"由儒术起，方欲推明朱氏学，以辟佛自任。及言不见用，遽请于帝前，曰：'陛下深溺其教，无惑乎臣言之不入也！还陛下笏，岂赐骸骨归田里。'遂置笏于地。帝大怒，命武士捽搏之，立死阶下。"（《明史·李仕鲁传》）山西平遥训导叶伯巨，借"洪武九年星变，诏求直言"的机会，上书言事："臣观当今之事，太过者三：分封太侈也，用刑太繁也，求治太速也。"尽管所言皆为后来的历史发展所证明，但他没有考虑到官位太小，语言偏激，最后"下刑部狱，死狱中。"（《明史·叶伯巨传》）还有那位详究"空印"原由的湖广按察使金事郑士利，明知必死，仍坚持上书。"顾吾书足用否耳。吾业为国家言事，自分必死，谁为我谋？"（《明史·郑士利传》）这样"苟利国家，生死以之"的士人，在历代王朝中都是数不胜数的。

第三节　农民的道德生活

宋元明时期的中国是个农业大国，农牧业和小手工业一直是最主要的生产方式；农民（包括牧民和社会上的小手工业者），占全国人口的绝大部分。农民之间当然是有阶级差别的，我们这里所说的农民，主要是指在农村从事农牧业以及部分副业劳动的贫佣农、中农、富农，也包括一些小地主在内，而绝不包括那些王公贵族和豪族地主。尽管他们之间在社会生产关系中所占据地位不同，生产和生活方式也不全相同，道德思想和道德生活也不尽一致，但是，由于他们都是农业和小手工业劳动者，是封建社会里社会财富的主要创造者，所处的社会地位也大致相同，所以，在道德生活和道德行为方式上也相差不远，完全可以作为一类来进行分析研究。

　　由于农民在封建社会里处在被压迫、被剥削的地位，总是隐藏在当时社会种种繁华生活的背后，他们单调的、乏味的、又脏又累的生活，包括道德生活，难以进入文人们的视野，所以在历史的记载中难以寻觅到他们的身影，这使得我们的研究和描述相当困难，只能采用一些片面的、零星的、间接的材料进行。

　　从其在社会经济关系中的地位来看，农民这个阶级或阶层的道德，本质上是勤劳、智慧、节俭、诚恳厚道、互帮互助和勇敢斗争等几个方面，而不是某些人所说的什么"目光短浅，思想狭隘"，什么"顽固、自私、守旧、落后"，"盲目无知，妄自尊大"，"因循守旧，胆小怕事"。① 宋明以来的社会发展，正是建立在农民所具备的这些优秀道德的基础上，这是历史的本质和主流。

　　第一是勤劳，这是农民道德最基本的方面，它主要表现在生产劳动上。农民们终岁勤力在土地上，精耕细作，男耕女织，从事着多种经营，以此来维持生活，推动社会发展。农民勤劳固然是由于农业生产的技术水平不高，单位亩产量很低，同时国家、地主的赋税很重，非勤劳不足以生存；同时，勤劳也是广大农民的本质，是由他们终年从事劳动生产这个社会地位所决定的，他们认识到劳动是人类和社会的需要，而且能够从勤劳中体会到其中的幸福和快乐，感受到自己生命的意义和价值。

　　关于农民的勤劳，连当时的皇帝也不得不承认。曾经当过农民，深知农民疾苦的朱元璋，与群臣论民间事时曾说："四民之业，莫劳于农。观其终岁勤劳，少得休息。时和岁丰，数口之家犹可足食；不幸水旱不登，则举家饥困。朕一食一衣，则念稼穑机杼之勤。"（《明洪武实录·三十年》）他对自己的儿子，准备作为继承人的太子也反复强调："农夫寒耕暑耘，早作夜息，蚕妇缫丝缉麻，缕织寸成，其劳既已甚矣。及登场、下机，公私逋索交至，竟不能为己有。食惟粗粝，衣惟垢敝而已。"（《典故纪闻》卷5）朱元璋认为当政之要就是要"阜民之财"，"息民之力"，"休养安息"，通过天下的治理，使国家"仓廪充实，天下太平"。

---

　　① 见张青改《对中国传统农民性格的分析》，《山东省农业管理干部学院学报》2008年第3期。

　　农民的勤劳贯穿在他们每个人的一生中。年年他们都要根据四时八节二十四节气，安排好生产劳动。早在初春，"菖始生，于是耕"，农民们就得开始生产。"方春，耕作将兴，父老集子弟而教之曰：田事起矣，一年之命，系于此时。其毋饮博，毋讼诈、毋嬉游，毋争斗，一意于耕，父兄之教既先，子弟之听复谨，莫不力布种。"（《耻堂存稿》卷5《宁国府劝农文》）

　　先是要深耕熟犁，准备种子。庄稼多种多样，种子也有多种，仅以水稻来说就有几十种，要根据自己田地的土壤、水利等条件，根据生活的需要安排种植。例如种稻，就要经过选种、育种、育苗等各种环节，然后才是插秧，再以后就是复杂的田间管理，勤除杂草，灌溉施肥。插秧是个非常劳累的工作，必须抢占农时，宋代诗人杨万里生动地描绘过插秧情形：

　　　　田夫抛秧田妇接，小儿拔秧大儿插；
　　　　笠是兜鍪蓑是甲，雨从头上湿到胛。
　　　　唤渠朝餐歇半霎，低头折腰只不答；
　　　　秧根未牢莳未匝，照管鹅儿与雏鸭。（《诚斋集》卷13）

　　全家上阵，协作一致，挥汗如雨，甚至顾不上吃饭和说话。插秧完毕，稍微松了口气：

　　　　芒种才交插莳完，何须劳动劝农官。
　　　　今年似觉常年早，落得全家尽喜欢。（明·邝璠：《题农务女红之图·插莳竹枝词》）

　　但是，马上就要开始更重要的汲水灌溉，在江南，这个工作大多是由农民足踏水车来完成的。对此，蒋士煃的竹枝词《南园戽水谣》，描绘得很形象：

　　　　日脚杲杲晒平地，东家插秧西家莳；
　　　　养畜水水易干，农夫踏车声如沸。

> 车轴欲折声摇摇，脚跟皲裂皮肤焦；
> 堤（滴）水如汗汗如雨，中田依旧成干土。
> 农夫尔弗忧，天心或怜汝，
> 尔不见，南门已阖铁冶闭，即春好雨订正西畴至。①

清朝汪承庆的《烟村竹枝词》也生动地描绘了这一劳动情景：

> 花蒲塘边芦荻多，茜泾河畔水如罗。
> 卧闻两岸踏车响，半夜月明齐唱歌。

收获是喜悦的，然而它伴随着更紧张、更艰苦的劳动，经常是一边抢收，虎口夺粮；一边抢种，加快种植晚季稻或其他作物，在极短的时间里，昼夜辛劳。正德《姑苏志》载：太湖流域，"农人最勤而安分，四体勤劳，终岁不休"。"又少隙，则捕鱼虾、采薪、挺埴、佣作、担荷，不少休。"

农村里的妇女，她们更辛苦，除了帮助男子在田地劳动外，还要采桑、养蚕、纺织：

> 出门采柔桑，入门饲蚕忙。
> 桃花已落尽，夏景日渐长。②

清朝郁葆青的《蚕娘竹枝词》也歌道：

> 三眠时节喜新晴，蚕食沙沙似雨声。
> 夜半枕边唤夫婿，莫贪酣睡已三更。

养蚕、纺织都是非常细致，而且费神费力的工作，农妇需要为此倾注全部的时间，甚至投入自己的生命：

---

① 洪焕椿：《明清苏州农村经济资料》，江苏古籍出版社 1988 年版，第 627 页。
② 赵明等编著：《江苏竹枝词集》，江苏教育出版社 2001 年版，第 792、793 页。

家家试新火，户户早凝妆。

有郎不同宿，有酒不能尝。

中宵频起看，揽衣独彷徨。

吁嗟乎！辛苦倍更长。

初眠蚕在房，再眠蚕在堂。

三眠蚕欲老，累累茧盈筐。

虽则蚕盈筐，焉得遂成章。

五日缫为丝，十日织为锦。

杼机夜雨寒，刀尺秋风紧。

双眼花，双手胝，千辛万苦一丝丝。

来朝剪取拦街卖，卖向花街游冶儿。（清·纪松：《蚕妇怨》，见《南浔镇志》）

蚕起蚕饱不可过，早起饲蚕何敢惰。

只愁饥后断丝肠，那顾女啼与儿饿。（清·董恂：《饲蚕》，见《南浔镇志》）

不能顾及夫妻之情，儿女待哺之义，在勤劳中度尽自己的青春年华。

耕作之外，男子也要和妇女一样，根据自己本地的条件，从事副业劳动，譬如采石制砚。

西去天都山路赊，乡村处处响缫车。

深闺纺织多辛苦，五夜疏灯障碧纱。

砚材何处可追寻？龙尾山深古洞阴。

正是文房成雅制，阿郎琢磨苦功深。（清·倪伟人：《新安竹枝词》）①

对于农民的勤劳，海瑞叹道："夫士犹有作奸，有惰业。若农则日勤作，夜颓然甘寝，绝无此矣。可无敬欤！"（海瑞：《督抚条约》）

_____

① 雷孟水等编：《中华竹枝词》，北京古籍出版社 1997 年版，第 2256 页。

农民道德的第二个特点是智慧，主要表现在农业技术的不断改革与创新，农具的改良等等方面，这从宋元明以来大量出现的各种农书中可见一斑。虽然农书的作者一般为士人，然而他们都是根据农民的经验，总结农民群众生产的实践，进行整理写作的，农业技术和农具的改革及创新的主体是农民。

从宋元明时期农书的内容来看，当时的农业生产，科学技术已经达到相当成熟的程度。农业劳动是个非常复杂，无限丰富，充满了创造性的广阔领域，决不像普通人所想的那样，只是一种简单粗笨，不断重复的劳动。例如种田，已经涉及气候、土壤、植物、动物、水利、农业技术等等方面，无论是在选种、育种、耕种，还是田间管理、收获等环节，都充满着丰富的科学和智慧。像种田首先要掌握的节气，一年四季的气温、水情的变化，什么植物在什么时间播种，其中都有学问。以施肥论，什么庄稼，什么样的土壤，应当用什么肥料，什么时候施用，如何施用，施用多少，不但有很多讲究，而且根据情况和技术的发展，也会有许多变化。宋元明时期江南稻田普遍要施的粪肥，必须经过一定的沤制，还要杂以草木灰、塘泥等等，施肥如同治病一样，"俚谚为之粪药"，需要对症下药。这里的每个步骤，都凝聚着劳动和智慧。在种植林木、竹、蔬果等等方面也取得了很大的进步和成就。宋元明时的农业生产品种也有发展，例如甘薯的传入，据说海外人禁止将甘薯出境，有人将甘薯藤绞入汲水绳中，携带回国。一说万历年间的陈振龙，用重金在菲律宾买回秧苗，它耐旱、产量高，迅速在全国推广开来。

再以养殖论，宋元明时期的人，已经知道饲牛，不但要讲究配种、饲料、治病，根据温暑凉寒进行科学饲养，还要"视牛之饥渴犹己之饥渴，视牛之困苦羸瘠犹己之困苦羸瘠，视牛之疫疠犹己之有疾也，视牛之子育犹己之有子也。"（《农书》卷中《牧养役用之宜篇》第一）。在养羊，养猪、鸡、鸭、狗等等家禽家畜方面，也是这样。另外，江南农民们在养鱼、养蚕方面，也有很多发明创造。宋代秦观的《蚕书》中，概括出养蚕的九个环节，详细地论述了其中的学问。

除此之外，宋元明时期的农民们还开展了多种副业的经营，深入挖掘了其中的许多科学内容，像晒海盐、制糖、造纸、印刷、纺织、冶炼、酿酒、陶瓷、制药、工艺品制作等等，例如一种泥鳅干的制造，其间也有创造发明，据说当时的陈五做得最好："每得鳅，置器内，如常法用灰、盐外，复多拾陶瓷屑满其中。鳅为盐所螫，不胜痛，宛转奔突，皮为屑所伤，盐味徐徐入之，故特美。"（《夷坚甲志·陈五鳅报》）

宋元明时期的农业技术革新，推进了农业的繁荣。1502 年，用于稻谷脱粒的"稻床"出现并逐渐被广泛应用，绞关型又名代耕犁也已使用，用于灌溉的小型手摇水车"拔车"也出现在这一时期。此外，在与传教士的接触中，徐光启学到了阿基米德螺旋管的制作方法，并加以改进，仿制了用于农田灌溉的"龙尾车"。1845 年，户部尚书李衍发明了一种用人力犁地的"木牛"。除了农具外，在灌溉、耕作技术、农业经营方式等方面，均取得了突出成就。这里的每个进步、每个创造里，都间接或直接地表现着农民群众的智慧。

第三是节俭，它同勤劳紧密相连，也是农民群众的核心道德规范。无论是繁重复杂的农业劳动，还是艰难困苦的生活和劳动条件，都决定了农民们必须注重节俭，而鄙视那些地主及其浮浪子弟们的好吃懒做、奢侈腐化、赌博嫖娼等等行为。虽然明代的正德（1506—1521）、嘉靖（1522—1566）开始，至万历（1573—1619），社会风气却有个转变："人人竞以侈靡为高，放荡为快"，原因是商品经济的发展，出现了资本主义的萌芽。但是，这种由俭到奢的社会风气的转变，主要的是在地主阶级，特别是当时的文人中间，而最广大的农民，不但没有奢华的条件，而且从本质上说，他们是抵制这种腐化风气的。在整个封建社会里，农民生活一直是保持节俭的。

先说吃饭，宋元明时期的多数农民，即使在丰收之后也不过是吃饱而已，还要再三节省。农民们喜欢吃粥，这不是由于口味和营养，而是出于节俭。

> 煮饭何如煮粥强，好同儿女熟商量；
> 一升可作三升用，两日堪为六日粮。
> 有客只须添水火，无钱不必问羹汤；
> 莫言淡薄少滋味，淡薄之中滋味长。
> （李诩：《戒庵老人漫笔》卷 7）

史载，江西农民勤俭，"每事各有节制之法，然亦各有一名。如吃饭，先一碗不许吃菜，第二碗才以菜助之，名曰'斋打底'。馔品好买猪杂脏，名曰'狗静坐'，以其无骨可遗也。劝酒果品，以木雕刻彩色饰之，中惟时果一品可食，名曰'子孙果盒'。献神牲品，赁于食店，献毕还之，名曰'人没分'。节俭至此，可谓极矣。"（陆容：《菽园杂记》卷3）

即使节日或宴客，在隆冬盛寒，广大农民也不过是"家作土坑，烧榾柮，煨芋葛，煮黄齑，父母兄弟妻子团座，从幼者供具衣饮，递进长上。""宾客往来，粗疏四五品，加一肉，大烹矣。木席团座，酌共一陶，呼曰'陶同知'；子弟身供洒扫，捧壶把盏，侍左右不去"①，如此而已。嘉靖以后，风气一变，"士大夫家，宾飨逾百物，金玉美器，舞姬骏儿，喧杂管弦矣；其子弟亦贵骄，视父兄蔑如也"。甚至杭州的贫民，也讲究"人无担石之储，然亦不以储蓄为意，即與夫仆隶奔劳终日，夜则归市肴酒，夫妇团醉而后已，明日又别为计"（《广志绎》卷4江南诸省），显然他们已经沾染了一些流氓无产者的习气，并不计虑长远，然而这些变化只在城镇，而且多与农民很不相同。

从住舍上说，宋元明时期的农民，一般都是草舍土屋，欧阳修被贬夷陵时，见到的是，农民"一室之间，上父子而下畜豕，其覆皆用茅竹"（《居士集·夷陵县至喜堂记》卷39），也有许多农民住舍下养着鸡豚。完全没有高堂华屋，连瓦房也很少。

在农民的勤俭中，往往以家庭中的主妇为最。出身于农家的明代著名学者宋应星，回忆他的母亲魏氏，"勤劳治家，不怕吃苦，舍己为人，日夜操劳家务。每顿饭总是先让一家人吃饱，自己宁可忍饥挨饿"②。

明代小说《醒世恒言·张孝基陈留认舅》中，非常形象地描写过农民的节俭，那个小地主过善，"一生勤俭做家，从没有穿一件新鲜衣服，吃一味可口东西。也不晓得花朝月夕，同个朋友到胜景处游玩一番。也不曾四时八节，备个筵席，会一会亲族，请一请乡党。终日缩在家中，皱着两个眉头，吃这碗枯茶淡饭。一把钥匙，紧紧挂在身边，丝毫东

---

① 转引自滕新才《且寄道心与明月》，中国社会科学出版社2003年版，第155页。
② 洪焕椿：《明清史偶存》，南京大学出版社1992年版，第87页。

西，都要亲手出放。房中桌上，另无别物，单单一个算盘，几本账簿。……日夜思算，得一望十，得十望百，堆积上去，分文不舍得妄费"。他的儿子则奢侈腐化，是个败家子，后来历经磨难，在其妻舅的帮助下，改过自新。本篇的开头有首歌谣点题："农工商贾虽然贱，各务营生不辞倦；从来劳苦皆习成，习成劳苦体力健。春风得力总繁华，不论桃花与杏花。自古成人不自在，若贪安享岂成家。……暖衣饱食非容易，常把勤俭答上苍。"

对于农民的节俭时，朱元璋曾经高度肯定并且赞美，他说："夫农勤四体，务五谷，身不离畎亩，手不释耒耜，终岁勤动，不得休息。其所居不过茅茨草榻，所服不过练裳布衣，所饮食不过菜羹粝饭，而国家经费皆其所出。"（《明太祖实录》卷22吴元年十一月甲午）。的确，农民的节俭保障了社会的再生产，对于维持社会生活，巩固国家民族，起到了重要作用。

第四，诚朴厚重，知恩报恩，这也是与农民的阶级地位和生产、生活方式密切联系着的道德。宋元明时期的农民们，特别重视敬神，除了天地、仙佛之外，还特别敬仰那些与农业生产联系特别密切的神祇，例如农神后稷，田公、田母，以及山神、河神、龙王等等，这里的原因当然不排除迷信，但是最主要的原因是他们感谢这些神祇对于他们的帮助，从道德上反映出农民们的诚朴厚道和知恩报恩。例如，1270年，江南人在南浔曾经建立了一座土地庙，原因就是报恩。据载，"乌程县震泽乡之南林，故老相传此地有崔承事、李承事二公居焉，其存心也根于仁，其处事也勇于义。宣和间方（指方腊——引者注）寇扰攘，声摇乡郡，二公率乡丁捍御，果获全安。或值凶年饥岁，争出廪粟以赈给，人皆德之。暨二公卒，莫不衔恩思慕，自以为报之罔极，乃卜地于市中设祠宇而并祭之，衣冠服饰效乡党护境二神貌像"①。这个庙直到明代犹存，当时那里发掘出一座碑，上云："崔李之祠，肇宋历元，入我明时，阅岁三百，兵燹靡隳。"

至于在日常生活里，农民之间感恩报恩的故事，更是广泛流传。其中最动人的，就是《醒世恒言·施润泽滩阙遇友》中所讲的那个故事。江

---

① 余方德、嵇发银：《湖州掌故集》，三秦出版社1997年版，第265—266页。

苏吴江盛泽镇农民施润泽，夫妻养蚕织绸，为人忠厚，一心为他人着想，拾到六两银子后，怕影响失者的生活，甚至危及其生命，竟然在原地等了半天，直到后来交还给来寻的失主，不要分毫回报。后来一次当他自己出外买桑叶时，在滩阙巧遇受他还金之恩的朱恩夫妇，朱的全家以恩报恩，不顾养蚕时节的忌讳给他取火，归还了他遗失的肚兜，并且送他所需要桑叶，热情地款待他，还使他躲过了狂风覆舟的水难。从此两家结义成兄弟和儿女亲家。这个故事中虽然有一些因果报应，掘地得银等等荒诞不经的因素，却也歌颂了施润泽、朱恩等人的高尚品质，反映了劳动人民之间与人为善、拾金不昧、知恩报恩等道德品质，表达了人们之间希望互相帮助、互相尊敬、和睦共处的美好愿望。

对于那些刻薄寡恩、忘恩负义、背信弃义、欺诈害人的行为，宋元明时期的农民们非常痛恨和不齿，民间也流传着不少这些人受到天谴和恶报的传说。在宋代洪迈的著名笔记小说《夷坚志》里，就有着不少这样的故事：

《夷坚甲志》卷8《闭籴震死》记，饶州余干县民段二八被雷劈死，后来忽然听到一个声音说，错了，于是他又活了下来，只是脖子上和胁下都有斧痕。而同村的段二十六却在此日被震死。原因是"此人原储谷二仓，岁饥，闭不肯出，故天诛之。既死，谷皆为火焚"。

《夷坚甲志》卷13《马简冤报》记，"泰州人马简，本农家子，因刈粟田间，有妇人窃取其遗穗，为所殴，至折足而死"。后来马简当过兵，又在一位任职桂林的官吏手下做仆人。有一次，他蹬着一只三脚凳去晾晒画，结果失足跌伤，而且伤得奇重。他感觉到"方登梯时，觉眼界昏然，如人自空推我下，故跌"。意识到这是害人的报应。"乃自言旧事曰，'必此冤报之'。数日死。"

《夷坚乙志》卷5《张九罔人田》记，"广都人张九，典同姓人田宅。未几，其人欲加质，嘱官侩作断骨契以罔之。明年，又来就卖，乃出先契示之。其人抑塞不得语，徐谓之曰：'愿尔子孙似我。'欲语言语不得，洒泪而去。是年秋，张有孙，语不出而死。至冬，其子病伤寒，失音亦死。又一年，身亦如之"。

由此可见，那些灾荒年间囤积居奇、不救援灾民者，那些因为细故而殴人致死者，那些制造假的券契、欺人夺财者，即使在现实世界里不能受到惩办，也会受到上天或阴司的惩治。

《夷坚甲志》卷 5 里，还有一篇更有意思的《江阴民》，记录一位农民本来育蚕数十箔，因为觉得养蚕费时费力，不如卖桑叶更合算，于是他将自己所养的蚕开水烫死并埋在桑树下，而自己摇船载着桑叶出去卖。"行半道，有鲤跃入，民取之。刳腹，实以盐。俄达岸，津吏登舟视税物，发其叶，见有死者。民就视之，乃厥子也，惊且哭。吏以为杀人，拘系之。……问其所以来，民具道本末。县遣吏至江阴物色之，至其家，门已闭，坏壁以入，寂无一人。试其蚕瘗验之，又其妻也，体已腐败矣。益证为杀妻子而逃，无以自明，吏亦不敢断，竟于毙狱。"由于贪财杀蚕，结果遭受妻死子亡的报应，最后连自己也难逃活命。这里已经涉及人与自然的关系，隐含着生态和生命伦理的萌芽。

第五，农民们爱家爱乡，出入相友，守望相助，互助合作，这与以上所述的诚朴厚重、知恩报恩，是互为表里、紧密联系的道德，是以上道德品质的补充和发展。传统的小农生产方式，使宋元明时期的农民们，特别热爱自己的家庭和家乡，有一首竹枝词，歌唱农民热爱自己的家庭生活：

> 阿侬家住太湖边，出没烟波二十年。
> 不愿郎身作官去，愿郎撒网妾摇船。

南宋时期的杨万里，着力描写了农村里的同村青年，一起愉快地撑船的情形：

> 吴侬一队好儿郎，只要船行不要忙。
> 着力大家齐一拽，前头管取到丹阳。（宋·杨万里：《竹枝歌》）

在长期的封建社会里，农民的聚族而居与安土重迁造成了农业社会的熟人生活圈，农业生产的特点也提供了他们之间互助协作的前提。他们之间在生产上的协作、生活上的互助、德业上的相劝，使他们能够在恶劣的自然与社会环境中，顽强地生存并不断地发展下去。宋代著名文学家欧阳修记叙了当年他被贬夷陵时看到的情形，人们纵然住在杂院里，但是

"共处既久，疾病相扶，患难相救"①。

明人小说《石点头》中，有一篇《乞丐妇重配鸾俦》，也记述江苏淮安府盐城县射阳湖边村里有个胥老人，他热心帮助别人做媒，调解各种矛盾是非，并经常在村里沿门摇铎讨米，嘴里念念有词："孝顺父母，尊敬长上"，"和睦乡里，教训子孙。各安生理，毋作非为"。书里讲到女主人公长寿被人遗弃，流落街头乞讨卖唱。当有人点题让她唱"和睦乡里"时，她唱道："我劝人家左右听，东邻西舍莫争论。贼发火起亏渠救，加添水火弗救（疑有误——引者注）人。"（《石点头》）这些歌谣提倡的都是邻里相望相助、出入相友的道德。

另外，当时的社会治理不善，自然灾害频仍，人们经常会遇到天灾人祸，每当这种时刻，民间就会开展种种自救活动，包括捐钱捐物，安葬死者，许多农民在这种时刻，都会慷慨解囊，甚为踊跃。而那些自私自利，囤积居奇，乘机发财和趁火打劫者，都会受到人们的鄙视和痛恨。这方面的资料虽多，但是往往记载得过于简略，难以枚举。

《夷坚甲志》卷7《蒋员外》中说，蒋某人轻财重义，"闻子侄不肖鬻田产者，必随其价买之。既久，度其无以自给，复举以还，不取钱。已而又卖，既买又还，至有数四者"。结果有一次他出海时落水被难，眼看无法救援，忽然自己"觉有一物如蓬藉吾足，适顺风吹蓬相送"，安全地回到船上。人们认为这是积善的回报。而于此还有个相反的故事，原来也出于《夷坚志》，后来又出现在明清小说《二刻拍案惊奇》中，叫做《迟取卷毛烈赖原钱　失还魂牙僧索剩命》，其中描写了宋代绍兴年间，安徽庐州合江县赵村的富民毛烈，贪奸不义，诈财害人，利用他人家里的矛盾衅隙，从中挑唆，攫取土地银钱，最后遭受冥报，不但丢失了性命，而且被夺地追财。

许多民间传说故事，无数的民间歌谣，赞美自己的家乡，歌颂各种善良道德品质和淳厚民风，令人感觉到当时农民间的关系非常和谐。他们唱道：

南北东西常跋涉，敢因劳瘁滞家居。

---

① 钟敬文主编：《中国民俗史》（明清卷），人民出版社2008年版，第159页。

环村住户卅余家，醇朴成风力戒奢。

耕读常留先世泽，闲来聚处话桑麻。

村中望族合推吴，曰蒋曰黄德不孤。

声应气求融芥蒂，同舟共济赖相扶。

"慈乌村里是吾家，聚族成居几步华。

约略到今传廿世，家家有谱谱堪查。

慈乌村里是吾家，风俗由来朴不华。

半效横经半负来，相承耕读即生涯。

慈乌村里是吾家，五月农忙斗水车。"（清·金尔果：《金村竹枝词》）①

第六，平日温顺善良的宋元明时期的农民，遇到黑暗腐败，民不聊生时，也会铤而走险，勇敢斗争，反抗封建王朝的暴政以及地主阶级的压迫剥削，这也是农民道德生活的一个重要方面。

宋元明时期的阶级矛盾和民族矛盾非常复杂，经常起伏波荡，特别是在王朝末期，在天灾人祸特别严重的情况下，往往斗争非常尖锐。从北宋时期的宋江等梁山好汉，方腊等，到南宋时的钟相杨么，王小波、李顺，再到元末的红巾军等，直到近代的太平天国起义，数百年间，起义的浪潮此起彼伏，连绵不断。

封建社会里发生农民起义乃是历史的必然，是农民实在忍无可忍，生活不下去才采取的不得已的行动。农民起义往往与当时严重的自然灾害有关，但是，最根本的原因乃是社会的黑暗腐败，极端不平等。如明代末年由于剥削极重，苛捐杂税，赋役不均，农民的负担奇重。田赋在正额，地丁有正款之外还有附款，以及什么火耗、秤余等等。漕粮里有折色，还有本色。漕运之外，还要有运费、运耗。"赋制如此繁杂，不只加重了农民的负担，而且给征收田赋的官吏差役开辟了许多敲诈的门路。""江宁附税两倍于正赋"，"嘉定附税，逾于江宁"。② 对此，连当时身为明王朝官吏的海瑞也愤怒地指出："夫民孑然一身，上父母，下妻子，朝不得以谋

---

① 赵明等编著：《江苏竹枝词集》，江苏教育出版社 2001 年版，第 513 页。

② 小田：《江南场景：社会史的跨学科对话》，上海人民出版社 2007 年版，第 233 页。

夕。有之，乃欲使应里役，出徭银，每丁至六两、七两之数，独非桀而又桀也耶！"（《兴革条例》）。百姓只能是"穷而盗，盗而逃"（《兴国八议》）。而写出《天工开物》的明末科学家，江西人宋应星，虽然是个知识分子，家道小康，可是他也实在看不过社会的黑暗，叹息"百姓终年恨怨，乘寇至而思反之"，"望大寇之至，而且从之"①，肯定了农民起义，反抗斗争的历史的必然性和正义性。河南内黄县有一座明代崇祯末年的《荒年志》碑，上边写道："穷者饿极，凡遇死，争剜肉以充腹，甚至活人亦杀而食。垣颓屋败，野烟空锁；子母分离，赤地千里。"这种悲惨的情况下，农民起来造反完全是符合道义的。

在《夷坚乙志》卷6里，更记载着一个当年曾在山东郓城镇压农民起义的刽子手，因为杀降被阴谴的故事。据说这位官员叫蔡处厚，"去年帅郓时，有梁山泺贼五百人受降，既而悉诛之"。他的罪行引发了上天的愤怒，使他在阴间被囚禁而立于庭下，"别有二人异桶血自头浇之。囚大叫顿掣，苦痛若不堪忍者"，最后"疽发于背而死"。连为他辩护的一位文人也受到牵连。故事中表现出人民群众强烈的同情农民起义的倾向。

再有，农民的反抗和起义，并不都是如一些人所说的那样"乌合之众，一轰而起"，"烧杀抢劫"，许多起义都是有纲领、有路线、有组织，而且是有纪律的。

宋代的王小波起义，提出"吾疾贫富不均，今为汝均之"。其后李顺的义军则"悉召乡里富有大户，令具其家所有财粟，据其生齿、足用之外，一切调发，大赈贫乏"。（《渑水燕谈录》卷8）。

南宋钟相杨么起义，提出"等贵贱，均贫富"，开始触及地主阶级的土地私有制。

明末李自成起义，提出"均田免粮"，"平买平卖"的斗争纲领，"第一次公开宣布农民反对地主阶级土地所有制，希望合理分配土地的正当要求，标志着起义农民对专制主义制度认识的进一步深化"②。在起义的过程中，李自成还注意团结和吸纳知识分子，如李岩等；他们的大军一路纪律严明，连具有阶级偏见的地主阶级知识分子也不得不承认，大顺军

---

① 转引洪焕椿《明清史偶存》，南京大学出版社1992年版，第84页。
② 白钢：《中国皇帝》，天津人民出版社1993年版，第481页。

"杀人偿命；凡过州邑，士卒不得室居；除妻子外，不得掳他人妇；马有腾入苗者斩；工商贸易，一律平买平卖"。"一岁间略定河南、南阳、汝宁四十余州县，兵不留行，海内震焉。时丧乱之余，白骨蔽野，荒榛弥望。自成抚流亡，通商贾，募民垦田，收其籽粒以饷军。贼令严明，将吏无敢侵略。明季以来，师无纪律，所过镇集，纵兵饱掠，号曰打粮，井里为墟。而有司供给军需，督逋赋甚急。敲扑煎熬，民不堪命。至是陷贼，反得安舒。为之歌曰：杀牛羊，备酒浆，开了城门迎闯王，闯王来了不纳粮。由是远近欣附，不复目以为贼。"（《石匮书集后》卷63）

到太平天国，颁布《天朝田亩制度》，宣传"凡分田照人口"，提出"有田同耕，有饭同食，有衣同穿，有钱同使，无处不均匀，无人不饱暖"，"可以说是农民民主主义的完整表现"，"打开了近代资产阶级民主革命的大门"①。

当然，宋元明时期的农民起义，由于时代、地区、规模大小、文化程度不齐，也有些纪律不好，甚至杀人放火、劫掠施暴者，但是对于在长期封建社会里生长，经历了太多痛苦的农民来说，这些局限性是难以完全避免的，而且也只是非本质的支流。

农民是中国传统文化最坚定的守望者。宋元明时期的农民道德，包括在王朝末年举行的起义中的农民道德，归根结底，乃是当时的社会经济关系的反映，作为中华民族优秀道德文化的主要部分，它历经了数百年来的传承，维护和保障了我们民族的生存和繁荣，更推动了社会的发展，至今犹有借鉴和传承的意义及价值。

明末清初的中国社会经济关系发生了部分变化，包括在农村，随着商品生产的发展，市场的繁荣，资本主义生产关系开始萌发。这种变化其实在宋代已经发现了端倪，当时农业和手工业的发展，商品经济的繁荣，使大城市纷纷出现。据《宋史·王安石传》记载，"东京居民有20万户"，人口在100万之上，同时的南京（应天府）、西京（洛阳府）和北京（大名府），人口也突破了20万（以户计）。10万（以户计）以上的城市有46座之多。孟元老的《东京梦华录》和张择端的《清明上河图》，记载了北宋东京的繁荣；通过吴自牧的《梦粱录》、耐得翁的《西湖老人繁胜

---

① 白钢：《中国皇帝》，天津人民出版社1993年版，第481页。

录》、周密的《武林旧事》等著作，我们也知道了南宋都城临安的繁华，只是后来激烈的阶级矛盾和民族矛盾才中断了这个过程。而在明代正德、嘉靖、隆庆、万历期间，中国的社会经济获得了更大的发展，社会关系开始有了更大的变化。例如原来重农，"正德以前，十九在田"。"四民各有定业，百姓安于农亩，无有他志。"嘉靖以后，四五十年，"大抵以十分百姓言之，已六七分去农"。（顾炎武：《天下郡国利病书》，原编第九册《凤宁徽》）。

与以上的变化相应，明末清初的农村的伦理文化、道德风习也发生了一些变化。史料记载，"明初芟夷豪门，诛戮狂士，于是俗以富为不祥，以贵为不幸……习尚俭素，男子不植党，妇人不市游，久而成俗。……迨百年后人始尚习文乐仕，而俭素之习因而渐移，迩来弥甚，厌故常而喜新说，好品藻而善讦详，淳庞之风鲜有存者"（《康熙吴江县志·风俗》卷13）。吴人伍袁萃也感慨地说："闻之长老：吾乡正德以前，风俗醇厚，而近则浇漓甚矣！大都强凌弱，众暴寡，小人欺君子，后辈侮先达，礼义相让之风邈矣。"（《漫录评正》卷3）虽然这些观察只是零星的，反映的也不过是部分地区的农村地主，以及知识分子的道德状况的改变，整个国家的农民道德并没有改变。但是它的确也是一种预兆：整个中国将要发生，或者正在发生着重大的社会变化。

第四节　工匠的道德生活

宋明以来，与商品经济发展相伴随的是手工业的发展。在手工业发展的过程中，工匠队伍的壮大也就成为了必然。

长期以来，工匠的社会地位都是非常低的，但从唐朝开始，社会对于工匠的态度发生了一定的转变。柳宗元的《梓人传》就是非常鲜明的标志。传文不长，不妨全文引入："裴封叔之第，在光德里。有梓人款其门，愿佣隙宇而处焉。所职，寻、引、规、矩、绳、墨，家不居砻斫之器。问其能，曰：'吾善度材，视栋宇之制，高深圆方短长之宜，吾指使而群工役焉。舍我，众莫能就一宇。故食于官府，吾受禄三倍；作于私家，吾收其宜大半焉。'他日，入其室，其床阙足而不能理，曰：'将求他工。'余甚笑之，谓其无能而贪禄嗜货者。其后京兆尹将饰官署，余往过焉。委群材,会群工,或执斧斤,或执刀锯,皆环立。向之梓人左持引,右执杖,而中处焉。量栋宇之任,视木之能举,挥其杖,曰'斧!'彼执斧者奔而右;顾而指曰:'锯!'彼执锯者趋而左。俄而,斤者斫,刀者削,皆视其色,俟其言,莫敢自断者。其不胜任者,怒而退之,亦莫敢愠焉。画宫于堵,盈尺而曲尽其制,计其毫厘而构大厦,无进退焉。既成,书于上栋曰:'某年、某月、某日、某建'。则其姓字也。凡执用之工不在列。余圜视大骇,然后知其术之工大矣。继而叹曰:彼将舍其手艺,专其心智,而能知体要者欤!吾闻劳心者役人,劳力者役于人。彼其劳心者欤!能者用而智者谋,彼其智者欤!是足为佐天子,相天下法矣。物莫近乎此也。彼为天下者本于人。其执役者为徒隶,为乡师、里胥;其上为下士;又其上为中士,为上士;又其上为大夫,为卿,为公。离而为六职,判而为百役。外薄四海,有方伯、连率。郡有守,邑有宰,皆有佐政;其下有胥吏,又其下皆有啬夫、版尹以就役焉,犹众工之各有执伎以食力也。彼佐天子相天下者,举而加焉,指而使焉,条其纲纪而盈缩焉,齐其法制而整顿焉;犹梓人之有规、矩、绳、墨以定制也。择天下之士,使称其职;居天下之人,使安其业。视都知野,视野知国,视国知天下,其远迩细大,可手据其图而究焉,犹梓人画宫于堵,而绩于成也。能者进而由之,使无所德;不能者退而休之,亦莫敢愠。不炫能,不矜名,不亲小劳,不侵众官,日与天下之英才,讨论其大经,犹梓人之善运众工而不伐艺也。夫然后相道得而万国理矣。"将梓人的管理水平与宰相相提并论,对梓人(工匠)能力与价值的认识可以说是达到了中国传统社会的最高程度。

宋明以后,尽管没有超越柳宗元的认识高度,但对于工匠的价值评价却也开始了转变。明嘉靖二十六年(1547年),进士王世贞在其《觚不觚录》中载:"吾吴中陆子冈治玉,鲍天成之治犀,朱碧山之治银,赵良璧之治锡,马勋之治扇,周治治商嵌,及歙吕爱山治金,王小溪治玛瑙,蒋抱云治铜,皆比常价再倍,而其人与缙绅坐者。"① 可以看出,工匠名家不仅所制器物高于其他工匠,而社会地位也已经上升到可以与"缙绅"

① (明)王世贞:《机不机录》,载《景印文渊阁四库全书·子部:1041》,台湾商务印书馆1986年版。

同席而坐了。晚明著名的"公安派"主帅袁宏道，更是如此感叹："古今好尚不同，薄技小器，皆得著名。铸铜如王吉、姜娘子，琢琴如雷文、张越，窑器如哥窑、董窑，漆器如张成、杨茂、彭君宝，经历几世，士大夫宝玩欣赏，与诗画并重。当时文人墨士、明公巨卿，炫赫一时者，不知淹没多少，而诸匠之名，顾得不朽。所谓五谷不熟，不如稊稗者也。"（明·袁宏道：《袁宏道集笺校》卷20"时尚"广州）张岱在《陶庵梦忆·诸工》中尽管是以抨击的口吻，但也道出了工匠的社会地位在急剧上升："竹与漆与铜与窑，贱工也。嘉兴之腊竹，王二之漆竹，苏州姜华雨之玺篆竹，嘉兴洪漆之漆，张铜之铜，徽州吴明官之窑，皆以竹与漆与铜与窑名家起家。而其人且与缙绅先生列坐抗礼焉。则天下何物不足以贵人，特人自贱之耳。"（明·张岱：《陶庵梦忆·西湖梦寻》卷5"诸工"）

　　在社会地位上升的过程中，工匠对自身生活方式也开始自觉。据载，以制紫砂壶饮誉明末的时大彬，得钱后便"辄付酒家，与所善村夫野老剧饮，费尽乃已"。然后"闭门竟日，传埴始成一器，所得钱辄复沽酒尽，当其柴米赡，虽以重价投之不应"。"然其人皆日坐松竹间，散爱裸饮，其胸中筱然无一事，当盛暑虽以台，使者之重造门迫之不屑也。今观时大彬一艺至微，似不足言，然以专嗜酒故能精，而以成其名，况于书与画、而况于文章、而况于学圣人，学佛者也。"（明·徐应雷：《书时大彬事》，载清·黄宗羲编《明文海》卷352）吴敬梓在《儒林外史》塑造了四个工匠形象，其中最具代表性的是一个做裁缝的。这人姓荆，名元，50多岁，在三山街开着一个裁缝铺。每日替人家做了生活，余下来工夫就弹琴写字，也极喜欢做诗。朋友们和他相与的问他道："你既要做雅人，为什么还要做你这贱行？何不同些学校里人相与相与？"他道："我也不是要做雅人，也只为性情相近，故此时常学学。至于我们这个贱行，是祖、父遗留下来的，难道读书识字，做了裁缝就玷污了不成？况且那些学校中的朋友，他们另有一番见识，怎肯和我们相与？而今每日寻得六七分银子，吃饱了饭，要弹琴，要写字，诸事都由得我，又不贪图人的富贵，又不伺候人的颜色，天不收，地不管，倒不快活？"荆元的这一段话，真切地道出了宋元明以来工匠们的自觉意识，他们已经不特别在意社会其他阶层的评价，而对自身的道德生活充满了自信。

　　早在元末明初，徐一夔的《织工对》就表达了这种观念："余僦居钱塘之相安里，有饶于财者，率居工以织。每夜至二鼓，一唱众和，其声欢然，盖织工也。余叹曰：'乐哉！'且过其处，见老屋将压，杼机四五具，南北向列。工十数人，手提足蹴，皆苍然无神色。进工问之曰：'以余观，若所为，其劳也，亦甚矣，而乐，何也？'工对曰：'此在人心。心苟无贪，虽贫，乐也。苟贪，虽日进千金，只戚戚尔。吾业虽贱，日佣为钱二百缗，吾衣食于主人，而以日之所入养吾父母妻子，虽食无甘美，而亦不甚饥寒。余自度以常，以故无他思，于凡织作，咸极精致，为时所尚，故主之聚易以售而佣之值亦易以入。所图如此，是以发乎情者，出口而成声，同然而一音，不自知其为劳也。顷见有业同吾者，佣于他家，受值略相似，久之，乃曰："吾艺固过于人，而受值与众工等，当求倍值者而为之佣。"已而，他家果倍其值佣之。主者阅其织果异于人，他工见其艺精，亦颇推之。主者退自喜曰："得一工，胜十工。"倍其值不吝也。久之，又以"吾业织且若此，舍此而他业，当亦不在人下。去事大官，善其逢迎之术，竭其奔走之力，富贵可当也，奈之何终为织家之佣？"其后果事大官，侧在众奴中，服役于车尘马足者五年，未见其所谓富贵之机也。又如是者五年，一旦以事触大官怒，斥逐之，不使一再见。又所业已遂遗忘。人亦恶其狂，不已分，不肯复佣以织，至冻饿而死。若人也，吾仅用以为戒，如之何而弗乐？'余叹曰：'工，知足者也。老子曰："知足之足常足。"工之谓也。'"（徐一夔：《始丰稿·织工对》）"知足之足常足"，既是一种对现实生活状态的满足感，也是一种非常高的道德境界。

　　宋明以来工匠的道德生活，就是在这种道德意识下展开的。

一　依附：工匠与师傅的关系

　　由于传统社会技术教育的不发达，因此工匠之间的技术授受主要以师傅带徒弟的方式进行。这种学习与传授的形式，在一定程度上也决定了师徒关系所蕴涵着的权利与义务。我们可以通过道光年间四川巴县的一份投师文约来了解当时的一般情况。

　　　　谭必贵投师文约
　　　　立出投师文约人谭必贵。

今将长子继光送到师傅张益顺门下学习水烟袋手艺生理,当日三家面言,三年为满师,共给徒浆洗钱四千文。自投师以后,任师傅教育,倘若徒弟不学满年,每月认师饭食钱二百文。倘若师傅不教满年限,每月给徒工钱千二百文。徒弟若有三病两痛,各自调养。倘若徒不听教育,黑夜搬走,拐带食物,亦应由总成黄金奉赔出,不得异言,不与师傅相涉。今恐无凭,立出投师文约为据。

在见人陈大茂张庆顺杨洪盛

代笔吴国福

道光十四年九月十二日,立出投师文约人谭必贵。①

从文约中可以看出,在学徒期间,师傅对于徒弟拥有绝对的教育权与管理权,并且在一般的情况下,徒弟是不能离开师傅的,否则赔偿相应数量的钱。其实,不仅如此,隐藏在文约背后的尚有一系列的“潜规则”,如学徒期间除了与师傅一起做工学习技术以外,还必须承担师傅个人或家庭的一些杂务,举凡师傅家里的洒扫庭除、跑腿学话、端茶递水、带小孩等杂事,作为徒弟的都有义务承担,也可以说相当于师傅家里的仆人一样。再比如,如果没有满师而离开师傅,那么其他同行都不会雇请,而且也不能以相应的技术自己招揽生意。这一方面是受“天地君亲师”观念的影响,另一方面也是由于传统的技术主要以经验形式保存着,除掉师傅传授,则别无获得途径,因此师傅的地位与作用也就异常明显地凸显出来。在民间流传的“师徒如父子”、“一日为师,终身为父”等谚语充分地证明了这一点。

其实,徒弟依附于师傅,师傅尽其所能地限制徒弟,尚有一种“家法”的原因。在相对封闭的传统社会里,产品的口碑既是销售的保障,同时也是赚取品牌利润的途径。因此,宋明以来的工匠特别注重产品的信誉,生怕徒弟品行不端或者技术不精而坏了自己的招牌。孟元老的《东京梦华录》、吴自牧的《梦粱录》等记载中,已经列举了无数的名牌产

————————

① 四川省档案馆、四川大学历史系编:《清代乾嘉道巴县档案选编》(上),四川大学出版社 1989 年版,第 376 页。转自曹焕旭《中国古代工匠》,商务印书馆国际有限公司 1996 年版,第 53 页。

品，如"孙好手的馒头、李和家的板栗、张家铁器铺、熙春楼下双条儿铲子铺、官巷内飞家牙梳铺、中瓦前彭家油靴铺"等等，这些"名牌"，自然是一代一代工匠精心打造的结果，成为信誉的保障，也是当时消费者追求的时尚。据浙江《鄞县通志》记载："搽漆油工，向来甬人独擅其法。……寻常一方寸之木，穷一人一日之力，往往尚不克完成，其矜贵可知矣。"所以才使得"大抵都下买物，多趋有名之家"。（耐得翁：《都城纪胜·食店》）为了保证这种品牌的持久，许多工匠严格遵守"物勒工名"（《礼记·月令》）的古训。宋代话本小说《勘皮靴单证二郎神》就是通过靴子衬里所藏的一张纸，即"宣和三年三月五日铺户任一郎造"，和任一郎家中特设的一本"坐簿"，才最终破案。而这张纸实际上就相当于今天的产品"序列号"，工匠可以通过它而对产品整个过程负责。由此可见，工匠的技术水平和责任意识与产品的质量和信誉是息息相关的，而作为产品信誉的主要负责人——师傅——便不能不谨慎地来对待自己的徒弟。

即便是这样，想要获得学徒的机会也不多，因为一般的工匠为了给子弟留下养家糊口的基本技能，同时也是为了防止技术外泄，根本就不招徒弟。"教会徒弟，饿死师傅"，"家财万贯不如薄艺在身"等民谚，说的就是这种情况。有些特殊的技术一般只是"传子不传女"，甚至是"传媳不传女"等等，就是为了保守技术秘密。陆游在《老学庵笔记》卷6中记载了一个故事，鲜明地反映了技术保密的社会现象："亳州出轻纱，举之若无。裁以为衣，真若烟霞。一州唯两家能织，相与世世为婚姻，惧他人家得其法也。云：'自唐以来名家，今二百余年矣。'"

而且，为了保证同行业相对平等的竞争态势，还有相应的"行规"来限定师傅收徒的各项事宜。清光绪十三年（1887年）北京皮行就有类似的规定："学艺者，徒也，以三年为满。不许重学，不许包年。谁要重学包年者，男盗女娼。公同商议：每年本行学徒弟者，二、三、四个人，不许多学。在沟者，许做银狐皮、红狐皮脚；不在沟者，不许。不遵行规，男盗女娼。学满，给捌分，诸位宝号，通同工头，不分两样，毫厘不爽。到春天，够捌分工，就写工账。有存欠，写账俱要言明。众手艺人自家来时，诸号匀对添人。在本行名者，行中吃也；不在名者，不能吃也。如果添外行者或口外之人，大众不容；谁要相容，男盗女娼。不许瞒心昧己，俱是一样也。"①

如果有的工匠不遵"行规"，擅自收徒或多收，那么其他工匠可以对他加以惩处。晚清时人黄均宰在《金壶七墨》卷2中记载了这样一个故事，由此可见其问题的严重："苏州金箔作，人少而利厚，收徒只许一人，盖规例如此，不欲广其传也。有董司者，违众独收二徒。同行闻之，使去其一，不听。众忿甚，约期召董议事于公所。董既至，则同行先集者百数十人矣。首事四人，命于众曰：董司败坏行规，宜寸磔以释众怒。即将董裸而缚诸柱，命众人各咬其肉，必尽乃已。四人者率众向前，顷刻周遍，自顶至足，血肉模糊，与溃腐烂者无异，而呼号犹未绝也。比邑侯至，破门而入，则百数十人木立如塑，乃尽数就擒，拟以为首之四人抵焉。"

二 牵制：工匠与工匠的关系

中国工商业者的"行"在隋朝出现，唐朝城市里的"行"已非常活跃。宋明以来，"行"已经成为商业活动中不可缺少的一个要素。在工匠的生活中，"行"的影响也是相当的明显。举凡工匠的收徒、开业、产品的定价、销售等等，都离不开"行"的制约，可以说，"行"乃是工匠之间交往的基本方式，"行规"就是工匠之间交往的基本行为准则。明清以后，"行"又被"会馆"、"公所"等形式取代，但基本性质没有大的改变。

"行"的首领一般由推选出的业主担任，代表同业处理相关事务。主要事务有：首先，代表行会同政府打交道，如支应官府的科索，交涉"免行钱"等事宜，官府也利用他们"体察奸细、盗贼、隐私、谋害不明公事，密问三姑六婆。茶房、酒肆、妓馆、食店、柜房、马牙、解库、银铺、旅店、各立行老，察知物色名目，多必得情，密切告报，无所不知也"（赵素：《居家必用事类全集》［辛集］）。其次，代表本行承接生意，介绍工作，议定价格，检查交易中的舞弊情事，维护经营的信誉。再次，组织成员参加祭祀集会及娱乐活动。②

对于工匠来说，"行"的影响最集中地表现在"行规"上。

---

① 转自曹焕旭《中国古代工匠》，商务印书馆国际有限公司1996年版，第56页。

② 曹焕旭：《中国古代工匠》，商务印书馆国际有限公司1996年版，第136页。

我们可以透过一些行规实例来了解各行各业的行规。

武汉天平同业行规（石木工类）①

盖闻我等同业，公议章程，历年已久。迨后五方杂处，各行师友，俱有成规。即我等天平一艺，于乾隆五十九年，业定规则。迄今数十余载，莫不遵守旧规。近年兵燹之后，众心不一，诚恐无知之徒籍隙改变，我等特约同人，复行公议，使各遵守勿违，是为序。

一议：学徒者以四年为限，若能开立铺面，听其自便；一议，收徒弟者，三年以后再招；一议，铺内作坊，只准一名，不许多招；一议，徒弟新进铺内，捐钱一千文；一议，如有不遵者，同业公议处罚；一议，不准外行帮作；一议，长有师友，不准另做外工；一议，短工师友，可做外工；一议，师友自四月一日起，停止夜工；一议，师友自九月一日起，加做夜工；一议，如有不遵行规，查出罚钱一千；一议，如有不报者，查出罚钱一千。

以上章程，系同业公议；有不遵者公同处罚，不得徇情以私废公。

染业同行公议②

盖闻行必有规，规定则人堪恪守。窃我染坊一业，原有一定之规。近年以来，世事更迁，人心不古，是以邀集同行，重整行规，所有公议章程，开列于后：

一议，新开业者，须设筵演戏，请同行聚会；一议，我业派同年值事四家，逐年轮流，不得推诿；一议，每年九月中，须至祖庙，设筵演戏；一议，同业收留徒弟，只须一人，不准多招；一议，徒弟进坊后，经过一年，方算半作工，酒钱均给一半；一议，半作工经过一年半，方算原作工，酒钱与伙友同；一议，同业价目，以正月公议定规，规定后不得私自增减；一议，我业染钱皆以三节算清，不得拖缺，违者议罚。

光绪　年　月　日染业公具。

---

① 全汉升：《中国行会制度史》，新生命书局1934年版，第133—134页。
② 同上书，第144—146页。

由此可见，种种行规，乃是各工匠作坊为限制无序竞争而达成的相互牵制、约束的成文性规范，同时也是各工匠作坊在调解工匠之间利益冲突、维护整个行业形象的集体约定。苏州桃花坞廖家巷红木梳妆公所保存的《吴县为梳妆公所公议章程永勿改碑》更具体地表达了这一点。

> 一议，同业公议，遵照旧章，无论开店开作，每日照人数归店主愿出一文善愿；一议，同业公议，现以历年所捐一文善愿，集资置买公所基地一处，即欲起造；一议，年迈孤苦伙友，残疾无依，不能做工，由公所每月酌给善金若干；一议，如有伙友身后无着，给发衣衾、棺木、灰炭等件；一议祖师坟墓与义冢毗连，每年七月中旬，同业齐集，祭扫一次；一议，如有伙友疾病延医，至公所诊治给药；一议，如有公所起造工竣，由同业公议诚实之人司年司月；一议，外方之人来苏开作，遵照旧规入行，出七折大钱十两；一议，本地人开店，遵照入行，出七折钱二十两；一议，本地人开作，遵照入行，出七折钱十两；一议，无论开店、作，欲收学徒，同业公议，遵照由店主出七折钱三两二钱；一议，如果学徒满师，成伙入行，出七折大钱六两四钱。
>
> 光绪二十一年四月二十一日。
>
> 发梳妆公所勒石。

三 自由雇佣：工匠与政府的关系

宋明以来，随着社会的发展与进步，不仅传统的"工商食官"现象消失殆尽，就是秦汉隋唐以来的"匠役"制度也逐渐地解体了。宋代工匠几乎获得了与其他市民平等的社会地位，不仅官府手工业中的绝大部分工匠由服役转变为"和雇"，而且工匠子弟可以参加科考①。所谓和雇，就是在双方自愿的基础上达成的雇佣关系，这就说明，宋代工匠已经获得了人身自由、人格平等的社会地位。不仅如此，工匠的工资待遇还是比较优厚的。"能倍功，即赏之，优给其值。"（《金石萃编·宣仁后山陵采石

---

① 参见任崇岳《中国社会通史》（宋元卷），山西教育出版社1996年版，第187页。

记》）甚至为了防止主管官员在发放工资时从中克扣，造成"其手高人匠，往往不肯前来就雇"的现象，政府还对发放工资时留存备用的额度作出严格规定，超过规定以外，允许工匠赴官陈述。（《宋会要辑稿·官职》）而且，官匠还有考核升迁制度，但通常限一定品阶之下。"（杨）琰，本杭州木工，有巧思。宋用臣所领营造，琰必预其事，故得出入禁中。……其后，琰用营造累迁官未尝止也"，"累官以至西京左藏副使"（宋·李焘：《续资治通鉴长编》卷 256）。当时"诸色人援引旧制，侥求入官者甚众"，以致朝廷不得诏令禁止。政和四年（1114 年）规定，（《宋会要辑稿·职官》10 之一）"吏人、公人、作匠、技术之类，至武功大夫止不迁"。（《宋会要辑稿·选举》24 之三）

宋代商品经济发达，由此而催生了城市服务业的发展。在宋代的城市生活中，各种服务性的劳动很多，如房屋修整装饰、家具修理等活动，都可以雇请专门的工匠，从事这类服务性雇工劳动的人，当时称为"杂货工匠"。

元代实行"匠户"制度，把工匠分别编入官匠、军匠、民匠三种匠籍，从事政府、官手工业以及贵族家庭的相应工作。这既是元代社会特殊的管理理念参与其中的管理方式，同时也是中国传统户籍管理的特殊表现方式。尽管这种管理方式限制了人身自由，但是对工匠来说却更多了一些优遇。因此在元代除了有"民避役窜名匠户者"的现象发生外，还经常有"各处富强之民，往往投充人匠，影占差役，以致靠损下户"的事情出现。何以如此？看一下元代官匠户的待遇即可窥一斑：表现好的工匠还可以得到赏赐的钱物、土地和牛具；贫穷官匠囚借债所卖的妻子，官府有时还代为赎还；因公致死的匠户则赐给抚恤费，匠户家属子女无力自存者，有时可以到官仓支取米粮赡养；官匠的服饰与一般人相同；官匠免丁税，但有田地者，照纳地税；对官匠之间诉讼，特设专官处理，对普通民户与官匠户的诉讼事件，由民官与专管官匠户诉讼的官员"约会断遣"。由此可见，匠户在元代的社会地位并不算太低，而且有些技术高明的匠户甚至可以发家致富。王恽《论匠户》一文中就曾建议"将匠户富强者还民当差，其现当身役止除一丁差税"，因恐日后"一家两役"现象的产生，故而改为建议"莫若将见行分简匠户委系高手人匠存者。存之外，据户眼高、手艺平常者放罢为民，若必须补添，再于民间将酌中户内取手艺极高者……"

明代初年，沿袭元制。"凡军民医匠阴阳诸色户，许各以原数抄籍为定，不许妄行变乱，违者治罪。"（《大明会典·工部·户口》）为了防止工匠隐冒脱籍，规定："凡军、民、驿、灶、医、卜、工、乐诸色人户，并以籍为定。若诈冒脱免，避重就轻者，杖八十。"（《明律集解附例》卷4《户律》）对于逃亡避役的工匠，惩缉很严。《昭代王章》"逃避差役"条规定："若丁夫、杂匠在役及工、乐、杂户逃亡者，一日笞一十。每日加一等……"宣德以前，凡逃匠则全家起发充军当匠。《宣宗实录》卷63载宣德五年（1430年）二月，在工部尚书吴中的奏文称："昨山东禹城县木匠告有弟充匠逃回，今全家起发京卫充军当匠，缘家口众，不能赡给，乞令以弟充军供役，而释其余，以待后继。"结果宣宗以"逃匠充军，用示警戒，全家起发，则使之失业。即从所请，与之分豁，事同者皆如之"。这才废止了全家起发充军当匠的残暴规定。

明代工匠的待遇相对来说不很优厚。洪武十一年（1378年），明王朝就规定"在京工匠上工者，日给柴、米、盐、菜，歇工停给"。（《古今图书集成·考工典》卷3《考工总部》）这即在上工之日，有伙食的津贴。到了洪武二十四年（1391年），进一步规定：凡在内府役作的工匠，"量其劳力，日给钞贯"。（《明会典》卷189《工匠二》）这一办法，把工匠们的待遇推进到"计工取酬"了。工匠的"计工取酬"虽然还是在强制劳役下进行的，但是无可怀疑，这已是比较"日给柴、米、盐、菜"的津贴进步得多了。不过这种办法实行并不长久。永乐十九年（1421年），明政府另又发出了一个按月支粮的法令："令内府尚衣、司礼、司设等监，织染、针工、银作等局南京带来人匠，每月支粮三斗，无工停支。"从此以后，量力给钞的办法便取消了。永乐十九年之实行按月支粮，固然废止了"计工取酬"的办法，但就当时的情况说来却是必要的措施。因为洪武时代发行的大明宝钞，到了永乐元年（1403年），钞值大跌，已到达"钞法不通"的地步了。（《明会典》卷31《钞法》）因此，把给钞改为支粮，这对工匠是更有利的。

工匠的月粮是按月发给的，只要有名额，并按规定服役，就得享受。月粮由工部支付。直米则是计日发给，在工有米，由光禄寺支付，等于伙食津贴。如锦衣卫镇抚司的工匠"月给粮一石……分两班上工。该班者……日支白熟粳米八合"。(《明会典》卷 192《军器》)工匠的月粮，自三斗到一石不等。到了后期，一般是三斗，较前期为差。军匠的待遇比民匠稍高。隆庆以后，由于银的普遍使用，工匠的月粮也改为给银。有些衙门的军匠还"岁给冬衣布花"。正统以后，住坐工匠又有月盐的支给。早于正统二年（1437 年）就有修盖德胜门的军余人匠，发给月盐的规定。到了成化十三年（1477 年），才"令见今营造军民人匠，每名月给食盐一斤"（《明会典》卷 41《月盐》）。发给月盐的办法，至此普遍到全体住坐工匠了。此外，还通过赏赐的方式给予工匠一些货币或实物。如皇帝登基、册立东宫等大典，一般都赐给工匠银一二两，也有用绢的。

明代中后期，由于商品经济大发展，江南地区工匠无论在人身自由、经济待遇还是社会声望等方面都较当时的"匠户"制度要进步，因此"匠户"们或消极怠工，① 或避不当班，② 或举家逃亡，或抗缴班银，因此，在成化二十一年（1485 年），也即匠籍制实行 100 余年后，明廷宣布轮班匠可以以银代役："轮班工匠，有愿出银价者，每名每月南匠出银九钱，免赴京，所司类责勘合赴部批工；北匠出银六钱，到部随即批放，不愿者，仍旧当班。"宗旨是："有力征银，无力上工"，工匠可以根据自己的实际情况而定。弘治十八年（1505 年）再作规定："南北两京班匠，自弘治十六年编填勘合为始，有力者每班征银一两八钱，遇闰征银二两四钱，止解勘合到部批工，领回给散。无力者每季连人匠勘合，解部投当上工，满日批放。"宗旨同以前一样，只是取消了南北的界限，而且银额较前低得多。嘉靖四十一年（1562 年）进一步规定："自本年春季为始，将该年班匠通行征价类解，不许私自赴部投当。仍备将各司府人匠总数，查出某州县额设若干名，以旧规四年一班，每班征银一两八钱，分为四年，

---

① 《龙江船厂志》记载该厂修造船只的情况："夫战舰自裁革之后，仅止二百只，以常期计之，每岁所当修造者不过二十只耳。然工役之兴，靡有宁日，是何其成之难若此耶?! 盖迟速无期，勤怠莫别，于是愒日避劳者得行其私，而一船之工，至有经岁未报者。"结果，致使"江防小警，辄有缺乏之忧，至以马船充数"。"愒日避劳"，这是怠工的主要表现。此外，对于工作则马虎从事，使制成成品不堪应用。工匠们"视船为官物，无诚心体国之义，如阿头之内，严堂之下，查看所不及；虚稍等处，波涛所不至者，皆舱其外而遗其中……则一经振动，灰皆脱落，水即入之"。

② 宣德六年（1431 年），"工部奏准：差官查理浙江、南直隶、苏、松等府失班工匠……其丁多失班一次者，赴部补班，二次、三次以上，并前后不当班者，送问罚班"。

每名每年征银四钱五分。"（《明会典》卷189《工匠二》）明确了所有工匠必须上交代役银两，而取消了征银与上工的区别。

由于绝大多数工匠实行以银代役，原来对封建主提供劳役的意义完全消失了，因此匠籍制度也就自然地瓦解了。所以清朝入关以后，于顺治二年（1645年）索性下令废除匠籍。《皇朝文献通考》载其事云："前明之例，民以籍分，故有官籍、民籍、军籍，医、匠、驿、灶籍，皆世其业，以应差役。至是（顺治二年）除之。其后民籍之外，惟灶丁为世业。"（《皇朝文献通考》卷21《职役》）这是废止工匠制度的明文规定。顺治以后，匠籍虽然废除，但征收班匠价银的流弊很大。福建《漳浦县志》载该县《为申复班匠事》一文中云，工匠们"身为匠户之子孙，纵受苦累，犹曰祖宗姓名在官，未可逃也。迨今人囚户绝，而一定之赋不可减免，则又包赔于里户，令现在之匠班大率包赔者十之九，祖遗者十之二。有司催科为亟，无暇再问其他。小民竭蹶完公，唯觉哑口莫诉，其由来已非一日矣"（《漳浦县志》卷7《赋役上》）。因此，建议将匠价银摊入于地丁银中，由有田地的去担负。其他各地也有同样的要求。到了康熙三十六年（1697年）以后，各省的匠价银陆续并入地丁银，至是匠价银仅为各省《赋役全书》之一个征银项目，"匠价"的意义全失了。

第 五 编

明中叶至清朝时期的
道德生活

明中叶以后，经济进一步发展，物质财富增加，中国早期资本主义萌芽已有所发展，出现了所谓市民社会。政治上集权更严重，甚至出现了禁锢思想的文字狱。在思想文化上，程朱理学基本上居于支配地位，除了个别质疑声之外，基本上没有受到挑战，因此思想上比较僵化。所以，这一时期表面上封建王朝还很繁盛，甚至还有以往不及之处，但这并不能改变其开始没落的命运，其深层的矛盾已决定了这只是回光返照。与此相应，这一时期的道德生活也呈现出以往道德生活方式向极端方向发展，同时新的道德生活方式萌芽开始出现的特点。

第一章

家庭与婚姻中的道德生活

明中叶以后，家庭领域的道德生活在根本上与前代的精神气质一致，除了出现少数新鲜的、鲜活的力量与因素之外，一个特点就是继续沿着原来的方向走向僵化。父子之伦、夫妇之伦、兄弟之伦皆如此。

第一节　家庭生活中的父慈子孝

明中叶至清，中国的经济不断发展，但制度却在走下坡路。面对新出现的社会问题，统治阶级不是改变自己的治理策略，而是沿着原来的思维方式，结果只能是把自己推向极端。物极必反。当事物发展到极端时，也就意味着它的重生。明清时期的父慈子孝与宋元明时期的父慈子孝有很多相同点，但也有自己的一些特点。

一　继续重视"孝"治

明自建立至灭亡，重视"孝"的政策未发生多大的变化，孝已成为明代皇帝的自觉意识与自觉追求。明朝亡国之君崇祯皇帝在吊死煤山悔恨不已："朕死无面目见祖宗！自去冠冕，以发覆面。"（《明史》卷24《庄烈帝纪二》）失去天下，是对祖宗不孝。整个明代重视孝道，从各皇帝的庙号、谥号或陵名多以孝命名也可见一斑。清朝，不像蒙古人入主中原后那样拒绝中原文化，清人入关后，吸取前人的经验，主动努力接受中原文化，并以中原文化治天下，因此特别强调儒家的"孝"。清世祖即位后即从"孝"的角度规定了一些"得民心"的政策：

军民年七十以上者，许一丁侍养，免其徭役；八十以上者，给与

> 绢醴米肉；有德行著闻者，给与冠带；鳏寡孤独、废疾不能自存者，
> 官与给养。孝子顺孙义夫节妇，有司谘访以闻。（《清史稿》卷4
> 《世祖本纪一》）

清世祖不只对普通民众的孝进行了优抚与表彰政策，而且还针对明朝帝王陵寝做了一些规定。

> 明国诸陵，春秋致祭，仍用守陵员户。帝王陵寝及名臣贤士坟墓
> 毁者修之，仍禁樵牧。（《清史稿》卷4《世祖本纪一》）

可以说，清世祖这一规定比前一规定对汉人更有震撼力。祖宗坟陵对每一个汉人都有着特殊的意义。这一规定无疑向世人宣告了自己的治国策略。

在推行"孝"的具体方面，清世祖先是下令编纂《孝经衍义》（《清史稿》卷5《世祖本纪二》），顺治九年（1652年），又沿袭明朝皇帝的做法，钦定"六谕"：一是孝顺父母；二是尊敬长上；三是和睦乡里；四是教训子孙；五是各安生理；六是毋作非为。

不只开国皇帝重视"孝"，后来的几位皇帝也都重视"孝"。康熙也下令编纂《孝经衍义》。（《清史稿》卷6《圣祖本纪一》）此外，康熙还颁发"圣谕"，提倡孝道，敕令全国广为宣讲。他认为，帝王治天下，要"推之有本，操之有要"，而这个"本"与"要"就是"首崇孝治"。（《清圣祖圣训》卷1）康熙九年（1670年），他颁发了《人心风俗致治美政十六条》，首条即是强调孝悌。此十六条全文如下：

> 敦孝弟以重人伦。笃宗族以昭雍睦。
> 和乡党以息争讼。重农桑以足衣食。
> 尚节俭以惜财用。隆学校以端士习。
> 黜异端以崇正学。讲法律以儆愚顽。
> 明礼让以厚风俗。务本业以定民志。
> 训子弟以禁非为。息诬告以全善良。
> 诚匿逃以免株连。完钱粮以省催科。

联保甲以弭盗贼。解仇忿以重身命。

雍正沿袭祖先重孝的传统，对康熙的"十六条"寻绎其义，推衍其文，即对"十六条"逐条进行训释解说，形成《圣谕十六条》，以期"使群黎百姓，家喻户晓"。

除了宣教外，清代政府还采取其他具体措施来宣扬孝。其中有：第一，"定旌格，循明旧"（《清史稿》卷497《孝义传一》），大肆表彰孝行。与前代相比，"清朝较前期更重表彰孝义，《清史稿》中所列的孝义人物仅清前期就有数百人"[①]。第二，借鉴汉代设立"孝廉"、"贤良方正"科的做法，在科举制度上设立孝廉方正科。第三，封赠臣子的父母、祖父母及其配偶。这种诰封在当时比较普遍，一般位居九品以上的臣子都可以为父母请求诰敕，朝廷依据他们所报的事迹，经过审定后封赠。诰敕上的那些定式的话，一般都着重旌表受封者教子有方、为国育才等弘孝的话。所以，朝廷诰封臣子的前辈，既是给受封者的荣誉，表扬他们教子有方，又是对儿子感恩父母的肯定，以此弘扬敬老精神。第四，像其他朝代一样，通过法律来惩戒那些残害父母甚至不孝的儿子。像明朝一样，清政府将"不孝"作为"十恶"大罪之一。《大清律例》卷4"名例律上"规定了法律中对不孝行为的惩治范围。这实际上是向世人宣示对"不孝"行为的界定，启示与引导世人的孝悌行为。清代的法律不仅规定了不孝的行为，同时还扩大了存留养亲的范围，以体现清政府的"仁孝"理念。康熙时规定：如犯罪存留养亲，推及孀妇独子；若殴兄致死，并得准其承祀，恤孤嫠且教孝也。犯死罪非常赦所不原，察有祖父子孙阵亡，准其优免一次，劝忠也。（《清史稿》卷142《刑法志一》）雍正时曾规定，犯死罪但因为是独子，必须赡养父母的，予以宽刑。[②] 这些措施无不加强民众对孝的践行。

清人重视孝与宋、明重视孝的初实原因不同。建国初期，宋、明是鉴于当时人伦败坏、风俗不美，想通过以孝治天下，变革时弊。清则接受社

① 张锡勤、柴文华：《中国伦理道德变迁史稿》（下卷），人民出版社2008年版，第130页。

② 肖群忠：《孝与中国文化》，人民出版社2001年版，第99页。

会现实，沿袭前人的做法，以利社会的稳定与达到自己的统治。二者的根本目的一样，以孝治天下，维护自己的统治。

二 严与正的父子关系及其绝对化

父慈子孝是中国传统父子之伦的伦理规范。根据当时的生活经验，人们认识到"父母威严而有慈，则子女畏惧而孝矣"，"父子之严，不可以狎；骨肉之爱，不可以简。简则慈孝不接，狎则怠慢生焉"。（颜之推：《颜氏家训》）因此，为了保证父慈子孝这一规范的落实，尤其为了保证子孝的实现，在父慈子孝的基础上，人们又提出了父亲要严、正的要求。由于这一规范符合中国古代的道德生活，因此也就成为中国古代各朝各代的伦理主张。如《颜氏家训》要求"怀子三月，出居别宫，目不邪视，耳不妄听，音声滋味，以礼节之"，这显然就是为了"正"。并以"王大司马母魏夫人，性甚严正"作为子弟的榜样。这种严、正的思想到宋代也没有发生多大的变化。宋代司马光的《家范》通过大量古代事例来教育父母子弟如何处理父母子弟关系，其间无不体现着"严"与"正"两个字。宋代李昌龄在《乐善录》中明确说："为父而不能尽父之道，则家无孝友之子；……苟欲尽夫为父为师之道者无他，惟严与正而已。制之以严，教之以正，罔不尽善，虽文王为父、仲尼为师不过如是也。"（宋·李昌龄：《乐善录》）

虽然人们很早就有严与正的主张，但这种规范长期仅仅存在于少数人家之中。因为这种规范要走向普通人家需要假以时日，加之后来元等少数民族生活方式与伦理观念对父慈子孝观念本身的冲击，父子关系也就无所谓严与正了。正是这种松弛的父子关系使元代的孔齐感慨："人家子弟有三不幸。……内无严父兄，外无贤师友，二不幸也。"（孔齐：《年老蓄婢妾》，《婢妾之戒》，《至正直记》卷 1）随着宋明理学向民间渗透，也随着君权的加强与绝对化与"孝"治政策的稳定与延续，到了明清时期，这一规范才在社会上广为传播，并进入平常人家。比如《红楼梦》中贾元春自入宫后，时时带信出来，要求其父母严格要求贾宝玉，说："千万好生抚养，不严不能成器，过严恐生不虞，且致父母之忧。"（《红楼梦》第十八回）其实，不用贾元春嘱咐，贾政也会"严"，"你可仔细了"是贾政对宝玉的口头禅。在现实中，贾政的"严"已使宝玉见了贾政就像老鼠见了猫一样。且看《红楼梦》中的描写：

> 可巧近日宝玉因思念秦钟，忧戚不尽，贾母常命人带他到园中来
> 戏耍。此时亦才进去，忽见贾珍走来，向他笑道："你还不出去，老
> 爷就来了。"宝玉听了，带着奶娘小厮们，一溜烟就出园来。方转过
> 弯，顶头贾政引众客来了，躲之不及，只得一边站了。（《红楼梦》
> 第十七回）

闻听父亲要来，便"一溜烟"出园来，唯恐躲之不及。结果还是躲
之不及，只能"一边站了"不得自便。这种"严"不是仅存在于小说家
虚构的小说之中，现实生活中亦不乏其例。

> 梁苍岩教子弟，家法醇谨，虽步履折旋进退，必合规矩。自理学
> 经济诸书外，稗官野史都不令浏览。然必使涉猎诗词，曰："所以发
> 其兴观群怨，俾使古人美人香草，皆有所寄托也。"（清·王晫：《今
> 世说·德行·梁苍岩教子弟》）

家法的严谨，结果就是如清朝的俞正燮（1775—1840），"侍养学署，
饮食必先尝，不正不敢进"[1]。这里虽是"侍养学署"，但与侍"父"相
通。这种情形存在于整个清代。

> （道光年间）邢桂，字思芳，力田自给。母宋性严厉，每不怿，
> 桂辄长跪请命。遇夜寒，令妻侍寝以温其被。尝命市所嗜物二，仅得
> 其一，母怒，桂跪而受责，不敢退，时桂年已五十余矣。[2]
> （光绪年间）叶春华，海宁卫军，事母至孝，朝出暮返，晴樵雨
> 渔，市以供母。母性暴多怒，酒肉稍不善，必令别置而叱，使跪以供

---

① 李春光：《清代名人轶事辑览》第4卷，中国社会科学出版社2005年版，第2027页。
② 转自余新忠《中国家庭史》第4卷（明清时期），广东人民出版社2007年版，第275页。

食，不命之起，虽达旦不敢起。①

从这些活生生的事例可看出，父亲的严与正发展到明清时期已变成了不可侵犯的父母威严或威权，否则就是犯上作乱，忤逆不孝。父母的这种威严不是一家一父偶然如此，其背后是封建家长专制制度。《浮生六记》的作者沈复的父亲的几句话颇能说明此。沈复给朋友作担保，朋友挟资逃离。借资人年关索债，咆哮于门。此际，恰逢复妻之友使人探疾。沈复的父亲误认为是妓院的人。于是生气地说："汝妇不守闺训，结盟娼妓；汝亦不思习上，滥伍小人。若置汝死地，情有不忍。姑宽三日限，速自为计，迟必首汝逆矣！"② 仅仅因为担保不当，结交不善，沈复的父亲就要向官府告沈复忤逆不孝。在明清，子被告不孝，会受到严厉惩罚。

即使慈母，在其成为家庭之"父"（即夫逝而寡）后，也会成为"严母"、"正母"。比如，晚明苏州的叶绍袁幼年丧父，其母望子成龙，代夫课子，甚为严厉，以致他在娶妻后，没有得到母亲的允许，不敢私自进入闺房与妻共眠。他后来在回忆中写道：

　　余少时携簦笈，从游若思诸君子肄业为常，不甚君居家中；已居家中，亦不敢一私入君帏。非太宜人命，寒篝夜雨，竹窗纸帐，萧萧掩书室卧耳。盖太宜人止余一子，且又早孤，然爱深训挚，以慈闱兼父道焉。即通籍后，余妇女夔夔斋栗，三十年一日也。③

从《红楼梦》中贾母与贾政的母子关系也可看出这种威严与封建纲常礼教：

　　正没开交处，忽听丫环来说："老太太来了。"一句话未了，只听窗外颤巍巍的声气说道："先打死我，再打死他，岂不干净了！"

---

① 转自余新忠《中国家庭史》第 4 卷（明清时期），广东人民出版社 2007 年版，第 275 页。

② （清）沈复：《浮生六记》，岳麓书社 2003 年版，第 94 页。

③ 叶绍袁：《甲行日注（外三种）》附录，《亡室沈安人传》，毕敏点校，岳麓书社 1986 年版，第 166—167 页。

贾政见他母亲来了，又急又痛，连忙迎接出来，只见贾母扶着丫头，喘吁吁的走来，贾政上前躬身陪笑道："大暑热天，母亲有何生气亲自走来？有话只该叫了儿子进去吩咐。"贾母听说，便止住喘息一回，厉声说道："你原来是和我说话！我倒有话吩咐，只是可怜我一生没养个好儿子。却教我和谁说去！"贾政听这话不像，忙跪下含泪说道："为儿的教训儿子，也为的是光宗耀祖。母亲这话，我做儿的如何禁得起？"贾母听说，便啐了一口，说道："我说一句话，你就禁不起，你那样下死手的板子，难道宝玉就禁得起了？你说教训儿子是光宗耀祖，当初你父亲怎么教训你来！"说着，不觉就滚下泪来。

……贾政听说，忙叩头哭道："母亲如此说，贾政无立足之地。"贾母冷笑道："你分明使我无立足之地，你反说起你来！只是我们回去了，你心里干净，看有谁来不许你打。"（曹雪芹：《红楼梦》第三十三回）

贾政见其母来，连忙迎接出来，并上前躬身陪笑，贾母只几句话，便叫贾政"禁不起"，忙含泪跪下。此处，贾母的威严不只是因为贾政笞打了贾宝玉之后才"摆"出来的。在平日贾政也不敢轻意违拗贾母的意见，只能哄着贾母高兴。而贾母的威严完全来自"贾母"这一身份，如果贾政违逆，便是使贾母"无立足之地"。

但是，父母的严并不是现实中没有"不孝"的现象。比如，清代焦循曾记录了他遇到的一次"不孝"行为。

余丁卯三月大病后，不能行走者百余日。六月间，肩舆入城。在北门外街市偶步行，见一少年按一老媪于地，拳殴之。从人环绕视，媪呼救，众男畏少年力，莫敢观也。余问媪何人，众曰："其母也。"顿忘病躯，奋前以手掴其颊，应手而踣，跃起，又踣之。众乃救媪去。余连掴少年十数，少年不敢动。至今不知少年何人。少年亦不知余何人也。既往，余颓弱如故，不知先此力从何来。其鬼神恶不孝，余平日力不能如是也。①

---

① 李春光：《清代名人轶事辑览》第 4 卷，中国社会科学出版社 2005 年版，第 1986 页。

此少年竟敢光天化日之下恃力殴母，即使在今天，这也是严重的不孝。不过此例也能透出孝中"严"的一面。当焦循连捆少年十数时，少年不敢动。这说明他还是知道应该"孝"。

三　恩与教

（一）恩——大爱无痕

父母的严并不是说父母与子女之间没有恩情，父子之情是一种自然的情感，再严厉的社会道德规范也无法遏制这种父子之情。贾政杖打宝玉之后，"自悔不该下毒手打到如此地步"。即使在平素，贾政的舐犊之情常有流露。比如，"贾政一举目，见宝玉站在跟前，神彩飘逸，秀色夺人；……忽又想起贾珠来，再看看王夫人只有这一个亲生的儿子，素爱如珍，自己的胡须将已苍白：因这几件上，把素日嫌恶处分宝玉之心不觉减了八九分……"再如，"贾政回到自己屋内……见了宝玉果然比起身之时脸面丰满，倒觉安静，并不知人心里糊涂，所以心甚喜欢，不以降调为念……"（曹雪芹：《红楼梦》第 33，104 回）

但是，父子之情毕竟是要打上社会的烙印，所以，在当时父子有恩并不是父亲对诸子一视同仁。受当时嫡庶观念与婚生私生观念的影响，父亲往往对嫡子寄予更多的厚望。如贾政对贾宝玉严加管教，而对贾环基本上漠视不顾。贾宝玉在家备受贾母的宠爱，贾环不仅无此殊遇，而且还要不时受下人的眼色。婚生与私生的身份对子女影响更甚，不仅影响着父母子女关系与子女在家庭中的地位，甚至还影响着人们对其能否存留养亲的看法。到道光年间，清朝刑部才对此作了肯定回答："查妇女因奸生子，固属罪有应得，然子无绝母之理，自未便因系奸生，遂置母子之情于不论，况业经收留抚养，其恩义即与寻常母子无异。若因其子身罹法网，独令不得侍养，似非锡类推仁之意。"[1]

除了上面的社会因素外，父子关系还受父亲的感情偏好影响。比如，谚语"天下老的偏小"即反映了这一现实。父母对子女的偏爱在明清时已

_____

① 《刑案汇览》。转自《人民法院报》（http：//oldfyb. chinacourt. org/public/detail. php?id =
97859）。

引起人们的注意，因此有人劝诫人们对自己的子女应一视同仁，不应偏爱。

> 尝谓结发糟糠，万万不宜乖弃。或不幸先亡后娶，尤宜思渠苦于昔，不得享于今，厚加照抚其所生，是为正理。今或有偏爱后娶后妾，并弃前子不爱者，岂前所生者出于人所构哉？可发一笑。（明·姚舜牧：《药言》）

需要特别指出父子有恩中的父女关系。由于女子将来终究要成为他家人，而不能承祀香火，因此，父女的关系没有父子关系那样为世人所重。这种重男轻女是封建社会的一个特征，也是中国古代伦理文化与道德生活中的糟粕。明清时期也未能摆脱此窠臼。重男轻女的一个表现是溺女恶习。徐珂从经济与社会交往的角度分析了产生这种现象的原因，很有道理。"溺女恶习，所在有之，盖以女子方及笄许嫁时，父母必为办妆奁。富家固不论，即贫至佣力于人者，亦必罄其数年所入佣赁，否则夫婿翁姑必皆憎恶。迨出嫁，则三朝也，满月也，令节新年也，家属生日也，总之，有一可指之名目，即有一不能少之馈赠，纷至沓来，永无已时。又或将生子，则有催生之礼，子生后，则弥月、周岁、上学等类，皆须备物赠送。甚至婿或分爨，则细至椅桌碗箸，必取之妇家。女子归宁，亦必私取母家所有携之而归，稍不遂意，怨恨交作，贫家之不愿举女，良有以也。"（徐珂：《清稗类钞·风俗类·溺女》）

此种恶习毕竟灭伦伤生，有违"仁"道，因此，正常情况下还是受到人们反对。有人还试图想办法解决此恶习。"金华贫家多溺女，阮文达抚浙时，捐清俸若干，贫户生女者，许携报郡学，学官注册，给喜银一两，以为乳哺之资，仍令一月后按籍稽查，违者惩治。盖一月后顾养情深，不忍杀矣，此拯婴一法。"① 这是从经济的角度来解决此问题，而没有从伦理文化的角度来解决。

一般来说，父女之间的关系会随着女儿的出嫁更加疏远。女儿出嫁后，父女关系为新形成的夫妻、母子关系吸收，父女之间又没有相互帮助的法律义务，由此变得比较生疏，甚至如路人。《儒林外史》中，范

---

① 李春光：《清代名人轶事辑览》第 4 卷，中国社会科学出版社 2005 年版，第 1996 页。

进的丈人胡屠户说："我女儿也吃些。自从进了你家门，这几十年，不知猪油可曾吃过两三回哩，可怜，可怜！"女儿由于家贫竟几十年来未曾吃过几回猪油，猪肉可能就更不敢奢望了，而她的亲生父亲竟然是一个屠户！

但是，毕竟父女情深，一些人还是希望对这种冷漠的关系有点改变。张履祥在训子书中明确指出：

> 女子既嫁，若是夫家贫乏，父母兄弟，当量力周恤，不可坐视。其有贤行，当令女子媳妇敬事之，其或不幸，夫死无依，归养于家可也。俗于亲戚富盛则加亲，衰落遂疏远，斯风最薄，所宜切戒。（《张杨园训子语》，载陈宏谋编《五种遗规·训俗遗规》卷3）

（二）教——慈母手中线

"子不教，父之过。"除了生养之外，父亲的恩情更多地体现在对子女的教育上。与以前相比，明清人更加重视子弟的教育。比如明时的辛全就告诫世人："世之求富贵利达者，自谓爱子孙，人亦谓斯人爱子孙，其实不会爱子孙。有二人焉，其一人，子孙虽欲不勤俭、谦厚，不可得；虽欲不孝悌、礼义，不可得；虽欲不为贤人、君子，不可得。其一人，不知子孙之荡败而不能教，明知子孙之荡败而不敢教，甚至深恨子孙之荡败而莫可教。请细细一想，算谁会爱子孙？谁不爱子孙？当必有憬然悟、爽然失、勃然奋者。"（明·辛全：《爱子孙》）明末清初的孙奇逢在《孝友堂家训》中明确说："士大夫教诫子弟，是第一要紧事。子弟不成人，富贵适以益其恶；子弟能自立，贫贱益以固其节。"

此外，更多的家训著作出现于这一时期也印证了此期人们重视子弟的教育。中国很早就有编撰家训、通过家训教育子弟的传统，但相比以前，"明清时期撰著更多，如杨继盛的《椒山遗嘱》，庞尚鹏的《庞氏家训》，姚舜牧的《药言》，蒋伊的《蒋氏家训》，汪辉祖的《双节堂庸训》，张英的《聪训斋语》、《恒产琐言》，陈宏谋辑《五种遗规》等，曾国藩的《曾文正公家书》……"①

---

① 冯尔康等：《中国宗族》，华夏出版社1996年版，第83页。

此一时期人们对子弟教育的新特点更反映出这一时期的父教特色。一是关心子弟的终身成长，不仅仅重视子弟的道德教育，更是从"做人"的角度教育子弟。宋代以来，世人曾一度热衷参加科第考试，将博取功名作为首要选择。明中叶以后，一些人开始放弃这一选择，意识到还有比功名更重要的东西。清代的邓淳的《家范辑要》中的《王士晋宗规》批评了当时一些人的不正确教育："上者教之作文，取科第功名止矣。功名之上，道德未教也。次者教之……下者教之状词活套，以为他日刁猾之地。是虽教之，实害之矣。"与此不同，一些明智的家长则将道德教育放于功名教育之上。明代的高攀龙在家训中说："吾人立身天地间，只思量作得一个人，是第一义，余事都没要紧。"（高攀龙：《家训》）孙奇逢则教育子弟不一定要取科第，"明道理"更重要。《孝友堂家训》："古人读书，取科第犹第二事，全为明道理，做好人。道理不明，好人终做不成者，惰与傲之习气未也除也。""汉有孝弟力田科，尔等只读书明农，便是真学真士。孔子曰：'幼而不能强学，老而无以教，吾耻之。'今日教尔等以孝弟力田，正老夫不负烛光之一念也。"

二是在关心子弟终身成长的同时，也重视子弟的生存之道教育。这主要表现在父亲对子弟职业选择的要求上，一些开明的父亲不是拘泥于老传统，而是根据时势变化，适当调整观念，不再单纯地要求子弟习举业，走仕途，而是实事求是，只要能够自立的职业都可选择，农桑、商贾乃至书画医卜均可。[1]比如，焦循告诫子弟："子弟必使之有业，士农工商四者皆可为。"（清·焦循：《里堂家训》）

三是父爱不忘家庭，教育子弟从维护家庭发展的目的出发。固然人对外部世界有了重新的审视，但家族意识在此期仍然大量存在。孙奇逢的《孝友堂家训》："父父子子，兄兄弟弟，元气固结，而家道隆昌，此不必卜之气数也；父不父，子不子、兄不兄、弟不弟，人人凌兢，各怀所私，其家之败也，可立而待，亦不必卜之气数也。端蒙养，是家庭第一关系事，为诸孺子父者，各勉之。"

以上的特点说明，社会已经发生了变化，物质财富丰富了，人的物质欲望更容易得到满足，新的职业已成为众多人的选择。面对充满诱惑的纷

---

[1]　徐少锦、陈延斌：《中国家训史》，陕西人民出版社2003年版，第486页。

繁社会，如何处理各种关系，比如心物、功名、职业、家庭等，成为人们关心话题，成为父母对子弟的牵挂。

四 生活中的父慈子孝

（一）孝子的数量更多

与以前相比，孝的观念在明清时期同样十分强大，而且为了应对商品经济对孝观念的冲击，出现绝对化的倾向。因此，与以前相比，这一历史时期孝子的数量更多。仅清朝前期受表彰者就有数百人，《清史稿·孝义传》也说"合之方志甄录、文家传述，无虑千百人"，它只是"采其尤者……为孝义传"。（《清史稿》卷497《孝义传一》）

至于孝子增多的原因，有人认为是，明清之际几十年的战乱，先是李自成、张献忠等起兵反明，清兵入关后，各地汉族纷纷反清，后又有平定三藩之乱，几十年的战乱致使大量家庭家破人亡、妻离子散，无数子女与父母天各一方的悲剧。在这特殊年代里，涌现了一大批舍身救父母、千里寻父母的孝子。同时，由于清兵南下时曾大量掳掠南方女子北上，不远万里北上寻母者更多。这种看法有一定道理，但并不全面。战乱只是给孝子提供了机会，并不必然导致孝行的出现。直接原因应该是，自元中后期以来，"孝"一直保持着一种稳定、连续的态势，经过长期的积累，孝的观念已深深地烙进每一个人的意识，人们已生活在一种孝的文化氛围中；而且，到了明清时期，尤其清朝对孝的宣传力度进一步加强。一个例子就是，明、清政府对那些"亲病，刲股割肝；亲丧，以身殉；皆以伤生有禁"，明朝自英宗后基本没再表彰过这些孝行，但是，清政府"有司以事闻，辄破格报可"，原因是"所以教民者，若是其周其密也"。（《清史稿》卷497《孝义传一》）

对明清时的孝行，人们进行了不同的归纳与分类。明朝蔡保祯撰写的《孝纪》，根据孝行事实把孝区为十六类。一曰"帝王"，二曰"圣门"，三曰"纯孝"，四曰"世孝"，五曰"禄养"，六曰"苦行"，七曰"神助"，八曰"通神"，九曰"寻亲"，十曰"格暴"，十一曰"复仇"，十二曰"死孝"，十三曰"永慕"，十四曰"瑞应"，十五曰"童孝"，十六曰"女孝"。《清史稿·孝义传》对清朝人的特异之孝归为以下几方面：一是，亲存，奉侍竭其力；二是，亲殁，善居丧，或庐于墓；三是，亲远行，万里行求，或生还，或以丧归。这些归纳都从一个角度展示了孝行的多样现实。为了更准确地了解生动的现实，可在此基础上，根据当时人所嘉善的孝行，我们可作出以下概括。

其一，养与事之孝。或乞讨养亲，或父母患病时衣不解带、亲侍汤药。其二，居丧之孝。或善居丧，或庐墓，或扶柩，或殉身。汪宪，乾隆时人，"尝官刑部员外郎，在京数年，以亲老归，不复出。居父忧，食苴服粝，期不变制，遽以毁卒"。（徐珂：《清稗类钞·孝友类》）其三，寻亲。或辗转万里，或数十载；或生还，或负骸而归。其四，为父讼冤。"山阴杨宾，字大瓢"，其父"安城以友人事牵连，戍宁古塔，宾赴阙讼冤，圣祖鉴其诚，谕令之柳条边，迎父归养，塞外人称为杨孝子"。（徐珂：《清稗类钞·孝友类》）其五，孝事继母。清雍正时，"南京王侍御麟瑞八岁丧母，能尽哀，事继母如母，母病渴，思食清梅。侍御绕树呼号，绝食三日。父殁，庐墓三年，突遇虎，虎却避之。"其敬老行为世人传颂。（徐珂：《清稗类钞·孝友类》）其六，愿代父戍。清乾隆时，"长芦运使蒋国祥以事谪戍军台，其子韶年屡代求，不得"。之后，"出塞省之，恸哭求于台帅。帅怜之，为奏请，果获谕旨。国祥归，寻卒。韶年旋亦放还。"（徐珂：《清稗类钞·孝友类》）其七，愿赎父罪者。"金匮秦文恭公蕙田尝以父坐事系狱，伏阙上书，愿以身赎。寻奉旨免父罪。"（徐珂：《清稗类钞·孝友类》）其八，为父复仇。其九，刲股剖肝。这种"违道伤生"、"灭伦害理"的孝行在明清时期有增无减。"最明显的是为疗父母之疾而'割股'这类事情多得不胜枚举。以道光《徽州府志·孝友》记录的事迹为例，仅明代歙县一邑，割股、割臂、割肝、刺血等侍疾事迹即达八十例，有的一人多次割股疗亲，有的一家多人割股，有的为此付出生命。"[1]

为父复仇、刲股剖肝、殉身等极端孝行产生的原因与宋明时无几。刲股剖肝现象有增无减、为父复仇、殉身等时有发生的现象最能说明，愚孝观念进一步深入人心、深入社会，也说明了社会对"孝"宣传的加强。

---

[1]　张锡勤、柴文华：《中国伦理道德变迁史稿》（下卷），人民出版社 2008 年版，第 130 页。

（二）孝行中的新迹象

以上所列孝行，宋元明时期也可看到。明清时期的孝行除了量的方面变化外，在质的方面也有一些变化。

变化之一是金钱的因素已渗透到孝的观念之中。从《清稗类钞·孝友类》中的"陈孀妇助父四万金"可看出这一点。

> 康、雍间，海宁陈氏有孀妇，富而孝。父尝官州牧，以挂误，图复官，需二万金，拟商诸妇。别多年，遽数百里，诣之，阍人入报，亟请稍憩厅事，妇已步至屏后，是固急欲见父也。逾刻，婢以红氍毹敷地，然但闻环佩声而已，忽一婢云："夫人扶病来矣。"少顷，复加绣毯，终不出。父怪之，命仆私问于婢，婢言地尘垢，夫人畏伏地，必俟父命免拜，方出。父乃传谕去地衣，谓病初愈，可弗拜，免劳乏。语未毕，姗姗来前，作欲拜状，父止之，乃裣衽万福。父命坐，然后详叩起居，并途中劳顿否。延入内阁，父述来意，妇言此细事，弟辈或仆来均可，何劳大人亲至。然数年不见颜色，藉得稍申定省，甚善。又言复官后，安能即有缺，恐二万金不敷，行时，兑四万金可也。坚留十余日，洒泪而别。（徐珂：《清稗类钞·孝友类》）

以往的孝行都是养亲、事亲、承欢等，而且事之以礼。但在此案例中，孀妇并未完全尽礼。虽然父女阔别多年，孀妇急于见到父亲，但却"犹抱琵琶半遮面"，迟迟不露面。不是铺氍毹，就是加绣毯；不是扶病来，就是畏伏地。推三阻四，目的只有一个"俟父命免拜，方出"。见到父亲后也只是"作欲拜状"，"裣衽万福"。这岂是孝女见到父亲的礼节？父子关系中"严"的特点在此已无几分。此状与沈复之妻的翁妇关系形成了截然对比。沈复之妻芸没有代姑写家书，沈复之父便怒曰："想汝妇不屑代笔耳！"后又因在信中称沈母为"令堂"，称沈父为"老人"而招致沈父"怒甚"。[①] 何以此孀妇倨然若此？恐怕只能是"万金"使然。而且，不唯此孀妇如是，时人并没有以此不可，反而曰其"富且孝"。这说明前所未闻、未见的"捐金为孝"的观念已得到一部分人的认可。

---

① （清）沈复：《浮生六记》，岳麓书社 2003 年版，第 86、88 页。

变化之二是更多的女子成为孝的主体。女子为孝的主体在宋元明偶见，但到了明清，渐次增多。如《清稗类钞·孝友类》中"张孝女为父复仇"、"夏国材夫妇双孝"、"常氏孝姑"、"崇明老人有孝子孝媳"、"李孝贞事父不嫁"、"徐大姑刲股疗母疾"、"张白氏刲肱疗母"等等。

更多女子成为孝的主体至少有两方面原因。一是明清时孝道观、贞洁观的毒害加深。如"常氏孝姑"中的常氏是未婚媳，得知未婚夫受刑不能在家事母，便坚志要到婆家事姑。二是商品经济发展的结果。女子地位提升的结果。农耕经济需要以力为主，商品经济需要"智"，这样就给"弱"女子提供了更多地活动空间。这样女子逐渐有了自己独立的人格，而不是为丈夫或父亲的人格吸收。如"夏国材夫妇双孝"、"崇明老人有孝子孝媳"都是夫妇并举。

变化之三是亲情有所淡化。商品经济的发展致使一些人的血缘亲情观念淡漠，包括父子亲情。相对宋元明时期，随着生产力的发展，明清时期的物质财富进一步丰富，商品经济也进一步发展。这时，人们不再需要相互依赖，一些人不再需要厮守在土地上。感情是在长期共同生活中培养出来的，人出外经商，长期不归，没有共同的生活，关系就会日渐疏远。不孝由此生矣。

　　萧良昌，湖南邵阳人。家贫，贸漆，事父孝。兄弟四，良昌其少季。析居，伯、仲、叔皆有一子，伯、仲早卒，叔携其子出游，良昌召伯、仲子与同居，率之贸荆、襄间。家渐起，始娶妇。岁除，具酒奉父，父语良昌曰："儿能抚存孤侄甚善，顾安得汝叔兄父子复还耶？"良昌跪白父曰："儿欲行求久矣。"明岁遂行。时传叔兄在云南，良昌行六阅月，赀且尽，途穷哭泣，目尽肿。晨行至一村，遇晓汲者，则叔兄子也，乃与见叔兄，偕归，父乃大慰。年八十馀，乃为诸子析居，厚兄子而薄其子，其子亦受之无间言。（《清史稿》卷499《孝义传三》）

萧良昌固是孝子，其叔兄却不能算做孝子。其叔兄既非避仇，也非为人所掳，而是携子出游，却长期不归，而且父母不知其所向。不知养亲、事亲，亦置父母思念于不顾而不知归，这完全不符合"父母在，不远游。

游必有方"的要求。但是，商品经济对孝的观念的冲击并不是完全否定性的或说线性的决定关系。比如，萧良昌也是"贸荆、襄间"，却能事父孝。这说明，孝的观念还要受到其他方面的影响。

第二节 婚姻中的道德生活

物极必反。封建道德走到一定程度必然要出现它的反面。明清时期是封建道德的终点时期。这在婚姻伦理生活中表现得最为突出。父子之伦的孝向来被封建卫道士视为整个社会的道德的根基，极不易出现松动。兄弟之伦由于具有天然的平等性，即使发生变化也不明显，难引起人的注意。处于中间的夫妻之伦反而更易成为封建道德衰亡的突破口。

一 门第观受到挑战与婚姻自主

明人冯梦龙《警世通言》中有一篇《小夫人金钱赠年少》，其中开线铺的员外张士廉年过六旬，颇有家财，丧妻后择偶的标准有三："第一件，要一个人材出众，好模好样的；第二件，要门户相当；第三件，我家下有十万贯家财，须着个有十万贯房奁的亲来对付我。"（明·冯梦龙：《警世通言》第16卷《小夫人金钱赠年少》）张士廉的标准概括起来就是男才女貌、门第相当、嫁娶重财。以往人择偶也重门第，也有在不正之风影响下重钱财的，但明清的这三个择偶标准与以往的略有不同，反映了择偶观念的变化。

（一）男才女貌

古代评价女子的标准往往是才与德，"女子无才便是德"是也。到了明清，这一标准有所变化，即女子的"色"加了进来。《三言》中许多故事都是以男女爱情为题材。这些故事中，男女之情大多因男女容貌而起，即情由感生。比如《醒世恒言》第3卷《卖油郎独占花魁》中的卖油郎秦重，偶然看见妓女美娘（即花魁娘子——引者）貌美，便朝思暮想。与美娘宿一夜要十两白银，秦重便用一年有余的时间积攒了十两多银子，又七等八等熬了一月有余才与美娘相处了一夜。此后，"多少人见朱小官（即秦重——引者）年长未娶，家道又好，做人志诚，情愿白白把女儿送他为妻。朱重因见了花魁娘子，十分容貌，等闲的不看在眼，立心要访求个出色的女子，方才肯成亲"。故事结局是，朱重最终娶美娘为妻，其也只是因美娘貌美而别无他因。同样，《醒世恒言》的《乔太守乱点鸳鸯谱》中，孙玉郎替姐姐成亲，在刘家举目看时，看见慧娘生得风流标致，便想道："好个女子，我孙润可惜已定了妻子。若早知此女恁般出色，一定要求她为妇。"不惟如此。孰不知这边在暗赞，那边顶哥哥成亲的慧娘心中也在想道："一向张六嫂说她标致，我还未信，不想话不虚传。只可惜哥哥没福受用，今夜教她孤眠独宿。若我丈夫像得他这样美貌，便称我的生平了。只怕不能够哩！"到后来争讼于乔太守面前时，乔太守举目看时，玉郎姊弟，刘璞兄妹，暗暗欣羡道："好两对青年儿女！"心中便有成全之意。普通人以貌取人，见色起心也就罢了，受封建礼教熏染的一方父母官乔太守也如此，则不能不让人感叹世俗的变化。

重女貌当然不是冯梦龙的杜撰。明人叶绍袁曾将妻子、女儿所作的诗文、戏剧编为《午梦堂全集》，并在《序》中说："丈夫有三不朽：立德、立功、立言；妇人亦有三焉：德也，才与色也。几昭昭乎鼎千古矣。"公然将"才"与在封建礼教中几乎等同于"淫"的"色"并列，作为女子应有的素质，并且与男子的"三不朽"相提并论，足见当时人对"色"的重视。[①]

不过，我们不能据此就说"色"在当时是一种主流标准。当时，许多家庭还是重视女子德教的。许多家训中都有关于女子德教的规定。叶绍袁也只是将德、才、色并提，而不是唯"色"是瞻。重"色"只是当时社会出现的一个新现象。这与当时那种纸醉金迷、声色犬马而封建礼教开始衰落的社会生活有关。《醒世姻缘传》中晃源直白白地说："我齐明日不许已（给）你们饭吃，我就看着你们吃那天理合良心！"（《醒世姻缘传》第15回）当"道心"开始衰落，"色"也就开始浮上来了。

对女子重貌，对男子则重"才"。《警世通言》的《乐小舍拼生觅偶》中的一句诗"男才女貌正相和"就反映了这一观念。现实中徐渭就因"才"而成就了自己的婚姻。明清时，婚姻论财之风颇盛。徐渭的岳父未拘泥于俗见，将其长女许于徐渭。徐渭只是"钗珥之礼，略具而

---

① 陈江：《百年好合：中国古代婚姻文化》，广陵书社2004年版，第132页。

已"。之所以如此，重要原因之一是，其岳父赏识徐渭之才——"九岁能为举子文，十二三赋雪词，十六拟扬雄《解嘲》作《释毁》"。（徐渭：《徐文长三集》卷 19《赠妇翁潘公序》）在整个男权社会，男子的才、德非常重要。明清时期，人们择偶时对男子才与德的要求，是这种社会的必然要求。只有到了男女平等的社会，男"色"大概才会成为人们的考虑对象吧。

（二）门第相当与嫁娶重财

1. 门第相当

重视门第是封建社会择偶的一个重要特征。明清时期亦不能例外。有些人甚至将此作为家范要求子孙。比如，清朝名臣于成龙在其亲书的《治家规范》中要求子孙："结亲惟取门当户对，不可高攀，亦不可低就。"① 如果门第不当，人们甚至不会向对方提亲，担心有失门面或自取其辱。比如，在《警世通言》讲的《乐小舍拼生觅偶》故事中，乐父认为自家门第衰微，怕反取其笑，不愿向名门富室的喜将仕家提亲。不只乐父如此看，乐小舍的舅父也如此看。可见，当时人们的门第观念还非常强。

尽管门第相当观念在当时相当流行，但门第的内涵发生了一些变化。金钱的力量开始渗透进门第观念了。乐家虽祖上七辈衣冠而今却门第衰微，家道消乏。喜将仕虽只是个最低的官阶，文职从九品而今却是名门富室。这里可看出金钱的力量已起作用了。乐小舍的故事虽然以有情人终成眷属结局，但却是倒插门。这也算是给当时人一个心理满足吧。又如，前文提到的张士廉只是有些钱，媒婆给找了一个王招宣府里打发出来的小夫人。王招宣只是在门第方面有要求——"只要个有门风的便肯"，其他方面则不考虑。媒婆认为此小夫人与张员外门户相当，对张员外说："……老媳寻得一头亲，难得恁般凑巧！第一件，人材十分足色；第二件，是王招宣府里出来，有名声的；第三件，十万贯房奁。"（《警世通言》第 16 卷《小夫人金钱赠年少》）这里的门当户对已不是官对官，而是官对民了，不过，民当然得是富豪员外。

门第观念的变化与当时的商品经济发展分不开。明代中叶以后，由于

---

① 转自余新忠《中国家庭史》第 4 卷（明清时期），广东人民出版社 2007 年版，第 52 页。

社会生产的发展，特别是商品经济发展的影响，"社会利益"也在重新洗牌。那些市井编氓及暴发户为了光鲜门户，嫁女娶妇时，千方百计攀援巴结富家大族；那些名门大族则贪图钱财而与其结姻。明李祯昌《剪灯余话》中记载的子坚就是如此："子坚故微，骤然发迹，欲光饰其门户，故婚姻皆攀援阀阅，炫耀于人。名家右族之贫穷未振者，辄与缔姻，此则慕其华腴，彼则贪其富贵。"（李祯昌：《剪灯余话》卷5《平灵怪录》）顾炎武在《肇域志》中也谈到了这种婚姻习俗的变化，说："细民连姻宗贵，转相仿效，至有以千金妇饰者。"（顾炎武：《肇域志·山西》）这种习俗的极端就是"不问门楣，端求贵显"（许汝霖：《德星堂家订》）。

2. 嫁娶重财

商品经济的发展还刺激了婚姻唯论财势与婚姻奢靡的不良风气。徐渭谈自己婚姻时谈到了其乡婚姻论财之风之害："吾乡近世嫁娶之俗浸薄，嫁女者以富厚相高，归之日，担负舟载，络绎于水陆之途。绣袱冒箱笥如鳞，往往倾竭其家。而有女者益自矜高，闭门拱手，以要重聘。取一第若被一命，有女虽在襁褓，则受富家子聘，多至五七百金，中家半之，下此者人轻之。相率以为常。"（徐渭：《徐文长三集》卷19《赠妇翁潘公序》）明朝如此，清朝亦然。清人吴荣光在《吾学录初稿》中记载了当时财婚风行情况及其弊害："今婚不及时，徒尚奢侈，自行聘以迄奁赠，彩帛金珠，两家罗列内外。器物既期华美，又务精工。迎娶之彩舆镫仗，会亲之酒筵犒赏，富家争胜，贫者效尤，一有不备，深以为耻。不顾举债变产，上图一时美观。以致两家推诿，期屡卜而屡更。相习成风，贵贱一辙。不但男女旷怨，甚至酿成强娶赖婚之狱，至成仇雠。迨过门立见贫窘，富者不为子女惜福，贫者不以入口自计。推求其故，皆缙绅之族，不以节俭相先，故无以为编氓之率也。"（《吾学录初编》卷13婚礼门）

当时一些人为了财势，甚至冒法求是。"人世流品，可谓混淆之极。婚嫁之家，惟论财势耳，有起自奴隶，骤得富贵，无不结姻高门，缔眷华胄者。"（谢肇淛：《五杂俎》卷14）古代良贱不婚，否则会受到法律制裁。这些起自奴隶者与高门者显然属于良贱两个阶层，为了财势，两者竟罔顾法律，以身试法。对良贱不婚的陋俗，我们当然极力谴责。但从这种以身试法之中，我们可看到金钱的力量。

唯财势论与传统的婚姻观相违背，因而受到正统思想家和有识之士的严厉批评，许多人在娶妇嫁女时也不为时尚左右。明清之际的陈确，曾立《丛桂堂家约》，规定娶妇不论资财，"聘积德有礼，贫士之家，工蚕织者为上。"聘财不许奢靡。……嫁女"不慕财势……不受聘金，不办回盘，不迎妆。虽有力，不逾妆单。凡嫁女，诸父昆弟不另致赠，即照单分任一二物以助之"。在清朝流行甚广的《朱子家训》也劝诫人们"嫁女择佳婿，毋重聘；娶媳求淑女，勿计厚奁。"

（三）婚姻自主的孕育

封建社会里，主婚权在父母或其他长辈、长者手中，子女无权决定自己的婚姻。一桩婚姻要成立除了父母之命外，还得有媒妁之言，二者缺一不可。比如，清初，有一对双胞胎姊妹，父母异心，各自将二女许人，遂至二女四婿，不得不对簿公堂。断案人员判道："兹审边氏所许者，虽有媒言，实无父命，断之使就，虑开无父之门；小江所订者，虽有父命，实少媒言，判之使从，是开无媒之径：均有碍于古礼，其无裨于今人。四男别缔丝萝，二女非其伉俪，宁使噬脐于今人，无令反目于他年。"（清·李渔：《资政新书初集》卷13）这里有父母、有媒妁，唯独没有婚姻当事人自己。

到了明清时期，子女慢慢有了一点点婚姻自主权，不过是以极隐晦的形式。这就是在订婚时，父母有时会听从子女的意见。《浮生六记》的作者沈复对表姐有意，对他母亲说："若为儿择妇，非淑姊不娶。"他母亲也爱其淑姊柔和，就脱金约指缔姻。前面提到的乐小舍也向其父母表达了自己的意愿，其父母不是不同意，而是因门第观念不能如愿。再如《聊斋志异》"姊妹易嫁"故事中的"姐姐"抗拒父母之命，拒绝嫁给毛郎。现实中也有这样抗拒父母之命的。清人俞樾《右台仙馆笔记》卷4载，江苏高邮县某家姊妹二人，姐姐去世，姐夫想娶妹妹为继室。父母同意，但妹妹不同意。父母无法强迫她，事情只好不了了之。

父母听从子女意见的情形在当时并不是主流，但也说明当时的婚姻并非全是父母之命，没有婚姻当事人的丝毫意见。能够听子女意见的结果就是婚姻有了"两情相悦"的可能。《三言》中许多故事都是在歌颂这种两情相悦、自作婚姻之主的行为。如《醒世恒言》中的《卖油郎独占花魁》。妓女美娘名声在外，心气颇高，等闲的不看在眼，卖油郎秦重费尽周折来会时，美娘不屑，拒绝接待。后秦重以真诚的关怀之情动其芳心，秦重走后，美娘"千个万个孤老都不想，倒把秦重整整地想了一日"。后美娘自向秦重求婚、自赎从良与秦重成亲。《喻世明言》第4卷《闲云庵阮三偿冤债》中的陈小姐也代表了女性对婚姻自主的追求与实践的形象。《三言》中还有些有情人甚至为了爱情而私奔。这些故事都反映了当时人们对婚姻自主的追求。

二 敬且和的呼求
（一）极端的夫义妻顺

相敬如宾、夫义妻顺是中国古代社会夫妇之伦的主要道德规范。到明清时期，封建礼教到了登峰造极的地步。相敬如宾、夫义妻顺也就走向了片面。相敬如宾名存实亡，只剩下了夫义妻顺；就是夫义妻顺也只剩下了"妻顺"两个字。妻子的地位越来越低，命运越来越悲惨。清初陆圻的《新妇谱》中"敬夫"的有关内容展现了对"妻顺"的要求：

> 夫者天也。一生须守一敬字。新毕姻时，一见丈夫远远便须立起。若晏然坐大，此骄倨无礼之妇也。稍缓通语言后，则须尊称之，如相公、官人之类，不可云尔汝也。如尔汝忘形，则夫妇之伦狎矣。凡授食奉茗必双手恭敬，有举案齐眉之风。未寒进衣，未饥进食。有书藏室中者，必时检视，勿为尘封。亲友书札，必谨识而进阅之。每晨必相礼。夫自远出归，骚隔宿以上，皆双礼，皆妇先之。

> 丈夫说妻不是处，毕竟读书人明理，毕竟是夫之爱妻，难得难得。凡为妇人，岂可不虚心受教耶？须婉言谢之，速即改之。以后见丈夫辄云"我有失否？千万教我。"彼自然尽言，德必日进。若强肆折辩及高声争判，则恶名归于妇人矣，于丈夫何损？

> 风雅之人又加血气未定，往往游意倡楼置买婢妾。只要他会读书，会做文章，便是才子举动，不足为累也。……若娶婢买妾，俱宜听从。待之有礼方称贤淑。

从这些规诫中，我们可以看出，"敬"已由"相敬"变成了"妻敬"，又由"妻敬"悄悄地变成了"妻顺"。"妻顺"则是妻子要对丈夫的批评打骂逆来顺受，甚至对丈夫的娶婢买妾要顺从。夫妻间的爱情本具有独占性、排他性。封建礼教竟然要求妻子不能反对丈夫娶婢买妾，相反，对丈夫的婢妾还要待之以礼。这是何等残忍！在这种残忍礼教的毒害下，有些妇女竟然亲自张罗给丈夫纳妾，如沈复之妻芸。这是何其的顺！何其的悲！

更甚的是，《新妇谱》中的这些规诫是要求妇女自己不把自己当人看，自己要把自己作为丈夫的奴隶。事实上也是如此，明代以前的女子多自称为"妾"，明代女子则自己贱称为"奴家"，地位又比前代低了一步。在这种社会环境下，妇女在家庭中的地位可想而知。情形好一点的也不过是像《红楼梦》中的王夫人、刑夫人那样享受一点恩遇。更多的则是遭受丈夫的暴力。"今人多暴其妻。屈于外而威于内，忍于仆而逞于内，以妻为迁怒之地。"（清·唐甄：《潜书·内伦》）唐甄的朋友也说："吾之交友亦多矣，处室数十年，无变色疾声者，惟见先生与城西刘子。其他则暴其妻不如待其仆者，亦数见之矣。"（清·唐甄：《潜书·夫妇》）

唐甄对妇女的遭遇深表怜悯："君不善于臣，臣犹得免焉；父不善于子，子犹得免焉；主不善于仆，仆犹得免焉，无所逃之矣。"（《潜书·夫妇》）他批评说："人伦不明，莫甚于夫妻矣。……人而无良，至此其极。"所以，唐甄"尤恤女"，在夫妇之伦上主张"敬且和，夫妇之伦乃尽"（《潜书·内伦》）。不只唐甄如此看，清初大儒李颙也如此看。在《中庸·四书反身录》卷2中，李颙说："夫妻相敬如宾，则夫妻尽道，处夫妻而能尽道，则处父子兄弟君臣上下，斯能尽道。"这些有识之士都没有强调"夫义妇顺"而是强调夫妻应"相敬如宾"。这就是看到了夫妻之间应有平等的关系。

（二）悍、妒与平等意识

明清时，妻子基本上成为丈夫的奴隶。这种不平等当然会受到一些妇女的反抗。这种反抗是以"悍"、"妒"等特殊形式表现出来。

明清有人将丈夫怕妻子分为三类：有"势怕"，有"理怕"，有"情怕"。[①] 其中的势怕，大致与我们这里说的夫妻不平等相同。"'势怕'有三：一是畏妻之贵，仰其阀阅；二是畏妻之富，资其财贿；三是畏妻之

---

① 五色石主人：《八洞天》卷2《反芦花》，书目文献出版社1985年版，第37页。转自余新忠《中国家庭史》第4卷（明清时期），广东人民出版社2007年版，第312页。

悍，避其打骂。"这说明，虽然明清时期，人们不断地强调"妇顺"，但还是有一些"悍妇"。比如，《喻世明言》中，《汪信之一死救全家》中的洪恭之妻，《醒世恒言》中，《两县令竞义婚孤女》中的贾昌之妻就是此流。

明人沈德符在《万历野获编》认为惧内的原因是"盖名宦已成，虑中惯有违言，损其誉望也"，就是说士大夫功成名就之后，往往怕家中的这些小事，影响到自己的声誉。今人潘洪钢在此则认为是，结发夫妻往往很多是从困境共同走过来的，不愿意为妒忌这样一桩事而毁掉了多年的夫妻关系。① 问题是，普通人家的惧内又如何解释？前面将丈夫怕妻子分为三类者实际道出了部分原因，那就是夫妇两家的门第高低不同、两家的财富不同、妻"悍"。但什么造成了妻悍呢？他没有回答。我们认为，一个原因就是家庭中男女性别上的不平等基础上形成的"妒"。这种不平等、"妒"与中国古代的一妻多妾婚姻制度有关。

我国古代很早就实行了一妻多妾的婚姻制度。与此相应，妇女的一个义务就是，服从这种制度，不得有怨言，否则就是"妒"妇了。明以前，各朝各代对男子纳妾都有规定。一般是，男子到四十岁无子方可纳妾。明中叶以后，清朝对纳妾的各项规定都有所放松。基于夫妻不平等、基于人性的本能，社会上出现了许多"妒"妇。根据《万历野获编》的记载，这些妒妇有虐待妾的，有把妾赶出家门的，有逼死妾的，有的甚至亲自杀死妾及妾所生的儿子。明清时期，人们自然不可能改变不合人性的婚姻制度，而是妖魔化妒妇，将其视为妇德的缺失，严加惩治。有的朝廷命妇甚至因"妒"而被杖打几十大板。

这种"妒"表明，"当妻子不满于婚姻状况时，很难通过诉诸社会规范来改善之，只能在家庭内部谋求私下解决，'妒'的心理就会发展为'悍'的行为"②。这种"悍"的行为有时针对丈夫，有时针对丈夫的妾。其深层目的一样，都是为了争取夫妻之间的性别上的平等。

明清时期，妻子争取平等的变化在于，不是停留在女性本能的"妒"

---

① 潘洪钢：《细学清人社会生活》，中国社会科学出版社 2008 年版，第 157 页。
② 赵毅、赵轶峰：《悍妻与十七世纪前后的中国社会》，载《明史研究》第 4 辑，1994 年。转自余新忠《中国家庭史》第 4 卷（明清时期），广东人民出版社 2007 年版，第 313 页。

上面，而是有了自觉的男女平等意识。这可从当时人对男女贞节的看法上看出。

> 天下事有好些不平的所在！假如男人死了，女人再嫁，便道是失节，玷了名，污了身子，是个行不得的事，万口訾议；乃至男人家丧了妻子，却又凭他续弦再娶，置妾买婢，做出若干的勾当，把死的丢在脑后不提起了，并没有道他薄幸负心，做一场说话。就是生前房屋之中，女人少有外情，便是老大的丑事，人世羞言；及至男人家撇了妻子，贪淫好色，宿娼养妓，无所不为，总（纵）有议论不是的，不为十分大害。所以女子愈加可怜，男人愈加放肆。（《二刻拍案惊奇》卷 11）

出现这种男女平等意识至少有以下三方面的原因：一是商品经济初步发展。商品是天生的平等派。如果说那些深受封建礼教毒害的大家闺秀还抱着男尊女卑的思想，自视清高为贤妇，那么，市井之民得风气之先则抛开了礼教的束缚而追求自己的幸福。二是当时一些理论家的呼吁与追求社会平等的思潮。如唐甄的"天地之道故平，平则万物各得其所"。（唐甄：《潜书·大命》）原因之三是，西方外来文化的影响。"在南方沿海地区，尤其在松江一带，受西方文化和天主教的影响，某些市民开始用西方礼仪取代中国传统习俗处理婚丧嫁娶等重大事情。其中，最典型的例子是明代大科学家徐光启选择天主教仪式为其父亲办理丧事。这表明，这一时期西方文化开始被某些中国人所接受。"[1]

（三）情爱盖头慢慢揭开

平等、自由的一个结果就是夫妻之间情爱占有越来越多的比重。夫妻恩爱、儿女情长本是人之自然性情。不过，中国古代向来反对这种卿卿我我。晋代王戎之妻常常亲昵地称丈夫为"卿"，王戎说："妇人卿婿，于礼为不敬，后勿复尔。"他的妻子反驳说："亲卿爱卿，是以卿卿。我不卿卿，谁复卿卿。"王戎听后不再反对，"遂恒听之"。（《世说新语·惑溺

---

[1]　张锡勤、柴文华：《中国伦理道德变迁史稿》（下卷），人民出版社 2008 年版，第 127页。

第三十五》）正是王戎顺从了夫人这种亲昵之情的外露，《世说新语》的作者将此事归入"惑溺"类。中国古代主张以礼节情，认为夫贵和而有礼，妇贵柔而不媚；夫妇相敬如宾，相成如有，媟狎谑戏，夫妇之丑。所以，在明清以前很少有丈夫或妻子记述自己的婚姻感情生活。丈夫甚至大可以与他人分享自己与妓女的感情，但从不向人公开与妻子的感情。对于妻子，丈夫至多在妻子亡故后写一些追忆的文章。就是这些文章也主要是描写妻子操持家庭生计如何任劳任怨，孝敬舅姑如何尽心，抚养子女如何艰辛，却很少有谈及妻子与自己的感情。

　　到了明清，这种情形有了些许变动。明人李贽在其妻去世后，在给女婿的信中状写了与妻子的感情："人生一世，如此而已。相聚四十余年，情境甚熟，亦犹作客并州既多时，自同故乡，难遽离割也。夫妇之际，恩情尤甚，非但枕席之私，亦以辛勤拮据，有内助之益。若平日有如宾之敬，齐眉之诚，孝友忠信，损己利人，胜似今世称学道者，徒有名而无实。""自闻讣后，无一夜不入梦，但俱不知是死。岂真到此乎？抑吾念之，魂自相招也？纯夫可以此书焚告尔岳母之灵，俾知此意。"[1] 比李贽更进一步的是清人沈复，他在《浮生六记》记述了他与妻子芸的情感生活，从订婚到芸去世后他的思念，书中随处可见其甜情蜜意。"及抵家，吾母处问安毕，入房，芸起相迎，握手未通片语，而两人魂魄恍恍然化烟成雾，觉耳中惺然一响，不知更有此身矣。""家庭之内，或暗室相逢，窄途邂逅，必握手问曰：'何处去？'私心忐忑，如恐旁人见之者。"这说明，两情相悦已成夫妇感情的重要内容。读书人的夫妻感情只能偷偷享受，有些农家人已不像沈复那样偷偷摸摸。《阅微草堂笔记》记有这样一个青县农家少妇。此妇随其夫操作，形影不离。恒相对嬉笑，不避忌人，或夏夜并宿瓜圃中。[2]

　　情感表达方式的变化表明，此期人们开始注意夫妇之间的爱情。这就是当时人所说的"才情"。钱谦益《列朝诗集小传》中记载了不少普通人家的女子工于诗文，擅长书画，出嫁后与丈夫吟咏唱和、恩爱甚笃的事例。长洲陆师道之女陆卿子嫁给太仓人赵宧光后，夫妇隐居寒山，日以著

---

① （明）李贽：《李贽文集》卷1，社会科学出版社2000年版，第41页。
② （清）纪昀：《阅微草堂笔记》，天津古籍出版社1994年版，第28页。

述吟咏为乐，当时人称其为"高人逸妻，如灵真伴侣，不可梯接也"。吴县范允临之妻徐媛，字小淑，"允临以临池负时名，而小淑多读书，好吟咏，与陆卿子唱和。吴中士大夫望风附影，交口而誉之。流传海内，称吴门二大家"。① 当然，并不是所有人的都有这种"才情"，都有这种胆识。普通人家则以另一种方式表达着他们的情感。前面所说的丈夫对妻子的另外两"怕"就是一种。

> ……"理怕"亦有三：一是敬妻之贤，竟其淑范；二是服妻之才，钦其文采；三是量妻之苦，念其食贫。"情怕"亦有三：一是爱妻之美，情愿奉其色；二是怜妻之少，自愧屈其青春；三是惜妻之娇，不忍见其颦蹙。②

这几"怕"都是夫妻之"情"的一种表露。"情"的重视是当时经济发展引起社会世俗化的结果，也是当时社会民众整体文化水平提高的结果。《红楼梦》中一群女子组成"诗社"抒情取乐，其实就是当时社会风气的一个写照。这样的现实无不刺激人们对"情"的重视。

任何事物都是两面的。世俗化社会慢慢地揭开夫妻情爱盖头的同时，也刺激着人们膨胀的物欲，给人的感情商品化提供了空间。《初刻拍案惊奇》卷 28 所说的即是明例。徽州酒家李方哥因贪图程朝奉的钱财而与其妻陈氏相商，让陈氏与程朝奉私通。小业主为了发财致富不惜以夫妻感情为代价；大财主因为有钱便可以公然向小业主提出以自己的白银交换对方的妻子。看来，情理、义利之辨还会在更高层次上进一步展开。

三　贞节观的登峰造极与动摇

（一）登峰造极的贞节观

贞洁观很早就产生了，从宋明开始逐渐强化，到了明中叶以后则达到了无以复加的地步。

---

① 转自陈江《百年好合：中国古代婚姻文化》，广陵书社 2004 年版，第 132 页。
② 五色石主人：《八洞天》卷 2《反芦花》，书目文献出版社 1985 年版，第 37 页。转自余新忠《中国家庭史》第 4 卷（明清时期），广东人民出版社 2007 年版，第 312 页。

贞节观的一个要求就是从一而终,反对再嫁。"饿死事小,失节事大"是这一观念的代名词。此规范首倡于北宋,在宋、元及明定鼎之期,在夫妻关系中表现得并不明显。明以后,逐渐为整个社会普遍认同。生活于明宣德至弘年间的陈献章说:"今之诵言者咸曰:'饿死事极小,失节事极大。'"(《陈献章集》卷1《书韩庄二节妇事》)到了清代,这句话更是妇孺皆知、深入人心。康乾时代的散文家方苞在其所作的《岩镇曹氏女妇贞烈传序》中写道:"'饿死事小,失节事大'之言,则村农市儿皆耳熟焉。"(《方苞集》卷4)

在这种氛围下,守节就成了许多深受封建礼教毒害妇女的自觉、自愿追求。比如,明末清初,陈确的三嫂亡夫后,年未三十,穷饿守节,亲知共怜敬之。他的嫂嫂却说:"此妇人常事,方以子幼,始未从死为恨,何忍夸贞节也!"[1] 所以,明清时贞女、节妇骤然增多。"清朝人修《明史》时,所发现的节烈传记,竟'不下万余人',即掇其尤者,也还有三百零八人"[2],此数成倍地超过了前代。《清史稿》所载的贞女节女数量更是有过之而无不及。明清贞女、节妇的猛然增加的一个原因就是"从一而终"观念的不断增强。不仅数量多,明清时期还出现了大量不合人道的守贞守节行为。除了孤守余生外,不少年轻女子在丈夫死后,以"绝食"、"自缢"等方式自杀"殉夫"。

与宋元不同,明清时期,不仅夫死守节,许多许婚而未婚的女子也为亡夫守节[3],即贞女守节,或"望门寡"或以死"殉夫"。《醒世恒言》第5卷《大树坡义虎送亲》中勤自励与林潮音定亲后,离家从军,三年而杳无音信。林家父母要求退婚,在勤家父母的请求下,林家又等了三年。当林家父母重提此事,谎称勤自励已战死沙场,劝女改配时,林潮音本人却说:"爹把孩儿从小许配勤家,一女不吃两家茶。勤郎在,奴是他家妻;勤郎死,奴也是他家妇。岂可以生死二心!奴断然不为!"后拗不过爹妈,心生一计,对爹妈说道:"爹妈主张,孩儿焉敢有违。只是孩儿一闻勤郎之死,就将身别许他人,于心何忍。容孩儿守制三年,以毕夫妻

---

① 《陈确集》,中华书局出版社1979年版,第279页。

② 陈东原:《中国妇女生活史》,上海书店1984年版(据商务印书馆1938年版复印本),第180—181页。

③ 张怀承:《中国的家庭与伦理》,中国人民大学出版社1993年版,第178页。

之情，那时但凭爹妈。不然，孩儿宁甘一死，决不从命。"此后三年，林潮音"素衣蔬食，如真正守孝一般。及至年满，竟绝了荤腥之味，身上又不肯脱素穿色。说起议婚，便要寻死"。这样的事例在明清史上比比皆是。

明以前的贞节观念突出受苦受难的程度，多注意伟丽激越的事迹，不一定特别注重生理上的贞节要求。与此不同，明清时期的贞节程度不在乎事迹的大和小，低贱的下层亦有大贞大节的妇女，而且特别重视生理上的贞节要求①，甚至超过了生理上的要求。《性理三书图解》记载，明朝风俗，女之母在婿入洞房时，将一块素巾塞入婿之袖中，让其验证女儿是否贞洁。② 如果女子不贞，则会成为夫家退婚的理由，则会给夫妇都带来羞辱。至于贯穿于中国历史，为保全贞操抗辱而死的烈妇烈女，在明清时期更是不绝于书。此外，明清时期的贞节观超出了女子贞操的范围，将"男女授受不亲"、"男女有别"等观念纳入贞节观之中。有的妇女因胳膊被别的男人碰了一下而断臂或自杀，有的妇女甚至因别的男人看了一眼或怀疑被人看了一眼，为了保全贞节也自杀。③ 所有这一切都表明，明清时期贞节观达到了极致。

（二）贞节倡导的登峰造极

病态的妇女贞节行为背后必然有一个病态的社会。明清时期，对贞节行为的鼓励与贞节观念的宣传也到了登峰造极的地步。

政府对贞节行为的表彰达到了极致。这方面的始作俑者是明太祖朱元璋。《明会典》载洪武元年（1368 年），朱元璋下了一道诏令："民间寡妇，三十以前夫亡守志，五十以后不改节者，旌表门闾，除免本家差役。"旌表门闾在现实中的一个载体就是为节妇贞女建立贞节牌坊。建立贞节牌坊成为定制最早也是见于明代。朱元璋下诏旌表贞节后，"大者赐祠祀，次亦树坊表，乌头绰楔，照耀闾间"（《明史·列女传》）。在封建社会，并不是随便一个人就可建立牌坊，只有得到官府的允许方可建立。也不是随便一个人就可配享牌坊，只有那些具有丰功伟绩、德政或极高德

---

① 戴伟：《中国婚姻性爱史稿》，东方出版社 1992 年版，第 266 页。
② 转自任寅虎《中国古代的婚姻》，商务印书馆国际有限公司 1996 年版，第 101 页。
③ 参见潘洪钢《细说清人社会生活》，中国社会科学出版社 2008 年版，第 148—150 页。

性的人才可配享。明代开始给贞节妇女建立牌坊，无疑是给贞节妇女的最高荣誉，使妇女可以得到几乎与男人同样高的荣誉。在这种情形下，女人的贞节与男人的忠孝义相媲美，与男人的立德立功立言几无二致，因此，获得一座牌坊是妇女可得到的最高褒奖，也是妇女价值的最高实现。在这样的感召下，贞女节妇自然如雨后春笋般争相而出。

女教的极致化。明清是封建伦理、礼教、妇教大普及的时代，大量的"蒙学"教材编纂出版。以前为读书人所专有的孔子、孟子、朱熹等人的深奥学问，一下子就变得朗朗上口，通俗易懂。《小儿语》、《童子礼》、《三字经》、《千字文》都是封建礼教的载体。这些"蒙学"教科书不忘灌输"贞节"观。《幼学琼林》贬斥司马相如与卓文君的"私奔"，斥之为"可丑者"。专门用于女教的"蒙学"教科书也得到了进一步发展。被称为妇女紧箍咒的《女儿经》就产生于是明代，最先由万历、天启年间的进士赵南星加注刊印。它以三字、七字为句排列，且押韵上口，所以在民间流传很广。清代人在此基础上形成《改良女儿经》，变为三字一句。《女儿经》以通俗的语言将束缚压制妇女的规范、道德、伦理灌输进平民百姓思想深处。此外，明人还将专门宣传妇道的《女诫》、《女论语》、《内训》、《女范捷录》等四本书合集起来，编撰成《女四书》来推广。清朝的女教更甚于明代。康熙年间蓝鼎元撰《女学》，乾隆年间女子李晚芳编《女学言行录》，雍正初年陈宏谋作《教女遗规》……这些女教之书，无不散发着"忠臣不事两国，烈女不更二夫"（《女范捷录·贞烈篇》）的霉气，毒害着明清时期的妇女。

家族与家训推波助澜的极化。明清时期，家族组织得到了很大的发展。此时家族的一个重要特征是政治化，自觉担负起封建教化的任务。一方面，出现了大量含有女教内容的族训、家训。比如有的家法族训规定："蒙养不专在男也，女亦须从幼教之，可令归正。女人最污是失身，最恶是多言。"（明·姚舜牧：《药言》）"族有孝友节义贤行可称者，会祀祖祠，当举其善告之祖宗，激示来裔。其有过恶宜惩者，亦于是日训戒之，使知省改。"（明·姚舜牧：《药言》）此外，宗族还利用族谱进行教化。族谱的教化突出体现在对妇女贞节的要求和对族人充当贱业等行为的削名两方面。其中，对妇女贞节的要求，体现在诸多方面。如不论族人所娶妇女改嫁还是本族女子再婚抑或族人娶再醮女，凡再嫁者一般都不书进族谱；休掉的妻子也不书。如明万历修的安徽休宁《茗洲吴氏家记·议例》说："书配氏、书女……配之改适者不书，女之改适者不书……妾之无生者不书，有生出而细书，不与主母并者，不得而并也。"又如《孝亭朱氏文献全谱·谱例》也规定："妾有生子者书，以有继也；无者不书，征之也；母既出者不书，示正家也；妇嫁者不录，绝之也；孀妇来嫁不录，丑之也；来而有子者不得不书之也……再嫁者不录，励女节也。"① 封建宗法像枷锁一样时时箍在妇女的头上。

（三）贞节观的变动

任何事物走到极端时，都会有新的事物出现。面对愚昧的贞节观，一些人也在思考，也在试图校正这种偏激的贞节观。

对极端贞节观的一种变更是，"一床锦被相遮盖"。所谓的"一床锦被相遮盖"，就是说婚前即使有偷情乱性等不洁、不贞行为，只要让两人结婚成为夫妇也就遮去了此丑，人们不需要过多谴责这种行为。比如，《乔太守乱点鸳鸯谱》中，孙玉郎与刘慧娘做出苟且之事，乔太守在判词中说："相悦为婚，礼以义起。所厚者薄，事可权宜。"并乱点了鸳鸯谱。这种做法得到了民众的欢迎。街坊将此当作一件美事传说，不以孙刘之事为丑。此事还"闹动杭州府，都说好个行方便的太守。人人诵德，个个称贤"。这反映出了当时人的贞节观与希望。更有意思的是，作者还将故事中的三个新郎的结局安排为"同榜登科，俱任京职，仕途有名，扶持裴政亦得了官职"。在因果报应思想浓厚的明清时代（《三言》中充满了因果报应思想），故事这样安排结局无疑具有把人们从贞节观的禁锢中解放出来的作用。所以，作者本人最后做诗赞叹说："锦被一床遮尽丑，乔公不枉叫青天。"作者不只在此故事中持此观点，在《喻世明言》的《闲云庵阮三偿冤债》中也持此观点，说："周全末路仗贞娘，一床锦被相遮盖。"当然，这种贞节观实际是对正统贞节观的"权宜"与"权变"，使其更适应现实生活。

现实中对另一类失节者，一些人也表现出了宽容。纪昀记载，他的乡里"有再醮故夫之三从表弟者……嫁后仍以亲串礼回视其姑，三数日必一来问起居，且时有赡助，姑赖以活。殁后，出资敛葬，岁恒遣人祀其

---

① 参见冯尔康等《中国宗族社会》，浙江人民出版社 1994 年版，第 241—242 页。

墓"。同时他还提到另一位相似的失"节"之妇。"京师一妇，少寡……针黹烹饪，皆非所能。乃谋于翁姑，伪称己女，鬻为宦家妾，竟养翁姑终身。"对这些失节者，纪昀的看法是："是皆堕节之妇，原不足称；然不记旧恩，亦足励薄俗。君子与人为善，固应不没其寸长。讲学家持论务严，遂使一时失足者，无路自赎，反甘心于自弃，非教人补过之道也。"针对为养前夫之子而再嫁者，他说："程子谓饿死事小，失节事大。是诚千古之正理，然为一身言之耳。此妇甘辱一身，以延宗祀，所全者大，似又当别论矣。"①

另一些人则沿着另一方向来校正当时的正统贞节观。《红楼梦》中藕官说："比如男子丧了妻，或有必当续弦者，也必要续弦为是。便只是不把死的丢过不提，便是情深意重了。若一味因死的不续，孤守一世，妨了大节，也不是理，死者反不安了。"（《红楼梦》第58回）这里隐隐约约区分出了"肉体"之贞节与"灵魂"之贞节。这些看法都为人们反对桎梏妇女的贞节观提供了思想资源。

李贽则从理论的高度批评了当时的贞节观。他在男女平等观念的鼓动下，主张婚姻自主，妇女不必从一而终，强烈反对"饿死事小，失节事大"的说教，认为不准寡妇再嫁，是"不成人"，"大不成人"。②他赞美卓文君自己做主与司马相如结婚，认为卓文君不向父母请示而决定再嫁是对的，如果向父母请示，一定不能通过，"斗筲小人，何足计事！徒失嘉偶，空负良缘，不如早自抉择，忍小耻而就大计"（《藏书·司马相如传》）。

对贞节观的变革或批评，为人们从贞节观的束缚下解放出来提供了依据。在此基础上，一些开明之士鉴于封建贞节观的不人道性，对寡妇再嫁表示了赞成或宽容或支持的态度。张履祥《训子语》中明确提出："寡妇……再适可也。"（《杨园先生全集》卷48）蒋伊也说："妇人三十岁以内，夫故者，令其母家择配改适，亲属不许阻挠。若有秉性坚贞、誓死抚孤守节者，听，众共扶持之、敬待之、周恤之，不得欺凌孤寡。""妾媵四十岁以内，夫故者，即善嫁之，其有天赋贞操，确乎不移，誓愿守节

---

① （清）纪昀：《阅微草堂笔记》，天津古籍出版社1994年版，第481页。

② （明）李贽：《初潭集》卷1《丧偶》。《李贽文集》卷5，社会科学文献出版社2000年版，第9页。

者，听。按此三条，小有违于古人同居之义，风节之思，然于末世中，别嫌明微，正有深意，不可以阀阅之家，而徒慕虚名也。"（清·蒋伊：《蒋氏家训》）

贞节观的这种变动说明，现实不是铁板一块，既有极端的贞节观，也有变通的贞节观，甚至还有对贞节观的否定。事实是，"尽管障碍很多，压力很大，但寡妇再婚的也不少。……特别是生活贫苦者，即所谓'因穷饿改节者十居八九'"①。随着社会的发展，那些不合人性的贞节观最终会被社会抛弃。

第三节　家庭生活中的兄友弟悌

明清时期兄弟之伦的道德生活是宋元明时期兄弟之伦道德生活的继续。这种继续是沿着两个方面前进的。一是封建纲常礼教的加强，兄弟之伦的礼教也得到加强，兄弟之伦的平等性与不平等性并未有多少改变，生活中兄弟的道德规范依旧以礼让、和睦为主。另一是随着整个社会生产方式的变化，兄弟之伦中的情义也受到一定的冲击，表现出了新的特点，争财不和事例有所增多，兄弟独立性有所提高，血缘亲情有所减弱。

一　兄弟"一本"情深

（一）"一本"观念的普及

维护兄弟情谊的一个重要纽带就是兄弟"一本"观念。这一观念在明中叶以前已得到强调。明中叶以后，这种观念好像更深入人心。在《喻世明言》的《滕大尹鬼断家私》中作者有这样一段话：

> 古人说得好，道是："难得者兄弟，易得者田地。"怎么是难得者兄弟？且说人生在世，至亲的莫如爹娘。爹娘养下我来时节，极早已是壮年了；况且爹娘怎守得我同去？也只好半世相处。再说，至爱的莫如夫妇。白头相守，极是长久的了；然未做亲以前，你张我李，各门各户，也空着幼年一段。只有兄弟们，生于一家，从幼相随到

---

① 冯尔康等：《清人社会生活》，天津人民出版社1990年版，第233页。

老，有事共商，有难共救，真象手足一般，何等情谊！譬如良田美产，今日弃了，明日又可挣得来的；若失了个弟兄，分明割了一手，折了一足，乃终身缺陷。说到土地，岂不是"难得者兄弟，易得者田地"？若是为田地上坏了手足亲情，倒不如穷赤光光没得承受，反为干净，省了许多是非口舌。（冯梦龙：《喻世明言》10卷《滕大尹鬼断家私》）

这段话用通俗的语言说明了兄弟"一本"的观念，而且从兄弟共处时间最长、相互扶助等角度来说明兄弟的情谊。清朝张英也有相似的话：

法昭禅师偈云："同气连枝各自荣，些些言语莫伤情，一回相见一回老，能得几时为弟兄。"词意蔼然，足以启人友于之爱。然予尝谓人伦有五，而兄弟相处之日最长，君臣之遇合，朋友之会聚，久速困，难必也。父之生子，妻之配夫，其早者皆以二十岁为率，惟兄弟或一二年，或三四年，相继而生，自竹马游戏，以至鲐背鹤发，其相与周旋，多者至七八十年之，若恩义浃洽，猜间不生，其乐岂有涯哉！（张英：《聪训斋语》）

当时的人们还以儿歌的形式普及这种兄弟"一本"的观念。清朝的《教儿经》就有这样的话语：

孝友传家千古重，兄兄弟弟一体生。
常言兄弟为手足，无手无足不像人。
兄友弟恭全家乐，切莫忤逆把家分。
一根独柴难引火，朋柴火焰自光明。
有酒有肉多兄弟，急难何曾见一人。
打虎还要亲兄弟，上阵还是父子兵。
三兄四弟人抬举，无兄无弟被人轻。
走东走西少帮助，种田作地有谁跟。
世间难得者兄弟，兄弟同心家业兴。

枕边言语甜如蜜，听了妻言变了心。

指东话西说父母，何有兄弟手足情。

开元本是唐天子，花萼楼中兄弟亲。

姜家大被同眠卧，田氏分财悴紫荆。

伯夷叔齐首阳饿，千秋万古永扬名。①

《教儿经》中的这一部分内容可以说是对我国历史上兄弟伦理的通俗概括，也反映了当时人的理念：同气相连是兄弟；在困难时只有兄弟才会真心帮助；兄弟同心创业，全家才能和乐；防止妻言伤孝悌；兄弟相让是美德。

这些观念在当时也得到了官方的不遗余力支持。比如，《吴中判牍》中记述了一个兄弟争产的讼案。某七子，其母死，长子独吞了遗产，余子告到官府，知县蒯子范将田产一分为七，给长房七分之一，余下六份，合并为二，劝四、五、六、七房兄弟把自己的一份让给二、三兄之寡妻，并判道："阿兄不道，难应将伯之呼，群季皆贤，尚有援嫂之意。本县用是嘉尚，而于权（四子名）等有厚望矣。"鼓励人们在财产继承时互相谦让，对于因争夺遗产而断情绝义之人大加贬异。② 这样的判决就体现了法律对兄弟和睦共处的儒家礼教精神的支持。

这些观念已默化到当时人的内心深处，以致一些官吏在断案时，不是按照法律生硬地分清兄弟是非曲直，而是通过唤起兄弟之间的感情来解决纠纷。清代康熙年间，陆陇其（后官至四川道监察御使）任某地知县，有兄弟二人因财产争讼状告县衙。这位陆知县开庭时根本不按正常诉讼程序进行审理，既"不言其产之如何分配，及谁曲谁直"，也不作判决，"但令兄弟互呼"。"此唤弟弟，彼唤哥哥"，"未及五十声，已各泪下沾襟，自愿息讼"。③ 这样的情形在当时并非独此一家。《清史稿·孝义传二》记载：运标谒选，得湖南五陵知县。尝有兄弟争田讼，运标方诣勘，

---

① 佚名：《教儿经》。载徐少锦、陈延斌等编《中国历代家训大全》（上），中国广播电视出版社 1993 年版，第 438 页。

② 张晋藩主编：《中国法制通史》第 8 卷（清），法律出版社 1999 年版，第 451—452 页。

③ 《陆稼书判牍·兄弟争财之妙判》，转引自张晋藩《中国法律的传统与近代转型》，法律出版社 1997 年版，第 280 页以下。

忽掩涕。讼者请其故，曰："吾兄弟日相依，及官此，与吾兄别。今见汝兄弟，思吾兄，故悲耳。"讼者为感泣罢讼。这些案例说明，当时，兄弟一本的观念已进入一些人的内心深处，纵因物利暂时生隙，只要能够发现内心这种"本心"，兄弟之间就能够化干戈为玉帛。

（二）礼让、和睦、相互帮助的道德生活

在"一本"观念的影响下，兄友弟恭、相互礼让、和睦相处、相互帮助是当时一些兄弟遵循的伦理规范。这些与宋元明时期的观念没有多大区别，反映出了中国古代兄弟道德生活的延续性与继承性。不过，明清时期的似乎更推崇兄弟之间的相互帮助。《清稗类钞·孝友类》记载的"刘伯箴让产与弟"故事，能充分反映当时人在这方面推崇的道德规范。

> 宣城刘伯箴年二十而丧父，遗弟二，一五龄，一周晬。踰年，母又死，伯箴夫妇鞠以成立，授室诞子。而二弟皆荒嬉无度，群恶少唆其与兄析产，冀沾润，二弟遂日与伯箴相抵牾，伯箴弗获已，从之。田百亩，伯箴取三十，弟各与三十五亩，屋二区悉归二弟，自僦居焉。未半载，二弟荡其产，伯箴乃设筵延其舅氏及弟曰："弟等不用良言，今若此，舅胡以教我？"舅曰："若辈所为宜饿死，尚可言？"伯箴曰："不然。兄弟手足也，手全而足废，身何安？弟能改辙，曩事何足校？吾所受田三十亩，仍父产也，可各取十五亩以资生，弟须努力，毋再耗耳。"二弟得田稍稍悔，而群恶少诞焉，百计诱之，未几，十五亩又属他人矣。大愧，不敢面兄，伯箴闻之，泣曰："家何不幸哉？"复招舅告之，舅曰："然则奈何？"曰："天下无不可为善之人，教之不服，以意感之，未有再三而不化者。数年来，殖产治庐已如父数，再量与之，何如？"舅未答，伯箴妻自内出，曰："若尔，是蹈前辙也，非爱之，适屡形其过耳。吾家屋宇闲旷，盍群处而合业焉，则产莫能移，两叔庶无苦。"伯箴大喜，卜日迎二弟合居焉。至是，二弟感甚，叩头至流血，自悔昔非人，誓不再耗，并力赞助。十余年。益田数千亩，屋舍连亘，浸成巨室。伯箴年六十，综核财产三分之，二弟辞曰："此兄物，衣食足矣，奚敢取。"伯箴曰："毋尔也。昔由分而合，冀今日之成；今由合而分，杜后日之患。盖诸弟非复似昔，自可守其财，吾子孙未必如我，或难继吾志耳。"（徐珂：《清稗类钞·孝友类》）

　　上面事例中的刘伯箴，普通人或许很难做到。正是普通人难做，刘伯箴才体现了当时人的一些希望与主张。比如，清朝的姚舜牧就作了如此的要求："兄弟虽当亲殁时，宜常若亲在时，凡一切交接礼仪，门户差役，及他有急难，皆当出身力为之，不可彼此推诿。"（明·姚舜牧：《药言》）这里的"有急难"不彼此推诿就充分体现了平常人对兄弟关系的期望，这种希望完全是建立在兄弟"一本"的感情基础上的。

　　兄弟之间的相互帮助不仅仅是"急难"时，在平常也应相互帮助；也不仅仅是物质上的帮助，也包括做人方面的，即兄弟相互切磋、相互砥砺。比如郑板桥曾要求他的弟弟不要像他一样爱骂人，并要他的弟弟时时监督他不要骂人。他说："愚兄平生谩骂无礼……爱人是好处，骂人是不好处，东坡以此受病，况板桥乎！老弟亦当时时劝我。"（《郑板桥集·淮安舟中寄舍弟墨》）

　　除了相互帮助，兄弟间也要相互礼让。纪昀在《阅微草堂笔记》中讲了这样一个事例。宛平陈鹤龄弟弟永泰去世后。弟妇要求分家，陈鹤龄不得已而从之。弟妇又要求"与产三分之二"。对此，亲族都说不可，而鹤龄又"从之"。弟妇又"欲以资财当二分，而以积年未偿借券，并利息计算，当鹤龄之一分"，鹤龄也"曲从之"。后来借券皆索取无着，鹤龄遂大贫。① 陈鹤龄的做法充分体现了兄弟之间的礼让。

　　当时人也强调兄弟间的和睦。比如，纪昀的舅氏常举两狐俱死的故事来劝诫子侄要和睦。一老狐与月作人相遇，交给月作人一鸟铳，说："余狎一妇，余弟亦私与狎，是盗嫂也。禁之不止，殴之则余力不敌，愤不可忍，将今夜伺之于路歧，与决生死。闻君善用铳，俟交斗时，乞发以击彼，感且不朽。月明如昼，君望之易辨也。"月作人答应了，但后来又想："其弟无礼，诚当死。然究所媚之外妇，彼自有夫，非嫂也。骨肉之间，宜善处置，必致之死，不太忍乎？彼兄弟犹如此，吾时与往来，倘有睚眦，虑且及我矣。"于是"乘其纠结不解，发一铳而两杀之"。纪昀想告诉人们的就是兄弟应阋于墙，外御其侮，"家庭交构，未有不归于两伤者"。②

----

① （清）纪昀：《阅微草堂笔记》，天津古籍出版社 1994 年版，第 476 页。
② 同上书，第 479—480 页。

二　"析居之义"观念的出现

尽管此时大家庭的观念依然存在且很强大，在社会上也存在着一些大家庭，但"析居"的观念也开始出现，社会也存在着大量的兄弟各自过活的家庭，甚至父母健在兄弟也有分家的。

（一）兄弟有析居之义

明清时，人们不再强调同居共爨，相反，兄弟成家后，分居各食的现象比较普遍。我们在当时的小说中很难看到成家后兄弟同居共财过活的情形。比如，在冯梦龙的《三言》、吴敬梓的《儒林外史》等都很少提到兄弟同居过活。相反，《醒世恒言》第 2 卷"三孝廉让产立高名"倒是讲了兄弟分家的情形。故事中，许武看到兄弟长成，各已娶妇，家产丰厚，对两个弟弟说："吾闻兄弟有析居之义。今吾与汝，皆已娶妇。田产不薄，理宜各立门户。"二弟唯唯惟命，只好听从长兄的意见分家。故事结尾说："今人兄弟多分产，古人兄弟亦分产。古人分产成弟名，今人分产但嚣争。古人自污为孝义，今人自污争微利。孝义名高身并荣，微利相争家共倾。安得尽兄孝义里，却把阋墙来愧死。"作者在此并没有谴责"兄弟分家"本身，只是想谴责当时兄弟分家争财而不和。《儒林外史》中的匡超人之兄成家后因家庭难以维持生计而与父亲、弟弟分家另过。作者对此当然持谴责态度，但这样的事在现实中还是不断地发生。由此可见，兄弟分家在当时比较普遍，兄弟同居共财不再是时人的主导观念。当时一些家训就规定："若兄弟多者，男子长而有室，一二年间，即令分居。……小有违于古人同居之义……然于末世中，别嫌明微，正有深意，不可以阀阅之家，而徒慕虚名也。"（清·蒋伊：《蒋氏家训》）

这一点与宋元明时期不同。我们在《元史》中可看到许多兄弟共同生活的事例。而且，这些兄弟共同生活的事例，有的甚至是，父亲在世时强令兄弟分家，父亲去世后，兄弟们又合财共同生活。比如，"延祐间，蔚州吴思达弟兄六人，尝以父命析居。思达为开平县主簿，父卒，还家。治葬毕，会宗族，泣告其母曰：'吾兄弟别处十余年矣，今多破产，以一母所生，忍使兄弟苦乐不均耶！'即以家财代偿其逋，更复共居。"（《元史》卷 197《孝友传一》）但在《清史稿》中除几世同居的"义门"外，这样的事例非常少。比如，上例中的刘伯篪兄弟在兄弟长成后，就分家另过，而不是同财共同生活。只是两个弟弟家产两次荡尽后，在刘妻的提议下，三兄弟才在一起共同生活。但等到两个兄弟"可守其财"后，三兄弟又分家另过。这正应了袁采所说的兄弟分家另过并不"害义"。

为什么"兄弟有析居之义"会成为明清时期人们的观念呢？顾炎武在谈到兄弟分居时透露了当时人的一些看法："今之江南犹多此俗。人家儿子娶妇，辄求分异；而老成之士，有谓二女同居，易生嫌竞，式好之道，莫如分爨者，岂君子之言与？"①果真如此吗？我们想知道，兄弟析居能否彻底解决"嫌竞"，是否就是"式好之道"呢？"兄弟析居之义"的真正原因是不是就是为了避免"嫌竞"呢？答案都是否定的。的确，兄弟同居难免磕磕碰碰，分居在一定程度上可避免这种磕碰，但是，兄弟分居之后还会产生矛盾。其实，真正的原因在于，商品经济的发展，导致私心的出现，即李贽所说的"人必有私"的"童心"、黄宗羲所说的"人心以机械变诈为事"。

那么，当兄弟不和时，明清时期的人们还采取了哪些措施呢？其中之一就是"夫权"。

(二) 兄弟不和与夫为妻纲

与以前一样，明清时期的人们依旧把兄弟之间的不和归于丈夫听信妻子之言而与兄弟分家、争财。比如，《醒世恒言》中的故事"三孝廉让产立高名"开场白再次宣扬了汉时田氏三兄弟分家的故事。田氏兄弟三人本同居合爨。田三嫂为人不贤，恃着自己有些妆奁，看见夫家一锅里煮饭，一桌上吃饭，不用私钱，不动私秤，便私房要吃些东西，也不方便。日夜在丈夫面前撺掇要分家。最后三兄弟决定分家。可见，这种看法在当时相当普遍。

所以，清朝的姚廷杰在教人"孝"时说："兄弟之间，多因财帛争竞而至伤残，或缘妯娌不睦而生忿怒。兄弟不和，亲怀滋戚。君子当以物利为轻，以人伦为重，尤不宜偏听枕席之鄙言，而伤手足之至性。"(姚廷杰：《教孝条约》，载余治：《得一录》卷1《教孝》)

正是基于这种认识，为了防止兄弟因"偏听枕席之言"而不和，一

① (清) 顾炎武：《分居》。载徐少锦、陈延斌等编《中国历代家训大全》(下)，中国广播电视出版社1993年版，第1086页。

些人提出，通过强大的"夫权"中来控制、限制妻子的"私构"。比如，清朝的姚舜牧在《药言》中就如是说："妯娌间易生嫌隙，乃嫌隙之生，尝起于舅姑之偏私，成于女奴之谗构，家人之睽多坐此，是不可不深虑者，然大要在为丈夫者，见得财帛轻、恩义重，时以此开晓妇人，使不惑于私构而成隙，则家可常合而不睽矣，'夫为妻纲'一语极吃紧。"（明·姚舜牧：《药言》）"大要在为丈夫者"，听起来好像说兄弟不和的责任在丈夫，但实际上是要求丈夫加强对妻子的控制。

所以，一些人要求妻子在这方面逆来顺受，做一个贤妇。"兄弟一气，必无二心，往往因妯娌之间，自私自利，致伤兄弟之和。此妇之大恶也。妇之贤第一在和妯娌，妯娌不和，大约以公姑恩有厚薄，便生妒忌，便有争执，此不明之甚也。公姑胸中，如天地一般，有何偏见，若厚于大伯大姆，必是伯姆贤孝，得公姑之欢；厚于小叔婶婶，必是叔婶贤孝，得公姑之欢。正当自反，负罪引慝，改过自新，庶公姑有回嗔作喜之时。岂可不知自责，且有怨望。若公姑独厚于己夫妻，则当深自抑损。凡百分物，让多受寡，让美受恶，方是贤妇也。"（唐彪：《唐翼修人生必读书》。载陈宏谋编：《五种遗规》，《教女遗规》卷下）

这说明，当时的兄弟不和刺激着人们加强"夫权"，人们可随时挥舞"夫权"大棒来打压妻子，妇女的地位随之进一步降低。事实上，当时人已经意识到兄弟不和、妯娌不和与"私财"有关，但人们不是想办法来公平处理"私财"，而是把"私"的原因归于妇女，把男人作为"晓大义"的存在，通过让妇女"自抑损"来实现"晓大义"存在之间的不和。

三　不友即不孝与兄弟和睦

除了动用"夫权"来保障兄弟和睦外，明清的人们还动用了"父权"来保障兄弟的和睦。这可从"孝悌"观念的变化与"不友即不孝"观念的出现看出。

虽然兄弟一伦是家庭伦理中重要一伦，人们甚至把兄弟看得比妻子还重要，但是，不论在家庭之中还是在社会之中，人们对兄弟之伦的重视程度远不及父子、夫妇、君臣之伦，甚至不及朋友之伦。原因之一是兄弟之伦为父子之伦吸收。这种吸收大约有两种情形，经历了两个发展阶段。第一个阶段产生了第一种情形：兄弟关系类似于父子关系。《白虎通》释"兄、弟"说："兄者，况也。况父法也。弟者，悌也。心顺行笃也"。（《白虎通·详论纲纪别名之义》）所谓"况父法"，就是兄长类似于父亲。兄弟关系有点像父子关系。兄长对待弟弟类似于父亲对待儿子：既有慈爱的一面，即"亲亲"，也有威严的一面，即"尊尊"。换言之，父子之伦的要求与兄弟之伦的要求基本相似。但是，这里没有说明兄弟关系状况与"孝"的关系。比如，曾子曾说，居处不庄非孝，事君不忠非孝，莅官不敬非孝，朋友不信非孝，战阵无勇非孝，（转自雍正皇帝《圣谕广训·敦孝弟以重人伦》）但没有说兄弟不睦非孝。第二个阶段产生了第二种情形：不友即不孝。这种吸收的发生至少有两个条件。一个是孝的观念得到强化，有足够大的力量或人们相信它有足够大的力量可以约束子女。另一个条件是社会上存在着比较普遍的兄弟不"友"现象。满足这两个条件的社会到明中叶前后才出现。

"不友即不孝"的观念在明嘉靖年间已开始准备走向普遍。比如，当时的杨继盛在临终遗训中对两个儿子说："你两个不拘有天来大恼，要私下请众亲戚讲和，切记不可告之于官，若是一人先告，后告者把这手卷送之于官，先告者即是不孝。"（杨继盛：《杨椒山遗训》）这句话就隐含着"不友即不孝"的理念。首先，这句话表达了两个事实性因素：一个是兄弟不和或不扶助姊妹的事实；另一个是父母希望子女相互帮助与和睦相处的意志。其次，杨继盛用"孝"——子女应该孝敬父母，孝敬父母包括顺从父母的意志——把这两个因素连接起来。这样就得出了"不友即不孝"。事实上，杨继盛甚至明确说出了"不友又不孝"话。杨继盛不只牵挂儿子们，同时也牵挂着女儿，要求两个儿子在其姊困难时予以帮助，当他们的母亲要给他们姐姐东西时，不要违阻，否则"不但失兄弟之情，且使你娘生气，不友又不孝，记之记之"（杨继盛：《杨椒山遗训》）。不过，这里的"不友又不孝"还是一种并列关系，这里，母亲也具有"主动性"。由于儿子阻碍了母亲对女儿慈爱的实现，才导致了儿子的不友与不孝。

到明中期以后，"不友即不孝"的观念正式出现并得到了普及。冯梦龙的《喻世明言》第 10 卷《滕大尹鬼断家私》有这样一段话：

　　要做好人，只消个两字经，是孝悌两个字。那两字经中，又只消理会一个字，是个孝字。假如孝顺父母的，见父母所爱者亦爱之，父母所敬者亦敬之，何况兄弟行中，同气连枝，想到父母身上去，哪有不和不睦之理？就是家私财产，总是父母挣来的，分什么尔我？较什么肥瘠？假如你生于穷汉之家，分文没得承受，少不得自家挽起眉毛，挣扎过活。现成有田有地，兀自争多嫌寡，动不动推说爹娘偏爱，分受不均。那爹娘在九泉之下，他心上必然不乐。此岂是孝子所为？（冯梦龙：《喻世明言》第 10 卷《滕大尹鬼断家私》）

　　为了兄弟和睦，"孝悌"两字经中只消理会一个"孝"字。这表明，不友已为不孝吸收，子女们的不友行为也不再需要"父母"的"主动性"便可构成"不孝"了。孝本身已包含着"友"的要求，约束着子女们的不友行为。

　　小说既反映着当时人的想法，又传播着这种想法。"兄弟和睦，'孝悌'两字经中只消理会一个'孝'字"的出现，表明当时已在宣传"不友即不孝"了，或者说这种观念已经相当普遍。在清朝"不友即不孝"观念同样存在，而且具有了一定的理论概括性。清朝康熙年间，钱塘姚廷杰在论述孝道时明确指出"不友即不孝"，"尽孝者必当和兄弟"。他说：

　　友恭各尽，怡然蔼然，父母顾之，喜可知也。若阅墙有变，定伤庭帷之心，是不友即不孝矣。或不幸父母见背，益当互相爱敬，以慰亲于九原。乃世有见兄弟之富贵而忌，见兄弟之贫困而喜者；有各立门户，伺其隙而讦发者；有各立党羽，乘其危而攻击者；有宁曲护其奴隶，而贾怨于同胞者。以他人为密友，视兄弟为寇仇，布散流言，操戈同室。嗟乎，父母之心能无恫乎？故尽孝者必当和兄弟。（姚廷杰：《教孝条约》，载余治《得一录》卷 1《教孝》）

　　"不友即不孝"代替"悌"来调节兄弟关系，表明兄弟之情受到越来越大的离心力，仅仅依靠"悌"难以维系这种亲情。面对这种现实，人们诉诸于"孝"，希望通过"孝"的力量来维持兄弟之情。可以说，"不友不孝"是面对"不友"现实的一种被迫选择。

"悌"失效的社会原因是明中叶以后，商品经济在中国出现，导致当时的社会风气下滑。"迨至嘉靖末、隆庆间……末富居多，本富益少。富者愈富，贫者愈贫。起者独雄，落者辟易。资爱有厉，产自无恒。贸易纷纭，诛求刻覈。奸豪变乱，巨猾侵牟。于是诈伪有鬼蜮矣，讦争有戈矛矣，纷华有波流矣，靡汰有邱壑矣。迄今三十余年（即万历三十年左右。——引者）则复异矣。富者百人而一，贫者十人而九。贫者既不能敌富者，少反可以制多。金令司天，钱神卓地，贪婪罔极，骨肉相残。受享于身，不堪暴珍。"① 商品经济造就着人格平等、自由的社会风气，但同时也破坏着一些优秀的传统道德。从王丹丘对当时社会风气的记录中，也可以看到商品经济在道德生活领域中的这两重作用。"嘉靖中年以前，犹循礼法，见尊长多执年幼礼，近来荡然，或与先辈抗衡，甚至有遇尊长乘驴不下者。"（王丹丘：《建业风俗记》）"与先辈抗衡"含有破除尊卑、争取平等的诉求，"遇尊长乘驴不下"则有失礼节。对于这种社会变化，当时人们已注意到这一切都是金钱"惹的祸"。当时的一首民歌可以说最贴切地表达了人们的这种认识："人为你亏行损，人为你断辜恩，人为你失孝廉，人为你忘忠信。细思量多少不仁，铜臭分明是祸根。"② 的确，"不友即不孝"中的"不友"无不是与"物利"有关。杨继胜以孝要求儿子是担心儿子们阻挠他们的母亲周济他们的姐姐。《滕大尹鬼断家私》是因为兄弟争家财。姚廷杰教孝是因为看到兄弟之间，多因财帛争竞而至伤残。（姚廷杰：《教孝条约》，载余治《得一录》卷1《教孝》）在这种平等、以幼犯长，关心个人私利、争夺物利的时代，"悌"的力量自然要式微了。在这种情况下，人们不得不动用"父权"的力量，用"孝"来维护兄弟的关系。

但是，这种"不友即不孝"的要求恐怕只能对那些固守传统道德价值的人才有用，对其他人则没有多大的作用，甚至无丝毫作用。在这种情况下，人们不得不动用法律的武器来强化"父权"，以确保"不友即不孝"的理念能得到贯彻。所以，我们发现清朝有关财产继承的法律规定

---

① （清）顾炎武：《天下郡国利病书》卷32《歙县风土论》。转自侯外庐《中国思想史》第5卷，人民出版社1956年版，第4页。

② 毛佩琦：《中国社会通史》（明代卷），《林石逸兴》卷5，山西教育出版社1996年版，第580页。

不同于以往朝代的规定。清代的家庭财产继承首先以家长遗嘱处分为准，这与明、元、宋、唐等朝的规定不一样。在清朝，一家之中只有家长享有对家产的分配权，家长可以在生前履行这种权利，也可以在临终时就财产的分配做出安排。无论家长分配的是否公道合理，子孙均无权表示异议，只能遵从行事。[①] 这种规定强化了"父权"对子女的经济控制，有利于"孝友"的实现，但也为兄弟因父亲偏爱导致的不和埋下了隐患。这正如《滕大尹鬼断家私》中所说的"兀自争多嫌寡，动不动推说爹娘偏爱，分受不均"。所以，我们看到当时的家训劝告父母对子女要均爱，子女不要说父母不公。比如，姚舜牧曾指出："贤不肖皆吾子，为父母者切不可毫发偏爱。日久，兄弟间不觉怨愤之积，往往一待亲殁而争讼因之。创业思垂永久，全要此处见得明，不贻后日之祸可也。"（《药言》）

从"不友即不孝"观念的演变来看，明中叶以来，在兄弟之伦道德生活中，兄弟和睦是人们的追求，但由于争财等其他原因导致的兄弟不和睦现象比以前有所增多。

四　朋友之"信"对"孝悌"的冲击

明中叶以来，随着交往范围的增大，兄弟关系受到了朋友关系的侵蚀。这种变化在道德生活中的表现就是信义道德价值的提升，与"友"，甚至"孝"的道德价值弱化。

随着商品经济的初步发展，一些人开始走出家庭，进入公共领域，与他人交往。这种交往范围扩大的一个表现就是，人们开始重视交友之道。宋明以前的家训关于交友之道的内容不多。明中叶以后，交友之道逐渐进入家训之中。如清朝的姚舜牧在《药言》中说"凡居家不可无亲友之辅"，"交与宜亲正人"，"亲友有贤且达者，不可不厚加结纳"。张英在《聪训斋语》中说"人生以择友为第一事"。蒋伊在《蒋氏家训》中说"宜慎交游，不可与便佞之人相与"。

从信义成为社会一个重要的伦理原则与规范也可看出这种交往空间的扩大，因为正义与诚信是公共生活领域的基本伦理规范。冯梦龙的《喻世名言》中有一个"范巨卿鸡黍死生交"的故事。从这个故事，我们可

---

① 张晋藩主编：《中国法制通史》第8卷（清），法律出版社1999年版，第451—452页。

看出，明中叶以后，信义已成为一个重要的社会伦理规范与原则。范巨卿与张邵为结义兄弟。二人相约第二年重阳节在张邵家相聚。范巨卿忙于做生意忘记了此约会。等到重阳节当天才突然记起，但范张两家相距千里之遥，当日已无法赴约。听人说鬼魂可日行千里，为了不失约，范巨卿便自刎，以鬼魂前来赴约。见到张邵后，范巨卿请求张邵能到他家与他的尸体一别。张邵辞别母亲、弟弟，历尽艰辛到达范家与范尸辞别后，亦自刎而死，死前请人将其与范巨卿葬在一起。结义兄弟为了信义而牺牲自己的生命，由此可见信义在人们心目中的价值。歌颂朋友重信义的故事，《三言》中也有不少，比如《喻世名言》中"吴保安弃家赎友"等。这一现象说明，信义已成为人们生活中（严格来说公共生活中）一个重要伦理原则与规范，也说明人们的交往空间已扩大。这种新的交往空间中的交往在当时的道德生活中就是朋友之间的交往。

交往公共空间扩大后产生的新型交往，不是父母与子女之间的那种无私交往，也不是以往那种基于血缘感情而纯真的兄弟交往，多数这种交往具有相互交换性或具有以期将来"还报"的特点，即它已不是纯粹基于情感的交往，而且在一定程度上破坏了以往的那种情感基础。从当时人的一些记述中，我们可以看出当时人的交往范围在扩大，以及这种扩大对族人情感的冲击。

> 今人酒肉馈遗，每施于外亲近邻，家温能还报之人，即往来不厌其频，而族中鳏寡，曾不一念及之。甑里尘生，门前草长，或鸠杖而倚门间，或鸡骨而支床第，凄风苦雨，举目萧条，长日穷年，无人偢保，纵同门共巷，尚且置若罔闻，而况住居相隔乎。偶经道过门，亦为伴为不知，更无特地相问者。惟俟其死，一假哭胡拜之，曰予为族谊也。族谊固如是乎？（王演畴：《王孟箕讲宗约会规》，载陈宏谋编《五种遗规·训俗遗规》卷2）

中国传统社会是一个以"情"为基础的社会，走出家门进入公共社会后的人们，首先是与熟人朋友交往。比如，酒肉馈遗，总是先施于外亲近邻。不过，此时的这种馈遗不是无偿的，馈遗之人总是抱着"还报"之心来馈遗。正是有这种"还报"，所以，这种交往不厌其频，而对同族中无力"还报"的鳏寡之人则"无特地相问"。换言之,"还报"已在一定程度上破坏了以往为人珍视的"情感"。对族人的寡情迫使一些家族的家训规定应首先救济族人。《朱柏庐劝言》就如此规定:"今亦须论积之之序,首从亲戚开始。宗族邻党中,有贫乏孤苦者,量力周给。尝见人广行施与,而不肯以一丝一粟,援手穷亲,亦倒行逆施矣。"(载陈宏谋编《五种遗规·训俗遗规》卷2)

新型的交往对族人情谊造成了冲击,也对兄弟关系产生了一定影响。

"范巨卿鸡黍死生交"的故事表明,信义不但成为一个重要的社会道德规范与原则,而且已开始上升到了孝悌之上,兄弟的友爱已不像原来那样重要。以前"朋友之道"是"亲存不得行者二。不得许友以其身,不得专通才之恩"(《白虎通·六纪之义》)。也就是说,父母的重要性当然在朋友之上。固然以往有"朋友不信非孝"的说法,但是当"信"与"孝"发生冲突时,很少要求牺牲"孝"来成全"信"。牺牲"孝"以成全"孝"与儒家的爱有差等的理念不符。只有当"忠"与"孝"的冲突时,人们才会牺牲"孝"。在此故事中,张邵的母亲尚在世,其弟弟也在世,张邵却不顾孝悌之道,而以身殉"信",对母亲说:"邵于国不能尽忠,于家不能尽孝,徒生于天地之间耳。今当辞去,以全大信。"作者在此亦赋诗一首来赞扬这种行为:"辞亲别弟到山阳,千里迢迢客梦长。岂为友朋轻骨肉?只因信义迫中肠。"为了"信",对"孝"尚且如此,对"友悌"更是如此了。此外,《三言》中,既有许多关于男女之爱的故事,也有许多关于朋友信义的故事,关于兄弟友爱的故事却很少。这一现象也表明,明清时期朋友的关系已突出来了,甚至超过了人们对兄弟关系的重视。

当然,我们不能据此说,明清时期的人们都讲信用,也不能说明清时期的朋友全是生死之交与义气之交,但我们可以据此说,由于"信"的适用领域扩大,兄弟之间的感情有所减弱。我们知道,兄弟情谊主要有两个基础。一是血缘观念,即人常说的"一本"观念。另一是相互依赖、相互需要,即相互帮助。当人们的相互依赖性减弱时,情谊就会慢慢减弱。随着交往范围的扩大,朋友之间的相互依赖与相互需要的程度越来越强,以前需要通过兄弟才能满足的需要,这时可通过朋友来满足。换言之,兄弟各自具有了一定程度的独立性,相互需要与相互依赖的程度有所减弱。这就是明清时期出现了一些朋友亲密而兄弟疏远现象的原因。有清中期的大吏曾任直隶总督的方观承的《东西家》为证：

> 东家寡妇饥夜哭，夫死瓮中无一粟。
> 西家宾客如满堂，选艳凝情盛丝竹。
> 借问东家西家谁，同堂兄弟大功服。①

其实，交往空间的扩大、个体的逐渐独立不只对兄弟关系产生了影响，对其他人际交往领域也产生了影响。所以，我们听到了当时人发出的"人情日薄一日"②的感叹。

---

① 《清诗铎》卷20《不悌》。转自余新忠《中国家庭史》第4卷（明清时期），广东人民出版社2007年版，第329页。
② 周晖：《金陵琐事》卷4《金丝金箔》，明万历三十八年刻本。转自陈宝良《明代社会生活史》，中国社会科学出版社2004年版，第650页。

第二章

政治生活中的道德

到了明清时期，整个封建社会开始走下坡路，尤其政治制度的弊端开始显现，尽管物质财富与以前比较可能有所增加，社会政治上也出现了中国历史上少有的"盛世"。与此相应，不论此期的帝王道德还是官吏道德都呈现出了"回光返照"的特点。

第一节 "回光返照"——皇帝的道德生活

清王朝是中国封建社会最后一个王朝，经历了十个帝王，即顺治、康熙、雍正、乾隆、嘉庆、道光、咸丰、同治、光绪、宣统。这是就他们入关以后，建立了全国的政权而言。然而也可以说，清代经历了十二个帝王。除了以上十位外，还有清太祖努尔哈赤和清太宗皇太极，他们是清王朝的奠基者。此外，需要指出的是，慈禧太后虽然名义上不是皇帝，却是实际执掌政权的比皇帝更加专制的"皇帝"。

有人说："清朝皇帝不同于明朝皇帝，没有昏君，没有顽君，也没有暴君。"① 不像明代的正德、嘉靖、万历、天启等人那样极端暴虐昏庸，这句话有一定道理。也有人说，努尔哈赤、皇太极、多尔衮，甚至孝庄皇太后，都是杰出的政治家。康熙、雍正、乾隆等人的才能与个人素质都占有优势，是中国历史上杰出的英君、仁君、勤君、能君、明君。嘉庆是庸君，道光为愚君，咸丰是懦君，同治为顽君，光绪是哀君，宣统是幼君。这个估价也有道理。无论如何，清王朝的皇帝的道德状况也是各种各样的，但呈现出一定的规律性，最重要的是，它从一个侧面表明，封建主义

---

① 闫崇年：《正说清代十二帝》，中华书局 2009 年版，第 213 页。

的君主政体已经腐朽透顶，走到了尽头，到了必须改变的时候。

一　学习、创新与夜郎自大

也许有人认为，"创新"不属于道德规范，这个看法未免有些拘泥。创新其实是谦虚、勇敢，更是智慧和远见的总和。它对于清王朝的创立来说尤其重要。清王朝的兴起主要是由于它的祖先和前几代君主勇于创新；而最后的失败，则主要是因为后代帝王们故步自封、因循守旧。

清王朝最早起自满族。满族原是一个偏处于荒凉落后地区、经济文化极不发达的少数民族。清王朝创始人努尔哈赤，曾经是一位靠拣蘑菇、松子为生的少年，起家时只有"十三副遗甲"，四五十人，后来居然成长壮大，发展到其子孙最后竟然战胜了强大的明王朝，统一了中国。他们的成功靠什么？靠明王朝的腐败，靠激烈的农民起义摧毁腐败的明王朝？这样说当然有道理，但是，这只是给努尔哈赤及其子孙们提供了机遇。靠努尔哈赤及其子孙们的英勇战斗？当然也有道理，但是，这只是给他们的成功奠定了基础。应当说，最重要的原因，是努尔哈赤及其子孙们的善于学习和勇于创新的精神。

努尔哈赤及其子孙们，关注经济事业，积极发展生产。他们发挥东北经济的特殊优势，注重采猎经济，发明人参煮晒法，使"满洲民殷国富"；关注采矿冶金和其他手工业生产的发展，炒铁、开金银矿；关心煮盐、冶铸、火药以及军器、造船、纺织、制瓷等，"制造什物，极其精工"。短短几十年间，"沈阳及辽河地区的经济与社会得到了全面开发与迅速发展，并带动了东北地域经济与文化的发展"。所有这些给皇太极发展强大的军事力量提供了雄厚的经济基础。皇太极在经过宁远之战、宁锦之战和北京之战后，检查自己战败的原因是没有红衣大炮，于是 1635 年在沈阳仿制红衣大炮，并取名为"天佑助威大将军"，在八旗中设置了新营"重军"，也就是炮兵。

在经济制度与经济机制方面，努尔哈赤及其子孙们也进行了大量的创新，先后下令实行牛录屯田、计丁授田和按丁编庄制度，将牛录屯田逐渐转化为八旗旗地，奴隶制田庄转化为封建制田庄。这些变革的结果就是，随着八旗军民迁居辽河流域，女真族的经济形态由牧猎经济转化为农耕经济。

努尔哈赤及其子孙们推进社会改革,在政权机制方面,逐步建立以汗马功劳者、五大臣、八大贝勒为核心的领导群体,并通过固山、甲喇、牛录三级组织,将其军民统制起来,将全社会的军事、经济、政治、行政、司法和宗族联结成一个组织严密、生气蓬勃的社会机体,即八旗制度。尔后又创立了八和硕贝勒共议国政制,即贵族共和制。① 皇太极进一步完善了八旗制度,设立汉军八旗,扩编八旗蒙古,加强中央集权制度,实行"南面独坐"制。仿照明朝,设立内三院(内国史院、内秘书院、内弘文院)、六部(吏、户、礼、兵、刑、工)及二衙门(都察院、理藩院),建立健全了政府组织的机构和体制。

在社会文化方面,努尔哈赤及其子孙们制定满洲文字,满族由此初步实现由牧猎文化向农耕文化的转变。1599 年,努尔哈赤命巴克什额尔德尼和扎尔固齐噶盖创立满文,并将其定为官方的语言文字。皇太极时又有所改进。满文是一种拼音文字,最终成为满汉和中西方文化交流的重要桥梁。②

努尔哈赤及其子孙们的民族政策,经历了从"拒"到"合"的转变。这一重大政策的改变,对于本身是少数民族的满族来说,至关重要。在某种程度上可以说这一改变决定了清王朝的早期成功。从这一点上我们可清楚地看到,清初的几位皇帝是如何善于学习和勇于创造的。

对于北方游牧民族,例如,满族传统的近邻蒙古人,他们不再采用以往的"防、压、打"办法,而是"用编旗、联姻、会盟、封赏、围猎、赈济、朝觐、重教等政策,加强对蒙古上层人物及部民的联系和辖治。后南漠蒙古编入八旗,喀尔喀蒙古实行旗盟制,厄鲁特蒙古实行外扎萨克制",互相婚娶,成为真正儿女亲家。正如康熙所说:"昔秦兴土石之工,修筑长城。我朝施恩于喀尔喀,使之防备朔方,较长城更为坚固。"③

最主要的民族政策是如何对待汉族。与满族相比,汉族不仅在人数上占绝对优势,而且在经济文化发展水平上也占绝对优势。不能妥善地处理此问题,清政权就无法建立,更不必说稳固。努尔哈赤及其后代子孙们清

---

① 阎崇年:《正说清代十二帝》,中华书局 2009 年版,第 17 页。
② 同上书,第 11 页。
③ 同上书,第 16、17 页。

楚地看到了这一点。他们提出"治国之要，莫先安民"，强调满、蒙与汉族的关系，犹如"五味，调剂贵得其宜"。将汉人壮丁，分屯别居，汉族降人，编为民户。善待逃人，放宽惩治，于是"民皆大悦，逃者皆止"。优待汉官，分给田地、马匹，进行赏赐，委以重任。对于汉族知识分子，努尔哈赤时采取镇压手段，对于通明者"尽行处死"，把其中隐匿得免者有 300 人，罚为八旗包衣下的奴仆；到了皇太极时，则针对这些人举行选拔考试，得 200 人，免除其奴籍，还其自由，并给以奖赏。此后又举行汉族生员考试，赐宴赏衣，免除丁役，加以重任。顺治还重用汉官，改变以前不许汉官掌印的情形，原来只由满人担任的议政大臣，也可以由汉人担任；顺治十二年（1655 年），他还改变过去同官不同品，汉官次一品的规定，在中央实行同官同品制度。信任和重用汉官，如洪承畴、范文程、金之俊等，对这些人都委以重任，屡加封赏。

清初的几位皇帝在善于学习和勇于创新方面，特别表现在学习汉族文化与学习君主专制上。皇太极很注重学习汉族文化，潜心典籍，"喜阅三国志传"，"深明三国志传"。有人统计，《清太宗实录》等书记载他学史、讲史五十余处。他还命达海等人翻译兵法《六韬》、史书《金书》、小说《三国演义》和《水浒传》等。[①] 康熙五岁读书，终生好学不倦。儿童时代他就不论寒暑，昼夜苦读，废寝忘食。读《四书》，"必使字字成诵，从来不敢自欺"。他读书不是为消遣，而是"体会古帝王孜孜求治之意"。学习勤奋，甚至咯血。继位后或出巡途中，或居行宫，或深夜乘舟，谈《周易》，看《尚书》，读《左传》，诵《诗经》，直到花甲之年，仍手不释卷。雍正皇帝也受过严格的教育，自称"幼承庭训，时习简编"。年满六岁即入南书房读书，学习满、汉、蒙文字和儒家的经史书籍。特别是儒家的四书五经，懂得性理，烂熟于胸，而且有着自己的理解。以儒家的道德规范要求自己。登极之后，还不断举行经筵，继续学习探讨。

清初皇帝热心学习汉族文化，特别表现在改变以往的行政管理制度，加强君主专制上。尽管从今天的眼光看来，君主专制不是个好东西，但是对于清初政权的建立和巩固却是极为必要的。由于出自落后的少数民族，清王朝权力的支配和使用制度很不完备，当时的皇权往往分散地存在于几

---

① 阎崇年：《正说清代十二帝》，中华书局 2009 年版，第 46 页。

位亲贵和权臣手里，他们之间的矛盾和内讧，经常严重威胁着王朝的生存和发展。有鉴于此，清初皇帝们学习和创新行政机制，加强君主专政。康熙说："今天下大小事务，皆朕一人亲理，无可旁贷。若将要务分任于人，则断不可行。所以无论巨细，朕心躬自断制。"（《东华录》卷91）乾隆强调"乾纲独断"，说这"乃本朝家法。自皇祖皇考以来，一切用人听言大权，无从旁假，即左右亲信大臣，亦未有能荣辱人、能生死人者。"（《东华录》卷28）直到嘉庆年间，嘉庆还一再说："我朝列圣相承，乾纲独揽。皇考高宗纯皇帝，临御六十年，于一切纶音宣布，无非断自宸衷，从不令臣下阻挠国是。即朕亲政以来，办理庶务，悉遵皇考遗训，令出惟行，大权从未旁落。"（梁章矩：《枫桓纪略》卷14）初创时期的清王朝，在这个方面的学习和创新的确起到了一些积极作用，但是很快就成为桎梏和负担。

尤其值得称道的是，清初皇帝们的学习和创新，也反映在热心学习西方自然科学知识上。

顺治热心学习西方文化，他曾向著名传教士汤若望学习天文、历法、宗教等等，并亲自到汤的住所访问20多次，尊其为"玛法"（爷爷）。宠信汤为心腹顾问，甚至立储大计也要向他请教。有人说，清世祖之待汤若望，如同唐太宗之待魏征。

这种热心学习异国文化的传统为康熙所继承。康熙在学习传统治国理论的同时，热心学习自然科学，包括数学、几何学、静力学、天文、地理、农学、兵器、测量、医学等等，改变中华士人几千年来"重道轻艺"的倾向与习惯。他亲政后，平反前朝制造的汤若望案，聘请并重用懂得科学知识的西洋传教士南怀仁、安多等，召见法国科学家白晋、张诚等六人，收到30多件科学仪器和书籍，将外国科学家接到宫廷，请他们入宫讲学、开展研究，进行科学活动达数十年。在畅春园蒙养斋开馆，被外国人称作"皇家科学院"。康熙最喜欢双筒望远镜、挂钟、水平仪，对于直尺和圆规爱不释手。即使出差在外，也时时用天文、测量仪器，进行观察测量。可惜的是，科学研究对于他个人来说只是出于兴趣，不能形成科研制度。

但是，在清朝达到鼎盛时期，清皇帝们学习与创新的勇气与锐气开始衰退。乾隆对于国际形势和自然科学一窍不通，只喜欢欣赏西洋钟表、西洋楼、大水法（人工喷泉）等等，他傲慢自大，对于来访的英使马嘎尔尼要求行下跪礼，坚持称礼物为"贡品"。回复英王的信件，也称为"敕谕"。将正常的对外贸易视之为"天朝加惠远人"，一口回绝了对方提出的八项要求，包括在北京设常驻代表。他说："天朝特产丰盈，无所不有，原不籍外物外夷货物以通有无。特因天朝所产茶叶、瓷器、丝觔为西洋各国及尔国所必需之物，是以恩加体恤，在澳门开设洋行俾得日用有资，并沾余润。""今尔国使臣于定例之外，多有陈乞，大乖仰体天朝加惠远人，抚有四夷之道。且天朝统驭万国，一视同仁……妄行干渎，岂能曲徇所请。"（《乾隆实录》卷1435）

嘉庆时期，英王第二次派遣以罗尔·阿士美德为正使的访华使团，又一次提出通商要求，嘉庆还是认为这不过是"蕞尔小国"前来"输诚"，坚持要求他对清朝皇帝行三跪九叩首之礼，并因其拒绝行这种礼而不予接见。嘉庆下旨"即贡使等即日返回，该国王表文亦不必呈览，其贡物一一发还"。于是，这次英使臣被驱逐出境。

鸦片战争失败后，道光皇帝仍然狂妄自大，继续闭关自守。对于西方的认识甚至还不如乃祖，竟然问："英吉利至新疆各部，有旱路可通？"同治、光绪时期的清朝王室，对于外国情势的了解也好不了多少，以西太后为首的顽固派，发动政变，反对戊戌变法。她们竟然以要被剪辫子为理由，调回留美学生。

有的学者认为，清代衰亡的根本原因可以用一个"僵"字概括："强调君主而忽视民主，强调民族联合而忽视民族平等，强调以农为本而忽视近代工业，强调继承传统文化而忽视科学技术，强调八旗严密组织而忽视人民根本利益。"在以上五个方面，"敬天法祖"，"率祖旧章"，"没有跟上世界发展的大趋势，没有顺应历史潮流，不断维新，与时俱进。最后落伍，被淘汰出局"[1]。这种看法有一定道理。

二　顶级的辉煌

自秦始皇以降，整个中国2132年、349个皇帝，清朝的历史占总数的1/7，而康熙到乾隆的100多年确实是其鼎盛时期。连法国的伏尔泰都

---

[1]　闫崇年：《正说清代十二帝》，中华书局2009年版，第419页。

称"康乾盛世"是"举世最优美、最古老、最广大，人口最多而治理最好的国家"。其原因之一，是这个时期的皇帝道德也达到了封建时代的高峰。

（一）辉煌时期的皇帝都能履行"仁道"政治道德

"仁者爱人"，仁就是心里想着百姓，经常念及臣民。这也是作为皇帝的最重要的品德，"为人君，止于仁"。

福临即顺治皇帝认识到"帝王临御天下，必以国计民生为首务"。在多尔衮掌权的时代，曾经发生了两次大规模的圈地，不仅是明代勋贵的田地，也不仅是荒地，连普通百姓的熟地好田，也被圈归满族王公权贵，甚至满族士兵，大量农民却因此失去了土地，倾家荡产。而被圈的田地有的只是被用来放鹰，打猎。顺治亲政后，严禁圈地，并命令将以前圈的土地交还原主。下令永远不许圈占民间房屋和土地。他还鼓励农耕，在北方实行"屯田开荒"，在四川，实行政府贷给农犋种粮，任兵民开垦的政策。先后颁布条例，鼓励开荒。免除天启、崇祯年间的杂派。为防止地方官员的加征和私派，他还下令由政府发放"易知单"，作为交纳赋税的凭据。

康熙被后人称为"仁孝性成，智勇天锡，勤政爱民，圣学高深，崇儒重道，几暇格物，豁贯天人"，可以说是皇帝道德模范。在他身上，最被人称道的是仁。康熙诗词中一再提及"民"，表示爱民的意思，如"夜半无穷意，心为念万方"（《夜半览本》），"为念兆民微隐处，孜孜不息抚遐荒"（《夜静读书》），"自愧事烦机不敏，细披章奏察民情"（《夜半览本》），"总为民生勤战伐，不辞筹划在中权"（《过独石口》）。他不仅口头上这样说，实际上也处处关心百姓的生活和生产，实施仁政。

康熙的仁政首先是稳固和加强王朝政权。这是要为百姓创造一个和平的生产和生活环境。为此，他削除权奸，智擒鳌拜；加强集权、平定三藩（吴三桂、耿精忠、尚之信）、收复台湾，统一全国；抵御侵略，北抗沙俄、三征漠北，平噶尔丹；出兵西藏，等等消除分裂武功的仁政。

其次，也是最主要的，他关心生产发展。他屡次申令停止圈占土地，将土地还给农民。鼓励垦荒，肯定明朝藩王将16万6000多顷田地交农民种的做法。康熙十二年（1673年）宣布，开垦土地十年再交税，用授官职和办法鼓励农民开荒。在这一政策的刺激下，河北、河南、山东的农民纷纷到东北，湖广农民纷纷到四川开荒。结果，到了康熙三十年（1691

年）时，清王朝田亩数达到最高峰，比清初多了几乎一倍。康熙另一项发展生产的重大措施是治理漕运，兴修水利。他任命水利专家靳辅、陈潢，能臣于成龙、张鹏翮等人，动用大量人力、物力，治理黄河、淮河、运河、浑河（永定河），历时几十年。他还经常亲自视察。六次南巡都以考察河流为重点，研究治河措施，参与治河工程的研究和制定，调查研究，听取御前辩论，让大臣各申己见，互相驳难，集思广益，注意实践验证，有时甚至不避风险，乘坐小舟，亲自用水平仪测量水位。

再次，康熙还蠲免钱粮，减轻农民的负担。这一措施直接关系到生产的发展和人民的生活。康熙主政期间，全国各地轮流蠲免地丁钱粮，从康熙元年到四十四年，蠲免钱粮的总额 9000 多万两白银。仅康熙二十六年（1687 年）就免去江宁等七府和陕西全省 600 多万两钱粮银。几次修改赋役制度，康熙五十年（1711 年）规定"滋生人丁，永不加赋"。部分地区实行了"摊丁入亩"，改变了赋役不均现象。有人统计，康熙年间全国蠲免钱粮共达 545 次，计银 1.5 亿两。赈灾，还提倡设"义仓"，赈乏济穷。由于以上的种种措施，全国的生产得到了很大的发展和进步。康熙末年，国库收入充裕，存粮几千万石，耕田和人口获得了大量增长。

雍正也有一颗仁爱之心、实行了一些仁政措施。据张廷玉记载，雍正吃饭之时"于饭颗饼屑，未尝弃置纤毫。每燕见臣工，必以珍惜五谷，暴殄天物为戒。又尝语廷玉曰：'朕在藩邸时，与人同行，从不以足履其头影，亦从不践踏虫蚁。'圣人之恭俭仁慈，谨小慎微如是"（清·陈康祺：《郎潜纪闻·初笔》第 651 条）。他还大力鼓励垦荒，并取得了很大的成就。此外，他还实行"摊丁入亩"制度，改善了财政状况。

乾隆同样注重仁政。他认为，国家的治理，关键在于足民，而足民则首先要解决粮食问题，"目今生齿益众，民食愈艰使猝遇旱干水溢，其将何以为计？我君臣不及时筹划，又将何待？"（《乾隆实录》217 卷）"朕思海宇乂安，民气和乐，持盈保泰，莫先于足民。况天下之财，止有此数，不聚于上，即散于下……""惟期溥海内外，家给人足，共享升平之福。"（《乾隆实录》243 卷）为此，他采取措施解放农奴，"出旗为民"，五次普免全国钱粮，共计 1 亿 4 千万两地丁银，三次蠲免漕银 1200 万石。

（二）辉煌时期的皇帝们基本上能做到勤政、廉政

康熙说自己，"一岁之中，昧爽视朝，无有虚日。亲断万机，披览奏

章"。这话一点也没有夸张。他一生以"鞠躬尽瘁，死而后已"的精神办事，一年四季，每日未明就起床，早起晚睡，生病也坚持，从无例外。不但注意抓大事，对于小事也抓住不放，对于下级有问必答，而且做到事不过夜。他坚持御门听政几十年，与大臣共同商议国家事务，仔细阅览奏章和内阁做出的票拟，连其中出现的错误字句都要修正过来，即使外出巡视时也不停止，年龄大了仍然坚持不辍。康熙五十六年（1717年），他患大病70多日后，两脚浮肿，右手不能写字，为了批答奏章，仍然不假手于人，用左手写。康熙一生多次巡幸活动，不是为了游山玩水，而是为了祭扫孝陵，拉拢明遗老；为了体察民情，减轻赋税劳役，关心水利；为了督察防务，保卫边疆；联络民族间的感情，以维持民族团结；为了锻炼部下吃苦耐劳精神，保持骁勇斗志，提高战斗力。

雍正也以勤政严格要求自己。他自称"为社稷之重，勤劳罔懈"，"夙夜只惧，不遑寝食，天下几务，无分巨细，务期综理详明"。他也的确是这样做的。他改革行政制度，健全奏折制度，创军机处，自己一身兼国家元首和行政首脑职务，把辅臣降为"幕僚"。他励精图治，事必躬亲，工作非常认真，"不惮细密"。一旦发现错误重复，都要指出。来信来件，都及时处理，特别迅速。为了国是，他甚至不惜牺牲自己的健康，"朝乾夕惕"，甚至在晚上都不得休息。

乾隆也注意勤政。他说："朕性耽经史，至今手不释卷，游逸二字，时加警省。"他励精图治，有雷厉风行作风。六下江南，以视察民情、巡视水利工程和收笼民心为主。乾隆不只自己勤政，他还注重官吏的勤政。在乾隆看来，朝廷大臣中懒散因循的多，"朕就近日九卿风气论之，大抵谨慎自守之意多，而勇往任事之意少"（《乾隆实录》138卷）。指出这种遇事推诿，文牍主义，只知道文移往来的毛病需要清理。应当说，由于承平已久，朝廷大臣中的这些不道德现象是严重的，乾隆准确地认识到这一点是很宝贵的。乾隆重视大臣官吏的道德，崇尚气节，"以励臣节而正人心"。乾隆二年（1737年）七月发布一道上谕说："天下亲民之官，莫如州县，州县之事莫切于勤察民生，而务教养之实政……有事则在署办理，无事则巡视乡村。所至之处，询民疾苦，课民农桑，宣布教化，崇本抑末，善良者加以奖励，顽梗者予以威惩。遇有争角细事，就地剖断。"（《东华续录》乾隆六）"从来为政之道，安民必先察吏。……舍察吏无以为安民之本，"（《乾隆实录》70 卷）良牧标准：一是"经划有方，劝课有法，使地有遗利，家有盖藏者"；二是"视百姓如赤子，察有饥寒，恤其困苦，治其田里，安其家室"。地方官要经常深入民间调查研究。（《乾隆实录》卷 204、208）

辉煌时期的皇帝们还注意廉政建设。首先是皇帝们自身的廉洁——节俭。康熙非常节俭，"八岁登极，太皇太后问其所欲，帝对曰无他欲，惟愿天下治安，民生乐业，共享太平之福而已。康熙四十九年，蠲租谕旨，犹述及之"（《郎潜纪闻·初笔》第 688 条）。康熙初年，宫中只有宫女、太监 800 多人，比起明代，后宫女数千，太监几万来说，少多了。明代光禄寺每年用银百万两，康熙时只用十万。行宫的修造用普通砖瓦，他说，明代一日之费，抵今一年之用。他终生拒绝臣下给他上尊号，不要臣下给他送祝贺生日的礼物，多次拒绝搞祝寿活动。一生中寿诞只搞了一次，还是别人瞒着他预备的。

其次，皇帝们还注重官吏的廉洁道德建设。顺治在位时曾整顿吏治，惩治贪官污吏，仅顺治九年（1652 年）被革职的就达 200 多人。雍正在藩邸时间长，阅历深，"较之古来以藩王而入承大统，如汉文帝辈，朕之见闻，更远过之"，"凡臣下之结党怀奸，夤缘请托，欺罔蒙蔽，阳奉阴违，假公济私，面从背非，种种恶劣之习，皆朕所深知灼见，可以屈指而数之"。他经常通过奏折制度，侍卫、亲信私访，以及一般的公文，尤其是密折制度了解下情。他所建立的密折制度，有奏事权的官吏达 1000 多人，不但让他可以及时了解情报，也可以使官吏间互相监督，使官僚人人畏惧，兢兢业业，不敢懈怠，更不敢为非作歹。雍正还采取严刑峻法来加强这方面的建设。他自称"治天下，不肯以妇人之仁，弛三尺之法"。他全面清理了各级官员多年积欠亏空的钱粮，令其三年必须归还，不许向民间苛派。原来实行的"火耗"——除了正式的赋税之外临时加征的赋税——有的竟能达到原赋税的 80%，任由官吏加派且随意支用，雍正规定火耗不得超过 20%，而且要把这些钱粮归公，统一管理分配，仅把部分作为养廉银，从而杜绝了官吏对于小民的任意加派。他还禁止官场间收受规礼，在他的统治下，社会上贪污勒索的陋习有了很大的改变。乾隆也特别重视地方官的道德建设。乾隆前期，曾经强调廉政，严惩贪官污吏，废除贪官污吏完赃后可以减刑的旧例。不仅要限期交还赃款，还要被发往军台作苦力。"著将斩、绞、缓决各犯纳赎之例，永行停止。"表明其"重弼教"而"轻帑项"。不许官吏接受部下赠送土特产，更不许贪污。

（三）辉煌时期的皇帝们还具有明智务实的政治道德品格

康熙的明智表现在他改善民族关系，着意笼络汉人，特别是汉族知识分子。康熙懂得，"士为四民之首"，要改变他们对于异族政权的不合作立场，必须从尊重汉族历史传统和儒家文化开始，于是他亲临孔庙祭祀，对孔子的后裔大施恩宠，多次拜谒明太祖朱元璋的墓，令按时致祭，寻找其后代，要其看守陵墓。除了正常的科举考试外，要求各地官员举荐品学兼优之士。并特于康熙十七年（1678 年），设"博学宏词科"，吸引明代遗老及各种人才参政。十八年在体仁阁考试，给应试者以十分优厚的待遇。皇帝亲自赐宴款待，选出 50 人授予翰林院的官职。对于拒绝参与考试的著名学者采取宽容态度，如顾炎武、黄宗羲、李颙、傅山等。李颙以身体不好为由，拒绝考试。后被抬到西安，但他绝食抗拒，六天六夜不进汤水，只好又被抬回去。后来，康熙到了西安，点名要见他，他又托病推辞。对此康熙不但不怪罪，还亲书"志操高洁"，送他的儿子，以示褒奖。傅山被抬到北京边 30 里的地方，誓死不入城。京中的王公大臣纷纷慕名看望，他大模大样地躺在床上，既不迎送，也不还礼，然而经过皇帝批准，以身体不好为由，命地方官员把他送回去。康熙也搞文字狱，但是只是局限在有限范围内，没有在全国大规模地施行。

皇帝们的明智务实还表现在他们不信祥瑞。康熙不信虚言，不敬僧道，不信祥瑞。乾隆也不信祥瑞，不许官吏进嘉禾、甘露之类的"祥瑞"，不许臣下做歌功颂德的表面文章。指出各省督抚贡献方物，"岂能自备于家，而不取资民力乎？"贡献一次"即百姓多费一次供应"（《乾隆实录》卷 4）。真正的祥瑞应当是"君臣上下一德一心，政绩澄清，黎民康阜"，"吏治民生，稍未协和底绩，即使休嘉叠告，诸物备臻，于地方治理亦毫无裨益耳"。（《乾隆实录》卷 2）

皇帝们的明智务实还表现在他们头脑清醒，能够认清形势，保持谦虚的态度。乾隆刚即位时看到当时朝廷上的许多弊病，也知道自己的不足，说自己"自幼读书宫中，从未与闻外事，耳目未及之处甚多"（《乾隆实录》卷 3）。鼓励大臣官吏说实话，直言进谏，"即朕之谕旨，倘有错误之处，亦当据实直陈，不可随声附和。如此则君臣之间，开诚布公，尽去瞻顾之陋习，而庶政之不能就绪者鲜矣"（《乾隆实录》卷3）。即使即位之后的一段时间内，他也能认清形势，保持积极进取的态度，他说："今日之人心风俗，居官者以忠厚正直为心而身家利禄之念胥泯，未能也；为士者，以道德文章为重而侥幸冒进之志不萌，未能也；民，家给人足，渐臻端良朴愿之风，未能也；兵，皆有勇知方，足备干城腹心之选，未能也。"只是在自己的努力维持下，"大纲得以不隳"（《乾隆实录》卷146）。

皇帝们的明智务实还表现在作风务实上。乾隆主张"实心办实政"，他说："从来有实心者，斯有实政；既无实心，自无实政。"他认为，汉文帝没有"骨鲠大臣"，宋仁宗有韩、富、范、欧，而不能用，只有唐太宗得房、杜、魏，"纳谏听言"，贞观之风，还算可以。经常以唐太宗为榜样，警示和鼓舞自己。乾隆还反对浮夸，反对官吏们只讲琐事，懒散，说空话，"而迩来诸臣所奏，或有不能适合于中，徒有陈奏之虚名，而不计及实有裨益于政治与否，或琐琐而昧于大体，或空言而无补于国，非朕求言之本意。"（《乾隆实录》卷13）为此甚至罢免了一批自私乖张、懒散昏庸的官僚。大考时有位吹捧他的士子，被认为失实过了头，也从第一名被贬到第二。乾隆不允许说假话，隐瞒灾情，"捏报丰收，不恤民艰，使饥冻流亡之惨不得上闻，蠲免赈恤之恩不得下逮，职思之过，谁为厉阶！清夜扪心，何以自问！"（《乾隆实录》卷4）"恃一人之智以为智，不若兼千百人。……所赖人臣陈善闭邪，补衮之所缺，使嘉言谠论日闻于前，然后微烛隐政无不通，而明无不照。然人臣之能尽言者由人君有以启之矣。"（《乐善堂文集》卷2《嘉言罔攸伏论》）乾隆还反对繁文缛节，"繁文缛节非所尚也。朕所望于诸臣者，惟在实心辅成治化"（《乾隆实录》卷4）。

总之，这些皇帝们的明智务实作风促进了清统治向顶级的辉煌发展。

在封建皇帝道德达到顶级或高峰时，其内部也包含着一些腐朽的东西。封建社会发展到乾隆时代，奏折制、军机处等制度、机构的确定或固定化使皇权专制也达到了高峰。这种专制在皇帝的道德上自然有所反映。比如：

乾隆皇帝专制和粗暴地大兴文字狱。文字狱康熙和雍正时期也有，但在乾隆年间得到了恶性发展。乾隆一朝60年间发生约百起，以乾隆三十九年（1774 年）为界：前期深文周纳的罪名主要是非儒毁圣，攻击皇帝与朝廷；后期大多以收藏违碍书籍获罪。文人们著书、刻书、藏书、售书、读书，都会引来杀身之祸。例如曾任内阁学士的胡仲藻，自号坚磨生，写作《坚磨生诗钞》一书，乾隆认为他的号表明他要坚而磨不破，白而黑不染，这是要坚决与朝廷为敌。尤其是书中有"一把心肠论浊清"，"老佛如今无病病，朝门闻说不开开"等句，乾隆认为，前者把"浊"字加于国号之上，后者"朝门不开"，是讥讽皇帝不理朝政。胡仲藻因此而被斩立决。大臣彭家屏，曾任江西、云南和江苏布政使，因病在家休养，由于家里藏有明末野史《潞河纪闻》、《豫东纪略》等，被斥责为"天地鬼神所不容"，被处斩监候。另一位生员段昌绪，因为家藏吴三桂的檄文，上面加了圈点，被判斩立决。乾隆亲自主持了《四库全书》的编纂，他从编写原则方式、决定作者队伍，直到稿子最后的审阅在内，一切自己把揽。这固然是重视文化，但是也因此造成了一场文化大洗劫。在这套书的编辑过程中，禁毁了许多珍贵的书籍，其总数据地方片断上报的数字，共计 2629 种。又据《四库全书纂修考》一书统计，所销毁总数至少当在 10 万部左右。乾隆的文化专制另外一个表现，就是出于对气节的重视而在一定程度上包容一些明代文人。"若刘宗周、黄道周立朝守正，风节凛然……不愧一代完人"，其他如熊廷弼"大公至正之心"，王允成、叶向高、杨涟、左光斗、李应升、周宗建、缪昌期、赵南星、倪元璐等等，"足资考镜，无庸销毁"。虽有"伤触本朝"，"改易违碍字句"即可载出。而对于投降清朝的大臣如钱谦益等，非常鄙视，认为他们"不能死节，觍颜苟活，乃托名胜国，妄肆狂吠，其人实不足齿，其书岂可复存"。

后期的乾隆骄傲自满，拒谏饰非，好大喜功，让一些阿谀逢迎之徒得逞。当内阁大学士尹壮图，批评说"各省督抚声名狼藉，吏治废弛。商民半皆蹙额兴叹"，乾隆认为这是否定自己的治绩，怒气不息，从乾隆五十五年（1790 年）十一月至次年二月，连下十余道谕旨驳斥，自夸"子惠元元，恩施优倬"，百姓"感戴之不暇"。"朕爱养黎元，如伤在抱，惟恐一夫不获"，"宵旰忧劳，勤求民瘼，迨今年逾八秩，犹日孜孜，无事无时不以爱民为念"。整得尹壮图苦不堪言。而对阿谀逢迎之徒和珅，则宠信有加。和珅原不过是个小小的三等轻车都尉，十几年间却平步青云，入军机处，任尚书、议政王大臣、大学士，并封伯进公爵，其原因只是因为他小有才干，为人机警，善于揣摩皇帝心思，能够投其所好，百般曲意奉迎。乾隆晚年挥霍无度，内务府入不敷出，和珅经管崇文门税务，便以所得税款供内务府使用，使内务府"岁为盈积，充外府之用"。（昭梿：《啸亭杂录》卷8《内务府定制》）即使作了军机大臣后，和珅对乾隆仍然是"言不称臣，必曰奴才，随旨使令，殆同皂隶"（《朝鲜李朝实录中的中国史料》下编卷10）。"皇帝若有咳唾，和珅以溺器进之。"（同上书，卷11）为了讨得乾隆的欢心，和珅还为乾隆操办了七旬、八旬大寿以及千叟宴。和珅则上依乾隆，下边培植和使用亲信，"阁老和珅用事将二十年，威福由已，贪黩日甚。内而公卿，外而藩阃，皆出其门。纳赂诸附者，多得清要；中立不依者，如非抵罪，亦必潦倒。上自王公，下至舆儓，莫不侧目唾骂"《朝鲜李朝实录中的中国史料》下编卷11）。

后期的乾隆基本上是一个昏庸之君。颠倒黑白、指鹿为马的故事在乾隆身上再一次上演。乾隆五十一年（1786年）六月，御史曹锡宝弹劾和珅的亲信刘全，亦称刘秃子"服用奢侈，器具完美"，有些地方逾制，且有贪冒克扣、招摇撞骗之行，想借此进一步揭发和珅。这封揭发信事先给曹的同乡好友吴省钦看过，吴卖友求荣，立即将此消息告诉了和珅。和珅一面密令刘全"毁其居室、车马，藏匿其逾制的衣服、器物"等，一面在乾隆问及此事时，假装镇定，说刘一向"尚为安分朴实"，而自己也"平时管束家人甚严，向来未闻其敢在外间招摇滋事"。还假惺惺地表态，"或者扈从出外日多，无人管教，渐有生事之处，亦未可定，请旨饬派严查重处"。表现得恭谨委婉，八面玲珑。堕入计中的乾隆绝对相信和珅，他派人调查，并且令人带着曹锡宝去检查刘的情况，以证明刘的"清白"。结果没有发现违规过分之处，甚至比一些大臣的管事家人还俭朴。最后曹锡宝不得不认错，被申斥，受到处分。最后，被愚弄的乾隆还扬扬得意地说："我朝纲纪肃清，大臣中亦无揽权借势、窃弄威逼之人。此所可以自信者。"（《乾隆实录》卷1259）

乾隆后期生活奢侈腐化，大讲排场，完全背离了节俭的美德。为了满足其难以遏止的欲望，他在和珅的唆使和主持下，实行了"议罪银"制度。议罪银不是充入国库，而是专供乾隆个人挥霍。

乾隆后期的腐败和昏庸、浮华和颓废，造成了严重的社会后果，"大臣恃宠乱政，民迫于饥寒，卒成祸乱"（《清史稿》卷322）。这不是偶然的，它证明，封建主义的政治制度必然导致君主道德的堕落。

三　无可奈何花落去

像以往所有的王朝一样，清王朝经过一段辉煌之后，也不可避免地衰落下去。这在皇帝的道德上有所表现，也与皇帝道德的堕落有关。

嘉庆更是处在清代的康乾盛世转向衰败的时代。清人薛福成说："乾隆朝诛殛愈重，而贪风愈甚。"（《庸庵笔记》卷3《人相奇缘》）其实和珅一案只是当时清王朝的一例。当时社会上已经矛盾重重且日益尖锐：官场腐败，钱粮的亏空，八旗的生计，鸦片的输入，河漕的难题，采矿的封禁，以及由此引发的南方的白莲教，京畿的天理教，东南海上的骚动等等。终嘉庆一朝，人民起义的风潮没有停止过，使清王朝捉襟见肘，防不胜防。嘉庆先后调集了十六个省的兵力，耗费白银二万万两，这相当于清政府五年收入的总和，历时九年，镇压了遍及五省的白莲教农民大起义。嘉庆后期鸦片问题也开始突出，他虽然严厉禁止鸦片，对于西方的侵略也保持了警惕，但是没有采取有力的措施予以解决。

嘉庆的政治道德平平，只是努力奉行儒家传统的君王道德。嘉庆上台后的第一件事是干净利落地处决了和珅，只是作为一个个案处理而没有搞株连和扩大化。这是其聪明处，也是其不足处。他没有看到和珅的问题，不是某个人的、偶然的现象，而是一个普遍的、已经非常严重地威胁着清王朝的生存的问题。因此，也就没有挖根子从根本上解决这一社会问题。他也希望有一番作为，因此恪守儒家的君主道德，要求官吏们直言："求治之道，必须明目达聪。广为谘诹，庶民隐得以周知。"力图戒除乾隆后期的奢靡豪华之气和欺隐粉饰之风。不许瞒报水旱灾荒；恪守"以粟米布帛为重，不贵珍奇"的原则，严禁贡物和送礼。对于人民起义，采取"剿抚兼施"方针。首先是整顿吏治，"害民之官必宜去，爱民之官必宜用"。其次是用兵。在《知过堂自责》诗中，嘉庆写道："圣人无过额只过，予过诚多愧寸心；敷政不能化民俗，立纲犹未肃官箴。言多迎合身家重，事总因循习染深，克己省愆惟自责，形端表正勉君临。"表现了他的头脑清醒和肯于自责，承认自己的错误和不足：因循、迎合；也表达了自己的改进的决心。从中也看出来，他是个小心翼翼的守成型皇帝，缺乏开创精神和大刀阔斧的勇气。

道光皇帝与其父相似，也是个守成型的君主。他在幼年时代，曾经随乾隆行围，引弓射鹿，得到祖父赞扬。青年时因为守紫禁城，破天理教，被嘉庆称赞为"有胆有识，忠孝兼备"。在位期间，他意识到君主道德的格外重要，指出声色之好"常人惑之害及一身，人君惑之害及天下"（《清朝续文献通考》卷63）。一般能够勤政、节俭，自称："自御极至今，凡批览章奏，引对臣工，旰食宵衣，三十年如一日，不敢自暇自逸。"被称赞为有"恭俭之德，宽仁之量"。在政绩上也有一些显著表现，如惩治贪污，治理河漕、盐政上。他也曾经注意发展生产，鼓励开矿，藏富于民。"自古足国之道，首在足民，未有民足而国不足者。天地自然之利，原以供万之用。""开矿之举，以天地自然之利，还之天下，仍是藏富于民。"（《清朝续文献通考》卷1）特别是在他的主持下，平定了回部张格尔的骚乱，巩固了新疆。

但道光皇帝的道德也有庸暗的一面，主要表现在他宠信穆彰阿、曹振镛之辈。曹振镛"小心谨慎，一守文法"。"衡文惟遵功令，不取淹博才华之士；殿试御试，必预校阅。严于疵累忌讳，遂成风气"。（《清史稿》卷363）他的"多磕头，少说话"的处世妙诀，成了极大的讽刺。穆彰阿固宠窃权"保位贪荣，妨贤病国。小忠小信，阴柔以售其奸。伪学伪才，揣摩以逢主意"（《清史稿》卷363）。重用这样的人决非偶然，它显示出道光皇帝本人的低级和庸暗。不仅如此，在许多方面，道光都表现出无知、无勇。例如对于开始海运漕粮，实行票盐法，开始时都是颇有进取之意，但是都没有进行到底，屈服于腐朽守旧势力，不了了之。尤其是在处理鸦片问题上，开始时他犹豫不决。当鸦片战争爆发之时，他不了解英军的情况，战场上局部和暂时失利后，他撤掉林则徐的职务（钦差大臣，两广总督），他"厌兵"，采取怯懦，退逃的态度，最后竟然妥协投降，签订了丧权辱国的《南京条约》。鸦片战争的失败责任，穆彰阿、琦善等人投降卖国，固然难辞其咎，但是"穆彰阿窥帝意移，乃赞和议，罢则徐，以琦善代之"。可见，穆等最终还是受道光的支配和影响，应当由道光来承担主要责任。

咸丰上台时就是以"藏拙示仁"的小伎俩得位的，他接受老师杜受田的指使知道自己武功不行，所以在外打猎时，不发一矢，说道："时方春，鸟兽孳育，不忍伤生，以干天和。"在道光晚年问及政事时，知道自己学问不足，于是只是"伏地流涕，以表孺慕之诚"，博得"仁孝"的虚名。实际上，他眼光狭隘、胆小怕事，缺乏远略和胆识。个人的品德不但远不如其祖，就是与其父相比较，也是逊色得多。

也是咸丰生不逢时，他上台当年就发生了太平天国起义，三年后，太平军攻占南京，然后是咸丰八年（1858 年）的英法联军，及英法俄美四国公使抵天津，要求"修约"。英法联军在美、俄的支持下，攻陷大沽炮台，逼近天津。清政府分别与英、法、俄、美签订《天津条约》。俄又用武力逼使清政府签订中俄《瑷珲条约》，割去黑龙江以北，大兴安岭以南中国领土 60 万平方公里，并将乌苏里江以东 40 万平方公里的中国领土，划为两国共管。咸丰九年（1859 年），与列强再战，清军小胜，咸丰尽毁《天津条约》；可是咸丰十年（1860 年）又战时，英法联军由北塘登陆，进犯通州，咸丰和战不定，错失良机，他诡言"秋狝木兰"，逃亡热河，致使北京沦陷，圆明园被烧被抢，不得已签订中英、中法、中俄《北京条约》，赔款白银 1600 万两。俄国擅改《瑷珲条约》，将乌苏里江以东 40 万平方公里，由共管改为"割让"，还乘机占去巴尔喀什湖以东 44 万平方公里土地。一连串的战败，一个接一个的丧权辱国的条约，使原来赫赫一时的清王朝迅速走向衰微破败，中国开始沦为半封建半殖民地国家。

当然清政权的衰败不是咸丰个人的责任，更不能完全推卸到他的道德品德上。但是他的品德又如何呢，他是怎样对待这一连串的灾祸呢？我们看看他在英法联军侵略中国时的表演就可以清楚地看到他的道德状况如何。当战争一开始，在英法联军两万多人，大兵压境的情况下，咸丰缺乏战斗决心和准备，他没有作任何战斗动员，没有临战部署，没有采取措施巩固海防，而是醉生梦死，在圆明园为自己庆三十大寿，连续演了四天大戏，"君臣共乐"。在大战中，他鼠目寸光，只会玩小花样、小伎俩，例如利用谈判机会，扣留对方的使节巴夏礼之类。没有政治大视野、大韬略。战无决心，和又不甘心，小胜即骄，败后又不知所措。临时应付，经常进退维谷。当敌军攻占北京后，他又把国家大事完全推给部下的亲王大臣，自己逃往承德避暑山庄，继续荒淫无度：玩女色、赏丝竹、看戏剧、饮美酒、发酒疯、吸食鸦片，还美其名曰"益寿如意膏"。甚至临终时，咸丰也没有一点政治眼光，妥善地安排后事，致使慈禧窃取大权，独裁

48 年，给国家民族造成难以估计的灾难。

同治皇帝"学识俱劣"，他当了 12 年的傀儡皇帝，亲政一年后就死去。他不爱学习，"见书即怕"，十七八岁还不能读折奏，甚至连《四书》里的《大学》也背不熟，郤又纨绔之气甚浓，顽皮庸劣，负气任性。在国破兵败、民不聊生的情况下，按照慈禧太后的意见，坚持重修圆明园，压制不同意见，曾经想给恭亲王奕䜣等扣上"朋比为奸，谋为不轨"的大帽子，解除他们的职务。即使在为群臣反对而不得不撤销原议后，也不思悔改，继续为自己辩解。所谓的"同光新政"，不过是在洋务派的主持下，被迫搞的一些局部改良，如设立总理衙门，办理外交、外贸事务，以及防务、海军建设，新兴工矿业、修筑铁路、建立新式学校等等事务。派人出国考察、出国学习，培养洋务人才，设立江南制造局、金陵制造局和天津机器局，以及福州船政局之类，成果寥寥，在他们只是敷衍应付。同治皇帝死亡的原因，一说是患天花所致，还有一种说法，是他生活放纵，私自去宫外嫖娼，中毒而亡。

从嘉庆以后，清代皇帝的德与才，可以说是一代不如一代。光绪皇帝虽然有所不同，他爱祖国、爱学习，有眼光、有大志，知道"为人上者，必先有爱民之心，而后有忧民之意"，愿意作个有为的皇帝，甚至赞成维新，但是他缺少皇帝、政治家所应有的韬略。

光绪曾密切关注国内外的形势，热心学习西方文化。光绪十二年（1886 年），翁同龢向光绪推荐了早期改良家冯桂芬的《校邠庐抗议》，希望光绪"自选、自修、自用"，"师夷之长，以为自恃"。光绪认为，这本书"最切时要"，对于其中的"汰冗员、许白陈、省则例、改科举、采西学、善驭夷"等六篇，他抄录之后，置于寝宫案头。在中日之战中，光绪出于热爱祖国，坚持反侵略立场，但是他作为一个傀儡，无法摆脱封建专制桎梏，没有权力，更没有实力按照自己的心愿进行战斗。中日之战失败后，光绪在接见群臣时，"愤极愧极"，"声泪并发"。他极力反对屈辱的《马关条约》，却又要在他的亲手批准下签约生效。

不甘心亡国的光绪，亲自领导了变法维新，冒着被迫害、被黜免的危险，亲近并且依靠维新人士，熟悉外国资料，特别是俄国彼得大帝和明治维新的经验，鼓励言论自由，裁并了一批衙门，取消科举考试中的八股取士制度，而以策论代之。光绪不甘忍受慈禧的挟持，他让奕劻转告太后，

"我不能为亡国之君，如不与我权，我宁逊位"。直到变法失败，光绪仍然坚持自己是要"欲保存国脉，通融试用西法"。（苏继祖：《清廷戊戌朝变记》）光绪在身陷囹圄、性命难保的情形下，仍然学习英语，阅读有关书刊，他仍然希望有所为，曾无可奈何地对德龄说过："我有意振兴中国。"（《清宫禁二年记》）容闳认为"必将许其为爱国之君，且为爱国之维新党"（《西学东渐记》），这个评价有一定道理。

中国历代皇帝的道德败坏，最后一个典型，是没有皇帝之称，但有皇帝之权，甚至凌驾于皇帝之上的慈禧。咸丰死后，作为西宫太后的她，先是拉拢恭亲王奕䜣，发动政变，阴谋除去了以肃顺为首的"顾命八大臣"，篡夺了大权；然后又逐步收拾恭亲王奕䜣，独揽大权，一手遮天。于同治、光绪两代王朝，执政48年，近半个世纪。清代末期的三个皇帝，6岁的同治、4岁的光绪、3岁的宣统，都是由她扶植、控制，"一言而定"的。慈禧专断朝政近五十年，"一人治天下，天下奉一人"，她没有文化，没有道德，没有智慧，不懂工农兵学商，不懂国际形势，仅靠她的权势地位，靠她玩弄政治权术当政。在帝国主义侵略者面前，表现得昏庸无能、手足无措；但对于维护个人的权势、地位，其头脑却又显得异常清醒。她锋芒毕露、唯我独尊、专横跋扈、心狠手辣，权欲极强，阴狠毒辣、奸诈狡猾、玩弄权术，专断独裁，在她身上集中体现了皇权制的黑暗、腐朽。

慈禧根本够不上一位政治家，而是一位极端自私自负，工于心计、凶狠毒辣的泼妇。她善于耍弄权术，以同治皇帝母亲的资格，利用庸臣，如醇亲王奕譞、庆亲王奕劻、礼亲王世铎之辈。任意废立，几次垂帘听政、训政，操纵小皇帝。据太监寇连才记录，慈禧对待光绪"无不疾声厉色"。"少年时每日诃责之声不绝，稍不如意，常加鞭挞，或罚令长跪。故积威既久，皇上见西后如对狮虎。战战兢兢，因此胆为之破。至今每闻锣鼓之声，或闻吆喝之声，或闻雷辄变色云。皇上每日必至西后前跪而请安，惟西后与皇上接谈甚少，不命之起，则不敢起。"光绪对于慈禧怕得要死。这哪里像是母子，哪里有一点亲情，简直连主奴也不如。在她的心目中，"排除异己，削弱帝党势力，远远重于对付列强侵略。百日维新期间，她又搞政治阴谋，表面上容忍，甚至允许光绪采取一点新政，暗地里咬牙切齿，布下天罗地网，等待时机，以求一逞。当光绪表示决心，说

'太后若仍不给我事权，我愿退让此位，不甘作亡国之君'时，慈禧竟然说：'他不愿坐此位，我早已不愿他坐之'"（苏继祖：《清廷戊戌朝变记》）。在光绪实行维新变法一百零三天而宣告失败后，慈禧假光绪之名，捕杀了戊戌维新变法的维新派人士，实行了复辟，她刮起腥风血雨，下狠手打压维新派，镇压所有维新派官员，先是将汪鸣銮和长麟革职，解除翁同龢的帝师之任，杀死接近光绪，要求变革的太监寇连才等，然后革除文廷式之职，并把他赶出北京，使帝党受到毁灭性的打击。除已经逃亡者之外，参与维新者几乎全部都被逮捕、被杀戮、被撤职、被查抄、被流放，连光绪本人也被囚禁在中南海瀛台，失去一切自由，惨不堪言，仍由慈禧实行所谓"训政"。她凶狠地骂光绪，"离经叛道"、"变乱祖法"，扬言"今日令吾不欢者，吾亦将令彼终身不欢"[1]。

慈禧腐败无能，却阴险狡诈，又时时玩弄一些小手法。在中法战争期间，在中日战争中，她勾结李鸿章、恭亲王奕䜣等，从一开始就不认真准备战斗。在战争中更是首鼠两端，麻木不仁，和战不定，骨子里是要持盈保泰，想苟安、谋妥协，搞"和议"。战争之后，他们之间互相推诿责任，急于息战求和。在已经对法宣战的情况下，慈禧还要过 56 岁生日，据翁同龢记载，当时"宫门皆有戏，所费约六十万"，"戏内灯盏等（俗名且末），用银十一万，他可知矣"（《翁文恭公日记》甲申十月二十日），致马尾海战失败。在义和团反帝斗争风起云涌的形势下，慈禧也是玩弄两面派手法，一面做出反帝姿态，利用义和团，以泄私愤；另一方面，又对八国联军侵略中国的行径忍辱退让；最后签订丧权辱国的《辛丑和约》，决心"量中华之物力，结与国之欢心"。[2] 慈禧在晚年，也不得不搞些改革，欺人耳目，但是坚持"世有万祀不易之常经，无一成不变之治法。……不易者三纲五常，昭然如日星之照世；而可变者令甲令乙，不妨如琵琶之改弦"（朱寿朋编：《光绪朝东华续录》第 164 卷）。实质是"适应帝国主义的需要，和修补她的封建统治躯体"[3]。搞了所谓的"同治中兴"，其实是在镇压了太平

---

① 转自王芸生《六十年来中国与日本》第 2 卷，生活·读书·新知三联书店 2005 年版，第 222 页。

② 国家档案局明清档案馆：《义和团档案史料》下册，中华书局上海编辑所 1962 年版，第945 页。

③ 孙孝恩等：《光绪传》，人民出版社 1997 年版，第 505 页。

天国农民起义的基础上，与外国侵略者妥协之下的苟且偷生，苟延残喘。实际上，中国沦落在半封建半殖民地的泥沼里，越陷越深。

慈禧终日浑浑噩噩，生活腐化，"惟以听戏纵欲为事"。她终日在颐和园，"或棹扁舟以游于湖，或听戏为乐"，经常"大宴亲贵与群臣"，没完没了地要大臣们陪她听戏，对于国家安危和严峻的国内外形势并不真正关心。在国危民穷的情况下，一再为自己兴修园林：光绪十一年（1885年），她重修三海，工程一百多处，承包商十六家，各色工匠人役每天平均四五千人，有时达到万人。十年才结束，共计用银高达 600 万两。光绪十二年（1886 年），借口昆明湖练水军，挪用海军经费和卖官鬻爵等费用，修昆明湖和颐和园。"共计三海大修工程总费用 600 万两中，有 4365 万两来自海军经费，而颐和园修建总费用数量更为巨大，据研究，仅动用海军经费即达 860 万两。两项工程共耗银数千万两，其中动用海军经费计约达 1300 万两。"① 修建楼堂宫殿之钱，足可以再建两支北洋海军。甲午之战失败，被迫签订《中日马关条约》，中国被逼割地赔款，当时灾荒严重，北京不得不开设粥棚，救济灾民，可是，慈禧却耗银 700 万两，大庆自己的六十寿诞。大兴土木修颐和园，从皇宫到颐和园，沿途装饰彩灯、彩棚，仅用采绸即十万疋，红毯条 60 万尺，备赏的饽饽点心 850 桌。她的执政，证明中国的封建王朝实在是已经山穷水尽，离死期不远了。

第二节　"回光返照"——官吏的道德生活

清代继续着封建主义，尤其是它接收了明代的烂摊子，从一开始官吏的道德就成为大问题。"大兵入关时，明臣迎降，睿忠王权宜任之，故胜国弊政，未尽厘正。"（昭梿：《啸亭杂录》卷1）顺治时期党争不断，中央和地方官吏，不尽心任职反而贪污受贿，行私中饱，吏治败坏。后经康熙至雍正年间的严加矫正，一度有所改善。然而，封建主义的痼疾难以根本改变，乾隆后期的官吏道德每况愈下。道光、咸丰以后，随着外国列强的侵入，爱国主义又成为官吏道德的主题，而爱国主义最后却归结到必须革命，推翻清王朝。历史在这里急剧地转了一道弯。

---

① 孙孝恩等：《光绪传》，人民出版社 1997 年版，第 103 页。

一　"忠"：官德的核心标准

"忠"，即忠于王朝，几千年来一直是官德的核心标准，更何况清王朝最早是由少数民族从偏僻地东北入主中原的，对于它来说，早期最重要的任务首先是巩固自己的皇权，于是，"忠"就成为官吏道德的首要标准。

清王朝取得全国政权后，首先要解决的问题是汉族官员和知识分子的反抗和抵制，使他们忠诚地为自己服务。清初有远见的皇帝都着意这个问题，并且采取了一系列的措施进行解决：分化瓦解原来忠实于明朝的官吏和知识分子，软化和拉拢一批威望较高或态度较缓和的头面人物；坚决打击消除其中的敌对势力；扶植和培养一批如范文程之类忠于皇权的汉族官吏。

人们所熟知的清初的三大思想家——黄宗羲、顾炎武和王夫之，是对清王朝持不合作态度的典型代表。黄宗羲（1610—1695）从顺治至康熙初年，一直都怀着强烈的民族主义情绪反清，开始时甚至组织义军武装抗清。在其著作里称清朝是"伪朝"，清帝是"虏酋"，后来，虽经康熙多方拉拢，态度有所软化，但也只是无可奈何地承认现实，不再积极反对，基本上仍然是不合作。顾炎武（1613—1691）在明末清初之际，由于母残弟死、国仇家恨，使他终生不与清政权合作，直到晚年仍然自称"孤忠未死之人"。王夫之（1619—1691）在南明小朝廷时期，一直坚持抗清活动，甚至曾经寄希望于远在云南的吴三桂，期望他能够复明。自称"先朝遗民"、"南岳遗民"、"明遗臣行人"，返还清政府赠送的货币，拒绝清政府官员的邀请。

在软化和拉拢汉族知识分子和原来明代官员的同时，清王朝还采纳了一些大臣的建议，大力倡导忠诚，尤其是忠于清朝的道德品质。顺治十二年（1655年），汤斌（1627—1687）建议广收先代遗书及明末死难诸臣事迹，以修《明史》，奖励表彰忠义，并把那些投降清的诸臣，如洪承畴、钱谦益辈，列入"贰臣传"，以"昭示纲常于万世"，用这种似乎极端的方式，为巩固清王朝的政权服务。

对于清朝皇权最大的危险，需要花最大气力解决的，是以吴三桂为代表的明代降臣的不忠。他们不但手握大权，而且态度反复诡谲。吴三桂

（1612—1679）原出身于武将世家，生活上奢侈腐化，国难当头，仍然"以风流自赏"，千金购买名妓陈圆圆。在明王朝时期，他钻营有术，左右逢源，青云直上。尤其善于利用清初的风云变幻时机，大肆投机：先是投降李自成；然后又不惜父亲吴襄被杀，以"复君父（明代崇祯皇帝）之仇"为名，归顺清朝，迎接清军入关。在清军占领全国的战斗中，他先是在山东和西北地区与李自成部队作战，然后又到西南，镇压张献忠和南明政权，亲手擒杀了南明的桂王，彻底背叛了明王朝，为清王朝建立了大功。这个无耻小人，竟然被一些人吹捧为"纯忠极孝，报国复仇"的"世间伟人"（《辛巳丛编·吴三桂纪略》）。清王朝奖励吴三桂的"功劳"，封他为亲王，并且让他"开藩设府"，镇守云贵。其子吴应熊也得以尚公主，号称"和硕额驸"，加少保和太子太保。吴三桂在云贵期间仍然要尽手腕，大搞独立王国。他不但自己任命地方官吏，谓之"西选"，还重金收买朝中和各省的官僚将吏。用政治特权，大肆兼并土地，垄断盐井矿山，发放高利贷。利用经济招降纳叛。

后来他竟然又一次次反叛，先以"复明"为旗号，自称"周王天下都招讨兵马大元帅"；最后他甚至建国称帝，号称"大周"，自己过了一回皇帝瘾，最终身败名裂。这位身经两朝、历事三主、反复无常、口是心非、见利忘义的野心家，实在是不忠的典型。像吴三桂这样的不忠之人，还有不少，例如和他同时代的耿精忠、尚可信、王辅臣之辈，以及他们的一些部下。

与上述不忠的官吏相对立，清代初期还出现了一批明代官员和知识分子，他们坚定地投靠清政权，忠心耿耿地替清政权出谋划策；清初的统治者也全心全意地依靠他们，为自己夺取和稳定天下打下根基。

忠诚于清政权的典型代表首推范文程（1597—1666），他为清王朝立下了建国定制之功。范文程是汉人，其先辈在明初从江西谪居沈阳，曾祖任过明朝的兵部尚书，祖父曾任过沈阳卫指挥同知，他本人也曾经是明代县学生员。但是，当八旗兵攻破抚顺后他就降了清，还跟随努尔哈赤和皇太极打过仗，很受重视。他也知恩图报，一心一意忠于清廷。他很早就劝皇太极对明用兵，攻占北京。以后也一直积极为清政权出谋划策，帮助其制定各种方针大政：努力协调皇太极与多尔衮等诸王的关系，顺治登极后，多尔衮大权独揽，范不顾个人的恩怨——原来的旗主硕托被杀；自己的妻子被多尔衮之弟、豫郡王多铎看上，要夺为己有——以大局为重，在关键时刻，为清王朝出谋划策，确定建国方针。首次提出清军入关后的战略重点应该是农民起义军，要与义军争夺天下。他让其以讨伐农民起义军为首要任务，并以为明复仇名，进兵中原。清军入主北京后，他提出整顿军纪、为崇祯皇帝发丧等等建议，稳定社会秩序；申明纪律，收买人心，特别对于汉族地主、官吏和知识分子，提出"官仍其职，民复其业，录其贤能，恤其无告"；建议废除明代困扰民间多年的横征暴敛——辽饷、剿饷和练饷，以争取民心；他负责为清王朝起草撰写各种文件；他亲自招降明臣孔有德、耿仲明，并调处清王公贵族间的矛盾，为夺取全国政权立下了汗马功劳。皇太极死后，他又不顾权臣的威势，积极扶植顺治皇帝，以致顺治称他"忠诚练达，不避艰辛"，甚至派画工到他家里为其画像，"藏之内府，不时观览"。与范文程相似的，还有宁完我等一大批人。宁完我在追随清王朝的夺权斗争中，遇事敢言，对于议定官制、辨服色、置言官等做了大量的工作，在多尔衮执政期间，他托疾身退，巧妙地保住了自己，表现了他对于清朝的忠心。

康熙时期，汉人武将中忠诚于清王朝并且立下大功的，首先是收复台湾的施琅。施琅善于水战，原是郑成功的部下，郑死后内部集团的争斗，使他被迫投降了清朝，并受到了重用。在清王朝收复台湾的战斗中，他运筹帷幄，英勇杀敌，攻澎湖时，不顾被流矢射中眼睛，仍然坚持督战，毫不退却。在占领台湾后，他以国事为重，不计杀父兄之私仇，从优处理郑氏后人，和刘国轩、冯锡范等，不许诛杀降将降俘，在台湾建立府县，进行了有效的管理。他自己则有功不居，辞谢侯爵之赐。

在范文程等人之后，忠实于清王朝的官员要推熊赐履和李光地。他们都出身于知识分子家庭，通过科举考试做官，两人均是当时的名儒，信奉宋明理学，在忠实于清王朝，其人格上都有瑕疵这一点上也大体一致，然而熊赐履与李光地却又是一对冤家对头，他们各自拉党结派，争宠互斗。

熊赐履作为小皇帝的师傅，他意重心长地教育康熙"民为邦本，本固邦宁"；要重视得人，"为政在人，人存政举"；注意水利等等。尤其可贵的是，在康熙初年，他敢于上"万言书"，针对四大辅臣，特别是对于鳌拜的错误，提出尖锐批评，并指陈民情吏治、朝政得失和为君之道。这一举动轰动朝野，他的"万言书"一时海内传诵。在平日，他为官清廉，生活朴素清寒，一旦罢官，家里没有贮蓄，甚至连维持生活也困难。遇到青黄不接，只能"数米而炊，杂以野菜"。然而像熊赐履这样忠诚的好官，有时竟然也犯不老实的错误，以致陷入了所谓的"嚼签案"：他将自己批错的签子吞掉，企图诿过于另一大学士杜立德。事泄后，他被罢职，冷落在家里许多年。

李光地对于清王朝的忠，贯彻了他的一生。他是福建人，在省亲归里期间，正遇到耿精忠的叛乱。当时他拒绝了耿的招聘，为清朝出谋划策，并推荐名将，积极帮助清师平定福建，后来又出谋划策，帮助清王朝收复台湾。后来在直隶巡抚任上，他又积极兴修农田水利，扭转财政亏空，清除考试积弊。他一生宣扬教化，孜孜研究，并且崇尚和推广理学，后来又致力西学的研究，推动了清王朝的文化建设，培养了一批人才。

然而李光地的个人道德，特别是叛卖朋友陈布雷事件，也颇受当时人非议。当初李光地在福建密疏康熙，提出破耿精忠叛乱机宜之时，他的同乡、朋友陈梦雷起了极大的作用。据说李最早曾经接受耿精忠之邀，是陈首先反对李去探望耿，并且将"耿逆之狂悖，逆党之庸暗，兵势之强弱，间谍之机宜"向李作了详细地介绍和分析。而且和李光地两人共同约定：由陈与耿虚与委蛇，为朝廷作内应，刺探情报，瓦解敌人，并且保护李光地的家人；而由李速报朝廷。李当时对陈曾信誓旦旦："他日幸我之成功，则能白尔之节。"但是他在向皇帝上疏讨耿时，却完全撇开陈梦雷，把功劳完全归于己，以致使陈落下了个"从贼"之名，而"负谤难明"，遭到流放的惩罚。这种贪功卖友的卑劣行为，遭到当时人们的蔑视和痛骂。另外，李光地极力推荐为"学博文优"的德格勒，结果却是个草包；在母丧期间的"夺情"问题上，贪恋禄位，不愿回乡守制；有时不懂装懂等等，也遭到人们的非议。攻击他的大臣，例如彭鹏，骂他欺人欺己，假仁假义，"于礼则悖，于情则乖，于词则不顺"。但是由于他最了解康熙，最会逢迎和吹捧皇帝，所以康熙始终信任他，一次又一次地原谅他，为他辩解，称其"谨慎清勤，始终如一"，甚至说"知光地者莫若朕，知朕者亦莫若光地矣！"

巩固皇权，官吏道德需要忠诚，更突出地表现在关于权臣的问题上。从努尔哈赤开始，清王权都处在一个形成的过程中，其核心并不稳固，内部争权夺利激烈。而且，顺治皇帝、康熙皇帝，都是幼年登位，开始时难免大权旁落，即使雍正、乾隆初期，也往往是权臣当道。这些权臣大权在握，作威作福，甚至结党营私，间接或直接地威胁着皇权，成了皇帝的心腹大患。

首先是顺治时代的多尔衮，他是满洲正白旗人，皇族，一向英勇善战，屡立大功，被封睿亲王。清太宗皇太极死后时，他手握重权，曾是皇位继承人之一，后来不得已让顺治当皇帝以后，他作为摄政王仍然把持朝政多年，集大权于一身，专横跋扈，排除打压异己，迫害同样也是皇族的豪格等，重用自己的亲信和私人。顺治七年（1650 年），多尔衮暴死，顺治才得以亲政。还有一位是康熙初年的鳌拜（？—1669），他也是出身将门，一族显赫，青年时代即骁勇善战，文武双全，在开国战斗中屡立大功，成为名将。原来他对于皇太极和顺治都忠心耿耿，对于顺治的继位起了重要作用，曾经被顺治视为心腹，委以重任。顺治死前，被任命为小皇帝康熙的四大辅臣之一，后实际上把持了政权。在其主政期间，为皇室做过一些好事，如注意清理一些清初弊政，整顿改革吏治，裁撤冗吏，不拘资格，任人以才，提高了行政效率。以及鼓励垦荒，蠲免钱粮，努力发展经济等等。但是他也利用手中的大权，网罗党羽，专权妄为，迫害与自己意见不合的大臣费扬古父子，借故杀了费的三个儿子，并籍没其家产。为交换正白旗与镶黄旗的圈地，不顾康熙的反对，一下子矫旨杀掉三位与自己持不同意见者，即户部尚书苏纳海、直隶和山东等地总督朱昌祚，以及直隶巡抚王登联。在康熙十四岁亲政后，鳌拜为保住自己的权力，阴谋陷害另一意见不同的辅政大臣苏克萨哈，不惜与康熙"攘肩强争累日"，终于将苏处以绞刑，并诛其族。此时的鳌拜，结党营私，与自己的亲属以及亲信把持操纵朝政，飞扬跋扈，在皇帝面前放肆叫嚣，无礼之极，完全不把康熙放在眼里。国家大事，要在他的家里讨论决定后，才拿到朝中过一下形式去执行。即使皇帝已经同意了的意见，也要拿到他的家里再讨论，以决定执行与否。鳌拜甚至为测窥康熙对于他的态度而装病，让康熙到家里探视，甚至把刀放在床铺上，以便防备和威胁皇帝，完全违背了康熙"乾纲独断"的意愿。当时的康熙叹息鳌拜"欺朕专权，恣意妄为"，思虑要除掉他，但是又怕鳌拜势力太大，不敢轻易下手。最后采取了一个巧妙的办法，即以培训小内监和王公子弟练习"布库游戏"的方式，巧妙地擒住鳌拜，把他治服并且永远幽禁，而其同党均被处死。这样，康熙终于把政权收归自己的手中。

权臣的不忠，一直是清代前期皇室的重大威胁。康熙时最主要的是索额图与明珠。两人均出身于皇亲国戚，位高权重，精明强干，忠诚于康熙，立下了大功。但是二人又争权夺利，矛盾激烈、积怨甚深。"权势相侔，互相仇轧"。（《啸亭杂录》卷10）两人都喜欢擅权，但是索额图比较嚣张，明珠则比较阴险。民谚称，"要做官，问索三；要讲情，问老明"。"天要安，杀索三；天要平，杀老明。"聪明的康熙看透了他们，在一定时间内利用二人，让其发挥各自的长处。让索额图参与对付鳌拜的斗争，帮助擒拿鳌拜；帮助"平定三藩"；参与中俄尼布楚谈判，坚持正确立场，维护了民族利益。明珠精明干练，在内阁十三年佐理朝政，也积极参加了平定三藩（吴三桂、耿精忠、尚可喜之子尚之信），坚决支持施琅，收复台湾，力荐靳辅治理黄河等等。康熙更巧妙地让二人互相制衡，以防一方坐大。当他们的矛盾一旦激化，估计可能威胁到皇权时，就采取坚决措施除掉他们：索额图由于搞太子党，被绞死；明珠结党营私，贪污和跋扈达到极点，被赶出中央，并一再贬黜。

类似索额图和明珠一类的悲喜剧，在雍正王朝时期又演出了一次。当时的权臣隆克多、年羹尧和他们一样对皇室不忠，雍正也采取了大体上和康熙一样的办法来对待他们。这两人都是雍正的亲戚，一度都是朝廷的核心人物、台柱子，曾经为雍正皇帝立过大功，而且也是他最亲近的大臣：一位是"舅舅"，另一个是"恩人"。两人都曾帮助雍正打击兄弟，稳固政权，青海平叛，赞助耗羡归公，在改革康熙晚年弊政上，都有功劳。但是也都专擅威福，非常张狂。

隆克多曾经作为"当代第一超群拔类之稀有大臣"，是皇帝的左右手，历任要职，参与处理一切重大事务。在吏部执掌用人大权，司官对他"莫敢仰视"，公事惟其命是从。但是他对雍正始终不放心，总是要留一手。怕抄家，将自己的财产分藏在各亲友家和西山寺庙里。雍正也看透了他，先是称其为"奸"，然后斥责他"奸诈负恩，揽权树党，擅作威福"。在雍正五年（1727年）六月，不顾与俄国谈判的需要，从谈判桌上把他撤回来，并责以41项大罪，永远囚禁。

年羹尧，原是雍正的"藩邸旧人"，亲信大臣。平定青海暴乱后，升抚远大将军，一等公，曾经掌握着整个西北，甚至西南云贵川地区的军政大权，是雍正打击其兄弟、巩固其皇位在京城之外的主要依靠者。雍正对他依赖甚深，几乎一切疑难大事，甚至官吏任命，都要同他商量，而且言听计从。其在驻京期间，甚至"令其传达旨意，书写上谕"，相当于总理事务大臣。位尊权重的年羹尧，擅作威福，不守臣节，干预朝中政务，攘夺权力，滥用朝廷名器。他还结党营私，任用私人，结成朋党，排斥异己，大搞独立王国。往往自己任命官吏，"引用私人，但咨吏部，不由奏请"，时人称作"年选"，和当年吴三桂的"西选"类似。他贪贿成风，"悉多营私受贿，赃私巨万"（《永宪录》卷3）。例如被他密奏罢官的赵之垣，向他赠送了价值十多万两银子的珠宝后，竟然转而被保举为可用。（《清世宗实录》卷34）逾越礼制，在军中，诸大臣，甚至郡王、额附、总督，都要跪迎。吃饭叫"用膳"，请客叫"排宴"，给人东西称"赐"，属员答谢曰"谢恩"。"形成一个以他为首脑，以陕、甘、四川官员为基干，包括其他地区官员在内的小集团"，出现了"雄兵十万，甲士千员，猛将如云，谋臣如雨"的局面。年羹尧回北京汇报工作，架子和排场十足。"黄缰紫骝"，王公以下的官员跪接，年安坐而过，连看也不看一眼。年恃宠而不守臣礼，两次在西宁军前，接到雍正的"恩诏"，不按规定设香案跪接开读，宣示于众。而自己编选了《陆宣公奏议》，竟然不经雍正同意，私自代皇帝写序言，甚至在皇帝面前，有时也"箕坐无人臣礼"。这一切，不能不召来百官的不满和皇帝的疑忌。本来就残忍和虚伪的雍正，岂能容他恣意妄为，如此不忠！于是在坐稳了江山，"狡兔已死"的情况下，采取了坚决措施，一步步地烹了这只走狗：先是命他交出抚远大将军印，调任杭州将军，严惩其子弟和亲信。然后动员舆论，口诛笔伐其罪状，罗列了他92条大罪，最后逮捕回京，勒令自裁。雍正处置年羹尧，一方面表现了雍正对于权力追求的绝对和独裁，另一方面也是由于年羹尧头脑发胀，忘乎所以，胡作非为的结果，实在是咎由自取。

二　"廉"：最基本的官德

"廉"，历来是对享有特权的官吏的基本道德要求，在政权比较稳定的时期显得更为重要。清王朝自从康熙以后，顺应这个趋势，在官吏道德中特别强调"廉"。皇帝在多次关于官员的评议中，不但以"廉"为中心，而且多次作出关于"廉"的评比，例如，"康熙二十九年谕九卿察举廉吏,灵寿令陆陇其、三河令彭鹏、清苑令邵嗣尧、麻城令赵苍璧,同被引见。四人者果皆耿直廉干,声实俱美"(《郎潜纪闻·初笔》第107条)。

廉的基本内涵是简朴节省,不贪不占,其扩充的内容,则又包括敢于抗拒邪恶,保护民众利益,甚至为群众谋利。在清朝时代,尤其是在其兴盛时代,廉官都有类似的品质。试看:

于成龙(1617—1684),康熙大树的廉吏榜样,曾被誉为"天下廉吏第一"。顺治年间,他在广西罗城知县任上,便插棘为门,累土为几,清贫生活与卓著的政绩一时被传为佳话。于成龙的廉政,首先是申明保甲,剿抚群盗,使"民安其居";其次是减役免赋,发展生产,"招民垦田,贷以牛种";其他还有惩治贪官墨吏、兴学,创设养济院,提拔贤能等等。康熙十四年(1675年)秋,黄州发生严重自然灾害,于发放赈贷粮救活了几万灾民的性命,调离任所时,几万黄州百姓送行到九江。在福建按察使任上,他面对亲王,力陈沿海数千渔民无"通海"之罪,大呼"皇天在上,人命至重",挽救了他们的性命。于工作通宵达旦,善于私访,升任两江总督后,属下官吏不敢为非作歹,江南风气大为改观。后来,政绩卓著的于,受到挟私报复、陷害,被迫离任,康熙特下诏令留任。平日"日食粗粝","佐以青菜"。餐桌上从无鸡鸭鱼肉,"终年不知肉味"。来了亲戚和客人,也以米粥招待。子女只准穿褐衣或木棉袍,不准穿华贵服装。他去世后,遗物只有一袭棉袍和一些盐豉。康熙二十年(1681年),康熙在懋勤殿召见于,赏赐白马、黄金、御诗等,勉励有加。皇帝还为其题字——"高行清粹"。

彭鹏,当时人冯山景录说他"甲寅闽变(耿精忠叛变),贼(耿精忠部下)欲污公,公骂之,贼怒,击齿尽落"。"后宰三河,仁而廉,口餐齑粥,有时绝粮。御前放鹰者至县,使来索饩牵,公鞭之。""人为给事中,劾考官不公,至请斧劈臣头,悬太学以谢士。""及出监河工,秋涛啮堤,公止宿其上,誓身同去留。""按察贵州,主仆行李裁二肩。"这六七项,有一项就了不起,而彭是"忠清正直全备"。(《郎潜纪闻·初笔》第106条)

陆陇其,七品官,"令嘉定时,值巡抚慕天颜生辰,众皆献纳珍物,惟恐不丰。清献独于袖中出布一疋、履一双,曰'此非取诸民者,为公寿.'天颜笑却之",卒以微罪劾罢其任"（《郎潜纪闻·初笔》第 108 条）。死后一年，康熙还委以重任，待知其逝世后，叹息地说："本朝如这样人，不可多得了。"（《郎潜纪闻·初笔》第 156 条）

类似的官员和事迹，还有很多，比较著名的有：

汤斌（1627—1687），任潼关道副使时，为防止军队骚扰地方，下令凡大军经过，一律遣人迎之境外，约束其不得入城。智斗总兵官陈德，拒绝其无理索取。麦子绝收年间，不顾督抚命令，以仓谷代替小麦充军饷。"设保甲，行乡约，建义仓，立社学"，安定地方。为奉养多病父母终天年，谢绝督抚照顾，宁肯辞官离职二十年。在任江宁巡抚期间，他以"察吏安民为念"，整顿吏治，革除弊政，合理调整税赋，蠲免钱粮，救济灾民，同时又弘扬文教，倡导礼义廉耻，捣毁邪教"五通祠"。他个人廉洁简朴。"其夫人暨诸公子衣皆布，行李萧然，类贫士。而其日给惟菜韭。"从不接受任何礼物，也不给权臣（如明珠）等送贿赂。生日时，地方绅士送他一副屏联，他把屏上的字抄下来，把屏退回去。离任时，苏州人民成千上万人为他送行，他只带了因为当地物价便宜而购买的一部《二十一史》，其他仍是赴任携带的物品，"敝篚数肩"而"不堪一物"。（冯景：《汤中丞杂记》）死后，虽遭权臣的诬陷，仍然得以入祠陕西、江西和江南名宦祠、贤良祠。

张伯行（1651—1725）笃信儒家，尤信程朱之学，力持主敬理论。一生手不释卷，不分日夜寒暑，"以道为娱"。其所到之处，建立书院，政务之暇则讲学不辍。康熙三十八年（1699 年），黄河洪水破堤逼近仪封，即张的故乡之时，正在家中为父亲守制的他挺身而出，召集并且亲自率领乡亲们，找来布袋装上沙子堵塞溃败的河堤，避免了一场惨祸，显示出才干魄力，从此走上了治水之路。他多年辗转在灾害严重的苏北和鲁南一带，治理黄河、淮河和运河。推敲治河方案，保障了黄河在该段的安全和运河水路的畅通。在任山东济宁道时，正遇灾荒，他顶住压力，开仓放粮 2 万多石救济灾民，并且慷慨地捐出自家的粮、钱、棉衣，分发灾区。"倾资广惠，众赖以济。"（《张清恪公年谱》）在福建巡抚任上，他针对该地缺粮，而粮商乘机牟利的情况，制止粮食出口，治理不法商人囤积居奇。并且派人从邻省采购粮食，平价卖给百姓；广设仓库，储粮备荒。保障了粮食供应，"终闽任，民无阻饥之患焉"（《张清恪公年谱》）。对于该地佞佛，竞相买贫女为尼的陋习，张伯行下令禁止，令其家赎回择夫婚配，没有钱赎的由官府代赎，"数月之间，怨旷得所，舆情大悦"。（朱轼：《太子太保礼部尚书张清恪公神道碑》）他坚决顶住索贿送礼的歪风，曾发布政令说："一丝一铢，皆民脂膏。宽一分，民受一分之赐；要一文，身即受一文之污。虽曰交际之常，于礼不废，试思仪文之具，此物何来？"个人生活极其简单朴素，平日居处，四壁萧然，外出为官 30 余年，"未尝携眷"，个人生活用费不要公家供给，而都取之于自家，"日用蔬菜米麦、寸丝尺帛，以至研麦磨石，曳磨之牛，皆自河南运载之"（《碑传集》卷 17）。康熙五十年（1711 年），张伯行为科场舞弊案，揭露参奏总督噶礼"营私坏法"数十事，卷起官场大波。张不顾众多官僚的包庇和噶礼本人的威胁利诱，坚持斗争，立誓要"振千古之纲常，培一时之士气，除两江之民害，快四海之人心"，终于在康熙皇帝的支持之下取得胜利。

陈宾，曾在台湾任职，"兴校广教，在县五年，民知礼让"。任台湾厦门道，"新学宫建朱子祠于学右以正学厉俗，镇以廉静，番民（台湾原住民）贴然。在官应得公使钱，悉屏不取"。提出"禁加耗、除酷刑、粜积谷、置社仓、崇节俭、禁馈送、先起运、兴书院、饰武备、停开采，凡十事，诏嘉勉"（《清史稿·本传》）。任山东巡抚时，自己骑马带着行李去济南上任。衣食住行非常俭朴，不义之财分文不取，其清操闻名遐迩，天下称赞。史书称他，"令古田，调台湾，督川学，巡台厦，开府湖南、福建，乃身在外几二十年未尝挈眷属、延幕宾。公子旷隔数千里，力不能具舟车，一往省视。伴从一二人，官厨以瓜蔬为恒膳，其清苦有为人情所万不能堪者，公晏然安之，终其身不少更变"。圣祖目之为"苦行老僧"（《郎潜纪闻·初笔》第 159 条）。死后"遗疏以所贮公项馀银一万三千有奇，充西师之费；命以一万佐饷。余给其子为葬"。

直到嘉庆、道光时，还有不少廉官，如王鼎，少时家贫，学习勤奋，性耿直，尚气节。"清操绝俗，生平不受请托，亦不请托于人。"赞画回疆，清理长庐盐政欠银 900 百万两。后来官拜大学士，军机大臣。黄河祥符地区大水冲堤，围困开封，他受命治河，"躬率走卒巡护，获无恙。泊工兴，亲驻工次，倦则卧肩舆中"。仅用银 600 百万两，节约达千余万两。鸦片战争时，"鼎力主战。至和议将成，林则徐以罪遣，鼎愤甚，还朝争之力，宣宗慰劳之。命休沐养疴。越数日，自草遗书，劾大学士穆彰阿误国，闭户自缢，冀以尸谏。军机章京陈孚恩，穆彰阿党也，灭其疏，别具以闻"。王鼎"家无余赀"（《清史稿·王鼎传》）。廉洁至死，竟然如此下场。封建主义制度实在是继续不下去了。

晚清也有一些廉洁之臣。如张之洞（1837—1909）。张之洞从小就勤学好思。居官之后，他"一日若两日"，亲治文书，写出大量著述，如《书目答问》、《劝学篇》等等著作，从"不假手他人，月脱稿数万言。其要者，往往闭门谢客，终夜不寝，数移稿而成。书札有发行数百里，追回易数字者"①。更重要的是，张之洞是个忠臣，清正廉洁。早期任四川学政三年，回任时两袖清风，"于例得参费银两万两，辞而不受，其他恩优岁贡及录遗诸费，皆定为常例，不许婪索。及去任，无钱治装，出售其所刻万氏拾书经版，始克成行以去"，"还都后，窘甚，生日萧然无办，夫人典一衣以为酒"。临终时的遗嘱中还说："为官四十多年，勤奋做事，不谋私利，到死房不增一间，地不加一亩，可以无愧祖宗。"死后"家无一钱，惟图书数万卷"②。"好阅兵家言及掌故经济之书，慨然有经世之志。"在四川学政任上，曾经两次为该省东乡民众案仗义上书，为"庚辰午门案"平反。在山西巡抚任内，采取一系列除弊兴利措施，整顿吏治，裁撤摊派，清理财政，劝导农桑，兴学教化等等。

但是，清朝的官吏并不都是廉洁之吏。由于封建制度发展至清朝中后已开始走下坡路，所以，清朝的贪官污吏数量之多、面积之广、涉案金额之巨都是前所未有的。《儒林外史》中的"三年清知府，十万雪花银"，《红楼梦》中的"贾不假，白玉为堂金作马。阿房宫，三百里，住不下金陵一个史。东海缺少白玉床，龙王来请金陵王。丰年好大雪，珍珠如土金如铁"，都写出了清朝官吏的腐败。清朝官员的腐败在其初年就已经不少，例如明珠之类，只是当时的皇帝们能够加以控制。到了乾隆中期以后，吏治更加败坏。史载："大臣恃宠乱政，民迫于饥寒，卒成祸乱。"（《清史稿》卷322）

官吏道德败坏的主要表现，第一是固位保宠，因循守旧，无所作为。例如，道光时的大学士穆彰阿，固宠窃权，"保位贪荣，妨贤病国。小忠

① 谢放：《张之洞》，广东人民出版社2010年版，第95页。
② 同上书，第13、98页。

小信，阴柔以售其奸；伪学伪才，揣摸以逢主意"（《清史稿》卷363）。在外边，他广植私党。而各部院衙门"诸臣全身保位者多，为国除弊者少；苟且塞责者多，直言毁事者少。甚至问一事，则推诿于属员，自言堂官不如司官，司官不如书吏"（王先谦：《十二朝东华录》[嘉庆朝]卷6）。当时皇帝最宠信的大臣曹振镛竟然说出当官的秘诀是"多磕头，少说话"，这六个字可谓经典之极。

官吏道德败坏的最突出的表现，就是贪污腐化。乾隆前期还试图严惩贪官污吏，废除了贪官污吏完赃后可以减刑的旧例。"著将斩、绞、缓决各犯纳赎之例，永行停止"表明其"重弼教"而"轻帑项"。到了乾隆后期，为了满足其奢侈生活，朝廷已经改弦更张，变为"重帑项"而"轻弼教"。这样更加放纵贪官污吏。在和珅的主持下，王朝实行了"议罪银"制度：规定地方大员，甚至富商，"令其自出己赀，稍赎罪戾"。"议罪银"由军机处，及其专门设立的"密记处"管理，少者1万多，多者近40万。这笔款子绝大多数交内务府，供皇帝个人使用。这样，就使犯罪者更加有恃无恐，只要多交银子，表示对皇帝的忠心，不但可以不被惩处，而且可以当更大、更肥的官。这种议罪银制度可以说是一种制度腐败。此制一开始实现，官吏就可放心地、大胆地公开贪污盗窃。这一现象在乾隆后期越来越严重。其中和珅一案最具代表性。

和珅在位时通过各种手段大肆敛财，其数额惊人。其家被抄后，有的书说，"嘉庆皇帝查抄大贪官和珅的家产多达一百零九号，其中仅已估价的二十六号，就值银二亿二千多万两"。[①] 有的书则说，抄出藏金32000多两，地窖藏银200余万两，取租地1266顷，其他还有取租房屋1001间半，各地当铺银号以及各种珠宝、衣物等，其总家产折合白银有的说1000万两，有的说2000万两，有的说达到了8亿两。还有违制的珍珠、大珠、手串、大宝石等，实际数字已经无法考据。[②] 证明和珅一直过着帝王一般的奢华生活，他娶了出宫女子为妾，仅巡捕营在和宅供役者就达1000余人；在许多地方建立豪华宅第，如什刹海畔的楠木殿锡晋斋（后来的恭王府），其豪华甚至超过皇宫。还有人说，和珅抄家的钱，能够顶

---

① 白钢：《中国皇帝》，天津人民出版社1993年版，第316页。
② 阎崇年：《正说清代十二帝》，中华书局2009年版，第207页。

朝廷几年的收入，故社会上流传说"和珅跌倒，嘉庆吃饱"。

像和珅那样的官员，还有不少，后来的龚自珍曾经描绘出当时官吏的贪卑，"上都通显之聚，未尝道政事谈文艺也，外吏之宴游，未尝各陈设施谈利弊也。其言曰地之腴脊若何，家具其赢不足若何。车马敝而债券至……失卿大夫体，甚者流为市井之行"，"内外大小之臣，具思全躯保室家，不复有所作为"，他们之所行，等同于"厮仆之所为"；"得财则勤于服役，失财则怫然愠"（龚自珍：《明良论一》）。《乾隆传》一书对于当时的贪污案概括了五个特点：第一是贪污的花样多；第二是贪污犯中高级官员多；第三是集团性贪污案件多；第四是贪污数额巨大；第五是官官相护，揭发案件难，惩办更难。[①] 从这些特点可看出当时贪污腐败之盛。

官吏道德低下，还表现在不顾廉耻，谄媚巴结上司，一心求升官上。正如龚自珍所揭露的那样，"历览近代之士，自其敷奏之日，始进之年，而耻已存者寡矣。官益久，则气愈偷；望愈崇，则谄愈固；地益近，则媚亦益工。而其于古者大臣巍然岸然，师傅自处之风，匪但目未睹耳未闻，梦寐亦未之及。臣节之盛，扫地尽矣"。"窃窥今政要之官，知车马服饰、言词捷给而已，外此非所知也。清暇之官，知作书法、赓诗而已，此外非所问也。堂陛之官，探喜怒以为之节，蒙色笑、获燕闲之赏，则扬扬然以喜，出夸其门生、弟子。小不霁，则头抢地而出，别求夫可以受眷之法。"（龚自珍：《明良论一》）和珅之所以能够敛聚如此巨额财产，除了制度原因外，另一个主要原因是依恃乾隆对其的信任与宠纵。和珅特别善于揣摩乾隆的心思，然后倾力投其所好，百般曲意奉迎，以此骗得乾隆对他的信赖。此外，他还与皇族攀亲联姻：乾隆把自己的女儿和孝公主，嫁给和珅的儿子丰绅殷德；和珅的女儿，嫁给康熙的玄孙；和珅的侄女，嫁给乾隆的一个孙子，即皇六子永瑢的儿子。这一来就使单纯的君臣关系，又加上了裙带关系，亲上加亲。

三 爱国主义：道德主题

1840 年的鸦片战争，开始了中国社会的重大改变，列强入侵促使中

---

① 唐文基等：《乾隆传》，人民出版社 1994 年版，第 369、370 页。

国从封建社会，进入了半封建半殖民地社会。与此相对应，社会道德状况也发生了重大改变，在官吏道德上，爱国主义还是卖国主义成了时代的主题。

爱国主义的首要表现，就是官吏们勇于反抗各国列强的侵略，保卫中国的国家安全和领土完整。

近代中国第一个坚持爱国主义旗帜的清代官吏，应当说是林则徐（1785—1850）。林则徐一生努力，注重经世之学，为官公正清廉，勤恳能干，一向关心国家和民族的命运。他最早看到鸦片的危害，指出："若犹泄泄视之，是使数十年后，中原几无可以御敌之兵，且无可以充饷之银。"① 认为禁烟的关键在于阻止鸦片走私入口。接受禁烟任务后，林则徐明明知道"此役乃蹈汤火"，从中央直到地方，从朝廷大员，直到外国商人，都会有人拼命反对，但是他"早置祸福荣辱于度外"，毅然赴任。到广州后，他一方面详细了解情况，团结、依靠当地军民，采取坚决措施，收缴并且焚毁鸦片23万多斤，完成了甚至被某些西方人称之为"在人类历史上也必将永远是一个最为卓越的事件"②。另一方面，他采取措施，加强防御，组织人民，整军备战，抗击英国侵略者。更重要的是，林则徐特别关注外国情况，组织人员搜集和翻译西方资本主义的政治、军事、法律、经济、文化资料，以及科学技术，编译成《澳门新闻纸》和《四洲志》，以便"尽得西人之长技，为中国之长技"，成为我国近代"睁眼睛看世界的第一人"。

鸦片战争后，林则徐被昏庸的道光皇帝"谪戍伊犁"。但是他没有灰心，没有停步，而是一直关注东南沿海的战斗形势。路经河南时，帮助修建黄河水利。在谪戍新疆期间，推广屯田垦殖、改进推广坎儿井，教民制纺车、织布，足迹遍布北、南疆，纵横3万余里。"创修水利，开田至数十万余亩，至今利赖。"写作了《荷戈纪程》一书。回程路上，"公方卧疾，闻命束装，星夜兼程，宿疴益剧。公子……劝以节劳暂息，公慨然曰：'二万里冰天雪窖，只身荷戈，未尝言苦，此时反弹劳乎？'口占一联云'苟利国家生死以，岂因祸福避趋之'"（《郎潜纪闻·初笔》第21、

---

① 《林则徐集·奏稿》中册，中华书局1963年版，第571、601页。
② 卫三畏：《中国总论》第2卷，上海古籍出版社2005年版，第504、505页。

131 条)。与林则徐一起的爱国主义的官吏，还有邓廷桢、关天培等人。

比起林则徐稍晚的另一个杰出的爱国主义官吏，当推左宗棠（1812—1885）。左宗棠少年时代就关心研究经世致用之学，钦佩林则徐。虽然曾经招募楚军，参与了镇压太平天国起义、捻军和回民起义，但是也一向志在强国。在浙闽总督任上，他创建了福州船政局，坚持船舶自造，为中国第一支近代化海军打下基础。同治、光绪年间，中亚的阿古柏等，在英、俄的支持下，侵略和分裂中国。帝俄也乘机占伊犁。当时，已经年近花甲，就要退休的左宗棠奋然而起，他说："今既有此变，西顾正殷，断难遽萌退志，当与此虏周旋。"（《左文襄公全集·书牍》卷 11）虽然不久前投降派就想讨好列强，放弃新疆，例如曾国藩曾有"暂弃关外，专请关内"之议，李鸿章更是认为新疆偏远贫瘠，主张放弃，"新疆不复，与肢体之元气无伤"。（《李文忠公全书·奏稿》卷 24）然而左宗棠却极力论证新疆的重要，坚持"塞防"与"海防"并重。光绪元年（1875 年），左宗棠受清廷委任，挥军收复新疆。他以坚定的态度，正确的战略战术，在各族人民的支持下，用了 3 年时间，实际只打仗四个多月，就胜利地收复了全疆（伊犁除外）。尤其可贵的是，在整个收复新疆的战斗中，他头脑清醒，立场坚定，不断地揭露英国、帝俄侵略者割裂中国的企图，为祖国统一树立了不朽功勋。在新疆期间，左宗棠还重视屯田开荒、推广蚕桑、修筑道路等工作，发展地方经济，救济灾民，为当地人民办了不少好事。在左宗棠生命的最后几年，他仍然关心国家民族命运，当法军侵略西南、福建等地之时，他不顾年老体弱，义愤填膺，慷慨请战，并积极备战。最后终以"不能破敌，大加惩创引为恨事，肝疾牵动，愤郁焦烦"，病势剧增，不久去世。（《光绪朝东华录》第 2 册）

张之洞也是这方面一个代表。1879 年，清政府在俄国胁迫下签订的《交收伊犁条约》，张之洞义愤填膺，上疏近 20 次提出应当修改条约。在中法战争期间，他是积极的主战派。1883 年 11 月 30 日，他一天三次上奏，主张积极备战，抗击法军。次年，他署两广总督以后，就积极备战，全力支援福建、台湾和云南等地的抗法斗争。他排除偏听偏见，推荐并任用刘永福领导的黑旗军，委任冯子材等。在刘、冯的领导下清军取得了镇南关和谅山大捷，取得鸦片战争以来反击外国侵略者的大胜利。时人认为，"南皮实为首功也"。① 中法战争后，清政府却屈辱妥协，打了胜仗要退兵，张三次致电朝廷提出反对，均遭到申斥。1895 年，中日甲午战争期间，他在两江总督任上，也是积极备战，提出采取"胁和"，即拉拢并领带英、俄以对抗日本的策略。《中日马关条约》使他痛心疾首，企图利用英俄力量牵制日本，阻止和议。他还支援和接济丘逢甲、唐景崧等在台湾抗日。此外，几乎在每次与外国进行的屈辱谈判及借款活动中，他总是呼吁维护民族利益，努力保护国家主权。

同治、光绪两个时代的官吏，许多像林则徐等一样，高举爱国主义的旗帜，在保卫国家安全，抗击列强侵略的斗争中英勇奋战，特别是一些中下级官员。在中日甲午之战中涌现出的左宝贵、邓世昌，是他们的光辉代表。

左宝贵（1837—1894 年），平日治军"纪律严明"。1894 年，日本侵略朝鲜，左主动请命，率军赴朝，几次计划主动出击，均被畏战的上级叶志超压制。但是，他坚决反抗日寇，誓死保卫平壤，说道："若辈惜死可自去，此城为吾冢矣。"在与敌军争夺城北的制高点时，左身先士卒，"使倭人死伤无数"，自己负伤不下火线。在敌我势力悬殊的形势下，坚守阵地，最后不幸中弹身亡，为国捐躯。（见姚西光：《东方兵事纪略》，丛刊《中日战争》[1]）但是叶志超却可耻地率部仓皇出逃，致无数士兵惨死乱军中。

邓世昌（1849—1894 年），少年时即抛弃科举。几次出国考察西方的船舰制造，后担任北洋舰队致远舰管带。邓世昌平日志在保国，常说："人谁不死，但愿死得其所耳！"中日战争起，他"愤欲进兵"，在茫茫大海里与敌人激战，率舰冲锋在前，"独冠全军"。在战斗中奋勇战斗，激励战士："吾辈从军卫国，早置生死于度外。今日之事，有死而已！"发挥了强大的战斗力，相继攻陷敌舰。当他所在的致远舰遭受巨创，弹药将尽之际，仍然命令开足马力，冲向敌方的主力舰吉野号，誓与之同归于尽。不幸当时他的舰体又触鱼雷，在即将下沉之时，他义不独生，拒绝救援，壮烈牺牲。

与左宝贵、邓世昌相似的抗敌英雄，在抗法斗争中，也出现不少，如

---

① 谢放：《张之洞》，广东人民出版社 2010 年版，第 30 页。

老将冯子材，黑旗军的刘永福等等。其他还有刘铭传，他是台湾建省后的第一任巡抚，少有大志，"秉性忠勇，卓立战功"，建议修铁路，史称"中国铁路之兴，实自铭传始"。中法战争期间，率众奋勇作战，抗击法军侵略。光绪十一年（1885 年），在台湾修炮台、架电线、修铁路、发展经济、安定社会，至今台湾还树立着他的塑像。

近代清朝官吏中也有一些一心维护清王朝的封建统治，而不顾中华民族生死存亡的卖国者。其显赫者有穆彰阿、琦善之流，曾国藩（1811—1872 年）也是其中的一个代表。曾国藩先后镇压太平天国起义军、捻军，为清王朝的苟延残喘立下了大功。曾一度反对借"洋兵会剿"，后来看到列强势力强大，可资利用，就一反前期所为，开始举办洋务，创建江南制造总局，企图借助西洋的枪炮技术，以巩固封建统治，所谓"师夷智以造炮制船尤可期永远之利"（《曾文正公全集》卷 12）。他的卖国主义嘴脸的大暴露，是在所谓"天津教案"中对列强的屈膝投降。法国侵略者在天津的横行，引发了民众的激烈反抗，愤怒的民众击杀了法国领事丰大业，并焚烧教堂，伤及教民数十人。法国侵略者要求清王朝严惩人民，天津人民更加愤怒，希望备兵以抗法。担任处置此事的曾国藩，明知"天津教案""曲在洋人"，但是竟完全屈从法国侵略者的要求，逮捕了无辜群众 80 余人，重刑逼供，杀死 20 人，军徒 25 人，又遣戍府县吏，发配边疆，赔款 49 万 7000 余两。引起舆论大哗，"津民争怨之。平生故旧持高论者日移书谯让省馆，至毁所署楹帖"（《清史稿》卷 405《曾国藩传》）。曾氏虽然也感到自己的处置不当，"内疚神明，外惭清议，为一生憾事"（《曾文正公全集·奏稿》卷 29），但是为了清王朝的命运，不得不"曲全邻好"，向侵略者屈膝投降。

近代以来比曾国藩更大的卖国主义者是李鸿章（1823—1901 年）。李鸿章和曾国藩一样，也是镇压太平天国的刽子手。尔后，他又为个人的固位保宠，为清王朝，积极搞洋务运动，对外屈膝投降。

李鸿章是当时洋务派的首领，他主张变"成法"，立"奇业"，就是在保障清王朝和封建制度的前提下，学习西方的工业和技术，尤其是学做洋枪洋炮。在一系列的外交活动中，李鸿章坚守"力保和局"宗旨，奉行"外须和戎"的方针，一味屈膝投降，忍辱退让。在处理天津教案时，执行媚外政策，基本上维持曾国藩的原判。在处理台湾、琉球事件中，屈从日本。在处理云南事件中，屈从英国。在处理伊犁事件中，向帝俄屈服，力图放弃新疆。尤其是在中日甲午战争中，面对敌人畏葸怯懦，不敢斗争；将个人私欲置于国家利益之上，把北洋海军作为自己的本钱，为"保老本"而不愿战斗，甚至提出"战舰过少"，先要筹款"二三百万两的饷银"，然后再战；错误地把所谓"以夷制夷"作为摆脱困境的唯一出路，竟然相信俄、英等列强所做的"调处"、"调停"虚伪诺言，甚至幻想他们会武力干涉。而对于备战"一味因循玩误"，"希图敷衍了事"，在战争时期，竭力避战自保，消极应战，结果使中国军队处于被动挨打地位，最后惨败，屈辱妥协，签订丧权辱国的《马关条约》，割让中国的辽东半岛、台湾、澎湖等岛，赔款白银2亿两，开放沙市、重庆、苏州等地为商埠；允许日本在通商口岸设厂制造。以后，他又对俄屈服，让旅顺、大连和整个东北成为俄国的势力范围。八国联军侵略中国，义和团反帝运动斗争失败后，李鸿章一方面力图剿灭"拳匪"，一方面命令各地清军，"在一切场合只要碰到外国军队就撤退"。并"将中国兵队之防线形势，制成报告给瓦德西"①。最后在卖国的《辛丑和约》上签字，答应撤销炮台，允许外国军队在华驻军，以及赔款银45000万两等条件。李鸿章的卖国行径，激起全国人民的愤怒，遭到"朝野上下的唾骂"（曾士莪：《书翁李相倾事》，《国闻学报》第12卷17期）。

近代官吏的爱国主义，除了坚决抵抗外国列强的侵略，保卫国家安全之外，还有一个重要的方面是接受新鲜事物，坚决进行社会改革。只有这样才能建立起廉洁有效的政府，真正富国强兵，而这样一来，难免就要或多或少触及封建制度。于是围绕着要不要改革、如何改革等问题，在清王朝内部的展开了激烈争论，掀起一阵阵大波。

以慈禧为首的"后党"官吏们，希旨邀宠，尸位自保，坚持卖国主义，集顽固和对外投降于一身。醇亲王奕譞胆小如鼠，惧怕西太后，唯慈禧之命是从。礼亲王世铎，仆仆奔走于醇亲王府邸，事事恭候奕譞裁定，"取赂细大不蠲"而"一物不知"。"贽二百金者，以门弟子畜之，杀至五十金，亦可乞其荐牍，达诸疆吏。时有'非礼勿动'之嘲，言非礼物不

---

① 国家档案局明清档案馆：《义和团档案史料》，中华书局上海编辑所1959年版，第114页。

受属托也"①。吏部尚书徐桐，"不悉万国强弱形势"，"恶西学为仇。门人有言新政者，屏不令入谒"。主政的张之万、额勒和布、孙毓汶、许庚身等，多属贪贿无能之辈，愚昧、怯懦，对内不知变通，对外妥协退让，但是特别善于见风使舵，阿谀奉承。例如"最为眷遇"的孙毓汶，"权奇饶智略，尤有口给。初颇厉操行，及入枢府，顿改节，孜孜营财贿，通竿牍。……时称齐天大圣，言如小说中孙悟空之善变化"②。后党中还有同治皇帝的师傅倭仁。他认为，"立国之道，尚礼义不尚权谋；根本之图，在人心不在技艺"，"古往今来未闻有恃术数而能起衰振弱者"，坚决反对任何改革。大官僚如此，中小官吏这样的也不少。他们的昏庸无知达到了惊人的地步。同治光绪时期，候补直隶知州杨廷熙竟然反对办同文馆，即外国语学校，他呈递条陈道，"西学""乃西洋数千年魑魅魍魉横恣中原"之学，请洋人为教员，将使"忠义之气自此消"，"廉耻之道自此丧"。河南布政使额勒精额视"变法"为"变乱"，大讲理学，认为只要坚守以纲常伦纪为核心的儒家道统，中国便可以如金城汤池，无敌于天下。西方国家的一切不过是"无用之玩物"。他拼死反对修铁路、办厂矿、设学堂等等几乎一切新鲜事物。

与"后党"的官吏相比，以光绪皇帝为核心的"帝党"官吏，爱国主义的思想感情要强烈得多。他们大多出身于京官和书生，关心社稷民生，尤其是国家民族的安危存亡，主张变法图强、保国保种。

帝党首领是军机大臣，皇帝师傅翁同龢（1830—1904 年）。翁同龢是皇帝亲密无间的长者老师，又是其精神支柱。不避利害，直言敢谏。中日甲午战争后，翁同龢接触到了康有为的理论，对他"惊服"（梁启超语），自己也"先后判若二人"，认识到"非变法难以图存"，一心"更敝政，图富强"③。胶州湾事件后，翁同龢感到"最憾最辱"，希望"雪耻"。于是向光绪"力荐康有为"，说其"才堪大用"。

帝党成员还有如志锐（1852—1912 年），他是光绪皇帝的瑾、珍二妃的堂兄，志求进取，思想敏锐。文廷式（1856—1904 年），他直言敢谏，

---

① 费行简：《近代名人小传》，文海出版社 1967 年版，第 392 页。
② 费行简：《近代名人小传》之《孙毓汶》，文海出版社 1967 年版。
③ 费行简：《近代名人小传》，文海出版社 1967 年版，第 124 页。

成为"后辈清流之重镇"。当时社会上还出现了号称"四谏"与"十朋"的朝臣官吏，主要是张之洞、张佩纶、宝廷、陈宝琛、黄体芳、张观准、吴大澄、刘恩溥、吴可读、邓承修等人，他们都是"帝党"，具有爱国精神情怀、感情激昂、热心革新的人士。

康有为受过严格的传统教育，胸有大志，以改造天下为己任。他忧虑当时中国的腐败，曾游览过港、沪，接触到了西方学术，"益知西人治术之有本"，萌发了学习西方，改革中国的志愿。光绪十四年（1888 年），他写了《上清帝第一书》，批评朝野上下"嗜利借以营私"的歪风，提出了"变成法，通下情慎左右"的革新主张。1890 年他在广州办学，寻求以"中外之故，救中国之法"，培养了一批维新人才，如梁启超等，写出了《新学伪经考》、《孔子改制考》等书，开始扫荡顽固守旧的理论依据，奠定了维新变法的思想基础。光绪二十一年，联络上千名应试举人，发起"公车上书"活动，写出《上清帝第二书》，要求皇帝"下诏鼓天下之气，迁都定天下之本，练兵强天下之势，变法成天下之治"等一整套革新救国方案，形成了他变法维新的纲领。在方案中，他建议大力发展民族工商业，创造更多的社会财富；发展近代教育，提高民众的文化素质；尤其批判了封建主义的专制独裁，提出由士民公举那些"博古今，通中外，明政体、方正直言之士"为"议郎"，即搞西方议会制，选举议员。在反动势力的破坏下，此次上书只能又一次失败。

几个月后，康有为当上了工部主事，又对原来的《上清帝第二书》作了一点修改，向皇帝呈上《上清帝第三书》和《上清帝第四书》。在一系列上书活动遭受挫折的情况下，康有为认识到，要维新变法，首先需要"开风气"，即制造舆论。于是他开始扩大活动领域，把争取对象从皇帝、太后转向朝中士大夫。在梁启超等人的帮助下，他创办了《万国公报》，筹组社团组织"强学会"。

光绪二十一年，康有为见到了光绪皇帝的老师、主张改良的翁同龢。光绪二十三年，德国侵占胶州湾，康有为愤而写出《上清帝第五书》，对于变法的要点、步骤作出了更详尽的论述。但工部堂官拒绝上报。光绪二十三年底，光绪"念国事阽危毅然有改革之志"，对于康有为勇敢坚决的改良主张和行动"肃然动容"，叹息"非忠肝义胆，不顾生死之人，安敢以此直言陈于朕前乎"，准备召见、擢用他。（梁启超：

《戊戌政变记》）光绪二十四年（1898 年）初，康有为又进《上清帝第六书》。

在康有为大力呼吁改良变法的同时，他的弟子梁启超也开始大露头角。梁启超（1873—1929 年）从小就受到爱国主义教育。1890 年遇到康有为，"一见大服，遂执业为弟子"，入康主持的万木草堂读书。作为康的重要助手，参与编写了《新学伪经考》和《孔子改制考》等书，以后又积极参加公车上书活动。他见识卓异，思想敏锐，超过康有为。不但痛斥历代帝王都是"民贼"，"君权日益尊，民权日益衰，为中国致弱之根源"，（《饮冰室合集》文集之一，《西学书目表后序》）而且呼吁"伸民权"、"设议院"，实行"君主立宪"。无论是在上海主编《时务报》，还是在湖南主持时务学堂，他都用充满感情的语言，鼓吹维新和改良，产生了极大的影响。百日维新期间，许多奏折、章程出自他手。光绪皇帝对他非常欣赏，曾经赏他六品衔，并命他专门负责办理京师大学堂的译书局事务。戊戌变法失败后，梁启超继续追随康有为，坚持保皇和改良立场，一心一意搞君主立宪，开始成为资产阶级革命的阻力。他一再提出"与其共和，不如君主立宪；与其君主立宪，不如开明专制"。把改良和保皇，作为救国的灵丹妙药。

谭嗣同少年备受继母和父亲的鄙视之苦，"吾自少至壮，遍遭纲伦之厄，涵泳其苦，殆非生人所能任受"（《仁学·自叙》）。成年后性格豪迈，激昂慷慨，看到中国哀鸿遍野，灾民流离之状，列强侵略之凶，深重的民族灾难，非常痛苦。曾经诵诗道："世间无物抵春愁，合向苍冥一哭休。四万万人齐下泪，天涯何处是神州？"他著《仁学》一书，倡平等，颂民主，斥责封建主义的"三纲五常"，呼吁人民起来"冲决网罗"，包括"冲决君主之网罗"。谭嗣同积极参加维新变法。主动放弃南京补知府之官，创南学会、时务学堂，办《湘报》、《湘学报》，不顾"杀身灭族"，倡言民权、民主，后被推荐到光绪帝周围任朝廷四品章京，致力于维新。变法失败后，面对清廷的追捕，他拒不逃离，说："各国变法，无不从流血而成；今日中国未闻有因变法而流血者，此国之所以不昌也。有之，请自嗣同始。"（梁启超：《谭嗣同传》）在狱中，题诗于壁曰："望门投止思张俭，忍死须臾待杜根，我自横刀向天笑，去留肝胆两昆仑。"临刑前还大呼："有心杀贼，无力回天。死得其所，快哉，快哉！"英勇就义，时才三十四岁。

与康、梁、谭一样，勇于变法维新的，还大有人在，例如曾任外交官的黄遵宪（1848—1905 年）。无论在什么岗位上，黄遵宪都积极了解外国的情况，时时处处维护祖国的权利和尊严，他反对日本侵占琉球，警告帝俄侵略朝鲜的野心。所到各地，极力维护华人华侨的权益。他与康有为"朝夕过从，无所不语"。曾写出《日本国志》和《日本杂事诗》，成为当时中国朝野了解日本和世界的参考书，为戊戌变法作了重要的舆论准备。甲午之战后，黄遵宪的爱国主义走上了变革社会的道路。他在上海参加强学会，创办《时务报》，在湖南设立南学会、湖南保卫局、迁善所、课吏馆，开办时务学堂，组织不缠足会等等，鼓吹"采西人之政、西人之学，以弥缝我国政学之敝"。变法失败数年之后，他在病中虽然也感到"绝望"，但是仍然表示"吾辈终不能视死不救"（《黄遵宪致严复书》），坚信"人言廿世纪，无复容帝制。举世趋大同，度势有必至"，断言中国将会如睡狮一般惊醒。

在帝后、新旧之争中还有一些官吏们摇摆不定、表里不一，徘徊在爱国与卖国之间。张之洞就是这方面的一个代表。

张之洞眼界开阔，赞成改良，甚至一度热心西学，积极推行洋务。在任山西巡抚期间，受英国传教士李提摩太影响，聘其为顾问。特别是对于开采矿业、修造铁路、废除科举、兴办教育等等事业，都积极赞助，努力促成，甚至支持过康有为、梁启超等在维新变法初期的一些活动，为他们办的强学会捐银 1500 两，称赞梁启超的《时务报》，以致谭嗣同称其"通权达变，讲求实济"，梁启超称之为"今之大贤"。张之洞 1897 年初殷勤地接待梁启超，并任命他为两湖时务学院院长。梁深受感动，称其为"师"，并且说："今海内大吏，求其通达西学深见本原者，莫吾师若；求其博综中学精研体要者，莫吾师若。"

但是张之洞的骨子里却是要维护"纲常名教"，极力维护清王朝。所以他主张"中体西用"，每遇到关键时刻，对于真正的改革者就会变脸。在变法的关键时刻，他在上海禁办强学会和《强学报》，停止订阅，并且逼迫梁启超辞去《时务报》主笔一职，制止湖南维新派的活动。1908 年，他发表《劝学篇》以攻击康梁的"邪说"。光绪皇帝亲政后，搞维新变法，张之洞以"才具不胜，性情不宜，精神不支"为由，拒绝支持。对于改良派的首领康有为和梁启超，他深恶痛绝，不许上海报刊载其言论，并请日本政府将流亡在该地的康、梁驱逐出境，或交给清政府。在义和团斗争及八国联军事件中，张之洞全力支持西太后，坚决要求镇压义和团，反对对外宣战，要求列强与东南互保，完全接受了《辛丑和约》。逮捕并且屠杀了唐才常及"自立会"的20余人，其中还有不少他所创办的两湖书院和武备学堂的学生。

张之洞前后不一，表里相背，言行反复，进退失据，引起了不少人的叹息和谴责，"夫张之洞之得名，以其先人而新，后人而旧。十年前之谈新政者，孰不曰张公之洞，张公之洞哉！近年来之守旧见，又孰不曰张公之洞，张公之洞哉！以一人而得新旧之名，不可谓非中国之人望矣"。张之洞的尴尬与悲剧，不是他一个人的问题，当时有一大批官员士大夫和他一样，虽然也都纷纷要求学习西方，变法图存，但是变法的内容主要限于发展工商业，而不敢触动政治。这成为维新派与顽固派的最大区别。顽固派认为："富强之道，不过开矿、通商、练兵、制械，其他大经大法，自有祖宗遗制，岂容轻改。"（费行简：《慈禧传信录》）不得不变，但又不肯变；想变而又不敢大变。他们身上的这种矛盾，不过是时代矛盾冲突的一个反映。

比张之洞更卑劣的是投机分子袁世凯（1850—1916年），中法战争后，受李鸿章的器重，曾任驻朝代表总理交涉通商额事宜。中日关系紧张，日军进攻朝鲜之时，他却"遽欲下旗回国"要求内调离。他伪装积极主张学习西方，变法维新，捞取政治资本。对于强学会，他以"发起人"身份，"首捐金五百"，积极投身于小站练兵。袁世凯说："圣主乃吾辈所共事之主，仆与足下同受非常之遇，救护之责，非独足下。""若皇上于阅兵时，疾驰入仆营，传号令以诛奸贼，则仆必能从诸君子之后，竭死力以相救。"次日，袁世凯就将此情况秘告荣禄，促使慈禧太后拔出屠刀发动政变，扼杀了维新运动。

事实证明，变法维新与洋务运动虽然都提倡通商、惠工、惠农、育才和修武备，但是二者之间有着本质的差别，就是要不要动摇封建统治的政治制度。清王朝的旧封建官僚已经无药可医，维新改良的重任一时落在以康有为、梁启超、谭嗣同为代表的资产阶级改良派身上。

第三章

各阶层与行业的道德生活

士、商阶层在明清时期得到了极大的发展。受时代背景的影响，此期士人们的道德生活呈现出了多样化的特点，既有追逐名利、阿谀奉承者，也有崇尚道义，以天下为己任者；既有空谈性命而不身体力行的虚伪者，也有深入实际生活而躬行践履的务实者。此期活跃的商业活动中，多数商人们勤恳敬业、在经商时诚实守信，仗义疏财，承担社会责任，积极参加公益活动，表现出了高尚的道德品质。

游民阶层在中国很早就存在，本章除了介绍士、商阶层的道德生活外，还介绍游民阶层的道德生活。此外，同第四编一样，除了主体角色的维度介绍此历史时期的道德生活面貌外，本章还从朋友的维度介绍此期人们的交往道德生活。

第一节 朋友之间的道德生活

明清时期的朋友之伦的最大亮点就是随着所谓"市民社会"的出现，"社员"身份已成为一部分人交往的基础。从精神气质来看，此期的朋友之伦除了继承传统的德业相劝的特点之外，更重视朋友之间的"信义"。

一 德业相劝的继承与朋友之交的真"情"

承绪传统的德业相劝的朋友之道，明中叶以后的人们同样重视此朋友之道，甚至认为在成就德业方面，朋友之伦比其他几伦更重要。"友道极关系，故与君父并列而为五，人生德业成就，少朋友不得。君以法行，治我者也；父以恩行，不责善者也。兄弟怡怡，不欲以切偲伤爱。妇人主内事，不得相追随。规过，子孙敢争，终有可避之嫌。至于对严师，则矜持收敛而过无可见；在家庭，则狎昵亲习而正言不入。惟夫朋友者，朝夕相与，既不若师之进见有时，情礼无嫌，又不若父子兄弟之言语有忌。一德亏则友责之。一业废则友责之，美则相与奖劝，非则相与匡救。日更月变，互感交摩，骎骎然不觉其劳且难，而入于君子之域矣。是朋友者，四伦之所赖也。"（明·吕坤：《呻吟语·伦理》卷1）

明清时期的朋友交往还强调要出乎真"情"，反对虚情假义。明末清初的叶梦珠对此有所论述，他说：

> 交际之礼，始乎情，成乎势，而滥觞于文。以情交者，礼出于情之所自然，即势异、文异而情不异；以势交者，礼出于势之所不得不然，故势异、文异而情亦异。二者不同，要各有为。况虽有至情，不能违势，虽因时势，未必无情，未可以是概风俗之盛衰、人心之厚薄也。独是不由乎情，不因乎势，而徒视为具文，即其交际之时，已无殷勤之意，宁待情衰而礼始衰，势异而礼始异耶？视为具文者，惟知有文不知有礼，遂至虚文，甚而于义无所取，彼谓既以为文交，原不必有所取也。推此志也，大之僭礼乱乐，小之匿怨而友，世道人心，尚堪问哉！（叶梦珠：《阅世编》卷8《交际》）

重视"情"交是因为"势交"不可靠。冯梦龙的《警世通言》中就有这样一个例子。宦家贵公子马任，聪明饱学，看似很有前途，这时黄胜、顾祥二人就来奉承巴结，出外必称弟兄，将马任"做个大菩萨供养，扳他日后富贵往来"。后来马家因遭人诬陷而吃冤枉官司，顾祥竟往官府"举首"，黄胜则设计侵吞马家财产。（冯梦龙：《警世通言》卷17《钝秀才一朝交泰》）当然，现实生活中的"势"既可是"钱"势，也可是"官"势，还可是其他之"势"。不管何种"势交"，其都是不可靠的。

所以，一些人对势交非常谨慎。清朝的孙无言擅长作诗，对于那些没有功名官职的士人，只要能写出好诗或擅长某种技艺，他都热情地招待，而对那些当了地方官的旧时朋友，他们派人来请，他也不一定去。其交游的原则就是德业相劝与情交。当南昌人王于一客居他乡而去世后，孙无言则四处奔走通知死者的朋友，一起操办了王的丧事，同时又接济王于一的妻子儿女使他们能将灵柩运回南昌安葬。①

朋友交往重视情义在日常生活中的表现就是讲究礼尚往来。这种重视情义、礼尚往来的交往形成了热情好客的良好民风民俗。比如，嘉靖《宁波府志》记载："宾至则撷蔬炊粝以为饷，邻里不相侵窃，外户辟而不扃。""端午为角黍骆驼糕……亲戚各相馈。"嘉靖时期《余姚县志》也记载："其民知耻，好修善让。"弘治年间《衢州府志》曰：衢民"争自濯磨，顾朋惜友"。逢年过节亲邻间互相馈送时俗食品，各地方志记载的很多。这一习俗的部分内容直至今日在一些地方还存在，形成了中国文化的特色。

二 社员朋友与"公义"

明中叶以后，民间社团得到空前发展。这一变化必然引起人际关系的变化。其一就是同一社团的成员，与同宗、同乡、同年并列，成为人际交往中最为亲密的关系。顾炎武敏锐地把握住了这一社会变化，他说："万历末，士人相会课文，各立名号，亦曰某社某社。……今日人情相与，惟年、社、乡、宗四者而已。除却四者，便窅然丧其天下焉。"（顾炎武：《日知录》卷22《杂论》"社"条）民间社团在明中叶以前已有所发展，但当时大多规模较小，组织松散，多属易聚易散的临时性集会，而且人员多限于某一地点，涉及空间范围不大。明中叶以后，由于受经济、政治、文化观念、生活观念等变化的影响，人们的社会交往日益频繁，活动范围不断扩大，民间社团尤其是文人社团空前发展，呈现出蓬勃兴盛的景象。今天有人对当时的结社盛况作了如下描述："结社……已成风气，文有文社，诗有诗社……风行了百数十年。……那时候不但读书人们要立社，就是仕女们也要结起诗酒文社，提倡风雅，从事吟咏，而那些考六等的秀才，也要夤缘加入社盟了。社盟的成立，既然这样的繁盛，他们结社会朋，动辄千人，白下、吴中、松陵、淮扬，都是他们集会之所。"② 而且，当时社团规模不像明中叶以前那样只局限于一地，而是突破地域限制，扩及全国。例如，明朝的复社，除了应社、几社外，浙西的闻社、江北的南

---

① （清）王晫：《今世说》，东方出版社1996年版，第27页。
② 谢国桢：《明清之际党社运动考》，辽宁教育出版社1998年版，第7页。

社、江西的则社、苏州的匡社、杭州的读书社等都"统合于复社"。当时
专门研究文人社团的清初学者杜登春说："社之始，始于一乡，继而一
国，继而暨于天下。各立一名以自标榜，或数十人，或数百人；或携笔砚
而课艺于一堂，或征诗文而命驾于千里。齐年者砥节砺行，后起者观型取
法。一卷之书，家弦户诵；一师之学，灯尽薪传。"（杜登春：《社事始
末》）明末的艾南英在谈及明时的社事之盛时也说："士因之以缔文，至
于相距数千里，而名之为社，则古未前闻也。"（艾南英：《天佣子集》卷
2《随社序》）这些描述足见当时社团之盛。正是这种空前的社团给人际
交往、朋友交接提供了舞台，促使了人际关系的发展。

最初的社团建立总是以某种共同感情为前提或纽带的，比如成员之间
具有血亲、姻亲、师生、乡情、同僚等关系。随着社团的发展，联系社团
成员的纽带突破了这些限制，共同的事业成了联系他们的纽带，成员之间
的关系也就变成了同志式的朋友关系。明朝复社成员孙淳为了社团的发展
而四处奔走。他这样做并不是出于个人私利，而是出于对社团之事的关心
与同志之间的情义。复社的领导张溥盛赞他："忘其身，惟取友是急；义
不辞难，而千里必应。三年之间，若无孟朴，则其道几废。"后人也认
为："盖先后大会者三，复社之名动朝野，孟朴劳居多。"（朱彝尊：《静
志居诗话》卷21《孙淳》）复社成员之间的关系则彼此讲信义、重然诺，
互相帮助。比如，复社成员沈寿民在同社成员周镳被阮大铖害死后，竭力
帮助其家人，"鹿溪（周镳——引者）之殁也，家业零落，藐诸孤为逋负
所逼，耕岩（沈寿民别号——引者）鬻田以偿之，不足，贷诸人，又不
足，属诸门人，鹿溪始有完卵"（黄宗羲：《南雷文定前集》卷7《征君
沈耕岩先生墓志铭》）。这说明，社员之间的关系是一种新型的朋友关系，
对朋友的义都是基于"社"之"公义"。

由私义向公义转变是这一时期朋友交往伦理规范的一个重要特征。这
一点也反映在艺术作品之中。比如，《三国演义》中刘、关、张的结义，
只是尽义于个人，尽义于"兄弟"。关羽降汉不降曹，"但知刘皇叔去向，
不管千里万里，便当辞去"。《三国演义》中的"义"反映的是元朝时人
们的"忠义"观与朋友之间的"信义"观。到了《水浒传》中，"忠
义"、"信义"也是调整英雄们的伦理规范，但他们的"忠义"、"信义"
一开始就是建立在"替天行道，保境安民"的基础上，所谓"仗义疏财

归水泊，报仇雪恨上梁山"。东溪村的"七星小聚义"，他们设誓劫取生辰纲，就明白表示："梁中书在北京害民，诈得财物，却把去东京与蔡太师庆生辰。此一笔正是不义之财，我等六人中，但有私意者，天诛地灭，神明鉴察。"（《水浒传》第十五回）这种以公义为基础的"忠义"观与"信义"观反映了明以后的人们的伦理观念。

朋友之情本来就具有平等的特色，社团更是给其成员的平等提供了组织基础。这一点在艺术作品中也有反映："八方共域，异姓一家，天地显罡煞之精，人境合杰灵之美，千里面朝夕相见，一寸心死生可同。相貌语言，南北东西虽各别；心情肝胆，忠诚信义亦无差。其人则有帝子神孙，富豪将吏，并教三教九流，乃至猎户渔人，屠儿刽子，都一般儿哥弟称呼，不分贵贱……"（《水浒传》第七十一回）《水浒传》中的这些描写是在当时社会现实的基础上的艺术加工，反映了当时人们的价值追求。

三 信义及其挑战

与以往相比，此期的人们更注重信义。"非信不成其为交。信则言可践，非哆口而盟，转盼而寒；信则行可质，非面对一体，衷隔千里；信则利可共，管鲍之让也；信则害可任，羊桃之殉也；信则终身可凭。……是谓心友而指天画日，肝胆可捐。……君子惟信我之方寸耳。"（明·范弘嗣：《范竹溪集》）

信义的要求是相互忠诚、相互帮助、有恩必报。这一点在明中叶以后表现得更明显。《聊斋志异·田七郎》明确说："受人知者分人忧，受人恩者急人难。富人报人以财，贫人报人以义。"（《聊斋志异·田七郎》）所以，它说喜交游的辽阳人武承休，虽然交游遍海内，所与皆知名士，但都是滥交，只有一人可共患难。（《聊斋志异·田七郎》）《水浒传》所宣扬的"生死相托，吉凶相救，患难相扶"都是这方面的要求，比如，林冲遭陷害后，鲁智深一直将其护送至野猪林，充分体现了朋友的患难相扶的朋友义气。宋江之所以有"及时雨"的称呼，也是因为他重朋友义气，能够及时救助陷入困境中的朋友，这种义气也构成了他后来另一称呼"呼保义"的前奏。明朝的世情小说《喻世明言》第7卷《羊角哀舍命全交》、第8卷《吴保安弃家赎友》中的故事也是讲朋友相知、报恩。清前期人们同样重视朋友之间的这种信义。比如，《浮生六记》的作者沈复被父亲逐出家门后，是得到朋友的帮助才有栖身之地，后因其弟想独得父亲家产而被迫离家，也是依靠朋友的帮助才有栖身之地。

但是，由于当时商品经济的发展，以及封建礼教的僵化，朋友之间的信义也出现了两极现象。一是信义的僵化，本非朋友也去为朋友"信义"而死节。陈确曾批评这种僵化之风："凡子殉父，妻殉夫，士殉友，罔顾是非，惟一死之为快者，不可胜数也。甚有未嫁之女望门投节，无交之士闻声相死，薄俗无识，更相标榜，亏礼伤化，莫过于此。"① 这种僵化的信义，我想当时存在但不会太多。

另一是朋友之间不讲信义的事情增多。比如，解缙与方孝孺相约以死，但却食言。后来的蒲松龄对其批评道："忠孝，人之血性；古来臣子而不能死君父者，其初岂遂无提戈往时哉，要皆一转念误之耳。昔解缙与方孝孺相约以死，而卒食其言；安知失约归后，不听床头人鸣泣哉？"（《聊斋志异·佟客》）再比如，与方孝孺有关的另一个卖友者杨善，不仅使章朴罹难，也使方孝孺文集遭殃。据《正气纪》记载，"时诏毁方孝孺文集。曰：敢有收藏者与奸恶同罪。有庶吉士章朴，素喜孝孺文，家藏若干。与友人杨善私言。善借观，密闻于朝。上怒，戮朴于市，而升善官，自是天下恻然"（《正气纪·王稌传》）。友道的缺失使强调友道的吕坤发出感叹："嗟夫！斯道之亡久矣，言语嬉媟，尊俎妪煦，无论事之善恶，以顺我者为厚交；无论人之奸贤，以敬我者为君子。蹑足附耳，自谓知心；接膝拍肩，滥许刎颈。大家同陷于小人而不知，可哀也已。是故物相反者相成，见相左者相益。孔子取友曰'直''谅''多闻'，此三友者，皆与我不相附会者也，故曰益。是故得三友难，能为人三友更难。天地间不论天南地北、缙绅草莽，得一好友，道同志和，亦人生一大快也。"（《呻吟语·伦理》卷1）再比如，抗倭名将戚继光在贫病交迫中去世时，只有少数几个没有遗弃他的朋友在场。②

信义的缺失主要是受到"利"的冲击。中国自古重义轻利，但到了明中叶后，顾利而不顾信义的事例明显增多。晚明小说中，比比皆是的背信弃义、尔虞我诈事例即是此期朋友之伦的真实写照。比如，冯梦龙笔下

---

① 《陈确集·死节论》，中华书局1979年版，第153—154页。
② 黄仁宇：《万历十五年》，生活·读书·新知三联书店1997年版，第202页。

的桂富五曾因为无钱还债而欲投水自尽，幸亏昔日同窗施济解囊相助，才渡过难关，并重整家业。但是，等到施家衰落，施前去向其求助时，桂富五却忘恩负义，坚信"如今的世界还是硬心肠的得便宜"，竟然"恶心孔再透一个窟窿，黑肚肠重打三重跁跶"，拒不援手。（冯梦龙：《警世通言》卷25《桂员外途穷忏悔》）这些见利忘义的朋友当然不是小说的虚构，而是现实中的真实存在。比如，清朝的沈复给朋友担保，朋友却背信弃义不归还借款，致使债权人至沈门索债，沈复不得不携妻背井离乡躲债，以致在父亲去世时也未能与父见一面。凌蒙初曾一针见血地指出信义缺失的原因："世上的人，便是亲眷朋友最相好的，撞着财物交关，就未必保得心肠不变。"（凌蒙初：《二刻拍案惊奇》卷24《庵内看恶鬼善神，井中谈前因后果》）

当然也不能说当时的朋友之交全是尔虞我诈、背信弃义的交往，冯梦龙所说的"平时酒杯往来，如兄若弟；一遇虱大的事，才有些利害相关，便尔我不相顾了。真个是：酒肉弟兄千个有，落难之中无一人。还有朝兄弟，暮仇敌，才放下酒杯，出门便弯弓相向的"（冯梦龙：《喻世明言》卷8《吴保安弃家赎友》），只是现实生活中的极端情况。相反，明朝著名思想家李贽所说的"利交"在现实生活中更多。李贽以自己的特有的理论方式概括了当时的朋友之交，并站在传统朋友之伦上对当时的朋友交往提出批评："夫天下无朋友久矣。何也？举世皆嗜利，无嗜义者。"（明·李贽：《焚书》卷5《朋友》）"盖交难，则离亦难。交易，则离亦易。何也？以天下尽市道之交也。夫既为市矣，而曷可以交目之？曷可以易离病之？……是故以利交易者，利尽则疏；以势交通者，势去则反。朝摩肩而暮掉臂，固矣。"（《续焚书》卷1《论交难》）李贽与当时许多人一样没有意识到这种"利交"的朋友是历史的必然产物。"利交"朋友的增多一方面说明人际交往增多，另一方面说明一种新层面的朋友关系出现了，这种朋友不像过去那样讲"义气"——"有福同享有难同当"，而是有些疏淡。

针对这种"利交"朋友，当时的人们所能提出的解决方案也就是呼吁人们像古人那样"结交惟结心"。这就是冯梦龙《喻世明言》中的《吴保安弃家赎友》所说：

古人结交惟结心，今人结交惟结面。结心可以同死生，结面哪堪
共贫贱？九衢鞍马日纷纭，追攀送谒无晨昏。座中慷慨出妻子，酒边
拜舞犹兄弟。一关微利已交恶，况复大难肯相亲？君不见当年羊左称
死友，至今史传高其人。

第二节　知识分子的品格与使命

"天子重英豪，文章教尔曹；万般皆下品，唯有读书高"，宋代皇帝
的这首诗，标志着唐宋以来随着经济和文化的发展，士这个阶层愈来愈受
到重视，不仅文人地位越来越高，而且其队伍也不断扩大，仅以各级学校
为例，据《明史·选举志》记载，永乐二十年国子监生近万人，地方官
学的学员五万人以上。此处还有大量民间塾馆（书院即有 1239 所，其他
宗学、社学、义学、私塾则难以估计）①，而且地位越来越高，真正成了
"四民之首"，他们的道德生活领域越来越广阔，内容越来越丰富，产生
的影响也越来越深远。明末到清中期（简称明清之际），继承着这种发展
趋势，进入了继战国之后中国古代社会的第二次文化繁荣、百家争鸣的
时代。

和历史上的每个时期一样，明清之际的士人也是千姿百态，林林总
总：从家庭出身上说，有地位高贵、家资富饶的，也有出身于寒门细
族、贫困不堪的；从个人经历和遭遇看，有人科场上春风得意，宦途上
一帆风顺的，也有屡试不第、终老场屋、穷困潦倒、毕生蹉跎的；从文
化程度上看，有经纶满腹、学富五车的，也有白字连篇、拘泥不通的；
从生活方式看，有严肃端庄、固守书斋、深居简出、皓首穷经的，也有
热衷于仕途，奔走于官府权门之间，投机取巧、争名逐利的名士，更有
放荡不羁、四处漂泊、寄情于山水之间的文人，终日流连于酒肆红楼的
风流才子。不同的出身、经历、文化教养、生活方式的士人，他们的道
德自然也会很不相同。当然不同之中也有相同，他们的道德大都围绕着
封建社会传统的价值观念，特别是儒家道德的这个基线，上下左右地跳
动旋转。

---

①　龚鹏程：《晚明思潮》，商务印书馆 2005 年版，第 377 页。

不仅如此，由于士人总是站在时代的最前沿，他们也最敏感，所以每个时代的士人阶层的道德生活，都会显示出那个时代的强烈特色，烙上当时社会的鲜明印迹。生活在明清之际这个社会大动荡、大变动时期的士人道德更是这样。

第一个时代特点，是当时激烈的阶级斗争和民族斗争对于士人道德的影响。明清之际是中国漫长的封建社会的结尾，空前尖锐的阶级矛盾和民族矛盾纠缠在一起，在某些敏感的士人看来，自己正处于"天崩地解"的形势之下，又仿佛是处于暴风骤雨的前夜，他们感到郁闷、压抑和痛苦，同时也预感到，或者也正热切地期待着时代的变革。正如龚自珍的诗中所说："九州生气恃风雷，万马齐暗究可哀。"在这个特殊的时期，士人的道德生活格外丰富多彩，优秀士人纯洁高尚的一面，和卑污士人最丑陋的一面，都以最鲜明的方式淋漓尽致地表现了出来。这个时期的士人道德大体上经历了三次大的政治波澜：

第一波是明代封建专制王朝与人民群众的尖锐斗争。在这个波澜中，面对明代皇帝的黑暗和专横，面对权奸、阉党和贪官污吏的无耻腐败，如严嵩、刘瑾、魏忠贤集团之流，尽管士人阶层中有许多无耻和软弱之辈，阿谀奉承、卖身投靠，也有大量敢怒不敢言、消极应付逃避的士人，但是更有不少头脑清醒、勇敢坚强的士人站出来，进行激烈地抗争，甚至不惜牺牲，以死相争，如泰州学派和东林党人。泰州学派具有鲜明的战斗风格。其创始人王艮是个"有骨气的""真英雄"，他的后学也都是"赤手捕龙蛇"的英雄：徐樾战死云南，颜钧"以布衣讲学，雄视一世而遭诬陷"，颜的学生罗汝芳，"虽得免于难"终被朝廷所排斥，赶出了北京，而何心隐更是"以布衣倡道"，最后遭到杀害。其后还有钱怀苏、程学颜等前仆后继，李贽更被视为"异端"和"叛逆"，惨死狱中。但是他们的英雄精神却是"一代高于一代"。① 东林党人顾宪成，"立朝居乡，无念不在国家，无一言一事不关世教"（《顾端文公祭文》，《顾端文公年谱上》）。高攀龙面对腐败政权，以死抗争。整个东林党人，不是被罢官，就是被迫害，甚至处死，被人们赞誉为"一堂师友，冷风热血，洗涤乾坤"。被称为"小东林"的复社，打着"兴复古学，务为有用"的旗帜，

---

① 侯外庐等：《宋明理学史》下卷，人民出版社 1987 年版，第 451 页。

直到南明时期，仍然反击阉党余孽，积极参加抗清斗争。士人中甚至还有如李岩，高举义旗，参加到农民起义的战斗队伍中来。

第二波是满清贵族的大规模入侵，人民群众在异族铁骑下国破家亡，游离失所，以及广大人民群众的奋起反抗。明亡清初之际的汉代士人，面对民族危亡，虽然不少人，如钱谦益、李光地、龚鼎孳等人降清，以博取功名利禄，也有自保避世的，但是更有许多士人，如史可法、张煌言、夏完淳父子、郑成功等等，高举抗清的义帜，奋战在民族斗争的最前线，献出了自己的头颅和热血；王夫之、黄宗羲、顾炎武等人都曾投身于战场，历经艰辛，甚至在清朝的统治建立之后，也仍然坚持反清立场，不怕杀头坐牢，对于清王朝采取不合作主义。傅山在明亡后隐居，清顺治十一年（1654年），"飞语下太原郡狱"，在狱中抗词不屈，绝食九日。康熙十七年（1678年），被荐博学鸿词后，仍然严词拒绝。被"绑架"到北京后，以死"拒不入城"。"公卿毕至，先生卧床，不具迎送礼。……以老病上闻。……许放归山。"最后，皇帝"特加中书舍人，以宠之"，他也拒不答谢，"望见午门，泪涔涔下，仆于地"。李二曲也是这样，初被"荐山林隐逸"，力辞不就；又被荐"博学鸿儒"，也"以死拒之"，最后又以死坚辞皇帝的"召见"。如此等等，不胜枚举。

第三波政治斗争是在清王朝建立和稳固之后，虽然一时间表面上政治稳定、经济恢复，但是阶级矛盾和民族矛盾不但没有根本解决，反而更加深入和发展。清政权稳定以后，对于广大士人施展了两手：一方面大兴文字狱，严厉打压；另一方面则笼络知识分子。除了那些热心功名利禄，积极投靠者如李光地、徐乾学之辈外。有的士人接受了清王朝的召唤，比如方苞空谈性命，毛奇龄"以博学干禄"，等等。还有的人像黄宗羲那样，不甘心于现实，"退而修经典之业"，"穷经以待后王"。绝大多数士人都消极避难苟安，闭门研究学问，例如全祖望，万斯大、万斯同兄弟，例如一头钻进书斋，烦琐考据的乾嘉汉学，包括以惠栋为代表的吴派和以戴震为代表的皖派，以及常州学派的庄存与等。后来也有一些士人，出于忧国忧民之情，面对封建王朝的腐败，发出抗议的呼声。例如乾隆后期章学诚攻击奸相和珅"上下相蒙，惟事婪赃渎货，官吏腐败"，提出许多政治建议。魏源、龚自珍更从制度层面上，深刻分析社会形势，痛斥封建专制，指出"凡有血气者所宜以愤悱，凡有耳目心知者所宜讲画也"（《海国图

志·叙》），强烈地要求"变法""维新"；主张均平，发展商业，经济富民，开发边疆。他们指出，"一祖之法无不蔽，千夫之议无不靡"，已经预见到时代的大变革正在到来，"山中之民，有大音声起，天地为之钟鼓，神人为之波涛矣"。

明清之际第二个时代特点是士人队伍的迅速扩大，特别是许多普通民众的参加，使士人的思想道德更加接近实际，接近民众。唐宋以前的士人大都出身于名卿世族或者与世家贵族关系密切，他们与普通民众，特别是劳动人民之间的思想感情相距较远。唐宋以后，随着门阀世族制度的衰落，"旧时王谢堂前燕，飞入寻常百姓家"，尤其是明中叶以后，经济文化发展的大潮，使文化知识在社会上更加深入和普及，许多普通民众也能够进学校，读上书，参加到士人的活动里来，甚至登上讲学的讲坛，士人和广大市民的思想道德感情越来越近。

例如泰州学派，它的创始人王艮，原来就是一位制盐工人，顾宪成说："闻泰州（指王艮）以一灶丁，公然登坛唱法，上无严圣贤，下无严公卿，遂成一代伟人。至于今，但闻仰之、诵之，不闻笑之、诃之也。"（《泾皋藏稿》卷5）在泰州学派的学者中，有不少出身于佣工、樵夫、陶匠者，还有商人参加。曾经暂居王艮家的李春芳，"见乡中人若农若贾，暮必群来论学，时闻逊坐者"（李春芳：《遗集》卷4《崇儒祠记》）。这种景象，以往可以说绝无仅有。泰州学派的许多观点带有浓重的平民色彩，原因即在于此。例如，"道"这个范畴，自泰州学派以来，就从原来"圣人"那里进入到人间，由原来《周易·系辞》中所说的"百姓日用而不知"，变成了王艮等人的"百姓日用即道"。在他们看来，圣人之"道"本来就是愚夫愚妇，士农工商所日用的，"百姓日用条理处，既是圣人之条理处"（《明儒学案》卷16）。这一来，圣人与愚民的鸿沟被填平了。另外，"道"这个范畴，在泰州学派看来，也不再是只有道德精神的内涵，还包括着人民群众的生存权利，成为"安身立命"，亦即包括着劳动人民起码的物质生活要求。"即事是学，即事是道，人有困于贫而冻馁其身者，则亦失其本而非学也。"（《语录》卷3）

普通百姓进入士人的队伍，也使广大士人更加接近群众，他们中的许多人，同情劳动人民疾苦，积极向劳动人民传播文化，以化俗为己任。据黄宗羲记载，明末的韩贞在"秋成农隙，则聚徒谈学，一村既毕，又之一村。前歌后答，弦诵之声洋洋然也"，"农工商贾从之游者千余"。其诗云："一条直路本天通，只在寻常日用中。……固知野老能成圣，谁道江鱼不化龙？自是不修修便得，愚夫尧舜本来同。"（《明儒学案》卷22《韩贞传》）这种诗歌，以前的学者是写不出来的。

明清之际的士人接近群众、接近实际，成就了他们自身的思想和著作。戴震正是由于"自幼为贾贩，转运千里。复具知民生隐曲"，所以才能写出《原善》和《孟子字义疏正》，才能体悟到"欲不可绝"，并且批判理学家"以理杀人"。颜元正是因为"自幼而壮，甘苦备尝，至身几无栖泊"（《存治篇序》），所以才能批判陆王程朱，抨击理学空谈心性，认识到"思不如学，学必以习"。蒲松龄也正是由于他的"穷愁不遇，功名无望，贫病交加"，由于他受到社会的冷落、世俗的讥笑，才写出"忧国忧民"的"孤愤之书"《聊斋志异》，写出富有现实性和人民性的其他一些著作。

这里特别值得注意的是，明清士人组织开展的一系列讲学活动，也是思想解放的一个证明，具有重要意义。明末开展讲学活动的首先是王阳明。在被封为"新建伯"之后，为父守丧期间，他不但不寂寞，反而"从学如云"，"宫刹卑隘不能容，环坐而听者三百余人"。"辟稽山书院，聚八邑彦士，身率讲习以督之。"尔后，他的学生钱德洪、王畿等，也都相继建书院，开讲堂。尤其是邹守益，其足迹遍及江南各省，会集南方知识分子，"大会凡十"，"常会七十"，"会聚以百计"，有时集会能达千人。王的另一弟子欧阳德一次讲学，竟然"赴者五千人"之多。

泰州学派几乎个个都热心讲学交流，使群众性的讲学活动进一步深入。"心斋先生毅然崛起于草莽鱼盐之中，以道统自任，一时天下之士，率翕然从之，风动宇内，绵绵数百年不绝。"（《明儒王心斋先生师承弟子表》）罗汝芳在江西永丰，组织分散的郡邑会成为通省大会，邀集缙绅士夫和"高尚隐逸"，有组织、有计划地频繁举行讲学活动，致使当权的统治者非常不安，被迫一度毁书院，禁讲学。

东林学派正式开启了由一般讲学到集会结社活动的转变。顾宪成、高攀龙等人，"讲习之余，往往讽议朝政，裁量人物"，攻击那些热衷利禄、贪恋权势的官僚和追随阉党的阁臣、爪牙，攻击他们结党营私、欺压百姓、贪赃枉法。他们联络如赵南星、邹元标、冯从吾、李三才等，形成了一个强大的政治力量。顾、赵、邹被称为海内"三君"，这使东林学派成了一个批评政府、为民请命的政治团体。面对当权者的迫害，他们坚持原则，决不屈服。高攀龙说："削夺但足以损国威，高士节，不足辱也。即使刀锯，益足以损国威，高士节，不足畏也！"（《高子遗书》卷8下《东周来玉侍御》）后来，专制腐败的政府果然对他们下了毒手，迫害了他们中的许多人，连高攀龙自己也被迫自杀。

明清之际的士人中出现的这种群众性的讲学活动，使士人们发现了群众的力量，认识到了群众的力量，产生了与群众结合的愿望，这一点特别宝贵。例如顾宪成就很赞赏"群"，他说："自古未有关闭门户独自做成的圣贤，自古圣贤未有离群绝类，孤立无与的学问。……群一乡之善士讲习，即一乡之善皆收而为吾之善，而精神充满乎一乡矣；群一国之善士讲习，即一国之善皆收而为吾之善，而精神充满乎一国矣；群天下之善士讲习，即天下之善皆收而为吾之善，而精神充满乎天下矣。"（《东林书院志》卷3《丽泽衍》）这种"群"的活动和意识，与当时出现的一些市民运动遥相呼应，开启了时代的先声。

明清之际第三个时代特点，对于士人道德产生巨大影响的，是当时学术斗争的激烈。经过秦的焚书坑儒，尤其是汉代的"罢黜百家、独尊儒术"之后，思想学术领域"百家争鸣、处士横议"的局面早已不见，虽然也经常有分歧、有争论，但是总的来说比较沉寂，呈现出相对稳定的局面。然而明清之际的学术界却特别活跃，一度学派林立，斗争激烈，不仅儒学内部分做程朱理学、陆王心学，还有佛学、道学也夹杂在其间，并且还出现了实力强大的实学，此时甚至有人又回忆和鼓吹起墨家来，出现了漫长古代社会里学术争议的又一次高峰，大家仿佛又回到先秦那样。这个时期的士人们之间，各倚自己的门派，经常进行争辩，而且话题经常从道德的角度着眼，首先把学术作为区分道德品质高下的标尺，以此作为自身道德性的主要证明：自我标榜为高尚，为正统；攻击对方是邪说，是异端。然而事实却不像他们自己所想象的那样，此时的学术观点争论与士人们的道德往往并无直接关系。之所以这样说，一是此时的士人们对于自己所持的学术观点和学术门派，往往并不固执，而经常是有选择、有变动的。综观当时的学术界，有笃信程朱者，也有崇拜陆王者，还有往来、周旋于二者之间者，还有既反程朱，又反陆王者，更有倾心实学或佛道者。

例如黄绾曾师事王阳明,晚年却反对师说,与王廷相大搞"实学"。顾宪成是王门的三传弟子,思想却从王学转向程朱,整个东林学派也是这样。刘宗周对于王学更经历了一个过程,黄宗羲称其为"凡三变:始而疑,中而信,终而辩难不遗余力"。许多优秀的学者士人,在论学时能够不持门户之见互相排斥,而是主张互相尊重,取长补短。例如对于当时争执最激烈的程朱和陆王两派,胡瀚却从学术发展的角度,公正地分析其是非。他说:"当注疏附会之时,不得不撷茹粹以发蒙;阳明当支离割裂之后,不得不指点头脑以证世。俱正法藏,虽异而同。"二是此时的各种学术派别、学术观点本身,探索真理的意义大于道德价值。即使是从真理和是非的角度看,无论是程朱理学、陆王心学,乃至后来的实学,也都难以简单地判断各种学术观点主张的真假对错。在这些观点和主张中,都有一定的真理性,对于世道人心,在一定时期内也都有若干积极的价值和意义;但是它们却又都不是终极真理,存在着种种缺陷,其发展的极端往往会再次陷入谬误,产生流弊;需要用那些似乎"过时"的观点来补偏救弊。整个学术领域,就像走马灯一样,你方唱罢我登场,其中并无多少善恶之分。

总之,明清之际的士人学者,他们的道德品质与其学术门派、学术观点往往是两回事,两者之间并无直接联系,我们不能轻信他们自己的标榜,而要从他们自身的观念中跳出来,不能以其学术门派和学术观点判断其道德水平的高下。尤其是清初学者,大都以经世致用为内容,宗王宗朱不过是形式,实际上往往殊途而同归。当然,这些士人学者本人,在学习和研究学术之时,他们的动机和态度中包含着某些道德因素,对于这些,我们可以,而且也应当以科学的态度,实事求是地进行具体地道德分析和评价,绝不能简单化地贴标签。

综观明清之际士人的道德生活,可以说,既不像有些人认为的那样优秀和崇高,却也不像吴敬梓在《儒林外史》里所描绘的那样庸俗和卑劣,它围绕着中国古代社会的士人道德原则规范的基线,在以下五个方面上下左右跳动,居中的占大多数,然而非常崇高和特别卑劣的也异常突出。

一 崇尚道义,淡薄名利

怎样对待义利,历来是士人道德的首要问题,明清之际的一些士人贪婪而又虚伪，为了追逐名利，不惜阿谀奉承，吹牛拍马，丢尽人格。赵南星的《笑赞·屁颂文章》和冯梦龙的《笑府·颂屁》中，对此作了尖锐的讥笑。"一秀才数尽，去见阎王。阎王偶放一屁，秀才即献屁颂一篇曰：'高竦金臀，弘宣宝气，依稀乎丝竹之音，仿佛乎麝兰之味。臣立下风，不胜馨香之至。'阎王大喜，增寿十年，即时放回阳间。十年限满，再见阎王，这秀才志气舒展，望森罗殿摇摆而上。阎王问是何人，小鬼说道：'是那做屁文章的秀才。'"作者评论道："闻屁献谄，苟延性命，亦无耻之甚矣。"这种只求名利、不顾德行的文人，既有终日道貌岸然的君子，也有表面上超脱世俗的所谓山人雅士。前者"平居无事，只解打恭作揖，终日匡坐，同于泥塑。以为杂念不起，便是真实大圣大贤人矣。其稍学奸诈者，又搀入良知讲席，以阴博高官。一旦有警，则面面相觑，绝无人色，甚至互相推诿，以为能明哲。"（《焚书》卷4《因记往事》）后者则如蒋茹生在《临川梦》中，用尖酸的笔调所描摹的"山人"丑态："妆点山林大架子，附庸风雅小名家；终南捷径无心走，处士虚声尽力夸。獭祭诗文充著作，蝇营钟鼎润烟霞。翩然一只云中鹤，飞来飞去宰相衙。"李贽一针见血地批判这些士人，都是"辗转反复，以欺世获利"。

但是，在明清之际的大多数知识分子看来，功名利禄固然重要，然而为人首先还是要有道义，拥有高尚的道德理想，成就健全的道德人格。

例如黄巩，他以巨大的勇气，在朝廷上弹劾奸臣江彬"被杖除名"后，归而杜门著述。"家贫，或日中未举火，贷米邻家，恬不为意"。尝曰："人生仕至公卿，大都三四十年；惟立身行道，千载不朽。岂以此易彼耶？"在他看来，当"公卿"与"立身行道"二者相比，一个是只有三四十年的个人私事，一个是千秋万代的大事，其价值轻重，品德高下，判然分明。

陈道亨说得更实在："希圣希贤，我未之能。然未尝一日不学为君子，未尝敢一置其身于不善之地。"[①]

立身行道，学为君子，对于士人的道德要求，就是要崇尚气节，重视操守，一直努力"克己求仁"。像临海的陈选那样，在野时"苦立潜修，不妄言动。敝衣粝食，人不堪其忧"。"教人必本小学洒扫应对，以及六

---

① （清）张怡：《玉光剑气集》，中华书局2006年版，第548页。

经及通书、西铭诸书。试卷不糊口，曰'吾不自信，何以信于人！'"一旦入朝"为御使，正色直言，不忌时讳。……尝曰'居此官，必尽此职；行此事，必尽此心'"①。

这里，首先是在当百姓时要甘于贫苦，"能甘至贫至贱者，可与入圣"（刘阳）②，比如：

胡居仁（敬斋），"其学以主忠信为本，以求放心为要"，"每日立课程，以书得失自考。凡举动悉遵古礼，虽处屋漏，夫妇相对如宾，鹑衣箪食，每有超然自得之趣"。尝曰："以仁义润身，以书签润屋足矣。"

顾宪成，童子时，榜其斋曰："读得孔书方是乐，纵居颜巷不为贫。"后来当了大官，也是"于世无所嗜好，食取果腹，衣取蔽体，居取容膝，不知其他"。（《顾泾阳先生行状》，《顾端文公年谱上》）③

叶茂才，"布衣蔬食……薄田百亩，聊共（饥颤）粥，晏如也。"

"金溪胡公九韶，从吴康斋学易，造诣修洁。家甚贫，每日晡焚香，谢天赐一日清福。其妻笑之曰：'日食菜粥耳，何福之有？'公曰：'幸生太平之世，无兵祸；又幸一家饱暖无饥寒；又幸榻无病人，狱无囚人，非清福而何？'"④

其次是在做官时要敢于坚持原则，像万历进士支大纶强调的那样，在官场上挺起人格，"丈夫遇权门须脚硬，在谏垣须口硬，入吏局须手硬，值肤受之诉须心硬，浸润之谮须耳硬。"

作过阁臣的薛瑄，"阅宋儒诸书，专心体究，至忘寝食。笃行践履，动合矩度。居家孝悌忠信，对妻子如严宾。出处取予，毫发不苟。大节凛然，生死利害，不能动也。为大理，忤王振，坐死，怡然就害，乃获宥"⑤。

高攀龙谈自己的政治气节，"苟有益于国是，虽负天下之谤不恤。不然，即可致誉者不为也"（高拱：《高文襄公文集》卷4）。

黄道周骨头也很硬，在专制朝廷的淫威下，仍然"犯颜谏诤"，他批

---

① （清）张怡：《玉光剑气集》，中华书局2006年版，第512页。
② 同上书，第541页。
③ 同上书，第547页。
④ 同上书，第515页。
⑤ 同上书，第512页。

魏党，弹权臣，致使被逮捕押，廷杖八十后下刑部狱，将杀之。经过许多人救援，还是被判决谪戍边疆。

周顺昌也说过："我辈立身，全要一副铁肝石肠。"（《烬余集》卷2）他也是这样做的，为此而遭受到迫害。周顺昌被害后，"所留产业只有半顷之数"。天启六年（1626 年）苏州市民为了救援他进行了声势浩大的运动，牺牲了五位英雄，著名的《五人墓碑记》，就是记述这个事件的。

复社2000 余人，在南明时，维护正义，"但知为国除奸，不惜以身贾祸"，坚决同以阮大铖为首的阉党余孽作斗争，揭露和反击了投降派。

最难能可贵，也最高尚的，是那些能在叱咤风云的同时，却又安贫守素，低调做人；而在最贫苦困窘时，却能傲然挺立，高调做人的人。

例如顾宪成、高攀龙，在两人名扬四方时，有一次，高在朝廷"言事，下部院议处，公闻之坦然。顾泾阳曰：'宜杜门存待罪意，若太坦然，亦觉未至。'公深服其言"。高攀龙死后，家中仅有"赡田二百亩。"（《景逸高先生行状》，《高子遗书》附录）。

再如吴敬梓，他穷困潦倒，生计艰难，"日惟闭门种菜，偕佣保杂作"，有时竟"囊无一钱守，腹作干雷鸣"，"近闻典衣尽，灶突无烟青"。但是依然保持正直知识分子的骨气，不向达官贵人乞讨，"一事差堪喜，侯门未曳裾"（顾云：《金本山记》卷4）。

明清之际的有些士人更认识到，道德的最高境界和根本目的，在"成天下之务"，而不在于道德本身，不应当只是止于个人的某些善行。曾汝樑说得好："学不在成一己之名，而在成天下之务。若（捡）个忠，捡个孝，就此住脚，便自小了。……宁学圣人而未至，不欲以一善而成名。"[1] 跳出个人的小圈子，跳出个人道德的小圈子，改造社会人生，成就天下事业，这才是士人道德的根本目的和最高境界。这个认识，超越了他的时代。

二　刻苦学习，躬行实践

由于明清之际的士人阶层发展和扩充得极快，其整体文化和道德水平，自然会有所下降。当时的小品和笑话中，不少是对这种现象的尖锐嘲

---

[1] （清）张怡：《玉光剑气集》，中华书局 2006 年版，第 542 页。

讽。冯梦龙的《笑府》里有一则叫《腹内全无》，说道："一秀才将试，日夜忧郁不已。妻乃慰之曰：'看你作文如此之难，好似奴生产一般。'夫曰：'还是你生子容易。'妻曰：'怎得见？'夫曰：'你是有在肚里的，我是没在肚里的。'"在著名的《广笑府》里也有一大篇《儒箴》，更集中地描写了士的无知、迂腐、庸碌、教条、执拗、浅薄，种种可笑之言、之举。诚如魏校（恭简）所言，"今之学圣人者，……听其言，且圣人；察其行，实凡夫"。① 李贽更怒骂当时的一些士流以讲道学作"富贵之资"，"阳为道学，阴为富贵，被服儒雅，行若狗彘"（《续焚书》卷2《三教归儒说》）。他们不但无知，而且虚伪；以虚伪来掩盖无知。这种对于士流的揭露和批判，当然不全是子虚乌有，但是也有失公允。公正地说，明清之际的士人还是非常重视学习的，他们当中出现了不少学习的模范，其刻苦精神非常动人。仅仅《玉光剑气集》一本书中，就记载着许多：

王止仲幼时，"从其父为阊门市人市药，藉记药物，应对如流……主人异之，乃令遍阅所庋书。……议论踔厉，贯穿古今。家徒壁立，几无留册。所学皆得之药肆翁耳"。②

"吕文懿好学，至老不倦。居秘阁，图书左右，有得即识之，手录口诵，至晨不暇。"③

朱存理，"自少至老，未尝一日废学。居恒无他过从，惟闻人有异书，必从访求，以必得为志"。④

邹公智"居龙泉巷，贫无灯火，扫树叶蓄之，焚以照，读书达旦"。⑤

黄尚履，"好读书，常达旦，县罄屏床以自儆"。⑥

杨椒山，"刻苦读书，寒无下襦，绕屋行，温日所诵，兼思文义。令胫下微暖，得稍假寐，其勤苦如此时此刻"。⑦

沈越、王少冶、贾徒南解官后，"闭户读书，门无杂宾"，"杜门读书，手不释卷"。

---

① （清）张怡：《玉光剑气集》，中华书局2006年版，第523页。
② 同上书，第550页。
③ 同上书，第551页。
④ 同上。
⑤ 同上书，第552页。
⑥ 同上。
⑦ 同上书，第553页。

这些士人，尽管出身、年龄、经济条件，个人经历各不相同，但是他们热爱学习的精神是一致的。

刻苦读书，认真学习，在明清之际的士人看来，首先不是为了增长知识，培养技能，而是为了学习做人的道理，掌握道德的原则规范。

为了迎合这种社会需要，力倡经学，宣扬孔、孟的程朱理学曾一度兴盛，然而，程朱理学给当时士人带来了"膏肓之疾"，即"偏重悟理，而尽废修循，遗弃伦物"，像袁宏道指出的那样，只重视外在的道德教条，而轻视自身的修养克己。在此情况下，王阳明的心学应运而生，王学正是对程朱理学、经院哲学"死读书，读死书"的一种反拨，它更注重个人内在的精神情欲的改造，加强自身的克己功夫，明心见性。在他们看来，"万起万灭之私，乱吾心久矣。当一切决去，以全吾澄然湛然之体"。[①] 在他们看来，学习和修养的途径只有一个，就是反己克私，"致良知"。王阳明说："学须反己。若徒责人，只见得人不是，不见自己非；若能反己，方见自己在许多未尽处，奚暇责人？"（《传习录》）王的学生黄弘纲说得更明白，"吾心至道，吾心至德，吾心无私，吾心无为"。在这种思潮影响下，于是又出现了一批闭门修养、惩忿窒欲、克己求仁的典型，例如：

罗汝芳："几上置镜，与水盂对之，令心与水镜无二。"[②]

邵锐（思抑）说："此心天理，止因怠惰失之。提起此心，便是天理；放倒此心，便是人欲。此学者病根，病根不除，理欲交战，虽学无益也。"[③]

"徐文靖少学时，性甚沉质，言动不苟。尝效古人，以二瓶贮黄黑豆，每举一善念，道一善言，行一善事，投一黄豆；不善者以黑豆投之。始黑多黄少，渐积参半，久之黄者乃多。平生如是，虽贵不辍。"[④]

盛起（东宾），"尝夜梦有人寄椒于家，久矣，忽欲得椒，遂私发而用之。既觉，深自疚曰：'得无平日义心不明，以致此耶！'遂不能寐，坐以待旦"。[⑤]

---

① （清）张怡：《玉光剑气集》，中华书局 2006 年版，第 534 页。
② 同上书，第 535 页。
③ 同上书，第 521 页。
④ 同上书，第 610 页。
⑤ 同上书，第 511 页。

刘秉监，讲学不倦。其兄劝他说："汝事亲孝，事兄悌，何以讲学为?"他回答说："兄视吾外，可免尤悔；弟视吾内，犹未真切。"①

高攀龙读薛瑄《读书录·粹言》"一字不可轻与人，一言不可轻许人，一笑不可轻假人"。之后，"惕然有当于心，自后每事必求无愧三言而后已"。

但是，只学陆王，也会使人陷入空寂，于是有人又出来调和程朱陆王，例如周瑛（翠渠），他说："盖始学之要，先收放心，居敬是也。居敬则心存，聪明睿知，皆从此出，然后可以穷理。所谓穷理者，非谓静守此心而理自见也，盖亦推之以及其至。积累既多，自然融会贯通，而于一本者自得之矣。"这就是说，治学和修德，既要居敬，又要穷理；既要"静守此心"，又要推此心达于极致。明清之际的许多士人，都是这样进行道德修养的。但是这种学习和修养，仍然会陷入"清心寡欲，手不释卷，读书达旦，家居静坐，规行矩步，一意收敛，逍遥自得"，"手不识衡量，目不知绮丽，足不履田塍"的境地。这样培养的学生，只能是病态的，"美尧舜之孝弟，而无称于乡党；小温公之诚实，而不践其然诺。言独言幽，乃无忌于可指可视；言著言察，乃未及乎行之习之"。②

怎样才能走出困境，解决问题的出路究竟在哪里？看来道路只有一条，那就是跳出程朱陆王只讲心性良知的狭隘小圈子，面向实践、面向群众。

其实，在此之前已经有许多学者和士人强调过躬行和践履。还在弘治时期，安阳人崔铣（文敏）已经认识到，"道在五伦，学在治心，功在慎独。日诵六经，而不力行，徒得其字画耳"。又说："读书验诸行事，卒至不骇，可以应变；迩言不狎，可以出令；小物克勤，可以举大；奴婢服义，可以使民。"周积也指出："为学如治病，有病须服药，徒讲药方何益？学而不身体力行，是徒讲药方之类也。"薛瑄说得更亲切："学者读书穷理，须实见得。然后验于身心，体而行之。不然无异买椟还珠也。"一句话，学习，尤其是道德学习，必须力行和实践。

明清之际的许多士人，已经开始注意从自身的日常生活实践上下工

---

① （清）张怡：《玉光剑气集》，中华书局2006年版，第520页。
② 同上书，第529页。

夫，进行克己去私，比如：

刘东山（大夏）为广东方伯时，官库里有剩余的一笔银子，没有入库簿，按照旧例这笔钱可以由他自由取用。当管理财务的官员告诉了他这件事，他犹豫了许久，后来终于下定决心要缴公，自己毫无所取。他念着自己的名字责备自己："刘大夏，平日读书做好人，如何遇此一事，沉吟许多时，非大丈夫也！"①

"邹南皋（元标）进京，奉母以行，至彭泽，母舟在前，驿夫不至……乃呼县尉，厉词诘之。……后公自悔，呼尉好语劳之，遗《详刑要览》一册。因自讼曰：'维桑与梓，必恭敬止。彭泽，吾桑梓也，奈何以一尉忘恭敬之心乎？'"②

冯俊为举子时，逐什一之利于山东。归而视之，皆伪银也。乃悉投于河，曰："无陷后人。"③

曹鼐为泰和典史，因捕盗，获一女子，甚美，目之心动，辄一片纸书"曹鼐不可"四字，火之；复书复火之，如是数四，不及于乱。④

为了求得道德完善，实现自己的道德人格，明清之际的许多士人，尝试站到各种社会实践的第一线，例如唐顺之，不顾自己是一名手无缚鸡之力的文人，亲身参与了抵抗倭寇的战斗，在病中还亲自下海，奋勇杀敌。⑤ 然而，当时真正提倡躬行和实践，开"经世致用"之风的，乃是东林学派。东林学派最讨厌那种"喜欢空谈，动辄天道理气性命，或入佛道空谈，口舌交哄，务求胜人"的习气，他们在自己书院的门口，高标出"风声、雨声、读书声，声声入耳；家事、国事、天下事，事事关心"的格言，平日也在自己的言论行为中，坚持这一原则：

顾宪成警惕"空言之弊"，他赞赏邹元标以"尚行"二字，命名其在故乡设立的书舍，并为其写了《尚行精舍记》以颂之，指出："至于论学，特揭出躬行二字，尤今日对病之药。"（《泾皋藏稿》卷5《简邹孚如吏部》）又说："官辇毂，念不在君父上；官封疆，念不在百姓上；在水

① （清）张怡：《玉光剑气集》，中华书局 2006 年版，第 464 页。
② 同上书，第 544 页。
③ 同上书，第 601 页。
④ 同上书，第 597 页。
⑤ 同上书，第 538 页。

间林下，三三两两，相与讲求性命，切磨德义，念不在世道上；即有他美，君子不齿也。"（《明儒学案》卷58）

高攀龙努力纠正王学末流"空谈心性"和"放诞而不务实学"的"虚病"及"病虚"，他赞成薛瑄提倡的"务实之学"，肯定"居庙堂之上则忧其民，处江湖之远则忧其君"的"实念"，以及"居庙堂之上，无事不为其君；处江湖之远，随事必为吾民"的"实事"。（《高子遗书》卷8）提倡"学问必须躬行实践"，"贵实行"，（《高子遗书》卷5）"学问必须躬行实践方有益"的原则（《高子遗书》卷5）。在他看来，"学问不贵空谈，而贵实行也。"（《高子遗书》卷5）反复讲，"学问通不得百姓日用，便不是学问"（《高子遗书》卷5《东林会语》）。

东林学派诸人，不但这么说，而且这么做。他们热心参与反抗权奸阉党的实践，勇于斗争，不怕牺牲。与东林学派同时或稍后的一些著名士人，也纷纷效法东林学派的这些主张和做法。刘宗周要求"所陈时政，切中实弊"，他说："为学不在虚知，要归实践。"入清以后的颜李学派也坚持这一路线。后来还有些学者接受了若干西方来的自然科学知识，自觉地为生产实践服务。

更可贵的是，明清之际的士人，有些已经体会到劳动这种实践的重要，在他们看来，培养好的道德，更需要亲身参与劳动。嘉靖进士史桂芳，在其《训家人》一文里指出："劳则善心生，养德养生咸在焉；逸则妄念生，丧德丧身咸在焉。"这在当时实在是振聋发聩之音。

总之，明清之际的士人，用实际行动表明，他们在道德思想和道德活动中，一直不停地进行着探索，把握其中的规律，以便提高人们的道德水平和境界。

三　忠于国家，一心为民

封建社会末期的明清之际，中华民族处于多事之秋，尽管当时的士人风气中毛病不少，马敬臣曾经尖锐地批评说有"三弊"：一是"习科举之文，科举为志，官禄为功，及幸一第，笔蹄尽废"。这是举业之弊。二是"缀砌为文，偕偶为诗"的诗文之弊。三是"不反身心，但求毫楮"，"啮其糟粕以自迷"的理学之弊。总之是追名逐利、浮华虚谈，庸庸碌碌者居多，但是，也有许多士人具有"苟利国家生死以，岂因祸福避驱之"

的精神气概，这一点作为当时士人阶层主流的价值观念，甚至就连李贽那样被视为"异端"、"叛逆"之人也不例外。人称李氏"读书每见古忠臣烈士辄自感慨流涕，故亦时时喜闻人世忠义事"，在李贽书中，表扬忠臣义士孝子节妇烈女者甚多，自谓"甚有益风教"（《李温陵集》卷16《岳王并施全》），甚至他在其《忠义水浒传序》中，还一再肯定梁山英雄"忠于君，义于友"的精神。他称赞宋江等人，"身居水浒之中，心在朝廷之上，一意招安，专图报国"，希望"有国者读此书而忠义在君侧，贤宰相读此书而忠义在朝廷，兵部督府读此书而忠义为君国干城心腹"，甚至李贽后来之出家，也是出于"阴助刑赏之不及"，"以弘教护国"之心。

在为国为民思想的指导下，当时的广大士人严于律己，忠于职守，关心时政，不论是在相对和平的年代，还是在激烈的战争时期，都能关心经济生产，发展文化教育；居官的为民请命，反对专制腐败，在野的讲学修德，为民立言。当民族危亡之时，许多士人挺身而出，洒血疆场，视死如归。这方面的例子，不胜枚举：

冯从吾（恭定）与邹元标建首善书院，"诚以外寇侵凌，邪教猖獗，正当讲学以提醒人心，激发忠义"。与东林书院一起，为国为民立言请命。

黄道周于明亡后，知其不可而为之，仍然高举战旗，率众从福建打到浙江、江西，失败被俘，最后"抗节不屈"，英勇就义。

张煌言在《答赵廷臣书》，严词拒绝敌人的劝降，说："功名富贵，早等之浮云；成败利钝，且听之天命。宁为文文山，不为许仲平。若为刘处士，何不为陆丞相乎？"

夏完淳在《狱中上母书》中慷慨而言："生孰无死，贵得死所耳！父得为忠臣，子得为孝子，含笑归太虚，了我分内事。大道本无生，视身若蔽屣，但为气所激，缘悟天人理。恶梦十七年，报仇在来世。神游天地间，可以无愧矣！"

朱之瑜（舜水）在明亡以前，反对八股，不求举业，不满时政，厌于仕进；明亡后定居日本，每日怀念故国，"向南而泣血，背北而切齿"。

不但强调爱国，尤其值得注意的是这个时期士人们的民本意识，他们特别重视和强调民的利益，自觉地为民众想，为民请命。高攀龙甚至提出，"随时为吾民，此士大夫实事也"（《高子遗书》卷8上《答朱平涵》），把"为吾民"规定成为士大夫的根本使命。

泰州学派从学理上肯定了人的"欲"和"私"，也就是民众物质生活欲望的合理性及重要性，这是爱民、为民的根本所在。王艮的"百姓日用之道"，何心隐提出"育欲"观，都是为民呼吁、为民论证的。李贽更肯定说："私者，人之心也。人必有私而其心乃见。……如服田者私有秋之获，而后治田必力；居家者私聚积仓之获，而后治家必力。……此自然之理，必至之符。"（《藏书》卷2）

吕坤为官20年，"注重学术"只关心民情日用。他认为学术应以"国家之存亡，百姓之生死，身心之邪正"为鹄的。体悟到"盈天地间，只靠两种人为命，曰农夫、织妇，却又没人重他，是自戕其命也"（《呻吟语》卷5）。他为官的最后一年，还上书皇帝，陈述苍生贫困、民怨沸腾情况，直率地警告说："今禁城之内不乐有君，天下之民不乐有生。"

以顾宪成为代表的东林学派通过讲学，以唤起人心，目的是救国救民。当李三才为淮抚时，江南水患，顾宪成致信给他，要求全力抢救："此非区区一人之急，实东南亿万生灵之所日夕嗷嗷，忍死而引领者也。努力！努力！此地财赋，当天下大半，干系甚大。救得此一方性命，茧丝保障俱在其中，为国为民，一举而两得矣，知不作寻常看也。嗟呼！茫茫宇宙，已饥已渴，曾几何人兴言及此，益忍泪不住矣。万万努力！万万努力！"（《泾臯藏稿》卷5）情真意切，令人感动！高攀龙也反对朝廷对于东南受灾地区的横征暴敛，关心民情民困："无饷之空国，难言改折矣；无米之穷民，独可催征乎？"（《高子遗书》卷8下《答周绵贞二》）他一直强调，要"达民之情"，"为民请命"，指出民的重要，民是根本目的："天下之事……有益于民而有损于国者，权民为重，则宜从民。至无损于国而有益于民，则智者不再计而决，仁者不宿诺而行矣。"（《高子遗书》卷8）"君子为政，不过因民之好恶。"（《高子遗书》卷8下《与欧阳宜诸二》）

刘宗周长期在野，更加同情和了解劳动人民，他不断抨击揭露晚明苛政，要求减轻赋役和放松对于老百姓的政治压制，反复强调，"法天之大者，莫过于厚民生，则赋敛宜缓宜轻。今者，宿逋见征及来岁预征，节节追呼，闾阎困蔽，贪吏益大为民厉"（《东林书院志》卷9《刘念台先生传》)，大声疾呼"重民命"、"厚民生"，"匡救时艰"。

黄宗羲在抗清失败后，痛定思痛，他总结历史的规律说："天下之治乱，不在一姓之兴亡，而在万民之忧乐……为臣者轻视斯民之水火，即能辅君而兴，从君而亡，其于臣道固未尝不背也。"(《原臣》)

四　解放思想，特立独行

明清之际社会上的学风，占上风的是食古不化、执拗迂腐，正像李贽所批评的那样，"儒先亿度而言之，父师沿袭而诵之，小子蒙聋而听之。万口一词，不可破也；千年一律，不自知也。"(《续焚书》卷4《题孔子像于芝佛院》) 当时流传的笑话中，不少是讽刺士人的呆板酸腐，拘泥不化的。但是我们也要看到，随着明代中后期商品经济的发展，文化教育的普及，当时的社会风气也正发生着很大的改变，士人最突出的表现是对于名教、道学的远离，并且开始走上思想解放之路。

例如王廷相，他"不事浮藻，旁搜远揽，上下古今，唯求自得，无所循泥。灼见其是，虽古人所非者不拘；灼见其非，虽古人所是者不执。立言垂训，根极理要，多发前贤所未发焉"(高拱：《高文襄公文集》卷4)。他自己也说："儒者之为学，归于明道而已。使论得乎道真，虽纬说稗官，亦可从信……使与道有背弛，虽程朱之论，亦可以正而救之。"(《太极辩》)

再如吕坤，他走得更远。吕坤出入于理学，他指斥理学是"俗学"，批评道学先生"非伪即腐"。"伪者，行不顾言；腐者，学不适用。"(《去伪斋集·杨晋庵文集序》) 他宣称自己不是道学、仙学、释学，也不是老、庄、申、韩学，庄严地宣布，"我只是我"(同上，卷1)。

李贽藐视儒家经典，他认为，《六经》和《论语》、《孟子》，只是弟子们的随意记录，"有头无尾，得后遗前"，大半非圣人之言。即使有些圣人之言，也不过是"因病发药"而已，并非"万世之至论"。"六经语孟乃道学之口实，假人之渊薮。"

著名学者傅山，从不喜欢援引宗派，聚众讲学。他宣称，"自宋入元百年间，无一个出头地人。号为贤者，不过依傍程朱皮毛蒙袂，佝口居为道学先生，以自位置。"他反对倚门傍户、出主入奴的"奴儒"、"奴书生"，挖苦他们说，"后世之奴儒，生而拥皋比以自尊，死而图祀以盗名。

其所谓闻见，毫无闻见也"。

明清之际的士人在思想观念上的解放，最突出的是他们敢于挑战几千年来的"三纲五常"，反对把"人心"与"道心"对立，不再迷信"圣人"和"天理"（王廷相）。不再从世俗到天理，将世俗神学化；而是由天理回到世俗，把神学世俗化，伦理心理化。在他们看来，"圣人之道"就是"百姓日用家常之道"（王艮），高度肯定了以往被视为洪水猛兽，万恶之源的"情"、"欲"和"私"。他们最反对"遏人欲"，说"察私防欲，圣门从来无此教法"（王栋）。"天理人欲，谁氏作此分别？……悟则人欲即天理，迷则天理亦人欲也"（夏廷美）。罗钦顺认为"欲不可去"，他"客气地"批判说"先儒以去人欲、遏人欲为言，盖所以防其流者不得不严，但语义似乎偏重"。李贽反宋儒道学之说，提倡"穿衣吃饭，即是人伦物理"，肯定好货好色。后来的戴震，借用儒家的语言，却论证了"通天下之情，遂天下之欲"的合理性。（《原善》）

与此同时，明清之际的许多士人，还从政治角度提出许多重要主张，批判了君主专制。例如黄宗羲主张"工商皆本"，唐甄要求均平，认为"君臣，险交也"（《潜书·利才》）。"凡为帝王者皆贼也。"（《潜书·室语》）难怪有人惊呼，当时社会风气已经出现了"以传注为支离，以经书为糟粕，以躬行实践为迂腐，以纲纪法度为桎梏。逾闲荡检，反道乱德，莫此为甚"（《明史》224卷《杨时乔传》）。这些观点和言论，惊世骇俗，为封建专制主义的衰落和灭亡，敲响了丧钟。

与思想解放相联系，明清之际士人中还出现了一大批风流雅士，他们矫俗为雅，反对枯坐痴禅，流连于诗酒歌舞，寄情于山水之间，例如：

袁宏道不拘格套，追求个性解放，诗酒流连，自嘲自己在官位上，"备极丑态，不可名状：大约遇上官则奴，候过客则妓，治钱谷则仓老人，谕百姓则保山婆。一日之间，百暖百寒，乍阴乍阳，人间恶趣，令一身尝尽矣，苦哉！"（《给丘长孺》）

"狂人"徐渭，工诗文，善书画，精研戏剧，熟悉军事，他"读书，好深思。……欲尽斥注家谬戾，独标新解"。"眼空千古，独立一时，当时所谓达官贵人，骚士墨客，文长皆叱而奴之，耻不与交。"晚年"贫甚，鬻手以食，有书数千卷，斥卖殆尽。帱笫破敝，藉藁以寝"。"挟一犬与居，绝谷食者十年。"（《列朝十集·徐记室渭小传》）即使在这种情况之下，仍然坚持自己的孤傲，"晚年愤益深，佯狂益甚。显者至门，皆拒不纳，当道官至求一字不可得。时携钱至酒肆，呼下隶与饮"。（《袁中郎全集·徐文长传》）

"吴中自祝允明、唐寅辈，才情轻艳，倾动流辈，放荡不羁，每出名教外。"（《明史·文苑传》）

屠隆任青浦县令时，经常饮酒赋诗，以仙令自许，后因与西宁侯宋世恩夫妇淫纵而罢免。归乡后纵情诗酒，卖文为生。每在剧场"往往阑入群优中作技"。

张岱自称，"好精舍，好美婢，好娈童，好美食，好骏马，好华灯，好烟火，好梨园，好鼓吹……"（《琅嬛文集·自作墓志铭》卷5）

这些文人雅士，显然是以消极的态度和方式，表明自己的清节，不与当权的统治者和封建腐朽文化同流合污。张岱曾自嘲说："功名邪落空，富贵邪如梦，忠臣邪怕痛，锄头邪怕重。著书二十年邪而仅堪覆瓮。之人邪有用没用！"（《自题小像》）其实，他们留下的许多文化遗产，乃是我们民族的重要宝贵财富。

五　仁爱宽厚，中和博大

中国的古代士人，原来最重视家族血缘关系，在道德中也首先推重父慈子孝、兄爱弟敬，但是自唐宋以来，随着商品经济的发展，人际关系出现了某些变化，师友和朋友之间的交往越来越受到重视，乡亲邻里，甚至陌生人之间的关系也更加密切，中华美德中关于中和包容、博大宽厚的内容，在士人阶层中，得到比较充分的发展。《玉光剑气集·德量》一篇中，所载担任过明代重臣"二杨"的故事，透露了这一信息：

　　文贞（杨士奇）归里，遍召亲故，一人取席间金杯藏之于帽，公适见之。席将罢，主者检器，亡其一，亟索之。公曰："杯在，勿觅也。"其人酒酣潦倒，杯帽俱坠。公亟转背，令人仍置其帽中。

　　杨文敏（荣）丁父艰归，既襄事，乃料理乡党平日有假贷钱谷弗能偿者，悉焚其券；族人有丧不能举者，悉为葬之。贫弱不能自存，悉收养嫁娶之；有因产业致争者，割己业畀之。起复时，宗戚乡邻，送行者咸垂涕。

明清之际的士人阶层，赞赏这种"圣人宽洪包含气象"（王阳明），继承和发展了博大仁爱的价值观念，努力遵循这样的道德原则和行为规范，其间还涌现了许多动人的事迹，达到很高的境界。

对待师长朋友，他们特别尊敬。

罗汝芳受颜钧之教，拜其为师，颜被关在南京监狱里六年，罗卖完了自己的家产营救他，侍养狱中整整六年，宁肯放弃了参加朝廷的考试。他退休归家后，虽然年岁已老，每当颜至，侍候不离左右。后来罗的弟子杨起元对待罗汝芳也是这样，"出入必以其像供养，有事必告而后行"，十分虔敬。

文衡山（征明）品德高尚，一辈子不喜欢听人谈论别人的过错。有人刚想说，他必然用其他事巧妙地岔开，不给他们机会。"有以书画求鉴定者，虽赝物，必曰：'此真迹也。'人问其故，公曰：'凡买书画者，必有余之家。此人贫而卖物，或待以举火。若因一言而不成，举家受困矣。我何忍焉！'同时有假公画求题款者，即随手书与，略无难色。"不去辨别真假，是出于对于贫者和弱者的体贴和爱护。

唐寅（伯虎）虽然年岁大些，但是在学术和品行上，他自知不如文征明，甘心居于其下。在信中他诚恳地表示："非面服，乃心服也。项它七岁为孔子师，子路长孔子十岁。诗与画，寅得与征仲争衡；至于学行，寅将北面。"[①]

再看他们对待自己的邻居乡亲。

三原王公去官归家，见子弟易邻居为业，召而让之曰："此皆我故旧，岂宜夺其居！"乃谕令还，给以原卷，不问价。

两位退休在家的老尚书，恭恭敬敬地给一位姓朱的老剃头匠邻居拜年贺节。张悦（庄简）与庄懿，"岁时入城祝釐则皆出，而往朱待诏家拜节。待诏者，栉工也。两公与之为老邻，肃章服拜之。栉工戴老人头巾，接两尚书，具茶，送之而出"。

即使曾经身居高位，对于素不相识的路人也是一样。唐荆川性俭素，自巡抚归，推产于弟。冬不炉，夏不扇，岁衣一布，月食一肉。结庐陈

---

① （清）张怡：《玉光剑气集》，中华书局 2006 年版，第 612—613 页。

渡，不蔽风雨。时往来乡郭，乘小舟，低头盘膝，见者不知为贵人。即遭凌辱，不较也。家中惟卧一板门，冬则加草以为温。有老友见之泪下，为市一床，而终身无厚茵褥。门生子弟，从公游处，不堪其苦，而公独安之。曰："不如是何以拔除欲根？"

对于邻里间的一些纠纷，坚持礼让态度。杨仲举（翥）先墓前有一石碑，一日，田儿数辈聚戏其下，共推碑，碑朴，群儿惊散。守墓者来告，公遽问："伤儿乎？"曰："否"。公曰："幸矣，可语儿家善护儿，勿惊之也。"邻家构舍，桷溜坠其庭，公不问。……又或侵其址，公有"普天之下皆王土，再过些儿也不妨"之句。

陈献章（白沙）从来不与人争执。邻人有侵其居地者，扬言曰："陈氏子，我必辱之于途。"及见，不觉自失。公曰："尺土寸地，当为若让。"其人大惭。有一次，陈白沙访问庄定山，定山送他回家，"有维扬一氏子，素滑稽，同舟数十里，极肆谈锋，尽衽席狎昵之事，以困二老。定山怒不能忍，声色俱厉。白沙当其谈时，若不闻其声；既去，若不识其人。定山深服之"。

即使对于那些曾经与自己有过矛盾，迫害过自己的人，也宽宏大量。

王庄毅公很有勇气，敢于同专权的太监马顺在皇帝面前死斗，可是对于凌辱过自己的人，却又能特别容忍。"督漕淮阳，有指挥单姓者行不检，公常挫抑之。寻公遭言免官，单某只候江浒，致殷勤，而以粪秽置缶中，云醢酱以献，盖以纾夙憾也。无何，公还官，单乃逃远方，诈死。里人迹所在，执而送于公，公平其讼而遣之，不与较。"

徐文清的同乡太学生孙育，曾经被徐提拔当了大官。徐被罢职后，孙怕连累自己，搜罗了徐的几十条"罪状"上报给徐的政敌，不久他也死了。当孙的遗体运回故乡后，徐文清主动换上丧服去他家里吊唁。孙的儿子跪下说："吾父负公而死，天也，愿公勿吊。"徐笑曰："尔父岂负我者？我为人所陷，波及汝父辈，汝父欲保全身家，万不得已，姑借我免祸耳。吾若不能谅之，是我又负当父矣！"[1]

这些士人用仁爱诚意，为他人着想，原谅他们当初对自己的凌辱和冒犯，显示了自己的高尚道德境界。

---

[1] （清）张怡：《玉光剑气集》，中华书局2006年版，第620页。

就是这样，明清之际的士人，用他们多彩的道德生活，装点也支撑起当时的整个社会生活，并为后来的社会大转变作着准备。

第三节 商人的道德生活

商人是中国古代主要四大社会阶层"士农工商"中之一，属"逐利"阶层，位四阶层之末。但中国古代社会对待"商"的态度大致可以说是贱商而不轻商。中国古代社会的商人道德生活就是在这样复杂的、矛盾的环境中艰难地发展着。到了明清，随着农业、小手工业的发展，商业也得到了大发展。普通民众对商人的态度也有调整，不再像以往那样极端贱商。这样，商人的道德生活也就丰富了起来。

一 商人道德生活的基础

大致说来，中国古代商人的道德生活可以分为三个历史时期：从尧舜禹时代到战国可以说是产生发展期，秦汉至明中叶属于相对停滞时期；明中叶到清中期可以算是成熟发展期。中国古代商人的道德生活虽然在明中叶前属于相对停滞时期，但却在孕育着明中叶后的繁荣发展，而且这种孕育在宋朝既已开始显现。因为到宋时，商业应该已经非常繁华。我们可从当时都城的饮食业盛况即可窥见一斑。"旧京工伎固多奇妙，即烹煮盘案，亦复擅名。如王楼梅花包子、曹婆婆肉饼、薛家羊饭、梅花鹅鸭、曹家从食、徐家瓠羹、郑家油饼、王家奶酪、段家熯物、石逢巴子肉之类，皆声称于时。暨南迁，湖上渔羹宋五嫂、羊肉李七儿、奶房王家、血肚羹宋小己之类。""闾阖门外通衢有食肆，人呼'张手美家'。水产陆贩，随需而供。每节专卖一物，遍京辐辏，号曰'浇店'。"① "水产陆贩，随需而供"说明当时的商业活动相当繁盛。这种繁盛的商业活动为商人的道德生活成熟发展提供了广阔的舞台。

明中叶以后，商业活动得到了迅猛发展，先后出现了几大商帮，如山西商帮、徽州商帮、洞庭商帮、陕西商帮、江右（江西）商帮、龙游商帮等。此期商业能够得到发展主要受益于以下因素：首先，此期的农业和

---

① 丁传靖辑：《宋人轶事汇编》，中华书局 1981 年版，第 1094—1095 页。

手工业获得了迅速的发展，为其他经济部门的繁荣提供了基础。其次，政府采取的一些措施有利于商业的发展。明清时期政府采取了减轻商税、禁止官府向商人低价购买货物，缩小官营手工业的阵地，解除矿禁等一系列有利于商业发展的政策。同时，一条鞭法、摊丁入亩等措施使地租赋税货币化、农产品商品化，这在一定程度上也刺激了商业的发展。其三，此期人们对待商人的态度有所改变，商人的社会地位有所提高。嘉靖、隆庆年间，汪道昆提出农商"交相重"的观点（《太函集》卷65《虞部陈使群権政碑》），万历年间首辅张居正主张"厚农而资商"、"厚商而利农"。（《张文忠公全集》文集八，《赠水部周汉権竣还朝序》）明末清初的黄宗羲更明确地提出"工商皆本"的观点。这彻底改变了以往农本商末的观点。

除了学者们的理论论证与主张外，现实中还有许多践行者。比如，歙人吴长公自幼业儒，父亲客死异乡后，其母令其放弃儒业而继承父业经商。吴长公考虑再三，最后说：读书，孜孜以求为的是名高，名就是利；如果秉承父志，显亲扬名，利就是名。于是服从了母亲的主张。在吴长公"名亦利"、"利亦名"的解释下，传统那种"儒为名高，贾为厚利"的儒贾对立观念得到了沟通。因此他心安理得地选择了从贾之路。[①]

此时的商人，胸襟眼光、魄力都与往日迥然不同，特别是道德上达到了新的高度。前面所说的几大商帮无不重视商业伦理，并以崇高的商业道德相矜持，尤其是位居几大商帮之首的徽州商帮，他们把商人的伦理道德视为生财致富、兴旺发达的最可靠经验和手段。在一本叫做《生蒙训俚语十则》的商界读物里，他们把经商经验概括成十条，即勤谨、诚实、和谦、忍耐、通变、俭朴、知义礼、有主宰、重身惜命和不忘本。[②] 这中间至少7/10都属于商人道德，由此可见商人的道德生活达到了怎样的程度。

---

① 转自王兆祥、刘文智《中国古代的商人》，商务印书馆国际有限公司1995年版，第90页。

② 转自《江淮论坛》编辑部主编《徽商研究论文集》，安徽人民出版社1985年版，第71页。

二　商业活动中的道德生活

商人的道德生活主要表现在两个方面。一个是经商活动中的道德生活。另一个是社会生活中的道德生活。前者主要表现为勤俭、敬业、诚信、廉平、礼让等。后者则表现为"公义"。我们先来看前者。

（一）勤俭

勤俭是中国的传统美德，不只士、农、工勤俭，商贾亦不例外。《醒世恒言》卷 17《张孝基陈留认舅》中有这样一段叙述："士子攻书农种田，工商勤苦挣家园。世人切莫闲游荡，游荡从来误少年。"

在诸商之中最勤俭的当数山西商人，他们认为，"勤俭为黄金本"。据记载，"晋中俗俭朴古，有唐虞夏之风。百金之家，夏无布帽；千金之家，冬无长衣；万金之家，食无兼味"。（沈思孝：《晋录》）纪昀也说："山西人多商于外，十余岁辄从人学贸易，俟蓄积有望，婚归纳妇。纳妇后，仍出营利，率二、三年一归省，其长例也。或命运蹇剥，或事故萦牵，一、二十载不得归。甚或金尽裘敝，耻还乡里，萍飘蓬转，不通音问者，亦往往有之。"（《阅微草堂笔记》卷 23）这方面的例子极多，例如：

> 祁县郭千城，"虑家贫，以生殖致饶裕，性俭约，不喜奢华"。（乾隆《祁县志》卷 9《人物》）
>
> 定襄邢渐达，"十五岁而孤……而自事生业，艰苦备尝，不辞劳瘁，自奉俭约"。（《定襄邢氏族谱》）邢九如，"少贫乏，年十四失怙……越二年，其大父即辞世，家道益困，公以母老弟幼苦无资，不得已弃学就商，甫弱冠远服贾于京东之赤峰县……勤劳四十余载，而家道卒致丰"。（《定襄邢氏族谱》）
>
> 榆次孝智春，"生贫家，幼父母卒，兄佣工，仲兄且殇，于是学商于直隶顺德府布店。数十年勤劳无间，为执事者所重。积有余资，乃旋里娶妇王氏"。（民国《榆次县志》卷 18《单行录》）
>
> 三原温朝凤，"忍节嗜欲……虽潘澜戋余，莫之弃也"。（李维桢，《太泌山房集》卷 70《温朝凤》）

山陕商人的节俭是众口一词的，而对于徽商则众说不一。顾公燮说："自古习俗移人，贤者不免。山陕之人，富而若贫；江粤之人，贫而若富。"① 这里说的江粤，包括了徽商。"贫而若富"就是不俭朴。与此不同，顾炎武认为徽商很俭朴。他说："新安勤俭甲天下，故富亦甲天下。贾人娶妇数月则出外，或数十年，至有父子邂逅不相认识者。……其数奇败折，宁终身漂泊死，羞归乡对人也。男子冠婚后，积岁家食者，则亲友笑之。妇女亦安其俗，而无陌头柳色之悔。青衿士在家闲，走长途而赴京试，则短褐至骭，芒鞋跣足，以一伞自携，而各舆马之费，闻之则皆千金家也。"（《肇域志》江南十一·徽州府）还有人称徽州人"人尚气节，民素朴纯"，"是商以求富厚，非席富厚也。"（洪玉图：《歙问》）也有人认为徽商平时俭朴，在一些时候奢侈，"新安奢而山右俭也。然新安人衣食亦甚菲啬，薄糜盐齑，欣然一饱矣，惟娶妾、宿妓、争讼，则挥金如土"。（谢肇淛：《五杂俎》卷64《地部二》）余英时对此有分析，他认为，徽商"为了争取上风，自不能不采取交际的方式以笼络政府官员"，奢侈"似乎都集中在搞好'公共关系'的一面"。"娶妾"、"宿妓"，正是"如客高会的场合"，至于"争讼""则更是为了法律上争取自己权利、不能算作'奢'"。②

其实，徽商中确也有人生活奢侈，贪图享乐，并不是为了"公共关系"，不必为之讳。商人终日生活在市场货币之中，赚钱较容易，难以抵御繁华世界的引诱，特别是若干大商人，即使在西汉时也已"操其奇赢，日游都市"，"衣必文彩，食必粱肉"，"千里游遨游，冠盖相望，乘问策肥，履丝曳缟"（晁错：《论贵粟疏》）了。当然这种情况为数不多，亦被视为不道德，而不能算做商业道德了。到了明清以后，一些商人的奢侈成了风气。当然对这种奢侈之风应一分为二地看待。当时就有人对商人的奢侈进行辩护，认为那有益于社会。陆楫作《禁奢辨》如下：

> 论治者屡欲禁奢，以为财节则民可使富也。噫！先正有言：天地生财，只有此数。彼有所损，则此有所益。吾未见奢之足以贫天下

---

① 张正明等：《明清晋商资料选编》，山西人民出版社1989年版，第290页。
② 余英时：《士与中国文化》，上海人民出版社1996年版，第556页。

也。……

余每博观天下之势，大抵其地奢则其民必易为生，其地俭则其民不易为生者也。何者？势使然也。今天下之财赋在吴、越，吴俗之奢，莫盛于苏、杭之民，有不耕寸土而口食膏粱，不操一杼而身衣文绣者，不知其几何也。盖俗奢而逐末者众也。……

不知所谓奢者，不过富商、大贾、富家、巨族自侈其宫室、车马、饮食、衣服之奉而已。彼以粱肉奢，则耕者、庖者分其利；彼以纨绮奢，则鬻者、织者分其利，正孟子所谓"能工易事，羡补不足"者也。上之人胡为而禁之？

……

或曰：不然，苏杭之境为天下南北之要衢，四方辐辏，百货毕集，故其民赖以市易为生，非其俗之奢故也。噫！是有见于市易之利，而不知其所以市易者正起于奢。使其相率而为俭，则逐末者归农矣，宁复以市易相高耶？且自吾海邑（上海县）言之。吾邑僻处海滨，四方之舟车不一经其地，谚号为小苏州，游贾之仰给于邑中者，无虑数十万人，特以俗尚奢，其民颇易为生尔。

（二）敬业

敬业，这在先秦时期已经成为商业道德的一项重要内容，司马迁论述的"诚一"即是。以后商人几乎代代都有这种美德，特别是明清商人，更是如此，他们的敬业突出表现在冒风险、善决断和肯负责等几个方面。

古代商人和僧侣、武士一样，都肯为了自己的信仰和事业，不惜身家性命，无远不届。中国古代的商人更是"时而江湖，时而边塞，风波险阻，备极艰危"。"即逴陬穷发，人迹不到之处，往往有之。"（谢肇淛：《五杂俎》卷4）例如陕西商人，他们往往深入甘肃、青海、宁夏、新疆及四川西部少数民族地区，那里人烟稀少，交通不便，"北虏西番，环伺衅隙"。为了防止匪徒抢劫，商队往往要雇佣弓马熟娴，臂力过人者武装保镖，有些商人自己本身就武艺超群，明代富平边商李月峰，常运粮于陕北的安边、定边、安塞间，他"善骑射，凡往来荒徼中，挽强弓，乘骏马，不逞之徒，望风避匿"，甚至"他商旅或假其旗号以自免"。（《受祺堂文集》卷4《先府君李公孝贞先生行实》）在甘于冒险方面，最杰出的是晋商。据载，"塞上商贾，多宣化、大同、朔平三府人，甘劳瘁、耐风塞，以其沿边居处，素习土著故也。其筑城驻兵处则建室集货，行营进剿，时亦尾随前进。虽锋刃旁舞，人马沸腾之际，未肯裹足……"（纳兰常安：《行国风土记》）这只是随军贸易的一小批晋商，其实山西商人北走蒙藏边疆，千里走风雪，分别开辟了从山西和河北，越长城、蒙古，经恰克图、西伯利亚到莫斯科、彼得堡的商路和经新疆伊犁、通塔尔巴哈德到安息（伊朗）的商路。此外，他们还东渡东瀛，南达南洋，横波万里浪，闯海上商道。他们冒险经商的事迹，随处可见。如蒲州商人王瑶，贩布绢行至甘肃河西地区遇敌，他"团列骡马，挽弓抽刀，倚城自保"（《韩苑洛全集》卷5《封刑部河南司主事王公墓志铭》）。泽州商人王珂"服贾远出，一日抵大江，邻被劫，珂奋身往救，盗惊散"。（雍正《泽州府志》卷37《考义》）如此等等，难以胜数。

经营商业有时要和行军打仗一样，懂得天时地利，善于审时度势，运用心计，精于筹算，敢于决定取予，然后才能全操胜算。这种思虑方面的勇敢强毅，是敬业品德的另一个重要方面，中国商人对此更为重视。例如，清初山西商人张芝，"时邑帽贾素有毛毡冠于南者，值吴三桂反，道梗莫敢行，芝出廉价收其货毅然往，至半途适藩削平。国家偃武修文，货售如流水"。（盂阳《续修张氏族谱》）明代蒲州王海峰，到人们不愿意去的长芦盐区经营，又向政府提出整顿盐制，杜绝走私的建议，使长芦盐区迅速繁盛起来。（见张四维《条麓堂集》卷2）而与此相反，洪洞商人王谦先，经营山东盐，"累致千金。时盐运日弊，知已不可为，乃决计弃去。后山东盐务果益疲，商大困。人自危。时谦先谢业已久，不受其害，人皆服谦先之远见"。（顾轩：《顾斋遗集》卷下《山右业书初编》本）

认真负责，对自己所从事的事业精益求精，这是敬业中最经常、最重要的表现，尤其是在商业伦理中更为突出。在这个更加自由、更为广阔的职业天地里，充满着风险，必须投入全部精力。山西商人创立的大盛魁号，旅蒙经营200余年而不衰，关键在于它仔细地把握了蒙古牧民的生活需要，千方百计地去满足他们，牧民居住点分散，时常流动，商店就组织商队，深入到他们的帐蓬中，做流动贸易；牧民手里货币少，购物不便，商店就开展赊销，甚至以物易物，允许他们以羊、马、牛、驼和畜产品、皮张等折价偿还；牧民们的食物主要是肉食，喜欢饮茶，商店就自设茶庄进行砖茶加工；牧民要用特殊的蒙靴、马毡、木桶、木梳和奶茶用壶，商店就组织货源，加工定做；牧民喜欢穿结实耐用的斜纹布，商店就大量进货，并将布料按蒙古习惯裁成不同尺寸的袍料，由其任意选购。再如著名的山西票号，放款时特别谨慎，要详细调查对方的资产状况、用款目的、还款能力、信用情况等，努力避免烂账坏账。开当铺的也兢兢业业，例如嘉庆时渭南贺达庭，在关中各县开设当铺 30 余处，分布于渭南、临潼、蓝田、咸阳、长安数百里间，每月必遍历诸处。"每至一处，察司事者神色，即知库中近日事……司者不能隐，告以实，公小留为筹画之……人人心中各有一主人翁在。虽公去已远，犹时时劝诫，不知其何时孪户而入也。"（《续修陕西通志稿》卷 87《人物志·贺士英》）贺达庭的敬业精神教育和感动了所有的从业人员。

（三）诚信

商业与军事很有些相似，属于"与人相对而争利，天下之至难也"（《孙子十家注·张预》），有些时候要行"诡道"，保守机密，灵活机智，突施奇计，这是问题的一方面，但是还有另外一个更重要的方面，那就是它也要恪守诚信，不但是对于自己店号的员工、顾客和联系户讲诚信，就是竞争对手之间也必须遵守竞争的规则，公平地进行，不能搞欺诈，这是保障商品交换的正常秩序，维护经济，尤其是流通领域正常运行的必然要求。中国古代商人很早就提倡"重然诺，守信义"，标榜"诚商"，反对"奸商"、"佞贾"，把诚信作为最主要的商业道德规范，这个传统一直延续下来，并且不断发展。

首先是商号内部讲诚信。例如，新都"大贾辄数十万，则有副手，而助耳目者数人。其人皆铢两不私，故能以身得幸于大贾而无疑。他日计子田息，大羡，则副手始分身而自为贾……"（顾炎武：《肇域志》江南十一《徽州府》）

山西商人合伙人之间也讲诚信。"其合伙而商者，名曰'伙计'，一人出本，众伙共而商之，虽不誓而无私藏。祖父或以子田息丐贷于人而道亡，贷者业舍之数十年，子孙生而有知，更焦劳强作以还其资，则他大有居积者，争欲得斯人以为伙计，谓其不忘死肯背生也，则斯人输少息于

前，而获大利于后。"（沈思孝：《晋录》）

洞庭商人在这方面同样讲诚信。比如，金汝鼐，"凡佐席氏者三十年……席氏不复问其出入，然未尝取一无名钱。所亲厚或微讽曰：'君从不欲自润，独不为子孙计耶？'翁（指金汝鼐——引者）叱之曰：'人输腹心于我，而我负之，谓鬼神何！'"（汪琬：《尧峰文钞》卷16《观涛翁墓志铭》）

其次，在经商的朋友之间守诚信。"友"之一伦，在经商中重要，俗云："在家靠父母，出外靠朋友。"中国古代商人很重视朋友间的信任。例如：

> 马禄，祁门人，"常客常州。受友人寄金百余，有同旅盗金亡去。禄秘不言，罄己资偿之。已而盗败，得所寄金，友人始知之"。（康熙《徽州府志》卷15《尚义》）
>
> 吴汝璜，祁门人，"客姑苏，有友寄金六百，夜泊遇盗，掠舟无遗。汝璜匿友金，以己囊任盗劫去，抵楚出金付友。友愿分酬，不受"。（康熙《徽州府志》卷15《尚义》）

还是那个洞庭商人金汝鼐，

> 有寄白金若干两者，其人客死无子，行求其婿归之。婿家大惊，初不知妇翁有金在吾父（指金汝鼐——引者）所也，故山中人皆推吾父为长者。（汪琬：《尧峰文钞》卷16《观涛翁墓志铭》）
>
> 山东莱阳商人左文升，"质实不欺"。有一位叫周继先的商人，"以钞二百缗，托转货准常值估利二分。后值钞钱偶缺，倍获利，悉付周。周曰：'价有定议，外不敢取。'文升曰：'尔钱获利，何敢以私！'"（康熙《莱阳县志》卷8《人物》）

其三，对顾客诚信。顾客是商家的"衣食父母"，所以，商人对此尤其注意。例如：

> 洞庭商人王公荣，"身无择行，口无二价"，人称"板王"。

(《莫厘王氏家谱》卷 13《公荣公墓志铭》)

婺源商人洪胜，"平生慎取与，重然诺，有季布风，商旅中往往籍一言以当抽券"。(婺源《敦煌洪氏统宗谱》卷 59《福溪雅轩先生传》)

徽商胡荣命，仁厚长者，"贾五十余年，临财不苟取……名重吴城。晚罢归，人以重价赁其肆名，荣命不可，谓：'彼果诚实，何藉吾名？欲藉吾名，彼先不诚，终必累吾名也'"。(同治《黟县三志》卷 5 下《人物·尚义》)

婺源朱文炽，在珠江经营茶叶，每当新茶过期，他不听市侩劝阻，在与人交易的契约上"注明'陈茶'二字，以示不欺"。经营二十年，亏蚀本钱数万两，"卒无怨悔"。(《扬州画舫录》卷 6)

商人们的经商实践证明，诚信不但不会使自己的利益受损，反而更加有益。

梅庄俞先生文义（歙县）人，家素贫，弱冠行贾，诚笃不欺人，亦不疑人欺。往往信人之诳，而利反三倍。(《岩镇志草·里祀乡贤纪事》)

歙县商人吴南坡云："人宁贸诈，我宁贸信，终不以五尺童子而饰价为欺。"久之，四方争趋坡公。每入市，视封识为坡公氏字，辄持去，不视精恶长短。(《古歙岩镇镇东礁头吴氏族谱·吴南坡公行状》)

胡仁之名山，歙西富源人也，贾嘉乐。年饥，斗米千钱，同人请杂以苦恶，持不可。俄而诸市米家群蚁聚食，山独免。(《大泌山房集》卷 73《胡仁之家传》)

休宁程家第在宁邑河口经商，"一坐以信义服人"，但获利，仍坚持初衷，说道："吾敦吾信义，赢余之获否，亦德之而已。"后来他的儿子程之珍，仍然"承公遗谋"，终于"信洽遐迩，大焕前猷，丰亨豫大，回异寻常，亦信义之报，公平之效，未得于其身，正以取偿于其后。"(《旌阳程氏宗谱》卷 13《公棹程君传》)

（四）廉平

廉平是指货好价平，不取非分之财，遇到财务纠葛时，宁肯自己让些，也不妄取。中国从先秦时就推崇"廉贾"，以后世代如此，商人们也多以此自勉，"啬取却赢为廉贾"。（《丰南志·寿吴敬简太史田七十序》）不但如此，他们还对子孙"训以廉俭"，甚至要求"宁奉法而折阅，不饰智以求赢"。（《丰南志·良宦公六十序》）

廉平首先表现在货真质好，这是经商最基本的一条，是商业的根，古代许多商人和商号非常重视它。例如：

> 苏州孙春阳南货铺，从万历到乾嘉的二百三四十年中，"天下闻名"，"子孙皆食其利"，首先就在于其货品的"选制之精"。（钱咏：《履园丛话》卷24）

山西乔家复盛油房，清末"从包头运大批胡麻油往山西销售，经手伙计为图暴利，竟在油中掺假。事被掌柜发觉后，立即饬令另行换售，代以纯净无假好油"。还是这个乔家"复"字商号，"不图非法之利，坚持薄利多销，其所售米面，从不缺斤短两，不掺假图利；其所用斗称，比市面上商号所用斗称都要略让些给顾客"。[①]

> 休宁商人吴鹏翔，做胡椒生意，买进了八百斛胡椒。有人辨别其有毒，原卖主害怕，要求中止契约退货。吴却将其付之一炬，以免卖主"他售而害人"。（《棠樾鲍氏宣忠堂去谱》卷21《传志》）

廉平的另一表现是价钱公道，例如：

> 明代中叶北京米商陈勉，当时"众皆以小斗出米，勉独出入惟一斗，人信之，反致籴众，家遂丰裕，积产至十余万"。（沈周：《客座新闻》卷9《王玉厚德》）
>
> 嘉靖时在溧水经营粮业的程长公，"癸卯（1543年）谷贱伤农，诸买人持谷价不予，长公独与平价，囤积之。明年饥，谷踊贵。长公出谷市诸下户，价如往年平"。（《太函集》卷61《明处士休宁程长

[①]　张正明：《晋商兴衰史》，山西古籍出版社1995年版，第150、147页。

公墓表》）

凌晋，"与市人贸易，黠贩或蒙混其数以多取之，不屑屑较也；或伪于少与，觉则必如其数以偿焉，然生计于是益殖"。（《沙溪集略》卷4《文行》）

廉平的又一个表现是"临财廉，取与义"。这方面的事例非常之多。例如：

> 休宁汪起凤，"谦洁谦让，犹然贾之儒者。与其兄分异，资悉奉兄，而券皆自与，且付之祖龙……以意气自命。持杯看剑外，绝口不道奇赢。同列甚重之，不言利而自饶，谓鸱夷子复生弗逮也"。（《休宁西门汪氏宗谱》卷6《处士汪起凤公传》）

> 歙县江义龄，"性正直"，"尝贸易芜湖，有误投多金者，却弗受。人称'江公道'去"。（《橙江散志》）

> 歙县许文才，"与兄弟昶同爨，一钱寸帛不入私室。壮客淮泗间，务赒人之急，力弗偿者，不责其逋"。（《新安歙北许氏东支世谱》卷8《逸庵许氏行状》）

> 歙县唐祁，"其父尝贷某金，以失券告，偿之。既而他人以券来，又偿之。人传为笑。祁曰：'前者实有是事，而后券则真也'"。（道光《安徽通志》卷196《义行》）

晋商也有许多这种事例。如山西祁县乔氏的"复"字号，对"相与"的字号，舍得下本钱，放大注，给予多方支持，即使中途发生变故，也不轻易催逼欠债，不诉诸官司，而是竭力维持和从中汲取教训。"复"字号认为，即使本号吃了亏，别的商号沾了光，也不能因此把钱花在衙门里。广义绒毛店曾欠"复"字号五万银元，仅以价值数千元房产抵债了事。"复"字号下属商号，一旦停业时，则要把欠外的全部归还，外欠的能收多少算多少。这使它的威望极高，能与其建立"相与"的商号均引以为荣。①

----

① 张正明：《晋商兴衰史》，山西古籍出版社1995年版，第148页。

（五）礼让

中国向以礼义之邦自豪，周公制礼作乐，孔子谓，"不学礼，无以立"。孟子认为礼是"节文"、"仁义"的，产生礼的"辞让之心"是人的善端之一。礼敬、礼让是传统道德的重要组成部分，它是人的善良本质的自然流露，是道德思想和道德品质的外在表现。在商业活动中，由于要处理大量的、复杂的人事关系，因此特别重视礼，用礼来沟通各种关系和环节，用礼来润滑各条渠道和部件，以保障商业运行的正常秩序。明代曹叔明在论及张洲的经验时说："持心不苟，俭约起家。挟资游禹航，以忠诚立质，长厚摄心，以礼接人，以义应事，故人乐与之游，而业日隆隆起也。"（《新安休宁名族志》卷1）"以礼接人"是"人乐与之游"和"业日隆隆起"的重要条件。

明中叶以前的商业也讲礼让，但是主要指对官僚和地主，他们有势而且有钱，而且是生意的重要主顾，对于一般农民甚至士子，虽说按身份是处于"四民之末"的商人，从心理却看不起这些穷人。明代中叶以后，情况发生了很大的变化：

第一是商人"好结斯文士"（歙县《练塘黄氏宗谱》卷5《双泉黄君行状》）。商人不仅与"海内名公、贤士大夫"诗酒酬唱，纵论古今，而且表现在对下层知识分子的接近和资助上。例如徽商黄镝对于一般的穷举子也"延纳馆餐，投辖馈遗"。许多大商人和黄镝一样，礼贤下士，屈己纳交，挥金不靳。这一方面是由于商品经济的发展和商人地位提高，给了他们自信和力量，敢于和能于同士人相交结；另一方面也表现了他们对于文化的需要和对知识分子的倾慕。至于也盼望这些士人未来当官掌权以帮助自己，这种狭隘的功利主义目的，自然更是题中应有之义。

第二是商人破除了等级偏见，认识到在金钱面前应该人人平等。例如乾隆年间河北人汪渼据《世事》（江苏句容王秉之原著）改编的《生意世事初阶》里谈道："不论贫富奴隶，要一样应酬谢，不可藐视于人。只要有钱问我买货，就是乞丐、花子，都可以交接。""贵贱长幼，一律平等"。这在以往"礼不下庶人"的时代，是无法想象的。

关于礼貌的要求规定得非常具体细致，例如《生意世事初阶》中说，顾客进门，店员"必须挺身站立"，神色"礼貌端庄"，洽谈生意时，"要谦恭逊让，和颜悦色，出口要沉重有斤两"，"如春天气象，惠风和畅，花鸟怡人"，做到"人无笑脸休开店"，如此等等。

当然，真正的礼让不能停留在表面上，而要表现在内心里。山西盂县商人张静轩说，经商"结交务存吃亏心，酬酢务丰退让心，日用务存节俭心，操持务存舍忍心。愿使人鄙我疾，勿使人防我诈也"。（盂阳《续修张氏宗谱》）在事关利益上依礼而让，这才是真正的礼让。例如程兰谷，"偕舅氏贾浙，乌程人大信之。后舅氏析资令公从旁设他肆，公以乌程人皆知予，予既有他肆，将不利于舅氏，遂去之平湖"。（《休宁率东程氏家谱》卷11《兰谷程公行状》）

有些商人从经商实践中认识到，钱财要靠正道挣出来，商业道德有利于生财而不会妨碍生财。清代道光年间黟县商人舒遵刚说："财之大小，视乎生财之大小也，狡诈何裨焉。""钱，泉也，如流泉然，有源斯有流。今之狡诈以求生财者，皆自塞其源也。今之吝惜而不肯用财者，与夫奢侈而滥于用财者，皆自竭其也。……因义而用财，岂徒不竭其流而已，抑且有以裕其源，即所谓大道也。"（《黟县三志》卷15《舒群遵刚传》）

三　商人与社会生活中的公义

商人不只在职业生活中表现了良好的道德风范，那些良好的商人也非常重视社会生活中的公义。由于他们具有经济实力，也由于他们经商成功的声望，所以，他们往往能够在这方面做出常人做不到的事业。他们的公义主要表现在以下几方面：

首先，许多商人能出于恻隐之心，扶困救厄，仗义疏财。例如：

休宁金赦，"居人时有缓急，仲（指金赦）办应之。力鲜则弃其赢，力穷则蠲其租、焚其券。有司有大役，仲首上百金。负郭有津，病涉久矣，仲为梁二，迄今济之"。（《太函集》卷52《海阳处士金仲翁配戴氏合葬墓志铭》）

洞庭商席氏，"雅好为德于乡里，近山之贫者，夏则给以蚊帐，冬则给以絮衣。不能举火，则周给米；死不能殓，则与之棺。以至耕时则假以田器，种植则假以谷种。器用蔽而归之，主人则为修完。衣服绽裂而不能还之故处，则为之补缀。更为典质之肆一区，以通缓

急，而不收其息。以是人皆德之。"（张履祥：《见闻录》四）

徽商汪拱乾，"人有告借者，无不满其意而去。惟立券时，必载若干利。因其宽于取债，日积月累，子母并计之，则负欠者俱有难尝之患。一日，诸子私相谓曰：'昔隐朱公能聚能散，故人至今称之。今吾父聚而不散，恐市恩而反招怨尤也。'拱乾闻之，语诸子曰：'吾有是念久矣，恐汝辈不克体吾志耳，是以蓄而不发。今既能会吾意，真吾子也。'于是捡箧中券数千张，尽招其人来而焚之，众皆颂祝罢拜。"（钱诩：《登楼杂记》）

康熙、乾隆年间的盐商吴饼，"平生仁心为质，视人之急如己。力所可为即默认其劳，事成而人不知其德。其或有形格势阻，辄食为之不宁。"他教育儿子说："我祖宗七世温饱，惟食此心田之报，今遗汝十二字：存好心，行好事，说好话，亲好人。"（《丰南志》第五册《显考嵩堂府君行述》）

山西介休商范毓馪，康熙时官办铜铅，有王某者，亏帑八十三万两。既死，范氏则代王某"按期如额赔补"。（光绪《山西通志》卷143《义行录》）

其次，修桥铺路，修水利，办教育等，热心公益事业。这方面例子很多，仅举《安徽通志》徽州府的《义行》、《孝友》两传中数例：

歙人方如骐……与新台阶滂石甃金陵孔道，以达芜湖。
查杰，休宁人……砌石埠于姑孰，甃南陵道百里。
詹文锡，婺源人……承父命至蜀，重庆界涪合处有险道，日惊梦滩，捐数千金，凿山开之，舟陆皆便。当事嘉其行为，勒石曰詹商岭。

以上是开路的事例，以下是疏浚河流与铺设桥梁的事例：

汪琼，祁门人，邑南溪流激撞，善覆舟。捐金四千，阀石为梁，别凿道引水迤逦五六里，舟行始安。
佘文义，歙人……构石梁以济病涉。同邑罗元孙亦甃石箬岭，建梁以通往来。①

在农耕社会，农业生产的抗风险能力低下，天旱、水涝、虫灾都会导致庄稼歉收，人们的生产生活都会因此而受到影响，在这种情形下，一些商人们积极参与救灾公益活动，而不是囤积居奇，牟取暴利。义商们的救灾在一定程度上保障了生产的顺利进行与人们的安居乐业。

休宁吴景芳，"会岁恶，处士（吴景芳）以露积倾里中。人言任氏窖粟以待不赀，此其故智也。处士笑曰：'使吾因岁以为利，如之何遏籴以螫邻，是谓幸空，天人不与。'乃尽发仓廪平贾出之。"（《太函集》卷62《明故处士新塘吴君墓表》）

休宁程锁，"长公（指程锁），客溧水，其俗春出田钱，贷下户，秋倍收子钱。长公居息市中，终岁不过什一，细民称便，争赴长公。癸卯，谷贱伤农，诸贾人持谷价不预，长公独予平价困积之。明年，饥，谷跃贵，长公出谷市诸下户，价如往年平。境内德长公，诵义至今不绝。"②

歙县黄长寿，"人有缓急扶之，皇皇如不及。凡厄于饥者、寒者、疾者、殁者、贫未婚者、孤未子者率倚办翁，翁辄酬之如其愿乃止。……嘉靖庚寅，秦地旱蝗，边陲饥馑，流离连道，翁旅寓榆林，输粟五百石助赈。……赐爵四品，授绥德卫指挥佥事，旌异之。翁云：'阿堵而我爵，非初心也。'谢弗受。"（歙县《泽渡黄氏族谱》卷9《望云翁传》）

最后，抗暴抗敌、利国利民。商人们利国利民、抗暴抗敌的事例在先秦已经出现，比如郑国商人弦高巧计却敌，抗秦保郑，就表现了这种大智大勇。明代中叶以后，势力增强、地位上升和觉悟提高了的商人，更积极主动地参与国家和社会事务，为了国家和民众，也是为了自身的利益，敢

---

① 以上资料转引自傅衣凌《明代徽州商人》，载《江淮论坛》编辑部主编《徽商研究论文集》，安徽人民出版社1985年版，第37页。

② 张海鹏等编：《明清徽商资料选编》，黄山出版社1985年版，第161页。

于向强暴势力抗争。

这种精神首先表现在与贪官污吏、豪强恶棍的斗争上。例如："明末关津丛弊，九江关蠹李光宇等，把持关务，盐舟纳料多方勒索，停泊羁留，屡遭覆溺，莫敢谁何"，歙商江南"毅然叩关陈其积弊，奸蠹伏诛，而舟行者始无淹滞之患"。（《歙县济阳江氏族谱》卷9《明处士南能公传》）歙商鲍绍翔，在浙江江山县经营盐业致富，"顾人多忌之，辄藉端欺陵，争论不休者凡数家"，但是他坚持斗争，"先后历十余年而志未尝稍挫焉"，最后终于胜诉。（《鲍氏诵先录》）这里的"忌之"的"人"肯定是有势力的。

明时商人抗暴抗敌、利国利民还表现在抗击倭寇、维护民族统一方面。歙商阮长公，嘉靖三十五年（1556年），倭寇围芜湖。然而城"故无防守，土著束手无策"。"长公倡贾少年强有力者，合土著丁壮数千人，刑牲而誓之……寇侦有备而宵遁。"（《太函集》卷35《明赐级阮长公传》）在维护民族统一的斗争中，也有商人的身影。道光六年（1826年），山西忻州商人卢英锐贾于南疆阿克苏。当时张格尔叛乱，城破。卢氏自绘地图，进谒军门，陈进取形势。旬月间清军以次攻克四城。[1]

第四节　游民的道德生活

中国先秦时期就有游民，而且人们出于"以农立国"的观念，往往对于游民采取轻视和排斥态度。例如商鞅已经惊呼说："夫农者寡，而游食者众。"（《商君书·农战》）。《管子·四时》等篇中称其为"末作文巧"，呼吁要"禁"。《礼记·王制》中则更要求实现"无旷土，无游民"的社会理想。但是随着社会经济的发展，更多的人从农业劳动的第一线脱离出来，社会分工更加细密，游民越来越成为一支重要的社会力量，人们逐渐认识到，游民这个阶层的出现是必然的，而且在很多方面是必要的。特别是到了宋元明时期，游民越来越多，地位越来越重要，因而游民道德已经成为一个非常重要的社会问题，受到人们的重视。

什么叫游民？首先，游民不单是流民、饥民，它还包括那些已经有了

---

[1]　转张正明《晋商兴衰史》，山西古籍出版社1995年版，第137页。

某些固定社会职业和稳定收入的人。游民更不是一种道德上的称谓，似乎是专指那些懒散怠惰，好勇斗狠，无事生非，用"骗"、"诈"、"打"、"抢"等手段，危害社会的流氓无赖。游民当中的许多人安分守己，遵纪守法，其中甚至不乏品德高尚的人士。一般来说，游民的社会地位不高，但是他们中的许多人，有时会被统治者给予特殊信任和优待，因而社会地位很高。那么什么是游民呢？如果尝试下个科学定义，可不可以说，游民就是指那些离开了原来的本乡本土，原来的亲属血缘关系，经常在异地他方，从事传统的"四民"（士、农、工、商）之外的职业，以谋取生活的"陌生人"，例如僧道、娼妓、卜巫、乞丐、流浪艺人、游方郎中，甚至三姑六婆、小偷强盗等等。

在中国古代游民的流品最杂，人数亦多，穿插活跃于社会各界之间，与社会各界联系最为密切。他们之间在经济收入、文化水平、政治态度和生活方式、方法等方面差异极大：其上者，可以学识广博，结交"高贵"的皇帝贵族、王公大臣，生活穷奢极欲，下者一文不识，地位卑贱，生活困顿，连最普通的穷苦农民也不如。在道德品行上，他们也往往处于矛盾冲突特别剧烈的是非场上，义利、善恶斗争得异常尖锐，不但亦正亦邪、亦善亦恶，而且时正时邪、时善时恶，甚至呈现出边正边邪、边善边恶的情况，趋于极端，差别、差异极大。

由于社会地位以及所受的文化影响，游民与当时居于正统地位和带有强烈的血缘关系及等级制度的"三纲"比较疏远，对于忠孝的信仰和观念比较薄弱，他们一般不甚重视尊卑贵贱，而强调兄弟和朋友关系，具有某种平等意识。一般来说，他们强烈地反对贪官污吏，却不反对皇帝朝廷。他们更钟情于"义"，把"义"当成自己道德观念、道德价值的中心，义其中也包括勇、智等内容。先秦儒家一向重视义，把它看成"人类道德的准则和规范"，是"'仁'的思想的外在体现"。①但是孟子对义的理解比较笼统概括。墨子首先把"义"通俗化、平民化，提出"万事莫贵于义"的命题。宋元明时期的游民更多地继承和发展了墨家的"义"，并使它进一步远离血缘关系、等级制度，而成为处理兄弟朋友间关系的，更富自由平等色彩的道德规范。宋时的记载中，出现了把"义"

---

① 参见陈瑛主编《中国伦理思想史》，湖南教育出版社 2004 年版，第 85 页。

同体现"三纲"的忠、孝、节并列的，被抬到很高地位的情形，如《夷坚丙志》卷14里的《忠孝节义判官》那一则。百姓民众心目中的"义"，其基本内含是崇尚个性自由，追求平等互爱；抑强扶弱，劫富济贫，匡扶正义；互敬互助，挥金如土，舍己利他。游民作为一个阶层，其劣根性往往是目光短浅、雇佣意识、见利忘义，经常不顾社会公共道德，其末流则或陷入铤而走险，坑蒙拐骗、奸淫掳掠、烧杀抢劫，无恶不作的境地。

关于游民道德的历史资料，见诸于正史的甚少，但是许多稗官野史和笔记小说中却非常之多，尤其是在小说话本之中。这些虽然不是信史，却绝非凭空而构，毫无实据，它们尽管有着敷衍铺陈、艺术夸张之处，却也能曲折地反映出了当时的实际情况。

一 僧道和医卜相巫

出于对天灾人祸的畏惧，以及对于人生福祉的追求，人们在文化和科学技术极不发达，无法主宰自己命运的古代，于是很自然地将自身的幸福和安全，寄希望在医卜相巫和僧道身上。医卜相巫出现稍早，僧道从汉代起开始大量出现，靠着统治者的大力提倡，宋元明时期更是兴盛起来。宋真宗时，"天下两万五千寺"，僧尼数为40余万。道士、女冠数约仅及其1/20。此后佛道统计数为二三十万，而道士、女冠数字大体仍维持在僧尼数的1/10以下。[①] 这在当时已经成为一支相当大的社会阶层，其影响更是巨大，难怪朱熹感叹说："今老佛之宫遍满天下，大郡至逾千计，小邑亦或不下数十。"（《朱文公文集》卷13）由于其特殊地位，以及特殊的活动方式，他们非常受各界人士重视，在社会上很有影响。

僧道和医卜相巫，部分固定在城乡的寺庙庵院，大多是游方的江湖术士，其地位和文化水平差别极大。其上可接帝王将相，如宋代的林灵素为宋徽宗宠信，刘日新之于朱元璋，袁珙、袁忠彻父子之于朱棣，直接参与了其夺取和巩固政权活动，为其制造舆论，出谋划策。其次者也能奔走于王侯公卿、官吏富室之门，作威作福。而居下等绝大多数人，不过是走街串巷，混口饭吃。

医生往往看人下菜碟，医富不医贫，好的医生医术修养高，对病人认

---

① 朱瑞熙等：《宋辽西夏金社会生活史》，中国社会科学出版社2005年版，第221页。

真负责，能够细谙药性，细别脉候，"仰仗草木之性，凭藉尺寸之脉"，治病救人。一般的医生，只为糊口，修养平平，经常仓促下药，疗效不高；而庸医则更是杀人不用刀。相士，为人占卜吉凶，算卦命运，多数是胡扯。明朝有人讽刺他们说："对着脸朗言，扯着手软缠。论富贵分贫贱，今年不济有来年。看气色实难辨，荫子封妻，成家荡产，细端详胡指点。凭着你脸涎，看的俺腼颜，正眼儿不待见。"（冯惟敏：《归田小令》①）《四术·相》对于那些为人看风水、寻葬地、堪舆术者也有歌曰："寻龙倒水费执勤，取向金穴无定准，藏风聚气胡谈论。告山人须自忖，拣一山葬你先人。寿又长身又旺，官又高，财又稳，不强如干谒侯门。"（陈铎：《葬士》②）

　　宋元明时期的统治者，出于自己的政治需要，对待佛道的态度很矛盾：既想利用，让它们为自己祈福求寿；又怕它们影响生产和社会秩序，在管理上是时收时纵，时松时紧。宋徽宗时耽溺道教，崇信道士林灵素等人，"每设大斋，则费缗钱数万，谓之千道会"。（《夷坚志补》）道士们"皆外蓄妻子，置姬媵"，"美衣玉食者几二万人"（《宋史》卷462《林灵素传》）。宋时的佛教徒生活也很放纵，据有关资料记载，"广南风俗，市井坐估，多僧人为之，率皆致富。又例有室家，故其妇女多嫁于僧"。"尝有富室嫁女，大会宾客"，其女婿"乃一僧也"。有人写讽刺诗说："行尽人间四百州，只应此地最风流。夜来花烛开新燕，迎得王郎不裹头。"又如湖南路永州一带，"为浮屠、道者与群姓通商贾，逐酒肉，其塔庙则屠脍之所居也"。（《长编》卷2建隆二年闰三月庚午；《鸡肋篇》卷中；《云巢编》卷7《天庆观火星阁记》）③

　　明初对于僧道管理较严，洪武六年（1373年）令，民间女子，未到40岁不准当尼姑、女冠。二十年下令，百姓年龄在20岁以上，不许入寺为僧。二十七年下令，在僧人道士中，若有人私自拥有妻妾，允许众人赶逐。永乐十年（1412年）令，如果僧道不守戒律，参与民间修斋诵经，并计较报酬厚薄，或修持没有诚心，饮酒食肉，游荡荒淫，乃至妄称道

---

① 载路工编《明代歌曲选》，中华书局1961年版，第44页。
② 同上。
③ 转引自朱瑞熙等《宋辽西夏金社会生活史》，中国社会科学出版社2005年版，第225页。

人，男女杂处无别，败坏门风，将杀无赦。当时一般寺观比较门风清净。明中期以后，政府管理松懈，和尚道士人数日增，他们越来越向城市发展，和士人工商阶层关系也越来越近，风气也越来越坏。"明末的僧道不仅有妻室，而且不戒色欲，时逛教坊妓院被称为'色中饿鬼'或'花里魔王'。"①

宋元明时期的僧侣道士，虽然终日念佛诵经，持律修身，以宣扬宗教道德自命，可是由于出身和所受的教育不同，尤其是因为所处的社会地位之差别，在道德品质和道德修养上差别极大：其中因坚持信仰而出家，具有一定文化知识，能够自觉恪守清规戒律的，只是少数，而持律精严的，更是少之又少；更有极少数僧道，打着神圣的旗号，为非作歹，无恶不作，横行欺世。《醒世恒言》上讲了两种类型和尚的故事。一是《佛印师四调琴娘》里记载的，苏东坡的好友佛印禅师。他原为知识分子出身，因为一个误会而被迫遁入空门。出家后他熟悉内典，坚心向佛，能够做到"心冷如冰，口坚似铁"，打破苏东坡给他设计的种种圈套，拒绝歌伎的色情挑逗，吟出"禅心已作沾泥絮，不逐东风上下狂"的诗句，保持了佛教清德。另两篇是《汪大尹火焚红莲寺》里的和尚，以及《赫大卿遗恨鸳鸯绦》里的尼姑，他们都是没有信仰，没有良心，沉溺于淫欲酒色中的恶徒。而在这二者之间的大多数是谋生混饭，修持甚浅，对于宗教教义并无深刻了解，对于宗教教义也只是被动遵从；终日生活于现世红尘里，自身处在情欲与理想的矛盾斗争中，结交的是三教九流，受到金钱和色欲的引诱，再加上统治者的包庇宽纵，他们的道德水平普遍不高。

僧道教中那些道德修养较高的人物，不但对于宗教信仰非常虔诚，而且往往是具有较高的文化的人，他们能够与文人雅士、官僚政客们，诸如宋代的苏东坡、明代的吴敬梓等等，关系密切，谈文论艺，风流潇洒，以致"僧窝而为书画舫矣"（李斗：《扬州画舫录》卷2）。即使学问不太高深的，也愿意附庸风雅，同文人交往，彼此惺惺相惜，以濡染气质。《儒林外史》第二十回讲到，儒生牛布衣遇到的芜湖甘露庵僧，一下子就成了好朋友，牛死后"每日早晚课诵，开门关门，一定到牛布衣柩前添些香，洒几点眼泪。"把牛布衣所嘱托他的几件后事一一办妥，并把牛的

---

① 陈宝良：《明代社会生活史》，中国社会科学出版社2004年版，第137页。

"丧奔了回去"，是位"又慈悲，又周到，好老和尚"。同书的第二十八回，记载的"三藏禅林的僧官"，也是待人随和通达，小事从不计较。这些僧道在道德上都堪称上品。还有些僧道，当国难民危之际，能够挺身而出，仗义救民于水火之中，这就更难能可贵。例如宋末，当蒙古军"蹂践中原，河南、北尤甚，民罹俘戮，无所逃命"之时，全真道人丘处机，千里迢迢，奔赴中东，说服远征途中的成吉思汗，停止杀戮，并"使其徒持牒招求于战伐之余，由是为人奴者得复为良，与濒死而得更生者，毋虑二三万人"，（《元史·丘处机传》卷202）更是功德无量。

宋元明时期人们最痛恨的僧道当中的不道德行为，主要有三个方面：第一是势利眼。尽管佛教大讲"世法平等"，道士也主张超脱红尘，但是和尚道士中却受到世俗中贫富贵贱等级差别的影响，把人分成三六九等。由于寺观要受到官府的管束，他们的很大部分经济收入，来源于社会各界的"布施"，所以他们对于金钱财富、功名利禄特别看重，并根据自己的需要，看人下菜碟。对于有钱有势的格外巴结，谄媚奉承唯恐不及；而对于贫苦无告之人，往往冷眼旁观，不屑一顾。有段笑话说，和尚见来人服饰平常，先是瞧不起，只是冷冷地说"坐"、"茶"；知道来人有一定的身份地位后，才改口说"上坐"、"用茶"；最后知道来人很有身份、很富有，于是连忙再改口说"请上坐"、"请用茶"。"坐，请坐，请上坐；茶，用茶，请用茶"，这种措辞的改变，明显地表现出他们的虚伪和势利。《儒林外史》中，描写范进中举后到一处做斋办佛事，写到"和尚听了，屁滚尿流，慌忙烧茶下面"那一段，也很生动地刻画了和尚的嘴脸。

和尚道士中道德水平低下最主要、最直接的表现，是对于普通百姓的弄虚作假，骗吃骗喝。他们总是托言需要佛前香灯油，或塑佛妆金，重修殿宇之类，到各处走动，送过疏簿来募化钱粮。当时文人们讥笑和尚说："炉中烧上马牙香，门外悬着白纸榜，堂前列起铜佛像。鼓钹儿一片响，直吃得拄肚撑肠。才拜了梁王忏，又收拾转五方，没来由穷日忙。"[①] 嘲弄道士道："咒着符水用元神，铺着坛场拜老君，看着桌面收斋衬。志诚心无半分，一般的吃酒尝荤。走会街消闲闷，伏会桌打个盹，念什么救苦天尊。"（陈铎：《道士》，载路工编《明代歌曲选》）。

---

① 载路工编《明代歌曲选》，中华书局1961年版，第5页。

更有甚或者，有些僧道人士故意设立骗局，运用种种欺骗手段，诱人上当。小说《丹客半黍九还富翁千金一笑》中，写一名道士如何设立圈套，勾结一位妓女，以炼丹为名，设美人局，搞什么"九转还丹"，假称能够点铅汞为黄金，致使松江潘某人屡次受骗上当的故事。《初刻拍案惊奇》中的《乔势天师禳旱魃，秉诚县令召甘霖》故事里，更描写了几个江湖骗子，借人们对灾害，特别是天灾的恐惧之情，迷信神灵之愚，做张做势，搜刮钱财。却被地方官员范春元、沈晖等察觉，看穿诡计，结果反被戏弄的故事。还有一个更惊人的故事，唐武宗时大旱，晋阳的郭赛璞和他的女道友师妹，装神弄鬼，花嘴骗舌，招摇撞骗，假窃声号。他们不但"敲动灵牌，打起九环单皮鼓，烧好几道符"来祈雨，而且"令女巫到民间各处寻旱魃，但见民间有怀胎十月将足者，便道是旱魃在腹内，要将药堕下他来。……富家恐怕出丑，只得将钱财买嘱他，所得贿赂无算。只把一两家贫妇带到官来，只说是旱魃之母，将水浇他"。后来，遇到了一位有胆有识的县令狄维谦，他设巧计把这些道士们拘捕，不但打了二十鞭，让他们皮开肉绽，并且将这些奸邪之徒投入水池，上演了一场和当年西门豹除害一样大快人心的故事。诗曰："旱魃如何在娘胎，奸徒设计诈人财。虽然不是祈禳法，只合雷声天上来。"

更严重的是骗钱骗色。《初刻拍案惊奇》中的《夺风情村妇捐躯，假天语幕僚断狱》写道，临安庆福寺僧人广明，奸骗并窝藏妇女五六人，被一位朋友郑生发现后，竟要杀郑灭口，后来反被郑打死，终于揭开黑幕的故事。书里讲，"僧家受用了十方东西，不忧吃，不忧穿，收拾了干净房室，精致被窝，眠在床上没事得做，只想得是这件事体。……所以千方百计弄出那奸淫事体来。……已是罪不容诛了。况且不毒不秃，不秃不毒，转毒转秃，转秃转毒，为那色情事上专要性命相搏，杀人放火的"。四川成都府汉川县太平禅寺掌家和尚大觉，与其徒智圆等人奸淫村妇，终于阴谋败露。有些书中记载，道士做起坏事来，比和尚尼姑更厉害。《初刻拍案惊奇》中的《西山观设（录）度亡魂，开封府备棺迫活命》故事里，写宋朝开封府西山观道士黄妙修，借设符（录）醮坛为名，和一位妇人私通，并串谋陷害妇人之子，妄图借官府之手，杀害之，结果被揭露。书中说："道流专一做邪淫不法之事"。"邪淫不法之事"，"偏是道流容易做，只因和尚服饰异样，先是光着一个头，好些不便。道流打扮起来，簪冠着袍，方才认得是个道士；若是卸下装束，仍旧巾帽长衣，分毫与俗人没有什么两样，性急看不出破绽来。况且还有火居道士，原是有妻小的，一发与俗人无异了。所以做那奸淫之事，比和尚十分便当。"

干这种奸淫邪恶坏事的，不但有和尚道士，还有尼姑道姑。《初刻拍案惊奇》里的《闻人生野战翠浮庵，静观尼昼锦黄沙巷》也写到尼姑贪淫，尼姑庵原是淫窟。后来一位纯洁的小尼姑与儒生闻人生真诚相爱，帮助他逃出尼姑庵，两人终成眷属的故事。《初刻拍案惊奇》中的另一篇《酒下酒赵尼媪迷花，机中机贾秀才报怨》，写一位赵尼姑，如何设计圈套，帮助流氓卜良，引诱强奸了贾秀才之妻巫娘子。后来巫娘子又设计报仇。这篇文章开篇吟道："色中饿鬼是僧家，尼扮由来不较差。况是能通闺阁内，但教着手便勾叉。"书里称道，世上最狠的是尼姑。"他（她）借着佛天为由，庵院为囮。可以引得内眷来烧香，可以引得子弟来游耍。见男人问讯称呼，礼数毫不异僧家，接对无妨。到内室念佛看经，体格终须是妇女，交搭更便。从来马泊六、撮合山，十桩事倒有九桩是尼姑做成，尼庵私会的。"

僧道们诱骗奸淫的罪行，逼得多少个家庭妻离子散，家破人亡，引起人们的痛恨，最后他们本人也往往落得个身败名裂的下场。《醒世恒言》中的《汪大尹火焚红莲寺》，记载了广西南宁府永淳县的一座红莲寺里，和尚们破坏佛门戒律，主持法显为首的百余名和尚，以帮助妇女求子之名，轮流奸骗那些求子的妇女；寺里的十数间净室，成为一个个藏污纳垢、淫乱盗窃的淫窟。此事被新任知府汪旦侦破后，终于惩治了奸徒，火烧了这座红莲寺。

二　娼妓和江湖艺人

唐宋以来，娼妓和江湖艺人成为相当大的一个社会群体，至晚明，娼妓更是"布满天下"，在一些大都会，人数动以千百计，即使在一些穷州僻邑，娼妓也在在有之。例如远离经济政治文化中心的山西大同，"即使到了衰落之时，隶籍于花籍的人数，也达到 2000 人，歌舞管弦，日夜不绝"。①

---

① 陈宝良：《明代社会生活史》，中国社会科学出版社 2004 年版，第 172—173 页。

经常被人认为是弹棋论画，调琴弄管，吹箫拍板，清歌短唱，嘲风弄月的娼妓和江湖艺人，除极少数人之外，她们中的绝大多数，生活在暗无天日的社会最底层，经常敝室陋居、衣食无着，还要小心陪笑，出卖肉体，可以被人随意笑骂，肆意凌辱，甚至生命也难以保证。许多妇女在这些魔窟里丧失了自己的道德操守，用自己的青春和生命，苟生沉沦，与世沉浮。但是即使在这个阶层里，也涌现了许多重义轻利、不爱金钱，不畏权势，忠于爱情，甚至关心国家民族命运，努力为之奋斗的杰出人物。

尽人皆知，娼妓卖淫其实都是建立的金钱基础之上，男女关系完全是金钱关系。妓院里鸨母勒索高价，所谓"娘儿爱俏，鸨儿爱钞"，有钱时，亲亲热热，没钱时，冷眼相对，甚至扫地出门。即使曾经花费过千金的，也会被视同路人，离了妓院，全无情义可说。然而在现实中，偏偏有一些娼妓，她们不慕财富，不畏权势，忠于爱情。《警世通言》中那篇著名的《玉堂春落难逢夫》，就记载了明朝正德年间，北京妓女玉堂春（苏三），真诚追求爱情，拒绝金钱诱惑，维护自己的人格和尊严，机智勇敢地与贪财的鸨母亡八、贪色的嫖客作斗争的故事。她先把自己的金银首饰器皿完全赠送给落难的情人王顺卿，最后又经历了种种磨难，克服了无数困难，与有情人终成眷属。苏三骂开妓院的鸨母亡八说："你这亡八是喂不饱的狗，鸨子是填不满的坑。不肯思量做生理，只是排局骗别人。奉承尽是天罗网，说话皆是陷人坑。只图你家长兴旺，那管他人贫不贫。……买良为贱该什罪？兴贩人口问充军。哄诱良家子弟犹自可，图财害命罪非轻！你一家万分无天理，我且说你两三分。"字字句句，直指图财害命的坏人，痛快淋漓！

《警世通言》中的《杜十娘怒沉百宝箱》故事里的那个有情有义、有智有谋的妓女杜十娘，更是可敬可佩。她不满妓院腐朽生活，痛恨鸨儿贪财忘义的卑劣思想行为，追求真正的爱情，一心一意地从良。不料，她却不幸地遇到了一个外表锦绣、实际糠秕的公子李甲，自己的感情被欺骗和玩弄，最后竟然把自己私自出卖给巨商孙富。在得知自己受骗上当后，杜十娘痛斥了原来情人的负心薄幸，背信弃义，将自己携带的价值万金的财宝投入江中，自己也毅然投江自尽。用自己的生命对于黑暗社会、坏人坏事作了抗议。

与以上表现不同，《警世通言》里的《赵春儿重旺曹家庄》，则描写了另一位名妓赵春儿，她以另一种方式表现出自己的高风亮节。在嫁与浪荡子弟曹可成后，她抛弃以往的奢华生活，安贫守素，勤劳节俭，十五年坐于埋藏的财宝之上，布衣疏食，朝暮纺织，过着衣不蔽体、食不充口的生活，督促其夫改过迁善，终于感动也教育改造了曹可成，使其自食其力，劳动谋生，终于恢复了家业。

在被称为《三言二拍》续篇的《型世言》（明代陆人龙著）一书里，记载的"王翠翘死报徐明山"的故事，更是刚强勇烈，曲折动人。王翠翘先是为了救父母而主动卖身为妾，后来又被害沦落为娼。她遭逢晚明时期倭寇侵华战争，在逃难期间被海盗徐明山掳掠，后来，她真心地爱上徐，成为盗人之妇。她爱自己的丈夫，但是更深明民族大义，关心百姓疾苦。她先是劝告徐明山少行杀戮，释放掳掠之人；后来又劝徐明山接受明将胡宗宪部的招抚，结束杀戮无辜的不义之战，免除东南兵祸。不曾料想，后来胡宗宪竟背约杀降，害死了徐明山。之后，王翠翘拒绝了其他军官的求爱，抛弃荣华富贵生活，断然投江自杀，以死报答丈夫徐明山。胡宗宪于惭愧之余，赞叹她："柔豸虎于衽席，苏东南半壁之生灵；竖九重安攘之大业，息郡国之转输，免羽檄之征扰。"她是在曲折复杂的民族斗争中涌现的"奇于色，奇于文，奇于技，奇于功，奇于忠，奇于义"的杰出人物。

还有超出个人爱情之外、之上，至死不屈的妓女严蕊，她不畏声名显赫的理学大家的淫威，用自己的铮铮铁骨，抗击了朱熹的任性使气，滥用权力违法的行为。《二刻拍案惊奇》中的《硬勘案大儒争闲气，甘受刑侠女著芳名》里，记录了这段真实的故事。严蕊原是天台营中的上厅行首，不但长得漂亮，一应琴棋书画，歌舞管弦，诗词歌赋，无所不通，而且行事最有义气，待人常是真心，与当地的太守唐仲友有过正常的交往关系。而当时正作为唐之上级的朱熹，与唐素有矛盾，他大权在握，遂乘机严厉刑拷严蕊，逼她承认与唐有所谓"风流罪过"，以打击唐仲友。"谁知严蕊苗条般的身躯，却是铁石般的性子。随你朝打暮骂，千捶百拷"，"受尽了苦楚，监禁了月余"，只不认账。结果只好把她痛杖了一顿，发去绍兴，另加勘问，糊涂结案。绍兴太守又继续朱熹的做法，对她严刑拷打，拶指，夹棍，"严蕊照前不招"。她说："天下事，真则是真，假则是假，岂可自惜微躯，信口妄言，以诬士大夫！今日宁可置我死地，要我诬人，断然不成的。""吃了无限的磨折，放得出来，气息奄奄，几番欲死"，就是不屈服。一位弱不禁风的小女子，用自己的满腔正气和热血，维护了社会正义。

还有更高的焕发着强烈的爱国主义精神的娼妓，例如明清之际的江淮名妓陈圆圆、李香君、顾媚、董小宛、柳如是、卞玉京等等，她们一个个文采风流，却又侠肝义胆，在民族危亡之时，蔑视那些腐朽的当权派和投降派，支持具有进步意义的东林党人和复社的正义抗争。而宋代的女英雄梁红玉，则是以炽热的爱国主义的激情，不避炮火锋刃，亲身参与了抗金斗争。梁红玉原来是京口娼妓，她慧眼识人，一下子就选中了在没落困境中的英雄韩世忠，"乃邀至其家，具酒食，卜夜尽欢，深相结纳，资以金帛，约为夫妇"。南宋初年，当苗傅、刘正彦叛变，宋高宗被禁之时，梁红玉临危受太后之命，骑马一昼夜驱驰数百里，从杭州到秀州（嘉兴），搬取救兵平叛，因功被封为护国夫人。后来，她又与韩世忠共抗金兵，不但亲自到前线劳军，而且在镇江率部击敌军，亲自击鼓以激励部队将士，帮助韩世忠在黄天荡大战，以 8000 将士大败 10 万金兵。而战胜之后，她竟毫不居功。"兀术于黄天荡几成擒矣，一夕凿河遁去。夫人奏书言世忠失机纵敌，乞加罪责，举朝为之动色。其明智英伟如此。"（罗大经：《鹤林玉露·蕲王夫人》）她们的所作所为，成为中华民族千百年来的道德榜样。

还有的江湖艺人，如戏子，一向被当成玩物和男伎，晚明时期名公巨卿、文人学士养戏子、蓄娈童成风，连名士朱彝尊、袁枚、毕秋帆、郑板桥也未能免俗。一时间，秦淮河畔的画舫勾栏里，歌儿舞女们琴棋书画，说拉弹唱，纸醉金迷成风，然而在这污浊腐败的环境里，也不乏道德高尚人士。小说《儒林外史》里描写的那位德艺双馨的戏子鲍文卿就是个代表。他能够出于同情而结识落魄的秀才倪霜峰，并且关怀其家人，照顾其后事，也能够因为敬仰"名士"、"才子"而救援素不相识的向鼎，而且拒不受酬谢。当向鼎委托他监督考场时，他认真负责：一方面坚决制止作弊，另一方面也能够对于偶然犯规的学生爱护劝告，一片至诚。安徽的两个书办贿赂他 500 两银子，求他为自己说情，被他严词拒绝，说是"须是骨头里挣出来的钱才做的肉"。鲍文卿这位江湖艺人，要比那些中进士，选翰林的高尚得多。

三　小偷与流氓、强人

在中国历史上，乞丐不全是贱流，大量是由于天灾人祸而游离失所的农民，也有些文人学士因为一时困窘而流落街头。战国伍子胥曾吹萧于吴市，唐时郑元和做过歌郎，唱莲花落，小说中叙述的苏三之情人王顺卿，也曾沿街乞讨，后来才富贵起来。乞丐之中也有等级，例如金玉奴的父亲金老大，是一方乞丐的"团头"，居然也能吃香喝辣，比娼优隶卒还高一等。他们中的道德状况可以说千差万别。

首先盗有善恶，由于出身、经历、所受教育等等方面的不同，土匪强盗中是有善恶之别的。《二刻拍案惊奇》的《伪汉裔夺妾山中，假将军还姝江上》开头说："曾闻盗亦有道，其间多有英雄。若逢真正豪杰，偏能掉臂于中"。《警世通言》中的《万秀娘仇报山亭儿》明确写出了山东襄阳府的两种强盗：一是陶铁僧、焦吉、苗忠那样的心狠手毒，为了自己的享乐而打家劫舍，杀人放火、奸淫掳掠，无恶不作；另一种则是孝义尹宗，他只是因为家庭贫困，生活无着，不得已偷些东西以孝养老娘，平日却也行侠仗义，路见不平，拔刀相助。书里写他为了挽救无辜的万秀娘的性命，奋不顾身，而且施恩不受报，直至牺牲了自己性命的感人事迹。北宋张贤齐遇到强盗，置酒欢饮。强盗说："吾曹为盗多出于不得已之情。"不但没有为难张贤齐，而且离别之时送他百金。他遇到的也是好强人。即使同一土匪强盗，他们也可能时善时恶，或边善边恶。《水浒传》里的英雄们也都是这样，对于高俅、梁中书这类的贪官污吏，对于他们所取的不义之财，如"生辰纲"之类，该打的就打，该夺的就夺。甚至对于欺男霸女的郑屠、争权夺利如王伦，劫财害民如李鬼，他们也一点都不客气，统统严加惩戒，而对于受难的群众，如金老父女，极其同情，竭力相助，对于自己的朋友、伙伴，不管认不认识，都如同兄弟，关怀备至，不惜两肋插刀。

当然，由于小偷与流氓强人的"职业"活动，他们的谋生手段、活动方式，本身就是违背社会道德的，在一般人眼里，他们是最不道德的人。可是正如《庄子》里说的，"盗亦有道"。《醒世恒言》中有一篇《千秋盟友谊，双璧返他乡》中说："昔日王文成阳明先生，征江西桃源城，问贼曰：'如何聚得人拢？'他道：'平生见好汉不肯放过，有急周急，有危解危，故此人人知感。'阳明先生对各官道：'盗亦有道'"。这些人的道德是什么呢？集中起来，就是一个"义"字。

宋元明时期发展起来的这种小偷与流氓强人的"义"，就是建立在小农经济和一定的商品生产发展基础上，是老百姓的"义"，也是对于以往血缘关系和等级制在一定程度上的修正和否定：它要求维护社会各阶层间的公正平等，要求彼此之间，特别是在兄弟朋友之间，要舍己利人，团结互助，扶困解危，一诺千金，知恩必报；对于坏人坏事，特别是世间不平之事，则要"仗义执言"、"仗义疏财"，"路见不平，拔刀相助"；其极端表现为侠客的行侠仗义。明有袁于令《隋史遗文》，其中第四回有一篇《千秋风岁引》，专说行侠仗义："天地无心，男儿有意，壮怀欲补乾坤陂。……热心肯为艰危止，微躯拼为他人死。横尸何惜咸阳市，解纷岂博世间名？不平聊雪胸中事，愤方体，气方消，心方已。"

游民讲的义，第一就是兄弟朋友之间，重信义，守然诺，互帮互敬。《初刻拍案惊奇》中的《刘东山夸技顺城门，十八兄奇踪村酒肆》，描写了明代嘉靖时期的一批很可爱的强人，他们于活泼英武气中，不乏温良恭俭让。对于自吹自擂者，给以适当地警告和惩戒，而对于那些认错改过后而技不如己者，也待之以礼。看见对方的跪拜，也立即跪拜下去，礼敬之至；开玩笑时劫取的金银，竟以十倍奉还。《二刻拍案惊奇》中的《神偷寄兴一枝梅，侠盗惯行三昧戏》记述的宋朝临安的"我来也"，明朝时期的懒龙，就是这样的人。他们有仁有义，排难解纷，惩恶扬善，每作一件案子，得手就写一句"我来也"，或画一枝梅在墙壁上，以示光明正大，敢负责任。嘉靖年间的这位懒龙，"胆气壮猛，心机灵便，度量慷慨"。虽然是小偷强盗，"却有几件好处：不肯淫人妇女，不入良善与患难之家，与人说了话再不失信。亦且仗义疏财，偷的东西，随手散与贫穷负极之人。最要薅恼那悭吝财主，无义富人"。"反比那面是背非，临财苟得，见利忘义一班峨冠博带的不同。"

《初刻拍案惊奇》中的《乌将军一饭必酬，陈大郎三人重会》，开篇即讲"每讶衣冠多盗贼，谁知盗贼有英豪；试观当日及时雨，千古流传义气高"。指出当时的贪官污吏、公子王孙、举人秀才，都是强盗。"绿林中也有一贫无奈，借此栖身的；也有为义气杀了人，借此躲难的；也有朝廷不用沦落江湖，因而结聚的。虽然只是歹人多，其间仗义疏财的，倒也尽有。"苏州王生三次遇到同一伙强盗，这些强盗讲义气，不但绝不伤人性命，而且还把另外一些物品赠送他，使其发了大财。景泰年间苏州吴江阴商人陈大郎，无意间交结了一位强盗乌友，人称乌将军，此人不忘一饭之恩，钱财轻义气重。送还妻子和亲戚，盛筵款待，并赠以重金。"胯下曾酬一饭金，谁知巨盗有情深。世间每说奇男子，何必儒林胜绿林。"

其次，很多强盗贼人仗义疏财，热心救人助人。《警世通言》中，讲的《宋太祖千里送京娘》就是这样的故事。宋太祖赵匡胤在未夺取政权之前，就是此辈中人。他原是个逃亡流窜的犯人，"专好结交天下豪杰，任侠任气，路见不平，拔刀相助，是个管闲事的祖宗，撞没头祸的太岁"。先在汴京城打了御勾栏，闹了御花园，触犯了汉末帝，逃难天涯。到关西护桥杀了董达，得了名马赤麒麟，黄州除了宋虎，朔州三棒打死了李子英，灭了潞州王李汉超一家，来到太原清油观，然后打抱不平，援救这个被强盗掳掠的姑娘，步行千里，护送这位素不相识、毫无瓜葛的弱女子返回她的蒲州故乡。在路上他不仅打死强盗，而且拒绝京娘的诱惑，坐怀不乱，送其安全抵家后，也坚决拒绝了京娘父母的酬谢。后人有诗赞云："不恋私情不畏强，独行英雄送京娘。汉唐吕武纷多事，谁及英雄赵大郎。"

《喻世名言》中的《宋四公大闹禁魂张》写一位巨盗路见不平，拔刀相助的故事。禁魂张原是东京开质库的巨贾，极其吝啬，一个钱舍不得使，而待人非常刻薄。因为家里的一位都管（店中管事的），私自将两枚小钱施舍给了一个乞讨者，被他看见，不但立即夺回这两枚钱，而且叫伙计们当众把这位乞讨者打了一顿，引起众人愤怒。被强盗宋四公正好撞见，宋四公把这位乞讨者拉过一边，一边指摘禁魂张"不近道理"，劝这位乞讨者"不要共他争"，并且立即拿出二两银子送给他，让他走开。当天夜里，宋四公就闯入禁魂张家的库房，用麻药麻倒了看守人和狗，使万能钥匙打开锁，偷走了禁魂张家的大批财宝，并且在墙上写下了一首藏头诗，留下自己的名字："宋国逍遥汉，四海尽留名。曾上太平鼎，到处有名声。"

再次，游民中讲的"义"还有更重要的内容，就是除强助弱，杀富济贫，维护社会正义。他们本人憎恨贪官，却尊敬清官。"于忠肃公（即于谦）巡抚山西、河南两省，议事入京回。单骑从数卒行太行道中，群盗窥探，公厉声叱之，盗皆骇服罗拜马首，曰：'不知为我公也。'""胡端敏公初为德安司理，家口赴任所，抵九江，孤舟夜泊。江洋大盗闻君威名，皆相戒不敢犯。李公纲为太仆少卿，冰檗自励。出京，盗夺其箧，询从者，知为公，曰：'乃李少卿耶？是无钱者。'掷箧而去。"（林时对：《留补堂文集选》卷上）。有时为了保护清官，甚至不惜当街聚众闹事。元时有一"博鸡者"，即是用鸡来打赌的。原来人们认为他"素无赖"，其实任气好斗，能够见义勇为。为了当地一位清官遭受到一豪民诬陷，被御史免职。在这位斗鸡者号召之下，"得数十人，遮豪民于道"，把他拉下马来便打，一步一打，逼着豪民承认错误。还设一巨幅，上面大书一"屈"字，率众到御史台前示威，直到御史屈服，为这一太守复官。（高启：《书博鸡者事》，《明文海》卷403）

诚然，最后侠客成为只反奸臣，不反天子，只劫平民，不劫将相的鹰犬，末流则成为流氓。（鲁迅：《流氓的变迁》）其实流氓本身有些也是侠客。侠客毕竟能够反映一些群众的意愿和希望；人民也喜欢侠客，想借他们，以表达自己对于社会公平正义的诉求。

第 六 编

少数民族的道德生活

中国向来就是个多民族的大家庭，几十个民族在这片大地上繁衍生息。因此，中国古代的道德生活史，毫无疑问，应当包括各个兄弟民族的道德生活史。正如中华民族内的各个民族之间，既有和平共处，又有冲突斗争，但是总的趋势是逐步走向融合一样，中国各民族的道德生活也是这样：最初都是处于原始社会氏族制度的社会里，存在着的只是原始社会的氏族道德生活。后来，各民族间的前进步伐出现了差异，有的快些，有的慢些，于是各民族的先民们的道德生活也出现了不同：随着某些民族快速地走向奴隶社会和封建社会，他们的道德相应地也向阶级社会的道德转变；而有些民族更偏处一隅，经济生产和社会发展速度比较滞后，其社会道德也就仍然停留在原地踏步，或者虽有发展，但是发展比较缓慢。但是有一点是毋庸置疑的：在同一时期内，由于社会道德的发展速度不同，许多民族具有的文化差别，各个民族的道德生活状况也有所不同；但是各个民族，不管是汉族，还是其他少数民族，就总的发展趋势来讲却是一致的，都在按照社会发展规律的方向，向着奴隶社会和封建主义的道德方向演变。

对于中国古代原始民族的道德生活状况，在许多古代文献著作如《尚书》、《吕氏春秋》、《庄子》、《韩非子》、《抱朴子》、《礼记》、《淮南子》、《商均书》、《史记》、《春秋左氏传》等书中，均有一定程度的记载，对于人们了解中国古代原始民族道德生活的发生史以及原始民族道德生活的基本风貌，提供了宝贵的资料。此外，对于中国的各少数民族开始步入阶级社会以后的道德生活面貌和道德生活状况，先秦时期成书的《诗经》、西汉时期司马迁所著的《史记》、三国至隋唐时期成书的《吴越春秋》、《越绝书》、《华阳国志》、《蛮书》等，东晋僧人法显所著的《佛国记》，唐高僧玄奘所著的《大唐西域记》，明代马欢所著的《瀛崖胜览》、费信所著的《星槎胜览》、巩珍所著的《西洋番国志》等著作中，均作了或详或简的记载和描述，其中还涉及国外一些民族的道德生活风貌和道德生活习俗。这些记载或描述性的资料，是中国古代少数民族道德生活史上的宝贵资料，具有重要的价值和作用。

第一章

先秦至唐朝时期少数民族的
道德生活

第一节　先秦至唐以前少数民族的道德生活

　　按照通常的理解，前古代民族一般包括氏族、部落和部落联盟；民族是在氏族部落特别是在部落联盟的基础上形成的。中国秦汉以前的少数民族，显然还不是现代意义上的民族，较确切地说，应是属于前古代民族的雏型。传说中的尧、舜、禹，都是中国秦汉以前即原始社会末期的部落联盟首领，他们不仅是中国汉族的先祖，也是整个中华民族的先祖，或者说是整个中国人的先祖。因为无论是汉族还是少数民族抑或是整个中国人，在很大程度上可以说，都是在他们当时所领导的氏族部落及其联盟的基础上经过长期发展融合而成的。所以这里既可以把他们时代的道德生活，看成是汉民族的道德生活，也可以看成是少数民族的道德生活。

一　部落道德生活的产生和瓦解

　　早在原始群居时期，中国就出现了道德的萌芽。那时的基本状况是：人们使用简陋的石器、木器和骨器去征服严酷的大自然，为了生存，终日与自然和野兽作斗争，无暇顾及其他；此时人们的意识尚属"纯粹畜群的意识"，与人的本能还未完全分开；婚姻形式主要是原始杂交和血缘群婚。

　　据《吕氏春秋·恃君览》记载："昔太古尝无君矣，其民聚生群处，知母不知父，无亲戚兄弟夫妻男女之别，无上下长幼之道。"说明这个时候人们的生活还基本上处在"道德无范"的阶段。

　　我国有许多少数民族的"洪水"神话和关于人类、民族来源的神话，其中尤其是关于兄妹成婚、姐弟成婚、母子成婚、父女成婚的神话，便是这种群居共处、血缘婚配道德观念的反映。当时，人际关系完全处于天然的自发状态，但每个人又天然地服从集体的需要，自发地与集体融为一体，几乎没有什么个人自由选择的余地。在年复一年、月复一月、日复一日所进行的生产劳动的实践中，人们开始"意识到必须和周围的人们来往，也就是开始意识到人一般地是生活在社会中的"。这样，道德意识和道德观念就逐渐出现了。

传说中的神农氏时期为我国的母系氏族社会时期，也是原始社会民族道德的基本确立时期。在这个时期，各民族的先民们对残酷无情的大自然展开了英勇的斗争，如许多民族的神话传说中所表现出来的那样英勇顽强、坚忍不拔，为了生存而不得不战天斗地，克服重重困难，甚至不惜流血牺牲。在人际关系中，由于生产资料公有，集体劳动，共同消费，每个人都紧密地依赖集体并无条件地服从集体，所以原始集体主义便是当时原始民族道德的基本原则。

《礼记·礼运篇》所载的"大同"社会情景，当是原始社会各民族奉行的原始集体主义道德原则的生动写照。在氏族内部，每个成员都享有平等的权利和义务，人人和睦相处，无有相害之心，即便是氏族首领也不享有任何特权。相传神农氏就身亲耕，妻亲织，可他在民众中却享有崇高的威望：神农无制令而民从；刑政不用而治，甲兵不起而王。

另据《抱朴子·诘鲍篇》载：

> 曩古之世，无君无臣。穿井而饮，耕田而食；日出而作，日入而息。汛然不系，恢而自得；不竞不荣，无荣无辱。山有溪径，泽无舟梁。川谷不通，则不相并兼；士众不聚，则不相攻伐；势力不萌，祸乱不作，干戈不用，城池不设；身无在公之役，家无输调之费。安土乐业，顺天分地。内足衣食之用，外无势力之争。

这种情景与状况，也是对原始民族的原始民主和原始平等等道德生活和道德观念的详细描绘。传说中的黄帝和尧、舜、禹时期为我国的父系氏族社会时期。这一时期是原始民族道德开始向阶级道德过渡的时期。这时的部落首领仍然是普通劳动者，他们生活俭朴，身体力行，注重道德的社会功能与作用，成为民众中道德生活的榜样。如传说中的黄帝就亲自制造车船，为民众解决水上交通之不便；教人盖房造屋，使先民们结束了洞居、穴居的生活而开始有了房屋。其妻嫘祖教人养蚕织布，使先民们从此告别了衣不遮体的时代而开始穿上了衣服。传说中的部落联盟首领尧，不仅精明能干，生活俭朴，而且能"克明俊德，以亲九族。九族既睦，平章百姓，百姓昭明，协和万邦"。他善于用道德的力量协调人民，团结人民，治理好属下众多的部落和部落联盟。后继者舜和禹，也都效法前贤，以尧为榜样，靠道德的力量去征服民心，使民心归化。

据《韩非子·五蠹》载："当舜之时，有苗不服，禹将伐之。舜曰：'不可。上德不厚而行武，非道也。'乃修教三年，执干戚舞，有苗乃服。"说明他们在协调和处理民族关系时，认识到光靠武力并不能征服人心，而只有以德治人才能赢得人心，德治比武力统治更重要。

当然，在中国的原始民族那里，一方面是人类淳朴道德的高峰，另一方面也存在着道德上的缺陷：原始集体主义的道德原则、原始民主和原始平等的道德观念，不适用于全部人群，而只是适用于本民族和本氏族内部，对于外民族或外氏族则经常发生争斗和杀戮，甚至是血族复仇，残酷屠杀。同时，道德上的原则规范也总是和原始宗教迷信相结合，并通过宗教禁忌来维持与传播。因此，原始民族的道德观念，从消极点上来说，总是与褊狭、野蛮和迷信相联系。正如恩格斯所说："氏族制度使人的头脑局限在极小的范围内，成为迷信的驯服工具，成为传统规则的奴隶，表现不出任何伟大和任何历史首创精神。"阶级道德就这样在原始民族道德日趋崩溃瓦解的基础上产生了。

在父系氏族社会，由于原始民族道德开始向阶级道德过渡，所以在统一的原始民族道德上便开始出现了部分缺口。这个缺口的最初表现就是某些氏族首领的子弟的生活腐化和道德堕落。如传说中尧的儿子丹朱就很糟糕：

> 丹朱傲，唯漫游是好，傲虐是作。罔日夜额额，罔水行舟。朋淫于家。

对于这个骄傲、懒惰、纵情声色、奢侈腐化、道德堕落的不肖之子，据说尧毫不留情地给予了严厉的处置。

传说舜的儿子商均等人，也是不成器之人，成天只知道唱歌跳舞、吃喝玩乐，故舜也没有把职位传给他。禹的儿子启也相差不多，他"淫逸康乐，野于饮食，将将锽锽，筅磬以方，湛浊于酒，渝食于野，万舞翼翼"，虽然后来他攫取了政权，但是由于其所言所行，无德无义，彻底失去了民心，终被"上天"（即广大民众）取消了其统治的资格。

类似这样的例子很多，如帝鸿氏之子浑敦：

掩义隐贼，好行凶德，丑类恶物，顽嚚不友，是与比周。

少皞氏之子穷奇（共公）：

毁信废忠，崇饰恶言，靖谮庸回，服谗搜慝，以诬盛德。

颛顼氏之子梼杌（鲧）：

不可教训，不知话言，告之则顽，舍之则嚚，傲狠明德，以乱天常。

缙云氏之子饕餮：

贪于饮食，冒于货贿，侵欲崇侈，不可盈厌，聚敛积实，不知纪极，不分孤寡，不恤穷匮。

如此等等，不一而足。说明当时氏族首领们的子弟们在生活上腐化、行为上浪荡、道德生活上堕落的现象已经相当普遍，他们开始享用贵族化的生活方式，抛弃了过去所一贯奉行的原始集体主义道德生活的原则和原始民主、原始平等的道德观念，拉开了原来统一的原始民族道德走向对立的阶级道德的序幕。"最卑下的利益——庸俗的贪欲、粗暴的情欲、卑下的物欲、对公共财产的自私自利的掠夺——揭开了新的、文明的阶级社会；最卑鄙的手段——偷窃、暴力、欺诈、背信——毁坏了古老的没有阶级的氏族制度，把它引向崩溃。"

二　原始部落道德的典范

据史载，尧是一个非常注重道德的人，始终过着一种有道德的生活。尧，又称伊祁氏或伊耆氏，名放勋，帝喾之子，史称唐尧。相传为陶唐氏部落长，炎黄联盟首领。他在任职期间，"其仁如天，其知如神"，德才兼优，同时恭谨节俭，诚实温和，并能选拔和任用有才德的人，把本氏族的民众团结起来，进一步巩固和扩大本部落和部落联盟，使大家服从他的领导和教导，和睦地生活。

他自己的生活非常节俭：

> 尧之王天下也，茅茨不翦，采椽不斫，粝粢之食，藜藿之羹。冬日麑裘，夏日葛衣，虽监门之养，不亏于此矣；尧饭于土簋，饮于土铏。

尽管他生活如此艰辛菲薄，可是他却能一如既往地做到一心为公，关心民众疾苦，视他人之疾苦为己之疾苦：

> 尧存心于天下，有一民饥则曰此我饥之也，有一人寒则曰此我寒之也。

尧近晚年后，看到自己的儿子丹朱不成器，性傲狠，喜漫游，不宜继承权位，便到处访求贤良而又能干的人。最后在广大民众的推荐下，经过慎重地观察和考验，终于把权位让给了舜。

尧的思想和意识极其清楚和坚定：如果将其位授舜，则天下得其利而丹朱病；授丹朱，则天下病而丹朱得其利。两相比较，当然以大局为重，以民众为重，以天下为重，决不能"以天下之病而利一人"。据说尧把权位交给舜28年后才死。当人们听到尧死的消息后，就如同死去自己的亲生父母那样悲痛。

尧的一生，一心为百姓做事，身体力行，克勤克俭，注重德治，选用贤良，"克明俊德，以亲九族。九族既睦，平章百姓，百姓昭明，协和万邦"，为后世各族人民树立了光辉的道德榜样，成为世代人民传诵的理想人格典范。

另一位部落首领中的道德生活榜样是舜。舜姓姚，一说姓妫，名重华，史称虞舜。相传为有虞氏部落长，炎黄联盟首领。据说舜从小生长在妫水（今山西省永济），其父瞽叟娶后妻生子象。在家庭中，舜的父亲糊涂固执，后母又泼辣凶悍，弟弟更是骄横粗野。然而舜却毫不计较，对他们却很好，他以孝闻名乡里，对弟弟也总是关心和照顾，情同手足，以至于"象忧亦忧，象喜亦喜"。

由于舜宽仁厚德，品质感人，由己及人，由人及他，及天下，所以他深得民心：

> 耕历山，历山之人皆让畔；渔雷泽，雷泽之人皆让居；陶河滨，河滨器皆不苦窳。一年而所居成聚，二年成邑，三年成都。

正当他而立之年的时候，恰巧遇到尧在到处寻找继位人，于是部落联盟一致向尧推荐舜，认为舜是最合适、最理想的继承者。尧为了慎重起见，便决定对舜进行观察和考验：首先"以二女妻舜，以观其内，使九男与处，以观其外"；然后再赐给他"缔衣与琴，为筑仓廪，予牛羊"。

在此期间，尽管舜对其父、后母和弟弟非常好，但总是遭到他们的嫉恨，并企图加害于他。他们让他上房去修谷仓，然后在下面点火，想烧死他；让他下去淘井，然后把井填上，想活埋他。他们的阴谋未能得逞。尽管如此，死里逃生的舜，对于他们也从不计较，相反对其父更加孝敬，对其弟更加爱护。尧知道这些情况后，并未就此轻信，而是进一步予以考验。

据说，为了进一步考验舜，尧将舜"纳于大麓，"但是，舜很聪明而且坚定，"烈风雷雨弗迷"，"虎狼不犯，虫蛇不害"，胜利地通过了种种考验。于是，尧终于把部落联盟首领的权位传给了舜。

舜继位后，非常注重德治，坚信"上德不厚而行武，非道也"，厚德薄武，"乃修教三年，执干戚舞"，运用道德感化的力量征服了有苗。

同时，舜还任命契为司徒，专门掌管教化。任命契作司徒，"敬敷五教"，"慎徽五典"。这里所说的"五典"、"五品"、"五教"，都是指的

"父义、母慈、兄友、弟恭、子孝"这五条道德规范。舜首次用"五典"来教化民众，足见他十分看重道德的功能与作用。后来孟子对"五典"进行发挥，认为是"父子有亲，君臣有义，夫妇有别，长幼有序，朋友有信"，显然带有自己"加工"的成分。因为尧舜之时国家尚未出现，不可能提出"君臣有义"的道德规范。

在尧舜之时，一些氏族首领的子弟开始出现了腐化和道德堕落的现象。其中最突出的是"四凶"（亦称"四罪"），即浑敦、穷奇、梼杌、饕餮。他们依仗权势，"掩义隐贼，好行凶德，毁信废忠，崇饰恶言，傲狠明法，以乱天常，侵欲崇侈，不可盈厌"。对此，尧在位时也拿他们没办法，舜继位后，则采取果断措施：

> 流共工（穷奇）于幽州，放欢兜（浑敦）于崇山，窜三苗（饕餮）于三危，殛鲧（梼杌）于羽山，四罪而天下咸服。

坚定不移地惩恶扬善，在将"四凶"流放到边远之地的同时，舜又表扬当时道德高尚的"八恺"（即苍舒、聵凯、梼哉、大临、龙降、庭坚、仲容、叔达）、"八元"（即伯奋、仲堪、叔献、季仲、伯虎、仲熊、叔豹、季狸），极力荐举他们，并委以重任。史载：

> 舜臣尧，举八恺，使主后土，以揆百事，莫不时序，地平天成。举八元，使布五教于四方，父义、母慈、兄友、弟恭、子孝，内平外成。

也就是说，舜推举"八恺"管理农业和水利等事务，使得这些工作能按时进行，天地自然非常和谐；舜推举"八元"管理民众的道德教育工作，使人们皆能恪守道德规范，和睦亲密。这些措施取得了巨大的成功，在舜的时代便出现了天下太平、"凤凰来仪"的景象。据说舜晚年到各地巡视，中途死在苍梧之野，"百姓如丧考妣"。

再有一位部落首领的道德生活榜样是禹。禹姓姒，原为夏后氏部落长，炎黄联盟首领。禹的父亲是被封为崇伯的鲧，当时天下洪水泛滥，由于"四岳"的推荐，鲧被派去治水。但是由于他很不得法，只是采取堵塞的方法治水，徒劳无功。最后被尧舜处死在羽山（今山东省郯城东北）。禹不计父仇，继承父业，继续治水。但他吸取了其父治水失败的教训，改堵塞为疏导，领导民众先疏通了九州的大河，使水流向大海；又疏通了田间的小沟，使田中的水流向大河。

相传禹在治水时生活非常艰苦，为了治水，禹直到 30 岁时才结婚。甚至在新婚期间，他也放弃小家庭的安逸与温馨，全心全意地投入到治水事业中去：

> 身执耒锸以为民先。股无胈，胫不生毛。
> 娶涂山氏女，以私害公，自辛至甲四日，复往治水。

其后，在外治水十三年，三过家门而不入。甚至在门外听到自己儿子的哭叫声，也不肯回家探望一下。

同时，禹还同稷一起，教给人们以播种，生产出粮食和肉类食品，并发展贸易，进行物物交换，使民众能够安定地生活，所有的氏族部落都得到治理。由于禹治水有功，在其他方面也表现出卓越的组织才能和领导才能，因此在民众中声望日盛。舜年老后，便把部落联盟首领的职位让给了禹。禹继位后，仍然保持生活俭朴的习惯，只是在祭祀天地鬼神时办得十分隆重。

作为原始社会末期的氏族领袖，为适应形势的发展和需要，禹除了重视德治外，还开始以武力治邦，维护自己部族的团结统一，除伐三苗外，他还借机杀了不守规矩的防风氏。

禹最后巩固和发展了部落同盟，"会诸侯于涂山，执玉帛者万国"，型铸和奠定了中国历史上民族和国家的雏型。

在禹的一生中，他一心为公，从不"以私害公"，全心全意致力于为民众治水而不顾自己，这种献身精神和崇高品德，为中华民族树立了光辉的道德生活榜样，从而受到历代各族人民的广为敬仰。

三 民族大交融中的少数民族道德生活

从古以来，中华民族大家庭中的各个民族，就一直在冲突中不断交融，在互相学习中共同进步。先秦时期赵武灵王胡服骑射，就是汉族学习少数民族的好例证。汉朝时代，汉民族与西北、西南等地区的少数民族，开始了频繁的交往。从汉高祖刘邦派宗室女和亲，到西汉武帝时张骞出使西域，东汉时班超在西域的活动，最后到汉末蔡文姬和亲，都是民族文化交融的典型事例。尤其值得重视的是两汉以后直到隋唐以前，也就是魏晋南北朝时期，这是一次剧烈的民族大融合时期。当时，北方主要的少数民族是所谓的"五胡"，即匈奴、羯、氐、羌、鲜卑，他们通过各种渠道和方式，开展了积极的民族交融。这里既有少数民族的南进，深入广大的汉族地区，也有汉族人民向北方的发展。在这个民族大交融中，文化和道德无疑占有重要地位，许多少数民族的道德生活状况，实现了一个飞跃，从原始的氏族道德，一下子跨越到封建社会的道德。

先看婚姻家庭道德方面的改变。

汉代以来，最先活跃在中华民族史上的少数民族是匈奴，当时，他们的情况大致上是有语言而无文字。自从汉代南、北匈奴分裂以来，北匈奴向西北方迁徙远去；南匈奴南迁，与汉人交往日多，变化迅速。然而直到五代时期，匈奴和其他各个民族的婚俗仍有氏族制残余。黄初五年（224年），鲜卑大人轲比能与魏辅国将军鲜卑辅的书信里，坦率地承认少数民族不懂汉族礼义。他说"我夷狄虽不知礼义"。①

首先是重视母系。当时的许多少数民族中"贵少贱老，其性悍骜，怒则杀父兄，而终不害其母。以母有族类，父兄以己为种，无复报者故也"。这里反映出当时社会上还有母系制度的残余。

其次是"妻后母，报寡嫂"制度。这个风俗在汉代已经存在。据《史记·匈奴列传》载："父死，妻其后母；兄弟死，皆娶其妻妻之。"此风俗一直传到魏晋南北朝以后。据记载，"父兄死，妻后母执嫂。若无执嫂者，则己子以亲之次妻伯叔焉。死者旧其故夫。"（《魏书》）。例如拓跋什翼犍在自己的儿子死后，娶了儿媳贺氏，就以自己的孙子当了儿子。这种"翁媳配"在当时被认为是合理的。还是这个什翼犍，在杀死自己小姨子的未婚夫后，纳小姨子为自己的妻子，这也证明其时男子可以一夫多妻，而女子却不可重婚。

再次是婚姻相对自由。在五代时期的少数民族中，"嫁娶先皆私通，

---

① 朱大渭等：《魏晋南北朝社会生活史》，中国社会科学出版社1998年版，第517页。

略将女去，或半岁百日，然后遣马牛羊以为聘娶之礼。婚随妻归。见妻家无尊卑，且皆起拜，而不自拜其父母，为妻家仆役二年，妻家乃厚遣送女，居处财物，一出妻家"。

这些家庭婚姻道德生活中的混乱现象，在魏晋南北朝时期，特别是在当时的高层统治阶级那里，表现得很严重。最典型的是十六国时期的汉昭武帝刘聪，尽管他也曾学习汉文化，甚至具有较高的造诣，然而自 310 年登位后，他先封刘渊的妻子，也就是自己后母单氏为皇太后，后来竟然以"太后单氏姿色绝丽"，娶以为妻。再以后，他把几位大臣的女儿统统拉入怀抱，甚至不顾同姓之义，把太保刘殷的两个女儿、四个孙女都纳入宫中，被称为"六刘之宠倾于后宫"。这种既在家族内部，而且严重乱了辈分的婚姻，虽然也受到许多人的批评和抵制，但是居然能够实现。后来随着民族的交融、文化的进步，此类婚姻生活中的乱伦现象逐渐减少。许多古代传下来的氏族公社的风俗，在后来遭到严禁。《晋书·石勒传》载，他在称赵王时，于大兴二年（319 年），颁禁令"报嫂"。《魏书·刑罚志》也载，鲜卑后代拓部什翼犍建国二年（338 年）颁布法律，禁止男女间的自由婚姻关系，令"男女不以礼交皆死"，即不许"婚娶皆先私通"。此举意在确立"父系血统的不可争辩性"，保障父权家长制的财产继承制。而魏孝文帝太和七年（483 年）颁布的禁止同姓结婚，终于在家庭婚姻道德中实现了一个大的进步。

再从政治活动中的道德生活领域看，各个少数民族的有关道德状况，也在复杂的矛盾斗争中，曲折地前进着。

一方面，在当时的少数民族的高层统治者中，特别是那些"少数民族的暴君"，他们一个个喜好骑射，骁勇善战，却又出奇的残暴荒淫，与"汉民族的暴君"比起来，在其"方法上和程度上，有很大的不同"，正如有些后来的研究者所指出的，那就是残存着"部落的遗习和野蛮人的残忍"。[①] 他们和原始社会末期的氏族领袖那样，凭借自己手中的特权，愚昧无知，凶狠暴虐，腐化堕落到了极致。

后赵太祖石虎，就是这种"部落的遗习和野蛮人的残忍"的典型代表。他极端腐化荒淫，在民间收罗 3 万多名从十三岁到二十岁的女子充实

---

① 参见柏杨《中国人史纲》第 18 章《五世纪》，山西人民出版社 2008 年版。

后宫，公元 354 年，他又以增设女官为名，搜寻民女，其中仅已经结婚，而又被抢掠的妇女就达 9000 余人。更令人发指的是他的凶暴残忍，在篡夺皇帝位之后，他先是杀死伯父石勒的所有儿子；后来又杀掉自己的太子石邃及其妃子张氏、儿女 26 人，塞在一个棺材里埋掉；对于自己的另一个儿子石宣，因为犯有兄弟残杀的罪行，被他绑在台下。先拔掉其头发，再割下舌头，拖到干柴堆上，砍断手足，剜去眼睛，然后纵火烧成灰烬；并将其妻子、儿女 9 人全部杀掉，连石虎本人的五岁亲孙子也不例外。对于如此残酷的情景，他居然率领妻子、姬妾和文武百官们在台上亲自观看。最后，还将太子宫的所有宦官和官员车裂，太子宫里的卫士十余万人，全部被放逐到 1200 公里外的金城（甘肃兰州）。这种残杀，招致了连环残杀。后来石虎的儿子石世，登台 33 天，被他另一个兄弟石遵杀掉。石遵登台 183 天，又被另一个兄弟石鉴杀掉。石鉴登台 103 天，又被他的大将杀掉。

前秦的厉王苻生也是一个嗜杀成性的野蛮人，他经常铁锤钢锯刀斧随身，部下一言不合便施毒手。大宴群臣时，凡是不酩酊大醉者，他就叫弓箭手一一射死。他问手下大臣自己是什么样的君主。那些因为害怕他，而称其为圣主的，他说是谄媚，处死；那些轻微批评他刑罚重的人，他认为是诽谤自己，同样被斩首。即位不久，他就接连诛杀后妃、大臣、近侍等 500 多人，手段极其残忍。他命宫女与男人性交，自己率群臣观看。又让宫女与羊性交，看她能否生下小羊。又把牛马驴羊等活活剥皮，让其在宫殿上奔跑哀鸣；或者把人的面皮剥下，让其表演歌舞。杀人高兴时，把政府里的所有高级官员，包括宰相、元帅统统以谋反的名义杀死。他还杀死自己的皇后，甚至亲自用铁锤击碎自己亲生舅舅的头颅，只是因为这位舅舅劝他少杀些人。这种"部落的遗习和野蛮人的残忍"，达到无以复加的程度。

另一方面，汉晋以后也有一些杰出的少数民族领袖，他们努力学习汉族文化，提高自己的治国本领，励精图治，极大地促进了本民族的发展进步。

如匈奴刘渊，"习《毛诗》、《京氏易》、《马氏尚书》，尤好《春秋左氏传》、《孙吴兵法》，略皆诵之。《史》、《汉》、诸子，无不综览"。其子刘聪，"究通经史，兼综百家之言，《孙吴兵法》靡不诵之，工草隶，善属文，著述怀诗百余篇，赋颂五十余篇。"

再如羯族政权的后赵，其高祖石勒（—313），出身部落小帅，经历贫苦，当过奴隶和小贩。他自己虽然没有读过什么书，却也认真学习。上台后，大力发展生产，重用汉人张宾，注意赡养老人，给百姓减租，奖励孝子，兴办学校，建立荐举和考试制度，以选拔人才，优待士人，使当时的社会政治出现了兴旺景象。

处于氐族部落汉化关键时期的前燕文明帝慕容皝（296—348），与民休息，将苑囿无偿分给无地和少地农民，没有耕牛的国家还派发耕牛，他办学校，有时还亲自到学校讲课。

氐族领袖苻坚（338—385），他"博学多才艺"，他信用汉人王猛，以法治政，严惩犯法的氐族亲贵，打击豪强，提倡儒学，整饬军队，统一了中国北方。其弟苻融也能"下笔成章，甚至于谈玄论道，虽道安无以出之。耳闻则诵，过目不忘，时人拟之王粲"。两晋之际，羌人，特别是其上层人物，已经具有较高的汉文化造诣。

后秦姚兴，虽然出身羌族，但是经过学习，他可以"讲论道艺，错综名理"。上台后注意吸收培养人才，开办学校。尤其是他大力提倡俭朴，下令严禁制造锦绣，所用车马全无金玉装饰，以俭朴为荣，他还释放卖身为奴的平民，让其回家从事农业劳动。

从道武帝开始，到元帝拓跋嗣，北魏时期的几位皇帝都"礼爱儒生，好览史传"，学习汉族文化，和缓民族关系，发展农业生产，至太武帝拓跋焘统一北方后，开展法治建设，着力整肃吏治，他说："法者，朕与天下共之，何敢轻也！"在他的主持下，修订大量律令，共计达391条。又开启了封建化过程。后来再经文成帝、献文帝努力，直到北魏孝文帝，把改革推向顶峰。

魏孝文帝拓跋宏（即元宏）登基后，实行"均田制"，把一些荒芜土地分给农民，促进农民垦荒，增加自耕农数量，改善农民处境，另外实行俸禄制度，打击腐败势力，禁止搜刮民财。更值得称道的是，他努力学习汉文化，破除民族偏见，大力促进民族融合。自平城（大同）迁都至洛阳后，大刀阔斧地移风易俗：一律采用汉装；朝廷用语也由鲜卑语改为汉语；鼓励同汉人通婚；改本民族姓氏为汉族姓氏，如拓跋改为元，贺赖氏为贺氏，乌丸氏为桓氏，纥豆陵氏为窦氏等等；采用汉族方式祭祀，祭祀汉族天神。经过这一系列的改革，实现了民族的空前大融合，终于带领鲜卑族和其他一些民族进入到封建社会。在这个过程中，魏孝武帝的关心民生，虚心学习，勇敢革新等等道德品质，表现得非常出色。

第二节　唐朝时期少数民族的道德生活

我国两汉以后，特别是魏晋时期的民族大融合，经过五代十国，到了唐朝之后进入了一个相对稳定的时期。然而此时，许多少数民族的道德生活还在继续发展，特别是记录他们的道德生活状况的史诗，如藏族的《格萨尔》、《礼仪问答写卷》，以及维吾尔族和柯尔克孜族的许多史料相继出现。这些珍贵的史料，记录了我国少数民族道德生活的真实面貌。

唐朝（618—907），是世界公认的中国最强盛的时代之一。这一时期，我国各民族的道德生活和道德观念也经历了步步深入、日趋理论化、日臻完备的过程。在少数民族地区，各少数民族的道德生活和道德观念的发展程度是有很大差异的：有的程度高一些，有的程度低一些；有的有成文的伦理学著作来反映他们的道德生活状况，有的则没有。造成这种状况的原因是多方面的。循着历史的线索，这一时期少数民族通过成文的伦理学著作来反映他们的道德生活状况的情况并不多。下面仅通过几部有代表性的少数民族伦理学著作来看他们的道德生活状况。

一　藏族史诗《格萨尔》中的道德生活

《格萨尔》不仅是藏族史上影响深远的一部具有多学科价值的文化艺术珍品，也是藏族人民最喜爱并引以为自豪的精神财富，更是世界上迄今所发现的最辉煌的英雄史诗之一。它的价值，早已跨出了藏民族特定的时空范围而超越了民族和国家的界限，越来越被世人所关注和重视。

（一）《格萨尔》史诗产生的社会历史背景

关于《格萨尔》史诗的产生年代问题，学术界有"吐蕃时期说"（8至10世纪）、"宋元时期说"（11至13世纪）和"明清时期说"（15世纪以后）等诸种观点。藏族学者降边嘉措的说法："要确切地说出《格萨尔》究竟产生在什么年代，是一件非常困难的事。"但是根据现有资料，它应当"产生在藏族氏族社会开始解体、奴隶制的国家政权逐渐形成的历史时期。这一时期，大约在纪元前后至公元五六世纪吐蕃王朝时期，即公元7至9世纪前后，基本形成。在吐蕃王朝崩溃，即公元10世纪之后，进一步得到丰富和发展，并开始广泛流传"。就是说，史诗发端于吐蕃社会之前，即"藏族氏族社会解体"的时期，但如果以"基本形成"为标志，则是在"公元五六世纪吐蕃奴隶制国家政权逐渐形成的历史时期"。

据《西藏王臣记》、《土观宗教源流》等藏文典籍记载：藏族社会在没有文字之前，赞普和各地首领（相当于部落酋长）无不用"仲"、"德乌"和"苯"这三种方式来管理百姓，治理国政。"仲"，就是指民间故事（含史诗在内）。这表明那些说唱史诗或故事的艺人甚至可以"参与国政"。在《格萨尔》未诞生之前，已有许多故事及一些小型史诗，其中的一部分后来便"被融化、吸收到《格萨尔》这部规模宏伟的长篇史诗中去了"。"苯"当是史诗中神话的来源，"德乌"当是史诗中各种知识的来源，"仲"则直接成为史诗诞生的基础。直至现在，藏族人民还在自己的语言文字中，称《格萨尔》为"仲"；称说唱《格萨尔》的艺人为"仲肯"或"仲巴"；将记录成文字的《格萨尔》，称为"仲译"。由此亦可看出其中的渊源关系。

藏族在形成、发展的过程中，曾经历了漫长的原始社会。相传在松赞干布之前，藏区最初有互不统属的众多"小王"（相当于部落或部落联盟的首领）和若干小邦，相互间"喜争战格杀，不计善恶，定罪之后投之监牢"。当时，"小邦不给众生住地，居草原亦不允许，惟依持坚硬岩山（居住），饮食不获，饥饿干渴，藏地众生极为艰苦"。人们饱受战乱之苦，衣食无着，性命不保的惨状可见一斑。到囊日论赞时，经过战争扩张和征服，好不容易才取得了部落联盟的"盟主"地位，为吐蕃的统一奠定了基础。至松赞干布，子承父业，施展宏图大略，终于统一了吐蕃全境，并通过发展生产，创立文字，制定法律，立官制、军制，建立起以赞普为中心的集权的奴隶主贵族统治，使吐蕃社会和藏族人民进入了一个全新的时代。这时，吐蕃王朝再也无须用"仲"、"德乌"和"苯"来辅政治国了。虽然此时的巫师在社会上仍有较大影响，在国家政治生活中也仍在发挥着重要作用，但被称作"仲肯"的民间艺人，却再也无权参政了。

自从有了文字后，便有专门的文职官员或文人墨客撰写史书，并为赞普及文臣武将们树碑立传，歌功颂德，因而再也不需要"仲肯"即民间艺人来传唱历史了。于是，说唱史诗和故事的艺人们只好从宫廷走向民间，从象牙之塔的殿堂深入到草原牧区的家家户户，从而使史诗直接植根于藏族人民的肥土沃壤，在无限宽广的社会历史条件下得到丰富和发展。

（二）《格萨尔》史诗中的社会理想范型

藏族是一个富有道德感和道德传统的民族，他们在长期的生产实践和社会活动中形成并发展了具有本民族特点的伦理思想。这一点，在英雄史诗《格萨尔》中也得到了生动的印证。这部史诗不仅描绘了一种在当时情况下高不可及的社会理想范型，而且在很大程度上表达了藏族人民热爱并追求美好生活的道德理想愿望。

在谈到史诗中的社会理想时，降边嘉措指出："《格萨尔》在表现对真、善、美的执著追求的同时，深刻地表达了藏族人民的社会理想，着意描绘了岭国这样一个藏族人民心中的理想王国。"的确，在《格萨尔》中，"岭国"完全是藏族人民所追求和向往的理想世界的范型。在那里，到处都充满了和平与安宁，人们过着幸福、美好的生活。按照藏文的理解，"岭"是"地方"之意，"查穆岭"即"美丽的地方"。关于岭国的地理位置，各分部本有不同的说法，但多认为是在南瞻部洲的中心，甚至认为"岭国"是世界的中心。如《仙界遣使》中这样描写道：

> 在南瞻部洲北部，有个叫做佟瓦衮曼的地方；在雪域之邦所属的朵康地区。这里土地肥沃，百姓富庶，这个地方区域辽阔，包括黄河右岸的十八查浦滩、查浦赞隆山岗、查朵朗宗左翼等地。

如果说《仙界遣使》里的寥寥数语，只是对"岭国"这个理想化世界范型做了粗线条勾勒的话，那么在《霍岭大战》中，则就有了更细致和详尽的描绘：

> 在人世间南瞻部洲中心东部，雪域所属朵康地方的富庶区域，人们都称作岭噶布。岭噶布又分上岭、中岭、下岭三部。上岭叫噶堆，也就是岭国的西部，地方宽阔，风景美丽，绿油油的草原，万花如绣，五彩斑斓。下岭叫岭麦，也就是岭国的东部，地方平坦，像无边

无沿的大湖，凝结着坚冰，在太阳照耀下，反射出灿烂夺目的银光。岭国的中部叫岭雄，这里的草原辽阔宽广，远远望去，一层薄雾笼罩着，好像一位仙女披着墨绿的头纱。岭噶布的前边，山形像箭杆一样的笔挺，岭噶布的后边，群峰像弓腰一样的弯曲。各部落所搭的帐房和土房，好像群星落地，密密麻麻。岭噶布这地方，真是个辽阔广大，景色如画的地方。

以上的描写还只是侧重于自然方面，关于"岭国"中的社会性理想，也同样是令人羡慕和向往的：

> 岭国是一个异常美丽的地方，那里的人民过着和平安稳的日子。在岭国，虽然有贫富之分，那里的人分为三等九级，但人人可参与国政，享受平等的权利。虽有主仆之分，但没有终生为奴的，没有人身依附关系。岭国也没有法律，更没有监狱，人民不必担心遭受苛政酷刑之苦。同别国发生战争，大家都有抗击敌人、保卫家国的责任和义务。获得战利品，人人都有权得到一份。自格萨尔在岭国诞生，做了岭国国王之后，不断获得丰富的宝藏，使人民过着更加富裕、幸福的生活。岭国还有一个名称，叫"佟曼"，意为人人羡慕的地方。

岭国作为史诗中社会理想的范型，它的社会制度和人伦关系是那样的合理，合理得无可挑剔，几乎达到尽善尽美的境界。在这个被高度理想化了的境界中，从自然方面看，它"是一个异常美丽的地方"；从社会方面看，"人人可以参与国政，享受平等的权利，没有法律"，"没有监狱"，"不必担心遭受苛政酷刑之苦"，一旦遇到战争，"大家都有抗击敌人、保卫家国的责任和义务"，获得战利品，"人人都有权得到一份"。在如此理想和美妙的优越环境及社会制度下，"人民过着和平安宁的日子"，特别是有了格萨尔这样一位英明贤达的君主，人民便"不断获得丰富的宝藏"，"过着更加富裕、幸福的生活"。

在人类历史上，像这样的社会理想范型是否出现过呢？我们知道，以原始公有制为特征的社会理想的确是十分美妙的。恩格斯对此曾讲道：

这种十分单纯质朴的氏族制度是一种多么美妙的制度呵！没有军队、宪兵和警察，没有贵族、国王、总督、地方官和法官，没有监狱，没有诉讼，而一切都是有条有理的。一切争端和纠纷，都由当事人的全体即氏族或部落来解决，或者由各个氏族相互解决；血族复仇仅仅当作一种极端的、很少应用的手段；……一切问题，都由当事人自己解决，在大多数情况下，历来的习俗就把一切调整好了。不会有贫穷困苦的人，因为共产制的家庭经济和氏族都知道它们对于老年人、病人和战争残废者所负的义务。大家都是平等自由的，包括妇女在内。……凡与未被腐化的印第安人接触过的白种人，都称赞这种野蛮人的自尊心、公正、刚强和勇敢，这些都证明了，这样的社会能够产生怎样的男子、怎样的妇女。

原始公有制产生的道德是淳朴的，人人都排除了统治与被统治、压迫和被压迫、剥削与被剥削的关系，相互间在地位和权利上完全是平等的，都肩负着同样的责任和义务。这样的社会制度是何其美好，人们怎能不追求和向往呢?! 就是社会发展到今天，恐怕相当一部分人也还会认为它是一种美好的社会理想境界。

不过，社会和人的观念总是在发展进步的，绝不可能永远停留在过去的基点上。美国民族学家、原始社会史学家摩尔根（1818—1881 年）在谈到民族道德的理想目标时认为：

总有一天，人类的理智一定会强健到能够支配财产，一定会规定国家对它所保护的财产的关系，以及所有者的义务和权利范围。社会的利益高于个人的利益，必须使这两者处于一种公正而和谐的关系之中。

管理上的民主、社会关系中的博爱、权利的平等和普及的教育，将标志出下一个更高级的社会制度，经验、理智和知识正在不断向这种制度努力。这将是古代氏族的自由、平等和博爱的复活，但却是在更高形式中的复活。

这种带有进化论同时也带有辩证法因素的观点，已比较明确地表达了民族道德是不断进步的思想。随着私有制的出现和阶级的分化，原始公有制崩溃了，如此美妙的社会理想破灭了，但是它给人们留下了长久的、美好的回忆。《格萨尔》对"岭国"这样一个社会理想范型的描写，就是藏族人民怀着童稚之情对自己在远古社会亦即童年时代充满了神话般的遐想。

那么，青藏高原上究竟是否出现过"岭国"这样的理想社会？降边嘉措对此断然否认："没有，从来也没有。在藏文典籍里也没有记载。如此美丽的地方，只产生在藏族人民的心目中，是藏族人民世世代代梦寐以求的理想王国。"在原始氏族社会里，除了上面提到的恩格斯认为完全有可能存在这种情况外，我国古籍里也有类似生动、具体的描写，如《礼记》中的"大同"世界就是对原始社会一定程度的写照，也是人们历经千百年来还要经常怀想的一种社会理想范型。但各民族有各民族的具体情况，有些民族是在人类社会发展的不同阶段上出现的，后阶段出现的民族不可能经历社会发展的前阶段。现有资料证明藏民族是经历了原始社会这个阶段的。"岭国"作为一种社会理想范型，正是藏族原始社会中美好的东西给人们留下的印象。对这种理想社会的追求，是包括藏族在内的各族人民的共同理想和愿望，因为它体现了人们企图超越现实的追求，尽管这种追求是不切实际的，但给人们带来慰藉和希望，使人们在严酷的现实中增强了忍受力，充满了对生活的信心和勇气，看到了在无比遥远的天际中还存在一线不明不灭、隐约可见的曙光。

实际上，这种社会理想范型也并非永远不会实现。当阶级、国家、民族消亡以后，全世界结成为一个人类的整体时，"在迫使人们奴隶般地服从分工的情形已经消失，从而脑力劳动和体力劳动的对立也随之消失之后；在劳动已经不仅仅是谋生的手段，而且本身成了生活的第一需要之后；在随着个人的全面发展生产力也增长起来，而集体财富的一切源泉都充分涌流之后——只有在那个时候，能完全越出资产阶级权利的狭隘眼界，社会才能在自己的旗帜上写上，各尽所能，按需分配！"至此，一个具有更高形态、更加美好的人类理想世界就真正到来并完全实现了！

（三）《格萨尔》史诗中的道德评价标准

道德评价标准是人们道德意识和道德行为中的一个重要方面，每个民族或民族成员总是要依据一定的道德标准或价值尺度对本民族或他民族集团和个人相互之间的行为进行善恶判断。一定的客观标准是道德评价的基本依据，但它又往往随着社会经济关系的变化而变化。在《格萨尔》中，道德评价的基本尺度是"曲"与"兑"，按照汉语的理解就是"善道"与"魔道"，即我们平常所说的善与恶。

"曲"，在藏语里"代表一切善良、正义、公平、合理、美好、光明的事物和行为"。甚至格萨尔本人在史诗中也被称为"曲杰"，译为汉语就是"施行善道的国王"。"岭国"也被称为"曲德"，译为汉语就是"善道昌盛的地方"。而"兑"，在藏语里"则指一切邪恶、伪善、奸诈、残暴、丑恶、黑暗的事物和行为"。凡是那些生性本恶，施行暴政，残害人民的君主，都被称作"兑杰"，按汉语之意就是"魔王"。在史诗中，以格萨尔和岭国为一方代表"善道"，以魔王为另一方则代表"魔道"。综观史诗中的全部矛盾和斗争，基本上都是围绕"善道"与"魔道"来展开的。

在史诗中，格萨尔秉承天神的旨意，到人间的职责和义务就是"降伏妖魔，抑强扶弱，救护生灵，使善良百姓能过太平安宁的生活"。他在降临尘世之前，就向其上师莲花生禀告道：

前世我曾发下誓愿，教化众生降伏妖魔

为了降伏强大的妖魔，为了除净众生的孽障，慈悲的大师啊！请满足我的心愿！

莲花生大师也趁机对他进行训诫道：

唵，阿弥陀佛，在自明五光的佛土里，五位佛祖请鉴证

愿消除众生的五毒业障，谒见神圣智慧的尊容

有福份的好男儿你请听

完成和平、增广、权威、严厉的事业，教化五浊世间的众生，现已有了方法和助应

现成的土地和人民，生身的父亲和母亲，有保护你的佛和菩萨，有可依靠的护法空行（即护法女神），有保护善事的地方神，还有金刚护法神

本着你拯救世界的本分，按照预言依次做/对边地藏区的众生，慈悲不要太少，好男儿

对于应教化的罪恶众生，本事不要太少，好男儿！

分部本《仙界遣使》中说，格萨尔下凡尘世后，多次向人们宣称：

世上妖魔害百姓，抑强扶弱我方来
我要铲除不善之国王，我要镇压残暴和强梁
我要令强权者低头，要为受辱者撑腰。

后来他又告诫岭国的英雄们：

岭国的英雄们呵，你们可记得这样的谚语：白色善业的太阳不出来，黑色罪孽的迷雾不能消；冰雪若不被热气所融化，白色的狮子就捉不到；碧绿的海水里不放下钓钩，哪能尝到金眼鱼儿的好肉味？大家若不打开敌人的城堡，谁会给你想要的财宝？

黑、白两种颜色在《格萨尔》中具有不同的伦理道德意义。"白色"代表善业和正义，"黑色"代表一切妖魔和邪恶。史诗多次强调了格萨尔立志要降服一切黑色妖魔并力图弘扬白色善业的决心。作为"善道"的代表，格萨尔及其岭国英雄们的一切所作所为在史诗中都获得了无可指责的肯定性道德评价。

史诗在尽情讴歌倡行善业的人们并从道德舆论上给予充分的肯定性评价的同时，也对一个个魔王即暴君在人世间所犯下的滔天罪行给予了深刻的揭露和谴责。例如，它把格萨尔所征服的第一个北方魔王鲁赞，描写成一个"以一百个大人做早点，一百个男孩做午餐，一百个少女做晚餐"的极端残忍、暴戾的恶魔。像这样的恶魔，一天竟要用300人的血肉之躯来作为他的膳食，长此下去，人类岂不被他吃光了吗？面对这样的恶魔，人们怎能不从道德情感上对他产生憎恶和仇恨呢？格萨尔代表正义和善业，为了造福百姓，理所当然要剪除这样的妖魔了。史诗中的魔王并非一个，但他们的罪恶行径却如出一辙。如姜国的国王萨当是把"喝人血、

吃人肉"当作过节佳肴的魔鬼,其他如霍尔的白帐王、门国的辛赤王等,都是凶恶残暴、嗜血成性、贪得无厌、不顾百姓死活的暴君。对于这些暴君的恶行,史诗通过生动的描绘和揭露,无疑会激起藏族善良人们的极端仇视和痛恨,必然要从社会舆论上给予强烈的谴责、批判和否定。

在人类道德史上,善与恶从来就是相伴相随的。善总是要战胜恶,恶总是要被善所取代,就如同正义总是要战胜邪恶,光明总是要战胜黑暗一样,这是人类社会及其思想观念(其中包括伦理道德意识)发展的不可逆转的趋势,即便是在某些时候遇到了挫折,遇到了反复,遇到了特殊的意外情况,但这种趋势是无法改变的。综观世界上各民族的神话、传说、史诗,以及其他形式的文化艺术作品所反映出来的善与恶的斗争结果,莫不如是。藏族英雄史诗《格萨尔》所反映的善与恶的斗争结果,也不例外。史诗的最终结局,是善业战胜了恶业,善道取代了魔道。仅从这点来看,《史诗》中的道德评价标准具有两个特点:

第一,善与恶作为道德评价的两个不同标准,是对照映衬、泾渭分明、截然不同的,二者几乎成了人们衡量一切事物的"试金石"和辨别一切真伪的"是非镜"。凡是正义的、合乎道义的、具有人性的行为和事物,就被看成是善而予以褒奖;凡是非正义的、不讲道义的、践踏甚至摧残人性的行为和事物,就被看成是恶而加以否定。

第二,在价值取向标准上,宣扬了一种"善有善报,恶有恶报,不是不报,时候未到",亦即或善或恶自有报应的思想,进而引导人们应该扬善抑恶,向善去恶,择善弃恶,希望人们应该做到从善如流,疾恶如仇,择善而从之,遇恶则弃之。

应该说,史诗中对这种善恶标准的态度和对善恶价值取向的选择,如果抛弃其某些时代的局限性,那么无疑都是正确的,即便是在今天,也仍然具有积极的意义。

(四)格萨尔是古代藏族人民的理想人格典范

在道德理想上,史诗根据藏族人民的普遍愿望和要求,把格萨尔着意塑造为一个藏族人民心目中理想人格的光辉典范。正如降边嘉措所说:史诗的作者在塑造格萨尔这个人物时,"着重表现了他所肩负的使命,通过对格萨尔完成自己使命的全过程的描述,展现了广阔的社会生活画面,体现了生活在青藏高原的藏民族的心理素质和民族精神,表达了古代藏族人民的理想和愿望"。

史诗首先一开始，就描写古时候，藏族人民生活在一个十分美丽的地方，人们安居乐业，和睦相处，过着幸福美满的生活。但是好景不长，有一天，"突然，不知从什么地方刮起一股邪风，这股风带着罪恶，带着魔怪刮到了藏区这个和平、安定的地方。晴朗的天空变得阴暗，嫩绿的草原变得枯黄，善良的人们变得邪恶，他们不再和睦相处，也不再相亲相爱。刹时间，刀兵四起，烽烟弥漫"。为了拯救藏族众生的痛苦和不幸，为了弘扬人间善业，格萨尔受天神驱遣，莅降人间，肩负的道德使命就是"教化民众，使藏区脱离恶道，众生享受太平安乐的生活"。

史诗把他描绘成是集神、龙、念三者之精英为一体、神人相结合的大智大勇的英雄。在他未满五岁前，就"对杂曲河和金沙江一带的无形体的鬼神做了许多降伏、规劝、收管等数不胜数的好事"，让百姓安居乐业，过着幸福安宁的生活。格萨尔降临尘世后的一生，也并非一帆风顺，万事如意。在他五岁时，阴险毒辣的叔父晁通对他和他的母亲进行迫害，父亲和岭国百姓也对他产生误解，最后被驱逐到最边远、最贫穷的玛麦地方，生活贫困，处境艰险。但即使如此，他仍不气馁，始终牢记自己所肩负的道德使命，总是千方百计地为故乡人民谋利益。后来他返回岭国参加赛马大会，他未来的岳父代表岭国百姓向他致祝辞，希望他成为一个专门"镇压邪鬼恶魔的人"、"扬弃不善的国王"。

格萨尔不负众望，当他赛马成功、登上岭国国王宝座后，立即向岭国百姓庄严宣称："我是雄狮大王格萨尔，我要抑暴扶弱除民苦"；"我是黑色恶魔的死对头，我是黄色霍尔的制伏者"；"我要革除不善之国王，我要镇压残暴和强梁"。他懂得光有决心不用武力是解决不了问题的，因此他强调："那危害百姓的黑色妖魔，若不用武力去讨伐，则无幸福与和平；为了把黑魔彻底来降伏，我又是武力征服的大将领。"

言必信，行必。他一生先后用武力降服了鲁赞、白帐王、萨当和辛赤等四大魔王，并征服了数十个魔国与敌国，用他那非凡的神威和超人的智慧，消灭、制伏和收降了数不胜数的妖魔鬼怪，忠实地实践了他曾经立下的"降伏妖魔、造福百姓，抑强扶弱、除暴安良"的道德誓言。当功成名就，一切都如愿以偿时，他就辞别人间，返归天界。

格萨尔就是这样，用他坚定的道德信念和切实的道德实践，保卫了岭国的国土，给岭国人民带来了幸福和安宁的生活。因此他理所当然地受到了"雪域之邦"的"黑发藏民"们的爱戴和热烈拥护，成为藏区人民心目中光辉夺目、光彩照人的理想人格典范，被人们敬称为是"制伏强暴者的铁锤，拯救弱小者的父母"。

甚至连魔国的百姓也因格萨尔替他们消灭了妖魔、除却了苦难而对他感恩戴德。请听他们发自内心深处的肺腑之言：

> 现在的霍尔国，可比以前不同了，托格萨尔大王的福，现在穷人变富了，老人变长寿了，小孩更快乐了，姑娘们更美丽了。牦牛、奶牛和犏牛，比天上的星星还要多；山羊、绵羊、小羊羔，好像白雪落山坡。无主的骡子赛过茜菱草，无主的马儿比野马多，无主的食品堆成山，无主的野谷开满了花朵。奶子像海酒像湖，没有人再愁吃喝。臣民夜里跳道舞，百姓白天唱善歌，人人欢喜人人乐，这都是格萨尔大王的功德高，我们要再祝大王永康乐。

关于格萨尔这一理想人格问题，降边嘉措给予了这样的评价：史诗虽然"一再宣称格萨尔是天神之子，但在具体的描写中，并没有把他塑造成头罩光环的可望而不可即、可敬而不可亲的神秘人物，而是更多地给予他人的禀赋和人的气质，使听众（读者）感到真实可信，可亲可敬。在同敌人和魔王斗争时，他能够上天入地、呼风唤雨、变幻形体，具有无边的神力和大智大勇，他有着能够战胜一切妖魔鬼怪和艰难险阻的力量和智慧。但格萨尔又不是全知全能的圣人，有时他也会失算，会办糊涂事，会打败仗，会陷入困境。他不是超凡入圣、不食人间烟火的神，他也有七情六欲，有自己的喜怒哀乐"。然而，这并"没有损伤格萨尔的英雄形象，反而更接近生活真实，更富于生活气息，因而使这一艺术形象更加光彩照人"。

格萨尔这个"降伏妖魔，造福百姓，抑强扶弱，除暴安良"的道德楷模，反映了藏族人们所特有的思想感情、心理素质和是非、善恶观念及价值标准，但是，它不仅是藏族人民在特定历史条件下的理想人格典范，就他的思想和行为而言，也堪称是世界各族人民在相同历史阶段的共同的理想人格典范。只要他的思想和事迹被别的民族的人们所了解，那么他的所作所为就会为别的民族的人们所认可、所称道。总之,《格萨尔》中伦理思想的意蕴是丰富的, 格萨尔其人的人格是伟大的, 在批判地继承和发扬藏族传统文化的遗产时, 很值得深入发掘和研究。

二　藏族《礼仪问答写卷》所反映的道德生活

吐蕃王朝时期是藏族伦理思想形成和发展的重要时期。这一时期, 藏族伦理思想见诸于书面文字的主要标志是《礼仪问答写卷》。对此, 藏族学者丹珠昂奔曾把它与汉民族的《论语》相比拟, 认为它的出现使吐蕃时期的藏族伦理思想达到一个相当的高度。他这样写道:"在可称得上藏族的《论语》的《礼仪问答写卷》中, 没有佛教的言语, 苯教的影响也十分细微。它可能是唯一一卷没有受到宗教香烟熏染的集合了吐蕃时期藏族人民的道德原则、道德规范和道德修养方法的伦理学著作, 是藏族伦理学史上的重要文献。"王尧、陈践二先生在译解该文献时也指出:"它可以帮助我们了解八、九、十世纪时吐蕃人的伦理思想和道德观念。"正因为《礼仪问答写卷》(以下简称《问卷》)是吐蕃王朝时期存留下来的关于藏族伦理思想的珍贵史料, 故在近年来宋希仁先生等主编的《伦理学大辞典》、陈瑛先生等主编的《中国伦理大辞典》、罗国杰教授主编的《中国伦理学百科全书·中国伦理思想史卷》等大部头的伦理学辞书中, 都将它作为重要条目收编入内。

《礼仪问答写卷》, 见诸于敦煌本古藏文文书 P. T. 1283 号卷。该卷同流落海外的其他敦煌古藏文文书约 5000 余卷, 分别庋藏于伦敦大英博物馆图书馆和巴黎国家图书馆。国内由中央民族大学藏学研究所王尧、陈践二先生译为汉文, 并加译解, 刊登在《西北史地》1983 年第 2 期 (1984 年 3 月又收入中央民族大学藏族研究所编《藏族研究文集》第二集)。该文献原无标题, 被译者定为今名。

该文献的成书年代大约在"八九世纪之间"。当时正是吐蕃政权由盛至衰的发展时期。自公元 7 世纪藏王松赞干布统一吐蕃全境以来, 吐蕃势力空前倍增。8 世纪中叶的藏王赤松德赞, 又使吐蕃的强势达到顶峰。但由于赤松德赞穷兵黩武, 大搞寺庙建设, 加重了人民的负担, 这就为社会的动荡不安埋下了种子。到 8 世纪末, 吐蕃便出现了衰败的征兆。9 世纪初, 广大奴隶和平民不堪忍受奴隶主阶级的政治压迫和经济剥削, 相继举行大规模的奴隶起义，加上统治阶级内部本身的矛盾也愈演愈烈，故至公元842年，终于导致了吐蕃王朝的彻底崩溃。估计《问卷》正是在这一特定的历史背景下产生的。

《问卷》产生的地点及作者，很可能就是出自曾居住于敦煌地区的蕃人之手。因为自公元786年之后，"吐蕃人侵占了敦煌地区，一直到848年之前，这一地区始终处于吐蕃赞普的管辖之下"，而敦煌又是古代丝绸之路上的重要通道。另外西藏距敦煌尚有相当的距离，古代交通又极为不便，要将《问卷》手本从西藏弄入敦煌莫高窟中，似有许多不便，而若就近从蕃人之手存入洞中，则方便得多。再从《问卷》本身的诸多内容来看，几乎"没有佛教的言语，苯教的影响也十分细微"，且明显地受到汉民族伦理思想的影响，其写作风格和特点亦与西藏本土的其他历史文献有所不同。从《问卷》的写作意图来看，其出发点是站在统治阶级的立场上，想用道德舆论和道德说教这一特殊的"润滑剂"与"缓冲剂"来调和社会阶级矛盾，维护当时的奴隶制等级关系及其制度，期望在一定程度上减少统治阶级与被统治阶级之间的摩擦和阶级内部的各种矛盾；但客观上也有利于社会安定与生产发展，特别是关于伦理道德的许多规范性要求，不仅对当时整个奴隶制吐蕃王朝统治下的藏民族的社会风尚习俗、道德心理、行为习惯、价值取向标准等有着直接的重大影响，而且对后来以至于现在藏族伦理思想的发展也有着连带的制约作用。

该文献以兄与弟对话的形式，详细而又全面地论述了如何协调和处理人际之间的各种人伦关系及如何待人接物的礼仪、礼节等问题，其中蕴涵着丰富的伦理思想，提出了许多重要的伦理概念、命题和思想，是研究吐蕃时期藏族伦理道德的珍贵史料和专门性著作。

（一）做人的十大道德规范与九大非道德规范

如何做人？做一个什么样的人？从道德上对做人有无规范性要求？有没有普遍可行的道德准则？这是各民族的人民在其自身特定的社会发展过程中都曾普遍思考过的问题。《问卷》以其独特的方式在第16问中向人们提出了这一问题。首先以弟弟向哥哥发问的方式问道："何为做人之道？何为非做人之道？"这实际上就是向人们提出了一个怎样做人、如何做人的道德规范与非道德规范的问题。兄长是这样回答的："做人之道为公正、孝敬、和蔼、温顺、怜悯、不怒、报恩、知耻、谨慎而勤奋。"也就是说，做人要合乎道德，就必须具备以上这十大道德规范要求。关于这十大道德规范要求，分述如下：

1. 公正。在伦理学中是作为道德范畴来看待的，它与正义或公道几乎是同义词。从一般意义上说，公正就是要求人们在对待人和事时必须做到公平而正直，必须公正无私。同时又是表示人的一种美德，指在办事或处理问题时没有偏向。因此，在《问卷》的第 4 问中，强调人们"要记住中心之公正之理，则枝节即可无误而事成矣"。它把公正看成是成事（即事业上获得成功）的先决条件。正因为公正在道德规范和行为准则中居于特别重要的地位，所以《问卷》把它列为十大道德规范之首。

2. 孝敬。在很多民族中都是一条重要的道德规范，它的基本要求是善事父母。藏族也不例外。《问卷》在第 32 问中比较集中地阐述了这一问题。对这个问题，在后面将详加介绍，故这里就从略了。

3. 和蔼。一般是指待人处事时性情温和，态度亲切。鲁迅先生在《彷徨·离婚》中曾写道："但不知怎的总觉得他其实是和蔼近人，并不如先前自己所揣想那样的可怕。"可见，和蔼总是与面目可憎、性情暴戾、凶恶可怕相对立的。《问卷》中虽未直接对和蔼做出阐述，但在第 21 问中谈到与人分辩时，必须"和颜悦色，缓缓而述"，这样就会使"他人既不致愠，事情亦能无误完成"。在第 30 问中谈到如何役使性情野犷之愚奴时，强调"无论何时，缙绅以恩养之，则奴仆当然以严法役使之。但对贤愚不同之辈，恩与罚皆不可废。对桀野之奴仆，严以驯之，若能改正，应施以恩惠，赞扬之而使其归于正道。对愚骏者应尽力劝说、诱导。心背离者则教诲之。有时，其为善，应施以恩惠，加以赞扬，安抚之。心勿令气馁，勿令分心，锐意为之。如好好歹歹，反反复复，为非作歹，则严加惩处"。说明在《问卷》的作者看来，和蔼作为一种道德要求，一是应该普遍提倡，二是也要区别不同的人和事。

4. 温顺。《问卷》第 17 问在谈到温顺与欺诈的区别时，除了提到"一切行为均有目的，即为温顺，并非欺诈"外，再无别的解释。但按照常理，温顺的基本要求应该是对人既要温和又要顺从。从人伦关系上看，和蔼这一道德要求一般是上对下，即长辈对待晚辈的，而温和这一道德要求则多适用于下对上，即晚辈对待长辈。而且在汉族的传统道德观念中，温顺主要还是针对妇女的，不仅要求妇女要温顺于公公、婆婆，还要温顺于丈夫。

5. 怜悯。怜悯的基本要求是对遭遇不幸的人应该表示同情，表现为对他人苦难的一种关切，希望他人幸福和不遭苦难，与仁爱、慈善相类似。《问卷》第33问中在谈到"如何才是仁慈"时，认为"与好人一条心"就是"仁慈"。它强调"若主人、官长仁慈，无论何处，不会没有温暖，也不会有别人加害儿子之事。自身死后，别人也会怜惜伤心，不会毫不可惜地对自己死去而幸灾乐祸"。这里强调了只有自己首先去怜悯别人，别人才会怜悯自己，怜悯作为一种道德感情，完全是相互给予的思想。

6. 不怒。主要是指在遇到令人生气或激愤的事情时，要能够做到克制、忍让、不动怒。这是一种要求很高的道德修养。《问卷》在第38问中谈到"上师责骂自己应如何对之"时，以肯定的口吻答道："自己有错应承认；若无过错，和蔼说明自己清白无辜受责。若稍有对立就把内部之语对人扩散，于己有损。自身有不正事，弃之，回心转意后，仍以信赖为是。"这里虽然没有直接述及不怒的问题，但却强调了遇事应该冷静、有错必纠、有过即改、遇到冤屈时应平静地申述其事实原委的思想。这同样是一种道德修养，而且与不怒有着密切的联系。另外在第36问中，讲到"仁慈"与"嗔怒"的区别时，认为"仅行仁政亦不可，一味嗔怒必有错失，一味嗔怒不可行，专施仁政有错失。有人虽不是从心里嗔怒，但如一味迎合其心意行之亦为不善，亦为过失；如此所作之事虽不错，亦与嗔怒等同"。这里既强调了不能一味行"仁政"，也不能一味"嗔怒"，二者应区别不同情况交替使用，颇有辩证的思想。

7. 报恩。指对自己有恩德嘉惠的人，必须予以回报和答谢。它也是人类社会普遍存在的一种道德感情和道德要求。《问卷》在第36问中当弟弟问道："我有一个干练之仆，若施以财宝，我将变穷；若不大加赏赐，何以报之"时，为兄的答道："不予权力而令知其礼，乃是最上乘之酬答，财宝亦在其中矣。"在这里，把教会仆人知礼节，看成是主子对有恩于自己的仆人的最好回报，并认为这里面本身就包含着财宝，似有过分看重礼仪道德的倾向。

《问卷》第48问在谈到如何交友、如何对待友情时，回答说："无论何时，结交朋友要有分寸。有些人，开始即不和睦，后来不能不起冲突，对这种人以不交为宜，但不要对人去讲。一旦成为知友，无论如何，勿忘而牢记于心。稍有过失，要能忍耐。若不忍耐，对方就会误会而蔑视自己。一个人希望自己好，为自己出谋划策，为自己有益的事，自己岂能吃亏？由于时机不对，有了过失或云'一定要我好'，因而不合自己的心意等，虽稍有过失，亦应很好报答之。"意思是说，结交朋友时有几种情况要注意：有些人以"不交为宜"；有些人一旦成为知己，他即便有"过失"，你也得"忍耐"；有些人只要真心对你好的，哪怕他给你的建议并不合你的心意，甚至还有"过失"，你也得想方设法报答他。

8. 知耻。是强调一个人要有羞耻心，要知道什么是廉耻。这是个人道德反省能力的一种表现。《问卷》在第 19 问中谈到向人请教时，认为"有时，可能未懂他人之言，勿存羞意应再请教"。意即向人请教问题时，不懂就是不懂，不要装懂。倘若你尚有不明白的地方，别不好意思，应继续请教，直到弄懂为止。颇有"不耻下问"的意思。这里强调了一个重要问题：虚心请教与不懂装懂应有区别，不懂而向人请教并不是羞耻，相反，虚心请教是应该给予肯定的，而不懂装懂就未必不羞耻。《问卷》第 21 问中在谈到"若一切事均需与友人共同完成，不能做使友人不乐之事，而事情又要无误完成，如何行之"时，认为"无论他人论长道短，不予反驳亦不立即辩解。说话勿半吞半吐，心情舒畅，并能接受（意见），任何关键大事均能无误提挈。若必须反驳者，不必愧羞，和颜悦色，缓缓而述，他人既不致愠，事情亦能无误完成"。这里特别强调了如有些事情"必须反驳"的时候，就"不必愧羞"，别不好意思，而应以"和颜悦色"的方式，据理、据实"缓缓而述"。《问卷》第 74 问中还讲到"无羞之徒不能服役之王差"的话。意思是说，没有羞耻之心的人是不愿去给统治者当差役的，只有有羞耻之心的人才肯去当差。《问卷》在第 77 问中又强调："有廉耻者，做任何事皆能办成。若做自己办不成之事，比无廉耻者还坏。"这些话都值得细细品味。

9. 谨慎。是指在待人处事时必须小心、慎重、严谨，三思而后行，以减少不必要的失误。《问卷》在第 15 问中，译者根据 P. T·2111 号卷补译了这样一段话："晓，如朝秦暮楚之妇，不能保守秘密。勿如此行，勿如此吹嘘。遇大小不乐之事，如伤心之类者，既不做亦不说。见到别人之牲畜财产，勿歆羡询问：'牲畜好否？'见到自己眷属与份产勿立即表态云好云坏之类无意义之词。勿称颂自己，亦勿卑视自己。骤然产生信念或自己需要某物，无论其获得、丢失与否，若已违背戒律，勿想‘最好人不知’。若仅己知，也勿想别人不知不好之念。若不违背戒律，虽遭受误会、不安，均忍受，如此等等之行为，即谓‘稳重’。总之，要符合当地习俗。此乃不贪心而又稳重。"看得出来，把做事谨慎看成是稳重，而稳重亦即等同于谨慎。确实，谨慎与稳重基本上是同义词。但《问卷》同时也提出了这样的疑问："任何时候都谨慎，别人对己能满意吗？"（第15问）言下之意，该谨慎的时候要谨慎，不该谨慎的时候也要大胆行事。难怪《问卷》在第76问中，当弟弟问及"何谓过于谨慎"时，为兄是这样回答的："谓‘非照我如此做不行’，口中说出后，即使不了解好坏，没批中要害，想收回则晚矣。若有正确无误之法，找一易行者，如同给魔鬼喂食一样。看见罪恶行径，别人谓‘怎么办？’虽不能答复，也不是过于谨慎，而是没有办法。"

10. 勤奋。指在做任何事情时，都必须勤勤恳恳，奋发努力，坚持不懈。勤奋作为一种道德品质，往往通过个人的品格和行为作风体现出来。《问卷》第74问在谈到"对何事应该勤奋"时，作了一个肯定的答复："务必对一切好事，没有一样不勤奋。"就是说，凡是属于道德评价中一切好的事情，都应该勤奋刻苦地去做，都应该孜孜不倦地去追求，并通过艰苦努力去获得。尤其是在学习和获取知识上，特别强调"无论何时，决无不讲（宣讲）而有识，不修学（教诲）而领悟之事，聪明人凡事皆知，但教诲后则更勤奋，宣讲后则更听话"。（第53问）"爱护儿子、青年，为增添智慧令其学文习算，为增添勇气令其射击学武。应劝其学习为是。只要对长远有利，虽困难也要修学。对长远有损，虽合意也应抛弃。"（第53问）这里面同样贯穿了一个在勤奋中知难而进、迎难而上的精神。

《问卷》认为，一个人哪怕他"虽不聪慧机智"，但只要他能够按照以上这十大道德规范去行事，只要具备了这十大道德品质，那么"一切人皆能中意，亲属亦安泰"。（第16问）

与此同时，《问卷》在从道德评价的肯定性意义上向人们提出了做人的十大道德规范后，还从道德评价的否定性意义上向人们提出了九大非做人之道德规范，即："偏袒、暴厉、轻浮、无耻、忘恩、无同情心、易怒、骄傲、懒惰。"（第16问）关于九大非道德规范，鉴于《问卷》并未逐一阐述，其思想只是散见在有关问答之中，故兹不赘说了。如果把《问卷》中的十大道德规范和九大非道德规范看成是"应然性"和"否然性"的道德规范的话，那么《问卷》的中心思想就是要求人们"应该怎么做"和"不应该怎么做"。十大道德规范体现了道德要求中的"应然性"原则，要求人们理所当然地应该按照这些道德规范待人处事，具有肯定性的道德意义，反映了社会道德发展中的一种价值取向标准。而九大非道德规范则体现了道德要求中的"否然性"原则，教诫、劝告人们不应该如此做，具有否定性的道德意义，反映了社会道德发展中的一种非价值取向标准。

除此而外，《问卷》还就怎样看待善恶标准即如何评判是非善恶的价值尺度，就道德修养的方式方法即如何提高道德素养和确定一定的道德目标从而达到一定的道德境界，就家庭婚姻道德的基本要求及应持态度等等，均从"应然性"和"否然性"两方面提出了许多规范性要求。

从目前所掌握的材料看，像这样比较集中而又明确地向人们提出做人的十大道德规范和九大非道德规范的藏族历史文献还是第一次。因此无论从哪方面说，《问卷》都具有首开先河的意义，而且从藏族整个道德认识史上，也具有非常重要的理论意义和实践意义。

（二）提倡"行公正之法"

如前所述，把公正列为十大道德规范之首，这是《问卷》中倡导的一个重要思想。

在《问卷》的作者看来，公正不仅对每一个人都很重要（"要记住中心之公正之理，则枝节即可无误而事成矣"），尤其对于那些高居于千人之上、万人之首的统治者们，就更显得重要了。认为"王之国法"，必须实行"均等"的"公正"原则。统治者"为官公正，现时即于己有益，此为颠扑不破之理……若能不偏不倚，则谁能对之不钦佩折服？"（第6问）"若为长官，应如虚空普罩天下；应如秤戥一样公平。"如此"则无人不喜，无人不钦，此乃是也"。（第5问）对于被统治者，即便遇到"行罪恶人超生，正直善人处死"的"不公正之事"，也要有"认可、忍耐之力"。（第9问）这实际上是对统治阶级和被统治阶级提出的双向道德要求。认为为官作宦之人只要处事"公正"，就会得到人们的拥戴和爱护，否则就会既"危害他人"，对己也"长远有碍"。因此主张"居高位而不欺凌，役使下人，行为正直"。（第27问）做什么事情都得"合规矩"。"合规矩，则不会出现伤风败俗之事，严而行之，其谁不喜？如此行而不变，即为公正之法。主奴之间、官仆之间、老壮之间，行公正之法，谁不歆羡而称颂?!"（第28问）用"公正之法"来处理不同阶级、不同地位、不同年龄层次之间的人伦关系，就谁都不会有意见，这是最公平合理、最得人心的办法，谁都会举手赞成而绝不会反对。

《问卷》认为，若能做到"行公正之法"，做起事来或许就要容易些。诚如第73问所云："若无公正无误之法，做何事均不易。"它以掌权者为例："权大者对权大者如魔，富裕者对富裕者如敌（权大与魔近，富裕与敌近）。无论何时，若想富裕而有权，要抓住政权之柄。所谓政权之柄是公正，知廉耻而知足。"一方面揭示了掌权的统治者之间与富有者之间充满了内部矛盾，另一方面又强调了要想富有就必须掌握政权，而行使政权的要旨则是凭公正的思想。

《问卷》不仅提倡统治阶级在维护社稷、治理朝政、管理国事方面应该"行公正之法"，而且主张应将"公正"这一原则运用于处理人伦道德关系的各个方面，并坚信只有实施"公正"，才能使人民安居乐业，才能国泰民安。在谈到父母对儿女的希望时，《问卷》认为，父母对儿女的最大希望就是"盼子正直、善良"。（第77问）在谈到如何协调和处理生母与庶母的关系时，《问卷》强调："应该一心调和，自己对生母和庶母要同样亲热，平等相待。有理无理首先要公正行事。"（第59问）在谈到给予子女应留下什么遗产时，《问卷》认为："任何办法都应善为才是，将正直无误之正道作为财富交给他们是最大馈赠，生命和政事皆聚其中矣!"（第52问）在谈到对待别人的批评意见应持何种态度时，《问卷》认为："公正地指出即使是责骂也应高兴，错误指引，即使是仁慈也应摒弃。"（第53问）

公正作为一种道德意识概念，它是从善恶的观点出发，来对某些社会现象及其关系作出一定的道德评价。如社会中某些人或阶级的作用和他们的社会地位之间、行动和报应之间、人的功绩和对他的奖赏之间、权利和义务之间的关系等等，如果它们之间达到相互适应便被评价为公正，反之则被评价为不公正。

在此重要的一点，就是人们对公正的理解往往总是有其具体的历史性。由于时代不同、社会关系的改变，公正这一概念的内容也会随之改变。在阶级社会里，公正这一概念对于不同的阶级来说也是不同的。恩格斯说："希腊人和罗马人的公平观认为奴隶制是公平的，1789年资产阶级的公平观则要求废除被宣布为不公平的封建制度。"从《问卷》中看到，对统治阶级和被统治阶级虽然都提出了双向的"公正"要求，但是在阶级存在的私有制社会里，在剥削与被剥削的现象普遍存在的情况下，"公正"又怎么可能实现呢？就在对两大对立阶级的双向"公正"要求中，本身就是"不公正"的。试想，在统治阶级的要求中，它只是要求"为官公正"，就会"于己有益"，人民就会对之"钦佩折服"，而对被统治阶级，它的要求则是即便遇到"行罪恶人超生，正直善人处死"的"不公正之事"，也要有"认可、忍耐之力"。很明显，它的出发点和阶级立场完全是站在统治阶级一边，从道德舆论和道德说教上为统治阶级的统治和利益作辩护，而对劳动人民则宣扬了一种逆来顺受、勿抗争、勿反叛的奴性思想。

用辩证唯物主义和历史唯物主义的观点来看，在当时的情况下，《问卷》的作者尚能针对统治阶级指出"倡行公正之法"的思想，或多或少还能对统治阶级中的某些人和剥削行为起到一定的约束、限制作用，还能在整个社会中提倡一种"公正"的社会风气，对当时及其以后藏族人民的社会心理和道德风尚还能起到一定的影响，这一点还是应该给予充分肯定的。

（三）主张孝敬父母及师长

在中国各民族中，几乎都有关于孝敬父母的道德要求。在汉民族中，传说早在虞舜时代，就有"凡养老，有虞氏以燕礼，夏后氏以飨礼，殷人以食礼，周人修而兼用之"的尊老规定。在周代，尊老传统更加明确："五十养于乡，六十养于国，七十养于学，达于诸侯"；"五十杖于家，六十杖于乡，七十杖于国，八十杖于朝；九十者，天子欲问焉，侧就其室。"后来，汉族人民便把"杖乡"作为60岁以上耄耋老人的代称，使尊老、敬老和赡养老人的传统习俗变成汉族人民所通行的一种伦理道德规范。再经过儒家的理论概括，使"孝"的观念日益深入人心。成书于战国末期至汉初的《孝经》，堪称是宣传"孝"的最系统、最完备的著作，它把"孝"视为"天之经、地之义、人之行"，并称"夫孝，德之本也，教之所由生也"。认为"人之行，莫大于孝"，把"孝"看成是人伦关系和道德行为中的德行之本，强调"君子之事亲孝，故忠可移于君。事兄悌，故顺可移于长。居家理，故治可移于官"。而普通百姓尽"孝道"，则既可"谨身节用"，又可"以养父母"。正如孟子所说："孝子之至，莫大于尊亲"。孔子亦云：孝的基本要求是养亲、敬亲，并按父母的志向修正自己，以父母之疾为忧，对父母要做"无违"之事。因此，必须对祖先尽"孝道"，"守其宗庙"，"守其祭祀"，向"宗庙致敬，不忘亲也。"只有这样，才能在尊祖尊老的孝道规范中贯彻孝道原则，以保证孝行天下，"民之本教曰孝"、"百善孝为先"，否则，就是大逆不道。

吐蕃时期的藏民族虽然对孝敬父母这一道德规范还没有如此详备的讲究，但在《问卷》第32问中，也对孝敬父母给予了高度的重视，并且作了比较集中的阐述。而且有所不同的是，《问卷》把孝敬父母与孝敬师长并列，认为父母和师长应同时受到孝敬和尊崇，这却是藏民族独具特色的孝道观，我们应该予以充分的注意。

它首先提出"儿辈能使父母、师长不感遗憾抱恨，即为最上之孝敬"。意思很清楚，如能做到对父母和师长尊敬、奉养、顺从、不伤其心，不违其意，不做拂逆之事，让他们生活得高兴、愉快、安乐、祥和、如意，这就是晚辈们对长辈们的最大的孝敬。

《问卷》还认为："妻子无论怎样美貌可以买来、找到"，而"父母兄弟如何丑陋，不能另外找寻"，"故对父母兄弟应比妻室儿女更为珍视"。可以看出，这种"孝敬观"还或多或少带有一点"血亲凝聚"的观念。

《问卷》强调，既然父母养育了儿子，那么"儿子敬爱父母之情应如珍爱自己的眼睛"。因此，"父母年老，定要保护、报恩"。"养育之恩，应尽力报答为是"。它还以动物作比："例如，禽兽中之豺狗、大雕亦报父母之恩，何况人之子乎？"

在作者看来，"虽不致如愚劣之辈不能利他，也应听从父母之言，不违其意，善为服侍为是"。它要求人们，当"父母在世时，子辈可当面议明为好（如财产方面），而且，勿去操家务之权。儿子尚且不能如此做，况儿媳乎？"

最后强调："不孝敬父母、上师，即如同畜牲，徒有'人'名而已。"在这里，《问卷》已把孝敬父母、上师提升到人与动物相区别的一个高度来认识，堪称是藏族道德认识史上的一个理论贡献。

另外，在敦煌古藏文历史文书中所存留下来的格言部分，如前所述，也有劝导人们孝敬父母的内容。所不同的是，《问卷》中把孝敬父母与师长并列，扩大了孝敬的对象与范围，此其一。其二，《问卷》中的孝敬观并未掺和宗教意识，而格言中的最后部分，其孝敬观已沉浸在宗教意识之中。

（四）强调人伦关系"应有长幼之序，官仆之分，主奴之别"

道德是人类社会特有的普遍现象。世界上只要有两个以上的人存在，相互间就有一个伦理道德的关系问题。一个人自从降临人世，他就必须生活在一定的家庭之中，而家庭内部就存在着诸如父母、兄弟、姐妹等各种人伦关系。随着年龄的增长和活动范围的扩大，这种人伦关系又逐步由家庭扩展到社会，而且出现了亲属关系、邻里关系、朋友关系、师生关系以及各种尊卑上下等关系。人与人的关系就如同社会关系之网上的纽结，彼此是互为作用和紧密相连的。怎样看待和处理人世间的各种人伦关系，一直是人类道德认识史上人们经常要思考和对待的问题。

在中国儒家伦理中，人伦始终是十分重要的概念。在吐蕃时期的藏族社会，同样有人思考人伦关系问题。《问卷》就是一个明显的例子。

在第27问中，就特别强调了人伦关系"应有长幼之序，官仆之分，主奴之别"。在这里，作者虽然没有像汉族儒家那样把人伦关系区分得很细，但同样认识到了对协调和处理人伦关系的重要性，并且对藏族社会的人伦关系作了初步区分，这同样是藏族伦理思想史上一个值得特别注意的问题。

从《问卷》对藏族社会人伦关系的粗线条区分中，我们看到它已经概括了藏族社会人伦关系的主要方面。

首先从"长幼之序"的区分中，我们看到这个"长幼之序"所包括的人伦关系的范围是极其宽泛的，凡是一切现存的男女老幼，几乎都可以囊括在这个"长幼之序"的人伦关系之中。

至于"官仆之分"和"主奴之别"，则明显地具有浓厚的阶级意识了。这与汉族儒家特别是孟子提出的"君臣有义"的说法有相似之处，即都不自觉地带有一点用阶级分析的眼光来看待现实的人伦关系的特点。所不同的是，孟子的"君臣有义"，只是揭示了同一阶级的人伦关系，因为"君"与"臣"虽有地位上的尊卑上下区分，但基本上都属于统治阶级的人伦关系，他们之间的矛盾基本上是本阶级内部的矛盾，一般属于非对抗性质。

而《问卷》所区分的"官仆之分"与"主奴之别"，则明显地揭示了两大对立阶级的人伦关系，因为"官"与"仆"、"主"与"奴"相互间完全是处在统治与被统治、奴役与被奴役、剥削与被剥削的阶级地位，他们之间的矛盾完全是不同阶级之间的矛盾，因而他们之间的人伦关系也是属于对抗性质的。仅此而言，《问卷》在看待并区分现实社会的人伦关系时，其"阶级分析"的眼光似乎还要更深刻一些。也许这和当时吐蕃社会人与人之间的等级观念已经十分浓郁有关。

在对藏族社会的人伦关系初步作出区分之后，《问卷》还要求人们要绝对遵从法律上的道德戒律，不然，就必须"查明实情，将伤人者及其子孙一并杀之，以绝其嗣"。认为只有这样，"主奴之间、官仆之间、老壮之间"，才能"行公正之法"，才不至于"出现伤风败俗"之事，而达到一种使天下都"同心协力，不仅眷属和睦，行至何方亦相安无事。子与父同心，弟与兄同心，奴与主同心，妻与夫同心，仆与官同心，如此，则公正无误，齐心协力，大家皆得安宁；若彼此不和，大患不已，别无其他"。（第25问）这是《问卷》作者向人们提出的一种社会理想，也可以说是一种美好的道德理想境界。

这同我国古籍《礼记》中所描写的"大同"、"小康"道德理想境界颇有相似之处。《礼记》的作者同《问卷》的作者一样，看问题不可能自觉地运用阶级观点，但他们却能够把"大同"即原始社会与"小康"即阶级社会作如此的对比，则是深刻而又具体的。在他们看来，"大同"之世，"天下为公"，其主要道德是"讲信修睦"；"小康"之世，"天下为家"，其主要道德是"型仁讲让"。《礼记》的作者特别强调阶级社会中的人伦关系应该是"各亲其亲，各子其子；礼义以为纪，以正君臣，以笃父子，以睦兄弟，以和夫妇"。《问卷》的作者则强调阶级社会中的人伦关系应该是"子与父同心，弟与兄同心，奴与主同心，妻与夫同心，仆与官同心"。

《礼记》的作者认为，维持社会正常秩序的道德规范首先应该是"礼"，在"礼"的制约下，才能"天下为公"、"天下为家"。而《问卷》

的作者则认为，维持社会正常秩序的道德规范首先应该是"公正"，只有在"公正"的原则下，才能有"长幼之序，官仆之分，主奴之别"，才能使"主奴之间、官仆之间、老壮之间"，"行公正之法"，才能使天下都"同心协力"，"行至何方亦相安无事"，"大家皆得安宁"。

不管这种"理想"能否实现，却代表了当时人们的一种道德愿望，代表了当时人们的一种道德要求，实际上也就是我们现在所讲的"社会超前意识"，是不同民族的社会理想在道德理想上的反映。

由此可见，在不同的民族那里，在不同的社会状况下，不排除人们的认识有很大的差别，但在许多问题上，也确有其"似曾相识"之处。《问卷》的确是帮助我们了解西藏吐蕃王朝时期藏民族伦理思想和道德观念的珍贵史料，也可以说它是这一时期藏民族的专门的伦理学文献。

三　维吾尔族与柯尔克孜族学者所反映的道德生活

（一）维吾尔族法拉比著作中所反映的道德生活

相传阿布奈斯尔·阿尔·法拉比于公元 870 年出生于锡尔河畔法拉比城的一个信奉摩尼教的葛罗禄部的骑士家庭。公元 893 年，萨曼王朝侵占了喀喇汗朝的法拉比等城。自此以后，法拉比全家便改信了伊斯兰教。法拉比曾到过巴格达和哈马丹汗国等地，接触过不少伊斯兰教、基督教、亚里士多德学者和思想家及诗人等。此外，他还多次到开罗等地讲过学，被认为是当时学问渊博的一位学者。他一生写了 160 多部著作。

在伦理道德观念上，法拉比提出了许多既深邃又富于启迪的思想。如在谈到人生幸福时，认为人的幸福是人的"最大、最宝贵的财富"和"最高目标"。要实现人的幸福，其前提是必须要建立一个理想的社会。为此，他强调："任何城市（国家）都应该是为人们获得幸福而工作的机构。"

在他看来，"要建立一个理想的社会，关键在于人的精神的自我完善"。他认为："人的道德品质并不是天生的，而在于环境、教育和自由意志的选择，即靠后天所得来的。"同时，他又指出："人的道德品质一旦形成，也不是亘古不变的，而是将会随着环境、教育、个人意志以及习惯的变化而发生或多或少的变化。"

他特别强调："对人的道德有强烈影响的将是人的知识和智慧程度。"所以，他认为："有智慧的人同时也就是有道德的人。"而知识和智慧从哪里来呢？当然得靠教育。故他又主张：从每个家庭到国家之间，应建立起承上启下的教育网，并认为这是改善社会伦理道德面貌和提高人们伦理道德水准的有效良方。

在关于善和善行的问题上，法拉比认为，应该把善和治善结合起来。他说："治善，就是要把善的事情在实际上实行。"他甚至把他所从事的政治哲学也看成是培养良好道德的一种行善的工作，进而认为社会和国家的管理工作也是一种行善的工作。

法拉比在《论文明城居民的观点》一文中，还提出了要建设道德城或文明国家的想法。他说："为了获得幸福而建立起的联合、互助的社会是文明道德的社会。"他认为："道德国的主席应是一个从人们中选出来的有才能的哲学家。"他还认为，这个国家"应该有公正和社会之爱，全体居民相互之间都是平等的，可以自由挑选职业"。当然，法拉比的"道德城"和"文明国"无疑也具有空想的性质，在当时的社会状况下是不可能实现的。但它与柏拉图的"理想国"又有某些区别。譬如，法拉比已明显地吸收了波斯玛孜达克起义者的平均共产主义思想和社会主张，以及中亚细亚最古老的和中世纪各种文学著作、民间故事中关于理想社会的种种合理思想。无论在当时还是现在，这种道德理想主义对鼓舞和教育人民还是有一定的积极意义。

（二）柯尔克孜族史诗《玛纳斯》中所反映的道德生活状况

《玛纳斯》是柯尔克孜族历史上一部富有伦理思想和道德观念的英雄史诗。《玛纳斯》的产生时代说法不一：一说为 8 至 9 世纪即叶尼塞·鄂尔浑时期；一说为 9 至 11 世纪即阿勒泰时期；一说为 16 至 18 世纪即准噶尔时期。

这是一部在漫长的岁月里，经由柯尔克孜族劳动人民，尤其是专门演唱史诗的民间歌手——"玛纳斯奇"集体创作，不断充实加工，使其日臻丰富、完善的作品。目前已发掘出 8 部，共约有 20 余万行。《玛纳斯》以第一部标题命名，但它却是整部史诗的总称。其余各部均各具名称，独立成篇，但前后又内容连贯，互相呼应，形成一个整体。

玛纳斯是史诗《玛纳斯》中的主人公，是柯尔克孜族人民为自己民族塑造的可歌可泣、完美高大的古代民族英雄的理想人格典范。在玛纳斯一家祖孙八代的身上，都集中了柯尔克孜族人民优秀的传统美德。他们是柯尔克孜族人民道德理想的化身和楷模。

譬如，在第一部《玛纳斯》（这也是整部史诗中故事情节最为曲折动人、流传最广的一部）中，史诗描写第一代玛纳斯诞生后，他亲眼目睹柯尔克孜族人民在卡勒玛克和契丹人的黑暗统治下，过着苦难生活并处于水深火热之中，使他从小就对统治民族中的剥削阶级充满了仇恨，遂立志长大成人后一定要为被压迫民族报仇雪恨。在这种思想指导下，他逐渐长大成人，并且成了一名为大家所公认的集勇猛和智慧于一身的民族英雄。

他十分同情贫苦人民，经常把自己的财产分赠给他们。他与劳动人民一起参加劳动，在炎热的吐鲁番土地上耕种庄稼，以体验劳动人民生活的艰辛和疾苦，从而培植起他与劳动人民的血肉依恋之情。他长大后特别尊重长者，信任贤能。他团结了四面八方的勇士，统一了被分散的柯尔克孜族各部落，并联合邻近被压迫民族中的劳动人民，南征北战，剪除暴君，驱散黑暗势力，使各族人民过上了欢乐富裕的生活。于是，他被拥戴为汗王，成为当时各被压迫民族人民公认的领袖。但是后来，他不听聪颖、贤惠的爱妻卡尼凯依的劝告，悍然带着40位勇士和大队兵马，向契丹京城进行远征。结果，第一代玛纳斯就在这次远征中身负重伤而逝世，被压迫民族人民重又陷入了苦难之中。

《玛纳斯》之第二部《赛麦台依》，描写第一代玛纳斯逝世后，其子赛麦台依继承父业，继续与卡勒玛克斗争。因其被叛逆者坎乔劳杀害，被压迫民族人民再度陷入受统治民族剥削和压迫的悲惨境地。《玛纳斯》之第三部《赛依台克》，描写玛纳斯家族第三代英雄赛麦台依之子赛依台克严惩内奸，驱除外敌，重振玛纳斯家族为柯尔克孜族人民谋取自由与幸福的英雄业绩。《玛纳斯》之第四部《凯耐尼木》，描写第四代英雄赛依台克之子凯耐尼木进一步肃清内患，严惩恶豪，为被压迫民族人民创造了安定繁荣的幸福生活。《玛纳斯》之第五部《赛依特》，着重描述了第五代英雄凯耐尼木之子赛依特斩除妖魔，为民除害的生动事迹。《玛纳斯》之第六部《阿斯勒巴恰、别克巴恰》，着重描述了阿斯勒巴恰的夭折及其弟别克巴恰如何继承祖辈及其兄的光辉事业，继续与统治民族进行斗争的事迹。《玛纳斯》之第七部《索木碧莱克》，着重描述第七代英雄别克巴恰之子索木碧莱克如何战败卡勒玛克、唐古特、芒额特部诸名将，驱逐外族掠夺者的事迹。《玛纳斯》之第八部《奇格台依》，着重描述了第八代英雄索木碧莱克之子奇格台依与卷土重来的卡勒玛克掠夺者进行斗争的英雄业绩。

柯尔克孜族英雄史诗《玛纳斯》，除了从整体上塑造了玛纳斯世家或玛纳斯家族的英雄理想人格外，还从道德评价上，通过玛纳斯一家数代的英雄业绩，以被压迫民族人民反对民族压迫、民族侵略斗争为主题，肯定和赞扬了古代柯尔克孜等被压迫民族人民在侵略者面前不畏强暴、不甘屈服，敢于维护正义、坚持斗争的精神品质。同时还歌颂了他们在反侵略斗争中为维护自己的共同利益而坚持团结，反对分裂，试图用集体力量去争取自由和幸福生活的可贵品德与思想。除此之外，史诗还歌颂了祖国儿女对生息繁衍自己家乡的深挚眷恋和无限热爱之情。在道德理想与社会理想上，古代柯尔克孜族等被压迫民族人民希望出现一个没有民族压迫和民族剥削，没有民族仇恨和民族仇杀，社会安宁，生产发展，人人自由，家家和谐幸福的社会环境和理想境界。在道德实践上，它展现了以玛纳斯家族为代表的柯尔克孜族等被压迫民族人民为反抗卡勒玛克、契丹等统治民族的民族压迫和民族奴役所作出的种种斗争与努力。因此，《玛纳斯》不仅流传于中国新疆，同时也流传于前苏联和阿富汗柯尔克孜人的聚居区。

柯尔克孜族的《玛纳斯》同藏族的《格萨尔》和蒙古族的《江格尔》，并称为中国少数民族三大史诗。从民族伦理学的角度，《玛纳斯》堪称是研究古代柯尔克孜等民族人民伦理思想和道德观念的一部重要著作。

第二章

宋元明清时期少数民族的道德生活

经过魏晋南北朝与唐朝，我国少数民族得到了融合与发展。到了五代以后，不论是战争还是和平交往都进一步促进着我国民族大家庭的发展，而且随着民族的交融，民族之间的战争越来越少，文化与道德的交融越来越明显。

第一节　宋朝时期少数民族的道德生活

宋朝是中国历史上承五代十国、下启元朝的时代，根据首都及疆域的变迁这个时期我国少数民族的道德生活状况，无论是从立体面还是从横向面来看，都是极不平衡的。

一　维吾尔族的《福乐智慧》与《真理入门》所反映的道德生活

（一）《福乐智慧》所反映的道德生活

著名哲理性长诗《福乐智慧》是优素甫·哈斯·哈吉甫留给维吾尔族人民的宝贵思想财富，其中蕴涵着丰富的伦理思想。优素甫1019年出生于巴拉沙衮城的名门世家，逝于1085年，享年66岁。

优素甫看到了知识的无比重要性，他认为，知识既是稳定社会，也是培育良好道德的基础。他指出：

> 一切善事全都得益于知识，有了知识，好比找到了上天的阶梯。
> 世人学得了知识美德，自能行为善良，品行端正。
> 人祖之子把手伸向褐色大地，凭借知识实现了一切愿望。

在谈到善恶问题时，优素甫认为善恶的标准是利他或利己。他明确地说："若问善德的秉性，它不顾自己，专利于他人。""恶则相反，只顾自己，不为别人。"优素甫认为，世上无论是好人还是坏人，都可以具体区分为两类："就好人而言，一种是天生的善性，其善性至死不变；一种是靠仿效而成为善，此种人如果接近坏人也会变坏。"故他指出：

　　好人分为两类，一类径直与善相通，他们一生下即是好人，专走正道，行为端正。
　　与奶娘一起注入的善性，直到死之前，不会变更。
　　一类靠仿效成为好人，与坏人为伍，也会沾染劣行。

就坏人而言，他认为也同样分为两类：

　　其中一类是天生的歹徒，此类人至死也难改其秉性；
　　一类是靠仿效成了坏人，若有好人为伴，也能改邪归正。

这里涉及人性之善恶的来源问题。如果把善恶看成是至死不变的，则无疑是带了僵化、静止和片面的眼光。而这些观点很明显，是值得商榷的。当然，优素甫也懂得"近朱者赤，近墨者黑"的道理，也看到了人文环境特别是经常所接触的人对一个人善恶的影响，无疑有其合理因素。在实际生活中，我们也必须看到，确有一些人能够洁身自好，不为功名利禄所动，能够做到像莲花一样"出污泥而不染"。这样的人虽然不多，但确实有，所以看问题不能太绝对。总之，优素甫的善恶观是良莠杂陈的，需要持分析、批判和继承的态度，决不可一概而论。

（二）《真理入门》所反映的道德生活

《真理入门》，亦作《真理的献礼》，是一部阐述维吾尔等古代突厥民族的伊斯兰教伦理学诗体性著作，为维吾尔族盲诗人阿合买提·尤格纳克（1110—1180 年）所著。此书成书于 12 世纪末 13 世纪初。在一定程度上反映当时维吾尔族等古代突厥民族的道德生活概貌。

《真理入门》以其宗教唯心主义世界观作指导，认为讲究道德本是"真主"的"意旨"，因此，人们的德行也要"顺从天意"。

作者用很大篇幅阐述了穆斯林们应如何立身处世的修身之道，他要求人们必须要把真主当作"至尊"、"至圣"来崇拜，对他的道德信仰及其信念必须"始终不渝"。他要求人们对有知识并富有智慧，同时也必然会具有善的道德品质的"贤哲之士"，必须"尊崇敬仰"，要学会像他们一样宽广大度，善辨是非，明达事理。

在处理人伦关系时，他要求人们必须"平等待人"，决不能"嫌贫爱富"。他还主张人们必须要富有同情心，要"知足"、"慷慨"，要将自己的财富分出一部分施舍给穷人，决不能把追求衣食享乐作为自己的人生目的，更不能因之而泯灭自己本应具备的同情、善良的人之本性。

在对人的态度上，他要求人们必须"谦虚和蔼"，决不能"骄横跋扈"。

在与人的交往言谈中，他要求人们必须"谨言慎行"，"知而后言"，"言谈有度"，决不能"夸夸其谈"，文过饰非。

在对人的道德品质的要求上，他除了要求人们必须具有善良的道德品质外，他还要求人们必须做到"诚实正直"，"不讲假话"，决不能虚情假意，表里不一。

在道德修养方面，他要求人们必须"讲求恕道"，"以德报怨"，决不能怀有复仇心理和"以牙还牙"的思想。

在礼仪礼节上，他要求人们必须"敬老爱幼"，对人要"彬彬有礼"，决不能忤逆不孝，粗暴蛮横。

《真理入门》的作者，面对当时世风日下、道德沦丧的现实，在书中悲叹往昔的繁华与伊斯兰教的道德秩序已悄然遁逝，感叹人生有如行程之过往旅客，对于忽来忽去的祸福吉凶完全不能自己把握，因此人们只能听从"命运"的安排与支配，按照"真主的旨意"生存和生活。但是他又认为，人生的吉凶祸福等人生遭遇，虽然由"真主"所"主宰"，由"命运"所"支配"，但也不是"恒常"的，正如同富有与贫穷、年轻与衰老、多与少、新与旧、欢与悲、甜与苦等许多对立统一的矛盾事物一样，它总是会经常处于变化和转化的过程之中。

该书作者虽然对人生持悲观主义态度，认为"这世界各种滋味混杂其间，苦辣总是多于香甜，有蜂蜜必有蜜蜂相随，尝蜜前会有蜂毒出现。"但他又认为，人可以在"真主"的意志下发挥道德的主体性能动作用，可以凭借人的勤劳和智慧去创造幸福美好的生活。因此，他特别崇尚知识和智慧，认为凡是能够掌握知识并具有智慧的人，就可以"走向通往幸福的大道"，就可以在知识的沐浴下生发出去恶向善的道德品质与道德观念。

书中还针对一些贪婪、伪善者的愚昧、狂妄、卑劣、低下的道德行为和道德现象进行了揭露和批评，给予了谴责与讽刺，无疑这是有积极意义的。但作者却又把这些社会中的阴暗面和种种不合理的道德现象归之于人们对伊斯兰教信仰的动摇，企图以此来唤醒人们对伊斯兰教的更加纯洁、赤诚的道德信仰感情。显然这又是由作者的宗教神学观及其阶级立场所决定的。

作者在书中所阐发的一系列道德主张，其立足点都是直接为伊斯兰教统治阶级的利益服务的。总的来说，维吾尔族盲诗人阿合买提·尤格纳克的《真理入门》，是维吾尔族历史上特别是喀喇汗朝时代的重要伦理学著作，是了解和研究那个时代维吾尔族人民伦理思想和道德观念的宝贵史料之一，也是反映当时维吾尔族人民道德生活状况和道德生活面貌的诗体性伦理学著作。

二　彝族与纳西族的道德生活

（一）彝族的《宇宙源流》所反映的道德生活状况

《宇宙源流》，亦名《说文》，是彝族古代一部富于伦理思想的哲学著作。作者不详，成书年代约近唐初。通过《宇宙源流》，也在一定程度上反映了古代彝族人民的道德生活状况。

《宇宙源流》的主要内容，除记述了古代彝族先民们对宇宙起源、天地形成及形神关系的看法外，还阐述了"君民一体"和"施仁政"、"德治"的社会政治伦理思想。在该书《治国》篇中，它借彝族首领俄阿基与两名臣下议论如何安邦治国时，从"君仁、民良、君恩、民命"的伦理关系上，提出了"不是仁君主，民讼不能清；不是良民勇，君位守不牢；君恩春露似，民命草生然；君乃民元首，民乃群百体；此乃不相离，一离身命休"的"君民本一体"的思想。《宇宙源流》认为，君民之间相互依存，须臾不可分离。否则，就会导致君不仁，则民争不清；民不良，则君位不牢；两相脱离，就意味着生命的死亡，从而导致国家的灭亡。因此，君主必须给民众以恩露，民众才能得以如草木之生存；民众得生存，则为良民、勇民，君位才能得以保牢。君与民，如头脑与肢体的关系，断然不可分割切离。

在这个基点上，作者又接着提出了"君主要治国，仁美淮夷治，恩义万民安；贤者居高位，愚者化忠良；万民水中溺，何不早施仁"的"仁政"主张。它要求最高统治者不仅对本民族内部要施行仁政，就是对外族人也要施仁政，并认为君主只有"仁美"、"恩义"，社会万民才能获得安宁。而要施仁政，又必须使"贤者居高位"，只有贤者在位，才能使愚民化忠良。

除此之外，它还强调"德治"："君权不相应，一德势相依；君民不相悦，一德便相悦；智者当谨慎，切莫要失机。"认为只有行德治，以德治天下，君权才会有依靠，君民才能同相欢悦；特别告诫智者在执政时，对臣民一定要倍加谨慎，一定要以德治民心，以德获民心。

作者的上述伦理思想和道德主张，具有一定的辩证思想。但他的主观愿望显然是为统治阶级服务的，而客观上也起到了有利于社会安定和发展生产的作用。

总之，《宇宙源流》是研究古代彝族伦理思想和道德观念的一部重要著作，在彝族伦理思想发展史上占有重要的地位，同时它也反映了古代彝族人民的道德生活状况和道德生活面貌。

（二）纳西族《崇搬图》所反映的道德生活状况

《崇搬图》，为纳西语音译，意译为《人类迁徙记》，是纳西族历史上一部富有伦理思想和道德观念的史著。起源甚久，长期在民众中口头相传，约于 11 世纪后才用纳西族象形文字记入东巴教的经书中。古代纳西族人民的道德生活状况，可以通过《崇搬图》窥其一斑。

《崇搬图》认为，人类的祖先最初产生于天下的蛋，由地和海所孵化，开始只有兄弟姊妹 11 人，于是"兄弟姊妹成夫妇，兄弟姊妹相匹配"。无疑这是对该民族远古先民们血缘婚配形式及其道德观念的反映。

书中记载，人类祖先因故打了天神，于是遭到天神的疯狂报复，几至于灭绝人类：天神倾泻洪水淹没大地，人类尽皆淹死，只有从忍利恩，因富有同情心而被天神留下，使其幸免于难。后来，从忍利恩以神奇的力量和智慧完成艰巨的砍林、烧树、播种、狩猎、打鱼等工作，制服天神，证明自己是伟大祖先的后代，从而娶得仙女衬红褒白为妻，繁衍人类，肩负起了生儿育女，绵延后代的历史重任。

此书把从忍利恩和衬红褒白塑造成纳西族人民世代传诵的理想人格典范和道德生活榜样，反映了纳西族先民们热爱劳动、重视智慧、以勤劳为荣的优秀品质，以及他们敢于战天斗地，直至夺取斗争胜利的积极进取道德意识。

《崇搬图》中的这些伦理思想和道德观念，对纳西族世代人民的道德生活产生了重要的影响。

第二节　元朝时期少数民族的道德生活

元朝又称大元，是中国历史上第一个由少数民族（蒙古族）建立并统治全国的封建王朝。1206 年成吉思汗建立蒙古汗国。1271 年忽必烈改国号为"大元"，取《易经》中"大哉乾元"之意。1279 年统一全国。元朝的疆域空前广阔，今天的新疆、西藏、云南、东北、台湾及南海诸岛，都在元朝统治范围内。1368 年被朱元璋建立的明朝灭亡。北迁的元政权退居漠北，仍沿用大元国号，与明朝对峙，史称"北元"。元朝自成吉思汗起历经十五帝 163 年，自忽必烈定国号起，历十一帝 98 年。元朝时期，蒙古族统治者凭借其强大的军事力量，并在各民族上层特别是汉族地主武装的支持下，实现了中国空前的大统一。在统一过程中以及建立元朝后，先后降服畏兀儿与哈剌鲁，吞并西夏，征服金朝，招服吐蕃，平定大理，灭亡南宋，从而奠定了中国统一的多民族国家的版图，加强了各民族之间的联系。由于蒙古族是元王朝的缔造者和执政者，所以在这一时期，其伦理思想和道德观念在各少数民族中也始终居于主导地位，而其他少数民族的伦理思想和道德观念则总是居于从属或次要的地位。

一　蒙古族的《元朝秘史》、《成吉思汗的箴言》所反映的道德生活
（一）蒙古族的《元朝秘史》所反映的道德生活

《元朝秘史》，亦称《蒙古秘史》或《元秘史》，是蒙古族早期富有伦理思想和道德观念的历史著作。撰者不详。约成书于元太宗十二年（1240 年）。通过《元朝秘史》，人们能够更好地了解当时蒙古族人民的

道德生活状况和道德生活面貌。

《元朝秘史》以编年体和纪传体相结合的形式，运用简练生动、淳朴自然的笔风，以成吉思汗的生平事迹为中心展现了 12、13 世纪蒙古草原上的时代风云和道德风貌，并把古史传说、宫闱秘闻、道德风尚、民情习俗和当时所发生的重要历史事件及其历史人物，按时间先后顺序有机地串联起来，构成了一幅波澜壮阔的历史画面。

在道德起源上，《元朝秘史》反映出唯心主义的天命观和君权神授的思想。

书中用大量篇幅刻画了成吉思汗的英雄形象：他不仅是英明贤良的军事统帅，而且是胸怀韬略的政治家；他不仅性格坚忍不拔，而且能够选贤任能，知人善任；不仅英勇善战，具有雄才大略，而且能够吸引和团结将领与民众，使人心归向；他不仅能够顺应历史潮流，在尖锐复杂的部落战争中纵横捭阖，运用正确的战略战术结束了旷日持久的纷争割据局面，而且始终对统一大业充满了必胜的信念，从而最终建立起了横跨欧亚的蒙古军事帝国。

在作者笔下，成吉思汗作为"一代天骄"，既是蒙古民族的骄傲，又是集封建统治阶级政治道德要求于一身的英雄理想人格。但这一切，并不是成吉思汗后天形成所具有的，而是天赋神予的。因此，书中开篇即言："成吉思汗之根源，奉天命而生之孛儿帖赤那。"公元 1227 年，成吉思汗死后，在运灵柩的路上，雪尔惕人吉鲁格台把阿秃儿奏说："奉天承运降生的，我的圣主。"他认为，成吉思汗降生人世，乃"奉天承运"而生，之所以能成为最高统治者，并具有封建统治阶级政治道德要求的民族英雄之理想人格，也是天命赐予所然。就连他一生中为民族统一大业所从事的种种斗争和所建树的辉煌业绩，书中也完全强调是他执行"长生天"的意志，是"蒙皇天之题名，得后土之相济"，全"赖天地之助力"。即是说，成吉思汗在统一大业的战争环境中所逐渐形成的道德品质和理想人格，在他临世之前和辞世之后，都已由"天意"、"天命"所定，非后天所为。

在道德标准上，《元朝秘史》把"仁慈"作为最高统治者必须具备的政治美德。成吉思汗在其晚年，为由谁继承汗位曾大伤脑筋。他意在让三子窝阔台继位。但按蒙古族传统，继承人应是长子术赤。而术赤并非

"黄金家族"的血统，他实际上是其母孛儿帖被蔑尔乞惕部抢去受孕归来所生，因此他只是"蔑尔乞惕的杂种"。于是，成吉思汗准备以推举方式否定长子继承权，因之还引发了一场激烈的斗争。在斗争中，长子术赤的"阴私"被揭露，且术赤表现粗劣，不宜继承王位已成定局。次子察合台性烈如火，鲁莽、粗暴，由他继位也不合适。四子拖雷幼弱，亦不具有统驭强大蒙古帝国的命世之才。唯有三子窝阔台被大家公认为具有最高统治者必须具备的"仁慈"美德，因此由他继位乃是最理想的人选。这也正中成吉思汗的下怀。于是，成吉思汗便理所当然地把汗位交给了三子窝阔台。可见，统治阶级在择用关乎于国家前途命运的人选时，往往是把是否具有"仁慈"美德作为首要道德标准。后来的事实亦证明，窝阔台在执位期间，施仁政于天下，德威并用，对巩固和发展新兴的封建纲常伦理制度，确乎起了积极的作用。

在道德评价与道德批判上，《元朝秘史》亦体现了封建统治阶级的道德原则。书中根据统治阶级的道德标准，对各种不同类型的人物进行了道德评价。如在高度评价成吉思汗具有封建帝王一统天下的政治道德素质和英雄理想人格的同时，也不加掩饰地指责他残暴狡黠、嫉妒多疑，带有强烈的复仇心理。再比如盛赞成吉思汗的大将、有着勇武剽悍性格和品质的"四狗"，具有"铸铁的额，锥利的舌，钢铁的心，钉凿的齿"，他们在战争中，能够"以露为饮，以涎为食，以风为骑，以剑为友"，能够为了正义战争而"屠杀万众"。该书怒斥没落奴隶主王罕既狠毒又怯懦，不惜把自己的同胞兄弟——追逐杀戮，得了个"屠夫老汉"的恶名。同时又认为他优柔寡断，贪图小惠，在剧烈的部落战争中总是受人牵制利用，导致最后全军覆没，在逃亡中被杀，把其反动腐朽的本性暴露无遗。此外，书中还对奴隶主札木合以及铁木真和哈撒尔等人的种种暴行，从道德评价的角度给予了揭露、谴责与否定性评价。

尽管《元朝秘史》作者的主观愿望不过是想以"祖传家训"的道德训诫方式来为皇族和后世帝王"垂戒作鉴"，但客观上对后世统治者的政治道德要求也确乎起到了某种程度的规劝和警谕作用，因而对人民也是有利的。

《元朝秘史》素有蒙古族英雄史诗之称。从其所蕴涵的丰富的伦理思想和道德观念来看，它不失为是一部研究蒙古族封建统治阶级伦理纲常的重要史著。同时，它也有助于帮助人们了解古代蒙古族人民的道德生活状况和道德生活面貌。

（二）蒙古族的《成吉思汗的箴言》所反映的道德生活

《成吉思汗的箴言》，亦称《成吉思汗遗言录》，是蒙古族历史上一部关于道德训诫的箴言录。它以韵体诗形式辑录了成吉思汗对其子弟和大臣们的教谕，其中也夹杂了成吉思汗的侍卫、勋臣和艺人、诗人们的思想。

《成吉思汗的箴言》提倡团结统一，赞美勇敢、忠诚等优良品德。如成吉思汗对将士和臣佐们进行教诲时说："玩乐时，要像马驹似的快活；和敌人刺杀时，要像海青似的勇猛"；"玉体受累无关紧要，大好江山万世勿溃，肉体吃苦算得什么，完好社稷万勿分裂"。成吉思汗对臣佐们的道德要求是：关怀下属，体察民情，不能只靠个人的勇敢和智慧。他举例说："像伊存台这样有智慧的英雄人物是难得的。但是，由于他在作战时从不知疲惫和饥渴，因而对他的战友和士兵亦同对待自己一样，不懂他们的疾苦。因此，绝不能让他担当领导者。"成吉思汗还训导人们在遇到困难时决不能畏葸不前，只有敢于排除千难万险才能获取胜利："说是有不可越过的山岭，但不要为此而担心，只要有决心就能越过。说是有不可涉渡的江河，但不要为此而担忧，只要有决心就能渡过。"同时，成吉思汗也指出："箭头虽然锋利，没有翎毛不能远射。人虽长得聪明，不学没有智慧。"强调人的道德和智慧要通过后天学习才能得来，否则，即使天资再聪颖，也会一无所有。书中也有僚臣属下们向成吉思汗表示团结统一的决心和誓言："从前，有一条千头独尾蛇，因众头四向乱挣，遇车终被压死；有一条千尾独头蛇，因众尾随头而行，遇车躲进洞里，结果安然无恙。……仿此，我们愿做千尾独头蛇，跟随您，把毕生的力量贡献！"

该书还专门探讨了幸福观的问题。它记载：在一次宴会上，成吉思汗和四个儿子谈论什么是"人生最幸福的事情"。长子术赤说：精心放牧牲畜，让牲畜膘肥肉满；盖下宫帐，阖家安居乐业。二子察合台说：讨平敌人，砍杀狡敌，让牝骆驼嗥叫，让女人们痛哭，这才是最幸福的事情。三子窝阔台说：使父皇缔造的大业太平无事，使人民安居在自己家园，将国家治理得秩序井然，让老年人晚年康乐，让年轻人健康成长。这乃是人生最幸福的事情。幼子拖雷最后说：狩猎就是最幸福的事情。随之，成吉思汗对四子的答案作了总结性评价，认为唯有三子窝阔台对人生幸福的理解回答得最好。自古以来，不同阶级的人们对人生幸福的理解就有不同的回答。成吉思汗既然对其三子窝阔台关于人生幸福的理解作了肯定，就充分反映出蒙古族最高统治者希望巩固其国家疆土，维护其统治秩序和利益，以保持"天下太平"、"长治久安"的政治道德要求。实际上，这种幸福观，乃是统治阶级意志的表现，具有鲜明的阶级性。

从总体上看，《成吉思汗的箴言》所宣扬的主要是蒙古族封建人伦纲常及其道德思想，因而被历代蒙古族统治者奉为修身标本的"必立克"（训言）。它也是人们研究和了解成吉思汗时代蒙古族社会道德面貌和道德状况的重要史料。

二　蒙古族的《十善法门正典》与《周易原旨》所反映的道德生活

（一）《十善法门正典》所反映的道德生活

《十善法门正典》，俗称《十善法门白史》，汉译本《蒙古源流》将其称之为《经教源流》。为元世祖忽必烈统治时期实行政教合一制度的政治伦理学著作。著者佚名，成书于 14 世纪 30 年代。

《十善法门正典》熔社会道德、宗教道德和社会法规为一炉，从"没有教规生灵堕入地狱，没有王法国家遭到破灭"的道德信条出发，制定了喇嘛、俗人都必须遵循的道德戒律和对于违者必须给予惩罚的法律条例。同时还规定了对政教各级官员和喇嘛的举谪、褒贬的办法及让人们积德造福的行善事业等。

其主导思想是向人们灌输因果轮回和超尘脱世的宗教道德观，进而把人们的追求引向来世幸福和彼岸极乐世界，诱导人们从信念上归顺政教合一的政治；告诫人们"不服喇嘛之教将步迷途，不从父母之诲必遭厄运，不循可汗之法必陷罗网"；鼓励人们要抛弃"不慈悲的喇嘛、不仁道的帝王、不廉洁的诺颜、贪得无厌的官吏、不忠诚的朋友"；"把可汗旨意当作心脏、把喇嘛誓言当作眼睛、把父母教诲当作生命"。提倡以可汗、喇嘛、父母三者为尊的敬上抚下的、以诚相待的道德风尚，使社会道德渗透在宗教道德和社会法规之中。

本书中的伦理思想和道德观念，对后世蒙古族社会的政治和思想文化均产生过较大影响，也是人们研究和了解古代蒙古族伦理思想状况和道德面貌的重要典籍之一。

（二）保巴的《周易原旨》所反映的道德生活

《周易原旨》，原与《易源奥义》一卷和《系辞》二卷统名为《易体用》。是一部注释《易经》和《易传》并发挥易学和理学伦理思想的著作。为蒙古族学者保巴（？—1311 年）所著。约成书于至元十三年（1276 年）或稍前。

《周易原旨》主张忠君济民的政治伦理观。认为臣必须忠君，忠君应"致身"、"竭力"。君则当施"仁"，仁有"信"而行为"正"，即可"上以风化下"，"君正莫不正"。强调君臣之间的伦理关系应该是双向要求，即臣必须忠君，君必须施仁，二者相辅相成，缺一不可。唯有这样，才能士风正，民风淳。进而主张在管理社会和治理民众时，必须辅之以道德教化的手段，同时也必须兼施刑法，实行德刑相济，德威并用。但强调以道德教化为主，因为道德教化可以治心、治本，而刑法则只能治表、治外。说明作者非常注重伦理道德在"齐家治国平天下"中的功能和作用。

本书中关于忠君济民的政治伦理观，以及强调德威并治，以德化为主，重视道德的功能与作用的思想，曾对蒙古族统治阶级的伦理观产生过一定的影响，因而也是人们研究并了解蒙古族伦理思想和道德生活状况的史著之一。

三 藏族与维吾尔族的道德生活

（一）藏族的《萨迦格言》所反映的道德生活

《萨迦格言》成书于 13 世纪初叶，是藏族历史上最早的一部以格言诗形式写成的伦理学著作。作者是藏传佛教萨迦派僧人、藏族伦理思想家萨班·贡嘎坚赞（1182—1251 年）。

《萨迦格言》熔宗教道德、社会道德及政治、法律为一炉，从人伦关系和道德生活的各个方面向人们提出了一系列的道德主张。

在政治伦理观上，认为统治阶级与臣民之间的道德责任和义务应该是："君王对自己的臣民"，必须"施以仁慈和护佑"；"臣民对自己的君王"，才会"尽忠效力"。不然，"被暴君统治的百姓"，就会"特别想念慈祥的法王"。作者告诫统治者"如果虐待属下，君长就会走向灭亡"；"即使是秉性极为善良的人，若总欺凌他也会生报复心"。因此主张"君长收税要循合理途径，不要过分伤害众百姓；如果白芸香树的浆液，流得太多便会枯竭"。

在知识与道德的关系上，《萨迦格言》认为"学者研究所有的知识，精通后就能造福世界"。

在道德的作用上，强调"靠福德而成就事业，就像太阳一样自己发光"；"英明而福德俱全者，只身也能战胜一切"；"有德操修养的人，能与众和睦相处"。

在气节观上，认为"活在世上名声要好，死了以后福德要全"。

在命运观上，主张"贫困也不要烦恼，豪富也不要夸耀，命运的安排难测，喜怒哀乐都会遇到"。

在处世方法上，认为对具有不同品质的人要区别对待："对正直的学者要亲近，对奸诈的学者要当心；对诚实的愚者要仁慈，对狡猾的庸人要远离。"

在道德修养的途径、方法与信念上，认为只有达到"无私无我专心修行"的思想境界，才能"抛弃一切罪恶习气"；"要想修成高尚的品德，就要听从圣者的教诲，哪怕要危及生命，也要始终信守不渝"。

《萨迦格言》作者认为，道德高尚的人应当具有如下优良品质：

善心——"善心是最大的幸福"，而"积善"则是"安乐之本"；

施舍——"施舍是最大的财宝"，"乐善好施的美名，像风一样吹遍四方"；

博学——"博学是最好的装饰"，"能够精通各种教法，无私无我专心修行。抛弃一切罪恶习气，这样就能得道成佛"；

信用——"信用是最好的朋友"，"对不讲信用的人，谁敢和他交朋友"？

作者还主张先人后己："想为自己谋福利，先要为他人谋福利；只为自己打算的人，自己的愿望也不能实现。""专为他人办事的人，实际上是为自己办事，专为自己办事的人，实际上是在为别人效劳。"《萨迦格言》认为，"要获得长远的幸福"，就必须"和高尚的人亲近，向博学的人请教，与诚实的人结交"。主张对道德高尚的人应倾心折服和敬佩：

"高尚的人无论到何处，也会受到尊敬和供奉"，否则，"侮辱了高尚的人，会给自己带来不幸"。告诫人们对于那些"品质恶劣的人，即使聪明也要疏远"，至于"坏妻子、坏朋友和暴君，谁也不敢依靠"。不然的话，只能是"自食恶果"。当然，《萨迦格言》中的道德说教，在很大程度上带有"命定论"的色彩，认为"众生间的相互关系（自然包括人伦道德关系——引者），都是前世命中注定"。它以宗教世界观为准绳，劝导人们应该抛却对现实利益的追求，只有"离开红尘便是幸福"。

总之，《萨迦格言》伦理思想的最大特点，是用佛教观点来要求人们如何处世待人的道德哲学，虽然出发点是用道德说教来维护统治阶级和宗教利益，但其中敢于对统治阶级专横残暴本性的道德批判精神，对自私、虚伪、贪婪行为的讽刺和抨击的道德揭露，教诫人们要具有正直、坚定、谦虚、勤奋、好学等优良品质的道德宣传，至今仍能给人们以很大的教益。正因为如此，《萨迦格言》在藏族地区流传广泛，以至于藏区后世出现的多种形式的格言诗，也无不受到它的影响。它是研究藏族伦理思想并反映藏族道德生活状况的一部重要著作。

（二）维吾尔族学者贯云石及其著作中所反映的道德生活

贯云石，维吾尔族名为小云石海牙，元代将领，功臣阿里海牙之孙。对此，《元史》曾为之立传。贯云石的父亲名叫贯只哥，曾被元朝封为楚国总惠公。所以后来他即以父名的首字为姓，改名贯云石，自号酸斋。其父逝世后，即袭其职，任两淮万户府达鲁花赤，镇永州。不久，他便将其官职让与其弟，自己则甘愿作当时著名学者姚燧的门生。时仁宗尚在东宫，听说此举，即选他作了其嫡子英宗的潜邸说书秀才。后仁宗继位，他又先后被任命为翰林侍读学士、中奉大夫、知制诰同修国史。在官场中生活，他愈觉仕途多舛，难以把握，便称疾辞官返江南，"诡姓名，易服色，人无识者"，过起了玩世不恭的隐居生活。直到 1324 年病逝，年仅39 岁。元王朝追封他为"京兆郡公"，谥"文靖"。

贯云石才思敏捷，精通汉语文，擅长诗文词曲及书法，兼通经史。退隐期间曾有《酸斋诗文》、《翰林侍读学士贯父文集》。所著《直解孝经》中，含有丰富的伦理思想和道德观念。

贯云石的伦理思想和道德观念，其特色是他的孝道观。而贯氏孝道观的特点，是既受到孔子孝道思想的影响，又受到维吾尔族古老传统人道思想的熏陶。他的功绩就是将二者有机地结合起来,从而形成了独具特色的孝道观。

贯云石曾向仁宗上万言书,以《孝经》作注解,其用意非常明显。他认为,"孝"是孔子以"仁"为中心的社会伦理政治学说的重要部分。"仁"是劝诫统治者(君王)对下要施"仁政";"孝"是劝诫臣民对统治者尽孝道。按照孔子的说法,"孝弟也者,其为仁之本与"。如果人人都能尽其孝道,就可以"顺天下,民用和睦,上下无怨",进而实现国家的长治久安。

当时元王朝推行严酷的阶级剥削和政治压迫,实行民族分化政策,从而使民族矛盾和阶级矛盾异常激化,加之皇室内部也经常为争夺皇位而发生流血斗争,这样,臣弑君,子弑父,弟弑兄的现象就层出不穷,极大地破坏了封建君主制的君道秩序。深受汉文化影响的贯云石,认为只有通过儒家孝道思想的宣传,才能起到有效维护和巩固封建统治伦理秩序的作用。于是,他不惜花费大力气来对《孝经》进行阐释和注释,并上书仁宗皇帝,倡导"修文德"、"定服色"、"旌勋胄",建议务必要按照君君、臣臣、父父、子子的人伦秩序来治理天下,使上下、尊卑之间各安其分,各守其位,各尽其责,各明尽忠尽孝之理。实际上,贯云石伦理思想和道德观念的核心是强调伦理治国或道德治国,说得更直接一点,就是以孝治国。

从贯云石伦理思想和道德观念的民族特色来看,还体现了汉族伦理思想与维吾尔族伦理思想的相互渗透与交融。

第三节 明朝时期少数民族的道德生活

明朝时期,明政府对边疆少数民族加强了管辖和统治,并实行"以夷治夷"的策略和政策。在西南和南方各少数民族地区,还推行土司制度,建立军事卫所,实行屯田,并逐步在条件成熟的地方推行"改土归流"。同时还在许多地方开设马市、茶市、木市等,进行民族间的贸易,加强了民族联系与往来,促进了各民族的经济发展和思想文化交流。在少数民族中,发展程度仍呈极不平衡的态势:有的经济、文化发展较快,有的则较缓慢。与此相适应,少数民族的道德生活状况也大致如此。需要特别指出的是，这一时期，回族、藏族、白族等少数民族的道德生活状况发展程度较高，其思想文化特别是伦理思想受儒学的影响较大，尤其是回族和白族，他们的伦理著述都是直接用汉文写成的，他们中的一些上层文人大都具有较深厚的汉文功底和汉学造诣，因而其伦理思想和道德观念包括道德生活状况也总是带有日趋汉化的特点。

一   回族学者及其著作所反映的道德生活

（一）回族政治家海瑞及其著作中所反映的道德生活

明代著名政治家海瑞，是个有名的大清官。他在从政的同时，也写过很多著作，其中包含着丰富的伦理思想和道德观念。如他在其所著《乡愿乱德》、《尊师教戒》、《治安疏》、《备志集》、《元祐党人碑考》等文、著中，就特别强调"心"即道德自律的作用。他说："君子之于天下，立己治人而已矣。立己治人孰为之？心为之，心自知之。若得失，心自致之。虽天下之理无微不彰。"

他一生最恨那些知行不一者，认为德行属行，讲学属知，知与行不能画等号，并把那种逃避斗争、脚踏两船、明哲保身、和者为贵的处世哲学称之为"乡愿"或"甘草"作风。他指出："乡愿去大奸恶不甚远。今人不为大恶，必为乡愿，事在一时，流毒后世，乡愿之害如此！"因此，他十分注重道德实践，倡导调查研究，反对阿谀奉承，弄虚作假，偏听偏信。

尤其是在《尊师教戒》中，他还提出了做人的道德标准，阐述了人生活的目的和意义，被后人称之为"讲人生哲学的伦理佳作"。

此外，他还阐发过道德与文艺的有机联系，写过许多切中时弊的政论文，创作了一些抒发其政治抱负和崇高理想的诗歌。在他迭任南京吏部右侍郎、南京右佥都御史等官职期间，力主严惩贪污，禁止馈赠。

由于他一生居官清廉、刚直不阿，故人们给他以很高的道德评价，被誉称为"海青天"。

（二）回族学者李贽《藏书》所反映的道德生活

明代中叶另一位回族出身的李贽（1527—1602），是一位"离经叛道"、富有批判精神的大思想家和伦理学家。他在其所著《藏书》、《续藏书》、《焚书》、《续焚书》、《初潭集》等著作中，鲜明地表现出厌恶道学，反对封建礼教，主张个性解放，男女平等等宝贵的道德思想，为丰富和发展中国伦理思想作出了重要贡献。

仅以《藏书》为例。《藏书》是一部传记体的史评著作，其中包含有丰富的伦理思想。

李贽自称此书"系千百年之是非"，对从战国到元朝1000多年的历史作了新的评价，反映了作者强烈要求打破传统伦理道德束缚的叛逆精神。李贽在《藏书》中，首次将农民起义领袖陈胜列入《世纪》，对其反秦抗暴的举措进行了褒奖和肯定，这在过去是没有先例的。

《藏书》主张是非无定制的观点。作者提出："咸以孔子之是非为是非，故未尝有是非耳。"作者虽然没有否定孔子是圣人，但坚决反对以孔子的言论作为评判是非和善恶的标准。认为如果不考虑实际情况，一味地以孔子之是非而是非，孔子之善恶而善恶，那将是唯圣崇圣的极端蒙昧主义的表现。在作者看来，是非、善恶决不是亘古不变、如始如初，而是随时变化的："如岁时然，昼夜更迭，不相一也。昨日是而今日非也，今日非而后日又是矣。虽使孔夫子复生于今，又不知作如何是非也，而可以遽以定本行罚赏哉！"作者认为，无论是孔圣人，还是儒学经典，都不是"万世之至论"，进而主张独立思考，万不可盲目迷信圣贤的权威。这些思想，公开表现出作者具有"颠倒千万世之是非"的大无畏精神，对解放人们的思想起过一定的作用。

《藏书》主张"私者人之心"的功利主义要求。针对当时御用学者只宣传不顾人民死活的封建礼教，把当圣贤看成是第一等事，把人民的生活愿望看成是不合法的"人欲"，李贽则反其道而行之，提出了"穿衣吃饭，即是人伦物理。除却穿衣吃饭，无伦物矣。世间种种皆衣与饭耳"。这就充分肯定了人的欲望是正当的，认为人不应当克制其欲望，就连道德修养也离不开生活的满足。李氏毫不掩饰道德的功利实质，斥责那些口头上忧劳天下、国家，实际上却满心打算发财致富、买田置产的虚伪的学者们完全背离了圣人"察迩言"的宗旨。

他进而提出了"人心自私"的论点。他说："夫私者，人之心也。人必有私，而后其心乃见；若无私，则无心矣。"李氏以此为据，从道德观念与物质利益相联系的观点出发，进一步把功利作为评价道德的依据。他举例说，就连秦始皇、汉武帝等也有谋利计功之心，人人概莫能外。"财之与势，固英雄之所必资，虽大圣人不能无势力之心，则知势利之心亦吾人秉赋之自然矣"。在作者看来，只讲正义，不讲功利的学说是行不通的。如果无利，也就不必讲正义，讲正义的目的也是为了获得利益。由此可见，李贽公开倡导功利主义的道德观，是与当时封建卫道士们的"正统"思想大相径庭的。这种认识后来直接成为顾炎武、颜元等人反对空谈心性，主张经世致用，讲求实利等思想观点的先导。

由于《藏书》中的许多道德主张与当时封建卫道士们的思想相左，故这一著作在明、清两朝皆遭到焚禁，作者本人在生前也遭到封建统治者的污蔑和迫害。但他的思想却对后人产生了极大的影响，大部分著作还是被当时一些有识之士冒着生命危险给保存了下来。

此外，李贽还向人们提出了辨别"智者与愚人"即区分"好人与坏人"的标准。如他在人性问题上，他主张"人必自私"，认为"夫私者，人之心也，人必有私，而后其心乃见；若无私，则无心矣。"他还进一步指出："趋利避害，人人同心，是谓天成，是谓众巧。"这正好与道学家们所鼓吹的"人性本善"的观点相对立。

不仅如此，他还以人心自私为依据，从道德观念与物质利益相联系的观点出发，进而把功利作为道德评价的尺度。他说："天下曷尝有不计功谋利之人哉！若不是真实知其有利益于我，可以成吾之大功，则乌用正义明道为耶？""夫欲正义，是利之也。若不谋利，不正可矣。吾道苟明，则吾之功毕矣；若不计功，道又何时而可明也。"在李贽看来，人人都有谋利计功之心，正义明道的目的就在这里；而行仁义是为了功利，功利则是衡量是否实现仁义的准则。

在反对封建专制的等级秩序问题上，提倡朴素平等的"致一之理"，要求突破尊尊卑卑的界限。他说："侯王不知致一之道与庶人同等，故不免以贵自高。高者必蹶下其基也，贵者必蹶其本也，何也？致一之理，庶人非下，侯王非高。在庶人可言贵，在侯王可言贱，特未之知耳。……人见其有贵有贱，有高有下，而不知其致之一也，何尝有所谓高下贵贱者哉！"进而主张君有君道，臣有臣道，处理君臣关系不能只讲臣忠于君，应该说君亦有一定的道德义务。君臣以义相交，臣下不必为暴君尽忠。这就大胆地冲击了臣必须绝对或无条件地服从于君、忠于君的思想。

在道德批判上，他揭露道学家们"口谈道德而心存高官"的虚伪本质，认为历来的道学家们都是一批"无才无学、无为无识"的蠢才，他们讲道学的目的是为了攫取名誉官禄，其实他们都是一些言不顾行，行不顾言的伪君子。在道德理想上，李贽追求"至道无为，至治无声，至教无言"的道德境界，企图用"至人之治"来代替腐败的社会现实。

尤其在对待妇女问题上，李贽针对传统的男尊女卑的道德观念，更是表现出离经叛道的倾向。他首先从人伦关系的角度，肯定了妇女对人类社会的重要作用；然后又分析了男女双方的才能，认为在智力上男女是平等的，进而批判了那种把国家兴亡之罪过最终归咎于妇女的错误观点；并公开主张寡妇可以再嫁，婚姻应该自主，夫妻双方要互敬互爱。宋明学者多从封建伦理纲常的角度评价卓文君私奔司马相如一事，指责卓氏此举是"失节"、"失身"。而李贽却认为这完全是"斗筲小人"的观点，他坚决反对"饿死事小，失节事大"的说教，称赞卓文君"正获身，非失身"，能够"早自抉择"，喜得"佳偶"。李氏甚至认为《红拂记》中的侠女私奔"可师可法，可敬可羡"，进而主张男女应自由恋爱与结合。这些思想的锋芒所向，直接贯穿了对整个封建礼教制度下男尊女卑思想的大胆否定和批判。因而对当时和后世都产生了重大影响。

（三）回族王岱舆的《正教真诠》所反映的道德生活

回族中先后出现的一些伊斯兰教学者、伦理思想家，他们在各自的著作中，把本民族的伦理思想和中国传统的儒学伦理思想以及伊斯兰教伦理思想结合起来，提出了许多具有中国伊斯兰教特点的宗教伦理思想，为丰富和发展回族伦理思想作出了贡献。如明末清初著名的回族伊斯兰教学者、伦理思想家王岱舆（约1560—1660年），在其《正教真诠》、《清真大学》、《希真正答》等充满了宗教伦理思想的著作中，以伊斯兰教教义为轴心，熔社会道德与宗教道德于一炉，提出了一系列的道德主张。

以《正教真诠》为例，其中的宗教伦理思想就很值得人们耐人寻味。该书主张前定与自由的善恶起源论。认为："成立善恶乃前定，作用善恶乃自由。若无前定，亦无自由。非自由不显前定，然自由不碍前定，前定不碍自由，似并立而非并立也。"进而作者又发表了关于伊斯兰教真主的前定与人的意志自由相互间关系的见解："我教有前定自由……前定者主也，自由者人也。未有天地之先，真主显大命而挈万有之纲，各正性命，万理森具，是时善恶之因已具，高下之品已设。""不知善恶虽由于气禀。

而其所以善所以恶先天早已安排，譬如石中之火，已具炎炎之理，果中之仁已含生生之机，时至则发泄耳。"当有人问及理念世界本是纯清大明的，何来善恶时，王岱舆答道："善恶乃后天人为，非先天实有，但赋性各有次第，有次第即有高下。是理世本无善恶，而却有可善可恶之因，及至后天禀气有清浊，则遂歧而为善为恶。是以圣人之道贵化气质而明真德也。"

王氏关于前定与自由的善恶起源论，是由伊斯兰教中真主创造万物的本体论所决定的，也是他全部宗教伦理思想的基础。王氏的思想受到伊斯兰教中穆尔太齐赖派"意志自由论"和伊本·迈斯凯维把善恶与人性相联系以及宋明理学关于理、气、天命之性、气质之性、天理、人欲等一系列观点的影响。由此出发，他提出了"化气质而还其本来之原德"、"正学有三，修身也，明心也，归真也。归真可以认主，明心可以见性，修身可以治国"及"凡孝悌忠信礼义廉耻之间，但有亏损，即于天人之道不全"等思想。

王岱舆提倡顺主、忠君、孝亲的伦理纲常。他认为："夫人生有三要，敬主也，忠君也，孝亲也。"并引据伊斯兰教经典论证了三者的关系。他说："经（指《古兰经》）云尔民事主及亲。故事主以下，莫大乎事亲。孝也者其为人之本欤！道德所以事主，仁义所以事亲。忠主者必孝，行孝者必忠，忠孝两全，方为至道。"他强调人们既要顺从真主，又要忠君孝亲，这才是"真忠正真"。否则就是"左道旁门"、"异端邪说"。只顺从真主而不忠君、孝亲，也不能全面履行做人的义务，没有完成对主的功业。

在此基础上，王岱舆还解决了中国穆斯林当时遇到的一个棘手问题，即对君亲行叩拜礼的问题。按《古兰经》规定："除他（指真主）外，绝无应受崇拜的。"王氏提出顺主、忠君、孝亲三位一体，主张"至敬以叩拜为尊，虽君亲不得而分致"，"臣子礼拜君亲，不似礼拜真主，盖主仆之间自有分别之礼，非不拜也"。即既要拜真主，也要拜君亲，形式不同而已。王岱舆从理论上较好地解决了封建时代中国穆斯林所遇到的"二元忠诚"，即既要顺主又要忠君、孝亲，二者并行不悖的伦理关系问题。

此外，作者还对儒家所一贯倡导的孝道伦理纲常作了颇富创见性的发挥。他说："吾教之道，不孝有五，绝后为大……所谓绝后者，非绝子嗣之谓，乃失学也。何者？一人有学穷则善身，达则善世，流芳千古，四海尊崇，虽死犹生，何绝之有？有子失学，不认主，不孝亲，不体圣，不知法，轻犯宪章，累及宗族，虽生犹死，何后之有？所以清真教之绝后，乃子失学，归责父母，罪莫大焉……所谓孝为百行之源者，岂徒绝后，乃子失学，归责父母，罪莫大焉……所谓孝为百行之源者，岂徒绝后，乃子失学，归责父母。"他把"有子失学"提升到"不孝"的伦理高度，认为"孝"是百行之源的思想，这在伊斯兰教和中国封建社会的伦理思想发展史上，均属前无古人。

在处理人际关系上，王岱舆还提倡"克己济人，四海可为兄弟。故吾教处昆弟朋友亲戚邻里间无他道，唯忠恕而已"。王岱舆在《正教真诠》的《人品》、《夫妇》篇中，认为"五常"应以夫妇为首，把君臣父子关系置于夫妇关系之下，这乃是对封建伦理纲常的一个很大冲击。

《正教真诠》主张正心、克己、习学的道德修养论。作者从"前定"与"自由"的善恶观出发，认为"性乃各物之本然，先天受命有次第，后天负气有清浊，故其发用，用善恶之不同"，当性发而为情时，"或徇乎气质之偏，或夺于外感之私，则习于善而善，习于恶而恶者有之矣"，只有"化气质还其本来之原德，才能由恶变善"。

他认为，人之道德修养，应从"正心"入手，"夫人一身有视听闻言之妙，而总括于正心之理，心理不明，通身皆不治矣"。"正心"则须"事必以正，戒谨恐惧"。具体地说，就是要"非礼勿视，非礼勿听，非礼勿言，非礼勿动"。为此，王氏还提出了"三德"、"十行"的修养方法及内容。"三德"即"心信、口诵、力行"。其中心信与口诵，是指宗教道德信念与修持，力行即指宗教道德实践。"十行"的内容是：节饮食、节言语、节睡眠、悔过、僻修、甘贫、安分、忍耐、顺服、乐从。这是对道德修养的具体要求。

他吸收了苏菲派苦行禁欲的修道方法，把宗教上的禁欲主义与儒家的"安贫乐道"相结合，与宋明理学"存天理，灭人欲"一样，实质上是要广大人民尽量抛弃物质欲望，安于被剥削、被压迫的地位。他要求人们克己并听命于冥冥之中的真主。"听命为天道，克己为人道，互相表里，发于一心。"

在本书中，王岱舆还把"习学"作为道德修养的一个重要方面来要求，视之为"人道之指南，修德之准绳"，并强调这是"教律"所规定。

王岱舆在《正教真诠》中，还强调了"两世"观念。作者从灵魂不灭的观点出发，既信仰来世，又注重现世；既有对天堂的设想，又有改造和建设现实世界的蓝图；既有关于教义、教律的信条，又有关于社会结构、人与人之间关系等政治、法律、教育、伦理等方面的规定。王岱舆据此说，把今世看作"客寓"，视为"梦幻"，颇类佛老，但他并不认为今生人世是空幻不实的，他把两世观同生死观紧密联系在一起，用儒学"经世致用"的思想去解释伊斯兰教徒现实的社会生活，指出人的灵魂不灭，生死只是两途而已。人们不必贪生怕死。他强调"真实善恶，不离当体，生死两途，原栖遽庐"，"尘世乃古今一大戏场"。但他并未让人们去悲观厌世，逃避现实，而是指出"患莫大于心死，而身死次之"。并强调"今世乃后世之田，栽花者得花，种棘者得棘"，"善恶不离当体"，主张人们应当尽量去恶从善，"真宰（指真主——引者注）欲降之大任，必先苦其心志，饿其体肤，劳其筋骨，经历艰难，奈何以戏场了其一生乎？"可见，作者受汉族某些文人的思想影响，对现实世界和社会生活也是非常重视的。

总体上来讲，王岱舆在《正教真诠》中所阐述的宗教伦理思想，其最大的贡献就在于他能够把伊斯兰教的宗教伦理思想与中国社会的世俗生活特点相结合，以神学目的论为统率，提出了一系列富有思辨色彩的理论，并力图使之成为回族人民日常生活中思想和行为的规范，而且确实在回族宗教伦理思想和社会道德方面发生了重大影响。

二 维吾尔族、蒙古族学者及其著作所反映的道德生活

（一）维吾尔族学者艾里什尔·那瓦依及其著作所反映的道德生活

艾里什尔·那瓦依，生于公元 1441 年，卒于 1510 年，享年 69 岁。那瓦依出身于知识分子家庭，从小受过良好的家庭教育。其家原在中亚，后随父迁伊拉克塔克斯城。他的一生大部分时间是在侯赛因·拜卡拉的宫廷中度过的，曾任苏丹的谋臣，官居宰相。后因种种原因，晚年离开宫廷过上了隐居并潜心著述的生活。

艾里什尔·那瓦依的伦理思想和道德观念带有浓厚的人本主义即以人为中心的特点。他认为，上帝造万物，而最后的目的也是最高的目的，就

是要造出人来。可以说，上帝造物中，人是"最伟大的"。人不仅具有"最高的美"，甚至连一切天仙都得向人磕头和祈祷。他说："被创造的最根本的目的物——人，是你（上帝）的意图。你计划创造一切事物的时候，把其中的一支，给予一个心灵，这个心灵是被当作智慧的宝藏来创造的……作为你的隐蔽室。这样，你创造人以后，便把自己隐蔽起来，你的实体看不见了。而在你创造的那些人的心灵宝藏中则把你的一切能力显现出来。这就是说，使人代替了你自己。"（《曼泰库提·泰衣尔》，《鸟的语言》序诗部分）他还说："上帝创造人的时候，一切天仙都向这个人磕头、祈祷。"（《阿衣拉通木·阿不拉尔》）很明显，那瓦依虽然坚持人是由上帝创造的，但又认为人是上帝的代表，理应受到重视和尊重。同时他还认为，无论是个人、家庭，还是国家，其最高目的都是要为人的幸福服务。作为君主们或国王们，都应把人看成是上帝，人类一切活动的出发点和归宿都应该以人为中心而展开。因此，他认为：一个人的真正价值，就是他应该阐述并说明人类的问题；上帝本来就在世界之中，亦即人自己，故此应让人自我尊重，热爱生活；无论哪个民族，信仰什么宗教，男人女人都应该是平等的。

尤为值得注意的是，那瓦依在当时的情况下，不仅强调了人的重要性，而且还提出了男女平等的思想。他说："在神的这一高峰上，男女是没有区别的，无论是日耳曼人还是印度人都是如此。"（《五部诗集》）他甚至认为少数品质贤良的女人可以超过众多品质不好的男人："同千百个不纯洁的男人比较，一个纯洁女人所做的，要高尚得多，纯粹得多，善良得多。"（《五部诗集》）应该说，这个思想是难能可贵的，具有作为一个学者认识水平上的超前性。

艾里什尔·那瓦依在论及其社会伦理道德观时，认为要建立一个合理的社会和理想的国家，国王是至关重要的。强调要改善社会状况，治理好国家，就必须要通过公正的政策和道路，把一个不好的国王改变成一个贤良的国君。在他看来，国王无论是属于哪个民族，或信奉何种宗教，只要他公平、正直而又贤良，知人善任，德法兼施，就可以把一个业已很糟糕很衰败的国家治理成为一个繁荣兴旺的国家。在谈到好坏国王的作用时，他指出："一个非穆斯林的好国王可以把坏国家变好，一个穆斯林的暴君也可以把好端端的国家变坏。"（《七星图》）可见，在宗教氛围很浓的背景下，谈到国君好坏的标准时，他不以宗教或民族为限，表现了视野的开阔性和思想的广容性，完全是一种理性认识升华的结果。这与他的泛爱论思想也是相一致的。他说："我所爱的，不管是什么人，以色列人或者印度人，我都爱。但皇帝们爱的却是金子或者其他宝贝。"（《五部诗集》）这种多少带有一点博爱胸怀的思想境界在当时的情况下也是非常可贵的。

在道德评价上，艾里什尔·那瓦依对人所具有的谦虚、忠实、忠诚、知足、说真话等优良品质都作了很高的评价。譬如忠诚，他说："忠诚对于人，对于宇宙是最高、最宝贵的，就像皇冠上面的宝石。"（《五部诗集》）他认为，人与人之间的不忠实乃是人类社会莫大的悲剧。而对那些吝啬、刻薄、骄傲、不忠实、狡猾、说假话、懒惰、嫉妒、顽固、贪欲、酗酒等坏品质，则从否定性道德评价上给予了无情的批判和谴责。他特别推崇勇敢精神和具有勇敢行为的人。他说："勇敢的人为人服务的时候总是不回避的，就是从天上往他的头上下雨、下石头也是不回避的。"（《五部诗集》）他认为凡是作恶多端、干尽坏事的人，哪怕一时得逞，但最终结果是既害人又害己。故他特地告诫人们说："你不要以为那些做坏事的、自己的钱袋里已经装满了金币的人，是得到了好处，实际上它那里面已经集中了给自己带来了危害的东西。"（《五部诗集》）应该说，这些劝告和主张，对于引导人们弃恶扬善，张扬善行，遏制恶行，还是有明显的效果的。

艾里什尔·那瓦依的伦理思想和道德观念，如果悉心剥去其宗教唯心主义的外壳，无疑还是能发现有许多合理的内核。对此，我们同样需要持批评继承的态度来分析和对待。

（二）蒙古族史诗《江格尔》所反映的道德生活

《江格尔》是蒙古族一部富于伦理思想和道德观念的英雄史诗，是中国少数民族三大史诗之一，也是世界著名长篇史诗之一。它产生于卫拉特部氏族社会，到明代已基本定型。在蒙古族居住区及相邻地区广为流传，具有深厚的民众基础。这部史诗由数十部作品组成，除序诗外，各部作品均有一个完整的故事，可独立成篇，便于在游牧地区演唱，但又以英雄江格尔等一批人物为主线，使之前后贯穿为一体，向人们广泛地揭示和反映了蒙古族人民历经几个时代的社会道德风貌和各种伦理道德观念。

在道德理想与社会理想上，《江格尔》通篇所表现出来的主题思想，是渴望建立一个"理想国",并希望和要求生活于"理想国"中的英雄、勇士及人们为保卫它而英勇斗争。史诗这样赞美道:"在吉祥幸福的宝木巴地方/没有死亡,万古长青/人们永远像二十五岁的青年/寒冬永逝,四季如春/炎夏不返,清秋宜人/微风习习,细雨蒙蒙。"史诗把英雄江格尔领导人民生活的地方——阿鲁宝木巴,称之为"北方的天堂"(实际上只是一个氏族公社末期的强大部落联盟,处于氏族社会向奴隶制转化时期的社会组织,已具有某种国家的强制职能)。史诗描写这里不仅风景如画,人寿年丰,而且"没有战乱","没有孤寡",人民安居乐业,户户家室充盈,共同承担着建设和保卫它的神圣责任。它要求人们"把生命交给刀枪,把赤诚献给宝木巴天堂"。这是蒙古族人民作为一种观念形态的道德理想和社会理想在史诗中的反映,希望出现一个无阶级压迫和民族剥削的合理的社会制度,充满了对美好生活的追求和向往。

在保卫家乡与抵御外侮的斗争中,《江格尔》以要求建立"乌托邦"式的"理想国"为基点,生发出强烈的爱国主义思想。史诗描绘"宝木巴天堂"创建后,出现了令人神往的社会环境和淳朴的风土人情,部落民之间"亲如兄弟"、"团结如粘",草原美丽富饶,牛羊成群骏马奔腾,宫殿雄伟壮丽。这片"和平乐土",引起了魔鬼们的憎恨。他们垂涎欲滴,不断侵犯宝木巴宝地。劫马贼阿里亚·孟古里刚被打败,残暴的芒乃汗就遣使向江格尔提出屈辱性的议和条件,接着又挑起了战争。暴虐无道的黑拉根汗刚被勇士萨布尔俘获,土尔克汗又图谋不轨,妄想倚仗自己拥有百万匹铁骑的优势来踏平宝木巴这块理想乐园。在具有英雄理想人格典范的江格尔的领导下,众多的勇士和民众为保卫家乡,抵御外侮,表现出了崇高的爱国主义思想感情。在他们心目中,宝木巴既是自己美丽的家乡,也是神圣不可侵犯的国土。谁敢来犯,哪怕献出生命也要誓死保卫。上至英雄江格尔和众多的勇士,下自普通民众,他们个个都疾恶如仇,同仇敌忾,随时准备着"把头颅系在枪尖刀刃上",为国土不受侵犯和人民的自由幸福而捐躯献身。在同敌人的决战中,他们无不表现出不怕牺牲的精神。战斗中,他们"忘记了两个字——后退","重复着两个字——前进"!即使单人独马陷入敌军重围,他们也决不后退;即使在惨遭敌人杀害前的最后一刻,他们也要用宣誓来表达自己视死如归的英雄气节:"受了一百年的折磨也不求饶,遭受六年的抽打也不屈节。"当勇士洪古尔在敌人的战马拖拉下血肉模糊时，连八岁的小牧童也敢于冒着生命危险去给江格尔报信。在他们看来："死亡，是生命的静养，只是一个瞬间"，"死有什么可怕？不过是洒一腔赤血，留一堆白骨！"这部具有强烈的爱国主义、英雄主义精神的大型史诗，后来一直是蒙古族人民近现代爱国主义思想得以升华和发展的源泉。即便是现在，也是对人民进行爱国主义传统教育的好素材。

在道德评价上，史诗表现出江格尔的道德品质具有双重属性：一方面，它描写江格尔是宝木巴国家的缔造者、组织者和领导者，勇士和人民赖以团结的核心。在人民心目中，江格尔是宝木巴繁荣兴旺的象征，是"理想国"的精神支柱，没有他就没有宝木巴的一切。指出他在创建"理想国"的过程中，招贤纳士，网罗人才，组织领导6012名勇士和500万奴隶胜利地进行了多次故乡保卫战。他在一次出走之后，残暴的西拉·胡鲁库血洗宝木巴，待他返回后，立即冒着生命危险消灭了敌人和鬼怪，使勇士洪古尔等起死回生，并振奋精神重建家园，使宝木巴又发出了欢歌笑语。另一方面，史诗描写在他的身上，同时也存在着一些严重的缺陷。如当强敌进犯时，他有时哭泣哀告，甚至妥协屈服；凶悍的芒乃汗向他提出五项屈辱性议和条件，他不战而降，轻易答应把战马和与他同生死共患难的战友明彦等拱手献给敌人。他的救命恩人、结义兄弟洪古尔坚持抗战，誓不投降，他竟然怒斥洪古尔违抗君命，下令将其捆绑，逼得洪古尔离家出走。正当宝木巴在勇士和民众的英勇保卫和辛勤劳作下日显繁荣兴旺的时候，他却悄然出走，跑到遥远的异国他乡去娶妻生子，乐不思蜀，结果使宝木巴惨遭敌人血洗，昔日的"天堂"顷刻变为一片废墟。在强敌面前，他往往无力守土御敌，却觊觎邻近部落的领土和财富，并制造借口驱使勇士们出征。这就使江格尔这一英雄理想人格的光辉形象受到某种程度的损害，使他所固有的美德大为失色。尽管这样，却并不妨碍江格尔仍然是古代蒙古族人民所讴歌和赞美的英雄理想人格典范。但是，史诗对江格尔道德品质双重性特点的揭示与评价，正好贯穿了"金无足赤，人无完人"的思想，这是符合当时的历史状况和生活实际的。

《江格尔》所描绘的是群英辈出的英雄时代。史诗除讴歌和赞美了江格尔这一英雄理想人格外，还用极大的篇幅讴歌和赞美了洪古尔、阿拉坦策吉、萨纳拉、萨布尔、古恩拜、明彦、哈布图、凯·吉拉干等英雄群像的理想人格，描绘他们共同具有疾恶如仇、勇猛善战、忠于人民、注重义气、珍视友情等优秀道德品质。但具体到每个人身上，却又有不同的特点。如智多星阿拉坦策吉富于智慧，能"牢记过去九十九年的祸福"，能"预知未来九十九年的吉凶"；铁臂力士萨布尔具有"刚毅、勇敢"的大无畏品质；勇士萨纳拉具有坚忍不拔、任劳任怨的品质；美男子明彦从外表到内心都像水晶石一样纯真；等等。其中尤其以理想化色彩盛赞了"红色雄狮"洪古尔的人格光辉：描绘他自幼心地善良，见义勇为，曾几次搭救过江格尔的生命。在保卫"宝木巴天堂"中，他屡建奇功，多次发挥过关键性作用，以至于成为支撑宝木巴的栋梁之才。他身上既有正直、刚毅、勇敢的优秀品德，又有热爱故乡，疾恶如仇，痛恨侵略者，蔑视屈膝投降行为的高尚感情。在敌人的淫威面前，他仗义执言，拒不投降："与其到异地外邦充当拾粪拣柴的奴仆，不如在故乡的甘泉旁边把鲜血流完！"他既不向投降主义屈服，也不负气出走，而是以部落整体利益为重，忍辱负重，把满腔怨愤化作克敌制胜的强大力量。由于他武艺高强，道德完美，且从不恃强抑弱，目空一切，也不嫉贤妒能，颐指气使，因此史诗写道：在他的身上集中了"蒙古人的九十九个优点"，几乎体现了草原勇士们的一切优秀品质。连江格尔也夸赞他是"温暖我的太阳"，是"我上阵的弹丸和刀枪"。伙伴们更是亲昵地称他为"淳朴厚实的洪古尔"。仅从洪古尔身上所体现出来的英雄理想人格的完美程度而言，甚至超过了江格尔。但史诗之所以以江格尔命名，并以他为主帅人物，就因为江格尔是"大海兆拉汗"的后裔，尽管江格尔人格上存在缺陷，道德并不完美，人们也得拥戴并赞颂他。而像洪古尔这样堪称尽善尽美的理想人格典范，由于出身不太高贵，地位比较低下，因此注定他不能成为史诗中的中心人物而只能充当一名重要的配角。说明在"理想国"宝木巴，并非一切都美妙幸福，事实上也存在着明显的血统观念、等级观念和阶级差别。加上史诗的产生与流传已经历了原始公有制、奴隶制和封建制几个社会形态，作者的世界观、人生观、价值观（包括对道德评价的尺度）也必然会受到统治阶级"正统观念"的影响。

在婚恋道德观上，《江格尔》还用一定篇幅歌颂了人们为寻求真正的爱情，不怕经受各种考验与磨炼，从而表现出忠贞、专一的品质与感情。但也渗进了一些喇嘛教徒劝善惩恶的道德说教。

总之,《江格尔》所反映出来的伦理思想和道德观念,是建立在与原始社会、奴隶社会和封建社会相适应的经济基础之上的,并与蒙古族人民传统的宗教信仰及风俗习惯混搅在一起,因此不可避免地会带有历史的和时代的局限性。但是通篇所贯穿的道德理想和社会理想,却集中地反映了蒙古族人民渴望建立一个合理的社会制度并盼望能过上幸福美好生活的道德追求与向往。尽管这在当时的社会历史条件下是不可能实现的,但它却能给人们带来慰藉,带来信心和希望,增添了斗争的勇气和力量。特别是史诗中所具有的爱国主义的思想感情和道德评价的标准,也集中体现了蒙古族人民的善恶观念、是非观念及好恶感情,因而对后世产生了重大的影响。甚至连高尔基也曾经高度评价它是一部"完全没有悲观的情调"的作品。其道德进取性意识始终是史诗的主流。可以说,《江格尔》是人们了解和研究蒙古族人民古代伦理思想及其道德观念的重要诗著。

三 藏、布依、白族的道德生活

(一)藏族学者索南扎巴《甘丹格言》所反映的道德生活

《甘丹格言》,为明朝时期西藏第三世达赖喇嘛索南嘉措之师索南扎巴(1478—1554)所著。是藏族史上继《萨嘉格言》之后的又一部格言诗体性伦理学著作。它所涉及的内容同样反映了当时人们的道德生活状况。

《甘丹格言》向人们提出了辨别"智者与愚人"即区分"好人与坏人"的标准。作者认为"智者"与"愚人"之间沟岸相隔,决不可同日而语,而区分二者的尺度只有以佛教为准绳。

作者在书中提倡刻苦学习,反对懒惰:"智者求习学问时,虽苦也忍耐坚持;请看下海虽艰难,为取宝贝心喜欢!愚者好逸又懒惰,不学怎把知识获?请看不务商与农,这种人家多贫穷!"

作者颂扬团结,反对分裂:"智者开始难分裂,即使分裂也易合;请看果树难截断,若是嫁接易成活。愚者最初易分裂,分裂之后难再合;请看木炭碎成段,没有办法再粘合。"

作者主张洁身自好,反对贪恋钱财:"智者不重美衣食,而以美誉为光荣,请看英雄不他求,专要战场得胜利。愚者特别轻美名,稍有财产以为荣,请看偷窃抢劫者,总以衣饰显美容。"

作者赞美谦虚，批评自满："智者量大不声响，恰恰表示深而广；请看海水缓缓流，它的深度难测量。愚者自满到处讲，正好表明识不广；请看小溪喧声大，溪底深浅极易量。"

作者颂扬临危不惧，贬斥怯懦退缩："智者遇到重要关头，对任何敌人都不惧愁；请看帝释天王一人，打败非天全部队伍。愚者碰到重要关头，一点小事也要惧愁；请看把人错当'水漏'，老虎吓得心裂命休。"

此外，作者还用相当的篇幅赞美败不馁、运用智谋化险为夷；批评一蹶不振、盲目乱拼、骄傲上当等行为。

作者用一正一反的对比反衬手法，把正确与错误、好与坏、真与假、美与丑、善与恶、高尚与卑劣等道德现象与道德行为昭示出来，目的是要人们辨别真伪，察识好歹，学做好人，争做善事，向善去恶，戒恶扬善。

因该书作者是位上层宗教徒，故格言诗中总是充斥了不少宗教道德的说教，如"修持苦行解脱一切，得以成佛永远幸福"；"如意珍宝价值无量，精通佛法智者最强，聪慧坚定和善之人，宣讲佛法名闻四方"等。但剔除其宗教性因素，格言诗中仍有许多内容是属于藏族传统美德的成分，至今仍能给人们以启迪和教益。

（二）布依族《黄氏宗谱》所反映的道德生活

布依族人的《黄氏宗谱》，实际上是贵州罗甸县土司于明成化二年（1466 年）所修订的族谱，其中有关内容反映了布依族上层人物的封建伦理思想和道德生活状况。

明朝时期，统治阶级吸取唐末诸侯割据，不利于中央集权的教训，为肃清元朝残余势力和地方势力，便采取了大规模的"调北填南"、"调北征南"等移民措施，于永乐十一年（1413 年）建立贵州布政使司，加强中央政权对边疆民族地区的控制。随着民族间经济文化交流的日益频繁，必然导致各民族伦理道德上的相互吸收和交融。布依族上层封建主受汉族意识形态的影响很大，一些有权势的大姓纷纷制定族谱，直接把汉族的伦理道德观念纳入其中，作为本宗本族的言行规范。《黄氏宗谱》即是其中之一。

《黄氏宗谱》中含有丰富的伦理思想和道德观念。它首先追述了从宋至明的 400 多年间，黄氏宗族的祖先遵从中央王朝的调遣，征战辽西、粤西、黔中，甚至"跨海南征"的事迹。然后告诫子孙一定要把"忠君"放在首位，一定要懂得"忠君爱国传家"的道理。对此，《黄氏宗谱》说：

> 沐雨栉风，鞠躬尽瘁，无非以忠君爱国传家之意。故祖训八条，首以忠爱展其端。全奉旧世，追维往训，推广数教诲之心。先申忠爱之义，用是以尔子孙等宣示之。孔子曰："臣事君以忠，是知为臣之道。无他，为在忠为已矣。"益忠始能敬尔在公；忠始能慎乃有位，忠始能惨惨畏咎，忠始能蹇蹇匪躬，忠始能致其身而不顾其身，忠始能敬其事而鲜败其事。……有官守者，食其土当报其恩。为其臣当敬其事。受恩不报，非忠也，执事不敬，非忠也。我事君不忠于君，民事我亦不忠于我，上行下效，若是其甚可不惧钦？夫为臣不忠，独不恩君之所赐，我以斯土者何为，而我之所以守斯土者又何为？

这实际上是对宋明以来汉族儒学的"忠君"思想作了系统而又明确的阐述。把"忠君爱国传家"看成是三位一体，并置忠君于首位，这对封建上层贵族来说，无疑是最关键、最重要的政治道德规范。

为了从理性认识的高度来说明忠君之必要，除了对忠君思想作了详细而又具体的论述外，还明确告诫族孙："我事君不忠于君，民事我亦不忠于我"，如此一来，"上行下效，若是其甚可不惧钦！"皇帝是土司的靠山，皇帝一倒，土司焉存？所以布依族黄氏宗族的土司们是认识到了这一点的。他们强调"忠君"，从自身的宗族利益来看，也不过是为了稳固自己在本民族地区的统治地位。当然，客观上也有利于中央集权的巩固和边疆民族地区的社会稳定。

《黄氏宗谱》还提出了"致君与泽民并重"的思想。它说：

> 致君与泽民并重。民者君之子，以爱子之心爱民。君者民之天，即敬天之诚敬君。愚昧焉不察致自弃于臣职之外，苟能敬慎自凛，而知事君难，治民不易。无时忘忠君爱子之心，不愧朕之股肱，可以为民之父母，人臣之职庶尽矣。孟子曰："不以舜之所以事尧事，不敬其君者也；不以尧君所以治民，民贼其民也。"尔子孙其父母，视为具文焉。

从人伦纲常和道德关系的角度，它把封建社会中的君民、臣民关系皆解释为父母与子女的家族血缘关系，要求君主要"以爱子之心"去"爱民"，时刻不忘自己是"为民之父母"，颇带有"民为邦本"的思想。这种思想相对于那种只是一味地把人民看成是土司和领主的奴隶与牛马的奴隶制或农奴制思想，显然已有其积极进步的一面。

《黄氏宗谱》中极富伦理道德观念的是《祖训八条》。此八条是：敦孝悌以尽人伦，笃宗族以昭亲睦，正男女以杜蒸淫，勤农桑以足衣食，设家塾以训子弟，修祖祠以荐蒸尝，保人民以固土地等，并分别对之作了较详细的阐述。如在阐述"孝悌"的思想观念时，谱中说：

> 孝悌也者，天之经、地之义、人之行也。人不知孝顺父母，独不思父母爱子之心乎。方其未离怀抱，饥不能自食，寒不能自衣，为父母者审声音察行色，笑则为之喜，啼则为之忧，行动蛙步不难，疾疼寝食俱废，以养以教至于成人，复为之据家室，谋生理，百计经营，心力俱瘁，父母之恩德实同昊天罔极。人子欲报父母于万一，外竭其力，冬温夏清，昏定晨省，无论贫与富，止求绳以诚。孝惟在乎色难，孝不在乎能养。爱之喜而不忘，恶之劳而不怨。卧冰岂能酬就湿之恩，哭笋稍可极移乾之惠……致若父有家子称之家督，弟有伯兄尊为家长。凡日用出入，事无大小，尔弟子当咨禀焉。执尔颜坐必安，正尔容听必荣，有赐不敢辞，有对则必让，于豆觞则受其恶，于衽席则坐于隅，行宜后而莫先，居宜下而莫上……在朝为忠义之臣，在行间为忠勇之士。尔子孙宜体其意，务使出于心诚，竭其力之既尽，一念孝悌，积而至于念皆然，身体力行……尧舜之道，孝悌而已。

《黄氏宗谱》不仅把"孝悌"看成是"天经地义人行"之事，而且将其视为政治道德规范的基础，强调"尧舜之道，孝悌而已"。进而要求人们"务使出于心诚，身体力行"，由观念转化为行动。这些思想与儒家的孝悌观如出一辙。

男女关系是封建社会中最为重要的伦理纲常关系。《黄氏宗谱》在论证这一关系时，引经据典地阐述道：

《易》曰："乾道成男，坤道成女。"是知男正位于外，女正位于内，天地之大义也。……为伯翁者坐必别室，勿围婶媳之炉；为婶媳者，行不复堂，须避伯翁之面；则伯翁之道正矣。叔嫂虽无避面，亦有嫌疑；子与妹虽属同根，当顾廉耻；盖子叔年轻六尺，不行嫂妹之闺，嫂妹贞字十年，不入子叔之室；有秩序之别，无戏谑之风；则子妹叔嫂之道正矣。至若族侄孙伯叔妣以及伯叔祖妣，无论上治下治旁治，自服外及服内，本友百世，皆无不然。若男不男，女不女，不畏父母诸兄……实为家法所难容，而国法所不恕也。尔子孙务交胥正，将见家道昌隆，子孙万亿矣。

这一番议论，都是讲的"正男女"。所谓"正男女"，即不外乎是"男女有别"、"男女之大防"而已。其中还贯穿了"男尊女卑"以及妇女必须恪守贞节等封建的婚姻家庭道德规范，并认为这是"天地之大义"。如果社会上出现"男不男，女不女"，儿女不怕父母诸兄，就会导致无"秩序之别"，伦理纲常就会乱套，就会为"家法"和"国法"所不容。其实，"正男女"的目的很明确，就是为了"家道昌隆，子孙万亿"。就其实质而论，这些思想与儒家的男女观也是大致无二的。

在整个封建社会，人们往往十分看重具有浓厚血缘联系的宗族关系。当时已进入封建社会的布依族上层贵族也不例外。故《黄氏宗谱》在强调这一关系时说：

明人道，必从睦族为重也。夫家有宗族，犹水之有分派，木之有分枝，虽远近深浅不同，其势巨细陈密各异，其形要其本源则一。故人之待家族宗族者，必如一身之有四肢、百骸，务使血脉为之相通，疴痒为之相关，悲欢为之相应，则宗族亲睦，则祖宗默慰，俾尔炽而昌矣。

在宗谱的作者们看来，宗族问题不仅是"明人道"的重要内容，而且只有巩固和维系这种关系才能使"宗族亲睦"、"祖宗默慰"、子孙"炽而昌"，绵延不绝。

此外，《黄氏宗谱》还要求族人要把勤劳好学、善事农桑、俭朴持家等传统美德代代相传。它强调道德教育应首先从"设家塾以训子弟"开始，认为"盖饱食、暖衣、逸居而无教，则近于禽兽。故衣食足而礼义可兴"。教育的目的是"明人伦，知礼奔，喻法律，耻非为"。

应该说，这些思想固然有其历史局限性，但在当时条件下，还是有一定的积极意义的。

（三）白族学者李元阳的《心性图说》所反映的道德生活

《心性图说》，为明代白族伦理思想家李元阳（1497—1580）所著。李元阳，字仁甫，号中溪，云南大理太和人。自幼发愤读书，精通汉学。明嘉靖五年（1526年）中进士，授翰林院庶吉士。曾任县令、户部主事、监察御史、知府等职。他一生刚直敢言，体恤人民疾苦。因得罪皇帝和权臣，屡遭打击贬斥。后索性辞官返乡，隐居40年之久。李元阳博学多才，注重实用，穷究理学，兼好释典。著述甚丰，有《李中溪全集》10卷，《心性图说》即为其中之一。该书分为《性说》、《心识说》、《意识说》、《情识说》等篇，收在《李中溪全集》第10卷。

《心性图说》一书，是李元阳研究性命之学的重要伦理学专著，曾经得到王阳明心学派人物罗洪先的嘉许。李元阳推崇王阳明的"致良知"。但是，王阳明把心、性、命三者视为同一的思想，李元阳则不敢苟同。他认为，心与性是根本不同的，不能在二者之间画等号。基于此，他对"致良知"作了新解，并建立起了自己的一套以"性"为本体的性、心、意、情学说。

在他看来，何谓性、心、意、情？它们相互间的关系如何？李元阳认为，"性"与"命"是同等概念："夫天命之谓性。命字，有长存不灭之义，言性者，不死之物也。性即命也，命即性也，心意非其伦也。"他还说："人具此性，本自圆明（作者自注：明是良知，圆是知至）。周匝偏覆，虚灵豁彻，无体象可拟，非思议可及，惟中惟一而已。"他认为所谓"心"，是"性之神识动而为心。心者，感物而动之谓也。半明半蔽，半通半塞，其象如此"。他认为所谓"意"，是"心识发而为意。意者，为物所感之谓也。明少蔽多，通少塞多，其象如此"。在他看来，所谓"情"，则是指"意识流而为情。情者，为物所蔽之谓也。忘己循物，背觉合尘，昏蔽太甚，塞而不通，其象如此"。

这就是说，李元阳认为性与心、意、情之间是有本质差异的。因为

"心、意缘物而起，物去而灭。其名为识，虚假之物也。性则物来亦不起，物去亦不灭，了然常知，真实之物也"。他强调："夫性，心意情况，其地位悬殊，状相迥别，惟彻道之慧耳，乃能别之。不然雪里之粉，墨中之煤，毫厘之差，千里之谬。此儒先所未论者。"

李元阳还认为，性是人所具有的先天精神，没有偏邪错误。人若能保持本性不变，则为圣人。性感于外物则为心识和意识，意识再为外物所蒙蔽则流为情识。心、意二识都会侵蚀和蒙蔽本性，而情识则更使人陷于"忘己循物，背觉合尘"的地步，至此，"其违禽兽不远矣"。在心识阶段，李元阳认为其修养方法是"正心"，"正之使中，以复性也"；意识阶段则要"诚意"，"诚之使一，以复性之一也"。做到正心、诚意，则为圣人。而堕入情识的凡人，"虽圣人与居不能化入，故《大学》之教舍而不列"，无法复性而永为凡人。

李元阳晚年在家读儒释道，潜心于心性理学，钟情于道家养生之道，并植麻种麦，不仕而终。故他在《心性图说》中关于以"性"为本体的性、心、意、情说，在很大程度上已受到了陆王心学和禅宗伦理思想的影响。

第四节　清朝时期少数民族的道德生活

清朝是由女真族建立起来的封建王朝。满族统治者入主中原，建立了以满洲贵族为核心、兼用汉族士子的封建专制主义中央集权的国家机构。满族统治阶级执政后，由于受到汉族封建社会制度和文化的强烈影响，使满族的道德形态也具有鲜明的封建特征。清朝统治者为了稳固并加强其自身的统治，遂竭力宣扬汉族的传统伦理思想，尤为推崇程朱理学，提倡"主敬存诚、尊君亲上"，以使各民族人民皆能成为自己恭顺规矩的臣民。在民族交往中，经过长期的杂居共处，无论是生产方式、阶级结构，还是语言文字、风俗习惯、伦理思想和道德观念等，都出现了满汉合璧的情况。在这一时期，中国其他各少数民族的伦理思想和道德观念也在原有基础上有了一定程度的发展。这里择要予以介绍。

一　满、藏、维吾尔族的道德生活

（一）满族学者奕䜣《乐道堂文钞》所反映的道德生活

《乐道堂文钞》（以下简称《文钞》），为清朝满族人奕䜣（1833—1898 年）所著，其中包含有丰富的伦理思想。奕䜣出身皇族，生活于中国封建社会末期，虽然一生为显宦，但也曾几起几落，所以他对人世沧桑、世道人事也有自己的看法，对人伦纲常理论及其道德思想也有自己的见解。

奕䜣在《文钞》中，首先强调了以民为本的人治思想。他认为，人是社会舞台上的主要角色。在天道人道问题上，他指出："天道有所不足，人补救之，气化之衰也，戕人生者为天下害，惑人心者尤为天下害，天不能使害之不作，而有人焉，出而拯之。三代以上功在帝王，三代以下功在圣贤。"意思是说，当气化之衰时，或戕人，或惑人，为天下害，人就出而拯救之，其功在帝王或圣贤。因此，在奕䜣看来，人的作用，特别是人治的作用是非常重要的。基于此，奕䜣又强调："治国家者，其经邦也恃有权，其行政也恃有人。不有治人，何有治法乎？"即是说，政权必须要人去掌握，而没有人，则只不过是个空架子。只有有了人，才谈得上治法。也就是说，必须先有人治，而后才能有法治。但是他又认为，社会是由众生组成的，民才是统治的根本所在，只有"足民"，才能使国家基业巩固。因此，无论是帝王还是圣贤，治世的目的都是为了治民、为民。他说："天生民而树之君使司牧之，君与民一体也，足国必先足民。""君以民为本。治安之道，安天下之民而已……国之所以废兴盛衰者于民觇之。故曰：民为邦本。"他清醒地看到，君对民虽处于"司牧"的地位，但君民"一体"，"君以民为本"，因此对于统治者来说，首要的任务是要考虑到如何"足民"与"安民"的问题。此外，他还认为"夫德福之基也，德之藏否于民觇之，福之应违于民验之"。实际上，这种把国家的兴衰和统治者是否有德福都要取之"于民觇之"的思想，与"民为邦本"、重在人治的思想是一致的，都是强调不能漠视民众的利益和疾苦。应该说，奕䜣的这些观点还是有积极意义的。

奕䜣在《文钞》中，还提出了以道制欲的思想。他认为，人大致可分为圣人和一般人，无论哪种人，皆有圣人和一般人的潜质，且其"性"

皆善。区别在于：圣人无欲，一般人有欲。他说："人有七情欲要其终，人非圣人孰能无欲。然有之而不自制，则心之害也。……今夫人性皆善，性之所同，有理而无欲也。然人感物而动，始焉客感诱之于外，继焉罔念锢之于内，欲之为害非一端也。其几也，伏于隐微，若有不可制之形；其发也，迭为攻取，又有不及制之势。噫！嗜好之中乎人心也，奢侈因之，淫佚因之，怠荒傲慢因之，凡人视为可欣可羡之事，必求之而必得之，其害可胜言哉？"这是说，"人性皆善"，人所相同，乃"固有之良"。然而实情实景并非如此；由于圣人懂得"治心之要，遏欲为先"，且其"心"是"浑然一理，不思不勉而从容中道，无欲也"。一般人则不同，既不懂得"治心之要"，又不能抵御外物的引诱，往往"溺乎情之所牵，狃乎习之所染，以声色货利为可欣可羡之事，久而失其固有之良；即或知为欲之所汩，有时悔悟而势有所不得而遏也"。故之有欲。

在他看来，"欲"乃是外物"感诱"的结果。"欲"损害了人性，有害于人心，故"心之害也"、"心之蠹也"。因此，他主张要防欲、制欲、遏欲、禁欲，进而提出了"以道制欲"的思想。他说："制之若何？以道。道者日用事物当行之理，而天下古今之所共由也。以一心之克治，为百体之范围。口之甘于味也，则以淡泊之志禁之，耳之悦于声也，则以聪听之神防之，目之耽之色也，则以清明之气遏之。天下之物之不能相摄也，必有以节制之者而莫与争强，君子得其道矣。道综乎万变，如军中之有帅，卒伍为所节制而不敢失其律也；道统于一尊，如寰内之有君臣民为所宰制而不敢越厥志也。"奕䜣所讲的"道"，即是"理"，认为它是"大中至正"的，故它能"综乎万变"、"统乎一尊"。

在奕䜣看来，以道制欲的关键是要防之于未然，遏止于萌芽状态。要做到这一点，就不仅要对口、耳、目之欲"禁之"、"防之"、"遏之"，而且还要从心中根除，即对一切外物的引诱，都要"以严翼之心拒之"，对内心隐伏的嗜好之念，亦应"以镇定之心祛之"。唯有此，任何欲念才不会产生，人们才不会违背"大中至正之道"。

奕䜣强调，以道制欲就如同用权衡、规矩、绳墨称量事物，人人皆不可欺一样。他说："居以敬，存以诚，则内不为私所累，外不为物所引，有道心而无人心矣。"他又说："不使杂乎形气之私而纯乎义理之正，则道心常为之主，而人心退处于无权，斯即所谓以道制欲者。"

实际上，奕䜣的"以道制欲"说，显然是受程朱理学特别是陆王心学的影响，究其实质，与宋朝理学家们关于"存天理灭人欲"的说法并无二致。

（二）藏族学者米庞嘉措《国王修身论》所反映的道德生活

《国王修身论》，为清代藏族学者久·米庞嘉措（1846—1912年）所著，成书于1895年。米庞嘉措出生于今四川省甘孜藏族自治州德格县，12岁出家，后漫游西藏，遍访名师，学富五车，成为名贯全藏的"班智达钦波"（大学者），著有《米庞全集》32卷，《国王修身论》即为其中之一。该书是一部以格言诗形式阐述官德和君德的政治伦理学著作。

作者在《国王修身论》中，集佛教大师和国内外一些法王、学者关于国王的各种论述之精华，结合自己对当时藏族社会观察，对统治者应该如何做到谨言慎行、修身养性、分辨是非、区分智愚，以及取舍之法、用人之道、学法执法、对待百姓、攻读经典、处理政务、制定政策、弘扬佛法等问题，均作了较为系统的论述，反映了相当长一段历史时期内藏族统治阶级的政治主张、思想逻辑、伦理道德、行为规范的轮廓。

作者在为封建农奴主提供"为君之道"的同时，也不同程度地表达了当时百姓的某些愿望，抨击了统治者的残暴行为："那些有钱有势国王，一般都很恣意放荡，就像疯象到处乱窜，他的部属也会摹仿。"劝告那些"身居国王高位"的统治者，谨防"奸臣恭维成性"，从而"难知是非真相"。指出只有"认真为民谋福"，才是"国王重要职责"。提醒国王"恣意放纵狂饮大醉，不知取舍不明是非"，必然"来世堕入恶趣（佛教用语，指地狱、饿鬼、畜生，名曰三恶趣——引者）受罪"。

作者认为，"对于恶人虽然规劝"，"多数不能变得善良"，"如果不给适当惩办"，就会"暴徒猖獗危及国家"。作者主张"国王要严格遵守法律，以法治民才有威仪。若是自己把法纪败坏，又哪能做民众的仲裁？"强调执法要公正无私："不管是谁如果犯法，都应同样加以惩罚。"认为治理国家，必须依赖品行端正、道德高尚的人："凡是一国的君长，为了保卫国家和地方，对于有高尚情操的人，应给以适当地位把权掌。"还强调国王尤应重视自身的修身之道："如果实行修身之道，也会管得相当漂亮。"此外，作者还大胆地提出了"民为贵"、"民为邦本"的思想："所谓的'国王'，依靠百姓才能当上。如果只是孤独一人，谁还把你称作

'国王'！"

《国王修身论》对于了解和把握藏族社会伦理道德的发展演变情况具有重要的参考价值。

（三）维吾尔族学者阿不都·哈立克·维古尔及其著作中所反映的道德生活状况

阿不都·哈立克·维古尔，是维吾尔族近代史上一位重要的具有民主主义思想色彩的伦理思想家。他于1895年出生于吐鲁番新城，从小就受到很好的教育，兼通阿拉伯文和波斯文，早期学习过中亚和东方的古典文学，并受到新疆启蒙思想的影响。辛亥革命爆发后，他又受到孙中山先生三民主义思想的熏陶。青年时期曾学习汉语，并开始接触汉族文学，后来还进了汉族人办的"三民主义研究班"，研究《孙中山选集》和孙中山的其他著作，成为首批接受三民主义思想的维吾尔族青年。后来他又到过苏联的莫斯科、彼得格勒以及中亚的一些城市，学会了俄语，先后阅读了普希金、托尔斯泰等人的作品。十月革命后，他受到巨大的鼓舞，在苏联写下了《充满希望的乐园》和《列宁领导人》等作品。同时他又发表了许多充满战斗激情、格调明快的诗歌，在农村广为流传。

阿不都·哈立克·维古尔的伦理思想和道德观念的实质是高扬具有伦理色彩的民主与文化。

当然，他的具有民主与文化色彩的伦理思想，就其深度而言，也有一个渐进发展的过程。开始，他主要是反对无知和社会黑暗，主张理性世界，并提出要对宗教教育进行改革，反对宗教宿命论，同时他还提出了反帝反封建的思想。他不无悲观而又清醒地看到："我的民族在无知和黑暗中，然而又把它吹得那么神"；"整个社会生活和人们的心理都是一种病态，可还在那里粉饰它"。（《我的维吾尔族》）"哪里有'乃孜'，哪里有婚礼，哪里有好吃的，那些地方，我们天天都到。没有用的，没有价值的各种宗教事业，我们拼命去献身，而对科学事业我们却毫不关心。"（《我的维吾尔族》）他几乎是愤怒地指出过去"谁提倡科学，就把谁除掉。过去，我们祖先对科学做出的那些成绩，却根本不去怀念"。（《我的维吾尔族》）他非常痛惜地感到："我们的民族有一个恶习，就是谁有成绩而出名，我们就把他打下来，不让抬头"，所以"我们没有天文学家、工程师、学者，我们却有些大肚皮的、非常专制的、残酷的毛拉和各种各样的依禅"。(《我的维吾尔族》)在他看来,当时新疆的主体民族——维吾尔族尚处在一种无知、愚昧和黑暗的状态中,犹如沉睡的婴儿还未醒来,加上封建社会本身所固有的黑暗和病态,使人们沾染了不少的恶习和偏见。对此,他感到无比地悲愤和痛心疾首,恨不得通过他的激愤的呐喊来唤起民族的觉醒。

到了晚年,哈立克的具有民主意识的伦理思想和道德观念发生了很大的变化,他已经开始直接把反对封建主义的斗争和反对帝国主义的斗争结合起来,旗帜鲜明地指出:"对我们这里黑暗的东西给予支持的,就是那些外国帝国主义者。他们是我们的敌人,要跟他们作斗争,把他们驱逐出去。"其反帝爱国的思想跃然纸上!这是他的由反封建思想发展到反帝爱国思想的一个认识上的升华!在外来侵略面前,他呼吁人们应该团结一致,同仇敌忾,表明坚决驱除帝国主义出境的信心和决心。

同时,在苏联十月革命的影响下,阿不都·哈立克·维古尔感觉到全世界人民都已经觉醒了,唯独维吾尔族还没有觉醒。他说:"我们还是像吃奶的孩子,正在睡梦中。我感到自己好比留在戈壁滩中间,哎!有什么办法?我能够离开这个戈壁滩,像那些进步的文学家一样取得同等的成就吗?"[1] 字里行间,流露出他强烈地期待着本民族的觉醒,期待着维吾尔族早日加入到反帝反封建的行列,并早日跻身于先进民族之林的情感!

二 壮、彝、白族的道德生活

(一)壮族《传扬诗》所反映的道德生活状况

《传扬诗》,约成书于清代,是壮族著名的诗体性伦理学著作。长期流传于广西马山、上林、都安、忻城等县交界的红水河沿岸及其他广大地区。当地人民几乎家喻户晓。它是经由众多歌手反复传唱、加工、修改、润色而逐步完善成书的。它是壮族人民集体智慧的结晶。其中所阐发的伦理思想和道德观念,一直是壮族人民所依据的道德原则和行为规范。

《传扬诗》主张"以上补下,搭配公平"的道德理想。

它首先对壮族封建社会中所存在的阶级矛盾和等级森严的制度,以及由此而造成的种种不合理现象从道义上进行了揭露:"人们当醒悟,天下

---

① 转引自萧万源《中国少数民族哲学史》,安徽人民出版社 1992 年版,第 993 页。

属帝王。嫔妃拥在后，白银烂在仓。"帝王如此，官吏更腐败："做官忘
国事，掌印不为民。妻妾陪下棋，淫乐度光阴。"至于财主，也好不到哪
儿去："天下众财主，楼房比山高。一家百峒田，三妾来侍候。"而穷人
过的是什么日子呢？"三叹穷苦人，度日如度年。断炊寻常事，鼎锅挂房
梁"；"终年干到头，无处可安身"；"烈日泥土起青烟，面朝黄土背朝
天"；"农民种地不得吃，人人饥寒菜当餐"。

面对这种贵贱不等、贫富悬殊的不合理现象，它发出愤愤不平的呼
声："山上石垒石，平地土无垠，天不会平算，地不会均分。当初立天
地，这样分不平。"由不平到愤慨，由愤慨到反抗，以至于公开要求揭竿
起义："虽说同种又同宗，为何有富又有穷？百思不解理何在，举旗造反
上京城！"这是壮族劳动人民阶级觉醒意识的表现。人们不堪于阶级压迫
和经济剥削，盼望着早日出现一个人人平等、无贵贱之分的理想社会：
"近邻是兄弟，远客是朋友"；"劝你有钱人，莫欺穷家汉。人皆父母生，
家贫人不贱"；"家富莫炫耀，官高莫压人"；"须以上补下，搭配才公
平"。这种理想社会尽管要通过在先进政党的领导下，彻底消灭阶级压迫
和经济剥削的制度才能实现，但广大劳动人民已经能够认识到这一点，却
是难能可贵的了，这为后来所进行的推翻封建制度的革命斗争奠定了思想
基础。

《传扬诗》要求人们必须要具有勤劳节俭、诚实正直、团结互助、扶
危济困等优秀的道德品质。它把勤劳看成是劳动人民的最高美德："说千
言万语，勤劳是头条"；"勤劳无价宝"；"勤劳是甘泉"。的确，勤劳是幸
福生活之源，是道德之本。该书认为，与勤劳相联系，节俭是持家之道：
"夫妻一条心，勤俭持家忙。苦藤结甜果，家贫变小康。"它赞美壮族妇
女："当家她节俭，种地她在行。缝补她手巧，老少不发愁。"光勤劳还
不行，还要珍惜劳动成果，节俭度日。因此，它特别告诫人们："家贫不
节俭，摆宴装豪门。狸猫充虎豹，害己又害人。"它认为，做一个好人，
最起码的道德要求是诚实正直："劝告青年人，思想要诚实"；"做个正直
人，不枉寿百年"。它提倡人与人之间的关系应该是团结友爱、患难与共
的关系："邻里是兄弟，相敬又相让"；"莫为鸡相吵，莫为狗相伤"；"壮
家讲互助，莫顾自家忙"；"春耕待翻土，有牛要相帮。老少齐下田，挨
家帮插秧"。这种互助友爱、扶危济困的传统美德和道德风尚，在壮族人

民中是由来已久、世代相传的。邝露在其所著《赤雅》中说：壮人"有无相资，一无所吝"。清光绪年间编纂的《镇安府志》中，也称赞壮家"凡耕获，皆通力合作，有古风"。

在家庭道德上，《传扬诗》视尊老爱幼、团结和睦为伦理准则。强调"壮家好传统，敬老和爱幼"。敬老，就是要敬重父母和老人："莫忘父母恩，辛苦养成人。儿孝敬双老，邻里传美名。"爱幼，当然是要竭尽父母之责，时时处处关心爱护儿女，并将他们抚养教育成人。

家庭要和睦，首先是夫妻要和睦："夫妻千千万，牢记在心间。花山成伴侣，结成情义长"；"一家夫妻俩，相敬不争吵。有事好商量，和睦是个宝"。其次是兄弟姐妹、姑嫂妯娌之间要和睦："鸾鸟归一树，今生巧相逢。有幸共一家，结为手足情"；"兄弟妯娌间，要和睦相亲"；"妯娌即姐妹，都是自家人"；"妯娌当和气，相敬又相亲。持家明事理，干活同操心"。另外，它还强调后娘与前妻子女之间也要和睦相处："叮嘱众后娘，秤杆在心间。不厌前妻儿，无人话短长"；"儿女当像儿女样，莫用言语气后娘。长辈面前让三分，天大事情好商量。对娘要讲真心话，口服心服不乖张"；"后娘给温暖，终身不能忘"。《传扬诗》认为，只要协调和处理好以上各种关系，就能使家庭稳定、和睦，使家庭成员的身心能得到健康地发展，对个人、家庭、社会都有好处。

《传扬诗》中包含着丰富的伦理思想，自产生以来就一直是壮族人民进行道德宣传和道德教育的伦理教科书，也是对壮族劳动人民传统美德的概括和总结。

（二）彝族《西南彝志》所反映的道德生活状况

《西南彝志》，原名《哎哺啥额》，是成书于清代的一部由各种彝族古代文献汇编而成的彝文著作。编纂者为清初水西热卧土目（封建领主）家的一位"慕史"（亦称"布慕"），姓氏及生平不详，人称"热卧布慕"。

该书在宣扬彝族奴隶制和封建领主制的伦理思想和道德观念时，强调勇敢、强悍是美德，视弱肉强食为正义："强者作了主，弱者降为奴"；"善握权为君，勇敢有威荣，地位显高了"；"他不用文取，凭武力拿了。好抓的老鹰，不抓爪子痒，惯咬的猛虎，不咬牙齿痒"。

该书竭力鼓吹等级观念的合理性，认为君臣之等级观念乃根源于宇宙本源，并宣称：太初时候只有清浊二气，"清浊气变化，出现哎（形）和哺（影），哎翻来是君，哺翻来是臣，君臣的由来，随哎哺产生"；"天开地辟，有天君地臣，君臣有分定，主仆有规则，各安分守己"。面对等级分明、贫富贵贱不等的社会制度，要求人们只能顺天从命，"安分守己"。言下之意，就是要人们切不可犯上作乱，不可有更改现状的非分之想。

另外，它还十分推崇祖先崇拜和宗族血缘观念，强调后代的威荣、福禄皆来自于祖先，认为祖先是生命之源、幸福生活之源。故书中用大量篇幅来追述各"家支"（宗族）的谱系及其源流，歌颂祖先和宗族前辈们的英雄业绩，要求族子族孙们务必要继承先辈们的创业精神和优良品德，通过供奉祭祀来祈求先辈们的英灵给子孙们以护佑，希望他们能给后代带来荣誉、地位、幸福、和平和安宁。因此，书中强调："要基业兴盛，得供奉祖先，追述三代根"；"孙向祖求福，好爵祖根荫"。

特别有价值的是，该书还向人们描述了人类社会最初的伦理道德观念，特别是男女性道德观念的产生过程，认为"从前天地间，男的不知娶，女的不知嫁；知母不知父，跟禽兽一样"。后来出了一个叫哺额克的人，才教会人们耕种、畜牧、礼仪等，从此人们才逐渐知道了开亲、嫁娶及其相应的婚姻道德观念及羞耻观念。

《西南彝志》中的上述伦理道德观念，在彝族地区，特别是水西彝族地区，有着广泛而深刻的影响，有些道德信条一直是彝族人民所奉行的伦理准则和行为规范。该书是人们研究和了解彝族奴隶制和封建领主制社会背景下伦理思想和道德观念的珍贵史料。

（三）白族高奣映《迪孙》所反映的道德生活状况

《迪孙》，是清代白族著名学者高奣映（1647—1707 年）所撰写的伦理学著作。高奣映，字雪君，号问米居士。云南姚安（今楚雄彝族自治州姚安县）人。其先祖高氏家族累世为云南重臣，如在宋代白族割据的"大理国"政权中，数代为宰相，元明清实行"改土归流"，又世为土司。高氏家族历来重视云南与内地的往来和联系，在积极引进和传播汉族的先进思想和文化（包括伦理道德）方面作出了重要贡献。受其家世的影响，他自幼精通汉学，尤对儒学有颇深的造诣。他 17 岁时袭姚安军民府土府同知，30 岁时让此职于其子高映厚。后吴三桂事变，清军复滇，高奣映"以只身单骑珍大逆制溃军，天子鉴其忠恫，特授予参政"。旋退居结磷山学馆，从事教学和著述。经他启迪教育过的学生，进中者 22 人，登乡荐者 47 人，游庠者 135 人，在为发展云南教育和培养人才上，功勋卓著。高𦶜映一生著作甚丰，据统计达 81 种之多，《迪孙》即为其中之一。

《迪孙》，意为开导、启迪、教育子孙。

在《迪孙》中，作者着重提出了"重民"、"畏民"和"知大体"的社会政治伦理思想。在他看来，"岁者，民之天。民者，国之体。……则知先岁而后民，先民乃及君，诚为得理也"。他把年成的好坏视做"民之天"；把民众视为国之载体或根本，进而主张"先民后君"。在当时的情况下，他已经看到了民众在国家生活、在社会历史发展中的主体性作用。应该说，这种思想是非常的难能可贵。作者不仅有"重民"、"畏民"的思想，而且还有"爱民"、"恤民"的行为表现。譬如，民国时期编纂的《姚安县志》中记载，清代举人甘孟贤为高𦶜映所撰家谱中写道："𦶜映慈祥在抱，喜施济。凡施药、施棺、养老、放生、掩骨、埋胔骨及一切拔困之事，皆捐资为之，无所吝事。"这说明高𦶜映的"重民"思想与"爱民"行为是融为一体的。他还强调，既然百姓即民众是国家的主体或根本，那么作为一国之君，就应当对民众的生活状况"要知之确，而后行之有序，不然，用顾畏于民口，民口甚于川，防之难矣哉！"意思是说，统治者必须对百姓的疾苦有准确的了解，随之采取合适有效的统治方法，并谨慎从事，才不至于引起民众的反抗，否则，就要危及自己的统治地位了。作者的主旨是维护其封建统治，但他这种带有浓厚的以民为本、"民为邦本"的思想，客观上于人民也是有利的。同时，高𦶜映还认为，"君者国之主，父者家之尊"，因此在人伦纲常上，必须以先君、次父、后己的道德秩序作为思想言行的准则，这就叫做"知大体"，"不然必露小人行径"。

在这一点上，他本着"知行统一"的原则，用道德实践来证明了自己"知大体"的思想。据《姚安县志》载，康熙十二年（1673 年），吴三桂叛乱，控制云南，并责令各地土司率兵卒到军前听令。当时正任姚安军民府土府同知的高𦶜映，虽与清廷有私怨，但他却从国家"大体"出发反对叛乱、分裂，托病辞官，不听吴三桂指挥。而后来清军复滇时，他却又再度出山，主动为清王朝做说服叛将归顺、离间叛军、治理溃散兵士的事，并缴姚安府、姚州等七枚伪印。他的这种"知大体"的思想及其行为，对于维护国家统一，稳定边疆起了非常积极的作用，故而受到康熙皇帝"鉴其忠悃"，特授予参政之职。可见，高奣映的"重民"、"爱民"、"知大体"的思想是互相关联、互为因果的。

高奣映非常重视道德的功能与作用。他说："凡百，惟修德之足恃。"认为无论做什么事情，都要"以德为本"，"依德而行"。故他常引用《易经》里的话说："在德不在险"；"在德不在鼎"。他坚决反对"贪国之利以伤伦"，主张"君子居谦以受益"。他一生追求的是"惟止至善，以求仁为端，以作圣为洁，以天下为己任；人饥、人溺，莫不犹己；为心，以天下之至公，天在之至正；为性情，则所历归于大同，乃无所歧以为异者"的道德境界。

从总体上看，《迪孙》所阐发的伦理思想，基本上是以汉族儒家伦理思想为纲目、为范本的，但其中也不乏有作者许多新的见解和心得，是人们研究和了解白族伦理思想如何吸收并接受儒家传统的重要伦理学著作之一。

一言以蔽之，中国古代少数民族的道德生活是丰富多彩的，其表现形式是多元的，其内涵是丰富的，其人伦关系和道德生活是有序的。上面仅从历史的纵向角度所阐述的中国古代少数民族的道德生活状况，只是他们道德生活中很少的一部分，远不足以反映其全貌。为让读者更多地了解一些这方面的情况，特在下面附录了十六个少数民族在不同方面的一些道德生活状况。

第三章

附录:少数民族的道德生活习俗

    各少数民族在上述伦理道德思想的提引下，形成了一些特有的道德习俗，现择要附录如下。

第一节　满、朝鲜、蒙古、达斡尔族的道德生活习俗

一　满族传统风俗习惯中的道德生活

    在各民族的早期发展史上，特别是在民族文字尚未诞生之前，各民族的习俗规则往往是与其伦理道德观念糅合在一起的，以至于有时候很难把它们区分开来。在伦理道德发展史上，人们要想找寻道德发轫的源头，往往只能从各民族早期的习俗规则中去寻找。满族风俗习惯中无疑也包含着丰富的伦理思想和道德观念。

    第一，满族是一个非常注重礼仪礼节的民族。礼仪礼节是反映一个民族文明素养的重要标尺。满族人重视礼仪礼节的程度相对而言是较高的。如：满族人见面或拜见客人时，有各种各样的礼仪礼节，其中较常见的有打千礼、抚鬓礼、拉手礼、抱见礼、半蹲礼、磕头礼等。其中，打千礼、抱见礼、磕头礼主要为男人所用，其他则用于妇女。打千礼用于晚辈对长辈、下属对长官，形式为弹下前袖，左膝前屈，右腿微弯，左手放在左膝上，右手下垂，并问安。抱见礼是平辈之间用，晚辈对长辈也可用，不过晚辈要抱长辈的腰，长辈抚晚辈的背，等等。现在随着时代的变迁，过去有些烦琐的礼节已被简化了。

    第二，满族人尊老敬老的传统更为明显。晚辈每日早晚要向父、祖问安，途中遇长辈人要让路，吃饭时长辈先坐先吃。满族人重感情讲信义，对宾朋真诚相待，有客人必设宴招待，所允诺之事必全力去做。

　　第三，满族人的育儿习俗规则比较特殊。生男在门左挂弓箭，生女在门右挂彩色布条，娘家送一个悠车。生儿三天时，亲朋送贺礼，俗称"下奶"。并举行洗礼，称"洗三"。满月时要请客人来"做满月"，并将弓箭或布条取下挂在"子孙绳"上。百日时，要用从各家要的彩布条编成锁，称挂锁。周岁时要举行较为隆重的仪式，让孩子"抓周"。一般在16岁时，男孩剃发，女孩盘发髻。至今在东北满族聚居区仍然保留"下奶"、"洗三"、"做满月"、"抓周"等传统习俗规则。

　　第四，满族葬俗中有些特殊的伦理规则。满族人的丧葬以土葬、火葬为主，土葬和火葬历史都很久远。在满族入关前以火葬为主，这主要是由于他们经常迁徙的原因之故。另外，八旗将士在清初战死较多，尸骨不便送回故里，所以多用火葬。满族入关后逐渐发生变化，从火葬与土葬并用发展为以土葬为主。丧葬仪式是：死者临终前穿寿衣，多为长袍、马褂，为单数。屋内停灵，一般在7日之内。用木板做成灵床，头西脚东。灵幡用3尺左右的红布制成，上缀以黑穗，悬挂在院中高杆上。满族人用的棺具形状特别，上部隆起，上宽下窄，称"旗材"。停灵期内合家举哀，举行祭奠。入殓时棺内放金银等物，贫者用金银箔元宝代替，口含铜钱或玉器，灵具放在院内灵棚内。出殡多选阴历单日，抬灵有16杠、32杠、64杠之分。出殡后要感谢帮忙的人并请吃饭。下葬后，每7天到坟上烧一次纸，连烧7次。百日时要烧百日，周年时要烧周年。满族人烧纸是将纸叠成口袋状，俗称烧口袋。清明节要上坟，烧口袋和插佛托。近30年来，满族的丧葬又改为以火葬为主。但祭奠亲人的仪式仍然保留了许多古老的传统习俗及其规则。如清明节烧口袋、插佛托、烧七、烧百日、烧周年等，都依然如故。

　　第五，满族禁忌中的否然性道德规范。满族禁忌较多。不允许亵渎神灵和祖宗。譬如满族人以西为贵，祖宗匣放在西炕上，西炕不许住人和放杂物，不能有各种不敬行为。不许打狗，更禁忌杀狗、食狗肉、戴狗皮帽子，也不允许外族人戴狗皮帽子进家。传说努尔哈赤曾吩咐族人"山中有的是野兽，尽可以打来吃，但是，今后不准再吃狗肉、穿戴狗皮，狗死了要把它埋葬了，因为狗通人性，能救主，是义犬"。从此爱犬、敬犬便成了满族的习尚规则。另外，满族人不仅不食乌鸦之肉，还有饲喂乌鸦、祭祀乌鸦之俗。

第六，满族宗教意识中的伦理规范。满族人很早就信仰原始性很强的萨满教。萨满教是在满族及其先人对自然和社会现象的原始理解下产生的，并逐渐形成一种信仰。清代乃至民国期间萨满教还很流行。满族萨满教主要崇祀祖先神、英雄神和各种自然神及动物神。萨满教的各种活动是由萨满来主持的。在各姓氏部落中，都有自己的萨满，有家萨满和野萨满两种。家萨满主要是主持家神祭祀，这种祭祀一般有定期，主要包括祭天、祭祖、换索和背灯祭。野萨满主持放大神，野祭主要祭祀各种动物神灵。各姓萨满祭祀的程序和内容并不完全相同，各有自己的特点。满族建立政权尤其是入关之后，萨满教活动并没有停止，乾隆年间制定了《钦定满洲祭神祭天典礼》，主要有堂子祭和坤宁宫祭，不过祭祀的程序内容已不同于民间萨满祭祀。

满族萨满被称为神与人之间的联系人，他们有跑火池和上刀梯等特殊本领，人们相信他们具有神灵附体的能力，能够医治百病、驱邪祈福和预测占卜，所以在社会上很受尊敬。萨满跳神的服饰用具虽大致相同，但依部族之不同也有区别。萨满神帽上的装饰有鸟类、兽类、鱼类，穿彩色神衣，用手鼓、腰铃、神刀，以及其他乐器。萨满不但要表演各种动作，还会唱满语的萨满祝辞，这更使萨满具有了某些神秘色彩。

除了信奉萨满教外，一般满族人家中还供奉有观世音、关公或楚霸王等神位，有的还特别喜欢供奉"锁头妈妈"。供奉"锁头妈妈"的方式是：用麻线拴一支箭在门头，一年祭三、四次，祭时一般在晚上把箭头拿下来，摸黑磕头，祈求"锁头妈妈"保佑一家平安。

由上可见，满族风俗习惯中的伦理思想和道德观念不仅丰富多彩，而且还带有自己民族的个性特征。

二　朝鲜族传统婚姻家庭中的道德生活

朝鲜族婚姻实行一夫一妻制，过去早婚较为普遍。朝鲜族伦理思想在婚姻和家庭生活中也多有体现。

（一）独特的婚姻道德生活

朝鲜族人缔结婚姻的禁忌颇多，且男女婚前禁止社交。朝鲜族人严禁有血缘关系的两者间的婚姻，无论母系还是父系，也无论近亲或远亲，一概禁止通婚。过去还不准与其他民族通婚。同时又很讲究门当户对，士庶之间、贫富之间、贵贱之间也不通婚。同姓不同宗，只要没有血缘关系的，就可以通婚。旧时，朝鲜族青年男女婚前禁止社交，没有谈情说爱的自由。传统观念认为"男女七岁不同席"，"小伙子、姑娘常在一起没好事"。青年男女在婚前很少有接触、交流的机会，有些甚至到了结婚日子还互不相识。社会舆论不允许婚前同居，一旦发生，尤其要谴责女方，被认为是"放荡公主"，往往从此无人理睬，陷于孤独境地。过去，朝鲜族中也有童养媳和招婿的现象。招婿多是因为女方父母没有男孩子或者男孩子太小，才招婿管理家务，扶持并照顾老人。

在婚姻道德的规则上，讲究父母之命、媒妁之言。过去，男女婚配取决于"父母之命、媒妁之言"，关键还在于财富的多寡，有"非受币不交不亲"、"无币不相见"之说。婚姻缔结方式受我国中原传统文化的影响较深，直至新中国成立前还保留着比较完整的"六礼"仪式。通常先由男方家长请媒人物色，媒人先与女方家长交换意见，然后男方代表在媒人陪同下拜访女方家长。男方代表拜访回来要向长辈们详细汇报情况。取得长辈的同意就通过媒人向女方正式提亲。女方家长经了解情况如同意就通知男方，然后男方就基本按"纳彩"、"问名"、"纳吉"、"纳币"、"请期"、"亲迎"的程序进行。"纳彩"是新郎家向新娘家送去礼物；"问名"是为了占卜新娘将来的命运而问其母亲的姓名的仪式；"纳吉"是新郎家择吉日通知新娘家；"纳币"是新郎家将青绸、红绸送到新娘家；"请期"即在纳币后，新郎家选择婚姻日期，写成书信送到新娘家问其可否；"亲迎"即新郎迎娶新娘。婚姻基础是双方的经济条件，外加所谓的"合命"，即看生辰八字是否相克，如一方属虎，一方属狗，就认为虎会吃狗，不能结合。男女青年的婚姻完全操纵在家长手中并受封建迷信的制约，本人毫无自主权利。许多青年深受其害，不少人采取外逃甚至自杀的消极方式来表示反抗。

特殊婚姻道德规则中的"奠雁礼"。婚礼按"奠雁礼"、"交拜礼"、"房合礼"、"席宴礼"的顺序进行。其中当数婚礼中的"奠雁礼"最有特色，在一定程度上反映了朝鲜族人民崇尚坚贞的爱情和对美满婚姻的追求。婚礼开始，当新郎要前往新娘家时，他的母亲要把早已用木头制作好的大雁用红布包好，交给迎亲队伍最前面的人，由他捧着"木雁"引路。人们认为，大雁择偶最为钟情，一旦成对便终生不离，如一方失去它方，存者再也不另谋新的配偶。人们以"木雁"为吉祥物,象征新郎、新娘像大雁一样永远相亲相爱,至死不渝。迎亲队伍到了新娘家,在"奠雁厅"举行奠雁礼。新郎先向新娘磕头,手托酒盘向新娘敬酒;新娘回四拜,并向新郎敬酒。接着是接交木雁:新郎手捧木雁,面北跪在奠雁床前片刻,将"木雁"置于奠雁床上,叩拜两次。然后,岳母接过"木雁"先放在自己的裙子上,再把"木雁"往新娘的屋子里扔去。他们相信,扔出去的"木雁"要是立住了,新婚夫妇头胎可得男孩,反之得女孩。

三天之后婚礼要移向男方家,新娘的伯伯、叔叔为之送行。当新郎家的婚礼完毕,送亲的伯伯、叔叔要返回时,他们叮咛新娘道:你虽然长在我们家里,现在出嫁到这一家。从现在起,这就是你的家,你要跟婆婆和睦相处,跟丈夫互敬互爱,做个无愧于两家祖先的好媳妇。

(二) 家庭中的男尊女卑

家庭中男尊女卑的思想浓厚,女性不可提离婚、不可改嫁、无继承权。朝鲜族的家庭成员少的三四人,多者达十多口。朝鲜族的家庭一般是从夫居。从妻居或不落夫家将被社会舆论所耻笑,认为系该男子无能所致。丈夫是一家之主,女性只能从属并服务于男性。妻子在家中处于绝对服从的地位,并承担全部家务,言行举止都受丈夫的支配。有谚语说:"女子不如男子的一个手指头。"足以说明男子对女子的歧视。男子为家中的主要劳动力,从事田间劳动,是家庭经济的支柱。旧时,常有男子因家庭生活不美满而另求新欢,或者找借口休妻另讨,社会舆论不予谴责。但妇女却无权首先提出离婚;丈夫绝对不能容忍妻子不贞,要是发现妻子有外遇,势必拳脚相加,最后必以离婚告终。丈夫死亡,往往妻子不能再嫁,必须守寡到死。社会舆论总是谴责那些改嫁的寡妇不守贞节。如果寡妇生活艰难欲改嫁,加上新的男方家境贫寒不易娶亲,便采取"抢婚"方式结合,这样可避免一些闲话。

按传统,男子享有继承权,长子有赡养父母的义务和继承家产的权利,并对遗产有最终继承权。其他儿子有部分的赡养父母的义务与继承财产的权利。次子结婚后离家而居。女儿无此义务,亦无此权利。父母早逝,兄长有抚养弟妹的责任。

新中国成立后,尤其是《中华人民共和国婚姻法》的颁布和实施,废除了旧社会的男女不平等关系,平等、和睦、团结、互敬互爱的新型婚姻家庭伦理秩序和道德观念已在朝鲜族的家庭里普遍建立起来了。

（三）以"尊老"为主的孝道

中国的朝鲜族由于受到汉族传统伦理思想和道德观念的影响，在尊老爱幼、礼貌待人等方面，也有着良好的习俗和规则，特别是朝鲜族社会中的老年人更是受到特别的尊重。

在朝鲜族人民的心中，尊老爱幼是代代相传的美德。据《三国史记》、《三国遗事》、《高丽史》、《世宗实录·地理志》等文献记载，朝鲜族先民十分讲究孝道，他们一直把孝道看作是处理家庭关系、促进家庭和睦与稳定的基础，同时也视做"治国安邦、稳定社会秩序的根本"。朝鲜族先民讲究孝道的内容大致分为六个方面：（1）身体发肤，受之父母，不敢毁伤；（2）侍奉；（3）恭敬和顺从；（4）谏言；（5）立身扬名，以显父母；（6）奉祀。总体来说就是"尊老"。朝鲜族的孝道具有以下几个特点：第一，朝鲜族孝道并非个别现象，也非区域性现象，而是一个遍及全民族、全地域的现象，因而具有广泛的社会性和群众性；第二，朝鲜族孝道的特殊性表现在：（1）朝鲜族孝道在处理与"忠德"的关系上，强调的是先孝而后忠。（2）朝鲜族孝道是建立在道德"序列观念"和"等级观念"基础之上的。

在他们看来，先父先母给了后代以生命，后代即子女对先父先母的道德责任和义务就应是极尽尊敬、奉养、顺从之心。朝鲜族把父慈子孝、赡养父母看作是人伦关系中最起码的道德要求。在平常的礼节礼俗上，也同样体现出尊敬老人的特点。老人在朝鲜族家庭里备受尊敬。譬如，一家人吃饭，晚辈给老人盛饭、盛汤、夹菜，一日三餐都是如此。有的人家吃饭时，老人要单独饮食，小辈专门为长辈设一个小桌的饭菜，女儿或儿媳恭顺地把饭菜端到老人桌前，等老人吃了起来，全家人才开始就餐，以示尊敬和优渥。通常情况下，父子不能同桌赴宴。一旦父子必须同席的时候，儿子不得当着父亲的面抽烟喝酒，否则将被视为是对父亲的不敬。老人或长辈有事外出时，全家均须鞠躬礼送。平时遇到老人，也要鞠躬问安致敬。对老人只能用"尊称"。因此，朝鲜族人民把父子关系看成是一切人伦关系的基础，特别讲求父慈子孝，长子赡养父母。人们十分鄙弃那些不孝不敬的人和行为。

这些体现于日常生活习俗中的尊敬老人、父慈子孝的文明风貌，实际上就是朝鲜族人民世代必须遵守的道德规范,同时也是朝鲜族家庭道德教育的重要内容。它体现出朝鲜族人伦关系中讲究孝道,重视礼节、礼俗的道德风尚。

但是我们也应该对朝鲜族的孝道进行客观的评价:孝道在朝鲜族伦理思想中,是一个重要的道德规范,并占有重要的地位,在历史上既起到过维护封建统治、麻痹人民思想、阻碍个性解放的消极作用,也起到过强化尊老爱幼、保持必要的礼仪礼节,使家庭和睦、社会安定的积极作用。今天,剔除孝道中的封建性糟粕,继承并发扬具有人民性的孝德传统,仍然是有利于社会主义精神文明建设的。

三　蒙古族传统社会生活实践中的道德生活

（一）蒙古族谚语中反映的道德生活

在蒙古族世代相传的谚语中,也包含着极其丰富的伦理思想和道德观念。如:

做人必须要坚持真理,追求光明: "春天爱护牲畜,爱慕维护真理"/"真永远不能变成假,假永远不能变成真"/"根子坏的树,长得不会挺拔;思想坏的人,坚持不了真理"/"只要真理一到来,虚假自然不存在"/"要遵守群众的法规,要服从真正的道理";"盼望温暖的太阳,向东南望;向往美丽的生活,尽力奋斗"/"云彩消了,才能见太阳;仇敌消灭了,才有好时光"/"苦在先,甜在后"。

做人必须要注重道德修养:"功不独居,过不推诿"/"想要受人尊重则修身,想要努力做人则学习"/"说人之前,须先检查自己的毛病;责人之前,须先修正自己的身心"/"人情往来,需要和气;日常生活,需要知识"/"众人中检点言行,独行时反省自己"/"别有了功劳往自己身上拉,别有了过失往别人身上推"/"与其送礼伪笑,不如陌生不识"/"别躲好事,应避坏事"/"勿张扬别人的短处,莫隐瞒他人的长处"/"修缮不正的,扔掉黑暗的,改正不好的"/"忍得一时忿,能免终身憾"/"物品的好在外形上,人品的好在内心里"/"言多语失,线长易断"/"有窗户的屋亮堂,有修养的人稳当"/"冬春二季无夏天,财色双贪乱伦理"/"财色双贪伤礼仪,朝夕起风败节季"/"好言善语使人心中乐,逆语谗言使人心中气"/"学善能进步,仿恶会堕落"/

"人有礼貌好，狗有尾巴好"。

做人应该树立远大的理想："我走过的路程是远的，我向往的理想是大的"/"无血色者面苍白，无理想者没光彩"/"鸟全靠有翼而高翔，人全凭有志而成功"/"没有志向的人，意志薄弱；没有主见的人，斗志不坚"/"为民族谋利到白发，为国家奋斗到齿落"。

做人要谦虚、谨慎："虚心的人万事能做，自满的人十事九空"/"自大不值钱，谦虚受人赞"/"谦逊者常思自己的过失，骄傲者常说别人的短处"/"谦虚的人将成绩看成向上的阶梯，骄傲的人把成绩变成下降的滑梯"/"虚心的人以短补长，骄傲的人以长比短"；"水深的江河，水流缓寂；博学的人，谦虚谨慎"/"吃过苦头成谨慎，交游四方成老练"/"谨慎错误少，约好少误事"/"说以前慎重，做以前谨慎"/"行善由于心，办好由于慎"/"人要多谨慎，不会陷是非"/"疤痕是从生疮来的，谨慎是从经验来的"/"疼爱才能亲近，谨慎才能稳重"/"使用不爱护，必遭破坏；处事不谨慎，必遭失败"。

做人要有爱憎好恶观："好人之心，美如花卉；歹人之心，恶如毒蛇"/"甜言可能是瘟疫，苦语可能是良药"/"作风正派的人，羞耻的事少；为非作歹的人，悲痛的事多"/"从善应如流，疾恶应如仇"/"别把心软的人，看成糊涂；别把诚实的人，当作傻子"/"对无信用的人，别商议事；对有信用的人，别隐瞒话"/"诚实的事乃光明，欺骗的事乃黑暗"/"好人心怀善良，坏人心怀刀枪"/"善良的人，可以游遍草原；恶意的人，只可陷害自身"/"好思想是平安之根，坏作风是苦恼之源"/"善良行为者，成就大；为非作歹者，损失大"/"脾气好的人朋友多，品行坏的人遗憾多"/"良言使人三九暖，恶语伤人三伏寒"/"不要讥笑落水的人，不要毁谤忠诚的人"/"对爱上的人恨不得搂住，对厌弃的人恨不得推倒"。

做人要有荣辱观："不知道不算是耻辱，不学习才应该羞愧"/"为了荣誉而工作的人，荣誉却偏不接近他"/"荣誉重于金子，名声胜过宝石"/"好名誉盼也盼不来，坏名誉洗也洗不清"/"别人的谗言，难以损坏你的名声；自己的行为，容易破坏你的声誉"/"为自己着想的人，名不出院；为大家谋利的人，名载史册"/"如同手足的朋友，是家中之宝；建树功勋的人民，是国家的宝"。

做人要有勤俭观:"鸟的美在于羽毛,人的美在于勤劳"/"寒冬不冻是由于勤女织布,荒年不饿是由于农夫苦耕"/"努力是幸福之兆,节约是富裕之源"/"勤能说成事,勤能做成功"/"生活之源是劳动,劳动之本是思想"/"坐吃山也空,手勤不受贫"/"拼命奋斗,是换来幸福的象征;勤俭节约,是变成富足的开始"/"勤俭节约是持家的根本,嗜酒成性是堕落的表现"/"勤勉是幸福之本,勤俭是富裕之源"。

做人应该树立正确的婚恋道德观:"爱情胜于黄金"/"亲吻微笑非真爱,忠诚纯洁才是亲"/"黄金岂如爱情重,黄金哪有爱情久"/"娶妻应娶德,交人应交心"/"出云的太阳,火热;和谐的夫妇,恩爱"/"夫妻之间和睦的好,人生处事公道的好"/"爱情应海枯石烂不变,夫妻要白头偕老不离"/"爱情要白头到老,夫妻要和睦终生"/"黄金越炼越发光,爱情愈久愈深沉"等等。

蒙古族谚语中所反映出来的伦理思想和道德观念,往往以形象、生动、凝练、精美的语言,教导人们"应该怎么做"和"不应该怎么做",实际上它也是对人们从思想观念到行为操作的一种规范性要求。它显示出蒙古族人民的思想才智和优良的道德风貌。谚语千百年来一直是蒙古族人民进行自我道德教育的民间教材,是其民族善恶观、是非观、人生观、理想观、荣辱观、爱情观等的重要表达方式之一。

(二) 蒙古族礼仪礼节中的伦理思想

蒙古族伦理思想在蒙古族人民日常生活的礼仪礼节中也有广泛的反映。甚至从某种程度上可以说,礼仪礼节本身就带有准伦理道德规范的性质。因为它的最显著的特点是要求人们"应该怎么做",即带有"肯定性道德规范"的性质;而蒙古族的禁忌,则往往是要求人们"不应该怎么做",即带有"否定性道德规范"的性质。

在蒙古族人民的日常生活中,较常见的礼仪礼节主要有以下三种:

"哥拉"。意即待客人坐好后,主人须端一碗酸奶子放于客座中间,先由年长者端起来喝一口,再依秩序轮流饮用。待碗内酸奶喝完后,主人再斟满,再轮流饮用。但第二次轮饮时,人人得准备一个娱乐节目:或唱歌,或谈笑,或猜谜语,或耍魔术等等。俟娱乐节目一完,主人宾客再一起用餐。

"德吉拉"。蒙古族人如果遇见贵重客人,或庆祝节日时,通行"德吉拉"礼节。其礼节方式是：主人拿来一瓶酒，瓶口上涂有酥油。先由上座客人用右手的食指蘸瓶口上的酥油向额颅上一抹，再依次轮流抹。客人抹完后，主人再拿出杯子斟酒敬客。客人一边饮酒，一边说些吉利、祝福的话，或唱几支悦耳动听的歌。待结束后，大家便起身握手欢笑而散。

"浅乌"。这是生活在草原上的蒙古族牧民招待客人时最常用的一种礼节。"浅乌"，蒙古语意思是喝茶。这种活动，相当讲究：当主人给客人敬茶时，说声"浅乌"！客人如果客气地说"我不喝"，主人便会以为你真的不喝或不好喝茶，便不再给你。客人喝茶必须按照蒙古族人的习惯，主人敬来茶，可以少喝点，搁碗停会儿再喝；能喝的就应该喝足为止，不必客气。

此外，蒙古族人习惯上喜欢饮酒，但饮酒中也有道德规范需要遵循。如有一首诗这样写道：

> 饮酒过分成疾病，适当饮酒实欣然。
> 酩酊大醉是愚蠢，狂饮无度发疯癫。
> 沉湎酒中身无益，终身忌酒体强健。
> 每日少饮助食兴，狂饮烂醉神智乱。
> 像天鹅一样聚齐，让人们举杯狂欢；
> 休听谗言而沉醉，勿中阴谋而贪杯。
> 像鸂鹩欢聚一堂，同贤能的人们欢乐一番；
> 休听恶人煽动而溺酒，同敌人搏斗要勇猛奋战！
> 像鸳鸯似的亲密无间，和亲朋好友共同欢宴；
> 休听坏人谗言而烂醉，征战莫将战友抛弃不管。
> 像布谷鸟般相亲相爱，同老老少少欢聚一团；
> 休听恶人挑唆而暴饮，厮杀时同心协力齐争先！

诗中告诫人们在饮酒时必须注意：一是不能"酩酊大醉"、"狂饮无度"；二是只能和贤能的人们同欢共饮，万勿和恶人、坏人在一起酗酒；三是必须和亲朋好友相亲相爱，亲密无间，同心协力，万勿听坏人谗言，烂醉后将战友抛弃不管。这些都反映了蒙古族将士们在统一北方大草原和统一中国的戎马生涯中，对饮酒过程中的道德性要求。

以上这些通过实际行为体现出来的礼仪礼节,在很大程度上表现出了蒙古族人民热情好客、文明礼貌的淳朴民风和道德风貌。

四　达斡尔族传统婚姻家庭中的道德生活

达斡尔族实行一夫一妻制。旧时一些有钱的人有纳妾者,但为数很少,其理由是妻子不生男孩,纳妾以续后代。但是达斡尔族人都不愿把女儿嫁给人家做二房。长期以来,达斡尔族人的婚姻范围是氏族外婚制,即同一莫昆(即达斡尔族人的氏族组织)的男女成员严格禁婚,这历来是各地区达斡尔族婚姻制度的基本原则,莫昆成员都要遵守。违者必将受到惩罚。如 20 世纪 30 年代,郭博勒哈拉满那莫昆某男子与同莫昆的女子结婚,引起族众反对,召开莫昆会议,由莫昆长老当众训斥,施以体罚并决定不承认其子女为本莫昆成员。在实行氏族外婚制的同时也实行辈分内婚制,即不同辈分者不能通婚,配偶必须是辈分相等者。但姑表、兄弟、姊妹间也有讲究,即姑母的儿子可娶其舅父的女儿,姑母的姑娘不得嫁给舅父之子。达斡尔族人认为,姑母和父亲系同一血统,娶姑母的女儿便是"回头婚",血脉回头则影响下一代的健康和智力的发展。在婚姻习惯上,兄死后弟不得娶其嫂,弟娶嫂者,被认为是伤风败俗,因达斡尔族人视嫂如母。过去达斡尔族人与其他民族通婚者很少,自清末民初开始,才开始逐渐与邻近的鄂温克、汉、满、蒙古等民族通婚。订婚时得由男方家长请与女方有亲友关系的人做媒,去女方家说亲。如女方父母让媒人磕头,留媒人吃饭则表示亲事算成了。新中国成立以来,男女青年多为自由恋爱,托媒说亲的现象日益减少。此外,在过去还有指腹订亲者,新中国成立后也随着时代的进步和社会的发展及《婚姻法》的实施,此种指腹为婚的现象已基本得到根除。订婚后随即是过礼,女婿同赶车的人一同把彩礼送至女方家,赶车人必须是比女婿大一辈的人。彩礼十分讲究:带缰绳的马 1 匹,表示两家亲缘不断;牛 1 头表示补偿姑娘幼时吃母亲的奶。还有猪、酒和点心等是招待本莫昆人用的。但在莫昆达(即氏族长)到来之前是不能打开酒坛子的。吃剩下的酒肉等由莫昆达分给本莫昆成员。如女婿带来的礼物不够大家吃用,则由女方家杀几头猪招待大家。新郎在宴会上要给岳父母及亲友长辈们一一敬酒行叩头礼。如女方家经济富足,还会把男方送来的那匹好马再反赠给新郎骑回去,以示对新女婿的疼爱。在过礼过程中，新娘不露面，躲在屯内近亲家不得见未婚夫。迎娶的前一天，女婿独自骑马来到岳父家，当晚岳母请来一位子女双全的近亲妇女，督促同桌对面就坐的姑娘和女婿，两人使用一个碗和一双筷，互相给吃黏性较大的稠粥。其意是预祝二人婚后以如胶似漆般的感情，同甘共苦度终生。第二天早上，由女方家指派本莫昆成员送亲。无论是女方送亲的人还是男方迎亲的人，都讲究是儿女双全的人，不许寡妇和孕妇充当。送亲车在半途中休息，大家喝酒吃点心时，如遇见路上的行人，无论相识与否都要让酒，请吃点心。体现了达斡尔族人热情好客，乐于与别人分享幸福的传统美德。在达斡尔族人的婚宴上，人们祝愿新婚夫妇感情牢固，对长辈要孝顺敬重，对晚辈要和悦慈爱，做事要清白，等等。体现了婚姻道德的基本要求。

达斡尔族夫妻之间要求互相忠贞不二。如某一方发生男女作风问题，男子就有可能被莫昆会议开除族籍，处处遭白眼；女子将以败坏门风之罪，被男方莫昆撵回娘家，成为丢人败姓的人，时时受冷遇。达斡尔族人一般不轻易离婚，认为离婚是不体面的事情。男方如确实要离婚，须履行离婚的仪式。仪式由女方的人主持，先让男方伏在地下，由他的妻子从他的颈项跨过去，再在男方家里的灶口和烟囱上缠白布，做出丈夫死亡的象征。还要请一位无儿无女的文人写离婚书，男女双方在离婚书上画押，各自扯存其半，作为离婚的凭证。达斡尔族谚语中有"写离婚书的地方，三年草木不生"的说法，反映了过去达斡尔族人对离婚现象的鄙视。随着时代的发展，今天的达斡尔族人对离婚的认识已有所改变。新中国成立以来，达斡尔族传统的婚姻家庭发生了显著的变化，体现封建性道德观念的陈规陋习正在不断地被新时代的社会主义道德新风所替代。

第二节　维吾尔、土、锡伯、羌族的道德生活习俗

一　维吾尔族传统日常生活中的道德生活

维吾尔族伦理思想在该民族的日常生活和风俗习惯中，有着广泛的反映。

譬如，在生活方面，维吾尔族人由于普遍受伊斯兰教的影响，在饮食上除主要食用牛、羊肉外，严禁食用猪肉、驴肉、骡肉、骆驼肉和狗肉。

新疆南部农区的维吾尔族还禁食马肉和鸽子肉等。按伊斯兰教规定,不得食用未经宰杀而死亡的任何自死动物及任何动物的血,牛羊和家禽必须经阿訇念经宰杀后方可食用。按照约定俗成的规矩,平常在进餐时也必须讲究礼貌。客人就餐时,主人必须请客人上座,客人不能随便走近炉灶。为了清洁卫生,饭前饭后必须洗手。洗手时由一人持铜壶给每人冲洗,下面用铜盆接水。一般先给客人洗,然后再按辈分或年龄顺次给自己家的人洗,但每人只限冲洗三次。洗手后须用毛巾将手擦干,不允许用甩手的方式将水甩干,否则会被认为是不尊敬主人的行为。吃抓饭前,因需用手指抓饭粒和羊肉吃,故必须修剪指甲,否则不能吃抓饭。维吾尔族人常吃馕,但也有讲究。通常把馕端到饭单布上时必须正面朝上放,不可放反。馕的正面有鼓起的边,中间有花纹,背面是贴在烤炉壁上的那面,呈平形。吃馕时须先将馕对分掰成若干小块,然后由各人分别取食,决不可一人拿着整个馕啃食。吃饭时,不可随便扒拉盘中的饭食和菜肴。吃抓饭时,不能将已经抓起的饭再放回公用的大盘中去。应根据自己的饭量将饭菜和汤舀到自己的碗中,然后吃完,切不可"眼大肚皮小,盛来吃不了"。对于实在吃不了的食物,也不可丢弃,认为丢弃食物是对主人的不尊敬。如果把吃不了的食物用双手捧还给主人,主人将很高兴。吃饭时应尽量注意不让饭屑掉到地上,如已掉落,则应拣起来放到自己面前饭单布的边上。按照伊斯兰教的规定,每次饭后还要有人领做"都瓦"(祈祷),此时决不可提前起立或东张西望。"都瓦"完毕,得等主人收拾起餐具后,客人才能离席。否则会被认为是失礼。

受宗教的影响,人们在户外时,不能头顶直接对天,否则会被看成是不敬天的行为。故男女出门时,总是必戴绣花小帽,以遮盖头部。南疆的维吾尔族妇女出门时,还需在帽上加披白色或棕色的头巾。旧时妇女上街皆蒙面纱,否则将遭到宗教界人士的谴责或处罚。现今南疆地区的部分妇女仍保持这种风俗。宗教人士与一般教徒的服饰也有区别:前者在头上缠长的白布,在裕袢(外套)外面不系腰带,如同身穿宽松的长袍;后者则不可如此穿着打扮。青年人(尤其是姑娘们)喜穿漂亮艳丽的服装。按传统习俗,人们忌穿短小衣服,外衣的长度应超过膝盖,裤腿的下边应抵达脚背。当然,随着时代和观念的变化,现在有部分城市青年已不太讲究这些了。女子不论老幼都梳发辫,且很讲究。从女童、少女到未婚的姑娘，常在头上梳十几或几十条小辫；已婚妇女则只需梳两条大辫即可；南疆妇女在头的前部先梳出两条小辫，头后部梳出两条大辫，然后将前后四条相合结成两大发辫。此种发式，不允许未婚姑娘采用。

据史载，维吾尔族的先民回鹘人"贵东向"。迄今，维吾尔族人的住宅大门仍忌向西开。他们很注重室内外的清洁卫生。凡去做客的人决不可弄脏其地面及建筑物，否则会被认为是对主人的大不敬。通常，人们喜穿皮鞋和靴子。中老年男子和妇女为了保护靴鞋并保持室内地毯的清洁，常在长靴或皮鞋外加穿套鞋。凡穿套鞋的人，不论是返回自家或去亲友家做客，入室前都必须脱掉套鞋。

受伊斯兰教经典《古兰经》中禁烟禁酒等规定的影响，人们普遍认为吸毒、酗酒、赌博、斗殴、诈骗等行为皆属于道德败坏或丑恶现象，一般都要受到社会道德舆论的严厉抨击和谴责。

在待人接物和社交方面，维吾尔族人非常重视礼仪礼节和文明礼貌。首先，视敬老为本民族的传统习俗。规定凡长辈与晚辈同行时，年轻人不可超越长者走在前面，只能随后而行。集会或聚餐时，如果有长者在，晚辈皆不得上座，必须请最长者坐首席，其他人一律按辈分和年龄依次就坐。会晤或讨论问题时，青年人须待所有长辈都发过言后才能发表自己的观点和看法。晚辈不许在长辈面前抽烟、喝酒或说脏话。其次，对坐、卧、接物等姿势也有规范性要求。如坐在地毯上，双腿不可伸直，尤其不能将脚底朝向别人，否则会被认为是对人的极大的不礼貌。睡觉时忌头东脚西，也不可四肢平伸而仰卧。接别人递来的物品时，不能单手去接，必须伸出双手去接，否则会被认为是对人不礼貌。会客或进餐时，严禁擤鼻涕、吐痰、打哈欠或放屁等，否则会被认为是严重的失礼行为。

在宗教道德上，要求成年教徒每年在肉孜节前必须"封斋"一个月。在斋期内每天只能在日出前和日落后进餐，白天禁食任何饮食。在麻扎（圣人墓地）和清真寺内，以及涝坝（蓄水池）和伙房等地，严禁大、小便和随地吐痰，并禁止携带猪、狗等肉及其他污物入内。严禁将猪肉等食品带入清真餐厅。

在婚姻道德上，一般限定在本民族内部通婚，尤禁与非伊斯兰教徒联姻。按照传统，婚姻经过媒人介绍、订婚和结婚三个程序。婚礼前一天，男家须将聘礼和婚宴用品送至女家。婚礼限在女家举行，且须由阿訇或伊

麻木按宗教仪式主持婚礼。当天傍晚由新郎接新娘回男家。此时,女家亲属往往要制造种种"麻烦"或"难题",不让接走新娘。新郎须耐心说好话,决不可恼怒,并满足女家提出的各种要求,才能接走新娘。当新娘来到男家时,门外已燃起一堆"神火",先由一位客人点一支小火,向新娘头上转三圈,然后新娘绕"神火"一周,才能进入男家大门。据说这是为了"驱鬼避邪",否则便不让新娘进门。新娘自举行婚礼前开始,就必须一直戴着盖头。婚后第三天,娘家人来到新亲家的家里,双方一起举行揭盖头仪式,先作"都瓦",然后由新郎将新娘的盖头揭去。在举行这一仪式时,所有女宾都站在左边,男子位于右边。男女各分两队,不得混淆。

在丧葬道德上,一切丧仪都须按伊斯兰教的规定去进行。人亡故后,须尽快在当天埋葬,特殊情况也不得超过三天。男性遗体须由宗教人士"净身",洗涤三次。女性遗体则由在同一礼拜寺中作礼拜的老年妇女"净身"。男性遗体缠白布三块,女子缠五块,不可多加也不可减少。遗体须由男人们抬。先抬入礼拜寺,由阿訇主持仪式、念经和祈祷后,将遗体抬往墓地土葬。送葬时近亲中的男子系白腰带,女子须加披白布盖头。妇女(包括死者的妻女)一律不准进入墓区,她们只能在远处举哀哭泣。若死者为家长或长辈,家属则须服孝七天,40 天以内不得理发、梳头、唱歌或跳舞。如果死者生前留有遗嘱,须经阿訇盖章证明,方可生效。非伊斯兰教徒也可参加维吾尔族的丧礼,但必须尊重其风俗习惯和伊斯兰教的规定。

由上可见,维吾尔族习俗中的伦理思想和道德观念,也是维吾尔族伦理思想和道德观念的重要组成部分。虽然从总体上看,这些习俗尚属于道德现象和道德惯例的范畴,带有"准伦理道德规范"的性质,但它却更具操作性,更容易为广大人民群众所接受。

二 土族社会生活中的道德规范

任何理论和思想都是在长期的社会实践中产生和发展的。土族人民和其他兄弟民族一样,在长期的社会生产、生活实践中,不断总结、积累和概括,形成了本民族对世界的看法及长期以来共同遵循的伦理准则、道德信念,并且随着社会生产力的发展和社会的进步,不断增添着新的内容,不断发展。概言之，土族社会生活中的伦理思想就其主要内容有：

首先，忠君爱国，强调民族团结。土族人民在长期的历史发展和社会活动中，形成了较强的群体意识和国家意识。在国家观上，始终坚持以国家利益、民族大义为重，维护国家统一和各民族的和睦团结。旧时，在民间强调对中央王朝坚持君臣父子、忠君良民的道德准则，信守"为百姓者，皇粮不应误"、"皇帝的百姓要接受圣皇旨意"等信条。特别是明清以来，以土族代表自居的李、祁、鲁等土司带领士兵，效忠朝廷，维护边陲安定，屡立战功，曾受封"会宁伯"、"高阳伯"之爵。鲁土司"力为采购，并自备驮载，派令弁兵护解到营，接济军食"，"自愿捐效，为数甚巨"。[①]表现了土族人民尽忠报国的伦理道德观。在土族民间几乎人人皆知忠君、顺主、孝悌、纲常之理，凡事讲求"理"和"真"，而反对"伪"和"假"。人际交往追求以诚相待，反对虚情假意，展现出豁达和谐的良好风尚。

其次，重人情礼节，崇尚和睦友爱。中国是礼仪之邦，中国少数民族同样讲究礼仪。土族人民把各种伦理道德规范统称为"礼"，在日常社会生活中，常以年龄、疏密、通例等作为待人接物的伦理规范，讲求人与人之间论资排辈、大小有序、男女有别，彼此以礼相待。喜庆佳节，村舍邻里、亲戚朋友互相拜访庆贺。在日常生活中，他们把第一杯酒、第一碗菜等必须先敬给长者；赴宴坐席，须让老人坐上位，先请老人动筷开席；父子、岳婿、舅甥不猜拳、不弈棋；与旁系长辈或长者猜拳，须将左手撑于右肘下，表示尊重，等谦让后方可单手猜拳；青年人蹲着聊天，遇见老人，都要起身拱让问候；走路要让老人前行，青少年不许抢先，平时无论在炕上或庭院，他人不许从老者近前横过，而要绕后走过去，民间俗语说："能代（让）脖子上骑，不代（让）怀里坐。"其意即只能尊敬而不能受屈。骑马乘车遇见长辈或亲戚，不管其地位尊贵还是低下，都要下马停车，招呼问候，即使这个人是放羊娃也应如此。老人患病，子女亲属精心照料，村人和亲戚都去探望。去土族家做客，不论相识与否，都会受到热情招待。民间常以"客来了，福来了"称誉自己民族好客的良好风尚。在款待客人时，不用纹碗碟、长短不齐的筷子和掰开的馍，凡事特别讲究一个圆满如意。

在家庭生活中，土族人民倡导尊老爱幼，讲求有难同当、有福同享的

---

① 吴丰培编：《豫师青海奏稿》，青海人民出版社（内部发行）1981 年版。

良好风尚。土族人家合家团圆,一家大小经常围坐在炕上讲故事、聊天、议论外界事物、评判孰是孰非。土族家庭中很少有打架吵嘴之事,兄弟、妯娌、姑嫂间互相尊重,相互间从不说长道短,关系融洽和谐。即使分家而居,父母族人主持公道,兄弟相互忍让,由本家长辈主持,在友好气氛下分配财产,努力做到公平、合理,不使任何一方吃亏。

再次,笃信宗教,耻于商贾。土族笃信多种宗教,民族信仰繁缛,信鬼神、轮回转生、宿命论、因果报应、万物有灵、灵魂不死、忌杀生命等观念根深蒂固。与之相适应,宗教道德对土族人民的精神生活影响深远,成为土族伦理道德的重要精神支柱之一。民间如遇天灾人祸,必求神弄鬼,避邪驱魔,戴"神符"、喝"希合尼"(圣青稞),以保平安吉祥。人们无论碰上喜乐如意之事或悲痛突异之难,都要情不自禁地呼唤一声"腾格热哟!"以表示对长生天照应的谢意或受灾难后的惋惜之情。土族人认为,人的一切都是命中注定,生老病死,富贵贫贱都是长生天的旨意。有什么不幸都说是腾格热给的,所以只求助于神去征服自然灾害、疾病瘟疫等。在人际关系上主张"施以真言,不说谎欺骗",做人要遵循宗教道德标准,牢记"慈悲为怀,行善做好事",坚持公正、孝敬、和蔼、行善、怜悯、报恩、廉耻、谨慎和勤奋,反对在生活中偏袒、暴力、轻浮、无耻、忘恩负义、无同情心、易怒、骄傲、懒惰等。

土族主要居住在比较偏僻、封闭的脑山地区,长期从事畜牧业和农业生产。受特殊的自然地理环境影响,小农意识十分浓厚,并以其指导和规范民族成员的行为。在土族群众中,凡没有见过、听过之事,都以"无先例,使不得"阻于门外,长期墨守成规。旧时,土族社会经济落后,生活水平低下,剩余产品很少,从而基本上没有商品意识和市场交换的意识,很少有人从商或从艺。他们视商为"奸",视艺为"贱",囿于小农经济意识,思想观念保守,常以持生稳健、安分守己、循规蹈矩、不好高骛远等去说教,说"马驹快了好,人子慢了好","出头的椽子烂得快,出头的人物招风险"。

最后,尊重知识,注重教育。土族人民非常尊重知识和有知识之人。把学习知识和注重道德看得同等重要,认为知识就是道德,道德体现学识。旧时,土族绝大多数儿童与学校教育无关,受教育的方式主要是家庭教育,辅之以私塾和寺院教育。从小孩牙牙学语伊始,大人们就以自身的知识和才干，言传身教。当小孩刚满周岁时，阿妈就领着学步的布勒（小孩）沿着粪堆转三转，说："阿妈心尖上的小布勒啊，你别嫌它臭，你别嫌它脏，马帮的金子在驮子上，农家的金子在粪堆上。你要把土族人家的粪堆，积攒得像高山一样。"到了秋天，阿妈又把小布勒带到场院里，对着青稞说："阿妈肝花连肉的小布勒啊，你别怕它高，你别怕它长，喇嘛的希望在经卷上，农民的希望在麦垛上，你要争口气，要把土族人家的麦垛堆到云天上。"小孩稍长大，开始懂话时，大人们则以丰富生动的童谣、寓言、神话、故事、传说以及歌舞等文艺形式，启迪儿童热爱真善美，憎恨假恶丑，明辨是非。如用宴席曲《唐德尔格玛·三岁孩》、面具舞《庄稼其》一类文艺形式教育儿童要树立披荆斩棘、勇于开拓、勤奋劳动的精神；用《黑马张三哥》、《蟒古斯》等大量传说故事教育儿童要树立自强不息、与邪恶势力进行顽强斗争的精神；用《山雀叫了的时候》、《孔雀》等故事教育儿童要树立蔑视权贵、不贪金钱、追求幸福生活的高尚情操；用《想吃太阳的鸠》、《红毛狐狸和黄眼狼》等寓言故事揭露封建土司等地方势力狼狈为奸、鱼肉百姓的罪行，教育儿童要与残酷压迫剥削劳苦大众的封建统治阶级进行顽强斗争的精神；用《饥寒哥》、《懒人必受穷》等一些童话教育培养后代在社会生活中坚持伸张正义、抗击邪恶、为人诚实、奋发向上、克勤克俭、艰苦创业的道德品质和良好风尚。

综上所述，土族人民在长期的社会实践中，形成了许多本民族遵循的生活伦理。这些社会伦理道德中有许多内容是积极的，对土族人民的社会生活起着促进和规范的作用。但也有一些内容是消极落后的，如耻于经商等，在很大程度上制约着社会发展繁荣的进程，对民族兴衰影响很大。在社会主义精神文明建设的过程中，要善于吸取其精华，剔除其糟粕，对广大群众进行社会主义、集体主义和共产主义道德观的教育，培养和树立起道德新风。

三 锡伯族传统社会公德中的道德生活

锡伯族人在长期的社会生活中，逐渐养成了许多良好的社会公德和礼节。

（一）尊老爱幼的传统美德

尊重老人是锡伯族人的传统美德。在几乎每个哈拉莫昆的家规中，都对尊重老人这一条作了规定。有的规定说:斜视老人要掌脸。有的规定说:谩骂老人的人,要在莫昆会议上予以惩办等。在平时的节庆和红白喜事上,要先让老人们坐上席。在大街上遇到老人,骑马者要下鞍让道一旁,等老人过去以后,才上马前进;步行的人要前去行礼,等老人应声后才离去。晚上睡觉时,要先让老人们入睡后,晚辈才上炕。过去,儿媳们每日早晚都得向公婆请安。凡见老人进门,晚辈不可抢门,须等长辈进去后,才能跟后进去。过去老人吃饭时,儿媳们侍候在前,等其吃完后,儿媳们才用餐;老人教导时,必须束手聆听;老人谈话时,晚辈们不可随便插话;年轻人不能和老人们同座饮酒;老人的衣服鞋帽不可随便翻动,尤其是帽子不能随便拨弄;年轻人若要干一件重要事情须先请示老人,听取他们的意见;家里如果有年轻力壮的人却让老人干重活,是这一家最大的耻辱,会受到社会的耻笑;不赡养老人的人,会受到社会道德舆论的斥责和非议;过去,老人寿终后,子女要守孝 3 年;晚辈不能直呼老人的姓名,故在锡伯族人中,孙辈直到爷奶去世,有的还不知道他们的名字。过去,每当春节,人们要先到本哈拉莫昆中年纪最大的人家去拜年,然后才能到其他地方去叩拜;小孩取名时,还要请年长的人来取;高寿的人死去,会有很多人去送葬。这种尊老、敬老的美德,在锡伯族人的社会生活习俗中代代相传。

锡伯族人在尊老的同时,爱幼也是其美德之一。传说早在 200 多年前,当迁徙到新疆的锡伯族离别同胞和乡亲的时候,留居东北的锡伯族同胞特地为远走的乡亲们准备了一顿丰盛的离别饭,开始入席的时候,年轻人要求老人们先入席,当时,老人们心怀感伤,深知少年幼辈才是接替前辈的一代,于是,纷纷要求先让孩童们坐头席。从此以后,每当大家共聚吃饭,就让小的先吃。凡是成心欺负小孩儿、拿小孩儿出气的人,皆要被大家耻笑为无能之辈,无论他有理无理,都必将会受到长辈的训斥。在锡伯族人社会中,尊老与爱幼是相互关联、上下承接的。

(二)保护水源的环境道德

过去,锡伯族人对保护水源,各地都有明文规定。譬如,不准牛、马、猪、禽跑进水渠喝水和乱撒尿屎,严禁把垃圾倒到水渠里或水渠旁,不准挖水源泥土等。此外,长辈们还教育儿童不能往水里撒尿,并常常会吓唬说:往水里撒尿,妈妈的乳房会肿。锡伯族人这种保护水源、爱护水源的环境伦理意识，直到今天，仍然有积极意义。

锡伯族人具有保持内外整洁的道德观念。锡伯族是崇尚整洁的民族。对室外的要求来说，锡伯族人认为垃圾等不洁之物不可堆在人眼见到的地方，而必须堆在背阴之处，自己门前或房前的大小路径必须自觉地进行清扫，保持其经常性的整洁与干净。室内时时要保持整洁，把客人迎进肮脏的房间，是一种失礼的表现。若在平时串门，还要讲究穿着打扮，即使是破旧衣服也要补齐洗净。如果穿肮脏破烂的衣服串门，会被认为是对主人的一种不尊重的表现。

（三）尊重客人

尊重客人是锡伯族传统礼仪礼节中最起码的道德要求。在锡伯族人看来，客人到家，主人必须出门去迎接；客人走时，也要出家送到院门。到家的客人，不能让他空腹离家，必须做一顿好饭，让他吃饱后才准走，否则，别人会说这家主人连最起码的礼节都不懂。客人吃饭时，主人不能将锅铲弄出响声，如果锅铲出声，客人会误以为饭菜不够了，就会吃不饱；客人的背囊不可随意翻动，尤其是帽子不可动弄，须放到高处，忌问客人走的时间；客人留住后，主人忌和爱人同睡，须和客人伴睡，否则，人们会说这家主人不懂礼貌或不尊重客人。客人忌当面夸赞主人的手艺或其他东西；客人吃饭或留住后如果给主人报酬，会被认为是对主人的莫大污辱，主人会当面发脾气；客人太客气了，主人会厌恶和讥笑对方。锡伯族谚语"吃饭时不能害羞"即是指此。客人在家，主人家的小孩儿或其他成员不可在炕上随便躺卧；客人说话时，主人家的幼辈不可随便插话。可见，对主人和客人的道德要求是双向的。

在人际交往中，说话和气也是锡伯族人的道德要求。锡伯族人颇注重和讲究说话音调，凡是说话粗鲁或生硬者将处处受到指责和议论。锡伯族称这样的人为"玛阿尔巴吐"（粗野）。这样的人连成家都很困难。长辈问话，晚辈必须站起来和气相答。锡伯族谚语说："话语因音调倍增价值。"语气生硬者，当时就会受到老人的痛斥。

（四）打千礼

打千礼是体现锡伯族人伦关系的道德要求。按照锡伯族人的要求，平时晚辈见长辈时，要行打千礼，儿女久别后见到父母时也要行此礼。此外，老人之间也行此礼，所不同的是，在一方向对方打千时，对方也同时打千,而年轻人向长辈打千时,长辈只是吭一声对答即可。妇女之间也不行此礼,但是,男性长辈向同辈妇女行此礼时,对方也须作出打千的样式对答。打千礼的形式是:双手放在两个膝盖上,右脚往前跨出一掌左右,身子向下坐曲,然后,即刻复直。锡伯族人的打千礼只限于本民族内部使用,具有本民族独具特点的礼仪礼节。

（五）下跪和磕头

下跪和磕头也是锡伯族人伦关系的道德要求。锡伯族下跪具有礼节上的意义。除为死者下跪致哀和为长辈下跪请罪外,一般儿女数年后分别归来,也要为父母爷奶行此礼。此外,在办理婚丧事期间,人们也要多行此礼。尤其是逢年过节,晚辈都要向长辈下跪磕头祝贺,表示祝寿。下跪磕头的礼节,在旧时非常盛行,而且也十分严格。新中国成立后,旧的风俗习惯渐渐淘汰,开始兴起新的道德风尚。因此,除婚丧和节庆仍要下跪磕头外,其他场合都不行此礼了。现在,一般的见面礼都行握手。可见,人们的伦理道德观念（包括礼仪礼节）也不是一成不变的,往往也会随着时代的变化而发生变化。

四　羌族传统婚姻家庭中的道德生活

家庭是社会的细胞,而家庭又是由一定的婚姻形式来体现的,其中贯穿着特定的伦理规则和道德要求。

（一）羌族人的家庭道德生活

羌族普遍盛行小家庭制度,家中以年长者为家长,一般由父亲当家,家务由主妇（母亲）主持,并掌管家中钥匙、粮食和亲朋之间的礼尚往来,母亲死后由儿媳操持家务。羌族的亲戚中有"四大亲戚",即母舅、姑父、伯叔、姨夫。凡婚丧嫁娶、分家等事,近亲、家族都要参与其事,尤以母舅权力最大,男女决定婚事一定要母舅允诺;母死办丧事时,若母舅有意见死人不得入葬。如果父母早死,子女尚幼,则由母舅代为管理财产、负责抚养小孩,待其长大成人后再归还财产。羌族人的婚姻家庭中一直残留有母系氏族的特色,这在中国各民族中是较为典型并具有代表性的。

羌族家庭一般都实行分家,老人去世,或兄弟多,或婆媳不和睦都可以分家。分家时由母舅家族长辈主持,办酒评议,将家产分成几股,若老人未去世要留"老田",则需等老人去世后,众弟兄再平分"老田"。未婚女儿多跟兄嫂住,幼子多跟父母住。女儿若留家招婿则有继承权,若出嫁则只有不多的陪嫁费。父母在分家后添置的土地钱财可以自由归给心爱的儿子。

羌族家庭制度中在一定程度上残留着封建社会男尊女卑的传统伦理思想。过去,羌族妇女在社会上地位低下,备受男人的轻视。在社会生活中,男人始终处于主导地位,从事的活动诸如安排生产、支配收支、决定子女的婚嫁、主持祖先的祭祀、分配家产的继承和家庭成员参加社交活动等,而女人则基本上处于被支配的地位。在家庭中,女人不能单独决定事情,一定要当家男人说的话才顶事。女孩子从十岁就开始参与劳动,长大后就是家中的主要劳动力。除了不犁地外,开荒、割草、打柴、收割、背水、喂猪、做家务、带小孩、缝衣服、做鞋子、绣花等都是妇女应尽的责任和义务。妇女一年忙到头,做母亲的能掌握钥匙,操持家务,但不能当家。在婚姻方面,女人没有很多自由。讨一个老婆就是添一个劳动力,有钱的人可以买几个妻子来家劳动。为了要人劳动,一个二十多岁的女孩可以嫁十多岁的男孩。夫妇不和,男人可以另娶,女的就不能另嫁。在羌族社会,对女人的规矩十分森严,妇女不能随便与男人谈笑,不能和公公同坐一张板凳,甚至不能直接与公公说话,凡事都得通过婆婆,处处都表现了男尊女卑的封建特色。新中国成立以来,随着男女平等思想及其观念的灌输和渗透,男尊女卑的传统伦理思想发生了根本性的转变,羌族妇女在家庭中的地位逐步上升,羌族人的家庭伦理关系和道德生活也趋于更加和睦与和谐。

(二) 羌族人的婚姻习俗道德

羌族的婚姻习俗既是按照封建制度的道德、风俗和法律原则建立,又保留着较浓厚的民族特点和民族形式。新中国成立前,羌族人的婚姻形式基本上是一夫一妻制,但是还有少数一夫多妻的现象。新中国成立后,羌族人民的婚姻习俗从根本上发生了变化:一夫一妻制更加深入人心,原来的一夫多妻现象被彻底革除。现在的羌族人民与其他民族一样严格地遵守着国家的《婚姻法》,并按其规定缔结婚姻关系。

过去,羌族的传统婚俗仪程及其规则是:入赘、转房制和"党母族"是羌族特色婚姻制度的主要表现形式。入赘即"嫁男"的婚俗,是羌族传统社会盛行的一种婚姻形式。其原因在于羌族社会生产力不发达，人民生活水平很低，老百姓婚姻不是以"两情相悦"、"年龄相当"、"郎才女貌"等为标准，更多的是只能出于经济条件的考虑。因为羌族人大多数都相当贫困，交纳不起对他们来说是数额巨大的彩礼，只得选择入赘这一简易的结婚形式，入赘后男方一般要改随女家姓。转房制则和买卖婚姻出现后，与为避免财产损失和妇女地位降低有关，其形式是兄死弟娶其嫂，弟死兄纳弟媳。传统观念认为，这样既可以避免家庭财产外流，又能保持种的繁衍，解决贫穷男性的婚配问题，是一举几得的好事。"党母族"是尊重舅家的习俗。《后汉书·南蛮西南夷传》说："冉駹龙夷，贵妇人，党母族。"《后汉书·西羌传》说："时烧何豪有妇人比铜钳者，年百余岁，多智算，为种人所信向，皆从取计策。"均反映了羌人社会中母舅的较高地位。冉光荣、李绍明著的《羌族史》也写道："家庭中母舅权力很大，诸如婚丧嫁娶以及析产、承继等大事，皆须征得母舅的允诺，并请他来主持办理。"这些习俗反映了在羌族传统社会里，虽然其男尊女卑的思想仍然存在，但是羌族妇女的地位比同时期封建制度更发达的汉族妇女的地位似乎还是要高一些。

过去，羌族的婚姻制度仍保留着一些母权制的残余。如姑舅表的优先婚；结婚以后一年内新娘多返居娘家；寡妇再嫁、招赘不受限制；非婚生子女不受歧视等等。在少数羌族地区还流行有抢婚的习俗，男方在求婚被拒绝后可以趁女子在外劳动时抢回家去，若被抢来的女子不从，便可婚后偷跑回家来，若愿意，就住男家，五天后男方送上财物到女家谢罪。抢婚可以抢姑娘，也可以抢寡妇。

封建的买卖婚姻在旧时的羌族社会中占有统治地位。男女无选择配偶的自由，自幼由父母包办，而且男7—10岁、女12—18岁，即可结婚，类似童养媳。大多数家庭女大男小，年龄悬殊较大。人们认为，"男大当婚，女大当嫁"，婚姻应当听从神意（天命）的安排，由父母和舅舅做主就近物色合适的对象，并且应门当户对，"穷找穷嫁，富找富配"，最好亲上加亲（即姑表婚优先，俗称"还骨头"）。选择对象时，还应当由巫师算命，双方生辰八字相合，才可请媒人（俗称"红爷"）提亲；双方同意后，要举行郑重的订婚仪式。同时，在羌族的习惯中一般没有解除婚约和离婚的规矩，人们认为"订了就定了，十斤酒换一斤酒都不行"，"做叫花子当讨饭婆，没有话说"，"只有搭桥的，没有拆桥的"。这样的夫妻很难建立真正的感情，不知葬送了多少青年男女的爱情。但是这就是当时人们的道德规范，是不容置疑的。

在现实生活中，男女青年都痛恨封建买卖婚姻，向往自由自主的婚恋。但旧时羌区社会的条件极为落后，使先进的伦理道德观念难以突破落后、陈旧习俗的束缚，青年们难以实现婚姻自由。20 世纪 50 年代以后，羌区社会变化巨大，发展迅速，羌族的传统伦理道德观念逐渐升华，毗邻地区兄弟民族的先进伦理道德观念对羌族人民也有很大的影响，越来越多的羌族青年逐步树立起了人品第一、勤劳能干、平等自主、志同道合、相互促进的社会主义新型婚姻伦理道德观，在一定程度上实现了婚恋自由。

羌族婚姻制度的变化也是对其传统伦理道德的一大突破。随着社会的发展和人们思想观念的更新，人们的伦理思想和道德观念也在不断地进步，婚姻习俗中的伦理思想和道德观念也正朝着更规范、更先进、更科学的方向发展。

第三节　柯尔克孜、彝、傣、仫佬族的道德生活习俗

一　柯尔克孜族民俗礼仪中的道德生活

柯尔克孜族人的民俗礼仪中也包蕴着丰富的伦理思想。长期的游牧生产生活方式使柯尔克孜族人形成了一些特有的伦理规则和道德规范，是柯尔克孜族伦理思想的重要组成部分之一。

在社会生活习俗中，柯尔克孜族人十分好客和重视礼节。其礼节形式主要有问安请安、握手拥抱、俯首鞠躬、贴面接吻等。接待客人时，主人从家中迎出，拉缰扶蹬请客人下马。男的接待男的，女的接待女的。然后握手或拥抱，向前俯首问安。来客接吻幼者的面额（男性不得接吻 12 岁以上的女性），并抚摸其头顶。如果来客是青年人，要在远处下马步行，右手抚胸，左手牵马，到门前后主动问安；如果是新婚妇女或未出嫁的姑娘，男人尤其是年长者不能出门迎接。根据习惯，主人如不出门迎接客人，说明其辈分比客人大。

客人进门后，主人帮其脱帽脱衣，将其马鞭挂在毡房正面的左侧（女的在右侧），请客人洗手后，铺上餐布，摆上奶制品及其他油炸食品

招待客人。然后牵来一只羊到门内，站立并举起双手说："请尊贵的客人接受我的心意！"意即请求开始"巴塔"，也就是祈求真主的祷词或赞同仪式。此时客人也站立起高举双手回答："求真主保佑全家平安，人畜兴旺，万事如意，未来幸福！"

进餐前，主人要为客人举行多种娱乐活动；进餐时，请客人再次洗手，重铺餐布，端上煮熟的整羊肉，请客人食用。主人向客人分肉有严格的规矩：主客吃羊头肉，然后按照顺序分给坐者羊尾、胳骨肉、胸骨肉、肱骨肉、股骨肉等。女婿和媳妇吃胸骨肉和胫骨肉；如来宾是夫妻二人，主人须把羊头分给其妻子。客人把分得的部分吃一半，余下部分送还主人或主人的小孩。主客吃羊头时，要先把羊右耳送给席上长者或主人，左耳、羊头左面自己吃，右面还给主人。羊肉不能全吃完，留一部分盘底送还主人，以示感谢。最后再举行"巴塔"，洗手，结束宴席。如有贵宾临门，主人还要为其宰马杀牛。当客人离去时，还要为其准备途中所需要的食品和牲畜所需的饲草。

对于一般的人，见面时，不论相识与否，皆要用手抚胸、躬腰，以示彼此问候。宾客来访，主人要迎上前去扶其下马，撩开门帘让其进屋，然后拿出家中最好的饭食（如肉、抓饭、奶油甜米饭、肉片面条等）予以款待，尤以羊头肉款待表示最尊敬。请客人吃羊肉时，须先请吃羊尾油，再请吃胛骨肉及羊头肉。客人也须先分出一些给主人家的妇人和小孩，以示回敬。天晚时还要留客住宿。若招待不周，就会受到道德舆论的谴责。客人告别时，主人要备好鞍马，并扶其上马。迁居时，邻居间须相互招待，以示告别和迎送。

在禁忌规范上，要求人们饭前饭后要洗手，但手上的水不能洒，必须要用布擦干净；主人让吃食品时客人要吃，但不能吃尽，要剩下一点退还主人；对尊贵的客人要宰羊，并须先请吃羊头；厨房和新房的布帘不能揭开看；客人出门时要背朝门退出；每月单日不搬家，不出门；主麻日（即星期五）不能走远路等等。人们只能遵守不得违背。尤其最忌讳欺骗、撒谎和赌咒，若发现此类行为，必将受到谴责，情节严重者还会引起公愤，甚至被逐去他乡。

在道德修养上，强调"夸耀自己的勇士没有威望，甘居软弱的懦夫会被打死"/"夸耀自己有千斤臂力的人，结果连一片树叶也扔不到屋顶"/"爱夸口的姑娘，在赛马会上摔下了马"。认为"荣誉面前要学沙漠里的河流，困难面前要学山间的洪流"/"聪明人听过夸奖更加虚心，愚蠢人听到夸奖迷失方向"。主张"真金在火里才能鉴定，好人在劳动中才被知晓"。告诫人们"靠近坏人染恶习，靠近铁锅弄身黑"。

柯尔克孜族人民俗礼仪中的伦理思想和道德观念，无疑是柯尔克孜族传统伦理思想中极其重要的一部分，千百年来，它一直对柯尔克孜族人民的思想和行为产生着重大的影响。

二 彝族传统日常生活中的道德生活

（一）视崇善憎恶为彝族社会的基本伦理道德规范

善与恶，是伦理思想与道德观念中最基本的范畴，是人们对自己和他人行为进行肯定或否定的基本标准。善良淳朴、爱憎分明的彝族人民，自古以来就对善与恶的划分有着明确的界限：他们追求、热爱美好的事物；憎恶、唾弃丑恶的现象。"百事善为首"，被彝族人民视为千百年来的传统美德。

彝族古代的许多典籍中都宣传了人们扬善抑恶的伦理思想。据彝文著述中记载，早在相当于中国南北朝时期的彝族先师举奢哲就十分重视做人必须要有最基本的善恶观。他在《经书的写法》中说："人生在世时，好事要多做，坏事要少行；善事要多做，恶事绝不行！"从这里可以看出，彝族先人就已经有了明确的善恶观，并以此劝诫他人要戒恶扬善。明代水西彝族地区的许多碑记中也都宣扬了行善的思想。许多碑文的记载都反映了彝族人民把修路、建桥等视为"行善"，是十分高尚的事，其子孙也会受到"荣荫"。如水西大渡河建石桥记就记述了一对母子捐资修路建桥，因为做了善事而心满意足："善者心怀于黎民，有了善念，为人诚朴心直，就增长寿龄……就没有什么贪求了。"这种伦理思想和道德观念，无疑对彝族人民的行为具有指导意义：做善事的人，心地坦然，因造福他人而心满意足，别无贪求，这样才能健康长寿。彝族老人在弥留之际，也总会回顾自己的一生，会为多做善事而感到欣慰，也会为做了错事而自责不已。"善"成了古代彝族人所追求的人生价值的崇高目标。

现代彝族社会中，依然传承并沿袭着崇善憎恶这一美好品德的道德传统。彝族家庭中，父母在孩子年幼时就会教他们分辨善恶是非。对于做了善事的孩子，父母会夸奖鼓励；对于做了错事的孩子，父母会严厉批评。父母把崇善憎恶的思想教育贯穿在孩子的一点一滴的日常生活中，让他们懂得做人的最基本道德和伦理规范，并以此指导着他们成长的一生。

彝族人十分敬重品德高尚的人。德行好、行善事的人在彝族群众中有很高的威望，人们像尊敬自己的长辈一样尊敬他、信任他，喜欢与他交往；而对于那些品德败坏、行为恶劣的人，人们会远远地躲开他们，也不许自己的亲人靠近。

（二）视尚礼好客为彝族社会的传统美德

注重礼节、热情好客是我国众多少数民族的优秀伦理思想和传统美德，作为具有悠久历史文明的彝族，当然也不例外。

彝族是一个十分讲究文明礼貌的民族。除了举行各种人生礼仪、宗教祭祀等活动时要遵守特定的程序、礼节、仪轨外，在日常生活中，彝族人也十分注重礼节，认为这是做人的基本规范。譬如，彝族人在对他人的称呼方面有着严格的要求：长幼之间，谁长谁幼，谁大谁小，不仅论年龄，还要依据父系谱牒或母系谱谍的长幼来定，不许叫错，否则会被视为极大的不敬，连家庭成员也会因此而蒙羞，被认为缺乏教养、乱了伦常。其他民族的人在同彝族人的交往中，都会深切地感受到注重礼仪、礼节的伦理思想和道德观念对彝族人行为活动的规范性作用。

同时，彝族也是一个热情好客的民族。"待客如敬神，上门即为客"，堪称是彝族热情待客的真实写照。的确，只要到了彝族地区，无论是亲朋好友，还是素不相识的人，都会被视为上宾而受到主人的热情款待。彝族人平时并不杀牲，但是当客人到来时，他们会敬献牛、羊、猪、鸡等作为款待客人的最丰盛的食品。在杀牲之前，主人会把活的牲畜牵到客人面前，请客人过目之后再进行宰杀，以表示对客人的敬重。吃饭中间，主妇会时刻关注客人碗里的饭，未等客人吃光就要随时加添，表示待客的至诚。客人走时，主人都会热情挽留，若挽留不住，还会奉上送客菜。此外，酒是彝族人待客的见面礼。给客人敬以"三道酒"，是体现彝族人热情好客的传统礼节。

彝族人在接待客人时，讲究体面。使客人满意，让客人吃好玩好，尽到地主之谊，是彝家待客的标准。如果有招待不周的地方或者没有拿出最好的、最丰盛的菜肴，会被认为是一件极其不光彩的事，不仅损坏了自家的颜面，而且也损坏了家族的名声。

尚礼与好客是相辅相成的。一个注重礼节的民族，必然在待客方面也时刻体现出文明礼貌，并力求细致入微，把客人招待周到。同样，一个热情好客的民族，在招待客人时也都会有自己传统的方式与礼节。尚礼与好客是密不可分的。在彝族人民日常生活的点点滴滴中，无不渗透着尚礼与好客的优秀伦理思想和传统美德。

（三）视尊老敬老为彝族社会的基本公德

尊重老人、敬爱老人是一个社会的基本公德。在彝族传统伦理思想中，也一向把尊老敬老视为对每一个成员必须具有的社会公德的最基本要求。

彝族把老人看作是本民族智慧和光荣的象征。他们认为老年人的知识多，懂得许多习惯法和祖辈相传的规矩；长辈辈分大，地位也就应该高于晚辈，所以彝族社会素有敬老的传统。彝族人常说："长者在场，小者不要说话；哥哥说话，兄弟不要争先；大马在的地方，小马不要踢脚。"就是教育人们要尊敬长辈、尊重老人。

尊老敬老是从古代彝族社会一直流传至今的传统伦理思想和道德观念。现今的彝族社会中还保留着许多敬老的礼节。在彝族人聚居的寨子里，招待客人时家中的长老要优先陪客，而且座位特别讲究。老人中辈分最大、年龄最高的坐在堂屋的上方，即正位，其余依次就坐。倒茶、斟酒、敬烟要先给老人，吃饭时碗筷也要先递给老人。家里杀鸡宰猪时，要把鸡头、鸡肝、鸡屁股和猪肝先给老人，表示鸡的整体和猪肉最好吃的部分都给老人享受了。有的人家还给七八十岁的老人开小灶，装饭菜的锅整天置在火塘边，让老人随时可以吃到热乎乎的饭菜，充分反映了对老人的关心与尊重。彝族年轻人骑马遇到老人时，必须下马让道，站在路旁向老人问候。正如彝谚所说："长者小者坐一道，长者应坐上，小者应坐下；长者小者一道行，长者应骑马，小者应走路。"彝族人日常生活中的每一个细节都体现着他们尊老敬老的伦理思想和传统美德。

此外，彝族家庭、家族、村寨内的大事如婚礼、丧礼等都由老年人主持协商，家族或村寨的头人也往往由老年人担任。彝族人把老人比作一把锁，家里有个老人，出门不用锁门，人们把家里的一切都托付给老人了。这种对老人的尊敬和信任是建立在尊老敬老的传统伦理思想和道德观念基础之上的，也是彝族尊老敬老行为的具体体现和实际践履。

（四）视诚实守信为彝族社会做人的基本信条

只有诚实守信的人，才能得到他人的尊敬与信任。一个人如此，一个民族也不例外。彝族人在千百年的文化积累中，形成了诚实守信的民族品格，他们认为诚实守信是人与人交往的基础，也是一个民族生存和发展的基础。说谎的人是要遭到众人唾弃的，不讲信用的民族也是会被社会所抛弃的。因此，在彝族的伦理体系中，诚实守信占据着重要的位置，是评价一个人的基本标准。

在彝族人民的生活交往中，到处都充满着教育人们要诚实守信的故事。如彝族叙事诗《癞蛤蟆娶妻》讲述的就是这样一个故事：一位神灵因羡慕人间的生活，先变成了癞蛤蟆去体味人们的辛苦。他向一个姑娘求婚，姑娘看他相貌丑陋，不愿意嫁给他。但是他的善良和勇敢却打动了姑娘，姑娘向他提出了一些苛刻的条件，说只要他能办到，就答应嫁给他。癞蛤蟆满足了姑娘的要求，姑娘也认为"吐出的口水，再也收不回"，承诺一定要兑现，于是同意嫁给癞蛤蟆。正在这时，癞蛤蟆突然变成了一个英俊的小伙子，姑娘欣喜至极，从此两人过着幸福快乐的生活。这个在彝族中广泛流传的故事，告诉人们答应了的事，就一定要办到，诚实守信一定会得到应有的回报。由于彝族人儿时所受的道德教育中很大一部分来自父母讲述的民间故事、传说等，所以彝族的这些故事中所蕴涵的伦理思想被彝族人作为一种无形而又宝贵的道德教育资源世代传承。

此外，彝族社会流传的许多民间谚语中，都教育人们要诚实守信。"过河莫丢拐杖，相逢莫要撒谎"；"做事不要光在嘴上，还要在手上；看人不要光看脸上，还要看心上"。都是教导人们要把诚实待人、坚守信誉作为为人处事的信条之一。

明朝万历年间以右副都御史巡抚贵州的郭子章，在他的《黔记》中，对彝族人民的诚实守信也作了记述并给予了充分的肯定。他写道："彝族，重信约，尚盟誓。"这说明彝族人民的诚实信用在历史上就已经得到了其他民族的充分肯定，并作为一种优秀的伦理思想和道德传统沿袭至今。彝族人民诚实守信的伦理道德和优良传统使他们在当今的社会交往中受到其他民族的尊重和信赖，尤其在市场经济日益发达的现代社会，彝族人的美好品德给他们带来了社会发展的无限商机。

（五）视协作拼搏为彝族人的传统民族性格

彝族人民团结互助、拼搏斗争的传统伦理思想和道德观念与他们居住的环境有着密切的关系。彝族人大多生活在崇山峻岭之中，自然环境险峻逼人。艰苦的生存环境磨练了彝族人民顽强拼搏的精神，使他们在重重困难的压迫下坚韧不拔、同大自然奋勇抗争。同时，大自然也是彝族人民最好的老师，它教会了人们团结协作，让人们懂得只靠个人的力量是无法战胜自然的压迫的，只有团结互助、相互救济才能求得生存和发展的空间。这些品质成为彝族人生存的精神支柱，并经过世世代代的沉淀形成了彝族协作拼搏的性格特征。

在彝族社会中，处处都体现着人们协作拼搏的伦理思想和道德观念。一家一旦有事，全寨都会出动支援，邻寨也会赶来帮忙，共同救灾抗暴。凡婚丧大事，同一村寨或同一家支的成员必须互相支援。在修建房屋或耕种、收获等劳作繁忙时，同一村寨或同一家支的各户都会出义工相互帮忙、相互支援，共同度过紧张的生产繁忙期等。在生产、生活中遇到困难，彝族同胞都会共同抵抗、毫不退缩，表现出顽强的拼搏精神。

彝族人协作拼搏的精神与过去冤家械斗也有很大的关系。旧时彝族各家支部落之间经常发生械斗，如果不团结起来一致对外，就很难生存下来。这使彝族人民认识到了相互协作的重要性，也使彝族人民在长期的斗争中形成了勇于拼搏的民族精神。虽然在今天，这种家支间的械斗已经不复存在，但是彝族人民优秀的伦理思想和道德观念却代代相传，成为了一种贯穿并融会于全民族之中的民族气质。

三　傣族传统社会日常生活中的道德生活

社会劳动生活中的伦理思想和道德观念是通过民族群体内外关系与社会公德、风俗习惯与社会公德、习惯法与社会公德，以及采集、渔猎道德和农耕道德及交换道德等道德现象中体现出来的。

（一）提倡团结友爱和互帮互助的精神

傣族人从古代起，便形成了一种"互相帮助、共同生存"的伦理共同体意识。如"一家盖房，全寨帮助"，无论是有亲属关系或是无亲属关系，需要盖房时只要通知一声，全寨男女老幼便会带着劳动工具主动前来帮忙，从伐木、运木、建盖房架到装修内室，整个工程均可在一两天内完成。主人只需供众人用餐,不付分文工钱。后来,这一传统不断趋于完善,并逐渐发展成一种人人都应遵守的社会公德。如果遇到村里有人盖新房而袖手旁观,不愿去帮助者,便被视为不懂做人的道理而受到社会道德舆论的谴责;次数多了,还要受到众人的惩罚:待他盖房子时,谁也不去帮助他。这一互助公德,充分体现了傣族团结友爱的互助精神,因而受到整个社会的重视,不断扩大到其他生产领域和生活领域。如谁家遇到灾难,亲朋邻里都要带着礼物来看望,帮助他渡过难关;孤儿寡母生产有困难,劳动力强的人家会主动牵着牛来帮她犁田。佛教传入后,这一社会道德观念虽然又增添了一层积德行善的伦理意识,但实际上仍然起到了互相帮助的作用,仍然具有积极、健康的意义而受到人们的重视和肯定。

有树才有绿荫,有路才能行走。傣族还很重视城镇和村寨的公益事业,认为人人都有义务保护寨边的、路边的、佛寺周围的树木,都有义务保护饮用的水井和灌溉田野的水沟。无论出于何种原因,凡是砍寨边的、路边的、佛寺周围的树,以及破坏水井、水沟的行为,都会被认为是极其不道德的举动,而必然会引起人们的公愤。为此,傣族地方法规有明确规定:"破坏道路和桥梁,要罚款;砍伐村旁路边的树,要罚款;在别人的田里挖沟或为了开地而破坏村寨的水井,要罚款……"这些规定,是傣族应用法律手段维护公益事业、维护社会公德的具体体现,表明傣族具有较强的环保意识和公德意识。

(二) 视诈骗与偷盗为社会公害

傣族人认为,诈骗与偷盗是破坏社会治安、扰乱社会秩序的公害。傣族最憎恨这一不良道德现象,视诈骗与偷盗为最不道德的行为。他们认为:"穷不害羞,盗最丢脸"/"宁愿饿死,也不偷别人的东西"。这些俗语,生动地反映了傣族的人生观和社会道德观。父母在教育未成年子女时,均以"自食其力光彩,盗窃诈骗耻辱"为主要内容。由于整个社会都谴责偷盗行为,因而傣族历史上曾出现过"夜不闭户"、"门不上锁"、"家无失物"的淳朴民风,割好的稻谷堆在田里数十天也不会丢失。若有人不听教育,违反这一社会公德,进行偷盗,一经发现,便要受到地方法律和乡规民约的严厉惩罚。

(三) 把热爱劳动与尊重劳动看成是最基本的道德规范

热爱劳动,尊重劳动,是傣族人特别看重的基本道德规范。傣族是个诚实善良、勤劳勇敢的民族,他们热爱劳动,勤于耕种。他们懂得:"菜不种不得吃,人不劳动没有好日子。"正如民谚中所说:"劳动的人,才知道什么味道是最甜的"/"懒惰的人,人人看不起;勤劳的人,人人敬佩。"

在傣族地区,很多傣族姑娘不仅粗活干得麻利,而且还精于细活。傣族家家有一台织布机,妇女人人会纺线、织布。而一个懒惰、什么都不会的小伙子是不会得到姑娘喜欢的。社会要求小伙子"要会上山打猎,下河捉鱼,要会盖房,围篱笆,要会耕地,要会编箩筐,织鱼网,要有一门好手艺……"傣族认为:只要手不懒,不会做的也会,会做的就变巧。一个小伙子如果样样都会、样样都精,那他就会被大家推为"乃冒"(小伙子的头领)。所以,傣家小伙子年至十三四岁,几乎人人都要学会犁田耕田,学会破竹篾编箩筐、编竹凳、编竹笼、鸡笼、鱼笼等。生产生活中形成的这些伦理思想和道德观念,后来成了傣族做人的准则,同时又造就了傣族的审美观即勤劳、正直,他们认为善良是美,反之则丑。

青年男女成家立业后,丈夫是家庭里的栋梁,要负起繁重的家庭生产劳动,地要种得肥,田要开得宽,要会用犁耙,要能养活妻儿老小,不能随便欠债……;做妻子的要会料理家务,保证早晚饭菜,养肥猪、鸡、鹅、鸭。夫妻要通过角色分工来共同负起家庭生活的责任,维护好家庭生活的伦理秩序。

(四)以注重仪表和诚实谦逊为基本德行

在傣族人看来,注重仪表,诚实谦逊,是做人的基本德行。傣族是依水而居的民族,历来有爱整洁、爱干净的良好风尚。他们中早就有这样一句谚语:"身外穿的人人看得见,肚里吃的人家不会剖开看。"它告诫人们一日三餐吃得好不好不打紧,而穿着不整洁或不漂亮,则会在众人面前失雅态。这不仅体现了傣族人爱美的心理,同时也体现了傣族人把穿戴整洁、漂亮作为一种基本的德行。姑娘要尊重长辈和老人,听长辈和老人的话,在长辈们面前走过时,要收拢裙子,弯下腰轻步而过;老人在楼下,不要在楼上来回乱走动等等。小伙子要诚实,不要说谎,要守规矩,不要去赌博和打架斗殴,不要去酗酒闹事,不要去偷鸡摸狗等等。傣族人在人际交往中大都能互相尊重,和睦友爱,家庭中也很少出现吵架和打骂孩子的现象,邻里之间、寨子与寨子之间也能和睦友好相处。

也就是说,注重仪表,诚实谦逊,既是傣族人特别看重的基本德行,也是一项普遍的道德要求。

四　仫佬族传统人生礼仪中的道德生活

（一）仫佬族的出生礼

仫佬族十分重视胎儿的出生,对结婚后难以怀孕的夫妇则是通过请巫师"神药两解"和帮助其他乡邻做好事的方式来实现这一愿望。比如说在小河上群众需要行路的地方安上石磴方便通行;有桥的地方两边安上木头,使其桥面有所加宽。因为他们相信善总是会有好报的。

怀上孩子,仫佬族称之为"有喜",全家人都会十分高兴。孩子出生后,他们往往会把胎盘与脐带掩埋在不易翻动的土里,第一个要报告的是丈母娘,那时会用鸡和染红的鸡鸭蛋去报喜,生了女孩用母鸡,生了男孩用公鸡。一般生了男孩由公公取名字,而生了女孩则是由父亲取名。孩子出生三天,给孩子沐浴,叫做喜三,有经验的老人会来给孩子洗澡,穿衣服,剃胎毛。孩子满月时多数人要办满月酒,上宾是外婆家的客人,由外婆组织客人送背带、小被子、衣裤、婴儿日常用品、产妇吃的糯米甜酒、鸡等物,在办酒当天用类似轿的花栏滑杆抬到主人家。当天,外婆家的人会狂欢乱舞,还要喝"姜酒",唱起欢快的歌:"坐在厅中一阵,满屋大小滚尘尘,今日主家吃喜酒,姐妹姨娘满堂坐,婆王登殿送太子,恭贺主家理应该,又添人口又添富,又添我咱唱歌来。"

接下来,他们唱的歌包括赞歌,主要是称赞小婴儿长得好:"太子生来白埃埃,十八罗汉投胎来,孝顺人养孝顺子,金壶接水分不开。"还有盼歌:"今天送个白花到,明年送个红花来,白花生来做丞相,红花生来女秀才"等等。通过这些欢快的歌,来表达对孩子的喜爱,同时还表达了希望孩子将来能够有所成就。

双方家族和亲戚会取灶上烧黑的锅烟往别人脸上擦,用红颜色做成红水往别人头上抹;用扫把等物在宽敞的平地上当马骑或跳;用小木板凳当乐器使劲相撞,在其强烈的节奏中载歌载舞。他们还会给孩子戴一些手圈或耳环等物品来表达希望孩子长命富贵的意愿。婴儿满月后还要对出生的年月日来排八字,阴阳五行是否匹配,对于那些金木水火土有缺憾的婴儿,则要设法进行弥补,如过继给杀猪匠、木匠、铁匠、石匠等手艺人或拜继给某棵大树、某口水井、某座桥或有某种属相的人，有时也用随机的办法认干爹干妈、保公保太。这些出生后的仪式都能体现在科学技术水平不高的时候，仫佬族人民对孩子的关切与发自内心的关爱。

（二）仫佬族的婚礼礼仪道德

仫佬族的婚礼包括求亲、定亲、结亲几个过程。在古时候，还有"会亲"这个习俗，相传是仫佬族最古老的一种婚娶方式，现在早已消失。从前凡是乡村婚事都是要通过媒人介绍的，由媒人穿针引线后，并经过允许，男方会挑去酒肉一担，放在十字路口，然后避开，接着女方会和她的父母亲友到路边吃一顿，剩下的也会带走，次日女方也会放这样一担酒肉，由男方食取，这就是"会亲"。会亲，其实目的是为了打探家底。

说亲由男方父母遣媒人向女方父母求亲。如果女方父母同意，则将女方的"生辰八字"写到红纸上交给媒人带回到男方，男方父母会将男方的生辰一起交给算命先生"合命"，按五行相生相克之理推算，如五行中有三行以上相生，则认为是"天作之合"，可以结为夫妻，否则会认为是相克的，不能结婚。"八字"合成之后，媒人就约好男女方见面，男方会设宴款待女方，如果女方接受了男方的礼品就算是答应了这门亲事。旧时，每逢婚礼都会有人通宵唱山歌，叫做"喜歌"，这是一系列的歌谣，包括离歌（新娘离开娘家时与同伴姐妹们唱的对歌）、拦路歌（分迎亲队到女方村寨及送嫁队到男方村寨两种不同的对唱形式）、拆路歌（被拦时的解围歌）、新人入屋歌、祝贺歌等，通宵唱的歌一般都是《古条》（以神话传说、民间故事为题材）和猜谜歌，最后到第二天天亮时的散坛歌。每种歌都含有浓郁的感情色彩，同时也充满了婚礼的喜庆气氛。

结亲的过程可以说是十分丰富多彩，同时也是很有特色的。那一天，男方会派"人姑"、"担茶"、"红娘"带上封包和彩礼来到女方家，在女方发亲时，会有很多送亲人，一般都是妇女和儿童，祭完祖堂，新娘会哭哭啼啼地向每位亲人告别，来表达对家人的不舍和对父母养育之恩的感谢。到女方接亲的人都会收到封包，接封包的时候，为了表达娘家人希望新娘美满幸福，不会因为闹别扭而回娘家，所以接封包的时候得把手放到后面去接，新娘出门时，母亲会把"袜底钱"放到女儿的鞋子里，意思是希望女儿能够荣华富贵。"送亲"队伍走走停停，一路上会有人走在队伍的最前面，提着小红米袋，每到转弯处或者过桥、过水沟时，就会撒一些米,据说这样做,是为了让新娘认得回娘家的路。"迎亲队伍"跨过门坎,后要拜堂。新娘新郎一拜祖先、二拜父亲、三是夫妻相拜,之后,他们还要以歌助兴。第二天早晨,新娘还要用红糖热茶敬给男方家里的各姻亲长辈,后随亲朋好友回娘家。

（三）仫佬族寿礼中的道德生活

仫佬族人都盼望、祝愿能够长寿,因此对延寿极为看重。旧时从50岁开始,每隔十年寿诞时,子女都会为寿者准备一套"防老衣"。另有老人身患重病时,购买寿料（棺木）来"充寿",以求患者平安,送一些东西的时候都要祭祖。60岁以上的老人忌吃公鸡肉,忌参加非正常死亡者的葬礼,以求延寿。可见,希望老人延年益寿、健康长寿,是仫佬族人的普遍心愿。

（四）仫佬族丧葬中的道德生活

关于丧葬方面的习俗,仫佬族在千百年里已形成了自己独特的习惯。

如在对坟墓的选择上,往往会实行家族公墓制。仫佬族老人临终时,家里人、亲友及邻居会自动聚到一起,为其送终;大儿子会抱起临终者断气,人死后马上把酒送上,给死者喂三口酒,愿他永远有酒喝。死亡时,其子要"买水"给逝者洗身。如果死者的牙齿是整整齐齐的,那就得用工具把它敲掉一颗,因为仫佬族认为生老病死,自然规律,不得违抗,人老死是正常的,人老了会掉牙,如果牙不掉则人未老,说明他还不应该死,牙齐者敲掉一颗牙,那他就是老人了,他就可以安心地死去了,不用再牵挂着后辈子孙,他可以安然地离去了。

人死断气后,还要在他的嘴里放上一块硬币,意为到阴间里花。把这个准备好了后,用柏树枝烧水沐浴净身。在治丧期间,还要请道师来开路。用狗开路也是仫佬族的一个特殊风俗,这个习俗现在已经改变。开路活动中,还要写一张路条注明死者的生辰与死亡的年月。一系列悼念活动完成后,即可入土安葬,亲人们往往会在墓穴里撒一些米与硬币,据说这样可以驱邪。在上山的过程中,都会撒买路钱,安葬后,当即由道士用一个猪头、一只公鸡的米酒等先祭死者,进行"招龙",结束后,孝子抱公鸡回家,意将死者的灵魂引回家中,由道士念经安灵位,请亡者上神龛,进行供奉,就使亡者的在天之灵得以安息了。棺柩入土后的九天里,孝男孝女每天早上都得去祭拜,称为"上新坟",满九天后孝男得剃光头,孝女也才可以洗头。此后三年内，分别于头年二月初一、第二年二月初二、第三年二月初三各办一次道场，儿女得再到墓地祭奠。

从史料记载，仫佬族人从清乾隆朝到 20 世纪的历史时期中，都坚持七七四十九天的守孝日，不洗脸，不出门，期满了后还要请巫师进行"放鬼"活动一番后，才能结束守孝期，如果家里出了丧事，春节要贴黄、绿、蓝色的对联。直到三年的守孝期满后，才可以贴红色的对联，这也就标志着守孝活动完全结束了。

第四节　侗、纳西、瑶、高山族的道德生活习俗

一　侗族传统社会宗教信仰中的道德生活

侗族信奉原始宗教，崇拜多神，无论是山川河流、古树巨石、桥梁、水井等，都是崇拜的对象。在侗族信仰的众神当中，以女性居多，有所谓坐守山坳的"萨对"，守桥头、床头的"萨高乔"、"萨高降"，偷魂盗魄的"萨两"，传播"天花"的"萨多"，制酒曲的"萨宾"等。此外，还有一位至高无上的尊神叫做"萨岁"，又称"萨麻"、"萨柄"、"萨堂"，为许多侗族地区所信奉。人们认为她的神威最大，能主宰一切，保境安民，使六畜兴旺，村寨平安，几乎村村都设有她的"神坛"。由于受汉族文化的影响，佛教、道教及有关封建迷信，随之传入侗乡。因此，也有的地方间设庵堂寺庙，敬奉观音、南岳、五台、关圣、文昌、二帝等神。

侗族先民把在现实生活中尊敬长辈、尊重妇女的道德原则加以神化，形成一种敬供祖先、崇拜"萨神"（祖母神，泛指女神）的宗教伦理道德。"萨"是侗语记汉音，意为对祖母的称谓。也泛指祖母、曾祖母、太祖母、始祖母或泛指先辈女性，有的地方亦称之为"圣婆"。在南部侗族地区，几乎村村寨寨都修建有祭祀萨神活动的场所，称之为"萨坛"或"萨堂"。一年之中，有几次祭萨活动。一般的村寨，每年的农历三月三日为祭萨日。有的每隔三至五年要进行一次大型的祭萨活动。黔东南的"六洞"等地区，于每年的春节期间举行祭萨活动。届时，人们扛枪持刀，汇集于"萨堂"前，喝茶水，呼口号，然后在笙乐、炮声中冲出村寨去"杀敌"。回归时还用标枪穿刺着"敌人"的首级（用稻草人模拟），表示胜利归来。三穗、天柱和剑河三县交界处的圣德山一带，每年

农历的第一季度或六月份祭祀"圣婆",每次七天。有"请"、"送"圣婆的仪式,场面壮观热烈。

　　敬供祖先,祭祀祖神。《侗垒》说:"先祖历代厚德,尔我后人沾恩。父慈子孝尊长,兄友弟恭和平。……此系人伦道理,族正万古标名。"为了表示对祖先的思念,侗族对刚去世的父母或祖父母,都要随餐供祭半年以上。即每晚吃饭时,先要给过世老人盛一碗饭,连同筷子一起置于首席处,意为请"老人"先用餐。若是喝酒,也得先给"老人"斟上一杯,众人才能开始喝。一年之中,除清明上坟祭祖外,各地区或不同的姓氏,各有自己祭祖的时间。若哪个姓氏没有自己单独祭祖的时间,被认为是忘祖的表现,是最不道德的。

　　侗族的宗教形态中有灵魂不灭的观念,但与高级形式的人为宗教有所不同的是,其灵魂不灭观念主要体现在丧葬仪式和若干的禁忌习俗中。"万物有灵"观念在侗族人的思想观念中比较盛行。在侗族人民的精神生活中,"万物有灵"的观念以及自然神崇拜所具有的多样性、直接性、实用性等特征,表现得十分明显。这并不是说侗族人民的宗教形态在原始宗教的阶段,而是说在他们的宗教生活中,依旧残存着某些原始宗教的成分。尽管侗族的社会形态早已不是原始氏族的社会形态了,但作为其历史惰性的观念形态的极品——宗教意识的改变却非易事,仍然顽固地残存于侗族人民的精神生活领域里,甚至在一定程度上还起着某种支配作用。这种情况,不要说在侗族人聚居区,就连侗族人生产区域周边的汉族人民也不例外。

　　侗族自然宗教的一个重要方面是"灵魂不灭"观念的粗俗化和"万物有灵"观念的低级化。侗族人民在与自然的斗争中无法理解自然界的种种怪异现象,便产生了"灵魂不灭"的观念,由人的灵魂不灭进而简单类比,认为万物亦有灵魂,又产生了"万物有灵"的观念。

　　侗族自然宗教的另一个重要特征是它未在社会群体中分化出独立的宗教组织和产生职业性的僧侣阶层,它的宗教活动往往具有全民性和集体性的特征和特点。

　　在侗寨,师公也好,鬼师也好,绝非是脱产的宗教职业者,更非侗家人的精神领袖。他们是普普通通的平民百姓,只在需要主持祭祀仪式时才一显身手,其宗教知识不过是比别人会念咒、懂规则而已。侗族社会的组织亦未赋予这些人以特殊的地位，况且有些生产活动如打猎，其祭山神活动并不需要他们的参与。在侗族的各种宗教活动中，实用祈求多用于宗教情怀，本民族共同利益的关心多于超出三界之外的终极追求。全民性、集体性的参与更使得这些活动具有浓厚的社交性、习俗性。人们参加这些活动的感受，与其说是在经历一次宗教洗礼，还不如说是在接受一次展示民族内聚力的检阅。通过这些活动，人们得到的是欢愉和企盼，而不是恐惧和压抑。在活动过程中，人的能量得到了释放，人的地位得到了肯定，而不是人格的归附和人性的泯灭。也许正是这些特点，才使得以"祭萨"为主要内容的侗族宗教活动历时弥久而不衰竭。

二　纳西族传统社会恋爱、婚姻、家庭中的道德生活

（一）西部纳西族的恋爱、婚姻、家庭伦理思想和道德观念

在历史进程中，云南省丽江、永胜等县的西部纳西族封建地主经济已有相当发展，资本主义经济也已萌发，经济和社会状况同周围汉族已大体相近。

恋爱自由，婚姻包办，在恋爱道德上，男女青年婚前一般有恋爱的社交自由。谈恋爱一般先是集体性的对歌或游乐。一旦双方有意，或托中人牵线或当场示意，约定相会的时间和地点。双方邀约几位知己，再次见面，以后才转入单独幽会。两人相会，初次见面时中间要隔一刺蓬或树丛，不能面对面，多用"时受"（一种吟咏调）敞开心扉，并互送定情物，正式结为情人。但是，婚姻却由父母包办。婚前性关系受到道德舆论的谴责。倘若怀孕，孕妇须到刺丛岩洞中去分娩，并弃婴于野，受人歧视。一旦双方按照家庭所订，与另一男女举行婚礼后，要断绝与原先相好者的往来，否则为当地道德所不容。

独特的殉情。由于存在着包办婚姻，丽江地区男女青年的殉情现象（纳西语称为"游忤"）比较突出。青年男女自由恋爱后若不能成婚就双双殉情自杀，甚至几对青年相约同时自杀。这种青年男女相爱而不能结合时相约一起自杀的现象，就形成了纳西族独特的殉情风俗。在旧社会的丽江纳西族中这种现象很多，有时一个村寨就同时有几对青年相约一起自杀（自缢、投水或者滚崖）。造成这种现象的原因，首先是纳西族青年婚前恋爱是自由的，而结婚却由父母包办、不自由，造成大量恋爱却不能结婚

的悲剧;其次,在旧社会纳西族人民深受压迫,青年人对前途感到绝望;最后,人们相信双双殉情死后能到"玉龙第三国"过幸福生活。对死者,双方父母大都同意合葬,但不能埋入祖先坟地。若自杀未死,或被残酷处死,或活下来,则受社会极度的歧视和诟骂。

盛行近亲婚配,婚配过程复杂。这一地区的男女婚姻一般同宗族不开亲,即同姓同宗皆不能谈恋爱,盛行姑舅表婚,尤其是单向姑舅表优先婚,即舅父有娶外甥女为媳的优先权利。因此,近亲婚配较普遍,抗婚会受到家庭及社会的谴责。结成婚姻关系要经过说媒求亲、定亲送酒、择吉完婚等过程。当男孩长至五六岁时,父母便开始为其择偶,若两人生辰相合,便托媒提亲。如对方家长同意,便在女孩长到十岁时择吉日行定婚礼,男方向女家送糖、茶、酒、米等礼物,叫"送小酒"。之后,任何一方觉得不合适,均可以解除婚姻关系,女方不退还礼物。若无此种情况,则隔上一年半载后男家再次向女家送礼,礼物除上次那些外,还要加送土布一匹(7尺左右)、衣服两件、玉或银手镯一对、半头猪肉、银元若干等。女方办酒席请客,亲事正式定下来,从此双方不能反口。间或有因一方家境衰落等原因而提出退婚的,会受到社会舆论的非议,如系女方提出者,须退还礼物。一般情况下,定婚后的男女到了20岁左右,男家即向女家提出结婚日期,双方商定以后,正式举行隆重的婚礼。男女从定婚到结婚期间,两人互不往来,路上碰见也要回避。若两人来往,会受到旁人讥笑,被认为"不害羞"。故有的人直至结婚,双方才认识,而在此期间双方找异性谈恋爱,则为社会舆论所允许。婚后要求女子恪守三从四德,不能随便与异性接触。

父权制家庭观念,男尊女卑。新中国成立前,在这些经济发达的西部地区,其伦理观与汉族伦理思想较为接近,主张男尊女卑,特别是在一夫一妻制的家庭里,父权高于一切。子女皆从父姓,儿子长大后享有继承权;妇女一般无财产继承权。人们认为养儿子是"根根",养女儿是"枝枝",妇女在家庭中地位低下,备受歧视。青年的婚姻完全由父母包办,而主要是父亲做主。这种牢固的父权制家庭体现在:重大事情及对外事务由男性家长决定,祭祀及农活安排由男性主持。家庭经济则由当家妇女管理,负责全家人的收入及生活安排。在丽江城区,妇女以经商或做手工养家者较普遍,她们以勤俭能干而受到好评。甚至个别妇女,还跻身于商业资本家行列。妇女一般都有经济支配权。尽管如此，妇女地位仍较低下，女孩子很小就担负起家务重担，年轻媳妇不能上桌吃饭，妇女见到族中成年男性过来，得站起以示尊敬。女子一般没有受教育的权利。家庭财产由男性继承，无子嗣者一般要过继养子，若要招婿上门，得经家族中人同意。嫁女儿，不索要重礼，相反还得陪嫁一份厚礼（除生活用品外，有的还有陪嫁田），以争得女儿在夫家较好的地位，不然备受歧视。丈夫有打骂妻子的权利，妻子则须逆来顺受，否则被认为没有教养。男子可以娶两三个妻子，丈夫死了，妻子必须守贞节，但社会允许寡妇改嫁，有的还可以转房。新中国成立以后，由于贯彻执行了《婚姻法》，青年男女恋爱自由，基本废除了包办婚，妇女的社会地位也有了显著提高。

（二）东部纳西族的母系制遗俗

在云南宁蒗县永宁纳西族地区的东部纳西族自称"摩梭"，他们直到今天，在婚姻家庭方面仍保留着原始的母系制遗俗及其伦理观念。

择偶自由，结合自愿，离异随便。与母系家庭相适应的婚姻制度，人们习惯称之为"走婚"（又称"阿注婚"、"阿肖婚"）。"阿注"意为"朋友"、"伴侣"。这种婚姻的主要特点是：男不娶、女不嫁，配偶双方各居母家，夜合晨分。凡属不同母系血缘的青年男女都可根据自己的喜好和意愿挑选心上人，只要彼此乐意，便互赠手镯、腰带一类的礼物，并开始过起了偶居生活。由于建立婚姻关系的男女双方分别在两个家庭里生产、生活，所以男子要在夜幕降临后才去女家访宿（也有的是女方夜里到男方家里住宿），次日清晨又匆匆返回母家生产和生活。在建立走婚关系的过程中，双方仅维持性关系，并无经济联系。由于这种婚姻家庭没有经济等方面的必然联系，所以男女双方的离异十分自由，只要女方拒绝来访或男子停止访宿，"阿注婚"便宣告结束，关系即算中止。双方所生子女一律由女方家庭抚养和教育，姓母亲姓氏；生身父亲被视为外人，对子女们没有任何权利和义务。孩子们生活于母亲的母系大家庭中，这种情况下，他们不存在贞操观念和从一而终的道德规范。人们建立走婚关系的准则，主要以性爱来确定，不附带金钱、门第等附加条件。但这种婚姻关系不稳定、随意性大，子女对父亲的关系淡漠。随着改革开放的推进，以配偶专一为特点的固定走婚正在兴起。

母系制大家庭。纳西族的走婚形式，是与这一地区普遍盛行的母系制大家庭互为依存的，母系大家庭在这一地区的家庭形态中占有相当大的比重。由于妇女在生产劳动和实际生活中承担主要责任，故妇女在家庭内外备受尊崇。其特点是女权在家庭中占有中心地位，家长由妇女担任。家长没有特权，在办事公正、能干的妇女中产生。她主持全家的生产、生活的安排，主持对外事务和某些祭祀活动。子女从母居，血缘关系以母系计算，财产实行母系继承制，由女子继承。一个母亲所生子女不管成人与否，全部生活在该母亲身边。在母系家庭中，家庭成员只是母系亲属。这种家庭的成员包括母亲的几代亲戚，即外祖母们及其兄弟们（舅祖父们）、母亲们及其兄弟们（舅父们）、姐妹和兄弟们及姨兄弟姐妹、姐妹们的子女等。女子的男配偶或男子的女配偶，不算本家庭成员。一般是二至四代，平均七八人，少数家庭多至二三十人。男子在家里的身份是舅祖、舅舅、弟兄、母亲的儿子或舅舅的外甥（他们叫舅舅的儿子）。在伦理观念中，以母亲和舅父最为尊贵和亲近，父子、夫妻的关系在人们的观念中远不如母系亲族（母子、舅甥、姨侄）关系亲切和重要。由此，其亲属观念是：母亲的血亲是最亲的人（母亲最亲，次则舅父、姨妈）。母亲及其兄弟姐妹有抚育晚辈的责任，晚辈有赡养母亲、姨妈、舅父的责任，否则就被认为不道德而会遭到社会的谴责或惩罚。这种家庭实行"舅掌礼仪母掌财"。社会交往及重大祭祀由舅舅出面，家庭财产的保管及生产生活的安排、日常家庭祭祀活动，由家长（女性居多）做主。妇女受到尊重，家中无女子，要过继女子当继承人或娶媳妇。继承权仅母系亲属才有，即男子的亲生子女（男子与女配偶所生子女）无权继承；母死，由子女和她的姐妹的子女继承；舅死，由其甥和甥女继承。

平均、平等的原始民主。母系家庭的生产及分配，有较浓厚的原始共产制色彩，平均和平等是家庭生活中的基本道德原则。家庭中全部生产和生活资料，如土地（民主改革前的封建份地）属全家集体共有，任何人（包括家长）都无权单独支配、私自处理。买卖土地、牲畜、借贷等都需经全家成年男女共同协商决定，生产劳动要按年龄、性别进行自然分工。在生活上也实行平均分配的原则，吃饭由当家妇女主持分食，衣服替换亦每人一件。可以看出，母系遗俗崇拜女性。身体健美、女性特征突出和多产的妇女往往被认为是"人才好"而受到舆论的赞扬。在宗教神话中，人们也特别膜拜女神为最高保护神。

"特殊"的双系家庭、父系家庭。在这一地区，还存在另外两种家庭形式，即双系家庭和父系家庭。双系家庭比重也较大，严格讲来，仍是一种母系家庭的变异，因为这种家庭的生产、分配与母系大家庭相同。这种家庭的特征是：世系按母系、父系分开计算，两系的成员均有平等的财产继承权。它是母系家庭中一对建立走婚关系的配偶女入男家或者男入女家同居生活而形成的，也有男娶女嫁的正式结婚而形成的。按照传统习惯，女到男家同居和正式娶妻所生的子女，以及男子收养走婚对象所生子女，血统一律按父系计，这些父系成员与同一家庭中实行走婚的女子所生子女生活在一起，组成了两种血统成员并存的家庭。这种家庭的一些伦理道德规范，基本上同于母系家庭，只是父亲承担某些义务和权利（如对子女的抚养教育）与父系家庭接近，不过没有父权制家庭那种夫权，夫妻关系较平等。父系家庭在这一地区比重较小，旧时多是外地迁入者及土司家庭。民主改革以后，一些干部、转业军人、教师等，也建立了这种家庭。由于受母系的影响，这类家庭相对于外地，妇女较受尊重，但家庭一切大事，全由男性家长做主。

（三）领主制原始等级关系

云南省宁蒗县永宁地区和四川盐源县、木里县的纳西族则停留在封建领主制社会，人们分不同的等级。领主等级纳西语称为"司沛"，当地汉语称"官家"，他们占有土地和部分占有农奴，并占有奴隶。农奴纳西语称为"责卡"，当地汉语称为"百姓"，他们在承担领主的贡赋和劳役以后，能够取得一份地，并能支配自己的劳动时间，具有自主的婚权、亲权。奴隶等级称为"俄"，他们是领主的私人财产，主人可以将之出卖、转赠或者处死，他们没有人身自由，终年为领主做农业劳动或家务劳动。和这种等级关系相适应，在政治、伦理领域形成严格的等级观念。首先，领主和劳动阶层间有不可逾越的界限，"司沛"等级不论其政治、经济地位发生什么变化，其贵族身份世代不变，继续享有特权，而不会降为"责卡"和"俄"。而"责卡"和"俄"，不论多么富，甚至被委派为基层官员，也不能成为"司沛"，反之，若不缴纳贡赋或犯罪，领主可将之降为"俄"。"俄"的子女永远为"俄"，但是要按照性别传袭，即：丈夫为"俄"，则儿子、孙子为"俄"，而不延及女儿；妻子为"俄"，则女儿为"俄"，不延及儿子。其次，在生活中各等级间有严格的界限，如

"司沛"能建瓦房，穿绸缎和黄、红、蓝色衣服，而"责卡"却不能如此，至于"俄"，不仅不能穿绸缎和黄、红、蓝色衣服，而且衣服不得过膝，只能住在领主的庄房里，且无人身自由。在上述封建领主经济的地区中，又程度不同的保留着某些原始社会残余，以及相应的原始道德残余。如在社会生活中的原始民主观念的残余。在永宁地区，如领主对"责卡"和"俄"妄加杀害和剥削、压迫过重，则"责卡"有指责和反抗的权利，他们由头领组织起来，抄没领主的家财，宰杀其牛羊，强令其承认错误。对此，领主不能反抗，即使最大的封建土司，也只能向"责卡"们赔礼道歉。并且，道歉时不能骑马、戴帽、穿鞋。

永宁地区纳西族领主（司沛）和农奴（责卡）的这种关系，是原始时代氏族首领和公社社员的民主关系的残余。新中国成立后，尤其是社会主义改造，已经将这种落后的等级观念彻底剔除。

三　瑶族传统宗教信仰中的道德生活

和其他民族一样，瑶族历史上形成和信仰了多种宗教，瑶族信奉多神，崇拜万物有灵，所以在瑶族的社会历史发展进程中就出现过以下的几种宗教信仰，即自然崇拜、祖先崇拜、图腾崇拜和道巫信仰等等。

（一）自然崇拜

在原始社会时期，由于社会生产力极端低下，所以瑶族人民对自然界中发生的一些比较奇特的现象，如天空中为什么会有电闪雷鸣，一年中为什么会有四季的划分等等不理解，进而产生了不断的惊奇和恐惧，于是就认为天地间的一切都是由鬼神主宰的，整个世界都充满了神灵。在瑶族社会中，曾经流行过拜寄某种自然物为父母的风俗。其实，不仅是在瑶族地区，在我国的许多少数民族地区中都流行过这种现象。人们认为如果哪一家的孩子长期以来一直身体不是很好的话，就被看作是仅仅依靠亲生父母是无法把孩子养育成人的，这时就需要拜寄某种自然物为父母，因为只有这样的孩子才能健康茁壮成长。一般来说，拜寄是有很多讲究的，需要通过道公或者师公来查阅《通书》才能决定要拜寄什么自然物。有的拜寄树木，有的拜寄太阳，还有的则拜寄大石或者河流等等，由于每个人的特征不一样，所以拜寄的自然物也不一样。

除此之外，瑶族对自然的崇拜还表现在日常生产生活中的祭祀和一些禁忌中。比如瑶族人民在上山打猎之前要祭祀猎神，祈求它能够帮助猎人们打到猎物，保护猎人不受伤，同时，人们在打到猎物之后，一定要把猎物的头或者心肝祭献给猎神，以示感谢，这样下次打猎才能会有好的收获。同样，在上山砍树之前也需要祭祀山神。

（二）祖先崇拜

祖先崇拜是瑶族社会中最为隆重的宗教活动，瑶族人民把祭祀祖先作为是一种不容置疑的道德规范和宗教戒律，在瑶族人民的观念中，认为人死了之后，虽然躯体已经不存在了，但是他的灵魂依然还存在于另一个世界之中，能够听到后代的声音，能够看到后代子孙的生活，并且能够主宰他们的祸福，于是，人们就把祖先当作一种神来崇拜和祭祀，当作保护神来加以信仰。以广西大瑶山的茶山瑶为例，他们非常崇拜自己的祖先，因此他们每一家都在自己家中立有香火神位，来供奉自己家的祖先，以此来表示对祖先的崇拜和敬仰。茶山瑶在祭祀祖先的仪式上有"供餐"、"做三日"和"做十四"等等，在一年之内就举行这么多的祭祀祖先的宗教活动，一方面体现了瑶族人民对祖先崇拜的虔诚的感情，从另一方面来说，也体现了瑶族人民对祖先的一种缅怀、敬仰和崇敬的感情，是瑶族宗教道德中的一项不可缺少的部分。

（三）还盘王愿

谈到祭祀祖先，就不得不提及瑶族的"还盘王愿"的活动。瑶族人民几乎都把盘王认为是他们共同的祖先，所以除了祭祀自己家的祖先外，还有"还盘王愿"的活动。相传在很久很久以前，盘王的子孙在迁徙过程中遇到了狂风暴雨，于是人们便向盘王祈求希望能保佑他们平安无事，并且许下了盘王愿，后来他们果真平安到达目的地。于是，从此以后，瑶族人民在遇到家门不旺、疾病缠身等不好的情况的时候，就会举行"还盘王愿"的活动，通过祭祀盘王来祈求家门兴旺、吉祥如意。此活动一般要举行三天三夜。瑶族人民祭祀盘王的活动在一些文献中也有所体现，如湖南城步瑶族珍藏的《过山榜》中，就有这样的记载：

> 始祖盘王，生前有性之灵，死则有鬼魂之德，许全男女致奉阴魂，描城人貌之容，画出鬼神之像，广受子孙之祭祀，永当敕赐之高盟。自今许后，三年一庆，五年一乐，猪只财，不许变卖，婚姻喜

庆，宰杀牲口，聚集一家男女，生熟俵敬，摇动长鼓，吹唱笙歌鼓乐，务使人欢鬼乐，物阜财兴，如有不遵不信者，作怪生非，自招其罪，阴中检点，不得轻恕。

瑶族人民把盘王认同是自己共同的祖先，并且对他进行祭祀，这也体现了瑶族人民对盘王的一种崇敬和信仰的感情，也是构成瑶族宗教道德中的重要部分。

（四）度戒

瑶族的"度戒"，是一项非常庄严而且盛大的宗教仪式，是瑶族男子必须经过的成年礼。一般来说，当瑶族男子到了 16 岁，或者 19 岁的时候，就要举行度戒。因为在瑶族的宗教信仰中普遍认为，瑶族男子如果没有经过度戒就不能算做已经成年，就不能参加日常的社会活动，更有甚者就是不能恋爱、结婚。男子到了度戒的时期，就由自己的父亲或者兄长带领，挑选一个吉日，穿着干净整洁的衣服，带着酒和鸡前去拜师。所有的参度青年在度戒期间都必须要严格斋禁四十九天，而且在斋禁的这段时间内，不能吃荤，不能做坏事，不能看天，出门的话则要戴上帽子，不能笑，不能和妇女在一起说话，要不然会被认为心神不正，就很难被度好。由于各地的风俗不一样，所以各地的度戒仪式也会有所不同。以云南瑶族的度戒为例：该地的瑶族在"跳云台"的时候，即师公引导师男登上云台后，师公念经请神，然后让师男对天发誓：不杀人放火，不偷盗、不抢劫、不欺负妇女、不虐待父母、不陷害好人等等。接着，师公就会把火置于碗中，这个举动则表示如果受戒者有违反了其中的话的时候，那么他的命也将会面临着危险。然后师公叫一声"度下"，受戒的人就会全身卷曲，两手抱紧膝盖，从云台上一滚而下，而台下早已有八个人预先拉了一张藤网接应。度戒的活动过程充满了道教的色彩，这和瑶族人民在历史上曾经信仰过道教是有着密切关系的，在这里需特别提出的是瑶族人民信仰的道教是一种道巫杂糅的道教。从整体来看，度戒仪式实际上就是瑶族人民对青年男女进行本民族传统社会公德教育的过程；从另一个角度来看，也是传播民族知识，培养顽强勇敢的民族精神的过程。因为在度戒期间，师公每一天都要向受戒者讲说戒律以及本民族的历史，而且在度戒的过程中，还要受戒者对天发誓不杀人放火等等，这些虽然都是属于宗教信仰仪式中的细节，但是它却从另一个角度反映了瑶族人民一代一代传递下来的美好道德情操以及对本民族人民所作的相应要求，所以，它也是瑶族伦理道德中的重要部分。

四　高山族社会生活中的道德生活

高山族人注重社会公德，各个村社都有本地的习惯法以维护公共秩序以及正常的生产活动。如发现个别人有杀害、强占、诈骗、奸淫以及违犯禁忌等行为时，各村社都会严格依照本地的习惯法来进行制裁。一般没有死刑，多采用宗教手段、习惯法制裁、暴力问罪、孤立对方等方式来达到惩罚的目的。具体表现在以下几个方面：

（一）集体协作的观念强

高山族人的重大社会活动都有集体协作的特点，不论是外出狩猎、渔猎，还是歌舞、祭祀等，都具有集体性强的特点，他们对群体的认同感极为强烈。

高山族人还有集体活动的会所。高山族人的基层组织是"社"，多数高山族人的"社"都以会所（会廨）作为社的活动中心，也是男性年龄组织的教育训练场所。这也体现出了高山族人活动的集体性特征是极强的。年龄组织是社内部以年龄为序的一种等级制度。各支系的年龄等级划分有多少之别，大致可分为幼年、少年、青年、壮年和老年等级别。凡男性，都要归入相应的年龄等级，担负一定的社会分工。每隔数年，要举行一次晋级礼。从少年开始，严格按照性别施以基本训练。男性一起狩猎、一起耕战、一起进行技能训练；女性则进行纺织、家务及采集方面的训练。

高山族人的集体观念极强，还体现在：同一个族群里的人犯罪，将被视做是全血亲的人有罪，如果伤害了别人，被害的族人有权要求赔偿或有责任进行报仇。

（二）分工明确、互帮互助、平均分配

高山族人有热爱劳动的传统美德，不分男女老幼都参加力所能及的劳动。同时，在社会生产生活中的角色分工也很明确，体现出了高山族社会的秩序伦理和有序化。农业生产中的重体力活，如开垦农田、修水渠、采伐木材、修建房屋、造船、造桥、锻冶等都是男子担任。妇女则从事一般的农业生产,如插秧、收割、养猪、纺织、缝纫、汲水以及其他家务。狩猎、捕鱼活动则完全由男子承担。

在各种生产活动中,劳动人民之间有互帮互助、团结合作的优良传统。农忙时有互相换工的习惯。泰雅人把农忙时结成的临时性互相换工组织称为"斯拉该",布农人称请外人帮忙劳动为"马巴尼亚夫"。阿美人互助组织有两种:一种称为"马巴巴留",是一换工组织,由四五户或十一二户组成,每户出一人轮流互助,中途可以退出。排湾人也有类似这样的组织,称"姆拉依普"。另一种称为"马发发漏"。凡参加这种组织的,不问每户土地多少,每家都应将全部的人力物力投入生产,直到收割完毕为止。他们都不计报酬,自觉地多出力。高山族人的狩猎、捕鱼活动大多是集体进行的。猎获物分配的一般情况是:射手得野兽的头部和胸部;猎获鹿豹时,猎犬的主人得鹿角、鹿鞭和豹皮;捕获熊时,皮、胆归射手,兽肉都是平均分配。

这种分工明确、互帮互助、平均分配的伦理思想和道德观念,是高山族人原始生产生活方式的反映,是其淳朴道德观念的表现。

(三) 视勇敢为美德

在原始社会中,在对自然不了解的情况下,高山族人对自然是充满敬畏的,但他们必须生存。他们必须向自然界索取自己所需要的食物:在森林里,他们得勇敢地追逐猎物;在大海中,有时他们得在暴风雨中前进。面对异族或敌人的威胁,他们必须勇敢,所以他们视勇敢为最重要的美德,而对于懒惰或畏惧则一概是排斥与否定的。

在原始社会里,高山族人通常以猎取异族人的头颅来祭祀神灵,并认为这也是一种英勇精神及其行为的表现。古人对高山族人的猎头习俗有着详细的记载:"战得头,着其头,于中庭建一大材,高十余丈,以所得头参差挂之,历年不下,彰示其功";"所斩首,剔肉存骨,悬之门。其门系骷髅多者,称壮士"。

高山族男子视勇敢为自己的第一生命,如果胆小是会被人们所嘲笑和孤立的。

同时,高山族人对自己的家园保护意识也十分强烈,从中也可以体现出高山族人的勇敢精神。譬如:从 1896 至 1930 年的 35 年间,高山族人民先后毙伤日军达 5500 多人。在众多的斗争中,以 1930 年 10 月爆发的雾社起义最为著名。起义军在不到 1 小时的时间，就把 130 多个侵略者全部歼灭。在日本帝国主义血腥统治台湾的 50 年中，高山族人民就坚决反抗了 50 年，他们的抗日斗争史是我国抗日战争史的一个重要组成部分。他们英勇斗争、临危不惧、保家卫国的精神会永载史册，激励后人。

（四）尊敬老人和他人

在民风古朴的高山族人那里，人们不是依据财富的多寡，而是按照年龄的长幼次序来决定其成员的社会地位之高低的。所以高山族人历来有尊敬亲长的美德。高山族人人都尊敬老人，村社头目大多由德高望重的老人担任。如阿美人称村社首领为"卡基达安"，布农人称其头目为"马拉赫"，都是"可尊敬的老人"的意思。老人在群众中有极高的威信，村中的重大活动，如祭典、婚礼等均由老人主持，头目在处理村社内外的大事时，都要与村社的老年人共同研究。村社人对鳏寡孤独者的生活一般都照顾得很周到。

高山族人中还有尊敬他人的习惯。如在送他人礼物的时候，有一套禁忌，比如说禁以手巾（从前，台湾民间丧家在办完丧事后送毛巾给吊丧者，用意在于让吊丧者与死者断绝来往。所以，台湾有"送巾，断根"之说，因此，在一般情况下，若赠人手巾，即不禁令人想起不吉利的丧事与断绝、永别之意）、扇子、雨伞、镜子、钟、甜果、粽子赠人，在生活中的点点滴滴都体现出对别人的尊敬。

（五）关注公共生活与珍爱生命、珍爱和平的生活环境与氛围

高山族人十分热心并关注于公益事业。他们热心于修建村社的公共屋宇。住在山上的高山族人为了与平地的汉族同胞相互交往，在高山深谷之间还修有用竹、藤制成的吊桥等公共设施。当村社的公共利益受到外来侵犯时，他们都会自觉地积极行动起来，勇敢地捍卫其共同的利益。

高山族人特别珍爱生命，并以一套惩罚方式来限制其残害生命、轻视生命现象的产生，以保证其正常的生产生活秩序。杀人包括自杀、他杀、谋杀、误杀等，他们都把其看成是祸及族人的罪孽。如排湾人除主动向死者家属赔偿财物外，还要盛宴款待死者所在的氏族首领，这些都可以让家里倾家荡产。对杀害罪的处置是十分严重的，说明了高山族同胞对维护正常的生活秩序倾注了很多心血，并努力去加以维护。

参考文献

古籍类

1. 《白虎通》。

2. 《包拯集》，中华书局1963年版。

3. 《陈确集》，中华书局1979年版。

4. 《陈献章集》卷1。

5. 《大戴礼记》。

6. 《范文正公集》卷3。

7. 《方苞集》卷4。

8. 《海瑞集》，中华书局1962年版。

9. 《古今事文类集》卷30。

10. 《国语》。

11. 《管子》。

12. 《河南程氏外书》卷10、11。

13. 《河南程氏文集》卷12。

14. 《弘治徽州府志》卷9。

15. 《嘉靖汉阳府志》卷8。

16. 《嘉祐集》卷14。

17. 《李渔全集》第10卷，浙江古籍出版社1991年版。

18. 《李贽文集》，社会科学出版社2000年版。

19. 《林则徐集》中册，中华书局1963年版。

20. 《戒子通录》卷5。

21. 《金史》。

22. 《礼记》。

23. 《孟子》。

24. 《论语》。

25. 《名公书判清明集》。

26. 《明史》。

27. 《墨子》。

28. 《女范捷录》。

29. 《清圣祖圣训》卷1。

30. 《清史稿》。

31. 《三国志》。

32. 《尚书》。

33. 《诗经》。

34. 《说苑》。

35. 《宋史》。

36. 《宋刑统》卷14。

37. 《苏轼文集》卷10、45。

38. 《太平御览》卷541。

39. 《唐大诏令集》卷110。

40. 《通制条格》卷3、27。

41. 《文选》卷40、59。

42. 《新五代史》。

43. 《醒世姻缘传》。

44. 《性理会通》。

45. 《徐渭集》，中华书局1983年版。

46. 《续资治通鉴长编拾补》。

47. 《绎史》。

48. 《艺文类聚》卷35。

49. 《元史》。

50. 《增广贤文》。

51. 《战国策》。

52. 《郑板桥集》，中华书局上海编辑所1962年版。

53. 《正气纪·王称传》。

54. 《左传》。

55. 艾南英:《天佣子集》卷2。

56. 曹端:《夜行烛》。

57. 曹摅:《感旧诗》。

58. 曹雪芹:《红楼梦》。

59. 陈宏谋编:《五种遗规》。

60. 陈耆卿:《嘉定赤城志》卷37。

61. 陈康祺:《郎潜纪闻》。

62. 丁传靖:《宋人轶事汇编》,中华书局2003年第2版。

63. 董诰等:《全唐文》,中华书局1983年版。

64. 杜登春:《社事始末》。

65. 杜佑:《通典》,中华书局1988年版。

66. 范弘嗣:《范竹溪集》。

67. 范摅:《云溪友议》,中华书局上海编辑所1959年版。

68. 冯梦龙:《警世通言》。

69. 冯梦龙:《喻世明言》。

70. 高攀龙:《高子遗书》。

71. 顾炎武:《日知录集释》卷23,黄汝成集释,上海古籍出版社2006年版。

72. 洪迈:《容斋随笔》。

73. 黄宗羲:《明儒学案》。

74. 黄宗羲:《南雷文定前集》卷7。

75. 纪昀:《阅微草堂笔记》,天津古籍出版社1994年版。

76. 江少虞:《宋朝事实类苑》卷2。

77. 孔齐:《至正直记》。

78. 孔颖达:《周易正义》,北京大学出版社2000年版。

79. 李焘:《续资治通鉴长编》。

80. 李治等:《太平广记》,中华书局2007年版。

81. 凌蒙初:《初刻拍案惊奇》

82. 凌蒙初:《二刻拍案惊奇》。

83. 刘肃：《大唐新语》，中华书局 1984 年版。

84. 刘悚：《隋唐嘉话》，中华书局 1979 年版。

85. 刘煦等：《旧唐书》，中华书局 1975 年版。

86. 龙文斌：《明会要》，中华书局 1956 年版。

87. 鲁褒：《钱神论》。

88. 吕坤：《呻吟语》。

89. 吕祖谦编：《宋文鉴》。

90. 马臻：《后结交行》。

91. 孟棨：《本事诗》，中华书局上海编辑所 1959 年版。

92. 欧阳修：《欧阳文忠公文集》卷 67。

93. 潘永因：《宋稗类钞》，书目文献出版社 1985 年版。

94. 蒲松龄：《聊斋志异》。

95. 阮元：《十三经注疏》，中华书局 1980 年版。

96. 邵博：《邵氏闻见后录》。

97. 邵伯温：《邵氏闻见录》。

98. 沈复：《浮生六记》，岳麓书社 2003 年版。

99. 石介：《徂徕石先生文集》。

100. 司马光：《家范》。

101. 司马光：《居家杂仪》。

102. 司马光：《司马氏书仪》。

103. 司马光：《资治通鉴》，中华书局 2007 年版。

104. 司马迁：《史记》（三家注本），中华书局 1982 年版。

105. 孙思邈：《千金翼方》，山西科学技术出版社 2010 年版。

106. 谭嗣同：《仁学》。

107. 唐甄：《潜书》，四川人民出版社 1984 年版。

108. 陶宗仪：《说郛》，上海古籍出版社 1990 年版。

109. 陶宗仪：《南村辍耕录》卷 28。

110. 王丹丘：《建业风俗记》。

111. 王谠：《唐语林》，中华书局 2007 年版。

112. 王回：《告友文》。

113. 王溥：《唐会要》，上海古籍出版社 2006 年版。

114. 王钦若等：《册府元龟》，中华书局 1960 年版。

115. 王晫：《今世说》。

116. 魏泰：《东轩笔录》卷 3。

117. 魏征等：《隋书》，中华书局 2002 年版。

118. 吴竞：《贞观政要》，上海古籍出版社 1987 年版。

119. 吴敬梓：《儒林外史》，岳麓书社 1988 年版。

120. 吴荣光：《吾学录初编》卷 13《婚礼门》。

121. 西湖渔隐主人：《欢喜冤家》。

122. 夏燮：《明通鉴》，中华书局 1980 年版。

123. 谢肇淛：《五杂俎》。

124. 徐珂：《清稗类钞》。

125. 颜之推：《颜氏家训》。

126. 杨继盛：《杨椒山遗训》。

127. 叶梦珠：《阅世编》卷 8。

128. 叶绍袁：《甲行日注（外三种）》，岳麓书社 1986 年版。

129. 叶盛：《水东日记》卷 1。

130. 余治：《得一录》。

131. 袁采：《袁氏世范》。

132. 张渭：《题长安壁主人》。

133. 张怡：《玉光剑气集》，中华书局 2006 年版。

134. 张载：《张子全书》。

135. 张鷟：《朝野佥载》，中华书局 1979 年版。

136. 长孙无忌等：《唐律疏议》，中华书局 1993 年版。

137. 赵善诒：《说苑疏证》，华东师范大学出版社 1985 年版。

138. 赵翼：《陔余丛考》，河北人民出版社 1990 年版。

139. 赵翼：《廿二史札记》，中国书店 1987 年版。

140. 朱熹：《童蒙须知》。

141. 朱熹：《朱文公集》卷 99。

142. 朱熹：《朱子语类》。

143. 朱彝尊：《静志居诗话》。

现代类

1. 《江淮论坛》编辑部主编：《徽商研究论文集》，安徽人民出版社1985年版。

2. 《唐诗鉴赏辞典》，上海辞书出版社1983年版。

3. 睡虎地秦简整理小组：《睡虎地秦墓竹简》，文物出版社1978年版。

4. 阿格尼丝·赫勒：《日常生活》，重庆出版社1990年版。

5. 白钢：《中国皇帝》，天津人民出版社1993年版。

6. 白寿彝主编：《中国通史》第3卷，上海人民出版社2004年版。

7. 白寿彝主编：《中国通史》第9卷，上海人民出版社2004年版。

8. 白寿彝主编：《中国通史》第6卷，上海人民出版社2004年版。

9. 白寿彝主编：《中国通史》第7卷，上海人民出版社2004年版。

10. 柏杨：《中国人史纲》，山西人民出版社2008年版。

11. 卜宪群等主编：《简帛研究》，广西师范大学出版社2006年版。

12. 曹焕旭：《中国古代工匠》，商务印书馆国际有限公司1996年版。

13. 曾慥：《类说》，文学古籍刊行社1955年版。

14. 晁中辰：《明成祖传》，人民出版社1993年版。

15. 陈宝良：《明代社会生活史》，中国社会科学出版社2004年版。

16. 陈抱成：《明代人物轶事》，青海人民出版社1991年版。

17. 陈东原：《中国妇女生活史》，上海书店1984年（据商务印书馆1938年版复印本）。

18. 陈顾远：《中国婚姻史》，岳麓书社1998年版。

19. 陈江：《百年好合：中国古代婚姻文化》，广陵书社2004年版。

20. 陈江：《明代中后期的江南社会与社会生活》，上海社会科学院出版社2006年版。

21. 陈希宝等：《中国古代医学伦理思想史》，三秦出版社2002年版。

22. 陈瑛主编：《中国伦理思想史》，湖南教育出版社2004年版。

23. 戴伟：《中国婚姻性爱史稿》，东方出版社1992年版。

24. 段塔丽：《唐代妇女地位研究》，人民出版社2000年版。

25. 樊树志：《万历传》，人民出版社 1993 年版。

26. 费行简：《近代名人小传》之《孙毓汶》，文海出版社 1967 年版。

27. 冯尔康、常建华：《清人社会生活》，天津人民出版社 1990 年版。

28. 冯尔康：《中国古代的宗族与祠堂》，商务印书馆国际有限公司 1996 年版。

29. 冯尔康等：《中国宗族》，华夏出版社 1996 年版。

30. 冯尔康等：《中国宗族社会》，浙江人民出版社 1994 年版。

31. 高兆明：《道德生活论》，河海大学出版社 1993 年版。

32. 葛荃：《权力宰制理性——士人、传统政治文化与中国社会》，南开大学出版社 2003 年版。

33. 龚鹏程：《晚明思潮》，商务印书馆 2005 年版。

34. 龚书铎主编：《中国社会通史》（宋元卷），山西教育出版社 1996 年版。

35. 国家档案局明清档案馆：《义和团档案史料》，中华书局上海编辑所 1962 年版。

36. 国家文物局文献研究室等编：《吐鲁番文书》第 1 册，文物出版社 1981 年版。

37. 韩玉林主编：《中国法制通史》第 6 卷（元），法律出版社 1999 年版。

38. 何光岳、聂鑫森：《中华姓氏通书——陈姓》，三环出版社 1991 年版。

39. 洪焕椿：《明清史偶存》，南京大学出版社 1992 年版。

40. 洪焕椿：《明清苏州农村经济资料》，江苏古籍出版社 1988 年版。

41. 洪焰、高延军：《唐诗配画故事》，人民中国出版社 1993 年版。

42. 侯外庐：《侯外庐史学论文选集》，人民出版社 1987 年版。

43. 侯外庐：《中国思想史》第 5 卷，人民出版社 1956 年版，1980 年第 4 次印刷。

44. 侯外庐等：《宋明理学史》下卷，人民出版社 1987 年版。

45. 胡发贵：《儒家朋友伦理研究》，光明日报出版社 2008 年版。

46. 胡凡：《嘉靖传》，人民出版社 2004 年版。

47. 黄仁宇：《万历十五年》，生活·读书·新知三联书店 1997 年版。

48. 荆惠民:《中国人的美德:仁义礼智信》,中国人民大学出版社 2006 年版。

49. 柯昌基:《中国古代农村公社史》,中州古籍出版社 1989 年版。

50. 雷孟水等编:《中华竹枝词》,北京古籍出版社 1997 年版。

51. 李春光:《清代名人轶事辑览》第 4 卷,中国社会科学出版社 2005 年版。

52. 刘泽华:《先秦士人与社会》,天津人民出版社 2004 年版。

53. 刘志伟:《魏晋文化与文学考论》,甘肃人民出版社 2002 年版。

54. 鲁迅:《而已集》,人民文学出版社 1973 年版。

55. 吕思勉:《秦汉史》,上海古籍出版社 2006 年版。

56. 马新:《两汉乡村社会史》,齐鲁书社 1997 年版。

57. 毛佩琦:《中国社会通史》(明代卷),山西教育出版社 1996 年版。

58. 潘洪钢:《细学清人社会生活》,中国社会科学出版社 2008 年版。

59. 彭定求等:《全唐诗》,中华书局 1960 年版。

60. 彭卫、杨振红:《中国风俗通史》(秦汉卷),上海文艺出版社 2002 年版。

61. 彭卫:《汉代婚姻形态》,三秦出版社 1988 年版。

62. 漆侠:《知因集》,河北教育出版社 1992 年版。

63. 钱穆:《国史新论·中国知识分子》,广西师范大学出版社 2005 年版。

64. 屈直敏:《敦煌写本类书〈励忠节钞〉研究》,民族出版社 2007 年版。

65.《瞿同祖法学论著集》,中国政法大学出版社 1998 年版。

66. 曲弘梅:《宋太祖》,中国社会科学出版社 2008 年版。

67. 全汉升:《中国行会制度史》,新生命书局 1934 年版。

68. 任崇岳:《中国社会通史》(宋元卷),山西教育出版社 1996 年版。

69. 任爽:《唐代礼制研究》,东北师范大学出版社 1999 年版。

70. 任寅虎:《中国古代的婚姻》,商务印书馆国际有限公司 1996 年版。

71. 尚秉和：《历代社会风俗事物考》，中国书店 2001 年版。

72. 沈善洪、王凤贤：《中国伦理思想史》，人民出版社 2005 年版。

73. 盛义：《中国婚俗文化》，上海文艺出版社 1994 年版。

74. 史卫民：《元代社会生活史》，中国社会科学出版社 1996 年版。

75. 史卫民：《中国风俗通史》（元代卷），上海文艺出版社 2001 年版。

76. 史远芹：《中国政治制度》，中共中央党校出版社 1995 年版。

77. 史仲文、胡晓林主编：《新编中国军事史》上册（秦汉卷），人民出版社 1995 年版。

78. 史仲文、胡晓林主编：《中国全史·秦汉科技史》，人民出版社 1994 年版。

79. 四川省档案馆、四川大学历史系编：《清代乾嘉道巴县档案选编》（上），四川大学出版社 1989 年版。

80. 宋镇豪：《夏商社会生活史》，中国社会科学出版社 1994 年版。

81. 孙立群：《中国古代的士人生活》，商务印书馆 2006 年版。

82. 孙孝恩等：《光绪传》，人民出版社 1997 年版。

83. 唐凯麟主编：《中华民族道德生活史研究》，金城出版社 2008 年版。

84. 唐文基等：《乾隆传》，人民出版社 1994 年版。

85. 滕新才：《且寄道心与明月》，中国社会科学出版社 2003 年版。

86. 万建中等：《汉族风俗史》第 3 卷（隋唐·五代宋元汉族风俗），学林出版社 2004 年版。

87. 王存河主编：《中国法制史》，兰州大学出版社 2006 年版。

88. 王仁裕等：《开元天宝遗事十种》，上海古籍出版社 1985 年版。

89. 王书奴：《中国娼妓史》，团结出版社 2004 年版。

90. 王桐龄：《中国民族史》，文化学社 1934 年版。

91. 王芸生：《六十年来中国与日本》第 2 卷，生活·读书·新知三联书店 2005 年版。

92. 王兆祥、刘文智：《中国古代的商人》，商务印书馆国际有限公司 1995 年版。

93. 王子今：《"忠"观念研究》，吉林教育出版社 1999 年版。

94. 王子今：《古史性别研究丛稿》，中国社会科学文献出版社 2004 年版。

95. 卫三畏：《中国总论》第 2 卷，上海古籍出版社 2005 年版。

96. 吴纲：《隋唐五代墓志汇编》，天津古籍出版社 1991 年版。

97. 吴晗：《朱元璋传》，人民出版社 2008 年版。

98. 吴小强：《秦简日书集释》，岳麓书社 2000 年版。

99. 向淑云：《唐代婚姻法与婚姻实态》，台湾商务印书馆 1991 年版。

100. 肖群忠：《孝与中国文化》，人民出版社 2001 年版。

101. 肖群忠：《中国道德智慧十五讲》，北京大学出版社 2008 年版。

102. 萧万源：《中国少数民族哲学史》，安徽人民出版社 1992 年版。

103. 小田：《江南场景：社会史的跨学科对话》，上海人民出版社 2007 年版。

104. 谢放：《张之洞》，广东人民出版社 2010 年版。

105. 谢国桢：《明清之际党社运动考》，辽宁教育出版社 1998 年版。

106. 谢国桢《明清笔记谈丛》，上海书店出版社 2004 年版。

107. 邢铁：《宋代家庭研究》，上海人民出版社 2005 年版。

108. 邢铁：《中国家庭史》第 3 卷（宋辽金元时期），广东人民出版社 2007 年版。

109. 徐吉军等著：《中国风俗通史》（宋代卷），上海文艺出版社 2001 年版。

110. 徐少锦、陈延斌：《中国家训史》，陕西人民出版社 2003 年版。

111. 徐少锦等编：《中国历代家训大全》，中国广播电视出版社 1993 年版。

112. 徐震堮：《世说新语校笺》，中华书局 1999 年版。

113. 薛梅卿等主编：《两宋法制通论》，法律出版社 2002 年版。

114. 薛瑞泽：《嬗变中的婚姻——魏晋南北朝婚姻形态研究》，三秦出版社 2000 年版。

115. 阎爱民：《汉晋家族研究》，上海人民出版社 2005 年版。

116. 阎步克：《士大夫政治演生史稿》，北京大学出版社 1996 年版。

117. 严昌洪：《20 世纪中国社会生活变迁史》，人民出版社 2007 年版。

118. 闫崇年：《正说清代十二帝》，中华书局 2009 年版。

119. 杨波：《长安的春天——唐代科举与进士生活》，中华书局 2007 年版。

120. 杨树达：《汉代婚丧礼俗考》，上海古籍出版社 2000 年版。

121. 衣俊卿：《现代化和日常生活批判》，黑龙江教育出版社 1994 年版。

122. 余方德、嵇发银：《湖州掌故集》，三秦出版社 1997 年版。

123. 余嘉锡：《世说新语笺疏》，中华书局 1983 年版。

124. 余新忠：《中国家庭史》第 4 卷（明清时期），广东人民出版社 2007 年版。

125. 余英时：《士与中国文化》，上海人民出版社 1987 年版。

126. 余英时：《士与中国文化》，上海人民出版社 1996 年版。

127. 余英时：《士与中国文化》，上海人民出版社 2003 年版。

128. 于迎春：《秦汉士史》，北京大学出版社 2000 年版。

129. 袁钢：《隋炀帝传》，人民出版社 2001 年版。

130. 袁宏：《两汉纪》下册，中华书局 2002 年版。

131. 岳庆平：《汉代的家庭与家族》，大象出版社 1997 年版。

132. 载路工编《明代歌曲选》，中华书局 1961 年版。

133. 臧知非：《人伦本原——〈孝经〉与中国文化》，河南大学出版社 2005 年版。

134. 张承宗、魏向东：《中国风俗通史》（魏晋南北朝卷），上海文艺出版社 2002 年版。

135. 张国刚：《中国家庭史》第 2 卷（隋唐五代时期），广东人民出版社 2007 年版。

136. 张海鹏等编：《明清徽商资料选编》，黄山出版社 1985 年版。

137. 张怀承：《中国的家庭与伦理》，中国人民大学出版社 1993 年版。

138. 张家山二四七号汉墓竹简整理小组：《张家山汉墓竹简》（释文修订本），文物出版社 2006 年版。

139. 张晋藩：《中国法律的传统与近代转型》，法律出版社 1997 年版。

140. 张晋藩等主编：《中国法制通史》第 5 卷（宋），法律出版社 1999 年版。

141. 张晋藩等主编：《中国法制通史》第 8 卷（清），法律出版社 1999 年版。

142. 张锡勤、柴文华：《中国伦理道德变迁史》（上、下卷），人民出版社 2008 年版。

143. 张正明：《晋商兴衰史》，山西古籍出版社 1995 年版。

144. 赵明等编著：《江苏竹枝词集》，江苏教育出版社 2001 年版。

145. 赵轶峰：《明代的变迁》，上海三联书店 2008 年版。

146. 钟敬文：《中国民俗史》（明清卷），人民出版社 2008 年版。

147. 钟敬文：《中国民俗史》（隋唐卷），人民出版社 2008 年版。

148. 周绍良主编：《唐代墓志汇编》，上海古籍出版社 1992 年版。

149. 周勋初：《唐人轶事汇编》，上海古籍出版社 2006 年版。

150. 周耀明：《汉族风俗史》第 4 卷（明代·清代前期汉族风俗），学林出版社 2004 年版。

151. 朱大渭等：《魏晋南北朝社会生活史》，中国社会科学出版社 1998 年版。

152. 朱瑞熙等：《辽宋西夏金社会生活史》，中国社会科学出版社 1998 年版。

153. 左云霖：《中国弑君录》，中国工人出版社 1992 年版。

后 记

《中国古代道德生活史》是教育部人文社会科学重点研究基地中国人民大学伦理学与道德建设研究中心重大课题《中国传统道德生活研究》（06JJD720015）的成果。历时 6 年，她终于与广大读者见面，紧张的心，暂时放松了一下。

本书是集体努力的结果：第一编、第二编、第三编由宝鸡文理学院的王磊、王渭清、王世荣三位教授分头撰写；第四编的第二章、第三章的第三节、第五编的第二章、第三章的第二、四节由陈瑛撰写，第四编的第一章、第四编的第三章的第一节、第五编的第一章、第五编第三章的第一、三节由中国政法大学的谢军完成，第四编中第三章的第二、四节由苏州大学的于树贵教授完成。第六编由中央民族大学的熊坤新教授完成。王磊教授组织领导了前三编的撰写；谢军对全书从文字上作了最后的编辑整理，而且担负了全书撰写过程中的所有事务性工作。陈瑛对全书负总责。

交稿以后，我们仍然心里沉甸甸的，这个课题内容太丰富、太深刻了，在这短短的几年，短短的一部书中，我们难以做得更好。而且由于是多人撰写，本书的内容和风格也难于完全一致。不过这样也好，让各位作者的特点都保留在书里，百花齐放。不管怎样，本书毕竟是关于中国古代道德生活的研究成果，在当前学术界还是少见的探索，希望能给今后的研究留下一个"前车之鉴"。

参与本书写作的所有同志，虽然来自四面八方，但是大家精诚团结，愉快合作，保障了本书的顺利完成。在这个过程中，我们也增进了友谊，这是我们最高兴的。

这里，我们还要感谢中国人民大学伦理学与道德建设研究中心和中国人民大学科研处的大力帮助，感谢教育部高校社会科学评价中心的信任。特别是要感谢陕西宝鸡文理学院王志刚院长和其他领导，以及该院科研处的热情帮助与大力支持。

编 者

2012 年 8 月